T0135412

V&R

Schriftenreihe
der Historischen Kommission bei der
Bayerischen Akademie der Wissenschaften

Band 75

David Thimme

Percy Ernst Schramm und das Mittelalter

Wandlungen eines Geschichtsbildes

Vandenhoeck & Ruprecht

Die Schriftenreihe wird herausgegeben
vom Sekretär der Historischen Kommission:
Dietmar Willoweit

Bibliografische Information Der Deutschen Bibliothek

Die Deutsche Bibliothek verzeichnet diese Publikation in der
Deutschen Nationalbibliografie; detaillierte bibliografische Daten sind
im Internet über <http://dnb.ddb.de> abrufbar.

Zugl.: Gießen, Univ., Diss., 2003

ISBN 10: 3-525-36068-1
ISBN 13: 978-3-525-36068-2

Gedruckt mit Unterstützung der Franz-Schnabel-Stiftung.

Umschlagabbildung:
Percy Ernst Schramm, Fotografie von Otto Steinert, 1961/62.
Satz: Daniela Weiland, Göttingen
Druck und Bindung: ⊕ Hubert & Co, Göttingen

Gedruckt auf alterungsbeständigem Papier.

Inhalt

V. Erinnerung 1939–1970

Anhang

Für meine Eltern
Charlotte Patricia und
Hans-Martin Thimme

Vorwort

Das vorliegende Buch ist die geringfügig überarbeitete Fassung meiner Dissertation, die im Wintersemester 2003/04 vom Fachbereich 04 der Justus-Liebig-Universität Gießen angenommen wurde. Die Arbeit, mit der ich im Sommer 1997 begann, entstand im Rahmen eines von Peter Moraw geleiteten Projekts des Gießener Sonderforschungsbereichs »Erinnerungskulturen«. Das Projekt beschäftigte sich mit der Mediävistik in der Bundesrepublik Deutschland vom Ende des Zweiten Weltkriegs bis zur Zeit der Hochschulreform in den siebziger Jahren. Hauptsächliche Bearbeiterin war Anne Christine Nagel, die als größere Frucht des Projekts mittlerweile ihre Arbeit »Im Schatten des Dritten Reichs. Mittelalterforschung in der Bundesrepublik Deutschland 1945–1970« vorgelegt hat. Als Ergänzung und ausschnitthafte Vertiefung zu dieser Gesamtschau war meine Einzelstudie über Percy Ernst Schramm angelegt.

Verhältnismäßig früh in meiner Arbeit wurde der Frankfurter Historikertag von 1998 mit seiner Sektion über Historiker im Nationalsozialismus für mich zu einer prägenden Erfahrung. Obwohl die Zeit des Nationalsozialismus in meinem Nachdenken über Schramm von Beginn an eine zentrale Rolle gespielt hatte, begann ich erst hier, die ganze Schwierigkeit dieses Bereichs zu fühlen. Die verstehende Rekonstruktion von Bewußtseinszuständen und Lebensbedingungen soll ein möglichst zutreffendes und schlüssiges Bild von den Menschen der Vergangenheit entwickeln; aber durch den ungeheuerlichen Gesamtzusammenhang der nationalsozialistischen Verbrechen kann bei der Beschreibung dieser besonderen Zeit jeder Pinselstrich eine moralische Sprengkraft entwickeln, die das Gemälde – und sei es noch so sorgfältig konstruiert – zerreißt.

Solche Erwägungen haben vielleicht mit dazu beigetragen, daß es so lange dauerte, bis das Buch geschrieben war. Mindestens ebenso wichtig waren Wandlungen im Leben des Autors. Diese Veränderungen wirken sich nun vor allem auf den Umgang mit Forschungsliteratur aus: Da die Universität nicht mehr mein berufliches Umfeld ist und meine jetzige Tätigkeit andere Prioritäten erfordert, habe ich die neuesten Werke, sogar die Arbeit meiner Kollegin Anne Nagel, nurmehr punktuell und kursorisch zur Kenntnis nehmen können.

Die Liste derer, denen ich Dank abzustatten habe, ist nach über acht Jahren Arbeit lang geworden. Mein erster Dank gilt meinem Doktorvater Peter Moraw, der mir in Gießen die besten Arbeitsbedingungen verschafft und alle nur wünschbaren Freiheiten gelassen hat. Anne Nagel bin ich dankbar für treue und kluge Begleitung in allen Forschungsdingen; und allen Mitarbeiterinnen und Mitarbeitern, Hilfskräften, Sekretärinnen, Kolleginnen und Kollegen am Lehrstuhl Moraw für vielfältige Unterstützung und Nestwärme. Allen Angehörigen des Gießener SFB, als dessen für mich wichtigsten Sprecher ich Günter Oesterle nennen möchte, habe ich zu danken für ein inspirierendes und gut organisiertes Arbeitsumfeld; mein besonderer Dank gilt den Mitgliedern der Arbeitsgruppe »Gedächtnistheorien« (Anne Nagel, Steffen Krieb, Rainer Kipper, Barbara Wattendorf und den anderen), die mir durch ihre intellektuelle Energie und menschliche Frische wertvoll geworden sind.

Gottfried Schramm in Freiburg öffnete mir den Zugang zum Familienarchiv Schramm; dankbar bin ich ihm darüber hinaus, weil er mir in intensiven Gesprächen seinen Vater lebendig machte und mit kritischem Blick eine frühere Version des Manuskripts prüfte. Joist Grolle in Hamburg habe ich zu danken für vielfältige Unterstützung, vor allem aber wiederum für ergiebige Gespräche. Sprechen durfte ich ebenfalls mit einer ganze Reihe von Zeitzeugen, die im Apparat der Einleitung verzeichnet sind und denen ich für ihre Geduld danke; einige sind bereits verstorben, wobei der Tod von Reinhard Elze mich besonders bewegte. Am Staatsarchiv Hamburg danke ich vor allem Hans Wilhelm Eckardt; er vermittelte mir auch die Möglichkeit, einen Teilbereich meiner Forschungen in einem Vortrag dem Verein für Hamburgische Geschichte vorzustellen und schließlich in der Zeitschrift des Vereins zu veröffentlichen. Hierfür danke ich zugleich dem Verein mit seinem damaligen Vorsitzenden Hans-Dieter Loose. Für Unterkunft und freundliche Gesellschaft danke ich Ingo Nölle, gleich mehrfach habe ich denselben Dank Hilde Mattersdorf abzustatten.

In London gilt mein Dank dem Warburg Institute unter seinem damaligen Direktor Nicholas Mann, besonders herzlich danke ich aber Dorothea McEwan und dem Team des Warburg Institute Archive; Frau McEwan habe ich auch zu danken für die Möglichkeit, meine Forschungen in einem Vortrag im Warburg Institute vorzustellen, und für gastfreundliche Aufnahme während dieses zweiten Aufenthalts. Gerda Panofsky überließ mir eine private Aufzeichnung über einen Deutschland-Aufenthalt ihres Mannes. Ebenso gilt mein Dank den Mitarbeiterinnen und Mitarbeitern des Warburg-Archivs im Warburg-Haus Hamburg, bei den Monumenta Germaniae Historica in München und im Universitätsarchiv Göttingen, außerdem meinen großzügigen Gastgebern an den verschiedenen Orten. Für die vielen Menschen, denen ich aus Gesprächen Anregungen verdanke, nenne ich stellvertretend Otto Gerhard Oexle in Göttingen.

Der Historischen Kommission mit ihrem Präsidenten Lothar Gall habe ich zu danken für die Aufnahme in die Schriftenreihe und die Übernahme der Druckkosten; außerdem danke ich Karl-Ulrich Gelberg, dem Geschäftsführer der Kommission, für freundliche und verzögerungsfreie Betreuung. Für freundliche und konstruktive Begleitung bei der Druckvorbereitung des Manuskripts danke ich Dörte Rohwedder bei Vandenhoeck und Ruprecht.

In Wiesbaden habe ich in den letzten Jahren die Hessische Landesbibliothek als Arbeitsstätte und Informationsquelle mitsamt ihren Mitarbeiterinnen und Mitarbeitern sehr schätzen gelernt. In der Phase des Schreibens konnte ich eine wichtige Zeit hindurch im Gemeindehaus der Bergkirchengemeinde in Wiesbaden einen ruhigen Arbeitsraum nutzen; für die Vermittlung dieser Möglichkeit danke ich Christian Pfeifer. Das Geschriebene für mich korrigierend durchgelesen haben vor allem Verena Hanschmidt, ebenso zuverlässig aber Pat und Hans-Martin Thimme. Damit bin ich in meiner Familie angekommen, wo ich meiner Frau Dagmar und meiner Tochter Frauke für Geduld und Leidensfähigkeit zu danken habe, und meinen Eltern für so vieles, dass die Widmung dieses Buches mehr als angemessen erscheint.

David Thimme Wiesbaden, im Frühjahr 2006

Einleitung

1. Percy Ernst Schramms Wissenschaft vom Mittelalter

Der Historiker Percy Ernst Schramm, der 1894 in Hamburg geboren wurde, seit 1929 Professor in Göttingen war und dort 1970 starb, war ein ungemein produktiver und kreativer Wissenschaftler.[1] Mittelalterliche Geschichte, Geschichte des hanseatischen Bürgertums und Geschichte des Zweiten Weltkriegs waren die drei Felder wissenschaftlicher Arbeit, auf denen er sich betätigte.[2] Auf allen drei Feldern sind von ihm verfaßte Arbeiten bis heute präsent. Wer die Geschichte des Zweiten Weltkriegs nachzuzeichnen versucht, kann auf die Edition des »Kriegstagebuchs des Oberkommandos der Wehrmacht« nicht verzichten, die Schramm als Hauptherausgeber in der ersten Hälfte der sechziger Jahre verwirklichte.[3] Jemand, der sich für die Geschichte des Hamburger Bürgertums oder allgemein für die Kulturgeschichte des deutschen Bürgertums interessiert, wird immer wieder auf Schramm, vor allem auf seine Familiengeschichte »Neun Generationen« stoßen.[4] Joist Grolle urteilt über Schramms Bedeutung für die Hamburger Geschichtsschreibung: »Kein neuerer Autor hat das geschichtliche Bild der Hansestadt so nachhaltig geprägt [...].«[5]

1 Die in der vorliegenden Arbeit benutzten Schriften von Percy Ernst Schramm sind im Anhang verzeichnet. Mit Bezug auf dieses Verzeichnis werden sie in den Anmerkungen folgendermaßen zitiert: Auf die Sigle »SVS« für »Schriftenverzeichnis Schramm« folgt das Jahr der Publikation und ein Kurztitel.

2 Ein vollständiges Verzeichnis von Schramms Publikationen für die Zeit bis Dezember 1963 hat *Annelies Ritter* zusammengestellt. Die Ergänzungen zu Ritters Liste, die sich im Rahmen der vorliegenden Arbeit ergeben haben, sowie die – wenigen – Korrekturen sind im Verzeichnis im Anhang vermerkt. Angeblich hat *Ritter* ihre Liste bis 1970 fortgesetzt. Diese fortgeführte Liste ließ sich jedoch bisher nicht auffinden. — *Ritter, A.*, Veröffentlichungen Schramm; über die Fortführung der Liste vgl.: SVS 1968–1971 Kaiser, Bd.4,2, S. 728; *Kamp*, Percy Ernst Schramm, Anm. 1 auf S. 344.

3 SVS 1961–1965 Kriegstagebuch.

4 SVS 1963–1964 Neun Generationen.

5 Ein von *Grolle* verfaßter Aufsatz gibt einen fundierten Überblick über Schramms Arbeiten zur hamburgischen Geschichte und arbeitet die wichtigsten wissenschaftsgeschichtlichen Hintergründe heraus. Allerdings ist Schramm in diesem Bereich längst nicht mehr unumstritten. *Andreas Schulz* hat das von ihm gezeichnete Bild einer Bürgergesellschaft ohne soziale Schranken in Frage gestellt. *Anne-Charlotte Trepp* hebt zwar lobend hervor, daß sich Schramm schon früh mit Themen wie der Rolle der Frau im Bürgertum beschäftigt habe, und hält seine Arbeiten allgemein für sehr hilfreich. Allerdings macht sie die Einschränkung, dies sei »trotz leicht harmonisieren-

Im Bereich der mittelalterlichen Geschichte sind die Forschungen des Göttinger Historikers ebenfalls von bemerkenswerter Aktualität. Jeder, der über Kaiser Otto III. forscht, greift früher oder später zu seinem Buch »Kaiser, Rom und Renovatio« von 1929.[6] Eine fundierte Beschäftigung mit den Ritualen und dinglichen Zeichen mittelalterlicher Herrschaft kommt an seinen Arbeiten nicht vorbei. Hier ist insbesondere das Opus »Herrschaftszeichen und Staatssymbolik« aus den fünfziger Jahren zu nennen.[7] Zusätzlich interessant wird Schramms mediävistisches Schaffen durch seine Beziehung zu Aby Warburg und zu der von diesem begründeten Kulturwissenschaftlichen Bibliothek Warburg. Als Anreger und Vordenker der modernen Kulturwissenschaft hat Warburg in den letzten Jahren großes Interesse gefunden.[8] Seit 1911 pflegte Schramm zunächst zu dem Privatgelehrten selbst, später zu Fritz Saxl und anderen mit der Bibliothek verbundenen Menschen einen engen persönlichen Kontakt. »Kaiser, Rom und Renovatio« erschien in der Reihe der »Studien der Bibliothek Warburg«, und viele von Schramms mediävistischen Werken sind von dieser Verbindung deutlich geprägt.[9]

Unter diesen Voraussetzungen macht die vorliegende Arbeit Schramms Publikationen zur Geschichte des Mittelalters zu ihrem Gegenstand. Die Abgrenzung zwischen den drei genannten Bereichen seines Œuvres macht keinerlei Schwierigkeiten. In den Mittelpunkt der Untersuchung rückt nun mit den mediävistischen Schriften diejenige Gruppe von Werken, von denen Schramms akademische Laufbahn ihren Ausgang nahm. Seine Dissertation wie seine Habilitationsschrift behandelten mittelalterliche Themen. Er wurde als Mediävist nach Göttingen berufen und widmete sich in Forschung und

der Interpretationen« der Fall. *Gabriele Hoffmann* formuliert dieselbe Kritik sehr viel deutlicher: Schramm, so heißt es bei ihr, »verpackt und verknotet eine Legende [...].« — *Grolle*, Schramm Sonderfall; das Zitat ebd., S. 23; *Schulz*, Weltbürger, S. 667–669; vgl. ergänzend die entsprechende Fußnote unten, Kap. 1.a); *Trepp*, Männlichkeit, S. 20; *Hoffmann, G.*, Haus an der Elbchaussee, S. 456–457.

6 SVS 1929 Kaiser Renovatio; vgl. z.B.: *Görich*, Otto III., S. 190–209; *Althoff*, Otto III., S. 4–5 u. 114–125; *Eickhoff*, Kaiser Otto III., S. 211–218 u. S. 312–320.

7 SVS 1954–1956 Herrschaftszeichen; vgl. z.B. *Petersohn*, Insignien, zusammenfassend S. 47–48; *ders.*, Herrschaftszeichen, v.a. S. 912; ein Beispiel aus der Frühneuzeitforschung: *Jorzick*, Herrschaftssymbolik; darin über die Bedeutung von Schramms Arbeiten: ebd., S. 11 u. 18.

8 Warburgs Schriften und die Literatur bis 1995 verzeichnet: *Wuttke*, Warburg-Bibliographie; als Grundlage für die Beschäftigung mit Warburg unersetzt: *Gombrich*, Aby Warburg; über Warburg als Anreger: *Oexle*, Memoria, S. 22–26 u. 74; *Diers*, Mnemosyne; *Bredekamp, Diers*, Vorwort, S. 5*–10*; *Patzel-Mattern*, Geschichte, S. 29–30.

9 Als »Vortrag der Bibliothek Warburg« erschien 1924 der Aufsatz »Das Herrscherbild in der Kunst des frühen Mittelalters«. Die Bedeutung der Bibliothek für seine Arbeit hob Schramm auch 1928 in »Die deutschen Kaiser und Könige in Bildern ihrer Zeit« hervor. — SVS 1924 Herrscherbild; SVS 1928 Kaiser in Bildern, S. 164; für die Zeit nach 1945 vgl. unten in dieser Einleitung, Abschnitt 2.

Lehre vorrangig der Geschichte des Mittelalters. Sein Ansehen verdankte er zuallererst seinen Veröffentlichungen in diesem Bereich.[10]

2. Kontinuität und Wandel in Schramms Geschichtsbild

Die Entstehungszeit und die Veröffentlichungsdaten von Schramms mediävistischen Publikationen lassen zudem einen Zeitraum ins Blickfeld treten, der rasch zu neuen Fragen führt. Vier Jahre nach dem Ende des Ersten Weltkriegs, in dem Schramm als Kriegsfreiwilliger diente, schloss er im Jahr 1922 seine Doktorarbeit ab und publizierte im folgenden Jahr seine ersten mediävistischen Texte. Von da an riß die Reihe der einschlägigen Veröffentlichungen bis zu seinem Tod 1970 nicht mehr ab. Nur in den Jahren des Zweiten Weltkriegs entstand eine Lücke. Im Unterschied dazu bewirkte die Machtübernahme durch die Nationalsozialisten im Jahr 1933 in der Abfolge der Publikationen keinen erkennbaren Einschnitt. Deshalb gibt es aus den Jahren des ›Dritten Reiches‹ ebensogut veröffentlichte Arbeiten wie aus der Zeit der Weimarer Republik und der Regierungszeit Konrad Adenauers. Die Frage liegt nahe, inwiefern sich der Wandel der Zeiten auf diese Arbeiten ausgewirkt hat.

Die Frage verweist auf einen höchst aktuellen Problembereich der Wissenschaftsgeschichte. Er ergibt sich aus den Themen der in den letzten Jahren geführten Debatte um die Rolle deutscher Historiker in der Zeit des Nationalsozialismus.[11] Zur Intensität der Debatte haben vor allem Forschungen über einige jener Wissenschaftler beigetragen, die später in der Bundesrepublik zu den angesehensten und einflußreichsten Vertretern des Faches zählten. Bei manchen von diesen hat sich für die Zeit der nationalsozialistischen Diktatur in ihren Texten und in ihrem Verhalten eine überraschend große Nähe zum Regime feststellen lassen.[12] Ganz allgemein hat die Debatte das Fach mit der Einsicht konfrontiert, daß freiwillige Zusammenarbeit mit den nationalsozialistischen Machthabern und aktive Mitwirkung in von diesen geschaffenen Strukturen bei Universitätshistorikern keine Aus-

10 Vgl. entsprechende Einschätzungen aus Nachrufen auf Percy Ernst Schramm: *Rothfels*, Gedenkworte Schramm, S. 11; *Hubatsch*, Erforscher; *Janszen*, Hamburger Rittmeister; in diesem Sinne auch: *Grolle*, Schramm Sonderfall, S. 23.

11 Ein wichtiges Zwischenergebnis dieser Debatte bildete: *Schulze*, *Oexle (Hg.)*, Deutsche Historiker; darin zusammenfassend: *Schulze*, *Helm*, *Ott*, Deutsche Historiker; einen weiteren Überblick und zusätzliche Ergebnisse bietet: *Elvert*, Geschichtswissenschaft; dazu ergänzend: *Hausmann*, Einführung, S. XIV–XVI; s. außerdem *Nagel*, Schatten, S. 16–19.

12 Das meiste Aufsehen erregten Forschungen über Historiker wie Theodor Schieder und Werner Conze, die auf Zusammenhänge mit dem Besatzungsterror im Osten Europas hinwiesen. — *Ebbinghaus*, *Roth*, Vorläufer; *Aly*, Theodor Schieder; *Haar*, Historiker; vgl. als teilweise kritische Stellungnahme: *Wehler*, Nationalsozialismus.

nahme gewesen ist.[13] Ein solcher Befund steht in eklatanter Diskrepanz zu dem ganz anders gearteten Bild, das die Historiker in den ersten Jahrzehnten der Bundesrepublik von sich selbst gezeichnet hatten. Sie hatten ihrem Fach eine weitgehende Unberührtheit von nationalsozialistischer Einflußnahme attestiert.[14] Erste, in den sechziger Jahren publizierte Arbeiten über die Geschichte des Faches im ›Dritten Reich‹ konnten dieses Selbstbild nicht erschüttern.[15]

Aufgrund der beschriebenen Diskrepanz und aufgrund der Erkenntnisse über Historiker, die in der Bundesrepublik großen Einfluß hatten, rückt neben der Zeit des Nationalsozialismus die Geschichtswissenschaft der ersten Jahrzehnte nach 1945 in den Blickpunkt.[16] Es ergibt sich die Frage nach den Brüchen, vor allem aber nach den Kontinuitäten, die sich über das Ende des Zweiten Weltkriegs hinaus erstreckt haben.[17] Ebenso notwendig ist eine Erforschung jener Zeiten, die vor 1933 liegen. Es geht darum, die »Dispositionen« und »Haltungen« zu verstehen, die das Verhalten der Historiker in der Zeit des Nationalsozialismus möglich gemacht haben.[18] Damit ist eine Sichtweise gefordert, die nicht auf die Jahre der nationalsozialistischen Diktatur fixiert ist, sondern chronologische Grenzen überschreitet.

Hierbei kommt Studien, die auf jeweils einzelne Personen fokussiert sind, eine besondere Bedeutung zu.[19] Aus dem Umstand, daß sich das Leben eines Menschen regelmäßig über historische Einschnitte hinweg erstreckt, ergibt sich eine fruchtbare Spannung.[20] Das darin liegende Potential kann nur

13 Wegweisend waren hier die Forschungen von *Michael Fahlbusch* über die »Volksdeutschen Forschungsgemeinschaften«. *Jürgen Elvert* hat errechnet, daß etwa 40% der nach 1933 an Universitäten amtierenden deutschen Historiker sich zu einer »offenen Kooperation« mit dem Regime »und, damit verbunden, zu einer Nutzung des gegebenen neuen beruflichen Handlungsrahmens« entschlossen. — *Fahlbusch*, Wissenschaft; *Elvert*, Geschichtswissenschaft, S. 132.

14 *Schulze*, Geschichtswissenschaft, S. 32–34; *Schulze*, *Helm*, *Ott*, Deutsche Historiker, S. 13–15; *Etzemüller*, Sozialgeschichte, S. 213–236, v.a. S. 213–223; *Elvert*, Geschichtswissenschaft, S. 87–88.

15 Als die wichtigsten Pionierstudien werden häufig zitiert: *Heiber*, Walter Frank; *Werner*, *K. F.*, NS-Geschichtsbild.

16 Als unmittelbare Reaktion auf die Debatte entstand: *Hohls, Jarausch (Hg.)*, Fragen; außerdem z.B. *Etzemüller*, Sozialgeschichte; vgl. weiter die Hinweise zur Forschungslage unten in dieser Einleitung, Abschnitt 5.

17 Hierzu bereits: *Lehmann*, *Melton (Hg.)*, Paths.

18 *Oexle*, Fragen, S. 53.

19 Kaum zufällig befassen sich fast alle Beiträge zu dem von *Hartmut Lehmann* und *James Van Horn Melton* herausgegebenen Sammelband mit einzelnen Historikern. — *Lehmann*, *Melton (Hg.)*, Paths; vgl. auch: *Schulze*, *Helm*, *Ott*, Deutsche Historiker, S. 25 u. 33–34; *Kocka*, Nationalsozialismus und Bundesrepublik, S. 346–347; allgemein zum aktuellen Stand der Biographik und der damit zusammenhängenden Theoriediskussion: *Klein (Hg.)*, Biographik; darin zum Bereich der Geschichtswissenschaft: *Raulff*, Leben.

20 *Ulrich Herbert* faßt den »Vorzug des Biographisch-Individuellen« mit zwei treffenden Stichworten als »Konkretion und diachrone Perspektive« zusammen. Weiter spricht er über die »historiographische Herausforderung«, die darin liege, daß »die durch vielfältige und tiefgreifende

dann ganz genutzt werden, wenn die Analyse die gesamte Lebensspanne des in Frage stehenden Individuums umgreift und ihre Schwerpunkte zunächst nach den sich daraus ergebenden Erfordernissen setzt. Deshalb wird die Zeit des Nationalsozialismus, ohne ihre besondere Relevanz zu bestreiten, in der vorliegenden Arbeit in den Kontext eines individuellen Lebensverlaufs eingeordnet und in dieser Perspektive dargestellt.

Der Name Percy Ernst Schramm ist in der beschriebenen Debatte durchaus schon gefallen, wenn auch eher am Rande.[21] Eine Arbeit von Joist Grolle lenkte die Aufmerksamkeit auf den Göttinger Ordinarius. Grolle erörterte dessen Verhalten und politisches Denken in der nationalsozialistischen Zeit. Schramm lehnte einerseits wichtige Teile der nationalsozialistischen Ideologie ab und gewährte zumindest gelegentlich Menschen Hilfe, die vom Regime bedrängt wurden. Andererseits begrüßte er die Machtübertragung an Hitler aus vollem Herzen und trat 1939 der NSDAP bei.[22]

Der Befund ist spannungsreich und komplex. Viele Einzelheiten lassen sich dabei noch klarer herausarbeiten und schärfer fassen; eine weitere Prüfung scheint deshalb lohnend. Allerdings hat Grolle auf alle wichtigen Aspekte hingewiesen. Deshalb bleibt eine erneute Untersuchung unbefriedigend, wenn sie sich auf das Denken und Verhalten in einer allgemein politischen Hinsicht beschränkt. Drängender erscheint die auf einer solchen Analyse aufbauende Frage, was der Rahmen des Lebensumfelds und des Verhaltens für das wissenschaftliche Schaffen bedeutet.[23] Nur durch seine Veröffentlichungen ist Schramm in der Gegenwart noch immer präsent. Bereits zu Lebzeiten stützte sich sein Ansehen vor allem auf seine Publikationen, während er beispielsweise in den Strukturen der Wissenschaftsorganisation keine herausgehobene Rolle spielte.

Deshalb dehnt die vorliegende Arbeit die Frage nach Kontinuitäten und Brüchen auf das mediävistische Œuvre aus und legt darauf den Schwerpunkt der Analyse.[24] Einen wichtigen Ansatzpunkt für die Untersuchung liefert wiederum eine Arbeit von Joist Grolle. In diesem weiteren Aufsatz beschrieb

Brüche gekennzeichnete politische Geschichte unseres Jahrhunderts durch die Lebensgeschichte der Individuen gewissermaßen zusammengehalten und anders periodisiert« werde (*Herbert*, Best, S. 19).

21 *Fried*, Eröffnungsrede, S. 872, 873; *Jarausch*, *Hohls*, Brechungen, S. 19, 30.

22 Ein Vortrag, den *Grolle* am 9. April 1989 vor dem Verein für Hamburgische Geschichte hielt, wurde zunächst in Auszügen in der Wochenzeitung »Die Zeit« veröffentlicht. Später erschien er, um Anmerkungen erweitert, als Heft in der Reihe der »Vorträge und Aufsätze« des Vereins. — *Grolle*, Suche; *ders.*, Hamburger.

23 Vgl. *Kocka*, Nationalsozialismus und Bundesrepublik, S. 342–343.

24 Aufgrund dieser Schwerpunktsetzung wird Schramms Tätigkeit als Kriegstagebuchschreiber im Oberkommando der Wehrmacht nur am Rande behandelt. Dabei wäre nicht nur seine Tätigkeit in der Zeit des Zweiten Weltkriegs selbst eine Untersuchung wert, sondern auch der Umstand, daß er in einer eigentümlichen Doppelfunktion sowohl der Verfasser als auch der Editor dieser Quelle war. Um solche Aspekte angemessen zu erörtern, wäre ein eigenes Forschungsprojekt er-

Grolle das Ende der Freundschaft zwischen Percy Ernst Schramm und der Kulturwissenschaftlichen Bibliothek Warburg. Kurz nachdem die Bibliothek Ende des Jahres 1933 von Hamburg nach London verlagert worden war, um der nationalsozialistischen Schikanierung und Verfolgung zu entgehen, zerbrach die jahrzehntealte Verbindung an der Haltung des Historikers zum in Deutschland herrschenden Regime.[25] Die Untersuchung dieses Konflikts führt mitten hinein in die in der vorliegenden Arbeit behandelte Problematik. Noch nach 1945 hat Schramm selbst mehrfach darauf hingewiesen, daß er Aby Warburg für seine Wissenschaft viel verdanke.[26] Angesichts dessen ergibt sich die Frage, was der Bruch der Freundschaft und das Ende der persönlichen Beziehung für Schramms Forschungstätigkeit bedeutet haben.

Grolle hat diese Frage noch nicht gestellt. Um sie klären zu können, muß zunächst die Freundschaft selbst in ihrem Verlauf mit ihren Höhepunkten und Krisen genauer untersucht werden. Parallel zur Erörterung dieser lebensweltlich orientierten Frage ist das wissenschaftliche Werk zu analysieren. An welchen Punkten wird die Einwirkung von Aby Warburg, Fritz Saxl und der Kulturwissenschaftlichen Bibliothek Warburg auf Schramms Veröffentlichungen zur mittelalterlichen Geschichte konkret greifbar? In gleicher Weise ist die Frage zu stellen, welche anderen Faktoren Schramms Vorstellungen vom Mittelalter bestimmt haben. Trotz seines guten Kontakts zu den mit der Kulturwissenschaftlichen Bibliothek Warburg verbundenen Personen gehörte er doch nie zum engsten Kreis derer, die an der Bibliothek arbeiteten oder sich von ihr inspirieren ließen. Während deshalb bestimmte Elemente in Schramms mediävistischen Arbeiten durch seine Beziehung zur Bibliothek Warburg erklärbar werden, führen andere Elemente in andere Zusammenhänge. Darum muß Schramms Wissenschaft vom Mittelalter insgesamt in den Blick genommen und zu seinem Leben in Beziehung gesetzt werden. Die Aufgabe, die sich ergibt, ist die umfassende Analyse von Schramms mediävistischen Arbeiten in biographischer Perspektive.

Das vorrangige Erkenntnisziel der vorliegenden Studie ist somit ein vertieftes Verständnis der Schriften von Percy Ernst Schramm zur mittelalterlichen Geschichte. Notwendig ist hierfür ein diachronischer Vergleich der in Frage kommenden Werke. Dabei gilt es, die Elemente zu erkennen, die diese Werke über die Jahre hinweg miteinander verbinden, und die Punkte herauszuarbeiten, an denen sie sich unterscheiden. Das Hauptaugenmerk richtet sich deshalb vorrangig auf diejenigen Dimensionen, in denen die Texte tatsächlich vergleichbar werden.

forderlich. Eine erste Annäherung ermöglicht ein Aufsatz von *Manfred Messerschmidt*. — *Messerschmidt*, Erdmann, v.a. S. 440–443; s. außerdem unten, Kap. 11.a) und 13.c).

25 *Grolle*, Schramm – Saxl.

26 SVS 1954–1956 Herrschaftszeichen, Bd.3, S. X; außerdem ebd., Bd.1, S. 16; SVS 1958 Sphaira, S. 183; SVS 1968–1971 Kaiser, Bd.1, S. 8 u. 29.

Es kann nicht darum gehen, alle Einzelergebnisse, die Schramm im Laufe seines langen Forscherlebens erzielt hat, darzustellen und zu bewerten. Natürlich muß zuallererst der Inhalt einer jeweils in Frage stehenden Schrift erfaßt sein. Stärker als auf einzelne inhaltliche Punkte richtet sich aber im nächsten Schritt die Aufmerksamkeit auf Aspekte der Methodik und der Fragestellung, auf markante Denkmuster und Argumentationsfiguren. Diese Elemente verweisen auf allgemeinere Vorstellungen von Geschichte. Dadurch ergibt sich aus ihnen das Bild von der Geschichte, das hinter den Texten steht und sie verbindet. Der Terminus »Bild« hat im vorliegenden Fall eine besondere Berechtigung: Schramm war ein großer Freund alles Anschaulichen und charakterisierte sich selbst gelegentlich als »Augenmensch«.[27] Dementsprechend zeichnen sich seine Vorstellungen von Geschichte eher durch die lebendige Anschaulichkeit von Bildern als durch die abstrakte Exaktheit technischer Zeichnungen aus.

In diesem Sinne geht es um die Frage, was für ein Bild vom Mittelalter Schramms Texte erkennen lassen. Wird die Frage für jeden Text neu gestellt, so werden Abweichungen und Veränderungen sichtbar. Der Entwicklungsgang, der auf diese Weise zutage tritt, muß gleichzeitig zu Schramms Lebenslauf in Beziehung gesetzt werden. Die Biographie liefert für Schramms Geschichtsbild und für dessen Wandel den Hintergrund und den Kontext. Es geht darum, »Leben« und »Werk« des Wissenschaftlers in ihrer gegenseitigen Verschränkung zu betrachten.[28] Dabei muß nicht eigens betont werden, daß ein Individuum niemals für sich allein existiert und ein Buch niemals im leeren Raum entsteht.[29] Das »Werk« muß in die zeitgenössischen Forschungszusammenhänge, das »Leben« in soziale Strukturen eingeordnet werden. Für die richtige Interpretation beider Ebenen müssen die geistigen und politischen Bewegungen der Zeit Berücksichtigung finden.

27 SVS 1963–1964 Neun Generationen, Bd.1, S. 12; vgl. *Elze*, Nachruf Schramm, S. 657.

28 Es ist also erklärtes Ziel, den Fehler einer »naiven Parallelführung von ›Leben und Werk‹« zu vermeiden. Zu Recht weist *Thomas Hertfelder* warnend darauf hin, daß Biographien von Wissenschaftlern, die »Leben und Werk« erörtern sollen, häufig »von zwei substantiell verschiedenen und zudem wenig miteinander vermittelten Gegenständen« handeln (*Hertfelder*, Franz Schnabel, S. 31, m. Anm. 54).

29 *Christoph Cornelißen* führt aus, daß der häufig geäußerte Vorwurf, die Biographie huldige einer Illusion, weil sie das Individuum für sich allein betrachte, so alt ist wie das Genre selbst. Weil jede Biographie gezwungen ist, auch das Umfeld ihres Protagonisten zu berücksichtigen, geht der Vorwurf ins Leere. Umgekehrt bietet die Biographie eine wertvolle Möglichkeit, allgemeine Aussagen verschiedener Ebenen in einem konkreten Fall zu verknüpfen und sie dadurch zu veranschaulichen. — *Cornelißen*, Gerhard Ritter, S. 10–12.

3. Geschichtswissenschaft und Erinnerung

Von welcher Art die Verschränkung von Lebenslauf und wissenschaftlichem Denken ist, läßt sich beschreiben, wenn die Arbeit einer historisch forschenden Person mit der autobiographischen Erinnerung eines Individuums verglichen wird.[30] Die moderne neurologische und psychologische Gedächtnisforschung geht davon aus, daß es im Gedächtnis des Menschen keine vollständigen Abbilder der Vergangenheit gibt, die der einzelne Mensch einfach hervorholen könnte, um sich an sein Leben zu erinnern. Es gibt lediglich Spuren, die Sinneseindrücke oder Erlebnisse im Gedächtnis hinterlassen haben.[31] Erinnerung besteht darin, daß diese Spuren aktiviert werden. Mehrere solcher Elemente, die jedes für sich Gedächtnisinhalte durchaus verschiedener Art repräsentieren, verbinden sich mit dem auslösenden Reiz zu einem vollständigen Bild.[32] So wird das Bild von der Vergangenheit, das als Produkt des Erinnerungsprozesses zutage tritt, aus verschiedenen Elementen konstruiert. Dabei läßt sich nicht vorhersagen, wie zutreffend die Erinnerung die Vergangenheit beschreibt. Psychologisch betrachtet, hat sie ohnehin nicht die Funktion, die Vergangenheit möglichst wahrheitsgemäß wiederzugeben. Vielmehr soll sie helfen, Situationen in der Gegenwart zu bewältigen. Insbesondere dient sie dazu, das Selbstverständnis der erinnernden Person, und in diesem Sinne ihre Identität zu stabilisieren.[33]

Die Geschichtswissenschaft hat mit der hier beschriebenen autobiographischen Erinnerung gemein, daß es sich jeweils um Formen der Vergegenwärtigung von Vergangenheit handelt.[34] Gemeinsam ist beiden außerdem, daß die Bilder der Vergangenheit, die jeweils entstehen, auf der Grundlage von gegenwärtig Vorhandenem konstruiert werden. Die Arbeit

30 *Katja Patzel-Mattern* setzt sich mit verschiedenen Erinnerungstheorien aus den ersten Jahrzehnten des 20. Jahrhunderts auseinander. Sie verfolgt damit die Absicht, die Grundlagen der Geschichtswissenschaft neu zu beleuchten. In ihrer Einleitung gibt sie einen umfassenden Überblick über »Erinnerung« als »ein neues Paradigma der Kulturwissenschaften«. — *Patzel-Mattern*, Geschichte; der erwähnte Überblick ebd., S. 9–13 u. 23–48; das Zitat gibt die Überschrift ihrer Einleitung wieder, ebd., S. 9; hinsichtlich der Möglichkeiten der aktuellen kulturwissenschaftlichen Gedächtnisforschung bietet einen Überblick: *Oesterle (Hg.)*, Erinnerung.

31 Diese Spuren bezeichnet die Neurologie als »Engramme« (*Schacter*, Erinnerung, S. 96–102).

32 *Schacter*, Erinnerung, S. 120–121, 153–156; *Kotre*, Strom, S. 35–37, 55–60.

33 *Kotre*, Strom, S. 116–117, 139–148; *Schacter*, Erinnerung, S. 156–157.

34 Die Frage, ob unterschiedliche Formen der Vergegenwärtigung von Vergangenheit sinnvollerweise unter den einheitlichen Oberbegriffen »Gedächtnis« und »Erinnerung« zusammengefaßt werden können, ist in den Kulturwissenschaften umstritten. *Aleida Assmann* hat den Versuch einer allgemeinen Theorie des Gedächtnisses vorgelegt, die sowohl das individuelle Gedächtnis als auch überpersönliche und kollektive Formen des Gedächtnisses umfaßt. — *Assmann, A.*, Vier Formen; darin über das individuelle Gedächtnis: S. 184–185; vgl. auch die dazugehörigen Diskussionsbeiträge im selben Heft der Zeitschrift »Erwägen, Wissen, Ethik«.

der Geschichtswissenschaft unterscheidet sich von der autobiographischen Erinnerung vor allem dadurch, daß eine historisch forschende Person ihre Arbeit kontrolliert und sie reflektiert betreibt. Durch methodisches Vorgehen versucht sie, ein möglichst zutreffendes Modell der Vergangenheit zu erarbeiten.

Dennoch ist jede historische Darstellung anderen Formen der Vergegenwärtigung von Vergangenheit darin ähnlich, daß sie immer auf Situationen und Erfordernisse der Gegenwart bezogen ist.[35] Der individuellen Erinnerung ähnelt sie zusätzlich darin, daß sie nicht zuletzt mit dem Selbstverständnis der jeweiligen historisch forschenden Person in Wechselwirkung steht. In manchen Fällen machen Historikerinnen oder Historiker ihre eigene Gegenwart explizit zum Gegenstand und stellen den Bezug ihrer Vergangenheitsdeutung zu jeweils aktuellen Herausforderungen ausdrücklich her. In aller Regel geschieht der Bezug auf die Gegenwart aber unwillkürlich. Unabhängig von der methodischen Sorgfalt der jeweiligen forschenden Person formt dieser Bezug immer ihre Vorstellung von der Vergangenheit. Er konstituiert die Verschränkung des wissenschaftlichens Denkens einer jeden historisch forschenden Person mit ihrem Lebensumfeld und ihrem Lebenslauf. Deshalb sind die von Schramm verfaßten Texte über das Mittelalter unter dem Gesichtspunkt zu analysieren, inwiefern seine Themen, Fragestellungen, Ergebnisse und das damit verbundene Geschichtsbild jeweils aktuell seiner Selbstvergewisserung dienten und an welchen Problemlagen und Erfordernissen seiner Gegenwart er sich, bewußt oder unwillkürlich, orientierte, wenn er über das Mittelalter sprach.

4. Schramm als Angehöriger der »Frontgeneration«

Die Art und Weise, wie Schramm mit den Problemen seiner Gegenwart umging, war nicht nur für ihn allein charakteristisch. In vielerlei Hinsicht agierte er als ein Vertreter der »Frontgeneration« des Ersten Weltkriegs. In der Zeit der Weimarer Republik war es für das Selbstverständnis und die Weltsicht vieler Menschen, insbesondere der meisten Männer, entscheidend, in welchem Verhältnis sie aufgrund ihres Lebensalters zum Ersten Weltkrieg

35 *Katja Patzel-Mattern* versucht aus diesem Grund, eine neue Geschichtstheorie zu konstituieren, und unternimmt die »Formulierung eines erinnerungstheoretischen Ansatzes geschichtswissenschaftlicher Forschung«. An die Stelle der Orientierung an der Richtigkeit ihrer Aussagen tritt für eine »erinnerungsgeleitete Geschichtsschreibung« die »Verpflichtung gegenüber der gelebten Gegenwart«. Wie eine solche Geschichtsschreibung in der Praxis aussehen soll, bleibt jedoch unklar. Unerörtert bleibt auch die Frage, woraus eine so aufgestellte Geschichtswissenschaft ihren Wissenschaftsanspruch ableitet und welche gesellschaftliche Funktion, die für sie spezifisch wäre, ihr zukommen kann. — *Patzel-Mattern*, Geschichte, v.a. S. 16 u. 261–262.

standen. Die jeweils alterstypischen Erfahrungen der Kriegszeit brachten charakteristische Denkweisen und Einstellungen hervor. Aufgrund dessen wurden die verschiedenen Altersgruppen als »Generationen« voneinander unterschieden.[36]

Gesprochen wurde von der »Frontgeneration« der zwischen 1880 und 1900 Geborenen, die als einfache Soldaten und junge Offiziere aktiv am Krieg teilgenommen hatten.[37] Innerhalb dieser Gruppe gehörte Schramm zur »jungen Frontgeneration«, die erst im Krieg eigentlich ins Erwachsenenalter eingetreten war und bei deren Angehörigen wichtige Entscheidungen über den beruflichen Lebensweg erst nach Kriegsende fielen.[38] Dem stand die »Kriegsjugendgeneration« der zwischen 1900 und 1910 Geborenen gegenüber. Sie waren zu jung gewesen, um noch aktiv an den Kämpfen teilzunehmen. Dennoch war ihre Jugend durch den Krieg bestimmt gewesen.[39]

Noch in den zwanziger Jahren des zwanzigsten Jahrhunderts hat der Soziologe Karl Mannheim die Diskussionen seiner Zeit über die verschiedenen Generationen theoretisch fundiert. Er hat den auf den Ersten Weltkrieg bezogenen Diskurs verallgemeinert und festgestellt, daß eine Alterskohorte innerhalb einer Gesellschaft insbesondere dann ein gemeinsames Bewußtsein als Generation entwickeln kann, wenn ein einschneidendes historisches Ereignis die Erfahrung der Gleichaltrigen in ähnlicher Weise prägt.[40] Dadurch hat er den Begriff der »Generation« als Kategorie kulturwissenschaftlicher Analyse etabliert.[41] Stefan Meineke hat im Rahmen seiner Biographie über Friedrich Meinecke die Theorie weiter geklärt. Er hat darauf hingewiesen, daß die Generationentheorie durch die »Prägungshypothese« gestützt wird, die durch entwicklungspsychologische Forschungen vielfach bestätigt ist. Sie besagt, daß ein Mensch weltanschauliche Festlegungen, die er im Alter von 15 bis 25 Jahren erreicht, bis ans Ende seines Lebens nicht mehr auf-

36 Zur Terminologie und ihren Wurzeln: *Herbert*, Best, S. 42–43; *Wohl*, Generation, S. 64–65; vgl. auch *Mommsen, H.*, Generationskonflikt.

37 Eine umfassende ideengeschichtliche Analyse des Phänomens der »Generation von 1914« im europäischen Rahmen hat *Robert Wohl* erarbeitet. *Christoph Cornelißen* hat einen Überblick über die Erfahrungen und Denkweisen der Vertreter der »Frontgeneration« unter den deutschen Historikern vorgelegt. — *Wohl*, Generation; über die Entwicklung in Deutschland: ebd., S. 42–84; *Cornelißen*, Frontgeneration.

38 *Cornelißen*, Frontgeneration, S. 315–317, v.a. die Tabelle auf S. 317; *Herbert*, Best, S. 43.

39 S. zusammenfassend: *Herbert*, Best, S. 43–45.

40 *Mannheim*, Problem der Generationen, v.a. S. 541–544.

41 In jüngerer Zeit hat beispielsweise *Detlev Peukert* das Interpretament der »politischen Generationen« in seiner Geschichte der Weimarer Republik zur Anwendung gebracht. *Ulrich Herbert* hat den NS-Funktionär Werner Best als profilierten Vertreter der »Kriegsjugendgeneration« gedeutet und dadurch einen ergebnisreichen Zugang zu dessen Biographie aufgeschlossen. — *Peukert*, Weimarer Republik, v.a. S. 25–31; *Herbert*, Best, v.a. S. 42–46.

gibt.[42] Hiervon ausgehend, hat Meineke die generationentypischen Aspekte im Denken Friedrich Meineckes herausarbeiten können.[43]

Die Gültigkeit der beschriebenen Kategorien für eine Annäherung an Percy Ernst Schramm ist offenkundig. Schramm war sich seiner Zugehörigkeit zur »Frontgeneration« bewußt. Sie gehörte zu den grundlegenden Elementen seines Selbstverständnisses. Der eindrücklichste Beleg hierfür ist die Tatsache, daß er in seinem unveröffentlicht gebliebenen Erinnerungswerk »Jahrgang 94«, das er in den fünfziger und sechziger Jahren schrieb, die Jahre des Ersten Weltkriegs in einer alle Relationen sprengenden Breite schilderte. Er wollte sich mit diesem Buch in den Zusammenhang seiner Generation einordnen, die durch die Erfahrungen des Ersten Weltkriegs konstituiert worden war.[44]

5. Zur Forschungslage

Die biographisch orientierte Untersuchung der mediävistischen Werke von Percy Ernst Schramm kann sich auf eine mittlerweile recht breite Forschung über die deutsche Geschichtswissenschaft im zwanzigsten Jahrhundert stützen. Insbesondere die oben schon erwähnte Debatte über die Rolle der Historiker im Nationalsozialismus hat hier große Fortschritte gebracht.[45] Sie hat einer Bewegung zusätzlichen Schwung verliehen, die bereits seit einiger Zeit zu einer immer stärkeren Beachtung der Historiographiegeschichte hinführt. Eine wichtige Etappe markierte Winfried Schulzes Studie über die deutsche Geschichtswissenschaft der ersten Jahrzehnte nach dem Zweiten Weltkrieg, die 1989 erschien.[46]

Im Zuge dieser allgemeinen Bewegung hat der Generationenbegriff bereits mehrfach auf überzeugende Weise Anwendung erfahren. Die grundsätzliche Relevanz der Kategorie für die Geschichte der Geschichtswissenschaft hat

42 *Meineke*, Friedrich Meinecke, S. 44–48, mit reichhaltigen Hinweisen auf weiterführende Literatur; vgl. *Mannheim*, Problem der Generationen, S. 536–538 u. 539.

43 *Meineke*, Friedrich Meinecke, S. 314–328; über weitere fruchtbare Operationalisierungen von Mannheims Generationenbegriff unten, im Abschnitt zur »Forschungslage«.

44 FAS, L »Jahrgang 94«; der Erste Weltkrieg: ebd., Bd.1, S. 56, bis Bd.2, S. 296; über die Bedeutung des »Kriegserlebnisses«: ebd., Bd.1, S. 81 u. 126–130, sowie Bd.3, S. 418–424; vgl. zu Schramms Memoiren auch unten, Kap. 13.d), sowie *Thimme, D.*, Erinnerungen.

45 Über das bereits Angeführte hinaus seien als einschlägige Arbeiten noch genannt: *Schreiner*, Führertum; *Schönwälder*, Historiker; *Wolf*, Litteris; *Schöttler (Hg.)*, Geschichtsschreibung; für die neueste Literatur stellvertretend: *Berg*, Holocaust.

46 *Schulzes* Zusammenfassung basierte auf einem Beitrag zu einem kurz zuvor erschienenen, von *Ernst Schulin* herausgegebenen Sammelband. — *Schulze*, Geschichtswissenschaft; *Schulin (Hg.)*, Geschichtswissenschaft; in diesem Sammelband über die Mittelalterforschung: *Schreiner*, Wissenschaft.

Ernst Schulin demonstriert.[47] Die Debatte über die nationalsozialistische Zeit hat die Aufmerksamkeit auf Vertreter des Faches gelenkt, die nach der oben erläuterten Systematik der »Kriegsjugendgeneration« des Ersten Weltkriegs angehörten.[48] Auch der wichtigste Mediävist dieser Generation, Schramms Göttinger Institutskollege Hermann Heimpel, dessen Bedeutung weit über sein Spezialgebiet hinausreichte, ist bereits ins Blickfeld der Forschung gerückt.[49]

Die Zahl der biographischen Monographien über Historiker des zwanzigsten Jahrhunderts wächst in Deutschland und international stetig an. Bemerkenswert ist vor allem die Vielfalt der methodischen Ansätze. Als eine der jüngeren Publikationen aus dem deutschen Raum ist Christoph Cornelißens Arbeit über Gerhard Ritter exemplarisch hervorzuheben. Cornelißen vereint ein intensives Quellenstudium mit einer systematischen Analyse der veröffentlichten Schriften und findet dadurch zu einer umfassenden Darstellung.[50] Ritter, der vielleicht bedeutendste Angehörige der »Frontgeneration« unter den deutschen Historikern, war mit dem ein wenig jüngeren Schramm seit etwa 1923 bekannt. Daraus entstand in der Zeit nach 1945 eine Freundschaft, wobei Schramm immer zu Ritter aufschaute.[51] Ein guter Freund von Schramm bereits seit ungefähr 1924 war Ernst Kantorowicz, zu dessen Werk und Leben eine wachsende, internationale Literatur vorliegt. Eine überzeugende biographische Synthese steht allerdings noch aus.[52]

Hinsichtlich des Ansehens, das er zu Lebzeiten genoß, steht Percy Ernst Schramm hinter Persönlichkeiten wie Heimpel und Ritter nur wenig zurück.[53] Einige Studien liegen bereits vor, die seine Biographie und sein wis-

47 *Schulin*, Weltkriegserfahrung.

48 *Anne Chr. Nagel* hat jetzt eine zusammenfassende Arbeit über die Entwicklung der mediävistischen Geschichtswissenschaft in der Bundesrepublik Deutschland von der Gründung des westdeutschen Teilstaates bis etwa 1970 vorgelegt. Die Angehörigen der »Kriegsjugendgeneration« stehen im Mittelpunkt ihres Interesses. — *Nagel*, Schatten.

49 Hermann Heimpel hat sich selbst als Mitglied der »Kriegsjugendgeneration« verstanden und dies in seiner autobiographischen Jugendbeschreibung niedergelegt. Trotz wichtiger Beiträge hat die Forschung über ihn noch nicht die Tiefe erreicht, die seiner Stellung gerecht würde. — *Heimpel*, Die halbe Violine, v.a. S. 235, 237–238, 289; Literatur über Heimpel z.B.: *Matthiesen*, Identität; *Schulin*, Heimpel; *Racine*, Hermann Heimpel; *Esch*, Hermann Heimpel; *Fuhrmann*, Geschichte als Fest.

50 *Cornelißen*, Gerhard Ritter.

51 Über Ritter als Vertreter der »Frontgeneration«: *Cornelißen*, Gerhard Ritter, v.a. S. 8–9, 22–23, 73–74; über Ritter und Schramm: ebd., z.B. S. 155 u. 558; außerdem unten, v.a. Kap. 13.b).

52 Stellvertretend seien genannt: *Grünewald*, Kantorowicz; *Boureau*, Kantorowicz; *Benson, Fried (Hg.)*, Ernst Kantorowicz; s. in dieser Arbeit zuerst unten, Kap. 6.b).

53 Davon legen die zahlreichen, auch fremdsprachigen Nachrufe Zeugnis ab, die nach seinem Tod erschienen sind. Auf die interessantesten und aussagekräftigsten sei hier verwiesen. Sie sind zum Teil in Zeitungen, zum Teil in wissenschaftlichen Zeitschriften erschienen. — *Hubatsch*, Erforscher; *Janszen*, Hamburger Rittmeister; *Elze*, Nachruf Schramm; *Detwiler*, Percy Ernst Schramm; *Heimpel*, Königtum; *Patze*, Nachruf Schramm; *Euler*, Percy Ernst Schramm; *Bittel*,

senschaftliches Œuvre behandeln. Die wichtigsten von ihnen sind von Schülern von Schramm verfaßt, wobei hier an erster Stelle noch einmal die Arbeiten von Joist Grolle zu nennen sind.[54] Schon früher, nur wenige Jahre nach Schramms Tod, hat János Bak eine Annäherung an Schramms Gesamtwerk zur mittelalterlichen Geschichte vorgelegt. Darin hat er nicht zuletzt auf die Bedeutung von Schramms Verbindung zu Aby Warburg und dessen Bibliothek hingewiesen.[55] Im Rahmen einer Aufsatzsammlung über die Geschichte der Göttinger Geschichtswissenschaft hat Norbert Kamp das Wirken von Percy Ernst Schramm als Mediävist zum Thema gemacht. Einen besonderen Schwerpunkt hat Kamp auf die Hintergründe von Schramms Berufung nach Göttingen im Jahr 1929 gelegt.[56]

In einem Band über die Universität Göttingen in der Zeit des Nationalsozialismus ist ein von Robert P. Ericksen verfaßter Aufsatz über das Historische Seminar enthalten, in dem Percy Ernst Schramm relativ ausführlich behandelt wird. Allerdings werden die Ausführungen der Komplexität der Materie nicht gerecht.[57] Ähnlich ist über die Ausführungen zu urteilen, die Norman Cantor in seiner Geschichte der Mediävistik im zwanzigsten Jahrhundert über Schramm formuliert hat.[58] Im Rahmen ihrer umfassenden Auseinandersetzung mit den wissenschaftlichen Arbeiten von Historikern in der Zeit des ›Dritten Reiches‹ hat Ursula Wolf einen separaten Abschnitt ihrer Darstellung Schramm gewidmet. Ihre Analyse greift wichtige Aspekte auf, führt aber nicht zu einem schlüssigen Gesamtbild von Schramms

Begrüßungsworte; *Rothfels*, Gedenkworte Schramm; *Wenskus*, Nachruf Schramm; *Brandt*, Nachruf Schramm; *Boyce*, Nachruf Schramm.

54 Neben den hier im Text ausführlicher erörterten Aufsätzen über Schramms Reaktionen auf die nationalsozialistische Diktatur und das Ende seiner Freundschaft zur Kulturwissenschaftlichen Bibliothek Warburg ist oben in einer Fußnote bereits auf eine dritte Studie verwiesen worden, die Schramms Arbeiten zur Geschichte Hamburgs im Überblick behandelt (*Grolle*, Schramm Sonderfall).

55 Eine wichtige Grundlage für Baks Einschätzungen ist ein Interview gewesen, das er auf schriftlichem Wege kurz vor Schramms Tod mit diesem führte. Den Text des Interviews hat Bak später publiziert. — *Bak*, Symbology; *ders.*, Percy Ernst Schramm.

56 *Kamp*, Percy Ernst Schramm.

57 *Ericksens* Kategorien bleiben zu sehr an der Oberfläche. Deshalb verdecken sie mehr als sie aufhellen. Ericksen belegt die wissenschaftliche Arbeit Schramms und seines älteren Kollegen Karl Brandi mit dem wenig trennscharfen Etikett »konservative Geschichtsschreibung«. In stark verkürzender Weise konstruiert er eine bruchlose Kontinuität zwischen den kriegsgeschichtlichen Forschungen von Bernhard Schwertfeger in den zwanziger und dreißiger Jahren und Schramms Forschungen über den Zweiten Weltkrieg nach 1945. — *Ericksen*, Kontinuitäten; über die Kriegsgeschichte in Göttingen: ebd., S. 436.

58 Sie sind in Einzelheiten erhellend, enthalten aber zahlreiche sachliche Fehler und Fehleinschätzungen. *Cantor* behandelt Schramm und Ernst Kantorowicz gemeinsam unter der Kapitelüberschrift »The Nazi Twins«. Unter anderem gibt er für die Zeit des Zweiten Weltkriegs ein völlig verfehltes Bild von Schramms angeblicher Nähe zu Adolf Hitler. — *Cantor*, Inventing, S. 79–117; über den Zweiten Weltkrieg: ebd., S. 91–92; vgl. im übrigen unten, Kap. 11.a).

Haltung.[59] Steffen Kaudelka hat die Frage behandelt, wie deutsche Historiker in den zwanziger und dreißiger Jahren des zwanzigsten Jahrhunderts mit französischer Geschichte umgegangen sind, und sich unter anderem mit Schramms »König von Frankreich« befaßt.[60] Seine Analyse ist ein wichtiger und weiterführender Beitrag zur Erforschung von Schramms Mittelalterbild.[61]

Insgesamt schaffen die genannten Arbeiten an vielen Stellen die Grundlage für eine tieferreichende Betrachtung. Dennoch kann eine unter biographischen Gesichtspunkten durchgeführte Werkanalyse über sie hinauskommen. In besonderem Maße gilt dies für eine Untersuchung, die Schramms gesamte Lebensspanne umgreift. Sie vermag die bereits vorliegenden Befunde zu kontextualisieren und dadurch ein besseres Verständnis zu ermöglichen. Allerdings muß die vorliegende Arbeit dem Umstand Rechnung tragen, daß eine umfassende, quellengestützte Darstellung von Schramms Lebenslauf fehlt. Obwohl das Ziel die Analyse von Schramms mediävistischen Publikationen bleibt, müssen daher auch biographische Probleme im allgemeineren Sinne behandelt werden. Hier ist Grundlagenarbeit zu leisten, ohne die das Ziel einer verschränkten Betrachtung von »Leben« und »Werk« nicht zu erreichen ist. Insbesondere die entscheidende Phase der frühen zwanziger Jahre, deren Durchleuchtung für eine zutreffende Beschreibung aller späteren Entwicklungen unverzichtbar ist, ist noch gar nicht aufgearbeitet worden.

6. Zur Quellenlage

Die wichtigste Grundlage der vorliegenden Arbeit bilden die veröffentlichten Werke von Percy Ernst Schramm zur mittelalterlichen Geschichte. Gedruckte archivalische Quellen stehen vor allem aus der Warburg-Forschung und ihrem Umkreis zur Verfügung. An erster Stelle ist hier das »Tagebuch

59 *Wolf*, Litteris, S. 322–328; wichtigere weitere Erwähnungen: S. 91, Anm. 92 auf S. 111, S. 172 m. Anm. 80, S. 175, S. 187 m. Anm. 151, S. 195–196.

60 *Kaudelka*, Rezeption, S. 188–203.

61 Ferner ist noch darauf hinzuweisen, daß *Girolamo Arnaldi* einen speziellen Einzelaspekt aus Schramms mediävistischem Schaffen herausgegriffen und Schramms Forschungen über den Stauferkaiser Friedrich II. untersucht hat. *Horst Fuhrmann* hat einen Artikel, den er zuerst 1969 aus Anlaß von Schramms 75. Geburtstag in einer Tageszeitung veröffentlicht hat, kürzlich in leicht überarbeiteter und erweiterter Form neu vorgelegt. Zeitzeugen berichten übrigens, daß Schramm selbst sich in dem ursprünglichen Zeitungsartikel sehr gut getroffen fand. — *Arnaldi*, Federico II; *Fuhrmann*, Chevalier; über den Entstehungszusammenhang vgl. *ders.*, Menschen, S. 347; dort fälschlicherweise Schramms 70. Geburtstag als Anlaß der Erstveröffentlichung genannt; der ursprüngliche Artikel als Zeitungsausschnitt auch in: FAS, L 305.

der Kulturwissenschaftlichen Bibliothek Warburg« zu nennen.[62] Eine Fülle von Informationen bietet, insbesondere in ihren Anhängen, die Edition der Korrespondenz zwischen Ernst Robert Curtius und dem Warburg Institute, die Dieter Wuttke verwirklicht hat.[63] An gedruckten Quellen aus anderen Zusammenhängen ist die kritische Gesamtausgabe der Schriften von Felix Hartlaub an die erste Stelle zu setzen. Hartlaub war im Zweiten Weltkrieg Schramms rechte Hand bei der Bearbeitung des Kriegstagebuchs. Seine Briefe und Aufzeichnungen bieten wertvolle Einsichten in den Alltag im Wehrmachtführungsstab und in Schramms Persönlichkeit.[64] Anna Maria Voci hat im Anhang eines Aufsatzes über Harry Bresslau, dessen Assistent Schramm in der Mitte der zwanziger Jahre war, die überlieferte Korrespondenz zwischen Bresslau und Schramm publiziert.[65]

Trotz der vorhandenen Quelleneditionen basiert die Arbeit im wesentlichen auf ungedruckten Quellen.[66] Sie stützt sich vor allem auf das Familienarchiv Schramm, das im Staatsarchiv Hamburg lagert.[67] Dieses Familienarchiv ist zum größten Teil von Percy Ernst Schramm selbst zusammengetragen worden und wurde auf seinen Wunsch im Staatsarchiv Hamburg deponiert. Sein eigener Nachlaß ist der umfangreichste Teilbestand innerhalb des Familienarchivs.[68] Er wurde systematisch ausgewertet. Weitere Ab-

62 *Karen Michels* und *Charlotte Schoell-Glass* haben es im Rahmen der Gesamtausgabe der Schriften Aby Warburgs ediert. Von Aby Warburg selbst sowie von Gertrud Bing und Fritz Saxl wurde es von 1926 bis zu Warburgs Tod 1929 geführt. An dieser Stelle sei auch verwiesen auf die von Fritz Saxl verfaßte, bis dahin unpublizierte Zusammenfassung der Geschichte der Kulturwissenschaftlichen Bibliothek Warburg, die *Ernst Gombrich* im Jahr 1970 seiner intellektuellen Biographie Aby Warburgs beigegeben hat. — *Warburg*, Tagebuch KBW; *Saxl*, History.

63 Wuttke hat ferner den ersten Band einer Edition der Briefe Erwin Panofskys publiziert. Darin sind einige Briefe an Schramm enthalten. Sie stammen alle aus dem Hamburger Nachlaß von Percy Ernst Schramm, der für diese Arbeit ohnehin ausgewertet wurde. — *Wuttke (Hg.)*, Kosmopolis; *Panofsky*, Korrespondenz Bd.1.

64 Gabriele Lieselotte Ewenz hat die neue Edition vorgelegt und damit die Ausgaben früherer Bearbeiter ersetzt. — *Hartlaub, F.*, »Umriss«.

65 Wertvolle Hinweise enthält auch die von *Klaus Schwabe* und *Rolf Reichardt* herausgegebene Edition der Briefe Gerhard Ritters. Zu nennen ist ferner die von *Hermann Diener* edierte »Selbstdarstellung« Karl Hampes, die vor allem für die Analyse von Schramms Heidelberger Umfeld in den zwanziger Jahren wichtig ist, wenn sie auch über Schramm selbst so gut wie keine Informationen liefert. — *Voci*, Harry Bresslau, S. 288–295; *Schwabe, Reichardt (Hg.)*, Ritter Briefe; *Diener (Hg.)*, Karl Hampe.

66 Bei Zitaten aus Quellentexten werden Abkürzungen stillschweigend aufgelöst. Kleinere, offensichtliche Rechtschreibfehler werden ohne besonderen Vermerk korrigiert. Für Detailangaben hinsichtlich der Quellengrundlage, die über das im folgenden Beschriebene hinausgehen, s. das Verzeichnis der ungedruckten Quellen im Anhang.

67 Bestandsnummer: Staatsarchiv Hamburg 622–1, Schramm; im folgenden zitiert mit der Sigle »FAS« für »Familienarchiv Schramm«.

68 Das Familienarchiv ist in Abschnitte gegliedert. Jeder Abschnitt faßt das Material zusammen, das jeweils ein bestimmtes Familienmitglied betrifft. Die Abschnitte sind alphabetisch mit Großbuchstaben bezeichnet. Schramms Nachlaß trägt den Buchstaben »L«. — Im folgenden zitiert: FAS, L.

schnitte des Familienarchivs wurden nach Bedarf herangezogen. Von zentraler Bedeutung sind außerdem Bestände des Warburg Institute Archive in London.[69] Die Arbeit im Warburg Institute Archive konzentrierte sich auf eine Durcharbeitung der »General Correspondence«, in der ein umfangreicher Briefwechsel mit Schramm überliefert ist.[70] Die meisten Briefe sind an Fritz Saxl gerichtet oder von diesem verfaßt.[71] Weitere Teile des Warburg Institute Archive wurden stichprobenartig genutzt. Andere Archive lieferten wichtige Ergänzungen.[72]

Der mittlerweile verstorbene Reinhard Elze gewährte Einblick in seinen Briefwechsel mit Percy Ernst Schramm, der sich damals in seinem Privatbesitz befand. Gerda Panofsky, die Witwe Erwin Panofskys, stellte einen Computerausdruck einer von ihr verfaßten Aufzeichnung zur Verfügung, die von der Aufnahme Erwin Panofskys in den Orden Pour le mérit im Jahr 1967 handelt.[73] Persönliche, zum Teil sehr ausführliche Gespräche mit Zeitzeugen, die vor allem die Zeit nach dem Zweiten Weltkrieg betrafen, rundeten das gewonnene Bild von Schramms Leben und Persönlichkeit ab.[74] In der insgesamt reichhaltigen Überlieferung besteht eine empfindliche Lücke durch den weitgehenden Verlust der Briefe, die Schramm an seinen langjährigen Freund Otto Westphal geschrieben hat. Alle Briefe, die Westphal selbst ver-

69 Im folgenden zitiert mit der Sigle »WIA« für Warburg Institute Archive.

70 Die »General Correspondence« ist nach Jahrgängen geordnet. — Im folgenden zitiert: WIA, GC [Jahreszahl].

71 Von den an Schramm gerichteten Briefen, deren Originale im Familienarchiv Schramm überliefert sind, finden sich häufig Kopien, Durchschläge oder Abschriften in London, entweder in der »General Correspondence« oder in Warburgs »Briefkopierbüchern«. Noch bemerkenswerter ist, daß von zahlreichen Briefen, die Schramm geschrieben hat und deren Originale im Warburg Institute Archive liegen, Photographien in Schramms Nachlaß vorhanden sind. Diese Photographien entstanden in den späten fünfziger Jahren, als Schramm an seinen Memoiren arbeitete. Im folgenden wird nur jeweils das Original zitiert. Auf Doppelüberlieferungen wird nicht hingewiesen. — Über Warburgs Briefkopierbücher: *Diers*, Warburg aus Briefen; zu den technischen Details der Kopiertechnik: ebd., v.a. S. 190–194; die erwähnten Photographien alle in: FAS, L 230, Bd.11, Unterakte: »Warburg, Aby«; über ihre Entstehung unten, Kap. 13.d).

72 Im Universitätsarchiv Göttingen wurde die Personalakte von Percy Ernst Schramm untersucht. Aus dem Archiv der Monumenta Germaniae Historica in München wurden verschiedene Bestände herangezogen. — Universitätsarchiv Göttingen, Universitätskuratorium, Personalakte P.E. Schramm, AZ: XVI.IV.A.a.37; im folgenden zitiert: UAGö, PA PES; das Archiv der Monumenta im folgenden zitiert: MGHArch.

73 Nach Angaben Gerda Panofskys basiert die Aufzeichnung zum großen Teil auf zeitgenössischen Tagebucheintragungen. — Im folgenden zitiert: »Chronique scandaleuse« (beim Autor befindlich); vgl. unten, Kap. 13.b).

74 Es handelte sich bei den Gesprächen mit Zeitzeugen nicht um systematisch geführte Interviews. Angaben werden in der Regel nur verwendet, wenn verschiedene Zeitzeugen sich unabhängig voneinander im gleichen Sinne äußerten, wenn die Informationen in schriftlichen Quellen bestätigt werden konnten oder wenn sie Angaben aus schriftlichen Quellen illustrativ ergänzten. Gespräche wurden geführt mit: *Reinhard Elze*; *Joist Grolle*; *Norbert* und *Rosemarie Kamp*; *Helga-Maria Kühn*; *Florentine Mütherich*; *Hans Martin Schaller*; *Gottfried Schramm*; *Jost Schramm*; *Ernst* und *Heidi Schulin*.

wahrt hatte, sind im Zweiten Weltkrieg durch eine Bombe, die sein Haus traf, vernichtet worden.[75]

Hingegen ist der Nachlaß von Percy Ernst Schramm, der bei weitem größte archivalische Quellenfundus, von Kriegsverlusten fast ganz verschont geblieben.[76] Allem Anschein nach hat es auch keinerlei ›Säuberung‹ gegeben. Es gibt keine Hinweise darauf, daß Schramm selbst oder andere Personen Materialien aussortiert hätten, die im Hinblick auf die Zeit des Nationalsozialismus belastend wirken könnten.[77] Jedoch behauptete Schramm in seinen unpublizierten Memoiren, er habe in den Jahren der Diktatur Korrespondenz vernichtet und Aufzeichnungen vermieden, die ihn in den Augen des Regimes hätten kompromittieren können.[78] Material, das den Nationalsozialisten kompromittierend erschienen wäre, hätte Schramm aber nach den Maßstäben der Nachkriegszeit entlastet. Damit würden die überlieferten Quellen, an den Maßstäben der Nachkriegszeit gemessen, in ihrer Summe das Bild zu Schramms Ungunsten verzerren. Ob dies in signifikanter Weise der Fall ist, läßt sich kaum entscheiden. Es scheint jedoch nicht so, als ob das Bild durch das von Schramm beschriebene Verhalten in entscheidendem Maße getrübt wäre.

Unter dem Aspekt der Reichhaltigkeit ist im Hinblick auf Schramms Forschungen zur mittelalterlichen Geschichte eine wichtige Einschränkung zu machen: Zu den Werken, die Schramm veröffentlicht hat, sind im Nachlaß keinerlei Vorarbeiten überliefert. Dies scheint durch seine Arbeitsweise bedingt. Offenbar entsprach es seiner Gewohnheit, nach Abschluß einer Publikation die dazugehörigen Notizen und Manuskripte zu vernichten. Er war offenbar der Meinung, sie seien durch den Druck überholt.[79] Der Entstehungsprozeß der einzelnen Werke kann deshalb in der Regel nur anhand der publizierten Arbeiten selbst erschlossen oder aus anderen Quellen wie

75 Diese Angabe nach einem Brief von Westphals Bruder: FAS, L 98, Brief E. Westphal an P.E. Schramm, Hamburg 13.2.1958; über Westphal z.B.: *Hying*, Geschichtsdenken; *Heiber*, Universität, v.a. Teil 1, S. 462–464; außerdem zuerst unten, Kap. 2.a).

76 Schramm selbst beklagte 1946 den Verlust eines Konvoluts von wissenschaftlichen Notizen und Materialien, die in der Nähe von Berlin vernichtet worden seien. — FAS, L 230, Bd.6, Brief P.E. Schramm an E. Kantorowicz, masch. Durchschl., Göttingen 14.8.1947; vgl. auch: WIA, GC 1942–46, Brief P.E. Schramm an F. Saxl, Göttingen 20.12.1946.

77 Schon *Joist Grolle* hat mit Recht vermerkt, daß die Fülle gerade des bedenklichen Materials in Schramms Nachlaß überrascht (*Grolle*, Hamburger, S. 10).

78 Er schrieb, für die nationalsozialistische Zeit seien seine Unterlagen unvollständig. Zur Begründung fuhr er fort: »Ich hatte gelernt, fortan vorsichtig zu sein. Was an Verfänglichem bei mir einlief, vernichtete ich, und wenn ich das Bedürfnis hatte, mich ohne Rücksichtnahme auf Mithörer und Mitleser auszusprechen, suchte ich die, die gleichen Sinnes waren, persönlich auf.« — FAS, L »Miterlebte Geschichte«, Bd.1, Anm. auf S. 38; ähnlich auch FAS, L »Jahrgang 94«, Bd. 1, S. 7.

79 Diese Vermutung hat bereits der Archivar Friedrich Schmidt, der in den siebziger Jahren das Familienarchiv Schramm ordnete, in der Vorbemerkung zum Findbuch geäußert (auf S. IV).

Briefen rekonstruiert werden. Dies fällt insbesondere bei »Kaiser, Rom und Renovatio« von 1929 ins Gewicht, dessen komplexe Struktur eng mit dem langwierigen Entstehungsprozeß zusammenhängt.

Etwas anders liegen die Verhältnisse bei den Ordines-Forschungen der dreißiger Jahre. Schramm hat die Edition der Ordines, die er plante, nie verwirklicht und auch einige kleinere Werke, die ihm in diesem Bereich noch vorschwebten, nicht zum Abschluß gebracht. Alle damit zusammenhängenden Materialien hat er kurz nach dem Ende des Zweiten Weltkriegs Reinhard Elze überlassen. Über Elze sind sie mittlerweile in den Hamburger Nachlaß eingegangen.[80] Obwohl auch in diesem Fall direkte Vorarbeiten zu den tatsächlich veröffentlichten Studien fehlen, vermitteln die Unterlagen doch Einblicke in Schramms Gedankengänge und in seine Arbeitsweise, die über das an anderen Stellen Erreichbare hinausgehen.[81]

Ein recht umfangreicher Komplex innerhalb des Nachlasses geht auf Schramms »Lebenserinnerungen« zurück. Unabhängig von seinen Arbeiten zur mittelalterlichen Geschichte veranschaulicht diese Überlieferung seine Techniken der Sammlung, Ordnung und Auswertung von Material. Die »Lebenserinnerungen« sind aber noch weit darüber hinaus interessant. Schramm arbeitete jahrzehntelang an diesem Projekt, ohne es je zum Abschluß zu bringen. Hier ist förmlich mit Händen zu greifen, daß es in der Tat die wichtigste Funktion der Erinnerung ist, die Vorstellung, die das Individuum von sich selbst hat, zu stabilisieren. Daraus ergeben sich auffällige Disproportionalitäten und Verzerrungen.[82] Dies ist stets in Rechnung zu stellen, wenn das Material als Quelle für biographische Informationen genutzt wird.

Das bereits erwähnte »Jahrgang 94« stellt das wichtigste Einzelvorhaben im Gesamtkomplex von Schramms Arbeit an seinen Erinnerungen dar. Wie oben schon angedeutet, ist es von Schramms Anliegen bestimmt, sich als typisches Mitglied der »Frontgeneration« zu präsentieren.[83] Mit dieser Begründung ging Schramm darin auf seinen wissenschaftlichen Werdegang nur sporadisch ein. Allerdings hat er außerhalb seines Erinnerungswerks bei verschiedenen Gelegenheiten beschrieben, wie sich seine Entwicklung als Wissenschaftler für ihn im Rückblick dargestellt hat. Diese relativ knappe Beschreibung ist mehrfach veröffentlicht worden.[84] Ihr wichtigstes Strukturmerkmal ist die Betonung einer »Entfaltung« seines wissenschaftlichen

80 Im folgenden zitiert: FAS, L – Ablieferung Elze [noch unsigniert].

81 Ähnliches gilt für Materialien, die sich auf Veröffentlichungen beziehen, an denen Schramm zum Zeitpunkt seines Todes noch arbeitete. Diese Materialien sind zum größten Teil gleichfalls auf dem Umweg über Reinhard Elze in den Nachlaß gekommen.

82 Ausführlicher: *Thimme, D.*, Erinnerungen.

83 FAS, L »Jahrgang 94«.

84 SVS 1968–1971 Kaiser, Bd.1, S. 7–8 u. Bd.4,1, S. 6–7; *Reimers*, Schramm [Film]; *Bak*, Percy Ernst Schramm, v.a. S. 423–426.

Denkens, bei der es keine Brüche oder Richtungswechsel gegeben habe. Angesichts der Katastrophen und Umwälzungen, die der Göttinger Historiker miterlebt hat, muß eine solche Behauptung überraschen. Sie verlangt nach Überprüfung.

7. Über die Gliederung der Arbeit

Die Gliederung der vorliegenden Darstellung folgt in ihrer Grobstruktur chronologisch dem Gang von Schramms Leben. Die einzelnen Kapitel sind zu fünf Teilen zusammengefaßt. Vom ersten abgesehen, münden diese Teile jeweils in ein abschließendes Kapitel, das mit »Bilder vom Mittelalter« überschrieben ist. Diese vier Kapitel sind ganz auf die Analyse von Schramms Publikationen fokussiert. Die übrigen Kapitel dienen dazu, die biographische Entwicklung zu beschreiben und das Umfeld zu erläutern, in dem die Publikationen entstanden sind. Im Zuge dessen wird auch in diesen Kapiteln Schramms Mittelalterbild thematisiert. Insbesondere werden hier archivalische Quellen erörtert, die für das Verständnis von Schramms Geschichtskonzeption bedeutsam sind, ohne zu einer bestimmten Publikation in direkter Verbindung zu stehen.

Der erste, mit »Erfahrungen« betitelte Teil umfaßt die Zeit bis zur Jahreswende 1919/20. Diese Zeit lag nicht nur vor Schramms ersten wissenschaftlichen Veröffentlichungen, sondern war für dieselben darüber hinaus – anders als Schramms Münchener Studienzeit 1920/21 – nicht von unmittelbarer Bedeutung. Vieles, was sich ereignete, wirkte sich jedoch mittelbar auf seine Wissenschaft vom Mittelalter aus. Die wichtigste Erfahrung, die manches andere beinahe überdeckte, wurde das »Kriegserlebnis« von 1914 bis 1918.

Das Hauptgewicht der Darstellung liegt dann auf den folgenden drei Teilen. Der zweite, dritte und vierte Teil umfassen zusammen die Jahre von 1920 bis 1939. In dieser Zeit entstanden die meisten von Schramms wichtigeren Veröffentlichungen. Die Auseinandersetzung mit dem Mittelalter stand unangefochten im Zentrum seines wissenschaftlichen Interesses und besaß, relativ zu den anderen Abschnitten seines Lebens, die größte Bedeutung für ihn persönlich. In diesen neunzehn Jahren formten sich die Fragestellungen, die seine Wissenschaft auch in späterer Zeit bestimmten. Viele dieser Fragen nahm Schramm in diesen Jahren bereits in Angriff. Seine Wissenschaft veränderte sich dabei mehrfach, wie sich auch seine Lebensumstände veränderten.

Der zweite Teil ist mit »München – Hamburg – Heidelberg« überschrieben. Er beginnt mit dem Münchener Studienjahr 1920/21, in dem sich Schramm endgültig für die Geschichte des Mittelalters als Inhalt seines Berufs entschied, und reicht bis zum Abschluß seiner Dissertation und der Ausarbeitung erster Publikationen in Heidelberg 1923 und 1924. »Hamburg«

steht für Schramms Beziehung zur Bibliothek Warburg, die sich in diesen Jahren vertiefte und wandelte. Das abschließende Schriften-Kapitel behandelt die »Konturen und Motive«, die Schramms Wissenschaft in dieser Zeit annahm.

Der dritte Teil beschreibt die »Heidelberger Jahre«, die Schramm als Privatdozent in der badischen Universitätsstadt verbrachte. Das wichtigste Ergebnis dieser Jahre in wissenschaftlicher Hinsicht waren Publikationen, die erst am Ende dieser Zeit oder sogar erst kurz danach erschienen. Mit dem berühmten Buch »Kaiser, Rom und Renovatio« im Zentrum, waren sie die Frucht von Schramms Auseinandersetzung mit dem mittelalterlichen Kaisertum.

Der vierte Teil, der »Das erste Göttinger Jahrzehnt« umfaßt, schildert zunächst Schramms Etablierung als Ordinarius in Göttingen 1929 und die vielfältigen Aktivitäten, die er als Hochschullehrer umgehend entfaltete. Für die Jahre der nationalsozialistischen Diktatur bis zum Kriegsausbruch sind Schramms Lebenssituation sowie die Komplexität und Widersprüchlichkeit seines Verhaltens darzustellen. Schramms wissenschaftliche Arbeit war in dieser Zeit vor allem den Ordines der mittelalterlichen Königskrönung gewidmet. Das Schriften-Kapitel beschreibt, wie er aus ihnen herauszulesen versuchte, was den einzelnen Völkern Europas ihre jeweilige Eigenart gab. Diese Frage hatte er bereits in den zwanziger Jahren formuliert. Nur allmählich reagierte er in seinen Veröffentlichungen auf die besondere Situation der Zeit.

Der letzte Teil der Darstellung beschreibt die Zeit von 1939 bis 1970, also mehr als ein Drittel von Schramms Lebensspanne. Der Ausbruch des Zweiten Weltkriegs markiert das Ende der schöpferischen Hauptphase von Schramms mediävistischer Arbeit. In den Jahren des Krieges hat er sich kaum mit mittelalterlicher Geschichte befaßt. Deshalb finden diese Jahre nur knappe Berücksichtigung. Ende der dreißiger und im Verlauf der vierziger Jahre nahmen mit der hamburgischen Geschichte und der Zeitgeschichte die Themenbereiche endgültig Gestalt an, die in Schramms wissenschaftlicher Tätigkeit neben die Mediävistik traten. Den Großteil seiner kreativen Energien brachte der Historiker nun dort zum Einsatz. Aber auch auf dem Feld der mittelalterlichen Geschichte ließ seine niemals nachlassende Produktivität in der Zeit nach 1945 eine Vielzahl von Veröffentlichungen entstehen. Insbesondere verfolgte Schramm Projekte weiter, die er schon früher entworfen hatte, und brachte viele von ihnen zum Abschluß. Daraus entstand unter anderem »Herrschaftszeichen und Staatssymbolik«, eines seiner Hauptwerke.

Dieser Teil der Darstellung ist mit »Erinnerung« überschrieben. Schramms Arbeiten zum Bürgertum handelten von der Geschichte seiner Heimatstadt und seiner Familie. Seine Forschungen zur Geschichte des Zweiten Weltkriegs hingen eng mit seinen Bemühungen zusammen, die Ablehnung des

Nationalsozialismus in der bundesrepublikanischen Gesellschaft zu stärken. In besonders deutlicher Weise war seine wissenschaftliche Tätigkeit hier auf die Festigung von Identitäten bezogen. Wie ein roter Faden zog sich außerdem, wenn auch nur für wenige Beobachter sichtbar, Schramms immer wieder aufgenommene Arbeit an seinem persönlichen Erinnerungswerk durch diese Jahrzehnte. Inwiefern auch seine Mediävistik damals in besonders markanter Weise auf sein Selbstverständnis und auf seine Weltsicht bezogen war, erörtert das letzte Kapitel.

I.
Erfahrungen
1894–1920

1. Geschichte als Abenteuer

Warum sollte ein Buch, dessen Ziel die biographische Analyse der mediävistischen Publikationen von Percy Ernst Schramm ist, mit der Geburt des Protagonisten beginnen? Schramms erste Veröffentlichungen zur mittelalterlichen Geschichte erschienen erst 1923. Die Entstehungsgeschichte dieser Texte läßt sich nur bis in die Zeit zurückverfolgen, in der Schramm von 1920 bis 1921 in München studierte. Trotzdem ist auch aus der Zeit vor 1914, von der dieses Kapitel handelt, vieles relevant. Was allerdings zu erwähnen ist, wird nicht um seiner selbst willen beschrieben. Vielmehr erscheint es immer unter dem Gesichtspunkt, daß es in der einen oder anderen Weise für die Zeit nach dem Ersten Weltkrieg die Voraussetzungen schafft oder einen klaren Kontrast dazu bildet.

Der erste Abschnitt beschreibt zusammenfassend die ersten gut anderthalb Jahrzehnte von Schramms Leben. Ganz allgemein wäre sein Verhalten nicht zu verstehen, wenn seine Abstammung aus dem gehobenen Hamburger Bürgertum ausgeblendet bliebe. Bereits als Gymnasiast begann er außerdem, sich in Form von Ahnentafeln die Vergangenheit zu erschließen. Eine wichtige Etappe markiert dann das Jahr 1911, das den zweiten und dritten Abschnitt vom ersten trennt. Damals begann der Kulturwissenschaftler Aby Warburg, sich für den jungen Schramm und seine historischen Liebhabereien zu interessieren. Die Beziehung zu ihm sowie seinen Mitarbeitern und Nachfolgern in der von ihm begründeten Kulturwissenschaftlichen Bibliothek Warburg durchzog Percy Ernst Schramms Leben wie ein roter Faden. Der zweite Abschnitt des Kapitels widmet sich deshalb den Anfängen dieses Kontakts. Ebenfalls um das Jahr 1911 begann Schramm, das Mittelalter für sich selbst zu entdecken. Wie das geschah, beleuchtet der dritte Abschnitt. Im Zuge dessen wird beschrieben, wie der junge Hamburger im Frühjahr 1914 in Freiburg im Breisgau anfing, Geschichte zu studieren.

a) Eine Kindheit in Hamburg

Percy Ernst Schramm wurde am 14. Oktober 1894 in Hamburg geboren. Die meisten seiner Vorfahren waren Kaufleute gewesen. Väterlicher- wie mütterlicherseits befanden sich viele darunter, die es zu Reichtum und Ansehen gebracht hatten.[1] Damit ist das Milieu bezeichnet, in das Schramm hineingeboren wurde und in dem er aufwuchs: die von den großen Kaufleuten geprägte Spitze der Hamburger Gesellschaft. Nach alter Tradition regierte diese Schicht die Stadt bis zum Ersten Weltkrieg weitgehend unangefochten.[2] In ihrem Kern lutherisch seit den Tagen der Reformation und ebenso vermögend wie weltläufig, pflegte sie einen Lebensstil, der den Abstand zum bürgerlichen Durchschnitt betonte.[3] Obwohl Schramm sich später sozial wie räumlich vom Milieu seiner Herkunft zumindest ein Stück weit entfernte, war er immer stolz auf diese Abstammung.

Seinen auffälligen ersten Vor- und Rufnamen verdankte er der Familie der Mutter, Olga Schramm, geborene O'Swald.[4] Ihr Großvater, der das Vermögen der Familie mit Handelsgeschäften in Afrika begründet hatte, hatte ursprünglich Wilhelm Oswald geheißen. Weil ihm aber ein britisch klingender Name auf seinen Fahrten gelegen kam, hatte er seinen Namen anglisiert, sich für die Schreibweise »William O'Swald« entschieden und auch seinen Kindern englische Namen gegeben. Nach seinem Sohn Albrecht Percy O'Swald, dem Vater von Percys Mutter, erhielt der Enkel seinen Rufnamen.[5] Seinen zweiten Vornamen trug Schramm nach seinem Großvater väterlicherseits, Ernst Schramm. Als Teilhaber seines älteren Bruders hatte dieser dreißig Jahre lang die Interessen der Familienfirma in Brasilien vertreten und war dort vermögend geworden.[6]

Aufgrund des lang anhaltenden, ungeahnt kräftigen wirtschaftlichen Aufschwungs, der Hamburg um die Wende zum zwanzigsten Jahrhundert

1 Mit Blick auf seine Familie sind Schramms eigene Arbeiten die besten Informationsquellen (v.a. SVS 1963–64 Neun Generationen).

2 *Andreas Schulz* problematisiert das von Schramm selbst gezeichnete Bild einer Bürgergesellschaft ohne soziale »Trennungsmauern«. Er argumentiert überzeugend, daß die wohlhabende Führungsgruppe es dem umfangreichen städtischen Fürsorgewesen, vor allem aber dem alle gesellschaftliche Gruppen erfassenden, anhaltenden wirtschaftlichen Aufschwung verdankte, daß ihre Position nicht ernsthaft in Frage gestellt wurde. Schramm seinerseits hat immer wieder hervorgehoben, daß für die einzelnen Familien, weil die wirtschaftliche Leistungsfähigkeit des Einzelnen das alles entscheidende Kriterium gewesen sei, die Möglichkeit des sozialen Auf- oder Abstiegs immer bestanden habe. Damit wollte er belegen, daß es in Hamburg kein »Patriziat«, keine »Aristokratie« gegeben habe. Dennoch bestreitet er gar nicht, daß es eine recht kleine, klar abgegrenzte Schicht war, die in Hamburg die Macht in Händen hielt. — *Schulz*, Weltbürger; Bezug auf Schramm: ebd., S. 648; zusammenfassend S. 668; vgl. SVS 1964 Sonderfall, S. 16–23; SVS 1963–64 Neun Generationen, Bd.1, S. 79–80, u. Bd.2, S. 407; über die Exklusivität der »Gesellschaft« z.B.: ebd., Bd.2, S. 417 u. 438; anschaulich auch: *Hoffmann, G.*, Haus an der Elbchaussee, v.a. S. 457–458.

3 *Schulz*, Weltbürger, S. 638 u. S. 668–669.

4 Olga Schramm (1869–1965) lebte bis 1946 in Hamburg. Ihre letzten Lebensjahre verbrachte sie bei ihrem Sohn in Göttingen.

5 SVS 1963–64 Neun Generationen, Bd.2, S. 402.

6 Über Ernst Schramms Zeit in Brasilien: SVS 1963–64 Neun Generationen, Bd.2, S. 197–230; Ernst Schramm als Vorbild bei der Namenswahl: ebd., S. 402.

prägte, wurde Percy Ernst Schramm in eine Phase ungetrübter Prosperität hineingeboren.[7] Sein Vater, Max Schramm, 1861 in Brasilien geboren, hatte vom Großvater ein ansehnliches Vermögen geerbt.[8] Er war kein Kaufmann geworden, sondern Jurist. Damit hatte er den anderen Beruf ergriffen, der seit langem in den führenden Hamburger Schichten anerkannt war. Im Jahr 1892 wurde er Teilhaber der bedeutenden Rechtsanwaltsfirma »Wolffson, Dehn und Schramm«, der er schon seit 1889 angehörte,[9] und im selben Jahr heiratete er Olga O'Swald.[10] Über den Lebensstandard seiner Eltern am Beginn ihrer Ehe schrieb Schramm später, nicht ohne ironische Distanz, sie hätten erst einmal »klein« angefangen, »d.h. mit ›nur‹ acht Zimmern und ›nur‹ zwei Dienstmädchen«.[11]

In der so beschriebenen Wohnung im Stadtteil Harvestehude lebten sie noch, als Percy Ernst als erstes Kind seiner Eltern zur Welt kam. Im Frühjahr 1897 zog die Familie um in ein Haus, das die Eltern, gleichfalls in Harvestehude, Frauenthal 29, erworben hatten.[12] Dies wurde für Percy Ernst Schramm das eigentliche Elternhaus. In der Geschichte seiner Familie, die er in den sechziger Jahren verfaßte, beschrieb Schramm das Haus mitsamt dem Luxus, der das Leben der Familie damals kennzeichnete.[13] In seinen Erinnerungen erzählte er von dem großen, parkartigen Garten, der ihm, seinen Freunden und seinen Geschwistern reichlich Raum für mancherlei Erlebnisse bot.[14] Er wuchs mit zwei jüngeren Schwestern auf, von denen die ältere, Martha Schramm, später den Ingenieur Rudolf Brandis heiratete, und die jüngere, Ruth Schramm, Krankenschwester und zuletzt Generaloberin der Agnes-Carl-Schwesternschaft in Hamburg wurde.[15] Ohne daß es ausdrücklich in den Quellen belegt ist, dürfte wohl außer Frage stehen, daß Percy – als einziger Sohn – in der Familie eine besondere Position hatte, die von speziel-

7 Auch mit Blick auf Deutschland insgesamt kann für die Zeit von 1895 bis zum Ausbruch des Ersten Weltkriegs von einer fast ununterbrochenen Hochkonjunktur gesprochen werden. — *Jochmann*, Handelsmetropole, S. 21–27; *Nipperdey*, Deutsche Geschichte 1866–1918 I, S. 286.

8 Einen Überblick über das Leben von Max Schramm (1861–1928) verschafft: SVS 1931 Schramm; die Informationen sind jedoch so gut wie vollständig übernommen in: SVS 1963–64 Neun Generationen, Bd.2; über die Geburt von Max Schramm: ebd., S. 222–223.

9 SVS 1931 Schramm, S. 247; SVS 1963–64 Neun Generationen, Bd.2, S. 401 und S. 433.

10 Über die Hochzeit zwischen Max und Olga Schramm: SVS 1963–64 Neun Generationen, Bd.2, S. 401.

11 Die Wohnung befand sich in der Moorweiderstr. 24. — SVS 1963–64 Neun Generationen, Bd.2, S. 401; für die Hausnummer s.: FAS, K »Erinnerungen Sohn Percy«, H.1; anders SVS 1963–64 Neun Generationen, Bd.2, S. 401 und *Grolle*, Hamburger, S. 49; ergänzend: FAS, L »Jahrgang 94«, Bd.1, S. 13.

12 FAS, K »Erinnerungen Sohn Percy«, H.1; FAS, L »Jahrgang 94«, Bd.1, S. 14; vgl. *Grolle*, Hamburger, S. 49.

13 SVS 1963–64 Neun Generationen, Bd.2, S. 420–426.

14 FAS, L »Jahrgang 94«, Bd.1, S. 14–16; für alle Aspekte, die Schramms Kindheit und Jugend betreffen, bietet noch detailliertere Informationen: FAS, L 301.

15 Ich danke Gottfried Schramm für Informationen über seine Tante Ruth.

ler Fürsorge einerseits, einem hohen Erwartungsdruck andererseits gekennzeichnet war. Eine insgesamt glückliche Kindheit in dem so beschriebenen Umfeld förderte das starke, schier unerschütterliche Selbstvertrauen, das ihn sein Leben lang auszeichnete.

Max Schramm blieb bei seiner Tätigkeit als erfolgreicher Anwalt nicht stehen. Er engagierte sich in der hamburgischen Selbstverwaltung und wurde 1904 als Vertreter der Nationalliberalen, deren rechtem Flügel er sich anschloß, Mitglied der Bürgerschaft.[16] Auch im politischen Bereich blieb ihm der Erfolg nicht versagt, und im September 1912, als sein Sohn 17 Jahre alt war, wurde er zum Senator gewählt.[17] Percy Ernst Schramm beschrieb seinen Vater als einen sehr gewissenhaften und arbeitsamen, unideologisch am Gemeinwohl und pragmatisch immer am Machbaren orientierten Politiker.[18] Das Vorbild des Vaters blieb sicherlich nicht ohne Einfluß auf Schramms eigene Haltung zur Politik: Sein Leben lang zeigte er sich als aufmerksamer Beobachter der politischen Verhältnisse, und weil er nicht mit Ideologien, sondern mit dem Blick des Praktikers für Mögliches und Wünschbares aufgewachsen war, waren seine Ansichten zumeist frei von dogmatischer Verengung.

Olga und Max Schramm, die als wohlhabende Angehörige hoch angesehener Familien in der Mitte der besseren Hamburger Gesellschaft standen, wünschten offenkundig, ihr einziger Sohn möge, um eine ähnliche Position zu erlangen, seinen Beruf im Rahmen dessen wählen, was bisher in der Familie üblich gewesen war. Er sollte also Kaufmann oder Jurist werden. Dementsprechend kam Percy, nachdem er die Vorschule durchlaufen hatte, nicht auf ein humanistisches, sondern auf ein Realgymnasium. Genauer gesagt besuchte er den entsprechend ausgerichteten Zweig der Hamburger Traditionsschule, des Johanneums.[19]

Nach alledem erscheint es durchaus nicht selbstverständlich, daß Schramm sich später für eine akademische Laufbahn entschied, Historiker wurde und dadurch letztlich aus dem Milieu ausschied, dem er entstammte. Doch ist nicht zu erkennen, daß eine bewußte Opposition gegen sein Umfeld hier eine Rolle gespielt hätte. Percy Ernst Schramm stand als Jugendlicher seiner sozialen Schicht positiv gegenüber. Im Jahr 1910 trat er dem »Hamburger Ruder-Club« bei.[20] Dem englischen Beispiel folgend, war Sport schon

16 SVS 1963–64 Neun Generationen, Bd.2, S. 433.

17 Schramm berichtete darüber in seiner Familiengeschichte. Seinem Bericht lag ein von ihm selbst als Jugendlichem unmittelbar nach dem Ereignis verfaßter Aufsatz zugrunde. Dieser Aufsatz, der gegenüber der Druckfassung noch ein wenig ausführlicher ist, ist in seinem Nachlaß überliefert. — SVS 1963–64 Neun Generationen, Bd.2, S. 433–436; FAS, L »Erinnerungen Wahl«; die Quelle erwähnt: SVS 1963–64 Neun Generationen, Bd.2, S. 434.

18 Für die Zeit vor 1914: SVS 1963–64 Neun Generationen, Bd.2, S. 436–439.

19 FAS, L »Lebenslauf 1924«, hier: S. 1.

20 Das Datum von Schramms Beitritt in: FAS, K »Erinnerungen Sohn Percy«, H.1; allgemein: FAS, L »Rudern 1910/14«.

lange ein Element bürgerlichen Lebens in Hamburg.[21] Der Ruder-Club war der älteste Ruderverein auf dem europäischen Kontinent und nach wie vor der vornehmste der Stadt.[22] Bei Ruderregatten repräsentierten Schramm und seine Altersgenossen, indem sie die Farben ihres Vereins trugen, gleichzeitig die Schicht, der sie angehörten.[23]

Gerade die Begeisterung für die reiche Tradition der großbürgerlichen Schicht, der er entstammte, war es, die sich mit bestimmten Talenten des jungen Percy Ernst Schramm verband und schließlich relativ früh zu seinem Berufswunsch führte. Schon in jungen Jahren entwickelte Schramm eine rege Leidenschaft für das Sammeln von verschiedensten Dingen.[24] Als er ungefähr zehn Jahre alt war, sammelte er vor allem Briefmarken und freute sich an ihrer stetig wachsenden Zahl. Seinem Vater, der sich zu dem Zeitpunkt in Ungarn aufhielt, schrieb er einmal, er besitze jetzt 2404 Marken.[25] Einige Jahre später – seine Mutter notierte die Jahreszahl 1911[26] – entdeckte er, daß auch die Namen von Verwandten und Vorfahren seiner Freude am Sammeln, Sortieren und Systematisieren Gelegenheiten zur Entfaltung bieten konnten. Er begann, die Geschichte seiner Familie zu erkunden und zu erforschen, welcher Sohn welchen Vater, welche Mutter welchen Geburtsnamen gehabt habe.

In einem Lebenslauf erläuterte er später, in der vielfach untereinander verschwägerten Hamburger gehobenen Gesellschaft habe sich damals ganz allgemein das Interesse an genealogischen Zusammenhängen verstärkt.[27] Diese Mode trug das Ihre dazu bei, den jungen Schramm immer weiter in die Vergangenheit zurück- und in die Breite der Stammtafeln hineinzutreiben. Bald hatte sich die Genealogie, insbesondere das Ausfindigmachen eigener Ahnen, als liebste Freizeitbeschäftigung des Gymnasiasten etabliert. Er ließ sich von der Möglichkeit fesseln, Vergangenheit mithilfe von Daten fassbar zu machen und durch Schaubilder auf Papier zu bannen. Auch begann er, auf eigene Faust öffentliche Archive zu besuchen, und erleb-

21 Über die Vorbildfunktion Englands für die Hamburger gehobene Gesellschaft: SVS 1963–64 Neun Generationen, Bd.2, S. 463–467.

22 Über die Gründung des Klubs durch einen Angehörigen den Familie Godeffroy im Jahr 1836: *Hoffmann, G.*, Haus an der Elbchaussee, S. 70–71; über die Geschichte und die soziale Stellung des Klubs anschaulich: FAS, L »Rudern 1910/14«, S. 1–2.

23 FAS, L »Rudern 1910/14«, S. 9–10.

24 Mit Blick auf seine Jugendzeit bezeichnete Schramm sich selbst in seinen Erinnerungen als »von früh auf vieles sammelnd«. In der Mitte seines Lebens hielt er die Freude am Sammeln für einen der wichtigsten Antriebe, die ihn zur Geschichtswissenschaft gebracht hätten. — FAS, K »Erinnerungen Sohn Percy«, H.1 und 2; FAS, L »Jahrgang 94«, Bd.1, S. 38; s.a. ebd., S. 20 u. 21; die Briefmarkensammlung erwähnt: SVS 1963–64 Neun Generationen, Bd.2, S. 403; FAS, L »Geschichtsforschung«, S. 1–2; zu diesem Text auch unten, Kap. 14.d).

25 FAS, J 37, Brief P.E. Schramm an Max Schramm, o.O. [Hamburg], o.D. [September 1906].

26 FAS, K »Erinnerungen Sohn Percy«, H.2.

27 FAS, L »Lebenslauf 1924«, hier: S. 1.

te dort seine ganz eigenen, besonderen Abenteuer.[28] Schramm hat stets hervorgehoben, daß hier die Ursprünge seines historischen Interesses lagen.[29]

Schramms Eltern fiel es allerdings schwer, sich mit dem Hobby ihres Sohnes abzufinden. Insbesondere mit dem Vater kam es, als Schramms Begeisterung für die Familiengeschichte sich zum ersten Mal in ihrer ganzen Intensität zeigte, zu ernsthaften Auseinandersetzungen.[30] Dabei hatte Max Schramm nicht etwa prinzipielle Vorbehalte gegen geistige Interessen und wissenschaftliche Tätigkeit. Das Gegenteil war der Fall: Rückblickend beschrieb Percy Ernst Schramm seinen Vater als im Verhältnis zu seinem Umfeld überdurchschnittlich gebildet.[31] Max Schramm interessierte sich sehr für kulturelle Fragen und gehörte beispielsweise zu denjenigen, die sich schon früh für die Gründung einer Hamburger Universität einsetzten.[32] In seiner Familiengeschichte demonstrierte Schramm die breite Bildung des Vaters anhand von dessen umfangreicher Bibliothek: Gerade dem Fach Geschichte brachte Max Schramm großes Interesse entgegen. Er kannte nicht zuletzt sämtliche Werke Leopold von Rankes, hatte sogar die »Historische Zeitschrift« abonniert und rezipierte Neuerscheinungen zur neueren Geschichte in erstaunlicher Breite.[33] Eben weil Max Schramm aber selbst etwas von Geschichte verstand, hielt er – so scheint es – die Genealogie für nicht wichtig und großartig genug, um soviel Zeit dafür aufzuwenden.

Seine Vorstellungen von Geschichte waren eher geprägt durch die Wissenschaftler, die er im Laufe der Jahre kennenlernte. Zu ihnen gehörte der bekannte Historiker Erich Marcks, der von 1907 bis 1913 in Hamburg wirkte.[34] In dieser Zeit konnte Max Schramm ihn zu seinem Bekanntenkreis rechnen.[35] Die von Marcks betriebene Erforschung der politischen Geschichte im europäischen Rahmen und seine einfühlsamen Portraits berühmter

28 *Grolle*, Hamburger, S. 43–47, zitiert aus Schramms »Lebenserinnerungen«; die Vorlage hierzu in: FAS, L 301.

29 Beispielsweise: FAS, L »Lebenslauf 1924«, hier: S. 1.

30 FAS, K »Erinnerungen Sohn Percy«, H.2.

31 SVS 1963–64 Neun Generationen, Bd.2, S. 433.

32 Das Ringen um die Gründung einer Hamburger Universität zog sich lange hin. Vorformen der erst 1919 gegründeten Hochschule waren das »Hamburger Vorlesungswesen«, die »Hamburgische Wissenschaftliche Stiftung« und das »Kolonialinstiut«. — SVS 1963–64 Neun Generationen, Bd.2, S. 443; allgemein: *Jochmann*, Handelsmetropole, S. 101–103; SVS 1963–64 Neun Generationen, Bd.2, S. 442–443; über die Gründung der Universität unten, Kap. 2.c).

33 SVS 1963–64 Neun Generationen, Bd.2, S. 453–455; das Kapitel über Max Schramms Bibliothek insgesamt: ebd., S. 449–460.

34 Institutionell war Erich Marcks (1861–1938) in Hamburg zunächst mit der »Hamburgischen Wissenschaftlichen Stiftung« verbunden. Seit 1908 war er an dem in diesem Jahr gegründeten »Kolonialinstiut« tätig. — Vgl. oben in der Fußnote die Literaturhinweise hinsichtlich der Vorgeschichte der Hamburger Universität; über Erich Marcks: *Krill*, Rankerenaissance; *Drüll*, Heidelberger Gelehrtenlexikon, S. 171; außerdem unten, Kap. 3.d).

35 SVS 1963–64 Neun Generationen, Bd.2, S. 454.

Staatsmänner und Herrscher gefielen Max Schramm besser als die kleinteilig-positivistischen, zudem auf das engste heimatliche Umfeld beschränkten Forschungen seines Sohnes.[36] In eine ganz andere Richtung lenkte die Interessen des Vaters die Bekanntschaft mit dem Kulturwissenschaftler Aby Warburg.[37] Warburg verband als Privatgelehrter Kunstwissenschaft mit universalgeschichtlichen Zielsetzungen und sensibilisierte ihn für kunsthistorische Zusammenhänge.

Von Warburg ging schließlich die Initiative aus, durch welche die Meinungsverschiedenheiten zwischen den Eltern Schramm und ihrem Sohn bezüglich seiner genealogischen Interessen zwar nicht beigelegt, aber doch zumindest soweit abgemildert wurden, daß Percy sein Hobby nicht aufgeben mußte. Am 11. September 1911 nahm Warburg offensichtlich ein Gespräch, das seine Frau mit ihm geführt hatte, zum Anlaß, folgenden Brief an Schramms Mutter zu schreiben:

»Verehrteste Frau Dr.
Mary sprach mir heute von Bedenken, die Ihr Mann gegen die Stammbaumforschungen Ihres Sohnes hegt; ich glaube aber im Gegenteil, daß sich in dieser Bethätigung ein gesunder und sehr starker wissenschaftlicher Sinn regt, dem man freie Bahn – sofern die tägliche Schullast darunter nicht zu schwer wird – lassen sollte. Sie glauben gar nicht, wie selten es ist, daß sich die Liebe zur Forschung so früh in der loyalen Gesinnung der Einzeltatsache gegenüber *verbunden* mit dem Willen und dem Geschick zur Zusammenfassung äußert; ungesund wäre nur, wenn ein frühreifer Zug zu der modischen journalistischen ›Großzügigkeit‹ zu koketten Stilübungen reizte. Daß ein persönliches Motiv (Familiengefühl) den Anstoß giebt, ist das natürlichste von der Welt: ein junger Mensch muß zunächst ›was fürs Herz‹ haben: ich habe es auch genauso gemacht und betreibe auch jetzt noch gelegentlich eigene Familienforschung. Percy ist all right: er braucht nur ›leise Hülfen‹. In aufrichtiger Ergebenheit:
Ihr Warburg«[38]

Mit diesem Brief begann eine Beziehung, die Schramms Leben fortan prägen sollte.

36 Über das Werk von Erich Marcks vgl. unten, Kap. 3.d).

37 Nähere Angaben zu Aby Warburg (1866–1929) zuerst unten in diesem Kapitel, Abschnitt b).

38 FAS, K 12/5, Brief A. Warburg an O. Schramm, Hamburg 11.9.1911; Hervorhebung im Original unterstrichen; vgl. *Grolle*, Hamburger, S. 47–48.

b) Aby Warburg als Lehrer

Aby Warburg ist heute bekannt als einer der wichtigsten Vorläufer und Vordenker der modernen Kulturwissenschaft.[39] Geboren am 13. Juni 1866 in Hamburg und damit fünf Jahre jünger als Max Schramm, entstammte er einer seit dem späten 18. Jahrhundert in Hamburg ansässigen, erfolgreichen Familie von jüdischen Geldwechslern und Bankiers.[40] Als ältester Sohn hätte er die Familienfirma übernehmen sollen, doch verzichtete er zugunsten seines nächstjüngeren Bruders Max. Unter Max Warburg, seit 1910 der Leiter der Warburg-Bank, nahm das Haus einen gewaltigen Aufschwung. Einen wesentlichen Beitrag hierzu leisteten der dritte und der vierte Bruder, Paul und Felix, die in die Vereinigten Staaten gingen.[41] Aby Warburg gab nach dem Tätigkeitsfeld seiner Vorfahren im Laufe der Jahre auch den jüdisch-orthodoxen Lebensstil seiner Familie auf, ohne sich allerdings grundsätzlich vom Judentum abzuwenden.[42] Im Jahr 1897 heiratete er die Senatorentochter Mary Hertz, eine Christin.[43]

In der Zeit seiner Heirat lebte er hauptsächlich in Florenz. Die Beschäftigung mit der florentinischen Renaissance bildete den Ausgangspunkt seiner später weit ausgreifenden Forschungen.[44] Die Art und Weise, wie er Kunst erforschte, war in hohem Maße innovativ.[45] Er betrachtete das einzelne Kunstwerk nicht sozusagen an und für sich, als ästhetisches Ereignis. Vielmehr lag ihm daran, in vielfältiger Weise die Bezüge, aus denen es hervorgegangen war und in denen es stand, möglichst exakt zu erforschen. Dabei ging es ihm beispielsweise um soziale, aber auch um mentale und psychologische Kon-

39 Zur besseren Unterscheidung von einem Vetter wird Warburgs Name gelegentlich vollständiger als Aby M[oritz] Warburg zitiert, so vor allem von *Dieter Wuttke*. — Über Warburg als Anreger der modernen Kulturwissenschaft vgl. die Einleitung, Abschnitt 1.

40 *Gombrich*, Aby Warburg, S. 35; zur Geschichte der Familienfirma: *Kleßmann*, M.M. Warburg; über die Familie Warburg auch: *Chernow*, The Warburgs.

41 Der fünfte Bruder, Fritz, trat 1907 in die Hamburger Bank ein. — *Kleßmann*, M.M. Warburg, S. 35–58.

42 *Gombrich*, Aby Warburg, S. 36–40; *Liebeschütz*, Aby Warburg, S. 226–227; *Roeck*, Aby Warburg, v.a. S. 20, 94–95; allgemein über Warburgs Stellung zum Judentum: *Schoell-Glass*, Aby Warburg, S. 33–49.

43 Warburg mußte sich dabei gegen erhebliche Widerstände in seiner Familie durchsetzen. Auch von der anderen Seite gab es Widerstände. *Ernst Gombrich* hebt die Skepsis der großbürgerlichen Familie Hertz gegenüber dem stellungslosen Privatgelehrten Warburg hervor. Interessanterweise war Mary Hertz' Großvater väterlicherseits, worauf *Hans Liebeschütz* hinweist, noch als Jude geboren worden. — *Roeck*, Aby Warburg, S. 93–94; *Chernow*, The Warburgs, S. 62, 66–68; *Gombrich*, Aby Warburg, S. 128; *Liebeschütz*, Aby Warburg, S. 227.

44 Auch das Thema seiner im Jahr 1892 erfolgreich abgeschlossenen Dissertation lag in diesem Bereich. — *Gombrich*, Aby Warburg, v.a. S. 93; vgl. auch *Wuttke*, Warburgs Kulturwissenschaft.

45 Für das Folgende vgl.: *Gombrich*, Aby Warburg; *Wuttke*, Warburgs Methode; *ders.*, Warburgs Kulturwissenschaft; *Schoell-Glass*, Aby Warburg, v.a. S. 105–107.

texte. Zugleich wollte er das Kunstwerk als Quelle benutzen, um die Kräfte zu ermitteln, die darin ihren Niederschlag gefunden hatten. Das führte ihn unter anderem dazu, die Geschichte von Motiven oder bestimmten Bildformeln zu erkunden. Berühmt wurde der von ihm geprägte Begriff der »Pathosformeln«. Seiner Auffassung nach waren diese Formeln in der klassischen Antike geprägt und durch die Jahrhunderte hindurch immer wieder aufgegriffen worden. Diese These wiederum führte ihn dazu, grundsätzlich zu untersuchen, wie es um das »Nachleben der Antike« in der Geschichte und in seiner eigenen Gegenwart bestellt sei. Dabei ließen ihn seine Forschungen weit über die Grenzen der Kunstgeschichte hinausstreben. Er arbeitete sich beispielsweise in die Bereiche der Literatur- oder der Religionsgeschichte ein. Deshalb kam er selbst dazu, seine Arbeit als »Kulturwissenschaft« zu bezeichnen.[46]

Im Jahr 1904 kehrte er mit seiner Frau und den beiden in der Zwischenzeit geborenen Kindern nach Hamburg zurück.[47] Dort begann er unverzüglich, seine private Bibliothek systematisch auszubauen. Diese Büchersammlung war sein wichtigstes Forschungsinstrument. Max Warburg erzählte später über seinen älteren Bruder, Aby habe das Erbe bereits im jugendlichen Alter nur unter der Bedingung an ihn abgetreten, daß er immer genug Geld erhalte, um sich alle Bücher zu kaufen, die er benötige.[48] An dieses Versprechen fühlten sich Abys Brüder gebunden. Aby seinerseits wollte eine Bibliothek aufbauen, die es ihm ermöglichte, seine immer weiter ausgreifenden Interessen in ihrer ganzen Breite zu verfolgen und die verschiedensten Wissenschaftsbereiche zueinander in Beziehung zu setzen.[49]

Seit der Mitte des ersten Jahrzehnts des zwanzigsten Jahrhunderts war Aby Warburg recht gut mit Max Schramm bekannt. Beide gehörten den gleichen gesellschaftlichen Kreisen an.[50] Außerdem interessierte Max Schramm sich für Kunst und Wissenschaft. Da mußte ihm der hochgebildete Privatgelehrte ein willkommener Gesprächspartner sein. Möglichkeiten zur Kontaktaufnahme gab es genug, nicht zuletzt bei den öffentlichen Vorträgen, die Warburg hin und wieder hielt. Im Jahr 1906 gab Warburg den Anstoß dafür, daß Max Schramm förderndes Mitglied des kunsthistorischen Instituts in Florenz wurde.[51] Auch war er behilflich, als Max Schramm sich entschloß,

46 Vgl. z.B. *Gombrich*, Aby Warburg, S. 167.

47 Insgesamt hatte das Ehepaar Warburg drei Kinder. Nach Marietta (1899–1973) und Max Adolph (1902–1974) wurde in Hamburg noch Frede Charlotte (* 1904) geboren. — *Gombrich*, Aby Warburg, S. 177–178; *Biester*, *Schäfer*, »Das Warburg-Institut...«, S. 152 u. Anm. 27 auf S. 164.

48 Diese vielzitierte Episode findet sich in: *Warburg, M.*, Rede, S. 26.

49 *Gombrich*, Aby Warburg, S. 166–168 u. 178–179.

50 *Hans Liebeschütz* betont, daß die führenden Schichten der Hamburger Gesellschaft die Familie Warburg in höherem Maße als andere jüdische Familien als gleichrangig akzeptiert hätten (*Liebeschütz*, Aby Warburg, S. 225–226, m. Anm. 3).

51 WIA, GC 1906, Brief M. Schramm an A. Warburg, Hamburg 8.6.1906.

ein Exlibris für seine Bücher schneiden zu lassen.[52] Offenkundig weitete sich die Bekanntschaft der beiden Männer im Laufe der Jahre zu einer Freundschaft der beiden Familien.[53] Dem kam es zugute, daß die Familie Warburg seit 1904 stets nur wenige Fußminuten vom Haus der Familie Schramm entfernt wohnte. Daran änderte sich nichts, als die Warburgs 1908 in die Heilwigstraße zogen.

Deshalb war der junge Schramm für Aby Warburg im Herbst 1911 längst kein Unbekannter mehr.[54] Als Mary Warburg ihrem Mann von den Meinungsverschiedenheiten erzählte, die es im Hause Schramm bezüglich der genealogischen Interessen des Sohnes gab, nahm dieser ihren Bericht zum Anlaß, den zitierten Brief an Olga Schramm zu schreiben. Percys Eltern hatten große Achtung vor Warburg und seiner Kompetenz. Darum hatte es Gewicht, wenn der Privatgelehrte meinte, bei dem Sohn rege sich »ein gesunder und sehr starker wissenschaftlicher Sinn«. Er attestierte ihm sogar eine Begabung, wie sie selten anzutreffen sei. Zum ersten Mal wurden die Eltern mit der Möglichkeit konfrontiert, daß ihr dilettierender Sohn die Anlagen zu einem erfolgreichen Wissenschaftler haben könnte.

Es ist durchaus möglich, daß Schramm selbst den Entschluß, Historiker zu werden, schon früher gefaßt und auch den Eltern gegenüber vertreten hatte. Aber alles deutet darauf hin, daß diese seinen Wunsch erst aufgrund von Warburgs Intervention ernst nahmen. Dementsprechend zögerten sie offensichtlich nicht, das Angebot anzunehmen, das Warburg ihnen hier – kaum verhüllt – machte, und ihn zu bitten, er selbst möge ihrem Sohn die »leisen Hülfen« geben, die er brauche. Als Schramm siebzehn wurde, stand somit fest, daß er Historiker werden sollte. Und er wurde zu einem Schüler Aby Warburgs.

Wie Schramms Betreuung durch Warburg genau aussah, darüber gibt es kaum Zeugnisse. Schramm selbst erzählte später nur, daß Warburg ihn in die Benutzung seiner Bibliothek einwies und ihn dort arbeiten ließ.[55] Einen etwas genaueren Eindruck von Warburgs Tätigkeit als Lehrer vermitteln die Erinnerungen von Carl Georg Heise.[56] Heise, gut vier Jahre älter als Schramm, entstammte wie er einer bedeutenden Hamburger Familie und war sogar weitläu-

52 WIA, GC 1906, Brief J. Sattler an A. Warburg, Straßburg 28.6.1906; WIA, GC 1907, Postkarte J. Sattler an A. Warburg, Straßburg 16.7.1907; WIA, Kopierbuch II, 377, Brief A. Warburg an J. Sattler, Hamburg 20.6.1908; vgl. *McEwan*, Arch and Flag, S. 96–98.

53 Olga Schramm sprach von Warburg als einem Freund der Familie. — FAS, K »Erinnerungen Sohn Percy«, H.2; entsprechende Äußerungen Schramms in: FAS, L 301; vgl. auch: SVS 1979 Lehrer, v.a. S. 39 a.E.

54 *Liebeschütz* zufolge hatte er Max Schramm bereits hinsichtlich der Schulwahl für den Sohn beraten, als Percy auf das Gymnasium kommen sollte (*Liebeschütz*, Aby Warburg, S. 227).

55 FAS, L »Jahrgang 94«, Bd.1, S. 27; der ganze, Aby Warburg betreffende Abschnitt publiziert als: SVS 1979 Lehrer; eine entsprechende Schilderung auch in: FAS, L 301.

56 *Heise*, Erinnerungen Warburg.

fig mit ihm verwandt.[57] Nachdem er in relativ jungen Jahren beschlossen hatte, Kunstgeschichte studieren zu wollen, war er, gleichfalls schon als Gymnasiast, Schüler Aby Warburgs geworden.[58] In einem lebendigen und einfühlsamen Text, den er 1945 verfaßte und zwei Jahre später zum ersten Mal publizierte, beschrieb er seine Erinnerungen an Warburg. Unter anderem schilderte er, wie seine Ausbildung bei diesem ausgesehen hatte.[59] Sie bestand vor allem aus intensiven Gesprächen: Sooft Heise irgendwelche Fragen oder Anliegen hatte, konnte er bei Warburg vorsprechen, der sie dann gründlich mit ihm durchdiskutierte. Häufig gab Warburg dabei Hinweise auf Bücher, die der Schüler zu kaufen und durchzuarbeiten hatte. So wuchsen die Kenntnisse des Jüngeren auf eine etwas unsystematische, aber sehr nachhaltige Weise.[60]

Es ist wohl anzunehmen, daß die Betreuung, die Schramm durch Warburg genoß, ähnlich aussah wie in Heises Fall. Daß sie so wenige unmittelbar greifbare Spuren hinterlassen hat, liegt offensichtlich in der Natur der Sache. Da Warburg seine Hilfen im persönlichen Gespräch gab, fehlte für das Entstehen schriftlicher Zeugnisse einfach die Gelegenheit. Ein wesentlicher Unterschied zwischen Heise und Schramm bestand allerdings in der Ausrichtung ihrer Interessen: Carl Georg Heise interessierte sich vor allem für Kunst, und es gab niemals einen Zweifel daran, daß die Kunstgeschichte sein Fach werden sollte. Somit fielen seine Interessen mit dem Ausgangspunkt von Warburgs Forschungen zusammen, und Warburg wies ihn in Dinge ein, die im Zentrum seiner eigenen Arbeit lagen. Schramm hingegen kam von seinen genealogischen Liebhabereien her, und er blieb solchen Forschungen auch bis in die zwanziger Jahre hinein treu. Offenkundig unternahm Warburg niemals den Versuch, ihn zu kunsthistorischen Fragestellungen hinzuführen. Es war wohl überhaupt ein Kennzeichen seiner pädagogischen Tätigkeit, daß er seinen Schülern keine ausformulierten Aufgaben vorsetzte, die sie zu lösen hatten, sondern sie lieber auf dem Weg, den sie aus eigenem Antrieb gingen, lenkte und förderte.[61]

Außerdem hatte Warburg sich durchaus an die Tatsachen gehalten, als er an Schramms Mutter schrieb, er habe früher selbst genealogische Forschungen angestellt und tue es noch jetzt gelegentlich. Er betrieb derartige Studien zwar nicht regelmäßig, aber doch mit großer Intensität und erforschte vor

57 Carl Georg Heise (1890–1979) war ein energischer Förderer der zeitgenössischen Kunst. 1916 in Kiel promoviert, wurde er 1920 Direktor des Museums St. Annen in Lübeck. 1933 wurde er entlassen. 1945 wurde er Direktor der Hamburger Kunsthalle, ab 1955 war er im Ruhestand (Munzinger IBA).

58 *Heise*, Erinnerungen Warburg, S. 14.

59 *Heise*, Erinnerungen Warburg, S. 14–21.

60 Aus einer anderen Perspektive erinnerte sich Eva von Eckardt (1899–1978), eine Freundin von Warburgs Tochter Marietta, daran, wie Warburg auf junge Menschen wirkte (*Biester*, *Schäfer*, »Das Warburg-Institut…«, S. 163–165).

61 *Heise*, Erinnerungen Warburg, S. 13 u. 15.

allem die Geschichte seiner eigenen Familie.[62] Das Gebiet von Schramms Forschungen war ihm also aus eigener Anschauung vertraut. Er maß solchen Forschungen durchaus einen eigenen Wert bei und sah deshalb keinen Grund, Schramm davon abzubringen. Nur nebenbei und eher ungeplant nahm Schramm daher Aspekte derjenigen wissenschaftlichen Arbeit in sich auf, die Warburg hauptsächlich betrieb und für die er bis heute bekannt ist.

Die einzigen Quellen aus Schramms Schulzeit, die Warburgs Lehrerrolle direkt greifbar werden lassen, sind einige Briefe aus dem Jahr 1913.[63] Sie geben kaum Auskunft darüber, wie die Betreuung im Einzelnen aussah. Sie lassen lediglich erkennen, daß Schramm seine genealogischen Studien weiter verfolgte und daß Warburg ihm dabei Hilfestellung gab.[64] Warburg hielt den Jüngeren auch über seine eigenen Forschungen auf dem Laufenden.[65] Von besonderem Interesse ist unter den genannten Briefen einer, den Schramm im Sommer 1913 an Warburg schrieb.[66] Allerdings nicht, weil er Informationen über Warburgs Verhalten als Lehrer enthielte, sondern weil er eine recht exakte Einschätzung der Meinung ermöglicht, die Schramm als junger Erwachsener von den Juden als gesellschaftlicher Gruppe hatte.

Warburg hatte den Jüngeren darauf hingewiesen, daß die von Bernhard Körner verfaßten Vorworte zu den Hamburg betreffenden Bänden des »Deutschen Geschlechterbuches« nur so von übler antisemitischer Polemik strotzten.[67] Daraufhin hatte Schramm sich diese Vorworte angesehen und teilte

62 Im Archiv des Warburg-Institute in London liegen umfangreiche Materialien, die davon Zeugnis ablegen. Die Archivarin Dorothea McEwan zeigte mir im Herbst 1999 freundlicherweise einige Proben davon.

63 Von zahlreichen Briefen Schramms, deren Originale im Warburg Institute Archive liegen, finden sich Photographien in Schramms Nachlaß. Diese Photographien entstanden in den späten fünfziger Jahren, als Schramm an seinen Memoiren arbeitete. — Die Photographien alle in: FAS, L 230, Bd.11, Unterakte »Warburg, Aby«; über ihre Entstehung unten, Kap. 13.d).; vgl. außerdem die entsprechende Fußnote in der Einleitung, Abschnitt 6.

64 Schramm erbat und erhielt Warburgs Unterstützung, als es seine Mutter zu überreden galt, eine umfangreiche und teure Quellenedition antiquarisch zu erwerben. Ein anderes Mal fragte er an, ob Warburg ein bestimmtes Buch in seiner Bibliothek habe, und erhielt zwar negative Auskunft, dafür aber andere, weiterführende Hinweise. — WIA, CG 1913, Brief P.E. Schramm an A. Warburg, o.O. [Hamburg], o.D. [1.3.1913]; ebd., Brief P.E. Schramm an A. Warburg, o.O. [Hamburg], o.D. [nach 2.3.1913]; ebd., Brief P.E. Schramm an A. Warburg, o.O. [Hamburg], o.D. [vor 4.7.1913]; WIA, Kopierbuch V, 192, Brief A. Warburg an P.E. Schramm, o.O. [Hamburg], o.D. [4.7.1913].

65 Warburg schickte an Schramm den Sonderdruck eines Aufsatzes, den er für die Wochenendbeilage einer Hamburger Zeitung verfaßt hatte, und Schramm bedankte sich dafür. — Bei dem Aufsatz handelte es sich um: *Warburg*, Luftschiff; Schramms Antwort: WIA, CG 1913, Brief P.E. Schramm an A. Warburg, o.O. [Hamburg], o.D. [nach 2.3.1913].

66 Da Warburg zufällig am folgenden Tag Geburtstag hatte, setzte Schramm an den Anfang seines Briefes herzliche Glückwünsche. Diesen Brief hat auch *Joist Grolle* schon erwähnt und Auszüge davon veröffentlicht. — WIA, GC 1913, Brief P.E. Schramm an A. Warburg, Hamburg o.D. [12.6.1913]; *Grolle*, Hamburger, S. 51–53.

67 WIA, GC 1913, Brief A. Warburg an P.E. Schramm, o.O. [Hamburg?], 10.6.1913; vgl. *Grolle*, Hamburger, S. 51–52; über Bernhard Körner, den langjährigen Herausgeber des »Deutschen Ge-

seinem Mentor nun sein Urteil mit. Er stimmte Warburg zu, daß Körners Texte unerträglich seien. Außerdem legte er seinem Brief ein Konvolut von Zetteln mit genealogischen Notizen bei, die belegen sollten, daß Körners Polemik völlig fehl am Platze sei. Die Hamburger Gesellschaft, so Schramms Feststellung, habe einen sehr starken jüdischen Einschlag: Praktisch jedes Mitglied der hamburgischen Oberschicht habe Juden unter seinen Vorfahren.[68] Dieser »Bluteinschlag« habe sich immer nur zum besten ausgewirkt.[69] In seinem Brief erläuterte Schramm diese Meinung ausführlich.

Schramms Meinung über das Judentum zu kennen, ist deshalb wichtig, weil es zu den fundamentalen Kennzeichen der Kulturwissenschaftlichen Bibliothek Warburg gehörte, daß sie die Gründung eines Juden war und nicht nur so gut wie alle ihre Mitarbeiter, sondern auch die wichtigsten Persönlichkeiten in ihrem Umkreis jüdischer Abstammung waren. Das war durchaus kein Zufall: Die problematische Situation der Juden auch im wilhelminischen Deutschland zwang die exponierte Minderheit dazu, sich am Rande des Establishments selbständige Positionen zu erarbeiten.[70] Angesichts dessen muß, wenn die Verbindung eines Wissenschaftlers zur Bibliothek Warburg analysiert und beschrieben werden soll, stets sein Verhältnis zum Judentum Berücksichtigung finden.

Die Prüfung des hier in Frage stehenden Briefes von Percy Ernst Schramm an Aby Warburg führt dabei zu recht komplexen Ergebnissen. Schramm beschrieb die jüdische Einwirkung auf Hamburg in rassischen Kategorien, die mit Bezug auf das »Blut« gebildet waren.[71] Insofern übernahm er die Denkschablonen des von ihm kritisierten Körner. Ohne überhaupt darüber nachzudenken, fasste er die Juden als von den übrigen Hamburgern verschiedene,

schlechterbuches«, und die von ihm vertretenen Auffassungen: *Grolle*, »Deutsches Geschlechterbuch«.

68 Schramm schrieb an Warburg: »Ihr Brief brachte mich darauf, die beiliegende Zettelsammlung anzulegen. Es ist immer angegeben, ob die Familie jüdischen Ursprunges ist, oder wo eine jüdische Blutsbeimischung eintritt. [...] Welche Familie von Bedeutung vermissen Sie unter den Zetteln?« (WIA, GC 1913, Brief P.E. Schramm an A. Warburg, Hamburg o.D. [12.6.1913]).

69 Schramm zog das Fazit: »Kurz dieser Bluteinschlag läßt sich nur mit dem niederländischen von 1600 vergleichen, der ja unzweifelhaft von eminentem Vorteil für Hamburg und die Qualität des Hamburgers gewesen ist« (WIA, GC 1913, Brief P.E. Schramm an A. Warburg, Hamburg o.D. [12.6.1913]).

70 *Charlotte Schoell-Glass* stellt fest, daß Warburg die zumindest latent immer vorhandene Feindseligkeit der deutschen Gesellschaft gegenüber Juden schmerzhaft empfand. Deshalb geht sie so weit, in der Frage nach den Ursachen des Judenhasses und in dem aufklärerischen Wirken gegen diesen Hass das zentrale, allerdings nie explizit formulierte Anliegen von Warburgs Lebenswerk zu sehen — *Schoell-Glass*, Aby Warburg, vgl. v.a. S. 17–18 u. S. 24–25; vgl. bereits *Liebeschütz*, Aby Warburg, S. 230–231; allgemein über die Situation der Juden in dieser Zeit: *Nipperdey*, Deutsche Geschichte 1866–1918 I, S. 396–413.

71 Schramm erläuterte seinem Lehrer: »Ich hatte schon immer den Einfluß jüdischen Blutes in die Hamburger ›Gesellschaft‹ im Auge gehabt« (WIA, GC 1913, Brief P.E. Schramm an A. Warburg, Hamburg o.D. [12.6.1913]).

durch das »Blut« definierte Rasse auf und setzte die Existenz spezifischer, vererbbarer Eigenschaften voraus. Er wertete den Einfluß der Juden auf Hamburg rundherum positiv, und die von ihm postulierten Eigenschaften der jüdischen »Rasse« schienen ihm wertvoll.[72] Sein Leben lang blieb er weit davon entfernt, Antisemit zu sein. Trotzdem ist es von Belang, daß er überhaupt in solchen Kategorien dachte. Damit lag ein Keim möglicher Fremdheit zwischen ihm und seinen jüdischen Freunden. Allerdings ist durchaus fraglich, ob Bedenken wie die hier formulierten auch einem Zeitgenossen gekommen wären. Das Denken in rassischen Kategorien war damals vielen Menschen selbstverständlich. Ob Aby Warburg irritiert war, muß offen bleiben.[73] Jedenfalls studierte er Schramms Zettel mit Interesse. Als er er sie ihm nach ein paar Wochen zurückreichte, versäumte er nicht, ihm weiterführende Hinweise hinsichtlich jüdischer Vorfahren hamburgischer Familien zu geben.[74]

Damit sind die verfügbaren Informationen über Art und Umfang der Ausbildung, die Schramm bei Warburg genoß, erschöpft. Die relative Kärglichkeit der Quellen erklärt sich allerdings wohl nicht nur daraus, daß die Unterweisungen mündlich geschahen: Darüber hinaus war Warburg ein vielbeschäftigter Mann. Er erreichte in jenen Jahren einen ersten Höhepunkt seiner wissenschaftlichen Schaffenskraft und seiner akademischen Bedeutung. In zunehmendem Maße engagierte er sich für die nationale und die internationale Zusammenarbeit in der Kunstwissenschaft.[75] Der Internationale Kunsthistorikerkongreß in Rom im Jahr 1912 wurde zu einem Höhepunkt seiner Karriere.[76] Ebenfalls im Jahr 1912 erreichte ihn ein Ruf der Universität Halle auf den dortigen Lehrstuhl. Er lehnte den Ruf ab, woraufhin ihm der Hamburger Senat den Professorentitel verlieh. Für Warburg, der sich vehement für die Gründung einer Hamburger Universität einsetzte, war dies ohne Zweifel eine ermutigende Geste.[77] Zu diesem Zeitpunkt war es ihm längst unmöglich geworden, seine verschiedenen Aufgaben ohne die Hilfe von Mitarbeitern zu bewältigen. Schon im November 1904 war eine bezahlte Hilfskraft einge-

72 Ausdrücklich sprach Schramm von »den bekannten Vorzügen der jüdischen Rasse«. Er zählte diese Vorzüge aber nicht auf. — WIA, GC 1913, Brief P.E. Schramm an A. Warburg, Hamburg o.D. [12.6.1913].

73 Es gibt Hinweise, daß Warburg selbst zumindest gelegentlich von einer jüdischen »Rasse« sprach. Er sagte von sich, er sei »Ebreo di sangue, Amburghese di cuore, d'anima Fiorentino«. — *Heise*, Erinnerungen Warburg, S. 51; *Schoell-Glass*, Aby Warburg, S. 34.

74 WIA, Kopierbuch V, 192, Brief A. Warburg an P.E. Schramm, o.O. [Hamburg], o.D. [4.7.1913].

75 *Gombrich*, Aby Warburg, S. 253–255.

76 Es wurde sogar in Erwägung gezogen, ihn zum Vorsitzenden des Internationalen Komitees der Kunsthistoriker zu machen, was er freilich ablehnte. — *Heise*, Erinnerungen Warburg, S. 38.

77 *Gombrich*, Aby Warburg, S. 254; aussagekräftiges Material über Warburgs Engagement zugunsten einer Hamburger Universität bei: *McEwan*, Ausreiten der Ecken, S. 15, 16–17, 78, 114; vgl. außerdem *Diers*, Der Gelehrte.

stellt worden, die ihn beim weiteren Aufbau seiner Bibliothek unterstützen sollte.[78] Im Jahr 1908 hatte er zum ersten Mal einen wissenschaftlichen Assistenten eingestellt.[79]

c) Wege zum Mittelalter

Nicht nur Schramms Verbindung zu Aby Warburg und zu dessen Bibliothek, sondern auch sein Interesse am Mittelalter nahm seinen Anfang in den Jahren vor dem Ersten Weltkrieg. Er selbst erzählte später, seine frühesten Vorstellungen von der mittelalterlichen Epoche hätten auf Reisen kreuz und quer durch Deutschland Gestalt angenommen, die er damals in den Ferien mit Freunden unternahm. Gemeinsam machten die jungen Hamburger mehrtägige Fußwanderungen und Radtouren, vor allem aber lange Wanderruder-Touren. Im Ruder-Club, dem Schramm seit 1910 angehörte, gehörte ein Pionier des Wanderruderns zu den führenden Persönlichkeiten, und die jüngeren Mitglieder eiferten ihm nach.[80] Auf solchen Wanderungen machte Schramm, wie er rückblickend meinte, manche Erfahrung, die andere Menschen seines Alters dem »Wandervogel« verdankten.[81] Er fügte allerdings hinzu, die Jugendlichen, die sich tatsächlich dem »Wandervogel« zugewandt hätten, seien eher Angehörige des mittleren oder kleinen Bürgertums gewesen. Durch Kleidung und Habitus hätten sie einen Protest gegen die Welt ihrer Eltern artikulieren wollen, der ihm selbst und seinen Freunden naiv erschienen sei.[82]

Immerhin wurde der Reisestil der Großbürgersöhne dem der »Wandervögel«, was die Bequemlichkeit anging, immer ähnlicher. Anfangs übernachteten sie noch in Hotels, aber von Mal zu Mal wurde der Komfort reduziert. Schramm lernte, wie reizvoll es sein konnte, im Zelt zu übernachten und

78 Diese Angabe nach einer von *Hans-Michael Schäfer* angestellten, im Warburg Institute Archive einsehbaren Untersuchung.

79 Der Name des Mannes war Paul Hübner (*Saxl*, History, S. 328; ergänzend die oben erwähnte Untersuchung von *Hans-Michael Schäfer*).

80 FAS, L »Rudern 1910/14«, S. 4–9; vgl. die entsprechenden Abschnitte in: FAS, L 301, sowie: FAS, L »Jahrgang 94«, Bd.1, S. 20–21.

81 In der Mitte seines Lebens erinnerte sich Schramm an seine Erlebnisse im Ruder-Club und notierte: »Im Rudern fanden auch wir unser Wandervogel-Erlebnis, also das, was so weiten Schichten der Jugend damals einen neuen Lebensinhalt brachte [...].« — FAS, L »Rudern 1910/14«, S. 9; über den »Wandervogel« und seine Geschichte: *Linse*, Wandervogel; eine aus der Innensicht eines alten Mitglieds geschriebene, bewußt subjektiv gehaltene Gesamtdarstellung bietet: *Helwig*, Blaue Blume.

82 FAS, L »Rudern 1910/14«, S. 9–10; vgl. SVS 1963–64, Neun Generationen, Bd.2, S. 427–428; zur Verankerung des »Wandervogels« im bürgerlichen Mittelstand: *Linse*, Wandervogel, v.a. S. 540; über Lebensgefühl und gesellschaftskritische Tendenzen zusammenfassend: *Fiedler*, Jugend, S. 23–34.

Quell- oder Flußwasser abzukochen, um es gefahrlos trinken zu können. Er erfuhr, welche Befriedigung es manchmal verschaffte, auf gewisse Annehmlichkeiten der Zivilisation zu verzichten und sich über kleinere Unpäßlichkeiten und Verletzungen einfach hinwegzusetzen.[83] Zu einem besonderen Höhepunkt wurde eine Rudertour von Heilbronn über den Neckar und den Rhein bis nach Duisburg, an der Schramm im Sommer 1911 teilnahm. Das Rheintal, eine der ältesten Kulturlandschaften in Deutschland, mit seinen vielen Burgen und Burgruinen bot den ungefähr 17-jährigen Teilnehmern reichlich Anlaß für romantische, vergangenheitsselige Schwärmerei.[84]

Burgen, große Dome und alte Städte besuchten die jungen Reisenden auch auf anderen Fahrten. In seinen Erinnerungen hielt Schramm später fest, was dies für ihn als Jugendlichen bedeutete: »In meinem Bewußtsein kapitulierte das 20. Jahrhundert vor der Kaiserherrlichkeit des Mittelalters.«[85] An einer anderen Stelle erzählte er, er habe in jener Zeit auf einer Wanderung durch Thüringen in einem kleinen Buchladen Karl Hampes »Deutsche Kaisergeschichte im Zeitalter der Salier und Staufer« erstanden und »verschlungen«.[86] Das Buch war damals ungemein populär und blieb bis in die siebziger Jahre des zwanzigsten Jahrhunderts hinein weit verbreitet.[87] Es zeichnete sich durch eine sorgfältig abwägende, sachliche Art der Argumentation, vor allem aber durch einen flüssigen Stil und eine lebendige Erzählweise aus. Wiederum in seinen Memoiren berichtete Schramm, er habe als junger Mann in dem Zug, der ihn zum ersten Mal zum Studium nach Freiburg brachte, mit glühenden Ohren die Mitttelalter-Balladen von Börries Freiherr von Münchhausen gelesen – neoromantische, von einem schweren Pathos durchzogene Dichtungen.[88]

83 FAS, L »Rudern 1910/14«, S. 5–6.

84 Die »Erinnerungen der Teilnehmer«, unmittelbar nach der Fahrt als eine Art gemeinschaftliches Tagebuch niedergeschrieben, finden sich in Schramms Nachlaß. — FAS, L »Runder-Wanderfahrt 1911«; über die Route auch: FAS, L »Rudern 1910/14«, S. 7.

85 FAS, L »Jahrgang 94«, Bd.1, S. 21.

86 Seiner Beschreibung zufolge bestärkte ihn die Lektüre in seinem – zu dem Zeitpunkt offenbar schon gefällten – Entschluß, Professor für mittelalterliche Geschichte zu werden. Später wurde Schramm bei Karl Hampe (1869–1936) promoviert. — SVS 1968–71 Kaiser, Bd.1, S. 7; *Hampe*, Kaisergeschichte; über Karl Hampe s. unten, zuerst Kap. 4.a).

87 Das Buch erschien zuerst 1909. Die zweite Auflage kam 1912 heraus. 1929 erschien bereits die sechste. Nachdem Hampe 1936 gestorben war, erschienen, jeweils bearbeitet von Friedrich Baethgen, die siebte Auflage 1937 und weitere Auflagen bis zur zwölften 1968 (Angaben nach dem »Schriftenverzeichnis« in: *Diener [Hg.]*, Karl Hampe, S. 39–55).

88 Der Balladendichter Börries Freiherr von Münchhausen (1874–1945) war in der ersten Hälfte des zwanzigsten Jahrhunderts sehr populär. Politisch stand er im völkisch-nationalistischen Lager und war bekennender Antisemit. — FAS, L »Jahrgang 94«, Bd.1, S. 43; einen Überblick über Leben und Werk Münchhausens verschafft: *Wege*, Das lyrische Werk; vgl. auch *Schoell-Glass*, Aby Warburg, S. 138–140 u. 271–279.

Mit diesen Bemerkungen beschrieb Schramm als alter Mann den Weg, auf dem er als Jugendlicher das Mittelalter für sich entdeckt hatte. Er ließ deutlich werden, daß er die Epoche mit den Augen seiner Zeit sehen gelernt hatte. Das Mittelalter, insbesondere das Hochmittelalter als die »Kaiserzeit«, war im wilhelminischen Deutschland höchst populär.[89] Die »Wandervogel«-Bewegung griff die allgemeine Mittelalterbegeisterung auf und verlieh ihr, ausdrücklich im Geist der deutschen Romantik, eine schwärmerische Färbung.[90] Obwohl Schramm und seine gleichaltrigen Standesgenossen zu den eigentlichen »Wandervögeln« ein eher distanziertes Verhältnis hatten, teilten sie mit ihnen den Hang zur Schwärmerei und die Affinität zur Romantik.

Von der Vorstellung, daß die »Kaiserzeit« das eigentliche Mittelalter sei, hat sich Schramm nie gelöst. Deutlich spürbar wirkte außerdem ein von unbefangener Begeisterung getragenes Mittelalterbild in den wissenschaftlichen Arbeiten nach, die er ab 1922 verfaßte. Als er seit 1920 zum Mittelalter, und zwar zur Geschichte der Kaiser, zurückkehrte, gab zwar die Auseinandersetzung mit den Folgen des Ersten Weltkriegs hierfür den Ausschlag. Daneben aber trieb ihn die Sehnsucht nach dem heroischen Zeitalter von Macht und großartiger Schönheit, das er als Achtzehnjähriger imaginiert hatte.

Dennoch muß offen bleiben, wie weitgehend sich dieser Achtzehnjährige die damals gängigen Vorstellungen tatsächlich zu eigen machte. Jedenfalls gab sich Schramm schon als Gymnasiast nicht einfach mit einem Bild vom Mittelalter zufrieden, das auf eine schablonenhaft konventionell verstandene »Kaiserherrlichkeit« beschränkt blieb. Wenige Monate, nachdem Warburg im September 1911 den oben zitierten Brief an Olga Schramm geschickt hatte, beschrieb Percy in einem Brief an seine Eltern, wie er sich die weitere Entwicklung seiner Forschungsinteressen vorstellte. Er erläuterte, er wolle später »das Mittelalter« erforschen. Im Einzelnen führte er aus, er wolle »speciell deutsches, ganz speciell niedersächsisches« Mittelalter studieren. Dabei wolle er er unter anderem auf »Einwanderung in die Städte« und »Rittergeschlechter, die Bürger wurden«, abzielen. Ihn interessiere »das bürgerliche Leben«, das adelige liege ihm fern. Abschließend betonte er, »daß, falls ich Historiker werde, *mich die Genealogie*, die oft geschmähte, *dazu gebracht* hat. *Sie* hat mich auch zu den oben genannten Themen geführt.«[91]

89 *Gollwitzer*, Auffassung; *Boockmann*, Ghibellinen; vgl. außerdem die einschlägigen Beiträge in: *Althoff (Hg.)*, Die Deutschen; den leider wenig gelungenen Versuch einer zusammenfassenden Darstellung bildet: *Deisenroth*, Deutsches Mittelalter.

90 *Werner Helwig* betont den Rückbezug der Jugendbewegung auf die deutsche Romantik des frühen neunzehnten Jahrhunderts, vor allem auf Novalis. — *Apel*, Flieg nicht so hoch…; *Helwig*, Blaue Blume, v.a. S. 46 u. 124.

91 FAS, J 37, Brief P.E. Schramm an M. und O. Schramm, o.O. [Hamburg], o.D. [Anfang November 1911]; Hervorhebungen im Original unterstrichen.

Mit den zuletzt zitierten Sätzen wehrte sich Schramm energisch gegen die Geringschätzung, die insbesondere sein Vater seinen bisherigen Forschungen entgegengebracht hatte. Dabei scheint der Text anzudeuten, daß Percy über das, was den Unwillen der Eltern erregt hatte, nämlich die Feststellung von Verwandtschaftsverhältnissen um ihrer selbst willen, bereits hinausstrebte. Die Erklärung, er interessiere sich für »Einwanderung in die Städte« und für »Rittergeschlechter, die Bürger wurden«, mag darauf hinweisen, daß sich seine Interessen damals der Sozialgeschichte zuneigten.[92] Allerdings verlor er deshalb die Genealogie im engeren Sinne nicht aus den Augen. Einige Stammtafeln, die er erstellt hatte, konnte er im Jahr 1914 sogar veröffentlichen.[93]

Als Gegenstand seiner zukünftigen Arbeit bezeichnete Schramm in dem zitierten Brief aus dem Herbst 1911 aber das Mittelalter. Dies tat er hier zum ersten Mal. Jedoch hatten die hier formulierten Gedanken mit der Wissenschaft, die er später betrieb, nichts zu tun. Niedersächsische Landesgeschichte wurde nicht zu seinem Spezialgebiet, und wo er nach dem Mittelalter fragte, befaßte er sich eben doch nicht mit der bürgerlichen Sphäre, sondern mit der Welt der Fürsten und Herrscher.[94] Komplexe, sozialhistorisch reflektierte Überlegungen wie die zitierten vermochten ihn nicht dauerhaft für das Mittelalter zu begeistern. Sofern irgendwelche Konzepte dieser Zeit für seine spätere Mediävistik von Bedeutung waren, waren sie großartiger und trugen deutlich stärker die Züge einer romantisch verklärten »Kaiserherrlichkeit«.

Die beschriebenen Vorstellungen vom Mittelalter erwarb sich Schramm unabhängig von seiner Anleitung durch Aby Warburg. Bekanntermaßen brachte Warburg dem Mittelalter, insbesondere seiner Kunst, nur wenig Verständnis entgegen. Das Mittelalter tauchte in Warburgs Geschichtsbild meistens in der Form der Spätgotik auf und wurde relativ zur Renaissance betrachtet. Beispielsweise erschien es als etwas, das überwunden werden mußte, damit die Renaissance Wirklichkeit werden konnte.[95] Außerdem spielte das Mittelalter dort eine Rolle, wo Warburg sich mit der Geschichte der Astrologie befaßte. Dabei untersuchte er die Wege, auf denen die Kenntnis-

92 Tatsächlich hat Schramm später für sich in Anspruch genommen, er habe sich schon als Schüler für sozialgeschichtliche Fragestellungen interessiert. Er gab an, vor allem die Werke von Werner Sombart seien ihm damals wichtige Wegweiser gewesen. — SVS 1968–71 Kaiser, Bd.1, S. 7; *Bak*, Percy Ernst Schramm, S. 425 u. 428; vgl. *Grolle*, Schramm Sonderfall, S. 26–27.

93 *Ritter, A.*, Veröffentlichungen Schramm, Nr.I,1–4, auf S. 291; *Grolle*, Schramm Sonderfall, S. 25, m. Anm. 3.

94 Das hat gegen Ende seines Lebens sogar die Frage provoziert, warum er denn nicht auch für das Mittelalter – wie für die neuere und neueste Zeit – die Geschichte der Bürger erforscht habe. Seine Antwort war, im Mittelalter seien die Bürger noch ohne geschichtliche Bedeutung gewesen. — *Bak*, Percy Ernst Schramm, S. 423; kritisch *ders.*, Symbology, S. 63; hierzu auch unten, Kap. 14.c).

95 *Gombrich*, Aby Warburg, z.B. S. 136, 177, zusammenfassend S. 412–417; in diesem Sinne auch *Liebeschütz*, Aby Warburg, S. 227–228 u. 229–230.

se über die antiken Götter und die Formen, in denen sie dargestellt werden konnten, von der Antike in die Renaissance gelangt waren. Einige Stationen dieses langen Weges lagen im abendländischen Mittelalter. Aber sie waren nicht bedeutender als andere, die zum großen Teil im islamischen Orient zu finden waren, und entscheidend war ohnehin nur das Ziel: Erst in der Renaissance wurden die antiken Götter wieder ganz begriffen und in ihrer klassischen Gestalt dargestellt.[96]

Für Percy Ernst Schramm bildeten somit die Begegnungen mit dem Mittelalter und die Schulung durch Aby Warburg zwei voneinander getrennte Erlebnisräume, die ihn jeder auf seine Weise prägten. Warburg kam wohl nicht umhin, die Mittelalter-Phantasien seines Schülers bei der einen oder anderen Gelegenheit zur Kenntnis zu nehmen. Aber wie Warburg darauf reagierte, inwiefern er sich etwa bemühte, Schramm zu einer kritischen Reflektion seiner Schwärmereien vom Kaisertum anzuhalten, muß dahingestellt bleiben. Jedenfalls war, als der Jüngere im Frühjahr 1914 zu studieren begann, sein Fach die mittelalterliche Geschichte.

Zunächst legte Schramm im August 1913 das Abitur am Realgymnasium ab.[97] Auf Warburgs Empfehlung hin hatte er sich dafür entschieden, sein Studium in Freiburg im Breisgau aufzunehmen.[98] Allerdings konnte er das zum nächstmöglichen Termin, zum Wintersemester 1913/14, noch nicht tun. Vorher sollte er noch die humanistische Zusatzprüfung passieren. Dabei handelte es sich um eine an einem humanistischen Gymnasium zu absolvierende Prüfung in Latein und Altgriechisch, durch welche sein Abitur als ein humanistisches gewertet werden konnte. Griechisch war an seiner Schule überhaupt nicht unterrichtet worden, Latein in weit geringerem Umfang als an humanistischen Gymnasien.

Der Beschluß, daß er eine solche Prüfung ablegen sollte, war wohl schon einige Jahre zuvor gefallen, nachdem festgestanden hatte, daß er Historiker werden sollte. Die Eltern hatten gehört, ein solcher Abschluß werde an manchen Universitäten in Preußen als Eingangsvoraussetzung verlangt.[99] Aby Warburg dürfte die Entscheidung, den Sohn Schramm die Prüfung ablegen zu lassen, nach Kräften unterstützt haben: Er hatte eine hohe Meinung von den alten Sprachen, deren Beherrschung ihm für das Verständnis der abendländischen Kultur unverzichtbar schien.[100] Zumindest im Grundsatz

96 *Gombrich*, Aby Warburg, S. 245–248.

97 Hierzu die Materialien in: FAS, L 13.

98 Diese Angabe nach einem Fragment in: FAS, L 305.

99 Es kam sicherlich hinzu, daß Max Schramm, der selbst ein altsprachliches Gymnasium besucht hatte, humanistische Bildung für einen hohen Wert hielt. — FAS, K »Erinnerungen Sohn Percy«, H.2; SVS 1963–64 Neun Generationen, Bd.2, S. 446–449.

100 Warburg selbst hatte sein Abitur am Realgymnasium abgelegt und die humanistische Zusatzpüfung absolviert. Carl Georg Heise, der sein Abitur an einer Oberrealschule gemacht hat-

teilte Percy diese Auffassung offenbar. Für die Erforschung des europäischen Mittelalters, das er sich als Studienfach ausgewählt hatte, war eine solide Kenntnis der antiken Sprachen eine wichtige Grundlage. Jedenfalls nahm er bereits seit 1910 freiwillig Privatunterricht in Griechisch.[101] Nun wurde das Pensum erhöht. Zusätzlich nahm er jetzt Unterricht in Latein.

Als Termin für die Zusatzprüfung ergab sich Anfang März 1914. Schramm blieb also noch ein gutes halbes Jahr in Hamburg, um sich vorzubereiten. Er nutzte die Zeit jedoch nicht nur dafür. Gleichzeitig betrieb er seine Ahnenforschungen mit großer Intensität weiter.[102] Vor allem aber stürzte er sich in das gesellschaftliche Leben der gehobenen Hamburger Bürgerschicht und besuchte jeden der nicht wenigen Bälle, zu denen er eingeladen wurde.[103] Seine Eltern hatten ihn davor gewarnt, die Prüfungsvorbereitungen zu vernachlässigen – und sie behielten recht: Er fiel bei der Sprachprüfung durch.[104] Für Schramm, der immer ein recht guter Schüler gewesen war,[105] brach eine Welt zusammen. Die Prüfung nicht geschafft zu haben, war ihm ungemein peinlich. Er war zwar durchaus bereit, sie zu wiederholen, wollte aber dennoch sein Studium aufnehmen.

In seiner Verzweifelung wandte er sich hilfesuchend an Warburg. In einem Brief versicherte er ihm wortreich, er werde in Freiburg nur wenig Geschichte studieren und sich intensiv auf die Prüfung vorbereiten. Warburg möge sich doch bitte bei seinen Eltern dafür einsetzen, daß er nach Freiburg gehen könne. Warburg reagierte zunächst unwirsch und machte Schramm Vorhaltungen, er habe sich unzureichend auf die Sprachprüfung vorbereitet. Erst als Schramm ihm ein weiteres Mal schrieb, ließ Warburg sich überzeugen.[106] Auf seine Fürsprache hin wurde es Schramm schließlich unter

te, hatte einige Jahre früher als Schramm ganz ähnliche Erfahrungen gemacht wie dieser, indem ihn Warburg dazu brachte, die altsprachliche Bildung nachzuholen. Etwas paradoxerweise hatte Warburg aber angeblich Max Schramm, als es um die Frage ging, ob Percy Ernst nach Abschluß der Vorschule auf ein humanistisches oder ein Realgymnasium gehen sollte, zum Realgymnasium geraten. — *Liebeschütz*, Aby Warburg, S. 227; außerdem über Warburgs Schulbildung: *Gombrich*, Aby Warburg, S. 38–40; über Heise: *Heise*, Erinnerungen Warburg, S. 16 u. 34.

101 Die Mutter erinnerte sich, schon früh habe er beschlossen, »ab Untersekunda« Griechisch lernen zu wollen. — FAS, K »Erinnerungen Sohn Percy«, H.2; das Folgende nach derselben Quelle.

102 Schramm selbst gab außerdem an, im Wintersemester 1913/14 als Student am Hamburger »Kolonialinstitut« immatrikuliert gewesen zu sein (FAS, L »Lebenslauf 1924«; SVS 1963–64 Neun Generationen, Bd.2, S. 480).

103 FAS, K »Erinnerungen Sohn Percy«, H.2; entsprechende Schilderungen außerdem in: FAS, L 301 u. L 305; einen Eindruck von den Bällen vermittelt: SVS 1963–64 Neun Generationen, Bd.2, S. 425 u. Tafel 83 bei S. 480.

104 FAS, K »Erinnerungen Sohn Percy«, H.2; die nicht bestandene Prüfung auch erwähnt in einem entsprechenden Fragment in: FAS, L 305.

105 FAS, K »Erinnerungen Sohn Percy«, H.1 u. 2.

106 Die Mutter hatte Warburg gebeten, mit Percy nicht zu nachsichtig zu sein. Später bezeugte sie ihm ihren Dank, daß er dem Sohn ins Gewissen geredet hatte. — WIA, GC 1914, Brief

der Bedingung, daß er sich intensiv mit den alten Sprachen beschäftige und die Prüfung im Sommer in Hamburg wiederhole, gestattet, nach Freiburg zu fahren.

So begann Schramm im Sommersemester 1914 mit dem Geschichtsstudium. Auch aus der Ferne blieb sein Mentor Warburg für ihn eine wichtige Bezugsperson. Breiten Raum nahm in der Korrespondenz zwischen den beiden während der folgenden Monate die Frage der Nachprüfung ein. In Freiburg erhielt Schramm die Information, ein humanistisches Abitur werde überhaupt nicht verlangt, um Geschichte zu studieren, und seine dortigen Gesprächspartner rieten ihm deshalb, auf die Nachprüfung zu verzichten. Er hatte gute Lust, darauf einzugehen.[107] Warburg, hell empört über diese Absicht, bestand darauf, daß Schramm sich der Prüfung unterzog. Es gehe hier nicht um Formalitäten, schrieb er, sondern um eine »Mannheitsprobe«.[108] Schramm machte nun keine Einwendungen mehr. Er suchte sich einen Lehrer und begann, Sprachstunden zu nehmen, die er von da an sehr ernst nahm.[109] Daneben absolvierte er jedoch ein volles Studienprogramm in seinem eigentlichen Fach. Die unermüdliche Arbeitskraft, die später eine seiner hervorstechendsten Eigenschaften werden sollte, deutete sich hier zum ersten Mal an. In langen Briefen berichtete der Student seinem Mentor von den Lehrveranstaltungen, die er besuchte.[110] Am Ende des Semesters schickte er ihm eine Arbeit, die er in Freiburg verfaßt hatte.[111]

Für Warburgs Auftreten gegenüber seinem Schüler ist die Korrespondenz aus diesen Monaten eine wichtige Quelle: Er war, wie im Zusammenhang mit der Nachprüfung, zu aufbrausender Härte fähig, nahm aber zugleich mit aufrichtiger Wärme Anteil an Schramms Schicksal. Umgekehrt lassen diese Briefe erkennen, welch großen Respekt und wieviel Vertrauen Schramm dem Älteren entgegenbrachte. Er sah in ihm tatsächlich den Lehrer, zugleich aber auch eine Vertrauensperson, von der er sich in anderer Weise und in höherem Maße verstanden fühlte als von seinen Eltern.

P.E. Schramm an A. Warburg, Hamburg 3.3.1914; WIA, Kopierbuch V, 350, Brief A. Warburg an P.E. Schramm, Hamburg 4.3.1914; WIA, GC 1914, Brief P.E. Schramm an A. Warburg, Hamburg 4.3.1914; WIA, GC 1914, Brief O. Schramm an A. Warburg, Hamburg o.D. [Ende Februar/ Anfang März 1914]; ebd., Brief O. Schramm an A. Warburg, Hamburg o.D. [wohl 1914].

107 WIA, GC 1914, Brief P.E. Schramm an A. Warburg, Freiburg i.Br. o.D. [Ende April 1914].

108 FAS, L 230, Bd.11, Brief A. Warburg an P.E. Schramm, Florenz 27.4.1914.

109 WIA, GC 1914, Brief P.E. Schramm an A. Warburg, Freiburg i.Br. 6.5.1914; in dieser Angelegenheit noch: FAS, L 230, Bd.11, Postkarte A. Warburg an P.E. Schramm, Hamburg 10.5.1914.

110 WIA, GC 1914, Brief P.E. Schramm an A. Warburg, Freiburg i.Br. o.D. [nach 10.5.1914]; ebd., Brief P.E. Schramm an A. Warburg, o.O. [Freiburg i.Br.], 15.7.1914; vgl. Warburgs Antwort auf den ersten Brief: FAS, L 230, Bd.11, Brief A. Warburg an P.E. Schramm, Hamburg 26.5.1914.

111 Die Arbeit ist anscheinend nicht überliefert. — FAS, L 230, Bd.11, Postkarte A. Warburg an P.E. Schramm, Hamburg 29.6.1914.

Von Schramms Studien muß im Übrigen nur weniges berichtet werden.[112] Bemerkenswert erscheint, daß er bei dem Kunsthistoriker Wilhelm Vöge eine Vorlesung über die Gotik besuchte.[113] Vöge hatte mit Warburg zusammen in Bonn studiert und war seitdem mit ihm befreundet.[114] Sicherlich hatte Warburg seinen Schützling ermuntert, die Vorlesung des Freiburger Ordinarius zu besuchen. Offenbar hatte er ihm auch ein an diesen gerichtetes Empfehlungsschreiben mitgegeben.[115] Den Studenten beeindruckte an Vöges Vorlesung insbesondere der weitgespannte Rahmen, in dem dort die abendländische Gotik gesehen wurde.[116] Mit dem Altphilologen und Religionswissenschaftler Richard Reitzenstein, bei dem Schramm eine Vorlesung über die Spätantike besuchte, stand Warburg gleichfalls in Verbindung.[117]

Obwohl also die Betreuung, die Schramm als Gymnasiast durch Warburg erfahren hatte, allem Anschein nach stets an seinen genealogischen Interessen orientiert gewesen war und ihn nicht systematisch darüber hinausgeführt hatte, wirkte sich der Einfluß des Mentors schon im allerersten Semester seines Studiums in ganz anderer Weise aus. Vom ersten Tag an waren Kunst und Kunstgeschichte fester Bestandteil von Schramms Wissenschaft vom Mittelalter, und vom ersten Tag an ließ er sich von den disziplinären Grenzen der universitären Geschichtswissenschaft nicht einengen. Ganz ohne Zweifel lassen sich somit bestimmte Eigenheiten von Schramms späteren wissenschaftlichen Arbeiten auf seine frühe Prägung durch Aby Warburg zurückführen.

112 Unter anderem besuchte Schramm bei Friedrich Meinecke (1862–1954) eine Vorlesung über »Allgemeine Geschichte im Zeitalter Bismarcks«. Da Meinecke nach Ablauf des Sommersemsters nach Berlin ging, war Schramm froh, seine Vorlesung noch hören zu können. Er beurteilte sie als »sehr famos«. — FAS, L 30, Kollegienbuch Universität Freiburg i.Br.; WIA, GC 1914, Brief P.E. Schramm an A. Warburg, Freiburg i.Br. o.D. [nach 10.5.1914]; ebd., Brief P.E. Schramm an Aby Warburg, o.O. [Freiburg i.Br.], 15.7.1914; über Meineckes Freiburger Zeit: *Meineke*, Friedrich Meinecke, S. 146–204; über Meinecke s. auch unten, Kap. 3.d).

113 Wilhelm Vöge (1868–1952) hatte sich sein Ansehen als Pionier bei der Erforschung der mittelalterlichen Bildhauerkunst erworben. Er lehrte von 1909 bis 1916 in Freiburg. — FAS, L 30, Kollegienbuch Universität Freiburg i.Br.; WIA, GC 1914, Brief P.E. Schramm an A. Warburg, Freiburg i.Br. o.D. [nach 10.5.1914]; über Vöge: *Brush*, Shaping; *Betthausen*, Vöge.

114 *Brush*, Shaping, v.a. S. 32.

115 In seinen Erinnerungen erwähnte Schramm die »Antrittsbesuche«, die er bei verschiedenen Freiburger Professoren machte, bei denen Warburg ihn »eingeführt« hatte. — FAS, L »Jahrgang 94«, Bd.1, S. 43; Hinweise auf ein Schreiben an Vöge in: WIA, GC 1914, Brief P.E. Schramm an A. Warburg, Freiburg i.Br. o.D. [nach 10.5.1914].

116 »Sehr interessant und neu für mich, wenn er so ganz Europa überblickt, Entwicklungslinien von Syrien-Byzanz nach dem Westen zieht« (WIA, GC 1914, Brief P.E. Schramm an A. Warburg, Freiburg i.Br. o.D. [nach 10.5.1914]).

117 Richard Reitzenstein (1861–1931) war von 1911 bis 1914 Ordinarius in Freiburg und ging dann nach Göttingen. Der Titel der Vorlesung lautete »Kultur und Literatur des Westens im Ausgang des Altertums«. In seinen Erinnerungen notierte Schramm, Reitzenstein habe »über die Literatur des Westens um 400« gelesen. — FAS, L 230, Bd.11, Brief A. Warburg an P.E. Schramm, Florenz 26.4.1914; über Reitzenstein: DBE; FAS, L 30, Kollegienbuch Universität Freiburg i.Br.; FAS, L »Jahrgang 94«, Bd.1, S. 43.

Erwähnung soll auch eine Seminararbeit finden, die Schramm bei Heinrich Finke schrieb.[118] Wie für Wilhelm Vöge, so hatte Warburg dem angehenden Studenten auch für Finke ein Empfehlungsschreiben mitgegeben.[119] Der bekannte Spätmittelalterforscher kann für diese Zeit als die beherrschende Figur am Freiburger Historischen Seminar neben Georg von Below gelten.[120] Warburgs Schreiben vorweisend, hatte Schramm ihm seine Aufwartung gemacht. Er war von ihm wärmstens empfangen worden und hatte von da an ein gutes persönliches Verhältnis zu ihm.[121] Im Mittelpunkt seiner Seminararbeit stand der Geschichtsschreiber Lampert von Hersfeld. Schramm nahm ihn gegen den von der älteren Forschung geäußerten Vorwurf in Schutz, in seiner Darstellung die Geschichte absichtsvoll zu verfälschen. Lamperts Sicht der Geschehnisse sei vielmehr, so Schramms These, durch sein Lebensumfeld und die ihm als mittelalterlichem Mönch mögliche Arbeitsweise bedingt.[122] Diese Übungsarbeit, die sich nicht zuletzt durch einen recht beträchtlichen Umfang auszeichnete, belegt, daß Schramm die anachronistischen Argumente der Kritiker als solche zu durchschauen vermochte und sie nicht zu tolerieren bereit war. Es verstand sich für ihn von selbst, daß das Mittelalter eine eigenständige Epoche sei, deren spezifischen Charakter es ernstzunehmen gelte.

Um von Schramms Leben als Erstsemester einen richtigen Eindruck zu geben, ist noch hervorzuheben, daß die soziale Ausgangsposition, die er als Student hatte, durch seinen großbürgerlichen Hintergrund von vorneherein günstig war. Von materiellen Sorgen war er aufgrund des monatlichen Wechsels, den er von seinem Vater erhielt, völlig befreit.[123] Außerdem hatte nicht nur Aby Warburg, sondern auch Max Schramm Verbindungen nach Freiburg. Der Nationalökonom und Reichstagsabgeordnete Gerhart von Schulze-

118 Über den bekennenden Katholiken Heinrich Finke (1855–1938) vgl.: *Finke*, Selbstdarstellung; *Engels*, Finke; *Meineke*, Friedrich Meinecke, S. 146–147 m. Anm. 87.

119 WIA, GC 1914, Brief P.E. Schramm an A. Warburg, Freiburg i.Br. o.D. [Ende April 1914].

120 Bei Georg von Below (1858–1927) besuchte Schramm eine Vorlesung über »Deutsche Verfassungsgeschichte«. Über den Vortragsstil schrieb der Student an Aby Warburg: »[Er] diktiert ziemlich eintönig und trocken«. — Für die Einschätzung von Finkes Stellung neben Below: *Meineke*, Friedrich Meinecke, S. 146; über Below: *Cymorek*, Georg von Below; über die von Schramm besuchte Vorlesung: FAS, L 30, Kollegienbuch Universität Freiburg i.Br.; WIA, GC 1914, Brief P.E. Schramm an A. Warburg, Freiburg i.Br. o.D. [nach 10.5.1914]; ähnlich: FAS, L »Jahrgang 94«, Bd.1, S. 43.

121 WIA, GC 1914, Brief P.E. Schramm an A. Warburg, Freiburg i.Br. o.D. [Ende April 1914]; ebd., Brief P.E. Schramm an A. Warburg, Freiburg i.Br. o.D. [nach 10.5.1914]; ebd., Brief P.E. Schramm an Aby Warburg, o.O. [Freiburg i.Br.], 15.7.1914.

122 Lampert war ein Geschichtschreiber des 11. Jh. Schramm schrieb durchgängig »Lambert«. — FAS, L »Lambert«; auch erwähnt in: WIA, GC 1914, Brief P.E. Schramm an Aby Warburg, o.O. [Freiburg i.Br.], 15.7.1914; über Lampert: *Schieffer*, Lampert von Hersfeld; zu Lamperts notorischer Unzuverlässigkeit: ebd., Sp.517–518.

123 FAS, L »Jahrgang 94«, Bd.1, S. 45.

Gävernitz, der mit Percys Vater bekannt war, nahm den Sohn mit dem Auto mit auf eine fünfstündige Wahlkampftour in den Schwarzwald.[124]

Vom ersten Tag an bewegte Schramm sich in der akademischen Welt mit selbstsicherer Leichtigkeit. In diesem Zusammenhang erscheint bemerkenswert, daß er sich, als er in Freiburg ankam, dagegen entschied, einer studentischen Verbindung beizutreten. Später schrieb er, eine derartige Bindung hätte sich mit seinem Wunsch nach Ungebundenheit nicht vertragen. Stattdessen schloß er sich der Freiburger Ortsgruppe des »Luftflottenvereins« an. Als eine Art Gegengründung zum ungleich bedeutenderen »Flottenverein« wollte diese Vereinigung den Aufbau einer deutschen Luftflotte unterstützen. Wie die politische Absicht zu bewerten sei, mag offen bleiben – für den Erstsemesterstudenten Schramm bedeutete die Mitgliedschaft ein weiteres, großes Abenteuer. Dank ihrer ergab es sich zum Beispiel, daß er einmal mit ein paar Vereinskameraden im Zeppelin von Oos – heute ein Stadtteil Baden-Badens – nach Frankfurt am Main reisen konnte.[125]

Die Ansätze, die in Percy Ernst Schramms Freiburger Zeit erkennbar wurden, entwickelten sich nicht kontinuierlich weiter. Nach dem Sommersemester 1914 setzte Schramm sein Studium nicht in Freiburg fort, sondern in Hamburg, und nicht im Wintersemester 1914/15, sondern erst im Frühjahr 1919. Dazwischen lag der Erste Weltkrieg. Im Sommer 1914 beendete Schramm seine Studien in Freiburg vorzeitig, weil er seine Vorbereitung auf die humanistische Nachprüfung in Hamburg abschließen wollte. Er war noch in Freiburg, als am 28. Juni in Sarajewo der österreichische Thronfolger Franz Ferdinand erschossen wurde.[126] Mitte Juli kehrte er in seine Heimatstadt zurück, wo er am 6. August an der Prüfung teilnahm. Dieses Mal bestand er sie.[127] Drei Tage zuvor hatte er sich als Kriegsfreiwilliger zum Militärdienst gemeldet.

124 Ein Hinweis auf die Bekanntschaft zwischen Schulze-Gävernitz und Max Schramm in: FAS, L 305; außerdem: WIA, GC 1914, Brief P.E. Schramm an A. Warburg, Freiburg i.Br. o.D. [nach 10.5.1914]; über Gerhart von Schulze-Gävernitz: *Krüger*, Nationalökonomen, v.a. S. 21–22 u. 29–48.

125 FAS, L »Jahrgang 94«, Bd.1, S. 43–45.

126 Der letzte überlieferte Brief, den Schramm aus Freiburg an Warburg schrieb, datiert vom 15. Juli. Schramm selbst gab später an, er sei »in der letzten Semesterwoche« nach Hause gefahren. — WIA, GC 1914, Brief P.E. Schramm an Aby Warburg, o.O. [Freiburg i.Br.], 15.7.1914; FAS, L »Jahrgang 94«, Bd.1, S. 56.

127 FAS, K »Erinnerungen Sohn Percy«, H.2; FAS, J 40, Brief »Kelter« an Max Schramm, Hamburg 20.8.1914.

2. Krieg und Revolution

Gleich in den ersten Tagen des Ersten Weltkriegs meldete Schramm sich freiwillig. Von da an war er über vier Jahre lang Soldat. In mancherlei Hinsicht waren auch die anderthalb Jahre, die auf das Kriegsende folgten, noch Teil dieser Erfahrung. Erst in den Tagen des Kapp-Putsches im Frühjahr 1920 zog Schramm seine Uniform zum letzten Mal an. Erst danach, in dem einen Jahr, das er in München verbrachte, gelang es ihm, sich wieder ganz auf seine Studien zu konzentrieren, und erst dort erhielt er die Anstöße, die ihn direkt zu seinen ersten mediävistischen Veröffentlichungen führten. Darum liegt es nahe, die knapp sechs Jahre vom Ausbruch des Ersten Weltkriegs bis zum Ende des Kapp-Putsches als Einheit zu betrachten.

Unter diesen Prämissen beschreibt der erste Abschnitt die Zeit des Ersten Weltkriegs selbst. Ziel der Darstellung ist es, aus der Fülle der Ereignisse das herauszufiltern, was für das Verständnis der folgenden Jahre unverzichtbar ist. Im zweiten Abschnitt des Kapitels geht es um Schramms Beziehung zu Aby Warburg, der in den Jahren des Krieges von Hamburg aus für den Kriegsfreiwilligen an der Front als Ratgeber und väterlicher Freund fungierte. Schon in dieser Zeit bahnte sich allerdings seine schwere psychische Erkrankung an, die ausbrach, als die deutsche Niederlage feststand. Der dritte Abschnitt des Kapitels schließt dann die chronologische Lücke bis zum Frühjahr 1920. In dieser Zeit nahmen politische Fragen in Schramms Denken einen breiteren Raum ein als wissenschaftliche Probleme. Die weltanschaulichen Grundlagen, die Schramm damals entwickelte, blieben für sein Verhalten noch über die Weimarer Zeit hinaus bestimmend.

a) An der Front

Am 1. August 1914 erklärte Deutschland Rußland, am 3. August Frankreich den Krieg. Noch am Tag der Kriegserklärung an Frankreich marschierten deutsche Truppen in Belgien ein. Der Erste Weltkrieg begann. Fest verankert sind im allgemeinen Geschichtsbewußtsein die Bilder von deutschen Soldaten, die voller Begeisterung an die Front fuhren, und von jubelnden Massen auf der Straße, welche eine noch nie dagewesene nationale Euphorie erfaßt hatte. Percy Ernst Schramm stand mitten in den Schichten, welche die Kriegsbegeisterung trugen und sich von ihr mitreißen ließen.[1] Er selbst hat später beschrieben, wie weitverbreitet diese Begeisterung unter seinen Verwandten und Bekannten war.[2] Es ist offenkundig, daß auch er persönlich – als junger Student jederzeit bereit, sich für Großes zu engagieren – davon erfüllt war. Am 3. August 1914 meldete er sich freiwillig.[3]

Für einen jungen Mann seines Standes bedeutete dies, daß er die Laufbahn eines Reserveoffiziers einschlug. Und es verstand sich von selbst, daß er sich nicht bei irgendeiner Truppengattung, sondern bei der vornehmsten, der Kavallerie, meldete.[4] Zusammen mit einigen Bekannten besorgte sich Schramm ein Auto und fuhr nach Schleswig, um sich beim dort stationierten 16. Husarenregiment zu melden. Zu der insgesamt fünfköpfigen Gruppe gehörten unter anderem Carl Georg Heise, der im vorigen Kapitel erwähnte ältere Schüler Aby Warburgs, und Otto Westphal.[5] Westphal, ein Jahr jünger als Heise und drei Jahre älter als Schramm, entstammte, wie die anderen, einer bedeutenden Hamburger Kaufmannsfamilie.[6] Auch er hatte sich entschieden, Historiker zu werden, und Schramm hatte ihn bereits bei seinem Studium in Freiburg kennengelernt. Später sollte Westphal für Schramm bedeutsam werden.[7] In Schleswig wurde er allerdings, ebenso wie Heise, untauglich gemustert. Heise und Westphal wurden nach Hause geschickt.[8] Schramm selbst und die übrigen wurden angenommen.

1 Mittlerweile hat die Forschung deutlich gemacht, daß es neben derlei Erscheinungen auch andere Reaktionen auf den Kriegsbeginn gab, daß Angst und Sorge verbreitet waren. — Zusammenfassend: *Verhey*, Spirit; vgl auch: *Kruse*, Kriegsbegeisterung?; die Komplexität des Phänomens beleuchtet am Beispiel Darmstadt: *Stöcker*, »Augusterlebnis«.

2 SVS 1963–64 Neun Generationen, Bd.2, S. 483–487; anders allerdings: *Jochmann*, Handelsmetropole, S. 108–109.

3 Das Datum nach: FAS, K »Erinnerungen Sohn Percy«, H.2.

4 In seinen Erinnerungen vermerkte Schramm lapidar: »Natürlich hatten wir den Wunsch, zur Kavallerie zu kommen.« — FAS, L »Jahrgang 94«, Bd.1, S. 67; vgl. auch SVS 1963–64 Neun Generationen, Bd.2, S. 425.

5 Die Namen der fünf Mitglieder der Gruppe aufgezählt in: FAS, L »Über meine Freunde«; über Heise s. o., Kap. 1.b).

6 Otto Westphal (1891–1950) war, nach Schramms Angaben, ein Sproß einer Familie Hamburger Teekaufleute. Sein Onkel war Senator, sein Vater Jurist und Mitglied der Bürgerschaft. Westphal war sowohl mit Schramm selbst als auch mit Heise verwandt. Er studierte in Freiburg i.Br., dann in Berlin und in München. Als akademische Lehrer nannte er später Erich Marcks, Friedrich Meinecke und Max Lenz. Ein Buch von *Klemens Hying* informiert über Westphals wissenschaftliche Arbeiten. Die biographischen Angaben bei *Hying* gehen teilweise direkt auf Hinweise von Percy Ernst Schramm zurück. — FAS, L »Jahrgang 94«, Bd.3, S. 405; WIA, CG 1914, Brief P.E. Schramm an A. Warburg, o.O. [Freiburg] 15.7.1914; *Grebing*, Kaiserreich, S. 210; *Hying*, Geschichtsdenken; zusammenfassend zu Westphals Biographie: ebd., S. 11; der Bezug auf Schramm: ebd., S. 10 u. Anm. 18 auf S. 152; vgl.: FAS, L 230, Bd.5, Brief K. Hying an P.E. Schramm, Berlin 28.1.1964.

7 In Freiburg hatten Schramm und Westphal einige Veranstaltungen gemeinsam besucht. — WIA, CG 1914, Brief P.E. Schramm an A. Warburg, o.O. [Freiburg] 15.7.1914; auch erwähnt in einem Fragment in: FAS, L 305; über Westphal s. zuerst wieder unten, Kap. 3.d).

8 Für Otto Westphal: *Hying*, Geschichtsdenken, S. 11; für Carl Georg Heise: *Heise*, Erinnerungen Warburg, S. 47; Munzinger IBA.

Zu diesem Zeitpunkt hatte Schramm die Nachprüfung, derentwegen er vorzeitig aus Freiburg nach Hamburg zurückgekommen war, noch gar nicht abgelegt. Kaum in die Armee aufgenommen, mußte er deshalb schon wieder Urlaub nehmen. Für ein paar Tage kehrte er nach Hamburg und ins zivile Leben zurück, um an der Prüfung teilzunehmen. Dieses Mal war er, wie schon im vorigen Kapitel erwähnt, erfolgreich.[9] Dann ging er endgültig nach Schleswig. Gut zwei Monate lang wurde er dort ausgebildet.[10] Mitte Oktober 1914 kam er schließlich mit den anderen Rekruten ins Feld. Sie erreichten das Regiment in Belgien.[11]

Wie für viele junge Männer seiner Generation wurde für Schramm die Kriegsteilnahme mitsamt dem Erlebnis der deutschen Niederlage 1918 zu einer einschneidenden, seine Persönlichkeit und seine Weltsicht prägenden Erfahrung.[12] Dennoch sind die konkreten Details seines militärischen Schicksals im Rahmen der vorliegenden Arbeit nur von geringer Bedeutung. Eher sind etwas allgemeinere Aspekte von Belang, die für Schramms persönliches »Kriegserlebnis« charakteristisch waren.[13] Nur kurz sei deshalb umrissen, wie die Zeit seines Dienstes als Kriegsfreiwilliger im Einzelnen verlief.[14]

Den größten Teil des Krieges verbrachte er an der Ostfront. Im Westen blieb sein Regiment, nachdem er es erreicht hatte, nur vier Wochen. Von November 1914 an lagen die Gebiete, in denen Schramm eingesetzt war, zunächst in Ostpreußen und Nordpolen, dann, bis zum Ende des Krieges an der Ostfront, im Baltikum. Während des Vormarsches der deutschen Truppen nach Kurland hinein wurde Schramm am 19.5.1915 verwundet. Er erhielt einen Schuß in den linken Unterarm.[15] Für rund ein Vierteljahr war er dadurch gefechtsunfähig. Als er nach seiner Genesung im Sommer 1915 sein

9 FAS, K »Erinnerungen Sohn Percy«, H.2; FAS, J 40, Brief »Kelter« an Max Schramm, Hamburg 20.8.1914.

10 FAS, L »Jahrgang 94«, Bd.1, S. 68–80.

11 Ebd., S. 86–91.

12 Vgl. die Einleitung, Abschnitt 4; vgl. ebd. für die Anwendung des Begriffs »Generation« als Kategorie kulturwissenschaftlicher Analyse.

13 Über die Erfahrungen, die Angehörige der »Frontgeneration« unter den deutschen Historikern im Ersten Weltkrieg machten: *Cornelißen*, Frontgeneration, S. 314–322; Schramm erwähnt: ebd., S. 320; allgemein über »Kriegserlebnis« und »Kriegserfahrung« im Ersten Weltkrieg: *Kruse (Hg.),* Welt, S. 127–195; *Hirschfeld, Krumeich u.a.,* Kriegserfahrungen; *Hirschfeld, Krumeich, Renz,* »Keiner fühlt...«; allgemein über »Kriegserfahrung« in der Neuzeit und in der Moderne: *Buschmann, Carl (Hg.),* Erfahrung.

14 Die folgende Darstellung von Schramms militärischem Schicksal im Ersten Weltkrieg stützt sich weitgehend auf seine eigene Schilderung in »Jahrgang 94«. Zur Rekonstruktion der Ereignisse hat sich Schramm seinerseits auf gedruckte Berichte über die Geschichte seines Regiments gestützt, die ehemalige Kameraden verfaßt hatten. — FAS, L »Jahrgang 94«; zu dieser Quelle vgl. die Einleitung, Abschnitt 4 u. 6, sowie *Thimme, D.,* Erinnerungen; vgl. für den ereignisgeschichtlichen Rahmen außerdem: *Chickering,* Imperial Germany; *Keegan,* Der erste Weltkrieg; *Nipperdey,* Deutsche Geschichte 1866–1918 II, S. 758–876.

15 FAS, L »Jahrgang 94«, Bd.1, S. 120–121.

Regiment wieder erreichte, stand es in Litauen, an der Düna. Im September war es an der Offensive beteiligt, die zur Eroberung Wilnas führte. Danach bekam es wiederum eine Stellung an der Düna zugewiesen.[16] Das ganze Jahr 1916 hindurch blieb es in diesem Bereich der Front ruhig, so daß die Soldaten sich selbst als »schlafendes Heer« bezeichneten.[17] Im Juni wurde Schramm zum Leutnant befördert.[18]

Im Laufe desselben Jahres 1916 wurde überraschend sein Regiment aufgelöst: »Kavallerie als solche war unverwendbar geworden«.[19] Die einzelnen Schwadronen blieben aber zusammen. Weiterhin beritten, wurden sie auf verschiedene Infanteriedivisionen verteilt. Im November 1916 konnte Schramm Urlaub bekommen und besuchte seinen Vater in Antwerpen, wo dieser für die deutsche Besatzungsmacht zivile Verwaltungsaufgaben übernommen hatte.[20] Erst im Sommer 1917, nachdem die neue, durch die Februarrevolution an die Macht gekommene russische Regierung eine Offensive begonnen hatte, lösten sich im Osten die Fronten aus ihrer Erstarrung. Bald verwandelte sich die deutsche Verteidigung in einen Vormarsch. Wenig später war Schramms Schwadron, wenn auch eher am Rande, an den Kämpfen beteiligt, die am 3. September 1917 zur Eroberung Rigas durch deutsche Truppen führten.[21] Daran schloß sich wiederum eine Ruhephase an.

Nach der Oktoberrevolution trat die nunmehr kommunistische Führung Rußlands mit den Mittelmächten in Friedensverhandlungen ein, brach sie jedoch im Februar 1918 ab, woraufhin die Oberste Heeresleitung die Wiederaufnahme der Kämpfe befahl.[22] Jetzt kam auch Schramms Schwadron wieder zum Einsatz. Als Teil einer »Aufklärungsabteilung« rückte sie ab dem 20. Februar von Riga aus vor, wobei ihr die Hauptstreitmacht stets in einem gewissen Abstand folgte. Sich vor allem per Bahn bewegend, machte die Abteilung in den nächsten Tagen ungeheuer rasche Fortschritte und erzielte mit nur geringen Verlusten gewaltige Geländegewinne. Am 2. März kam der Befehl, zur Division zurückzukehren.[23] Für die Verdienste, die er sich bei

16 Ebd., S. 145 u. 149; *Keegan*, Der erste Weltkrieg, S. 328–330.

17 FAS, L »Jahrgang 94«, Bd.1, S. 154; ebd. eine Zusammenfassung der Ereignisse an anderen Teilen der Ostfront; vgl. *Keegan*, Der erste Weltkrieg, S. 421–425.

18 FAS, L »Jahrgang 94«, Bd.1, S. 150; die Beförderung auch erwähnt in: FAS, J 37, Brief P.E. Schramm an Max und O. Schramm, o.O. 16.6.1916.

19 FAS, L »Jahrgang 94«, Bd.1, S. 154–155.

20 Ebd., S. 176–178; über Max Schramms Tätigkeit in Belgien: SVS 1963–64 Neun Generationen, Bd.2, S. 491–492.

21 FAS, L »Jahrgang 94«, Bd.1, S. 169 u. Bd.2, S. 188–193; *Keegan*, Der erste Weltkrieg, S. 469–470 u. 472.

22 *Keegan*, Der erste Weltkrieg, S. 475; *Nipperdey*, Deutsche Geschichte 1866–1918 II, S. 830–831.

23 FAS, L »Jahrgang 94«, Bd.2, S. 198–224; darin das Datum 2.3.1918: S. 215.

dem Vormarsch erworben hatte, wurde Schramm das Eiserne Kreuz Erster Klasse verliehen.[24]

Am 3. März wurde der Friede von Brest-Litowsk geschlossen, und Schramm sah sich mit seiner Division in Richtung Frankreich abtransportiert. Am 2. April traf Schramms Abteilung in Frankreich an der Westfront ein.[25] Im Laufe des Sommers wurde die Division nach und nach fast völlig aufgerieben und schließlich aufgelöst. Schramms Schwadron wurde nach Belgien verlegt und einer anderen Division zugeteilt. Am 4. November war auch diese abgekämpft und wurde aus der Front herausgezogen.[26] Einen Tag später schrieb Schramm an seine Eltern und warnte, so wie er die Stimmung in der Truppe einschätze, bestehe die Gefahr einer Revolution.[27]

Die Revolution kam tatsächlich. In Deutschland wurde die Republik ausgerufen. Die neue Regierung schloß einen Waffenstillstand, und für Schramms Schwadron begann der Rückmarsch. Schramms Erzählungen zufolge ließ die Disziplin, trotz des von der Revolution geprägten Umfeldes, nichts zu wünschen übrig. Mitte November verließ der Rittmeister die Einheit, und für die letzten Wochen übernahm Schramm selbst das Kommando.[28] Als Ende November in Köln ein Weitertransport per Bahn nicht organisiert werden konnte, wurde der Entschluß gefaßt, den Rest der Strecke bis Schleswig reitend zu bewältigen. Nach rund drei Wochen, am 20.12.1918, traf die Schwadron in der Kaserne in Schleswig ein. Am 21.12. wurde Schramm aus der Armee entlassen, am 22.12. traf er in seinem Elternhaus in Hamburg ein.[29]

Damit sind die Eckdaten von Schramms militärischem Schicksal beschrieben. Jetzt gilt es herauszuarbeiten, was für die Art und Weise, wie Schramm den Krieg erlebte, charakteristisch war. Von beträchtlicher Bedeutung ist ganz ohne Zweifel der Umstand, daß Schramm sich nicht nur freiwillig zur Kavallerie meldete, sondern auch die ganzen vier Jahre hindurch als Kavallerist diente. Sogar in den letzten Monaten des Krieges an der Westfront fand er noch reitend Verwendung.[30] Der besondere Nimbus der Kavallerie, ihr hohes soziales Ansehen war zu Beginn des Krieges noch ungebrochen, und Schramm mußte das Bewußtsein nie ganz aufgeben, dieser elitären Waffen-

24 FAS, L »Jahrgang 94«, Bd.2, S. 216.

25 Ebd., S. 228–229.

26 Der Rückzug der Division von der Front: Ebd., S. 252–253.

27 Ebd., S. 257–258.

28 Ebd., S. 288.

29 Ebd., S. 288–294.

30 Die Kavalleristen fungierten dort, weil Telefondrähte im Trommelfeuer immer wieder zerschossen wurden, als berittene Nachrichtenübermittler, und zuletzt, unter den zunehmend chaotischer werdenden Umständen der bröckelnden Front, verrichtete Schramm Aufklärungsarbeit, indem er für den Divisionsstab feststellte, welche Einheiten die vordere Linie hielten und in welchem Zustand sie sich befanden. — FAS, L »Jahrgang 94«, Bd.2, S. 232–233, sowie S. 250–253.

gattung anzugehören. Sein Leben lang war Schramm stolz darauf, einmal Kavallerist gewesen zu sein.[31]

Daß Schramm in solcher Weise positive Erinnerungen an den Ersten Weltkrieg haben konnte, wurde dadurch zusätzlich erleichtert, daß er den größten Teil des Krieges an der Ostfront erlebte. Im allgemeinen Bewußtsein haben die Greuel der Westfront, haben verlustreiche Katastrophen wie Verdun das Bild vom Ersten Weltkrieg geprägt.[32] Im Osten hingegen waren Katastrophen für die Deutschen selten, und im baltischen Teil der Front, wo Schramm den größten Teil der Zeit eingesetzt war, kamen sie nicht vor. Wenn Schramm also später an den Ersten Weltkrieg zurückdachte, dann mußte er nicht nur an Verlust und Niederlage denken, sondern konnte sich auch an Erlebnisse von Bewegung, von Abenteuer und Sieg erinnern.[33]

Allerdings ist schwer abzuschätzen, wie sich solche positiven Erfahrungen auf seine Empfindungen in der ersten Zeit nach dem Krieg auswirkten. Daneben hatten sich die Eindrücke der letzten Kriegsmonate an der Westfront tief eingeprägt. Blut und Sterben gehörten im Übrigen auch im Osten zum selbstverständlichen Alltag, und Schramm war sensibel genug, um sich der ständigen Bedrohung von Leib und Leben immer bewußt zu sein.[34] Darüber hinaus forderte der Krieg im Kreis seiner Hamburger Verwandten und Bekannten zahlreiche Opfer. Aus der Ferne mußte Schramm miterleben, wie sich sein Freundeskreis der Vorkriegszeit auflöste, wie von den Menschen, mit denen er aufgewachsen war, einer nach dem anderen fiel.[35]

Ein besonderes Gewicht hatten ferner die Erfahrungen im sozialen Bereich, die Schramm während des Ersten Weltkriegs machte. Denn aus ihnen leitete er in der Zwischenkriegszeit zentrale Aspekte seiner politischen Haltung ab. In seinen Erinnerungen erzählte er später, vor dem Krieg habe er vom »einfachen Manne« nicht viel gewußt. Erst im Krieg habe er mit den

31 Noch im Zweiten Weltkrieg legte er Wert darauf, daß seine Rangbezeichnung »Rittmeister« statt »Hauptmann« lautete, und mit diesem Dienstgrad kokettierte er, obwohl er während des Krieges noch zum Major befördert wurde, bis an sein Lebensende. — Vgl. als Beleg für »Rittmeister d.Res.«: FAS, L 284, Wehrbezirks-Kommando Göttingen an P.E. Schramm: Mitteilung über Beförderung, Göttingen 26.9.1939; vgl. für die Zeit nach 1945 den Briefwechsel mit Max Braubach aus den sechziger Jahren, in: FAS, L 230, Bd.2; außerdem unten, Kap. 13.a).

32 In diesem Sinne auch: *Nipperdey*, Deutsche Geschichte 1866–1918 II, S. 852.

33 Vgl. z.B.: FAS, L »Jahrgang 94«, Bd.1, S. 146–147, sowie Bd.2, S. 188 u. S. 198; reflektierend ebd., Bd.3, S. 420.

34 Zusammenfassend: FAS, L »Tagebuch 1920–21«, S. 19–22, 15.8.1920.

35 Im Jahr 1928 widmete Schramm sein erstes publiziertes Buch den im Ersten Weltkrieg gefallenen Freunden. In seiner Familiengeschichte aus den sechziger Jahren versah er die Bildunterschrift zu einem Photo, das eine Partygesellschaft in der Zeit kurz vor 1914 zeigte, mit detaillierten Angaben, wer von den Abgebildeten im Krieg gefallen sei. — Zeitgenössisch über die Verluste z.B.: WIA, GC 1918, Brief P.E. Schramm an A. Warburg, o.O. 14.5.1918; SVS 1928 Kaiser in Bildern, Widmung [S. V]; hierzu auch: FAS, L »Über meine Freunde«; zu der Widmung auch unten, Kap. 6.d); SVS 1963–64 Neun Generationen, Bd.2, Tafel 83 bei S. 480.

Soldaten und Unteroffizieren seiner Einheit zum ersten Mal Menschen, die sozial außerhalb und unterhalb seines Herkunftsmilieus einzuordnen waren, näher kennen gelernt. Er habe sie als wertvolle Persönlichkeiten erlebt und sei gut mit ihnen ausgekommen.[36] Obwohl Schramm das Verhältnis zu seinen Untergebenen wahrscheinlich idealisierte und im Rückblick verklärte,[37] muß seine Beschreibung in ihren Grundzügen doch als plausibel akzeptiert werden: Nicht nur, weil es keinerlei gegenteilige Indizien gibt, sondern auch, weil Schramm sich sein Leben lang gut darauf verstand, mit anderen Menschen einen entspannten Umgang zu pflegen – insbesondere dann, wenn er dabei einen jovialen Ton anschlagen konnte. Allerdings muß ein bestimmter Aspekt stärker hervorgehoben werden, als Schramm dies tat: Seine Perspektive blieb stets die des Offiziers. Deshalb war die Sympathie, die er für seine Soldaten entwickelte, immer patriarchalischer Natur. Davon, nicht etwa von egalitären Idealen, blieb sein Verhältnis zu Schwächeren und Jüngeren auch später bestimmt.[38]

Weiter ist zu fragen, wie sich der Krieg auf Schramms Persönlichkeit auswirkte. Obwohl er für Schramm vielleicht weniger katastrophal verlief und sich deshalb weniger traumatisierend auswirkte als für andere, bedeutete er dennoch eine ungeheure physische und psychische Belastung. Indem seine Persönlichkeit diesen Belastungen widerstand, veränderte sie sich. Schramm selbst nahm diesen Prozeß durchaus wahr, und halb bewußt trieb er ihn noch voran.[39] Die Furcht, zu versagen, führte dazu, daß er die sensibleren Seiten seines Charakters noch tiefer verbarg, als er es ohnehin zu tun gewohnt war. So lernte er, seine Emotionen eisern unter Kontrolle zu halten, und entwickelte im persönlichen Umgang einen gewissen Schneid. Seine Mutter empfand seine scheinbare Gefühlskälte als verletzend, und Schramm mußte sich in einem Brief dafür rechtfertigen.[40] Später sprach er davon, er habe damals eine »Maske« entwickelt, um überleben zu können.[41] Daß es ihm nach einer gewissen Phase der Eingewöhnung gelang, die »Maske« ohne Pausen aufrechtzuerhalten, war für ihn ein Erfolgserlebnis.[42] Nicht zuletzt deshalb wur-

36 FAS, L »Jahrgang 94«, Bd.1, S. 88; ebd., Bd.2, S. 273–274; ebd., Bd.3, S. 418.

37 Vgl. über die Verhältnisse im allgemeinen: *Ulrich, Ziemann*, Das soldatische Kriegserlebnis, S. 144–147.

38 Vgl. hier über die »Schützengrabengemeinschaft« auch: *Nipperdey*, Deutsche Geschichte 1866–1918 II, S. 854.

39 In tagebuchartigen Aufzeichnungen aus dem Jahr 1920 legte er sich darüber Rechenschaft ab. — FAS, L »Tagebuch 1920–21«, S. 17, 16.5.1920; ebd., S. 19–23, 15.8.1920; diese Aufzeichnungen verwertet in: FAS, L »Jahrgang 94«, v.a. Bd.1, S. 103–105.

40 FAS, J 37, Brief P.E. Schramm an O. Schramm, o.O. 28.4.1916; über den Wandel von Percys Charakters auch: WIA, GC 1918, Brief M. Schramm an A. Warburg, Antwerpen 11.9.1918.

41 FAS, L »Jahrgang 94«, Bd.1, S. 104–105 u. S. 130; auch ebd., Bd.2, S. 322–323; über den Begriff der »Maske« in Schramms Erinnerungsschriften vgl.: *Thimme, D.*, Erinnerungen.

42 In diesem Sinne: FAS, L »Tagebuch 1920–21«, S. 17, 16.5.1920; ebd., S. 22, 15.8.1920.

den manche ihrer Züge so stark, daß sie nicht mehr verschwanden: Immer wußte Schramm seine Gefühle auf das Sorgfältigste zu verbergen, immer war sein Auftreten im Zweifelsfall forsch, und immer bemühte er sich, Optimismus auszustrahlen.

Auffällig an Schramms Soldatenzeit im Ersten Weltkrieg sind, darauf sei abschließend hingewiesen, die bemerkenswert langen Phasen der Untätigkeit, der relativen Ruhe.[43] Vom Spätsommer 1916 an lag seine Schwadron sogar rund ein Jahr lang unbeweglich im Ruhequartier in einem kleinen Ort namens Mukule.[44] Schramms Erinnerung scheinen diese Ruhephasen nicht bestimmt zu haben. Dennoch müssen sie im Blick bleiben, wenn die vielfältige sonstige Tätigkeit beschrieben werden soll, die Schramm während des Krieges entfaltete. Offenbar bekämpfte er die trüben Gedanken, die sich zwangsläufig aufdrängten, mit rastloser geistiger Tätigkeit. Mit dem Mittelalter beschäftigte Schramm sich in dieser Zeit nicht, widmete sich aber intensiv seinen genealogischen Studien.[45] Dabei festigte sich der Entschluß, den er schon vor dem Krieg gefaßt hatte, die Familienforschung in absehbarer Zukunft erst einmal ruhen zu lassen und sich anderen Feldern zuzuwenden, die ihm eher von allgemeinem Interesse zu sein schienen.[46] Um aber dieser Phase seiner Entwicklung als Wissenschaftler einen sichtbaren Abschluß zu geben, arbeitete er intensiv an einer Auflistung gedruckter Quellen zur Geschichte hamburgischer Familien.[47]

Darüber hinaus begann er beispielsweise, Italienisch zu lernen.[48] Außerdem las er alle Bücher, die er bekommen konnte, darunter viele politische Werke. Seine Familie unterstützte ihn nach Kräften. Die Familie, insbesondere seine Schwester Martha, fand sich sogar bereit, ihm bei seinen genealogischen Forschungen zu helfen. Brieflich gab er Anweisungen, was zu tun und bei der Arbeit zu beachten sei.[49] Auch Carl Georg Heise half Schramm, den Kontakt zur geistigen Welt nicht ganz zu verlieren. Nachdem schon in der Zeit vor dem Krieg eine lockere Bekanntschaft bestanden hatte,[50] hatte

43 Ähnliche Erfahrungen machte für einige Monate im Jahr 1915 der Historiker Ludwig Dehio (*Cornelißen*, Frontgeneration, S. 314–322).

44 Schramm bezeichnete das Quartier rückblickend als »ein bescheidenes Gutshaus weit hinter der Front an einem See«. In kleinen Gruppen wurden die Männer von dort reihum nach vorne in die Gräben geschickt, um die Infanterie zu verstärken. — FAS, L »Jahrgang 94«, Bd.1, S. 155.

45 Er dachte auch über den Sinn und den wissenschaftlichen Wert seines Hobbys nach und verfaßte einen Text mit dem Titel »Die Genealogie als Wissenschaft« (hierzu: *Grolle*, Schramm Sonderfall, S. 26 m. Anm. 6).

46 WIA, GC 1917, Brief P.E. Schramm an A. Warburg, o.O. 16.9.1917.

47 S. dazu auch unten in diesem Kapitel, Abschnitt c).

48 WIA, GC 1917, Brief P.E. Schramm an A. Warburg, o.O. 18.1.1917; FAS, L »Jahrgang 94«, Bd.1, S. 155.

49 FAS, J 37, Brief P.E. Schramm an Max Schramm, o.O. 24.1.1915; ebd., Brief P.E. Schramm an O. Schramm, o.O. 28.9.1916.

50 FAS, K »Erinnerungen Sohn Percy«, H.2.

die gemeinsame Fahrt nach Schleswig zu den Husaren dazu geführt, daß Schramm und Heise einander etwas näher gekommen waren. Wie die Familie, so besorgte auch Heise Bücher für Schramm und stellte Archivstudien für ihn an. Außerdem half er ihm bei verschiedenen Dingen: Als Schramm beispielsweise auf den Gedanken kam, seinen Eltern zur silbernen Hochzeit die Kopie eines Porträts zweier Hamburger Vorfahren zu schenken, kümmerte sich Heise um die Durchführung.[51]

b) Aby Warburgs Erkrankung

Schramms größte Stütze hinsichtlich seiner geistigen Aktivität war Aby Warburg. Zahlreiche Briefe wechselten zwischen der Heilwigstraße in Hamburg und Schramms Stellungen an der Front hin und her.[52] Der Kriegsfreiwillige konnte Warburg beispielsweise bitten, ein gutes Wort für ihn bei seiner Mutter einzulegen, wenn sie ein Buch, das ihr zu kostbar schien, nicht ins Feld schicken wollte.[53] Die italienische Grammatik, die Schramm für seine Sprachstudien benötigte, besorgte ihm Warburg.[54] Darüber hinaus erfüllte er ihm noch zahlreiche andere Literaturwünsche oder wies ihn auf Bücher hin, die interessant zu sein schienen. Auch in komplizierteren Angelegenheiten stand der Privatgelehrte seinem Schützling mit Rat und Tat zur Seite. Beispielsweise mußte Schramm im Frühjahr 1917 feststellen, daß ein Hamburger Genealoge seine Notizen, die er ihm im guten Glauben zugeschickt hatte, als Ergebnisse eigener Forschung publiziert hatte, ohne den eigentlichen Urheber auch nur zu erwähnen. In dieser Situation gab Warburg dem völlig aufgelösten Schramm Hinweise, wie er sich verhalten solle. Schließlich bot er ihm sogar an, sich als Sekundant zur Verfügung zu stellen, falls es zu einer Duellforderung käme.[55] Etwas offener als in den Briefen an seine Eltern sprach Schramm in den Briefen an Warburg davon, wie sehr ihn der sich hinziehende Krieg belastete, und daß er sich nach Frieden sehnte, um Geschichte studieren zu können.[56]

51 FAS, L 97, Briefe C.G. Heise an P.E. Schramm, jeweils Hamburg: 25.6.1917 u. 16.8.1917; ebd. aus der Zeit von Februar 1915 bis Mai 1918 insgesamt 10 Briefe von Carl Georg Heise.

52 Schramm war nicht der Einzige an der Front, den Warburg in solcher Weise betreute. Eine mindestens ebenso intensive Korrespondenz pflegte er z.B. mit Fritz Saxl. — *McEwan*, Ausreiten der Ecken, v.a. S. 36–51; weitere Informationen über Fritz Saxl im folgenden Kapitel, Kap. 3.b).

53 WIA, GC 1917, Brief P.E. Schramm an A. Warburg, o.O. 5.2.1917.

54 Zuerst in: WIA, GC 1917, Brief P.E. Schramm an A. Warburg, o.O. 18.1.1917.

55 WIA, GC 1917, Brief P.E. Schramm an A. Warburg, o.O. 19.3.1917; FAS, L 230, Bd.11, Briefe A. Warburg an P.E. Schramm, jeweils o.O. [Hamburg]: 23.3.1917 u. 28.3.1917.

56 Im Februar 1916 schrieb Schramm: »Können Sie mir nicht ungefähr sagen, wann der Krieg vorbei ist. Er dauert mir etwas lange. Ich möchte gern wieder in Civil und Geschichte studieren.

Einen noch breiteren Raum nahmen im Briefwechsel zwischen Schramm und seinem Lehrer politische Fragen ein. Dabei schwankten Schramms Äußerungen je nach Kriegslage.[57] Leise Klagen über die großen Verluste wechselten sich ab mit euphorischer Begeisterung über militärische Erfolge, die an einer Stelle in den Wunsch mündete, möglichst weite Bereiche des eroberten Gebietes zu annektieren.[58] Warburgs Äußerungen waren reflektierter, doch fällt es auch in seinem Fall nicht leicht, einen klaren Standpunkt auszumachen. Ein glühender Patriotismus verband sich in seinen Briefen bisweilen mit einer recht martialischen Sprache. Zugleich aber beurteilte er die deutsche Politik äußerst kritisch, haßte wildes Propagandageschrei und hoffte letztlich auf einen Verständigungsfrieden.[59] Diese Einstellung führte zu der schärfsten Zurechtweisung, die Warburg im Rahmen der Korrespondenz seinem Schüler angedeihen ließ: Als Schramm seine eben erwähnten Annektionswünsche formulierte, schalt ihn Warburg für derart unüberlegte Äußerungen.[60] Alles in allem erschien Warburg aber die Haltung, die Schramm als Soldat an den Tag legte, lobenswert. In einem Brief an Max Schramm rühmte Warburg im Sommer 1918, nachdem er kurz zuvor den auf Urlaub in Hamburg weilenden Percy getroffen hatte, dessen »Verhalten während des Krieges«. Er schrieb, die »Liebe und Achtung«, die er schon früher für den Sohn empfunden habe, sei noch gewachsen. Er kenne unter den jungen Hamburgern keinen, der den Krieg »innerlich und äußerlich so stilgerecht mitmacht.«[61]

[…] Wie soll das blos später mit mir werden?!« — WIA, GC 1916, Brief P.E. Schramm an A. Warburg, o.O. 10.2.1916.

57 Schramm verwertete diese Passagen später in »Jahrgang 94«. Dabei wollte er zur Darstellung bringen, wie sein Lehrer ihn von einem übersteigerten, kriegsbegeisterten Nationalismus zu einer reflektierteren Weltanschauung hingeführt habe. Eine solchermaßen kontinuierliche Entwicklung wird allerdings bei näherer Betrachtung in der Korrespondenz nicht erkennbar. — FAS, L »Jahrgang 94«.

58 »Ich bin jedenfalls für möglichst viel Annexionen und lache über das sogenannte Recht der kleinen Nationen, besonders wenn ich an die Litauer und und solche Brüder denke, die es allein nie zu etwas bringen werden« (WIA, GC 1917, Brief P.E. Schramm an A. Warburg, o.O. 16.9.1917).

59 Über Warburgs politische Haltung in der Kriegszeit: *Gombrich*, Aby Warburg, S. 280 [zitiert eine Aufzeichnung Fritz Saxls]; *Bing*, A.M. Warburg (Aufsatz 1965), S. 442; *Bing*, A.M. Warburg (Vortrag 1958), S. 22–23; *Königseder, K.*, »Bellevue«, S. 77–79; einige Kostproben seines Briefstils bei *McEwan*, Ausreiten der Ecken, z.B. S. 37–38 u. S. 41.

60 »Ihre feldgraue Fragestellung ›Hindenburg- oder Scheidemannfrieden‹ erschwert die Antwort, weil sie auf einem verfehlten Entweder-Oder beruht […]. Die Machtpolitik um der Macht willen ist ein brutal einfacher Lösungsversuch alten Stiles. […]. Sie müssen die Welt doch allmählich wieder als Historiker ansehen lernen; überlassen Sie den unocularen Husaren Standpunkt dem Casino […].« — FAS, L 230, Bd.11, Brief A. Warburg an P.E. Schramm, Homburg v.d.H. 4.10.1917; Schramms Brief und Warburgs Antwort referiert in: FAS, L »Jahrgang 94«, Bd.1, S. 162–164; vgl. *Grolle*, Hamburger, S. 13.

61 FAS, J 82, Brief A. Warburg an Max Schramm, Hamburg 29.8.1918.

Wenig später wurde der Privatgelehrte sehr krank.[62] Bereits der Ausbruch des Krieges hatte Warburg zutiefst aufgewühlt. Mit den ihm zur Verfügung stehenden Mitteln war er deshalb bestrebt gewesen, seinen Beitrag zu einem erfolgreichen Verlauf zu leisten. Er hatte versucht, seine Verbindungen nach Italien nutzbringend einzusetzen. Außerdem war in seiner Bibliothek ein kompliziertes System von Zettelkästen entstanden, worin er Informationen über die Kriegsereignisse zusammengetragen und nach thematischen Gesichtspunkten sortiert hatte. Rasch war diese Sammlung ins Uferlose gewuchert. Nur mit größter Anstrengung war die Flut der Daten zu beherrschen. Als die Niederlage schließlich feststand, zerbrach Warburg, schon immer psychisch labil, an der nicht zu bewältigenden Last, die er sich aufgeladen hatte. Er wurde zunehmend unzurechnungsfähig, litt unter Wahnvorstellungen und versank bisweilen in tiefen Depressionen, die sich mit heftigen Ausbrüchen abwechselten.[63]

Als Schramm im Dezember 1918 wieder in Hamburg eintraf, befand sich Warburg bereits in Behandlung. Er war nicht mehr zu Hause, sondern hatte sich in ein privates Hamburger Sanatorium einweisen lassen.[64] In dieser Situation war Schramm seinem Lehrer und dessen Familie eine wichtige Stütze. Er erinnerte sich später, er sei viel mit Warburg spazierengegangen und habe dabei versucht, ihn durch Gespräche über wissenschaftliche Themen wenigstens vorübergehend aus seiner Wahnwelt herauszulocken.[65] Ähnlich verhielt sich Carl Georg Heise. Heise hatte in der Zwischenzeit sein Studium fortgesetzt und war 1916 in Kiel promoviert worden.[66] Von dort aus schrieb er häufig Briefe und besuchte den Lehrer, sooft er in Hamburg war.[67] Wie Schramm, so bewährte sich Heise damals als jüngerer Freund Warburgs und seiner Familie.

Drei Jahre später hatte Warburgs Zustand sich nicht gebessert, und es mußte den Anschein haben, er werde den Rest seines Lebens in einer psychiatrischen Klinik verbringen. In dieser Situation schickte Schramm sich an, den Gedanken, die er sich über seinen Lehrer und dessen unvollendetes Lebenswerk machte, eine feste Form zu geben. Er entwickelte den Entwurf für

62 Über Warburgs Reaktion auf den Krieg und den Ausbruch seiner Krankheit: *Heise*, Erinnerungen Warburg, S. 47–49; *Gombrich*, Aby Warburg, S. 280–281 u. 293–294; *Diers*, Kreuzlinger Passion; *Königseder*, *K.*, »Bellevue«, S. 79–81; *McEwan*, Ausreiten der Ecken, S. 36–37, 49, 53; vgl. auch: FAS, L »Jahrgang 94«, Bd.2, S. 185–186.

63 Beschreibungen von Warburgs Verhalten in der Zeit seiner Krankheit: *Heise*, Erinnerungen Warburg, S. 50–55; *Königseder*, *K.*, »Bellevue«, S. 81 u. 82–91.

64 *Heise*, Erinnerungen Warburg, S. 51; *Königseder*, *K.*, »Bellevue«, S. 81 u. 84.

65 Eine kurze Andeutung in: FAS, L »Über meine Freunde«; etwas ausführlicher zwei Fragmente in: FAS, L 305.

66 *Heise*, Erinnerungen Warburg, S. 41–44; Munzinger IBA.

67 Soviel ergab sich aus einer Durchsicht der in der Datenbank des WIA erfaßten Briefe; vgl. *Heise*, Erinnerungen Warburg, S. 50–51.

einen »Versuch einer Biographie« Aby Warburgs.[68] Im Einzelnen skizzierte er eine grobe Gliederung für das gesamte Werk und formulierte einen Abschnitt aus, der wohl als Schlußwort gedacht war.

In diesem Abschnitt sprach Schramm über die körperliche Konstitution seines Lehrers, die er als schwach und anfällig für Krankheiten beschrieb. Um so mehr rühmte er Warburgs eisernen Willen, der diesen Körper diszipliniert und »diesem morschen Instrument« all die großartigen Leistungen des Kulturwissenschaftlers abgerungen habe. Warburgs messerscharfer Verstand habe es ihm gleichzeitig ermöglicht, seine wissenschaftlichen Probleme, und seien sie noch so verwickelt und eng umrissen gewesen, immer in der richtigen Relation zu größeren Kontexten zu sehen. Zu diesen Eigenschaften träten:

»sein Humor, seine Freude am Urwüchsigen, seine glühende Liebe zu seiner Familie, seine restlose warmherzige Bereitschaft für seine Freunde [...], um ihn zu einem Menschen zu machen, der des Respektes und der Verehrung zugleich würdig war.«[69]

Das Bild, das Schramm hier im Jahr 1921 von Warburg wie von einem Toten zeichnete, stand ganz unter dem Eindruck von dessen Erkrankung. Es blieb bei diesem ersten Entwurf; Schramm verfolgte das Projekt einer Biographie Aby Warburgs nicht weiter. Immerhin ist das Dokument ein Beleg dafür, wie eng er sich seinem Lehrer verbunden fühlte.

c) Die politischen Überzeugungen eines Kriegsteilnehmers

Da Aby Warburg aufgrund seiner Erkrankung kaum noch ansprechbar war, fehlte Percy Ernst Schramm in den Jahren nach dem Ersten Weltkrieg der wichtigste Ratgeber seiner Jugendzeit. Umso wichtiger war in der Zeit unmittelbar nach Kriegsende das Vorbild, das ihm sein Vater gab, um sich in einem durch Niederlage und Revolution veränderten, auf lange Zeit unruhigen Land zurechtzufinden.[70]

In einem Brief an Max Schramm charakterisierte der Sohn bereits im Oktober 1918 seine politische Haltung mit den Worten: »Du siehst, meine

68 Das Stück ist datiert auf den 22. März 1921. In den sechziger Jahren bildete der Text die Grundlage für einen Teil der Warburg betreffenden Seiten in Schramms Erinnerungswerk »Jahrgang 94«. Diese wurden dann Ende der siebziger Jahre in einer Gedenkschrift zu Warburgs fünfzigstem Todestag publiziert. — FAS, L »Versuch Warburg«; über den Entstehungszusammenhang vgl. auch unten, Kap. 4.b); FAS, L »Jahrgang 94«, Bd.1, S. 24–33, v.a. S. 32–33; SVS 1979 Lehrer.

69 FAS, L »Versuch Warburg«.

70 Eine Beschreibung der Revolutionszeit in Hamburg auf der Grundlage von Tagebuchaufzeichnungen von Olga Schramm in: SVS 1963–64 Neun Generationen, Bd.2, S. 497–499; ausführliche Schilderungen der Vorgänge, von Schramm nur zum Teil aus eigenen Quellen erarbeitet, auch in: FAS, L »Jahrgang 94«.

Auffassungen sind fortschrittlicher geworden.«[71] Er erläuterte, die durch den Krieg in ungeahnter Weise politisierten breiten Schichten des Volkes ließen sich nur noch durch eine stark liberal geprägte Politik für den Staat gewinnen. Für die führenden sozialen Gruppen bestehe die Notwendigkeit, auf überlebte Rechte zu verzichten – gerade in Hamburg werde in dieser Hinsicht noch vieles falsch gemacht.[72] Auf dem Rückmarsch im November fertigte er dann eine Aufzeichnung an, in der er sich darüber klar zu werden versuchte, welche Folgerungen sich aus der aktuellen Lage ergaben. Wiederum betonte er die Notwendigkeit, alte Privilegien aufzugeben. Es habe sich herausgestellt, daß das alte System morsch gewesen sei. Darum sei es nötig, die veränderten Verhältnisse hinzunehmen und sich mit ganzer Kraft am Wiederaufbau zu beteiligen.[73] Im Krieg hatte Schramm also gelernt, die Forderungen der unterbürgerlichen Schichten nach politischer Partizipation für legitim zu erachten. Aus dieser Einsicht leitete er die Überzeugung ab, daß Staat und Gesellschaft der Veränderung bedurften. Deshalb konnte er Ende 1918 den staatlichen Wandel akzeptieren und als Chance begreifen.

Auch Max Schramm war fähig, sich auf die neuen Verhältnisse einzustellen. Darum fand er sich bereit, konstruktiv an ihrer weiteren Gestaltung mitzuarbeiten. Im November 1918 hatte der Arbeiter- und Soldatenrat, der als Ergebnis der Revolution in Hamburg die Macht übernommen hatte, Senat und Bürgerschaft zunächst aufgelöst. Wenige Tage später hatte er sie aber als rein administrative, ihm unterstellte Körperschaften wieder eingesetzt.[74] Deshalb konnte Senator Schramm, als er am 18. November aus Antwerpen zurückkehrte, seine Arbeit unverzüglich wieder aufnehmen. Bei den Bürgerschaftswahlen im März 1919 errang dann die SPD eine absolute Mehrheit. Trotzdem überließen die Sozialdemokraten, um der Regierung eine möglichst breite Basis zu verschaffen, die Hälfte der Senatssitze einigen Spitzenpolitikern der Deutschen Demokratischen Partei sowie anderen kooperationsbereiten Mitgliedern des vor der Revolution amtierenden Senats.[75] Unter ihnen befand sich wiederum Max Schramm, der auch 1921 im Amt bestätigt wurde.[76] In den verantwortungsvollen Funktionen, die ihm zufielen,[77] beteiligte sich Percy Ernst Schramms Vater mit großem Einsatz am Wiederaufbau des veränderten Gemeinwesens. Das hatte nicht zuletzt zur

71 FAS, J 37, Brief P.E. Schramm an Max Schramm, o.O. 11.10.1918; zitiert in: FAS, L »Jahrgang 94«, Bd.2, S. 259–261.

72 Ebd.

73 Publiziert: SVS 1968 »Revolution«; vgl. auch *Grolle*, Hamburger, S. 14.

74 Vgl. *Büttner*, Stadtstaat, S. 131–137.

75 Ebd., S. 143–144 u. 159–161; SVS 1963–64 Neun Generationen, Bd.2, S. 506–507.

76 SVS 1963–64 Neun Generationen, Bd.2, S. 507–508 u. 517–518.

77 Im Dezember 1918 wurde ihm das Amt des Demobilmachungskommissars zugeteilt, womit er zuständig für die Wiedereingliederung der heimkehrenden Soldaten in die Gesellschaft des Stadtstaates war. 1920 erhielt er das Amt des Bezirkswohnungskommissars und amtierte

Folge, daß der gesellschaftliche Rang der Familie Schramm – obwohl der Kohlemangel, die allgemeine Not und die soziale Unruhe natürlich ihr Leben nicht unbeeinträchtigt ließen[78] – im wesentlichen auf dem Niveau der Vorkriegszeit erhalten blieb.

Von Anfang an befürwortete Percy Ernst Schramm das konstruktive, engagierte Verhalten seines Vaters. Die allermeisten seiner übrigen Verwandten und Bekannten standen politisch sehr viel weiter rechts.[79] Obwohl Schramm jedoch den staatlichen Wandel akzeptierte, war er alles andere als ein Revolutionär. Ein erneuter Ausbruch der Revolution, ein noch weiter gehender, gewalttätiger Umsturz der gesellschaftlichen Ordnung, wie ihn in der Zeit der Konstituierung der Republik Teile der radikalen Linken anstrebten, erschien ihm als eine Gefahr, die es unbedingt abzuwenden gelte. Aus diesem Grund griff er im Frühjahr 1919 zur Waffe, um Ruhe und Ordnung sichern zu helfen. Anfang des Jahres hatten einige Hamburger Kaufleute begonnen, unter dem Decknamen »Ledergesellschaft« Freiwillige zu sammeln, welche im Falle einer kommunistischen Erhebung als bewaffnete Truppe in Erscheinung treten sollten. Von dieser Vereinigung ließ sich Schramm im Januar anwerben.[80] Im Frühjahr erfaßten gewalttätige Unruhen verschiedene Teile Deutschlands.[81] Weil ähnliches in Hamburg zu befürchten stand, wurde das von der »Ledergesellschaft« gebildete Freikorps am 12. März zum ersten Mal alarmiert. Die Freiwilligen versammelten sich in den so gut wie leerstehenden Kasernen eines Artillerieregiments in Hamburg-Bahrenfeld, wo sie Waffen und Munition fanden.[82] Aufgrund ihres Standortes wurden sie fortan als »die Bahrenfelder« bezeichnet.

Die soziale Zusammensetzung der Truppe war höchst einseitig. Sie rekrutierte sich zum überwiegenden Teil aus den oberen bürgerlichen Schichten, und zwei Drittel ihrer Angehörigen waren ehemalige Offiziere. Dementsprechend tendierten die Freiwilligen politisch eher nach rechts. Was sie einte, war der »Antibolschewismus«. Aus diesen Gründen war die Truppe den Kommunisten vom ersten Tag an verhaßt. Den sozialdemokratisch dominierten Senat allerdings unterstützte die Einheit in der Zeit, in der Schramm dort aktiv war, loyal. Die Obrigkeit wiederum bediente sich der Truppe: Der

dann, unter anderem, als Präses der Baudeputation. — SVS 1963–64 Neun Generationen, Bd.2, S. 499–501, 512–513 u. 522–529; vgl. *Büttner*, Stadtstaat, S. 163, 166–167 sowie 223–228.

78 Die Überschrift des betreffenden Kapitels in Schramms Memoiren lautet: »Das Ende der bürgerlichen Sekurität, dem ›Schicksal‹ ausgeliefert«. — SVS 1963–64 Neun Generationen, Bd.2, S. 501–503; FAS, L »Jahrgang 94«, Bd.2, S. 321–326; die Kapitelüberschrift: ebd., S. 321.

79 Zu denen, die ähnlich dachten wie er selbst, zählte Schramm unter anderem Carl Georg Heise. Außerdem gab er an, den Wandel seiner Einstellungen habe Warburgs Einfluß während des Krieges mit bewirkt. — FAS, L »Tagebuch 1920–21«, S. 9, 4.5.1920.

80 SVS 1963–64 Neun Generationen, Bd.2, S. 503.

81 *Winkler*, Weimar, S. 69–86.

82 SVS 1963–64 Neun Generationen, Bd.2, S. 503.

Alarm, der sie aktiviert hatte, war vom Kommandanten von Groß-Hamburg ausgegangen, und dieses Amt bekleidete seit dem 1. März der Sozialdemokrat Walther Lamp'l, der zuvor Vorsitzender des Soldatenrates gewesen war.[83] Auch in anderen Teilen Deutschlands setzte die Regierung Freiwilligenverbände ein, um der Unruhen Herr zu werden.[84] In Hamburg wurde Schramm, da sich die Lage wieder entspannte, schon nach relativ kurzer Zeit vom Dienst bei den »Bahrenfeldern« beurlaubt.

Etwas über einen Monat später, nachdem es Mitte April in Hamburg zu Ausschreitungen gekommen war, wurde das Freikorps am 21.4. erneut alarmiert. Diesmal blieben die Freiwilligen nicht in der Kaserne, sondern nahmen Sicherungsaufgaben in der Stadt wahr. Zunächst besetzten sie die Hochbahnstrecke nach Blankenese.[85] In den nächsten Tagen führte das Freikorps gemeinsam mit der Polizei eine Durchsuchung des gesamten Stadtteils St. Pauli und weiterer Viertel durch. Da es aber zu keinen neuen Ausschreitungen kam, konnte der Belagerungszustand, der am 23. April ausgerufen worden war, am 29. aufgehoben werden. Allem Anschein nach endete Schramms Dienst bei den »Bahrenfeldern« an diesem Tag oder wenig später. Jedenfalls nahm er in späterer Zeit an Aktionen des Freikorps nicht mehr teil.[86]

Während er sich als Mitglied der »Bahrenfelder« mal in Bereitschaft hielt, mal aktiv Dienst tat, nahm er gleichzeitig sein Studium wieder auf. Er begann, am Hamburger Kolonialinstitut Vorlesungen zu hören. Im Frühjahr 1919 nahm er an dem »Zwischensemester« teil, das für die von der Front heimgekehrten »Kriegsteilnehmer« abgehalten wurde.[87] So kam es, daß er zu den allerersten Studenten der Hamburger Universität zählte: Am 31. März beschloß die Bürgerschaft die Gründung derselben, und das Kolonialinstitut ging in der neuen Institution auf.[88] Zugleich kam die Arbeit an dem Verzeichnis gedruckter Quellen zur hamburgischen Genealogie, die Schramm in der Kriegszeit aufgenommen hatte, zum Abschluß. In Zusammenarbeit mit sei-

83 *Büttner*, Stadtstaat, S. 177–179 und 180–181; SVS 1963–64 Neun Generationen, Bd.2, S. 504–505.

84 *Winkler*, Weimar, zuerst S. 73; die problematischen Folgen dieser Strategie beleuchtet: *Weisbrod*, Gewalt.

85 Im Zuge der Besetzung der Hochbahn wurde Schramm für »einige Stunden Kommandant des Bahnhofs Groß-Flottbeck«. — SVS 1963–64 Neun Generationen, Bd.2, S. 505; die Formulierung angelehnt an: FAS, L »Lebenslauf 1924«, hier: S. 5; vgl. *Grolle*, Hamburger, S. 17; über die Aktion insgesamt s.: SVS 1963–64 Neun Generationen, Bd.2, S. 505–506; *Büttner*, Stadtstaat, S. 178 u. 180.

86 Über die Rolle der »Bahrenfelder« im Sommer 1919: *Büttner*, Stadtstaat, S. 180–181; SVS 1963–64 Neun Generationen, Bd.2, S. 508.

87 FAS, L 30, Kollegienbuch Hamburgische Universitätskurse; ebd., Abgangszeugnis Hamburgische Universität 8.5.1919; auf diesem Zeugnis ist ausdrücklich vermerkt: »Herr Percy Schramm war Kriegsteilnehmer.«

88 *Büttner*, Stadtstaat, S. 231–233; SVS 1963–64 Neun Generationen, Bd.2, S. 507 (mit einem anderen Datum für den Bürgerschaftsbeschluß).

nem Bekannten Askan Lutteroth konnte Schramm das Werk im Jahre 1921 veröffentlichen.[89] Auf diese Weise gelang es ihm, wie er es sich gewünscht hatte, die genealogischen Forschungen seiner Jugendzeit abzurunden.

Trotz der Wiederaufnahme seines Studiums und trotz der Vollendung der Bibliographie gewann Schramms wissenschaftliches Arbeiten aber im Frühjahr 1919 nicht dieselbe Intensität wie in den Freiburger Monaten. Nicht nur, weil der Dienst bei den »Bahrenfeldern« sein Studium immer wieder unterbrach, sondern auch, weil er sich damals viel stärker seiner privaten Lektüre widmete. Er befaßte sich mit politischen Grundsatzfragen. Im Frühjahr 1920 resümierte er, ihn habe damals »das Problem des Sozialismus« beschäftigt.[90]

Mit derartigen Fragen setzte er sich noch auseinander, als er im Sommer Hamburg verließ und nach Marburg ging, um dort sein Studium fortzusetzen.[91] Er besuchte etliche Veranstaltungen, doch wiederum bewegten ihn die politischen Probleme der Zeit stärker. Am 7. Mai 1919 hatten die Alliierten in Versailles ihre drastischen Friedensbedingungen präsentiert. In Marburg durchlebte Schramm den größten Teil jener Wochen politischer Hochspannung, die der Unterzeichnung des – in der Zwischenzeit nur unwesentlich abgemilderten – Versailler Vertrags am 28. Juni vorausgingen.[92] Ein erneuter Ausbruch des Krieges schien denkbar. Sollte es zum Äußersten kommen, wollte Schramm nicht in Marburg bleiben: Er wollte sich, wie er an seinen Vater schrieb, für den Fall verfügbar halten, »daß die Regierung Hilfe braucht, sei es gegen Spartakus oder Polen oder sonst jemand«. Brieflich verabredeten Vater und Sohn, wie Letzterer sich verhalten sollte.[93]

Noch stärker wühlte den Studenten Ende Juni die Nachricht auf, daß bei Unruhen in Hamburg sein alter Freund Fritz Sander ums Leben gekommen war: Sander, der zu den Bewaffneten gezählt hatte, die sich auf die Seite der Bürgerlichen und des Senats gestellt hatten, war ins Alsterbecken am Rathausmarkt gestürzt und beim Auftauchen hinterrücks erschossen worden.[94] Die Nachricht schmerzte Schramm tief. Der Verlust eines so alten Gefährten schien ihm kaum ersetzbar. Seinem Vater schrieb er, am stärksten litte

89 *Ritter, A.*, Veröffentlichungen Schramm, Nr.I,8, auf S. 292; vgl. *Grolle*, Schramm Sonderfall, S. 25.

90 Genauere Angaben über die Werke, die er gelesen hatte, machte Schramm nicht. Er behauptete sogar, durch kein Buch in besonderer Weise geführt worden zu sein. — FAS, L »Tagebuch 1920–21«, S. 7 u. 9, 4.5.1920; von Schramm selbst verwertet in: FAS, L »Jahrgang 94«, Bd.3, S. 429.

91 FAS, L 30, Immatrikulationsurkunde Universität Marburg 2.6.1919; ebd., Anmeldungsbuch Universität Marburg.

92 *Winkler*, Weimar, S. 89–95.

93 FAS, J 37, Briefe P.E. Schramm an Max Schramm, jeweils Marburg: 8.6.1919 und 17.6.1919; diese beiden Stücke sowie weitere Korrespondenz ausführlich zitiert in: FAS, L »Jahrgang 94«, Bd.3, S. 361–374.

94 SVS 1963–64 Neun Generationen, Bd.2, S. 508–509; vgl. *Büttner*, Stadtstaat, S. 180–182.

er darunter, daß der Gegner in dem Kampf, in dem Sander fiel, dem Toten »völlig unebenbürtig« gewesen sei, und daß der Freund »dem Mob, den viehischen, direktionslosen Instinkten, der Massensuggestion eines sich selbst immer mehr aufpeitschenden Haufens« zum Opfer gefallen sei.[95]

Natürlich waren Schramms Äußerungen hier im hohen Maße von den Emotionen des Augenblicks gefärbt. Aber hinter der Art und Weise, wie er von den aufgebrachten Massen sprach, verbargen sich tiefsitzende Ängste. Auch in seinen Erinnerungen sprach er an einer Stelle über den »Mob«. Um die Bedeutung des Wortes zu veranschaulichen, beschrieb er, welche Empfindungen ihn bewegten, als er in der aufgeheizten Atmosphäre des Frühjahrs 1919 an der Durchsuchung St. Paulis beteiligt war. Er sah dort »herumlungernde Gestalten«, die auf »Beute« zu lauern schienen. »Was würde geschehen, wenn der Damm brach und diese Schlammflut nicht mehr zurückzuhalten war? Mehr als je wußte ich, wohin ich gehörte.«[96] Solche Situationen stärkten Schramms Verbundenheit mit dem Milieu seiner Herkunft. Er sah die Gesellschaft hierarchisch gegliedert und rechnete sich selbst zu denen, die berechtigterweise oben standen. Im Allgemeinen trat er den unterbürgerlichen Schichten ganz gelassen gegenüber. Diese Schichten stellten jedoch in seinen Augen eine latente Gefahr dar, da sie jederzeit außer Kontrolle geraten konnten.

Auf Schramms politische Ansichten wirkten sich solche Befürchtungen durch die Überzeugung aus, der Kommunismus habe die Absicht und die Möglichkeiten, sich des in den Unterschichten beobachteten Gewaltpotentials zu bedienen. Wiederum in seinen Erinnerungen beschrieb Schramm Erlebnisse an der Ostfront nach der Oktoberrevolution, die ihn von der skrupellosen Gewaltbereitschaft der Bolschewiki überzeugt hätten.[97] Die zahlreichen Arbeiterunruhen in Deutschland in der Zeit nach der Niederlage führten dann dazu, daß sich die Furcht vor einem kommunistischen Umsturz, die ihn bereits zu den »Bahrenfeldern« geführt hatte, immer tiefer in sein Bewußtsein grub. Wie für viele Bürgerliche seiner Zeit wurden die Kommunisten für Schramm zum Schreckgespenst.[98]

Ereignisse wie der Tod von Fritz Sander sowie die Atmosphäre ständiger politischer Unruhe sorgten außerdem dafür, daß die Erinnerung an den Krieg Schramm niemals losließ.[99] Auf Ausflügen in die Umgebung von Marburg, die er im Sommer 1919 mit Freunden unternahm, ertappte er sich dabei, wie

95 FAS, J 37, Brief P.E. Schramm an Max Schramm, Marburg 1.7.1919.

96 FAS, L »Jahrgang 94«, Bd.3, S. 426–427.

97 Ebd., S. 424–426.

98 Hierzu auch: *Grolle*, Hamburger, S. 14–17, 20, 38–42.

99 Schramm schrieb später, der Krieg sei in Deutschland, insbesondere für seine Generation, Ende 1918 noch gar nicht vorbei gewesen. Im Grunde habe er mindestens bis 1924 gedauert. — FAS, L »Jahrgang 94«, Bd.2, S. 295 u. 321; ebd., Bd.3, S. 344 u. 410–412.

er die Landschaft unter taktischen Gesichtspunkten taxierte und geschützte Stellen in Gedanken zu Unterständen ausbaute.[100] Jederzeit rechnete er mit der Möglichkeit, daß politische oder weltanschauliche Konflikte gewaltsam ausgetragen werden mußten.

Rückblickend meinte Schramm jedoch im Jahr 1920, in der Marburger Zeit habe er seinen politischen Standpunkt klären und festigen können.[101] Das äußerte sich darin, daß er Mitte Juli 1919, unter dem unmittelbaren Eindruck des Abschlusses des Versailler Vertrags, »Gedanken über Politik« niederschrieb, denen er den Untertitel »Versuch eines politischen Glaubensbekenntnisses« gab.[102] In insgesamt 13 Artikeln, die tatsächlich jeweils mit den Worten »Ich glaube...« eingeleitet wurden, hielt er fest, was für seine politische Haltung zentral sein sollte.

Dieses »Bekenntnis« war vom einem eigentümlichen Dualismus geprägt. Auf der einen Seite verlieh Schramm dem Wunsch nach einem dauerhaften Frieden Ausdruck, der ihn ganz offensichtlich bewegte. Er forderte, die Interessen einzelner Völker müßten zurückstehen, wenn die »Gerechtigkeit« es verlange.[103] Auch betonte er, er »glaube« an den Völkerbund.[104] Er konnte also, wenigstens im Grundsatz, Prinzipien bejahen, die geeignet schienen, einer globalen Friedensordnung förderlich zu sein, und begeisterte sich für die internationale Verständigung.

Andererseits fühlte er sich aber seinem »Volk« mit einer solchen Radikalität verpflichtet, daß diese unbedingte Loyalität für jede Verständigung zum Hindernis werden konnte. Die Völker, so erläuterte Schramm, stammten »aus unerschließbarem Grunde«. Die kulturellen Unterschiede, die zwischen den Völkern bestünden, führten zu einer Vielfalt, die befruchtend wirke. Daraus folgerte Schramm: »Fördern wir die volkische [sic!] Sonderheit, fördern wir die Menschheit.«[105] Weil Schramm also eine klare Unterscheidung der Ethnien befürwortete, hieß er die Zerschlagung Österreichs und die Wiederaufrichtung Polens gut. Anderes erschien ihm hingegen völlig inakzeptabel:

»Wenn aber Deutsche von uns gerissen werden, so müssen wir das mit flammendem Zorn als eine Verletzung des Menschheitsideals brandmarken und dürfen nie ermüden, die vergewaltigten Volksgenossen zu ihrer Heimat zurückzugewinnen.«[106]

Das bezog sich auf einige territoriale Regelungen des Friedensvertrags an der deutschen Ostgrenze. Mit seiner zornigen Empörung darüber stand

100 FAS, L »Jahrgang 94«, Bd.3, S. 390–391.
101 FAS, L »Tagebuch 1920–21«, S. 8 u. 10, 4.5.1920.
102 FAS, L »Gedanken über Politik«.
103 FAS, L »Gedanken über Politik«, S. 4.
104 Ebd., S. 5.
105 Ebd., S. 4.
106 Ebd.

Schramm durchaus nicht allein. Im Gegenteil war dies ein Punkt, in dem sich in der Zwischenkriegszeit praktisch alle Deutschen einig waren.[107]

Bei Schramm ergab sich daraus, wie bei vielen, eine Tendenz zu nationalistischer Radikalisierung. Seine Überlegungen mündeten in das Bekenntnis: »Ich fühle mich mit allen Fasern mit meinem Vaterlande verwachsen und stelle es über alles.«[108] Der Gegensatz zu den weiter oben zitierten, an internationaler Kooperation orientierten Thesen ist nicht zu übersehen. Schramms Haltung war von Widersprüchen nicht frei, und diese spannungsreiche Grundeinstellung blieb für sein Verhalten in allen internationalen Krisen der folgenden Jahre ausschlaggebend.

Neben ihrem auf die äußere Politik bezogenen Gehalt können aus Schramms Überlegungen auch innenpolitisch relevante Grundsätze herausgearbeitet werden. Ausdrücklich bekannte sich Schramm hier, zwischen Republik und Monarchie wählend, zur Republik. Sie sei die beste aller möglichen Staatsformen.[109] Dahinter stand, daß Schramm jeden Gedanken an eine Restituierung des alten Systems verwarf und die völlige Abschaffung ständischer Privilegien befürwortete. Das bedeutet aber, daß die »Republik« hier vor allem als Gegenbild zum wilhelminischen Kaiserreich gedacht war. Schramms Äußerung darf nicht so verstanden werden, als ob er deshalb die Prinzipien westlicher Demokratien zu akzeptieren bereit gewesen wäre. Vielmehr setzte er sich davon ganz bewußt ab.

In den Artikeln zehn bis zwölf seines »Bekenntnisses« erklärte Schramm, er glaube an »Gleichheit«, »Freiheit« und »Brüderlichkeit«. Damit griff er das Motto der Französischen Revolution auf, setzte aber die »Gleichheit« vor die »Freiheit«. Im elften Artikel, der also von der »Freiheit« handelte, stellte er über die Rechte des Einzelnen die »Freiheit der Allgemeinheit, die daher in ihrem Interesse die Freiheit des Einzelnen eindämmen kann, da sie den Kulturfortschritt vertritt.«[110] Noch deutlicher wurde Schramm im letzten Artikel, wo er über den »Staat« sprach:

»Ich glaube an den Staat als den Wächter der Kultur, als den allesumspannenden Träger der Rechte der Allgemeinheit, der das Recht hat, für diese alles vom Einzelnen zu fordern, Hab und Gut, Gesundheit und Leben [...].«[111]

Schramm machte zwar die Einschränkung, der Staat dürfe nur die »Freiheit des Körpers«, nicht »die des Geistes« einschränken, und betonte, seine Thesen besäßen nur Gültigkeit, wenn der Staat »wirklich Vertreter der

107 Hierzu: *Winkler*, Weimar, S. 96; *Kolb*, Weimarer Republik, S. 23 u. 34–35.
108 FAS, L »Gedanken über Politik«, S. 5.
109 Ebd.
110 FAS, L »Gedanken über Politik«, S. 6.
111 Ebd., S. 7.

Allgemeinheit« sei.[112] Das änderte aber nichts an der Grundkonzeption. Das westliche Demokratiekonzept geht von der Freiheit des Individuums aus, welche vor Übergriffen des Staates geschützt werden muß. Hingegen wählte Schramm den häufig propagierten Gegenentwurf. Hiernach werden dem Kollektiv eigene Rechte zugesprochen und diese den Rechten des Einzelnen übergeordnet. In den Abschnitten, in denen Schramm zu innenpolitischen Problemen Stellung bezog, bezeichnete er dieses Kollektiv als die »Allgemeinheit«.[113]

Das Kollektiv, an das Schramm vor allem dachte, war natürlich das deutsche »Volk«. Deshalb kam es ihm darauf an, daß das deutsche Volk zur »Einheit« fand.[114] Im vierten Artikel seines »Bekenntnisses« betonte Schramm, er sehe »keine Wertgegensätze – wie etwa Bourgeois-Proletarier – in unserem Volke«.[115] Darum setzte er sich dafür ein, sozialen Unterschieden ihre Schärfe zu nehmen. Das bedeutet allerdings nicht, daß er die Existenz derartiger Unterschiede geleugnet hätte. Oben ist bereits gesagt worden, daß er vielmehr eine hierarchische Gliederung der Gesellschaft voraussetzte und sich selbst in die oberen Ränge der so vorausgesetzten Hierarchie einordnete. Im Grunde war er der Meinung, diese Ordnung der Gesellschaft sei nicht veränderbar. Eine solche Vorstellung lag auch seinem »Glaubensbekenntnis« zugrunde, wenn sie auch lediglich zwischen den Zeilen deutlich wurde. Schramms Überlegenheitsgefühl war vor allem – darin blieb er ganz den bürgerlichen Idealen des neunzehnten Jahrhunderts verhaftet – auf die Bildung gegründet, die er genossen hatte. Wenn er an einer Stelle die Forderung aufstellte, sich um um die Bildung der Arbeiter zu kümmern, dann zeigte sich darin dieselbe paternalistische Gutmütigkeit, die sich schon in Schramms Verhalten gegenüber den Soldaten seiner Schwadron beobachten ließ.[116]

112 Ebd.

113 Wer in der Weimarer Zeit ähnliche Überzeugungen zum Ausdruck bringen wollte wie Schramm an dieser Stelle, bediente sich zumeist des Begriffs »Gemeinschaft«. Die »Gemeinschaft« hatte der Soziologe *Ferdinand Tönnies* (1855–1936) in Abgrenzung zur »Gesellschaft« im Jahr 1887 zum ersten Mal theoretisch reflektiert. — *Clausen*, Januskopf, v.a. S. 68–70; *Käsler*, Erfolg; *Sontheimer*, Antidemokratisches Denken, S. 250–252; *Verhey*, Spirit, S. 213–219; *Stolleis*, Gemeinschaft; *Raulet*, Modernität; vgl. außerdem weiterführend: *Fink-Eitel*, Gemeinschaft; *Reese-Schäfer*, Kommunitarismus.

114 Über die Ermordung Fritz Sanders schrieb Schramm an seinen Vater, durch dieses Ereignis sei sein »stetiges Bestreben« schwer erschüttert worden, »unser Volk über alle Unterschiede hinweg als eine Einheit zu sehen […].« *Jeffrey Verhey* weist darauf hin, daß viele Deutsche sich damals an die Vorstellung klammerten, der Erste Weltkrieg erhalte seinen Sinn durch die innere Einheit des deutschen Volkes, die das »Augusterlebnis« geschaffen habe. — FAS, J 37, Brief P.E. Schramm an Max Schramm, Marburg 1.7.1919; *Verhey*, Spirit, S. 213.

115 Im zehnten Artikel, wo er über die »Gleichheit« sprach, zog Schramm die Folgerung: »Der Kampf einer Klasse gegen eine andere als solche ist unsittlich.« — FAS, L »Gedanken über Politik«, S. 3 u. 6.

116 Im Artikel über die »Gleichheit« sprach Schramm stellvertretend für alle Bildungsbürger, indem er feststellte: »Uns trennt vom Arbeiter keine Mauer, sondern wir unterscheiden uns höch-

Wie schon erwähnt, stellte Schramm selbst später fest, durch das »politische Glaubensbekenntnis« sei es ihm in seiner Marburger Zeit gelungen, hinsichtlich der politischen Verhältnisse seine Position zu klären. Dadurch wurde er in seinem Denken allmählich wieder für wissenschaftliche Fragen frei. Um diesen Klärungsprozeß ganz zum Abschluß zu bringen, ging er zum Wintersemester 1919/20 nach Kiel. Dort hoffte er die notwendige Ruhe zu finden. Allerdings entschied er sich nicht zuletzt deshalb für die Hafenstadt, weil er von dort aus jederzeit leicht nach Hamburg gelangen konnte: Falls es in seiner Heimatstadt wieder zu Unruhen gekommen wäre, hätte er sich auf diese Weise rasch den Ordnungskräften zur Verfügung stellen können. Er nutzte das Wintersemester, um seine Lektürekenntnisse im Bereich der Geschichtswissenschaft aufzufrischen und zu erweitern, und nahm an Seminaren teil, die seinem wissenschaftlichen Denken neuen Schwung gaben.[117] Allerdings empfand er die Muße, die er in diesen Monaten tatsächlich reichlich genoß, schnell wieder als des Guten zuviel, und war deshalb froh, als das Semesterende erreicht war.

Bevor er dann zum Sommersemester 1920 an die Universität München wechselte, verbrachte Schramm die Semesterferien bei seinen Eltern in Hamburg. Hier rissen die Zeitläufte ihn zum vorläufig letzten Mal aus seinem zivilen Leben heraus. Am 13. März putschten Kapp und Lüttwitz in Berlin, die Reichsregierung verschwand von der Bildfläche.[118] Die gerade erreichte staatliche Ordnung war gefährdet. Die aufwühlenden Erlebnisse dieser Tage hielt Schramm in tagebuchähnlichen Notizen fest.[119] Seinen Aufzeichnungen zufolge mochte niemand in Hamburg den ersten Gerüchten über den Putsch Glauben schenken: Wo es doch auf der Hand lag, daß eine Erholung Deutschlands nur »im Einverständnis *mit* dem Arbeiter« möglich sein werde. Als Schramm dann von der scheinbar geglückten Machtübernahme Kapps hörte, war seine erste Empfindung heftige Empörung darüber, daß jemand, der der Regierung den Treueeid geleistet hatte, feindlich gegen diese Regierung auftrat. Vor allem aus diesem Grund lehnte er den Putsch ab.[120] Währenddessen

stens von ihm durch einen höheren Grad der Kultur. Unser Ziel muß es sein, ihm davon ebenso viel zu geben, wie wir haben [...]. Wir müssen ihn zu uns hinaufziehen – ein Ideal, also unerreichbar, aber erstrebbar.« — FAS, L »Gedanken über Politik«, S. 6.

117 FAS, L »Jahrgang 94«, Bd.3, S. 392–394; darin über die Möglichkeit, im Falle von Unruhen schnell nach Hamburg zu gelangen: S. 392; vgl. außerdem die einschlägigen Materialien in: FAS, L 30; s. über die Bedeutung des Kieler Semesters für Schramms wissenschaftliches Denken auch unten, Kap. 3.a).

118 Über die Ereignisse auf der nationalen Ebene: *Winkler*, Weimar, S. 118–127; *Kolb*, Weimarer Republik, S. 38–39; *Mommsen, H.*, Die verspielte Freiheit, S. 93–96.

119 FAS, L »Kapp-Putsch«; publiziert in: SVS 1964 Kapp-Putsch; Auszüge auch in: SVS 1963–64 Neun Generationen, Bd.2, S. 513–516.

120 Etwas später unterstrich er: »Ich meine noch immer, daß die Orientierung auf Grund des geleisteten Eides die einzig mögliche ist.« — FAS, L »Kapp-Putsch«, S. 1; Hervorhebung im Original unterstrichen; ebd., S. 6.

traten die Befehlshaber der in Hamburg stationierten Militäreinheiten und einige hohe Offiziere der Sicherheitskräfte auf die Seite der Putschisten. Dagegen erklärten sich die im Senat vertretenen Parteien mit der legitimen Regierung loyal und riefen gemeinsam mit einer Vielzahl von Arbeitnehmerorganisationen zum Generalstreik auf. Am Abend des 13. März stellten sich auch Senat und Bürgerschaft auf die Seite der gewählten, scheinbar gestürzten Reichsregierung.[121]

Percy Ernst Schramm blieb bei seiner einmal eingenommenen Haltung. Mit Freunden und Bekannten beriet er, wie sie vielleicht aktiv tätig werden könnten. Sich erneut den »Bahrenfeldern« anzuschließen, kam für Schramm nicht in Frage, da diese die Putschisten unterstützten.[122] Im Laufe des 15. März mußte der Chef der Hamburger Garnison sich der Regierung der Hansestadt geschlagen geben und den Stadtstaat verlassen. Damit hatten in Hamburg die verfassungstreuen Kräfte gesiegt.[123] Am selben Tag nahm Schramm an einer Versammlung republiktreuer Offiziere teil und trat als Ergebnis in den Stab einer sich formierenden Bürgerwehr ein. Unter dem Oberbefehl des bewährten Walther Lamp'l sollte diese Organisation die verfassungsmäßige Ordnung sichern und Hamburg gegebenenfalls gegen republikfeindliche Truppen verteidigen. Knapp vierundzwanzig Stunden lang trug Schramm in dieser Verwendung seine Uniform. Dann hatte sich die politische Lage soweit stabilisiert, daß er beurlaubt werden konnte.[124] Am 17. März scheiterte auch in Berlin der Putsch endgültig. Noch am selben Tag, und ein weiteres Mal am 18. März, wurde Schramm wieder in die Stabsstelle der Bürgerwehr gerufen: Nun schienen Unruhen von links zu drohen. Aber in Hamburg blieb es ruhig.[125] Schließlich konnte Schramm in seinen studentischen Alltag zurückkehren, ohne zum Einsatz gekommen zu sein.

Ganz bewußt hatte sich Schramm den Kräften der Reaktion entgegengestellt. Er hielt den neuen Staat für legitim und war bereit, ihn zu verteidigen. Die gesellschaftlichen Kräfte, die den Putsch unterstützt hatten – Schramm bezeichnete sie als »Militär und Agrarier« – schienen ihm dem Fortschritt im Wege zu stehen.[126] Der Neuaufbau konnte nur gelingen, wenn das alte Establishment sich an die Seite der nun ausschlaggebenden Mehrheit der Bevölkerung stellte. Indem Schramm so dachte, teilte er die Meinung, die in der Zeit des Kapp-Putsches von den allermeisten Menschen in Deutschland vertreten wurde. In Hamburg lag er auf der Linie des Senats, dem auch sein

121 *Büttner*, Stadtstaat, S. 182–185; über Max Schramms Tätigkeit in den Tagen des Kapp-Putsches informiert: SVS 1964 Kapp-Putsch.

122 FAS, L »Kapp-Putsch«, S. 2; in demselben Sinne: ebd., S. 6.

123 *Büttner*, Stadtstaat, S. 185–186.

124 FAS, L »Kapp-Putsch«, S. 7–11.

125 Ebd., S. 11–12.

126 Ebd., S. 7.

Vater angehörte. Dennoch erscheint seine frühe und klare Stellungnahme bemerkenswert. Nicht alle in seinem Bekanntenkreis dachten so wie er.[127] Wäre der Putsch nicht so schnell gescheitert, hätte Schramm vielleicht mit Waffengewalt gegen seine ehemaligen Kameraden bei den »Bahrenfeldern« vorgehen müssen. Aber diese Situation hatte sich nicht ergeben.

Für Schramm persönlich war mit dem Zusammenbruch des Putsches die unruhige Nachkriegszeit vorbei. Fortan konnte er sich darauf konzentrieren, Historiker zu werden. Deutschland insgesamt war aber noch längst nicht zur Ruhe gekommen. Der Wunsch nach innerer Einheit und gesellschaftlicher Stabilität hatte wesentlich zu Schramms Entscheidung beigetragen, gegen den Kapp-Putsch Position zu beziehen. Darum schmerzte es ihn sehr, als er in den Wochen danach – während er selbst sich darauf vorbereitete, sein Studium in München fortzusetzen – aus der Ferne mitverfolgen mußte, wie die von dem Umsturzversuch ausgelöste Krise ein grausames Nachspiel fand. Aus dem Widerstand gegen den Rechtsputsch war im Ruhrgebiet ein großräumiger Arbeiteraufstand erwachsen. Ende März, Anfang April 1920 bereiteten Reichswehreinheiten und Freikorps demselben ein blutiges Ende.[128]

Einige Wochen später sah sich Schramm in München, wo er in der Zwischenzeit eingetroffen war, eine Parade heimkehrender Freikorpskämpfer an. Er beschrieb die Szene in seinem Tagebuch. Wie diese Schilderung deutlich machte, hatte er halb unbewußt gehofft, das Schauspiel werde ihn vielleicht in erhebender Weise an seine Soldatenzeit erinnern. Stattdessen erregte es aber seinen Widerwillen:

»Vermengung mit Nationalismus und Klassenhaß verfälschen den Charakter der Truppe und diese selbst Ersatz, Ersatz [...], Reminiscenz durch Konfirmandenscharen an ein Heer von Männern; zusammengehalten durch Geld, Abzeichen, Radaulust, Entwöhnung von bürgerlicher Arbeit statt Leistung.«[129]

127 Daß Schramm eher eine Minderheitenposition einnahm, ergibt sich aus verschiedenen Hinweisen in seinem Bericht über die Zeit des Putsches. Ein damaliger Gesinnungsgenosse spitzte in einer Erklärung, die er im Jahr 1947 im Rahmen von Schramms Entnazifizierungsverfahren abgab, die Situation noch etwas zu: Er gab an, Schramm und er selbst hätten die »Bahrenfelder« unter Protest verlassen und sich im Gewerkschaftshaus als »Offiziere für etwaige Arbeiter-Bataillone« zur Verfügung gestellt. Ihr Verhalten habe in der gehobenen Hamburger Gesellschaft für gehörigen Wirbel gesorgt. — FAS, L »Kapp-Putsch«; FAS, L 247, Erklärung von R. Beselin über die politische Haltung von P.E. Schramm, Hamburg 17.4.1947.

128 *Mommsen, H.*, Die verspielte Freiheit, S. 96–98; *Kolb*, Weimarer Republik, S. 39–40; *Winkler*, Weimar, S. 131–134.

129 Schramm hat diese Passage in »Jahrgang 94« zweimal wörtlich zitiert. Das erste Zitat ist Teil eines längeren Abschnitts, der den Tagebucheintrag vom 27.4.1920 insgesamt auswertet und erläutert. Teile dieses Tagebucheintrags finden sich auch schon vorher, fälschlicherweise der Marburger Zeit zugeordnet. — FAS, L »Tagebuch 1920–21«, 27.4.1920, S. 4; die beiden wörtlichen Zitate: FAS, L »Jahrgang 94«, Bd.3, S. 399 u. 419; der auswertende Abschnitt: FAS, L »Jahrgang 94«, Bd.3, S. 396–399; die falsche Zuordnung: FAS, L »Jahrgang 94«, Bd.3, S. 391–392.

In Schramms Wahrnehmung stellte die Parade das genaue Gegenteil des idealisierten Bildes dar, das er sich in der Zwischenzeit von seiner eigenen Dienstzeit gemacht hatte. Vor allem stieß ihn das häufig verhältnismäßig geringe Alter der Freikorpsmitglieder ab[130] – er selbst hatte noch, so seine Überzeugung, einem »Heer von Männern« angehört. Und allein das Streben nach »Leistung« habe das Heer der Weltkriegszeit zusammengeschmiedet. Zu Ende gedacht, offenbart sich hier eine Konzeption des idealen Soldaten, deren Kälte erschrecken läßt: Das verzögerungsfreie Funktionieren des Kämpfers stand für Schramm an oberster Stelle.

Am Abend desselben Tages, an dem er sich die Parade angesehen hatte, hörte Schramm vor seinem Fenster auf der Straße Betrunkene lärmen, von denen er glaubte, es handele sich um Zeitfreiwillige, die ihren Sieg feierten. Das rief seine Empörung hervor. Sarkastisch nannte er die Betrunkenen in seinem Tagebuch »Ruhrheldenkinder oder -kinderhelden« und klagte:

»Scheußlich, dies Tamtam, Hurrah, Parade nach einem Bürgerkampf. Traurig und still sollte man an seine Arbeit zurückkehren und das Vaterland beklagen, stattdessen Festzug mit den Waffen, die auf Deutsche schossen. Welche Brüskierung der Arbeiter, welche Taktlosigkeit!«[131]

Noch einmal wird hier deutlich, wie sehr es Schramm belastete, daß sich die Gegensätze zwischen den divergierenden gesellschaftlichen Kräften in Deutschland immer wieder in gewaltsamen Ausbrüchen entluden. Das lief seinen Idealvorstellungen diametral entgegen.

Zu diesem Zeitpunkt hatte er alle Grundsätze bereits entwickelt, von denen sein Verhalten in politischen Dingen bis zum Ausbruch des Zweiten Weltkriegs bestimmt blieb.[132] Diese ganze Zeit hindurch war der Wunsch, in Deutschland die Gegensätze zwischen den »Klassen« abgemildert und den inneren Frieden gesichert zu sehen, sein wichtigstes politisches Anliegen.

130 Zu dieser Gruppe zählte beispielsweise der in München aufgewachsene Hermann Heimpel, Schramms späterer Kollege in Göttingen, der erst einige Monate nach seiner Rückkehr aus den Kämpfen im Ruhrgebiet sein Abitur machte (*Heimpel*, Die halbe Violine, 295–297).

131 Eine Äußerung über die Freikorpskämpfer findet sich auch in einem Brief Schramms an seine Eltern: »Die Vorlesungen fangen wegen der Ruhrkämpfe erst am 11. an [...]. Diese Leute zogen hier neulich ein, was Arbeiter sehr vor den Kopf stoßen mußte, da es meist blutjunge Bengels waren, die sich von Leuten feiern ließen, die ihre Familienbeziehungen zu Mitkämpfern und ihre nationalistisch-militärisch-monarchischen Tendenzen hierbei verbanden. Daß man heutzutage für 5 Wochen Dienst für den Staat bei 19 Mark täglich gefeiert wird, ist eine traurige Erscheinung.« — FAS, L »Tagebuch 1920–21«, S. 5–6, 27.4.1920, »11.00 abends«; FAS, J 37, Brief P.E. Schramm an Max und O. Schramm, München 30.4.1920.

132 Das entspricht den Ergebnissen der entwicklungspsychologischen Forschung. Im Oktober 1919 wurde Schramm 25 Jahre alt. Die Entwicklungspsychologie hat gezeigt, daß ein Mensch weltanschauliche Festlegungen, die er im Alter von 15 bis 25 Jahren erreicht, bis ans Ende seines Lebens nicht mehr aufgibt. — Vgl. *Meineke*, Friedrich Meinecke, v.a. S. 47–48, mit Hinweisen auf weiterführende Literatur; vgl. auch die Einleitung, Abschnitt 4.

In seinem Fall trug diese recht verbreitete Regung dazu bei, daß er die Weimarer Demokratie bereitwilliger unterstützte als die meisten seiner akademischen Standesgenossen. In der alltäglichen Praxis führte Schramms Haltung vor allem dazu, daß er politisch Andersdenkenden gegenüber immer tolerant blieb. Immer wieder läßt sich für die folgenden Jahren beobachten, wie er sich ums Gespräch bemühte und mit Menschen unterschiedlichster politischer Couleur freundschaftlich verkehrte. Andererseits war durch seine stark emotionalisierte Sehnsucht nach gesellschaftlicher Harmonie von Beginn an die Möglichkeit gegeben, daß die Geduld, die er für den parlamentarischen Streit und das in einer pluralistischen Gesellschaft unausweichliche, ständige Hinterfragen politischer Beschlüsse aufbrachte, an ihre Grenzen stoßen konnte. Insgesamt waren seine politischen Anschauungen zwar durch einige markante Kerngedanken strukturiert, fügten sich aber nicht zu einem geschlossenen weltanschaulichen System zusammen. Deshalb entschied letztlich der Gang der Ereignisse darüber, welche Verhaltensweisen sich von Fall zu Fall aus seiner komplexen und teilweise widersprüchlichen Haltung ergaben.

II.
München – Hamburg – Heidelberg
1920–1924

3. Studium in München und Ferien in Hamburg

Während die ersten anderthalb Jahre nach dem Ende des Ersten Weltkriegs für Schramm noch in hohem Maße von politischen Unruhen und Unwägbarkeiten geprägt gewesen waren, vermochte er sich in den zwei Semestern, die er vom Frühjahr 1920 an in München verbrachte, wieder stärker seinen wissenschaftlichen Interessen zu widmen. Dadurch entschied sich während dieser Zeit in vielerlei Hinsicht, in welche Richtung er sich später bewegen sollte. In einem Jahr, das übervoll war von intellektuellen Anregungen, wurde Schramm sich zunächst klar über die Fragen, die er stellen wollte. Parallel dazu ergaben sich in Hamburg Veränderungen in der Bibliothek Warburg, die für ihn bedeutsam waren. Die Bekanntschaft mit Fritz Saxl vertiefte seinen Einblick in den Problemkomplex vom »Nachleben der Antike«. In seinem zweiten Münchener Semester verschaffte sich Schramm das theoretische Rüstzeug, um seine Fragen formulieren zu können. Und schließlich fand er den Gegenstand, anhand dessen er die Beantwortung seiner Fragen in Angriff nehmen wollte.

a) Große Fragen

Am 27. April 1920 immatrikulierte sich Schramm an der Universität München.[1] In Hamburg hatte ihn der Kapp-Putsch noch einmal für ein paar Tage aus seinem zivilen Leben herausgerissen; in München fand er wieder ganz in den studentischen Alltag zurück. Freilich waren die Verhältnisse dort auch nur oberflächlich stabil. Eine stramm rechtsgerichtete Regierung unter dem Ministerpräsidenten Gustav Ritter v. Kahr hatte nach dem Kapp-Putsch in Bayern die Macht übernommen.[2] Bei seiner Ankunft erfuhr Schramm am eigenen Leib, wie gründlich und mißtrauisch die Fremdenpolizei alle Neuankömmlinge kontrollierte. An ihm prallte das jedoch ab.[3] Er empfand die relative Ruhe als erholsam und begann, das Studentenleben zu genießen.

1 FAS, L 30, Abgangszeugnis Universität München 15.4.1921.

2 *Spindler,* Handbuch Bayerische Geschichte 4,1, S. 454–456; *Winkler,* Weg nach Westen 1, S. 413; *ders.,* Weimar, S. 131; *Large,* Hitlers München, S. 178–185.

3 Schramm tat die Unanehmlichkeiten ab als »Zwirnsfäden vor dem gelobten Land, in das wir eintreten durften« (FAS, L »Jahrgang 94«, Bd.3, S. 395).

Gierig sog er die vielfältigen Anregungen ein, die die bayerische Metropole zu bieten hatte.

Von verschiedensten Gedanken und Empfindungen erfüllt, die ein Ventil suchten, begann er, in unregelmäßigen Abständen das, was ihn bewegte, in ein kleines Heft zu notieren. So entstand eine Art Tagebuch.[4] Mitte Mai hielt er dort fest, schon die wenigen bis dahin in München verbrachten Wochen seien »ein Erlebnis« gewesen, »ein Hineinstellen in größere und weitere Lebensbeziehungen«.[5] Er öffnete sich für neue Eindrücke und für andere Menschen, frischte viele alte Bekanntschaften auf und knüpfte neue. »Denn das Bedürfnis«, schrieb er später in seinen Erinnerungen, »zu hören, wie es die anderen anfingen und was sie meinten, war allgemein.«[6] Der ständige gedankliche Austausch, das intellektuelle Gespräch unter Gleichen wurde für Schramms Habitus kennzeichnend. Währenddessen vernachlässigte er das formelle Studium nicht, sondern stürzte sich im Gegenteil mit dem ihm eigenen Eifer hinein. Unter anderem nutzte er die Gelegenheit, eine Vorlesung bei Max Weber zu hören. Er war beeindruckt – und wie viele andere erschüttert, als Weber im Juni 1920 plötzlich verstarb.[7]

Während er so nach außen hin immer vielseitigere Aktivitäten entwikkelte, wirkten in seinem Inneren die Erfahrungen weiter, die er im Ersten Weltkrieg gemacht hatte. Im Hinblick auf politische Fragen war es ihm zwar mittlerweile gelungen, zu einer Haltung zu kommen, die sowohl seinen Erfahrungen als auch den neuen Verhältnissen mehr oder weniger gerecht wurde. Damit hatte er seine Erinnerungen an die Kriegszeit aber noch lange nicht verarbeitet.[8] Nach der brutalen, alle Sinne sprengenden Herausforderung des Krieges erschien ihm vielmehr die ruhige Alltäglichkeit der Friedenszeit bisweilen hohl und ziellos. Im allerersten Eintrag in sein Notizbuch vom April 1920 sinnierte Schramm darüber, warum er »immer wieder mit Wehmut und Stolz« an den Krieg zurückdenke. Er stellte fest, es sei die »Tat«, die ihn mit dem Krieg verbinde: Die damals erlebte Form von Aktivität habe eine »irrationale Befriedigung« erzeugt, der »Contakt mit dem Außergewöhnlichen« habe das Ich »ins Grandiose« erhoben.[9]

Das hier geäußerte Verlangen nach dem »Grandiosen« wirkte sich auf Schramms politische Haltung nicht aus: Er verherrlichte den Krieg nicht, da er seine Schrecken stets im Bewußtsein hielt. Deshalb sehnte er sich nach

4 FAS, L »Tagebuch 1920–21«.

5 Ebd., S. 16, 16.5.1920.

6 FAS, L »Jahrgang 94«, Bd.3, Seite ohne Paginierung [S. 408].

7 FAS, L »Tagebuch 1920–21«, S. 15, Anmerkung vom 15.8.1920; FAS, L »Jahrgang 94«, Bd.3, Seite ohne Paginierung [S. 400] bis S. 401.

8 In seinen Memoiren notierte er, daß er auch Mitte der zwanziger Jahre noch manchmal Albträume hatte, die sich aus seiner Kriegserinnerung speisten (FAS, L »Jahrgang 94«, Bd.3, S. 454).

9 FAS, L »Tagebuch 1920–21«, S. 3, 27.4.1920.

einem dauerhaften Frieden.[10] Selbst auf der emotionalen Ebene führte die Sehnsucht nach dem »Außergewöhnlichen« nicht dazu, daß Schramm die Annehmlichkeiten der Friedenszeit geringschätzte. Am Abend des gleichen Tages, an dem er seine Sehnsucht nach der »Tat« in Worte zu fassen versucht hatte, freute er sich, als er zu Bett ging, über die simple, im Krieg nie gekannte Freiheit, solange schlafen zu können, wie er selbst es für richtig hielt. Er hatte durchaus nicht vergessen, daß er an der Front »doch nur ein willenloses Staubkorn in dem Riesenbetriebe« gewesen war.[11]

Der hier aufscheinende Zwiespalt war für Schramms mentale Situation in der Zeit nach dem Ende des Ersten Weltkriegs charakteristisch. Er genoß den Frieden und sehnte sich nicht nach dem Krieg zurück. Ganz bewußt bemühte er sich in seiner Münchener Zeit darum, die »Maske« aufzubrechen, die er im Krieg angelegt hatte.[12] Dennoch nagten die Erinnerungen an ihm. Sie weckten in ihm den Drang, auch im Frieden etwas wiederzufinden von dem grenzüberschreitend Großartigen, mit dem er an der Front – zuweilen – in Berührung gekommen war.[13] Dadurch wurde er empfänglich für die irrationalistischen Strömungen, die in den ersten Nachkriegsjahren das intellektuelle Klima der Weimarer Zeit prägten. Deren Protagonisten lehnten die vernunftorientierte Bürgerlichkeit ab, die das 19. Jahrhundert bestimmt hatte. Das Denken der Menschen, so forderten sie, solle dem kraftvollen »Leben« dienen. An die Stelle logisch abgestützter Objektivität sollten Subjektivität und Begeisterung treten.[14] Schramm ging nie so weit, seine Herkunft zu ver-

10 In seinen »Lebenserinnerungen« ging Schramm an einer Stelle auf den ganz anders eingestellten Ernst Jünger ein. Jünger verlieh dem Krieg in seinen Schriften eine quasi-mythologische Qualität und machte das Kriegserlebnis zum Fundament eines radikalen Nationalismus, der alles Bestehende überwinden wollte. Eine solche Haltung blieb Schramm fremd. — FAS, L »Jahrgang 94«, Bd.3, S. 420; einen Überblick über Ernst Jüngers einschlägige Schriften ermöglicht beispielsweise: *Sieferle*, Konservative Revolution, v.a. S. 132–163; vgl. auch: *Sontheimer*, Antidemokratisches Denken, S. 103–106 u. 123–127; *Wohl*, Generation, S. 55–61.

11 FAS, L »Tagebuch 1920–21«, S. 5–6, 27.4.1920, »11.00 abends«.

12 »Jetzt tritt an die Stelle des Wollens: das Gefühl und das Wissen, statt Leistung: Kultur, statt Einseitigung: innerer Reichtum, statt des Fertigwerdens (sowohl innerlich als äußerlich) mit meiner Stellung: die Entwicklung meines Ichs und meines Wissens. Die erste Aufgabe war gegeben, die zweite ist selbst gestellt« (FAS, L »Tagebuch 1920–21«, S. 17, 16.5.1920).

13 Auch die im vorigen Kapitel zitierten »Gedanken über Politik« zeichneten sich nicht nur durch einen optimistischen Grundton, sondern auch durch einen geradezu schwärmerischen Idealismus aus (FAS, L »Gedanken über Politik«; vgl. oben, Kap. 2.c)).

14 Diese irrationalistischen Strömungen setzten fort, was schon vor dem Ersten Weltkrieg insbesondere mit dem Expressionismus seinen Anfang genommen hatte. Sie bildeten den Nährboden für die sogenannte »Konservative Revolution«. Der weiter oben in einer Anmerkung erwähnte Ernst Jünger gehörte zu denen, die diesen Zusammenhang repräsentierten. — Zusammenfassend: *Kolb*, Weimarer Republik, S. 93–94; *Peukert*, Weimarer Republik, S. 167–169 u. 185–190; vgl. *Iggers*, Deutsche Geschichtswissenschaft, S. 310–318; über den Zusammenhang zwischen Irrationalismus und »Konservativer Revolution«: *Sontheimer*, Antidemokratisches Denken, S. 41–53, auch 54–63; vgl. *Breuer*, Anatomie, S. 33–48.

leugnen und sich von den Idealen des Bürgertums zu lösen. Aber in seinem Münchener Jahr griff er mehrfach Denkfiguren und Schlagworte auf, die auf die beschriebenen Strömungen verwiesen. Die »Tat«, über die er in dem zitierten Tagebucheintrag nachdachte, war ein solches Schlagwort.[15]

Aus dieser Stimmung heraus setzte er sich mit verschiedenen Begriffen und Theorieangeboten auseinander, die damals in der Wissenschaft kursierten. Ihnen war gemeinsam, daß sie nach seinem Gefühl von der Bahn des Gewohnten abwichen und auf das »Grandiose« verwiesen. Rückblickend beschrieb Schramm die erste Zeit nach dem Krieg später als »die Jahre des geistigen Expressionismus, der alles durchleuchtete und selbst die Urgesteine zu durchschauen meinte [...].«[16]

Sehr beeindruckt hatte ihn schon in Kiel eine Lehrveranstaltung des Althistorikers Hugo Prinz[17] – »der erste akademische Einfluß, der wirklich auf mich wirkte.« Prinz, so Schramm in seinem Tagebuch, habe in einem kulturgeschichtlichen Kolloquium den Versuch unternommen, »den Menschen der einzelnen Kulturkreise zu rekonstruieren«, und ihm als Referat die Aufgabe gestellt, den »mittelalterlichen Menschen« zu beschreiben.[18] Eine solche Aufgabenstellung entsprach damals in der Wissenschaft verbreiteten Denkweisen.[19] Schramms Entwurf zu diesem Referat findet sich in seinem Nachlaß: Er hat es nicht vollendet und niemals gehalten. Offensichtlich ging ihm die hier verlangte Generalisierung zu weit. Die Konstruktion eines einheitlichen Typus, der sämtliche spezifischen Eigenheiten des Mittelalters in sich vereinigen sollte, erschien ihm zu statisch. Darüber hinaus hatte er den Verdacht, daß ein solches Konstrukt allzu sehr von der intuitiven Willkür des Beschreibenden abhängen würde.[20]

Zugleich war er aber von dem Versuch fasziniert, die Antwort auf grundsätzliche Fragen in großartigen Entwürfen zu suchen. Nach überzeugenden Entwürfen dieses Formats suchte er: Denn der Student Schramm fragte nach dem »Wesen« der Dinge. In sein Tagebuch hatte er beispielsweise notiert, schon in den bisherigen drei Nachkriegssemestern sei ihm die Frage »nach

15 Bekannt wurde vor allem von 1929 an der im Bereich der politischen Publizistik aktive »Tat-Kreis« um Hans Zehrer. — Vgl. *Mohler*, Konservative Revolution, v.a. Bd.1, S. 434–436; die Darstellung von *Armin Mohler* ist aufgrund ihrer apologetischen Tendenz problematisch, verschafft aber einen einführenden Überblick.

16 FAS, L »Geschichtsforschung«.

17 Hugo Prinz (1885–1934) verfasste u.a. Werke mit den Titeln: »Astralsymbole im altbabylonischen Kulturkreise« und »Altorientalische Symbolik«. — KDL 39/1917, Sp.1317–1318; das Todesdatum nach einem freundlichen Hinweis von Dr. Klaus Freitag, Universität Münster.

18 FAS, L »Tagebuch 1920–21«, S. 10–11, 4.5.1920.

19 Vgl. auch weiter unten in diesem Abschnitt über Wilhelm Worringers »Gotischen Menschen«.

20 FAS, L »Mittelalterlicher Mensch«, v.a. S. 2; vgl. SVS 1923 Verhältnis, S. 324–325; hierzu unten, Kap. 5.a).

dem Wesen des Staates« begegnet.[21] Und für sein erstes Münchener Semester hatte er sich dann vorgenommen, »das *Wesen des Staates*« in den Mittelpunkt seines Interesses zu stellen.[22] Schon im vorigen Kapitel ist deutlich geworden, was für eine tragende Rolle der Staat für Schramms Weltanschauung spielte.[23] In diesem Punkt ähnelte seine Auffassung derjenigen der meisten damaligen deutschen Historiker: Er schrieb dem Staat ein autonomes Sein zu, das sich in dessen »Wesen« ausdrückte und aus dem sich, unabhängig von den Bürgern des Staates, Folgerungen ergeben konnten.[24]

Anders als viele war Schramm zwar bereit, die demokratische Verfassung der Weimarer Republik zu akzeptieren. Aber die grundsätzliche Frage war für ihn noch offen: Waren die neuen Formen der gesellschaftlichen Ordnung dem »Wesen des Staates« wirklich angemessen? Schramm wandte sich jetzt von den praktischen Problemen der Gegenwart ab und stellte die Frage mit Blick auf die Geschichte neu: Wie war in früheren Zeiten das »Wesen des Staates« zum Ausdruck gekommen? Wie ließ es sich methodisch fassen?

Durch sein Referat für das Prinzsche Kolloquium war Schramm darüber hinaus, indem er den »Menschen« des Mittelalters hatte beschreiben sollen, »auf *Kunst* und ihre Fragen« aufmerksam geworden.[25] Offenbar, um seinen Vortrag auszuarbeiten, hatte er zu Wilhelm Worringers damals weit verbreitetem Buch »Formprobleme der Gotik« gegriffen.[26] Das Werk handelte vom »gotischen Menschen«, dessen »seelisch-geistige Eigenart« es herausarbeiten wollte.[27] Auf diese Weise suchte der Autor die mittelalterliche Kunst zu erklären. Die Lektüre vermochte Schramm allem Anschein nach nicht ganz zu überzeugen.[28] Trotzdem wurde das, was er früher als Schüler Aby Warburgs und in seinem Freiburger Semester in den Vorlesungen Wilhelm Vöges gelernt hatte, nun auf neue Weise für ihn aktuell. Nach Schramms Gefühl wurde in den Jahren nach dem Ersten Weltkrieg das Interesse an der Auseinandersetzung mit der Kunst ganz allgemein größer.[29] In jedem Fall

21 FAS, L »Tagebuch 1920–21«, S. 11, 4.5.1920.

22 Ebd., S. 14, 4.5.1920; Hervorhebung im Original unterstrichen.

23 Vgl. FAS, L »Gedanken über Politik«, S. 7; hierzu oben, Kap. 2.c).

24 Friedrich Meinecke beispielsweise stellte sich den Staat als ein »sittlich-lebendiges Wesen« vor. — Allgemein: *Faulenbach*, Ideologie, S. 179–181 u. 265–266; das Zitat auf S. 179.

25 FAS, L »Tagebuch 1920–21«, S. 14, 4.5.1920; Hervorhebung im Original unterstrichen.

26 Ebd.; *Worringer*, Formprobleme (zuerst erschienen 1911); zu Worringer vgl. auch *Oexle*, Geschichtswissenschaft, S. 175–176.

27 *Worringer*, Formprobleme, S. 12.

28 Als alter Mann sprach Schramm von Worringers Arbeit als einem »gewaltsamen, aber anregenden und mich beeindruckenden Buche«. Die kurze Erwähnung im »Tagebuch« läßt nicht erkennen, was Schramm über Worringer dachte. — *Bak*, Percy Ernst Schramm, S. 426; FAS, L »Tagebuch 1920–21«, S. 14, 4.5.1920; ebensowenig aussagekräftig: FAS, L »Jahrgang 94«, Bd.3, S. 403.

29 1923 stellte er in einem Aufsatz fest: »Unsere Zeit räumt der Kunstgeschichte [...] immer mehr eine Führerstellung unter den Wissenschaften ein.« In diesem Sinne äußerte er sich auch in

galt das für ihn selbst, der sich als »Augenmensch« bezeichnete und eine gewisse Schwäche für das unmittelbar Sichtbare hatte.[30] Jetzt erkannte er hier eine »klaffende Lücke« in seinen Kenntnissen. Diese glaubte er »in München besonders gut schließen zu können«, und wollte zu diesem Zweck unter anderem ein Kolleg bei Heinrich Wölfflin besuchen.[31]

Wölfflin, 1864 in der Schweiz geboren, war damals der berühmteste deutsche Kunsthistoriker und weit über die Grenzen seines Faches hinaus bekannt.[32] In den beiden Semestern, die Schramm in München verbrachte, besuchte er mehrere Lehrveranstaltungen bei ihm und war tief beeindruckt. Der Gelehrte wirkte vor allem deshalb auf den Studenten Schramm, weil er auf seine Fragen einging: Auch er sprach vom »Wesen« der Dinge. Wie Schramm sich später erinnerte, vermittelte Wölfflin den Hörern seiner Vorlesungen das Empfinden, das »Wesen« einzelner Kunstwerke, bestimmter Epochen, und vor allem: bestimmter Nationen erfassen zu können. Schramms Darstellung zufolge konnte Wölfflin insbesondere die Frage nach dem Spezifischen der deutschen Nation beantworten, indem er etwa das Deutsche vom Italienischen abgrenzte und bezüglich der jeweiligen Architektur anhand von Beispielen nachwies, daß deutsche Architektur immer »gewachsen«, italienische hingegen stets »gefügt« sei.[33]

Wölfflin übte sich damit in der »Wesensschau«, die als Aufgabe geisteswissenschaftlicher Forschung für diese Jahre geradezu als Modeerscheinung bezeichnet werden kann.[34] Zugleich griff er in die damals lebhaft geführte

seinen Erinnerungen. — SVS 1923 Verhältnis, S. 324; vgl. über diesen Text unten, Kap. 5.a); FAS, L »Jahrgang 94«, Bd.3, S. 402.

30 Im Jahr 1923 meinte er, dem Wesen der gegenwärtigen Zeit, die immer möglichst rasch möglichst viel erkennen wolle, entspreche die »optische Einstellung«, denn Augen »sehen schnell und sehen noch Unterschiede, die sonst kaum faßbar sind.« Das ermögliche der Kunstgeschichte ihre bemerkenswert exakten Ergebnisse: »welche Beschämung für den Kunsthistoriker, wenn er nicht jede Miniatur nach Schule und Jahrzehnt bestimmen kann!« Zu diesem Zeitpunkt hatte Schramm in einem Aufsatz über »Buchmalerei in der Zeit der sächsischen Kaiser« bereits selbst Erfahrungen mit Datierungsfragen gesammelt. — »Augenmensch«: SVS 1963–64 Neun Generationen, Bd.1, S. 12; Zitate in der Fußnote: SVS 1923 Verhältnis, S. 324; SVS 1923 Geschichte Buchmalerei.

31 FAS, L »Tagebuch 1920–21«, S. 14–15, 4.5.1920.

32 Über Heinrich Wölfflin (1864–1945): *Lurz*, Wölfflin; über Wölfflins Stellung in der wissenschaftlichen Welt: ebd., S. 194–195.

33 Die Titel der Veranstaltungen, die Schramm bei Wölfflin besuchte, weisen deutlich auf eine solche Thematik hin: Im Sommersemester 1920 »Italien und seine Kunst«, im Wintersemester 1920/21 »Über den Charakter der deutschen Kunst«. 1931 faßte Wölfflin seine Gedanken in einem Buch mit dem Untertitel »Italien und das deutsche Formgefühl« zusammen und betonte ausdrücklich den engen Zusammenhang des Werkes mit der akademischen Lehre. — Die Titel der Veranstaltungen: FAS, L 30, Abgangszeugnis Universität München 15.4.1921 (in das Zeugnis eingeheftet die einschlägigen Seiten aus Schramms Kollegienbuch); zusammenfassend: FAS, L »Jahrgang 94«, Bd.3, S. 402–403; Wölfflins erwähnte Publikation: *Wölfflin*, Kunst; vgl. v. a. ebd., S. V–VI; außerdem *Lurz*, Wölfflin, S. 197–209.

34 *Faulenbach*, Ideologie, S. 34.

Debatte um das »deutsche Wesen« ein. Die schon früher erörterte Frage nach dem Eigenen der Deutschen war durch den Ausgang des Ersten Weltkriegs drängender geworden: Die Niederlage konnte Zweifel am Wert der deutschen Kultur hervorrufen und veranlaßte zahlreiche Intellektuelle, zu der Frage Stellung zu nehmen, was denn das spezifisch »Deutsche« – sei es ein »deutsches Wesen« oder ein »deutscher Geist« – überhaupt sei.[35] Der Gedanke, daß Nationen einen spezifischen Charakter hätten, mag den heutigen Betrachter irritieren.[36] Schramms Zeitgenossen war er aber ganz selbstverständlich. Er beruhte auf der Vorstellung, daß Nationen als Individualitäten zu fassen seien, was den deutschen Gebildeten seit der Zeit der Romantik und des Idealismus, auf die sich damals viele ausdrücklich bezogen, vertraut war.[37]

In Schramm hatte Wölfflin einen aufmerksamen Hörer gefunden. Denn wie die Frage nach dem »Wesen des Staates«, so bewegte ihn auch diejenige nach dem Spezifischen der deutschen Kultur. Für Schramm waren diese Fragen – wie für seine Zeitgenossen – unterschiedliche Möglichkeiten, dieselbe Grundfrage nach dem sinngebenden Kern der eigenen Geschichte zum Ausdruck zu bringen: Die Unterlegenheit des deutschen Staates im Ersten Weltkrieg hatte beide Aspekte in gleicher Weise aktuell werden lassen. Immer wieder tauchten die Fragen nach dem Staat und nach dem kulturellen Eigenen der Deutschen von nun an in Schramms Werken auf und bestimmten die Richtung wesentlich mit, in die sich seine Forschung bewegte.[38]

Im Grunde gewannen die beschriebenen Fragen ihre Dringlichkeit aus emotionalen Bedürfnissen. Darum schienen sie nach begeisternden und endgültigen Antworten zu verlangen. Schramm machte nun allerdings die Erfahrung, daß solche Antworten sich nicht recht einstellen wollten: In einem Eintrag in sein Notizheft vom August 1920 sehnte er sich, in vergleichbarer Weise wie vorher nach der »Tat«, nach dem »Erlebnis«, nach dem spontanen und emotional intensiven Erfahren der Dinge, insbesondere der Kunst.[39] Er

35 In seinen Erinnerungen sprach Schramm diese Debatte im Rahmen der Schilderung seines Münchener Jahres explizit an. — FAS, L »Jahrgang 94«, Bd.3, S. 402–403; vgl. *Faulenbach*, Ideologie, S. 26–27, 31–34, 122–124, 167–177; zahlreiche weitere Belege bringt *Jansen*, »Deutsches Wesen«; vgl. auch *Oexle*, Geschichtswissenschaft, S. 174.

36 *Jansen*, »Deutsches Wesen«, S. 277–278.

37 *Faulenbach*, Ideologie, v.a. S. 31 u. 131–140; vgl. *Loewenstein*, »Am deutschen Wesen…«; über die Anfänge zusammenfassend: *Nipperdey*, Deutsche Geschichte 1800–1866, S. 500–502; auch *Iggers*, Deutsche Geschichtswissenschaft, S. 50–61; über Schramms Umgang mit dem Konzept der »historischen Individuen« s.u. in diesem Kapitel, Abschnitt d).

38 Während Schramm in seinen Tagebuchnotizen vom Frühjahr 1920 vor allem nach dem »Staat« fragte, hob er in einer zwei Jahre später angefertigten Aufzeichnung unter den Fragen, denen sich die Geisteswissenschaften jetzt zu stellen hätten, die »Frage nach unserm eigenen, dem deutschen Wesen« als eine der wichtigsten heraus (FAS, L »Funktion Geschichte«, hier: S. 4).

39 »Das intellectualistische Erbteil ist uns eine peinigende Fessel, die wir sprengen möchten, um wieder das *Erlebnis* zu haben« (FAS, L »Tagebuch 1920–21«, S. 19, 15.8.1920; Hervorhebung im Original unterstrichen).

begegnete aber dem frustrierenden Problem, daß sein Beruf ihn daran hinderte, sich demselben ganz hinzugeben. Die ihn »völlig ausfüllende und einnehmende Wissenschaft, die überall unvermeidlich angewendete historische Betrachtungsweise« wurde ihm zur Belastung. Sie raube ihm, so schrieb er, »die Naivität der ästhetisch Fassenden […], so daß ein Kunstwerk mir aus den Händen entgleitet und zum rein historischen Faktum wird.«[40]

Es steht außer Frage, daß Schramm die »Naivität der ästhetisch Fassenden« bisweilen durchaus aufbringen konnte, daß sie ihm gewissermaßen im Blut lag. Zugleich aber hatte er die »historische Betrachtungsweise« gleichsam verinnerlicht, die jegliche Naivität untergrub: Nichts von dem, was er sah, stand für sich, alles ging auf im Fluß des geschichtlichen Wandels. Seit dem Beginn des 19. Jahrhunderts hatte der Grundsatz, daß alles historisch bedingt sei, sämtliche Kulturwissenschaften allmählich durchdrungen.[41] Er war auch für Schramm selbstverständlich – und wie viele seiner Zeitgenossen litt er darunter.[42]

Bei Wölfflin hatte Schramm eine Ahnung davon erhalten, daß es möglich sein könnte, das »Wesen« der Dinge zu erfassen. In der distanzschaffenden Anwendung der »historischen Betrachtungsweise« hatte ihn hingegen die Schulung bei Aby Warburg bestärkt. An dieser Stelle verdient der Sachverhalt Beachtung, daß zwischen Warburg und Wölfflin in Fragen der Methodik und des Erkenntnisziels der Kunstgeschichte erhebliche Gegensätze bestanden.[43] Diese Differenz ließ auch Schramm nicht unbeeindruckt. Warburgs Blick auf die Kunst war analytisch: Er stellte Kunstwerke in komplexe Systeme von synchronen und diachronen Kontexten, löste sie in ihre Elemente auf und stellte für jedes Detail die Frage, woher es kam und an welchen Vorbildern sich der Künstler orientiert habe.[44] »Wölfflin« – so Schramm in seinen Erinnerungen – »tat das nicht, konnte aber dafür – eine

40 FAS, L »Tagebuch 1920–21«, S. 19, 15.8.1920.

41 Die Einsicht in die Gewordenheit alles Seienden wurde von den Zeitgenossen, z.B. Karl Mannheim, Ernst Troeltsch, als »Historismus« bezeichnet. *Otto Gerhard Oexle* hat dies aufgegriffen und festgestellt, so verstanden gehöre der »Historismus« »zu den großen Grundkräften, die für die Moderne konstitutiv sind« (*Oexle*, Geschichtswissenschaft, S. 17–18).

42 Über die Historismus-Debatte der Jahre nach 1918: *Oexle*, Geschichtswissenschaft, z.B. S. 51–52 u. 57–62; einen guten Überblick verschafft: *Iggers*, Deutsche Geschichtswissenschaft, v.a. S. 227–294; *ders.*, Meinungsstreit, S. 9–17.

43 Schramms Erinnerung zufolge kritisierte Warburg den berühmten Kollegen mit den Worten: »Ihm fehlt eine Dimension: die Zeit.« Allerdings wäre es verfehlt, die Meinungsverschiedenheiten zu dramatisieren: Ungeachtet ihrer schätzten die beiden Wissenschaftler einander durchaus. Deshalb konnte Schramm in einem kurz nach Beginn des Sommersemesters geschriebenen Brief an Warburg ganz unbefangen formulieren: »Wölfflin ist ja auch ein Mordsmann, über den ich nichts weiteres zu sagen brauche.« — FAS, L »Jahrgang 94«, Bd.1, S. 29; vgl. ebd., Bd.3, S. 403; WIA, GC 1920, Brief P.E. Schramm an A. Warburg, München 13.5.1920; vgl. *Warnke*, Warburg und Wölfflin, v.a. S. 79 u. 80–82.

44 S.a. oben, die Ausführungen in Kap. 1.b).

Kathedral- oder Palastfassade von den Eckkonsolen des Daches bis zu den Pilastern analysierend – zeigen, wie jeder Teil durch den Geist des Ganzen geformt war.«[45] Wölfflin versuchte also nicht, die einzelnen Elemente des Kunstwerks auf den historischen Kontext zu beziehen. Er stellte die Integrität des Kunstwerks nicht in Frage und fragte zuerst nach immanenten Bezügen. Auf diese Weise meinte er in dem als Ganzheit betrachteten Werk den »Geist« erkennen zu können, der es zusammenhielt.

Schramm vermochte sich durchaus dafür zu begeistern. Dennoch konnte er eine gewisse Skepsis nicht unterdrücken. Im November 1920 schrieb er über Wölfflins Vorlesung an seine Mutter: »Er hat auf seiner Leier nicht viel Töne, aber er spielt souverän und prächtig auf ihr.«[46] Obwohl er den Glanz von Wölfflins Wissenschaft bewunderte, entsprach Warburgs Herangehensweise letztlich eher Schramms Vorstellungen von der Vielfalt der Geschichte.

b) Ein Neuanfang in Hamburg

Der Gesundheitszustand von Schramms Mentor Warburg war, während der Jüngere in Marburg und Kiel studiert hatte, unverändert ernst geblieben. Warburg war nicht mehr imstande, seine Bibliothek zu pflegen und für die Ergänzung ihrer Bestände zu sorgen. Sie völlig verkümmern zu lassen, kam allerdings für ihn selbst, und deshalb auch für seine Familie nicht in Frage. Außerdem hatten seine Brüder neben der Bereitschaft, die Bibliothek zu unterstützen, auch weiterhin die materiellen Möglichkeiten dazu. Die Warburg-Bank blieb, allen volkswirtschaftlichen Krisen zum Trotz, in den zwanziger Jahren erfolgreich. Der Rückhalt, den die beiden in den Vereinigten Staaten tätigen Brüder bieten konnten, trug hierzu entscheidend bei.[47] Max Warburg, das Haupt der Familienfirma, stieg damals in Deutschland zu einer Persönlichkeit von nationalem Rang auf.[48]

Darum fiel im Herbst 1919 der Beschluß, einen Vertreter für Aby Warburg zu suchen, der statt seiner die Bibliothek kommissarisch leiten sollte. Der naheliegendste Kandidat für diese Aufgabe war der aus Wien stammende Kunsthistoriker Fritz Saxl. Schon vor dem Krieg hatte er als Warburgs

45 FAS, L »Jahrgang 94«, Bd.3, S. 403.

46 FAS, K 12/2, Brief P.E. Schramm an O. Schramm, o.O. [München], 21.11.20.

47 *Kleßmann*, M.M. Warburg, S. 60–80.

48 Mehrfach wurden ihm hohe Regierungsämter angeboten, die er freilich ablehnte. 1924 wurde er in den Generalrat der Reichsbank berufen. — *Kleßmann*, M.M. Warburg, S. 57–58, 59–60, 71, 82–85; vgl. auch SVS 1963–64 Neun Generationen, Bd.2, Tafel 87.

Assistent gearbeitet.[49] Auch nachdem er im Jahr 1915 in die Armee seines Heimatlandes Österreich eingezogen worden war, war der Kontakt zu Aby Warburg niemals abgebrochen: Nach wie vor betrachtete Saxl die Bibliothek als seine geistige Heimat.[50] Deshalb fragte Max Warburg im November 1919 brieflich bei ihm an, ob er bereit wäre, aus Wien nach Hamburg zurückzukehren. Saxl sagte umgehend zu.[51] Zusammen mit seiner Familie übersiedelte er in die Hansestadt, wo er zum 1. April 1920 durch Max und Aby Warburg als »wissenschaftlicher Bibliothekar« eingestellt wurde.[52]

Damit trat die Bibliothek Warburg in eine Phase des Wandels ein. Vertieft wurde der Umbruch dadurch, daß Warburg selbst im Herbst des Jahres Hamburg verließ. Sein Zustand hatte sich nicht gebessert. Deshalb wurde entschieden, daß er sich in eine Klinik nach Jena begeben sollte, um dort die Behandlung stationär fortzusetzen.[53] Percy Ernst Schramm hielt sich zu diesem Zeitpunkt, die Ferien zwischen seinen beiden Münchener Semestern nutzend, in Hamburg auf. Am 9. Oktober 1920 reiste Warburg nach Jena. Schramm fungierte dabei, neben Warburgs Frau und seinem Arzt Heinrich Embden, als dritte Begleitperson. Das war, wie Schramm in einem Brief an seinen Vater erwähnte, der ausdrückliche Wunsch des Kranken gewesen.[54] Ein ähnlicher Beweis für Warburgs Vertrauen zu Schramm findet sich in den Bestimmungen des Testaments, das Warburg unmittelbar vor seiner Abreise aufsetzte. Darin sah er Schramm als Mitglied des Gremiums vor, das nach seinem Tod das Fortbestehen der Bibliothek sicherstellen sollte.[55] Offenbar schätzte Warburg den Jüngeren als einen zuverlässigen Menschen und eine starke Persönlichkeit.

Mindestens einmal konnte Schramm seinen Lehrer in Jena besuchen.[56] Im April des Jahres 1921 verließ Warburg die dortige Klinik und begab sich

49 Fritz Saxl (1890–1948) hatte in Wien und Berlin studiert und war 1912 in seiner Heimatstadt Wien promoviert worden. Von kunstgeschichtlichen Fragestellungen ausgehend, hatte er noch während seines Studiums begonnen, sich für die Geschichte der Astrologie zu interessieren. Dieses Interesse hatte ihn, da auch Aby Warburg sich damit befaßte, im Jahr 1910 mit dem Hamburger Privatgelehrten zusammengeführt. — Über Fritz Saxls Leben bis 1914: *Bing*, Fritz Saxl, S. 1–5; *McEwan*, Ausreiten der Ecken, S. 13, 18–19, 30–31, 32–33.

50 *Bing*, Fritz Saxl, S. 5–6; *McEwan*, Ausreiten der Ecken, S. 36–54.

51 *McEwan*, Ausreiten der Ecken, S. 55.

52 *The Warburg Institute*, Nachruf Saxl, S. 380; vgl. außerdem die bereits im ersten Kapitel zitierte, im Warburg Institute Archive einsehbare Untersuchung von *Hans-Michael Schäfer*.

53 *Königseder, K.*, »Bellevue«, S. 81.

54 FAS, J 37, Brief P.E. Schramm an Max Schramm, o.O. [Hamburg], 6.10.1920; vgl. auch: FAS, L »Versuch Warburg«, S. 4; sowie zwei Fragmente über Warburg in: FAS, L 305.

55 Unter den dort Genannten war der angehende Historiker mit Abstand der Jüngste und der einzige, der keinen Doktortitel trug. — FAS, L 230, Bd.11, Unterakte: »Warburg, Aby«, Testament Aby M. Warburg vom 7.10.1920, auszugsweise Abschrift, als Anlage zu: Brief Amtsgericht Hamburg an P.E. Schramm, Hamburg 4.12.1929.

56 Belegt ist ein Besuch in den Weihnachtsferien 1921. Anfang Januar 1921 schrieb Saxl an Warburg: »Ich freue mich ganz ausserordentlich, dass Percy Schramm bei Ihnen war [...]« (WIA,

zur Fortsetzung seiner Behandlung nach Kreuzlingen in das Institut des Psychoanalytikers Ludwig Binswanger.[57] Für diese Reise erhoffte er sich offenbar erneut die Begleitung Schramms. Im Februar 1921, als er bereits davon sprach, daß seine Frau ihn um die Osterzeit abholen werde, bat er Schramm in einem Brief, er möge sich, »wie auf der Anreise, helfend an der Rückreise beteiligen [...].« Schramm wäre ihm als »menschliche Rüstung« ein »wahrer Trost [...].«[58] Schramm konnte zwar der Bitte, als Begleitperson zu fungieren, dieses Mal wahrscheinlich nicht nachkommen.[59] Der besonderen Wertschätzung, die er bei Aby Warburg auch in den folgenden Jahren genoß, tat das jedoch keinen Abbruch.

Nach Warburgs Fortgang wurde Fritz Saxl für Schramm, zumindest in Hamburg, der wichtigste wissenschaftliche Ansprechpartner. Saxl sicherte den Fortbestand der Bibliothek. Der bis 1918 vordringliche Zweck der Einrichtung, nämlich Warburg und seinen Studien zu dienen, war nun durch dessen Krankheit obsolet geworden. Darum mußte Saxls Bemühen dahin gehen, die Büchersammlung in verstärktem Maße der interessierten Öffentlichkeit, insbesondere Wissenschaftlern der jungen Hamburger Universität zugänglich zu machen. Der Bedarf hierfür schien durchaus gegeben. Damit einhergehend machte Saxl es sich zur Aufgabe, die Bibliothek und ihren Mitarbeiterstab so auszubauen, daß die Einrichtung, in Fortführung von Warburgs Arbeit, mit eigenen Kräften Forschungen durchführen konnte.[60] All das war ganz in Warburgs Sinne: Schon seit längerem hatte er die Absicht gehabt, die Bibliothek in ein Forschungsinstitut umzuwandeln.[61]

Im Herbst 1920 trug Saxls Bemühen um den Aufbau von Kontakten zur Hamburger Universität erste Früchte. Um die Bibliothek begann sich ein Kreis von Wissenschaftlern zu bilden, die den Wert der Institution erkannten und ihr intellektuelles Klima fortan prägen sollten. Eine herausragende Persönlichkeit in diesem Kreis war der Philosoph Ernst

GC 1921, Mappe: »Warburg [from: Saxl etc.]«, Brief F. Saxl an A. Warburg, Nachschrift, Hamburg 8.1.1921).

57 *Königseder, K.*, »Bellevue«, S. 81–83.

58 FAS, L 230, Bd.11, Brief A. Warburg an P.E. Schramm, Jena 2.2.1921.

59 Aby Warburgs Wechsel nach Kreuzlingen erfolgte genau in der Zeit, in der Schramm eine Reise nach Italien unternahm. Warburg trat am 16. April in die Kreuzlinger Klinik ein. Schramm war zu diesem Zeitpunkt zwar schon wieder aus Italien zurück, befand sich aber offenbar noch auf dem Weg aus dem Süden nach Hamburg. Am 15.4.1921 exmatrikulierte er sich in München. Am 25.4.1921 war er nicht mehr in München, und Otto Westphal nahm an, er sei in Hamburg. — *Königseder, K.*, »Bellevue«, S. 83; FAS, L 30, Abgangszeugnis Universität München 15.4.1921; FAS, L 230, Bd.11, Brief O. Westphal an P.E. Schramm, o.O. [München], 25.4.1921; ausführlicher über Schramms Italienreise unten, Kap. 4.a).

60 *Saxl*, History, S. 330–332.

61 Bereits im Frühjahr 1914 hatte er den Gedanken mit Saxl besprochen. — *Raulff*, Privatbibliothek, S. 29–40; *McEwan*, Ausreiten der Ecken, v.a. S. 14–17; *Saxl*, History, S. 329–330.

Cassirer.[62] Ohne die von ihm in den zwanziger Jahren entwickelte »Philosophie der symbolischen Form« wäre die Arbeit der Bibliothek Warburg in dieser Zeit gar nicht vorstellbar.[63] Für Percy Ernst Schramm gewann Cassirer dennoch keine besondere Bedeutung. Schramm war mit dem Philosophen zwar bekannt; aber die hoch abstrakte Ebene, auf der dessen Arbeiten für ihn hätten relevant werden können, bezog er für gewöhnlich nicht in seine Überlegungen mit ein.[64]

Anders verhielt es sich mit dem Kunsthistoriker Erwin Panofsky.[65] Panofsky, als Sohn jüdischer Eltern 1892 in Hannover geboren, war vor allem auf Betreiben des Kunsthallendirektors Gustav Pauli an die Hamburger Universität gekommen. Zum Wintersemester 1920/21 nahm er seine Lehrtätigkeit auf. Bereitwillig war er zunächst für ein sehr geringes Salär tätig: Bis zur großen Inflation stand ihm das beträchtliche Vermögen seiner Familie zur Verfügung.[66] Mit großem Einsatz widmete er sich in den folgenden Jahren der Aufgabe, das kunsthistorische Seminar aufzubauen. Von Hamburg aus machte er sich in den zwanziger Jahren mit originellen und weiterführenden Arbeiten in der wissenschaftlichen Welt einen Namen.[67] Für Saxl wurde Panofsky zu einer bedeutenden Stütze. Er nutzte die Bibliothek intensiv und gehörte zum engsten Zirkel der ihr nahestehenden Wissenschaftler. Auch für Schramm wurde Erwin Panofsky in den folgenden Jahren zu einem wichtigen Gesprächspartner.

In demselben Brief, in dem Schramm seinem Vater berichtete, er werde bald als Warburgs Begleiter nach Jena fahren, schrieb er ihm auch: »Gestern Abend war ich mit Ruth bei Dr. Saxl, wo wir gemeinsam mit dem neuen Kunsthistoriker Dr. Panofsky einen sehr netten, lustigen Abend verbrachten.«[68] Gemütliche Runden wie diese wird es von da an häufiger gegeben

62 Ernst Cassirer (1874–1945) gehörte ursprünglich der Marburger Schule des Neukantianismus an, von der er sich aber in seiner Hamburger Zeit gedanklich löste. — Über Cassirer zusammenfassend: *Paetzold*, Ernst Cassirer; außerdem: *Sieg*, Aufstieg.

63 *Paetzold*, Ernst Cassirer, S. 68–85; außerdem z.B.: *Jesinghausen-Lauster*, Suche.

64 Schramm erzählte später, er habe die wichtigsten von Cassirers Werken gelesen und auch einmal eine Vorlesung bei ihm besucht. Aber nennenswerte Folgen habe diese »lockere Beziehung« nicht gehabt (*Bak*, Percy Ernst Schramm, S. 422–423).

65 Die biographischen Angaben zu Erwin Panofsky (1892–1968) nach: *Michels*, *Warnke*, Vorwort; *Bredekamp*, Ex nihilo, v.a. S. 32 u. 34–37; *Wuttke*, Einleitung.

66 Panofskys Familie war mit Kohlegruben und Kalköfen im oberschlesischen Bergbaugebiet wohlhabend geworden. Panofskys Vater hatte bereits allein von den Zinsen des Vermögens leben können (*Michels*, *Warnke*, Vorwort, S. IX).

67 S. zu Panofskys Forschungen in den zwanziger Jahren unten in diesem Kapitel, Abschnitt e).

68 Die erwähnte Ruth ist Percys Schwester Ruth Schramm. — FAS, J 37, Brief P.E. Schramm an Max Schramm, o.O. [Hamburg], 6.10.1920.

haben. Schramm und Saxl kannten sich vielleicht schon seit 1914,[69] und es ist anzunehmen, daß sie ihre Bekanntschaft bereits im April 1920 aufgefrischt hatten. Vom Herbst 1920 an bestand ein sehr gutes persönliches Verhältnis. Auch Panofsky und Schramm scheinen sich sympathisch gewesen zu sein. Vielleicht gab es Gemeinsamkeiten im Habitus, die verbindend wirkten; immerhin waren sie in vergleichbar wohlhabenden Verhältnissen aufgewachsen.

Jedenfalls lernte Schramm mit Saxl und Panofsky im Herbst 1920 zwei Wissenschaftler näher kennen, die zwar ein wenig älter waren als er, aber doch seiner Generation angehörten – beide hatten im Ersten Weltkrieg militärische Erfahrungen gesammelt –, und die mit ihm von gleich zu gleich verkehrten, obwohl sie hinsichtlich ihrer akademischen Stellung einen großen Vorsprung hatten. Auf dieser Grundlage entfaltete sich ein fruchtbarer Gedankenaustausch. Daß Saxl und Panofsky Kunsthistoriker waren, mußte das Gespräch mit ihnen für Schramm besonders anregend machen, da ihm gerade in den davorliegenden Monaten klar geworden war, welche große Bedeutung die Kunstgeschichte für seine eigene Geschichtsbetrachtung gewinnen konnte. Dabei arbeiteten sowohl Saxl als auch Panofsky im Geiste Aby Warburgs. Für Saxl, zu dem Schramm das engere Verhältnis hatte, galt das in noch höherem Maße als für Panofsky.

Als Schramm im Januar 1921 darüber nachdachte, wer bis dahin auf sein wissenschaftliches Denken entscheidenden Einfluß gehabt habe, notierte er in seinem Tagebuch drei Namen: Aby Warburg, Fritz Saxl, Otto Westphal.[70] Von Otto Westphal wird im übernächsten Abschnitt zu reden sein. Aby Warburg bezeichnete Schramm als seinen »wissenschaftlichen Vater« und meinte, dessen »Streben nach Universalität, verbunden mit Methode«, sei ihm seit langem ein Vorbild. Über Saxl schrieb Schramm, von ihm erhalte er »ungeheuer viel mir sonst fern liegenden Stoff«. Zugleich stoße ihn Saxl »auf neue Methoden und Probleme der geistesgeschichtlichen Zusammenhänge«.[71]

Auf diese Weise trat Schramm, nachdem ihn in seinem ersten Semester in München die Sehnsucht nach dem »Grandiosen« umgetrieben hatte, in Hamburg ins Bewußtsein, daß schon sein »wissenschaftlicher Vater« Aby Warburg ihm Horizonte von faszinierender Weite eröffnet hatte: Warburg

69 *Joist Grolle* geht davon aus, daß Schramm und Saxl sich bereits 1913 kennengelernt hätten. Allerdings befand sich Saxl damals häufig auf Forschungsreisen im In- und Ausland. Sofern also eine Bekanntschaft zwischen ihm und Schramm in dieser Zeit überhaupt bestand, kann sie nicht sehr intensiv gewesen sein. — Vgl. *Grolle*, Schramm – Saxl, S. 97 m. Anm. 10; *McEwan*, Ausreiten der Ecken, S. 34.

70 »Einfluß auf mich – vornehmlich wissenschaftlich, aber davon untrennbar auch menschlich – haben gehabt: Warburg, Saxl, Westphal« (FAS, L »Tagebuch 1920–21«, S. 27, 16.1.1921).

71 FAS, L »Tagebuch 1920–21«, S. 27–28, 16.1.1921.

hatte bei der Erforschung der Vergangenheit nach »Universalität« gestrebt. Saxl erneuerte nun diese Anregung. Immer wieder lieferte er frischen Stoff, der Schramms Neugier anfachte, und lehrte ihn zugleich Methoden, mit denen er »geistesgeschichtliche Zusammenhänge« erkennen konnte. Saxl selbst benutzte das Wort »geistesgeschichtlich« gelegentlich, um Ursachen und Wirkungen im Bereich von Bildung, Kunst und Mentalität zusammenzufassen.[72] Für Schramm gewann der Terminus im Frühjahr 1921 über diese beschreibende Funktion hinaus noch eine weitere Bedeutung, von der unten zu reden sein wird.[73]

c) Das »Nachleben der Antike«

Das Thema, anhand dessen Saxl seinem neuen Freund die Bedeutung der »geistesgeschichtlichen« Dimensionen der Vergangenheit bewußt machte, war die Frage nach dem »Nachleben der Antike«: also danach, auf welche Weise die Kultur der alten Griechen und Römer in späteren Zeiten und anderen Kulturen immer wieder aufgegriffen worden war.[74] Schon Warburg hatte diesem Problem seine Aufmerksamkeit zugewandt. Saxl richtete nun den weiteren Ausbau der ihm anvertrauten Bibliothek und die Forschungsarbeit ihrer Mitarbeiter ganz darauf aus.

Ende des Jahres 1920 ergab sich die Notwendigkeit, Leitgedanken für die Aktivitäten der Bibliothek auszuformulieren und schriftlich zu fixieren. Als Repräsentant der Familie Warburg, die die Bibliothek vollständig finanzierte, verlangte Max Warburg Auskunft darüber, welche Ziele die Einrichtung zukünftig verfolgen sollte und welche Kosten sich daraus voraussichtlich ergeben würden. Daraufhin erstellte Saxl zwei Schriftstücke: Zum einen einen Haushaltsplan, der über die von der Bibliothek benötigten Mittel und deren geplante Verwendung informierte;[75] zum anderen eine programmatische

72 Z.B. *Saxl*, Rinascimento, S. 355 u. 367.

73 Unten in diesem Kapitel, Abschnitt d).

74 Zu Beginn des Wintersemesters 1920/21 zeigte Schramm großes Interesse an dieser Problematik. Seiner Mutter schrieb er im November, er besuche jetzt eine Vorlesung des Wölfflin-Schülers Paul Frankl. Das Thema sei »Geschichte der Kunst Italiens im Mittelalter«, »was mich wegen des Übergangs Antike-Mittelalter und Beziehung Byzanz-Occident sehr fesselt.« — S. die betreffenden Seiten aus Schramms Kollegienbuch, eingeheftet in: FAS, L 30, Abgangszeugnis Universität München 15.4.1921; FAS, K 12/2, Brief P.E. Schramm an O. Schramm, o.O. [München], 21.11.20; über den später emigrierten Paul Frankl (1878–1962): *Wendland*, Handbuch, Bd.1, S. 152–157; DBI, Bd.2, S. 947; vgl. auch: *Michels*, Kunstwissenschaft, sowie: *Lurz*, Wölfflin, S. 39–40.

75 Um das Finanzierungskonzept zu erarbeiten, wandte sich Saxl brieflich an die verschiedensten Ratgeber und holte eine Fülle von Informationen ein. Im Warburg Institute Archive findet sich eine ganze Reihe entsprechender Briefe (dies war das Ergebnis einer am 5.11.1999 gemeinsam

»Denkschrift«, um den Zahlen des Finanzierungskonzepts Sinn und Richtung zu geben.

Als Saxl sich daran machte, diese »Denkschrift« auszuarbeiten, wandte er sich an Schramm. Natürlich hatte er selbst eine genaue Vorstellung davon, welchen Zielen die Bibliothek in Zukunft dienen sollte. Schramms Hilfe konnte er jedoch gut gebrauchen, um seinen Überlegungen eine Form zu geben, die Warburgs Brüder überzeugte: Der gebürtige Hamburger kannte die Vorlieben seiner wohlhabenden Mitbürger besser. Schramm gewährte die erbetene Hilfestellung gerne. Die Weihnachtsferien während seines zweiten Münchener Semesters boten ihm die Gelegenheit dazu. Anfang Januar 1921 konnte Saxl den Haushaltsplan und die »Denkschrift« an Max Warburg schicken.[76] Wie wertvoll Schramms Unterstützung bei der Erarbeitung des letztgenannten Papiers für Saxl gewesen war, geht aus einem Brief hervor, den dieser ein knappes Jahr später schrieb. Der Leiter der Bibliothek betonte, es sei Schramm gewesen, »der im Vorjahr die Denkschrift so formuliert hat, dass ich das große Budget gleich bekam.«[77]

Die »Denkschrift« selbst ist nicht erhalten geblieben.[78] Saxl hat aber beinahe gleichzeitig in der Hamburger Universitätszeitung einen Artikel über die Aufgaben und Ziele der Bibliothek veröffentlicht, der mit ihr weitgehend identisch sein dürfte.[79] In diesem Artikel wurden alle einschlägig interessierten Forscher eingeladen, die Bestände der Bibliothek und die darin liegenden Möglichkeiten zu nutzen. Dabei wurde das »Nachleben der Antike« zum ersten Mal als thematisches Zentrum der zukünftigen Arbeit der Bibliothek definiert. An der Formulierung dieser Überlegungen, so ist anzunehmen, war Schramm intensiv beteiligt.

mit Dorothea McEwan anhand des Stichwortes »budget« durchgeführten Prüfung der einschlägigen Datenbank).

76 Saxl schickte an Max Warburg den »Bericht über die Bibliothek [...], den ich verfasst und mit Herrn Schramm ausgearbeitet habe.« — WIA, GC 1921, Mappe: »Warburg [Bruder]«, Brief F. Saxl an M.M. Warburg, masch. Durchschl., o.O. [Hamburg], 5.1.1921.

77 Als Saxl diesen Brief schrieb, erhoffte er sich für einen Bericht über seine bisherige Tätigkeit aufs Neue Schramms Unterstützung. Er rechnete auf »die tätige Mithilfe von Percy Schramm [...], der diese Dinge psychologisch ganz außerordentlich fein zu stilisieren versteht [...].« Bei dieser Gelegenheit mußte er aber auf Schramms Hilfe wahrscheinlich verzichten: In den Weihnachtsferien 1921 erkrankte Schramm an Grippe. — WIA, GC 1921, Brief F. Saxl an W. Printz, masch. Durchschl., o.O. [Hamburg], 12.12.1921; Schramms Grippe erwähnt in: WIA, GC 1922, Mappe: »Warburg [private]«, Brief O. Schramm an A. Warburg, Hamburg 9.1.1922.

78 Zumindest ist sie im Warburg Institute Archive nicht überliefert (so das Ergebnis einer entsprechenden Nachforschung im November 1999).

79 Der Aufsatz ist gegenüber der ursprünglichen »Denkschrift« zumindest insofern gekürzt, als letztere, wie aus dem bereits zitierten Brief Saxls an Max Warburg hervorgeht, auch darüber Auskunft gab, auf welche Weise die Bibliothek mit der Universität Hamburg zusammenarbeiten sollte. Konkrete Überlegungen in diese Richtung fehlen in der gedruckten Fassung. — *Saxl,* Nachleben; WIA, GC 1921, Mappe: »Warburg [Bruder]«, Brief F. Saxl an M.M. Warburg, masch. Durchschl., o.O. [Hamburg], 5.1.1921.

Zu Beginn des Textes wurde erst einmal die Weite des zu berücksichtigenden Raumes sowohl in zeitlicher als auch in geographischer Hinsicht umrissen. Dabei wurde das »Nachleben der Antike« definiert als die »Auseinandersetzung der nachantiken Kulturen mit dem klassischen Altertum«. Humanismus und Renaissance, so hieß es, seien in dieser Auseinandersetzung nur eine »Phase« von vielen. Auch im Umkreis Karls des Großen sowie in der Gotik habe die Antike eine erhebliche Rolle gespielt. Das Problem sei aber nicht nur ein europäisches: In anderen, insbesondere orientalischen Kulturen könne die Auseinandersetzung mit dem griechisch-römischen Altertum ebenfalls nachgewiesen werden.[80]

In der Mitte des Textes folgte dann eine Beschreibung der Potentiale, die in der Bearbeitung des Problems lägen. Vor allem zwei Gedanken wurden ausgeführt: Zum einen hieß es, die Antike sei »ein Beharrendes im Völkerleben«. Die Untersuchung ihres Nachlebens müsse deshalb zugleich zur Offenlegung des »Neuen und Nicht-Beharrenden« führen, wodurch der Historiker einen »Maßstab« erhalte, an dem er den Wandel der Erscheinungen messen könne. Die Art und Weise, wie etwa die Sassaniden oder die Renaissance sich mit der Antike auseinandersetzten, lasse den Forscher deshalb »scharf das Eigentümliche beider Kulturen erkennen«.[81] Zum anderen war davon die Rede, die Beschäftigung mit dem »Nachleben der Antike« verschaffe die Möglichkeit, die »Wanderstraßen der Kultur aufzudecken«, auf denen einzelne antike Elemente ihren Weg durch die Geschichte genommen hätten. Erst wenn diese Wanderstraßen festgestellt seien, »können wir überhaupt versuchen, unsere eigene Kultur historisch zu erfassen.«[82] Weiter unten wurde schließlich die Komplexität des Gegenstandes noch einmal genauer aufgefächert. Insbesondere wurde betont, die Betrachtung dürfe sich nicht auf die Sphären gehobener Kunst und Kultur beschränken: Beispielsweise seien Magie und Zauberei miteinzubeziehen.[83]

Schon die gewaltige Ausdehnung des hier abgesteckten Untersuchungsraumes war sicherlich ein Aspekt, der Schramm faszinierte. Fragen ließen sich hier stellen und Thesen formulieren, die auch den unersättlichsten Geist befriedigen mußten. Hinzu kam, daß das Mittelalter, für das sich Schramm besonders interessierte, in den Problemhorizont ganz selbstverständlich eingebunden war: Es stand im Zusammenhang mit den verschiedensten anderen Kulturen und schöpfte aus ihrem Reichtum. Diese anderen Kulturen verstärkten den Reiz der Thematik: Wenn in dem Text von Bezügen zum Orient, von Magie und Aberglauben die Rede war, dann war es das, was

80 *Saxl,* Nachleben, S. 245.
81 Ebd., S. 245–246.
82 Ebd., S. 246.
83 Ebd.

Schramm meinte, als er in sein Tagebuch notierte, von Saxl erhalte er »ungeheuer viel mir sonst fern liegenden Stoff«.[84] Solche Aspekte beeindruckten ihn und weckten seine Neugier.

Die Ausführungen im Mittelteil des Textes enthielten schließlich direkte Anspielungen auf jene Fundamentalfragen, die Schramm in seiner Münchener Zeit bewegten: Die Fragen nach dem überzeitlichen Kern der geschichtlichen Erscheinungen, nach Größen wie dem »deutschen Wesen«. Wer der Forschungsrichtung der Bibliothek Warburg folge, so wurde in dem Text gesagt, dem könne sie dazu verhelfen, das »Eigentümliche« bestimmter Kulturen »scharf« zu erkennen. Noch etwas deutlicher klangen Schramms Fragen in der Überlegung an, die Beschäftigung mit dem »Nachleben der Antike« sei eine notwendige Voraussetzung, um »unsere eigene Kultur historisch zu erfassen«. Der tagesaktuelle Bezug war leicht herzustellen: Hier konnte der durch den Ersten Weltkrieg verunsicherte, sinnsuchende Deutsche ansetzen, wenn er neuen Halt finden wollte.

Diese Punkte waren geeignet, die Beschäftigung mit dem »Nachleben der Antike« für Schramm attraktiv zu machen. Daraus ergibt sich zugleich ein Hinweis darauf, unter welchem Aspekt er die Untersuchung dieses Problems für sinnvoll halten konnte: Sie war für ihn ein Mittel zum Zweck. Mit den Formulierungen des hier erörterten Textes gesprochen, war das »Nachleben der Antike« für ihn ein »Maßstab«, ein Werkzeug, das er meinte einsetzen zu können, um das Eigene bestimmter Kulturen oder Epochen genauer zu erkennen. Die »Wanderstraßen der Kultur« wollte er nicht um ihrer selbst willen erforschen, sondern um die Kultur der Deutschen genauer erfassen zu können. Einen eigenständigen Wert hatte die Analyse des »Nachlebens der Antike« für ihn nicht.

Die Entwicklung der konzeptionellen Grundlagen der Bibliothek ging weiter. Rasch war die zitierte erste Skizze überholt. Im Herbst des Jahres 1921 sprach Saxl, zum Auftakt einer Vortragsreihe in den Räumlichkeiten der Bibliothek, über »Die Bibliothek Warburg und ihr Ziel«.[85] Der Vortrag wurde veröffentlicht und ersetzte den älteren, von Schramm mitgestalteten Text.[86] Er war vollkommen anders aufgebaut. Im wesentlichen bestand er aus dem Versuch, die in der Bibliothek verfolgten Absichten anhand von Beispielen zu veranschaulichen. Bei diesen Beispielen handelte es sich vor allem um Darstellungen der Göttin Venus im Mittelalter und in der Renaissance,

84 FAS, L »Tagebuch 1920–21«, S. 27–28, 16.1.1921; vgl. oben in diesem Kapitel, Abschnitt b).

85 *Saxl*, Bibliothek und Ziel.

86 Im Jahr 1929 schrieb ein Mitarbeiter der Bibliothek – zur Erläuterung eines Verzeichnisses von Saxls Publikationen, das Schramm kurz zuvor zugesandt worden war – an Schramm: »Der Sonderdruck aus der Hamburger Universitätszeitung ist gänzlich unwesentlich und durch den Artikel aus den Vorträgen 1921/22 überholt« (WIA, GC 1929, Brief KBW an P.E. Schramm, masch. Durchschl., o.O. [Hamburg], 11.1.1929).

deren Verhältnis zu antiken Bildnissen diskutiert wurde.[87] Die Dinge, die Schramm während seines Münchener Studienjahres bewegten und die in dem Artikel in der Hamburger Universitätszeitung eine so prominente Position innegehabt hatten, spielten in dem Vortrag vom Herbst 1921 kaum noch eine Rolle. Es liegt auf der Hand, daß sie für die Arbeit der Bibliothek Warburg eigentlich nicht zentral waren. Auch für Fritz Saxl persönlich hatten sie nicht denselben Stellenwert wie für Schramm.

Von Interesse ist die Frage, wie in Saxls Vortrag das Mittelalter gesehen wurde. Seiner Struktur nach war der Text an der Renaissance orientiert.[88] »Inhalt« und »Form« der antiken Überlieferung, so der Grundgedanke, waren lange Jahrhunderte hindurch getrennt und fanden erst in der Hochrenaissance wieder ganz zusammen. Erst in dieser Phase wurde die Göttin Venus nicht nur als Göttin der Liebe verstanden, sondern auch in ihrer klassisch-antiken Gestalt dargestellt. Hingegen waren die mittelalterlichen Venusdarstellungen, die Saxl in seinem Vortrag beschrieb, am antiken Vorbild gemessen alle defizitär: Insofern mehr als ein rein antiquarisches Interesse aus ihnen sprach, zeigten sie einmal die Form der antiken Göttin, das andere Mal war ihre Bedeutung richtig erfaßt. Aber in keinem Fall fand beides zueinander.

Trotzdem hatte das Mittelalter für Saxls wissenschaftliche Arbeit generell ein großes Gewicht. Sein Hauptwerk war ein Verzeichnis von illustrierten mittelalterlichen Handschriften, die von astrologischen und mythologischen Themen handelten.[89] In den betreffenden Illustrationen tauchten die antiken Götter regelmäßig auf, allerdings nicht in ihrer ursprünglichen Bedeutung. Vielmehr erschienen die Götterfiguren in spätantiken, orientalisch überlagerten Deutungen als astrologische Kräfte. Was Saxl am Mittelalter interessant fand, waren die Mißverständnisse der Epoche. Vorrangig kam es ihm auf die antiken Elemente an, die immer präsent waren, aber niemals zu sich selbst kommen konnten. Das Mittelalter war ihm, um eine Formulierung aus dem älteren Text aufzugreifen, eine »Wanderstraße« für die antike Überlieferung. Um dieser Funktion willen befaßte er sich damit. Positiv besetzt war es für ihn nicht.

Hier lag, das sei jetzt schon festgestellt, ein zentraler Unterschied zu Percy Ernst Schramm. Immerhin spielte das Mittelalter aber in Saxls Arbeit eine zentrale Rolle. Und obwohl die Fragen, die Schramm vor allem am Herzen

87 *Saxl*, Bibliothek und Ziel, S. 3–7.

88 Die verschiedenen Interpretationen, welche die Renaissance im Laufe der Geschichte gefunden hat, hat bereits *Wallace K. Ferguson* umfassend beschrieben. Die hier von Saxl vertretene Sichtweise läßt sich wohl am ehesten in die spätere »Burckhardtianische Tradition« einordnen. Einen Überblick über die vor allem in den vierziger Jahren in Amerika intensiv geführte Debatte um die Renaissance ermöglicht ein von *August Buck* herausgegebener Sammelband. — *Ferguson*, Renaissance; ebd., S. 213–238; *Buck (Hg.),* Begriff; hierin: *Buck*, Begriff Einleitung; für den Hinweis auf diese Titel danke ich Gabriela A. Eakin-Thimme.

89 Sein erstes Verzeichnis solcher Handschriften publizierte Saxl 1915. Ein zweiter Band erschien 1927. — *Saxl*, Verzeichnis 1915; *ders.*, Verzeichnis II 1927.

lagen, für Saxl nicht im Zentrum des Interesses standen – und damit nicht im Zentrum der Arbeit der Bibliothek Warburg –, war er zumindest bereit, derartige Aspekte mitzuberücksichtigen. Immerhin erschien der besagte Artikel vom Beginn des Jahres 1921 unter Saxls Namen. Noch darüber hinaus klangen in seinen Arbeiten aus dieser Zeit durchaus ähnliche Kategorien an, wie sie Schramms Fragen zugrundelagen.[90] Es gab also im Bereich des wissenschaftlichen Denkens eine Fülle von Berührungspunkten zwischen Schramm und Saxl.

Auf dieser Grundlage und im Zuge gelegentlicher Zusammenarbeit, wie sie sich zum ersten Mal um die Jahreswende 1920/21 ergab, entstand zwischen den beiden in den folgenden Jahren eine recht enge persönliche Bindung. Fritz Saxl trat für Percy Ernst Schramm in mancher Hinsicht an die Stelle des früheren Mentors Warburg – allerdings auf der Grundlage eines ganz anders gearteten persönlichen Verhältnisses.[91] Er wandte sich oft an ihn, wenn er in wissenschaftlichen Problemfällen Rat oder Unterstützung benötigte. Saxl seinerseits fand in dem geborenen Hamburger und alten Warburg-Schüler Schramm einen nur wenig jüngeren Gesprächspartner, der für seine Pläne und Absichten ebensoviel Verständnis wie Begeisterung aufzubringen vermochte.

d) Das Vorbild Ranke

Indem Schramm sich als Saxls Helfer in den Weihnachtsferien 1920/21 intensiv mit der Frage nach dem »Nachleben der Antike« beschäftigte, lernte er, die Vergangenheit von neuen Seiten zu betrachten. Sein wichtigstes Problem war aber nach wie vor ungelöst: Noch suchte er nach einer Formel, um die Frage nach dem »Wesen« der Dinge mit dem Grundsatz vom ständigen Werden zu vereinbaren. Auf der Suche danach half ihm seine Bekanntschaft mit dem aus Hamburg stammenden Historiker Otto Westphal weiter.

90 In einem Aufsatz von 1922 über die Forschungen Aby Warburgs schrieb Saxl, im Mittelpunkt von Warburgs Denken stehe der »Mensch der Frührenaissance als Typus« und Warburg habe »zur Erkenntnis des Wesens dieses Menschheitstypus« gelangen wollen. Weiter unten beschrieb Saxl – indem er die Erläuterung vorausschickte, Warburg habe nicht nur »historisch«, sondern auch »phänomenologisch« gearbeitet – die »Seele des Frührenaissancemenschen« (*Saxl*, Rinascimento, S. 347 u. 384).

91 Im April 1948 schrieb Schramm, auf Saxls Tod im März reagierend, an Gertrud Bing. Über die Zeit nach Warburgs Zusammenbruch meinte er, erst durch Saxl habe er damals die beiden Welten, in denen Warburgs Denken sich bewegte, »die kranke und die der tiefen Ein- und weiten Übersichten«, verstehen können. Weiter schrieb er über Saxl: »Er war so viel reifer als ich, aber doch auch noch jung; deshalb erschloß er mir das Neue vielleicht noch besser, als der gesunde Warburg es getan haben könnte« (WIA, GC 1948, Schachtel: »Prof. Saxl, 22nd March 1948«, Brief P.E. Schramm an Gertrud Bing, Göttingen 25.4.1948).

Im Januar 1921 zählte Schramm, wie erwähnt, Otto Westphal zu seinen drei wichtigsten wissenschaftlichen Lehrern.[92] Westphal hatte im August 1914 zu der Gruppe gehört, mit der Schramm nach Schleswig gefahren war, war aber als untauglich ausgemustert worden.[93] In der Zwischenzeit hatte er sein Studium in Berlin und München fortgesetzt und war 1917 in München promoviert worden.[94] Dort hatte Schramm ihn nun wieder getroffen und war tief von ihm beeindruckt.[95] Vor allem die schillernde Großartigkeit von Westphals Gedankengängen war es, die Schramm faszinierte: In jeder Diskussion – so schien es – ließ sie ihn zum Kern der Dinge vorstoßen.[96] Allmählich lernte Schramm den anderen auch persönlich schätzen, und zwischen den beiden entstand eine Freundschaft. Dem stand nicht entgegen, daß Westphal politisch eine sehr viel radikalere Haltung hatte als Schramm. Er war ein extremer Nationalist und ein fanatischer Feind der parlamentarischen Demokratie und brachte für Schramms Pragmatismus wenig Verständnis auf.[97]

Westphals Forschungsschwerpunkte lagen im Bereich der preußischen und deutschen Geschichte des neunzehnten Jahrhunderts.[98] Es war seine Spezialität, großräumig verteilte Tatbestände auf brillante Weise in Zusammenhänge einzuordnen.[99] Anfang der zwanziger Jahre in München war er mit seiner Habilitation befaßt. Weil seine Habilitationsschrift jedoch den

92 FAS, L »Tagebuch 1920–21«, S. 27, 16.1.1921; s.o. in diesem Kapitel, Abschnitt b).

93 In seinen Erinnerungen merkte Schramm an, schon in der Münchener Zeit habe die Tatsache, daß einer von ihnen beiden den Krieg mitgemacht habe, der andere nicht, trennend zwischen ihm und Westphal gestanden. — FAS, L »Jahrgang 94«, Bd.3, S. 406; s. im Übrigen oben, Kap. 2.a).

94 *Hying*, Geschichtsdenken, S. 11.

95 Gleich zu Beginn von Schramms Aufenthalt hatte Westphal den frisch Immatrikulierten in eine weit ausgreifende Diskussion über die Grundlagen historischer Erkenntnis verwickelt: »Hier in München hatte ich bald eine [...] dreistündige Unterhaltung mit Westphal, die uns von der Politik zu diesen Fragen führte. Er führte, und ich konnte nur Einwände machen. Denn wenn ich mich einem mir geistig Überlegenen gegenüber fühle, der reifer ist und mehr weiß, so bin ich immer schon durch diesen Umstand sehr beeindruckt [...].« — FAS, L »Tagebuch 1920–21«, S. 13, 4.5.1920; vgl. FAS, L »Jahrgang 94«, Bd.3, S. 405–406.

96 »Bei Otto Westphal ist es weniger der Mensch, als der Wissenschaftler, bei dem mir vor allem das Gefühl für historische *Qualität*, das große Sehen, das Herausheben des Essentiellen imponiert« (FAS, L »Tagebuch 1920–21«, S. 28, 16.Jan.1921; Hervorhebung im Original unterstrichen).

97 Erst 1933 kam es darüber zum Bruch. — Belege für Westphals politische Haltung liefert beispielsweise: FAS, L 230, Bd.11, Brief O. Westphal an P.E. Schramm, o.O. [München], o.D. [Ende 1921]; vgl. auch *Faulenbach*, Ideologie, z.B. S. 154–155, 250–251, 267–268; weiteres Material bei: *Mohler*, Konservative Revolution, v.a. Bd.1, S. 309–310; über den Bruch zwischen Schramm und Westphal 1933 unten, Kap. 9.a).

98 Hierzu *Hying*, Geschichtsdenken; eine Liste von Westphals Werken: ebd., S. 187–188.

99 Friedrich Meinecke nannte ihn einmal »ein merkwürdiges Talent von einer gefährlichen Feinhörigkeit und zugleich Hemmungslosigkeit in der Ausdeutung seiner Einfälle«. — Zit. nach *Heiber*, Universität, Teil 1, S. 462; Schramm beschreibt Westphals Art der Geschichtsbetrachtung zusammenfassend in: FAS, L »Jahrgang 94«, Bd.3, S. 406–407.

massiven Widerstand einiger Mitglieder der Fakultät provozierte, konnte er das Verfahren nicht abschließen.[100] Gewissermaßen als Ausgleich für die Dozententätigkeit, die ihm dadurch entging, organisierte Schramm mit einigen Bekannten in Westphals Wohnung ein privates Seminar, »in dem es genauso wie in der Universität zuging, nur lebendiger.«[101] Ungefähr zehn Teilnehmer fanden sich regelmäßig bei der Veranstaltung ein. Von den verschiedenen Diskussionszirkeln, denen Schramm in seiner Münchener Zeit so viel verdankte, war dies mit Abstand der wichtigste.[102] Thema der Veranstaltung waren grundlegende Fragen der Möglichkeit historischer Erkenntnis sowie Probleme der Methodik.[103] In diesem Zusammenhang übernahm Schramm ein Referat über Leopold von Ranke.[104]

Sich unter dem Aspekt der theoretischen Grundlagen der Geschichtswissenschaft mit Leopold von Ranke zu befassen, ist bis heute nichts Ungewöhnliches. Um 1920 lag es noch näher. Bereits seit dem ersten Jahrzehnt des zwanzigsten Jahrhunderts wurde der Bezug auf Ranke insbesondere von einer sehr einflußreichen Gruppe von Neuzeithistorikern vorgetragen, die zusammenfassend häufig als »Neorankeaner« bezeichnet werden.[105] Sie gingen bei ihrer Beschreibung der Vergangenheit von klaren ideologischen Prämissen aus und waren in ihrer Mehrzahl nationalistisch, konservativ und antidemokratisch eingestellt.[106] Trotzdem waren sie, zumindest formal, auf

100 Daran änderte sich auch in den folgenden Jahren nichts. Das sich hinschleppende Habilitationsverfahren ist ein oft angesprochenes Thema in Westphals Briefen an Schramm (alle in: FAS, L 230, Bd.11).

101 In seinen Erinnerungen gab Schramm an, ein gemeinsamer Bekannter, gleichfalls ein Hamburger, habe das »Seminar« organisiert. Die Angabe, daß Schramm selbst der Organisator war, findet sich in einem zeitgenössischen Brief an seine Mutter. — FAS, L »Jahrgang 94«, Bd.3, S. 406; ebd. das im Text angeführte Zitat; FAS, K 12/2, Brief P.E. Schramm an O. Schramm, o.O. [München], 5.12.20.

102 So bereits Schramm selbst in: FAS, L »Lebenslauf 1924«, S. 5; über diese Quelle vgl. unten, Kap. 6.a).

103 Auch privat beschäftigte sich Schramm in dieser Zeit mit Geschichtsphilosophie und las einschlägige Lehrbücher (FAS, L »Tagebuch 1920–21«, S. 14 u. 15, 4.5.1920).

104 Über Leopold von Ranke (1795–1886) und seine Stellung in der Wissenschaftsgeschichte z.B.: *Krieger*, Ranke; *Iggers*, Deutsche Geschichtswissenschaft, v.a. S. 86–119; *Iggers, Powell (Hg.)*, Ranke; *Mommsen, W. J. (Hg.)*, Ranke; *Muhlack*, Ranke; *Berding*, Ranke; *Fulda,* Wissenschaft, v.a. S. 296–410.

105 Grundlegend: *Krill*, Rankerenaissance; vgl. auch: *Hertfelder*, Franz Schnabel, S. 51–75; *Mommsen, W. J.*, Neo-Rankean School; außerdem: *Nipperdey*, Deutsche Geschichte 1866–1918 I, S. 638–639; *Iggers*, Deutsche Geschichtswissenschaft, S. 170–171 u. 296–297; *Schulin*, Universalgeschichte, S. 64–68.

106 *Hans-Heinz Krill* hat beispielsweise für Max Lenz herausgearbeitet, daß dessen Blick auf die Geschichte von Beginn seines wissenschaftlichen Arbeitens an durch eine starke, allerdings uneingestandene nationalistisch-protestantische Voreingenommenheit geprägt war. — *Krill*, Rankerenaissance, S. 6–12; über die politische Haltung von Erich Marcks: ebd., S. 250–251; vgl. allgemein die Erwähnungen der betreffenden Historiker in: *Faulenbach*, Ideologie.

eine abwägende Art der Darstellung bedacht und setzten sich das Ziel, Geschichte in einem europäischen, gar globalen Horizont zu betrachten.[107]

Bei zwei führenden Vertretern dieser Strömung, Max Lenz und Erich Marcks, hatte Schramm studiert. Marcks hatte er bereits vor dem Krieg in Hamburg kennengelernt. Nun besuchte er auch in München seine Lehrveranstaltungen.[108] Aber Marcks vermochte ihn nicht nachhaltig zu beeindrucken.[109] Bei Max Lenz hatte Schramm während seiner Studienzeit in der ersten Zeit nach dem Krieg in Hamburg einige Lehrveranstaltungen besucht.[110] In Vorbereitung auf sein erstes Semester in München, als ihn bereits die Frage nach dem »Wesen des Staates« umtrieb, hatte er dessen »Geschichte Bismarcks« gelesen. Er hatte sich nicht dafür begeistern können. Bei Lenz dominierte die Untersuchung innerer und äußerer Machtverhältnisse. Die Fixierung auf Machtfragen schien Schramm aber zu wenig, um im Staat einen Sinn zu sehen. Er wollte die »Fülle des wirklichen Lebens« zu fassen bekommen.[111]

Immerhin ist anzunehmen, daß Schramm in den Lehrveranstaltungen sowohl von Lenz als auch von Marcks immer wieder den Hinweis auf Ranke erhalten hatte. Deshalb nutzte er jetzt die Gelegenheit von Westphals »Seminar«, um sich einmal intensiv mit dem Vielzitierten zu beschäftigen. In seinen Erinnerungen schrieb er später, die Lektüre von Rankes Werken sei damals für ihn »eine Offenbarung« gewesen: »so also schreibt man Geschichte!«[112]

107 Den universalen Horizont betont *Krill* vor allem für Erich Marcks (*Krill*, Rankerenaissance, S. 42–66).

108 Schramm hatte Erich Marcks (1861–1938) kennengelernt, als dieser am Hamburger »Kolonialinstitut« wirkte. Seit 1913 hatte Marcks in München ein Ordinariat für Geschichte inne. In jedem der beiden Semester, die Schramm in München verbrachte, besuchte er Veranstaltungen bei Marcks. Zudem war er im Hause des Historikers ein gern gesehener Gast. — Zu Marcks in Hamburg: s.o., Kap. 1.a); über Marcks in München: FAS, L »Jahrgang 94«, Bd.3, S. 403; FAS, L 30, Abgangszeugnis Universität München 15.4.1921; FAS, L »Memoiren Ludwig XIV.«

109 Der Student Schramm machte Erich Marcks gegen Ende seines zweiten Semesters in München den Vorwurf, einen eklatanten Mangel an kritischer Schärfe hinter »anmutigen rhetorischen Girlanden« zu verbergen. — FAS, L »Tagebuch 1920–21«, S. 28–29, 16.1.1921; früher und positiver: ebd., S. 11, 4.5.1920; vgl. auch FAS, L »Jahrgang 94«, Bd.3, S. 404 u. 405.

110 Einen Überblick über die Biographie von Max Lenz (1850–1932) ermöglicht: *vom Bruch*, Lenz; über die Lehrveranstaltungen: FAS, L 30, Kollegienbuch Hamburgische Universitätskurse; ebd., Abgangszeugnis Hamburgische Universität 8.5.1919.

111 Unter anderem notierte Schramm über Lenz' Buch: »dies wechselnde Ringen von Staaten um Macht schien mir zu wenig verknüpft mit der Fülle des wirklichen Lebens […].« Außerdem empfand er gegenüber Max Lenz eine persönliche Abneigung und stand seiner politischen Haltung kritisch gegenüber. — FAS, L »Tagebuch 1920–21«, S. 12–13, 4.5.1920, u. S. 28, 16.1.1921; FAS, L »Jahrgang 94«, Bd.3, S. 404; das Werk: *Lenz*, Geschichte, zuerst erschienen 1902; vgl. dazu: *Krill*, Rankerenaissance, S. 113–121.

112 Im Oktober 1921 notierte er über die Münchener Zeit in sein Tagebuch: »München – großer Eindruck, Umbau der Weltauffassung, vor allem unter Einfluß Rankes.« — FAS, L »Jahrgang 94«, Bd.3, S. 406; FAS, L »Tagebuch 1920–21«, S. 35, 15.10.1921.

Schramm hielt sein Referat, dem er den Titel »Rankes Geschichtsauffassung« gab, am 20. Februar 1921 und somit gegen Ende seiner Münchener Zeit. Das Konzept hierfür, zwölf Seiten lang, ist überliefert.[113] Aus dem gesamten, riesigen Œuvre Rankes hatte Schramm sich zusammengesucht, was ihm brauchbar erschien. Nun legte er es, mehr oder weniger streng sortiert, mit großem Schwung seinen Kommilitonen vor. Er ging zunächst von der Beschreibung erkenntnistheoretischer Grundlagen aus. Danach widmete er sich vor allem der Analyse zentraler Kategorien, wobei er allerdings zugleich weltanschauliche Voraussetzungen Rankes herausarbeitete.[114]

In hohem Maße bedeutsam ist schon der einleitende Gedankengang: In den vergangenen Sitzungen hätten sich die Seminarteilnehmer, so Schramm, vor allem mit Philosophen befaßt und auf dieser Grundlage die Möglichkeit historischer Erkenntnis problematisiert. Ranke sei nun ein Historiker – und allein die Entscheidung für diesen Beruf bedeute, die Möglichkeit historischer Erkenntnis zu bejahen.[115] Etwas weiter unten stellte Schramm klar, Ranke selbst übergehe einfach die Frage nach der Möglichkeit historischer Erkenntnis. Er formuliere vielmehr gleich das Ziel, die Ereignisse der Geschichte möglichst lebensnah zu beschreiben.[116] Indem er sich durch Ranke bestärkt fühlte, fegte Schramm solchermaßen mit wenigen Sätzen jegliche epistemologische Skepsis beiseite: Hier fand er zuerst zu seiner Überzeugung, daß jede historisch forschende Person, sofern sie nur sorgfältig arbeite, immer eine vollkommen zutreffende Beschreibung der vergangenen Wirklichkeit erreichen könne.

Des weiteren stellte Schramm fest, daß Ranke »hinter dem Chaos der historischen Ereignisse« das durchgängige Wirken einer einheitlichen, beinahe metaphysischen Größe erkannte, nämlich des »Geistes«. Alles war vergänglich, aber ewig war hinter allem der Geist. Der Geist selbst war nicht erkennbar, seine Gesetze mußten unbekannt und geheimnisvoll bleiben. Seine Wirkungen waren jedoch in der Geschichte sichtbar geworden. Diese Wirkungen bildeten den Gegenstand der historischen Forschung.[117] Diesen Grundgedanken ausführend, faßte Schramm Rankes Auffassung dahingehend zusammen, daß der Geist in vielen verschiedenen Formen in der Geschichte erscheine, daß er aber ein »Prinzip« habe, nämlich die »Kultur«.

113 FAS, L »Rankes Geschichtsauffassung«.

114 Auf eine Art Vorspruch auf der ersten Seite folgt auf der zweiten ein »I. Teil: Historie«. Der dritte und bei weitem umfangreichste »II. Teil« (S. 3–10) hat keinen spezifizierenden Titel. Die Unterkapitel tragen Überschriften wie »Politik« (S. 5) oder »Gestalten des Geistes« (S. 6). Auf den letzten beiden Seiten folgt ein »3. Teil: Das Absolute-Göttliche«.

115 FAS, L »Rankes Geschichtsauffassung«, S. 1.

116 Ebd., S. 2.

117 Ebd., S. 3.

Diese sei möglichst weit zu fassen. Schramm formulierte auch die Umkehrung: Alle Komponenten der Kultur seien »Formen des Geistes«.[118]

Der »Geist« war eine überzeitliche Größe, die der Geschichte Sinn und Zusammenhang gab. Eine solche Größe hatte Schramm gesucht. Diese Kraft drückte sich über die »Kultur« in geschichtlichen Phänomenen aus. Damit war sie für den Historiker zumindest indirekt greifbar. Hier stieß Schramm wieder auf die »geistesgeschichtlichen Zusammenhänge«, die er in den Monaten zuvor durch die Anregungen Fritz Saxls zu sehen gelernt hatte. Ihr besonderer Reiz wurde nun verstärkt. Im Ergebnis hatte der Begriff »Geist« etwas Schillerndes: In dem auch von Saxl vertretenen Sinn bezeichnete die »Geistesgeschichte« die Geschichte von Kunst und Religion, von Wissenschaft und Mentalitäten. Ihr Gegenstand war, zusammenfassend gesprochen, die »Kultur«. Für Schramm hatte der »Geist« jetzt aber zugleich eine überhistorische Dimension. Diese Mehrdeutigkeit hatte er mit anderen Fundamentalbegriffen gemeinsam, die der Student hier für sich entdeckte.

So verzichtete Schramm in seinem Referat auf eine genauere Definition des Begriffs »Kultur«. Gerade dadurch hielt er ihn offen und erschloß sich, angeregt durch Warburg und Saxl und legitimiert durch Ranke, einen Denkraum von gewaltiger Ausdehnung. Unbegrenzt war dieser Raum allerdings nicht. Offenkundig war Schramm der Meinung, das Etikett »Kultur« solle nicht allen Hervorbringungen menschlichen Wirkens zukommen. Es sollte den vornehmeren vorbehalten bleiben.[119] Weiter findet sich in der Quelle die These, unter den Komponenten der Kultur seien Staat und Kirche die »historisch wirksamsten und daher wichtigsten«.[120] Diese beiden Einschränkungen sind von großer Bedeutung: Schramms Forschungen zur mittelalterlichen Geschichte blieben später immer auf die Spitze der staatlichen Verfaßtheit der Gesellschaft bezogen. Trotzdem war es Schramm durch seine Ranke-Interpretation gelungen, die Grenzen der zu seiner Zeit dominanten, am Politischen und am Ereignis orientierten Geschichtsschreibung aufzulösen.

118 Der Begriff der »Kultur« hatte bereits bei Schramms ausgreifender erster Diskussion mit Westphal eine zentrale Rolle gespielt. Daß Ranke in seiner Geschichtsschreibung kulturelle Aspekte durchaus berücksichtigte, betont auch *Leonard Krieger*. — FAS, L »Rankes Geschichtsauffassung«, S. 4; FAS, L »Tagebuch 1920–21«, S. 13–14, 4.5.1920; *Krieger*, Ranke, S. 19–20.

119 Schramm zufolge war für Ranke der Geist »der vorzüglichere Teil« im Leben der Menschheit. Dadurch gewann auch der darauf aufbauende Begriff der Kultur eine gewisse Exklusivität. Diese Exklusivität hatte durchaus ihre bedenklichen Seiten: So vertrat Schramm die Auffassung, weil sowohl der Begriff der »Idee« als auch der damit verwandte des »Genius« an der Kultur orientiert seien, würde Ranke »nie von einem Genius der Abessinier, einer Idee der Hunnenvölker sprechen«. — Die Zitate: FAS, L »Rankes Geschichtsauffassung«, S. 3 u. 8.

120 FAS, L »Rankes Geschichtsauffassung«, S. 4.

Er machte aber noch weitere Fortschritte. Auf dem Gedanken vom in der Geschichte ewig wirksamen Geist aufbauend, konnte er die Brücke schlagen zwischen dem überzeitlichen Kern der Dinge und ihrer geschichtlichen Vergänglichkeit. Er fand eine ihm plausibel erscheinende Möglichkeit, die Größen, die ihn nicht zur Ruhe kommen ließen – das »Wesen des Staates« und das »deutsche Wesen« – theoretisch zu fassen. Schon, bevor er auf den »Geist« zu sprechen kam, hatte Schramm festgestellt, daß Ranke innerhalb der großen Einheit der Menschheit kleinere Einheiten abgrenzen konnte. Diese Einheiten nannte er »historische Individuen«. Das Kriterium für die Abgrenzung war dabei die »Einheit und Fülle« eines »historischen Individuums«. Solche Individuen waren insbesondere die einzelnen europäischen Nationen.[121] Weiter unten stellte Schramm, den Begriff des »Geistes« aufgreifend, fest, die »historischen Individuen« seien genauer als »Formen einer geistigen Substanz« aufzufassen. Solange der Geist an eine Form gebunden sei, spreche Ranke von einer »Idee«. Die »Idee« sei also das »geistige *Correlat zu einem historischen Individuum*«.[122]

Der »Geist« war ewig. Ein »historisches Individuum« hingegen war geschichtlich bedingt und vergänglich. Die »Idee« bezeichnete diejenigen Aspekte des »Geistes«, die, solange ein »historisches Individuum« Bestand hatte, an das jeweilige Individuum gebunden waren.[123] Das Konzept der »Idee« war somit das konkrete Mittel, durch das Schramm den Phänomenen, die er beschreiben wollte, einerseits einen überzeitlich lebendigen Kern zusprechen, andererseits aber ihren immer nur transitorischen Charakter und ihre geschichtliche Bedingtheit beschreiben konnte.[124]

Zweifellos gewann der Begriff für Schramm dadurch zusätzliche Plausibilität, daß er ihn schon vor seiner Ranke-Lektüre einmal in überzeugender Weise angewandt gesehen hatte: In den Ferien, bevor er nach München kam, hatte er, neben dem oben erwähnten Buch von Max Lenz und anderen Werken, auch »Weltbürgertum und Nationalstaat« von Friedrich

121 In Rankes Konzeption kamen natürlich auch konkrete Individuen, nämlich die »großen Persönlichkeiten« vor. Schramm erläuterte, diese Persönlichkeiten seien erforderlich, um Geistiges in konkretes Handeln umzusetzen. Allgemein spielten Persönlichkeiten bei Ranke aber eine weit geringere Rolle als in der späteren deutschen Geschichtswissenschaft, insbesondere bei den Neorankeanern. — FAS, L »Rankes Geschichtsauffassung«, S. 2–3, 6; *Hertfelder*, Franz Schnabel, S. 62–68.

122 FAS, L »Rankes Geschichtsauffassung«, S. 7.

123 Schramm betonte, daß die Form des »historischen Individuums« vergänglich sei, die geistige Substanz aber nicht: Bei »Erstarren« der Form verflüchtige sich das Geistige, »um sich umzubilden und ein neues Gefäß zu suchen« (FAS, L »Rankes Geschichtsauffassung«, S. 7).

124 *Daniel Fulda* stellt heraus, daß die Ideenlehre schon bei Ranke eine ganz ähnliche Funktion hatte wie bei Schramm: Nämlich die »sinngefährdende Konkurrenz von Historizität und Normativität« stillzustellen. — *Fulda*, Wissenschaft, S. 290, noch einmal S. 292; vgl. außerdem *Rüsen*, Konfigurationen, S. 106–109; prägnant auch: *Ankersmit*, Versuch, S. 401–402.

Meinecke gelesen.[125] Daran bewunderte er »die sichere Kraft, aus dem vielgestaltigen Stoff mit Schärfe die Ideen und ihre Verkettung herauszuarbeiten.«[126] Schon bei Meinecke waren ihm also »Ideen« begegnet, die sich diachron durch die Geschichte zogen. Allerdings war der Terminus mehrdeutig: Bei Meinecke bezeichnete er das auf den Begriff gebrachte Nachdenken Einzelner über ein historisches Phänomen. Für Schramm konnte er aber ebensogut einen vorausgesetzten, überzeitlichen, »geistigen« Kern eines solchen Phänomens meinen.[127] Diese Mehrdeutigkeit empfand Schramm aber nicht als Problem.

In der Form, die Schramm für sein Referat im Februar 1921 fand, erwies sich der in Frage stehende Begriff deshalb als recht flexibel: Jeder Staat, etwa das römische Imperium der Antike, konnte von einer »Idee« erfüllt sein.[128] Später pflegte Schramm dem mittelalterlichen Kaisertum eine »Idee« zuzuschreiben.[129] Dabei war die jeweils spezifische »Idee«, die den Kern eines Phänomens ausmachte, ihrer geistigen Natur nach prinzipiell unvergänglich. Aber das Phänomen selbst war geschichtlich, konnte entstehen, sich wandeln und vergehen.[130]

Auf diese Weise entdeckte Schramm in Rankes Schriften Begriffe und Kategorien, die ihm halfen, seine Fragen klarer zu fassen und in Ansätze für konkrete Forschungsarbeit umzusetzen. Sicherlich waren ihm Begriffe wie »Geist« und »Idee« schon früher begegnet: Seit den ersten Jahrzehnten des 19. Jahrhunderts gehörten sie zum Grundinventar der in Deutschland betrie-

125 Schramm hatte schon in seinem Freiburger Semester Vorlesungen bei Friedrich Meinecke (1862–1954) gehört. In München bekannte er, er habe ihn damals »noch nicht gebührend würdigen« können. Während des Ersten Weltkriegs hielt Warburg seinem Schüler Meinecke einmal als leuchtendes Beispiel für eine besonnene Haltung vor. Das ließ den Jüngeren nicht unbeeindruckt. — Über Meinecke vgl. *Schulin*, Meineckes Leben und Werk; *ders.*, Meineckes Stellung; *Meineke*, Friedrich Meinecke; das im Texte erwähnte Werk: *Meinecke*, Weltbürgertum (zuerst erschienen 1907, 7. Aufl. 1927); vgl dazu: *Schulin*, Meineckes Leben und Werk, S. 118–120; über Schramms Freiburger Semester s.o., Kap. 1.c); dazu: FAS, L »Tagebuch 1920–21«, S. 30, 16.1.1921; FAS, L 230, Bd.11, Brief A. Warburg an P.E. Schramm, Homburg v.d.H. 4.10.1917; vgl. FAS, L »Jahrgang 94«, Bd.2, S. 248.

126 Auch in seinem Referat verwies Schramm kurz auf Meinecke: Bei ihm sei Weiterführendes über das Verhältnis von Nation, Staat und Kultur zu finden. — FAS, L »Tagebuch 1920–21«, S. 12, 4.5.1920; FAS, L »Rankes Geschichtsauffassung«, S. 5.

127 Schramm deutete in seinem Referat die Problematik kurz an, ohne aber näher darauf einzugehen: Er wies darauf hin, daß Ranke auch im »üblichen Sinn« etwa von den »Ideen Gregors« spreche (FAS, L »Rankes Geschichtsauffassung«, S. 7).

128 FAS, L »Rankes Geschichtsauffassung«, S. 7.

129 S. hierzu zuerst unten, Kap. 5.c).

130 Eine solche zweiseitige Argumentationsweise war nach Schramms Meinung für Rankes Geschichtsauffassung konstitutiv: »Körper und Geist, Form und Inhalt, räumlich-zeitlich Bedingtes und Ewiges, das ist die alles durchziehende Rankische Doppelung« (FAS, L »Rankes Geschichtsauffassung«, S. 4).

benen Geschichtswissenschaft.[131] Für Schramm wurden sie aber erst in der Form, in der er sie im Februar 1921 bei Ranke wiederfand, wirklich nützlich. Dabei kann offen bleiben, inwiefern die Art und Weise, wie Schramm sie auffasste, Ranke überhaupt gerecht wurde. In den hier skizzierten Überlegungen wurden die Grundlinien von Schramms eigenem wissenschaftlichen Denken sichtbar. Allerdings war die Freude an geschichtstheoretischer Reflexion, die er hier als Student an den Tag legte, nicht von Dauer. In seinen Werken spielten Überlegungen auf einer solchen Abstraktionsebene später keine wichtige Rolle. Schramm sprach das theoretische Fundament seines Geschichtsbildes nur selten explizit an, und die Art und Weise, wie er sich in seiner Argumentation und in seiner Begrifflichkeit darauf bezog, war nicht immer widerspruchsfrei. Für die alltägliche Praxis schien es ihm angemessen, wenn die historische Forschung auf das Gegenständliche, Reale bezogen blieb.[132]

Jedenfalls erschloß sich Schramm auf diese Weise die Geistes- und die Ideengeschichte. Dabei ist nicht zu übersehen, daß sein Verständnis der hier diskutierten Begriffe viel mit den Interessen und Sensibilitäten zu tun hatte, die kurz zuvor durch Saxl und die Bibliothek Warburg bei ihm geweckt worden waren. Den Mut, aus der Beschäftigung mit Ranke so weitreichende Folgerungen zu ziehen, verdankte er – der Tagebuch-Notiz vom Januar entsprechend – darüber hinaus Otto Westphal. Später meinte Schramm, von Westphal habe er nach dem Krieg gelernt, große Bögen zu schlagen. Eigentlich sei es eher seine Art, sich in die exakte Klärung von Detailproblemen zu vertiefen.[133]

131 Schramm rezipierte in dieser Zeit noch weitere Klassiker der Geschichtsschreibung und der Philosophie. In seinen Erinnerungen gab er beispielsweise an, Herder gelesen zu haben. Außerdem erwähnte er, er habe schon in seinem Kieler Semester Wilhelm Diltheys »Einleitung in die Geisteswissenschaften« studiert und dadurch viel gewonnen. — Herder: FAS, L »Jahrgang 94«, Bd.3, S. 437; Dilthey: FAS, L »Jahrgang 94«, Bd.3, S. 393; das Werk: *Dilthey*, Einleitung (zuerst erschienen 1883).

132 Darin folgte Schramm durchaus dem Beispiel des großen Vorbilds Ranke. *Leonard Krieger* arbeitet heraus, daß Ranke ein eher ambivalentes Verhältnis zu theoretischer Reflexion hatte und daß es in seinen theoretischen Äußerungen Widersprüche gibt, die sich nicht auflösen lassen. — *Krieger*, Ranke, S. 10–31; vgl. *Berding*, Ranke, S. 14–15.

133 1933, als er die Summe ihrer Freundschaft zog, schrieb Schramm an Westphal: »Sie können systematisieren und subsummieren, wo andere vor einer Vielheit von Individualitäten stehen [...]. Davon habe ich in all den Jahren viel gehabt. Ich habe davon gelernt, ich habe mich dadurch auf grosse Ziele ausrichten und über Hindernisse heben lassen, die durch Anlagen, Lebenslauf und auch durch das Material meines Faches gegeben waren«. Für sich selbst stellte er 1942 fest: »Nach dem Kriege setzte ich erst einmal wieder bei dem Speziellen an, aber durch den Umgang mit Westphal kam ich darauf, große Bogen über die Zeiten zu schlagen. Das lag damals in der Zeit, waren es doch die Jahre des geistigen Expressionismus [...].« — FAS, L 230, Bd.11, Brief P.E. Schramm an O. Westphal, masch. Durchschl., Göttingen 18.12.1933, Bl.2; FAS, L »Geschichtsforschung«.

Westphal arbeitete regelmäßig mit geistes- und ideengeschichtlichen Kategorien.[134] Insbesondere zeichnete er sich durch die Betonung der wechselseitigen Verbindung zwischen geistesgeschichtlichen Phänomenen einerseits und politischen Ereignissen und Kräften andererseits aus. Das war ein weiterer Aspekt, der für Schramms Art, mit Geschichte umzugehen, von großem Belang war. Trotzdem hatte Westphal für Schramm in den folgenden Jahren nicht die Vorbildfunktion, die angesichts seiner Rolle während der Münchener Zeit erwartet werden könnte. Das hatte wohl mit den unterschiedlichen Interessenschwerpunkten zu tun: Hier das Mittelalter, dort die neuere und neueste Geschichte. Außerdem wurde Schramm allmählich klar, daß die weitausgreifende Großzügigkeit von Westphals Gedankengängen mit eklatanten Mängeln in der Materialbeherrschung im Detail einherging und häufig rein spekulativ blieb.[135] Nach und nach gewann Schramm von den wissenschaftlichen Qualitäten seines Freundes eine recht differenzierte Vorstellung.

e) Begegnung mit einem Bild

Während Schramm lernte, seine Fragen in Worte zu fassen, ging er den unterschiedlichsten intellektuellen Anregungen nach. Sein Studium schien alle Konturen zu verlieren. Bemerkenswerterweise besuchte er in dem ganzen Jahr, das er in München verbrachte, keine einzige Veranstaltung, die ihren Schwerpunkt in der Geschichtswissenschaft vom Mittelalter gehabt hätte.[136] Dennoch wurde er sich während dieser Zeit endgültig darüber klar, daß ihn innerhalb der Geschichte das Mittelalter am meisten anzog.[137]

Was ihn damals an diese Epoche fesselte, war eine Malerei in einem Kodex. Wie er im Jahr 1924 angab, stand er, als er im Sommer 1921 nach Heidelberg kam, bereits »seit längerem [...] unter dem Eindruck eines Bildes

134 *Bernd Faulenbach* hat Westphal als »Vertreter einer subjektiv-spekulativen Ideenhistorie« charakterisiert (*Faulenbach*, Ideologie, S. 172).

135 In »Jahrgang 94« kleidete Schramm seine Kritik in ein Zitat von Siegfried A. Kaehler: »Wenn man seine Schriften zum ersten Mal liest, ist man betrunken gemacht; tut man es zum zweiten Mal, wird man skeptisch, und wenn man ihn dann nachkontrolliert, gewahrt man, wie die von ihm postulierten Zusammenhänge so gewaltsam hergestellt sind, daß sie in vielen Fällen einfach falsch sind.« — FAS, L »Jahrgang 94«, Bd.3, S. 407; bissig auch: *Hying*, Geschichtsdenken, S. 114–115.

136 Vgl. die in Schramms Münchener Abgangszeugnis eingehefteten Seiten aus seinem Kollegienbuch (FAS, L 30, Abgangszeugnis Universität München 15.4.1921).

137 »[...] und andrerseits wurde mir schon in der Münchner Zeit endgültig klar, daß mich das Mittelalter – an der Geschichte selbst bin ich von dem ersten Augenblick der Berufserleuchtung in der Schulzeit nie irre geworden – am meisten anzog« (FAS, L »Lebenslauf 1924«, S. 6).

Ottos III.«[138] Dabei handelte es sich um das berühmte Widmungsbild im Reichenauer Evangeliar Kaiser Ottos III., das den jugendlichen Herrscher zeigt, wie er, von Adeligen und Geistlichen umgeben, auf einem Thron sitzt, während ihm die Nationen huldigen.[139] Wenn Schramm am Ende seines Lebens seinen wissenschaftlichen Werdegang schilderte, wies er stets auf die Begegnung mit diesem Bild als dessen eigentlichen Ausgangspunkt hin.[140] Er erzählte auch, eine Reproduktion des Bildes habe in seinem Münchener Studentenzimmer gehangen.[141]

Wenn er im Alter die Wirkung beschrieb, die das Bild seinerzeit auf ihn gehabt hatte, so erzählte er, er habe das Doppelblatt »herrlich« gefunden, aber es habe ihm »eine Fülle von Fragen« gestellt.[142] Und bei einer anderen Gelegenheit berichtete er, er habe gespürt, daß es antike und byzantinische Elemente in sich vereine, »daß die beiden Bildseiten jedoch ins Mittelalter gehörten«.[143] Hinter diesen Worten verbarg sich, auf die Situation von Schramms Münchener Studienjahr bezogen, eine für den damaligen Studenten elektrisierende Empfindung: Die Darstellung schien alle Fragen, die ihn bewegten, gleichzeitig aufzuwerfen. Es tauchte sogar noch ein neues Problem auf: die Frage nach dem »Geist des Mittelalters«.

Schramms erste Regung beim Betrachten des Bildes, vor aller Reflexion, war Begeisterung: Er fand es »herrlich«. Und obwohl ihm sofort einige Merkwürdigkeiten auffielen, sah er zugleich, daß es »ins Mittelalter gehörte«. Der Blick, mit dem er dies erkannte, war durch Wölfflin geschult: Wie Wölfflin es vermochte, aus der Kunst eines Volkes dessen Eigenes herauszufiltern, so lehrte er seine Hörer auch, das »Wesen« von bestimmten Epochen zu erkennen.[144] Zugleich entsprach das, was Schramm in dem Widmungsbild ahnte, den Kategorien, die er in seinem Ranke-Referat entwickelt hatte: Er

138 FAS, L »Lebenslauf 1924«, S. 6.

139 Damals wie heute wird das Evangeliar in der Staatsbibliothek München aufbewahrt. Die Tatsache, daß der Kodex sich in München befand, trug aber wohl nichts dazu bei, Schramms Neugier zu wecken. Jedenfalls erhielt er erst nach seiner Promotion Gelegenheit, das Original in Augenschein zu nehmen. — Über den Aufbewahrungsort der Handschrift, mit weiteren Angaben: *Bak*, Percy Ernst Schramm, S. 429, m. Anm. 19; Brief P.E. Schramm an H. Bresslau, Hamburg 18.9.1922, zit. nach: *Voci*, Bresslau, S. 288.

140 Als Ganzes war die Beschreibung, die Schramm als Emeritus von seiner eigenen »Entfaltung« zu geben pflegte, allzu harmonisch. Die Behauptung, die fragliche Buchmalerei habe den Anstoß für seine mediävistischen Arbeiten gegeben, erscheint dennoch plausibel. Aufgrund des im Text zitierten Belegs von 1924 kann außerdem als gesichert gelten, daß die entscheidende Anfangsphase seiner Beschäftigung mit dieser Darstellung in die Münchener Zeit fiel. — SVS 1968–71 Kaiser, Bd.1, S. 8; *Bak*, Percy Ernst Schramm, S. 423–426, v.a. S. 423–424; *Reimers*, Percy Ernst Schramm [Film]; über Schramms Beschreibung seines wissenschaftlichen Werdegangs als »Entfaltung« s. v.a. unten, Kap. 13.d).

141 *Bak*, Percy Ernst Schramm, S. 423.

142 Ebd.

143 SVS 1968–71 Kaiser, Bd.1, S. 8.

144 FAS, L »Jahrgang 94«, Bd.3, S. 402; einschlägig beispielsweise: *Wölfflin*, Renaissance.

spürte eine rätselhafte, gleichwohl lebendige Kraft, die für das Mittelalter spezifisch war. Nach der Begrifflichkeit seines Referats kam hier der »Geist« oder die »Idee« des Mittelalters zum Ausdruck.[145] Diese Kraft machte das Mittelalter zu etwas Besonderem. Und zwar im mehrfachen Sinne: Denn im Grunde ging es um denselben Eindruck von geheimnisvoller Großartigkeit, von dem Schramm zuerst auf den Wanderrudertouren seiner Schülerzeit fasziniert gewesen war. Schon damals war es die »Kaiserherrlichkeit des Mittelalters« gewesen, für die er sich begeistert hatte.[146] Jetzt war es wiederum ein Kaiser, den er auf jenem Widmungsbild sah.

Allerdings ging die Rechnung nicht glatt auf. Schramm mußte feststellen, daß seine Fragen, aller Begeisterung zum Trotz, mitnichten geklärt waren. Wenn er über »das Mittelalter« sprach, meinte er vor allem das lateinische Mittelalter, wobei im Zentrum seiner Epochenkonzeption das westliche Kaisertum stand. In seiner Studienzeit war dieses Kaisertum für ihn zunächst noch ein »deutsches«. Das waren die Kennzeichen jener Epoche, deren »Geist« er in dem in Frage stehenden Bild spürte. Und doch erkannte er zugleich, daß die Malerei mit kulturellen Räumen in Verbindung stand, die selbst nicht Teil dieses Mittelalters waren: Er sah Antikes und Byzantinisches in ihr. Wie sein Blick durch Wölfflin geschult war, so war er von Warburg geschärft worden: Ihm verdankte Schramm die Sensibilität, in diesem Kunstwerk Elemente aus älteren Zeiten und benachbarten Kulturen identifizieren zu können.[147]

In der Zwischenzeit waren seine diesbezüglichen Kenntnisse durch Fritz Saxl aufgefrischt und erweitert worden. Wie oben beschrieben, besaß Fritz Saxl, der sich in seiner eigenen Forschungsarbeit mit mittelalterlichen Handschriftenillustrationen befaßte, ein sehr viel größeres Verständnis für das Mittelalter als Warburg, der die Epoche geringschätzte.[148] Auch der andere Kunsthistoriker, dem Schramm im Herbst 1920 in Hamburg nähertrat, Erwin Panofsky, begegnete dem Mittelalter mit Interesse.[149] In den zwanziger

145 Schramm selbst zögerte, dieses Phänomen mit einem eindeutigen Begriff zu belegen; vgl. hierzu unten, v.a. Kap. 5.a).

146 S.o., Kap. 1.c).; außerdem unten, Kap. 5.a).

147 Das hat er später selbst ausdrücklich festgestellt: »insofern hatte Warburg mir die Augen geöffnet [...].« — *Bak*, Percy Ernst Schramm, S. 423; in diesem Sinne auch SVS 1968–71 Kaiser, Bd.1, S. 8.

148 In diesem Sinne auch: *Liebeschütz*, Aby Warburg, S. 227–228; vgl. oben in diesem Kapitel, Abschnitt c); über Warburgs Haltung zum Mittelalter außerdem oben, Kap. 1.c).

149 Panofsky hatte bei Wilhelm Vöge und Adolph Goldschmidt studiert, zwei Pionieren der Forschung auf dem Gebiet der mittelalterlichen Kunst. Er wurde in demselben Semester bei Wilhelm Vöge in Freiburg promoviert, in dem Schramm eine Veranstaltung bei diesem Wissenschaftler besuchte. Es gibt aber keinen Hinweis, daß sich die beiden Studenten begegnet wären. — Über Vöge und Adolph Goldschmidt (1863–1944): *Brush*, Shaping; das Datum von Panofskys Promotion nach: *Bredekamp*, Ex nihilo, S. 32 m. Anm. 3; über Schramms Freiburger Semester oben, Kap. 1.c).

Jahren arbeitete er zwar nicht ausschließlich über mediävistische Themen, beschäftigte sich aber doch intensiv mit ihnen.[150] Mit Panofsky und Saxl hatte Schramm in der Bibliothek Warburg zwei Gesprächspartner gefunden, die ihm besonders gut weiterhelfen konnten, wenn nun das Reichenauer Widmungsbild für ihn zum Anlaß wurde, sich eingehender mit dem mittelalterlichen »Nachleben der Antike« zu befassen.

Schramm spürte also einerseits den »Geist des Mittelalters« in dem Bild und erkannte es andererseits als Beispiel für das »Nachleben der Antike«: Er sah es eingebunden sowohl in das organische Ganze einer Kultur als auch in einen Räume und Zeiten überspannenden Kontext. Daraus ergab sich die Spannung, die ihn fesselte. Auch seine übrigen Fragen wurden dadurch akut. Einerseits das Problem des »deutschen Wesens«: Das Bild war auf der Insel Reichenau entstanden und stellte einen Kaiser des mittelalterlichen Reiches dar. Mußte es dann nicht »deutsch« sein? Diejenigen Elemente des Bildes, die auf die Antike sowie auf das andere, byzantinische Kaiserreich verwiesen, stellten aber die »deutsche« Qualität des Bildes in Frage. Wie ließ sich das vereinbaren? Andererseits fand Schramm durch das Bild das »Wesen des Staates« problematisiert. Er fand Hinweise auf eine theologische Bedeutungsebene des Bildes: Otto III. wurde in die Nähe des Weltenherrschers Christus gerückt und seiner Herrschaft eine sakrale Qualität zugeschrieben.[151] Aber die Vorstellung von einem überzeitlichen, »geistigen« Kern des Staates implizierte, daß dieser Kern beim mittelalterlichen Reich derselbe war wie beim modernen, säkularen Anstaltsstaat. Angesichts dessen mußte es problematisch erscheinen, daß der mittelalterliche »Staat« hier mit einer starken sakralen, oder in Schramms Terminologie: »christlichen« Komponente zur Darstellung kam. Wurde also das »Wesen des Staates« in dem »herrlichen« Bild verkannt? Oder stellte es einen »Staat« von eigener Art dar?

Im Zuge seiner Forschungen bemerkte Schramm, daß die Art und Weise, wie Otto dargestellt wurde, Vorbilder in älteren Herrscherdarstellungen

150 Darauf weisen *Karen Michels* und *Martin Warnke* in ihrem Vorwort zur Sammlung der deutschsprachigen Aufsätze Panofskys hin. Die Aufsätze selbst bieten für diese Aussage reiches Anschauungsmaterial. — *Michels, Warnke,* Vorwort, v.a. S. XIV; *Panofsky*, Deutschsprachige Aufsätze.

151 1924 äußerte Schramm, er habe das Bild zunächst mit einer auf Otto III. bezogenen Stelle aus einer Heiligenvita zusammengehalten. Dort stand zu lesen, der Herrscher werde dereinst mit Christus zusammen herrschen. Bald stellte er aber fest, daß die Rede von der »Mitherrschaft im Himmel« ein Topos war, der in der mittelalterlichen Literatur häufig benutzt wurde. Dieser literarische Bezug war also für die Art und Weise, wie Otto dargestellt wurde, wahrscheinlich ohne Bedeutung. Dennoch präsentierte Schramm die von ihm zusammengetragenen Textstellen der Öffentlichkeit, zuerst als »Exkurs IV« zu seinem Aufsatz »Das Herrscherbild in der Kunst des frühen Mittelalters«. — FAS, L »Lebenslauf 1924«, S. 6; SVS 1924 Herrscherbild, S. 222–224; überarbeitet und erweitert: SVS 1966 »Mitherrschaft«; SVS 1968–71 Kaiser, Bd.1, S. 79–85; vgl. *Bak*, Percy Ernst Schramm, S. 423–424.

hatte und wahrscheinlich dadurch geprägt worden war.[152] Diese Spur verfolgte er weiter. Er begann, nach der Bedeutung dieser Bezüge und nach ihrer Relevanz für den geschichtlichen Verlauf zu fragen. Inwiefern war das Kaisertum Ottos III. auch in der Realität, etwa im Denken der Zeitgenossen, oder gar im politischen Vollzug von solchen Orientierungen bestimmt gewesen? Unterschied sich Otto diesbezüglich von seinen Vorgängern und Nachfolgern? So führte die Beschäftigung mit dem Bild Schramm nicht nur zu kunstgeschichtlichen, sondern vor allem auch zu politik- und geistesgeschichtlichen Fragen, die ihn auf Jahre hinaus beschäftigen sollten. Auf diesem Wege wurde er sich endgültig darüber klar, daß er sich auf mittelalterliche Geschichte spezialisieren wollte.

152 Schramm präsentierte seine diesbezüglichen Erkenntnisse zuerst 1923 (SVS 1923, Geschichte, S. 58–70).

4. Zwischen Hamburg und Heidelberg

Die Anstöße, die Schramm in seinem Münchener Jahr erhalten hatte, gaben ihm den Schwung für eine Phase intensiver und erfolgreicher Produktivität. Im Frühjahr 1921 nahm er die Arbeit an seiner Dissertation auf. Fast genau ein Jahr später legte er in Heidelberg sein Doktorexamen ab. Im folgenden geht es darum, für seine Doktorarbeit sowie die verschiedenen, bis 1924 erschienenen Aufsätze die lebensweltlichen Zusammenhänge zu beschreiben, aus denen sie hervorgegangen sind. Die detaillierte inhaltliche Analyse dieser Texte bleibt dem nächsten Kapitel vorbehalten. Daraus ergibt sich ein zeitlicher Rahmen, der, mit einem Ausblick ins Jahr 1924, ungefähr bis Juli 1923 reicht. Er umfaßt eine Phase, in der die wichtigsten Entscheidungen fielen, die Schramms weitere Karriere bis 1929 bestimmten. Zunächst entstand bis zum Frühjahr 1922 der Plan, Schramm solle eine feste Stelle an der Bibliothek Warburg übernehmen. Dann wurden ihm aber von Karl Hampe und Harry Bresslau in Heidelberg andere Angebote gemacht, die ihm schließlich attraktiver erschienen.

a) Ankunft in Heidelberg

Nachdem Schramm sich entschieden hatte, die Geschichte des Mittelalters in den Mittelpunkt seiner weiteren Arbeit zu stellen, faßte er den Entschluß, München zu verlassen. Er entschied sich dafür, nach Heidelberg zu gehen. Dort wirkte Karl Hampe, dessen »Deutsche Kaisergeschichte« ihn schon in seiner Jugendzeit begeistert hatte.[1] Wenn Schramm Historiker werden wollte, dann mußte er sein Studium mit der Promotion abschließen. Nun wollte er Hampe bitten, als Betreuer seiner Doktorarbeit zu fungieren.

Bevor er aber seinen Entschluß in die Tat umsetzte, unternahm der angehende Mediävist in den Semesterferien, gleichsam als Abschluß seiner Zeit in München, gemeinsam mit seinem Freund Gustav »Steffi« Schwarz eine Reise nach Italien.[2] Die Reise begann Mitte März 1921 und dauer-

1 S.o., Kap. 1.c).

2 Gustav Schwarz war nach Schramms eigenen Angaben der Sohn eines Münchener Professors. Schramm hatte ihn durch einen gleichfalls in München studierenden Hamburger Bekannten kennengelernt (Nachtrag, wohl aus den sechziger Jahren, in: FAS, L »Tagebuch 1920–21«, S. 15).

te etwa vier Wochen.[3] In seinen Erinnerungen schilderte Schramm später, was für eine besondere Bedeutung es für Schwarz und ihn hatte, drei Jahre nach Ende des Krieges eine Reise ins Ausland zu unternehmen. Es gab verschiedene Hindernisse zu überwinden, zu deren Bewältigung Schramms Vater seine diplomatischen Verbindungen spielen lassen mußte.[4] So wurde allein schon das Erlebnis, in Italien überhaupt anzukommen, zur begeisternden Erfahrung. Die vier Wochen verbrachte Schramm in einer geradezu rauschhaften Euphorie.[5] Er hatte den Krieg ein gutes Stück hinter sich gelassen, war in seinem Studium weit vorangekommen und fühlte sich allen Herausforderungen der Zukunft gewachsen.

Beschwingt und erfüllt von den Eindrücken dieser Reise, kehrte Schramm Mitte April nur kurz nach München zurück, um seine dortigen Angelegenheiten abschließend zu regeln.[6] Bald fuhr er weiter nach Hamburg, um sich auf seinen Studienbeginn in Heidelberg vorzubereiten. In seiner Heimatstadt entwarf er, kaum aus dem Süden zurückgekehrt, ein Konzept für seine Dissertation. Dieser Entwurf trug den Titel »Das Imperium der sächsischen Kaiser«.[7] Schramm setzte hier zum ersten Mal den Impuls um, den er durch die Begegnung mit jenem Bild Kaiser Ottos III. erhalten hatte, von dem im vorigen Kapitel die Rede war. Rasch hatten Schramms Überlegungen und Forschungen eine erhebliche Breite erreicht: Das Konzept erfaßte nicht nur den auf dem Bild Dargestellten, sondern alle Herrscher der sächsischen Dynastie

3 In Schramms Tagebuch findet sich die Angabe, die Reise habe vier Wochen gedauert. Am 11. März befand sich Schramm noch in München, stand aber kurz vor der Abreise. Mitte April befand er sich wieder in München, um sich zu exmatrikulieren. Dazwischen lag offenbar die Reise. — FAS, J 37, Brief P.E. Schramm an Max Schramm, München 11.3.1921; FAS, L 30, Abgangszeugnis Universität München 15.4.1921; FAS, L »Tagebuch 1920–21«, S. 36, 15.10.1921.

4 Studenten erhielten damals generell keine Einreiseerlaubnis, weil junge Deutsche in der Zeit zuvor teils durch Mittellosigkeit, teils durch unverschämtes Auftreten die italienischen Behörden verärgert hatten. Schramms Vater mußte beim italienischen Generalkonsul in Hamburg vorstellig werden, um ein Visum zu erwirken. — FAS, L »Jahrgang 94«, Bd.3, S. 412–413; über die Finanzierung der Reise: SVS 1963–64 Neun Generationen, Bd.2, S. 371.

5 In Italien lernte er eine Hamburgerin kennen, mit der er Heiratspläne schmiedete. Im Oktober 1921 blickte er zurück auf »vier restlos glückliche Wochen in Italien.« Zu diesem Zeitpunkt war die Beziehung allerdings schon wieder in die Brüche gegangen. — FAS, L »Tagebuch 1920–21«, S. 36, 15.10.1921; dementsprechend, ohne Erwähnung der Liebesbeziehung: FAS, L »Jahrgang 94«, Bd.3, S. 412–413; weniger persönlich gehalten, die politischen Eindrücke betonend: FAS, L »Lebenslauf 1924«, S. 5.

6 FAS, L 30, Abgangszeugnis Universität München 15.4.1921.

7 Die Angabe, Schramm habe den Entwurf unmittelbar nach seiner Rückkehr aus Italien verfaßt, erfolgt nach einer späteren eigenhändigen Notiz Schramms auf dem Dokument. In der entsprechenden Mappe im Familienarchiv Schramm befinden sich, entgegen der vom Archiv gewählten Bezeichnung für diese Mappe, zwei Entwürfe, nicht nur einer. Von diesen ist der hier zitierte der ältere. — FAS, L »Imperium sächsische Kaiser«.

von 919 bis 1024.[8] In der überlieferten Form hat Schramm den Entwurf aber nie verwirklicht. Das Konzept war derart breit angelegt, daß dies wohl überhaupt nur schwer möglich gewesen wäre. Als Dissertation jedenfalls war die Fragestellung nicht zu bewältigen. Deshalb erhielt Schramm von dem Hamburger Historiker Richard Salomon die Empfehlung, nur einen Ausschnitt davon zu behandeln.[9] Schramm nahm den Rat an und strich sein Konzept zusammen. Während er damit noch befaßt war, reiste er nach Heidelberg.

In der ersten Maiwoche 1921 immatrikulierte sich Schramm an der Rupert-Karls-Universität.[10] Dies war sein erster Schritt in das Heidelberger akademische Milieu, das ihm bis 1929 zur Heimat werden sollte. Es war geprägt von dem besonders hohen wissenschaftlichen Niveau, dessen sich die Heidelberger Universität damals rühmen konnte.[11] Auf solcher Grundlage entfalteten sich einige Besonderheiten, die die Universität aus der deutschen akademischen Landschaft heraushoben. Schon die Zeitgenossen faßten die typischen Aspekte gerne als »Heidelberger Geist« zusammen.[12] Der Begriff sollte vor allem eine spezielle intellektuelle Atmosphäre kennzeichnen. Den Mediävisten Karl Hampe, der Schramms Lehrer wurde, begeisterte damals »der ganz einzige Zusammenklang der feingestimmten Landschaft mit einem gewissen Künstlertum des Geistes«, welches über »das rein fachwissenschaftliche Können« weit hinausreiche.[13] Der Schriftsteller Carl Zuckmayer sprach von Heidelberg als der »fortschrittlichsten und geistig anspruchsvollsten Universität Deutschlands«.[14] Regelmäßig ist in derartigen Zeugnissen

8 Dieser und der schließlich durchgeführte Entwurf, Schramms Dissertation sowie seine im folgenden erwähnten Publikationen werden im nächsten Kapitel ausführlicher besprochen. — Unten, Kap. 5.; vgl. zu dieser Aufteilung die Einleitung, Abschnitt 7.

9 Den Hinweis auf das Gespräch mit Richard Salomon (1884–1966) gibt Schramm selbst in einer nachgetragenen Notiz auf dem Dissertationsentwurf. Salomon hatte seit 1914 einen Lehrstuhl am Kolonialinstitut innegehabt und war seit der Gründung der Universität Ordinarius für europäische Geschichte. Er stand in engem Kontakt zur Bibliothek Warburg. — FAS, L »Imperium sächsische Kaiser«; DBE.

10 FAS, L 30, Immatrikulationsurkunde Universität Heidelberg 6.5.1921; zur Geschichte der Universität: *Doerr (Hg.),* Semper apertus; zusammenfassend: *Wolgast*, Universität Heidelberg; über die Geschichte des Historischen Seminars: *Miethke (Hg.)*, Geschichte; außerdem von besonderem Interesse: *Jansen*, Professoren.

11 In den ersten Jahrzehnten des zwanzigsten Jahrhunderts wirkte dort eine große Zahl sehr angesehener Wissenschaftler. — *Wolgast*, Universität Heidelberg, S. 140–142.

12 Daß der Begriff tatsächlich schon von den Zeitgenossen verwendet wurde, belegt ein von *Christian Jansen* gebotenes Zitat von Gustav Radbruch. — *Jansen*, Professoren, S. 32; vgl. insgesamt über den »Heidelberger Geist«: ebd., S. 31–42; außerdem: *Fink*, Heidelberg, S. 480–483; *Ulmer (Hg.)*, Geistes- und Sozialwissenschaften; *Treiber*, *Sauerland (Hg.)*, Heidelberg im Schnittpunkt; *Wolgast*, Universität Heidelberg, v.a. S. 140; *Tödt*, Weber und Troeltsch, S. 216–219; *Sühnel*, Friedrich Gundolf, S. 259–260; ein überraschend spätes Beispiel für die zahllosen Erinnerungsschriften über diese Zeit ist: *Sternberger*, Erinnerung.

13 Die Äußerung findet sich in einer »Selbstdarstellung« Hampes, die erst nach seinem Tod publiziert wurde — *Diener (Hg.)*, Karl Hampe, S. 26.

14 *Wolgast*, Universität Heidelberg, S. 127.

von einem intensiven und fruchtbaren intellektuellen Austausch die Rede, auch über Fächergrenzen hinweg und sogar über das akademische Milieu hinaus, sowie von einer besonderen Offenheit und Toleranz anderen Meinungen gegenüber.[15]

Aber nicht nur die besondere intellektuelle Atmosphäre und der allgemein gute Ruf Heidelbergs zogen Schramm nach Baden. Wie schon erwähnt, hatte für ihn den Ausschlag gegeben, daß Karl Hampe dort lehrte.[16] Hampe, 1869 geboren und seit 1903 Ordinarius in Heidelberg, war einer der bekanntesten und einflußreichsten Mediävisten seiner Zeit.[17] Er hatte sich im Bereich quellenkritischer Forschung beträchtliche Verdienste erworben,[18] sah seine eigentliche Aufgabe aber in der »Geschichtsschreibung«, also in einer erzählenden, auch literarisch ansprechenden Beschreibung des historischen Ablaufs.[19] Sein größter Erfolg war die erwähnte »Kaisergeschichte«.[20] Obwohl er sich in diesem Buch ganz auf die politische Ereignisgeschichte beschränkt hatte, war Hampe grundsätzlich durchaus offen für andere, insbesondere kultur- und geistesgeschichtliche Perspektiven.[21] Dies alles in Rechnung gestellt, konnte Schramm hoffen, in Hampe einen Betreuer für seine Doktorarbeit zu finden, von dem er einerseits noch manches lernen konnte, bei dem er aber vor allem mit seinen eigenen Vorstellungen von einer Arbeitsweise, die Disziplingrenzen gelegentlich überschritt, Verständnis fand.

15 Diese Offenheit hatte auch einen markanten politischen Aspekt: Im Vergleich zu anderen Universitäten in Deutschland war in Heidelberg der Anteil derjenigen Professoren relativ hoch, die nach 1918 die Weimarer Verfassung mittrugen. — Offenheit gegenüber anderen Meinungen: *Jansen*, Professoren, z.B. S. 32; über die politische Haltung der Heidelberger Professoren s. ausführlicher unten, Kap. 6.a).

16 *Norman Cantor* hat vermutet, neben Karl Hampe habe dessen Schüler Friedrich Baethgen die Attraktivität des Heidelberger Historischen Seminars für den angehenden Historiker Schramm erhöht. Darauf gibt es nicht den geringsten Hinweis. Ebenso plausibel wäre es, außer Karl Hampe Harry Bresslau zu nennen, der 1921 ungleich bekannter gewesen sein dürfte als der erst ein Jahr zuvor habilitierte Baethgen. — *Cantor*, Inventing, S. 80–81.

17 Die biographischen Daten zu Karl Hampe (1869–1936) hat *Dagmar Drüll* zusammengestellt. Eine sehr ergiebige Informationsquelle ist, trotz aller naheliegenden quellenkritischen Bedenken, die von *Hermann Diener* herausgegebene »Selbstdarstellung« Hampes, mitsamt dem Nachwort des Herausgebers. Percy Ernst Schramm hat im Jahr 1936 für die »Historische Zeitschrift« einen Nachruf auf seinen Lehrer verfaßt, der leider wenig aussagekräftig ist. — *Drüll*, Heidelberger Gelehrtenlexikon, S. 100; *Diener (Hg.)*, Karl Hampe, darin das Nachwort: S. 61–79; SVS 1936 Nachruf Hampe; außerdem z.B.: *Jakobs*, Mediävistik, S. 52–65.

18 Unter anderem hatte er den Quellenwert von Formularbüchern zum ersten Mal klar herausgearbeitet. Dabei handelt es sich um mittelalterliche Sammlungen von Briefen, die Schreibern als Vorlage für die Formulierung eigener Briefe dienen sollten. — Vgl. Hampes eigene Darstellung in: *Diener [Hg.]*, Karl Hampe, S. 22 u. 23–24).

19 *Diener (Hg.)*, Karl Hampe, v.a. S. 15–16.

20 *Hampe*, Kaisergeschichte; vgl. oben, Kap. 1.c).

21 Vgl. Hampes eigene Äußerungen: *Diener (Hg.)*, Karl Hampe, v.a. S. 10–11, 30, 35; sowie *Dieners* Nachwort zu Hampes »Selbstdarstellung«: *Diener (Hg.)*, Karl Hampe, S. 71–77.

Mitte Mai sprach Schramm bei Hampe vor und präsentierte ihm einen in der Zwischenzeit vollkommen überarbeiteten Entwurf für seine Dissertation.[22] Schramm hatte sein Konzept gründlich reduziert: Statt mit der gesamten ottonischen Dynastie wollte er sich jetzt nur noch mit Otto III. befassen, der als erster seine Aufmerksamkeit erregt hatte. Bei Hampe fand dieser Entwurf freundliche Aufnahme. Zwar mahnte der Ordinarius den angehenden Doktoranden in einem Brief zur Vorsicht: Die gründliche Quellenarbeit, die nun zu folgen habe, müsse wohl mit etwas mehr Bedacht in Angriff genommen werden, als Schramm bei seinem »ersten Ansturm« habe erkennen lassen. Aber alles in allem reizte Hampe »der weite und interessierte Umblick«, mit dem Schramm die Lebensbeschreibung Ottos verbinden wollte.[23]

Daraufhin begann Schramm mit der Arbeit an seiner Dissertation.[24] Außerdem unternahm er erste Schritte in die gesellschaftliche Sphäre der Universitätsstadt Heidelberg. Dazu verhalf ihm in jener Zeit vor allem der Kontakt zu seinem Doktorvater. Denn Karl Hampe, Vater von mehreren Kindern, hatte ein großes und gastfreies Haus. Hierhin wurde Schramm als sein Kandidat gelegentlich eingeladen.[25]

b) Chancen und Möglichkeiten

Von solchen gelegentlichen Ablenkungen abgesehen, arbeitete Schramm ein knappes Jahr lang mit großer Intensität an seiner Dissertation. Dabei wurde er von Fritz Saxl mit Rat und Tat unterstützt. Beispielsweise ermöglichte es Saxl, daß die Bibliothek Warburg sich an den Kosten für die Erstellung der maschinengeschriebenen Reinschrift von Schramms Manuskripts beteiligte.[26] Auch inhaltlich zeigte Saxl großes Interesse an Schramms Arbeit.[27] Das alles war Ausdruck der freundschaftlichen Verbundenheit, die mittler-

22 FAS, L »Skizze Otto III.«

23 FAS, L 230, Bd.4, Brief K. Hampe an P.E. Schramm, Heidelberg 13. Mai 1921.

24 Er besuchte in dieser Zeit auch noch einige Seminare (vgl. die einschlägigen Seiten aus Schramms Anmeldungsbuch, die dem für ihn ausgestellten Abgangszeugnis der Universität Heidelberg beigeheftet sind, alles in: FAS, L 30).

25 Offenkundig war Schramm ein bei der Familie von Karl Hampe sogar besonders gern gesehener Gast: Es gibt in seinem Nachlaß für die Zeit bis Ende 1922 einige Briefe, die bezeugen, daß ihm von Karl Hampes Frau und einigen der Kinder viel Zuneigung entgegengebracht wurde. — FAS, L 230, Bd.4, Unterakte: »Hampe, Karl«; vgl. auch: FAS, L »Jahrgang 94«, Bd.3, S. 453–454.

26 Anscheinend übernahm die Bibliothek die Kosten sogar vollständig. Die Formulierungen in den Quellen sind in diesem Punkte nicht ganz eindeutig. — WIA, GC 1922, Postkarte P.E. Schramm an F. Saxl, Heidelberg 20.2.1922 [Poststempel]; ebd., Brief F. Saxl an P.E. Schramm, masch. Durchschl., o.O. [Hamburg], 23.2.1922.

27 In einer Postkarte, die er im Februar 1922 an Saxl schickte, entwickelte Schramm dem anderen die endgültige Gliederung der Dissertation. Die knappen Stichworte, die die Quelle

weile zwischen den beiden gewachsen war. Zugleich sahen sowohl Saxl als auch Schramm darin die Fortsetzung jenes Zusammenwirkens, das um den Jahreswechsel 1920/21 mit der Formulierung der »Denkschrift« begonnen hatte.[28]

Als möglicher zukünftiger Inhalt dieser Zusammenarbeit hatte sich im Frühjahr 1921 abgezeichnet, daß Schramm den kommissarischen Leiter der Bibliothek Warburg bei der Edition von Warburgs unveröffentlichten Werken unterstützen sollte. Rund ein Vierteljahr, nachdem Warburg selbst nach Jena gegangen war, und kurz bevor er von dort nach Kreuzlingen wechselte, entstand in der Bibliothek der Plan, die unpublizierten Schriften des Institutsgründers herauszugeben.[29] Offenkundig rechnete niemand mehr damit, daß Warburg selbst jemals wieder in der Lage sein werde, seine Arbeiten abzuschließen und sie zu publizieren. Ende März 1921 wandte sich Saxl in dieser Angelegenheit brieflich an den Heidelberger Klassischen Philologen Franz Boll, einen Freund Aby Warburgs.[30] Erläuternd führte Saxl aus, er selbst wolle die in der Bibliothek verfügbaren unveröffentlichten Schriften Warburgs sichten und das Material dann ihm, Boll, vorlegen. Dieser sollte wohl als Herausgeber fungieren. Mit Percy Ernst Schramm zusammen wollte Saxl gleichzeitig die »Urkunden« für die Herausgabe vorbereiten.[31] Zu diesem Zeitpunkt rechnete Saxl demnach bereits mit Schramms Mitarbeit.[32]

Ein Jahr später, als Schramm an seiner Dissertation arbeitete, hatten sich diese Pläne weiter gefestigt. Schramm beabsichtigte, im Anschluß an seine Promotion nach Hamburg zurückzukehren, um, zumindest für ein paar Jahre, an der Bibliothek Warburg zu arbeiten und sich in dieser Zeit an der Hamburger Universität zu habilitieren. Damit Saxl sich stärker auf seine

bietet, konnte nur jemand verstehen, der mit der Materie vertraut war (WIA, GC 1922, Postkarte P.E. Schramm an F. Saxl, Heidelberg 20.2.1922 [Poststempel]).

28 S. dazu oben, Kap. 3.c).

29 Über Warburgs Wechsel nach Kreuzlingen: *Königseder, K.*, »Bellevue«, S. 81–83; ausführlicher bereits oben, Kap. 3.b).

30 Franz Boll (1867–1924) war ein anerkannter Fachmann für antike Astrologie. Hierauf beruhte die persönliche Beziehung zwischen ihm und Aby Warburg. — Biographische Daten zu Boll bei: *Drüll*, Heidelberger Gelehrtenlexikon, S. 24–25; außerdem: *Gombrich*, Aby Warburg, v.a. S. 268–271, 305–307, 454; *McEwan*, Ausreiten der Ecken, S. 29, 33–34, 43–44.

31 Als »Urkunde« bezeichnete Saxl in dem Brief beispielsweise eine gedruckte, aber unpublizierte Habilitationsschrift Warburgs, die er entdeckt hatte. Mit diesem Brief begann die Geschichte der Herausgabe von Warburgs Werken, die erst heute wirklich entscheidende Fortschritte macht. — WIA, GC 1921, Brief F. Saxl an F. Boll, masch. Durchschl., o.O. [Hamburg], 31.3.1921; über diesen Brief auch: *Diers*, Warburg aus Briefen, S. 7, m. Anm. 33 auf S. 210; *Bredekamp, Diers*, Vorwort, S. 10*–11*; zur Geschichte der Edition der Gesammelten Werke: *Bredekamp, Diers*, Vorwort, S. 10*–17*; *Diers*, Warburg aus Briefen, S. 6–18.

32 Angesichts dessen überrascht es nicht, daß das Nachdenken über seinen und Saxls Lehrer auch Schramm in diesen Wochen keine Ruhe ließ. Fast zur selben Zeit, zu der Saxl seinen Brief an Boll schrieb, entwickelte Schramm seinen »Versuch einer Biographie« Aby Warburgs. Damals befand er sich gerade auf seiner Italienreise. — FAS, L »Versuch Warburg«; s. hierzu o., Kap. 2.b).

Aufgaben als kommissarischer Leiter der Bibliothek konzentrieren konnte, sollte Schramm einen Großteil der Arbeit an der Warburg-Edition übernehmen. Darüber hinaus wünschte sich Saxl offenbar, daß Schramm zahlreiche originelle und gut fundierte Arbeiten aus dem thematischen Raum publizierte, dem die Bibliothek verpflichtet war. Dafür konnte der kommissarische Leiter der Bibliothek Warburg dem Doktoranden eine feste Anstellung an seinem Institut versprechen.[33]

Gleichsam im Vorgriff darauf gestaltete Schramm bereits einzelne Abschnitte seiner Dissertation so, daß sie dem Programm der Bibliothek entsprachen. Das galt vor allem für seine Ausführungen über die »Graphia aureae urbis Romae«.[34] Schramm war auf diesen Text gestoßen, weil dessen letzter Abschnitt, in Schramms Doktorarbeit als »Zeremonienbuch« betitelt, von der älteren Forschung in die Zeit Ottos III. datiert worden war. Darin fanden sich verschiedene, zum Teil recht phantastisch anmutende Angaben über die Würde des römischen Kaisers. Auf der Grundlage dieser Quelle hatten einige Forscher die Politik des jungen Kaisers als verfehlt beurteilt und sein Konzept vom Kaisertum als verstiegen dargestellt.[35]

Diese Einschätzung wollte Schramm widerlegen, und zu dem Zweck warf er einen gründlicheren Blick auf die »Graphia«. Am Ende gingen seine Forschungen weit über das hinaus, was für eine Arbeit über Otto III. nötig gewesen wäre. Unter anderem prüfte Schramm für jede einzelne der in dem fraglichen Text gemachten Angaben, in welcher Weise sie auf das historische römische Kaisertum der Antike bezogen war. Daß Schramm in solcher Weise den Antikenbezug untersuchte, stieß bei Fritz Saxl auf besonders reges Interesse. Darum versäumte Schramm auch nicht, den anderen in einem Brief darauf hinzuweisen, als das entsprechende Kapitel seiner Doktorarbeit getippt war: »Ich bin sehr auf Ihr Urteil gespannt! Dies Kapitel, das gar nicht mit dem eigentlichen Thema zusammenhängt, [...] ist auf das Thema: ›Nachleben des antiken Herrscherideals‹ zugespitzt und hoffentlich ganz im Sinne Warburgs geschrieben.«[36]

Waren Schramms Forschungen über die »Graphia«, was ihre Fragestellung betraf, von der Bibliothek Warburg inspiriert, so stellten sie der Methode nach ein Stück klassischer Quellenforschung dar: Schramm diskutierte die Datierung des Textes und fragte nach den Vorlagen, die der Verfasser

33 Das ergibt sich aus: WIA, GC 1922, Briefe F. Saxl an P.E. Schramm, masch. Durchschl., o.O. [Hamburg]: 8.4.1922 und 1.5.1922; FAS, L 297, Brief P.E. Schramm an F. Saxl und Max Schramm, Entwurf, o.O. [Heidelberg], Mai 1922.

34 Schramm selbst hat diesen Text zweimal ediert, zuletzt 1969. — SVS 1968–71 Kaiser, Bd.3, S. 313–359; s. ausführlicher das folgende Kapitel, v.a. Kap. 5.b).

35 Vgl.: SVS 1922 Studien, z.B. S. 35–36; s. im einzelnen unten, Kap. 5.b).

36 WIA, GC 1922, Brief P.E. Schramm an F. Saxl, o.O. [Heidelberg], o.D. [Ende März 1922], beendet 3.4.1922.

des »Zeremonienbuches« ausgewertet hatte. Weil er wissen wollte, wie ein Spezialist seine Bemühungen beurteilte, trug er das betreffende Kapitel im März 1922 Harry Bresslau vor.[37] Damit setzte Schramm eine Entwicklung in Gang, die seine Zukunftspläne völlig veränderte.

Bresslau, im Revolutionsjahr 1848 geboren, hatte durch den Ausgang des Ersten Weltkriegs seinen Straßburger Lehrstuhl verloren und wirkte seitdem in Heidelberg. Wie Karl Hampe zählte er damals zu den angesehensten Mittelalterhistorikern in Deutschland. Allerdings hatte er sich seine Anerkennung auf einem ganz anderen Weg erworben: Erzählende Darstellungen hatte er nur ausnahmsweise vorgelegt und stattdessen seine ganze Arbeitskraft der Quellenkritik gewidmet. Hier hatte er sich insbesondere im Bereich der Diplomatik große Verdienste erworben und sein Wissen in einem »Handbuch der Urkundenlehre« zusammengefaßt.[38] Schramm bezeichnete ihn in einem Brief an Saxl als den »Prototyp der deutschen Monumentisten«[39] – nicht zu Unrecht, hatte Bresslau doch für die Monumenta Germaniae Historica sowohl in der »Diplomata«-Reihe, die sein Spezialgebiet abdeckte, als auch in der »Scriptores«-Abteilung, die die mittelalterlichen Geschichtsschreiber erfaßte, bedeutende Editionen vorgelegt. Die »Scriptores«-Abteilung stand seit einem Jahrzehnt unter seiner Leitung.[40]

Bresslau fand Schramms Ausführungen über die »Graphia aureae urbis Romae« vollkommen überzeugend.[41] Mehr noch: Anfang April bestellte er Schramm ein zweites Mal zu sich. So sehr hatten ihn dessen Forschungen beeindruckt, daß er den jungen Hamburger fragte, ob er nicht bei ihm für die Monumenta arbeiten wolle.[42] Das war ein Angebot, das jemand, der als Historiker Karriere machen wollte, kaum ausschlagen konnte: Für diese altehrwürdige Institution gearbeitet zu haben, verschaffte Anerkennung im ganzen Fach.[43] Dementsprechend wurde Schramm unsicher, ob er wirklich nach Hamburg zurückkehren sollte. Als Bresslaus Mitarbeiter konnte er in Heidelberg bleiben, und auch eine Habilitation an der badischen Universität würde sich wahrscheinlich ermöglichen lassen.

37 Über Harry Bresslau (1848–1926) vgl.: *Bresslau*, Selbstdarstellung; *Kehr*, Nachruf Bresslau; *Fuhrmann*, »Sind eben alles…«, S. 104–108; *Voci*, Harry Bresslau.

38 *Bresslau*, Handbuch.

39 WIA, GC 1922, Brief P.E. Schramm an F. Saxl, o.O. [Heidelberg], o.D. [Ende März 1922], beendet 3.4.1922.

40 Die Übernahme dieser Leitungsfunktion beschreibt Bresslau selbst in: *Bresslau*, Selbstdarstellung, S. 38–40.

41 WIA, GC 1922, Brief P.E. Schramm an F. Saxl, o.O. [Heidelberg], o.D. [Ende März 1922], beendet 3.4.1922.

42 Nachschrift vom 3.4.1922 zu: WIA, GC 1922, Brief P.E. Schramm an F. Saxl, o.O. [Heidelberg], o.D. [Ende März 1922], beendet 3.4.1922.

43 Über die Geschichte der Monumenta nach wie vor unverzichtbar: *Bresslau*, Geschichte Monumenta; außerdem z.B.: *Fuhrmann*, »Sind eben alles…«; *ders.*, Monumenta.

Nachdem er Saxl natürlich sofort von Bresslaus Vorschlag berichtet hatte,[44] schrieb Schramm knapp drei Wochen später noch einmal an den Freund. Um eine Entscheidungshilfe zu bekommen und um sich Bresslau gegenüber eine Verhandlungsposition aufzubauen, schilderte er Saxl das Heidelberger Angebot etwas genauer und bat ihn um eine Erläuterung, wie die Hamburger Position voraussichtlich dotiert sein würde.[45] Saxl antwortete umgehend und stellte ausführlich dar, wie er sich Schramms Tätigkeit in Hamburg dachte. Über die Warburg-Edition, die, wie erwähnt, den Mittelpunkt von Schramms Aufgabenbereich bilden sollte, schrieb er, das sei »eine Arbeit, die ich doch mit keinem anderen als mit Ihnen teilen könnte«. Die Vergütung, die Saxl dafür von seiten der Brüder Warburg ankündigte, lag deutlich über dem, was die Monumenta voraussichtlich würden zahlen können. Außerdem stellte Saxl für Schramms eigene Forschungen – was von den Monumenta auf gar keinen Fall zu erwarten war – optimale Arbeitsbedingungen sowie praktisch unbegrenzte Ressourcen in Aussicht.[46]

Saxl mußte einräumen, daß eine Habilitation an der hochangesehenen Heidelberger Universität, einhergehend mit einer Anstellung bei den Monumenta, für Schramms Karriere sehr viel förderlicher sein würde als eine wie auch immer geartete Tätigkeit in Hamburg. Er hob jedoch die andersgearteten Chancen hervor, die in der hamburgischen Option lagen:

»Was Sie bei den Monumenta lernen können, das wissen wir beide, ist sehr viel, aber es ist durchaus beschränkt; was Sie bei uns lernen, ist absolut unbeschränkt, nur beschränkt auf die Grenzen, die in Ihnen liegen.«[47]

44 WIA, GC 1922, Brief P.E. Schramm an F. Saxl, o.O. [Heidelberg], o.D. [Ende März 1922], beendet 3.4.1922.

45 Bresslaus Angebot bestand in einer Stelle »als nicht etatmäßiger Hilfsarbeiter der Abteilung Scriptores der Monumenta Germaniae (ca. 10000 M) in Heidelberg«. In derselben Karte von Schramm an Saxl ist außerdem zum ersten Mal von der Möglichkeit die Rede, Schramm könnte nach Berlin gehen, um unter Paul Kehr (1860–1944) zu arbeiten. Die Angelegenheit wird in den Quellen noch mehrfach erwähnt, aber Schramm zog diese Option anscheinend nie ernsthaft in Betracht. — WIA, GC 1922, Postkarte P.E. Schramm an F. Saxl, Heidelberg 22.4.1922 [Poststempel]; über die Berliner Option außerdem u.a.: FAS, L 297, Brief P.E. Schramm an F. Saxl und Max Schramm, Entwurf, o.O. [Heidelberg], Mai 1922; s.a. eine weitere Fußnote unten in diesem Kapitel, Abschnitt d); über Paul Kehr: *Fleckenstein*, Paul Kehr; *Fuhrmann*, »Sind eben alles…«, v.a. S. 72–76; *Ders.*, Paul Fridolin Kehr.

46 Saxl konnte in dieser Zeit tatsächlich auf beinahe unerschöpfliche Mittel zurückgreifen, denn in die Bibliothek Warburg floß, durch die beiden Brüder Warburg, die in den Vereinigten Staaten lebten, amerikanisches Geld. In Deutschland, wo die Inflation sich allmählich beschleunigte, waren solche Devisen ein kaum zu überschätzender Vorteil. — WIA, GC 1922, Brief F. Saxl an P.E. Schramm, masch. Durchschl., o.O. [Hamburg], 1.5.1922; über die materielle Situation der Bibliothek z.B. *Bing*, Fritz Saxl, S. 8.

47 WIA, GC 1922, Brief F. Saxl an P.E. Schramm, masch. Durchschl., o.O. [Hamburg], 1.5.1922.

Schramm war unsicher, wie er sich verhalten sollte. Während er noch darüber nachdachte, absolvierte er seine mündliche Prüfung.[48] Am 2. Mai legte Schramm das Examen ab und erhielt die Note »summa cum laude«.[49] Nach der glänzend bestandenen Prüfung ließ Karl Hampe Schramm gegenüber deutlich werden, daß er es begrüßen würde, wenn der frisch Promovierte sich unter seiner Obhut auch habilitierte.[50] Damit gewann für diesen der Gedanke, sich an Heidelberg zu binden, noch zusätzlichen Reiz: Schramm hatte nun die Möglichkeit, unter Bresslaus Ägide für die Monumenta zu arbeiten, während er sich zugleich unter der Aufsicht von Karl Hampe habilitierte. Ein besseres Fundament für eine akademische Karriere schien kaum denkbar.

Allerdings war bis auf weiteres gänzlich unklar, wovon Schramm in Heidelberg leben sollte. Die Mitarbeiterstelle, die Bresslau ihm angeboten hatte, war im Etat der Monumenta gar nicht vorgesehen, und die Zustimmung der Zentraldirektion der Monumenta zur Einrichtung einer solchen Stelle war äußerst fraglich. Schramm ließ sich aber überzeugen, daß diese Schwierigkeit nicht von Dauer sein werde. Bresslau verfügte nämlich bereits über eine planmäßige Mitarbeiterstelle, die zum damaligen Zeitpunkt mit Friedrich Baethgen besetzt war.[51] Baethgen, der schon einige Zeit habilitiert war, werde aber, so wurde Schramm von Bresslau, Hampe und Baethgen selbst versichert, gewiß bald an eine andere Universität berufen werden; zumindest habe er die Aussicht, bald einen besoldeten Lehrauftrag in Heidelberg übernehmen zu können. Dann könne Schramm seine Stelle als planmäßiger Monumenta-Mitarbeiter übernehmen. Für die Übergangszeit wollte Bresslau sich um eine außerplanmäßige Bezahlung für Schramm bemühen. Diese Zusagen erschienen Schramm ausreichend, um sich festzulegen: Er beschloß, sich in Heidelberg, nicht in Hamburg niederzulassen, und für die Monumenta Germaniae Historica, nicht für die Bibliothek Warburg zu arbeiten.

Eine Stelle in Heidelberg würde jedoch frühestens im Laufe des Winters für ihn eingerichtet werden können. Die bis dahin verbleibende Zeit wollte Schramm auf jeden Fall in Hamburg verbringen, um in dieser Zeit an der Bi-

48 Bereits Anfang April hatte er das getippte Manuskript seiner Doktorarbeit bei Karl Hampe abgegeben. — Diese Angabe nach: Nachschrift vom 3.4.1922 zu: WIA, GC 1922, Brief P.E. Schramm an F. Saxl, o.O. [Heidelberg], o.D. [Ende März 1922], beendet 3.4.1922.

49 FAS, L 37, Doktordiplom der Universität Heidelberg für P.E. Schramm, Heidelberg 22.1.1923; außerdem z.B.: Nachschrift vom 3.4.1922 zu: WIA, GC 1922, Brief P.E. Schramm an F. Saxl, o.O. [Heidelberg], o.D. [Ende März 1922], beendet 3.4.1922; WIA, GC 1922, Postkarte P.E. Schramm an F. Saxl, Heidelberg 22.4.1922 [Poststempel]; ebd., Brief F. Saxl an P.E. Schramm, masch. Durchschl., o.O. [Hamburg], 8.5.1922; FAS, L »Jahrgang 94«, Bd.3, S. 453.

50 FAS, L 297, Brief P.E. Schramm an F. Saxl und Max Schramm, Entwurf, o.O. [Heidelberg], Mai 1922.

51 Friedrich Baethgen (1890–1972) war nach dem Zweiten Weltkrieg von 1947 bis 1958 Präsident der Zentraldirektion der Monumenta. — *Drüll*, Heidelberger Gelehrtenlexikon, S. 9; *Tellenbach*, Lebenswerk Baethgen, mit: *Lietzmann*, Bibliographie Baethgen; *Fuhrmann*, »Sind eben alles…«, v.a. S. 63 u. 64.

bliothek Warburg seine Forschungen voranzutreiben.[52] Nachdem Schramm seine Entscheidungen in solcher Weise getroffen hatte, schrieb er zwei lange, zum allergrößten Teil gleichlautende Briefe an seinen Vater und an Fritz Saxl.[53] Darin erläuterte er, warum er auf die gut dotierte Stelle an der Bibliothek Warburg verzichtete, obwohl in Heidelberg noch gar keine Position für ihn zur Verfügung stand. Obwohl durchaus offen war, wie Schramms Vater auf die Aussicht reagieren würde, daß sein Sohn auf absehbare Zeit ohne eigene Einkünfte blieb, machte Schramm selbst sich offensichtlich größere Sorgen darum, ob Saxl seine Entscheidung akzeptieren würde. Schramm versuchte ihn zu besänftigen, indem er schrieb:

»Selbstverständlich wäre eine längere Stellung an der Bibliothek Warburg für mich sehr viel anregender und sehr viel bequemer – außerdem lebe ich lieber in Hamburg als in Heidelberg, aber ich glaube, nach dem Rat der Drei die Konjunktur nicht verscherzen zu dürfen.«[54]

Schramm sah eine »Zwischenlösung« darin, daß er sich zunächst in Hamburg aufhalten werde und erhoffte sich, wie er etwas weiter unten schrieb, für diesen Aufenthalt einen »sehr engen Kontakt mit Saxl«.

Knapp zwei Wochen später brach Schramm zu einer schon länger geplanten, ausgedehnten Urlaubsreise auf. Zunächst besuchte er für zwei Wochen Warburg in der Kreuzlinger Klinik, danach Otto Westphal in München. Schließlich reiste er, mit einem Umweg über Berlin und Halle, nach Hamburg.[55] Während er noch unterwegs war, erhielt er Saxls Antwort auf die Beschreibung seiner Zukunftspläne.[56] Saxl hatte für Schramms Überlegungen volles Verständnis. Er sei damals, so schrieb er, gleich nach dem Erhalt von Schramms entscheidendem Brief, zu dessen Vater gegangen und habe mit ihm das Nötige besprochen. Die Meinung von Max Schramm, der demzufolge die Pläne des Sohnes guthieß, sei ganz seine eigene.[57] Saxl nahm es dem

52 In diesem Sinne äußerte sich Schramm unter anderem in einem Brief an Bresslau vom September 1922 (Brief P.E. Schramm an H. Bresslau, Hamburg 18.9.1922, zit. nach: *Voci*, Harry Bresslau, S. 290).

53 Davon ist nur der Entwurf erhalten: FAS, L 297, Brief P.E. Schramm an F. Saxl und Max Schramm, Entwurf, o.O. [Heidelberg], Mai 1922.

54 Die genannten »Drei« sind natürlich Bresslau, Hampe und Baethgen. — FAS, L 297, Brief P.E. Schramm an F. Saxl und Max Schramm, Entwurf, o.O. [Heidelberg], Mai 1922.

55 Über seine Reiseroute: Nachschrift vom 3.4.1922 zu: WIA, GC 1922, Brief P.E. Schramm an F. Saxl, o.O. [Heidelberg], o.D. [Ende März 1922], beendet 3.4.1922; FAS, L 297, Brief P.E. Schramm an F. Saxl und Max Schramm, Entwurf, o.O. [Heidelberg], Mai 1922; WIA, GC 1922, Postkarte P.E. Schramm an F. Saxl, München 30.5.1922 [Poststempel].

56 Schramm hatte seine Hamburger Adressaten um baldige Antwort auf seinen Brief gebeten und exakt angegeben, wann er unter welcher Adresse erreichbar sein würde. Da Saxls Antwort auf sich warten ließ, schrieb er aus München eine Postkarte nach Hamburg, um zu erkunden, ob sein Freund wohl ernsthaft verstimmt sei. Daraufhin antwortete Saxl prompt. — WIA, GC 1922, Postkarte P.E. Schramm an F. Saxl, München 30.5.1922 [Poststempel].

57 FAS, L 97, Brief F. Saxl an P.E. Schramm, Hamburg 1.6.1922.

Freund also nicht übel, daß dieser sich für die im Hinblick auf seine Karriere verheißungsvollere Option entschieden hatte. An der Bibliothek Warburg arrangierte man sich rasch mit der neuen Situation: In diesem Sommer wurde Gertrud Bing als Bibliothekarin eingestellt.[58] Und obwohl dies anfangs wahrscheinlich nicht vorgesehen war, wuchs sie allmählich in eine leitende Position hinein.

c) Ein Herbst in Hamburg

Mitte Juni 1922 traf Schramm in Hamburg ein.[59] Von da an lebte er, wie er es sich gewünscht hatte, noch einmal ein gutes halbes Jahr in seiner Heimatstadt. Schon im April hatte er Saxl geschrieben, er benötige »etwas geistige Auffrischung durch Sie, die Bibliothek usw.«[60] Schramm genoß es, wieder zuhause zu sein, und arbeitete viel in der Bibliothek Warburg. Dort – und das hieß: irgendwo in Warburgs Privathaus, in dem die Bibliothek nach wie vor untergebracht war – hatte er schon seit einiger Zeit einen eigenen, festen Arbeitsplatz.[61] Schramm begann nun, die Früchte zu ernten, die seine für die Doktorarbeit durchgeführten Forschungen getragen hatten. Zu diesem Zweck spaltete er seine Dissertation in ihre Bestandteile auf und machte sich daran, verschiedene Stücke davon zur Publikation vorzubereiten.

Einige Kapitel arbeitete er zu Aufsätzen um.[62] Den größten Teil der Arbeit hoffte er als Monographie in einer Reihe mit dem Namen »Bibliothek der Weltgeschichte« publizieren zu können. Für diese Reihe fungierte, neben dem Münchener Historiker Karl Alexander von Müller, Otto Westphal als

58 Gertrud Bing (1892–1964) arbeitete bereits seit Ende 1921 stundenweise als Hilfskraft in der Bibliothek. 1922 wurde sie aber als Bibliothekarin fest angestellt. — *The Warburg Institute*, Nachruf Bing; außerdem eine von *Hans-Michael Schäfer*, im Warburg Institute Archive einsehbare Untersuchung; sowie z.B.: WIA, GC 1922, Mappe: »Saxl to Warburg«, Brief F. Saxl an A. Warburg, Hamburg 10.3.1922.

59 Das Datum nach: WIA, GC 1922, Postkarte P.E. Schramm an F. Saxl, München 30.5.1922 [Poststempel].

60 Nachschrift vom 3.4.1922 zu: WIA, GC 1922, Brief P.E. Schramm an F. Saxl, o.O. [Heidelberg], o.D. [Ende März 1922], beendet 3.4.1922.

61 Zumindest gab es in der Bibliothek einen Ort, wo Schramm seine Notizzettel sammeln und auch dann liegen lassen konnte, wenn er einige Zeit nicht da war. Beispielsweise hatte er Saxl im Mai darum gebeten, ihm »das Convolut Zettel mit ›0‹ (nicht vorhanden) aus dem Faszikel ›Zettel‹ aus dem Haufen über Otto III.« zuzuschicken. — WIA, GC 1922, Postkarte P.E. Schramm an F. Saxl, München 30.5.1922 [Poststempel]; die Angelegenheit auch schon in: FAS, L 297, Brief P.E. Schramm an F. Saxl und Max Schramm, Entwurf, o.O. [Heidelberg], Mai 1922.

62 Hierzu auch unten in diesem Kapitel, Abschnitt d); außerdem: FAS, L »Lebenslauf 1924«, S. 6.

Herausgeber.[63] Der Plan zur Veröffentlichung von Schramms Werk war offensichtlich entstanden, als Schramm seinen Freund im Sommer in München besucht hatte.[64] Allerdings kam die Publikation nicht zustande. Sehr zum Unwillen der Reihenherausgeber fühlte sich der Verleger plötzlich an mündlich gemachte Zusagen nicht mehr gebunden und strich mehrere vorgesehene Titel aus dem Programm, darunter Schramms Buch. Wenig später gab er die Reihe vollständig auf.[65]

Was der Inhalt von Schramms geplanter Publikation hätte sein sollen, läßt sich nur vermuten. In jedem Fall wäre Otto III. das Thema gewesen.[66] Somit hätte das Buch wahrscheinlich den Hauptteil von Schramms Arbeit umfaßt, der die Politik und die Persönlichkeit Ottos behandelte. Schramm hätte dies dann als Veröffentlichung seiner Dissertation, die für den Abschluß der Promotion Voraussetzung war, der Heidelberger Fakultät vorlegen können. Westphal regte sogar an, Schramm solle noch weiter gehen, die Fragestellung ausweiten und »das Kaisertum der Ottonen« behandeln.[67] Wäre Schramm diesem Wunsch nachgekommen, dann hätte er auf irgendeine Weise an den allerersten Entwurf für seine Dissertation angeknüpft.[68] Genauere Angaben sind den Quellen aber nicht zu entnehmen.

Als fruchtbarer erwiesen sich die Anregungen, die Schramm durch die Arbeit an der »Graphia aureae urbis Romae« erhalten hatte. Er konnte nämlich erreichen, daß Forschungen über die »Graphia«, wie er sie schon für seine Doktorarbeit betrieben hatte, den Gegenstand seiner Habilitationsschrift bilden sollten. Diese Möglichkeit zeichnete sich zum ersten Mal im Sommer ab, als er bereits in Hamburg war.[69] Wenig später traf Schramm

63 Karl Alexander von Müller (1882–1964) übernahm in der Zeit des Nationalsozialismus eine führende Rolle in der das Regime stützenden Geschichtswissenschaft. In seinen Memoiren, die insgesamt mit Vorsicht zu benutzen sind, hat Müller selbst die sehr kurzlebige »Bibliothek der Weltgeschichte« erwähnt. Demzufolge hatte Westphal den Kontakt zu dem Verleger hergestellt, der zugleich der Geldgeber war. — *Hentig*, Müller; dort auch Hinweise auf weitere Literatur; *Müller, K. A. v.,* Wandel, S. 33–34.

64 Zum ersten Mal erwähnt in: FAS, L 230, Bd.11, Brief O. Westphal an P.E. Schramm, München 18.7.1922.

65 FAS, L 230, Bd.11, Briefe O. Westphal an P.E. Schramm, beide München: 8.11.1922 und 28.12.1922.

66 Ebd., Brief O. Westphal an P.E. Schramm, München 18.7.1922; ebd., Postkarte O. Westphal an P.E. Schramm, München 10.11.1922.

67 Ebd., Postkarte O. Westphal an P.E. Schramm, München 10.11.1922.

68 FAS, L »Imperium sächsische Kaiser«; s. hierzu bereits oben in diesem Kapitel, Abschnitt a).

69 Otto Westphal freute sich im Juli mit ihm über diese Möglichkeit: »Daß Sie sich mit der Graphia habilitieren könnten, wäre ja großartig […]!« Im Mai hatte Schramm noch mit Hampe verabredet, daß er über die »Geschichte der Konstantinischen Schenkung von 700–1400« habilitieren sollte. Da Schramm aber Zusammenhänge zwischen diesen beiden Quellentexten sah, war der Sprung nicht ganz so groß, wie er auf den ersten Blick vielleicht anmutet. — FAS, L 230, Bd.11, Brief O. Westphal an P.E. Schramm, München 18.7.1922; FAS, L 297, Brief P.E. Schramm

außerdem mit Fritz Saxl die Verabredung, daß die Bibliothek Warburg ein von ihm verfaßtes Buch über die »Graphia« herausgeben würde. Saxl hatte unter dem Titel »Studien der Bibliothek Warburg« eine Monographienreihe initiiert, in die Schramms Werk aufgenommen werden sollte.[70] Schramm schwebte zum damaligen Zeitpunkt eine neue Edition des Textes vor – zuletzt war er 1850 gedruckt worden –, die er mit einer textkritischen Einleitung und einem ausführlichen Sachkommentar versehen wollte.[71] Aus diesem Projekt erwuchs tatsächlich die Habilitationsschrift, die Schramm zwei Jahre später einreichte. Wiederum fünf Jahre später veröffentlichte er seine Forschungsergebnisse in dem Buch »Kaiser, Rom und Renovatio«.[72]

Während Schramm in solcher Weise an verschiedenen Publikationen arbeitete, ergab sich zu seiner großen Freude im August für ihn die Möglichkeit, nach Wien zu reisen. Wegen der Inflation in Deutschland, die sich zunehmend beschleunigte, wurden Auslandsreisen immer schwieriger.[73] Als Saxl, der ja aus Wien stammte, im Sommer gemeinsam mit seiner Frau selbst nach Wien reiste, ließ es sich jedoch einrichten, daß Schramm mitfuhr.[74] Schramm nutzte nach Kräften die Möglichkeit, die alte Kaiserstadt und ihre Schätze zu erkunden, und besuchte die dortigen Bibliotheken, um seine Forschungen zu fördern.[75]

an F. Saxl und Max Schramm, Entwurf, o.O. [Heidelberg], Mai 1922; über die Zusammenhänge zwischen der »Graphia« und der Konstantinischen Schenkung: SVS 1929 Kaiser Renovatio, S. 195–196.

70 Über die »Studien«, deren erster Band 1922 erschien: *Saxl*, History, S. 332; *Bing*, Fritz Saxl, S. 10.

71 Schramms Editionsplan zuerst erwähnt in: Brief P.E. Schramm an H. Bresslau, Hamburg 18.9.1922, zit. nach: *Voci*, Harry Bresslau, S. 288; Schramm machte seine Absicht zum ersten Mal öffentlich in: SVS 1924 Herrscherbild, Anm. 22 auf S. 153.

72 SVS 1929 Kaiser Renovatio; s. hierzu unten, Kap. 6. u. 7.

73 Über die Entwicklung der Inflation, ihre Ursachen und Wirkungen geben einen Überblick: *Peukert*, Weimarer Republik, S. 71–76; *Kolb*, Weimarer Republik, S. 50–51, 187–193.

74 Eine Postkarte, die Saxl, Schramm, Saxls Frau und Aby Warburgs Sohn Max Adolf aus Wien an Warburg nach Kreuzlingen schrieben, legt Zeugnis ab von der gelösten Stimmung, die in der Gruppe herrschte. Schon früher im Jahr hatte Schramm Saxl gegenüber seinen Wunsch geäußert, die österreichische Hauptstadt zu besuchen, und ihn um Unterstützung bei der Suche nach einem preiswerten Quartier ersucht. Damals waren Saxls Bemühungen erfolglos geblieben. — WIA, GC 1922, Mappe: »Saxl to Warburg«, Postkarte F. Saxl, P.E. Schramm u.a. an A. Warburg, Wien 14.8.1922 [Poststempel]; Schramms frühere Bitte und die dazugehörige Korrespondenz: WIA, GC 1922, Nachschrift vom 3.4.1922 zu: Brief P.E. Schramm an F. Saxl, o.O. [Heidelberg], o.D. [Ende März 1922], beendet 3.4.1922; ebd., Postkarte P.E. Schramm an F. Saxl, Heidelberg 22.4.1922 [Poststempel]; ebd., Brief F. Saxl an P.E. Schramm, masch. Durchschl., o.O. [Hamburg], 8.5.1922; FAS, L 97, Brief F. Saxl an P.E. Schramm, Hamburg 1.6.1922.

75 Brief P.E. Schramm an H. Bresslau, Hamburg 18.9.1922, zit. nach: *Voci*, Harry Bresslau, S. 288.

Anscheinend nahm er außerdem die günstige Gelegenheit wahr, mit dem in Wien lebenden Orientalisten Paul Wittek zusammenzutreffen.[76] Den Kontakt zwischen Wittek und ihm hatte wohl Otto Westphal vermittelt. Wittek war damals Redakteur der Zeitschrift »Oesterreichische Rundschau«.[77] Das Blatt wandte sich an das gebildete Bürgertum und bot eine Mischung von kulturell, politisch und wissenschaftlich informierenden Artikeln. Auf all diesen Ebenen trat es für eine möglichst enge Verbindung zwischen Deutschland und Österreich ein, wobei allerdings Wittek selbst die Auffassung vertrat, für eine staatliche Vereinigung sei insbesondere Österreich noch nicht reif.[78] Es war vor allem diese politische Tendenz, die sich vielleicht als eine gemäßigt-großdeutsche charakterisieren läßt, welche Schramm an der »Oesterreichischen Rundschau« zusagte.[79]

Wie aus einer Postkarte Witteks an Schramm vom 9. Oktober hervorgeht, unterhielten sich die beiden über Möglichkeiten, wie sich Schramm an der Zeitschrift beteiligen könnte.[80] Als Einstieg war eine von Schramm verfaßte Rezension über ein von Wittek vorgeschlagenes Buch geplant. Das entsprechende Werk sandte Wittek im Oktober mit der Bitte an Schramm, »eine möglichst ausführliche Rezension« zu schreiben.[81] Noch im selben Monat schickte Schramm für seinen Aufsatz ein Exposé nach Wien, das Witteks

76 Paul Wittek (1894–1978) stammte aus Baden bei Wien. Anfang der dreißiger Jahre war er wissenschaftlicher Referent am Deutschen Archäologischen Institut in Istanbul, wo ihn Schramm auch einmal besuchte. Später emigriert, lehrte er nach dem Zweiten Weltkrieg an der University of London (KDL 1931, Sp.3309; FAS, L »Jahrgang 94«, Bd.3, S. 477; Internetrecherche am 13.11.2001).

77 In seinen Erinnerungen erzählte Schramm, Wittek sei in München einmal in dem Zirkel um Otto Westphal zu Gast gewesen, um Mitarbeiter für die »Rundschau« zu werben. Wittek war erst seit Anfang 1922 der Herausgeber der Zeitschrift. Sofern Schramms Schilderung zutreffend ist, muß sie sich auf den Sommer 1922 beziehen, wo Schramm auf seiner Urlaubsreise nach dem Doktorexamen in München Station gemacht hatte. Außer Westphal hielten sich auch noch einige andere Bekannte nach wie vor in der bayerischen Hauptstadt auf. — FAS, L »Jahrgang 94«, Bd.3, S. 477; das Datum von Witteks Amtsantritt als Redakteur ergibt sich aus dem Impressum der »Oesterreichischen Rundschau«.

78 Die Frage der staatlichen Vereinigung Deutschlands und Österreichs war ein damals heftig diskutiertes Problem, und die Forderung nach einer möglichst baldigen Verschmelzung war unter den deutschen Intellektuellen jener Zeit populär. Durch den Umstand, daß der Versailler Friedensvertrag eine solche Vereinigung ausdrücklich verbot, wurde die Popularität des Gedankens nur noch verstärkt. — Für die in der »Oesterreichischen Rundschau« vertretene Position: *Oncken*, Wiedergeburt; *Wittek*, Einleitung; FAS L 230, Bd.11, Brief P. Wittek an P.E. Schramm, Wien 23.10.1922; über die Problematik im allgemeinen: *Kolb*, Weimarer Republik, S. 31; *Jansen*, Professoren, S. 172, m. Anm. 127 auf S. 349, sowie S. 175.

79 Wo Schramm in seinen Erinnerungen von Wittek erzählte, hob er vor allem die großdeutsche Haltung hervor, die Wittek vertrat. Er betonte, als Wittek in München zu Gast gewesen sei, habe der Kreis um Westphal »ihm bereitwillig Mitarbeit zugesagt, da wir dachten wie er« (FAS, L »Jahrgang 94«, Bd.3, S. 477).

80 Wittek erhoffte sich »eine ausgiebige Mitarbeiterschaft bei uns« (FAS L 230, Bd.11, Postkarte P. Wittek an P.E. Schramm, Wien 9.10.1922).

81 FAS L 230, Bd.11, Postkarte P. Wittek an P.E. Schramm, Wien 9.10.1922.

Bitte, möglichst ausführlich zu werden, mehr als erfüllte. Wittek war ganz und gar einverstanden, und so konnte Schramm darangehen, den Artikel auszuarbeiten.[82]

Den größten Teil der Zeit befaßte sich Schramm in diesen Hamburger Monaten aber mit einem Vortrag, den er im Dezember in der Bibliothek halten sollte. Dieser Vortrag war für eine Veranstaltungsreihe vorgesehen, die Saxl im Jahr zuvor ins Leben gerufen hatte. Mit den im vorigen Kapitel erwähnten Gedanken über »Die Bibliothek Warburg und ihr Ziel« hatte er sie eröffnet. Mittlerweile fand die Reihe einen beachtlichen Zuspruch.[83] Bereits im Frühjahr 1922 hatte Saxl die Absicht gehabt, Schramm in diesem Rahmen sprechen zu lassen.[84] Schramm seinerseits hatte dem Freund im Mai zwei Themen zur Auswahl gestellt: Entweder »Politische Renaissancen im Mittelalter« oder »Ikonographie des Mittelalterlichen Herrscherbildnisses«.[85] Schließlich stellte Schramm die »Politischen Renaissancen« noch einmal zurück – der Titel weist bereits deutlich auf sein späteres Buch »Kaiser, Rom und Renovatio« voraus – und arbeitete über das »Mittelalterliche Herrscherbildnis«. In Vorbereitung dieses Vortrags konnte er in München, wo er sich auf dem Rückweg von seiner Wienreise kurz aufhielt, in der Staatsbibliothek das Evangeliar Ottos III. untersuchen.[86] So sah er zum ersten Mal das Original jenes Widmungsbildes, das ihn zum Thema seiner Doktorarbeit und zu seinen weiteren Forschungen geführt hatte.[87] Die Phänomene, aufgrund derer dieses Bild seine Neugier erregt hatte, wollte Schramm nun in dem geplanten Vortrag durch den Vergleich mehrerer Herrscherbilder zu fassen bekommen.

In einem Brief an seinen früheren Lehrer Warburg vom Oktober 1922 rühmte Schramm die Arbeitsmöglichkeiten, die er in der Bibliothek hatte:

»Ich genieße jetzt wirklich Ihre Bibliothek, wo ich alles bei der Hand habe, und ich staune langsam immer mehr, […] wofür Sie schon früher Interesse gehabt haben, als manche heute viel ventilierte Dinge noch gar nicht aktuell waren. Es läßt sich großartig mit dem Material arbeiten!«[88]

82 FAS L 230, Bd.11, Brief P. Wittek an P.E. Schramm, Wien 23.10.1922.

83 Im März 1922 konnte Saxl an Warburg schreiben: »Die Vorträge funktionieren von selbst; ich hätte, weiss Gott, mehr Vortragende als ich brauchen kann, wenn ich nur wollte« (WIA, GC 1922, Mappe: »Saxl to Warburg«, Brief F. Saxl an A. Warburg, Hamburg 10.3.1922).

84 Er hatte an Warburg geschrieben, Schramm solle über »das unsere Bibliothek ja sehr interessierende Thema der Kaiseridee bei Otto III.« sprechen (WIA, GC 1922, Mappe: »Saxl to Warburg«, Brief F. Saxl an A. Warburg, Hamburg 10.3.1922; ebd., Liste »Vorträge 1922/1923«, o.D. [16.3.1922]).

85 FAS, L 297, Brief P.E. Schramm an F. Saxl und Max Schramm, Entwurf, o.O. [Heidelberg], Mai 1922.

86 Brief P.E. Schramm an H. Bresslau, Hamburg 18.9.1922, zit. nach: *Voci*, Harry Bresslau, S. 288; vgl. *Bak*, Percy Ernst Schramm, S. 423.

87 S.o., Kap. 3.e).

88 WIA, GC 1922, Brief P.E. Schramm an A. Warburg, o.O. [Hamburg], 5.10.1922.

Es waren jedoch nicht nur die von Warburg zusammengetragenen Bücher, die Schramm entscheidend weiterhalfen. Es waren auch die Menschen, mit denen er in der Bibliothek zusammentraf: »Zu nett ist natürlich, daß ich in Saxl und Panofsky immer zwei mit mir befreundete Kunsthistoriker zur Hand habe.«[89]

Am 30. Dezember 1922 hielt Schramm seinen Vortrag in der Bibliothek Warburg.[90] Die Zahl der Zuhörer war sehr ansehnlich. Als Schramm sich gegen Ende seines Lebens an diesen Abend erinnerte, schrieb er, nicht nur sein Vater habe die Veranstaltung besucht, sondern außerdem »noch ›tout Hambourg‹ – soweit es geistig interessiert war [...].« Er habe daher »am Anfang zunächst einer starken Befangenheit Herr werden« müssen.[91] Schramms Nervosität erscheint mehr als verständlich: Immerhin hielt er seinen ersten öffentlichen wissenschaftlichen Vortrag, noch dazu an der Wirkungsstätte seines frühesten wissenschaftlichen Lehrmeisters und unter den Augen seines Vaters. Die Resonanz war aber durchweg freundlich.[92] Nur Fritz Saxl zeigte sich in einem Brief an Warburg zwar mit der Zahl der Besucher, jedoch nicht mit dem Vortrag selbst ganz zufrieden: Der Vortrag sei »rhetorisch noch recht schwach« gewesen.[93] Außerdem schrieb er über Schramms Vortrag:

»Er ist wirklich herausgeboren aus den Räumen der Bibliothek Warburg, wenn auch natürlich ein Mensch ganz anderer Geistesart dahintersteht als Sie es sind und ich bin.«[94]

Was Saxl mit Schramms »ganz anderer Geistesart« meinte, bleibt letztlich unklar. Möglicherweise bezog er sich auf Unterschiede in der Art und Weise, das Mittelalter zu betrachten.[95] Vielleicht dachte Saxl aber auch an gewisse Unterschiede in der Mentalität. Beispielsweise besaßen weder er selbst noch Warburg Schramms Forschheit, wenn es darum ging, Resultate ihrer Arbeit zu publizieren. Trotz der breiten Wissensgebiete, die sich beide in

89 Ebd.

90 Das Datum z.B. nach: Brief P.E. Schramm an H. Bresslau, Hamburg 18.9.1922, zit. nach: *Voci*, Harry Bresslau, S. 289; WIA, GC 1922, Mappe: »Saxl to Warburg«, Liste »Vorträge 1922/1923«, o.D. [16 März 1922].

91 Schramm behauptet an dieser Stelle, auch Warburg selbst sei an dem Abend anwesend gewesen. Dies war jedoch, wie sich aus Warburgs im Warburg Institute Archive vorliegender Korrespondenz leicht erschließen läßt, mit Sicherheit nicht der Fall. — *Bak*, Percy Ernst Schramm, S. 424.

92 Vgl. z.B.: WIA, GC 1922 [sic!], Mappe: »Warburg (Private)«, Brief E. Melchior an A. Warburg, Hamburg 2.1.1923 [im Orig.datiert: »2.1.22«].

93 »Der Vortrag von Percy war glänzend besucht und ganz anständig, wenn auch rhetorisch noch recht schwach. Gedruckt wird sich die Sache viel besser ansehen« (WIA, GC 1923, Mappe: »Saxl/Warburg«, Brief F. Saxl an A. Warburg, Hamburg 4.1.1923).

94 WIA, GC 1923, Mappe: »Saxl/Warburg«, Brief F. Saxl an A. Warburg, Hamburg 4.1.1923.

95 Hierzu bereits oben, Kap. 3.c).

ihren Forschungen erschlossen, waren sie doch eher zurückhaltend, wenn es darum ging, ihre Ergebnisse der Öffentlichkeit zu präsentieren.[96] Schramm war hier weniger vorsichtig. Er hatte zwar wichtige Teile seiner Methodik bei Warburg und Saxl erlernt, aber deren skrupulöse Exaktheit ersetzte er, jedenfalls bis zu einem gewissen Grad, durch schwungvolle Intuition und schieren Sammeleifer.

Der Vortrag über das Herrscherbild war Höhepunkt und Schlußpunkt von Schramms Hamburger Zwischenzeit im Jahr 1922. Wenige Wochen später ging er nach Heidelberg zurück. Weil er sich im Frühsommer 1922 dagegen entschieden hatte, seine Karriere in Hamburg zu beginnen, endete damit zugleich diejenige Phase seines Lebens, in der er der Bibliothek Warburg am nächsten gestanden hatte. In den Jahren 1920 bis 1922 war er in ihre Entwicklung eng einbezogen gewesen. Die Strukturen, die Saxl in dieser Zeit an der Bibliothek geschaffen hatte, stabilisierten sich in der Folgezeit, ohne daß Schramm direkt in sie eingebunden gewesen wäre. Deshalb gehörte Schramm nicht zum Kreis derer, die das intellektuelle Klima der Bibliothek Warburg prägten. Aber der Kontakt zwischen ihm und dem Forschungsinstitut blieb herzlich, und verschiedentlich gab es Phasen recht intensiver Zusammenarbeit.

d) Die Ausarbeitung erster Publikationen

Während der Zeit, die Schramm in Hamburg verbracht hatte, waren alle Bemühungen erfolglos geblieben, für ihn in Heidelberg eine außerplanmäßige Mitarbeiterstelle bei den Monumenta einzurichten. Schramm wäre ja auf absehbare Zeit neben Friedrich Baethgen ein zweiter Mitarbeiter von Harry Bresslau gewesen.[97] Einen solchen konnten sich, das war wohl der wichtigste Grund für das Mißlingen dieses Plans, die Monumenta nicht leisten: Die allgemeine wirtschaftliche Lage verschlechterterte sich stetig, die Inflation beschleunigte sich.[98] Bresslau, der immerhin selbst Mitglied der Zentraldirektion war, konnte bei den Monumenta nichts erreichen.[99] Gegen Ende

96 Warburgs zu Lebzeiten veröffentlichte Schriften ließen sich einige Jahre nach seinem Tod in zwei handlichen Bänden sammeln. — *Warburg*, Erneuerung (zuerst erschienen 1932).

97 Vgl. zu dieser Angelegenheit auch: FAS, L 230, Bd.1, Brief F. Baethgen an P.E. Schramm, Krummenbach im Allgäu 30.8.1922; ebd., Postkarte F. Baethgen an P.E. Schramm, Heidelberg 29.10.1922.

98 Auch die Familie Schramm war davon betroffen: Gegen Ende des Jahres 1922 mußte sie »der Verhältnisse wegen jetzt schon zur Vermietung unseres halben Hauses übergehen« (Brief P.E. Schramm an H. Bresslau, Hamburg o.D., zit. nach: *Voci*, Harry Bresslau, S. 290).

99 Vielleicht spielte es eine Rolle, daß Paul Kehr, der Präsident der Zentraldirektion, selbst Interesse daran hatte, den vielversprechenden jungen Doktor als Mitarbeiter zu gewinnen. Eine solche Vermutung könnte sich aus einem Brief Karl Hampes an Schramm vom Dezember ergeben. —

des Jahres 1922 ließ Schramm in einem Brief an Bresslau seine Bereitschaft durchscheinen, zur Not auch einige Zeit ohne Bezahlung zu arbeiten.[100] Bresslau nahm dieses Angebot von Schramm, »sozusagen als Voluntär« nach Heidelberg zu kommen, natürlich gerne an: »zu tun findet sich immer für Sie etwas nützliches.«[101] Und so reiste Schramm Mitte Januar 1923 nach Heidelberg und begann, zunächst unentgeltlich, für Harry Bresslau zu arbeiten.[102] Vielleicht versprach er sich etwas davon, durch seine reine Anwesenheit die Ernsthaftigkeit seines Wunsches, in den Dienst der Monumenta zu treten, zu untermauern.

Zuallererst aber nutzte er den Aufenthalt in der badischen Universitätsstadt, um sein Promotionsverfahren formal zum Abschluß zu bringen. Eine Publikation seiner Doktorarbeit, die eigentlich Voraussetzung gewesen wäre, hatte er zwar nicht in Aussicht. Er konnte aber inzwischen für mehrere ihrer Teile, die er zu Aufsätzen umgearbeitet hatte, Publikationszusagen vorweisen. Damit gab sich die Fakultät schließlich zufrieden: Am 22. Januar 1923 wurde ihm die Promotionsurkunde ausgestellt.[103] Schramm hatte nun einen wichtigen Schritt in seiner akademischen Laufbahn getan.

Hierdurch war zugleich entschieden, daß seine Doktorarbeit als Ganzes niemals das Licht einer breiteren Öffentlichkeit erblicken würde. In der Universitätsbibliothek Heidelberg liegt ein maschinegeschriebenes Exemplar der Dissertation, das Schramm offensichtlich Anfang 1923 als Pflichtexemplar dort abgegeben hat.[104] Dabei handelt es sich allem Anschein nach um einen Durchschlag jenes Typoskripts, das Schramm im Frühjahr 1922 erstellt und von dem er ein Exemplar bei Karl Hampe abgeben hatte.[105] Das bestätigt ein von Schramm selbst mit der Hand geschriebener Zettel, der dem Exemplar

FAS, L 230, Bd.4, Brief K. Hampe an P.E. Schramm, Heidelberg 12.12.1922; weiteres Material in der entsprechenden Fußnote oben in diesem Kapitel, Abschnitt b).

100 Brief P.E. Schramm an H. Bresslau, Hamburg o.D., zit. nach: *Voci*, Harry Bresslau, S. 292–293.

101 Brief H. Bresslau an P.E. Schramm, Heidelberg 31.12.1922, zit. nach: *Voci*, Harry Bresslau, S. 293.

102 Wahrscheinlich befand sich Schramm bereits in Heidelberg, als Saxl ihm am 17. Januar einen Brief schrieb. In jedem Fall dürfte er ein paar Tage vor dem 22. Januar dort eingetroffen sein, als sein Doktordiplom ausgestellt wurde. — WIA, GC 1923, Brief F. Saxl an P.E. Schramm, masch. Durchschl., o.O. [Hamburg], 17.1.1923; FAS, L 37, Doktordiplom der Universität Heidelberg für P.E. Schramm, Heidelberg 22.1.1923.

103 FAS, L 37, Doktordiplom der Universität Heidelberg für P.E. Schramm, Heidelberg 22.1.1923.

104 SVS 1922 Studien.

105 Vorausgesetzt, daß Schramm die Seitenzahl des Textbandes (345 S.) ab- und diejenige des Anmerkungsbandes (116 S.) aufgerundet hat, dann hat das überlieferte Typoskript denselben Umfang wie dasjenige, das Schramm Anfang April 1922 bei seinem Doktorvater abgab: »340 S. Text + 120 S. Anm.« Dieser Befund zur Datierung ist für das folgende Kapitel nicht ohne Bedeutung. — WIA, GC 1922, Brief P.E. Schramm an F. Saxl, o.O. [Heidelberg], o.D. [Ende März 1922], beendet 3.4.1922.

beigegeben ist. Die Arbeit sei, so erläutert Schramm dort, in der Zwischenzeit umgearbeitet und erweitert worden. Der vorliegende Text könne deshalb »nur als vorläufig angesehen werden«. Der größere Teil werde in den »Studien der Bibliothek Warburg« erscheinen, einige Kapitel außerdem in Zeitschriften. Eine gültige Zusammenfassung, wie sie im letzten Kapitel der Arbeit skizziert sei, setze »den Abschluß dieser Vorarbeiten voraus.«[106] Damit hatte Schramm die Publikation des eigentlichen Hauptteils seiner Arbeit, der Politik und Persönlichkeit Ottos behandelte,[107] in eine unbestimmte Zukunft verschoben. In den ersten Monaten des Jahres 1923 in Heidelberg kam er jedenfalls nicht mehr darauf zurück.

Bis Anfang Juli 1923 blieb Schramm in Heidelberg, bevor er wieder nach Hamburg zurückkehrte, um dort den Sommer zu verbringen.[108] Was er in diesen Heidelberger Monaten für Harry Bresslau zu erledigen hatte, nahm, da er nur als »Voluntär« für ihn tätig war, nicht viel Zeit in Anspruch.[109] Der größte Teil von Schramms Arbeitskraft floß in seine eigenen Studien. Da er aus seinen Forschungen über die »Graphia« seine Habilitationsschrift gewinnen wollte, hatte er den Wunsch, sich möglichst bald ganz darauf konzentrieren zu können. Darum stellte er in dem halben Jahr, das er 1923 in Heidelberg verbrachte, zunächst einmal alles fertig, was aus dem Vorjahr neben der »Graphia« noch an Projekten unvollendet war.[110] Dabei handelte es sich einerseits um Arbeiten, die Schramm direkt aus Kapiteln der Doktorarbeit entwickelt hatte, andererseits um solche, die mit der Doktorarbeit durch einen größeren Zusammenhang verbunden waren. Schließlich zählte dazu noch der »Herrscherbild«-Vortrag, den Schramm in Heidelberg zu einem Aufsatz ausarbeitete. Als Ergebnis dieser schöpferisch intensiven Zeit wurden die drei Jahre nach 1922 zu einer ersten Phase reicher Publikationstätigkeit in seiner Karriere.

Die allererste Veröffentlichung, die Schramm als Mediävist gelang, erschien im Frühjahr 1923. Sie gehörte allerdings in keinen der soeben beschriebenen Zusammenhänge. Vielmehr handelte es sich dabei um jenen Aufsatz für die »Oesterreichische Rundschau«, den Schramm im Sommer

106 »Vermerk hinsichtlich der Veröffentlichung«, handschr., Januar 1923, als Zettel eingebunden hinter das erste Titelblatt des in der Heidelberger Universitätsbibliothek liegenden Exemplars von: SVS 1922 Studien.

107 SVS 1922 Studien, S. 287–345.

108 Zu den Daten: WIA, GC 1923, Brief P.E. Schramm an F. Saxl, o.O. [Heidelberg], o.D. [Ende Mai/Anfang Juni 1923].

109 »Für Bresslau mache ich neben einer Bibliographie einige Viten« (WIA, GC 1923, Brief P.E. Schramm an F. Saxl, o.O. [Heidelberg], o.D. [vor 7.3.1923]).

110 Im Frühsommer schrieb er an Saxl, er habe »alle Kleinigkeiten jetzt abgeschlossen« und könne sich darum ganz auf »die Graphia« konzentrieren. Deren »Hauptteil« wolle er als Habilitationsschrift einreichen (WIA, GC 1923, Brief P.E. Schramm an F. Saxl, o.O. [Heidelberg], o.D. [Ende Mai/Anfang Juni 1923]).

1922 mit Paul Wittek verabredet hatte. Unter dem Titel »Über unser Verhältnis zum Mittelalter« wurde er im Märzheft der Zeitschrift im Jahr 1923 gedruckt.[111] Schramm rezensierte darin insgesamt vier Bücher und überwölbte das Ganze mit grundsätzlichen Überlegungen über das Verhältnis von Geschichtswissenschaft und Politik, so daß ein regelrechter Essay entstand.

Eine weitere zentrale Arbeit dieser Jahre war der Aufsatz »Kaiser, Basileus und Papst im Zeitalter der Ottonen«, der 1924 in der »Historischen Zeitschrift« erschien.[112] Er gehörte zu den Stücken, die mit der Doktorarbeit im Zusammenhang standen, obwohl er nicht direkt aus der Dissertation hervorgegangen war. In seiner Münchener Zeit waren Schramm die kulturellen Zusammenhänge zwischen dem Westen und Byzanz deutlich vor Augen getreten. Durch die Forschungen im Umkreis seiner Dissertation hatte er dann den Eindruck gewonnen, daß das Verhältnis zwischen den beiden Kaisertümern in der Zeit der Ottonen auch politisch eine große Bedeutung besaß. Diese Bedeutung versuchte er nun deutlich zu machen. Damit war die Studie im wesentlichen politikgeschichtlich angelegt, wodurch sie in sehr viel höherem Maße als manche andere von Schramms Arbeiten den historiographischen Konventionen seiner Zeit entsprach. In der »Historischen Zeitschrift« hervorragend plaziert, war dieser Aufsatz darum schon von seinem Ansatz her geeignet, Schramm in der »Zunft« der Historiker Anerkennung zu verschaffen.

Zwei kleinere Arbeiten aus dieser Zeit, in denen Schramm vor allem quellenkritische Probleme erörterte und die unmittelbar auf bestimmte Kapitel seiner Disseration zurückgingen, fundierten den soeben beschriebenen Aufsatz und können als Nebenstücke zu diesem betrachtet werden.[113] In einem

111 In einem Brief an Saxl erläuterte Schramm kurz vor Veröffentlichung des Artikels, der Text werde »als Titelaufsatz des Märzheftes der Oesterreichischen Rundschau« erscheinen (WIA, GC 1923, Brief P.E. Schramm an F. Saxl, o.O. [Heidelberg], o.D. [vor 7.3.1923]).

112 SVS 1924 Kaiser; in den Quellen wird der Aufsatz zum Beispiel erwähnt in: WIA, GC 1923, Brief P.E. Schramm an F. Saxl, o.O. [Heidelberg], o.D. [Ende Mai/Anfang Juni 1923].

113 Ein Aufsatz, der 1925 erschien, bot die Edition und Übersetzung der Briefe eines Byzantiners, der als kaiserlicher Gesandter zu Otto III. geschickt worden war. Der Text basierte auf dem fünften Kapitel von Schramms Doktorarbeit. Dank der Vermittlung Richard Salomons konnte Schramm diesen Aufsatz in der Byzantinischen Zeitschrift plazieren. Durch den völlig überarbeiteten Wiederabdruck in Schramms Gesammelten Aufsätzen ist die ursprüngliche Version überholt. Der andere Artikel, der 1926 veröffentlicht wurde, klärte die Datierung der Briefe, die im Jahre 997 zwischen Otto III. und Gerbert von Reims hin und her gewechselt waren. Die Studie ging auf das vierte Kapitel der Doktorarbeit zurück. Wie sich aus der von *Anna Maria Voci* publizierten Korrespondenz zwischen Schramm und Bresslau aus dem Jahr 1922 ergibt, ermöglichte Harry Bresslau die Publikation des Textes im »Archiv für Urkundenforschung«. — SVS 1925 Briefe des Gesandten; SVS 1922 Studien, S. 226–236; ein Hinweis auf die Vermittlung Salomons in: WIA, GC 1923, Brief P.E. Schramm an F. Saxl, o.O. [Heidelberg], o.D. [Ende Mai/Anfang Juni 1923]; über Richard Salomon s.o. in diesem Kapitel, Abschnitt a); der Wiederabdruck in: SVS 1968–71 Kaiser, Bd.3, S. 246–276; SVS 1926 Briefe Kaiser Ottos; SVS 1922 Studien, S. 175–225; *Voci*, Harry Bresslau, S. 289, 290–291, 292, 293.

vergleichbaren Verhältnis zum »Herrscherbild«-Aufsatz stand ein Artikel aus dem Jahr 1923 über die Buchmalerei in der Zeit der Ottonen.[114] Hier ging es Schramm darum, einige der Bilder, die er in der größeren Arbeit herangezogen hatte und die mit der Geschichte der sächsischen Kaiserdynastie in Verbindung standen, möglichst exakt zu datieren. Das gelang ihm in dem Aufsatz auf insgesamt überzeugende Weise, indem er die ältere Forschung vollständig rezipierte und eine Fülle von unterschiedlichen, beispielsweise kunsthistorisch-stilgeschichtlichen, ideengeschichtlichen und ereignisgeschichtlichen Argumenten miteinander verknüpfte. Erwin Panofsky vermittelte Schramm die Möglichkeit, die Arbeit im »Jahrbuch für Kunstwissenschaft« zu veröffentlichen.[115]

Der Aufsatz »Das Herrscherbild in der Kunst des frühen Mittelalters«, den Schramm auf diese Weise von den erwähnten Datierungsfragen entlastete und der auf seinen Vortrag in der Bibliothek Warburg im Dezember 1922 zurückging, erschien als letzte der wichtigeren Arbeiten dieser Jahre.[116] Im Jahr 1924 wurde er in den »Vorträgen der Bibliothek Warburg« publiziert. Die Geschichte dieses Textes weist in der Zeit von Schramms Rückkehr nach Heidelberg bis zur Veröffentlichung einige interessante Aspekte auf. In einer für ihn charakteristischen Weise arbeitete Schramm den Vortrag für die Drucklegung stark um. Er äußerte später selbst, bei der Vorbereitung des Druckmanuskripts habe er seinen »bereits umfangreichen Zettelkasten ›ausgekippt‹«.[117] Der Text des Aufsatzes hatte wohl Ende Februar 1923 seine endgültige Form im wesentlichen gefunden.[118] Anders die Anmerkungen: An ihnen arbeitete Schramm weitere drei Monate, bis er Saxl im Frühsommer mitteilte, das fertige Manuskript sei nun auf dem Weg nach Hamburg.[119] Am Ende war der Aufsatz, ein Anhang mit vier »Exkursen« eingeschlossen, auf einen Umfang von fast achtzig Seiten angeschwollen.

Bis Schramm ihn aber tatsächlich gedruckt in Händen halten konnte, mußte er sich noch ein weiteres gutes Jahr gedulden. Nachdem er das Manuskript an Saxl geschickt hatte, schickte dieser es wenig später, Mitte Juni

114 SVS 1923 Geschichte Buchmalerei.

115 Im Frühjahr schrieb Schramm an Saxl, der Artikel sei so gut wie fertig. Ende Mai konnte sich Panofsky für die Zusendung des Manuskripts bedanken. Panofskys Vermittlerrolle wird in einem Brief aus dem Frühsommer noch einmal ausdrücklich erwähnt. — WIA, GC 1923, Brief P.E. Schramm an F. Saxl, o.O. [Heidelberg], o.D. [vor 7.3.1923]; ebd., Brief E. Panofsky an P.E. Schramm, masch. Durchschl., o.O. [Hamburg], 23.5.1923; ebd., Brief P.E. Schramm an F. Saxl, o.O. [Heidelberg], o.D. [Ende Mai/Anfang Juni 1923].

116 SVS 1924 Herrscherbild.

117 *Bak*, Percy Ernst Schramm, S. 424.

118 In einem Brief, den er damals an Saxl schrieb, berichtete Schramm, er habe das Manuskript des Aufsatzes fertig diktiert (WIA, GC 1923, Brief P.E. Schramm an F. Saxl, o.O. [Heidelberg], o.D. [vor 7.3.1923]).

119 WIA, GC 1923, Brief P.E. Schramm an F. Saxl, o.O. [Heidelberg], o.D. [Ende Mai/Anfang Juni 1923].

1923, an den Verlag, Teubner in Leipzig, weiter.[120] Die Drucklegung verzögerte sich dennoch. Ein halbes Jahr später hatte sie immerhin begonnen. Ein Mitarbeiter des Verlags beklagte sich in einer Postkarte, die er im Dezember an Saxl schrieb, über gewisse Eigenheiten von Schramms Arbeitsweise:

»Heute erhielt ich die Korrekturfahnen des Vortrages Schramm von Ihnen zurück. Sie werden ja selbst bemerkt haben, in welch hohem Masse der Verfasser darin korrigiert hat. Schätzungsweise werden die Kosten der Änderungen mindestens 30% des Satzpreises ausmachen. Im Interesse der Bibliothek Warburg möchte ich nochmals empfehlen, die Herren Verfasser von vornherein um die Einsendung druckfertiger Manuskripte zu ersuchen.«[121]

Das umfangreiche Ändern fertig gesetzter Fahnen war eine Angewohnheit, die Schramm bis an sein Lebensende nicht ablegte. Er sah eine Arbeit nie als wirklich abgeschlossen an. Der Vorgang war damit noch immer nicht beendet. Im Februar 1924 verlieh Schramm seiner Erleichterung Ausdruck, als Saxl ihm mitteilte, der Druck werde nun bald zum Abschluß kommen.[122] Erst ein weiteres halbes Jahr später aber, Anfang August 1924, konnte Saxl ihm mitteilen, der Band sei ausgedruckt.[123] Als Schramm das abgeschlossene Manuskript an Saxl geschickt hatte, war er ohne feste Anstellung gewesen und hatte gerade erst begonnen, an seiner Habilitationsschrift zu arbeiten. Als der Aufsatz im Sommer 1924 erschien, arbeitete er seit einem dreiviertel Jahr für Harry Bresslau, war Privatdozent und hatte bereits sein erstes Semester als Lehrender hinter sich gebracht.[124]

120 Ebd., Brief F. Saxl an Verlag B.G. Teubner, masch. Durchschl., o.O. [Hamburg], 13.6.1923.

121 Ebd., Postkarte Verlag B.G. Teubner [»Bartels«] an F. Saxl, Leipzig 19.12.1923.

122 WIA, GC 1924 Saxl, Brief P.E. Schramm an F. Saxl, Heidelberg, Ende Februar 1924.

123 Ebd., Brief P.E. Schramm an F. Saxl, Heidelberg o.D. [Anfang August 1924]; ebd., Brief F. Saxl an P.E. Schramm, masch. Durchschl., o.O. [Hamburg], 13.8.1924; vgl.: ebd., Brief F. Saxl an B.G. Teubner, masch. Durchschl., o.O. [Hamburg], 13.8.1924.

124 Hierzu ausführlicher unten, Kap. 6.

5. Bilder vom Mittelalter: Konturen und Motive

Die Jahre von 1922 bis 1925 bildeten eine erste Phase reicher Publikationstätigkeit in Schramms Karriere. Dieses Kapitel widmet sich der genaueren Beschreibung und der Analyse der wichtigeren der damals entstandenen Arbeiten. Gleichzeitig geht es darum, grundsätzliche Merkmale des Bildes herauszuarbeiten, das Schramm vom Mittelalter hatte, und die Art und Weise seines Herangehens an die Geschichte genauer zu erfassen.

Zu diesem Zweck wird im ersten Abschnitt des Kapitels der Text »Über unser Verhältnis zum Mittelalter« von 1923 behandelt, der geradezu als ein Schlüsseltext für Schramms Denken in dieser Zeit bezeichnet werden kann. Der zweite Abschnitt handelt von seiner Dissertation. Erst im darauf folgenden dritten Abschnitt wird der erste Entwurf behandelt, den Schramm im Frühjahr 1921 für seine Doktorarbeit erstellte. Hier konzipierte er ein Buch über das Kaisertum der Ottonen, das er nie verwirklichte, dessen Themen aber bei allen Arbeiten dieser Zeit im Hintergrund standen. Vor allem ging es ihm um die Erforschung der »Kaiseridee«. In diesem Zusammenhang ist auch sein Aufsatz »Kaiser, Basileus und Papst in der Zeit der Ottonen« von 1924 zu sehen, der deshalb ebenfalls in diesem Abschnitt behandelt wird. Der letzte Abschnitt behandelt schließlich den umfangreichsten publizierten Text jener Jahre, Schramms Arbeit über »Das Herrscherbild in der Kunst des frühen Mittelalters« von 1924.

a) »Über unser Verhältnis zum Mittelalter«

Wie im vorigen Kapitel dargestellt, erschien die erste Publikation, die Schramm als Mediävist gelang, im März 1923.[1] Es handelte sich um jenen Aufsatz für die »Oesterreichische Rundschau«, den er im August des Vorjahres in Wien mit Paul Wittek verabredet hatte. Der Essay war aus der Abmachung hervorgegangen, daß Schramm ein von Wittek vorgeschlagenes Buch rezensieren sollte. Schramm nahm dies zum Anlaß, insgesamt vier Bücher zu besprechen, und überwölbte seine Ausführungen mit grundsätzlichen Überlegungen zur Geschichtswissenschaft vom Mittelalter. Zum Teil griff er dabei auf Texte zurück, die er schon früher verfaßt hatte: Einerseits

1 SVS 1923 Verhältnis.

auf die Einleitung seiner Doktorarbeit, andererseits auf eine Aufzeichnung mit dem Titel »Die heutige Funktion der Geschichte« vom April 1922.[2]

Um dem Redakteur entgegenzukommen, wandte sich Schramm mit seinem Artikel ausdrücklich an die gebildete Öffentlichkeit, also die Zielgruppe der »Oesterreichischen Rundschau«.[3] Jedoch kreisten die Grundgedanken und Kernaussagen des Artikels um Sinn und Wesen der Geschichtswissenschaft, wodurch sie sich eher an die Fachgenossen richteten – oder vielmehr: an Schramm selbst, denn dieser erörterte hier Probleme, die ihn selbst zu dem Zeitpunkt in hohem Maße bewegten.

Der Aufsatz gliederte sich in vier Abschnitte. Im ersten Abschnitt sprach Schramm darüber, daß das Mittelalter sich damals insbesondere beim gebildeten deutschen Publikum einer besonderen Beliebtheit erfreute.[4] Für die wissenschaftliche Beschäftigung mit dem Mittelalter ergaben sich daraus seiner Auffassung nach besondere Chancen, aber auch Gefahren. Schramms Betrachtungen kreisten um das Problem, wie die Wissenschaft damit umgehen sollte. Um dies zu klären, holte er weit aus: Im zweiten Teil seines Aufsatzes lieferte er dem Leser einen wissenschaftsgeschichtlichen Abriß über die Entwicklung der Geschichtswissenschaft seit dem frühen neunzehnten Jahrhundert. Dabei stellte er die Frage, wie die Geschichtswissenschaft in den verschiedenen Phasen der deutschen Geschichte das Mittelalter jeweils betrachtet und wie sie sich dabei zu den aktuellen Fragen ihrer jeweiligen Gegenwart verhalten habe. Schramm erörterte zunächst die Zeit der Romantik, dann die Jahre nach der Revolution von 1848 und an dritter Stelle die Zeit des zweiten deutschen Kaiserreiches.[5] Im Zuge der Beschreibung der romantischen Epoche besprach Schramm auch das ihm von Wittek zugesandte Buch. Er bemühte sich, wohlwollend zu sein, konnte aber keine große Begeisterung aufbringen.[6] An diesen wissenschaftsgeschichtlichen Über-

2 SVS 1922 Studien, S. 8–34, v.a. S. 8–13, 18–24, 31–34; FAS, L »Funktion Geschichte«.

3 Dies kam insbesondere in der Einleitung des Artikels zum Ausdruck. Gleich der erste Satz sprach diese Gruppe unmittelbar an: »Den gebildeten Menschen«, hieß es dort, treibe zur Beschäftigung mit der Wissenschaft kein im strengen Sinne wissenschaftlicher Erkenntnisdrang. — SVS 1923 Verhältnis, S. 317.

4 Der gesamte Abschnitt: SVS 1923 Verhältnis, S. 317–318; über die Mittelaltermode, die in den zwanziger Jahren in Deutschland aufkam: *Wyss*, Mediävistik; *Oexle*, Moderne, v.a. S. 338–348.

5 SVS 1923 Verhältnis, S. 319–324.

6 Dieses von *Gottfried Salomon* verfaßte Buch trug den Titel »Das Mittelalter als Ideal in der Romantik«. Für Schramms Geschmack stellte es die verschiedenen Mittelalterdeutungen der fraglichen Epoche allzu schematisch nebeneinander. Daß dies das von Wittek vorgeschlagene Werk war, ergibt sich daraus, daß es als einziges der von Schramm rezensierten Veröffentlichungen im gleichen Verlag erschienen war wie die »Oesterreichische Rundschau« selbst. Aus den Quellen geht hervor, daß es Wittek vor allem auf dieses Kriterium ankam, als er Schramm ein Buch zur Rezension vorschlug. — *Salomon*, Mittelalter als Ideal; SVS 1923 Verhältnis, S. 319; FAS, L 230, Bd.11, Postkarte P. Wittek an P.E. Schramm, Wien 9.10.1922.

blick schloß sich im dritten Abschnitt eine Betrachtung zeitgenössischer Werke an.[7] Im vierten und letzten Abschnitt zog Schramm dann die Summe seiner Überlegungen.[8] Mit besonderem Nachdruck beschrieb er hier seine persönliche Vorstellung von der Aufgabe der Geschichtsschreibung.

Insgesamt vereinte der Text also eine beträchtliche Vielfalt verschiedener Elemente. Ein gut lesbarer Stil und ein gewisses schwungvolles Pathos sorgten dafür, daß er trotzdem nicht auseinanderbrach. Die Interpretation muß allerdings die relevanten Aspekte aus dem Essay herausfiltern. Es erscheint nötig, sich vom Verlauf des Textes vollständig zu lösen, um die entscheidenden Punkte deutlich werden zu lassen. Dabei ist zunächst festzuhalten, daß Schramm die damals aktuelle Mittelaltermode im Grunde durchaus positiv sah. Dadurch werde der Geschichtswissenschaft, so schrieb er, »ein fruchtbarer Boden bereitet.« Gerade die Geschichtsschreibung brauche »solche Anregungen von außen«, um daraus den Mut zu neuen Fragestellungen zu gewinnen.[9] Trotzdem war es nach Schramms Meinung eine offene Frage, wie weit die Geschichtsschreibung auf die »Anregungen« ihrer Zeit eingehen sollte. In der aktuellen Literatur begegneten Schramm diverse Autoren, die ihre Beschäftigung mit dem Mittelalter zum Anlaß nahmen, über die bloße Darstellung deutlich hinauszugehen, da sie »uns zugleich bei unserem Suchen nach Orientierung zu Wegweisern werden wollen.«[10] Mit dieser Art Literatur wollte Schramm sich auseinandersetzen. Außer dem von Wittek zugesandten Buch waren die Bücher, die er rezensierte, alle der beschriebenen Gattung zuzurechnen.

Am auffälligsten war die gegenwartsbezogene Darstellungsabsicht bei der »Politischen Geschichte der Deutschen« von Albert von Hofmann.[11] Bemerkenswerterweise ließ Schramm durchaus gelten, daß Hofmann an einer wissenschaftlich zuverlässigen Darstellung der Vergangenheit gar nicht gelegen sei: Bei ihm stehe die Absicht im Vordergrund, der politischen Bewußtseinsbildung in der Gegenwart zu dienen.[12] Dennoch war dem Rezensenten das Bild, das in dem Buch vom Mittelalter gezeichnet wurde, unerträglich. Nach Hofmanns Meinung war das wichtigste Merkmal des Mittelalters »das

7 SVS 1923 Verhältnis, S. 324–329; hier erörterte Schramm die folgenden Schriften: *Hofmann, A.v.*, Politische Geschichte, Bd.2; *Hoffmann, P.*, Mensch; *Steinen*, Staatsbriefe; für weitere Angaben s. in allen Fällen unten in diesem Abschnitt.

8 SVS 1923 Verhältnis, S. 329–330.

9 Ebd., S. 318.

10 Ebd.

11 Schramm rezensierte den neuerschienenen zweiten Band des Werkes. Den ersten Band hatte er, mit ähnlichem Ergebnis, schon in seiner Doktorarbeit erörtert. — *Hofmann, A.v.*, Politische Geschichte, Bd.2; SVS 1922 Studien, S. 31–34; in der vorliegenden Arbeit wird dieselbe Auflage verwendet, die Schramm vorlag, aber in einem erst 1923 auf den Markt gekommenen, unveränderten Nachdruck.

12 SVS 1923 Verhältnis, S. 326.

gegen seine innerste Natur zur Sterilität verurteilte Germanentum«, und die deutsche Geschichte jener Zeit war für ihn »ein flammender Protest gegen die römische Herrschaft über die Welt gewesen.«[13] Diese Bewertung konnte Schramm nicht stehen lassen. Das »romantisch verklärte Germanenideal und dann der moderne Nationalbegriff«, so schrieb er, hätten den Autor zu einer ganz verfehlten Auffassung geführt.[14] Die Germanen hatten in Schramms Geschichtsbild durchaus ihren Platz: Sie spielten eine wichtige Rolle in dem Prozeß, der aus der Spätantike das Mittelalter hervorgehen ließ.[15] Aber einer ideologisierten Verklärung des Germanentums, wie Hofmann sie praktizierte, konnte Schramm nichts abgewinnen. Er machte dem germanophilen Mittelalterfeind den Vorwurf, ein Mann zu sein, »dessen Liebe verklärt und dessen moderne Begriffe entstellen.«[16]

Noch einmal ist festzuhalten, daß Schramm das grundsätzliche Anliegen von Hofmanns, in der Gegenwart eine Wirkung zu erzielen, für legitim erachtete. Angesichts dessen drängt sich die Frage auf, wo die Grenze lag, die der Autor seiner Auffassung nach beim Umgang mit der Geschichte überschritten hatte. Leichter ist dies bei einem weiteren von Schramm rezensierten Buch zu erkennen, das den »mittelalterlichen Menschen« zum Thema hatte.[17] Hier wurde Schramm noch einmal mit dem Thema jenes Referats konfrontiert, welches er in seinem Kieler Semester unfertig liegen gelassen hatte.[18] Seine Reaktion auf das Buch läßt erkennen, wie weit er sich mittlerweile von dem darin verfolgten Ansatz entfernt hatte, die gesamte Kultur einer Epoche im Konstrukt eines modellhaften »Menschen« bündeln zu wollen.

Schramm äußerte die Meinung, auf einer viel zu schmalen Basis habe der Autor in wenig überzeugender Weise viel zu weitreichende Thesen entwickelt. Noch mehr empörte es ihn jedoch, daß der Verfasser sein Werk mit einer deutlich »persönlichen Färbung« versehen und darin anscheinend eigene Erfahrungen verarbeitet habe. Die Quintessenz dieser »persönlichen Färbung« war, daß das Werk »dem Leser [...] helfen« sollte, »das Mittelalterliche zu überwinden [...], ebenso wie die Arbeit dem Verfasser geholfen habe.«[19] Damit war »das Mittelalterliche« als etwas grundsätzlich Negatives

13 Ebd.; Schramm zitiert hier *Hofmann, A.v.*, Politische Geschichte, Bd.2, S. 14 u. 36.

14 SVS 1923 Verhältnis, S. 327.

15 Über die Stellung der Germanen in Schramms Mittelalterbild auch unten in diesem Kapitel, Abschnitt c).

16 SVS 1923 Verhältnis, S. 327.

17 Das von *Paul Theodor Hoffmann* verfaßte Buch stellte im Kern eine Untersuchung über »Welt und Umwelt« des mittelalterlichen Dichters »Notkers des Deutschen« dar, die der Autor für die Veröffentlichung ausgebaut hatte. — *Hoffmann, P.*, Mensch.

18 FAS, L »Mittelalterlicher Mensch«; vgl. oben, Kap. 3.a).

19 Schramm bezog sich hier auf das Nachwort des Buches. — SVS 1923 Verhältnis, S. 325–326; vgl. *Hoffmann, P.*, Mensch, v.a. S. 293.

bezeichnet. Gegen eine solcherart auf den Autor selbst bezogene Geschichtsschreibung forderte Schramm eine Wissenschaft, »die nur die Dinge, nicht die Verfasser und Leser kennt, die nicht läutern und helfen, sondern nur ein Sehen lehren will, das keine Stimmung und Erregung trübt.«[20]

Damit brachte Schramm auf den Punkt, was seiner Meinung nach eine zeitgemäße wissenschaftliche Geschichtsschreibung auszeichnen sollte. Ohne daß er das Wort benutzte, war ihm Objektivität das oberste Gebot. Als Inhalt dieser Tugend forderte er zuallererst das konsequente Zurückdrängen jeglicher persönlicher Betroffenheit. Noch wichtiger war ihm allerdings ein anderer Aspekt, den er als Reaktion auf die »Politische Geschichte der Deutschen« ansprach. Dort stellte er fest, das vornehmste Kennzeichen der modernen Wissenschaft sei »das Vermögen des Einstellens auf jederlei Geist und Gesinnung, das auch das Seltsame und Kuriose verständlich, das Barbarische und Primitive berechtigt macht.«[21] Unabhängig von allen auf die Gegenwart bezogenen Anliegen durfte die Geschichtsschreibung also nicht, wie Albert von Hofmann es getan hatte, die Vergangenheit verurteilen. Im Gegenteil forderte Schramm die Bereitschaft, alle historischen Erscheinungen in ihrer Eigenart gelten zu lassen.

Unter diesem Gesichtspunkt maß Schramm der Zeit der Romantik eine besondere Bedeutung zu. Diese Phase beschrieb er im Zuge seines wissenschaftsgeschichtlichen Überblicks mit großem Schwung. Auf vielfältige Weise seien die Gebildeten damals »zu einem Verständnis für das Mittelalter« gekommen und hätten die »Verachtung des Rationalismus für die dunkle Zwischenzeit« überwunden. Schramm fuhr fort: »Herder bedeutet den Wendepunkt vom Aburteilen zum Verstehen. Mit seinem Begriff des Volksgeistes kam er zur Erkenntnis, daß auch das Mittelalter eine der Offenbarungen Gottes sei.«[22] Damals hatte es die Geschichtsschreibung also zum ersten Mal vermocht, dem Mittelalter als Epoche gerecht zu werden. Sie war aber gleich einen Schritt weiter gegangen. Schramm beschrieb nämlich die Romantik als die Zeit, in der »das Mittelalter vom Odium des dunklen Zeitalters befreit und zu einer idealen Epoche umgedeutet wurde [...].«[23] Das angemessene Verständnis für das Mittelalter war umgeschlagen in eine Idealisierung der Epoche.

Bruchlos ergab sich daraus Schramms Beschreibung der Zeit, die auf die fehlgeschlagene Revolution von 1848 folgte. Damals sei, so schrieb er, »das Verhältnis zum Mittelalter am bedeutungsvollsten gewesen.« Begeistert von

20 SVS 1923 Verhältnis, S. 326.

21 Ebd., S. 328.

22 SVS 1923 Verhältnis, S. 319; über die Bedeutung, die Johann Gottfried Herder (1744–1803) für die deutsche Geschichtswissenschaft hatte, s. zusammenfassend: *Iggers*, Deutsche Geschichtswissenschaft, v.a. S. V–VI, 50–54.

23 SVS 1923 Verhältnis, S. 319.

der »Vorstellung vom Mittelalter als der Zeit der nationalen Einheit und der großen Kaiser«, hätten die Menschen darin die Erfüllung aller ihrer kulturellen und vor allem politischen Sehnsüchte gesehen.[24] Dementsprechend habe auch die Geschichtsschreibung vom Mittelalter in jener Zeit einen großartigen Aufschwung genommen. Schramm war voller Bewunderung für diese Geschichtsschreibung, »die niemals so im Zentrum des allgemeinen Interesses gestanden, aber auch kaum je sich so ihrer Aufgabe gewachsen gezeigt hat.« Als wichtigstes Werk dieser Phase nannte Schramm die »Geschichte der Deutschen Kaiserzeit« von Wilhelm v. Giesebrecht.[25]

An diesen Formulierungen ist abzulesen, daß sich Schramm nach dem engagierten Schwung sehnte, der ihm charakteristisch für das neunzehnte Jahrhundert schien. Der moderne Historiker durfte sich diesen Schwung aber nicht ohne weiteres zu eigen machen. Im Gegenteil hielt Schramm eine Idealisierung der Vergangenheit, wie sie die Geschichtsschreiber in der Mitte des neunzehnten Jahrhunderts praktiziert hätten, in seiner Gegenwart nicht mehr für angemessen. Im Unterscheid zu jenen beschrieb er sich und die Historiker seiner eigenen Zeit als Menschen, »die wir aus einer Welt stammen, die sich mit Naturwissenschaften, Recht und Psychologie beschäftigt hat und vor allem ihre Methoden immer kritischer prüft.«[26]

Schramm wollte also an der distanzierten Rationalität festhalten, die er als ein Kennzeichen des zwanzigsten Jahrhunderts ansah. Diese Rationalität hatte er in den ersten Monaten seiner Münchener Studienzeit noch als quälende Last empfunden. Mittlerweile forderte er sie selbst aus Überzeugung und stellte dies in den Vordergrund seiner Argumentation. Dennoch wollte er auch den Wunsch nach emotionalem Beteiligtsein, der ihn in München bewegt hatte, nicht ganz aufgeben.[27] Der ganze Text war von dem Bemühen geprägt, diese einander widerstrebenden Tendenzen zusammenzuführen. Unter dem Gesichtspunkt des politischen Gegenwartsbezugs von Geschichtswissenschaft suchte Schramm einen Ausgleich zwischen ihnen. Grundsätzlich hatte Schramm gegen den Versuch, Geschichtsschreibung mit politischer Wirkungsabsicht zu verbinden, gar nichts einzuwenden. Im Gegenteil hielt er solche Bestrebungen für durchaus sinnvoll.[28] Er hatte aber

24 Ebd., S. 320.

25 Wilhelm von Giesebrecht (1814–1889) veröffentlichte den ersten Band seiner »Geschichte der Deutschen Kaiserzeit« im Jahr 1855. Der letzte Band wurde erst einige Jahre nach seinem Tod von einem seiner Schüler herausgegeben. — SVS 1923 Verhältnis, S. 321; *Giesebrecht*, Kaiserzeit; einführende Informationen über Giesebrecht gibt: *Heimpel*, Giesebrecht.

26 SVS 1923 Verhältnis, S. 327–328.

27 Im August 1920 hatte er in seinem Tagebuch der Sehnsucht nach dem »Erlebnis« Ausdruck verliehen (FAS, L »Tagebuch 1920–21«, S. 19, 15.8.1920; s.o., Kap. 3.a)).

28 In der bereits erwähnten Aufzeichnung »Die Funktion der Geschichte« von 1922 hatte Schramm für eine Wissenschaft, die nichts als »Selbstzweck« sein wollte, nur Geringschätzung übrig: »Mit der abgegriffenen Formel: Wissenschaft ist Selbstzweck, wird den Versuchen, die

den Wunsch, diese Verbindung auf eine solche Weise einzugehen, daß die Geschichte dabei ihren Wissenschaftscharakter nicht verlor.[29]

Den Weg zu einer Lösung des Problems meinte er bei Leopold von Ranke zu finden. In dem Bild, das er von Ranke vermittelte, fand ganz offensichtlich die Begeisterung ihren Niederschlag, die das Referat im Rahmen von Otto Westphals »Privatseminar« zwei Jahre zuvor bei ihm geweckt hatte.[30] Seitdem galt ihm Ranke als der vorbildhafte Historiker schlechthin.[31] Jetzt diskutierte Schramm, als er im Rahmen seiner wissenschaftsgeschichtlichen Skizze auf die Zeit des zweiten Kaiserreiches zu sprechen kam, vor allem Rankes »Weltgeschichte«.[32] Im Schlußabschnitt seines Aufsatzes konstatierte Schramm, der in diesem Werk von Ranke gewiesene Weg führe zur Möglichkeit einer »Verbindung von Politik und Geschichte in einer Form [...], die wie zur Zeit Giesebrechts beflügeln kann und zugleich die uns gemäße, von allen Romantizismen freie ist [...].«[33] Schramm war also der Meinung, Ranke sei es in seiner »Weltgeschichte« weitgehend gelungen, politisch relevante Aussagen mit sachlicher Geschichtsbetrachtung zu verbinden.

Schramm räumte ein, auch die »Weltgeschichte« stehe im Zusammenhang mit den akuten politischen Problemen ihrer Entstehungszeit. Aber solche Probleme habe Ranke klären können, indem er »nach ihren Wurzeln suchte« und dabei »Lebendig-Dauerndes« und »Augenblickliches« voneinander geschieden habe. Auf diese Weise habe Ranke dargelegt, wo in seiner Gegenwart »die weiteren Kräfte lagen, mit denen man zu rechnen hatte.«[34] Daran anknüpfend, empfahl Schramm seinen Zeitgenossen im Schlußabschnitt des Aufsatzes die »kalte, wohl schmerzhafte, aber reinigende Luft der historischen Selbsterkenntnis«. Sie mache es möglich, zu prüfen, was in der aktuellen Situation »noch lebenerfüllt und kräftebergend« sei. Damit schaffe sie die Grundlage, um Handlungsoptionen zu entwickeln.[35]

Wissenschaft als Mittel zu einem jenseits ihrer Grenzen liegenden Zweck zu fassen [...] der Weg verbaut. Die Wissenschaft ist von der Notwendigkeit einer Rechtfertigung ihrer Existenz befreit, sie hat es nicht nötig, ihren Nutzen zu erweisen [...].« — FAS, L »Funktion Geschichte«.

29 Demgemäß entwarf er in dem hier in Frage stehenden Aufsatz das Bild einer Geschichtswissenschaft, die weder in agitatorisches Getöse ausartete noch in politisch unreflektierte Belanglosigkeit abglitt, die nämlich: »weder Fanfare noch Feuilleton sein will.« — SVS 1923 Verhältnis, S. 329.

30 FAS, L »Rankes Geschichtsauffassung«; s.o., Kap. 3.d).

31 Daran hielt Schramm bis an sein Lebensende fest (vgl. z.B. SVS 1968–1971 Kaiser, Bd.1, S. 9–10).

32 Ranke schrieb die »Weltgeschichte« in seinen letzten Lebensjahren. Ihr erster Band erschien 1881. Die letzten Bände wurden posthum herausgegeben. — SVS 1923 Verhältnis, S. 322 u. 323; *Ranke*, Weltgeschichte.

33 SVS 1923 Verhältnis, S. 329.

34 Ebd., S. 322.

35 Schramm führte einige Beispiele für die Art von Problemen an, für die sein Vorschlag relevant sei. Unter anderem wies er darauf hin, daß nach der Umwälzung von 1918/19 viel hin und her

Ein solches Konzept scheint bedenklich genug. Immerhin skizzierte Schramm an dieser Stelle die Möglichkeit, die Geschichtswissenschaft könne die Menschen dabei unterstützen, unter legitimierender Berufung auf die Vergangenheit sämtliche Elemente der Gegenwart als wertvoll oder wertlos abzustempeln. Allerdings nahm er den gerade erst angedeuteten Gedanken in den folgenden Absätzen praktisch wieder zurück. Ausdrücklich betonte er, die Geschichte selbst vermöge den Menschen zwar Material an die Hand zu geben, mithilfe dessen sie ihre Entscheidungen fällen könnten, aber sie könne nicht helfen, »ein Paradigma des Verhaltens zu finden.«[36]

Die Geschichte lieferte also keine Maßstäbe. Die Bewertung der Ergebnisse der Geschichtswissenschaft, die Beurteilung, was nun in der Gegenwart »lebenerfüllt und kräftebergend« sei, und schließlich die Entscheidung, wie aufgrund dessen zu handeln sei, blieb ganz dem überlassen, der die Geschichtsschreibung rezipierte. Damit meinte Schramm die unbeteiligte Sachlichkeit der Wissenschaft wieder hergestellt zu haben. Dadurch drohte aber zugleich seine recht pathetisch vorgetragene Argumentation gänzlich folgenlos zu bleiben. Nach seiner Auffassung durfte den geschichtswissenschaftlichen Darstellungen selbst kein Hinweis zu entnehmen sein, in welche Richtung eventuell zu fällende Entscheidungen gehen sollten. Das legte er vielmehr in die Hand des Lesers. Damit lag es aber auch ganz bei diesem, ob die Geschichtsschreibung irgendeine politische Wirkung entfaltete. Dem Geschichtswissenschaftler selbst blieb jener Bezug zur politischen Sphäre, den Schramm sich wünschte, verwehrt.

Schramms Argumentation hob sich also selbst auf. Diese Selbstwiderlegung läßt sich auf der Ebene, auf der Schramm explizit argumentierte, nicht auflösen. Sie trat ihm auch nicht ins Bewußtsein, weil sie durch bestimmte Eigenheiten seines Geschichtsbildes wieder aus dem Weg geräumt wurde. Der Schlüssel hierzu ergibt sich aus den letzten Sätzen des Textes. Hier meinte Schramm, der »Verantwortung vor der Zukunft« könne sich niemand entziehen. Die Vergangenheit mahne aber, dieser Zukunft »nicht unwert zu werden.« Dann schloß er mit den Worten: »Nur wir selbst mit unseren Kräften können uns vor dem Verkümmern bewahren, nicht die Geschichte; aber sie kann uns lehren, zu sehen, was ist, was wir sind.«[37]

überlegt worden sei, »wie man am praktischsten die innerdeutschen Grenzen zöge […].« Jetzt sei auf der anderen Seite zu beobachten, »mit welcher Stoßkraft der Territorialismus sich heute geltend macht […].« Diesen Konflikt meinte Schramm mithilfe der »historischen Selbsterkenntnis« lösen zu können. — SVS 1923 Verhältnis, S. 329; die Zitate im Text ebd.

36 »Die Geschichte aber kann nur eines: sie kann uns lehren, die historischen Erscheinungen zu erkennen. Sie kann uns nicht beistehen, um die Faktoren zusammen zu rechnen und ein Paradigma des Verhaltens zu finden« (SVS 1923 Verhältnis, S. 330).

37 SVS 1923 Verhältnis, S. 330.

Schramm sah die deutsche Gesellschaft nach der Niederlage im Ersten Weltkrieg und angesichts der schwierigen wirtschaftlichen und politischen Lage in der Gefahr, zu resignieren. Als Folge davon sah er Deutschland mit dem Risiko konfrontiert, in der Bedeutungslosigkeit zu versinken. So ist die Rede vom »Verkümmern« zu verstehen.[38] Obwohl sich nun die Bürger des Landes seiner Auffassung nach nur aus eigener Kraft davor bewahren konnten, maß er der Geschichte immerhin die Funktion bei, für die Menschen ein Ansporn zu sein: Um der Vergangenheit willen sollten die Deutschen den Ehrgeiz entwickeln, der Zukunft »nicht unwert zu werden«. Damit hatte aber auch die Vergangenheit einen Wert. Nur unter dieser Voraussetzung war die Formulierung sinnvoll.

Wichtig ist ferner, welches das drängendste Problem war, bei dessen Klärung Schramm seinen Landsleuten mit dem Mittel der Geschichtsschreibung über das Mittelalter – denn von einer anderen Vergangenheit sprach er nicht – zu Hilfe kommen wollte. Hierbei handelte es sich um die Frage, was eigentlich das Spezifische der deutschen Kultur sei. Dieses damals in der Öffentlichkeit breit diskutierte Problem ließ auch ihm selbst keine Ruhe.[39] An zwei Stellen tauchte das Thema im Text auf. In der Einleitung erwähnte Schramm es zum ersten Mal. Dort erschien es als eine der Fragen, um deren Lösung sich jene zeitgenössischen Autoren bemühten, die das Mittelalter nicht nur darstellen, sondern zugleich dem Publikum Orientierung für die Gegenwart geben wollten. Mit Schramms Worten behandelten diese Autoren insbesondere »die großen Fragen, den Staat, den sozialen Gedanken, die Nation, die deutsche Eigenart, deren eigentliches Wesen zu definieren heute eine der meist geübten Aufgaben ist [...].«[40] Hier hielt Schramm von diesen Druckwerken Distanz. Dadurch rückte er auch die genannte Thematik von sich ab.

Am Ende des Textes nahm er jedoch eine weniger reservierte Haltung ein. Dort sagte er, die Wissenschaft könne den Menschen nicht zuletzt helfen, »die eigentliche Frage« zu beantworten, nämlich: »was eigentlich deutsch ist«. Diese Formulierung zeigt deutlich, wie sehr ihm das Problem am Herzen lag. Schramm ging außerdem davon aus, daß die Geschichtswissenschaft eine klare Antwort auf diese Frage ermöglichen könne: Lauteten doch die letzten Worte des Textes, die Geschichte könne »lehren, zu sehen, was ist, was wir sind.«

Die Beschäftigung mit dem Mittelalter konnte die Menschen also lehren, was »deutsch« sei, und sie konnte den Deutschen zugleich die Kraft spenden,

38 Darüber, wie andere Historiker in derselben Zeit mit ähnlichen Sorgen umgingen, vgl.: *Jansen*, Professoren, z.B. S. 185–186.

39 Hinsichtlich der damaligen öffentlichen Debatte vgl. z.B.: *Jansen*, »Deutsches Wesen«; außerdem zahlreiche Hinweise bei: *Faulenbach*, Ideologie; s. im übrigen oben, Kap. 3.a).

40 SVS 1923 Verhältnis, S. 318.

sich von ihrer Resignation zu befreien. Das Mittelalter hatte somit etwas Erhebendes an sich, und es war »deutsch«. Davon war Schramm überzeugt. Ebenso überzeugt war er davon, daß eine objektive, methodisch korrekt arbeitende Geschichtswissenschaft immer ein Bild vom Mittelalter hervorbringen mußte, daß diesen Kriterien genügte. Deshalb wandte er sich gegen Albert von Hofmann, der das Mittelalter ablehnte und für den die Epoche aus deutscher Sicht, wie oben zitiert, lediglich »ein flammender Protest gegen die römische Herrschaft über die Welt« war. Um in der Auseinandersetzung mit diesem Autor seine Auffassung zu unterstreichen, listete Schramm auf, was er in der Geschichte des Mittelalters als »deutsch« veranschlagen wollte:

> »Man fragt sich, ob denn die Kunst, die Literatur nicht deutsch, nicht fruchtbar gewesen sei, ob denn die Beherrschung aller Randgebiete, die Kolonisation, die Hanse nicht mehr als ein Protest waren [...].«[41]

Alle genannten Elemente hielt Schramm für Glanzpunkte der deutschen Geschichte im Mittelalter. Für ihn war das Mittelalter insgesamt ein Höhepunkt der Geschichte seines Landes: Er schloß seine Auflistung mit der Frage, »was denn an wahrer deutscher Geschichte übrigbleibt, wenn man das Jahrtausend des Mittelalters streicht.«[42]

Trotz aller Emphase blieben allerdings Schramms Äußerungen zu der Frage, was das spezifisch »Deutsche« ausmache, im Ergebnis recht unscharf. Das deutsch-römische Reich des Mittelalters war in seiner Vorstellung machtvoll und stark – aber diese Vorstellung entsprach den Konventionen seiner Zeit. Alle Ruhmestitel der Deutschen in der Geschichte, die er aufzählte, gehörten zu einem allgemein verbreiteten Kanon.[43] Die Frage, was »deutsch« eigentlich sei, bewegte Schramm zwar, aber vorläufig konnte er sie nur beantworten, indem er sich auf einen Konsens berief, dessen er sich gewiß glaubte. Jedenfalls war er sich sicher, daß das Mittelalter eine Antwort auf diese Frage bereit hielt.

Außerdem war er davon überzeugt, daß die Beschäftigung mit dem Mittelalter den Deutschen Mut machen konnte. Bereits oben, im Kapitel über Schramms Münchener Studienzeit, ist deutlich geworden, daß Schramm dem Spezifischen des Mittelalters nicht neutral gegenüberstand.[44] Anhand des hier in Frage stehenden Textes läßt sich nun veranschaulichen, daß er dem Mittelalter tatsächlich einen hohen Wert beimaß. Der Befund ergibt

41 Ebd., S. 327.

42 Ebd.

43 Dies gilt auch für die hier als »Kolonisation« angesprochene deutsche Ostsiedlung. Über den den damaligen Umgang mit der Geschichte dieses Vorgangs vgl. z.B. die Ausführungen über Karl Hampes »Zug nach dem Osten« unten, Kap. 6.a).

44 Vgl. oben, Kap. 3.e).

sich, obwohl er dem widerspricht, was Schramm aussagen wollte. Seine Absicht war es eigentlich, als Aufgabe der Geschichtswissenschaft herauszustellen, daß sie das Mittelalter ohne jede Anteilnahme beschreiben solle. Als eine der wichtigsten Leistung Rankes stellte er heraus, daß dieser das Mittelalter »aus dem Bereiche der Sympathie des Forschers« entlassen habe. Ranke habe die Epoche »aus dem Gefüge eines welthistorischen Systems« befreit: »damit gewann er aber dem Mittelalter seine autonome Zone zurück, in der es als selbständige Epoche, seine eigene Größe in sich tragend, ›gleich nahe zu Gott‹ steht.«[45]

Besonders eindringlich betonte Schramm immer wieder die Verpflichtung der Geschichtswissenschaft, die eigentümliche Besonderheit des Zeitalters zu berücksichtigen. Auffällig sind allerdings die Begriffe, mit denen er diese Besonderheit belegte. Nur einmal sprach er über »das dem Mittelalter Eigene«.[46] Im Zusammenhang mit Ranke wies er dem Mittelalter eine »eigene Größe« zu. An anderen Stellen hob er »das einmalig Einzigartige« der Epoche hervor, und gleich auf der ersten Seite des Textes betonte er die »Größe und Einzigartigkeit« dieser Zeit.[47] Nicht zufällig haben diese Formulierungen fast alle einen hehren Klang.

Schramm ging davon aus, daß das Mittelalter positiv zu bewerten sei. Darum verteidigte er es gegen alle, die es herabzusetzen versuchten. Es ist durchaus bemerkenswert, was für Bücher er sich für seine Rezension aus der Masse der Literatur herausgesucht hatte, die durch die Mittelaltermode seiner Zeit auf die Ladentische gespült worden war. Zwei der drei Werke – die Arbeit über den »Mittelalterlichen Menschen« und die »Politische Geschichte der Deutschen« – waren dem Mittelalter gegenüber negativ eingestellt. Schramm tadelte sie wegen ihrer Darstellungsweise, die er als unwissenschaftlich beurteilte. Mindestens ebenso stark hatte ihn aber, so scheint es, ihr Urteil über das Mittelalter provoziert.

Diese Vermutung ergibt sich aus der Art und Weise, wie Schramm das dritte der von ihm besprochenen zeitgenössischen Werke behandelte. Im Unterschied zu den ersten beiden stieß der Autor dieses Buches bei Schramm auf Wohlwollen. Schramm rezensierte hier die Übersetzung, die Wolfram von den Steinen von den »Staatsbriefen« des Staufers Friedrich II. vorgelegt hatte.[48] »Wes Geistes das mittelalterliche Kaisertum war,« werde in von den

45 SVS 1923 Verhältnis, S. 323.

46 Im Einleitungsabschnitt beschrieb es Schramm als durchaus nützlich, »wenn wir uns einem lebendigen Empfinden für das Gemeinsame und die uns mit dem Mittelalter verbindende Kontinuität hingeben.« Dadurch hebe sich nämlich »das dem Mittelalter Eigene umso deutlicher ab […].« — SVS 1923 Verhältnis, S. 317–318.

47 In der Reihenfolge des Zitierens: SVS 1923 Verhältnis, S. 318, 317.

48 Schramm wies außerdem darauf hin, seine »Beobachtungen über den Geist der Briefe« habe von den Steinen der Öffentlichkeit bereits in einem früheren Buch vorgelegt. Dieses

Steinens Übersetzungen sichtbar. Die Texte machten deutlich, daß es nicht ausreiche, das Kaisertum als Antipode des Papsttums zu begreifen, »denn diese Briefe mit dem erhabenen Ton [...] deuten an, daß das Kaisertum nicht nur einen negativen Gehalt hat.«[49]

Allerdings mußte Schramm einräumen, daß auch von den Steinen, wie die anderen Autoren, »aus der Not des Tages den Weg ins Mittelalter« finde. Als ein Anhänger des charismatischen Schriftstellers Stefan George folgte von den Steinen den von diesem gesetzten Prämissen.[50] Damit war sein Buch ebenso wenig objektiv zu nennen wie die ersten beiden. Dennoch machte Schramm in diesem Fall keinen Tadel daraus. Nun hatte von den Steinen das Mittelalter seinen gegenwartsgebundenen Absichten wohl auf eine eher subtile Art und Weise dienstbar gemacht. Der tiefere Grund für Schramms anerkennende Bewertung lag aber allem Anschein nach darin, daß hier die Epoche nicht ab-, sondern aufgewertet wurde. Gerade vom abendländischen Kaisertum, das Schramm besonders am Herzen lag, vermittelte von den Steinen ein positives Bild. Schramm hielt es für angemessen. Weil von den Steinen den »erhabenen Ton« der Kaiserbriefe nach dem Eindruck des Rezensenten richtig getroffen hatte, konnte dieser darüber hinwegsehen, daß der Autor mit seiner Darstellung auf eine Wirkung in der Gegenwart zielte.

Das angeblich voraussetzungslose Verstehen, das Schramm verlangte, führte bei ihm stets zu einer positiven Darstellungsweise des Mittelalters. Seine ganze Argumentation war von dem Empfinden getragen, daß das Mittelalter etwas Großes und Erhabenes sei. Zeit seines Lebens ließ sich Schramm von diesem Empfinden leiten. Er hinterfragte es weder hier noch bei späteren Gelegenheiten. Mit dieser nie reflektierten Begeisterung ist eine allgemeine Grundeigenschaft von Schramms Mittelalterbild beschrieben. Darin lag die große Schwäche seiner Konzeption dieser Epoche. Daraus gewann seine Wissenschaft aber auch ihre Energie. Vielleicht wirkte hier tatsächlich noch immer die Schwärmerei des Gymnasiasten für die eigentüm-

Werk über »Das Kaisertum Friedrichs des Zweiten« erschien 1922. Wolfram von den Steinen (1892–1967), ein Altersgenosse Schramms, war von 1928 bis zu seinem Tod Professor in Basel. — *Steinen*, Staatsbriefe; SVS 1923 Verhältnis, S. 328; *Steinen*, Kaisertum; DBE, Bd.9, S. 488.

49 SVS 1923 Verhältnis, S. 328.

50 Es sollte nicht unerwähnt bleiben, daß auch Paul Wittek, dessen Vorstellungen Schramm mit diesem Aufsatz gerecht werden wollte, wie von den Steinen ein Anhänger Stefan Georges war. Schon allein deshalb hätte Schramm von den Steinen nur schwer kritisieren können. Dennoch besteht kein Zweifel, daß das Lob ehrlich gemeint war: Schramm äußerte sich später noch mehrfach lobend über von den Steinens Werke. Was Schramm im einzelnen für eine Meinung von den Ideologemen hatte, die von den Steinen mit seinem Werk transportieren wollte, kann an dieser Stelle offen bleiben. Durch Ernst Kantorowicz wurde Schramm wenig später erneut damit konfrontiert. — SVS 1923 Verhältnis, S. 328–329; über Witteks Haltung zu Stefan George: FAS, L »Jahrgang 94«, Bd.3, S. 477; einen eindrücklichen Beleg bietet: *Wittek*, Einleitung; Schramms Lob für von den Steinen: SVS 1968–1971 Kaiser, Bd.2, S. 319–325, sowie Bd.4,1, S. 192–198 u. 201–203; über Kantorowicz: unten, zuerst Kap. 6.b).

liche Großartigkeit pittoresker Ruinen nach.[51] In jedem Fall war diese Begeisterung in der schwierigen Zeit nach 1918 durch das Bedürfnis wachgerufen worden, zur deprimierenden Gegenwart einen Kontrast zu haben.

Er selbst beschrieb gegen Ende seines Lebens die Situation um 1920 mit den Worten, aufgrund der Niederlage 1918 sei in der damaligen Gegenwart »schlechthin alles in Frage gestellt« erschienen. Das Mittelalter sei jedoch »vom Schwanken der Urteile nur mittelbar berührt« gewesen. Es habe insofern »einen festen Boden« geboten.[52] Damit war die Faszination, die er empfand, von politischen Implikationen nicht frei. Schramm wünschte sich die wilhelminische Monarchie nicht zurück. Aber trotzdem schien ihm das mittelalterliche Kaisertum in mancherlei Hinsicht für das genaue, positive Gegenteil dessen zu stehen, worunter er in seiner Gegenwart litt: Deutschland war im Innern zerrissen – unter den alten Kaisern war es eine Einheit gewesen; Deutschland war schwach und mußte sich vor seinen Nachbarn ängstlich in acht nehmen – im Mittelalter hatte es sie mächtig überragt.

Viele schrieben dem Mittelalter in den zwanziger Jahren des zwanzigsten Jahrhunderts eine derart glanzvolle Ungebrochenheit zu. Manche stilisierten die Epoche deshalb zur Utopie, zu der es zurückzustreben gelte.[53] Im Gegensatz zu diesen ging Schramm nie so weit, daß er konkrete Folgerungen für die Gegenwart zog. Obwohl seine Liebe zum Mittelalter im wesentlichen in der Situation der Jahre nach dem Ende des Ersten Weltkriegs entstanden war, und somit als Gegenbild zu einer recht klar umrissenen politischen und gesellschaftlichen Problemlage, gelingt es weder hier noch bei anderen Gelegenheiten, aus seinem Bild von diesen Jahrhunderten konkrete politische oder gesellschaftsnormative Grundsätze abzuleiten. Gerade darin bestand ja sein Beharren auf der uneinholbaren Besonderheit des Mittelalters. Schramm hatte sein Gegenbild zur Gegenwart nicht als eine Utopie entworfen, aus der Handlungsziele abzuleiten sein sollten. Vielmehr hatte ihn – selbstverständlich unbewußt – vor allem die Sehnsucht nach einem Ort getrieben, zu dem es sich, wenigstens in der Vorstellung, flüchten ließe. Aus dieser Sehnsucht heraus war Schramms Reden vom Mittelalter bedingungslos affirmativ.

So sehr sich Schramm aber für das »Eigene« des Mittelalters begeistern konnte, unternahm er im vorliegenden Text doch nicht den Versuch, es ganz in den Griff zu bekommen. Nicht zuletzt begrifflich hielt er das »einmalig Einzigartige« des Mittelalters auf beinahe betonte Weise offen. An vielen Stellen ist allerdings zu spüren, daß es in Schramms Denken einen engen Zusammenhang zwischen dem »Eigenen« und dem »Geist« des Mittelalters

51 S. hierzu oben, Kap. 1.c).

52 SVS 1968–71 Kaiser, Bd.1, S. 7.

53 Hierzu: *Oexle*, Moderne, v.a. S. 338–348; *ders.*, Geschichtswissenschaft, S. 137–159 u. 176–182; vgl. auch: *Ullrich*, Bamberger Reiter, v.a. S. 328.

gab. In seinem Münchener Referat über »Rankes Geschichtsauffassung« war ihm zum ersten Mal ins Bewußtsein getreten, wie wertvoll der Begriff »Geist« ihm für die Bearbeitung seiner Fragen werden konnte.[54] Seitdem hatten sich seine Kategorien weiterentwickelt. Wie damals, so schillerte der Begriff »Geist« auch jetzt noch. Er diente einerseits zur Bezeichnung einer lebendig gedachten Kraft, die der Geschichte Sinn und Richtung gab, zugleich aber andererseits der summarischen Benennung derjenigen historischen Phänomene, die mit Religion, Wissenschaft, Kunst und ähnlichen Bereichen zu tun hatten. Die Entwicklung, die sich in Schramms Denken vollzogen hatte, fand darin ihren Niederschlag, daß er in dem hier erörterten Text mit den beiden Bedeutungen des fraglichen Begriffs auf sehr unterschiedliche Weise verfuhr.

Sorgfältig hielt Schramm Distanz zu Versuchen, die auf den weitergehenden, ontologischen Sinn des Wortes abzielten. Insbesondere kritisierte er gewisse Tendenzen in der Kunstgeschichte scharf, die darauf hinausliefen, den »Geist« herauspräparieren zu wollen, der sich in den von ihr behandelten Objekten manifestierte.[55] Andererseits machte er es Albert von Hofmann zum Vorwurf, daß dieser die »auf das geistesgeschichtliche Verständnis des Mittelalters zielende Entwicklung« an sich habe »vorbeigehen lassen«.[56] Damit waren offenbar aktuelle Forschungen gemeint, die tiefere Einblicke in die mittelalterliche Weltanschauung zum Ziel hatten. Solche Forschungen waren nach Schramms Meinung höchst modern.

Aus der Argumentation ergibt sich, daß dem Verfasser der »Politischen Geschichte« nach Schramms Auffassung ein besseres Verständnis für das »Eigene« des Mittelalters möglich gewesen wäre, wenn er die »geistesgeschichtliche« Forschungsrichtung rezipiert hätte. Hier wird die Nähe zwischen dem »Eigenen« und dem »Geist« im Denken des jungen Heidelberger Doktors greifbar. Dem entspricht es, daß Schramm in seinem wissenschaftsgeschichtlichen Überblick ausdrücklich auf den von Herder geprägten Begriff des »Volksgeistes« Bezug nahm. Die Prägung dieses Begriffs markierte für ihn den Beginn der verstehenden Mittelalterbetrachtung, die in der Zeit der Romantik sogleich in Bewunderung umschlug.[57]

Im Grunde hätte es Schramms Auffassung entsprochen, das »Eigene« geradewegs als »Geist« anzusprechen. Das »Eigene« bestimmter Landschaften, Nationen oder Epochen ließ sich nach Schramms Auffassung am ehesten

54 FAS, L »Rankes Geschichtsauffassung«; vgl. hierzu oben, Kap. 3.d).

55 »Der heutige Kunsthistoriker [...] trägt die Versuchung in sich, den sich in seinen Objekten manifestierenden Geist fassen zu wollen und seine Besonderheit nach Kulturkreis, Nation, Stamm oder nach der Epoche abzugrenzen. Vom Rieglschen ›Kunstwollen‹ bis zum Worringer-Spenglerschen ›Menschen‹ wird er verdichtet [...].« — SVS 1923 Verhältnis, S. 324.

56 Ebd., S. 327.

57 Ebd., S. 319; s. im übrigen oben in diesem Abschnitt.

durch eine »geistesgeschichtliche« Methodik erfassen. Obwohl somit dieses »Eigene« in seinem Denken deutlich die Züge eines wesenhaft verstandenen »Geistes« trug, setzte er es doch nicht ohne weiteres mit einem solchen »Geist« gleich. Das war letztlich eine ganz oberflächliche Zurückhaltung. Sie beschränkte sich auf die Terminologie und blieb inhaltlich ohne Folgen. Möglicherweise ging sie auf den Einfluß Fritz Saxls zurück. Es gibt Hinweise, daß Saxl die Skepsis seines Freundes gegenüber Konstruktionen wie dem »mittelalterlichen Menschen« als Verkörperung eines bestimmten »Geistes« gefördert hat.[58] Schramm wußte sich auch mit dem Leiter der Bibliothek Warburg einig, wenn er in einem Brief »die Versündigungen der Kunsthistoriker in der geistigen Interpretation des Bildes« kritisierte.[59] Jedenfalls führte Schramms Bemühen um eine rational bestimmte Wissenschaft dazu, daß er auf die Rede von einem überzeitlich lebendigen »Geist« in der Geschichte eher skeptisch reagierte. Trotzdem setzte er eine solche Größe im Grunde voraus.

b) »Studien zur Geschichte Kaiser Ottos III.«

Die allgemeineren Eigenschaften von Schramms Mittelalterbild, die soeben anhand des Aufsatzes »Über unser Verhältnis zum Mittelalter« herausgearbeitet wurden, waren Teil des Fundaments für die konkreten Forschungen, die Schramm in dieser Zeit anstellte. Das erste Ergebnis dieser Forschungen war seine Dissertation. Im Frühsommer 1921 nahm Schramm die Arbeit daran auf. In der davorliegenden Phase fertigte er, wie im vorigen Kapitel schon erwähnt, nacheinander zwei verschiedene Entwürfe für die Doktorarbeit an. Der zweite Entwurf, den er kurz nach seiner Ankunft in Heidelberg im Mai 1921 Karl Hampe vorlegte, wies bereits stark auf die später durchgeführte Arbeit voraus.[60]

Schramm wollte sich auf Kaiser Otto III. konzentrieren. Der Titel der Arbeit sollte lauten: »Persönlichkeit und Politik Ottos III.« Insgesamt hatte Schramm vier Abschnitte vorgesehen. In der »Einleitung« wollte er einerseits »Die bisherige Beurteilung Ottos und seiner Politik« beleuchten, was vor allem auf eine Diskussion der Forschungen des 19. Jahrhunderts hinausgelaufen wäre, andererseits »Das Material über Otto« sichten. Unter dem letztgenannten Stichwort deutete Schramm seine Absicht an, mit Blick auf Otto III. diejenigen Quellen, die von der älteren Forschung immer wieder

58 In sein Tagebuch notierte sich Schramm über Saxl: »Mein Standpunkt gegenüber dem ›Menschen‹ ist durch ihn ohne Zweifel schärfer formuliert worden« (FAS, L »Tagebuch 1920–21«, S. 28, 16.1.1921).

59 WIA, GC 1923, Brief P.E. Schramm an F. Saxl, o.O. [Heidelberg], o.D. [vor 7.3.1923].

60 FAS, L »Skizze Otto III.«

verwendet worden waren, auf ihren tatsächlichen Aussagewert hin genauer zu überprüfen. Ausdrücklich nannte er in diesem Zusammenhang die »Graphia aureae urbis Romae«.

Im dann folgenden ersten Hauptteil der Arbeit wollte Schramm die »Vorbedingungen« von Ottos Politik untersuchen. Die Skizzierung dieses ersten Hauptteils nahm in dem Konzept den breitesten Raum ein. Zu den »Vorbedingungen«, die er erforschen wollte, rechnete Schramm zunächst ganz allgemein den »Zustand um 990«, wobei es ihm vor allem auf die »Zeitströmungen« ankam, die das geistige Leben der Zeit prägten. Ausdrücklich nannte Schramm hier die drei Aspekte »Renaissance«, »Universalismus« und »Askese«. Ein zweiter in Aussicht genommener Gegenstand der Untersuchung war »Das übernommene geistige Gut«, und als ein drittes Thema war »Das kulturelle Gut« vorgesehen. Zu diesem letzten Komplex zählte Schramm nicht zuletzt architektonische Denkmäler und Kunstwerke. Der zweite Hauptteil der hier von Schramm projektierten Arbeit sollte dann »Ottos Politik« behandeln. Schramm führte aber nicht näher aus, worauf er hier eingehen wollte, sondern notierte stattdessen, die Gliederung dieses Teils könne sich im Einzelnen erst aus den Vorarbeiten des ersten Hauptteils ergeben. Am Ende sollte dann der »Schluß« Ottos Persönlichkeit zusammenfassend darstellen.

Angesichts dieses Entwurfs liegt klar auf der Hand, worin Schramm das Ziel seiner Arbeit sah: Die ganze Gliederung führte auf den zweiten Hauptteil hin, der »Ottos Politik« zum Gegenstand haben sollte. Die Konventionen der Geschichtswissenschaft des frühen zwanzigsten Jahrhunderts in Rechnung gestellt, sollte dieser Teil wahrscheinlich in der Form einer Erzählung die politische Ereignisgeschichte beschreiben. Schramm sträubte sich aber, eine solche Beschreibung zu versuchen, ohne andere Dimensionen der Geschichte berücksichtigt zu haben. Vorher wollte er die »geistesgeschichtlichen« Hintergründe ausgeleuchtet wissen. Das sollte der erste Hauptteil leisten. Eine solche Einbettung war in Schramms Augen die zwingende Voraussetzung für eine wirklich verstehende Darstellung.

Auf der Grundlage dieses Konzepts nahm Schramm die Arbeit an seiner Dissertation auf. Die Arbeit, deren maschinengeschriebene Reinschrift er ein knappes Jahr später bei Karl Hampe abgab, trug den Titel »Studien zur Geschichte Kaiser Ottos III.« Text und Anmerkungen zusammengenommen, hatte das Manuskript über 450 Seiten.[61] Weniger als zwei Jahre, nachdem das Widmungsbild aus dem Reichenauer Evangeliar ihm in München für seine Studien die Richtung gewiesen hatte, hatten Schramms Forschungen damit einen beeindruckend reichen Ertrag erbracht.

61 Das überlieferte Exemplar ist in zwei Bände gebunden. Der Textband hat 345, der Anmerkungsband 116 Seiten (SVS 1922 Studien).

Allerdings darf dies nicht so verstanden werden, als habe Schramm in seiner Dissertation abschließende Erkenntnisse präsentiert. Es ist im vorigen Kapitel beschrieben worden, wie er die Doktorarbeit gleich nach dem glücklich bestandenen Examen sofort wieder in ihre Einzelteile zerlegte, die Ergebnisse vertiefte, manches zur Publikation vorbereitete und anderes in neue Zusammenhänge einordnete.[62] Schramm faßte sein bis dahin erworbenes Wissen im Frühjahr 1922 nicht zum Text der Doktorarbeit zusammen, weil er meinte, einen sinvollen Einschnitt erreicht zu haben, sondern weil er das Promotionsverfahren abschließen wollte. Dementsprechend zeichnet sich die Dissertation durch einen hohen Grad der Vorläufigkeit aus. Sie stellt nur eine Zwischenstufe dar in einem Prozeß, der erst sieben Jahre später, mit Schramms großem Werk »Kaiser, Rom und Renovatio«, im wesentlichen zum Abschluß kam.[63] Als Teil dieses Prozesses muß sie im folgenden analysiert werden.

Gleich im ersten Satz des Vorworts formulierte Schramm sein eigentliches Untersuchungsziel: »Die folgende Arbeit ist aus der Fragestellung herausgewachsen: was wollte Kaiser Otto III.?«[64] Es kam Schramm also vor allem darauf an, die Grundvorstellungen und Ziele des jungen Kaisers selbst herauszuarbeiten. Im Entwurf der Arbeit hatte er sich vorgenommen, einerseits das geistesgeschichtliche Umfeld, andererseits das politische Handeln Ottos zu untersuchen. Mit der im Vorwort formulierten Frage zielte Schramm genau auf das, was er für das Scharnier zwischen diesen beiden Bereichen hielt: In den Absichten des Herrschers wollte er zum einen die geistigen Kräfte der Zeit widergespiegelt finden, zum anderen wollte er anhand der Absichten die tatsächlich erfolgten Handlungen erklären.

Wie aus diesem Ansatz heraus die Arbeit in ihrer noch heute vorliegenden Form entstanden war, deutete Schramm im Vorwort an. Seinem Plan hatten sich Hindernisse in den Weg gestellt, die er so nicht vorausgesehen hatte.[65] Er war sich zwar von Beginn an darüber im klaren gewesen, daß seine eigene Auffassung von Ottos politischem Wollen von der Sichtweise der früheren Forschung abwich. Darum hatte er auch schon im Entwurf seiner Doktorarbeit die Absicht bekundet, im Zuge der Auseinandersetzung mit der älteren Auffassung alle Quellen gründlich zu prüfen.[66] Nun lief aber seine eigene Meinung der vorherrschenden Auffassung nicht nur der Tendenz nach, sondern ganz grundsätzlich zuwider. Angesichts dessen konnte er die erforderlichen Quellenstudien nicht, wie er es ursprünglich vorgehabt hatte,

62 Oben, Kap. 4.c) u. 4.d).
63 SVS 1929 Kaiser Renovatio; s. hierzu unten, v.a. Kap. 7.c).
64 SVS 1922 Studien, S. 1.
65 Ebd.
66 FAS, L »Skizze Otto III.«; s. weiter oben in diesem Abschnitt.

im Rahmen der Einleitung kurz abhandeln. Stattdessen sah er sich genötigt, seine Position mit akribischen Detailuntersuchungen zu untermauern.

Die Gliederung der Arbeit bildete das Resultat dieser Einsicht. Vom Vorwort einmal abgesehen, zerfiel die Dissertation in eine Einleitung und zwei Hauptteile. In der Einleitung beschrieb Schramm die ältere Forschung und formulierte seine Kritikpunkte.[67] Im ersten Hauptteil, der mit »Untersuchungen« überschrieben war und sechs Kapitel umfaßte, hatte Schramm seine Quellenstudien zusammengeführt.[68] Der zweite Hauptteil trug die Überschrift »Darstellung«.[69] In zwei Kapiteln, von denen das zweite wiederum recht klar in zwei Unterabschnitte gegliedert war, beschrieb dieser Teil die »Ideen«, die »Politik« und die »Persönlichkeit« Ottos III.[70]

Für Schramm war der dritte Ottone zuallererst der Kaiser gewesen, den er in München auf jenem »herrlichen« Widmungsbild auf eine Art und Weise dargestellt gesehen hatte, die ihm formvollendet und tief durchdacht erschienen war. Die theologische Bedeutungsebene des Bildes, die er damals erkannte, hatte für ihn die Frage nach dem »Wesen des Staates« aufgeworfen: Auf welchen Grundlagen ruhte der »Staat«, über den Otto herrschte, wenn ihm die auf dem Bild gewählte Darstellungsweise angemessen war?[71] Zugleich wurde der junge Kaiser selbst interessant. Schramm meinte, die Vorstellung, die dieser von seiner Herrschaft gehabt habe, müsse dem Bild an tief empfundener Größe entsprechen. Außerdem konnte die Herrschaftsauffassung des Dargestellten, in gleicher Weise wie das Bild, nicht anders als ganz und gar mittelalterlich gewesen sein. Nach Schramms Auffassung mußte sie zunächst aus dem Zusammenhang ihrer Zeit erklärt werden. Von der besonderen Qualität des Bildes beeindruckt, setzte er außerdem voraus, daß Ottos Herrschaftsauffassung, an den Maßstäben der ersten Jahrtausendwende gemessen, ihre eigene Plausibilität und insofern ihre Berechtigung gehabt hatte.

Nichts davon fand Schramm in der Forschung wieder. Er mußte feststellen, daß der junge Kaiser von den meisten Forschern abschätzig bewertet worden war. Daran rieb er sich, und dieses negative Urteil wollte er korrigieren. Aus diesem Grund schilderte er in der Einleitung seiner Doktorarbeit, wie frühere Forscher Otto dargestellt hätten und auf welche Weise sie zu ihrer negativen Einschätzung gekommen seien. Er begann bei Giesebrechts »Geschichte der deutschen Kaiserzeit« und Gregorovius' »Geschichte der Stadt Rom im Mittelalter«, die noch verhältnismäßig vorsichtig geurteilt hatten, und endete

67 SVS 1922 Studien, S. 8–34.

68 Ebd., S. 35–249.

69 Ebd., S. 250–345.

70 Kapitel sieben, »Die Ideen der Jahre 996–1002«: SVS 1922 Studien, S. 250–286; Kapitel acht, »Die Politik und Persönlichkeit Ottos III.«: SVS 1922 Studien, S. 287–345.

71 Hierzu oben, Kap. 3.e).

bei Dietrich Schäfers »Deutscher Geschichte« sowie dem bereits im vorigen Abschnitt erörterten Albert von Hofmann.[72] Insgesamt kam Schramm zu der Auffassung, die allgemeine Verurteilung Ottos beruhe auf einseitiger Voreingenommenheit der Forschenden, die zum Teil stark anachronistische Maßstäbe angewandt hätten. Um dem Kaiser gerecht zu werden, müßten die Quellen neu gesichtet und die historischen Bedingungen von Ottos Denken und Handeln sehr viel stärker berücksichtigt werden, als das früher geschehen sei.

Hierfür die Grundlage zu schaffen, war die Funktion des ersten, vorbereitenden Hauptteils von Schramms Doktorarbeit. Das erste der sechs Kapitel beinhaltete die Analyse der »Graphia aureae urbis Romae«.[73] Die Arbeit daran hatte im Zuge von Schramms Forschungen eine eigene Dynamik entwickelt. Dadurch wies ihm die »Graphia« sozusagen den Weg, der von der Doktorarbeit schließlich zu »Kaiser, Rom und Renovatio« führte. Trotzdem trat in dem zu guter Letzt publizierten Buch die »Graphia« hinter anderen Gegenständen zurück.[74] Deshalb scheint es sinnvoll, Schramms Ergebnisse bereits an dieser Stelle abschließend zu erläutern.

Die »Graphia« ist ein eigenartiger, einigermaßen rätselhafter Text, der nur in einer einzigen Handschrift aus dem späteren Mittelalter überliefert ist.[75] Er handelt von der Stadt Rom, deren Geschichte und Gestalt er beschreibt. Je nachdem, ob der Anfang als eigenständiger Abschnitt gerechnet wird oder nicht, zerfällt der Text in zwei, beziehungsweise drei Teile. Schramm akzeptierte die These der Forschung, in der vorliegenden Form sei die »Graphia« im 12. Jahrhundert aus verschiedenen älteren Teilen kompiliert worden.[76]

72 SVS 1922 Studien, S. 8–34; vgl. SVS 1929 Kaiser Renovatio, Bd.2, S. 9–16; *Giesebrecht*, Kaiserzeit; *Gregorovius*, Geschichte; *Schäfer*, Deutsche Geschichte; *Hofmann, A.v.*, Politische Geschichte; über die Forschung zu Otto III. vor dem Erscheinen von Schramms »Kaiser, Rom und Renovatio« vgl.: *Althoff*, Otto III., S. 2–4; *Eickhoff*, Kaiser Otto III., S. 211–212.

73 SVS 1922 Studien, S. 35–87.

74 Wie bereits erwähnt, vereinbarte Schramm noch 1922 mit Fritz Saxl, eine Edition der »Graphia« mit Kommentar als »Studie der Bibliothek Warburg« zu publizieren. Außerdem ergab sich für ihn die Möglichkeit, über die »Graphia« seine Habilitation zu schreiben. Aus diesen Ansätzen entstand dann »Kaiser, Rom und Renovatio«. — S.o., Kap. 4.c), sowie unten, Kap. 6; über die Stellung der »Graphia« in »Kaiser, Rom und Renovatio« s.u., Kap. 7.c).

75 Schramm selbst hat den Text zweimal ediert, zuletzt 1969. Die Edition von *Roberto Valentini* und *Giuseppe Zucchetti* weicht von Schramms Vorschlägen praktisch nicht ab. — SVS 1968–1971 Kaiser, Bd.3, S. 313–359 [S. 313–319 Einleitung, S. 319–353 Text, S. 353–359 Anhang]; *Valentini, Zucchetti (Hg.)*, Codice 2, S. 67–110 [S. 67–76 Kommentar, S. 77–110 Text]; vgl. ferner: *Repertorium fontium*, Bd.5 [1984], S. 203–204.

76 In »Kaiser, Rom und Renovatio« grenzte Schramm das Datum der Kompilation weiter ein und legte den Vorgang in das Jahr 1155. An dieser Datierung hielt er dann fest. Zuletzt hat sich *Herbert Bloch* eingehend mit der Frage der Datierung der »Graphia« befaßt. Er hat zwar die These beibehalten, daß die »Graphia« im zwölften Jahrhundert ihre endgültige Form erhalten habe, hat aber zur Entstehungsgeschichte ein neues Modell vorgeschlagen: Seiner Auffassung nach ist die Schrift in der überlieferten Form eine Schöpfung des Petrus Diaconus, eines im zwölften Jahrhun-

Von besonderem Interesse war für ihn ohnehin nur ihr letzter Abschnitt, den er in der Dissertation als »Zeremonienbuch« betitelte.[77] Das »Zeremonienbuch« enthält die verschiedensten Angaben über die Würde des römischen Kaisers, über Ämter und Zeremoniell an seinem Hofe sowie einige damit zusammenhängende Dinge.[78] Frühere Forscher waren davon ausgegangen, das »Zeremonienbuch« sei in der Zeit Ottos III. entstanden. Sie hatten es außerdem regelmäßig mit dem jungen Kaiser selbst in Verbindung gebracht. Das »Zeremonienbuch« bot ihrer Meinung nach eine wahrheitsgemäße Schilderung des von Otto tatsächlich geplanten Herrschaftssystems, oder doch zumindest eine treffende Beschreibung seiner Vorstellungen und Wünsche. Das darin vom Kaiserhof gezeichnete Bild übersteigt allerdings in seiner Prachtlust und Vielfarbigkeit jedes realistische Maß. Dieser Umstand hatte sich auf die Einschätzung des Kaisers in der Forschung ausgewirkt. Auf diese Weise hatte die »Graphia« eine entscheidende Rolle für die negative Bewertung gespielt, die Otto III. häufig erfahren hatte.[79]

Darum machte Schramm es sich zur Aufgabe, den dritten Teil der »Graphia« gründlich zu untersuchen. Bereits in der Doktorarbeit kam er zu dem Schluß, der Text habe nicht das geringste mit Otto III. selbst zu tun. Sein wichtigstes Ergebnis war die Einsicht, das »Zeremonienbuch« sei zwar im elften Jahrhundert entstanden, aber nicht in Ottos Regierungszeit, wie die ältere Forschung gemeint hatte, sondern erst ungefähr zwei Jahrzehnte nach seinem Tod.[80] Ferner meinte Schramm, der Verfasser habe nicht etwa von Otto begründete oder auch nur erstrebte Verhältnisse beschrieben, sondern unter Verwertung älterer Überlieferungen ein utopisches Idealbild entwor-

dert lebenden Mönches von Monte Cassino, der auch große Teile des Textes selbst verfaßt habe. — SVS 1922 Studien, S. 40–41; SVS 1929 Kaiser Renovatio, Bd.2, S. 106–108; SVS 1968–1971 Kaiser, Bd.3, S. 355–356; *Bloch, H.*, Autor; hierzu auch *Baumgärtner*, Rombeherrschung, S. 62–66.

77 Später hat Schramm die Bezeichnung ins Lateinische übersetzt und vom »Libellus de caerimoniis aulae imperatoris« gesprochen. Diese Bezeichnung ist bis heute üblich. — SVS 1922 Studien, S. 42; SVS 1929 Kaiser Renovatio, Bd.1, S. 193, m. Anm. 1 auf S. 193–194.

78 Das »Zeremonienbuch« in Schramms Edition: SVS 1968–1971 Kaiser, Bd.3, S. 338–353.

79 Schramm sah diese Beurteilung, die in der Historiographie immer wieder auftaucht, zurückgehen auf die »Geschichte der Stadt Rom« von *Ferdinand Gregorovius*. Dort ist unter anderem davon die Rede, Otto habe »stolzklingende Ämter« an seinem Hof eingeführt, die aber ohne Inhalt gewesen seien. — SVS 1922 Studien, S. 35–36; SVS 1929 Kaiser Renovatio, Bd.1, S. 194; *Gregorovius*, Geschichte, Bd.1, S. 677–678, Zitat S. 677.

80 Später präzisierte Schramm auch diese Datierung und kam auf »um 1030«. Die Datierung ist aber bis heute umstritten. *Herbert Bloch* hat den »Libellus«, wie die gesamte »Graphia«, mit sehr guten Gründen als Schöpfung des Petrus Diaconus bezeichnet. Damit hat er die Entstehung des »Libellus« in das zwölfte Jahrhundert verlegt. Andere Forscher sind weiter der Meinung, zumindest eine Vorform des »Libellus« müsse schon vor 1050 existiert haben. In jüngster Zeit hat *Johannes Fried*, wenn auch auf wenig überzeugende Weise, das »Zeremonienbuch« wieder auf Otto III. bezogen und als ein »für das neue Kaisertum maßgebliches Formelbuch« bezeichnet. — SVS 1922 Studien, S. 52–54; SVS 1929 Kaiser Renovatio, Bd.1, v.a. S. 204; *Bloch, H.*, Autor; *Schimmelpfennig*, Einleitung, S. 1; *Fried*, Erneuerung, S. 743.

fen. Demnach liefere das »Zeremonienbuch«, so Schramms Fazit, keinerlei direkte Informationen über Otto III. Deshalb dürfe sich eine Darstellung von Ottos politischem Wollen nicht in der Weise darauf stützen, wie es bisher geschehen sei.[81]

Trotz dieses Ergebnisses vertrat Schramm die Auffassung, die Quelle habe durchaus einen gewissen Wert. Er sah den Quellenwert des »Zeremonienbuches« vor allem darin, daß hier die Sehnsucht eines Römers nach Ruhm und Größe seiner Heimatstadt zum Ausdruck komme. Damit werde eine damals weit verbreitete Stimmung greifbar, die bei anderen Gelegenheiten historische Wirksamkeit entfaltet habe.[82] Schramm vermochte den Autor zwar nicht genau zu indentifizieren, beschrieb ihn aber bereits in seiner Dissertation als einen literarisch und juristisch einigermaßen gebildeten Mann, der vielleicht Mitglied eines städtischen Richterkollegiums gewesen sei.[83] Dieser »Anonymus« habe seinen Wünschen eine Form gegeben, indem er hier das Idealbild eines römischen Kaisertums entworfen habe. Er verherrliche Rom, indem er die Pracht des in Rom residierenden Kaisers beschreibe.[84] Insofern, als in der Antike tatsächlich Kaiser in Rom residierten, sehne er sich schließlich nach einer Erneuerung der Antike.[85]

Schramm konnte nicht umhin, der Sehnsucht des Autors nach römischer Größe ein eigenes Gewicht zuzusprechen. Darum verwandte er, obwohl das für das eigentliche Thema seiner Arbeit, nämlich die politischen Ideen Ottos III., nicht mehr von Belang war, viel Mühe auf die zum Teil recht eigenwilligen Vorstellungen des Verfassers davon, wie das römische Kaisertum aussehen sollte. Detailliert untersuchte er, woher der Verfasser des »Zeremonienbuches« seine Vorstellungen genommen hatte. Neben den ausführlichen Entleihungen aus den Etymologien des Isidor von Sevilla, die der Forschung schon bekannt waren, entdeckte Schramm dabei vor allem zahlreiche Berührungspunkte zwischen dem »Zeremonienbuch« und der »Konstantinischen Schenkung«. Im Ergebnis machte das »Zeremonienbuch« sozusagen die Schenkung rückgängig, denn alles, was dort dem Papst zugesprochen wurde, nahm der Autor für den von ihm imaginierten römischen Kaiser in Anspruch.[86]

81 Zusammenfassend: SVS 1922 Studien, S. 85 u. 86.

82 SVS 1922 Studien, S. 83 u. 85–86; im gleichen Sinne: SVS 1929 Kaiser Renovatio, Bd.1, S. 220–222.

83 Schramm hielt es für möglich, daß der Autor ein »Judex dativus« gewesen sei. — SVS 1922 Studien, S. 52–54 u. 74; SVS 1929 Kaiser Renovatio, Bd.1, S. 214–215.

84 SVS 1922 Studien, v.a. S. 82–83; in »Kaiser, Rom und Renovatio« nur zusammenfassend unter gleichzeitiger Berücksichtigung anderer einschlägiger Quellen: SVS 1929 Kaiser Renovatio, Bd.1, S. 220–222.

85 SVS 1922 Studien, S. 81–83; SVS 1929 Kaiser Renovatio, Bd.1, S. 216.

86 Die klarere Zusammenfassung von Schramms Ergebnissen bringt das spätere Werk: SVS 1929 Kaiser Renovatio, Bd.1, S. 195–197; ergänzend Bd.2, S. 34–35.

Auf solche Weise konnte die »Graphia« für Schramms weitere Arbeit eine ähnliche Bedeutung gewinnen wie zuvor jene Miniatur Ottos III.: Sie war Anlaß für vielerlei Fragen, die zu immer neuen Einsichten und immer neuen Problemen führten. Neben dem Abschnitt über diesen Quellentext weitere Kapitel des ersten Teils der Dissertation zu erläutern, erübrigt sich. Alle wesentlichen Ergebnisse hat Schramm in »Kaiser, Rom und Renovatio« eingearbeitet; im Zusammenhang mit diesem Werk werden sie zu erörtern sein.

In der Dissertation folgte auf die »Untersuchungen« des ersten Teiles im zweiten Hauptteil die »Darstellung«. Das erste der beiden darin enthaltenen Kapitel war von besonderem Gewicht. Es beschrieb »Die Ideen der Jahre 996–1002«.[87] Hier behandelte Schramm zusammenfassend die politischen Grundvorstellungen und Ziele Ottos III. Dem programmatischen Eröffnungssatz des Vorworts gemäß, bildete dieser Abschnitt das eigentliche Herzstück der Arbeit. Da alles Wesentliche später in bereinigter und ausgefeilter Form in »Kaiser, Rom und Renovatio« wiederkehrte, seien an dieser Stellen nur einige Grundlinien skizziert. Vor allem in diesem Abschnitt ging Schramm gegen die Vorstellung an, Otto sei ein konzeptionsloser Phantast gewesen. Er zeichnete im Gegenteil das Bild eines Herrschers, den günstige Umstände dazu brachten, politische Entwürfe von beeindruckender visionärer Kraft zu entwickeln.

Wie schon bei Schramms Deutung der »Graphia«, spielte auch hier die Stadt Rom eine wichtige Rolle: Schramm beschrieb die Ausrichtung auf Rom als zentrales Charakteristikum von Ottos politischem Denken. Das Ziel dieses Herrschers, so die These, sei die Wiederherstellung des römischen Kaisertums der Antike gewesen. Dies sei der Hintergrund der Legende »Renovatio imperii« auf seiner Bulle gewesen.[88] Die Begegnung mit der Schönheit der Stadt, deren große Geschichte ihm in ihren zahlreichen Baudenkmälern anschaulich geworden sei, habe darüber hinaus bei Otto eine »ganz persönliche Liebe zu Rom selbst« geweckt.[89] Darum habe er so intensiv versucht, die Stadt Rom unter seine Kontrolle zu bekommen, und auch die Absicht gehabt, in Rom eine Residenz zu errichten. Schramms Darstellung zufolge nahm der Kaiser die Umsetzung seiner Pläne sehr energisch in Angriff. Angesichts dessen wollte Schramm den frühen Tod Ottos in einem Augenblick, in dem alle seine Pläne in eine tiefe Krise geraten waren, nicht als Scheitern deuten. Stattdessen bestand er darauf, daß dadurch letztlich unentschieden geblieben sei, ob Otto seine Pläne hätte verwirklichen können oder nicht.[90]

87 SVS 1922 Studien, S. 250–286.

88 Ebd., S. 256–258.

89 Ebd., S. 270–273, das Zitat auf S. 270; über Otto und die Ruinen Roms auch S. 266; vgl. außerdem SVS 1929 Kaiser Renovatio, Bd.1, S. 105–108.

90 SVS 1922 Studien, S. 286.

Im letzten Kapitel, das in zwei Abschnitte zerfiel, beschrieb Schramm die »Politik« und die »Persönlichkeit« Ottos. Unter der Überschrift »Die Politik Ottos III.« bot er eine Betrachtung der politischen Ereignisgeschichte.[91] Ein besonderes Augenmerk galt dabei den machtpolitischen Strategien, die Otto angeblich verfolgt habe. Im Unterschied zu den übrigen Abschnitten seiner Arbeit beschrieb Schramm den Kaiser in diesem Kapitel als einen Herrscher, der vor allem danach getrachtet habe, seine territoriale Machtstellung zu sichern und womöglich auszuweiten. Mehr oder weniger explizit ließ er Otto selbst und die übrigen Mächte auftreten, als ob sie imperialistische Staaten des späten neunzehnten Jahrhunderts seien und deren machtpolitischer Logik gehorchten. Dem französischen König trat Otto, Schramms Darstellung zufolge, entgegen, wo er nur konnte. Die Einbindung des Piastenherzogs und des ungarischen Monarchen in die Herrschaftssphäre des Papstes und des Kaisers, die Schramm in einem anderen Kapitel sehr viel einfühlsamer beschrieben hatte, wurde nun als reine Ausdehnung des Machtbereichs gedeutet.[92]

Es gab an der einen oder anderen Stelle durchaus Verknüpfungen zwischen diesem und den vorausgegangenen Kapiteln: Inhaltlich griff Schramm verschiedentlich auf die Ergebnisse seiner vorher durchgeführten Untersuchungen zurück. Aber die tiefe Andersartigkeit des Mittelalters, auf die er an anderen Stellen seiner Arbeit so viel Wert gelegt hatte, und die ihm sonst so viel bedeutete, wurde völlig ignoriert. Offenbar war Schramm der Auffassung, in einer abgerundeten Gesamtdarstellung Ottos III., die er in seiner Doktorarbeit wenigstens skizzieren wollte, dürfe eine solche »politische« Betrachtung nicht fehlen.[93] Vielleicht wollte er hier den Erwartungen einer erhofften Leserschaft gerecht werden. Trotzdem ist nicht ganz zu begreifen, wie ein Wissenschaftler, der schon damals auf jegliche anachronistische Beschreibung des Mittelalters geradezu allergisch reagierte, sich hier selbst zu einer Deutung von politischem Handeln hinreißen lassen konnte, bei der die Motive der Herrschenden in eklatant anachronistischer Weise auf machtpolitisches Kalkül reduziert wurden. In »Kaiser, Rom und Renovatio« verzichtete Schramm auf derartige Betrachtungen.[94]

Die Beschreibung von Ottos Persönlichkeit, die Schramm im zweiten Abschnitt des letzten Kapitels lieferte, war, bei Licht betrachtet, von ähnlich

91 Ebd., S. 287–322.

92 Ebd., S. 302–308; vgl. ebd., S. 273–274.

93 In dem »Vermerk hinsichtlich der Veröffentlichung«, den Schramm dem eingereichten Exemplar seiner Doktorarbeit beigab, sprach er davon, im letzten Kapitel der Arbeit sei eine zusammenfassende Darstellung skizziert (»Vermerk hinsichtlich der Veröffentlichung«, handschr., Januar 1923, als Zettel eingebunden hinter das erste Titelblatt von: SVS 1922 Studien).

94 Er begründete dies mit der Einschätzung, der Blickwinkel seiner Untersuchung erlaube es nicht, diese Thematik anzuschneiden (SVS 1929 Kaiser Renovatio, Bd.1, v.a. S. 185, auch S. 137).

problematischer Qualität, doch wenigstens blieb er sich hier treu.[95] Die Art und Weise, wie Schramm das Verhalten des Kaisers psychologisierte und die kargen Quellen überstrapazierte, um ein anschauliches Bild der Persönlichkeit Ottos malen zu können, mag einem heutigen Leser unzulässig vorkommen. Aber immerhin harmonierte das Bild, das Schramm hier zeichnete, mit dem Ideengebäude, das er Otto weiter oben zugeschrieben hatte, und es gehorchte seiner Forderung, das Mittelalterliche im Denken seines Protagonisten nicht nur zuzulassen, sondern es in der Berechtigung zu würdigen, die es im Rahmen seiner eigenen Zeit gehabt hatte. Schramm entwarf das Porträt eines für seine Zeit außergewöhnlich gebildeten Herrschers. Otto erschien als ein feinfühliger junger Mann, der an den gewaltigen Herausforderungen wuchs, die sich ihm stellten. Aus ihnen heraus entwickelte er Visionen, die ihn selbst und seine Zeitgenossen begeistern konnten. Schramm betonte die Gebundenheit Ottos an den christlichen Glauben seiner Zeit, an die Würde der Kirche und an verbreitete Tendenzen der Frömmigkeit im frühen elften Jahrhundert. Auf diese Weise vermochte er ein Bild von der Persönlichkeit des Kaisers zu skizzieren, das in sich geschlossen und ungemein lebendig war.

Bis auf das Kapitel über die »Graphia« dienten alle Kapitel der Dissertation direkt dem Ziel, das Schramm sich gesetzt hatte: Das Denken und Handeln des jungen Kaisers aus seiner Zeit heraus neu zu verstehen. Damit wollte er Otto III. verteidigen gegen die seiner Meinung nach völlig unangebrachte Kritik anderer Forscher. Schritt für Schritt arbeitete Schramm heraus, daß Otto durchaus eine geschlossene Herrschaftskonzeption gehabt hatte, und daß seine Ideen zwar ambitioniert, aber nicht so verworren gewesen waren, wie die ältere Forschung ihm unterstellt hatte. Indem Schramm auf dieses Ziel hin die Quellen durchforscht hatte und verschiedenen Spuren nachgegangen war, war er auf vieles gestoßen, was er gar nicht gesucht hatte. So tauchte zwar auch in seinem Entwurf schon das Stichwort »Renaissance« auf.[96] Aber was der damit bezeichnete Themenbereich für seine Untersuchungen bedeuten konnte, wurde ihm wahrscheinlich erst nach und nach klar. Er entdeckte nicht nur bei Otto selbst den Versuch, die Antike wieder zum Leben zu erwecken, sondern, durch seine Neuinterpretation der »Graphia«, auch bei den Bürgern Roms. Als deren Hervorbringung wollte er ja das »Zeremonienbuch« verstehen. Hier wie dort erspürte er vor allem den drängenden Wunsch, durch den Rückbezug auf eine glorreiche Vergangenheit die eigene Gegenwart zu erneuern. Zugleich trat ihm ins Bewußtsein, welche große Bedeutung die Stadt Rom für solche Bestrebungen gehabt

95 SVS 1922 Studien, S. 323–345.
96 FAS, L »Skizze Otto III.«

hatte. Damit hatte er den Weg betreten, dessen Endpunkt »Kaiser, Rom und Renovatio« wurde.

Warum gerade diese beiden Aspekte seine Aufmerksamkeit erregen konnten, scheint auf der Hand zu liegen: Er lebte ja selbst in einer Zeit, die er als mängelbeladen empfand und deren tiefgreifende Veränderung er ersehnte. Und wenige Monate, bevor mit der Arbeit an seiner Dissertation begonnen hatte, war er in Rom gewesen. Es ist belegt, daß er auf jener Italienreise, die er 1921 als einen euphorischen Traum erlebte, auch die Ewige Stadt besuchte.[97] Wenn er nun an einer Stelle seiner Doktorarbeit die Wirkung schilderte, welche die antiken Ruinen und die zahllosen Kirchen in der Stadt auf den Jüngling Otto gehabt hätten, dann drängt sich der Gedanke förmlich auf, der nur wenig ältere »Augenmensch« Schramm gebe hier die Empfindungen wieder, die er selbst beim Anblick der römischen Monumente gehabt habe.[98] Freilich läßt sich dies nicht zweifelsfrei belegen.

c) »Das Imperium der sächsischen Kaiser«

Schramms Doktorarbeit war das Produkt eines Jahres angespannter und konzentrierter Arbeit. Insgesamt bewegten sich die Forschungen, die er in den Jahren 1921 bis 1923 unternahm, jedoch in einem sehr viel weiteren Rahmen, als die »Studien zur Geschichte Kaiser Ottos III.« erkennen ließen. Das schlug sich bereits in dem ersten Entwurf nieder, den Schramm für seine Doktorarbeit anfertigte. Weil das darin skizzierte Vorhaben den Rahmen einer Dissertation vollkommen gesprengt hätte, ersetzte er diesen Entwurf wenig später durch den oben diskutierten zweiten, der ganz auf Otto III. zugeschnitten war.

Das ältere Konzept erstellte Schramm im April 1921, als er gerade von seiner Italienreise zurückgekehrt war. Ganz erfüllt von den Erfahrungen der unmittelbar hinter ihm liegenden Zeit, griff er weit aus und skizzierte einen ungeheuer ehrgeizigen Plan. Der Entwurf trug den Titel »Das Imperium der sächsischen Kaiser«. Wie das schließlich ausgeführte Konzept ging auch dieses erste auf die Beschäftigung mit jenem Bild Ottos III. zurück, das Schramm in München gefesselt hatte. Damals war er zu der Überzeugung gekommen, daß das eigentliche Thema der Darstellung das »Wesen« des von Otto gelenkten »Staates« sei. Dieses »Wesen« wollte er nun zu fassen bekommen. Zu diesem Zweck erweiterte er den Untersuchungshorizont und stellte nicht nur für Otto III., sondern für alle Herrscher aus dessen Dynastie

97 Otto Westphal antwortete auf eine Postkarte von Schramm, die dieser aus Rom geschrieben hatte (FAS, L 230, Bd.11, Brief O. Westphal an P.E. Schramm, o.O. [München], 25.4.1921).
98 SVS 1922 Studien, S. 271–273.

von 919 bis 1024 die Frage: Was war ihr »Imperium«, was waren die Grundlagen ihres Reiches und ihrer Macht?[99]

Um diese Frage zu beantworten, hatte Schramm für seine Arbeit drei Abschnitte vorgesehen. Den ersten Teil charakterisierte er mit dem Stichwort »sachlich«. Darin wollte er »Imperiale Äußerungen der sächsischen Kaiser« untersuchen, und zwar vor allem »Principielle Äußerungen«, womit er allgemeine, sozusagen theoretische Äußerungen meinte. In einem Abschnitt über »Politische« Äußerungen hätte Schramm, wie er in dem Konzept vermerkte, unter anderem die Arrengen der ottonischen Kaiserurkunden gesammelt. Ferner wollte er unter den Quellenbelegen »principieller« Natur auch »Künstlerische« Äußerungen behandeln.[100] Gemeint waren offenbar Darstellungen der Kaiser im Medium der Kunst, und in diesem Rahmen hätte Schramm gewiß auch das bewußte Bild Ottos III. erörtert.

Den zweiten Teil seiner geplanten Arbeit nannte Schramm »ableitend«. In ihm wollte er »Die Wurzeln der imperialen Auffassung« erforschen. Diese »imperiale Auffassung« sah er offenbar aus verschiedenen Elementen zusammengefügt. Er unterschied – der Tatsache entsprechend, daß der in Rom gekrönte Kaiser des Mittelalters immer zuerst König des nordalpinen, »deutschen« Reiches war – zwischen den »Wurzeln« des Königtums und denen des Kaisertums. Das »Königtum« sah Schramm verankert im germanischen Altertum, in der christlichen Gedankenwelt und in der Antike. Das »Kaisertum« wurzelte seiner Meinung nach ebenfalls in der Antike und im Christentum, darüber hinaus aber noch in orientalischen Auffassungen und in der byzantinischen Kultur.

Den vorgesehenen dritten Teil seines Werkes charakterisierte Schramm als »historisch«. Die fünf in Frage stehenden Herrscher von Heinrich I. über die drei eigentlichen Ottonen bis zu Heinrich II. wollte er in chronologischer Folge behandeln und dabei beschreiben, wie ihre jeweilige »Stellung« zu bestimmten Größen war. Als Elemente, die er unter diesem Gesichtspunkt untersuchen wollte, nannte Schramm beispielsweise »Gott – Kirche«, »Untertanen«, »Staat – Nation« und den byzantinischen Kaiser.

Es hat den Anschein, daß die Gliederung in Schramms Augen hierarchisch aufgebaut war: von der Materialsammlung aufsteigend zur zusammenfassenden Darstellung. Der Form nach zielte sein Entwurf auf eine großangelegte Synthese nach dem Vorbild der Geschichtsschreibung eines Ranke. Sein Erkenntnisinteresse war aber durchaus spezifisch. Dies wird nicht zuletzt an der Reihe der Faktoren deutlich, die Schramm als zu untersuchende Bezugspunkte für das Handeln der Herrscher nannte: Auf bemerkenswerte Weise

99 FAS, L »Imperium sächsische Kaiser«.

100 Erläuternd führte er die beiden Stichworte »bildende Kunst« und »Litteratur« [sic] an. — FAS, L »Imperium sächsische Kaiser«.

führte er in dieser Liste eher abstrakte Größen wie »Gott« oder »Nation« in einer Reihe mit konkreten historischen Gruppen und Machthabern an. Dies zeigt, daß er nicht nur die tatsächlichen Handlungen beschreiben, sondern daneben stets nach ihrem mentalen und ideellen Hintergrund fragen wollte. Noch klarer lassen die ersten beiden Teile erkennen, was bei der Untersuchung des »Imperiums« im Mittelpunkt von Schramms Interesse stand: Es ging ihm nicht um eine sozialhistorische oder sozusagen machttechnische Strukturanalyse des Herrschaftssystems. Ihm ging es vielmehr vor allem um gedankliche Entwürfe, um Vorstellungen vom Reich und von der Würde der Kaiser. Seine Fragestellung war somit »geistesgeschichtlich«.

Dabei sind die Bereiche von Interesse, in denen Schramm nach den »Wurzeln« der »imperialen Auffassung« suchen wollte. Mit dem größten Teil der oben vorgestellten, breiten Palette hatte er durch seine Verbindungen zur Bibliothek Warburg umzugehen gelernt. Dort war sein Sinn dafür geschärft worden, in der mittelalterlichen Kultur das Erbe der Antike aufzuspüren, und wenn Aby Warburg und Fritz Saxl nach den Umformungen fragten, die dieses Erbe auf seinem Weg in die Renaissance erfahren hatte, griffen auch sie regelmäßig bis in den Orient aus. Nur um das germanische Altertum hatte Schramm diese Palette noch ergänzt. Das war für eine Untersuchung zwingend erforderlich, die wohl unter anderem die Ursprünge der Königsherrschaft in der Zeit der Völkerwanderung in den Blick genommen hätte. Wie Schramm als alter Mann einmal erläuterte, hatte ihm ausgerechnet der sonst wenig geschätzte Worringer zuerst den Eindruck vermittelt, daß das germanische Altertum für ein »geistesgeschichtliches« Verständnis des Mittelalters von großer Bedeutung sei.[101] Ein anderes Werk, das Schramm in diesen Jahren las und das sein Verständnis vom Mittelalter nachhaltig prägte, war »Gottesgnadentum und Widerstandsrecht im früheren Mittelalter« von Fritz Kern.[102]

Die Nonchalance, mit der Schramm hier den Sprung von dem einen Bild, das im Jahr zuvor seine Aufmerksamkeit erregt hatte, zur umfassenden Gesamtdarstellung vollzog, sagt viel aus über das große Vertrauen, das er in seine eigene Schaffenskraft setzte. Bemerkenswert erscheint aber vor allem, daß er ganz verschiedene Ansätze miteinander verband. Ohne weiteres wollte er etwa die Kunstgeschichte neben der politischen Ereignisgeschichte berücksichtigen. Die Erfassung »politischer Äußerungen« in Urkunden-

101 *Bak*, Percy Ernst Schramm, S. 426; *Worringer*, Formprobleme; vgl. oben, Kap. 3.a).

102 In einem Brief an Saxl zitierte Schramm das genannte Werk als Vorbild für die Reichhaltigkeit der Anmerkungen, die er seinem »Herrscherbild«-Aufsatz beifügte. In seiner Doktorarbeit zitierte er eine Arbeit Kerns als Beleg für die »germanische Überzeugung, daß jedes neue Recht seine Gültigkeit nur dadurch erweise, dass es das alte, verfälschte Recht wieder in seiner Reinheit herstelle.« — WIA, GC 1923, Brief P.E. Schramm an F. Saxl, o.O. [Heidelberg], o.D. [Ende Mai/Anfang Juni 1923]; *Kern,* Gottesgnadentum; SVS 1922 Studien, S. 257, m. Anm. 29.

arrengen hätte ihn in den Bereich der Diplomatik geführt, und die Suche nach den »Wurzeln der imperialen Auffassung« wäre ohne Ausgriffe in die Geschichte der mittelalterlichen Philosophie nicht möglich gewesen. Offenbar konnte sich Schramm Geschichte nicht anders vorstellen. Der interdisziplinäre Ansatz, der alle seine Werke auszeichnete und der bis heute zu beeindrucken vermag, war ihm von Beginn seiner wissenschaftlichen Tätigkeit an selbstverständlich. So sehr er an anderen Stellen den Konventionen seiner Zeit verpflichtet blieb, war er in dieser Hinsicht gewillt, weit über das in der damaligen Geschichtswissenschaft Übliche hinauszugehen. Vor allem durch seine Verbindung mit der Bibliothek Warburg war er darauf in besonderer Weise vorbereitet.

Die weiten Zusammenhänge, deren Umrisse er in diesem frühesten Entwurf seiner Doktorarbeit angedeutet hatte, konnte er erst wieder in den Blick nehmen, als die Arbeit an seiner Dissertation abgeschlossen war. Was Schramm in dieser Zeit vor allem bewegte, brachte Fritz Saxl im August 1922 auf den Punkt. In einem Brief, den er an Warburg schrieb, erzählte Saxl davon, daß er Schramm nach Wien mitgenommen habe, weil es für Schramm eine »Notwendigkeit« gewesen sei, Wien kennenzulernen. Der Freund sei »doch ganz von der Kaiseridee und ihrer Geschichte erfasst«.[103] Schramm selbst hatte im Jahr zuvor im zweiten, endgültigen Entwurf für seine Dissertation auf die »Kaiseridee« hingewiesen. Zu den »Vorbedingungen« für das Handeln Ottos III. hatte er unter anderem »Das übernommene geistige Gut« gerechnet, und unter dieser Überschrift hatte er angekündigt, neben anderem die »deutsche Kaiseridee« und die entsprechende »byzantinische« Parallele diskutieren zu wollen.[104]

Der »Staat« Ottos III. war das westliche Kaisertum des beginnenden Hochmittelalters, und die »Kaiseridee« war sein »Wesen«, das nach Schramms Meinung in dem Widmungsbild des Reichenauer Evangeliars dargestellt wurde. In der Terminologie des Ranke-Referats von 1921 bildete sie das »geistige Correlat« zum Kaisertum, das damit zu einem »historischen Individuum« wurde. Zugleich war, dem »Ideen«-Begriff von Meineckes »Weltbürgertum und Nationalstaat« entsprechend, jede in der Geschichte nachweisbare gedankliche Konzeption des Kaisertums als eine Form der »Kaiseridee« aufzufassen.[105] In diese Richtung ging es, wenn Schramm in seiner Dissertation ganz konkret von den »Ideen« Ottos III. in der Zeit von 996–1002 sprach. Je nach Zusammenhang changierte die Bedeutung des Wortes zwischen den beschriebenen Polen.

103 WIA, GC 1922, Mappe: »Saxl to Warburg«, Brief F. Saxl an A. Warburg, Wien 18.8.1922.
104 FAS, L »Skizze Otto III.«
105 Zu Schramms Konzeption der »Idee« bereits oben, Kap. 3.d).

In ihrer ganzen Komplexität wollte Schramm die Geschichte der »Kaiseridee« in einem Buch behandeln, dessen Konzeption auf jenen oben diskutierten Entwurf über »Das Imperium der sächsischen Kaiser« zurückging. Dieses Projekt einer großangelegten Darstellung des ottonischen Kaisertums hatte Schramm auch nach Abschluß seiner Doktorarbeit noch nicht aufgegeben. Im Herbst 1922 hatte Otto Westphal ihn ermuntert, für seinen damals noch vorgesehenen Beitrag zur »Bibliothek der Weltgeschichte« zu dem Vorhaben zurückzukehren.[106] Im Jahr 1923 erwähnte Schramm selbst das geplante Werk in zwei ausführlichen Briefen, die er an Fritz Saxl schrieb.

Im Frühjahr schrieb er an den Freund, es gebe in der Literatur nichts Brauchbares über den »Kaiserbegriff« des frühen Mittelalters. Dabei wolle er »zu gern zeigen«, wie das Konzept aus altrömischen und byzantinischen, der das Kaisertum fundierende »Königsbegriff« zudem aus alttestamentarischen und germanischen Wurzeln zusammenwachse. Dieses Zusammenwachsen sei bezeichnend »für das Wesen dieser ganzen Epoche«, für welche ein derartiger »Synkretismus« typisch sei. Die Erkenntnis dieses »Zeitcharakters« ermögliche es einem im übrigen, den »wahren Anfang des Mittelalters« zu erkennen. Von diesem könne erst die Rede sein, »seitdem die Menschen auf eigenen Beinen stehen, wo aus Lehngut Eigengut wird, das autonom weitergebildet wird […].« Dieser Umschwung lasse sich in das elfte Jahrhundert legen. So lasse sich das eigentliche Mittelalter vom »Frühmittelalter« scheiden. All das solle einmal »in ein Buch ›Das Kaisertum der Ottonen‹«.[107]

In dem zweiten hier in Frage stehenden Brief an Saxl, den Schramm im Frühsommer schrieb, erläuterte er, er wolle einmal schildern, wie Byzanz bis ins elfte Jahrhundert »führend« bleibe, und wie zugleich »Europa bei aller Einheitlichkeit sich langsam in verschiedene Entwicklungen teilt […].« Außerdem wolle er deutlich machen, wie im Hinblick auf die Vorstellung vom Kaisertum im Frühmittelalter »die verschiedenen konstitutiven Elemente noch ungeklärt durcheinander wirbeln.« All das wolle er in einem Buch über »Die Epoche der sächsischen Herrscher« zusammenfassen. Darin wolle er »die Grundlegung Europas und besonders Deutschlands staatlich und kulturell, die ja im 10. Jahrhundert ihre entscheidenden Formen bekommen hat«, zur Darstellung bringen.[108]

Das Werk, das Schramm über die Ära der sächsischen Herrscherdynastie zu schreiben plante, sollte also alle seine Erkenntnisse über den im früheren Mittelalter entstehenden »Kaiserbegriff« zusammenfassen. Aber damit wollte er sich noch nicht zufrieden geben. Sämtliche großen Fragen, die ihn

106 FAS, L 230, Bd.11, Postkarte O. Westphal an P.E. Schramm, München 10.11.1922; vgl. oben, Kap. 4.c).

107 WIA, GC 1923, Brief P.E. Schramm an F. Saxl, o.O. [Heidelberg], o.D. [vor 7.3.1923].

108 WIA, GC 1923, Brief P.E. Schramm an F. Saxl, o.O. [Heidelberg], o.D. [Ende Mai/Anfang Juni 1923].

seit seiner Münchener Zeit bewegten, sollte das Buch beantworten. Im ersten Brief deutete Schramm an, daß es ihm um den »wahren Anfang des Mittelalters« ging. Das war für ihn der Zeitpunkt, wo er den »Synkretismus« der früheren Zeit überwunden glaubte, wo er also die für das Mittelalter konstitutiven, aus verschiedenen Richtungen stammenden kulturellen Elemente zu einer neuen Ganzheit verschmolzen sah. Wie kompliziert dieser Prozeß der Verschmelzung war, deutete er in derselben Zeit in seinem Aufsatz »Über unser Verhältnis zum Mittelalter« an. Bei aller Unübersichtlichkeit konnte Schramm dort immerhin den Endpunkt der fraglichen Entwicklung einigermaßen klar eingrenzen: Im elften Jahrhundert erkannte er »auf allen Gebieten« Phänomene, die »von eigenem Wesen«, nämlich »mittelalterlich« waren.[109] Auch in dem ersten der oben zitierten Briefe an Saxl wollte er den »wahren Anfang des Mittelalters« ins elfte Jahrhundert legen. Mit dieser Festlegung eines Beginns war ein Ansatzpunkt gewonnen, um das »Eigene« der Epoche mit den Mitteln der Geschichtswissenschaft in den Griff zu bekommen. Auch die »Kaiseridee« erhielt – so sind Schramms Ausführungen wohl zu verstehen – im gleichen Zeitraum ihre für das Mittelalter gültige Gestalt.

Zugleich ging es Schramm um das »Eigene« der Deutschen. Im Rahmen einer Betrachtung der ottonischen Kaiserherrschaft wollte er den Punkt suchen, wo die deutsche Geschichte begann. Dabei diente ihm, wie in anderen Zusammenhängen auch, Ranke als Vorbild. Dieser hatte, worauf Schramm in »Über unser Verhältnis zum Mittelalter« hinwies, die Nation selbst »als eine historische Erscheinung« betrachtet und ihre allmähliche Entstehung beschrieben.[110] In entsprechender Weise deutete Schramm im zweiten der in Frage stehenden Briefe die Möglichkeit an, den Anfang der deutschen Geschichte als einen Vorgang mit einer gewissen zeitlichen Ausdehnung zu betrachten. Er sprach nämlich von der »Grundlegung Europas und besonders Deutschlands staatlich und kulturell«, die im zehnten Jahrhundert ihre »entscheidenden Formen bekommen« habe. Immerhin war Schramm also mit

109 Schramm stellte kritisierend fest, das Buch »Der mittelalterliche Mensch« werde der Vielschichtigkeit des Vorgangs nicht gerecht: »Der seltsame Prozeß aber, wie sich die Spätantike durch Einflüsse aus allen Richtungen des Mittelmeeres umbildet, [...] wie der orbis terrarum zerbricht und seine nordwestlichen Trümmer politisch und geistig von einer neuen Welt annektiert werden, ist sehr viel komplizierter, dauert auch [...] bis etwa in das elfte Jahrhundert, in dem wir auf allen Gebieten Leistungen finden, die gegenüber der Antike und auch der Spätantike von eigenem Wesen, das heißt mittelalterlich sind.« — SVS 1923 Verhältnis, S. 325.

110 Bereits in seinem Münchener Ranke-Referat hatte Schramm festgestellt, daß Deutschland nach Ranke im Laufe der Geschichte erst allmählich entstehe. Dasselbe gelte für alle Nationen, die in der Moderne begegneten. Am Beginn, so hatte Schramm damals festgehalten, habe es »noch keine Nationen ›im vollen Sinne des Wortes‹« gegeben. Sie hätten sich erst des »ursprünglich in ihnen eingepflanzten Geistes« bewußt werden müssen. — SVS 1923 Verhältnis, S. 322–323; FAS, L »Rankes Geschichtsauffassung«, S. 5; vgl. hierzu oben, Kap. 3.d).

Blick auf das »Eigene« der Deutschen, wie schon mit Bezug auf die »Einzigartigkeit« des Mittelalters, imstande, den Zeitraum einzugrenzen, innerhalb dessen es ins Leben trat: Das prozeßhafte Beginnen der deutschen Geschichte fiel im wesentlichen in die Regierungszeit der ersten Könige und Kaiser aus der sächsischen Dynastie.

Aus der Orientierung an Ranke ergaben sich aber auch Folgerungen für den weltanschaulichen Rahmen der Geschichtsbetrachtung. Für Ranke, so Schramm an derselben Stelle in »Über unser Verhältnis zum Mittelalter«, habe es die »nationale Grundlage« nicht mehr gegeben, von der noch Giesebrecht ausgegangen sei und die diesem das Grundparadigma für seine Deutung der Geschichte geboten habe.[111] Weil die Nation als »historische Erscheinung« anzusehen war und sich in der Geschichte veränderte, durfte sie nicht absolut gesetzt werden. Deshalb sah Schramm die Entstehung Deutschlands nicht isoliert, sondern im Rahmen der »Grundlegung Europas«. So kam er dazu, Deutschland in den europäischen Zusammenhang einzuordnen, der auch für die Arbeit der Bibliothek Warburg bestimmend war.

In noch höherem Maße war die Berücksichtigung des europäischen Kontextes bei der Erforschung der »Kaiseridee« notwendig. In »Über unser Verhältnis zum Mittelalter« betonte Schramm,

> »daß in einer ›Geschichte der Deutschen‹ das Kaisertum immer in einen zu kleinen Rahmen gespannt bleiben muß, daß man ihm nur in einer europäischen Geschichte nach seinen Zielen und nach seinen Leistungen gerecht werden kann.«[112]

In einer »Geschichte der Deutschen« war das Kaisertum gar nicht angemessen darzustellen, es verlangte eine Betrachtung im europäischen Horizont. Das bedeutet umgekehrt nicht, daß nach Schramms Meinung dem Kaisertum kein Platz in der deutschen Geschichte zugekommen wäre. Da ja Personen, die aus dem deutschen Raum stammten, in der Geschichte des Kaisertums zu den bedeutendsten Akteuren gezählt hatten, fand er in ihr natürlich ein Stück deutscher Geschichte wieder.

Trotzdem war damit die Frage berührt, wie sich die Geschichte des Kaisertums zur Geschichte der Deutschen verhielt und wie es, gleichsam auf einer höheren Ebene, um die Relation von »Kaiseridee« und deutschem »Geist« bestellt war. Im zweiten, auf Otto III. fokussierten Entwurf für seine Doktorarbeit hatte Schramm, um die Differenz zwischen dem Westen und dem Osten Europas zu bezeichnen, der »byzantinischen Kaiseridee« schlichtweg die »deutsche Kaiseridee« gegenübergestellt. Das hätte er ein Jahr später nicht mehr getan: Die Kaiseridee wäre damit nur unzureichend beschrieben

111 SVS 1923 Verhältnis, S. 322–323.

112 Diese Ausführungen machte Schramm im Zusammenhang mit der neu erschienenen Übersetzung der »Staatsbriefe« Kaiser Friedrichs II. (SVS 1923 Verhältnis, S. 328).

gewesen. Als Schramm in »Über unser Verhältnis zum Mittelalter« an einer Stelle aufzählte, worin sich seiner Meinung nach die Größe Deutschlands im Mittelalter verkörperte, führte er in dieser Liste das Kaisertum nicht auf.[113] Letztlich blieb offen, wie sich das Kaisertum zum »Eigenen« der Deutschen verhielt.[114] In der ersten Hälfte der zwanziger Jahre war Schramm noch nicht in der Lage, zu diesem Problem eine klare Position zu beziehen.

Jedoch meinte er damals, erste Orientierungspunkte in der Chronologie gewonnen zu haben, die ihm helfen konnten, seine wichtigsten Grundfragen zu beantworten. Er legte die »Grundlegung« Deutschlands ins zehnte Jahrhundert, und damit in die Zeit, in der das Geschlecht der sächsischen Herrscher zum ersten Mal auf den Thron gekommen war. Andererseits sah er »den wahren Anfang des Mittelalters« im elften Jahrhundert, wo die Regierungszeit dieses Hauses endete. Auch der »Kaiserbegriff« selbst gelangte ja in dieser Zeit, nämlich endgültig erst nach dem Ende des »Frühmittelalters«, zur Klärung. Damit umspannte die Zeit der Dynastie der Ottonen genau die Phase, in der die historischen Größen, auf die Schramm vor allem Wert legte, ihre geschichtliche Individualität gewannen.

Einige Aspekte, mit denen er sich zur Vorbereitung seines großen Ottonen-Buches beschäftigt hatte, faßte er im Sommer 1923 in einem Aufsatz zusammen. Im Jahr 1924 konnte er diesen Text unter dem Titel »Kaiser, Basileus und Papst in der Zeit der Ottonen« in der »Historischen Zeitschrift« veröffentlichen.[115] Konstitutiv für die Geschichte der »Kaiseridee« war in Schramms Untersuchungszeitraum die gleichzeitige Existenz zweier Kaisertümer. Neben dem Kaiser des lateinischen Westens, in dessen Herrschaftsbereich die Stadt Rom lag, gab es den byzantinischen Basileus, der seine Stellung direkt auf die römischen Kaiser der Antike zurückführen konnte. Deshalb wandte Schramm dem oströmischen Reich einen beträchtlichen Teil seiner Aufmerksamkeit zu. Für einen Nicht-Byzantinisten war er in dessen Geschichte ungewöhnlich bewandert.[116] Mindestens einmal bot er während seiner Heidelberger Privatdozentenzeit eine Vorlesung zur byzantinischen

113 Nur indirekt und ohne eine klare Festlegung sprach er es an, indem er fragte, »ob denn den Deutschen die ›römische Welt‹, an deren Errichtung sie selbst teilhatten, weil sie für sie die einzig denkbare war, wirklich so wesensfremd gewesen ist […].« — SVS 1923 Verhältnis, S. 327.

114 Anders als *Albert von Hofmann* bewertete Schramm das Kaisertum zwar durchweg positiv. Wenn aber der Mittelalterfeind Hofmann schrieb, der »deutsche« Kaiser sei in aller Regel »eine rein mittelalterliche Figur« gewesen, dann konnte ihm der Mittelalterfreund Schramm darin wohl zustimmen. — *Hofmann, A.v.,* Politische Geschichte, S. 13.

115 SVS 1924 Kaiser Basileus; berichtigt und ergänzt wiederabgedruckt in: SVS 1968–1971 Kaiser, Bd.3, S. 200–240; mit dieser Studie stehen im Zusammenhang: SVS 1925 Briefe des Gesandten; SVS 1926 Briefe Kaiser Ottos; vgl. hierzu oben, Kap. 4.d).

116 Im Jahr 1970 erzählte Schramm, er habe von einem Verlag das Angebot erhalten, eine byzantinische Geschichte zu schreiben. Er habe dies aber abgelehnt, da es ihn von seinen eigentlichen Interessen zu weit weggeführt hätte (*Bak*, Percy Ernst Schramm, S. 424).

Geschichte an.[117] Immer stellte er sich die Frage, wie sich das Gegenüber der zwei Reiche auswirkte.

In dem erwähnten Aufsatz beschrieb Schramm die Entwicklung des Verhältnisses zwischen dem westlichen und dem östlichen Kaisertum von der Mitte des zehnten bis zum Beginn des elften Jahrhunderts. Zwischen den beiden Reichen nahm das Papsttum nur eine Statistenrolle ein. Besonderes Gewicht legte Schramm auf die Frage, inwiefern die Politik der Ottonen, insbesondere Ottos III., durch das Verhalten oder auch nur das bloße Vorhandensein des jeweils anderen »Kaisers der Römer« bedingt gewesen sei.[118] Beide Kaiser betrachteten sich als Erben des antiken Imperiums. Daraus erwuchsen einerseits Probleme für die jeweils eigene Legitimation, andererseits konnte es zu Zusammenstößen kommen, wenn einer von beiden den Versuch unternahm, den Herrschaftsbereich des Reiches der Antike möglichst vollständig zu kontrollieren.

Sowohl im Bereich der »Ideen« als auch in dem der Machtpolitik konnten sich also Konflikte ergeben.[119] Schramms Leistung lag darin, daß er die Verschränkung dieser beiden Dimensionen anschaulich machte. Dabei beschrieb er, obwohl das Hauptgewicht seiner Darstellung auf der abendländischen Seite der Problematik lag, auch die byzantinische Seite auf fundierte Art und Weise. Auf dieser Grundlage konnte er unter anderem zu der komplizierten Frage, wie Theophanu, die Mutter Ottos III., in die Stammtafel der byzantinischen Herrscher einzuordnen sei, eine penibel begründete Stellungnahme abgeben.[120] In der Zeit Ottos III. sah Schramm das westliche und das östliche Kaisertum auf besonders intensive Weise in Kontakt. Er legte beispielsweise dar, daß Johannes Philagathos, den die dem Kaiser feindlich gesonnene römische Partei 997 als Gegenpapst installiert hatte und den sie bis 998 im Amt halten konnte, seinen Aufstieg ganz wesentlich einem byzantinischen

117 Zwei Briefen zufolge, die Schramm im Jahr 1926 schrieb, fand diese Lehrveranstaltung erstmals – und vielleicht zum einzigen Mal – im Wintersemester 1926/27 statt. Der Archäologe Kurt Bittel, der Schramms Nachfolger als Kanzler des Ordens Pour le mérite wurde, erzählte in seinem Nachruf auf Schramm, er habe das Kolleg gehört, nannte aber versehentlich das Sommersemester 1926. — FAS, J 37, Brief P.E. Schramm an Max Schramm, Heidelberg 2.10.1926; WIA, GC 1926, Brief P.E. Schramm an F. Saxl, Heidelberg 15.12.1926; *Bittel*, Begrüßungsworte, S. 105; vgl. *Bak*, Percy Ernst Schramm, S. 424 m. Anm. 28.

118 In einem Brief an Saxl schrieb Schramm, er könne in dem Aufsatz »sehr schön zeigen [...], wie die Renovatio Ottos aus der Rivalität Byzanz-Abendland im Jahr 997 um den Titel des Kaisers ›der Römer‹ sich herauskristallisiert [...].« — WIA, GC 1923, Brief P.E. Schramm an F. Saxl, o.O. [Heidelberg], o.D. [Ende Mai/Anfang Juni 1923]; hierzu: SVS 1924 Kaiser Basileus, v.a. S. 462–464.

119 Vgl. SVS 1924 Kaiser Basileus, S. 426–427.

120 Als »Anhang« zum Wiederabdruck des Textes in seinen gesammelten Aufsätzen griff Schramm die Diskussion, die in der Zwischenzeit in der Forschung nicht zum Erliegen gekommen war, noch einmal auf. — SVS 1924 Kaiser Basileus, S. 428–432 u. 434–436, mit einem Schaubild auf S. 430; SVS 1968–1971 Kaiser, Bd.3, S. 240–243.

Gesandten mit Namen Leo verdankte.[121] Auf der anderen Seite zerschlug Ottos unerwarteter Tod großartige Möglichkeiten. Kurz zuvor hatte der söhnelose Basileus nämlich eingewilligt, ihm eine erbberechtigte Tochter seines Hauses zur Frau zu geben.[122]

Der Untersuchungshorizont, den Schramm mit diesem Aufsatz in den Blick nahm, war bereits von bemerkenswerter Weite. Trotzdem handelte es sich nur um einen Ausschnitt aus den Zusammenhängen, mit denen er sich in dieser Zeit auseinandersetzte. Immerhin gab die Arbeit so etwas wie einen Vorgeschmack auf das geplante größere Werk.

d) »Das Herrscherbild in der Kunst des Frühen Mittelalters«

Schramm hat das Buch über »Das Kaisertum der Ottonen« nie geschrieben. Aber die Themen, die er darin behandeln wollte, standen in der ersten Hälfte der zwanziger Jahre bei allen seinen Forschungen im Hintergrund. Diesen Themen näherte er sich auch in seiner Schrift »Das Herrscherbild in der Kunst des Frühen Mittelalters« von 1924. Ähnlich wie die Doktorarbeit, deren wichtigste Elemente 1929 in »Kaiser, Rom und Renovatio« einflossen, ist dieser Aufsatz in vielerlei Hinsicht eine Vorstufe zu einem späteren Werk: Das hier Begonnene mündete 1928 in Schramms erstes veröffentlichtes Buch, die Sammlung »Die deutschen Kaiser und Könige in Bildern ihrer Zeit«.[123]

Der Aufsatz ging auf jenen Vortrag zurück, den Schramm im Dezember 1922 in der Bibliothek Warburg gehalten hatte. Während seines Aufenthalts in Heidelberg in der ersten Hälfte des Jahres 1923 arbeitete er den Vortrag so um, daß er als Beitrag zu den »Vorträgen der Bibliothek Warburg« erscheinen konnte. Von diesen Arbeiten berichtete er Fritz Saxl, der als Herausgeber der »Vorträge« fungierte, in den oben erwähnten Briefen aus dem Jahr 1923. Schramm erläuterte, mit welchen Intentionen er den Text redigierte. Vor allem sprach er über die Anmerkungen und kündigte an, er wolle diese »gern sehr reichlich machen.«[124]

121 SVS 1924 Kaiser Basileus, S. 452–467; hierzu auch: SVS 1925 Briefe des Gesandten.

122 SVS 1924 Kaiser Basileus, S. 448 u. 472–473.

123 Das Vorläufige des Aufsatzes zeigte sich unter anderem in den Kategorien, anhand derer Schramm den Stoff zu ordnen versuchte. Er wollte die Herrscherbilder nach »Typen« sortieren und unterschied die drei Gruppen »Belehnungsbild«, »Devotionsbild« und »Trabantenbild«. Die Unbrauchbarkeit einer solchen Gruppierung erwies sich bereits im Aufsatz selbst, da jedes Bild, auf dem außer dem Herrscher noch andere Menschen zu sehen waren, als »Trabantenbild« bezeichnet werden sollte. Das traf für die große Mehrzahl zu. In der Sammlung von 1928 gab Schramm diese Kategorien deshalb vollständig auf. — SVS 1928 Kaiser in Bildern; hierzu unten, Kap. 7.a); über die drei 1924 eingeführten »Haupttypen«: SVS 1924 Herrscherbild, v.a. S. 177.

124 WIA, GC 1923, Brief P.E. Schramm an F. Saxl, o.O. [Heidelberg], o.D. [vor 7.3.1923].

Zur Begründung wies er darauf hin, daß er in der Arbeit mehrere verschiedene Disziplinen zusammenführe. Dabei hatte er das Gefühl, sich »vielfach auf Glatteis« zu bewegen. Deshalb wollte er seine Arbeit auf eine solche Weise »untermauern«, daß der Leser selbst die Möglichkeit haben sollte, zu beurteilen, an welchen Stellen die Ausführungen den Sachverhalt trafen und wo weiterer Forschungsbedarf bestand.[125] In der Tat verknüpfte Schramm in diesem Aufsatz nicht nur Kunstgeschichte und allgemeine Geschichte miteinander, sondern wagte sich darüber hinaus in verschiedene Spezialgebiete vor, nicht zuletzt in die Byzantinistik. Angesichts dessen erscheint der Wunsch nachvollziehbar, eventueller Kritik der jeweiligen Fachleute nach Möglichkeit den Wind aus den Segeln zu nehmen.

Das war jedoch nur die eine Seite der Begründung, mit welcher Schramm Saxl gegenüber die Fülle der Anmerkungen zu rechtfertigen suchte. Mindestens ebenso wichtig war, daß er über die Herrscherbilder selbst hinausstrebte. Stärker als deren Geschichte bewegte ihn die Frage nach der »Kaiseridee«. Im späteren der beiden Briefe sagte Schramm ausdrücklich, der »Herrscherbild«-Aufsatz sei für ihn zugleich »eine Erstarbeit über das Kaisertum selbst«. Darum habe er hier, wie er ergänzend anfügte, schon einmal einiges »abgestoßen«.[126] In dem Brief aus dem Frühjahr hatte er geschrieben: »Ich lade also in den Anmerkungen möglichst viel Material ab, um das spätere gleich mit zu fundieren.«[127] Allerdings konnte sich Schramm im Jahr 1923 nicht vorstellen, über die Geschichte der Kaiseridee insgesamt eine zusammenfassende Darstellung zu verfassen. An Saxl schrieb er, er habe dazu weder die Kompetenz noch die Muße: »Ich kann das Thema eben nur im Galopp vorreiten und dann noch ein paar Wegweiser aufstecken.«[128] Er hoffte, wie er in den Briefen zum Ausdruck brachte, dadurch andere Wissenschaftler zu weiteren Forschungen anregen zu können.

Jedenfalls brachte Schramm in dem Aufsatz alles unter, was nur irgend relevant schien. Auf diese Weise konnte er den eigenen Schreibtisch von angehäuften Notizzetteln befreien und das Material gleichsam archivieren. Allem Anschein nach nahm er im Zuge der intensiven Umarbeitungen seines Vortrags keine Gedankengänge heraus. Die Bearbeitung bestand im wesentlichen in einer massiven Erweiterung.

125 WIA, GC 1923, Brief P.E. Schramm an F. Saxl, o.O. [Heidelberg], o.D. [Ende Mai/Anfang Juni 1923].

126 Ebd.

127 Vor allem auf die Hinweise, die Schramm mit Blick auf das Kaisertum gab, läßt sich also seine sehr viel später gemachte Bemerkung beziehen, bei der Vorbereitung des Druckmanuskripts habe er seinen »bereits umfangreichen Zettelkasten ›ausgekippt‹«. — WIA, GC 1923, Brief P.E. Schramm an F. Saxl, o.O. [Heidelberg], o.D. [vor 7.3.1923]; *Bak*, Percy Ernst Schramm, S. 424; vgl. oben, Kap. 4.d).

128 WIA, GC 1923, Brief P.E. Schramm an F. Saxl, o.O. [Heidelberg], o.D. [Ende Mai/Anfang Juni 1923].

Der Ankündigung an Saxl entsprechend, war der Umfang des Aufsatzes von fast achtzig Seiten vor allem den Anmerkungen geschuldet. Nicht umsonst hatte Schramm an ihnen drei Monate länger als am eigentlichen Text gearbeitet. Zu den sehr ausführlichen Fußnoten trat ein Anhang mit vier »Exkursen«. Sowohl in diesem reichhaltigen Apparat als auch im Haupttext vertiefte Schramm die Diskussion einzelner Punkte, ergänzte an anderen Stellen sachliche Details und schnitt eine Vielzahl von Fragen an, die nicht zwingend zum Thema gehörten. Stellenweise kam es dazu, daß diese Erörterungen den eigentlichen Gang der Argumentation geradezu überwucherten.[129]

Was in dem ursprünglichen Vortrag der rote Faden sein sollte, hatte Schramm im Oktober 1922 in einem Brief an Aby Warburg umrissen:

»Es handelt sich vor allem um die Aufsaugung des Profanbildes in die theokratische Sphäre, dann um die Einwirkung antiker, byzantinischer und altchristlicher Vorbilder. Ich glaube, daß das Resultat ganz interessant wird.«[130]

Auf der Basis einer Untersuchung mehrerer Herrscherbilder wollte Schramm also die Tatsache verständlich machen, daß das Bild eines weltlichen Herrschers manchmal ikonographische Elemente enthielt, die auf die geistliche Sphäre verwiesen. Schramm meinte, hier eine historische Entwicklung sehen zu können, die er als »Aufsaugung des Profanbildes in die theokratische Sphäre« bezeichnete. Ursprünglich war das Herrscherbild also, das war die Annahme, eine rein weltliche Erscheinung gewesen. Erst nach und nach sei es mit geistlichen Bedeutungen aufgeladen worden. Indem Schramm sich damit auseinandersetzte, wollte er zugleich dem Umstand Rechnung tragen, daß nicht nur Anspielungen auf die christliche Vorstellungswelt, sondern auch noch andere Elemente in solche Bilder einfließen konnten.

Allerdings hatte Schramm schon in seinem Vortrag vom Dezember 1922 nicht nur über die Bilder, sondern zugleich auch über die »Kaiseridee« sprechen wollen. Diese Absicht läßt ein Brief erkennen, den er im September des Jahres an Harry Bresslau schrieb. Dort skizzierte er das Thema seines Vortrags mit den Worten, er wolle »das Ineinanderwirken von byzantinischen und antiken Einflüssen auf das Kaisertum, bis es ganz in die geistliche Sphäre des Mittelalters aufgenommen wird, demonstrieren.«[131] Schramm be-

129 Zu den aus den Fugen geratenen Nebenaspekten gehörte die Erörterung der Grundsatzfrage, inwiefern mittelalterliche Herrscherbildnisse den dargestellten Personen ähnlich sähen. Obwohl Schramm von dieser Diskussion sagte, sie sei »hier ohne Belang«, breitete er sie auf vier Seiten aus. In seinem 1928 veröffentlichten Buch über die »Kaiserbilder« war dieser Aspekt dann einer der Kernpunkte. — Das Zitat: SVS 1924 Herrscherbild, S. 146; der gesamte Abschnitt: ebd., S. 146–150; SVS 1928 Kaiser in Bildern, v.a. S. 4–11; hierzu unten, Kap. 7.a).

130 WIA, GC 1922, Brief P.E. Schramm an A. Warburg, o.O. [Hamburg], 5.10.1922.

131 Brief P.E. Schramm an H. Bresslau, Hamburg 18.9.1922, zit. nach: *Voci*, Harry Bresslau, S. 289.

nutzte ganz ähnliche Formulierungen wie in dem etwas späteren Brief an Warburg, sprach aber nicht von den Herrscherbildern, sondern vom Kaisertum. Bemerkenswerterweise setzte er das Reich und die Herrschaftsgewalt derer, die auf den Bildern dargestellt wurden, mit den Bildern selbst gleich.

Indem Schramm die Bilder untersuchte, wollte er also das Herrschertum selbst exakter zu fassen bekommen. Die gleiche Zielsetzung formulierte Schramm in den einleitenden Paragraphen des publizierten Aufsatzes. Der Typus des Herrscherbildes, schrieb er dort, stehe zur jeweiligen Entstehungszeit der Bilder »in engster Beziehung« und spiegele »die sich wandelnden Auffassungen vom Herrschertum« wider.[132] Diesen »Beziehungen zwischen Bild und Geschichte« nachzugehen, sei wertvoll. Dabei könne eine Untersuchung der Auffassungen vom Herrschertum ebenso erhellend für die Geschichte des Herrscherbildes werden wie umgekehrt eine Erforschung der Herrscherbilder Aussagen über die Entwicklung der Herrschaftsvorstellungen möglich mache. Er selbst wollte sich aber ganz auf eine der beiden möglichen Blickrichtungen konzentrieren. Er stellte klar: »Es handelt sich hierbei um keine kunsthistorische Untersuchung, sondern um die Darlegung einer historischen Entwicklung mithilfe von Bildern.«[133]

Mit den »sich wandelnden Auffassungen vom Herrschertum«, zu deren Beschreibung Schramm die Bilder nutzen wollte, war natürlich der »Kaiserbegriff«, beziehungsweise die »Kaiseridee« gemeint. Nach Schramms Auffassung kam diese in den Herrscherbildern zum Ausdruck. Die Entwicklung der untersuchten Bildgattung bezeichnete damit zugleich wichtige Eckpunkte der Geschichte der »Kaiseridee«. Schramms solchermaßen erklärte methodische Absicht, durch die Beschäftigung mit Bildern zu Aussagen über außerkünstlerische Wirklichkeitsbereiche zu kommen, war etwas, was die mit der Bibliothek Warburg verbundenen Wissenschaftler ohne weiteres nachvollziehen konnten. Schramms Art und Weise, Kunst als historische Quelle auszuwerten, ging auf dieses Institut zurück. Genaugenommen kehrte Schramm den Blick um, der Fritz Saxl und den meisten seiner Mitstreiter eigen war. Diese nahmen die ganze Weite der Geschichte in den Blick, um die Bedeutung von Bildern zu erfassen, während Schramm nach dem Gehalt von Bildern fragte, um daraus Folgerungen für das Denken der in der jeweiligen Zeit lebenden Menschen zu ziehen. Aber

132 SVS 1924 Herrscherbild, S. 145–146; derselbe Gedanke etwas ausführlicher: ebd., S. 161–163.

133 In einer in den Anmerkungsapparat verschobenen »Vorbemerkung« fügte er hinzu, kunsthistorische Analysen, die die Frage prüften, welche Motive der Künstler von Vorgängern übernommen und auf welche Weise er sie abgewandelt habe, sollten zwar Berücksichtigung finden. Sie sollten aber nur eine dienende Funktion haben. — SVS 1924 Herrscherbild, S. 146; ebd., »Vorbemerkung« in der Anm. auf S. 145.

letztlich ließen sich diese beiden Sichtweisen gar nicht streng voneinander abgrenzen.[134]

Die »Aufsaugung« des Herrscherbildes in die »theokratische Sphäre«, die dem Vortrag ursprünglich seine Richtung hatte geben sollen, war im Aufsatz zwar als Argumentationslinie nicht mehr konsequent durchgeführt, blieb aber noch erkennbar. Der Aufsatz war im Großen und Ganzen chronologisch gegliedert. Eher nebenbei kündigte Schramm in den einleitenden Paragraphen an, sich auf das frühe Mittelalter konzentrieren zu wollen. Dabei nannte er den im letzten Drittel des elften Jahrhunderts regierenden Papst Gregor VII. zur Markierung des Epochenendes.[135] Insgesamt schlug er einen Bogen von der Übergangszeit zwischen Spätantike und Frühmittelalter bis zum Ausgang der ottonischen Ära.

Er ging von der These aus, das Abendland habe seine Vorstellung von der Beziehung zwischen Gott, dem Herrscher und den Untertanen über Byzanz aus dem Orient übernommen. Auf Reliefs der persischen Sassaniden aus der Mitte des ersten Jahrtausends nach Christus fand er zum ersten Mal Darstellungen, wo den Herrschern Zeichen ihrer Macht von Göttern überreicht wurden. Damit werde das Herrscherbild, so schrieb er, in spezifischer Weise »in die religiöse Sphäre emporgehoben«. Zwar habe es Verknüpfungen von weltlicher und göttlicher Sphäre auch schon in der hellenistischen Kunst gegeben. Doch sei der Herrscher dort immer als »Genosse der Götter« dargestellt, während auf den sassanidischen Reliefs der Herrscher zwar noch durch die zentrale Stelle im Bild hervorgehoben sei, aber doch von der Gottheit belehnt werde und damit als »der von Gott Abhängige« eine andere Position einnehme. Diese Abhängigkeit sei jedoch den Menschen gegenüber zugleich ein Ruhmestitel, weil nur der Herrscher eine so direkte Beziehung zum Göttlichen habe.[136]

Ähnliche Vorstellungen vom Ruhm des Herrschers konnte Schramm auf byzantinischen Kunstwerken nachweisen.[137] Damit unterschied sich die nachantike Sichtweise seiner Auffassung nach von der antiken, welche den Ruhm des Herrschers in seinen historischen Leistungen gesehen und gerühmt habe.[138] Nachklänge dieser geschichtlich orientierten Auffassung der Antike fänden sich in schriftlichen Quellen auch noch später, beispielsweise in der Zeit Ottos III. bei dessen Freund und Ratgeber Gerbert von Reims.[139] Ebenfalls in der Zeit Ottos III, nämlich bei Brun von Querfurt, fänden sich

134 Ganz gerechtfertigterweise wurden in Schramms Danksagung in der ersten Anmerkung des Aufsatzes Aby Warburg, Fritz Saxl und Erwin Panofsky namentlich genannt (ebd.).

135 SVS 1924 Herrscherbild, S. 146.

136 Ebd., S. 164–166.

137 Z.B. ebd., S. 169–171.

138 Ebd., S. 171–172.

139 Ebd., S. 173–174.

aber auch einschlägige Äußerungen, die »eigentlich mittelalterlich, d.h. nicht mehr durch Gedanken der Antike bestimmt« seien, indem der Ruhm des Herrschers allein im gottgefälligen Tun gesehen werde.[140]

Wie im Schrifttum, so sah Schramm auch bei den Herrscherbildern diese mittelalterliche Auffassung in der späten Ottonenzeit zur vollen Entfaltung kommen.[141] Als Folge dessen, so setzte er den Gedankengang fort, schwinde dann in der Salierzeit die Bedeutung des Herrscherbildes. Die salischen Kaiser hätten, um ihren Ruhm sichtbar werden zu lassen, keiner Bilder mehr bedurft. Stattdessen hätten sie Dome gebaut.[142] Damit komme eine Entwicklung zum Abschluß, »die vom Altertum an das Herrscherbild immer weiter in die religiöse Sphäre hineingezogen hatte.«[143] Nachdem die neue Denkweise sich etabliert habe, habe sie auch nach neuen Ausdrucksformen gestrebt: »Dieser Höhepunkt ist zugleich das Ende des profanen Herrscherbildes. Wie die übrigen Lebenssphären saugt die kirchliche Kultur des Mittelalters auch die Darstellung der weltlichen Gewalt auf.«[144]

Damit erschien die Epoche der Sachsenkaiser, der Schramm in dieser Zeit generell eine so große Bedeutung beimaß, in dem soeben beschriebenen Argumentationsgang als Höhe- und Endpunkt der Entwicklung des »profanen« Herrscherbildes. Bei der Konstruktion dieses Deutungsmusters kam Schramm zu Hilfe, daß er seine Argumentation, während er zu Beginn eine sehr viel breitere Palette von Kunstformen berücksichtigte, nach und nach auf die Buchmalerei fokussierte. Auf diese Weise markierten die Abbildung, die ihn in München in ihren Bann geschlagen hatte, sowie verwandte Bildnisse die Peripetie des von ihm entwickelten Schauspiels. Über die Salier und ihre Dome sagte Schramm gegen Ende seines Aufsatzes: »Wer sich aber solche Kirchen als Denkmal setzte, brauchte keine Buchmalerei mit seinem Bilde mehr.«[145]

Mit dieser Einengung der Perspektive gelang es Schramm, die ottonische Ära als diejenige Zeit zu charakterisieren, in der die spezifisch mittelalterliche Auffassung von der Stellung des Herrschers gegenüber Gott und den Menschen zum ersten Mal klar ausformuliert und im Bild zur Darstellung gebracht worden sei. Die Formen allerdings, aus denen Schramm hier etwas

140 Ebd., S. 174.

141 V.a. Ebd., S. 214.

142 Ebd., S. 215–216, noch einmal S. 217–218.

143 Ebd., S. 216.

144 Es fällt auf, daß Schramm den von ihm beobachteten Prozeß der allmählichen Sakralisierung des Herrscherbildes mit Formulierungen belegte, die einen kritischen Unterton aufzuweisen scheinen. Vor allem die hier nicht zum ersten Mal gewählte Formulierung von der »Aufsaugung« hatte einen beinahe bedrohlichen Klang. Eine gezielte Aussageabsicht, etwa eine Kritik an der katholischen Kirche oder an der Religion im allgemeinen, ist aber nicht zu erkennen. — SVS 1924 Herrscherbild, S. 216.

145 Ebd., S. 216.

Spezifisches, Originelles entstehen sah, ließen sich sämtlich auf ältere Vorbilder zurückführen. Schramm leugnete dies nicht. Im Gegenteil war die Beschreibung dieser Zusammenhänge ein zentrales Ziel seiner Arbeit. Für das abendländische Kaisertum, so schrieb er, habe es vor allem zwei Quellen gegeben, aus denen es Vorbilder für die Darstellung seiner Herrscher gewonnen habe: Das Kaisertum der Antike und das gleichzeitig bestehende byzantinische Kaisertum.[146] Über Letzteres sagte Schramm sogar, für die Kunst des früheren Mittelalters im lateinischen Bereich habe der byzantinische Hof eine Vorbildfunktion besessen, die nur mit der von Versailles im 17. und 18. Jahrhundert verglichen werden könne.[147] Daneben sah Schramm noch das Alte Testament als eine in den Herrscherbildern wirksame Inspirationsquelle.[148]

Trotz dieser Abhängigkeit von Vorbildern konnte Schramm aber auf dem Eigenwert und der Originalität der mittelalterlichen Kultur bestehen. Die eigentliche Bedeutung der ottonischen Zeit lag für ihn nicht darin, daß hier einzelne Elemente zum ersten oder letzten Mal auftauchten. Vielmehr sah er sie darin, daß Althergebrachtes auf eine Art und Weise zusammengefaßt werde, die etwas Neues entstehen lasse. Über ein Bild, das Otto II. zeigte, sagte er, die einzelnen Motive der Darstellung fänden sich zwar schon in der karolingischen Kunst, »aber das Bild selbst ist doch etwas ganz Neues, bei dem man spürt, daß die Entwicklung noch nicht abgeschlossen ist.«[149] Für die Bewertung der Originalität seien die verwendeten Elemente überhaupt nicht entscheidend: »Es kommt ja nicht auf die Bausteine an, sondern auf den Geist, der sie zusammenfügt – der aber ist im Mittelalter so original wie in jeder anderen Epoche.«[150] Gegen Ende seines Aufsatzes hob Schramm die Bedeutung der ottonischen Epoche noch einmal zusammenfassend hervor, wobei er hier den Unterschied zur Zeit der Karolinger betonte:

»Die karolingische Kunst führt das alte Gut weiter, ohne entscheidenden Wandel zu bringen. Die Neues schaffenden Lösungen, die alle Möglichkeiten aus der Tradition

146 Ebd., S. 184–187.

147 Ebd., S. 186; im gleichen Sinne auch: SVS 1924 Kaiser Basileus, S. 441–443.

148 Über die germanische Kultur schrieb Schramm hingegen, sie habe zwar auf der Ebene der Rechtsgeschichte für den mittelalterlichen Königs- und Kaiserbegriff eine große Bedeutung gehabt. Im Bereich der Kunst habe sie aber keine Vorbilder hervorgebracht, an denen sich das mittelalterliche Herrscherbild hätte orientieren können. Nur in bestimmten Fällen konnte Schramm Elemente germanischen Brauchtums erkennen, die in einzelne Darstellungen eingeflossen seien. — SVS 1924 Herrscherbild, S. 187 u. 190–191; ebd., S. 189 u. 212; vgl. über Schramms Vorstellung von der Bedeutung des germanischen Erbes für die mittelalterliche Kultur bereits oben in diesem Kapitel, Abschnitt c).

149 SVS 1924 Herrscherbild, S. 200.

150 Dem historischen Betrachter, so sagte Schramm etwas weiter unten, werde ein ottonischer Künstler »durch die Umänderungen, durch die Art des Aufgreifens, Wählens und Vernachlässigens [...] erst eigentlich lebendig.« — SVS 1924 Herrscherbild, S. 205; ebd., S. 213.

zu etwas Eigenem zusammenfaßten, sind in der Zeit der Sachsenkaiser geschaffen worden.«[151]

In der Verarbeitung vorgegebener Einzelteile zeigten die ottonischen Künstler also ihre Fähigkeit, Neues zu schaffen und ihre Bilder dadurch zu etwas dem Mittelalter Eigenen zu machen.

Noch darüber hinaus konnte Schramm die Herrscherbildnisse, die er beschrieb, aufgrund einiger typischer Eigenheiten als Zeugnisse einer mittelalterlichen Geisteshaltung ansehen. Er verwies auf den Verlust von Lebendigkeit, von Räumlichkeit und plastischer Darstellung der Figuren, der die ottonischen Herrscherbilder im Vergleich zu älteren Vorbildern auszeichne. Diesen Verlust führte er darauf zurück, daß die Figuren nicht mehr konkrete Personen darstellen sollten, sondern nur noch Klassen und Ämter, und daß es nicht mehr um die Darstellung bestimmter historischer Ereignisse gehe, sondern um ein größeres Ganzes.[152] Des weiteren arbeitete Schramm heraus, daß, anders als beispielsweise beim antiken Reiterstandbild des Marc Aurel auf dem Kapitol, im Mittelalter die Würde des Herrschers nicht mehr allein durch seine Haltung und Gestik dargestellt werde. Vielmehr sei es im Mittelalter üblich und notwendig, ihn durch seine Insignien kenntlich zu machen.[153] Sogar auf dem engen Raum, der auf Siegeln und Münzen zur Verfügung stehe, werde das antike Brustbild durch solche Bilder verdrängt, die den ganzen Körper des auf einem Thron sitzenden Herrschers zeigten. Schramm erläuterte: »Insignien und Thron, durch welche das Herrschertum im abendländischen Mittelalter verdeutlicht wurde, verlangten die Darstellung der ganzen Figur.«[154]

Schramm zeigte hier eine besondere Sensibilität für die Bedeutsamkeit herrscherlicher Abzeichen. Diese Empfänglichkeit ist für die frühen zwanziger Jahre auch an anderen Stellen nachweisbar. Bereits im frühesten Entwurf seiner Dissertation vom April 1921 hatte er im ersten, »sachlichen Teil« neben anderen »imperialen Äußerungen der sächsischen Kaiser« auch deren »symbolische« Äußerungen zusammenstellen wollen. Unter diesem Stichwort hätte er den »Ornat« und die »Insignien« der Kaiser untersucht.[155] In der schließlich durchgeführten Doktorarbeit wurde er im Rahmen seiner Analyse des »Zeremonienbuches« wiederum mit der Vielfalt der mittelalterlichen Herrschaftssymbole sowie dem Reichtum der Krönungszeremonien konfrontiert. Um die Beschreibungen richtig würdigen zu können, die der Verfasser des »Zeremonienbuches« vom Ornat des Kaisers und ähnlichen

151 Ebd., S. 216.
152 Vgl. v. a. ebd., S. 199.
153 Ebd., S. 150–158, v.a. S. 158.
154 Ebd., S. 178–179.
155 FAS, L »Imperium sächsische Kaiser«.

Dingen gab, mußte Schramm sich tief in diesen Stoff einarbeiten.[156] Damit hatten diese Elemente des Herrschertums bei ihm eine Neugier geweckt, die lange nachwirkte.[157]

Im »Herrscherbild«-Aufsatz sah Schramm die besondere Wichtigkeit der Insignien auf ein verändertes Verständnis von der Legitimität des Herrschers hindeuten. Mit Blick auf ein byzantinisches Herrscherbild führte er aus, sofern es auf solchen Bildern noch Gesten gebe, dienten sie vornehmlich dazu, die Abzeichen des Herrschers besonders wirkungsvoll zur Geltung zu bringen. Dahinter stehe ein Wandel in der rechtlichen Basis der Kaiserherrschaft: Nicht mehr seine »vor allen anderen geeignete Persönlichkeit«, sondern die »Legitimität seines von Gott gewollten und ihm verliehenen Amtes« gelte nun als die Basis seiner Würde.[158]

In solcher Weise konnte Schramm, wie es in den frühen zwanziger Jahren seinem Bild vom Mittelalter entsprach, auch im Hinblick auf die Geschichte der Herrscherbilder die »Epoche der sächsischen Herrscher« als eine Wendezeit und als die eigentliche Geburtsphase des Mittelalters beschreiben. Die Besonderheiten, durch die sich mittelalterliche Kunstwerke auszeichneten, kamen in dieser Zeit voll zur Entfaltung. Indem das Herrscherbild in die »geistliche Sphäre« aufgenommen wurde, wurde es ganz und gar mittelalterlich. Ähnliches galt für die gedankliche Konzeption des Kaisertums. Schramm war zu dieser Zeit der Meinung, in der Herrschaftszeit der sächsischen Dynastie habe die Vorstellung vom Kaisertum die verschiedensten kulturellen Einflüsse in sich aufgenommen. Insbesondere wurde sie, diesem Modell zufolge, in eine immer engere Verbindung mit der göttlichen Sphäre gebracht. Am Ende dieser Zeit, als diese Entwicklung abgeschlossen war, hatte sie ihre endgültige Form erreicht und war ganz mittelalterlich geworden.

156 SVS 1922 Studien, v.a. S. 54–58, auch S. 61–62, m. Anm. 68; die genannte Anmerkung umfaßt drei Seiten.

157 Das prominenteste Ergebnis von Schramms Auseinandersetzung mit diesem Gegenstandsbereich war sein Werk über »Herrschaftszeichen und Staatssymbolik« in den fünfziger Jahren. — SVS 1954–1956 Herrschaftszeichen; hierzu unten, v.a. Kap. 14.d).

158 SVS 1924 Herrscherbild, S. 164; vgl. auch ebd., S. 158.

III.
Heidelberger Jahre
1924–1929

6. Der »junge Kollege«

Schramms im Sommer 1922 gefällte Entscheidung, seine akademische Laufbahn nicht in Hamburg, sondern in Heidelberg zu beginnen, wirkte sich erst in der Zeit nach dem Sommer 1923 voll aus. Indem er im Herbst 1923 seine Tätigkeit bei Harry Bresslau aufnahm und sich 1924 in Heidelberg habilitierte, veränderte sich sein Verhältnis zur Bibliothek Warburg. Allmählich wuchs er aus der Position eines Hamburger Warburg-Schülers heraus. In Heidelberg lernte er seine Frau kennen und gründete eine Familie. Gleichzeitig erarbeitete er sich eine Position im akademischen Milieu der Universitätsstadt. In einer für ihn bezeichnenden Art und Weise trat er zu den verschiedenen Spielarten des »Heidelberger Geistes« in Beziehung. Auch außerhalb Heidelbergs knüpfte er neue Kontakte, insbesondere zum Institut für Kultur- und Universalgeschichte in Leipzig. Zugleich waren die mittleren zwanziger Jahre eine Phase, in der er nur wenige Veröffentlichungen zum Abschluß brachte. Erst gegen Ende seiner Heidelberger Zeit konnte er 1928 mit den »Kaiserbildern« eine erste große Publikation vorlegen. Das wichtigste Ergebnis dieser Jahre, sein Buch »Kaiser, Rom und Renovatio«, erschien dann kurz nach seinem Wechsel nach Göttingen im Jahr 1929.

a) Eintritt in die akademische Welt

Während der ersten Monate des Jahres 1923, die Schramm in Heidelberg verbrachte, erhielt er die endgültige Zusage, daß er am 1. Oktober als Monumenta-Mitarbeiter bei Harry Bresslau werde anfangen können. Die Bedingung hierfür war gewesen, daß Friedrich Baethgen die planmäßige Stelle bei Bresslau freimachte.[1] Da Baethgen nun die Position des Assistenten am Historischen Seminar übernahm, schied er bei den Monumenta aus, und Schramm konnte als sein Nachfolger einrücken.[2] Mitte April 1923 berichtete er seinen Freunden an der Bibliothek Warburg davon. Von dem Gehalt werde er in der Lage sein, so schrieb er, ungefähr die Hälfte seiner Lebenshaltungskosten zu bestreiten. Die andere Hälfte, so ist zu ergänzen, würde weiterhin sein Vater übernehmen. Damit konnte Schramm feststellen, er werde

1 Hierzu oben, Kap. 4.b).

2 Vgl. hierzu: *Kehr*, Bericht 1922–1923, S. 212–213, 215, 219; im selben Band des »Neuen Archivs« außerdem S. 375; *Dahlhaus*, Aktenstücke, S. 317.

sich wohl »auf die Dauer« in Heidelberg »festsetzen«.[3] Seiner Sorgen um die nähere Zukunft ledig, fuhr er im Juli nach Hamburg, um dort die Ferien zu verbringen. Mitte September kehrte er nach Heidelberg zurück.[4]

In dieser Zeit durchlief Deutschland eine tiefe volkswirtschaftliche Krise: Gerade im Herbst 1923 erreichte die Inflation ihren Höhepunkt.[5] Die Entwicklung von Schramms Gehalt illustriert dies eindrucksvoll. Als erste Abschlagszahlung erhielt er im Oktober zwei Milliarden Mark. Am 20. Dezember bekam er für die zweite Dezemberhälfte 44 Billionen 870 Milliarden Mark ausbezahlt. Dann kam die Währungsumstellung, und als erste Abschlagszahlung im Januar 1924 erhielt Schramm 47,40 Mark.[6] Für bürgerliche Familien wie die Schramms bedeuteten Inflation und Währungsumstellung vor allem, daß sämtliches Geldvermögen mit einem Schlag entwertet war. In dieser Situation war es wichtig, daß Schramm aufgrund seiner Anstellung durch die Monumenta seinen Vater finanziell zumindest nicht mehr ganz so stark belasten mußte wie zuvor. Obwohl die Bezahlung nicht sehr großzügig war, hatte er durchaus Glück gehabt, denn Stellen wie seine waren selten: Mitte der zwanziger Jahre hatten die Monumenta nie mehr als fünf etatisierte wissenschaftliche Mitarbeiter, und außer einem weiteren in Wien war Schramm der einzige außerhalb Berlins.[7]

Im Laufe des Jahres 1924 verlagerte sich Schramms Lebensmittelpunkt allmählich nach Heidelberg. Noch zu Beginn dieses Jahres war die Situation eine ganz andere: Als Schramm nach dem Ende der Weihnachtsferien aus Hamburg nach Heidelberg zurückkehrte, litt er geradezu an Heimweh. An Panofsky schrieb er Anfang Januar: »Ich muß mich jetzt auf die frostgeschwängerte Dorfromantik Heidelbergs umstellen, was für mich zuerst immer mit Übelkeitsattacken verbunden ist«.[8] Wenig später schickte er an Saxl eine Postkarte, die auf charakteristische Weise mit knappen Stichpunkten und hingekritzelten Skizzen gefüllt war. Schramm beschrieb Darstellungen aus mittelalterlichen Codices, die er in verschiedenen Publikationen entdeckt hatte. Damit bezog er sich offenbar auf Gespräche, die Panofsky, Saxl und er selbst während der Ferien über das Nachwirken der Antike in mittelalter-

3 WIA, GC 1923, Postkarte P.E. Schramm an G. Bing, Heidelberg 16.4.1923 [Poststempel].

4 Diese Planung zum ersten Mal in: WIA, GC 1923, Brief P.E. Schramm an F. Saxl, o.O. [Heidelberg], o.D. [Ende Mai/Anfang Juni 1923].

5 Über die Hyperinflation und ihre Folgen: *Peukert*, Weimarer Republik, S. 73–75; *Kolb*, Weimarer Republik, S. 50–51, 187–193, v.a. S. 191; *Winkler*, Weimar, v.a. S. 199, 207, 236–238, 244–246.

6 MGHArch, Akten 338, Nr.179.

7 Ebd., Nr.32, Mappe: »Korrespondenz über die finanzielle Lage der MGH 1923–1927«; über die Situation der Mitarbeiter der Monumenta seit dem späten neunzehnten Jahrhundert: *Fuhrmann*, »Sind eben alles…«, S. 65, 67–72, 77–82.

8 WIA, GC 1924 Saxl, Postkarte P.E. Schramm an E. Panofksy, Heidelberg 7.1.1924 [Datum nach Poststempel].

lichen symbolischen Bildern geführt hatten.[9] Dem unbeteiligten Beobachter bleiben die näheren Zusammenhänge verschlossen – für Schramm und seine Adressaten war die Karte ein Beitrag zu einem lebendigen Diskussionsprozeß.

In den ersten Monaten des Jahres 1924 kannte Schramm noch keine andere intellektuelle Heimat als die Bibliothek Warburg. Die Bibliothek war für ihn in allen wissenschaftlichen Belangen die wichtigste Anlaufstelle. Dementsprechend ging während des Frühjahrs und des Sommers eine relativ große Zahl von Briefen hin und her. Beispielsweise war der »Herrscherbild«-Aufsatz, der ja erst im August tatsächlich erschien, mehrfach der Auslöser für Briefe.[10] In anderen Fällen gab oder erhielt Schramm bibliographische und ähnliche Hinweise, zudem ließ er sich leihweise Bücher aus der Bibliothek schicken.[11] Für Saxl war es selbstverständlich, Schramm an seiner eigenen Arbeit teilhaben zu lassen, indem er ihm im Februar die von ihm selbst gemeinsam mit Panofsky verfaßte »Melancholia« schenkte.[12]

Darüber hinaus hatte der Kontakt eine finanzielle Seite. Unter anderem hatte Schramm im Zusammenhang mit dem »Herrscherbild«-Aufsatz noch ein Honorar von der Kulturwissenschaftlichen Bibliothek Warburg zu bekommen, das er in seiner beruflichen Position nur zu gut brauchen konnte. Verschiedentlich bat er um Überweisung, besonders eindringlich im März, als er Saxl auf einer Postkarte den – in griechischen Buchstaben geschriebenen – Hilferuf schickte: »Saxl Saxl Hilfe Hilfe Geld Geld«.[13] Schließlich erhielt er nicht nur dieses Honorar, sondern im August außerdem einen großzügigen Vorschuß auf sein Buch über die »Graphia aureae urbis Romae«. Zwei Jahre zuvor war der Plan entstanden, daß er unter der Herausgeberschaft der Bibliothek Warburg eine Edition dieses Textes mit Kommentar publizieren sollte. Das Ergebnis des Projekts war sein Buch »Kaiser, Rom und Renovatio«, das 1929 erschien. Im Jahr 1924 war nicht vorauszusehen, daß

9 Ebd., Postkarte P.E. Schramm an F. Saxl, Heidelberg 17.1.1924 [Poststempel].

10 Die oben bereits zitierte Postkarte an Panofsky enthielt vor allem technische Hinweise und Verabredungen über die Herstellung von Illustrationen für diesen Aufsatz, die Panofsky anscheinend übernommen hatte. — WIA, GC 1924 Saxl, Postkarte P.E. Schramm an E. Panofksy, Heidelberg 7.1.1924 [Datum nach Poststempel]; s. im übrigen über die Publikation des »Herrscherbild«-Aufsatzes oben, Kap. 4.d).

11 WIA, GC 1924 Saxl, Postkarten P.E. Schramm an F. Saxl, Heidelberg: 15.7.1924 [Poststempel] u. 16.7.1924 [Poststempel]; ebd., Brief F. Saxl an P.E. Schramm, masch. Durchschl., o.O. [Hamburg], 19.7.1924.

12 Schramm bedankte sich Ende Februar für die Zusendung. Das 1923 erschienene Buch über Dürers »Melancholia I« ist von den Autoren in der Folgezeit mehrfach überarbeitet worden. — WIA, GC 1924 Saxl, Brief P.E. Schramm an F. Saxl, Heidelberg, datiert: »Ende Februar 1924«; über die Geschichte des erwähnten Werkes informiert: *Klibansky*, *Panofsky*, *Saxl*, Melancholie, S. 12 u. 31–32.

13 WIA, GC 1924 Saxl, Postkarte P.E. Schramm an F. Saxl, Heidelberg 14.3.1924 [Poststempel].

sich der Entstehungsprozeß so lange hinziehen würde; dennoch erscheint der Umstand bemerkenswert, daß Schramm einen Vorschuß auf ein längst noch nicht fertiges Buch erhielt.[14] Das läßt sich wohl als Beleg für den besonderen Status werten, den er an der Bibliothek Warburg nach wie vor hatte. Mit diesem Geld konnte er eine Italienreise, die er im September unternahm, zu großen Teilen finanzieren.

Trotz alledem war die Verbundenheit im weiteren Verlauf des Jahres 1924 nicht mehr dieselbe wie noch Anfang der zwanziger Jahre. Das konnte sie schon deshalb nicht mehr sein, weil Schramm viel seltener in Hamburg war.[15] Die Dichte der überlieferten Korrespondenz zwischen Schramm und der Bibliothek Warburg nimmt für die letzten Monaten des Jahres spürbar ab.[16] Ein besonders deutlicher Wandel zeigte sich dabei in Schramms Beziehung zu Aby Warburg selbst. Warburg, der in Kreuzlingen allmählich wieder gesund geworden war, wurde im Sommer 1924 als geheilt entlassen.[17] Am 13. August traf er in Hamburg ein, was Saxl voller Freude Schramm mitteilte.[18] Dieser hatte Warburg im Jahr 1920 in die Klinik nach Jena begleitet und war noch 1922 einer der wenigen gewesen, denen die Ärzte überhaupt Besuche bei dem Kranken gestattet hatten.[19] Nun dauerte es immerhin neun Tage, bis er dem Genesenen gute Wünsche zu seiner Heimkehr aussprach. Das geschah in demselben Brief, in dem er sich für den erwähnten Vorschuß be-

14 Der Zusammenhang zwischen dem Vorschuß und »Kaiser, Rom und Renovatio« ist eindeutig belegt. Im August 1924 bedankte sich Schramm bei Aby Warburg für den Vorschuß, den er »auf mein Buch« bekommen habe. Als es dann 1929 darum ging, was für ein Honorar er für »Kaiser, Rom und Renovatio« noch zu erhalten habe, brachte Schramm von sich aus diesen Vorschuß ins Spiel. — WIA, GC 1924 Warburg, Brief P.E. Schramm an A. Warburg, o.O. [Heidelberg], 22.8.1924; WIA, GC 1929, Brief P.E. Schramm an F. Saxl, o.O. [Göttingen], 24.5.1929; über den Beginn der Arbeit an »Kaiser, Rom und Renovatio« s.o., Kap. 4.c).

15 Es war vor allem seine Arbeit für Harry Bresslau, die Schramm in Heidelberg festhielt. Anfang August erkundigte er sich bei Saxl: »Was machen Sie in den Ferien? Ich bin ja leider durch die MG (dies nicht: Masch.Gewehr!) bodenständig.« Kurz zuvor scheint Schramm den Freund trotzdem einmal getroffen zu haben. In demselben Brief von Anfang August, sowie noch einmal einige Wochen später bezog sich Schramm auf ein Gespräch mit diesem. Allerdings war solch ein einmaliges Treffen, das möglicherweise in Heidelberg stattfand, nicht zu vergleichen mit den mehreren Monaten, die Schramm noch 1923 in Hamburg verbracht hatte. — WIA, GC 1924 Saxl, Brief P.E. Schramm an F. Saxl, Heidelberg o.D. [Anfang August 1924]; ebd., Postkarte P.E. Schramm an F. Saxl, Heidelberg 25.8.1924 [Poststempel].

16 Von den 22 für dieses Jahr überlieferten Briefen sind nur drei nach Schramms Rückkehr von seiner Italienreise Ende September entstanden.

17 *Königseder, K.*, »Bellevue«, v.a. S. 96; *Naber*, »Heuernte...«, S. 104–107.

18 »Heute ist Herr Professor Warburg zurückgekommen, und alles geht vorläufig ganz außerordentlich gut« (WIA, GC 1924 Saxl, Brief F. Saxl an P.E. Schramm, masch. Durchschl., o.O. [Hamburg], 13.8.1924).

19 Im Juni 1922 beklagte sich beispielsweise Saxl, er könne wohl nicht hoffen, zu Warburg vorgelassen zu werden. — FAS, L 97, Brief Fritz Saxl an P.E. Schramm, Hamburg 1.6.1922; über die Reise nach Jena oben, Kap. 3.b).

dankte.[20] Schramm verfolgte Warburgs Gesundung und Heimkehr nur noch aus der Distanz. Ganz allmählich war er aus der Rolle des Schülers und jüngeren Helfers herausgerückt. Er war nun ein zwar befreundeter, aber auswärts tätiger Wissenschaftler.

In Heidelberg wurde Schramm dafür bezahlt, daß er einige Stunden am Tag Bresslau bei seiner Editionsarbeit unterstützte. Wie viele Stunden Schramm tatsächlich arbeitete, ist nicht überliefert, aber allem Anschein nach schöpfte Bresslau die Arbeitskraft seines Assistenten so weit wie möglich aus. Bresslau war damals im Begriff, den letzten Band der »Scriptores«-Reihe der Monumenta für den Druck vorzubereiten. Dieser Band sollte ältere Bände ergänzen und kleinere historiographische Werke unterschiedlicher Art enthalten. Einen Großteil seiner Zeit verbrachte Schramm wahrscheinlich damit, seinem Vorgesetzten zur Hand zu gehen, indem er bibliographischen Hinweisen nachging, Lesarten unterschiedlicher Handschriften verglich oder Texte korrigierte. Jedoch übergab ihm Bresslau auch einige Stücke zur eigenverantwortlichen Bearbeitung. Dementsprechend erschien Schramm in dem fertigen Band als Herausgeber einiger kleinerer Texte, die beispielsweise vom Leben oder von den Wundern bestimmter Heiliger handelten.[21] Daneben hatte Bresslau die Herausgabe der Urkunden Kaiser Heinrichs III. in der »Diplomata«-Reihe in Angriff genommen, und auch hier unterstützte ihn Schramm.[22]

Drei Jahre lang arbeitete Schramm für die Monumenta. Eine solche Phase in seinem Lebenslauf zu haben, und sogar Editionen vorweisen zu können, die er selbst erarbeitet hatte, war für ihn ein großer Vorteil: Die Monumenta galten damals in Deutschland als das Herz der Geschichtswissenschaft vom Mittelalter, und das Edieren von Quellen als der Inbegriff historischer Forschung. Indem er auf seine Arbeit für Bresslau verweisen konnte, legitimierte sich Schramm als ernstzunehmender Wissenschaftler.[23] Er selbst betonte später häufig, er habe sein Handwerk bei Harry Bresslau gelernt.[24] Allerdings hätte die Monumenta-Arbeit für Schramm nie zur Lebensaufga-

20 WIA, GC 1924 Warburg, Brief P.E. Schramm an A. Warburg, o.O. [Heidelberg], 22.8.1924.

21 Der ganze Band erschien schließlich 1934. Er bestand aus drei Faszikeln. Das zweite dieser Faszikel, das Bresslau verantwortet hatte und das alle Beiträge von Schramm enthielt, war bereits 1929 ausgeliefert worden. — SVS 1934 Monumenta; *Ritter, A.*, Veröffentlichungen Schramm, Nr.I,45, auf S. 294.

22 *Elze*, Nachruf Schramm, S. 655; *Ritter, A.*, Veröffentlichungen Schramm, Nr.I,65, auf S. 296.

23 Über die wichtige Funktion der Monumenta als »Sprungbrett für eine akademische Laufbahn«: *Fuhrmann*, »Sind eben alles...«, S. 93–96.

24 Auf seine »Schulung bei Bresslau«, die ihn leider vor Flüchtigkeitsfehlern trotzdem nicht immer bewahre, verwies er beispielsweise in einem Brief an Reinhard Elze. — Privatbesitz Reinhard Elze, Brief P.E. Schramm an R. Elze, Göttingen 25.12.1955; vgl. *Elze*, Nachruf Schramm, S. 655.

be werden können. Das mechanische Kollationieren von Handschriften, das geduldige Abwägen von Lesarten, das oft zum Selbstzweck werden und jede Verbindung zum historischen Geschehen verlieren konnte, war seine Sache nicht. Er verstand es, in Texte hineinzuhorchen, und er liebte es, durch sie hindurch auf größere Zusammenhänge zu blicken. Aber die Texte sozusagen um ihrer selbst willen zu bearbeiten, damit andere die kritisch aufbereiteten Quellen nutzen und auf ihrer Grundlage zu Darstellungen kommen konnten, genügte ihm nicht.[25] Auch dort, wo er sich Fragen der Quellenkritik widmete, strebte er immer zugleich darüber hinaus, zur Darstellung der Vergangenheit.

Innerhalb des ersten Dreivierteljahres, das Schramm für Bresslau tätig war, habilitierte er sich. Kurz nach der Promotion zwei Jahre zuvor hatte er sich entschieden, diesen Schritt in Heidelberg zu machen. Die Habilitationsschrift konnte er aus seinen Forschungen über die »Graphia« entwikkeln. Seit dem Sommer 1923 hatte er sich ganz auf diese Arbeit konzentriert, die er im November desselben Jahres bei der Fakultät einreichte.[26] Auf diesem Weg wuchs er nach und nach in die Strukturen der Heidelberger akademischen Welt hinein.

Bereits in einem früheren Kapitel wurde erwähnt, daß dieses Milieu damals einige Besonderheiten aufwies, die zusammenfassend mit dem Schlagwort »Heidelberger Geist« etikettiert wurden.[27] In der Rückschau wird der Begriff bis heute verwendet und soll ganz allgemein eine besondere intellektuelle Atmosphäre kennzeichnen. Vieles bleibt dabei unscharf. Ein markanter Aspekt des »Heidelberger Geistes«, den die Forschung mittlerweile empirisch erfaßt und analysiert hat, war die politische Einstellung und das darauf basierende politische Verhalten seiner wichtigsten Trägergruppe, der Heidelberger Universitätsprofessoren und -dozenten.[28] Im Vergleich mit anderen Universitäten in Deutschland war in Heidelberg der Anteil derjenigen Professoren und Dozenten recht hoch, die die neue Staatsform bejahten und die Verfassung unterstützten. Bereits den Zeitgenossen galt Heidelberg dar-

25 In seinen Erinnerungen schrieb Schramm über Bresslau, dieser habe den Typ des »Kärrners« vertreten, »der in geduldiger Kleinarbeit die Steine herrichtete, die dann eines Tages ein großer Architekt vom Schlage Rankes zu einem gewaltigen Bau zusammenfügen werde […].« Er selbst habe dieses Ethos nicht geteilt; insofern habe ihm Karl Hampe mit seiner »Kaisergeschichte« näher gestanden. Bresslau seinerseits hatte aber durchaus keine Vorbehalte gegen darstellende Geschichtsschreibung. Im Gegenteil behauptete er von sich selbst, nur die äußeren Umstände hätten ihn davon abgehalten, »größere darstellende Werke« zu verfassen. — FAS, L »Jahrgang 94«, Bd.3, S. 463; *Bresslau*, Selbstdarstellung, S. 55.

26 WIA, GC 1923, Brief P.E. Schramm an F. Saxl, o.O. [Heidelberg], o.D. [Ende Mai/Anfang Juni 1923]; FAS, L 97, Brief P.E. Schramm an D. Lahusen, Heidelberg o.D. [Ende November 1923]; über die Bedeutung des Abschlusses der Habilitationsschrift für den Entstehungsprozeß von »Kaiser, Rom und Renovatio« s.u. in diesem Kapitel, Abschnitt d).

27 Zusammenfassend *Fink*, Heidelberg, S. 480–483; vgl. im übrigen oben, Kap. 4.a).

28 *Jansen*, Professoren; zusammenfassend: *Ders.*, Liberalität.

um als »staatsbejahende Musteruniversität« und »akademische Hochburg des neuen Deutschland«.[29]

Die Jahre 1924 bis 1929, in denen Schramm in Heidelberg Privatdozent war, waren zugleich die stabilste und erfolgreichste Phase in der kurzen Geschichte der Weimarer Republik.[30] Obwohl sich für diese Zeit in den Äußerungen der Heidelberger Hochschullehrer bereits erste Anzeichen einer wachsenden Distanzierung von der demokratischen Staatsform erkennen lassen, war die badische Universität nach wie vor von republikfreundlichem Denken und Handeln geprägt. Das spektakulärste Zeichen für ihren Willen, die Republik zu unterstützen und die internationale Verständigung zu fördern, setzte die Universität im Mai 1928, als sie dem Reichsaußenminister Gustav Stresemann die Ehrendoktorwürde verlieh.[31] Die in dieser Zeit gewählten Rektoren, nicht zuletzt Karl Hampe 1924/25, sind fast ausnahmslos dem liberal-demokratischen Lager zuzurechnen.[32]

Richtet sich der Blick allerdings auf die politischen Grundvorstellungen der Heidelberger Universitätsgelehrten, so ergeben sich wichtige Differenzierungen. Auf der Ebene allgemeiner Grundsätze wichen die Heidelberger von der konservativen, nationalistischen, antidemokratischen Haltung der Mehrheit der deutschen Akademikerschaft weit weniger deutlich ab, als vermutet werden könnte.[33] Dies machte im Jahr 1924 der »Fall Gumbel« sichtbar.[34] In einer Rede zum zehnten Jahrestag des Beginns des Ersten Weltkriegs sprach der Privatdozent und aktive Pazifist Emil Gumbel im Zusammenhang mit den Schlachtfeldern dieses Krieges vom »Feld der Unehre«.[35]

29 Bereits vor dem Ersten Weltkrieg waren ausgeprägte liberale Tendenzen für das politische Profil der Heidelberger Universität kennzeichnend gewesen. — Die Zitate: *Jansen*, Professoren, S. 33, m. Anm. 58 auf S. 318; in diesem Sinne schon: *Wolgast*, Universität Heidelberg, v.a. S. 127–132; über die Zeit vor 1914: *Jansen*, Professoren, S. 32–33.

30 Über diese »Phase der relativen Stabilisierung«: *Kolb*, Weimarer Republik, S. 54–92, v.a. S. 71–72; *Winkler*, Weimar, v.a. S. 285–305.

31 Bei der Studentenschaft war die Lage allerdings eine andere, da sie sich gerade in dieser Zeit nach rechts hin radikalisierte. — *Jansen*, Professoren, S. 194–201 u. 227; darin über Stresemann: S. 195–196; über die Studentenschaft: S. 198.

32 *Jansen*, Professoren, S. 44; über Hampe als Rektor auch: ebd., S. 191–192.

33 Über die Parteigrenzen hinweg wiesen sie in ihrer Mehrzahl einen »konservativen Denkstil« auf. Darunter ist vor allem eine starke Tendenz zur Idealisierung der Vergangenheit, eine Neigung zu organizistischen Denkfiguren und eine gewisse Abneigung gegen allzu abstrakte Rationalität zu verstehen (*Jansen*, Professoren, S. 59–61, sowie die Übersicht auf S. 68).

34 *Wolgast*, Universität Heidelberg, S. 133–135; *Jansen*, Professoren, S. 189–192; *Demm*, Weimarer Republik, S. 50–56.

35 Selbstverständlich ist die bloße Tatsache, daß ein Mann wie Gumbel, der nicht nur Pazifist, sondern auch Sozialist und zudem Jude war, sich in Heidelberg überhaupt habilitieren konnte, zunächst einmal ein deutlicher Beweis für die im deutschen Vergleich bemerkenswerte Liberalität der Universität Heidelberg. — Das Zitat nach: *Jansen*, Professoren, S. 189; ein wenig anders bei: *Wolgast*, Universität Heidelberg, S. 133; zu Gumbels Habilitation als Zeichen der Liberalität: *Jansen*, Professoren, S. 189.

Das löste einen Sturm der Entrüstung aus. Ein sofort eingeleitetes Disziplinarverfahren führte binnen dreier Tage zu Gumbels Suspendierung. Als der Kultusminister diese wieder aufhob, fand sich die Fakultät damit nur sehr widerstrebend ab. Noch Anfang 1925 machte sie einen Beschluss öffentlich, in dem es hieß, Gumbel habe »die nationale Empfindung tief gekränkt« und seine »Persönlichkeit und Gesinnung« seien für die Fakultät »unerfreulich«.[36]

Dieser Fall zeigt, daß nationale Empfindungen für die damalige Professorenschaft auch in Heidelberg einen höheren Wert besaßen als die Freiheit der politischen Überzeugung.[37] Zudem hatte die Niederlage im Ersten Weltkrieg die Heidelberger Professoren, wie das gesamte deutsche Bürgertum, tief traumatisiert.[38] Die Erinnerung an diesen Krieg spielte eine wichtige Rolle für die Konstituierung des Grundkonsenses, der damals die Gelehrtenwelt zusammenhielt. Werte wie Heldentum und Opfertod im Kriege, also die Überzeugung, daß das massenhafte Sterben auf den Schlachtfeldern einen Sinn gehabt habe, waren für diesen Grundkonsens von integraler Bedeutung. Wer diese Werte in Frage stellte, bekam den Zorn der Universitätsgemeinschaft zu spüren.[39]

In einem solchen Milieu, das zwischen einem eher progressiven politischen Verhalten und einer eher konservativen Grundeinstellung oszillierte, mußte Schramm sich nun etablieren. Viel hing davon ab, wie er sich während des Habilitationsverfahrens darstellte. Eine erste ›Visitenkarte‹, die er vorlegte, war ein Lebenslauf, den er Anfang 1924 verfaßte, um ihn im Zuge dieses Verfahrens bei der Fakultät einzureichen.[40] Dabei handelte es sich eigentlich um nichts weiter als um eine formale Notwendigkeit. Aber die Freude über seinen guten beruflichen Fortschritt inspirierte Schramm zu einer recht ausführlichen, lebendigen Schilderung.[41]

Hiermit stellte er sich der Gemeinschaft seiner zukünftigen Kollegen vor, und der Text macht deutlich, wie er von ihnen gesehen werden wollte. Dabei beschränkte sich Schramm nicht auf das Wissenschaftliche.[42] Vor allem der Darstellung des Ersten Weltkriegs räumte er einen übermäßig breiten Raum ein: Obwohl der Lebenslauf die ganzen knapp dreißig Jahre umfaßte, die

36 Die Zitate nach: *Wolgast*, Universität Heidelberg, S. 134; *Jansen*, Professoren, S. 191.

37 *Jansen*, Professoren, S. 192.

38 *Jansen*, Professoren, v.a. S. 161.

39 *Wolgast*, Universität Heidelberg, S. 133.

40 FAS, L »Lebenslauf 1924«; ein maschinengeschriebener Durchschlag dieses Textes in: FAS, L 305.

41 Der im Nachlaß überlieferte Entwurf des Lebenslaufs hat sieben Seiten (FAS, L »Lebenslauf 1924«).

42 Immerhin brachte er hier, indem er die wissenschaftliche Seite seiner Biographie beschrieb, zum ersten Mal die Bedeutung zur Sprache, die das Widmungsbild im Reichenauer Evangeliar Ottos III. für ihn gehabt habe. — FAS, L »Lebenslauf 1924«, S. 6; s. im übrigen oben, Kap. 3.e).

Schramm damals alt war, füllten die etwas mehr als vier Jahre des Krieges über die Hälfte der Seiten.[43] Die Vielzahl der gebotenen militärischen Details verblüfft angesichts des Umstands, daß Schramm in einer Randnotiz festhielt, er habe den Text in einem Zug verfaßt.[44] Demzufolge machte er sämtliche Angaben aus dem Gedächtnis. All das macht überdeutlich, daß sein Selbst- und Weltbild damals ganz wesentlich durch die Erinnerung an die Weltkriegserfahrung bestimmt war. Das hatte er, wie oben am »Fall Gumbel« gezeigt, mit der großen Mehrzahl der Heidelberger Universitätsprofessoren und -dozenten gemeinsam. Im Kern seiner Anschauungen stand Schramm auf dem gleichen Boden wie diese.

Den nächsten Schritt des Habilitationsverfahrens, das Kolloquium, absolvierte Schramm im Februar 1924.[45] Zuletzt folgte die Antrittsvorlesung, die er am 3. Mai 1924 hielt.[46] Für diese Gelegenheit wählte er ein verhältnismäßig anspruchsvolles Thema, das über rein fachliche Fragen hinauswies: Er sprach über »Die historischen Grundlagen der Grenzstaaten des deutschen Ostens«.[47] Nach dem Ersten Weltkrieg hatten Deutschland und, in noch höherem Maße, Österreich weite Teile ihres jeweiligen Staatsgebiets im Osten abtreten müssen. So konnten dort die ostmitteleuropäischen Staaten wiederbelebt werden, beziehungsweise neu ins Leben treten. Über diese Verluste waren weite Teile der deutschen Öffentlichkeit sehr verbittert.[48] Schramms Lehrer Karl Hampe hatte schon im Jahr 1921 auf diese Situation reagiert,

43 Auffälligerweise füllt die Schilderung der Jahre von 1914 bis 1918 auch im überlieferten Manuskript von Schramms Erinnerungswerk »Jahrgang 94«, das dieselben Phasen seines Lebens beschreibt, gut die Hälfte der Seiten: Dort sind es genau 249 von 496 Seiten. Bis an sein Lebensende empfand sich Schramm als Angehöriger der »Frontgeneration« des Ersten Weltkriegs. — FAS, L »Lebenslauf 1924«, S. 1, a.E., bis S. 5, oben; FAS, L »Jahrgang 94«, Bd.1, S. 47, bis Bd.2, S. 296; vgl. oben, in der Einleitung Abschnitt 4, sowie: *Thimme, D.*, Erinnerungen.

44 Auf der ersten Seite findet sich das von Schramm notierte Datum (»12.1.1924«) und dazu die Ergänzung: »in einem Anlauf« (FAS, L »Lebenslauf 1924«).

45 Dies ergibt sich aus: WIA, GC 1924 Saxl, Postkarte P.E. Schramm an F. Saxl, Heidelberg 17.1.1924 [Poststempel].

46 In seinen Erinnerungen vermerkte Schramm daß dies, zwei Jahre und einen Tag nach seinem Promotionsexamen, der früheste zulässige Termin gewesen sei. — FAS, L »Jahrgang 94«, Bd.3, S. 478; zum Datum auch: SVS 1968–1971 Kaiser, Bd.4,2, S. 483.

47 Vom Text der Vorlesung sind nur Bruchstücke erhalten. Im Nachlaß, in den Materialien zu Schramms Lebenserinnerungen, finden sich maschinengeschriebene Abschriften des Eingangs- und des Schlußteils, die Schramm wohl in den fünfziger Jahren anfertigen ließ. Dieselben Stükke, allerdings unter Verzicht auf den allerersten Absatz des Vortrags, publizierte Schramm gegen Ende seines Lebens in seinen »Gesammelten Aufsätzen«. Eine Zusammenfassung gab er außerdem in »Jahrgang 94«. — Der Titel der Antrittsvorlesung nach: SVS 1968–1971 Kaiser, Bd.4,2, S. 483; der Text insgesamt: ebd., S. 483–485; die maschinengeschriebene Vorlage: FAS, L 305, »Aus der Antrittsrede als Privatdozent: ›Deutschland und der Osten‹ (3. Mai 1924)«; außerdem: FAS, L »Jahrgang 94«, Bd.3, S. 478.

48 *Peukert*, Weimarer Republik, S. 54–56; *Kolb*, Weimarer Republik, S. 28, 30, 200; *Winkler*, Weimar, S. 90–91, 93–94; *Althoff*, Beurteilung, S. 147 u. 149–150; vgl. Schramms Beschreibung der Situation in Heidelberg: SVS 1968–1971 Kaiser, Bd.4,2, S. 483, m. Anm.

indem er sich mit der deutschen Ostsiedlung des Hochmittelalters befaßt und diese als »kolonisatorische Großtat des deutschen Volkes« beschrieben hatte.[49] Hampe hatte damals hervorgehoben, daß die »erstaunlichen Erfolge des Deutschtums« im östlichen Teil Europas mit wenigen Ausnahmen »durch überlegene Kulturarbeit errungen« worden seien.[50] Durch das seiner Meinung nach höhere kulturelle Niveau der Deutschen sah er deren frühere Vorherrschaft im Osten gerechtfertigt und meinte, auf dieser Grundlage werde sich eine solche Hegemonie aufs Neue errichten lassen.[51]

Vielleicht durch Hampes Vorbild inspiriert, packte nun auch Schramm dieses Problem der politischen Gegenwart in der Weise an, die er in seinem Artikel »Über unser Verhältnis zum Mittelalter« gefordert hatte: Er suchte den Schwierigkeiten auf ihren historischen Grund zu gehen. Den Kern seines Vortrags bildete der Gedanke, die neuen Staaten seien nicht nur eine Realität in der Gegenwart, sondern zugleich »eine Vergangenheit«, die jetzt »wieder aus den Gründen aufgetaucht ist, in die wir sie ehemals heruntergedrückt haben.« Diese Staaten schöpften »ihre Kraft nicht nur aus papierenen Paragraphen, sondern auch aus der Erinnerung an eine tausendjährige Geschichte.« Die neuen Aufgaben, die sich Deutschland nun stellten, seien »in Wirklichkeit alte Aufgaben [...], in denen wir uns schon jahrhundertelang behauptet haben.«[52]

Schramm betonte also einerseits, daß diese Staaten ihre Geschichte hatten und somit, nach den Wertmaßstäben des Historismus, im Prinzip nicht illegitim waren. Sie wieder von der Landkarte zu tilgen, konnte demnach kein Ziel der Politik sein. Andererseits hatten sich Deutschland und Österreich in der Auseinandersetzung mit ihnen schon einmal als die Überlegenen erwiesen. Schramm war wie Hampe der Auffassung, daß Deutschland Chancen habe, zur Hegemonialmacht im Osten zu werden, baute seine Argumentation aber nicht auf angeblichen kulturellen Unterschieden auf. Stattdessen formulierte er die These, die Struktur des Raumes sei insofern dieselbe wie im Mittelalter, als die dortigen Staaten untereinander zerstritten und im Innern wenig stabil seien.[53] So ergab sich die Möglichkeit der Errichtung einer deutschen Vorherrschaft aus der machtpolitischen Situation. Dies sprach Schramm allerdings schon nicht mehr offen aus. Erst recht vermied er es,

49 *Hampe*, Zug; vgl. über dieses Werk: *Althoff*, Beurteilung, S. 150–153.

50 *Hampe*, Zug, S. 69.

51 Offenbar wollte Hampe aber, so sehr er sich eine deutsche Hegemonie im Osten erhoffte, keine neuen gewaltsamen Konflikte schüren. Gegen Ende seines Büchleins vertrat er die Auffassung, daß die Deutschen nach dem Ersten Weltkrieg aufgrund »der höheren Kultur und Technik«, die ihnen noch immer zu Gebote stünden, zweifellos bald wieder »auch ohne neues Völkermorden im friedlichen Wettstreit der Nationen« den Einflußbereich ihrer »Art und Kultur« ausdehnen könnten. — *Hampe*, Zug, S. 97; vgl. auch *Althoff*, Beurteilung, S. 152.

52 SVS 1968–1971 Kaiser, Bd.4,2, S. 484.

53 Ebd., S. 485.

Vorschläge zu machen, auf welche Weise Deutschland seine Möglichkeiten nutzen sollte. Seine Aufgabe als Historiker sah er nur darin, auf die Komplexität der Verhältnisse hinzuweisen.

In seiner Antrittsvorlesung zeigte Schramm zum ersten Mal öffentlich ein besonderes Interesse an Fragen der ostmitteleuropäischen Geschichte und Gegenwart.[54] Aus diesem Interesse heraus hielt er im Wintersemester 1924/25 sogar eine Vorlesung über die »Geschichte des katholischen Osteuropa«.[55] In der Folgezeit verlor der Problembereich jedoch seine unmittelbare Relevanz für Schramms wissenschaftliche Arbeit. Schramm wurde kein Osteuropahistoriker. Die Thematik geriet nie aus seinem Blickfeld, aber der politische Aspekt wurde dominant. Das Engagement, das er diesbezüglich entfaltete, und von dem unten zu reden sein wird, hatte mit seinen wissenschaftlichen Interessen nur noch wenig zu tun.[56]

Diese Entwicklung wurde bereits im Jahr 1924 durch eine unerwartete Enttäuschung beschleunigt: Die »Oesterreichische Rundschau« stellte ihr Erscheinen ein. Zuvor hatte sich der Kontakt zwischen Schramm und dem Redakteur Paul Wittek kontinuierlich intensiviert.[57] Deshalb bot es sich im Sommer 1924 an, daß Schramm seine Antrittsvorlesung in der »Rundschau« herausbrachte. Der Artikel war schon gesetzt, als im Juli überraschend das Ende für die Zeitschrift kam: Dem Verlag erschien die Publikation nicht mehr lohnend.[58] Damit hatte Schramm zugleich die Bühne verloren, auf der er das Programm einer spezifischen Verbindung von Geschichtsschreibung und Politik umsetzen wollte, das er in »Über unser Verhältnis zum Mittelalter« entworfen hatte. Seine Karriere als politischer Publizist war bis auf weiteres beendet, bevor sie eigentlich begonnen hatte.[59] Der Kontakt zu Wittek wurde schwächer. Erst Anfang der dreißiger Jahre belebte er sich wieder, als

54 Später sagte er, er sei während des Ersten Weltkriegs, bei seinen Einsätzen an der Ostfront, auf solche Fragen aufmerksam geworden. — In diesem Sinne z.B.: SVS 1968–1971 Kaiser, Bd.4,2, Anm. auf S. 483; FAS, L »Miterlebte Geschichte«, Bd.1, S. 26.

55 *Neubauer*, Osteuropahistorie, S. 205 und 206; über den geringen Erfolg dieser Lehrveranstaltung: SVS 1968–1971 Kaiser, Bd.4,2, Anm. auf S. 483.

56 Vgl. zuerst wieder unten in diesem Kapitel, Abschnitt b).

57 Schramm hatte es sich sogar zur Aufgabe gemacht, in Heidelberg sowohl Leser als auch Autoren für das Blatt zu werben, worüber Wittek hoch erfreut war. Es war wahrscheinlich Schramms Vermittlung zu verdanken, daß Friedrich Baethgen in der »Rundschau« schrieb. Schramm selbst war, durch seine Habilitation und den Beginn seiner Monumenta-Tätigkeit stark belastet, lediglich dazu gekommen, im Frühjahr 1924 eine ausführliche Rezension zu veröffentlichen. — FAS, L 230, Bd.11, Brief P. Wittek an P.E. Schramm, Wien 20.3.1923; ebd. weitere Briefe; Beispiele für Baethgens Mitwirkung: *Baethgen*, Katholizismus; *Baethgen*, Weltanschauung; Schramms Beitrag: SVS 1924 Parodie; wiederabgedruckt in: SVS 1968–1971 Kaiser, Bd.4,1, S. 43–47.

58 FAS, L 230, Bd.11, Brief P. Wittek an P.E. Schramm, Wien 19.7.1924.

59 Vor dem Zweiten Weltkrieg schlugen sich Schramms Aktivitäten im politischen Bereich nur noch in den Jahren 1931 und 1932 in Veröffentlichungen nieder. Nach 1945 ergab sich durch seine Forschungen über die Geschichte des Zweiten Weltkriegs ein neues Feld, auf dem er verschiedentlich Artikel in Tageszeitungen und politischen Zeitschriften publizierte. — SVS 1931

Schramm und seine Frau Wittek in Istanbul besuchten, wo dieser damals am Deutschen Orientinstitut arbeitete.[60]

b) Als Privatdozent in Heidelberg

Nach seiner Antrittsvorlesung war Schramm als Privatdozent berechtigt, auch in der Lehre wissenschaftlich zu wirken. Im akademischen Milieu galt er nun als »junger Kollege«: Jetzt mußte er zeigen, daß er selbständig im wissenschaftlichen Alltag zu agieren imstande war. Im Sommersemester 1924 nahm er die Lehrtätigkeit auf.[61] Sein erstes Kolleg wurde für ihn vor allem aufgrund der Hörerschaft bedeutsam: Neben Georg Ostrogorsky, einem gebürtigen Russen, der später als Byzantinist großes Ansehen gewann und dem Schramm sein ganzes Leben lang verbunden blieb,[62] zählte auch Ehrengard von Thadden-Trieglaff dazu, seine spätere Frau. Im Jahr 1900 in Pommern geboren, entstammte sie einer alten adeligen Familie.[63] Sie war Schramm damals schon nicht mehr ganz unbekannt, weil sie eine Zeitlang bei einer großen Reederei in Hamburg als Sekretärin gearbeitet und damals gegenüber von Schramms Elternhaus zur Miete gewohnt hatte. So hatte es sich ergeben, daß sie einmal bei Familie Schramm zum Abendessen eingeladen gewesen war.[64] An diese Bekanntschaft anknüpfend, gingen Schramm und sie nach der ersten Vorlesungsstunde gemeinsam essen – wobei die Dame, wie Schramm in seinen Erinnerungen nicht zu erzählen versäumte, darauf bestand, selber zu zahlen.[65]

Ende August 1924 brach Schramm zu der oben bereits erwähnten Italienreise auf. Seine Bekanntschaft zu Ehrengard von Thadden hatte sich bis dahin zu echter Zuneigung vertieft. Deshalb verfaßte Schramm, als er gleich

Bericht Ostpreußenfahrt; SVS 1932 Fragen; hierzu unten, Kap. 8.b); über die zweite Nachkriegszeit unten, Kap. 13.c).

60 Aus der Zeit von März 1932 bis November 1933 mehrere Briefe in: FAS, L 230, Bd.11, Unterakte »Wittek, Paul«; vgl. FAS, L »Jahrgang 94«, Bd.3, S. 477.

61 Das Thema von Schramms erster Lehrveranstaltung sollte, einer Angabe aus dem Februar 1924 zufolge, »Einführung in die mittelalterliche Geistesgeschichte« lauten (WIA, GC 1924 Saxl, Brief P.E. Schramm an F. Saxl, Heidelberg, datiert »Ende Februar 1924«).

62 Georg Ostrogorsky (1902–1976) lebte von 1918 bis 1933 in Deutschland. Nach einem Aufenthalt in Prag lebte er zuletzt in Belgrad, wo er 1948 das Institut für Byzantinistik der Serbischen Akademie der Wissenschaften gründete. Schramm berichtete einiges über den Verlauf der Freundschaft in seinen Memoiren. — FAS, L »Jahrgang 94«, Bd.3, S. 480; Korrespondenz mit Ostrogorsky in: FAS, L 230, Bd. 8, Unterakte: »Ostrogorsky, Georg«.

63 Über Ehrengard Schramm, geborene von Thadden, informiert: *Kühn*, Ehrengard Schramm.

64 *Kühn*, Ehrengard Schramm, S. 212; FAS, L »Jahrgang 94«, Bd.3, S. 479.

65 FAS, L »Jahrgang 94«, Bd.3, S. 480; die weitere Entwicklung bis zur Verlobung: FAS, L »Jahrgang 94«, Bd.3, S. 480–482.

am Anfang seiner Reise begann, seine Erlebnisse in einem Tagebuch festzuhalten, diesen Reisebericht als einen Brief an die geliebte Freundin. Im Laufe der Wochen füllte er auf diese Weise neun Hefte.[66] Schramm genoß die Erholung, die er sich nach seinem ersten Semester als akademischer Lehrer redlich verdient hatte. Häufig war er in Gedanken bei dem, was die Zukunft ihm und Ehrengard bringen mochte. In Norditalien besuchte er unter anderem Como und Mailand. In Modena erinnerte er sich an Heiligenviten, die Bresslau mit seiner Unterstützung ediert hatte,[67] in Ravenna kollationierte er Urkunden für seinen Vorgesetzten.[68] Von Venedig fuhr er mit dem Schiff nach Bari und erkundete die Ostküste Süditaliens, bevor er über Benevent nach Neapel reiste. Von dort kehrte er Ende September mit dem Zug nach Heidelberg zurück. An allen Stationen absolvierte er ein reichgefülltes Besichtigungsprogramm und erprobte seine kunsthistorischen Kenntnisse. Manch ein eigentümliches Altarbild erinnerte ihn an Gespräche, die er mit Saxl und Panofsky gehabt hatte, anderes nahm er sich vor, gelegentlich mit ihnen zu besprechen.[69] Auch an seinen Lehrer Warburg wurde Schramm mehr als einmal erinnert.[70]

Kurz nachdem Schramm aus Italien zurückgekehrt war, beschlossen Ehrengard von Thadden und er, daß sie heiraten wollten.[71] Im Winter fuhr Schramm nach Pommern, um auf dem Gut Trieglaff beim Vater der Braut um ihre Hand anzuhalten.[72] Im März 1925 fand auf Trieglaff die Hochzeit statt.[73] Die Hochzeitsreise machten Ehrengard und Percy Ernst Schramm nach Paris.[74] Nach ihrer Rückkehr bezogen sie in Heidelberg eine gemeinsame Wohnung und begannen wenig später mit dem Bau eines Hauses.[75]

Einige Wochen später erhielt Schramm zunächst vom Verlag Teubner in Leipzig, bei dem die Publikationen der Bibliothek Warburg erschienen, dann

66 FAS, L »Tagebuch 1924«.

67 Ebd., Heft 3, 5.9.1924.

68 Ebd., Heft 4, 9.9.1924 u. 10.9.1924.

69 Ebd., Heft 1, 31.8.1924; ebd., Heft 2, 4.9.1924; ebd., Heft 3, 6.9.1924.

70 Bestimmte Plastiken in Rimini stellten ihm vor Augen, wie einleuchtend »Warburgs Formulierung der Antike als Bewegungs- und Pathosformel« sei. In Ferrara sah Schramm die Fresken im Palazzo Schifanoia, über die Warburg einen seiner berühmtesten Aufsätze geschrieben hatte (FAS, L »Tagebuch 1924«, Heft 3, 8.9.1924, u. Heft 5, 12.9.1924).

71 Anfang November erzählte Schramm seiner Mutter zum ersten Mal von Ehrengard und davon, daß Ehrengard und er sich jetzt als verlobt betrachteten (FAS, L 305, Brief P.E. Schramm an O. Schramm, masch. Durchschl., Heidelberg o.D. [vor 8.11.1924]).

72 FAS, L »Jahrgang 94«, Bd.3, S. 482.

73 Ein recht ausführlicher Bericht in: FAS, L »Jahrgang 94«, Bd.3, S. 484–491.

74 Schramm nutzte die Gelegenheit für wissenschaftliche Recherchen. Er hatte außerdem die Freude, den einen oder anderen Bekannten zu treffen, nicht zuletzt Erwin Panofsky. — FAS, L »Jahrgang 94«, Bd.3, S. 490; FAS, L »Miterlebte Geschichte«, Bd.1, S. 15; FAS, J 37, Brief P.E. Schramm an Max Schramm, o.O. [Frankreich], April 1925; WIA, GC 1925, Brief P.E. Schramm an F. Saxl, o.D. [vor 26.5.1925], Heidelberg; *Panofsky*, Korrespondenz Bd.1, S. 169.

75 FAS, L »Miterlebte Geschichte«, Bd.1, S. 15–17.

noch einmal von Saxl eine Anfrage, ob er nicht eine zusammenfassende Rezension aller bisher von der Bibliothek herausgegebenen Schriften verfassen wolle. Eine solche Sammelbesprechung sollte helfen, diese Publikationen in der wissenschaftlichen Öffentlichkeit bekannter zu machen.[76] Schramm sah sich aber außerstande, der Bitte nachzukommen. In einer Postkarte an Saxl bat er den Freund um Verständnis, indem er insbesondere auf seine Lebens- und Arbeitsbedingungen verwies:

»Zwischen Colleg und Monumenta pendelnd, eingepreßt bei 30° Minimum in 2 Zimmer (wegen Streik kommt das Haus nicht weiter) hoffe ich jetzt die eigenen Arbeiten in den Ferien fördern zu können, die überall halbfertig rumliegen.«[77]

In der Tat war Schramm durch seine verschiedenen Verpflichtungen in Heidelberg stark eingebunden, und es gab vieles, was für ihn eher von Wichtigkeit war als eine Überblicksbesprechung der Publikationen der Kulturwissenschaftlichen Bibliothek Warburg. Dazu zählte nicht zuletzt sein eigener Beitrag zu den »Studien«, nämlich das in Arbeit befindliche Werk »Kaiser, Rom und Renovatio«.[78]

Allerdings war »Kaiser, Rom und Renovatio« nicht dasjenige Projekt, auf das Schramm im Jahr 1925 den größten Teil seiner frei verfügbaren Arbeitszeit verwandte. Vielmehr hatte sich ihm die Gelegenheit eröffnet, relativ rasch und mit verhältnismäßig wenig Aufwand eine andere Buchpublikation zu verwirklichen: Er sollte sich an einer geplanten Reihe »Klassiker der Geschichtsschreibung« beteiligen. Diese Reihe sollte von Willy Andreas, der zwei Jahre zuvor in Heidelberg ein Ordinariat für neuere Geschichte übernommen hatte und immer mehr Ansehen gewann, sowie dessen Schwiegervater Erich Marcks herausgegeben werden.[79] Es handelte sich um eine Sammlung von Quellentexten, die welthistorisch bedeutsam erschienen und in deutscher Übersetzung einem breiteren Publikum zugänglich gemacht werden sollten.[80] Hierfür sollte Schramm eine Sammlung von »Gesandtschaftsberichten« vorbereiten. Er kannte sich in diesem Feld recht gut aus, weil die Berichte der Gesandtschaften, die zwischen Byzanz und dem Westen hin und her gegangen waren, für seine Forschungen über Otto III. und

76 WIA, GC 1925, Brief F. Saxl an P.E. Schramm, masch. Durchschl., o.O. [Hamburg], 29.7.1925.

77 Ebd., Postkarte P.E. Schramm an F. Saxl, Heidelberg 30.7.1925.

78 In seiner Karte an Saxl meinte Schramm, er glaube, der Bibliothek besser als durch die erbetene Rezension »durch Fertigstellung des Buches dienen zu können« (WIA, GC 1925, Postkarte P.E. Schramm an F. Saxl, Heidelberg 30.7.1925).

79 Über Willy Andreas (1884–1967) und sein Wirken in Heidelberg: *Wolgast*, Neuzeitliche Geschichte, S. 137–143 u. 146–147; über Erich Marcks s. zuerst oben, Kap. 1.a).

80 FAS, L 230, Bd.3, Brief Deutsche Verlags-Anstalt an P.E. Schramm, Stuttgart 2.1.1925.

die übrigen Ottonen eine große Rolle gespielt hatten.[81] Im Januar 1925 kam es zum ersten Briefwechsel zwischen Schramm und dem Verlag, im Spätsommer forcierte Schramm die Bearbeitung des Bandes[82] – um Ende Oktober die Nachricht zu erhalten, aus wirtschaftlichen Gründen sei die Reihe aus dem Programm genommen worden.[83] Schramm konnte immerhin noch erreichen, daß ihm für die bereits getane, so gut wie abgeschlossene Arbeit ein Großteil des Honorars ausgezahlt wurde – aber das Buch blieb unveröffentlicht, und das Manuskript ist verloren.[84]

Zum wiederholten Mal hatte Schramm mit einer geplanten Publikation Pech gehabt. Wäre die von Westphal mitherausgegebene Reihe Ende 1922 nicht abgesetzt worden,[85] hätte er Mitte der zwanziger Jahre schon eine eigene Monographie vorweisen können, und hätte der Verlag die »Oesterreichische Rundschau« nicht eingestellt, so wäre sein Schriftenverzeichnis gewiß durch eine ganze Reihe von politischen Erörterungen bereichert worden. Nun scheiterte sein Vorhaben hinsichtlich der Gesandtschaftsberichte. So mußte Schramm, der sich später durch einen schier überwältigenden Publikationseifer auszeichnete, in der Mitte der zwanziger Jahre in dieser Beziehung eine gewisse Durststrecke überwinden.[86]

Anderes entwickelte sich sehr viel erfreulicher. Der Bau des neuen Hauses, über dessen schleppenden Fortgang Schramm im Juli 1925 geklagt hatte, kam rund ein halbes Jahr später zu einem guten Schluß: Anfang 1926 konnten Schramm und seine Frau umziehen.[87] Im selben Jahr wurde ihr

81 Zu denken ist hier vor allem an die Briefe des byzantinischen Gesandten Leo in der Zeit Ottos III., die Schramm der Forschung erschlossen hatte, aber auch an den Bericht, den in der Zeit Ottos des Großen dessen Gesandter Liutprand über seine Reise nach Byzanz verfaßte. — SVS 1925 Briefe des Gesandten; über Liutprand z.B.: SVS 1924 Kaiser Basileus, S. 433; SVS 1929 Kaiser Renovatio, Bd.1, S. 78.

82 FAS, L 230, Bd.3, Briefe Deutsche Verlags-Anstalt an P.E. Schramm, jeweils Stuttgart: 9.2.1925, 17.8.1925, 20.10.1925.

83 FAS, L 230, Bd.3, Brief Deutsche Verlags-Anstalt an P.E. Schramm, Stuttgart 31.10.1925; FAS, L 230, Bd.1, Brief Willy Andreas an P.E. Schramm, Positano (Italien) 25.11.1925.

84 FAS, L 230, Bd.3, Brief P.E. Schramm an Deutsche Verlags-Anstalt, Heidelberg 10.1.1926; ebd., Brief Deutsche Verlags-Anstalt an P.E. Schramm, Stuttgart 12.1.1926; ebd., Brief P.E. Schramm an Deutsche Verlags-Anstalt, Heidelberg 17.1.1926; ebd., Brief Deutsche Verlags-Anstalt an P.E. Schramm, Stuttgart 19.1.1926.

85 S.o., Kap. 4.c).

86 Es ist bezeichnend, daß Schramm in dieser Phase zu den genealogischen Forschungen seiner Jugendzeit zurückkehrte. Während ihm im mediävistischen Bereich nichts glücken wollte, publizierte er 1927 zwei Stammtafeln seiner Vorfahren väterlicher- bzw. mütterlicherseits. Enttäuscht mußte er allerdings feststellen, daß seine Eltern diese Art der Forschung noch immer genausowenig zu schätzen wußten wie ehedem. — *Ritter, A.*, Veröffentlichungen Schramm, Nr.I,23 u. 24, auf S. 293; FAS, J 37, Brief P.E. Schramm an Max Schramm, o.O. [Heidelberg], o.D. [Februar 1927].

87 Am 10. Januar schrieb Schramm bereits einen Brief unter der neuen Adresse. — FAS, L 230, Bd.3, Brief P.E. Schramm an Deutsche Verlags-Anstalt, Heidelberg 10.1.1926; vgl. FAS, L »Miterlebte Geschichte«, Bd.1, S. 15.

erster Sohn geboren. Ebenfalls im Jahr 1926 gab Schramm die strapaziöse und wenig inspirierende Arbeit für die Monumenta auf. Beinahe gleichzeitig mit Schramms Ausscheiden, am 27. Oktober 1926, starb Harry Bresslau, hochbetagt und schon seit langem krank.[88] Schramm fiel die Aufgabe zu, die wissenschaftlichen Angelegenheiten des Verstorbenen zu ordnen und alles Verwertbare an die Monumenta nach Berlin zu schicken.[89] Zum Sommersemester 1927 erhielt er dann einen Lehrauftrag am Historischen Seminar.[90]

Einhergehend mit diesen privaten und beruflichen Veränderungen festigte sich Schramms Position in der Heidelberger Gelehrtenwelt. Es war damals ein Charakteristikum dieses Milieus, daß die Diskussionen und Debatten, in denen sich die Natur seiner spezifischen Geistigkeit entfaltete, nicht in der Universität selbst stattfanden, sondern in mehr oder weniger privaten, zum Teil halböffentlichen Kreisen und Gesprächszirkeln.[91] Schramm fand hier Anschluß an eine Gruppe jüngerer Wissenschaftler, die sich scherzhaft »Incalcata« nannte, was mit »Die unverkalkte Akademie« zu übersetzen war.[92]

88 Allem Anschein nach war die Beendigung von Schramms Monumenta-Tätigkeit bereits ausgemacht, bevor Bresslau starb. Jedenfalls suchte Schramm schon im September 1926 »für die Monumenta einen Nachfolger«. — *Kehr*, Nachruf Bresslau; WIA, GC 1926, Brief P.E. Schramm an F. Saxl, o.O. [Heidelberg], 11.9.1926; s.a. die übernächste Fußnote.

89 MGHArch, Akten 338, Nr.19, Brief P.E. Schramm an MGH (Dr. Finsterwalder), Heidelberg 14.12.1926.

90 Der Lehrauftrag war zunächst unbesoldet. In einem Brief der Universität wurde zur Begründung auf ein Privatdozentenstipendium verwiesen, das Schramm erhalte. Vielleicht bezog Schramm dieses Stipendium bereits seit Herbst 1926. Möglicherweise hatte ihm die Gewährung dieses Stipendiums den Anlaß geboten, auf die Anstellung bei den Monumenta zu verzichten (FAS, L 105, Brief Universität Heidelberg an Philosophische Fakultät Heidelberg, masch. Durchschl., Heidelberg 2.4.1927).

91 *Jansen*, Professoren, S. 35–42; *Demm*, Ein Liberaler, S. 55–80; *Demm*, Weimarer Republik, v.a. S. 15–20; vgl. exemplarisch über den Kreis, der sich bis 1918 um Max Weber sammelte: *Essen*, Max Weber.

92 Den frühesten bisher bekannten Beleg für die Existenz des Kreises bildet ein Brief, den der Historiker Hajo Holborn, selbst ein Mitglied der »Incalcata«, im Jahr 1931 an Friedrich Baethgen schrieb. Darin erörterte Holborn unter anderem politische Meinungsverschiedenheiten, die zwischen ihm und Baethgen bestanden. Er erklärte, er habe die Differenzen offen angesprochen, »weil es in der Incalcata üblich war, die gegenseitigen Auffassungen herzhaft klarzulegen. Als Incalcatus habe ich hiermit […] meine Pflicht erfüllt.« In Schramms Nachlaß wird der Kreis zuerst in einer Aufzeichnung Schramms von 1935 erwähnt. Das wichtigste gedruckte Zeugnis bilden die »Heiteren Erinnerungen« von Erich Rothacker von 1963. Wohl von Rothackers Schilderung angeregt, erwähnte Schramm den Kreis in den sechziger Jahren bei verschiedenen Gelegenheiten, und zwar zunächst in seinen unveröffentlicht gebliebenen Memoiren, danach in einigen gedruckten Äußerungen. — MGHArch A 246, NL Friedrich Baethgen, Brief H. Holborn an F. Baethgen, Berlin 7.10.1931; FAS, L »Über meine Freunde«; *Rothacker*, Erinnerungen, S. 70–71; FAS, L »Jahrgang 94«, Bd.3, S. 454–458; SVS 1967 Zwanziger, S. 84–86; SVS 1967 Endgestalt; außerdem über die »Unverkalkten«: *Jansen*, Professoren, S. 41; *Cornelißen*, Gerhard Ritter, S. 122–123; über die erwähnten Personen vgl. das Folgende.

Diese Formation umfaßte Wissenschaftler verschiedenster Fachrichtungen.[93] Zu den tonangebenden Mitgliedern gehörte der Indologe Heinrich Zimmer, ein brillanter Denker, der in seinen Arbeiten weit über die Grenzen seines Fachs und tief in die Philosophie hinein ausgriff.[94] Zimmer verband eine recht enge Freundschaft mit Friedrich Baethgen, die wahrscheinlich seit Jugendtagen bestand.[95] Vielleicht bildete diese Freundschaft den Nukleus der »Incalcata«. Daneben spielte offenbar der Philosoph Erich Rothacker eine führende Rolle.[96] Wie oft die »Incalcata« sich versammelte, ist nicht bekannt. Einen strikten Rhythmus gab es wahrscheinlich nicht. Schramm sprach in seinen ungedruckten Lebenserinnerungen von der Gruppe als einem »losen Zirkel«. In der Regel hielt bei den Treffen eines der Mitglieder ein Referat, das dann diskutiert wurde.[97]

Schramm selbst dürfte durch Friedrich Baethgen den Anschluß an diesen Kreis gefunden haben.[98] Wieviel er der »Incalcata« verdankte, läßt sich kaum feststellen. Es gibt in seinen Arbeiten keinen bestimmten Aspekt, von dem sich sagen ließe, hierin habe seine Mitgliedschaft in dem Zirkel einen Niederschlag gefunden. Er war einige Jahre jünger als die übrigen Genann-

93 Schramms Schilderung sowie der damit übereinstimmenden Aufzählung bei *Jansen* zufolge waren Geschichtswissenschaft und Medizin stark vertreten, daneben aber auch Romanistik, Indologie, Philosophie und Theologie. — FAS, L »Jahrgang 94«, Bd.3, S. 455–457; *Jansen*, Professoren, S. 41.

94 Heinrich Zimmer (1890–1943), der 1926 eine außerordentliche Professur erhielt, emigrierte 1939 und starb in New York. — Biographische Informationen sowie einen Überblick über seine wichtigsten Publikationen bietet: *Drüll*, Heidelberger Gelehrtenlexikon, S. 310–311.

95 Für die Freundschaft zwischen Zimmer und Baethgen legen mehrere Briefe Zimmers in Baethgens Nachlaß Zeugnis ab. Beide waren in Greifswald geboren, und beider Väter waren Professoren in Berlin. — MGHArch A 246, NL Friedrich Baethgen; *Drüll*, Heidelberger Gelehrtenlexikon, S. 9 u. 310–311.

96 Erich Rothacker (1888–1965) ist einer der wenigen, die in den archivalischen Zeugnissen der dreißiger Jahre explizit als Mitglied der Runde genannt werden. Schramm schrieb später über ihn, »der mit Energie geladene, weltläufige [...] Erich Rothacker« habe »in jedem Zirkel eine aktive Rolle« übernommen. — MGHArch A 246, NL Friedrich Baethgen, Brief H. Zimmer an F. Baethgen, Heidelberg 24.11.1931; FAS, L »Über meine Freunde«; das Zitat: FAS, L »Jahrgang 94«, Bd.3, S. 456; über Rothacker ermöglicht eine erste Orientierung: *Perpeet*, Erich Rothacker; hilfreich auch: *Drüll*, Heidelberger Gelehrtenlexikon, S. 225; weiter über Rothacker unten in diesem Kapitel, Abschnitt c).

97 Schramm erzählte von einem Vortrag eines Mediziners über den Schwindel und von dem eines Psychiaters, der das Leben Napoleons psychoanalytisch gedeutet habe (FAS, L »Jahrgang 94«, Bd.3, S. 456).

98 Ein weiterer Historiker in dem Zirkel war Gerhard Ritter (1888–1967), der allerdings schon 1924 nach Freiburg berufen wurde. Schramms und seine Mitgliedschaft in der »Incalcata« dürften sich deshalb nur wenig überschnitten haben. Als Schramm sich 1935 darüber Rechenschaft ablegte, wen er zu seinen Freunden rechnen könne, notierte er sich, mit Gerhard Ritter sei es in der Heidelberger Zeit zu einer engeren persönlichen Beziehung »nicht mehr« gekommen. — FAS, L »Über meine Freunde«; in diesem Sinne auch: SVS 1967 Endgestalt; weiter über Ritter und Schramm unten, v.a. Kap. 13.b); über Ritters Mitgliedschaft in der »Incalcata« auch: *Cornelißen*, Gerhard Ritter, S. 122–123.

ten,[99] und es hat nicht den Anschein, als habe er zu den tragenden Mitgliedern der Gruppe gehört. Dennoch war die »unverkalkte Akademie« für ihn in seiner Heidelberger Zeit sicherlich so etwas wie ein Stück intellektuelle Heimat. Die lockere und überfachlich orientierte Struktur des Kreises harmonierte mit dem weiten Horizont seiner eigenen Interessen, und es machte ihm immer Freude, sich an angeregten Diskussionen zu beteiligen. Zudem war er von der Persönlichkeit und der sprühenden Intellektualität Heinrich Zimmers fasziniert. Ihm war er in den folgenden Jahren auch persönlich verbunden.[100] Die übrigen Mitglieder der »Incalcata« scheinen für Schramm eher gute Bekannte als Freunde gewesen zu sein.

Insbesondere mit Friedrich Baethgen, obwohl hier schon mehrfach von ihm die Rede war, verband ihn nie eine Freundschaft.[101] Baethgen war ein älterer Schüler Karl Hampes, und er war Schramms Vorgänger bei Harry Bresslau gewesen. Aufgrund dessen ergab es sich fast zwangsläufig, daß Schramm und er häufig miteinander in Kontakt standen. Zudem waren ihre wissenschaftlichen Interessen ähnlich genug, daß sie sich gewiß gelegentlich darüber austauschten. Auch Baethgen interessierte sich für geistesgeschichtliche Probleme und versuchte zumindest mit einigen seiner Arbeiten, dem essentiell Charakteristischen vergangener Epochen auf die Spur zu kommen. Noch in den dreißiger Jahren erforschte er die mittelalterlichen Prophetien über den »Engelpapst«, von denen er meinte, würden sie recht gelesen, so spreche aus ihnen »die lebendige Stimme vergangener Zeiten und Völker mit vernehmlichen Klange.«[102] Diese Gemeinsamkeit belegt jedoch nur, daß solche Fragestellungen in der damaligen Geschichtswissenschaft nichts Außergewöhnliches waren.

Wichtiger war für Schramm der Kontakt zu Ernst Kantorowicz, einem anderen jüngeren Historiker.[103] Kantorowicz, 1895 in Posen geboren, entstammte einer wohlhabenden jüdischen Fabrikantenfamilie. 1919 war er nach Heidelberg gekommen, um sein Studium abzuschließen. Er hatte Nationalökonomie studiert und war 1922 in diesem Fach promoviert worden.

99 Diese waren alle mindestens vier Jahre älter: Rothacker und Ritter waren 1888, Zimmer und Baethgen 1890 geboren worden.

100 1935 notierte sich Schramm, die Freundschaft mit Heinrich Zimmer sei »ein großer Gewinn für das Leben und für die Wissenschaft« und bestehe nach wie vor. Zimmer war Patenonkel bei Schramms zweitältestem Sohn Gottfried. — FAS, L »Über meine Freunde«; vgl. FAS, L »Jahrgang 94«, Bd.3, S. 456–458; Briefliche Mitteilung von Gottfried Schramm am 12.2.2002.

101 1935 notierte sich Schramm: »Mit Baethgen bestand nie eine richtige menschliche Beziehung« (FAS, L »Über meine Freunde«).

102 *Baethgen*, Engelpapst, S. 113.

103 Über Ernst Hartwig Kantorowicz (1895–1963) informiert hinsichtlich seiner Biographie bis 1938: *Grünewald*, Kantorowicz; über seine Stellung unter den Heidelberger Mittelalterhistorikern: *Jakobs*, Mediävistik, S. 58–65; außerdem: *Boureau*, Kantorowicz; *Fuhrmann*, Kantorowicz; *Benson, Fried (Hg.)*, Ernst Kantorowicz.

Schon während seines Studiums hatte er weitgespannte Interessen gezeigt und sich nicht zuletzt mit historischen Problemen befaßt.[104] Viel eindeutiger als Schramm hatte er im Kosmos des Heidelberger intellektuellen Milieus seinen festen Platz: Er gehörte zum »Kreis« – die Anführungszeichen sind deshalb berechtigt, weil die Mitglieder selbst die Gruppierung meistens nur so bezeichneten –, den der »Dichter« Stefan George um sich versammelte.[105] Zusammengehalten wurde diese Gruppe durch die Verehrung für den »Meister« George und durch die Begeisterung für seine pathetisch-raunende Dichtung, aber auch durch eine gewisse Sehnsucht nach heldischer Größe und nach geistiger Erneuerung Deutschlands.[106]

In der Zeit nach seiner Promotion, spätestens Anfang 1924, faßte Kantorowicz den Entschluß, sich mit dem Stauferkaiser Friedrich II. zu beschäftigen und eine Biographie über ihn zu schreiben.[107] Damit wandte er sich ganz der Geschichtswissenschaft zu. Es hat den Anschein, daß er den Historiker Schramm erst danach kennenlernte.[108] Es war nicht zuletzt das Interesse für das vom jeweils anderen behandelte Thema, welches Schramm und Kantorowicz verband. Schramm hatte Otto III. noch längst nicht aus den Augen verloren, und Kantorowicz ließ sich von dem inspirieren, was Schramm über den Ottonen zu sagen hatte. Umgekehrt fand Schramm es äußerst interessant, wie Kantorowicz sich Friedrich II. näherte. Später erzählte Schramm, Kantorowicz und er hätten verschiedentlich ganze Nächte hindurch ihre Gedanken und Thesen diskutiert.[109] Damit war die Basis für eine Verbindung gelegt, die bis zu Kantorowicz' Tod 1963 nicht abriß.[110]

Kantorowicz' aufsehenerregende Biographie »Kaiser Friedrich der Zweite« erschien schließlich 1927,[111] zwei Jahre vor Schramms »Kaiser, Rom und Renovatio«. Im folgenden Kapitel wird die Frage zu stellen sein, in welchen

104 Kantorowicz' Herkunft: *Grünewald*, Kantorowicz, v.a. S. 4–6; Ankunft in Heidelberg: *Grünewald*, Kantorowicz, S. 37; Studium und Doktorarbeit: *Grünewald*, Kantorowicz, S. 46–56; Datum der Promotion: *Grünewald*, Kantorowicz, S. 54 m. Anm. 126.

105 Wie und zu welchem Zeitpunkt Kantorowicz Anschluß an den George-Kreis fand, läßt sich nicht sicher rekonstruieren. Er gehörte aber offenbar schon im Sommer 1920 dazu (*Grünewald*, Kantorowicz, S. 37 u. 43).

106 Aus der Literatur über Stefan George (1868–1933) und seinen »Kreis« seien herausgegriffen: *Strack*, Friedrich Gundolf; *Breuer*, Ästhetischer Fundamentalismus; *Kolk*, Das schöne Leben.

107 *Grünewald*, Kantorowicz, S. 65.

108 Ein anschauliches, wenn auch in weiten Teilen spekulatives und mit sachlichen Fehlern gespicktes Bild der Freundschaft zwischen Schramm und Kantorowicz gibt *Norman F. Cantor*. Da es teilweise auf Gesprächen mit Kantorowicz selbst beruht, sind einige Angaben, die sich sonst nicht bestätigen lassen, vielleicht dennoch verläßlich. *Cantor* deutet an, Schramm und Kantorowicz hätten sich 1924 kennengelernt (*Cantor*, Inventing, v.a. S. 79–80 u. 423).

109 FAS, L »Jahrgang 94«, Bd.3, S. 459; ähnlich SVS 1967 Zwanziger, S. 86.

110 Korrespondenz in: FAS, L 230, Bd.6, Unterakte: »Kantorowicz, Ernst«.

111 *Kantorowicz*, Kaiser Friedrich; über den für ein wissenschaftliches Werk ganz ungewöhnlichen Verkaufserfolg: *Grünewald*, Kantorowicz, S. 155–156.

Punkten die beiden Bücher sich ähnlich waren und wo sie sich unterschieden. Schon jetzt ist festzuhalten, daß die beiden Autoren zwar miteinander befreundet waren, ihre Werke aber aus ganz verschiedenen Kontexten heraus verfaßten. Trotz seiner Verbindung zu Kantorowicz stand Schramm dem George-Kreis niemals nahe. Natürlich kannte er Georges Dichtungen, und durch seine Bekanntschaft mit Paul Wittek hatte er auch schon einmal einen Verehrer des »Dichters« kennengelernt. Dessen Werke riefen bei ihm aber keine Begeisterung wach, und die geradezu kultische Verehrung, die Georges Jünger ihrem »Meister« entgegenbrachten, konnte er in keiner Weise nachvollziehen.[112]

Mit Schramms Mitgliedschaft in der »Incalcata« und seiner Freundschaft zu einem Angehörigen des George-Kreises ist die Vielfalt seiner Heidelberger Vernetzungen noch nicht vollständig erfaßt. Er hatte auch Beziehungen zu dem Soziologen Alfred Weber und dem von diesem geleiteten Institut für Sozial- und Staatswissenschaften, das häufig mit einer Abkürzung als »Insosta« bezeichnet wurde.[113] Die Arbeit des Instituts war geprägt durch das wissenschaftliche Erbe von Alfred Webers verstorbenem, vormals in Heidelberg tätigen Bruder Max.[114] Als zweiter Direktor neben Weber fungierte der Sozialdemokrat Emil Lederer, und ganz allgemein war der Anteil politisch linksliberal oder sozialdemokratisch orientierter Mitarbeiter ungewöhnlich hoch.[115] Bemerkenswerterweise waren an diesem Institut zugleich mehrere George-Anhänger tätig, mit denen Alfred Weber auch privat verkehrte.[116] Dennoch lehnte Weber die Tendenz zur Realitätsfeindlichkeit in Georges Dichtung und die dünkelhafte Exklusivität des »Kreises« ab.[117] Sein Bruder Max gehörte aufgrund seines Konzepts von der Wertfreiheit der Wissenschaft zu den am schärfsten attackierten Gegnern der George-Jünger.[118] Das veranlaßte manche Zeitgenossen, die »Georgeaner« einerseits und die »Soziologen« andererseits als entgegengesetzte Pole zu betrachten, zwischen denen das intellektuelle Milieu Heidelbergs aufgespannt sei.[119]

112 FAS, L »Jahrgang 94«, Bd.3, S. 549.

113 Über Alfred Weber (1868–1958) und das von ihm 1924 gegründete »Institut für Sozial- und Staatswissenschaften«: *Demm*, Ein Liberaler; *Demm*, Weimarer Republik; *Blomert*, Intellektuelle; *Ders.*, Weber und Mannheim; *Karadi*, Mannheim und Weber; über die Gründung des Instituts: *Demm*, Weimarer Republik, S. 116; *Blomert*, Intellektuelle, S. 21 u. 50–51.

114 *Blomert*, Intellektuelle, S. 23–25.

115 Auch der oben erwähnte Emil Gumbel war hier Dozent. — *Demm*, Weimarer Republik, S. 50–56, zusammenfassend S. 61; über Lederer: *Eßlinger*, Emil Lederer; *Demm*, Weimarer Republik, S. 21–24; *Jansen*, Professoren, z.B. S. 204–205.

116 Hier sind vor allem Edgar Salin und Arthur Salz zu nennen (*Demm*, Weimarer Republik, S. 44–46 u. 49–50; *Blomert*, Intellektuelle, S. 23–24).

117 *Demm*, Weimarer Republik, S. 44.

118 *Oexle*, Mittelalter als Waffe, S. 191–194.

119 *Jansen* nennt als Gewährsmann für diesen Gedanken Karl Mannheim (*Jansen*, Professoren, S. 38–39, m. Anm. 91 auf S. 320).

Den Anlaß für Schramms Kontakt zum Institut Alfred Webers bot sein Engagement für den »Ostraum«. Sein diesbezügliches Interesse hatte sich durch seine Heirat mit Ehrengard von Thadden verschoben: War es bis dahin die Geschichte der ostmitteleuropäischen Nationen gewesen, mit der er sich beschäftig hatte, so stieß ihn die Ehe mit der Tochter eines pommerschen Adeligen auf die Lage in den ostelbischen Gebieten des Deutschen Reiches. Dort hatten die veränderte politische Lage und der allmähliche Bedeutungsverlust der agrarischen Wirtschaft einen schmerzhaften Konversionsprozeß ausgelöst, auf den die dortigen »Junker« mit einer besonderen Form politischer Fundamentalopposition von rechts reagierten. Für Menschen, die aus westlicher gelegenen Landschaften und weniger stark agrarisch geprägten Milieus stammten, war diese Haltung bisweilen schwer nachzuvollziehen. Aufgrund der kaum überraschenden Beobachtung, daß in Heidelberg große Teile der Öffentlichkeit besonders wenig Verständnis aufbrachten, faßte Schramm den Plan, in der badischen Universitätsstadt eine Podiumsdiskussion zu veranstalten. Dort sollten die ostelbischen »Junker« Gelegenheit erhalten, ihre Positionen vorzustellen.

Für den Anfang des Jahres 1928 wird die Angelegenheit zum ersten Mal in den Quellen faßbar.[120] Auf pommerscher Seite war Schramms Schwager Reinhold von Thadden der Verbindungsmann. Auf Heidelberger Seite stellte Schramm die Verbindung zum »Insosta« her, das als Gastgeber fungierte. Dieses Institut war der ideale Partner für eine derartige Podiumsdiskussion. Regelmäßig wurden dort »soziologische Diskussionsabende« veranstaltet, die grundsätzlich allen Interessierten offenstanden. Eine große Offenheit für kontroverse Positionen und eine lebendige Kritikfreudigkeit kennzeichneten dabei die Atmosphäre.[121] Jedoch warnte Schramm die ostelbischen Teilnehmer in einem Rundbrief, Einwände seien »fast ausschließlich vom demokratischen und sozialdemokratischen Gesichtspunkt aus« zu erwarten. Ziel der Veranstaltung war es, Verständnis zu wecken und um Sympathie zu werben.[122]

Schramm lag es vor allem am Herzen, die verschiedenen Gruppierungen, die er einander fremd gegenüberstehen sah, miteinander ins Gespräch zu bringen. Politisch verband ihn viel mit den ostdeutschen Gästen. Er war mit ihren Positionen und ihrem Habitus aber durchaus nicht rundweg einverstanden.[123] Nach der Tagung sprach er in einem Brief an einen der Teilnehmer di-

120 Das Material in: FAS, L 236.

121 *Jansen*, Professoren, S. 36–37; *Demm*, Weimarer Republik, S. 102–110.

122 FAS, L 236, Rundbrief P.E. Schramm an die Teilnehmer der »Osttagung«, masch. Durchschl., o.O. [Heidelberg], o.D. [Frühjahr 1928].

123 In seinen Memoiren beschrieb er, daß er mit den monarchistischen Tendenzen und den ganz auf die Probleme der Argarwirtschaft fixierten politischen Auffassungen seiner pommerschen Verwandten manchmal Schwierigkeiten hatte (FAS, L »Miterlebte Geschichte«, Bd.1, S. 22).

plomatisch von »einer geistigen Reorganisation der Rechten« als einem der »allerdringendsten innerpolitischen Probleme«.[124] Als Sproß einer hanseatischen Kaufmannsfamilie hatte er mit den aristokratischen »Junkern« ebenso gut wie mit den weltoffenen Führungspersönlichkeiten des Instituts für Sozial- und Staatswissenschaften vieles gemeinsam. Die von ihm organisierte Veranstaltung fand im Juli 1928 statt. Sie fand über Heidelberg hinaus ein derart lebhaftes Echo, daß Schramm sogar eine Fortsetzung in Erwägung zog und es unternahm, eine »Entdeckungsreise des Instituts in den ›Fernen Osten‹« ins Werk zu setzen.[125] Dazu kam es jedoch nicht mehr, bis er ein Dreivierteljahr später Heidelberg verließ.

Sein Kontakt zu den eher fortschrittlich orientierten Heidelberger Professoren beschränkte sich nicht auf die Organisation der geschilderten Veranstaltung. Die Verbindung kam zwar wahrscheinlich erst bei dieser Gelegenheit zustande, aber sie bewährte sich noch im Dezember desselben Jahres 1928. Damals setzte die Philosophische Fakultät eine Berufungskommission ein, um einen Nachfolger für den Ordinarius für Kunstgeschichte Carl Neumann zu finden.[126] Weil auch Schramms Hamburger Freunde Erwin Panofsky und Fritz Saxl als Kandidaten genannt wurden, engagierte sich Schramm stark in dieser Frage. Die siebenköpfige Kommission zerfiel, wie er an Saxl schrieb, in zwei Lager. Die Vorstellungen der »Gruppe a« charakterisierte er dabei mit den Adjektiven »deutsch, Seele, Gemüt, Gotik«. Er selbst stand der »Gruppe b« näher, in der Panofsky favorisiert wurde.[127] Dieser zweiten Gruppe gehörten unter anderem Alfred Weber und der Philosoph Karl Jaspers an.[128] Aus Schramms Briefen an Saxl geht nun hervor, daß Schramm sowohl mit Weber als auch mit Jaspers in Verbindung stand sie sich in der Berufungsfrage von ihm beraten ließen.[129] Zumindest in dieser Angelegenheit fand Schramm damit bei zwei führenden Vertretern von eher progressiven und liberalen Spielarten des »Heidelberger Geistes« Gehör.[130]

124 FAS, L 236, Brief P.E. Schramm an »Zitzewitz-Mutrin«, masch. Durchschl., Heidelberg 14.9.1928.

125 Ebd.

126 Vgl. *Wolgast*, Universität Heidelberg, S. 119.

127 WIA, GC 1928, Brief P.E. Schramm an F. Saxl, o.O. [Heidelberg], 8.12.1928.

128 Über die Stellung Karl Jaspers' (1883–1969) in der Heidelberger Gelehrtenwelt: *Kaegi*, Jaspers; *Jansen*, Professoren, z.B. S. 52–54, 89–90, 191, 256–258.

129 Schramm konnte von sich sagen: »Ich habe das Ohr Webers […].« Im Januar 1929 berichtete er dann an Saxl, er habe Einschätzungen von bestimmten Kunstwissenschaftlern, die der andere ihm auf seine Bitte hin gegeben hatte, vertraulich an Karl Jaspers weitergegeben. Jaspers wolle sich jetzt darauf stützen. — WIA, GC 1928, Brief P.E. Schramm an F. Saxl, o.O. [Heidelberg], 8.12.1928; WIA, GC 1929, Brief P.E. Schramm an F. Saxl, o.O. [Heidelberg], o.D. [vor 11.1.1929 – a].

130 Im weiteren Verlauf des Verfahrens erhielt übrigens Erwin Panofsky einen Ruf, nahm ihn aber nicht an. Erst 1930 konnte die Stelle besetzt werden. — *Panofsky*, Korrespondenz Bd.1, v.a. S. 314–315; *Michels, Warnke,* Vorwort, S. XI; *Wolgast*, Universität Heidelberg, S. 141.

In solcher Weise hatte Schramm in seiner Heidelberger Zeit an sehr unterschiedlichen sozialen Zusammenhängen Anteil. Eine derartige Position zwischen verschiedenen Gruppen, allen zugewandt, aber keiner wirklich zugehörig, war typisch für ihn. Allerdings muß offen bleiben, ob seine Stellung besonders ungewöhnlich war. Schramm war im gesellschaftlichen Kosmos der Heidelberger Universität durchaus nicht der einzige, der eher zwischen den Lagern stand.[131] Ohnehin wäre es verfehlt, die einzelnen Gruppen allzu scharf voneinander abzugrenzen. Die Universität der zwanziger Jahre des zwanzigsten Jahrhunderts, zumal eine mittelgroße Hochschule wie Heidelberg, war ein verhältnismäßig überschaubares, relativ homogenes soziales System. Berührungen der unterschiedlichsten Art waren ebenso unvermeidlich wie selbstverständlich, und trotz aller Differenzen im einzelnen sorgte das Gefühl, die Elite der gebildeten Welt darzustellen, für einen gewissen Zusammenhalt.[132]

c) Alte und neue Bindungen

Mitte der zwanziger Jahre hatte sich Schramms Lebenssituation auf eine neue Weise stabilisiert.[133] Auf dieser Basis kam es vor, daß die Bindungen, in die Schramm in Heidelberg hineingewachsen war, sich mit den alten Kontakten kreuzten, die er in Hamburg nach wie vor hatte. Die engste Berührung ergab sich im Frühsommer 1927. Der Anlaß war für Schramm ungemein charakteristisch: Er resultierte aus seiner nie erlahmenden Bereitschaft, Freunden helfend zur Seite zu stehen.[134] Diesmal versuchte er, zwischen Erich Rothacker, seinem Bekannten aus der »Incalcata«, und der Kulturwissenschaftlichen Bibliothek Warburg eine für beide Seiten gewinnbringende Verbindung herzustellen. Der Philosoph Erich Rothacker, der seit 1924 in Heidelberg eine außerplanmäßige Professur innehatte, hatte damals mit dem Versuch,

131 Hier sei nochmals auf die oben beschriebenen Überlappungen zwischen George-Kreis und »Insosta« verwiesen. Auch der Soziologe Eberhard Gothein bildete mit seiner Familie eine Brücke zwischen den Polen des Heidelberger intellektuellen Milieus (*Jansen*, Professoren, S. 39).

132 Über dieses Selbstverständnis: *Jansen*, Professoren, S. 69–72, 76–84.

133 Schramm selbst empfand dies genauso. Das bot ihm später den Anlaß, sein Erinnerungswerk »Jahrgang 94« mit seiner Hochzeit 1925 enden zu lassen. — FAS, L »Jahrgang 94«; FAS, L »Miterlebte Geschichte«; vgl. *Thimme*, *D.*, Erinnerungen.

134 Im Jahr 1925 versuchte Schramm, seinem Heidelberger Bekannten Georg Ostrogorsky über die Bibliothek Warburg ein Auskommen in Hamburg zu verschaffen. Im Herbst 1926 schlug er vor, daß Hans Meier (1900–1941), der an der Kulturwissenschaftlichen Bibliothek Warburg seit einiger Zeit als Bibliothekar tätig war, sein Nachfolger bei Harry Bresslau werden sollte. — Ostrogorsky: WIA, GC 1925, Brief P.E. Schramm an F. Saxl, Heidelberg o.D. [August 1925]; Meier: *Warburg*, Tagebuch KBW, S. 10 (7.9.1926) und S. 12 (15.9.1926); WIA, GC 1926, Brief P.E. Schramm an F. Saxl, o.O. [Heidelberg], 11.9.1926; für biographische Angaben über Hans Meier danke ich Dorothea McEwan.

die Einheit und die Wissenschaftlichkeit der Geisteswissenschaften auf neue Weise zu begründen, bereits ein gewisses Ansehen erreicht.[135] Außerdem war er einer der beiden Herausgeber der »Deutschen Vierteljahrsschrift für Literaturwissenschaft und Geistesgeschichte«.[136] In dieser Eigenschaft hatten sich auch schon Verbindungen zwischen ihm und der Kulturwissenschaftlichen Bibliothek Warburg ergeben.[137]

Aufgrund dieser früheren Kontakte konnte Schramm durchaus hoffen, daß sein Vermittlungsversuch Erfolg haben würde. Im Sommer 1927 beschäftigte sich Rothacker mit der Erarbeitung eines Wörterbuchs, das alle »Grundbegriffe« versammeln sollte, die für die Kulturwissenschaften insgesamt von Bedeutung waren. Schramm war der Meinung, die Kulturwissenschaftliche Bibliothek Warburg könne von einem solchen Werk und seinem Verfasser profitieren. Darum mobilisierte er seine Verbindungen, um Rothacker eine Professur in Hamburg zu verschaffen. Seine Einflußmöglichkeiten hatten sich in den vorangegangenen Jahren insofern verbessert, als sein Vater seit dem Frühjahr 1925 zweiter Bürgermeister der Hansestadt war.[138] In zwei parallelen Briefen wandte sich Schramm Ende Mai 1927 einerseits an diesen, andererseits an Aby Warburg, entwickelte ihnen Rothackers Pläne für das Wörterbuch und empfahl ihn für eine Position an der Hamburger Universität.[139] In seinem Brief an Warburg äußerte Schramm die Erwartung, sein alter Lehrer werde bei Rothackers Vorhaben »sowohl in dem Versuch der Organisation wissenschaftlicher Arbeit als auch in der Problemstellung selbst [...] etwas Geistesverwandtes spüren.«[140]

Offensichtlich hatte Schramm die Situation in Hamburg richtig eingeschätzt. Rothackers Absicht, die Grenzen zwischen den verschiedenen geisteswissenschaftlichen Disziplinen überwinden zu helfen, stieß dort auf großes Wohlwollen. Warburg war von Schramms Anregung, Rothacker für die

135 *Perpeet*, Erich Rothacker, v.a. S. 18–21, 24–32, 99; *Iggers*, Deutsche Geschichtswissenschaft, S. 315–316 u. 330–331; über Rothacker bereits oben in diesem Kapitel, Abschnitt b).

136 *König*, »Made in Heidelberg«; *Perpeet*, Erich Rothacker, v.a. S. 22, 41, 109.

137 Schon im Jahr 1924 hatte Rothacker sich an Fritz Saxl gewandt und vorgeschlagen, in der genannten Zeitschrift regelmäßige Berichte über die Arbeit der Bibliothek Warburg zu veröffentlichen, woran Saxl und die übrigen führenden Persönlichkeiten des Instituts grundsätzlich interessiert waren. Im Jahr darauf hatte Schramm, nachdem er es abgelehnt hatte, selbst einen Überblick über alle Publikationen der Bibliothek zu verfassen, Saxl mitteilen können, Rothacker trage sich ohnehin mit dem Gedanken, etwas Entsprechendes zu schreiben. — Rothackers Vorschlag 1924: WIA, GC 1924, S 24, Brief E. Rothacker an F. Saxl, Heidelberg 21.5.1924; WIA, GC 1925, Postkarte P.E. Schramm an F. Saxl, Heidelberg 30.7.1925.

138 SVS 1931 Schramm, S. 250; FAS, J 37, Brief P.E. Schramm an Max Schramm, o.O. [Frankreich], April 1925.

139 FAS, J 37, Brief P.E. Schramm an Max Schramm, o.O. [Heidelberg], 30.5. 1927; FAS, L 230, Bd.11, Brief P.E. Schramm an A. Warburg, masch. Durchschl., Heidelberg 31.5.1927.

140 FAS, L 230, Bd.11, Brief P.E. Schramm an A. Warburg, masch. Durchschl., Heidelberg 31.5.1927.

Universität Hamburg zu gewinnen, sehr angetan. Darüber hinaus zeigten sich nicht nur Erwin Panofsky, sondern auch der Philosoph Ernst Cassirer und weitere Professoren grundsätzlich an dem Heidelberger interessiert.[141] Freilich hatten Warburg, Saxl, Cassirer und die übrigen Betroffenen den Wunsch, sich ein genaueres Bild zu verschaffen und Rothacker »auf den Backzahn zu fühlen«.[142] Darum lud Warburg, über Schramm als Mittelsmann, Rothacker ein, nach Hamburg zu kommen, um in der Bibliothek vor einem Kreis interessierter Wissenschaftler sein geplantes Wörterbuch vorzustellen.[143] Rothacker stimmte zu, so daß das Kolloquium einen guten Monat später, am 16. Juli 1927, in den Räumen der Bibliothek stattfinden konnte.[144]

Allerdings vermochte Rothacker bei der Veranstaltung, die in eine ausgedehnte Diskussion mündete, seine Gastgeber nicht für sich einzunehmen. Warburg war sogar stark von ihm enttäuscht: Er hielt ihn für einen Blender.[145] Vor allem hatten die hamburgischen Teilnehmer des Treffens massive Zweifel an der Durchführbarkeit des vorgestellten Projekts. Dies läßt sich aus einem Brief erschließen, den Rothacker noch nach dem Treffen an Warburg schickte und in dem er das von ihm geplante »Kulturphilosophische Wörterbuch« ein weiteres Mal ausführlich erläuterte. Demzufolge sollte dieses Werk alle in den Geisteswissenschaften verwendeten Begriffe erfassen und erläutern, die für mehrere Wissenschaften von Bedeutung waren. Auf dieser Grundlage weitete Rothacker seinen Begriffskatalog auf beinahe assoziativ zu nennende Weise immer weiter aus: Er begann bei Wörtern wie »Kultur, Zivilisation, Fortschritt, Geist«, bezog auch Adjektive wie »absolut« und »abstrakt« in seine Betrachtung mit ein und blieb bei »Ironie« oder »Schuld« noch nicht stehen.[146] Damit konnte er seine Hamburger Gastgeber nicht überzeugen, und der von Schramm initiierte Vorstoß, ihn in Hamburg zu plazieren, war fehlgeschlagen. Im folgenden Jahr erlangte Rothacker ein Ordinariat an der Universität Bonn.[147]

141 Ebd., Brief A. Warburg an P.E. Schramm, Hamburg 3.6.1927; *Warburg*, Tagebuch KBW, S. 97 (9.6.1927); *Panofsky*, Korrespondenz Bd.1, S. 235–236; über Ernst Cassirer (1874–1945) informiert zusammenfassend: *Paetzold*, Ernst Cassirer; vgl. über ihn auch oben, Kap. 3.b).

142 *Warburg*, Tagebuch KBW, S. 97 (9.6.1927).

143 FAS, L 230, Bd.11, Brief A. Warburg an P.E. Schramm, Hamburg 3.6.1927, S. 2; WIA, GC 1927, Brief P.E. Schramm an A. Warburg, o.O. [Heidelberg], 4.6.1927.

144 WIA, GC 1927, Brief A. Warburg an E. Rothacker, masch. Durchschl., o.O. [Hamburg], 20.6.1927; FAS, L 230, Bd.11, Postkarte A. Warburg an P.E. Schramm, Hamburg 23.6.1927; ein Bericht Warburgs über das Treffen in: *Warburg*, Tagebuch KBW, S. 120 (17.7.1927).

145 »Ein tüchtiger Mächler, der ›pienissimo di se‹ ist« (*Warburg*, Tagebuch KBW, S. 120 [17.7.1927]).

146 WIA, GC 1927, Brief E. Rothacker an A. Warburg, Heidelberg 30.7.1927; vgl. zu diesem Brief sowie zu Rothackers Projekt im allgemeinen: *Panofsky*, Korrespondenz Bd.1, S. 235–236.

147 Rothacker verlor das Interesse an der Bibliothek Warburg nicht. Noch in den dreißiger Jahren äußerte er Ernst Robert Curtius gegenüber, er suche jemanden, der für seine Zeitschrift etwas über deren Arbeit schreibe. In den sechziger Jahren erwähnte Rothacker die Bibliothek

Das Scheitern von Rothackers Bewerbung darf nicht zu dem Fehlschluß verleiten, zwischen der Heidelberger »Incalcata« und dem Hamburger Kreis der Bibliothek Warburg hätte es so große Unterschiede gegeben, daß die beiden Formationen nicht hätten kompatibel sein können. Wie einer Äußerung Heinrich Zimmers zu entnehmen ist, war das Gegenteil der Fall. Im Jahr 1931 ergab es sich, daß Zimmer in der Bibliothek einen Vortrag hielt. In einem Brief an seinen Freund Baethgen berichtete er davon. Zunächst stellte er bedauernd fest, alle interessanten Leute hätten Heidelberg verlassen. Diskussionen wie früher im Kreis der Freunde seien kaum noch möglich. Dann fuhr er fort:

»Fabelhaft fand ich aber dieselbe Atmosphäre wie einst bei uns, noch großartiger durch das gemeinsame kulturgeschichtliche Programm der Bibliothek Warburg neulich in Hamburg, eine ätherleichte Atmosphäre, wo alles was man sagt, sofort lebendig aufgegriffen wird und man es reicher noch und beziehungsvoller zurückerhält, – da wirft man sich die Bälle zu. Namentlich Saxl ist ein idealer Gesprächspartner [...].«[148]

Demnach gab es zumindest hinsichtlich der Diskussionskultur durchaus Ähnlichkeiten zwischen dem Heidelberger und dem Hamburger Kreis. Das hohe Lob, das Zimmer der Bibliothek Warburg spendete, vermittelt zugleich einen Eindruck von dem Reiz, der den Sitzungen der »Incalcata« eigen gewesen sein muß.

Manche Mitglieder der »Incalcata« fügten sich in das intellektuelle Klima der »Bibliothek Warburg« besser ein als andere. Angesichts dessen drängt sich die Frage auf, wie gut Schramm selbst noch in das soziale System der Bibliothek paßte. Manches deutet darauf hin, daß ihm jedenfalls der Gründer und Leiter des Instituts recht fremd geworden war. Das belegt eine Episode aus dem Sommer 1926. Anfang Juli diesen Jahres machten Schramm und seine Frau Warburg eine Freude, indem sie ihn in Baden-Baden besuchten, wo er damals zur Kur weilte.[149] Alle Beteiligten genossen das Beisammensein. Trotzdem blieb bei Schramm ein ungutes Gefühl zurück. Als er im September in einer anderen Sache vertraulich an Saxl schrieb, nutzte er die Gelegenheit, darauf zu sprechen zu kommen:

»Wie kommen Sie jetzt mit Prof. Warburg aus? Wir waren ja bei ihm in Baden-Baden. Er war reizend mit meiner Frau und überhaupt erstaunlich, wenn ich an die Besuche

Warburg in seinen Memoiren mit Hochachtung. Schramm und Rothacker kamen Mitte der dreißiger Jahre noch einmal in Berührung, als Schramm in den Herausgeberstab der Reihe »Neue Deutsche Forschungen« aufgenommen wurde. — *Perpeet*, Erich Rothacker, S. 40–41; *Wuttke (Hg.)*, Kosmopolis, S. 60–61, m. Anm. 2 auf S. 61; vgl. ebd., S. 66; *Rothacker*, Erinnerungen, S. 68 u. 81–82; über die »Neuen Deutschen Forschungen« unten, Kap. 9.d).

148 MGHArch A 246, NL Friedrich Baethgen, Brief H. Zimmer an F. Baethgen, Heidelberg 24.11.1931.

149 Hierzu u.a.: WIA, GC 1926, Mappe: »Saxl/Warburg«, Brief A. Warburg an F. Saxl, o.O. [Baden-Baden], 3.7.1926.

in Plön, Jena und Kreuzlingen zurückdenke. Aber die Krankheit hat doch in seinem geistigen Leib überall Narben zurückgelassen [...]; dazu gehört vielleicht, daß er im Grunde nicht mit zwei Menschen zugleich umgehen kann [...]. Traurige und merkwürdige Reste [...].«[150]

An die »Narben« im »geistigen Leib« Warburgs, an die Eigenheiten, die nach seinem Empfinden als »traurige und merkwürdige Reste« der Krankheit zurückgeblieben waren, konnte Schramm sich bis zuletzt nicht gewöhnen. Umgekehrt hielt Warburg noch immer große Stücke auf ihn. So plädierte er im November 1926 dafür, den zweiunddreißigjährigen Privatdozenten in das neu zu errichtende Kuratorium der Bibliothek Warburg aufzunehmen. Allerdings wurde Schramm, wie es seinem verhältnismäßig geringen akademischen Status entsprach, am Ende doch nicht berufen.[151]

Im Sommer 1927 kam es zu etwas ernsteren Irritationen. Auf Einladung seiner Eltern verbrachte Schramm mit seiner jungen Familie einen Großteil der Semesterferien in Hamburg.[152] Ungefähr zwei Wochen nach dem Rothacker-Kolloquium traf er in seiner Heimatstadt ein. Zweimal besuchte er während seines Aufenthalts Aby Warburg, jedoch blieb das Gespräch beide Male recht oberflächlich.[153] Erst in einer langen Unterhaltung, die Schramm, zwei Tage nach seiner letzten Begegnung mit Warburg, am 23. August mit Fritz Saxl führte, konnte er das loswerden, was ihm hinsichtlich der Kulturwissenschaftlichen Bibliothek Warburg auf dem Herzen lag. Eine zusammenfassende Notiz darüber schrieb Saxl ins »Tagebuch der KBW«. Dieses »Tagebuch« diente einerseits als Chronik der Bibliothek – deren volle Bezeichnung regelmäßig als »KBW« abgekürzt wurde –, andererseits als Kommunikationsmedium für den inneren Kreis der dort arbeitenden Menschen.[154] Darin teilte Saxl nun mit, er habe Schramm »im Glauben an die KBW gestärkt«.[155]

150 WIA, GC 1926, Brief P.E. Schramm an F. Saxl, o.O. [Heidelberg], 11.9.1926.

151 Das Kuratorium sollte vor allem die Finanzverwaltung der Bibliothek für die Geldgeber – nämlich die im Bankgeschäft tätigen Brüder Aby Warburgs – transparenter machen. Bezüglich der Nominierung von Percy Ernst Schramm äußerte Fritz Saxl Bedenken. Das hatte vielleicht, neben Schramms akademischen Status, damit zu tun, daß auch Percy Ernst Schramms Vater als Kuratoriumsmitglied in Betracht gezogen wurde. Gleich zwei Mitglieder der Familie aufzunehmen, wäre wohl wenig sinnvoll gewesen. — *Warburg*, Tagebuch KBW, S. 26 (12.11.1926); außerdem: *Warburg*, Tagebuch KBW, S. 25 (14.11.1926).

152 FAS, J 37, Brief P.E. Schramm an Max Schramm, o.O. [Heidelberg], 30.5. 1927.

153 Rothackers Scheitern kam bei keiner der beiden Unterredungen zur Sprache. Beim ersten Besuch am 24. Juli gab Warburg seinem Besucher eine Führung durch das neue Gebäude der Bibliothek. Unmittelbar neben Warburgs Privathaus gelegen, war es ein gutes Jahr zuvor eröffnet worden. — *Warburg*, Tagebuch KBW, S. 125 (24.7.1927) u. S. 131 (21.8.1927); über den Neubau der Bibliothek z.B.: *Naber*, »Heuernte...«, S. 108–110.

154 Das »Tagebuch« war anläßlich der Eröffnung des Neubaus angelegt worden und wurde bis zu Warburgs Tod im Herbst 1929 fortgeführt (vgl. *Schoell-Glass*, *Michels*, Einführung).

155 Wie aus einer anderen Notiz hervorgeht, war bei dieser Gelegenheit auch Rothackers Scheitern erörtert worden: Schramm konnte sich den schlechten Eindruck, den sein Bekannter

Auf Warburgs Drängen gab Saxl den Inhalt des Gesprächs – was kaum in Schramms Sinne gewesen sein dürfte – an den Älteren weiter. Offenbar hatte Schramm im Gespräch mit Saxl recht freimütig einen Vortrag über die Ikonographie von Briefmarken kritisiert, den Warburg, ergänzend zum Referat eines Gastwissenschaftlers, am 13. August in der Bibliothek gehalten hatte.[156] Schramm war wohl der Auffassung gewesen, sowohl der Gegenstand des Abends als auch die Form, in der Warburg seinen Vortrag gehalten habe, hätten die notwendige »Würde« vermissen lassen. Ganz im Einklang mit den oben zitierten brieflichen Äußerungen aus dem Sommer 1926 hatte er den Eindruck gehabt, in Warburgs Auftreten seien Spuren zu erkennen gewesen, die der Aufenthalt im Sanatorium in Kreuzlingen hinterlassen habe.[157] Warburg reagierte auf Saxls Mitteilungen ungemein heftig.[158] Da ihm aber vergleichbare Äußerungen Schramms nie wieder zu Ohren kamen, wurde das persönliche Verhältnis zwischen ihm und seinem früheren Schüler nicht noch einmal einer derartigen Belastung ausgesetzt. Trotz solcher gelegentlicher Irritationen riß Schramms Kontakt zur Kulturwissenschaftlichen Bibliothek Warburg niemals ab. Ohnehin wandte er sich, wenn er mit dem Institut in Verbindung trat, in aller Regel zuerst an Saxl, wie er es seit 1920 gewohnt war.

Auf der persönlichen Ebene war der wichtigste Bezugspunkt, den Schramm in seiner Heimatstadt Hamburg hatte, nicht die Kulturwissenschaftliche Bibliothek Warburg, sondern seine Familie. Hier mußte er im Mai 1928 einen schweren Verlust verkraften: Völlig unerwartet starb sein Vater an Herzversagen. Kurz zuvor hatte Max Schramm sein 1925 erlangtes Amt als zweiter Bürgermeister verloren, nachdem parteipolitische Machtverschiebungen eine Umbildung des Senats erforderlich gemacht hatten. Während er noch im Begriff war, sich neu zu orientieren und bereits begann, sich auf eine Stellung in der hamburgischen Vertretung in Berlin vorzubereiten, ereilte ihn der Tod.[159] Von Olga Schramm telefonisch informiert, reiste der Sohn sofort nach Hamburg. Seine Schwester Ruth, die als

hinterlassen hatte, nur dadurch erklären, daß dieser wohl nicht seinen besten Tag gehabt habe. — *Warburg*, Tagebuch KBW, S. 132 (23.8.1927); ebd., S. 136 (26.8.1927).

156 Über den Vortrag u.a.: *Warburg*, Tagebuch KBW, S. 128 (16.8.1927); über Warburgs Forschungen zu Briefmarken auch: *Gombrich*, Aby Warburg, S. 353–354.

157 *Warburg*, Tagebuch KBW, S. 132 (25.8.1927).

158 Im »Tagebuch« entlud sich Warburgs Wut in einem wilden Ausbruch. Er argwöhnte, hinter Schramms Kritik stehe – »des artigen Pommerns Einfluss?« – dessen Ehefrau Ehrengard. Weiter schrieb er, seine »hochklassigen Hörer« könnten ihm »im Mondschein und tiefer begegnen. E. voran.« Falls Ehrengard Schramm den Vortrag gehört hat, könnte Warburg sie, die ja von adeliger Abstammung war, mit den »hochklassigen Hörern« gemeint haben. Dann könnte sich auch die Abkürzung »E[hrengard]« auf sie beziehen. Die Herausgeberinnen haben die Abkürzung allerdings mit »Embden« aufgelöst, womit Warburgs Hausarzt Heinrich Embden gemeint ist. — *Warburg*, Tagebuch KBW, S. 132 (25.8.1927), u. Abb. auf S. 133.

159 SVS 1931 Schramm, S. 250.

Krankenschwester arbeitete und damals vorübergehend in den Vereinigten Staaten tätig war, setzte er in einem ausführlichen Brief von den Umständen in Kenntnis und versuchte sie über den Verlust zu trösten.[160] Der Brief zeigt zugleich, wie tief er selbst erschüttert war. Sein Vater hatte ihm stets als Symbol der Hoffnung gegolten, daß das alte Hamburger Bürgertum, durch Revolution und Geldentwertung schwer getroffen, dennoch imstande sein könnte, die neue Zeit zu meistern.[161] Max Schramms plötzlicher Tod schien dem Sohn gleichbedeutend mit dem endgültigen Niedergang des traditionellen Bürgerstandes.

Zugleich war Schramms Lebenssituation dadurch grundlegend verändert. Während seiner Zeit in Heidelberg hatte sein Einkommen niemals ausgereicht, um seinen Unterhalt und den seiner Familie zu bestreiten. Er blieb auf die elterliche Unterstützung angewiesen.[162] Nach dem Tod des Vaters war er vor allem von der Witwenrente seiner Mutter abhängig – einmal abgesehen von der finanziellen Problematik bedeutete das auch psychologisch eine besondere Belastung für ihn.[163] Der Druck, endlich einen Ruf auf eine Professur zu erhalten und finanziell selbständig zu werden, der im Grunde seit der Habilitation auf ihm lastete, wuchs erheblich. Seine Verbindungen in der akademischen Welt, beispielsweise zur Kulturwissenschaftlichen Bibliothek Warburg, gewannen eine noch größere Relevanz für ihn, weil sie vielleicht in dieser Beziehung hilfreich werden konnten.

Ein weiteres Forschungsinstitut, das in der zweiten Hälfte der zwanziger Jahre für Schramm wichtig wurde, war das Institut für Kultur- und Universalgeschichte an der Universität Leipzig. Als Veröffentlichung dieser Einrichtung erschien 1928 sein Buch »Die deutschen Kaiser und Könige in Bildern ihrer Zeit«.[164] Schramms Arbeit bildete den ersten Band einer Reihe »Die Entwicklung des menschlichen Bildnisses«, die Walter Goetz, der Leiter des Instituts, herausgab. Goetz, der die Leitung des von Karl Lamprecht gegründeten Instituts seit 1915 innehatte, war ein sehr erfolgreicher Organisator von Wissenschaft. Darüber hinaus entfaltete er eine umfangreiche politische Tätigkeit und war unter den deutschen Historikern

160 FAS, L 305, Brief P.E. Schramm an R. Schramm, Hamburg 28.5.1928, Abschrift.

161 Anläßlich von Max Schramms Wahl zum zweiten Bürgermeister hatte Percy Ernst Schramm an ihn geschrieben, der Umstand, daß die Familie Schramm sowie weitere alte Familien im Senat vertreten seien, sei ihm »wichtig als Bürgschaft dafür, daß diese hamburgische Tradition nicht abreißt, von der man viele Worte macht, die aber tatsächlich etwas Existierendes ist, dessen Einzigartigkeit gegenüber dem anderen Deutschland ich immer wieder empfunden habe [...]« (FAS, J 37, Brief P.E. Schramm an Max Schramm, o.O. [Frankreich], April 1925).

162 Die Korrespondenz belegt, daß dies zu Spannungen führen konnte (z.B.: FAS, J 37, Brief P.E. Schramm an Max Schramm, 16.1.1928).

163 In diesem Sinne: WIA, GC 1928, Brief P.E. Schramm an F. Saxl, o.O. [Heidelberg], 30.12.1928.

164 SVS 1928 Kaiser in Bildern.

einer der führenden Befürworter des politischen Systems der Weimarer Republik.[165]

Eine größere Bedeutung als Goetz hatte für Schramm, zumindest auf der Ebene persönlicher Kontakte, dessen Mitarbeiter Sigfrid Steinberg. Steinberg, fünf Jahre jünger als Schramm, hatte selbst den dritten Band für »Die Entwicklung des menschlichen Bildnisses« verfaßt.[166] Schramm dankte Steinberg in den »Kaiserbildern« für die große Unterstützung, die der andere ihm gewährt habe.[167] Walter Goetz betonte in seinem Vorwort zur gesamten Reihe, die Bearbeiter der ersten drei Bände hätten »in vielfachen Besprechungen [...] ihre Erfahrungen miteinander ausgetauscht«. Dadurch hätten ihre Arbeiten eine Einheitlichkeit gewonnen, die keineswegs von vornherein zu erwarten gewesen sei.[168]

Schramms eigenem Bericht zufolge war ein Artikel »Über Illustrationen zur mittelalterlichen Kulturgeschichte«, den er selbst 1928 in der »Historischen Zeitschrift« veröffentlichte, ein anderes Ergebnis des Zusammenwirkens mit Steinberg.[169] Der Leipziger, der damals Goetz bei der Herausgabe der »Propyläen-Weltgeschichte« unterstützte, habe, so Schramm, den Verlag dazu bringen wollen, die Abbildungen in diesem Werk möglichst hochwertig zu gestalten.[170] Er selbst sei ihm dabei zu Hilfe gekommen, indem er eine Buchbesprechung zum Anlaß genommen habe, »um darzulegen, wie man Bücher nicht bebildern dürfe [...].« Mit einem Abdruck dieses Aufsatzes in der Hand habe Steinberg, so Schramm, beim Verlag alle seine Forderungen durchsetzen können.[171]

165 Walter Goetz (1867–1958) war von 1919 bis 1928 Mitglied des Reichstages. — Allgemein über Goetz: *Goetz*, Leben; *Weigand*, Walter Wilhelm Goetz; über die Übernahme der Institutsleitung: *Goetz*, Leben, S. 45–48; *Weigand*, Walter Wilhelm Goetz, S. 151–155; über die Mitgliedschaft im Reichstag: *Weigand*, Walter Wilhelm Goetz, S. 203–204 u. 267–268.

166 Sigfrid Heinrich Steinberg (1899–1969) mußte 1935 nach England emigrieren und starb in London. — KDG 1931, Sp. 2886–2887; über Steinbergs Band für die »Bildnis«-Reihe vgl.: SVS 1928 Kaiser in Bildern, Anzeige nach S. 240; FAS, L 230, Bd.10, Brief S. H. Steinberg an P.E. Schramm, London 16.12.1947; The Statesman's Year Book 106/1969; umfangreiche Korrespondenz, allerdings erst ab 1947, in: FAS, L 230, Bd.10, Unterakte: »Steinberg, Siegfried [sic!] H.«

167 Etwas später half Steinberg bei »Kaiser, Rom und Renovatio« bei den Korrekturen. — SVS 1928 Kaiser in Bildern, S. 163; SVS 1929 Kaiser Renovatio, Bd.1, S. VIII.

168 *Goetz*, Bildnis, S. IX.

169 Schramm plante den Wiederabdruck des Aufsatzes im 5. Band von »Kaiser, Könige und Päpste«. Sein Bericht über das Folgende findet sich im diesbezüglichen Material im Nachlaß. — SVS 1928 Illustrationen; FAS, L – Ablieferung Elze [noch unsigniert].

170 Über die in zehn Bänden von 1929 bis 1933 erschienene »Propyläen-Weltgeschichte« sowie Goetz' Beiträge dazu: *Weigand*, Walter Wilhelm Goetz, S. 271–309; *Goetz*, Leben, S. 68–69; Steinbergs Tätigkeit als Unterstützer von Walter Goetz: *Weigand*, Walter Wilhelm Goetz, Anm. 20 auf S. 272; *Goetz*, Leben, S. 69.

171 In Schramms Worten konnte Steinberg beim Verlag erreichen, »daß dieser alles tat, um seine ›Weltgeschichte‹ so gut wie damals möglich durch Bilder zu beleben.« Steinberg hat sich

Was Schramm und das Leipziger Institut zusammenführte, war das beiderseitige Interesse an der »Geistesgeschichte«. Walter Goetz, dem sein Assistent Steinberg hierin folgte, definierte die »Kulturgeschichte«, der sein Institut verpflichtet war, als »Gesamtgeschichte mit dem Nachdruck auf der Geistesgeschichte«. Die »schwer zu greifende Totalität« der Menschheitsgeschichte sei »von der Entwicklung des geistigen Lebens her am ehesten einheitlich zu meistern [...].«[172] Goetz verstand somit unter »Geistesgeschichte« einen Ausschnitt aus der Geschichte, der sich mit dem »geistigen Leben« der Menschheit befaßte, also mit den menschlichen Äußerungen in Bereichen wie Religion, Wissenschaft und Kunst. Die so verstandene Geistesgeschichte ermöglichte aber den Zugriff auf die Geschichte überhaupt. Wie Goetz im Vorwort zu der von Schramms Buch eröffneten Reihe darlegte, war es ein wichtiges Ziel geistesgeschichtlicher Forschung, »den ›Geist der Zeiten‹ in seiner Eigenart und in seiner Entwicklung zu begreifen.«[173]

Die Kunst war als Gegenstand für eine solche Forschung besonders geeignet, denn »in den Werken der bildenden Kunst ist der wechselnde Geist der Zeiten« – nun ohne Anführungszeichen – »so deutlich zu erkennen, daß auch der Laie imstande ist, die Entstehungszeit eines Kunstwerkes zu bestimmen [...].«[174] Goetz ging noch einen Schritt weiter: Das »Geistige« stiftete für ihn die Einheit, gar den Sinn der Geschichte. Es war das von ihm erklärte Ziel der »Propyläen-Weltgeschichte«, »die geistige Entwicklung der Menschen als Kern ihrer Geschichte zur Darstellung zu bringen.«[175] Diese Auffassung von der Geistesgeschichte als einem Teilbereich der Geschichte, der aber für alle anderen grundlegend sei, entsprach ganz derjenigen, die sich Schramm spätestens in »Über unser Verhältnis zum Mittelalter« erarbeitet hatte.[176]

d) Forschungsarbeit in der Privatdozentenzeit

Schramms eigene Forschungen kreisten in diesen Jahren weiterhin um die Thematik, die er sich in seinen Arbeiten vom Anfang der zwanziger Jahre erschlossen hatte: Um das Kaisertum und die dahinterstehende »Kaiseridee«.[177] Er sah sich geradezu als einen der führenden Spezialisten für die-

auch später noch gelegentlich auf diesen Aufsatz von Schramm bezogen. — Die Zitate aus dem erwähnten Material im Nachlaß, in: FAS, L – Ablieferung Elze [noch unsigniert]; *Steinberg*, Ikonographische Kommission, Anm. 1 auf S. 289; weiter über Steinberg unten, Kap. 8.c).

172 *Goetz*, Leben, S. 46 u. 47.

173 *Goetz*, Bildnis, S. VII.

174 Ebd., S. VIII.

175 Walter Goetz im Vorwort zur Propyläen-Weltgeschichte, Band 1, zit. nach: *Weigand*, Walter Wilhelm Goetz, S. 274.

176 SVS 1923 Verhältnis; hierzu oben, Kap. 5.a).

177 Der Begriff zuerst erörtert oben, Kap. 5.c).

sen Problembereich. Das zeigte sich beispielsweise im Sommer 1924, als das von Franz Kampers verfaßte Buch »Vom Werdegange der Abendländischen Kaisermystik« erschien.[178] Dem Werk lag ein in der Bibliothek Warburg gehaltener Vortrag zugrunde, und die Bibliothek hatte den Druck unterstützt. Schramm war geradezu begierig, eine vernichtende Rezension darüber zu schreiben. In seinem negativen Urteil wußte er sich sogar mit Saxl einig[179] – anscheinend hatte dieser den Druck nur widerwillig gefördert. Aber da Schramm seinerseits soeben einen Vortrag unter der Herausgeberschaft der Bibliothek publiziert hatte, hatte Saxl Sorge, eine Kontroverse zwischen zwei mit der Bibliothek verbundenen Autoren könnte ein schlechtes Licht auf die Institution werfen. Darum bat er Schramm, von seinem Vorhaben Abstand zu nehmen.[180]

Am Ende fügte Schramm sich dieser Bitte. Zuvor aber bedrängte er Saxl, ihm die Besprechung zu gestatten. Was Schramm in dieser Rezension geschrieben hätte, läßt sich nur erraten. Das Buch von Kampers befaßte sich mit den Ursprüngen der spätmittelalterlichen Legenden von Kaiser Friedrich II., der nicht gestorben sei und wiederkommen werde. Diese Sagen verknüpfte der Autor mit messianischen Erlösungsvorstellungen des alten Orients und sämtlicher antiker Kulturen. So gerechtfertigt der Ansatz im Prinzip war, ließ Kampers seine Darstellung doch über alle Maßen ausufern. Dadurch war am Ende eine nachvollziehbare Beschreibung von etwas, was sich als »Kaiseridee« benennen ließe, nicht mehr zu erkennen.[181] Dementsprechend waren es wohl vor allem grundsätzliche methodische Aspekte, die Schramm an dem Buch zu kritisieren hatte. Er wünschte sich wahrscheinlich eine schärfere Definition der »Kaiseridee« und eine bessere Berücksichtigung des jeweiligen Kontextes in den verschiedenen Jahrhunderten, durch die hindurch Kampers die Entwicklung verfolgte.[182] Jedenfalls betonte Schramm, daß es nur wenige Wissenschaftler gebe, die sich mit den von Kampers behandelten

178 *Kampers*, Vom Werdegange.

179 Schramm konnte Saxl für seine Besprechung gar um Hinweise bitten: Er schrieb in einer Postkarte, er wäre Saxl hinsichtlich der Rezension »dankbar, wenn Sie mir Hinweise geben wollten, wie wir es seinerzeit besprachen« (WIA, GC 1924 Saxl, Postkarte P.E. Schramm an F. Saxl, Heidelberg 25.8.1924 [Poststempel]).

180 WIA, GC 1924 Saxl, Brief F. Saxl an P.E. Schramm, masch. Durchschl., o.O. [Hamburg], 27.8.1924; ebd., Brief F. Saxl an P.E. Schramm, masch. Durchschl., o.O. [Hamburg], 23.9.1924.

181 Kampers hatte rund dreißig Jahre zuvor schon einmal »Die deutsche Kaiseridee in Prophetie und Sage« zum Gegenstand eines Buches gemacht. Das neue Werk sollte der Vorbereitung einer Neuauflage dienen. — *Kampers*, Kaiseridee; *Kampers*, Vom Werdegange, S. V.

182 Schramm schrieb über das Buch an Saxl: »Das ist ein tolles Buch, dessen mittelalterliche Dinge [...] fabelhaft schief, falsch und dumm sind [...].« Er fuhr fort, er habe schon bei der Lektüre des Manuskripts ein »Karousselgefühl im Kopf« gehabt. Erst in dem gedruckten Werk lasse sich wenigstens »eine Disposition ahnen« (WIA, GC 1924 Saxl, Postkarte P.E. Schramm an F. Saxl, Heidelberg 25.8.1924 [Poststempel]).

Fragen befaßten. Unter den Mittelalterhistorikern stehe der Thematik keiner so nahe wie er selbst.[183]

Schramm selbst trachtete die Erforschung der »Kaiseridee« zu fördern, indem er die Projekte weiterverfolgte, die er in der Zeit nach seiner Promotion in Angriff genommen hatte. Neben den Studien, die sich aus seiner Beschäftigung mit der »Graphia« ergeben hatten, war das vor allem eine Sammlung von Bildern der Könige und Kaiser des mittelalterlichen römisch-deutschen Reiches. Nach Fertigstellung des »Herrscherbild«-Aufsatzes stellte Schramm die Arbeit an dieser Thematik nicht ein, sondern fuhr ohne Unterbrechung fort, Darstellungen von Herrschern zu sammeln und zu analysieren. Noch im Sommer 1924 konnte er Saxl berichten, der Marburger Kunsthistoriker Richard Hamann habe mit ihm die Möglichkeit einer »Publikation der Herrscherbilder 800–1150 auf ca. 60 Tafeln in einfacher Ausgabe besprochen.«[184] Für die Folgezeit taucht das Projekt relativ regelmäßig in den Quellen auf. Beispielsweise schrieb Schramm seinem Vater von seiner Hochzeitsreise nach Paris im April 1925, er habe für die Herrscherbilder »manche nützliche Studien« gemacht.[185] Anderthalb Jahre später, im Dezember 1926, schrieb er an Saxl, seine »Ausgabe der Kaiserbilder« stehe kurz vor dem Abschluß, die Hälfte des Manuskripts liege schon beim Verlag.[186] Im Januar und Februar 1927 berichtete er seinen Eltern gelegentlich vom Fortgang der Arbeiten.[187] Als Schramm sich im Sommer 1927 in Hamburg aufhielt, erörterte er mit Saxl – neben anderem, wovon bereits die Rede war – die Korrekturen seiner »Kaiserbilder«,[188] und im Winter konnte er endlich konkret ankündigen, das Buch werde zu Ostern erscheinen.[189] Schramm scheint die Arbeit an diesem Werk also kaum jemals unterbrochen zu haben.

Als das Buch dann 1928 als »Die deutschen Kaiser und Könige in Bildern ihrer Zeit« publiziert wurde, hatte der erwähnte Hamann nichts mehr damit zu tun. Wie oben dargestellt, erschien das Werk unter der Herausgeberschaft des Leipziger Instituts für Kultur- und Universalgeschichte. Möglicherweise hatte sich die Veröffentlichung am ursprünglich vorgesehenen Ort, wie es

183 »Da ich mich nun seit Jahr und Tag mit ähnlichen Dingen wie Kampers beschäftige, stehe ich unter den mittelalterlichen Historikern seinen Problemen vielleicht vor allem nah.« — WIA, GC 1924 Saxl, Brief P.E. Schramm an F. Saxl, o.O. [Heidelberg], 30.8.1924; als Beilage hierzu: WIA, GC 1924 Saxl, Brief P.E. Schramm an F. Saxl, Entwurf, o.O. [Heidelberg], o.D. [30.8.1924]; das Zitat aus dem Entwurf.

184 WIA, GC 1924 Saxl, Brief P.E. Schramm an F. Saxl, Heidelberg o.D. [Anfang August 1924].

185 FAS, J 37, Brief P.E. Schramm an Max Schramm, o.O. [Frankreich], April 1925.

186 WIA, GC 1926, Brief P.E. Schramm an F. Saxl, Heidelberg 15.12.1926.

187 FAS, J 37, Brief P.E. Schramm an Max und O. Schramm, o.O [Heidelberg], 13.1.1927; ebd., Brief P.E. Schramm an Max Schramm, o.O. [Heidelberg], o.D. [Februar 1927].

188 *Warburg*, Tagebuch KBW, S. 132 (23.8.1927).

189 WIA, GC 1927, Brief P.E. Schramm an F. Saxl, o.O. [Heidelberg], 18.12.1927.

Schramm in dieser Zeit mehrfach widerfuhr, kurzfristig zerschlagen.[190] Eine detaillierte inhaltliche Besprechung des Werkes bleibt dem folgenden Kapitel vorbehalten. Das Buch wurde noch ergänzt durch zwei kleinere Arbeiten, die das Hauptwerk entlasten sollten: In einem schmalen Band versammelte Schramm die Ausführungen, die er im Hinblick auf Überlieferungslage und quellenkritische Probleme zu den wichtigeren Bildnissen Karls des Großen zu machen hatte,[191] und in einem Aufsatz erörterte er quellenkritische Probleme.[192]

Erwähnung sollte an dieser Stelle noch die Widmung finden, die der Autor der Sammlung voranstellte: Er widmete die Veröffentlichung, die sein erstes eigenes Buch war und fast genau zehn Jahre nach dem Ende des Ersten Weltkriegs erschien, zehn gefallenen Vettern und Freunden. Auch der erst nach Kriegsende umgekommene, 1919 erschossene Fritz Sander war darunter.[193] Erneut ist dies ein Beleg dafür, daß die Erinnerung an den Ersten Weltkrieg, in welche die Erfahrungen der schwierigen ersten Zeit nach dem Waffenstillstand mit einflossen, für Schramm eine besonders große Bedeutung hatte. Es ist außerdem ein Hinweis darauf, daß Schramm, obwohl er mit den Zeitumständen recht gut zurechtkam, durch den Krieg viel verloren hatte.[194] Stets litt er, ohne es allzu oft auszusprechen, unter dem Gefühl, vieles Wertvolle sei damals sowie durch die nachfolgenden Wandlungen und Krisen unwiederbringlich zerstört worden.

Nachdem die »Kaiserbilder« erschienen waren, wandte sich Schramm mit ganzer Kraft wieder »Kaiser, Rom und Renovatio« zu. In den vorangegangenen Jahren hatte das Manuskript ein wechselvolles Schicksal gehabt. Die Version des Werkes, die Schramm für die Habilitation eingereicht hatte, hatte er von vornherein nur als vorläufiges Ergebnis angesehen. Umgehend hatte er sich daran gemacht, sie zu überarbeiten.[195] Dabei erhielt Schramm, wie schon im Vorfeld der Dissertation, tatkräftige Unterstützung von Saxl. Beispielsweise ließ Saxl Photographien von bestimmten Handschriften aus

190 Genauere Hinweise ergeben sich aus den Quellen nicht. Allerdings merkte Schramm in den »Kaiserbildern« ausdrücklich an, Walter Goetz habe sich bereitgefunden, »die schon in Angriff genommene Ausgabe der Kaiserbilder« in seine Obhut zu nehmen. Daraus läßt sich schließen, daß die Arbeit schon recht weit gediehen war, als Schramms Kontakt nach Leipzig zustande kam (SVS 1928 Kaiser in Bildern, S. 163).

191 SVS 1928 Bildnisse Karls.

192 SVS 1928 Umstrittene Kaiserbilder.

193 SVS 1928 Kaiser in Bildern, Widmung [S. V]; über den Tod Fritz Sanders oben, Kap. 2.c).

194 1935 konstatierte er: »Meine Jugendfreunde – sie stehen fast alle in der Widmung meiner Kaiserbilder« (FAS, L »Über meine Freunde«).

195 Die Habilitationsschrift ist nicht überliefert. Sie ist in FAS nicht vorhanden und in Schramms Schriftenverzeichnis als Totalverlust verzeichnet (*Ritter, A.*, Veröffentlichungen Schramm, Nr.I,15, auf S. 292).

der Bibliothek des Vatikan anfertigen.[196] Dennoch versiegte im Laufe des Sommers des Jahres 1924 allmählich der Schwung, mit dem Schramm sich dem Buch widmete. In dieser Zeit nahm er seine Lehrtätigkeit auf. Im April hatte Saxl, nachdem er auf einer Reise Gelegenheit gehabt hatte, Schramm kurz zu sehen und sich mit ihm über das Projekt zu unterhalten, an Warburg geschrieben: »Es wird viel Interessantes und viel rohes Material in dem Buch sein.« Er fügte noch an, Schramm sehe »*sehr* abgearbeitet aus.«[197] An Schramms Arbeitsbelastung änderte sich in der nächsten Zeit nichts. So fand er wohl einfach nicht mehr die Zeit, sich dem Werk zu widmen. Nach Beginn des Sommersemesters wurde es in den Briefen, die im Jahr 1924 zwischen Schramm und der Bibliothek Warburg hin und her wechselten, nicht mehr erwähnt.

Nach seiner Hochzeitsreise im Jahr 1925 griff Schramm die »Graphia« ein weiteres Mal auf. Mehrfach erwähnte er das Buch in Briefen, die er im Frühjahr und Sommer an Aby Warburg und Fritz Saxl schrieb.[198] Im August versprach er, er werde jetzt »die Arbeit nicht wieder abreißen lassen.«[199] Allerdings geschah genau das: Der Schwung ließ nach, die Arbeit blieb liegen. Schramm zog jenes Buch über Gesandtschaftsberichte vor, das schließlich nicht erschien. Im Anschluß daran widmete er sich zuerst den »Kaiserbildern«. Im Dezember 1926 erklärte er Saxl, er wolle die »Graphia« nach Abschluß der »Kaiserbilder« wieder in Angriff nehmen.[200] Irgendwann um den Beginn des Jahres 1928 war es so weit. Schramm versprach Saxl, das Manuskript im Mai abzuliefern, was angesichts der bisherigen Entwicklung wenig glaubwürdig schien.[201] Schramm war jedoch fest entschlossen, sich

196 Erst im Juli 1925 trafen die Photos ein. Dabei hatte die Ungenauigkeit, mit der Schramm die von ihm gewünschten Handschriften bezeichnet hatte, auf seiten der italienischen Bibliothekare für erhebliche Verstimmung gesorgt. — WIA, GC 1924 Saxl, Brief P.E. Schramm an F. Saxl, o.O. [Heidelberg], o.D. [vor 4.3.1924], wohl als Nachschrift zu: Brief P.E. Schramm an F. Saxl, Heidelberg »Ende Februar« 1924; WIA, »Bericht 1923«, S. 10; WIA, GC 1925, Brief F. Saxl an P.E. Schramm, masch. Durchschl., o.O. [Hamburg], 2.7.1925.

197 WIA, GC 1924 Warburg, Mappe: »Saxl«, Brief F. Saxl an A. Warburg, o.O. [Hamburg], 1.5.1924; Hervorhebung im Original unterstrichen.

198 Ende April schrieb er an Warburg, er habe »an der Einleitung meines Buches herumgedoktert«, im Mai versprach er Saxl, »es bis zum Anfang des Wintersemesters abzuliefern«, im Juli sprach er von der »Fertigstellung des Buches«. — FAS, L 230, Bd.11, Brief P.E. Schramm an A. Warburg, o.O. [Heidelberg], 26.4.1925, Photographie (dieser Brief fehlt in WIA); WIA, GC 1925, Brief P.E. Schramm an F. Saxl, o.D. [vor 26.5.1925], Heidelberg; WIA, GC 1925, Postkarte P.E. Schramm an F. Saxl, Heidelberg 30.7.1925.

199 WIA, GC 1925, Brief P.E. Schramm an F. Saxl, Heidelberg o.D. [August 1925].

200 WIA, GC 1926, Brief P.E. Schramm an F. Saxl, Heidelberg 15.12.1926.

201 Im April schrieb Schramm an Saxl: »Ich habe in der letzten Zeit fast täglich an Sie gedacht – genauer an Ihr ungläubiges Lächeln, mit dem Sie voll Einsicht in menschliche Schwäche den für mein Buch genannten Abschlußtermin entgegen nahmen. Ich gestehe ja, daß Sie nach gemachten Erfahrungen überreich das Recht zu solcher Skepsis hatten« (WIA, GC 1928, Brief P.E. Schramm an F. Saxl, Heidelberg o.D. [wohl April 1928]).

nicht mehr von der Arbeit abbringen zu lassen. Daß das Buch trotzdem erst im Sommer 1929 auf den Markt kam, ist zum Teil äußeren Umständen zuzuschreiben. Mehrfach wurde Schramm aus der Arbeit herausgerissen. Am stärksten warf ihn der Tod seines Vaters aus der Bahn.

Zugleich zwang ihn jedoch die daraus folgende Verschärfung seiner materiellen Lage, seinen Bekanntheitsgrad in der akademischen Welt möglichst rasch zu steigern. Wohl nicht zuletzt deshalb stürzte er sich, nachdem er sich einigermaßen gefangen hatte, mit ganzer Energie in die Arbeit. Er hatte zwar mittlerweile verschiedene Publikationen vorzuweisen, doch wurde ihm, wie er Saxl im Dezember berichtete, zugetragen, daß er »durch byzantinistische und kunsthistorische Eskapaden bei orthodoxen Monumentisten den Charakter eines Outsiders« bekommen habe. Es sei daher empfehlenswert, »sich durch eine sich dem üblichen annähernde Schrift zu rehabilitieren.«[202] Diese »sich dem üblichen annähernde Schrift« sollte das neue Buch werden. Als Schramm im Mai 1928 in Hamburg gewesen war, hatte er Warburg eine erste Fassung des Manuskripts gezeigt und sich von ihm noch einmal bestätigen lassen, daß die Bibliothek Warburg es drucken werde.[203] Ende August desselben Jahres schickte er die letzten Teile des Manuskripts nach Hamburg;[204] drei Wochen später, nachdem Saxl, der Herausgeber, von einer Reise zurückgekehrt war und einen Blick darauf geworfen hatte, ging es an den Verlag nach Leipzig.[205] Kurz darauf begannen die Korrekturen.

Im August hatte Schramm gedrängt, der Druck möge zügig beginnen, damit er noch in den Ferien die Korrekturen in Angriff nehmen könne: Im Wintersemester hatte er nämlich Karl Hampe zu vertreten.[206] Für ihn als Privatdozenten war es wichtig und erfreulich, ein so bedeutendes Ordinariat vertreten zu können.[207] Gleichzeitig brachte es jedoch, vor allem durch die höhere Lehrverpflichtung, erhebliche Belastungen mit sich. Insgesamt wurde das Wintersemester 1928/29 zu einer wahren Strapaze, wenn auch aus meist erfreulichen Gründen: Im Beruf hatte er nicht nur die Lehrstuhlvertretung zu bewältigen, die Arbeit an seinem Buch voranzutreiben und sogar

202 WIA, GC 1928, Brief P.E. Schramm an F. Saxl, o.O. [Heidelberg], 30.12.1928.

203 *Warburg*, Tagebuch KBW, S. 262 (29.5.1928).

204 WIA, GC 1928, Brief H. Meier [?] an P.E. Schramm, masch. Durchschlag, o.O. [Hamburg], 29.8.1928.

205 Ebd., Brief H. Meier an P.E. Schramm, masch. Durchschl., o.O. [Hamburg], 21.9.1928.

206 Ebd., Postkarte P.E. Schramm an »Bibliothek Warburg«, Heidelberg 28.8.1928.

207 Zweifellos hatte der Inhaber des Ordinariats die Regelung der Vertretung mit veranlaßt, wofür Schramm ihm dankbar war. Dies war einer der Gründe dafür, daß er »Kaiser, Rom und Renovatio« Karl Hampe widmete. An Saxl schrieb er hierzu: »Widmen möchte ich das Buch Hampe zum 60. Geburtstag (Febr. 1929), um eine Blöße zu verdecken, die entsteht, da eine geplante Festschrift nicht zustande gekommen ist. Außerdem ist es auch sachlich für mich berechtigt, ihm das Werk als Dank für vieles zuzueignen.« — WIA, GC 1928, Brief P.E. Schramm an F. Saxl, o.O. [Heidelberg], 8.12.1928.

noch für die Monumenta Korrekturen zu erledigen, sondern engagierte sich darüber hinaus, wie oben beschrieben, stark bei der Suche nach einem neuen Kunsthistoriker. Sein privater Bereich wurde im Januar 1929 durch die Geburt seines zweiten Sohnes belebt. »Hier geht alles nach Wunsch«, schrieb er im Januar an Saxl. »Daß ich etwas abgekämpft bin, werden Sie bei 10 Wochenstunden + Korrekturen + Familienglück verstehen.«[208]

Im selben Jahr wurde ein Aufsatz gedruckt, in dem Schramm einige quellenkritische Probleme abhandelte, die im engen Zusammenhang mit dem in Druck befindlichen Buch standen.[209] Daß er alle seine beruflichen Pflichten mit großem Ernst und vollem Engagement wahrnahm, zahlte sich im Februar 1929 unmittelbar aus: Er erhielt einen Ruf nach Göttingen. Zum ersten April konnte er als persönlicher Ordinarius und planmäßiger Extraordinarius – also mit den Rechten eines ordentlichen Professors, aber einem geringeren Gehalt – seine Stelle antreten.[210] Davon wird unten die Rede sein. Im Juni 1929 erschien »Kaiser, Rom und Renovatio« und wurde ein außergewöhnlicher Erfolg: Schramm eröffnete seine Göttinger Tätigkeit mit einem Paukenschlag.

208 WIA, GC 1929, Brief P.E. Schramm an F. Saxl, o.O. (Heidelberg), 30.1.1929; vergleichbare Äußerungen finden sich in der Korrespondenz vom Januar 1929 noch häufiger.

209 SVS 1929 Studien Aufzeichnungen.

210 UAGö, PA PES, Bl.6, Brief Preußisches Ministerium für Wissenschaft, Kunst und Volksbildung an P.E. Schramm, masch. Durchschl., Berlin 27.3.1929; ebd., Bl.7, Vereinbarung zwischen dem Preußischen Ministerium für Wissenschaft, Kunst und Volksbildung (Windelband) und P.E. Schramm, Berlin 14.3.1929; *Kamp*, Percy Ernst Schramm, S. 348.

7. Bilder vom Mittelalter: Das Kaisertum

Gegen Ende von Schramms Heidelberger Zeit begann seine literarische Produktion allmählich das Ausmaß späterer Jahre anzunehmen. Er publizierte in dieser Zeit nicht nur zwei Bücher und einige Aufsätze, sondern auch etliche Rezensionen. Es entspräche nun nicht dem unterschiedlichen Gewicht der Publikationen, wenn die Analyse sie alle in gleicher Weise erfaßte. Sinnvoller scheint es, die Untersuchung auf die wichtigsten Werke zu fokussieren. Die Schriften, die nach dieser Vorgabe im folgenden behandelt werden, haben gemeinsam, daß sie Ergebnisse von Schramms Auseinandersetzung mit dem Kaisertum sind.

Der erste Abschnitt behandelt Schramms Sammlung »Die deutschen Kaiser und Könige in Bildern ihrer Zeit« von 1928. An zweiter Stelle wird sein Aufsatz »Die Ordines der mittelalterlichen Kaiserkrönung« zu besprechen sein. Obwohl dieser Text erst 1930 publiziert wurde, war er doch eine Frucht der Heidelberger Jahre. Im Mittelpunkt des Kapitels steht dann Schramms Buch »Kaiser, Rom und Renovatio« von 1929; seiner Analyse sind die weiteren Abschnitte gewidmet. Diese Analyse mündet schließlich im letzten Abschnitt in eine allgemeine Erörterung der Frage, welche Rolle die »Kaiseridee« in »Kaiser, Rom und Renovatio« spielte und welche Bedeutung diese »Idee« für Schramm in der Zeit der Veröffentlichung hatte. Die Antwort auf diese Frage liefert den Schlüssel, um den Gang von Schramms Forschungsarbeit in den Jahren ab 1930 verstehen zu können.

a) »Die deutschen Kaiser und Könige in Bildern ihrer Zeit«

Die Entstehungsgeschichte von Schramms Werk »Die deutschen Kaiser und Könige in Bildern ihrer Zeit«, das 1928 erschien,[1] läßt sich beinahe durch die gesamte Zeit seines Heidelberger Aufenthalts hindurch verfolgen. Den Anfang bildete die Erarbeitung des Vortrags, den Schramm 1922 in der Bibliothek Warburg hielt. Daraus ging der 1924 publizierte »Herrscherbild«-Aufsatz hervor.[2] Während dieser Text noch im Erscheinen begriffen war, hatte Schramm bereits konkrete Pläne zur Veröffentlichung eines auf seiner

1 SVS 1928 Kaiser in Bildern.

2 SVS 1924 Herrscherbild; hierzu eingehend oben, v.a. Kap. 5.d); über den Vortrag von 1922 außerdem oben, Kap. 4.c).

Grundlage entwickelten Buches.[3] Obwohl sich der Publikationsplan in der ursprünglichen Form wieder zerschlug, scheint Schramm die Arbeit an dieser Veröffentlichung bis 1928 kaum jemals unterbrochen zu haben.[4] Schramm arbeitete also sechs Jahre lang kontinuierlich an diesem Thema, davon vier Jahre an einer Buchpublikation. Dabei begrenzte er schon im Sommer 1924 den Untersuchungszeitraum mit praktisch denselben Eckdaten wie in der am Ende vorgelegten Publikation.[5] Demnach nahm er an der Grundstruktur des Werkes im Zuge der Bearbeitung keine wesentlichen Veränderungen vor. Das Ergebnis war eine ausgereifte, in sich geschlossene Arbeit – schon an »Kaiser, Rom und Renovatio« wird sich belegen lassen, daß das für Schramm nicht selbstverständlich war.[6]

Die publizierte Sammlung bestand aus zwei Bänden. Alle Abbildungen waren in einem Tafelband zusammengefaßt, den ein Textband begleitete.[7] In dieser Form behandelte die Publikation die Zeit von 751 bis 1152 und damit die Jahrhunderte »vom Aufstieg des karolingischen Hauses bis zur Thronbesteigung Friedrichs I.«[8] Der Textband zerfiel wiederum in zwei Teile: einen darstellenden Teil und einen »Kommentar«.[9] Der Kommentar ergänzte die Darstellung, indem darin, für jedes Bild einzeln, Fragen der Entstehungszeit oder des Entstehungsortes und ähnliche Probleme diskutiert wurden, sofern sie nicht im ersten Teil aufgeworfen worden waren. Nicht zuletzt erfaßte Schramm im zweiten Teil die Literatur zu den einzelnen Herrscherbildern

3 WIA, GC 1924 Saxl, Brief P.E. Schramm an F. Saxl, Heidelberg o.D. [Anfang August 1924].

4 Hierzu oben, Kap. 6.d).

5 1924 hatte Schramm an Saxl geschrieben, er wolle die »Herrscherbilder 800–1150« behandeln. Die erste Begrenzung wäre damit nicht, wie in den veröffentlichten »Kaiserbildern«, die Königskrönung Pippins, sondern erst die Kaiserkrönung Karls des Großen gewesen (WIA, GC 1924 Saxl, Brief P.E. Schramm an F. Saxl, Heidelberg o.D. [Anfang August 1924]).

6 Nach der Veröffentlichung des Buches stellte Schramm die Arbeit an der Thematik nicht ein, sondern sammelte sein Leben ergänzendes Material und Korrekturen. Er selbst plante die Publikation einer zweiten, verbesserten Auflage. Dieselbe hat schließlich, mehr als ein Jahrzehnt nach seinem Tod, unter Verwendung seines Materials sowie vorsichtiger Einfügung weiterer Korrekturen *Florentine Mütherich* vorgelegt. Die erste Auflage ist dadurch in sachlicher Hinsicht ersetzt und nur noch in wissenschaftsgeschichtlicher Hinsicht interessant. — SVS 1983 Kaiser in Bildern; s. ergänzend unten, Kap. 14.a).

7 Im folgenden beziehen sich Seitenzahlen immer auf den Textband.

8 Während die Erstauflage mit Friedrichs Thronbesteigung endete, bezog Schramm in der zweiten Auflage noch dessen gesamte Regierungszeit mit ein. Er begründete dies damit, die Bilder Barbarossas seien noch sehr stark dem Alten verhaftet gewesen und erst in der Regierungszeit seines Sohnes, mit der Angliederung des bis dahin normannischen süditalienischen Reiches, habe sich das Neue endgültig durchgesetzt. — SVS 1928 Kaiser in Bildern, S. 159; SVS 1983 Kaiser in Bildern, S. 128 u. 145.

9 Der Kommentar füllte ein knappes Drittel der Seiten des Textbandes. In der Neuauflage ist er stark erweitert worden und nimmt beinahe den gleichen Raum ein wie die Darstellung. — Seitenzahlen des Kommentars: SVS 1928 Kaiser in Bildern, S. 157–240; SVS 1983 Kaiser in Bildern, S. 145–270.

und hielt auf diese Weise den darstellenden Teil des Textbandes so weit wie möglich von Ballast frei. Dieser erste Teil bot einen zusammenhängenden Text, der der Chronologie und der Reihe der Herrscherbilder folgte. Indem Schramm die Bilder in der Regel eins nach dem anderen diskutierte, ordnete er sie zugleich in den Gesamtzusammenhang der Geschichte des Herrscherbildes ein.

Einen solchen übergreifenden Zusammenhang herzustellen, gelang ihm auf insgesamt überzeugende Weise. Dazu trug nicht zuletzt eine klare Begrenzung des Untersuchungsgegenstandes bei. Der Titel des Buches führte insofern in die Irre, als er den Eindruck erweckte, es solle um die Herrscher selbst gehen, wie sie in Bildern dargestellt seien. Der Gegenstand der Arbeit war aber ganz derselbe, der schon bei Schramms Aufsatz von 1924 im Mittelpunkt gestanden hatte: nicht die Herrscher, sondern ihre Bilder. Jedoch hatte Schramm die Auswahl der Bilder, die in der Sammlung Berücksichtigung fanden, von den Herrschern her getroffen. Auf diese Weise war es ihm möglich gewesen, klare Regeln zu formulieren. Erfaßt waren zunächst alle Herrscher, die seit der Kaiserkrönung Karls des Großen im Westen den Kaisertitel getragen hatten, ferner diejenigen, die noch darüber hinaus in Deutschland als Könige regiert hatten, sowie die Könige von Italien.[10] Von den einbezogenen Herrschern seien, so Schramm, alle verfügbaren Bilder zusammengetragen worden. Das Medium der bildlichen Darstellung – Buchmalerei oder Elfenbeinrelief, Münzen, Siegel oder anderes – habe für die Auswahl ebensowenig eine Bedeutung gehabt wie die künstlerische Qualität. Voraussetzung sei hingegen gewesen, daß es sich um zeitgenössische Arbeiten oder doch um Kopien von solchen gehandelt habe.[11] Diesen Vorgaben folgend, strebte die Sammlung nach Vollständigkeit.[12]

Schramm selbst hatte Zweifel, ob die publizierte Sammlung gegenüber dem vier Jahre älteren Aufsatz wirklich einen substantiellen Fortschritt bedeute.[13] In der Tat waren viele wichtige Kategorien, die nun die Darstellung der Geschichte des Herrscherbildes lenkten, in dem Aufsatz schon konstituiert gewesen. Schramm hatte allerdings die Kriterien für die Auswahl seines Materials viel schärfer gefaßt und zugleich die Materialbasis massiv erweitert. Im Buch war außerdem der Gang der Argumentation viel klarer struk-

10 SVS 1928 Kaiser in Bildern, S. 159; vgl. auch S. 75.

11 Ebd., S. 159–160.

12 Im Rahmen des Möglichen scheint Schramm diese Vollständigkeit erreicht zu haben. Aus praktischen Gründen hatte er sich bei den Siegel- und Münzbildern jedoch Beschränkungen auferlegt, die über das Geschilderte noch hinausgingen. — Vgl. zu den Siegeln und Münzen: SVS 1928 Kaiser in Bildern, S. 160–161.

13 An Saxl schrieb er, er wisse nicht, »ob ich über meine bei Ihnen gedruckte Arbeit herausgekommen bin oder ob ich nur breiter ausführe, was dort schon angedeutet ist« (WIA, GC 1926, Brief P.E. Schramm an F. Saxl, Heidelberg 15.12.1926).

turiert. Damit war der Fortschritt unübersehbar. Der Kohärenz des Werkes kam es ferner zugute, daß Schramm sich hinsichtlich der Vorgeschichte des mittelalterlichen Herrscherbildes in antiker Zeit sowie der parallelen Entwicklung in Byzanz auf knappe Hinweise in der Einleitung beschränkte.[14]

Das heißt nicht, daß Schramm die Bedeutung dieser beiden Kunsttraditionen für die von ihm untersuchten Herrscherbilder vernachlässigt hätte. Im Gegenteil wies er stets darauf hin, wo ihr Einfluß spürbar wurde. Demnach spielte das byzantinische Vorbild vor allem in der ottonisch-frühsalischen Epoche eine wichtige Rolle. In der Mitte des zehnten Jahrhunderts erstarkte das griechische Kaiserreich, im Westen stieg das ostfränkische Reich zu einer nie dagewesenen Machtfülle auf, die in die Wiederbelebung des Kaisertums mündete. Beide Reiche zeigten Tendenzen zur Expansion, kamen deshalb wieder miteinander in Berührung und traten auch auf der kulturellen Ebene in Konkurrenz zueinander.[15]

Noch sehr viel stärker als die byzantinischen Einflüsse betonte Schramm die Wirkung, welche die Antike auf das Mittelalter gehabt habe. In der Einleitung nannte er als einen der Gesichtspunkte, unter denen er die Herrscherbilder betrachten wolle, die Frage, »wie das Bild als antikes Lehngut im frühen Mittelalter rezipiert worden ist [...].«[16] Das Bild nämlich sei, so erläuterte Schramm etwas weiter oben, für das Mittelalter überhaupt ein »neu übernommenes Lehngut aus der spätantik-christlichen Kultur« gewesen. Was an vorkarolingischen Miniaturen die Zeiten überdauert habe, sei so gut wie ausschließlich ornamental und nicht-figürlich.[17] Der Prozeß der Aneignung des Bildes sei damit »zugleich ein Kapitel aus der Auseinandersetzung des Mittelalters mit der Antike, also einem der Kernprobleme der Geschichte überhaupt.«[18]

Damit bezog Schramm das Generalthema der Kulturwissenschaftlichen Bibliothek Warburg, das »Nachleben der Antike«, in seine Untersuchung mit ein. Die Feststellung dieses »Nachlebens« im Herrscherbild war aber kein Ziel, sondern im Gegenteil ein Ausgangspunkt seiner Analyse. Das Phänomen, auf dessen Erfassung die Analyse zielte, war der besondere »Geist« des Mittelalters. Damit widmete sich Schramm der Aufgabe, »den ›Geist der Zeiten‹ in seiner Eigenart und in seiner Entwicklung zu begreifen.« Diese

14 SVS 1928 Kaiser in Bildern, S. 16–20.

15 Der von Schramm schon bei früheren Gelegenheiten angeführte Vergleich zwischen der kulturellen Vorbildfunktion von Byzanz im Frühmittelalter und dem von Versailles in der Zeit Ludwigs XIV. fehlte auch in dieser Arbeit nicht. — Das zehnte Jahrhundert: SVS 1928 Kaiser in Bildern, S. 79; Versailles: ebd., S. 25; der Vergleich bereits: SVS 1924, Herrscherbild, S. 186; SVS 1924 Kaiser Basileus, S. 441–443; instruktiv über die Wege, auf denen byzantinische Kunst nach Westeuropa gelangen konnte: SVS 1928 Kaiser in Bildern, S. 110–112, v.a. S. 111.

16 SVS 1928 Kaiser in Bildern, S. 16.

17 Ebd., S. 13–14.

18 Ebd., S. 16.

Aufgabe hatte Walter Goetz für die gesamte Reihe »Das menschliche Bildnis« formuliert.[19] Der »Geist« des Mittelalters lag Schramm aber ohnehin am Herzen. Um diesen »Geist« und das »Nachleben der Antike« zueinander in Beziehung zu setzen, griff Schramm auf einen Gedanken zurück, den er um die Jahreswende 1920/21 gemeinsam mit Fritz Saxl entwickelt hatte. Dieser Argumentation zufolge konnte die Antike als »ein Beharrendes im Völkerleben« bezeichnet werden. Deshalb konnte die Untersuchung ihres Nachlebens zur Offenlegung des »Neuen und Nicht-Beharrenden« führen. Auf diesem Wege erhielt der Historiker, so die Folgerung, einen »Maßstab«, um das »Eigentümliche« der nachantiken Kulturen erkennen zu können.[20] Das »Eigentümliche«, auf das es Schramm in seinem Buch von 1928 ankam, war eben der »Geist« des Mittelalters. Er setzte die aus der Antike stammenden Elemente als Hebel ein, um ihn in den Herrscherbildern zu entdecken.

In der Einleitung stellte Schramm deshalb fest, als erste im Mittelalter habe die karolingische Kunst den Anschluß an die »spätantik-christliche Kunst« gesucht und gefunden. Die Künstler der Karolingerzeit hätten den antiken Vorbildern aber noch sehr unselbständig gegenübergestanden. Erst in den Werken der Ottonenzeit sei manches Antike »durch Eigenes ersetzt« worden. Erst jetzt hätten es die Künstler wirklich vermocht, die Inhalte ihrer Vorstellungswelt im Bild auszudrücken.[21] Das frühere Mittelalter sei nämlich eine Zeit gewesen, in der die sinnlich wahrnehmbare Welt »als irrelevant, wenn nicht als verführerisch und von den wahren Dingen ablenkend« angesehen worden sei. Nur dadurch habe sie einen Wert bekommen, daß in ihr »geheime, ihr von Gott unterlegte, ›allegorische‹ Wahrheiten« hätten aufgedeckt werden können. Auch die Aufgabe der Kunst habe es deshalb sein müssen, »die tiefere Wahrheit aus den Dingen herauszuholen.«[22] Aus diesem Grund, so Schramms These, hätten die ottonischen Künstler »vieles an Raumvorstellung, Perspektive, Hintergründen, Bewegungsmotiven und Gruppierungen« aufgegeben, was den karolingischen von der Antike her noch geläufig gewesen sei. Zusammenfassend stellte Schramm fest, »die der Wirklichkeitsillusion dienende *räumliche* Tiefendimension der Vorlagen« sei preisgegeben worden, um »dem Herrscherbild eine *geistige* Tiefendimension zu schaffen.«[23]

Was er in der Einleitung skizzierte, führte Schramm in der Darstellung weiter aus. Für die Zeit Karls des Großen schilderte er anschaulich den Rückgriff der Künstler auf »die unerschöpfliche Fundgrube der spätantik-

19 *Goetz*, Bildnis, S. VII; s.a. oben, Kap. 6.c).
20 *Saxl,* Nachleben, S. 245–246; vgl. oben, Kap. 3.c).
21 SVS 1928 Kaiser in Bildern, S. 14.
22 Ebd., S. 10.
23 Ebd., S. 14; Hervorhebungen im Original gesperrt.

christlichen Kunst«.[24] Allerdings konstatierte er, es sei bemerkenswert, wie es den antiken Vorbildern in der Nachahmung durch die Künstler ergangen sei. Manchem Künstler sei es gelungen, den antiken Vorlagen tatsächlich nahe zu kommen, andere hätten ihre Eigenwilligkeit behauptet, bei wieder anderen sei bereits zu sehen, »wie das Entlehnte zu eigenem Besitz geworden ist.«[25] Die späteren Generationen der karolingischen Zeit hätten dann vor der Aufgabe gestanden, die reiche Ernte, die die Generation Karls des Großen eingebracht habe, »zu verwerten und zu sondern.« Jetzt erst vollziehe sich, so merkte Schramm mit Bezug auf die Zeit Karls des Kahlen an, »der Verschmelzungsprozeß des Fremden mit dem Eigenen.« Manches sei dabei wieder fallengelassen worden, wenn sich ergeben habe, daß es auf Dauer nicht in die eigene Kultur einzufügen gewesen sei.[26] Das karolingische Haus erlosch, ohne daß der Prozeß der Selbstfindung des Mittelalters zu einem Ende gekommen war.

Einen gewaltigen Fortschritt in diesem Prozeß bedeutete in der Zeit der Ottonen nach Schramms Auffassung das Widmungsbild aus dem Aachener »Evangeliar des Kaisers Otto«, das er 1928 noch Otto II. zurechnete.[27] Das Bild zeigt den thronenden Herrscher, der durch die Mandorla, die seinen Thron umgibt, und die unter dem Thron kauernde Terra dem Typus des Weltenherrschers Christus angeglichen ist. Von oben reicht die Hand Gottes in das Bild hinein und krönt den Herrscher. Rechts und links von ihm stehen Reichsfürsten, die ihm huldigen, und im unteren Teil des Bildes sind weltliche und geistliche Große zu sehen.[28] Schramm hob hervor, hier sei kein Raum dargestellt, in dem die Figuren stünden. Die »Anordnung der Figuren in einem Dreieck schließt jedes Bemühen um eine räumliche Erklärung ihrer Stellung aus [...].« Auch der Goldgrund des Bildes »hebt jeden sinnlichen Zusammenhang zwischen ihnen auf.« Stattdessen sei jede Einzelheit des Bildes mit einer tieferen Bedeutung aufgeladen. »So wird das Bild erst jetzt zum wahren Ausdrucksmittel dessen, was die Künstler und ihre Umwelt bewegte.« Kaum ein Element des Bildes sei neu erfunden; »aber das Ganze ist durch den hineingelegten, tieferen Sinn völlig neu, darum leben-

24 Ebd., S. 41.

25 Ebd.

26 SVS 1928 Kaiser in Bildern, S. 61.

27 Das heute allgemein als »Liuthar-Evangeliar« angesprochene Werk mitsamt dem Widmungsbild wird jetzt von der Forschung auf Otto III. bezogen. Diese Korrektur hatte Schramm selbst bereits für die Neuauflage seiner »Kaiserbilder« vorgesehen. Überzeugende, weitgehend miteinander übereinstimmende Interpretationen des Bildes bieten *Johannes Fried* und *Wolfgang Christian Schneider*. — SVS 1983 Kaiser in Bildern, S. 78–79, 204–205, Abb.107 auf S. 359; *Fried*, Otto III.; *Schneider, W.Chr.*, Imperator, S. 802–806.

28 Vgl. SVS 1928 Kaiser in Bildern, Abb.64; SVS 1983 Kaiser in Bildern, Abb.107 auf S. 359.

dig und frei aller Vergangenheit gegenüber.«[29] Über eine Darstellung aus der Zeit Heinrichs II. (1002–1024) konnte Schramm sogar sagen: »Von hier aus führen kaum noch Fäden in die Antike zurück [...].«[30]

Auf diese Weise konnte Schramm »geistige« Elemente, die dem Mittelalter seine Individualität gaben, herausarbeiten, indem er überprüfte, wie die Künstler des Mittelalters mit aus der Antike überkommenen Versatzstücken umgingen. Allerdings löste sich das Mittelalter niemals ganz von der Antike. Diesen Schritt hatte Schramm noch in der ersten Hälfte der zwanziger Jahre postuliert. Damals hatte er den »wahren Anfang des Mittelalters« auf den Zeitpunkt legen wollen, »seitdem die Menschen auf eigenen Beinen stehen, wo aus Lehngut Eigengut wird, das autonom weitergebildet wird [...].«[31] An dem Gedanken vom »Lehngut«, das zum »Eigengut« geworden sei, konnte er am Ende des Jahrzehnts insofern festhalten, als spätestens die Künstler der ottonischen Zeit, antike Formeln verarbeitend, eigene Bildtraditionen geschaffen hatten, die auf die nach ihnen Kommenden einwirkten.[32] Daneben wirkte aber auch die Antike selbst fort. Für Konrad II. (1025–1039), den Nachfolger Heinrichs II., beschrieb Schramm wieder ein Siegel, bei dessen Herstellung der Künstler sich »mittelbar oder unmittelbar an antike Vorbilder gehalten« habe.[33] In einem Ausblick deutete Schramm schließlich an, auf wie vielfältige Weise die Kunst zwei Jahrhunderte später auf die Antike zurückgriff, um Kaiser Friedrich II., den bedeutendsten Vertreter der staufischen Dynastie, und seinen Herrschaftsanspruch bildlich darzustellen.[34]

Einen »wahren Anfang des Mittelalters«, wie ihn Schramm in der Zeit kurz nach seiner Promotion postuliert hatte, hatte es also nie gegeben. Der Abschied von diesem Paradigma war ihm nicht schwer gefallen, da es ihm in seinem Buch trotzdem gelungen war, den »Geist des Mittelalters« zu finden.[35] Der Verzicht auf die Konstruktion eines »wahren Anfangs« mußte jedoch Auswirkungen auf Schramms generelle Sichtweise der ottonischen

29 SVS 1928 Kaiser in Bildern, S. 83; diese Passage wörtlich übernommen in SVS 1983 Kaiser in Bildern, S. 79.

30 SVS 1928 Kaiser in Bildern, S. 113.

31 WIA, GC 1923, Brief P.E. Schramm an F. Saxl, o.O. [Heidelberg], o.D. [vor 7.3.1923]; vgl. oben, Kap. 5.c).

32 Vgl. hierzu beispielsweise über das Verhältnis der Echternacher Schule aus der Mitte des elften Jahrhunderts zu ihren Vorläufern in der Zeit der sächsischen Kaiser: SVS 1928 Kaiser in Bildern, S. 126–127.

33 SVS 1928 Kaiser in Bildern, S. 121.

34 Ebd., S. 155.

35 Schon in seinem »Herrscherbild«-Aufsatz von 1924 hatte er festgestellt, daß die Originalität eines Zeitalters sich auch im Umgang mit den immergleichen, altüberlieferten Elementen erweisen könne. In seinem Buch münzte Schramm diese Eigenschaft nun sogar zu einem Spezifikum seines Untersuchungszeitraums um: »Die darstellende Kunst des frühen Mittelalters ist dadurch gekennzeichnet, daß sie tradiert und variiert, aber kaum neu schafft.« — SVS 1924, Herrscherbild, S. 205; SVS 1928 Kaiser in Bildern, S. 9.

Epoche haben. In diese Ära hatte er seinerzeit den Umschwung legen wollen. Jetzt bildete die ottonische Zeit zwar immer noch eine herausragende Phase in der Geschichte der mittelalterlichen Kultur. Sie büßte aber den Charakter einer fundamentalen Wendezeit ein, den Schramm ihr zu Beginn seiner Forscherkarriere hatte einräumen wollen.

Die Frage nach der Auseinandersetzung der mittelalterlichen Künstler mit der antiken Kunst war einer von mehreren Aspekten, die Schramm in der Einleitung anschnitt und dann im Verlauf seiner Darstellung immer wieder aufgriff. Ein weiterer Punkt war das Problem, inwiefern die frühmittelalterlichen Kaiserbilder den dargestellten Herrschern ähnlich gewesen seien.[36] Im Aufsatz von 1924 war dieses Thema noch wie ein Fremdkörper in die Argumentation eingeschoben gewesen und hatte den Gedankengang verunklart.[37] Jetzt wurde es sorgfältig als Leitfrage ausformuliert. Das erschien allein schon dadurch gerechtfertigt, daß die Verfasser älterer Sammlungen von Herrscherbildern diese Frage ganz in den Mittelpunkt gestellt hatten. Ihr Ziel war es gewesen, durch den Vergleich der verfügbaren Bilder einen zutreffenden Eindruck vom äußeren Erscheinungsbild der jeweiligen mittelalterlichen Könige und Kaiser zu erhalten.[38] Schramm stellte nun klar, daß hohe Erwartungen an den Ähnlichkeitswert der frühmittelalterlichen Herrscherbilder vollkommen verfehlt seien. Zur Begründung führte er einen ganzen Katalog von Faktoren an, die einer naturgetreuen Wiedergabe der äußeren Erscheinung eines Herrschers im frühen Mittelalter im Wege gestanden hätten. Die starke Gebundenheit der Künstler an traditionelle, überlieferte Bildformeln und die oben erwähnte Geringschätzung der mit den Sinnen wahrnehmbaren Welt waren zwei dieser Faktoren.[39]

Dennoch sei auch den mittelalterlichen Menschen der Gedanke vertraut gewesen, daß ein Bild eine bestimmte Person darstellen und es möglich sein solle, jemanden anhand seines Bildes wiederzuerkennen.[40] Das war für Schramm Anlaß genug, das Thema stets im Auge zu behalten. Für jedes der von ihm analysierten Bilder erörterte er, bis zu welchem Grade es als zuverlässiges Porträt des Dargestellten angesehen werden könne. Dabei kam er in aller Regel zu dem Ergebnis, daß der Porträtwert gering, wenn nicht gar völlig zu vernachlässigen sei. Der Wert dieser Erörterung lag aber darin, daß Schramm hiermit eine Folie erhielt, vor der er immer wieder deut-

36 Erwin Panofksy hielt Schramms Ausführungen zu dieser Frage für den wichtigsten Aspekt des Buches. — FAS, L 230, Bd.8, Brief E. Panofsky an P.E. Schramm, Hamburg 28.8.1928; gedruckt: *Panofsky*, Korrespondenz Bd.1, S. 296.

37 Schramm hatte damals festgestellt, das Problem sei »hier ohne Belang«, hatte ihm dann aber trotzdem vier Seiten gewidmet (SVS 1924 Herrscherbild, S. 146–150, Zitat S. 146).

38 SVS 1928 Kaiser in Bildern, S. 161–162.

39 Ebd., S. 4–11.

40 Ebd., S. 6.

lich machen konnte, worauf es den mittelalterlichen Künstlern stärker als auf die Ähnlichkeit ihrer Bilder angekommen sei. Daraus ergab sich zugleich, worin, wenn nicht in der zuverlässigen Mitteilung des Aussehens der Könige und Kaiser, nach Schramms Auffassung der eigentliche Quellenwert der Herrscherbilder lag.

Schramm selbst legte besonderen Wert auf den Aussagewert der Bilder im Hinblick auf die Geschichte der »Kaiseridee«. Diese »Kaiseridee« stellte er ganz an den Beginn der Einleitung seines Buches. Sie lieferte ihm die Begründung, warum es überhaupt sinnvoll sei, sich mit den Herrscherbildern zu befassen. Obwohl die Geschichte des mittelalterlichen Reiches von Umbrüchen und Machtverschiebungen geprägt sei, so begann er, bilde doch »die lange Reihe der Kaiser von Karl dem Großen an eine innere Einheit«. Diese Einheit werde gestiftet durch das, was alle Herrscher geleitet habe:

»Alle dienten sie einer Idee, der Idee des Kaisertums, die auch die Nüchternen in ihren Bann gezogen und sogar die von der Opposition auf den Thron Erhobenen in die traditionellen Bahnen gezwungen hat.«[41]

Sogar in der Zeit, als »der religiöse Grund dieser Idee« brüchig geworden sei und der Gang der historischen Entwicklung »ihre politische Hoffnung, die Oberherrschaft über die katholische Christenheit,« illusorisch habe werden lassen, sei die Idee noch »eine Macht« gewesen.[42]

Aber, so fragte Schramm weiter, welche »Denkmäler dieser Idee« gebe es, »die ihre das politische Denken von Jahrhunderten bestimmende Kraft verständlich machen« könnten?[43] Zur Antwort stellte er fest, es habe sich eine wichtige Gruppe von »Denkmälern des Kaisertums« erhalten, die nur einmal zusammengestellt werden müßten. Das seien die Bilder der Kaiser. Ihren Quellenwert begründete Schramm damit, daß die Bilder immer direkt auf die Kaiser bezogen gewesen seien und daß diese selbst häufig genug auf die Bilder Einfluß genommen hätten. Von den Kaisern sprechend, meinte Schramm: »So haben sie gesehen sein wollen, und so sind sie gesehen worden: sie und noch mehr ihr Amt, das im frühen Mittelalter wichtiger als der Mensch ist […].« Deshalb seien diese Bilder »ebenso Darstellungen des Kaisertums und des deutschen Königtums wie der einzelnen Herrscher«.[44]

Auf diesen Gedankengang kam Schramm in einem späteren Abschnitt der Einleitung noch einmal zurück. Sein gesamtes Material überblickend, stellte er dort fest, auf den allermeisten Bildern sei der Herrscher in einer bestimmten Funktion dargestellt: Beispielsweise als »der fromme Beter«, als »Gesetzgeber« oder als »Herr der Nationen«. Jedes individuelle Merkmal

41 Ebd., S. 1.
42 Ebd.
43 Ebd.
44 SVS 1928 Kaiser in Bildern, S. 2.

des Dargestellten sei »verhüllt durch die Gewänder, die er kraft seines *Amtes* trägt.« In manchen Fällen sei er von »Personifikationen der Tugenden« umgeben, die anzeigten, »welche Eigenschaften man von einem *Könige* erwartet.«[45] Zusammenfassend stellte Schramm fest:

»Diese Bilder wollen also in erster Linie aussagen, wer der Dargestellte als Herrscher war – nicht, wie er als Mensch aussah.«[46]

Die Herrscherbilder seien damit ein »aufschlußreiches Geschichtszeugnis«, denn: »Die Herrscherbilder sind der deutliche Ausdruck aller der Vorstellungen, die im frühen Mittelalter mit dem deutschen Königtum und dem Kaisertum verknüpft sind.«[47]

Was also war die »Idee des Kaisertums«? Den Eröffnungssätzen der Einleitung zufolge war sie eine Entität, die diachron in der Geschichte lebendig blieb. Sie hatte »Kraft« gehabt, so formulierte es Schramm, für Jahrhunderte das politische Denken zu bestimmen, und alle Kaiser hatten sich der einen »Idee des Kaisertums« verpflichtet gefühlt. Diese Idee stiftete die Einheit der Geschichte des Kaisertums. Sie ließ es, mit Schramms Ranke-Referat von 1921 gesprochen, zu einem »historischen Individuum« werden.[48] Stärker als in seinen Überlegungen der frühen zwanziger Jahre ließ Schramm nun den Aspekt heraustreten, daß die »Idee« letztlich die Geschichte transzendierte, daß nämlich die Einheit, zu der sie das Kaisertum zusammenschloß, über die Zeiten und ihre Umbrüche hinweg Bestand hatte.

Neben dieser tendenziell übergeschichtlichen Dimension hatte der Begriff für Schramm aber schon in der ersten Hälfte des Jahrzehnts eine zweite, sachlichere Bedeutung gehabt. Diese war unverändert geblieben: Die »Kaiseridee« war ein Sammelbegriff für alle Vorstellungen, die sich die Menschen im Mittelalter vom Kaisertum gemacht hatten. Von diesen Vorstellungen legten die Kaiserbilder Zeugnis ab, indem sie, nach Schramms Meinung, zeigten, wie die Herrscher gesehen sein wollten und wie ihre Zeitgenossen sie gesehen hatten.

Schon 1921 hatten »Ideen« bei Schramm einerseits auf einer beinahe transzendenten Ebene die Geschlossenheit historischer Einheiten verbürgt, während andererseits jede »Idee« das Nachdenken der Menschen über ein historisches Phänomen bezeichnet hatte. Schramm differenzierte die beiden Bedeutungen nicht: Für ihn gingen sie ineinander über, waren im Grunde identisch. Er mußte sich keine Rechenschaft darüber ablegen, wie er sich den Übergang von der einen zur anderen Dimension der »Idee« dachte, weil er hier ganz den Kategorien des deutschen Idealismus und Historismus

45 Ebd., S. 11–12; Hervorhebungen im Original gesperrt.
46 Ebd., S. 12.
47 Ebd.
48 FAS, L »Rankes Geschichtsauffassung«; s.o., Kap. 3.d).

verhaftet blieb, die ihm ebenso wie seinen Zeitgenossen selbstverständlich waren.[49]

Ohne die beiden Ebenen des Begriffs also in der Theorie zu unterscheiden, setzte Schramm in der Praxis klare Prioritäten. In dem Buch von 1928 ließ er es fast ganz dabei bewenden, die überzeitliche Dimension im rhetorisch wirkungsvollen Moment des Einstiegs anzusprechen. Er konzentrierte seine Aufmerksamkeit auf die historisch konkretisierbare Seite der Problematik: Aus den Kaiserbildern wollte er herauslesen, was die Herrscher selbst und die Menschen ihrer jeweiligen Zeit über das Kaisertum gedacht, welche Hoffnungen und Ideale sie damit verbunden hatten. Diese Frage zu klären, hielt er aber nicht aus einem bloß allgemeinen historischen Interesse heraus für lohnend. Vielmehr transportierten die Herrscherbilder, da jeder Herrscher Macht ausübte, nach Schramms Verständnis politische Aussagen. »Und deshalb«, so schrieb er, »weil diese Sammlung aus *politischen Dokumenten besteht*, glauben wir, daß sie eine Existenzberechtigung hat.«[50]

Etwas weiter unten nahm er den denkbaren Einwand vorweg, die Herrscherbilder entstammten lediglich »der Phantasie des Künstlers« und seien »meist in stillen Klöstern entstanden«. Dem hielt er entgegen, die Herrscherbilder stünden untereinander in einer ununterbrochenen Beziehung. Die Entwicklung aber, die es bei ihnen gegeben habe und die deutlich zu erkennen sei, habe »offensichtlich ihren Grund in den politischen Verschiebungen und ihren geistigen Begleiterscheinungen«. Gemäß dem allgemeinen Charakter der mittelalterlichen Kunst zeige sich zwar im »künstlerischen Habitus des Bildes« die Individualität des Künstlers. Der Inhalt aber sei von anderen Faktoren abhängig. Verändere der Künstler diesen, so tue er das »unter dem Druck der Tatsachen oder als Interpret seiner Zeit«. Es gehöre außerdem zu den Eigenheiten der Epoche, daß gerade in den Klöstern die wichtigen politischen und geistigen Strömungen der Zeit lebendig gewesen seien.[51] Schramm legte also Wert darauf, daß die Herrscherbilder nicht nur für Spezialisten von Interesse sein mußten. Vielmehr sah er sie, weil sie von der »Kaiseridee« handelten, mit der politischen Geschichte verknüpft, deren Untersuchung nach damaligem Verständnis das eigentliche Herz der Geschichtswissenschaft war.

Hinsichtlich der Frage, was nun der Inhalt der solchermaßen charakterisierten »Idee des Kaisertums« sei, ließ Schramm schon auf der ersten Seite zwei Aspekte anklingen. In einer bereits zitierten Formulierung machte er deutlich, daß einerseits »der religiöse Grund dieser Idee« Berücksichtigung finden müsse, und daß in ihr andererseits eine »politische Hoffnung« enthal-

49 Vgl. hierzu: *Ankersmit*, Versuch, S. 401–402; außerdem bereits oben, Kap. 3.d).

50 SVS 1928 Kaiser in Bildern, S. 12; Hervorhebungen im Original gesperrt.

51 Ebd., S. 13.

ten gewesen sei, nämlich »die Oberherrschaft über die katholische Christenheit«.[52] Diese beiden Aspekte mußten also immer wieder in den Herrscherbildern zum Ausdruck kommen.

An einer anderen Stelle der Einleitung führte Schramm einige Elemente an, die jeweils Teil der Kaiservorstellungen sein konnten. Das karolingische Kaisertum, so erläuterte er, habe auf den Grundlagen des spätantiken, christlich gewordenen römischen Kaisertums aufgebaut. Daneben habe aber auch die alte germanische Überlieferung eine Rolle gespielt.[53] Die Vorstellungen vom Kaisertum speisten sich demnach aus mehreren verschiedenen Quellen zugleich. Karl der Große habe den Papst geehrt, so fuhr Schramm fort, aber zugleich sowohl in weltlichen als auch in geistlichen Dingen regiert. Er habe sich als David, aber auch, wie die alten Kaiser, als Statthalter Gottes feiern lassen. Die päpstliche Zweigewaltenlehre sei damit nicht explizit, aber faktisch widerlegt gewesen, die antike Staatstheorie hingegen »nur in Bruchstücken verwertet« worden.[54] Damit wies Schramm darauf hin, daß sich die verschiedenen Elemente der »Kaiseridee« nicht unbedingt zu einer schlüssigen Gesamttheorie verbinden ließen.

Immer wieder ging er dann in der eigentlichen Darstellung auf die »Kaiseridee« ein. Zugleich gelang es ihm sehr viel klarer und plausibler als noch im »Herrscherbild«-Aufsatz, die Entwicklung in der Geschichte des Herrscherbildes zu strukturieren und die Abgrenzung des Untersuchungszeitraums zum Hochmittelalter hin zu begründen. Mit einer reichen Fülle von Beispielen konnte er zu Beginn den gewaltigen Aufbruch sichtbar machen, den die Zeit Karls des Großen bedeutete. Es sei für dessen Ära bezeichnend, so schrieb er, »wie fast aus dem Nichts sich eine Kunst, den Herrscher darzustellen, entfaltet und wie sie sofort eine Fülle von Möglichkeiten ergreift.« Die zu beobachtenden Motive seien ebenso vielfältig wie die Funktionen, denen die Herrscherbilder gedient hätten.[55]

In der Zeit der sächsischen Herrscher brachten die Herrscherbilder, da sie die Vorstellungswelt der Zeitgenossen genauer als zuvor repräsentierten, auch deren Vorstellungen vom Kaisertum differenzierter und klarer zum Ausdruck. Mit Bezug auf das Widmungsbild aus dem Aachener »Evangeliar des Kaisers Otto« merkte Schramm an: »Wir stehen am Anfang einer Zeit, in der die Herrscherbilder ihre eigene Sprache reden, und in der sie uns deshalb mehr als bisher zu sagen haben.«[56] In der Zeit Ottos III. war die Aussagekraft der Bilder am stärksten. Dies galt insbesondere für die Abbildungen in Handschriften: »In der Erfüllung seiner Aufträge«, sagte Schramm über den

52 Ebd., S. 1.
53 Ebd., S. 12.
54 Ebd.
55 SVS 1928 Kaiser in Bildern, S. 41.
56 Ebd., S. 83.

jungen Kaiser, »hat die Buchmalerei der ottonischen Zeit ihren Gipfelpunkt erreicht.«[57] Insbesondere diejenige Malerschule, die auf der Klosterinsel Reichenau beheimatet war, erweise sich, so Schramms Befund, regelmäßig »als besonders feinfühliger Dolmetscher der am Hof vertretenen Kaiseridee«.[58] Auf einem Bild war beispielsweise der Kaiser zu sehen, wie ihm die Apostel Petrus und Paulus die Krone aufs Haupt setzten. Schramm sah hier den Titel »servus apostolorum« ins Bild gesetzt, den Otto sich im Jahr 1001 beilegte. Davon wird weiter unten ausführlicher die Rede sein.[59]

Das in der Zeit Ottos III. erreichte Niveau vermochten die Herrscherbilder auch unter dessen Nachfolger Heinrich II. zu halten. Das galt insbesondere für die Buchmalerei.[60] Unter den ersten beiden Saliern nahm der Grad der malerischen Virtuosität der Darstellungen ab. Darin zeigte sich aber zugleich ein Wandel im Charakter der Herrscherbilder: An Bildern der Echternacher Schule konnte Schramm zeigen, daß die Darstellungen einerseits nicht mehr die Bedeutungstiefe der ottonischen Zeit hatten, andererseits aber realistischer und lebensnäher wurden.[61] Seit der Mitte des elften Jahrhunderts wurden dann Herrscherbilder der bisher betrachteten Art, die komplexe Konzeptionen des Kaisertums programmatisch veranschaulichten, allmählich seltener.

Schramm hatte hierfür eine bedenkenswerte Erklärung: Die Ottonen waren unangefochtene Herren ihrer Kirche gewesen. Darum war in ihrer Zeit das Verhältnis zwischen Papst und Kaiser, das spätere Generationen so sehr bewegte, so gut wie nie im Bild problematisiert worden. Der Kaiser war dem Papst so sehr überlegen gewesen, daß sich die Frage gar nicht ernsthaft gestellt hatte.[62] In dieser Zeit, so Schramm, sei das Kaisertum lebendig gewachsen, und »gerade das Fehlen einer festen, abgeklärten Vorstellung von dem Wesen der höchsten weltlichen Würde« habe verschiedenste Möglichkeiten eröffnet, die kaiserlichen Ansprüche darzustellen und zu begründen.[63]

Dies änderte sich, als in der Mitte des elften Jahrhunderts der Investiturstreit ausbrach. Unter dem Druck der päpstlichen Angriffe mußte sich auch

57 Ebd., S. 102–103.

58 Einen engen Austausch zwischen dem Hof und dem Reichenauer Kloster, der für seine Thesen eine unverzichtbare Voraussetzung war, konnte Schramm ohne weiteres plausibel machen: Schließlich seien auch Ottos Siegel, für deren Gestaltung der Hof zweifellos detaillierte Vorgaben gemacht habe, auf der Reichenau gearbeitet worden, außerdem seien häufige Besuche des Reichenauer Abtes beim Kaiser belegt, und schließlich habe die Reichenau an einer der am meisten frequentierten Straßen nach Italien gelegen. — SVS 1928 Kaiser in Bildern, S. 101; ebd., Anm. 1 auf S. 103.

59 SVS 1928 Kaiser in Bildern, S. 100–102 u. 195 sowie Abb.78; vgl. SVS 1983 Kaiser in Bildern, S. 88–90, 208 u. Abb.112 auf S. 365; s.u. in diesem Kapitel, Abschnitt d).

60 SVS 1928 Kaiser in Bildern, S. 104–117.

61 Ebd., S. 124–127.

62 Ebd., S. 74 u. 96–97.

63 Ebd., S. 133–134.

das Kaisertum durch eine juristisch und theologisch fundierte Theorie legitimieren. Hier war eine Exaktheit erforderlich, welche die Bilder nicht zu leisten vermochten, und deshalb war für sie die »große Zeit, in der sie Dolmetscher eines unangefochtenen Kaisertums sein konnten,« vorüber:

»An die Stelle der Bilder treten als wahre Interpreten des Kaisertums und des deutschen Königtums die Kampfschriften des Investiturstreites, die den Anforderungen des Tages gerecht werden. Das Wort löst das Bild ab.«[64]

In der gleichen Zeit nahmen die Herrscherbilder neue Funktionen an. Ein italienisches Bild aus dem späten elften Jahrhundert stellte den Gang Heinrichs IV. nach Canossa dar. Schramm erkannte hier das erste Beispiel dafür, wie sich »aus dem überzeitlichen, repräsentativen Herrscherbild das ein bestimmtes, einmaliges Ereignis festhaltende Geschichtsbild entwickelt.«[65] Auch Illustrationen wurden nun häufiger, die lediglich den Inhalt eines erzählenden Textes begleitend abbilden sollten.[66] Für den 1080 in der Schlacht gefallenen Gegenkönig Rudolf von Rheinfelden fertigten seine Anhänger, zum ersten Mal seit der Zeit Karls des Großen, eine Grabplatte an, die den Verstorbenen darstellte. Hier sei es nun nicht mehr die Aufgabe des Künstlers gewesen, so Schramm, mit dem Fürsten zugleich sein Amt darzustellen. Hier handele es sich nur noch um das »Erinnerungsbild des Menschen«, um am Grab des Verstorbenen das Gedenken an diesen lebendig zu halten.[67] So wurden die Wandlungen immer zahlreicher und lieferten Schramm schließlich die Begründung, seine Betrachtung mit Friedrich I. Barbarossa abzuschließen.[68]

Alles in allem gelingt es trotz zahlreicher richtungsweisender Ansätze nicht, aus dem Text eine geschlossene Geschichte der Kaiseridee herauszulesen. Eine solche zu verfassen, war ohnehin nicht Schramms Absicht.[69] Er selbst betonte am Ende der »Vorbemerkung«, die den Kommentarteil einleitete, es hätte sich die Gelegenheit geboten, auf vieles ausführlicher einzugehen, und zwar nicht zuletzt auf die »Geschichte der mittelalterlichen Staatstheorien«. Aber er habe nur eine »Geschichte des Kaiserbildes« zu schreiben

64 Ebd., S. 134.
65 Ebd., S. 139.
66 Zum ersten Mal: SVS 1928 Kaiser in Bildern, S. 138.
67 Ebd., S. 139–141.
68 Zusammenfassend: SVS 1928 Kaiser in Bildern, S. 153–154; vgl. SVS 1983 Kaiser in Bildern, S. 131–132.
69 Bis an sein Lebensende hat Schramm eine zusammenfassende Geschichte der »Kaiseridee« nie mehr als skizziert. Als eine solche Skizze publizierte er 1969 einen 1956 gehaltenen Vortrag. Im Kern handelte es sich aber nicht um eine Synthese, sondern um eine Aneinanderreihung lose verbundener Einzelergebnisse. Die »Kaiseridee« wurde nicht klarer gefaßt als in den zwanziger Jahren (SVS 1968–1971 Kaiser, Bd.3, S. 423–437).

gehabt, nicht »des Kaisertums«; deshalb habe er sich mit Andeutungen begnügt.[70]

Schon diese Andeutungen waren allerdings das Ergebnis einer methodisch bemerkenswerten Vorgehensweise. Bereits der Grundgedanke des Buches setzte sich über Disziplingrenzen hinweg: Indem sich Schramm als Historiker mit den Herrscherbildern befaßte, begab er sich in den Bereich der Kunstgeschichte. Er betonte zwar an einer Stelle, es handele sich um keine kunstgeschichtliche Arbeit, sondern um eine, die auf den Ergebnissen der Kunstgeschichte aufbaue. Schließlich gehe es ihm nur um den Inhalt der Bilder, nicht um ihren Stil.[71] Dennoch hatte er sich natürlich für dieses Werk eine breite kunsthistorische Kompetenz erarbeitet. Indem Schramm ferner versuchte, tatsächlich alle einschlägigen Bilder zu erfassen, band er noch weitere Wissenschaften mit ein: die Bilder auf den Münzen fielen in den Bereich der Numismatik, die Bilder auf den Siegeln in den der Sphragistik.[72] Schramm begnügte sich aber nicht damit, die Herrscherbilder zu beschreiben und aus sich heraus zu deuten. Überall verknüpfte er die Aussagen der Bilder mit derjenigen der schriftlichen Überlieferung und ließ sie sich gegenseitig ergänzen. Hier in den »Kaiserbildern« brachte Schramm den interdisziplinären Ansatz souverän zur Anwendung, der ihm in der Theorie schon im allerersten Entwurf seiner Doktorarbeit selbstverständlich gewesen war. Im Prinzip hatte ein solcher Ansatz auch schon den »Herrscherbildern« von 1924 zugrunde gelegen, doch hatte damals noch die Sicherheit der Handhabung gefehlt.

Noch ein letzter Aspekt ist zu nennen, den Schramm in diesem Werk an vielen Stellen anschnitt, ohne ihn jedoch systematisch zu erörtern: die Geschichte der Insignien der Kaiser und Könige. Daß Schramm diese Geschichte für wichtig hielt, wurde bereits auf den ersten Seiten des Buches erkennbar. Dort ging Schramm zur Beantwortung der Frage, wo die »Denkmäler« der Kaiseridee zu finden seien, nicht sogleich auf die Kaiserbilder ein. Vielmehr äußerte er zunächst, einigermaßen überraschend, die Überzeugung, das großartigste Zeugnis der Kaiseridee sei der »Insignien- und Reliquienschatz«, der jetzt in Wien liege. Ihm könne »an Würde nichts anderes aus den zerstreuten Resten kaiserlicher Wirksamkeit gleichkommen.«[73] Seitdem er im Entwurf für »Das Imperium der sächsischen Kaiser« den Ornat und

70 SVS 1928 Kaiser in Bildern, S. 164.

71 Ebd., S. 163.

72 Um die Münzbilder angemessen würdigen zu können, versicherte sich Schramm für die Neuauflage seines Werkes noch selbst der Mithilfe des Spezialisten Peter Berghaus, der in der schließlich publizierten Ausgabe einen eigenen Exkurs über die Münzbilder der Herrscher veröffentlicht hat. — SVS 1928 Kaiser in Bildern, S. 164; SVS 1968–1971 Kaiser, Bd.4,2, S. 727; der Exkurs: SVS 1983 Kaiser in Bildern, S. 133–144.

73 SVS 1928 Kaiser in Bildern, S. 1–2.

die Insignien der Herrscher zum ersten Mal angesprochen hatte, hatte er diese Zeichen der Herrschaft nicht mehr aus den Augen verloren.[74]

Bereits im »Herrscherbild«-Aufsatz von 1924 hatte er dann umrissen, welchen Stellenwert die Insignien seiner Auffassung nach im Hinblick auf die Herrscherbilder hatten: Dort hatte er erklärt, für die Darstellung eines Herrschers seien im Mittelalter seine Insignien unverzichtbar gewesen.[75] Im Buch von 1928 ließ er dieses Argument in der Einleitung nur anklingen.[76] Erst im Zusammenhang mit einem Bild des Karolingers Lothars I. machte er explizit auf diese immer wiederkehrende Erscheinung aufmerksam: »wichtig für das mittelalterliche Herrscherbild ist vor allem die Wiedergabe der Symbole, die den Dargestellten als Herrscher kennzeichnen.«[77] Deshalb war es unvermeidlich, daß Schramm in einer Geschichte der Herrscherbilder die Insignien berücksichtigte. Allerdings bestand sein Interesse an diesen Zeichen der Herrschaft auch ganz unabhängig davon. Dies verriet beispielsweise ein kurzer Hinweis in der »Vorbemerkung« zum Kommentarteil. Um zu begründen, warum er für manche der – im Buch schwarzweiß wiedergegebenen – Bilder die »Farben der Herrschergewänder« angegeben habe, erläuterte Schramm, dies könne von Bedeutung sein für die »Geschichte des Herrscherornats, die noch genauerer Untersuchung bedarf [...].«[78] Schramm hatte also auch hier der Versuchung nicht ganz widerstehen können, in dem Werk manches nicht unbedingt Erforderliche »abzuladen«, um auf diese Weise spätere, noch ungeschriebene Arbeiten »gleich mit zu fundieren.«[79] Allerdings war das Material, das unter diese Kategorie zu rechnen war, in diesem Fall recht unauffällig in die Argumentation eingewoben.[80]

74 FAS, L »Imperium sächsische Kaiser«; über die Herrschaftssymbole zuerst oben, Kap. 5.d).

75 SVS 1924 Herrscherbild, S. 158.

76 In der Einleitung schrieb Schramm erstens, für die Menschen des Mittelalters sei das Amt wichtiger gewesen als die Persönlichkeit, die es ausfüllte. Zweitens stellte er weiter unten fest, auf den Herrscherbildern sei die Individualität der Dargestellten verhüllt durch die Gewänder, die sie um ihres Amtes willen trügen (SVS 1928 Kaiser in Bildern, S. 2 u. 12).

77 SVS 1928 Kaiser in Bildern, S. 49.

78 An einer anderen Stelle erwähnte Schramm die »noch nicht geschriebene Geschichte der mittelalterlichen Herrschaftssymbolik«. Es war deutlich zu spüren, daß ihm der Gedanke nicht fern lag, diese Geschichte irgendwann selbst zu schreiben. Über die Siegel Konrads II. sagte er, sie verdienten Aufmerksamkeit »nicht als Bilder, aber um so mehr als Dokumente für die Fortbildung der Herrschaftssymbole«. — SVS 1928 Kaiser in Bildern, S. 162; außerdem ebd., S. 27–28 u. 120.

79 Diese Formulierungen hatte Schramm 1923 in einem Brief an Fritz Saxl mit Bezug auf den »Herrscherbilder«-Aufsatz benutzt (WIA, GC 1923, Brief P.E. Schramm an F. Saxl, o.O. [Heidelberg], o.D. [vor 7.3.1923]; vgl. oben, Kap. 5.d)).

80 Für Ernst Kantorowicz, der Schramm gut kannte, war es gar nicht überraschend, daß dieser in einem Zug mit den Bildern der Kaiser auch ihre Insignien behandelte. Schramm schickte ihm im Sommer 1928 ein Exemplar des soeben erschienenen Werkes. Kantorowicz lobte es und sprach dem andern seine Glückwünsche aus: »nun sind Sie in so gediegener und greifbarer Form alle Ihre zahllosen Einzelkenntnisse über Kaiserbilder, -ornate und -symbole losgeworden und

Ein Aspekt der »Geschichte der Herrschaftssymbolik«[81] sei herausgehoben, um die besondere Kompetenz zu verdeutlichen, die Schramm sich auf diesem Gebiet erworben hatte: Er berichtete Interessantes über die Geschichte des Reichsapfels. Diese Insignie war bereits auf Bildern karolingischer Herrscher zu sehen, vor allem bei Karl dem Kahlen. Sie war der Weltkugel nachgebildet, mit der die antiken Imperatoren dargestellt worden waren, um ihre weltumspannende Macht anzuzeigen. Schramm kam nun zu dem Schluß, daß die Karolinger dieses Zeichen in Wirklichkeit nie benutzt hätten. Wenn es auf Bildern zu sehen sei, so sei das allein den antiken Kunstwerken geschuldet, die jeweils als Vorlage gedient hätten.[82] Später aber, seit dem elften Jahrhundert, hatten die mittelalterlichen Herrscher den Reichsapfel auch tatsächlich getragen. Ein Bild Heinrichs II., das den letzten der sächsischen Kaiser mit dem Reichsapfel und anderen Insignien zeigte, kommentierte Schramm mit den Worten, auf diese Weise mit den Zeichen seiner Würde geschmückt habe der Herrscher sich seinen Zeitgenossen an besonderen Feiertagen gezeigt.[83] Heinrichs Nachfolger Konrad II. schließlich wurde ein Reichsapfel mit ins Grab gegeben.[84] Damit hatten also im Falle des Reichsapfels die Bilder als Vorlagen gedient, denen die Wirklichkeit angeglichen worden war.[85] Hier nahm Schramm eine These vorweg, auf die er dreißig Jahre später noch einmal ausführlich zurückkommen sollte.[86]

b) »Die Ordines der mittelalterlichen Kaiserkrönung«

Auch Schramms Aufsatz »Die Ordines der mittelalterlichen Kaiserkrönung«, der im Jahr 1930 im »Archiv für Urkundenforschung« erschien, war ein Ergebnis der in Heidelberg angestellten Forschungen, die um die »Kaiseridee« kreisten.[87] Mit dieser Aussage ist der Text nicht vollständig beschrieben, denn er stand genau auf der Schwelle eines neuen Abschnitts in Schramms wissenschaftlicher Entwicklung. Hier ist er allerdings nur insofern in den Blick zu nehmen, als er den an der »Kaiseridee« orientierten Arbeiten zuzurechnen ist. Andere Teile dieser Studie, die darüber hinausweisen und

haben aus diesem verstreuten und versprengten Material ein Ganzes zusammengegossen« (FAS, L 230, Bd.6, Brief E. Kantorowicz an P.E. Schramm, Malente-Gremsmühlen 27.8.1928).

81 Diese Formulierung: SVS 1928 Kaiser in Bildern, S. 27–28.

82 SVS 1928 Kaiser in Bildern, S. 34, 35, 56.

83 Ebd., S. 109; vgl. SVS 1983 Kaiser in Bildern, S. 95, aber auch S. 92.

84 SVS 1928 Kaiser in Bildern, S. 119.

85 In diesem Sinne: ebd., S. 56; vgl. SVS 1983 Kaiser in Bildern, v.a. S. 54.

86 SVS 1958 Sphaira; vgl. unten, Kap. 14.e).

87 SVS 1930 Ordines Kaiserkrönung.

insofern bereits der nächsten Phase von Schramms Schaffen zugeordnet werden können, werden erst in den folgenden Kapiteln zu berücksichtigen sein.[88]

Leider gibt es keine Quellen, die genauen Aufschluß darüber geben könnten, wann Schramm die Arbeit an dieser Publikation abschloß. Da aber Veröffentlichungen in wissenschaftlichen Zeitschriften in der Regel einen zumindest mehrmonatigen Vorlauf haben, wird Schramm einen nennenswerten Teil der abschließenden Arbeiten im Jahr 1929 bewältigt haben. In diesem Jahr war er bis in den Sommer hinein mit den zeitaufwendigen Korrekturen für »Kaiser, Rom und Renovatio« beschäftigt und mußte sich zugleich, da er soeben nach Göttingen gewechselt war, in der neuen Umgebung einrichten.[89] Dies in Rechnung gestellt, ist es verblüffend, daß er so kurz nach der Veröffentlichung seines Buches schon wieder eine Arbeit von durchaus beträchtlichem Umfang vorlegen konnte – zumal sie sich auf einen Gegenstand bezog, bezüglich dessen er mit eigenen Publikationen noch nicht hervorgetreten war. So belegte der Aufsatz die nie versiegende Arbeitskraft, die für Schramm charakteristisch war.

Immerhin läßt sich leicht rekonstruieren, wie das neue Thema aus seinen bisherigen Forschungen herausgewachsen war. Schramm befaßte sich hier mit der Geschichte der Ordines für die Krönung des mittelalterlichen Kaisers. Die Krönungen mittelalterlicher Monarchen waren der Form nach im wesentlichen festliche Gottesdienste, und die Ordines waren die Ablaufpläne dieser Feiern. Sie enthielten den Wortlaut der zu sprechenden Gebete und Segensformeln und beschrieben, wie dem Herrscher bei der Krönung seine Insignien zu überreichen seien oder welche Rolle dabei die verschiedenen Würdenträger spielen sollten. Die Insignien des Kaisers und die Angehörigen seines Hofstaats waren nun auch im »Zeremonienbuch« der »Graphia« von Bedeutung, das Schramm für seine Doktorarbeit untersucht hatte. Um den Quellenwert dieser Schrift beurteilen zu können, hatte er sich deshalb schon sehr früh mit den überlieferten Ordnungen für die Kaiserkrönung beschäftigen müssen. So ergab es sich im Zuge seiner Forschungen wie von selbst, daß er sich in den Problembereich einarbeitete. Davon legt ein Konvolut von unveröffentlicht gebliebenen Materialien Zeugnis ab, das sich in seinem Nachlaß findet. Es läßt erkennen, daß Schramm sich schon Mitte der zwanziger Jahre intensiv mit den Ordines, aber auch mit anderen liturgischen Quellen befaßte, die mit Monarchen im Zusammenhang standen. Hier sind etwa die »Laudes« zu nennen, also die Segensrufe, die dem Herrscher

88 Vgl. unten, Kap. 10.a).

89 Anfang Juni war Schramm mit der Korrektur der Register befaßt und beklagte sich, daß der Druck so schleppend vorangehe, wofür seiner Meinung nach die Schuld beim Verlag lag. — WIA, GC 1929, Postkarte P.E. Schramm an KBW, Göttingen 1.6.1929 [Poststempel]; über Schramms Wechsel nach Göttingen ausführlicher im folgenden Kapitel, Kap. 8.a).

dargebracht wurden, oder die Gebete, die auch außerhalb der Krönungsfeier für ihn gesprochen wurden.[90]

Der maßgebliche Kenner der Ordines für die Kaiserkrönung war damals der Münchener Rechtshistoriker Eduard Eichmann. Schon in seiner Doktorarbeit hatte Schramm Eichmann an einer Stelle zitiert. Dort hatte er erwähnt, daß Eichmann einen bestimmten Ordo, den sogenannten »Ordo Cencius II«, auf die Zeit Ottos I. datierte.[91] Bereits im »Herrscherbild-Aufsatz« von 1924 hatte er dann aber an Eichmanns Datierungsvorschlägen Kritik angemeldet und diese Andeutung in »Kaiser, Rom und Renovatio« wiederholt.[92] Angesichts dessen scheint es wahrscheinlich, daß Schramm, als er nach Göttingen kam, seine Arbeit über die Kaiserordines bereits im Gepäck hatte. Falls sie noch nicht ganz abgeschlossen war, mußte er sie wohl nur noch geringfügig ergänzen. In dieser Situation kam ihm sicherlich zugute, daß Karl Brandi in Göttingen sein nächster Kollege war.[93] Brandi war ein Mitbegründer und der maßgebliche Herausgeber der Zeitschrift »Archiv für Urkundenforschung« und dürfte das Seine dazu getan haben, eine zügige Drucklegung der Forschungsergebnisse seines neuen Kollegen möglich zu machen.

Schramm eröffnete den Aufsatz mit einigen theoretischen Überlegungen. Er erörterte die Bedeutung der mittelalterlichen Kaiserkrönung. Die Geschichte dieser Zeremonie sei noch nicht geschrieben, stellte er fest. Dabei sei ohne weiteres klar,

> »daß dieser feierliche Akt von den Tagen Karls des Großen bis zum hohen Mittelalter hin eine Fülle von Erweiterungen und Abwandlungen erfahren hat, in denen die Geschichte des Kaisertums und des Papsttums unmittelbar zur Anschauung gekommen ist.«[94]

Hier bestehe eine enge »Beziehung zwischen Zeremonie und Politik«. Deshalb hielt Schramm die Behauptung für plausibel,

> »eine Ideengeschichte der beiden Gewalten beruhe so lange auf unsicherem Boden, als es nicht gelungen ist, die verschiedenen Entwicklungsphasen der Römischen Kaiser-

90 Bei dem Konvolut handelt es sich um Materialien, die Schramm Ende der vierziger Jahre Reinhard Elze überließ. Eine Datierung wird möglich durch Schramms Gewohnheit, die leere Rückseite von Briefen u.ä. für Notizen zu benutzen. In Mappen, die sich mit »Laudes« und mit »Gebeten« befassen, finden sich als Notizzettel verwandte Briefe aus der Zeit von 1923–1925. — FAS, L – Ablieferung Elze [noch unsigniert]; siehe dazu unten, Kap. 12.c); über die »Laudes« unten, zuerst Kap. 9.f).

91 SVS 1922 Studien, S. 108.

92 SVS 1924 Herrscherbild, S. 199–200, m. Anm. 188; SVS 1929 Kaiser Renovatio, Bd.1, Anm. 1 auf S. 206, sowie Bd.2, S. 21 m. Anm. 8; vgl. SVS 1930 Ordines Kaiserkrönung, Anm. 1 auf S. 289.

93 Über Karl Brandi (1868–1946) ausführlicher die folgenden Kapitel, zuerst Kap. 8.a).

94 SVS 1930 Ordines Kaiserkrönung, S. 285.

krönung mit Sicherheit festzulegen und den in ihr den Zeitgenossen veranschaulichten Sinn exakt und unangreifbar zu interpretieren.«[95]

Dabei stützte er sich darauf,

»daß ja eine jede Geste, ein jedes Wort, ein jeder Schritt der Krönungshandlung etwas zu bedeuten hat. Hier müssen liturgie-, rechts-, symbol- und ideengeschichtliche Forschung gemeinsam am Werke sein, um die richtige Interpretation zu finden [...].«[96]

Damit war über den Stellenwert der Kaiserkrönung das Nötige gesagt. Jede Einzelheit des Krönungsaktes war mit Bedeutung aufgeladen, sagte etwas aus über die Würde des Kaisers, versinnbildlichte oder konstituierte gar seine Rechte und Pflichten. Wer die Bedeutung der einzelnen Elemente zu entschlüsseln wüßte, so Schramms Gedankengang, könnte ein recht detailliertes Bild von den Vorstellungen gewinnen, welche das Mittelalter vom Kaisertum gehabt habe. Außerdem hatte sich der Akt im Lauf der Zeit verändert. Demzufolge mußte sich an seiner Geschichte ablesen lassen, wie sich die mit dem Kaisertum verbundenen Vorstellungen verändert hatten. Schramm wählte sogar eine stärkere Formulierung: Eine »Ideengeschichte« des Kaisertums lasse sich nicht schreiben, bevor nicht die Geschichte der Kaiserkrönung erforscht sei. Aus dieser Richtung war er zu dem Forschungsgegenstand gekommen. Für ihn war die Krönung in besonderer Weise Ausdruck der »Kaiseridee« des Mittelalters. Dies fand seinen Niederschlag im Untertitel des Aufsatzes: Der Text sollte »Ein Beitrag zur Geschichte des Kaisertums« sein.

Gleichzeitig wies die Krönung über Schramms bisherige Interessen hinaus. Das ließen bereits die zitierten Passagen erkennen: Weil auch der Papst an der Zeremonie beteiligt war und seine Privilegien darin ebenfalls versinnbildlicht wurden, führt ein zweiter Weg von hier zur »Ideengeschichte« des Papsttums. Vor allem traten die beiden Gewalten in eine enge Wechselwirkung. Indem jede der beiden Parteien ihre Interessen verfolgte und die Krönung zu ihrem jeweiligen Vorteil umgestalten wollte, entstand jene enge »Beziehung zwischen Zeremonie und Politik«, mit welcher Schramm sein Interesse an der Kaiserkrönung begründete. In enger Verbindung zur politischen Ereignisgeschichte stehend, war sie doch ein liturgischer Akt. Damit war sie zugleich den eigenen Gesetzmäßigkeiten der Liturgiegeschichte unterworfen. So brachte die Kaiserkrönung politische und rechtliche, aber auch religiöse und andere geistesgeschichtliche Sachverhalte zum Ausdruck.

Besonders empfänglich war Schramm für die Anschaulichkeit des Aktes. In dessen Abwandlungen, schrieb er im Text, sei die Geschichte der beteiligten Gewalten »unmittelbar zur Anschauung gekommen [...].« Darin übertraf

95 Ebd.
96 SVS 1930 Ordines Kaiserkrönung, S. 286.

die Zeremonie noch die Kaiserbilder, die ihre Botschaft zwar auch über die Augen vermittelt hatten, aber doch immer an das bildtragende Medium gebunden geblieben waren. In der Krönung hingegen agierten lebende Personen. Tatsächlich wahrnehmbar war diese Anschaulichkeit zwar nur für die Zeitgenossen gewesen. Aber Schramms Phantasie war lebendig genug, um diesen Mangel zu überspielen. Eine Fülle von Erkenntnissen ließ sich aus der gründlichen Analyse dieser Feierlichkeit und ihrer Geschichte gewinnen. Die unterschiedlichsten Ströme geschichtlicher Entwicklung sah Schramm sich darin kreuzen, und unterschiedliche Fachrichtungen mußten zusammenwirken, um den Reichtum zu bergen. Für Schramm, den Wechselwirkungen zwischen verschiedenen Dimensionen der geschichtlichen Entwicklung immer besonders reizten, gewann die Krönung dadurch zusätzliche Anziehungskraft. Deshalb schob sie sich zwischen ihn und die Ziele, die er zuvor verfolgt hatte: Im Text schlossen Schramms theoretische Betrachtungen mit den Worten, erst müsse die Geschichte der Kaiserkrönung geschrieben werden, bevor »der geistige Hintergrund der machtpolitischen Kämpfe des Mittelalters« dargestellt werden könne.[97]

Bevor aber wiederum die Geschichte der Kaiserkrönung geschrieben werden könne, so fuhr Schramm sinngemäß fort, müsse die Forschung zunächst auch dafür die Grundlagen schaffen. Die Quellenlage sei durchaus nicht so, daß die Arbeit ohne weiteres beginnen könne. Insbesondere bei den Ordines sei die Überlieferungslage kompliziert, und grundlegende Fragen der Datierung seien noch immer umstritten.[98] Im folgenden befaßte sich Schramm vor allem mit jener Krönungsordnung, die ihm bereits in der Doktorarbeit begegnet war: mit dem »Ordo Cencius II.« Wie ein weiterer Ordo, »Cencius I«, ist er im »Liber Censuum« überliefert, den der päpstliche Kämmerer Cencius – daher die Bezeichnung der Ordines – am Ende des 12. Jahrhunderts zusammengestellt hat. Cencius, der spätere Papst Honorius III., hat in diesem Sammelwerk alle Texte vereinigt, die ihm für das Papsttum wichtig schienen.[99]

Eichmann vertrat die These, bei »Cencius I« handele es sich um die ältere Fassung. »Cencius II« sei eine jüngere, erweiterte Version. Sie sei 962 für die Kaiserkrönung Ottos des Großen erarbeitet worden.[100] In seinem Aufsatz würdigte Schramm Eichmanns Verdienste und dankte ihm darüber hinaus

97 Ebd.

98 SVS 1930 Ordines Kaiserkrönung, S. 286–287.

99 In der Reinschrift, die Cencius selbst im Jahr 1192 anfertigen ließ und die bis heute überliefert ist, steht »Cencius I« mitten im Text. »Cencius II« ist dagegen auf einen separaten Bogen geschrieben, der dem Codex erst nachträglich vorgeheftet wurde. — SVS 1930 Ordines Kaiserkrönung, S. 287.

100 Vgl. SVS 1930 Ordines Kaiserkrönung, S. 288.

für kollegiale Zusammenarbeit.[101] Inhaltlich aber setzte er sich das Ziel, ihn zu widerlegen. Er plädierte dafür, die Entstehung des »Ordo Cencius II« am Ende des 12. Jahrhunderts anzusetzen.[102] Über seine Argumentation hinsichtlich des »Cencius II« hinaus machte Schramm in seinem Aufsatz noch Vorschläge zur Datierung weiterer wichtiger Ordines. In gedanklicher und methodischer Hinsicht ging Schramm dort aber nicht anders vor als im ersten Teil des Aufsatzes, und über seine Ergebnisse ist die Forschung inzwischen weit hinausgekommen.[103] Darum kann sich die Analyse im folgenden auf Schramms Ausführungen zum »Cencius II« konzentrieren.

Seitdem das Problem Schramm begegnet war und in ihm zum ersten Mal Zweifel an Eichmanns Thesen wachgeworden waren, hatte er nach und nach eine Fülle von Material zusammengetragen und seine Argumente sorgfältig geordnet. Nun legte er sie eins nach dem andern, treffsicher ausformuliert, vor. Schramm war nicht der Erste, der den Vorschlag machte, »Cencius II« ans Ende des zwölften Jahrhunderts zu setzen.[104] Aber in dem hier zu erörternden Text ging er über die frühere Forschung hinaus, indem er den Ordo noch etwas näher an das Jahrhundertende rückte und den Verfasser zu benennen wußte. Der Ornat des Kaisers, wie er im »Cencius II« beschrieben wurde,[105] lieferte ihm ebenso wie die Titel, mit denen die päpstlichen Würdenträger bezeichnet wurden,[106] Gründe dafür, daß der Ordo dem 12. Jahrhundert angehören müsse.

Schramm wollte aber noch genauer werden. Er wollte nachweisen, daß der Ordo in der vorliegenden Form »nicht ein langsam herangereifter, durch Zusätze der Zeit angepaßter Text, sondern die komplizierte, wohl überlegte Kompilation eines erfahrenen Liturgikers« sei.[107] Deshalb unternahm er es, die Vorlagen, die der Verfasser benutzt hatte, vollständig herauszuarbeiten. Er präzisierte Eichmanns These, »Cencius II« stelle eine Erweiterung des älteren »Ordo Cencius I« dar. Er stellte fest, der Verfasser habe »Cencius I«

101 Schramm betonte, Eichmann habe sich, obwohl er stets anderer Meinung gewesen sei, ihm gegenüber ausgesprochen freundlich und kooperativ verhalten. Noch im Jahr 1970 nannte Schramm Eichmanns Namen, als er einen Teilband seiner gesammelten Aufsätze einigen katholischen Wissenschaftlern widmete, mit denen er im Laufe seines Lebens fruchtbar zusammengearbeitet hatte. — SVS 1930 Ordines Kaiserkrönung, Anm. 2 auf S. 290; SVS 1968–1971 Kaiser, Bd.4,1, Widmungsseite.

102 So zuerst: SVS 1930 Ordines Kaiserkrönung, S. 290.

103 Jede Beschäftigung mit den Ordines hat von der Edition der Kaiserordines auszugehen, die *Reinhard Elze* 1960 vorlegte. Elze hatte seine Beschäftigung mit dieser Quellengattung Ende Jahre der vierziger auf Schramms Anregung hin aufgenommen. — *Elze (Hg.),* Ordines; s.a. unten, zuerst Kap. 12.c).

104 Einen Überblick über die vorherige Diskussion bietet: SVS 1930 Ordines Kaiserkrönung, Anm. 1 auf S. 289.

105 Ebd., S. 297–298.

106 Ebd., S. 299–303.

107 Ebd., S. 304.

vollständig übernommen. Was er an Formeln und Gebeten hinzugefügt habe, habe er nicht neu geschrieben, sondern jeweils aus anderen Ordines entlehnt. Unter den benutzten Vorlagen fand sich unter anderem der sogenannte »Ratold-Ordo«, eine Ordnung für die Krönung des französischen Königs. Die Parallelen waren bereits Eichmann aufgefallen, er hatte sie aber nicht näher geprüft.[108] Schramm holte dies nach und breitete außerdem in einer umfangreichen Anmerkung aus, was ihm bezüglich des Ratold-Ordo sowie weiterer französischer und englischer Krönungsordnungen erwähnenswert erschien.[109]

Im nächsten Schritt seiner Untersuchung grenzte Schramm den Entstehungszeitraum des Ordo genauer ein. Er ging von der Beobachtung aus, daß der zu krönende Herrscher in dem Text als zum römischen Kaiser »Erwählter« angesprochen wurde und in einem Eid dem Papst »Treue« schwor, wobei er das Wort »fidelitas« benutzte.[110] Dies waren Begriffe, die im Laufe der Geschichte zwischen Kaiser und Papst häufig umstritten waren. »Cencius II« gab nun ohne Zweifel den päpstlichen Standpunkt wieder: er war »im Liber censuum, also in dem Arsenal päpstlicher Ansprüche, ausdrücklich als gültig bezeichnet.«[111] Schramm untersuchte deshalb, zu welchem Zeitpunkt diese beiden Begriffe in einem päpstlichen Text verwendet werden konnten.

Dem Papst konnte es nicht recht sein, wenn der deutsche König von vornherein als derjenige galt, der zum römischen Kaiser »erwählt« sei. Die Verfügungsgewalt des Papstes über den Kaisertitel, den er durch die Krönung verlieh, wurde damit beschnitten. Andererseits wehrten sich die Kaiser stets dagegen, sich mit dem starken Wort »fidelitas« gegenüber dem Papst zu verpflichten. Nur in einer ganz bestimmten geschichtlichen Situation, so arbeitete Schramm heraus, war der Papst bereit, den Status des deutschen Königs als eines zum Kaiser »Erwählten« zu akzeptieren, und konnte es gleichzeitig wagen, von dem zu Krönenden »fidelitas« zu verlangen. Schramm kam zu dem Schluß, der Ordo müsse geschrieben worden sein, als nach dem plötzlichen Tod des Staufers Heinrichs VI. die Kaiserwürde zwischen Staufern und Welfen umstritten gewesen sei.[112] Indem er weitere Argumente hinzufügte, konnte er schließlich feststellen, die Abfassung des »Cencius II« sei »in der Zeit vom Oktober 1197 bis Februar 1198 abge-

108 Ebd., S. 304–309.

109 In einem anderen Zusammenhang ging Schramm weiter unten noch einmal auf die westeuropäischen Ordines ein. Diese Ansätze bildeten die Brücke zu Schramms Forschungen der dreißiger Jahre. — SVS 1930 Ordines Kaiserkrönung, Anm. 2 auf S. 305–306; ebd., Anm. 2 auf S. 362–363; vgl. unten, v.a. Kap. 10.a).

110 SVS 1930 Ordines Kaiserkrönung, S. 315.

111 Ebd., S. 316.

112 Der gesamte Gedankengang: SVS 1930 Ordines Kaiserkrönung, S. 315–322.

schlossen worden.«[113] Nachdem er die Entstehungszeit des Ordo so verblüffend exakt eingegrenzt hatte, hatte Schramm auch keine Schwierigkeiten mehr, den Verfasser des Textes zu benennen: Dieser versierte und politisch beschlagene Liturgiker konnte in seinen Augen niemand anders als ebenjener Cencius selbst sein, der das »Liber censuum« zusammengestellt hatte und deshalb seit jeher zur Bezeichnung des Textes herangezogen worden war.[114]

Der Gang der Argumentation war für Schramm ungemein bezeichnend. Aus allen Gebieten seines weitgespannten Wissens konnte er Argumente für seine Position gewinnen und insbesondere seine Kenntnisse über die Geschichte der kaiserlichen Insignien zum Einsatz bringen. Er ging aber auch weit über das ihm vertraute Terrain hinaus. Er war beispielsweise kein Kenner der Liturgiegeschichte.[115] Trotzdem zögerte er keinen Moment, sich auf dieses Gebiet zu begeben. Stets bemühte sich Schramm nach Kräften, all die verschiedenen Fächer und Teilfächer, die seiner Meinung nach bei der Erforschung der Vergangenheit zusammenwirken sollten, bei seiner eigenen Arbeit auch tatsächlich zu berücksichtigen.

Dabei war er immer bereit, alles Seiende als Werdendes und vielfach Bedingtes zu sehen. Diese Bereitschaft war um so größer, als sie sich auf charakteristische Weise mit der Überzeugung verband, es gebe dennoch nur eine historische Wirklichkeit, und diese sei zwar komplex, aber ganz durchschaubar, wenn der Historiker nur sorgfältig arbeite. Das zentrale Ergebnis des Aufsatzes illustriert dies auf eindrückliche Weise: Mit großer Souveränität verschob Schramm nicht nur den Entstehungszeitraum des »Ordo Cencius II« um rund 235 Jahre, sondern grenzte ihn danach auf wenige Monate genau ein und wußte darüber hinaus den Verfasser mit Namen zu nennen. Weil Schramm immer an seiner Überzeugung festhielt, eine fehlerfreie Argumentation müsse stets zu einer zutreffenden Beschreibung der Vergangenheit führen, konnte er jene Weite des Horizonts und jenen Schwung der Darstellung erzielen, deren gleichzeitiges Auftreten gerade seine wertvollsten Beiträge auszeichnete.

113 Damit war das letzte Wort zur Datierung des »Cencius II« noch nicht gesprochen. *Elze* bezeichnete sie 1960 als »bis heute umstritten« und vertrat selbst die Auffassung, der Ordo sei am Anfang des 12. Jahrhunderts aufgesetzt und an dessen Ende stark überarbeitet worden. — SVS 1930 Ordines Kaiserkrönung, S. 322; *Elze*, Einleitung, S. VIII u. XIII, außerdem S. XVIII.

114 SVS 1930 Ordines Kaiserkrönung, S. 322; *Elze* äußerte sich nicht zur Frage der Identität des Verfassers.

115 In einer Fußnote bat er die Spezialisten um Nachsicht (SVS 1930 Ordines Kaiserkrönung, Anm. auf S. 285).

c) Genese und Struktur von »Kaiser, Rom und Renovatio«

Zwischen der »Kaiserbilder«-Sammlung und dem Aufsatz über die »Kaiserordines« erschien im Sommer 1929 mit »Kaiser, Rom und Renovatio« das Buch, das Schramm berühmt machte.[116] In den vorigen Kapiteln ist beschrieben worden, wie es in der Zeit von 1922 bis 1929 entstand: Zunächst schrieb Schramm seine Doktorarbeit über Otto III.; im Rahmen seiner Beschäftigung mit diesem Kaiser stieß er auf die »Graphia aureae urbis Romae«. Der von ihm als »Zeremonienbuch« bezeichnete Abschnitt dieser Quelle gewann schon in der Dissertation großes Gewicht. Schließlich entstand noch im Jahr 1922 der Plan, die »Graphia« neu zu edieren und die Edition mit Kommentar als »Studie der Bibliothek Warburg« zu veröffentlichen.[117] Einen wesentlichen Teil des Projekts brachte Schramm im Herbst 1923 als Habilitationsschrift zur Ausführung. Anschließend setzte er die Arbeit zunächst ohne Unterbrechung fort, aber im Laufe des ereignisreichen Sommers 1924 schlief sie doch allmählich ein. Im Jahr 1925 nahm Schramm sie nur vorübergehend wieder auf. Erst um die Jahreswende 1927/28 nahm er die Fertigstellung tatsächlich ernsthaft in Angriff und brachte sie im Laufe von insgesamt anderthalb Jahren zum Abschluß.

Auf den ersten Blick gleicht der so beschriebene Ablauf der Entstehungsgeschichte von »Die deutschen Kaiser und Könige in Bildern ihrer Zeit«: In beiden Fällen zog sich der Prozeß fast durch die gesamte Zeit, die Schramm in Heidelberg verbrachte. Anders als bei dem oben behandelten Werk läßt der Entstehungsprozeß aber die dort beobachtete Kontinuität vermissen. Phasen, in denen Schramm intensiv an »Kaiser, Rom und Renovatio« arbeitete, wechselten sich ab mit solchen, in denen er es völlig unbeachtet liegen ließ. Ende Juni 1928 berichtete er Saxl von seiner Arbeit an dem neuen Buch. Er freute sich sehr auf den Abschluß: »Dann bin ich auch diesen Rest der letzten Jahre los«, schrieb er, »und habe endlich den Kopf für neue Sachen frei.«[118] Schramms wohl bekanntestes und vielleicht bedeutendstes Werk war für ihn, als er es vollendete, nur noch ein »Rest der letzten Jahre«. Er war

116 Ein Hinweis zum Erscheinungsdatum ergibt sich daraus, daß Schramm am 22. Juni gegenüber der KBW erwähnte, der Verlag habe ihm die Fertigstellung des Buches innerhalb von drei Wochen zugesagt. Die große und langanhaltende Wirkung des Werkes können dessen Neuauflagen anschaulich belegen. Die zweite Auflage erschien 1957. Sie bestand aus einem um Nachträge erweiterten fotomechanischen Nachdruck des ersten Bandes, während der zweite Band nicht wieder aufgelegt wurde. In dieser Form erlebte des Werk mehrere weitere Auflagen, die seit 1957 unverändert blieben. Als bislang letzte erschien 1992 die fünfte Auflage. — SVS 1929 Kaiser Renovatio; WIA, GC 1929, Postkarte P.E. Schramm an Kulturwissenschaftliche Bibliothek Warburg, Göttingen 22.6.1929 [Poststempel]; SVS 1957 Kaiser Renovatio; über die Wirkung des Buches auch z.B.: *Kamp*, Percy Ernst Schramm, S. 352.

117 Hierzu oben, Kap. 4.c).

118 WIA, GC 1928, Postkarte P.E. Schramm an F. Saxl, Heidelberg 26.6.1928 [Poststempel].

der Materie überdrüssig und strebte nach Neuem. Einen solchen Überdruß empfand Schramm für die »Kaiserbilder«-Sammlung nicht. Zu klären bleibt daher, wo bei »Kaiser, Rom und Renovatio« die Ursache für diese Empfindung lag.

»Kaiser, Rom und Renovatio« wurde in zwei Bänden publiziert. Der erste Band enthielt »Studien« und war der darstellende Teil. Der zweite bot »Exkurse und Texte«; hierunter waren einerseits verschiedene Ausführungen, die Schramm nicht unterdrücken wollte, sowie andererseits wichtige Quellentexte mit Erläuterungen zu verstehen.[119] Im Vorwort erklärte Schramm, es handele sich bei dem Werk im wesentlichen um seine Habilitationsschrift.[120] Diese ist selbst nicht überliefert.[121] Dennoch erlauben die überlieferten Hinweise eine recht klare Antwort auf die Frage, wie sie sich zur gedruckten Form von »Kaiser, Rom und Renovatio« verhielt. So schrieb Schramm im Frühsommer 1923 an Saxl, er wolle den Hauptteil der mit der »Graphia« zusammenhängenden Untersuchungen als Habilitationsschrift einreichen. Der Titel laute »Kaiser, Rom und Renovatio vom frühen Mittelalter bis zu den Anfängen Friedrichs I. – Darstellung, Untersuchungen und Texte«.[122] Der projektierte Haupttitel war hier bereits derselbe, den am Ende das fertige Buch trug.

Hingegen scheint es beim Untersuchungszeitraum Abweichungen zu geben. Der Zeitraum, auf den die Habilitationsschrift abzielte, ist in den Quellen auf der einen Seite durch Friedrich Barbarossa im zwölften Jahrhundert begrenzt.[123] Die Frühphase seiner Regentschaft fiel ja mit der Zeit zusammen, in der die »Graphia« in der überlieferten Form kompiliert worden war. Das veröffentlichte Buch behandelte jedoch laut Untertitel die »Geschichte des Römischen Erneuerungsgedankens vom Ende des karolingischen Rei-

119 Die Beiträge des zweiten Bandes hat Schramm fast vollständig in seinen Gesammelten Aufsätzen, in zum Teil stark überarbeiteter Fassung, wiederholt. Eine Konkordanz in: SVS 1968–1971 Kaiser, Bd.4,2, S. 728–729.

120 SVS 1929 Kaiser Renovatio, Bd.1, S. VIII.

121 Über das Fehlen der Habilitationsschrift: *Ritter, A.*, Veröffentlichungen Schramm, Nr.I,15, auf S. 292; außerdem oben, Kap. 6.d).

122 WIA, GC 1923, Brief P.E. Schramm an F. Saxl, o.O. [Heidelberg], o.D. [Ende Mai/Anfang Juni 1923].

123 Neben dem zitierten Brief an Saxl ist hier der Lebenslauf zu erwähnen, den Schramm Anfang des Jahres 1924 im Rahmen des Habilitationsverfahrens bei der Fakultät einreichte. Darin schrieb Schramm, seine Arbeit verfolge »das wechselvolle Verhältnis von ›Kaisertum, Rom und Antike‹ vom 9. bis zum 12. Jahrhundert«. In einem Abschnitt, den Schramm im Mai 1924 für den Jahresbericht der Bibliothek Warburg verfaßte, gab er als Titel seiner Habilitationsschrift »Kaiser, Rom und Antike« an, ohne den Untersuchungszeitraum zu bezeichnen. In dem 1963 erstellten Verzeichnis von Schramms Schriften ist der Titel genauso angegeben; zusätzlich ist der Untersuchungszeitraum dort mit »vom Ende des 9. bis zum 12. Jahrhundert« bezeichnet. — FAS, L »Lebenslauf 1924«; WIA, »Bericht 1923«, S. 9; für die Datierung und für Schramms Autorschaft: WIA, GC 1924 Saxl, Briefe F. Saxl an P.E. Schramm, masch. Durchschl., o.O. [Hamburg]: 6.5.1924 u. 21.5.1924; *Ritter, A.*, Veröffentlichungen Schramm, Nr.I,15, auf S. 292.

ches bis zum Investiturstreit«. Auf den »Römischen Erneuerungsgedanken« wird unten genauer einzugehen sein. Schramm untersuchte ihn für die Zeit »vom Ende des karolingischen Reiches bis zum Investiturstreit«, also vom späten neunten bis zum mittleren 11. Jahrhundert. Dem Anschein nach hatte Schramm damit die zu untersuchende Phase im Geschichtsverlauf gegenüber der Habilitationsschrift verkürzt, indem er ihr Ende vom zwölften ins elfte Jahrhundert vorverlegt hatte. Das ist insofern überraschend, als er dadurch die Zeit ausklammerte, in der die »Graphia aureae urbis Romae« ihre überlieferte, vollständige Form gefunden hatte.

Allerdings war es von Beginn an nur der letzte Abschnitt der »Graphia« gewesen, der Schramms besondere Aufmerksamkeit gefunden hatte.[124] Die Bezeichnung dieses Abschnitts hatte Schramm für »Kaiser, Rom und Renovatio« ins Lateinische übersetzt: Statt vom »Zeremonienbuch« sprach er jetzt vom »Libellus de caerimoniis aulae imperatoris«, beziehungsweise kurz vom »Libellus« oder »Graphia-Libellus«.[125] Diesen »Libellus« datierte er nun, wie schon in der Doktorarbeit, in die erste Hälfte des elften Jahrhunderts.[126] Der Untersuchungszeitraum schloß also die Entstehungszeit des »Libellus« mit ein. Im Übrigen ließ Schramm den darstellenden Teil tatsächlich in der zweiten Hälfte des elften Jahrhunderts auslaufen. Das achte Kapitel, das die »Erneuerung des Römischen Rechts« behandelte, griff zwar weit ins zwölfte Jahrhundert hinein aus, ging aber schon nicht mehr systematisch ins Detail.[127] Das neunte und letzte Kapitel schließlich, das explizit dem zwölften Jahrhundert gewidmet war, war nur noch als »Ausblick« auf dasselbe deklariert.[128] Die Kompilation der »Graphia« wurde lediglich im Vorübergehen erwähnt.[129]

Trotzdem legte Schramm auch hinsichtlich der vollständigen »Graphia« reiches Material vor. Er präsentierte es allerdings nicht in den »Studien«, sondern im zweiten Band. Dort nahm in der Abteilung »Texte« die Edition der »Graphia aureae urbis Romae« – mitsamt den zugehörigen Erläuterungen zu Überlieferung, Datierung und Editionstechnik sowie einem Anhang – den breitesten Raum ein.[130] Außerdem befassten sich drei der fünf »Exkurse« im ersten Teil des zweiten Bandes mit der »Graphia«. Im Herbst 1922 hatte sich

124 Während Schramm in seiner Doktorarbeit das »Zeremonienbuch« als dritten Teil der »Graphia« ansprach, redete er in »Kaiser, Rom und Renovatio« meist von der »zweiten Hälfte«. Die unterschiedliche Zählung ist davon abhängig, ob die historiographische Einleitung der »Graphia« als eigenständiger Abschnitt gezählt wird oder nicht.

125 Hierzu: SVS 1929 Kaiser Renovatio, Bd.1, S. 193 m. Anm. 1.

126 Anders jetzt: *Bloch, H.*, Autor; vgl. ausführlicher oben, Kap. 5.b).

127 SVS 1929 Kaiser Renovatio, Bd.1, S. 275–289.

128 Ebd., S. 290–305.

129 Ebd., S. 293–294.

130 Die Abteilung »Texte« umfaßte 93 Seiten. Davon beanspruchte die »Graphia« 43, also weit mehr als ein Drittel. — Abteilung »Texte«: SVS 1929 Kaiser Renovatio, Bd.2, S. 57–150; da-

Schramm gegenüber Fritz Saxl verpflichtet, eine Neuedition der »Graphia« mit Kommentar vorzulegen. Dieses Versprechen hatte er mit den im zweiten Band vorgelegten Materialien erfüllt.

Es gibt keinen Hinweis darauf, daß Schramm mit Blick auf das zwölfte Jahrhundert irgendwelches Material zurückgehalten hätte. Aller Wahrscheinlichkeit nach hatte er auch in der Habilitationsschrift über die Zeit Friedrich Barbarossas nicht mehr geschrieben. Damit deckten aber seine Forschungsergebnisse für diese Endphase des Untersuchungszeitraums nicht dieselbe thematische Breite ab wie für frühere chronologische Bereiche. Aus diesem Grund hatte er auf dem Titelblatt des veröffentlichten Buches die Angabe des Untersuchungszeitraums modifiziert.[131]

Damit entspricht die Struktur des Buches in weiten Teilen dem, was sich aus den Quellen über Schramms zweite Qualifikationsarbeit erschließen läßt. Dies gilt allerdings nicht für den Mittelteil des gedruckten Werkes. Während Schramm im Großen und Ganzen darauf verzichtete, über die Habilitationsschrift hinauszugehen, baute er sie in der Mitte massiv aus. Das vierte Kapitel behandelte Kaiser Otto III. Es war ein Großkapitel von ganz eigenem Gewicht: Obwohl das gute Jahrfünft von Ottos Kaiserherrschaft, auf die Schramm sich konzentrierte, nur einen kleinen Bruchteil des Untersuchungszeitraums darstellte, füllte es ziemlich genau ein Drittel der Seiten.[132] Dieses Kapitel hatte mit der Habilitationsschrift wenig zu tun: Bereits eine flüchtige Analyse zeigt vielmehr, daß Schramm hier auf seine Dissertation zurückgegriffen hatte.[133] Seine »Studien zur Geschichte Ottos III.« harrten ja zum überwiegenden Teil noch der Veröffentlichung, nachdem die 1921 mit Westphal verabredete Publikation über den dritten Ottonen nicht zustande

von die »Graphia«: S. 68–111; mit kleinen Verbesserungen wieder abgedruckt in: SVS 1968–1971 Kaiser, Bd.3, S. 313–359.

131 Um sein Konzept im vollen Umfang bis in die Zeit Friedrichs I. fortzuführen, hätte Schramm sich in die Geschichte Friedrich Barbarossas einarbeiten und das Verhalten dieses Kaisers zum Paradigma des »Römischen Erneuerungsgedankens« in Beziehung zu setzen müssen. Außerdem wäre es nötig gewesen, sich in die Geschichte der im zwölften Jahrhundert neu formierten römischen Kommune zu vertiefen (vgl. SVS 1929 Kaiser Renovatio, Bd.1, S. 291).

132 Der Gesamtumfang der »Studien« betrug in der ersten Auflage 305 Seiten. Das Kapitel über Otto III. umfaßte davon hundert (SVS 1929 Kaiser Renovatio, Bd.1, S. 87–187).

133 Das Rückgrat der Darstellung im Otto-Kapitel von »Kaiser, Rom und Renovatio« bildete das Kapitel der Dissertation, das »Die Ideen der Jahre 996–1002« behandelt hatte. Darin ging das Kapitel »Die Persönlichkeit Ottos III.«, in dem Schramm in der Dissertation Ottos Religiösität erörtert hatte, fast vollständig auf. Den Inhalt des Kapitels »Die Titel Ottos III. und seiner Beamten« hatte Schramm auf den ersten und den zweiten Band verteilt. — »Ideen«: SVS 1922 Studien, S. 250–286; »Persönlichkeit«: SVS 1922 Studien, S. 323–345; »Titel«: SVS 1922 Studien, S. 88–123; in »Kaiser, Rom und Renovatio« über Ottos Titel »servus Jesu Christi«: SVS 1929 Kaiser Renovatio, Bd.1, S. 141–146 (in der Aussage gleich, aber hinsichtlich des Materials gegenüber der Dissertation stark erweitert); über »Titel« außerdem der »Exkurs II«: SVS 1929 Kaiser Renovatio, Bd.2, S. 17–33; über den Titel »servus apostolorum« und die Urkunde MGH DO III, Nr.389, s. unten in diesem Kapitel Abschnitt d).

gekommen war.[134] Jetzt hatte Schramm große Teile seiner ersten Qualifikationsarbeit – in vertiefter und verbesserter Form – in die zweite eingefügt.[135]

In der Form, in der »Kaiser, Rom und Renovatio« 1929 publiziert wurde, stellte es also im Grunde die Addition zweier Bücher dar. Aus der Erforschung der Entstehungs- und Wirkungsgeschichte des »Graphia-Libellus« war ein Buch über den »Römischen Erneuerungsgedankens« hervorgewachsen, das Schramm als Habilitationsschrift verwirklicht hatte. In dieses erste Buch hatte Schramm später ein zweites über Otto III. eingefügt, das auf seiner Doktorarbeit basierte.

Allerdings war Otto III. von Anfang an für Schramms Beschäftigung mit dem Buch von Bedeutung gewesen. Die Anregung, die schließlich zu »Kaiser, Rom und Renovatio« führte, hatte sich unmittelbar aus der Arbeit an seiner Dissertation ergeben. Darin hatte Schramm zwar das »Zeremonienbuch« der »Graphia« als Quelle für die Herrschaftskonzeption Ottos III. ausgeschieden; im Nachhinein waren aber doch wieder Verbindungen zwischen dieser Schrift und der Hauptfigur der Doktorarbeit sichtbar geworden.[136] Deshalb dürfte das Otto-Kapitel, obwohl es kein Bestandteil von Schramms Habilitationsschrift gewesen war, seinem ursprünglichen Konzept für das »Graphia«-Buch im Grundsatz entsprochen haben. Es gibt Hinweise darauf, daß Schramm bereits 1922 die Absicht hatte, seine Forschungen über Otto in das Werk über das »Zeremonienbuch« einzufügen.[137] Im März 1923 schickte er dann an Saxl »einen Propos für eine erweiterte Graphia«. Schramm sah darin eine »Umrahmung« für die Geschichte des eigentlich im Mittelpunkt stehenden Textes.[138] Auch hier war es Bestandteil seines Konzepts, Otto III. an zentraler Stelle zu berücksichtigen.

134 Teile seiner Doktorarbeit hatte Schramm immerhin in Aufsatzform veröffentlicht. — SVS 1925 Briefe des Gesandten; SVS 1926 Briefe Kaiser Ottos; teilweise basiert außerdem auf der Dissertation: SVS 1924 Kaiser Basileus; über die zuletzt genannte Arbeit oben, Kap. 5.c); über das mit Westphal verabredete Projekt s.o., Kap. 4.c).

135 Daß dieses Kapitel nicht Teil der Habilitationsschrift gewesen sein kann, liegt auf der Hand: Schramm konnte sich um die Habilitation nicht mit Forschungen bewerben, die er der Fakultät bereits für seine Promotion vorgelegt hatte.

136 Diese Verbindungen hatte Schramm auch im Vorwort, also im wahrscheinlich zuletzt entstandenen Teil seiner Doktorarbeit hervorgehoben: Der »Graphia aureae urbis Romae« seien zwar keinerlei Mitteilungen über Otto III. zu entnehmen – das »Zeremonienbuch« war ja erst nach seinem Tod entstanden –, aber sie biete eine Einführung in bestimmte Ideen, die in der ersten Hälfte des 11. Jahrhunderts in Rom kursiert hätten. Durch sie werde die Romliebe Ottos III. besser verständlich (SVS 1922 Studien, S. 2).

137 Bereits in dem »Vermerk hinsichtlich der Veröffentlichung«, den er dem überlieferten Exemplar seiner Dissertation beigab, kündigte er an, der »größere Teil« der Arbeit werde in den »Studien der Bibliothek Warburg« erscheinen (»Vermerk hinsichtlich der Veröffentlichung«, handschr., Januar 1923, als Zettel eingebunden hinter das erste Titelblatt von: SVS 1922 Studien).

138 Der Entwurf trug den Titel »Kaiser und Rom im frühen Mittelalter«. — WIA, GC 1923, Brief P.E. Schramm an F. Saxl, o.O. [Heidelberg], o.D. [vor 7.3.1923]; WIA, »Kaiser und Rom«.

Jedoch kam die vorgesehene Zusammenführung in der ersten Hälfte der zwanziger Jahre über das Entwurfsstadium nicht hinaus. Die tatsächliche Einarbeitung des Otto betreffenden Materials in die Ende 1923 eingereichte Habilitationsschrift vollzog Schramm allem Anschein nach erst in der letzten Phase der Entstehungsgeschichte von »Kaiser, Rom und Renovatio«. Jedenfalls war ausgerechnet das Kapitel über Otto III., das Schramm doch zumindest in seinen Grundlinien zuallererst, nämlich bereits 1922, fertiggestellt hatte, zugleich das letzte, das er im Jahr 1928 abschloß und an die Bibliothek Warburg schickte.[139] Die Geschichte des »Römischen Erneuerungsgedankens« überwölbte auch diesen zweiten Kern von »Kaiser, Rom und Renovatio«. Allerdings ging Schramms Beschreibung der Geschichte Ottos III. – wie darzustellen sein wird – keineswegs ganz darin auf.

Was Schramm unter dem »Römischen Erneuerungsgedanken« verstehen wollte, erläuterte er in der Einleitung zu den »Studien« des ersten Bandes.[140] Er stellte zunächst fest, bei der zu untersuchenden Erscheinung handele es sich um ein Element der »mannigfaltigen Erneuerungserwartungen«, die das Mittelalter bewegt hätten.[141] Als denjenigen, der zum ersten Mal auf die Bedeutung solcher Probleme für das Mittelalter aufmerksam gemacht habe, nannte Schramm Konrad Burdach. In einer Fußnote hob er hervor, er habe sich bei seiner Arbeit an »Kaiser, Rom und Renovatio« in erheblichem Maße von Burdachs Gedanken leiten lassen.[142] Dem entsprach es, dass Schramm sein Kapitel über Otto III. mit einem Zitat aus Burdachs Schriften abschloß.[143]

Der Germanist und Kulturwissenschaftler Konrad Burdach verfolgte in seinen Büchern unter anderem die Absicht, die Strömungen zu untersuchen, die auf der geistigen Ebene vom Mittelalter zur Reformation führten.[144] Gro-

139 Im April waren von den neun Kapiteln »alle bis auf das Otto III. behandelnde aufgebaut und zum guten Teil geschrieben«. Anfang August schickte Schramm den größten Teil des Manuskripts nach Hamburg, behielt aber, nebst den Texten und Exkursen, noch einige Teile des vierten Kapitels zurück. Ende August bestätigte ihm ein Mitarbeiter der KBW den Erhalt des verbleibenden Restes von Kapitel vier, womit das gesamte Manuskript in Hamburg sei. — WIA, GC 1928, Brief P.E. Schramm an F. Saxl, Heidelberg o.D. [wohl April 1928]; ebd., Brief P.E. Schramm an A. Warburg, Heidelberg 4.8.1928; ebd., Brief H. Meier [?] an P.E. Schramm, masch. Durchschlag, o.O. [Hamburg], 29.8.1928.

140 SVS 1929 Kaiser Renovatio, Bd.1, S. 3–8; darin über die »Römischen Erneuerungsgedanken«: S. 4–7.

141 Ebd., S. 4.

142 Schramm sprach Burdach seinen Dank aus und erklärte, er habe aus dessen Schriften vielfältige Anregungen gewonnen. Allerdings blieb er bei dieser pauschalen Aussage und nannte keine Einzelheiten. — SVS 1929 Kaiser Renovatio, Bd.1, Anm. 1 auf S. 4.

143 SVS 1929 Kaiser Renovatio, Bd.1, S. 187 m. Anm. 1; dort zitiert: *Burdach*, Entstehung, S. 129.

144 Konrad Burdach (1859–1936) war seit 1892 ordentlicher Professor in Halle an der Saale und hatte seit 1902 eine hauptamtliche Stelle an der Preußischen Akademie der Wissenschaften in Berlin. — Eine Einordnung von Burdachs Arbeiten in den weiteren Kontext kulturwissenschaftli-

ße Bedeutung für seine Arbeiten hatte der Briefwechsel, den der Humanist und römische Staatsmann Cola di Rienzo hinterlassen hatte.[145] Viele jüngere Historiker begeisterten sich um die Mitte der zwanziger Jahre für Burdachs Werke.[146] In Schramms Fall trat dieser Einfluß zum ersten Mal in dem »Propos für eine erweiterte Graphia« zutage, den er im Frühjahr 1923 an Fritz Saxl schickte. Hier formulierte Schramm nämlich die These, die Entwicklung der von ihm untersuchten Gedanken habe im vierzehnten Jahrhundert zum Ur-Humanisten Petrarca sowie zu Cola di Rienzo geführt.[147] Später trug vielleicht Erich Rothacker, Schramms Bekannter aus der »Incalcata«, dazu bei, seine Begeisterung für Burdach weiter anzufachen.[148] Schramm selbst rezipierte für seine Arbeit vor allem den bereits 1913 erschienenen ersten Teilband von Burdachs zusammenfassender Darstellung über Cola di Rienzo.[149]

Allerdings ergab sich das Konzept der Geschichte eines Denkens, das mit Rom und der Hoffnung auf Erneuerung zu tun hatte, im Grundsatz schon aus Schramms Dissertation. Schramm hatte nämlich festgestellt, daß sowohl bei Otto III. als auch beim Verfasser des »Zeremonienbuches« die Stadt Rom eine zentrale Bedeutung für die jeweilige politische Vorstellungswelt gehabt hatte. Bei beiden hatte er außerdem eine eng mit der Stadt Rom verbundene

cher Renaissanceforschung bietet: *Ferguson*, Renaissance, S. 306–311; außerdem: *Jungbluth*, Burdach.

145 In insgesamt fünf Teilen erschien das Werk über Rienzos Briefwechsel in den Jahren 1912 bis 1929. Die gesamte Arbeit war wiederum der »zweite Band« eines von Burdach herausgegebenen größeren Werks, das den Titel »Vom Mittelalter zur Reformation« trug (*Burdach*, *Piur [Hg.]*, Briefwechsel Rienzo).

146 Über die Faszination jüngerer Forscher durch Burdach: *Ferguson*, Renaissance, S. 306–307.

147 In einem ähnlichen Sinne hatte Schramm Rienzo sogar schon in seiner Dissertation erwähnt. In »Kaiser, Rom und Renovatio« schlug Schramm diesen Bogen ins 14. Jahrhundert in einem der Exkurse im zweiten Band, in dem er die Wirkungsgeschichte des Textes untersuchte. — WIA, »Kaiser und Rom«; SVS 1922 Studien, S. 83; SVS 1929 Kaiser Renovatio, Bd.2, S. 36–44; darin der Bezug auf Cola di Rienzo: S. 43–44; Rienzo außerdem erwähnt: SVS 1929 Kaiser Renovatio, Bd.1, S. 291.

148 Jedenfalls kann die »Deutsche Vierteljahrsschrift für Literaturwissenschaft und Geistesgeschichte«, deren Mitherausgeber Rothacker war, als das wichtigste Organ gelten, in dem Burdachs Anhänger sich äußerten. Burdachs »Gesammelte Schriften« und einige Publikationen seiner Schüler erschienen in der Buchreihe der »Vierteljahrsschrift«. — Allgemein: *Ferguson*, Renaissance, S. 307; für die bibliographischen Angaben zu Burdachs »Gesammelten Schriften« s. im Literaturverzeichnis unter: *Burdach*, Entstehung; außerdem: *Piur*, Petrarcas Buch.

149 Die zweite Hälfte des Buches mit dem Titel »Rienzo und die geistige Wandlung seiner Zeit« folgte erst 1928. Im Vorwort von »Kaiser, Rom und Renovatio« bedauerte Schramm, er habe den soeben erschienenen neuen Halbband von Burdachs Buch nicht mehr einarbeiten können. In Burdachs Arbeit konnte Schramm unter anderem den Gedanken finden, Ottos III. Politik habe das Ziel der Erneuerung des »Imperium Romanum« mit ihren Gegnern in der Stadt Rom gemeinsam gehabt. Die Gegner hätten mit dem Ziel allerdings ganz andere Vorstellungen verbunden als der Kaiser. — *Burdach*, Rienzo Wandlung; darin über Otto III.: S. 184–188; SVS 1929 Kaiser Renovatio, Bd.1, S. VIII.

Konzeption eines idealen Kaisertums gefunden. Dabei hatten sich beide auf die Antike bezogen und eine Erneuerung der Stadt Rom und des Kaisertums im Sinne der – vermeintlichen – Wiederherstellung antiker Zustände ersehnt.

Die so umrissenen Vorstellungsbereiche hatten eine Geschichte. Das ergab sich bereits daraus, daß Schramm zwischen dem Tod Ottos III. und der Niederschrift des »Zeremonienbuches« einen Abstand von einigen Jahrzehnten sah. Die Entstehungszusammenhänge der »Graphia« öffneten dann einen weiten zeitlichen Raum: Einerseits sah Schramm das »Zeremonienbuch« in einer engen inhaltlichen Verbindung mit der Konstantinischen Schenkung, deren Entstehung bis heute regelmäßig in das achte Jahrhundert datiert wird.[150] Auf der anderen Seite war die »Graphia« insgesamt erst im zwölften Jahrhundert kompiliert worden. Somit tat sich ein Untersuchungszeitraum von vierhundert Jahren auf. Schramm nahm sich nun vor, für diesen gesamten Zeitraum die Entwicklung jener Gedankenkomplexe zu untersuchen, die im elften Jahrhundert Otto III. mit dem »Zeremonienbuch« verbanden.[151]

Schramms Begeisterung für Burdach ist also offenbar damit zu erklären, daß er in dessen Werken eine Bestätigung und eine überzeugende Formulierung für Überlegungen fand, die sich aus seinen eigenen Forschungen ergeben hatten. In der Einleitung zu »Kaiser, Rom und Renovatio« setzte er sich daraufhin mit einer Systematik der mittelalterlichen »Erneuerungserwartungen« auseinander, die in der Mitte der zwanziger Jahre Burdachs Mitarbeiter Paul Piur entwickelt hatte. Schramm charakterisierte den überwiegenden Teil der zu beobachtenden Strömungen als eher transzendent orientiert und religiös gefärbt.[152] »Eigentlich innerweltlich eingestellt« und »politisch gerichtet« sei der »Erneuerungsgedanke« nur in einer einzigen »Ausprägung«

150 Die Entstehung der Schenkung fällt wohl in den Zeitraum zwischen der Mitte des achten und der Mitte des neunten Jahrhunderts. Schramm stellte seine These, daß der »Graphia-Libellus« von der Schenkung abhänge, im fünften Kapitel von »Kaiser, Rom und Renovatio« vor. Er stützte seine Ausführungen im zweiten Band mit einem Vergleich der beiden Texte. — *Fuhrmann*, Schenkung; SVS 1929 Kaiser Renovatio, Bd.1, S. 195–196; ebd., Bd.2, S. 34–35.

151 Im Hinblick auf die »Konstantinische Schenkung« blieb Schramm, ähnlich wie bei Friedrich Barbarossa, in »Kaiser, Rom und Renovatio« hinter seinen ursprünglichen Plänen zurück. Im Frühjahr 1923 hatte er sich noch vorgenommen, eine Neuedition der Konstantinischen Schenkung zu liefern, die den Forschungsstand in prägnanter Weise zusammenfassen sollte. Am Ende widmete er ihrer Entstehung und der Frühphase ihrer Wirkungsgeschichte lediglich einige Seiten. Allerdings rezensierte er im Jahr 1927 in der »Historischen Zeitschrift« ein Werk über die Rezeption der Schenkung im Mittelalter. Bei dieser Gelegenheit verblüffte er seine Leser mit detaillierten Kenntnissen über die Rezeption der Schenkung im byzantinischen Raum. Er hatte sich mit der Geschichte dieses Textes also durchaus auseinandergesetzt. — WIA, »Kaiser und Rom«; SVS 1929 Kaiser Renovatio, Bd.1, S. 23–28; darin zusammenfassend über das Verhältnis der Schenkung zum »Römischen Erneuerungsgedanken«: S. 28; SVS 1927 Rezension Laehr, S. 460–461.

152 SVS 1929 Kaiser Renovatio, Bd.1, S. 4–5; vgl. *Piur*, Petrarcas Buch, S. 16–32.

gewesen, nämlich der »Römischen«.[153] Diese »Ausprägung« des »Erneuerungsgedankens« habe sich »an die Stadt Rom geheftet« und sei von denen vertreten worden, »die sich als Römer fühlten.« Ein solches Empfinden sei keine Frage des Wohnortes oder der Abstammung, sondern Ausdruck einer »politischen Gesinnung« gewesen. Diese Menschen habe nämlich die »Hoffnung auf Erneuerung des alten Römischen Reiches« verbunden.[154]

Schramm räumte ein, im einzelnen habe dies ganz unterschiedliche Dinge bedeuten und eine jeweils völlig verschiedene Reichweite haben können. Dennoch stellte er fest, die »Römische Erneuerung« habe »vor allem ein politisches Programm« zu ihrem Inhalt gehabt. Alle, die auf Rom gerichtete Interessen gehabt hätten, seien auch an diesem Programm interessiert gewesen: »Das aber sind neben den Römern selbst und den Römisch Gesonnenen der Papst, der Kaiser und der byzantinische Basileus [...].« Darum sei die Geschichte dieses Gegenstands »ein Problem ebenso der politischen wie der Geistesgeschichte des Mittelalters.«[155]

Unter dem »Römischen Erneuerungsgedanken« wollte Schramm also solche Erneuerungshoffnungen verstehen, die sich auf die Wiederherstellung des »alten Römischen Reiches« und insofern auf die Restitution antiker Zustände richteten. Der Stadt Rom als dem einstigen Zentrum des genannten Reiches kam dabei eine besondere Bedeutung zu. Auf diese Weise formulierte Schramm hier den Ansatz, der sich aus seiner Dissertation ergeben hatte. Großen Wert legte er außerdem auf den »politischen« Charakter der von ihm untersuchten Vorstellungsbereiche. Dies war zweifellos ein Aspekt, der ihm von Beginn seiner Arbeit an am Herzen gelegen hatte. Schon ganz zu Anfang des Entstehungsprozesses von »Kaiser, Rom und Renovatio« waren es »Politische Renaissancen« gewesen, die er in den Blick hatte nehmen wollen.[156] Dabei lag aber für ihn der besondere Reiz der Geschichte des »Römischen Erneuerungsgedankens«in der Verbindung von Geistes- und politischer Geschichte.

Sozusagen als Signalwort für die von ihm behandelten Phänomene etablierte Schramm im nächsten Schritt den Begriff »Renovatio«. Diesen hatte

153 Piur bezeichnete das entsprechende Programm als »national-römisch« und betonte stärker seine Verankerung in Italien selbst. Er sah derartige Regungen in ottonischer Zeit erst allmählich erwachen und legte vor allem Wert auf ihre Entfaltung seit der Mitte des zwölften Jahrhunderts. — SVS 1929 Kaiser Renovatio, Bd.1, S. 5; *Piur*, Petrarcas Buch, S. 25–32.

154 SVS 1929 Kaiser Renovatio, Bd.1, S. 5–6.

155 Ebd., S. 6.

156 Im Mai 1922 hatte Schramm Fritz Saxl neben dem Vortrag über Herrscherbilder, den er schließlich hielt, einen weiteren über »Politische Renaissancen im Mittelalter« angeboten (FAS L 297, Brief P.E. Schramm an F. Saxl und Max Schramm, Entwurf, o.O. [Heidelberg], Mai 1922; s.o., Kap. 4.c)).

er bereits 1923 in seinem »Propos« verwendet.[157] Hier bezeichnete er ihn als »wichtigstes und gebräuchlichstes Losungswort« des »Römischen Erneuerungsgedankens«.[158] Darauf wird verschiedentlich zurückzukommen sein. Im Anschluß daran ließ Schramm die zu untersuchende Problematik auf zwei Fragen hinauslaufen. Zunächst formulierte er als Leitmotiv seiner Untersuchung die Frage, ob von »einer nie ganz unterbrochenen Entwicklung des Römischen Erneuerungsgedankens« gesprochen werden könne.[159] Daß Schramm keine Zweifel daran hatte, die Frage bejahen zu können, verstand sich eigentlich von selbst: Bei Licht betrachtet, war der positive Befund eine Voraussetzung für seine Untersuchung. Erst mit der zweiten Leitfrage kam Schramm auf sein zuerst beschriebenes Anliegen zurück. Falls nämlich eine kontinuierliche Entwicklung erkennbar werde, sei zu prüfen, wer sich jeweils für den Römischen Erneuerungsgedanken eingesetzt habe. Auch gelte es zu untersuchen, welche Bedeutung »die sich ständig verschiebende politische Lage« für die Entwicklung gehabt habe.[160]

Mit der Formulierung dieser beiden Fragen hatte Schramm die Konstituierung des leitenden Objekts seiner Untersuchung abgeschlossen. Etwas überraschend setzte er aber im Anschluß daran seine Ausführungen noch fort. Er etablierte ein zweites übergreifendes Thema, indem er die Aussage nachschob, mit der Analyse der Rolle, die »der Gedanke der Renovatio in nachkarolingischer Zeit« gehabt habe, solle »zugleich der Geschichte der mittelalterlichen Kaiseridee gedient werden [...].«[161] Weiter erläuterte Schramm, die ideengeschichtliche Analyse des mittelalterlichen Kaisertums sei »neben der politisch-biographischen und der rechtshistorischen Behandlung der mittelalterlichen Geschichte« bisher zu kurz gekommen. Jedoch sei gerade sie von Bedeutung, um »die mittelalterliche Kaiserpolitik als Gesamterscheinung« richtig beurteilen zu können.[162] Im letzten Satz der Einleitung konstatierte Schramm schließlich, die Absicht, einer »Vertiefung der Kaisergeschichte« zu dienen, sei bei der Abfassung des Buches »mitbestimmend« gewesen.[163]

157 Damals wollte Schramm beschreiben, wie eine »ästhetische Renovatio Roms« aus der »politischen Renovatio« erwacht sei. Die »politische Renovatio« sah er »zweimal inauguriert«, und zwar jeweils durch in Rom verankerte Kräfte, die das westliche Kaisertum in Konkurrenz zu Byzanz aufbauen wollten: Erstens durch Papst Leo III., der Karl den Großen zum Kaiser krönte, und zweitens durch Otto III. — WIA, »Kaiser und Rom«.

158 SVS 1929 Kaiser Renovatio, Bd.1, S. 6.

159 Ebd., S. 7.

160 Ebd.

161 Ebd.

162 Ebd.

163 Im Vorwort erklärte Schramm, »der Erforschung des mittelalterlichen Kaisergedankens und der Erneuerungserwartungen« dienen zu wollen. Hier standen die beiden Aspekte also völlig gleichberechtigt nebeneinander. — SVS 1929 Kaiser Renovatio, Bd.1, S. 8; ebd., S. VII.

Auf eine stilistisch recht unglückliche Weise hängte Schramm die Etablierung der »Kaiseridee« als eines zentralen Untersuchungsaspekts an die Formulierung seiner Leitfragen an. In der Einleitung entstand dadurch ein auffälliger Bruch. Die »Kaiseridee« wirkte als Gegenstand der Untersuchung seltsam aufgepfropft. Das muß verwundern, da schon der erste Entwurf für das Buch den Titel »Kaiser und Rom im frühen Mittelalter« getragen hatte und bei allen Vorformen des Werks »Kaiser« oder »Kaisertum« den jeweiligen Titel einleiteten.[164] Von Beginn an war somit der Blick auf das Kaisertum ein integraler Bestandteil von Schramms Ansatz gewesen. Es handelte sich demnach beinahe um eine Untertreibung, wenn Schramm seine Absicht, einer »Vertiefung der Kaisergeschichte« zu dienen, als »mitbestimmend« charakterisierte.

Ohnehin war der »Römische Erneuerungsgedanke« in der Form, in der Schramm ihn in der Einleitung zu »Kaiser, Rom und Renovatio« definierte, eng mit der »Kaiseridee« verquickt. Nicht zuletzt war »Renovatio« natürlich vor allem ein kaiserliches »Losungswort«: Karl der Große hatte das Motto »Renovatio Imperii Romanorum« auf seine Bulle setzen lassen, und von ihm hatte Otto III. es übernommen. Aber das war Schramm offenbar nicht genug. Der »Erneuerungsgedanke« bot einen zu engen Rahmen für das, was er über die »Kaiseridee« mitteilen wollte. Deshalb hob er am Schluß der Einleitung die Bedeutung dieser Idee für die Beurteilung der »Kaiserpolitik als Gesamterscheinung« hervor. Auf diese Weise begründete er sein Interesse für die »Kaiseridee« nicht im Zusammenhang mit dem zuvor beschriebenen Rahmenthema seines Buches, sondern aus ganz anderen Kontexten heraus. Dadurch wirkte dieser Aspekt zwar einerseits aufgesetzt, dadurch verlieh er ihm aber andererseits ein eigenständiges Gewicht.[165]

Neben den bisher beschriebenen Gegenständen, die Schramm explizit benannte, verwiesen einige Elemente des Buches auf ein weiteres Anliegen, das von Beginn an für alle seine Werke eine Rolle gespielt hatte: nämlich auf die Frage nach dem »Geist« des Mittelalters, nach dem eigentlich »Mittelalterlichen« der Epoche. Dies wird weiter unten im Einzelnen zu erörtern

164 Nach »Kaiser und Rom im frühen Mittelalter« im Frühjahr 1923 hatte Schramm seinem Freund Saxl im Frühsommer desselben Jahres den Titel »Kaiser, Rom und Renovatio« mitgeteilt. Seine Habilitationsschrift trug dann den Titel »Kaisertum, Rom und Antike vom Ende des 9. bis zum 12. Jahrhundert«. — WIA, GC 1923, Brief P.E. Schramm an F. Saxl, o.O. [Heidelberg], o.D. [Ende Mai/Anfang Juni 1923]; FAS, L »Lebenslauf 1924«.

165 Vielleicht wollte Schramm damit auch in besonderer Weise seine Historikerkollegen ansprechen, bei denen er möglicherweise für andere Aspekte seines »Renovatio«-Konzepts nicht allzuviel Verständnis meinte voraussetzen zu dürfen. Schließlich glaubte Schramm sich darauf angewiesen, daß die wissenschaftliche Öffentlichkeit sein neues Buch als eine »sich dem üblichen annähernde Schrift« akzeptierte (WIA, GC 1928, Brief P.E. Schramm an F. Saxl, o.O. [Heidelberg], 30.12.1928; s. hierzu oben, Kap. 6.d)).

sein.[166] So sollte »Kaiser, Rom und Renovatio« in seiner publizierten Form die Geschichte des »Römischen Erneuerungsgedankens« beschreiben. Nebenbei sollte es aber auch die Geschichte der »Kaiseridee« behandeln. Drittens sollte das Buch die Individualität des Mittelalters als Epoche belegen. Dabei setzte sich das Werk im Grunde aus mindestens zwei Hauptbestandteilen zusammen, nämlich aus Schramms Dissertation über Otto III. und seiner Habilitation, die auf seine Auseinandersetzung mit der Geschichte der »Graphia« zurückging.

Die Struktur des Buches war also ungemein komplex. Daß es trotzdem nicht auseinanderfiel, verdankte sich vor allem Schramms literarischer Energie: Das Werk war in einer flüssigen, schwungvollen Sprache geschrieben. Zudem war es ungemein abwechslungsreich. Die Perspektive wechselte ebenso wie das Tempo der Darstellung. Auf penible Analysen folgten rasante Überblicke. Davon konnte der Leser sich mitreißen lassen. Die lange Zeit, die Schramm an diesem Werk gearbeitet hatte, hatte jedenfalls dazu beigetragen, daß seine sprachlichen und stilistischen Möglichkeiten darin zur vollen Entfaltung kamen.

Rein formal war der Aufbau des Buches in den »Studien« chronologisch. Dem Untertitel entsprechend, folgte er in insgesamt neun Kapiteln dem Gang der Entwicklung vom neunten bis zum zwölften Jahrhundert. Dabei spielte in allen Kapiteln zunächst die politische Geschichte eine Rolle. Schramm hatte ja schon in der Einleitung deutlich gemacht, daß die wichtigsten Akteure in der Geschichte des »Römischen Erneuerungsgedankens« – außer den Bewohnern der Stadt Rom und den »römisch Gesonnenen« – der abendländische Kaiser, der Papst und der byzantinische Basileus seien.[167]

Die Geschichte des byzantinischen Einflusses im Abendland, die Schramm sichtbar werden ließ, war eine Geschichte des allmählichen, unausweichlichen Rückzugs. Byzanz war im neunten Jahrhundert eine maßgebliche Kraft, und noch die Ottonen konnten nicht an ihm vorbeigehen. Aber von Kapitel zu Kapitel nahm seine Bedeutung ab. Das Papsttum stand dem Zentrum von Schramms Betrachtung schon sehr viel näher. Immer wieder bezogen sich die Päpste auf die antike, weltliche Bedeutung der Stadt Rom.[168] Trotzdem mußten sie zum »Römischen Erneuerungsgedanken«, Schramms Argumentation zufolge, grundsätzlich eine ambivalente Haltung haben. Denn zum einen verwies die Tradition Roms als Sitz der Caesaren stets auf eine andere,

166 Unten in diesem Kapitel, Abschnitt e).

167 Hierzu auch, im ersten Kapitel der »Studien«: SVS 1929 Kaiser Renovatio, Bd.1, S. 9.

168 Insbesondere geschah dies in jenen Phasen, wo sie innerhalb der Stadt Rom die unangefochtene Führungsposition innehatten. In solchen Zeiten trachteten sie danach, ihren eigenen Ruhm zu mehren, indem sie dem Vorbild der antiken Kaiser nacheiferten. Die zweite Hälfte des neunten Jahrhunderts erschien bei Schramm als ein Höhepunkt dieser Entwicklung (SVS 1929 Kaiser Renovatio, Bd.1, v.a. S. 17 und S. 45–49).

im Zweifelsfall konkurrierende Kraft, nämlich das mittelalterliche Kaisertum. Zum anderen bezog sich diese Erinnerung auf die heidnische Zeit und konnte deshalb nicht ganz ohne Bedenken herangezogen werden, um die Position des Hauptes der christlichen Kirche zu stärken. Gerade in Quellen, die dem Papsttum nahe standen, ließ sich darum immer wieder beobachten, wie die Größe des antiken Rom heraufbeschworen wurde, um dann hervorzuheben, daß diese Größe untergegangen sei und durch den Glanz des »neuen«, nämlich christlichen Rom übertroffen werde.[169]

Eine ganz ungebrochene Begeisterung für die »Römische Erneuerung« fand Schramm, durch alle Jahrhunderte seines Untersuchungszeitraums hindurch, nur bei den Römern selbst. Als im Laufe des neunten Jahrhunderts das Kaisertum, nach dem glanzvollen Neubeginn mit Karl dem Großen, die Kraft verlor, den Gedanken der »Renovatio« am Leben zu erhalten, da wurden die Römer »zu den Bewahrern dieser Ideen«.[170] Diese Tendenz sei verstärkt worden, so Schramm, als sich in der ersten Hälfte des zehnten Jahrhunderts die Konkurrenz der italienischen Stadtstaaten untereinander verschärft habe.[171] Damals hätten sich nämlich die Bürger Roms auf die große Vergangenheit ihrer Stadt besonnen, um ihren Mut zu stärken und ihre Position durch die so gewonnene Legitimität zu verbessern.[172] In der Zeit Ottos III. spielten wiederum römische Adelige, bei denen die Bewunderung für die antike Vergangenheit ihrer Stadt lebendig war, eine entscheidende Rolle. Nicht zuletzt durch sie wurde in Schramms Erzählung der Kaiser ganz für den Gedanken der »Renovatio Imperii Romanorum« gewonnen.[173]

Auch nach dem Tod Ottos III. blieb der Gedanke an die »Renovatio« bei den Römern lebendig. Hiervon handelte das fünfte Kapitel von Schramms Werk. Fast ein halbes Jahrhundert lang griffen die Kaiser in die römischen Verhältnisse praktisch nicht mehr ein.[174] In dieser Zeit sah Schramm insge-

169 Zuerst: SVS 1929 Kaiser Renovatio, Bd.1, S. 33–36; markant in der Zeit des Reformpapsttums seit der Mitte des elften Jahrhunderts: ebd., S. 238–250; zuletzt die Gedichte des Hildebert von Lavardin: ebd., S. 296–305.

170 SVS 1929 Kaiser Renovatio, Bd.1, S. 45.

171 Schramm griff hier einen schon früher von der Forschung geäußerten Gedanken auf. Ausdrücklich wies er auf Konrad Burdach und Fedor Schneider hin. — SVS 1929 Kaiser Renovatio, Bd.1, Anm. 1 auf S. 56; zu Fedor Schneider vgl. unten in diesem Kapitel, Abschnitt e).

172 Als Folge hiervon, so sah es Schramm, wurden seit dem zehnten Jahrhundert stadtrömische Ämter und Würden immer häufiger mit antiken Titeln geschmückt. — SVS 1929 Kaiser Renovatio, Bd.1, S. 56, m. Anm. 1; ebd., S. 57–63.

173 Am Ende kollidierten allerdings die Vorstellungen des Kaisers von unmittelbarer Herrschaftsausübung in Rom mit den Interessen des städtischen Adels, was zu dem schicksalhaften Aufstand von 1001 führte. — Ebd., S. 105 u. 177; ausführlicher zu Otto III. unten in diesem Kapitel, Abschnitt d).

174 Dies wurde dadurch erleichtert, daß von 1012 an das kaiserfreundliche Geschlecht der Tuskulanen sowohl Rom auf der weltlichen Ebene beherrschte als auch den Papstthron besetzt hielt. — SVS 1929 Kaiser Renovatio, Bd.1, S. 189–190.

samt vier überlieferte Dokumente in Rom entstehen, die auf unterschiedliche Weise versuchten, die römische Vergangenheit zu rekonstruieren. Damit verfolgten sie alle das Ziel, den Glanz der antiken Kaiserstadt neu zu beleben. Die bedeutendste dieser Quellen war der »Graphia-Libellus«.[175] Daher faßte Schramm die durchgängig anonymen Autoren der von ihm untersuchten Schriften als »Graphia-Kreis« zusammen.[176] Danach wurden die Römer in Schramms Darstellung noch einmal im Jahr 1046 als geschichtliche Akteure faßbar. In diesem Jahr übertrugen sie Kaiser Heinrich III. die Würde eines »Patricius«.[177] Doch ihre Hoffnungen erfüllten sich nicht, und ohnehin war bis dahin der »Römische Erneuerungsgedanke« längst zum abendländischen Gemeingut geworden. Andere hatten fortan für den Fortbestand der Erinnerung an die römische Antike eine größere Bedeutung als die Römer selbst.[178]

Obwohl sie damit am Ende der Darstellung zurücktraten, war es, Schramms Modell zufolge, vor allem den Römern zuzuschreiben, daß es überhaupt eine kontinuierliche Tradition des »Römischen Erneuerungsgedankens« hatte geben können. Ihr Stolz auf die große Vergangenheit ihrer Heimatstadt, mit einem Wort: ihr »nationales« Bewußtsein sicherte das Fortbestehen dieser Ideen.[179] Dies war der Aspekt der »Studien«, der am deutlichsten auf Konrad Burdach als Inspirationsquelle für »Kaiser, Rom und Renovatio« verwies, denn das »Nationalgefühl« der Italiener spielte auch in dessen Argumentation eine zentrale Rolle.[180]

Die wirkungsvollsten Träger des »Römischen Erneuerungsgedankens« konnten in Schramms Modell die fränkisch-deutschen Könige sein. Sie wurden zu römischen Kaisern gekrönt und galten dadurch allgemein als Nachfolger der antiken Imperatoren. Zugleich ergab sich aber, wie noch deutlich werden wird, stets eine Fülle von Risiken, wenn sie sich darauf beriefen. Im Laufe der Zeit wurden deshalb mal die anziehenden, mal die abstoßenden Faktoren stärker wirksam, so daß sich die Geschichte ihres Verhältnisses zum »Renovatio«-Gedanken in Schramms Schilderung als eine Art Wellenbewegung darstellte.

175 Schramm bezeichnete den »Libellus« als »Traktat der politischen Archäologie«. Er sprach ihm einen »wissenschaftlichen Charakter« zu, weil es dem Autor vorrangig darum gegangen sei, ein Bild von der antiken Vergangenheit zu gewinnen. — SVS 1929 Kaiser Renovatio, Bd.1, S. 215–216; insgesamt über den »Graphia-Libellus«: ebd., S. 193–217.

176 Für diese Bezeichnung: ebd., S. 220–221.

177 Ebd., S. 232–233 u. 237–238.

178 So zuerst: ebd., S. 254–255.

179 Mehrfach sprach Schramm den »nationalen« Charakter ihrer Begeisterung für den »Römischen Erneuerungsgedanken« explizit an. — Am deutlichsten: ebd., S. 221–222; außerdem S. 66, 249, 254.

180 Hierzu: *Ferguson*, Renaissance, S. 310–311.

Karl der Große war der erste Herrscher, der im Mittelalter zum römischen Kaiser gekrönt wurde.[181] Jedoch mochten sich der Franke und seine Berater, Schramm zufolge, mit dem spezifisch »römischen« Charakter der Kaiserwürde nicht abfinden. Stattdessen suchten sie nach der Möglichkeit einer anderen, auch vom Papst unabhängigen Legitimationsgrundlage. Deshalb propagierten sie, statt den Bezug auf die römische Antike zu betonen, »die Idee des Imperium christianum mit dem Imperator christianissimus, dem David, als seinem Haupte«.[182] Die Erben und Nachfolger Karls des Großen führten diese Konzeption eines von Rom gelösten Imperiums allerdings nicht weiter. Die Päpste gewannen immer größeren Einfluß.[183] Schließlich erlosch die Kaiserwürde ganz.

Als Otto der Große sie im Jahr 962 wiederbelebte, berief er sich, so Schramm, nicht etwa auf das antike Vorbild, sondern strebte eine Erneuerung des Kaisertums Karls des Großen an. Die römische Kaiserzeit galt ihm bestenfalls als »Vorepoche«.[184] Auch die Stadt Rom hatte für ihn keine besondere Bedeutung:

> »Es strahlte von Rom kein umittelbarer Reiz auf den Kaiser aus, der ihn hätte verlokken können, seine sichere Bahn zu verlassen. Er blieb der Sachse, der Deutsche, der außer seinem Heimatlande auch Rom und Italien regierte.«[185]

Zwar war auch in Ottos Zeit die Erinnerung an die römische Vergangenheit lebendig. Mit ihm begann eine Epoche, in der »antike Hoheitsabzeichen und Bilder, Ehrennamen und Titel, Symbole und Theorien« vielfach auf den abendländischen Kaiser übertragen wurden.[186] Dennoch sah Schramm eine große Distanz zwischen den Römern und den über sie herrschenden Sachsen »mit ihrem Stammesstolz und ihrer so ganz anders gearteten Auffassung der Kaiserwürde«.[187]

181 Karl der Große war für Schramms Modell eine zentrale Figur, da in seiner Zeit die »Renovatio«, nach dem »Propos« von 1923, zum ersten Mal »inauguriert« worden war. Trotzdem fand der erste abendländische Kaiser des Mittelalters in »Kaiser, Rom und Renovatio« nur knappe Erwähnung. Allerdings geschah dies, wie Schramm ausführte, nicht aus Mangel, sondern aufgrund der Überfülle des Stoffes: Schramm teilte mit, das von ihm für die Zeit Karls des Großen gesammelte Material sei so stark angeschwollen, daß seine Präsentation den Rahmen des Buches gesprengt hätte. In der Tat präsentierte er der Öffentlichkeit später noch bedeutende Erkenntnisse zur Geschichte dieses Kaisers, vor allem in seinem erst 1951 publizierten Aufsatz »Die Anerkennung Karls des Großen als Kaiser«. — WIA, »Kaiser und Rom«; Karl in »Kaiser, Rom und Renovatio«: SVS 1929 Kaiser Renovatio, Bd.1, S. 12–15, auch S. 18–19, außerdem S. 42–43; die übergroße Stoffülle: ebd., Anm. 1 auf S. 12; SVS 1951 Anerkennung; hierzu s.u., v.a. Kap. 14.b).

182 SVS 1929 Kaiser Renovatio, Bd.1, S. 14.

183 Ebd., v.a. S. 15, 17, 44.

184 Ebd., S. 68.

185 Ebd., S. 79.

186 Ebd.

187 Die Römer wurden am ottonischen Hof geradezu verachtet. — SVS 1929 Kaiser Renovatio, Bd.1, v.a. S. 77–78; Zitat im Text: ebd., S. 81.

Dies änderte sich erst in der Zeit Ottos II. Im Zeichen sich verschärfender Spannungen mit Byzanz begann dessen Kanzlei 982, ihn regelmäßig als »Kaiser der Römer« zu bezeichnen. Damit war die Möglichkeit endgültig verbaut,

> »daß das abendländische Kaisertum sich als ›Imperium christianum‹ im Geiste Karls d.Gr. oder sonstwie aus dem Banne der Tradition heraus entwickelt hätte. Nun aber hat sich die Fessel geschlossen: das abendländische Kaisertum ist – um es Byzanz gleichzutun – zu einem ›Römischen‹ geworden, wodurch es politisch, theoretisch und historisch festgelegt war.«[188]

Der von Otto II. vollzogene Schritt bedeutete für das Kaisertum die Erschließung gewaltiger Möglichkeiten, aber auch »eine Belastung« durch die römische Tradition.[189] Da der Kaiser kurze Zeit später starb, blieb unentschieden, welche Folgerungen sich aus dem neuen Titel ergeben konnten. Otto III. versuchte dann, auf diese Frage eine Antwort zu finden. Von Schramms Darstellung seiner Herrschaft wird unten noch genauer die Rede sein.

Teil von Ottos III. Konzept kaiserlicher Herrschaft war der Anspruch auf direkte Kontrolle der Stadt Rom. Seine Nachfolger ließen diesen Anspruch, wie schon erwähnt, fallen. Heinrich III. ließ sich zwar 1046 den Patriziat übertragen, doch hatte dies mit unmittelbarer Herrschaft über Rom nichts zu tun.[190] In der Zeit des Investiturstreits verlor der Bezug auf die Antike für die kaiserliche Seite an Wert, weil damals Fragen im Mittelpunkt standen, die eine biblische, beziehungsweise christliche Legitimation erforderlich machten.[191] Für das zwölfte Jahrhundert deutete Schramm nur noch an, die Staufer hätten den Erneuerungsgedanken »wieder der Kaiseridee dienstbar gemacht«. Mit ihrer Interpretation des Renovatio-Begriffs seien sie über Karl den Großen und Otto III. noch hinausgewachsen.[192]

In solcher Weise suchte Schramm seine in der Einleitung formulierte Frage zu beantworten, welche Kräfte die in Frage stehenden Vorstellungsbereiche jeweils besonders gefördert hätten. Schon dabei wurden an vielen Stellen die Verbindungen sichtbar, die Schramm vom Verhalten derer, die für die politische Entwicklung ausschlaggebend waren, zur Geschichte der »geistigen« Konstellationen sah. Noch darüber hinaus beschrieb er auf den bisher unberücksichtigt gebliebenen Seiten der »Studien«, wie die Erinnerung an die römische Antike und der Wunsch nach ihrer »Erneuerung« bei den literarisch Gebildeten und wissenschaftlich Interessierten weiterlebte. Im sech-

188 Ebd., S. 84.

189 Ebd., S. 84.

190 Heinrich wollte sich durch den Titel vielmehr die Möglichkeit sichern, Einfluß auf die Papstwahl zu nehmen. — Die ganze Diskussion: SVS 1929 Kaiser Renovatio, Bd.1, S. 229–238.

191 Ebd., S. 253–254.

192 Ebd., S. 291.

sten Jahrhundert pries der in Konstantinopel lebende Afrikaner Corippus den Basileus in lateinischen Versen als Erneuerer Roms.[193] Die gleiche Ehre erwies dem oströmischen Kaiser noch zu Beginn des zehnten Jahrhunderts der Süditaliener Eugenius Vulgarius, der auch den Papst, ganz in spätantiken Formen, in solchem Sinne feierte.[194] Am Hof der salischen Kaiser hielten hochgebildete Männer, wie Benzo von Alba in der Zeit Kaiser Heinrichs IV., die Erinnerung an die römische Antike lebendig.[195] Zu allen Zeiten und an den verschiedensten Orten vermochte Schramm Spuren des von ihm untersuchten Gedankenguts aufzuspüren. Auf diese Weise gelang ihm der gewünschte Nachweis, daß es von den letzten Ausläufern der Spätantike bis zu den ersten Vorboten der Renaissance eine ununterbrochene Geschichte des »Römischen Erneuerungsgedankens« gegeben habe.[196]

d) Kaiser Otto III.

Im nächsten Schritt ist es erforderlich, den noch nicht untersuchten zweiten Kern von »Kaiser, Rom und Renovatio« eingehender zu betrachten, nämlich das in die Geschichte des »Graphia-Libellus« eingebettete Buch über Otto III. Aufgrund des außerordentlichen Umfangs des Otto III. gewidmeten Kapitels hielt Schramm es für erforderlich, ihm ein paar einleitende Abschnitte voranzustellen. Sein Darstellungsziel faßte er im ersten Satz zusammen: Das Kapitel solle zeigen, »aus welchen geistigen und politischen Voraussetzungen in der Zeit Ottos III. der Plan einer ›Renovatio Imperii Romanorum‹ entstanden ist, und welche Entwicklungsstadien er durchlaufen hat.« Die im Verhältnis zum Rest des Buches vorgenommene Ausweitung sei gerechtfertigt, weil die Entwicklungen dieser Phase »durch Dimension und historisches Gewicht« alles überträfen, was sonst im Untersuchungszeitraum begegne.[197]

Diese Worte berührten aber nur eine Seite von Schramms Anliegen. Um das Darstellungsziel erreichen zu können, müßten nämlich, so Schramm, »die Persönlichkeiten, auf die es damals angekommen ist,« intensiver als in anderen Kapiteln betrachtet werden. An den Hinweis auf das große Gewicht der in Ottos Zeit verlaufenden Entwicklung fügte er dann die Bemerkung an, um dieselbe richtig beschreiben zu können, sei es nötig, »sich von den Vorurteilen frei zu machen«, welche die historischen Darstellungen über Otto

193 Ebd., S. 40–41.

194 Ebd., S. 50–55.

195 Ebd., S. 255–274, darin über Benzo: S. 258–267 und S. 269–274.

196 Dieses Ergebnis seines Buches resümierte Schramm zum ersten Mal im siebten Kapitel: SVS 1929 Kaiser Renovatio, Bd.1, S. 269.

197 SVS 1929 Kaiser Renovatio, Bd.1, S. 87.

prägten. Die Quellen seien ganz neu zu prüfen, ein neuer Anfang müsse gemacht werden.[198] So brachte Schramm in dieses Buch die Absicht mit ein, die er schon in seiner Doktorarbeit verfolgt hatte: Otto III. gegen die negative Sicht der älteren Forschung zu verteidigen und das Handeln dieses Herrschers verständlich zu machen.[199] Es war Schramm nicht allein um den »Römischen Erneuerungsgedanken« zu tun, sondern auch um Otto III. selbst. Dennoch strebte das Werk nicht an, den Kaiser umfassend zu beschreiben. Wie Schramm selbst ausdrücklich feststellte, war es keine Biographie und beleuchtete nur bestimmte Aspekte von Ottos Regierungstätigkeit.[200] Im Mittelpunkt stand Ottos Plan einer »Renovatio«.

Ein wichtiges Mittel, mit dem Schramm Otto gegen den immer wieder erhobenen Vorwurf realitätsferner Schwärmerei verteidigen wollte, war sein Bestreben, das Denken und Handeln des Kaisers aus den ihm vorgegebenen Bedingungen und aus der Mentalität seiner Zeit heraus zu entwickeln. Regelmäßig hob Schramm hervor, Ottos Politik bedeute keinen Bruch mit derjenigen seines Vaters und Großvaters. Vielmehr führe er deren Ideen konsequent weiter. Daß Otto bereits kurz nach Erreichen der Mündigkeit 995 nach Rom zog, um die Kaiserkrone zu erlangen, sah Schramm »durch die Tradition seines Hauses bestimmt«.[201] Indem er den Titel »Imperator Romanorum« annahm, griff er »die von seinem Vater 982 eingeführte Neuerung« auf.[202] Als er dann im Winter 996/997 vieles unternahm, um den Ruhm Aachens zu mehren, weil es die Stadt Karls des Großen sei, da handelte er »ganz im Geiste seiner Vorfahren«. Allerdings wurde hier schon deutlich, daß er auch über sie hinausging, indem er sich »viel dringlicher« als sie um Karls Andenken bemühte.[203] Dies war die eine Richtung, aus der heraus Schramm Ottos Handeln begründete: Der Kaiser setzte fort, was seine Vorfahren begonnen hatten, steigerte und intensivierte jedoch ihre Ideen.

Allerdings beschränkte sich Otto nicht darauf. Auch dort aber, wo er eigene Schwerpunkte setzte und normative Entscheidungen traf, war Schramm sorgfältig darauf bedacht, das Neue nicht als Ergebnis haltloser Willkür erscheinen zu lassen. Das wichtigste Element, mit dem Otto über das von seinen Vorgängern übernommene Gedankengut hinausging, war der direkte

198 Ebd., S. 87–88.

199 An welchen Stellen er im einzelnen meinte, die ältere Forschung korrigieren zu können, erläuterte Schramm im »Exkurs I« im zweiten Band. — SVS 1929 Kaiser Renovatio, Bd.2, S. 9–16; vgl. hierzu auch oben, Kap. 5.b).

200 An einer Stelle erlaubte sich Schramm einen Exkurs zur Persönlichkeit Ottos III., betonte aber, »das biographische Problem« müsse »außerhalb des Rahmens dieser Studie bleiben […].« — Über Ottos Persönlichkeit: SVS 1929 Kaiser Renovatio, Bd.1, S. 133–135; darin das Zitat: Anm. 2 auf S. 133; ähnlich außerdem: S. 176, 181, 185.

201 SVS 1929 Kaiser Renovatio, Bd.1, S. 89.

202 Ebd., S. 90.

203 Ebd., S. 93.

und stark betonte Bezug auf das antike Kaisertum. Hierauf sah Schramm den jungen Herrscher in besonderer Weise vorbereitet: Denn Otto war jemand, »zu dessen Lehrern ein Bernward von Hildesheim gehört hatte, und der durch die von der Mutter ererbte Kenntnis der griechischen Sprache eine Überlegenheit selbst über viele Gelehrte seiner Zeit besaß [...].«[204] Sodann wurde ihm der Wert der römischen Antike von seinen Beratern nahegebracht, allen voran Gerbert von Reims und Leo von Vercelli. Diese stießen beide im Jahr 997 zu Otto III.[205] Als auslösendes Moment kam in Schramms Erzählung noch das Auftreten eines byzantinischen Gesandten hinzu. Durch diesen wurde die Konkurrenz zum Basileus im Jahr 997 am Hof in besonderer Weise spürbar. In dieser Situation wurde zum ersten Mal ausdrücklich der Anspruch formuliert, der abendländische Kaiser sei der einzig legitime Erbe der antiken Caesaren. Zum ersten Mal wurde »die Römische Vergangenheit [...] zu einem notwendigen Teil der Rechtfertigungslehre« des westlichen Imperiums.[206]

All dies kam zur vollen Entfaltung, nachdem im Jahr 998 in Rom aller Widerstand gebrochen und die Stadt unter unbestrittene kaiserliche Kontrolle gebracht worden war. In dieser Zeit erwachte bei Otto eine persönliche, emotionale Liebe zu Rom. Oben wurde schon erwähnt, daß der Umgang mit römischen Adeligen Otto für die große Vergangenheit der Stadt sensibilisierte: »Denn der Kaiser [...] wurde in ihrer Mitte aus einem Rächer treuloser Empörung ein Bewunderer Roms.«[207] Der Anblick der antiken Ruinen faszinierte ihn.[208]

Zugleich ließ Schramm aber die christliche Bedeutung Roms auf den jungen Herrscher wirken: Ihn beeindruckten die vielen Kirchen und die »Erinnerungen an die Kampfzeit des christlichen Glaubens«.[209] Der Rück-

204 Ebd., S. 97.

205 Sie standen für jeweils unterschiedliche Färbungen des Antikenbezugs. Gerbert, vormaliger Bischof von Reims, war durch intensive Studien dem »Geist der ›Alten‹« näher gekommen als die allermeisten seiner Zeitgenossen. Sein Zugriff auf die Antike war unmittelbar, und seine Briefe waren im Stil der klassischen lateinischen Schriftsteller gehalten. Leo hingegen, der aus Italien stammte, war vor allem mit den Dichtern und Denkern wohlvertraut, die von der Spätantike bis in seine eigene Zeit eine Tradition der »Römischen Erneuerungserwartung« hatten entstehen lassen. Mit ihnen sehnte er sich nach einer Erneuerung des alten Glanzes. — Über Gerbert: SVS 1929 Kaiser Renovatio, Bd.1, v.a. S. 97–99; das Zitat: S. 97; über Leo: SVS 1929 Kaiser Renovatio, Bd.1, v. a. S. 100 u. 127.

206 Ebd., S. 100–101, das Zitat S. 101.

207 Zudem wies Schramm auf Ottos angebliche Liebe zu einer Römerin hin. Der Beziehung zu dieser Frau hatte er in der Dissertation noch ein sehr viel größeres Gewicht beigemessen, um Ottos Romliebe zu erklären. Später nahm er die These ganz zurück. — Das Zitat: SVS 1929 Kaiser Renovatio, Bd.1, S. 105; die Römerin: S. 107–108; vgl. hierzu SVS 1922 Studien, S. 270; zur Problematik von Ottos »Romerlebnis« auch: *Görich*, Otto III., S. 203–205, v.a. Anm. 114 auf S. 205.

208 SVS 1929 Kaiser Renovatio, Bd.1, S. 106.

209 Ebd., S. 106–107.

bezug auf die Antike war nämlich nur die eine Wurzel der von Otto III. wenig später ins Werk gesetzten »Renovatio Imperii Romanorum«. Dieses Vorhaben hatte zugleich eine religiöse Seite. Wie bei der Wendung zur Antike führten ihn persönliche Erfahrungen, die Stimmung der Zeit und das Vorbild der Vorfahren auf das betreffende Gedankengut hin. Mehrfach kam Schramm auf die heiligen Männer zu sprechen, die an Otto herantraten und ihn mit der ganzen Fülle der religiösen Ideale seiner Zeit vertraut machten.[210] Als erster begegnete ihm Adalbert, der böhmische Missionar und spätere Märtyrer.[211] Adalbert entfachte in Otto eine besondere religiöse Erregung. Diese Erregung kam wieder zur Geltung, als der süditalienische Eremit Nilus den Kaiser wegen der grausamen Behandlung des 998 gestürzten Gegenpapstes Johannes Philagathos »zu schweren Bußeleistungen« bewegte. An dieser Stelle beobachtete Schramm bei Otto eine »Spannung zwischen Angst um das Seelenheil und Sorge um weltliche Dinge«. Dies sei aber keine besondere Eigenschaft des Kaisers, sondern »eine Spannung, die in jedem religiösen Menschen dieser Zeit vorhanden sein mußte«.[212]

Eine wichtige Voraussetzung für die Form, die Ottos Pläne im Hinblick auf den religiösen Bereich annahmen, war das spezifische Verhältnis, in dem in seiner Regierungszeit Papsttum und Kaisertum zueinander standen. Die faktische Überlegenheit des Kaisers über den Papst war damals unübersehbar.[213] Als Papst Gregor V. starb, den Otto selbst eingesetzt hatte,[214] wurde, wiederum auf Veranlassung Ottos, sein Lehrer Gerbert zum Papst gewählt und am 9. April 999 geweiht. Daraufhin nahm Gerbert den Namen Silvester II. an. Der Name war Programm: Silvester I. hatte, der Legende nach, einst Konstantin den Großen getauft, und tiefes Einvernehmen hatte damals das Verhältnis zwischen Kaiser und Papst bestimmt.[215] Ein solches Einvernehmen sollte nun wieder herrschen, unter Beachtung der führenden Rolle des Kaisers.

Aus diesen Rahmenbedingungen erwuchs die Formulierung von Ottos Programm einer »Renovatio Imperii Romanorum«. Die Gestaltung der Bulle, die im April 998 dieses Motto zum ersten Mal bezeugte, schien Schramm zugleich den Inhalt des Programms zur Darstellung zu bringen: Auf das Vorbild Karls des Großen gestützt, sollte das Kaisertum von Rom aus, der

210 Zusammenfassend: ebd., S. 136–137.

211 Ebd., S. 92.

212 Ebd., S. 107.

213 Sie wurde nicht zuletzt darin erkennbar, daß Otto sich in Rom eine Dauerresidenz einrichtete. Dadurch mißachtete er nämlich ein wichtiges Privileg des Papstes, das auf die Konstantinische Schenkung zurückging. — SVS 1929 Kaiser Renovatio, Bd.1, S. 108–110.

214 Ebd., S. 90.

215 Ebd., S. 115–116.

alten Kaiserstadt, zu neuer Höhe geführt werden.[216] Teil dieses Programms war es außerdem, daß Otto sich für Reformen in der Kirche einsetzte. Damit griff er zum wiederholten Male ein Anliegen auf, das bereits sein Vater und Großvater verfolgt hatten.[217] Auf diese Weise machte sich Otto von den mittelalterlichen »Erneuerungshoffnungen«, die Schramm in der Einleitung zu den »Studien« systematisierte, nicht nur die »Römische« zu eigen, sondern auch die »Apostolische«, die sich auf eine Erneuerung der Kirche bezog.[218]

Ganz im Lichte dieses Programms deutete Schramm den Zug ins polnische Gnesen, den Otto im Jahr 1000 unternahm.[219] Er sah die Reise als Teil eines größeren Plans, den Kaiser und Papst damals gehegt hätten, nämlich »die Erschließung des gesamten nichtbyzantinischen Ostens für die christliche Kirche«.[220] Als Folge dieses Plans wurde in Gnesen die Errichtung eines Erzbistums für Polen vollzogen.[221] Schramm sah die Reise aber auch mit der weltlich-römischen Seite von Ottos »Renovatio«-Plänen eng verknüpft. Nicht umsonst, so schien es ihm, ließ sich Otto vom Patricius der Römer begleiten, der »die weltliche Seite Roms« zu repräsentieren gehabt habe.[222]

Gleichzeitig machte Schramm anschaulich klar, was seiner Meinung nach die Verehrung des heiligen Adalbert, dessen Grab das Ziel von Ottos Zug war, für den Kaiser bedeutet habe. Als Otto im Jahr 999 vom Märtyrertod des Missionars erfuhr, den er noch 996 persönlich kennengelernt hatte, war das für ihn kein Grund zur Niedergeschlagenheit. Vielmehr dachte er, »in der Gewißheit, nun einen nahen Fürsprecher im Himmel zu haben,« sogleich daran, sein Andenken durch die Gründung von Adalbertskirchen sicherzustellen.[223] Am Zielpunkt seiner Reise erhielt er, wie erhofft, Reliquien des Heiligen. Mit ihnen zog er nach Aachen, der Stadt Karls des Großen. Dort stiftete er einen Teil der Reliquien, während ein anderer Teil nach Rom gebracht wurde.[224] Darin wurde für Schramm »die Verknüpfung des Religiösen und des Politischen« besonders deutlich:

216 Ebd., S. 117–118; über die Bulle auch: SVS 1983 Kaiser in Bildern S. 81–82, 199, sowie Abb.101 a u. b auf S. 349.

217 SVS 1929 Kaiser Renovatio, Bd.1, S. 126–127; über die »kirchliche ›Erneuerung‹« in der Zeit von Otto I. und Otto II.: ebd., S. 85–86.

218 SVS 1929 Kaiser Renovatio, Bd.1, S. 127.

219 Es ging Schramm, wie er betonte, allein darum, die Reise »in die Entwicklung von Ottos Plänen und Anschauungen hineinzustellen.« Aus diesem Grund konnte er die »geschichtliche Bedeutung«des Zuges »unberücksichtigt« lassen und der umstrittenen Frage ausweichen, wie die Ehrung genau zu verstehen sei, die Otto in Gnesen dem Polenherzog angedeihen ließ. — SVS 1929 Kaiser Renovatio, Bd.1, S. 137; außerdem ebd., S. 139; vgl. Bd.2, S. 14.

220 SVS 1929 Kaiser Renovatio, Bd.1, S. 137–138.

221 Ebd., S. 139.

222 Ebd., S. 138–139.

223 Ebd., S. 136 m. Anm. 1.

224 Ebd., S. 139 m. Anm. 4.

»in den beiden Zentren des Reiches wurden die Reliquien hinterlegt, von denen sich Otto auf Grund seiner Verbindung mit [...] Adalbert eine ganz besondere Hilfe versprechen konnte.«[225]

In Parallele hierzu sah Schramm die bei gleicher Gelegenheit vollzogene Neubestattung der Gebeine Karls des Großen, da Otto den Karolinger dadurch wie einen Heiligen geehrt habe.[226]

Nach seiner erneuten Rückkehr nach Rom ließ Otto sich in seinen Urkunden mit dem Titel »servus apostolorum« bezeichnen. In Schramms Interpretation stilisierte er sich damit zum Diener der beiden römischen Apostel Petrus und Paulus.[227] Welche Ansprüche Otto mit diesem Titel verknüpfte, arbeitete Schramm heraus, indem er die Schenkungsurkunde des Kaisers für die römische Kirche vom Januar 1001 analysierte.[228] In dieser Urkunde schenkte Otto der römischen Kirche acht Grafschaften südlich von Ravenna, welche den Päpsten schon von früheren Kaisern verliehen worden waren, stellte die Schenkung aber auf eine ganz neue Rechtsgrundlage.[229] Indem sowohl die Konstantinische Schenkung als auch das Karolingische Paktum als päpstliche Fälschungen beiseite geschoben wurden, wurde das uneingeschränkte Eigentum des Reiches an den Grafschaften als Ausgangssituation wiederhergestellt. Sodann machte Otto sie dem heiligen Petrus zum Geschenk. Petrus war hier an die Stelle der juristischen Person »Kirche von Rom« gesetzt, aber darüber hinaus wohl auch selbst als Person gedacht.[230]

Nutznießer der Schenkung war der Papst. In der Urkunde wurde aber sorgfältig zwischen den Rechten des Nutznießers und denen des Eigentümers Petrus unterschieden. Schramm folgerte daraus, daß der Kaiser, der als »servus apostolorum« der Diener des eigentlichen Eigentümers war, sich alle Rechte vorbehielt, die dem Papst nicht ausdrücklich übertragen wurden. Im Ergebnis wäre das wohl auf die Wahrnehmung der weltlichen Herrschaft hinausgelaufen. Nachdem er sich bereits in Rom etabliert hatte, hätte sich Otto auf diese Weise auch im Kirchenstaat die weltliche Herrschaft gesichert. Damit hätte er dem Kaisertum eine nie dagewesene, gegenüber dem Papsttum weit überlegene Machtstellung verschafft.

225 Ebd., S. 139–140.

226 Ebd., S. 140.

227 Diese Deutung ging bereits auf Schramms Doktorarbeit zurück. — SVS 1929 Kaiser Renovatio, Bd.1, S. 157–160; SVS 1922 Studien, S. 98–103.

228 MGH DO III, Nr.389; danach abgedruckt als »Text III«, in: SVS 1929 Kaiser Renovatio, Bd.2, S. 65–67.

229 Der gesamte Abschnitt: SVS 1929 Kaiser Renovatio, Bd.1, S. 161–176; dem lag eine der »Untersuchungen« aus Schramms Doktorarbeit zugrunde: SVS 1922 Studien, S. 124–174; vgl. außerdem ebd., S. 279–284.

230 Ebd., S. 171–173, sowie S. 160.

Letztlich mußte Schramm seine Schlußfolgerungen jedoch in der Schwebe lassen. Kurze Zeit später fiel, durch den Aufstand von 1001, Ottos Herrschaft über Rom in sich zusammen. Deshalb kam die Schenkung gar nicht mehr zur Durchführung. Ottos gesamte Politik stand vor dem Scheitern. In dieser Situation brach nach Schramms Meinung die Spannung zwischen der Sorge um jenseitige und diesseitige Dinge, die Otto gefühlt habe, wieder auf.[231] So erklärte Schramm die anschließend abgelegten Bußeschwüre Ottos aus dessen Religiösität heraus. Zuletzt sei aber in Otto »der Wille zur Welt, zum Leben« wieder erwacht.[232] Wenig später sah Schramm den Kaiser auf einem guten Weg, Rom zurückzuerobern. Zugleich erreichte das Verhältnis zum Basileus einen entscheidenden Wendepunkt zum Besseren. Alles schien aber wieder in Frage gestellt durch einen Aufstand in Ottos sächsischer Heimat, als den jungen Kaiser Tod ereilte.[233]

Mit einigen resümierenden Bemerkungen schloß Schramm das Kapitel über Otto III. ab. Zunächst betonte er, Ottos plötzlicher Tod mache ein Urteil darüber unmöglich, ob er in reiferen Jahren vielleicht dauerhaft Erfolg hätte haben können.[234] Trotzdem überschritt Schramm einmal die Grenzen, die er sich für das Otto-Kapitel gesetzt hatte, und beurteilte das Verhalten des Kaisers unter dem Gesichtspunkt der »politischen Chancen und Gefahren«. Dabei kam er zu dem Schluß, die Verlagerung des Mittelpunkts des Reiches nach Süden sei höchst problematisch gewesen. Während dadurch einerseits die Sachsen und die übrigen »deutschen Stämme [...] notwendigerweise in die Opposition gedrängt« worden seien, habe Otto andererseits in Italien der nötige Rückhalt gefehlt.[235]

Allerdings hielt Schramm die Möglichkeit offen, daß auch Otto selbst schon gespürt habe, daß die »Renovatio«-Pläne in der konzipierten Form realitätsfern gewesen seien. Wenn nun die Frage gestellt werde, so Schramm weiter, warum er dennoch an seinen Absichten festgehalten habe, so werde man »auf das spezifisch Mittelalterliche, das in Otto III. zum Ausdruck gekommen ist«, geführt. Schramm wies unter anderem auf den Willen hin, »die Welt nach einem Plane zu gestalten, statt aus ihr selbst die Erfahrung zu sammeln, durch die sie sich bezwingen läßt [...].« Während das Urteil über Otto »als Staatsmann« letztlich offen bleiben müsse, hebe sich Otto, so Schramms Meinung, »als Mensch [...] aus der Reihe der Kaiser heraus, weil er [...] deutlicher als jene zum Ausdruck gebracht hat, was seine Zeit bewegte.« In seinem Leben decke Otto »Größe und Not seines Zeitalters

231 Ebd., S. 179–180.

232 Ebd., S. 181–182.

233 Ebd., S. 182–184; vgl. aber zum angeblichen Widerstand gegen Ottos Rompolitik in Sachsen und im gesamten nordalpinen Reich: *Görich*, Otto III., zusammenfassend S. 184–186.

234 SVS 1929 Kaiser Renovatio, Bd.1, S. 184.

235 Ebd., S. 185.

auf.«[236] Die Deutung schließlich, die Otto seinem Amt gegeben habe, sei eine der »gedankenreichsten und tiefsten Konzeptionen« des Kaisertums gewesen, zu der das Mittelalter gefunden habe: »Es bleibt bewundernswert, wie Römisches, Karolingisches, Ottonisches und Christliches darin zu einer geschlossenen Einheit zusammengefügt [...] worden ist.«[237]

Damit sind die wichtigsten inhaltlichen Aspekte des vierten Kapitels von »Kaiser, Rom und Renovatio« skizziert. Was in seiner Doktorarbeit zum überwiegenden Teil schon angelegt gewesen war, brachte Schramm, mehr als ein halbes Jahrzehnt später, in »Kaiser, Rom und Renovatio« auf durchdachte und fundiert abgerundete Weise zur Ausführung. Das Kapitel über Otto III. ist der am gründlichsten ausgearbeitete und sicherlich eindrücklichste Teil des Werks.[238] Deshalb überrascht es nicht, daß bis heute die meisten Leser Schramms Arbeit über den »Renovatio«-Gedanken als ein Buch über den dritten Ottonen wahrnehmen. Allein das enorme Volumen des Otto-Kapitels legt dies nahe. Schramm war sich dessen vollkommen bewußt und nahm eine solche Verschiebung gerne in Kauf.[239] Es tat ihm nicht leid, daß der »Römische Erneuerungsgedanke« hinter die Figur des jungen Kaisers zurücktrat.

Sein Buch stellte die Auseinandersetzung mit der Herrschaft Ottos III. auf eine völlig neue Grundlage. Sicherlich ging Schramm an manchen Stellen mit seinem epistemologischen Optimismus etwas zu weit und belastete die Quellen allzu stark. Daraus darf aber nicht der Schluß gezogen werden, Otto III. habe niemals ein politisches Programm haben können. Quellen, die auf reflektierte Konzeptionen herrscherlichen Handelns hindeuten, fließen für Ottos Zeit reichlicher als mit Bezug auf andere Kaiser.[240] Die Relevanz dieser Quellen spürte Schramm deutlicher als die Forscher vor ihm.

In auffälliger Weise betonte er dabei den Unterschied zwischen seiner eigenen Zeit und der Zeit und dem Denken Ottos III. Immer wieder wies er

236 SVS 1929 Kaiser Renovatio, Bd.1, S. 186.

237 Ebd., S. 186–187.

238 Oben ist erwähnt worden, daß Schramm, bevor er sein Manuskript an die Bibliothek Warburg schickte, von allen Abschnitten des Werkes das Kapitel über Otto III. am gründlichsten durchfeilte (oben in diesem Kapitel, Abschnitt c)).

239 Nachdem »Kaiser, Rom und Renovatio« im Sommer 1929 erschienen war, wünschte Schramm sich in einem Brief an Warburg scherzhaft einen Erfolg seines Buches, der vergleichbar sein sollte mit dem einer damals populären Biographie über Wilhelm II. Schramm meinte allerdings ironisch, der letzte Hohenzollernkaiser werde »wohl mehr gefragt sein als Otto III.« Schramm war also durchaus bereit, sein Werk als Buch über Otto III zu verstehen. Die Neuauflage des Buches im Jahr 1957 widmete er dann »Frau Mathilde Uhlirz, der Bearbeiterin der Jahrbücher und der Regesten Ottos III., der auch im Zentrum dieses Buches steht.« — WIA, GC 1929, Brief P.E. Schramm an A. Warburg, Göttingen 1.8.1929; SVS 1957 Kaiser Renovatio, Widmungsseite.

240 So *Eickhoff*, Kaiser Otto III., S. 366 m. Anm. 7 auf S. 450, gegen *Althoff*, Otto III.; selbst *Althoff* kann nicht umhin, zumindest der Schenkungsurkunde vom Januar 1001 »programmatische« Qualitäten zuzusprechen (*Althoff*, Otto III., S. 172).

auf Elemente im Verhalten des jungen Kaisers hin, die ihm typisch »mittelalterlich« zu sein schienen. Am deutlichsten äußerte er sich am Ende des Abschnitts über die Gnesener Reise:

»Es ist für einen modernen Betrachter dieser Ereignisse nicht leicht, sich die mit ihnen verknüpften Vorstellungen in ihrer ganzen Intensität zu veranschaulichen, aber er muß es, wenn er sich die Welt erschließen will, in der Otto III. lebte. Er ist [...] ganz ein Mensch des Mittelalters [...].«[241]

Trotz aller Sympathie, die Schramm dem jungen Kaiser entgegenbrachte, beschrieb er diesen und seine Epoche als etwas ganz und gar Vergangenes. Deshalb machte er in seinem Resümee zum Kapitel über Otto III. keinen Hehl daraus, daß er Ottos Art und Weise, Politik zu machen, für verfehlt hielt, sofern hier moderne, und das hieß hier: machtpolitische Maßstäbe angelegt würden. Die Größe, die Schramm dem Kaiser zuschrieb – nicht als »Staatsmann«, sondern als »Mensch« –, bestand eben darin, daß Otto ganz und gar ein Mensch seines Zeitalters war und auf exemplarische Weise die Denkweisen, die Ideale und die Ängste des Mittelalters verkörperte.

Eine solche Einschätzung konnten einige wichtige Kritiker, die Schramms Werk seinerzeit in Deutschland fand, nicht nachvollziehen. Karl Hampe beispielsweise würdigte Schramms wissenschaftliche Leistung, wollte aber dem schwärmerischen Element in Ottos Charakter ein sehr viel größeres Gewicht beimessen als Schramm.[242] Auf dieser Grundlage beharrte Hampe darauf, daß Otto die machtpolitischen Notwendigkeiten und verwaltungstechnischen Möglichkeiten seiner Zeit völlig verkannt habe. Dies müsse sogar dann für die wertende Beurteilung von Ottos Politik ausschlaggebend sein, wenn sie an den Maßstäben der »universal und überweltlich gerichteten Anschauungen seiner Zeit« gemessen werde.[243] Schramm wuchs über diejenigen seiner Zeitgenossen, die so argumentierten, insofern hinaus, als er modernen Maßstäben für die Bewertung des Mittelalters nur eine nachrangige Bedeutung zusprechen wollte.[244]

241 SVS 1929 Kaiser Renovatio, Bd.1, S. 141.

242 Otto war für Hampe der »begabte, für alle großen Eindrücke überaus empfängliche, phantasievolle Knabe« oder »der für alle großen Eindrücke fast überempfängliche Jüngling« (*Hampe*, Kaiser Otto III., S. 520 u. 521–522).

243 *Hampe*, Kaiser Otto III., S. 532–533; vgl. *Althoff*, Otto III., S. 5–6; die dort zitierte Passage aus Hampes »Hochmittelalter« von 1932 ist wortgleich aus dem hier zitierten Aufsatz von 1929 übernommen; weiter über Hampes Stellungnahme zu Schramms Buch unten, Kap. 8.a); inhaltlich ähnliche Zitate von Robert Holtzmann bei: *Althoff*, Otto III., S. 7–9; vgl. zur zeitgenössischen Kritik außerdem: *Görich*, Otto III., S. 188–189.

244 Im Grundsatz teilte er jedoch die Meinung, Politikern sei eher eine zu Ottos Vorgehen genau gegenteilige Verhaltensweise angemessen, die sich von Idealen löse und an Macht und Interessen orientiere. Seine Argumentation bot ihm keinerlei Veranlassung, derartige Maßstäbe grundsätzlich zu hinterfragen. Es kam ihm durchaus entgegen, daß Otto ihnen nicht entsprach, denn umso deutlicher wurde der Kaiser dadurch zu einem »Menschen des Mittelalters«.

Die differenzierteste zeitgenössische Stellungnahme zu »Kaiser, Rom und Renovatio« kam von Albert Brackmann.[245] Im Hinblick auf das politische Denken Ottos III. wollte Brackmann die Komplexität von Schramms Modell deutlich reduziert wissen: Er führte die politischen Handlungen des jungen Kaisers allein darauf zurück, daß dieser sich am Vorbild Ottos des Großen, stärker noch an demjenigen Karls des Großen orientiert habe. Hingegen lehnte er den von Schramm postulierten direkten Bezug auf die Antike ab.[246] In einer Fußnote stellte er klar, er halte es für verfehlt, Otto III. zu unterstellen, dieser habe das »›Imperium‹ ›im vollen antiken Sinne‹« wieder aufrichten wollen. Allerdings sei er bereit, alles zu unterschreiben, »was Schramm an verschiedenen Stellen seines Buches über die ›mittelalterliche‹ Art Ottos gesagt hat [...].«[247] Brackmann spaltete also auf, was Schramm in eins hatte fließen sehen. Mit dieser Einschränkung fand Schramms Betonung des spezifisch »Mittelalterlichen« in Ottos Verhalten Brackmanns Anerkennung.

Diese Akzentuierung des für die Epoche Spezifischen entsprach Schramms emotionaler Affinität zum Mittelalter, von der in einem der vorigen Kapitel die Rede war.[248] Anhand seiner frühesten Schriften konnte dort herausgearbeitet werden, daß Schramm das Mittelalter einerseits stets affirmativ beschrieb, es aber andererseits sorgfältig auf Distanz zu seiner Gegenwart hielt. Ein solches Verhalten kam in seiner Wirkung der typisch historistischen, von Ranke zuerst zur Geltung gebrachten Grundforderung sehr nahe, jede Epoche müsse aus sich selbst heraus verstanden werden. Es lief der Absicht dieser Forderung aber insofern zuwider, als Schramms Darstellung des Mittelalters niemals distanziert und nüchtern, sondern immer engagiert und befürwortend war. Jedenfalls konnte das Mittelalter seine psychologische Funktion als positives Gegenbild zur Gegenwart, die es für Schramm offenbar hatte, nur erfüllen, wenn es der Moderne deutlich getrennt als ein Anderes gegenüberstand. Dieses Anderssein des Mittelalters, aus der sich sein besonderer Wert erst ergab, wollte Schramm auch in seinen Ausführungen über Otto III. zur Darstellung bringen.

245 Etwas ausführlicher über Albert Brackmann (1871–1952) und über seine Stellungnahme zu »Kaiser, Rom und Renovatio« unten, zuerst Kap. 8.a).

246 Zusammenfassend: *Brackmann*, »Erneuerungsgedanke«, S. 366; vgl. *Althoff*, Otto III., S. 6–7.

247 Einige Jahre später kam Brackmann Schramm erheblich weiter entgegen. Er akzeptierte die besondere Bedeutung, die Rom im Denken des Kaisers gehabt habe. Davon ausgehend, ging er sogar noch über Schramm hinaus, indem er zu der Annahme kam, Otto habe Boleslaw Chrobry in Gnesen die Würde eines »patricius« verliehen und damit zum Stellvertreter des römischen Kaisers in Polen gemacht. — *Brackmann*, »Erneuerungsgedanke«, Anm. 1 auf S. 366; *Ders.*, Kaiser Otto III., v.a. S. 9–11 über die »neue Reichsidee Ottos III.«; über die politischen Implikationen von Brackmanns Thesen vgl. *Burleigh*, Germany, S. 149–150.

248 S.o., Kap. 5.a).

Angesichts seiner Begeisterung für Otto III. könnte die Vermutung naheliegen, Schramm habe die Schilderung des wichtigsten Protagonisten seines Buches als Kommentar zu seiner eigenen Zeit verstanden wissen wollen und diesen Kaiser als Vorbild für seine Gegenwart modelliert. Dies war offensichtlich nicht der Fall. Vielleicht sehnte sich Schramm unbewußt nach einer Zeit, die von so großartigen Hoffnungen erfüllt war wie Ottos Epoche, und wünschte sich, ohne es sich einzugestehen, politische Führer, die die gleiche visionäre Kraft aufbrachten wie jener. In seinem Text ist aber nichts zu finden, was sich direkt in diesem Sinne deuten ließe.

Darin lag ein grundsätzlicher Unterschied zu Ernst Kantorowicz' »Kaiser Friedrich II.«[249] Oben wurde berichtet, daß Schramm und Kantorowicz sich in Heidelberg, wahrscheinlich in der zweiten Hälfte des Jahres 1924, kennenlernten. Damals hatte Kantorowicz den Plan zu seinem Buch bereits gefaßt, und von da an standen die beiden jungen Historiker im steten Austausch über ihre jeweilige Arbeit. Der Textband von Kantorowicz' Werk erschien 1927, also zwei Jahre vor Schramms Arbeit, der Anmerkungsband zu »Kaiser Friedrich II.« erst 1931, also zwei Jahre danach.

Die größte Gemeinsamkeit zwischen Schramms Buch und dem noch berühmteren seines Freundes lag im Methodischen. Schramm und Kantorowicz einte das Bestreben, Quellen der unterschiedlichsten Art in ihre Analyse einzubinden und auch Abgelegenes zu berücksichtigen. Dennoch waren letztlich die Unterschiede größer. Während »Kaiser Friedrich II.« ganz auf die Hauptfigur zugeschnitten war, die es umfassend beschreiben sollte, wollte Schramm nur einen Ausschnitt aus der Herrschaft seines Protagonisten beleuchten. Des weiteren waren nun auch die mit dem jeweiligen Werk verbundenen Absichten ganz verschieden. Bei Kantorowicz war die Intention unverkennbar, Friedrich II. zu einem Helden zu stilisieren, der für das Deutschland seiner Gegenwart Vorbildcharakter haben sollte. Damit tat Kantorowicz den ästhetischen und ideologischen Grundsätzen des George-Kreises Genüge.[250] Eine ähnliche Stoßrichtung ist bei Schramm nicht erkennbar. Er machte keinen »Helden« aus Otto III. und rückte ihn vor allem von der Gegenwart ab.

Außerdem wurde in einem früheren Kapitel herausgearbeitet, daß Schramm erhebliche Bedenken hatte, Geschichtswissenschaft bewußt und unmittelbar für gegenwartsbezogene Ziele zu instrumentalisieren.[251] Kantorowicz hingegen machte keinen Hehl aus seiner Absicht, parteiliche und

249 *Kantorowicz*, Kaiser Friedrich; eine fundierte kritische Analyse des Werks bietet: *Oexle*, Mittelalter als Waffe; über die zeitgenössische Rezeption des Buches: *Grünewald*, »Not only...«.

250 Hierzu eindringlich: *Oexle*, Mittelalter als Waffe, v.a. S. 198–210.

251 In einem anderen Kapitel ist gesagt worden, daß Schramm, trotz seiner Freundschaft mit Kantorowicz, zum George-Kreis immer Distanz hielt (oben, Kap. 6.b)).

ideologisch klar gerichtete Geschichte zu schreiben.[252] Trotz solcher Unterschiede schätzte Schramm Kantorowicz' Werk sehr. Er war sich seiner problematischen Seiten vollkommen bewußt, meinte aber, diese ließen sich sozusagen herausfiltern. In einem Brief an Friedrich Baethgen nannte er das Buch einmal »ein großartiges Werk, bei dem nur der deutsch-romantische Einschlag und die übertriebene ›Täterschaft‹ abzustreichen sind.«[253] Im Wissen um die eher bedenklichen Aspekte sah er in dem Buch vor allem eine großartige wissenschaftliche Leistung. Ohnehin war das Buch nicht von einer Art, die von vorneherein Schramms Widerspruch erregt hätte: Kantorowicz hatte es zwar in einer gegenwartsbezogenen Absicht geschrieben, war aber aus dieser Absicht heraus zu einem großartigen und affirmativen Mittelalterbild gekommen. Insofern konnte Schramm, aus seiner eigenen Voreingenommenheit heraus, das Werk gutheißen.[254]

Vor dem Hintergrund des bisher Gesagten erscheint durchaus offen, wie energisch sich Schramm gegen eine Revision seiner Thesen gewehrt hätte, wie sie in jüngerer Zeit versucht worden ist. Bis heute kann niemand an »Kaiser, Rom und Renovatio« vorüber, der sich mit Otto III. befaßt.[255] Sicherlich zu Recht hat die neueste Forschung die religiösen Aspekte von Ottos Programm, die sich auf die Reform der Kirche und des Papsttums sowie auf die Mission bezogen, noch stärker betont, als Schramm es tat, und die antikisierten Formen noch konsequenter in diesem Sinne interpretiert.[256] Dahinter steht die Absicht, Otto III. ganz und gar aus den Bedingungen seiner Zeit heraus zu verstehen. Diese Kritik wird Schramm aber insofern nicht gerecht, als genau dies, den einleitenden Abschnitten zum Otto-Kapitel entsprechend, auch schon seine wichtigste Absicht war.

252 Noch offensiver als in »Kaiser Friedrich II.« selbst vertrat Kantorowicz diese Haltung 1930 auf dem Historikertag in Halle. — Hierzu: *Grünewald*, Sanctus amor; der Text von Kantorowicz' Rede: S. 104–125.

253 Eine zeitgenössische Äußerung Schramms zu Kantorowicz' »Kaiser Friedrich II.« liegt nicht vor. *Girolamo Arnaldi* hat untersucht, wie sich Schramm selbst in seinen gedruckten Werken über Friedrich geäußert hat. Die von ihm zitierten Werke stammen sämtlich aus der Zeit nach dem Zweiten Weltkrieg. — FAS, L 230, Bd.1, Brief P.E. Schramm an F. Baethgen, masch. Durchschl., Göttingen 12.11.1965; in diesem Sinne auch: SVS 1966 Rezension Kantorowicz, Sp.449, 453–454, 455; *Arnaldi*, Federico II.

254 Das gleiche Phänomen ließ sich schon 1923 beobachten, als Schramm, obwohl er die gegenwartsbezogene Wirkungsabsicht deutlich erkannte, ein Werk lobte, das der gleichfalls dem George-Kreis nahestehende Wolfram von den Steinen ebenfalls über Friedrich II. geschrieben hatte (SVS 1923 Verhältnis, S. 328–329; vgl. oben, Kap. 5.a)).

255 Aus der reichhaltigen Literatur der letzten Zeit seien genannt: *Görich*, Otto III.; *Althoff*, Otto III.; *Schneidmüller, Weinfurter (Hg.)*, Otto III. – Heinrich II.; *Eickhoff*, Kaiser Otto III.; die einschlägigen Beiträge in *Wieczorek, Hinz (Hg.)*, Europas Mitte, v.a. Bd.2, S. 736–824; von den Genannten im Hinblick auf Schramms Thesen besonders wichtig: *Görich*, S. 190–209; *Althoff*, S. 4–5 u. 114–125; *Eickhoff*, S. 211–218 u. 312–320.

256 Zuerst *Görich*, Otto III., z.B. S. 194–198, zusammenfassend S. 249–250; außerdem z.B.: *Eickhoff*, Kaiser Otto III., z.B. S. 214–217 u. 312–320.

Es entsprach der allgemeinen Fragestellung von »Kaiser, Rom und Renovatio«, daß Schramm zunächst die antikischen Formen von Ottos politischem Programm und dessen weltlichen Inhalt betonte: Anhand dieser beiden Aspekte hatte er in der Einleitung den »Römischen Erneuerungsgedanken« definiert. Das Besondere an Otto war aber gerade, daß er die Grenzen dieses Konzepts sprengte. Von allen anderen bei Schramm beschriebenen Befürwortern des »Römischen Erneuerungsgedankens« unterschied sich Otto III. dadurch, daß er auch die christliche Bedeutung Roms explizit aufgriff und sich die »Apostolische Erneuerung« zu eigen machte. Wiederholt wies Schramm nachdrücklich auf das religiöse Element hin, das Ottos »Renovatio« gekennzeichnet habe. Diese Verknüpfung von antiken Elementen und christlichem Gedankengut sei später wieder verloren gegangen.[257] Gerade die religiösen Vorstellungen Ottos III. ließen diesen Herrscher in Schramms Augen zu einem »Menschen des Mittelalters« werden.[258] Damit sind jene Theorien, die Ottos kaiserliche Politik vor allem im Hinblick auf die kirchliche Sphäre deuten wollen, bei Schramm durchaus schon angelegt.

e) Mittelalter und Renaissance

Das Buch über Otto III., das in »Kaiser, Rom und Renovatio« das vierte Kapitel bildete, war von derselben Voreingenommenheit zugunsten des Mittelalters getragen, die für Schramms Arbeiten allgemein kennzeichnend war. Hierzu passend betonte er, wiederum ganz im Sinne seiner sonstigen Stellungnahmen, auf der ersten Seite der Einleitung zu den »Studien« die Eigenständigkeit des Mittelalters als Epoche. Diese erste Seite bot eine fulminante Polemik, worin Schramm zu Fragen der Terminologie Stellung bezog.

Zu Beginn konstatierte er, die Antike habe auf sämtliche Gebiete der mittelalterlichen Kultur eingewirkt. Allerdings handele es sich dabei um einen komplexen und uneinheitlichen Prozeß. In manchen Perioden erscheine derselbe »so weit durch gemeinsame Richtung und gleiche Gesinnung zusammengehalten […], daß man ihnen die fragwürdigen Namen ›Renaissancen‹ oder ›Protorenaissancen‹ geben zu können glaubte.« Dagegen wand-

257 Die »Römische Erneuerung« und die Hoffnungen auf eine Erneuerung der Kirche, die Otto III. zur Synthese geführt hatte, sah Schramm nur eine Generation später »feindlich gegeneinander gekehrt« (SVS 1929 Kaiser Renovatio, Bd.1, S. 221).

258 Schramm schrieb, in Ottos Umgang mit den Reliquien des Heiligen Adalbert komme »die ganze Kompaktheit des damaligen Heiligenkultes zum Ausdruck«. Und bezüglich des Titels »servus apostolorum« stellte er fest, wie Ottos Bindung an den heiligen Adalbert und an Karl den Großen sei auch seine Beziehung zu Petrus und Paulus »ganz mittelalterlich gedacht. Der Mensch fühlte sich in engster, unmittelbarer, ununterbrochener Verbindung mit seinen Heiligen […].« — SVS 1929 Kaiser Renovatio, Bd.1, S. 139–140 u. 160.

te Schramm ein, es sei einseitig, die karolingische, ottonische oder staufische Epoche dermaßen stark durch ihre Abhängigkeit von der Antike zu charakterisieren. Dadurch würden »andre geistige Kräfte« zu stark in den Hintergrund gedrängt. Außerdem entstehe durch die Rede von den »Renaissancen« im Mittelalter der falsche Eindruck, in der Zeit zwischen den einzelnen »Renaissancen« hätte die Antike ihre Bedeutung eingebüßt. Im Gegenteil habe sich aber das Mittelalter unablässig an ihr geschult.[259]

Schramm eröffnete hier einen Streit um Begriffe, der seinem Eifer für die Individualität des Mittelalters eine klare Stoßrichtung verlieh: Indem er das Wort »Renaissance« zur Bezeichnung mittelalterlicher Verhältnisse ablehnte, ging es ihm darum, das Mittelalter möglichst deutlich von der Renaissance als Epoche zu unterscheiden. Um seinen Standpunkt zu untermauern, führte er nun das Argument an, das Mittelalter habe sich immerzu auf die Antike bezogen. Dadurch wurde es unsinnig, einzelne Phasen als »Renaissancen« abzugrenzen.

Allerdings würde das Mittelalter damit zugleich der Renaissance angeglichen. Es wandelte sich geradezu zu einer immerwährenden Renaissance. Schramm beließ es darum nicht dabei. Vielmehr betonte er die Vielfalt der Verhaltensweisen, welche die mittelalterlichen Menschen im Umgang mit der Antike an den Tag gelegt hätten. Er zerlegte die antike Kultur in einzelne Elemente, von denen er meinte, jeweils für sich hätten sie den Menschen des Mittelalters als Zugang gedient:

»Mittelbare Beziehungen werden wieder durch unmittelbare ersetzt, und einmal ist es der Inhalt, das andere Mal die Form, einmal das Wissen, das andere Mal die Empfindung, einmal die rechtliche Ordnung, das andere Mal die Gestaltung des Lebens, die zur Antike hinführt. Freie Nacheiferung, genaues Kopieren, leichte Anlehnung – alles ist nebeneinander möglich.«[260]

Niemals die antike Kultur als Ganzes, so Schramms Auffassung, sondern immer nur bestimmte Aspekte derselben hätten die Menschen des Mittelalters aufgegriffen. Damit schien ein Unterscheidungskriterium von der Renaissance gegeben: Diese hätte demnach versucht, die Antike in ihrer Gesamtheit wieder ins Leben zu rufen.

Auf diese Weise hatte Schramm den Unterschied zwischen Mittelalter und Renaissance herausgearbeitet. Im nächsten Schritt bezeichnete er Elemente, die das Mittelalter auch von der Antike unabhängig erscheinen lassen sollten. Insbesondere betonte er, das Mittelalter stehe »schon durch seinen Glauben [...] der Antike viel zu eigen gegenüber, als daß es bei einer einfachen Schülerschaft hätte bleiben können.«[261] Eine »einfache Schülerschaft« hätte

259 SVS 1929 Kaiser Renovatio, Bd.1, S. 3.
260 Ebd.
261 Ebd.

wohl nach Schramms Vorstellung das Ergebnis haben müssen, daß das Mittelalter als die lernende Epoche sich der Antike angeglichen hätte. Schramm konnte eine solche Tendenz nicht erkennen.[262] Seiner Meinung nach war die Individualität des Mittelalters zu stark: Er sah es durch die christliche Religion geprägt und damit deutlich von der heidnischen Antike unterschieden.[263]

Diese terminologische Diskussion, die Schramm mit so viel Energie eröffnet hatte, brach genau am Ende der Seite recht unvermittelt ab. Bis dahin war ihre Beziehung zum Untersuchungsgegenstand noch nicht klar geworden.[264] Weiter unten stellte sich jedoch heraus, daß auch der Titel des Buches mit dieser Diskussion im Zusammenhang stehen sollte. Das Wort »Renovatio« rief nämlich nicht nur Assoziationen an kaiserliche Erneuerungspolitik wach, sondern diente Schramm außerdem sozusagen als Kampfbegriff in dieser Auseinandersetzung. Seine oben diskutierten Aufführungen setzte er mit der Bemerkung fort, der Ausdruck finde in der Untersuchung Verwendung, weil es allgemein ratsam sei, geschichtliche Phänomene mit zeitgenössischen Begriffen zu bezeichnen. Und vor allem: »Dadurch ist von vornherein eine feste Abgrenzung gegen den viel mißbrauchten und herumgeschleuderten Ausdruck ›Renaissance‹ gegeben.«[265]

Schramm wollte dem Leser verdeutlichen, daß der Begriff »Renaissance« jede Erklärungskraft verliere, wenn er auf das Mittelalter angewandt werde. Deshalb wählte er einen anderen Begriff. Damit war aber die Schärfe der Äußerung noch nicht erklärt. Vielmehr wehrte sich Schramm gleichzeitig dagegen, daß das Mittelalter durch die Verwendung ungeeigneter Begriffe seiner Individualität entkleidet wurde. Das »Eigene« des Mittelalters hatte

262 Als zweites Element, das zur Eigenständigkeit des Mittelalters führte, nannte Schramm »die Tatsache, daß Menschen ganz anderer Herkunft Träger der Kultur sind«. Dahinter stand offenbar die Vorstellung, durch die Völkerwanderung seien die Römer als bestimmende Kraft im Abendland von den Germanen abgelöst worden. In den Jahrhunderten des Mittelalters seien dann die Nachfahren der Germanen die »Träger der Kultur« gewesen. Dieses Argument scheint zwischen den Germanen und ihren Nachfahren eine Kontinuität zu postulieren, in der genealogische Abstammung und kulturelle Identität miteinander verknüpft sind. Einem modernen Leser könnte dies bedenklich erscheinen. Schramm führte den Gedanken jedoch wie etwas vollkommen Selbstverständliches an und verband damit keine besonderen Absichten. In »Kaiser, Rom und Renovatio« spielte er sonst keine erkennbare Rolle. — SVS 1929 Kaiser Renovatio, Bd.1, S. 3; über Schramms Auseinandersetzung mit der These von der »germanischen Kontinuität« vgl. unten, Kap. 10.d).

263 Dieses Argument setzte im Grunde einen verkürzten Begriff von der Antike voraus, da es die christlich dominierten Jahrhunderte der Spätantike vernachlässigte. Es war aber insofern berechtigt, als die Menschen zu allen Zeiten die klassische Antike und die noch heidnischen ersten nachchristlichen Jahrhunderte, in denen das Imperium Romanum den Höhepunkt seiner Machtentfaltung erreichte, als in besonderer Weise vorbildhaft empfunden haben.

264 Auf der nächsten Seite stellte Schramm fest, die ganze bis dahin erörterte Problematik werde in den folgenden Studien nur am Rande eine Rolle spielen. Hier gehe es um eine ganz andere Verbindung zwischen Antike und Mittelalter. — SVS 1929 Kaiser Renovatio, Bd.1, S. 4.

265 Ebd., S. 6.

für ihn seit jeher einen hohen Wert.[266] Um es zu verteidigen, wählte er hier recht deutliche Formulierungen.

Das wichtigste Argument, mit dem Schramm auf der ersten Seite der Einleitung die Eigenständigkeit des Mittelalters gegenüber der Renaissance betont hatte, fand sich im letzten Kapitel des ersten Bandes wieder, wo er das Fazit seiner Arbeit zog. Dort schrieb er einerseits, die ganze Kultur des früheren Mittelalters – worunter er seinen Untersuchungszeitraum verstand – lebe vom »antiken Erbe«. Beim Zugriff des Mittelalters auf die Antike handele es sich gleichsam »um die Ausnutzung eines unerschöpflichen Schatzes [...].« Jedoch gehe es andererseits immer darum, »daß dieser Schatz genutzt, den eigenen Interessen dienstbar gemacht wird«.[267] Hier gab Schramm dem Theorem von der immer nur partiellen Antikerezeption des Mittelalters eine neue Fassung. Dadurch entstand eine Argumentationsfigur, die später immer wieder in seinen Werken auftauchte: Aus dem ungeheueren Reichtum der Antike griffen sich die Menschen des Mittelalters ganz gezielt das heraus, was für sie hilfreich war.

Auch das augenfälligste Element, durch das nach Schramms Empfinden das ganz unterschiedliche Wesen von Mittelalter und Antike sichtbar wurde, sprach er im letzten Kapitel der »Studien« wieder an. Er formulierte, so viel im Mittelalter über die Antike lobend geredet worden sei, so sei auf dem Bild der Vergangenheit doch immer ein Schatten haften geblieben: »der Schatten des Heidentums, der den edelsten und gebildetsten Römer gegenüber dem einfältigsten Christen verdunkelte.«[268]

Mit diesen Ausführungen baute Schramm seine auf der ersten Seite vorgetragene These von der Eigenständigkeit des Mittelalters aus. Er wollte aber nicht nur der Epoche im allgemeinen, sondern auch dem »Römischen Erneuerungsgedanken« selbst, seinem eigentlichen Untersuchungsgegenstand, eine spezifisch »mittelalterliche« Qualität beimessen. Dies sprach er ganz am Ende seiner Studien sehr deutlich aus. Er schrieb, das »eigene Losungswort – ›Renovatio‹ –« sei für die betrachteten »geistigen Bereiche« beibehalten worden »zur Kennzeichnung ihrer Verknüpfung mit den *politischen* Wandlungen sowie zur Betonung ihres *mittelalterlichen*, trotz allem gegen die ›Renaissance‹ scharf abgehobenen Charakters.«[269]

Angesichts dessen überrascht es, daß die »mittelalterliche« Qualität des »Römischen Erneuerungsgedankens« im Rahmen von Schramms eigener Darstellung alles andere als eindeutig hervortritt. Im letzten Kapitel der »Studien« deutete Schramm an, welche Funktion er dem »Renovatio«-Ge-

266 Hierzu v.a. oben, Kap. 5.a).
267 SVS 1929 Kaiser Renovatio, Bd.1, S. 292.
268 Ebd.
269 SVS 1929 Kaiser Renovatio, Bd.1, S. 300; Hervorhebungen im Original gesperrt.

danken im Spannungsfeld von Mittelalter und Renaissance zuschrieb. Er stellte nämlich fest, solange das Mittelalter die Antike im Dunkel des Heidentums gefangen gesehen habe, sei es unmöglich gewesen, »daß die Antike als Ganzes vom Mittelalter erschlossen wurde.«[270] Die Antike als Ganzes erschlossen zu haben, war in Schramms Geschichtsbild die Leistung der Renaissance. In den folgenden Sätzen deutete er an, wie diese eigentliche Renaissance aus dem Mittelalter habe hervorgehen können. Auf die Frage, »wo zuerst im Mittelalter ein deutliches und geschlossenes Bild der Römischen Vergangenheit herausgetreten ist«, gab er die Antwort, dies sei in Rom und bei den Römern, aber auch bei den römisch Gesonnenen der Fall gewesen – also bei den Trägern des »Renovatio«-Gedankens. Diesen hätte der »Schatten des Heidentums« gegenüber dem »vom alten Rom ausstrahlenden Licht« nichts bedeutet.[271]

Die Tendenz, die sich in dieser Passage andeutete, trat an anderen Stellen im Buch noch viel deutlicher hervor. Diese Stellen sind fast ausnahmslos in jenen Teilen des Werks zu finden, die dem eigentlichen »Graphia«-Buch, das heißt Schramms Habilitationsschrift zugerechnet werden müssen.[272] An einer dieser Stellen schrieb Schramm über den »Graphia-Libellus«:

»Dieser Versuch ist denkwürdig als eine frühe Etappe in dem mühseligen Prozeß, durch den die aus christlicher Feindschaft entstellte, aus mangelndem Interesse halb vergessene, durch Unkenntnis nebelhaft gewordene Antike wieder ans Licht gezogen worden ist, um nun – ideal verklärt – als belebendes Element in die mittelalterliche Kultur hinein zu wirken und schließlich bei ihrer Überwindung mitzuhelfen.«[273]

Bei einer anderen Gelegenheit hob Schramm zunächst hervor, durch das Wirken Ottos III. sei der »Renovatio«-Gedanke entscheidend gestärkt worden, und fuhr dann, mit Bezug auf diesen Gedanken, fort: »Dies Erbe der Antike, dessen belebende Kraft sich nun von Generation zu Generation immer deutlicher offenbart, war für alle Zeiten gerettet.«[274]

Mit den zitierten Formulierungen kennzeichnete Schramm ausgerechnet den »Römischen Erneuerungsgedanken« als ein Element, das die »Überwindung« des Mittelalters erleichtert und ermöglicht habe. Damit erschien aber dieser »Gedanke« gerade nicht als etwas spezifisch Mittelalterliches. Schramms gesamte Argumentation ging ja von der Voraussetzung aus, daß ein grundsätzlicher und die gesamte Kultur bestimmender Unterschied zwischen Mittelalter und Renaissance bestehe. Unter dieser Prämisse ist es nur

270 SVS 1929 Kaiser Renovatio, Bd.1, S. 292.

271 Ebd., S. 293.

272 Die wohl einzige Ausnahme im Otto-Kapitel des Werks bildete das Zitat von Konrad Burdach, das Schramm als Schlußpunkt des Kapitels setzte (SVS 1929 Kaiser Renovatio, Bd.1, S. 187 m. Anm. 1; hierzu auch in einer Fußnote weiter unten in diesem Abschnitt).

273 SVS 1929 Kaiser Renovatio, Bd.1, S. 216.

274 Ebd., S. 269; über Otto III. auch: ebd., S. 221, 267.

schwer vorstellbar, daß ein Phänomen, von dem gesagt wird, daß es zur Überwindung des Mittelalters beitrage, gleichzeitig ganz »mittelalterlich« ist. Ein Gegenstand, der ganz und gar »mittelalterlich« ist, müßte für den Übergang in die Renaissance wohl eher ein Hindernis darstellen. Damit lag in Schramms Formulierungen ein Widerspruch vor.

Daraus ergaben sich nur deshalb keine besonderen Schwierigkeiten, weil der »mittelalterliche« Charakter der von Schramm untersuchten Phänomene in den »Graphia«-Kapiteln der »Studien« – von Otto III. wird noch zu reden sein – nicht erörtert wurde. Schramm postulierte die besondere »mittelalterliche« Qualität seines Gegenstandes zwar in der Einleitung und am Schluß, ließ aber im Zuge der Untersuchung keinen besonderen Eifer erkennen, sie im Einzelnen nachzuweisen. Jedenfalls spielte der christliche Glaube, der für seine Konzeption des »Eigenen« des Mittelalters so zentral war, gerade im »Graphia-Libellus« und den anderen Zeugnissen des »Graphia-Kreises« überhaupt keine Rolle.[275] Schramm blieb die Erklärung schuldig, inwiefern diese Quellen als »mittelalterlich« zu werten seien.

Am interessantesten sind jedoch die Inkongruenzen, die Schramms Gedankengang auf der normativen Ebene aufwies. Hier bestand der Widerspruch darin, daß Schramm dem Mittelalter und der Renaissance an verschiedenen Stellen des Buches einen jeweils unterschiedlichen Wert beimaß. Sonst stand der »Geist des Mittelalters« im Mittelpunkt seines Strebens. Wenn Schramm dieses Ziel verfolgte, dann betonte er den typisch historistischen Gedanken, daß jede Epoche ihren Wert in sich trage. Bei aller Verschiedenheit waren die einzelnen Epochen in diesem Modell hinsichtlich ihres Wertes gleich. In den hier in Frage stehenden Passagen von »Kaiser, Rom und Renovatio« rückte jedoch das »Erbe der Antike« ins Zentrum der Aufmerksamkeit. Daran zeigte Schramm bei anderen Gelegenheiten nur ein funktionales Interesse: Ganz statisch verstanden, sollte das »Erbe der Antike« ihm ein »Maßstab« sein, um das »Eigene« des Mittelalters zu erkennen.[276] Jetzt hingegen charakterisierte er das antike Erbe, dessen Sicherung er als »Rettung« ansprach, als etwas Kostbares und »Belebendes«. Damit erschien es als ein die Geistesgeschichte vorantreibender Faktor, der die Kraft hatte, die Menschen zu befreien. Weil aber – Schramms Gedankengang zufolge – das »Erbe der Antike« erst in der Renaissance wieder ganz verstanden worden war, mußte diese jüngere Epoche dem Mittelalter nicht gleichwertig, sondern überlegen scheinen. Und in der Tat klingt diese Wertung an, wenn Schramm das Mittelalter als etwas darstellt, das habe »über-

275 Das stellte Schramm selbst ausdrücklich fest: »Eine andere Kraftquelle als die religiöse speiste den Erneuerungsgedanken in der Zeit nach Otto III. – die nationale, die sich schon im X. Jahrh. als belebend erwiesen hatte« (SVS 1929 Kaiser Renovatio, Bd.1, S. 221–222).

276 Die Formulierung nach: *Saxl,* Nachleben, S. 245–246; vgl. hierzu die entsprechenden Ausführungen zu SVS 1928 Kaiser in Bildern, oben in diesem Kapitel Abschnitt a).

wunden« werden müssen. Hier verfiel er in ein Pathos, dessen Ausrichtung seinen sonst geäußerten Auffassungen nicht entsprach.

Die beobachteten Widersprüche lassen sich nicht auflösen. Es läßt sich aber erklären, wie sie zustande kommen konnten. Die Passagen des Buches, in denen Schramm dem antiken Erbe eine befreiende Kraft zuschrieb, finden sich alle in den »Graphia«-Kapiteln des Buches, also in der Habilitationsschrift. Die dazu gegenläufigen Ausführungen, in denen Schramm den »mittelalterlichen« Charakter des »Römischen Erneuerungsgedankens« postulierte, finden sich in der Einleitung und am Schluß. Dies sind Abschnitte, die Schramm, wie es wissenschaftlicher Gewohnheit entsprach, in der letzten Phase seiner Arbeit an »Kaiser, Rom und Renovatio« gründlich durchgearbeitet hatte.[277]

In seiner Habilitationsschrift hatte er sich hingegen eine Sichtweise zu eigen gemacht, die allgemein für diejenigen Wissenschaftler charakteristisch war, die in der Bibliothek Warburg ihren Forschungen nachgingen. Diese Forscher brachten die Vorstellung, daß die Renaissance als Epoche einen besonders hohen Wert habe, selten offensiv zur Geltung. Insbesondere Fritz Saxl war viel zu zurückhaltend und vorsichtig, um einen so grundsätzlichen Aspekt seiner Weltanschauung plakativ vorzutragen. Dennoch vertrat er diese Ansicht, wie in einem früheren Kapitel an einem Beispiel nachgewiesen werden konnte.[278] An den hier zu erklärenden Stellen von »Kaiser, Rom und Renovatio« zeigten sich also bei Schramm »warburgianische« Spuren von einer Art, wie sie in seinen sonstigen Werken nicht zu beobachten sind.

Damit wurde in diesen Passagen die Inspiration spürbar, die Schramm ursprünglich bewogen hatte, sich mit der Geschichte des »Renovatio«-Gedankens überhaupt zu befassen. Schon 1923, als er in Briefen an Saxl zum ersten Mal skizzierte, wie er sich der »Renovatio« nähern wollte, war das »Eigene« des Mittelalters zwar ein Problem, das ihn bewegte. Er sprach es auch in denselben Briefen durchaus an.[279] Aber es ist in diesen Quellen nicht davon die Rede, daß er in seinem »Graphia«-Buch darauf eingehen wollte. Damals hatte er nicht die Absicht, gerade mit dieser Arbeit etwas spezifisch Mittelalterliches zu beschreiben. Vielmehr teilte er Saxl mit, durch die Analyse der Entwicklung des »Renovatio«-Gedankens werde »das Problem

277 Für die Einleitung läßt sich dies nachweisen: Ein Briefwechsel zwischen Saxl und Schramm belegt, daß die Einleitung mit der bemerkenswerten Polemik auf der ersten Seite ihre endgültige Form frühestens im Februar 1929 fand. — WIA, GC 1929, Brief F. Saxl an P.E. Schramm, masch. Durchschl., o.O. [Hamburg], 5.2.1929; ebd., Postkarte P.E. Schramm an F. Saxl, Heidelberg 17.2.1929 [Poststempel].

278 In Saxls Vortrag über »Die Bibliothek Warburg und ihr Ziel«, den er Ende 1921 gehalten hatte, stand zu lesen, schon für Warburg sei die vollendete Renaissance »das Heiligtum« gewesen. Warburg selbst habe, indem er sich mit der Frührenaissance befaßte, einen »Akt der Befreiung« darstellen wollen (*Saxl*, Bibliothek und Ziel, S. 7–8; vgl. oben, Kap. 3.c)).

279 S. hierzu oben, Kap. 5.c).

Nachleben der Antike« für das frühere Mittelalter »wirklich an der Wurzel angepackt.«[280] Die Fragen, die er damals stellte, verließen den Problemraum nicht, in dem die von der Bibliothek Warburg angeregten Forschungen üblicherweise angesiedelt waren.[281]

Noch ganz umfangen von der Atmosphäre der Hamburger Monate in der zweiten Hälfte des Jahres 1922,[282] hatte sich Schramm, als er an dem »Graphia«-Projekt zu arbeiten begann, vollkommen in die Programmatik der Bibliothek eingefügt. Den für die Unterscheidung von Mittelalter und Renaissance noch in der publizierten Fassung von »Kaiser, Rom und Renovatio« zentralen Gedanken, daß die Antike im Mittelalter nur in Einzelaspekten rezipiert, in der Renaissance hingegen ganz verstanden worden sei, hatte er wahrscheinlich direkt von Saxl übernommen.[283] Verstärkend hinzu kam Schramms oben beschriebene Begeisterung für Konrad Burdach. Dabei spielt es keine große Rolle, ob Burdachs Renaissance-Konzeption sich mit der in der Bibliothek Warburg vertretenen deckte.[284] Relevant ist hier nur, daß auch Burdach in seinem Rienzo-Werk und den zugehörigen Arbeiten das Mittelalter im Hinblick auf die Renaissance entwarf.[285]

Im Laufe der Zeit verlor Schramm das Interesse an der für das »Graphia«-Buch ursprünglich konzipierten Fragestellung. Sie ging an den Grundfragen

280 WIA, GC 1923, Brief P.E. Schramm an F. Saxl, o.O. [Heidelberg], o.D. [vor 7.3.1923].

281 An einer anderen Stelle schrieb Schramm an Saxl, im Mittelpunkt seiner Arbeit stehe »der Arm des Nachlebens der Antike, der nicht über den Orient geht, sich mit diesem im 13. Jahrhundert vereinigt und damit die Vorbedingungen zur Renaissance schafft.« Diese Formulierung spielte auf Saxls eigene Forschungen an: Saxl befaßte sich mit astrologischen Bilderhandschriften des Mittelalters. In diesen tauchten die Götter der antiken Mythologie häufig in Formen auf, die zeigten, daß den Malern orientalische Handschriften als Vorlage gedient hatten. In diesen Vorlagen war die antike Götterwelt orientalischen Vorstellungen angepaßt worden. Demgegenüber meinte Schramm, mit seiner Geschichte der Rom-Utopien eine Traditionslinie gefunden zu haben, für die orientalische Einflüsse nirgends eine Rolle gespielt hätten – ein Teilbereich des Nachlebens der Antike also, in dem das Abendland die Essenz seiner Kultur ohne fremde Unterstützung über die Zeiten gerettet habe. — WIA, GC 1923, Brief P.E. Schramm an F. Saxl, o.O. [Heidelberg], o.D. [Ende Mai/Anfang Juni 1923]; Saxls Forschungen: *Saxl*, Verzeichnis 1915; *Ders.*, Verzeichnis II 1927.

282 Hierzu oben, Kap. 4.c).

283 Mit Blick auf Darstellungen der antiken Göttin Venus hatte Saxl schon 1921 das Modell entwickelt, daß »Inhalt« und »Form« der antiken Überlieferung in den Jahrhunderten des Mittelalters voneinander getrennt gewesen seien und erst in der Hochrenaissance wieder ganz zusammengefunden hätten. — *Saxl*, Bibliothek und Ziel, S. 3–7; s. im einzelnen oben, Kap. 3.c).

284 Immerhin scheute Saxl sich nicht, Burdachs Forschungen bei Gelegenheit zustimmend zu zitieren. — *Saxl*, Bibliothek und Ziel, S. 8; vgl. aber *Ferguson*, Renaissance, S. 218–220 u. 306–311; über Burdachs Bedeutung für Schramms Arbeit an »Kaiser, Rom und Renovatio« oben in diesem Kapitel, Abschnitt c).

285 Das Rienzo-Werk hatte ja die Wurzeln der Renaissance gerade zum Thema. In eine ähnliche Richtung wies das Burdach-Zitat, mit dem Schramm sein Kapitel über Otto III. abschloß. Die Idee, hieß es dort, von der Otto sich habe leiten lassen, »leuchtete über die Kultur des Zeitalters bewegend, weckend, befruchtend.« — SVS 1929 Kaiser Renovatio, Bd.1, S. 187 m. Anm. 1; dort zitiert: *Burdach*, Entstehung, S. 129.

vorbei, die ihn sonst bewegten. Nicht zuletzt deshalb mußte Schramm gewisse innere Widerstände überwinden, als er sich um die Jahreswende 1927/28 dem »Renovatio«-Buch nach langer Pause wieder zuwandte. Als er Fritz Saxl im April 1928 brieflich den baldigen Abschluß der Arbeit ankündigte, schrieb er, er sei froh, daß das Thema »jetzt endlich Gestalt gewonnen« habe. »Dadurch reizt es mich auch wieder [...].«[286] In der Zeit zwischen ungefähr 1925 und Ende 1927 hatte sich also seine Haltung zu dem Vorhaben zweimal verändert. Zunächst war ihm die Arbeit fremd geworden. Dann hatte das Thema eine neue »Gestalt gewonnen«, mit der sich Schramm wieder ganz identifizieren konnte.

Dabei spielte allem Anschein nach das Buch »Rom und Romgedanke im Mittelalter« eine Rolle, das der Frankfurter Historiker Fedor Schneider im Jahr 1926 publizierte.[287] Wie eng sich das Werk mit Schramms »Renovatio«-Projekt berührte, ergibt sich bereits aus dem Titel. Weil es im beiderseitigen Interesse lag, tauschten die Autoren im Jahr 1925 ihre Manuskripte aus.[288] Vieles in Schneiders Buch mußte auf Schramm provozierend wirken – aus Otto III. machte Schneider einen »naiv ahnungslosen kaiserlichen Jüngling«, dessen hehre Ideale eine Clique von lombardischen Beratern mißbrauchte.[289] Trotzdem blieb Schramm zurückhaltend, als er 1927 eine Rezension zu Schneiders Arbeit veröffentlichte. Er wehrte sich aber dagegen, daß Schneider der religiösen Geisteswelt des Mittelalters keinen eigenständigen Wert zubilligen wollte.[290]

Damit war zwischen Schramms Interesse am »Eigenen des Mittelalters« und dem Thema seiner »Graphia«-Arbeit auf neue Weise ein Zusammenhang hergestellt. Er fühlte sich nun herausgefordert, Schneiders Buch über den »Romgedanken« ein eigenes über die »Renovatio« gegenüberzustellen, in dem beinahe dasselbe Thema ganz anders behandelt wurde. Schramm wollte den Gegenstand auf eine Art und Weise zur Darstellung bringen, von

286 WIA, GC 1928, Brief P.E. Schramm an F. Saxl, Heidelberg o.D. [wohl April 1928].

287 Fedor Schneider (1879–1932) war seit 1923 planmäßiger ordentlicher Professor an der Universität Frankfurt. — *Schneider, F.*, Rom; DBI; KDG.

288 Im Mai 1925 schrieb Schramm an Saxl: »Ich erwarte jetzt die Fahnen von Fedor Schneiders neuem Buch über die Romidee im Ma., nachdem er mein Ms durchgelesen hat. Ich werde es so einrichten, daß wir uns nicht wiederholen.« Schneider seinerseits zitierte Schramms Forschungen und rühmte seine Hilfsbereitschaft. — WIA, GC 1925, Brief P.E. Schramm an F. Saxl, o.D. [vor 26.5.1925], Heidelberg; vgl. SVS 1929 Kaiser Renovatio, Bd.1, S. VIII; *Schneider, F.*, Rom, S. 172.

289 *Schneider, F.*, Rom, S. 198; S. 199: »die Kamarilla, die im Namen des jungen Kaisers regierte«; insgesamt über Otto III.: S. 195–200; vgl. *Görich*, Otto III., S. 191–192.

290 Die eigentlich mittelalterliche Haltung war bei Schneider der »Simplismus«, eine radikalasketische »Bildungsfeindschaft«. Schramm setzte dagegen seine Überzeugung, daß die geistigen Kräfte des Mittelalters eine neue, von der Antike verschiedene Kultur geschaffen hätten, »deren Größe man gar nicht mehr zu charakterisieren braucht, da sie uns allen vor Augen steht.« — *Schneider, F.*, Rom, S. 70–71; SVS 1927 Rezension Schneider, S. 266.

der er meinte, daß sie dem Mittelalter gerecht werde. Jetzt fügte er in seine Habilitationsschrift das Kapitel über Otto III. ein, was eine massive Erweiterung darstellte. An dem eigentlichen »Graphia«-Buch nahm er zwar keine substantiellen Änderungen vor; er bemühte sich aber, die Deutung der Ergebnisse so umzuarbeiten, daß sie dem Geschichtsbild entsprachen, das ihn auch sonst bei seiner Arbeit leitete und das sich seit 1923 weiter gefestigt hatte. Wie es ihm in den »Kaiserbildern« bereits gelungen war, versuchte er hier klarzustellen, daß das Mittelalter, obwohl es sich unablässig auf die Antike bezogen habe, dennoch eine eigenständige Epoche gewesen sei.

Die Ergänzungen des Kontinuitätsarguments, die dem neuen Darstellungsziel dienten, konnten jedoch zum »Graphia«-Teil von »Kaiser, Rom und Renovatio« nicht passen. Insgesamt läßt sich nicht übersehen, daß die auf das Spezifische des Mittelalters bezogenen Gedanken nichts mit dem Geschichtsbild zu tun hatten, auf das hin Schramm das Buch ursprünglich entwickelt hatte. Erst Ende der zwanziger Jahre umkleidete er seine Arbeit mit diesen Überlegungen, als es ihm nicht mehr genügte, sich mit dem »Erbe der Antike« zu befassen.[291]

Ein wenig anders als bei den Kapiteln der ursprünglichen Habilitationsschrift stellt sich die Problematik im Hinblick auf das Material über Otto III. dar, das Schramm gleichfalls in der abschließenden Phase seiner Beschäftigung mit »Kaiser, Rom und Renovatio« in das »Graphia«-Buch einarbeitete. Dieses Material kam den Vorstellungen, die Schramm zuletzt mit seinem Gegenstand verband, von vorneherein entgegen: Er hatte es ursprünglich in der Absicht gesammelt, Otto III. vor dessen Kritikern unter den Historikern zu rechtfertigen, also für diesen besonderen Fall den Wert des »Mittelalterlichen« herauszuarbeiten. Zugleich fügte es sich aber harmonisch in den Gedankengang des »Graphia«-Buches ein: Denn in Schramms Interpretation war es ja eben die besondere Leistung Ottos III. gewesen, das Erbe der Antike aufgegriffen zu haben und trotzdem ganz ein »Mensch des Mittelalters« geblieben zu sein. In der Gestalt Ottos III. waren alle Gegensätze aufgehoben, die »Kaiser, Rom und Renovatio« an anderen Stellen auseinanderzureißen drohten.

Damit wirkte sich auch der latente Gegensatz nicht aus, der aufgrund der unterschiedlichen Bewertung von Mittelalter und Renaissance zwischen Schramms Geschichtsbild und demjenigen bestand, von dem die mit der Bi-

291 Trotzdem liegt die Frage nahe, warum Schramm nicht diejenigen Passagen ausmerzte, die seiner Vorstellung vom besonderen Wert des Mittelalters zuwider liefen. Darauf läßt sich antworten, daß Schramm vor allem den Wunsch hatte, das Buch endlich abzuschließen. Es ist nicht klar, wie gründlich er die einzelnen Kapitel durcharbeitete. Außerdem kam es ihm bei seinen Arbeiten immer vor allem auf das Material an, das er zu präsentieren hatte. Er fühlte sich nie veranlaßt, die Stimmigkeit seiner Arbeiten auf der theoretischen Ebene gründlicher als unbedingt nötig zu überprüfen.

bliothek Warburg verbundenen Forscher sich leiten ließen. Ohnehin wußte sich Schramm mit den Wissenschaftlern im Umkreis der Bibliothek Warburg einig, wenn er den Nachweis der kontinuierlichen Existenz des »Römischen Erneuerungsgedankens« zur Abwehr der Rede von den »Renaissancen« im Mittelalter einsetzte.[292] Auch Fritz Saxl und Erwin Panofsky wehrten sich dagegen, für Erscheinungen der Kulturgeschichte des Mittelalters den Begriff »Renaissance« zu verwenden.[293] Ihr Protest hatte andere Gründe. Schramm ging es darum, den »Geist des Mittelalters« unverfälscht zu erhalten, der für ihn einen spezifischen Wert hatte. Auf der anderen Seite wollten Saxl und Panofsky die Einmaligkeit der Renaissance bewahrt wissen, in der sie einen besonderen Höhepunkt in der kulturellen Entwicklung der Menschheit sahen. Trotzdem deckten sich die jeweiligen Interessen darin, daß es einen fundamentalen Unterschied zwischen Mittelalter und Renaissance geben mußte.[294] Deshalb führte die voneinander abweichende Zentrierung der jeweiligen Geschichtsbilder bis weit in die dreißiger Jahre hinein nie zu einem Konflikt zwischen Schramm und den mit der Bibliothek Warburg verbundenen Forschern.

f) Interpretationen der »Kaiseridee«

Als eines der Themen, die er in »Kaiser, Rom und Renovatio« behandeln wollte, nannte Schramm in der Einleitung zu den »Studien« ausdrücklich die »Kaiseridee«. Über das oben Zitierte hinaus stellte er fest, bei der Untersuchung dieser »Idee« sei nicht nur »ihre unterschiedliche Fassung in den einzelnen Generationen und in den verschiedenen Parteilagern« stärker zu

292 Der prominenteste Vertreter der Gegenrichtung, die den Begriff »Renaissance« auch für das Mittelalter etablieren wollte, war der Amerikaner Charles H. Haskins. Sein bekanntestes Buch »The Renaissance of the Twelfth Century« erschien 1927. Haskins wies nach, daß viele Phänomene, die für die italienische Renaissance im hergebrachten Sinne typisch zu sein schienen, sich ganz ähnlich auch schon im Mittelalter entdecken ließen. Schramm erwähnte Haskins' Werk in »Kaiser, Rom und Renovatio«, ließ seine Kritik daran aber nicht deutlich hervortreten. — *Ferguson*, Renaissance, S. 331–333; SVS 1929 Kaiser Renovatio, Bd.1, S. 297 m. Anm. 1.

293 In einer gedruckten Äußerung gingen Saxl und Panofsky 1933 zum ersten Mal auf dieses Thema ein. Panofsky verfolgte es weiter und legte in den sechziger Jahren ein Werk in englischer Sprache vor, worin er den Unterschied zwischen den »Renascences« des Mittelalters im Gegensatz zur einen »Renaissance« herausarbeitete. Vor 1933 hatte Fritz Saxl wichtige Vorarbeiten für dieses Projekt geleistet. — *Panofsky, Saxl*, Classical Mythology; *Hoffmann, K.*, Panofskys »Renaissance«, v.a. S. 139 m. Anm. 1.

294 Die Gemeinsamkeiten wurden in dem erwähnten Aufsatz von Panofsky und Saxl deutlich, als die Autoren beispielsweise vorschlugen, für die Zeit Karls des Großen – englisch – von einer »renovation« zu sprechen, was auch dem zeitgenössischen Sprachgebrauch angemessen sei. Explizit zitierten sie »Kaiser, Rom und Renovatio« zweimal.— *Panofsky, Saxl*, Classical Mythology, S. 235, Anm. 50 auf S. 266, S. 280.

beachten, als dies bisher in der Forschung geschehen sei. Auch eventuelle Veränderungen während der Herrschaftszeit einzelner Herrscher seien in Rechnung zu stellen. Der Umstand, »daß ein Kaiser am Ende seines Lebens eine andere Auffassung von dem Gehalt seiner Würde gehabt haben kann als am Anfang,« sei »von entscheidender Bedeutung für die Beurteilung seiner Taten.«[295]

In »Kaiser, Rom und Renovatio« legte Schramm also, wenn er von der »Kaiseridee« sprach, besonderen Wert auf die Vorstellungen, die die jeweils einzelnen Kaiser selbst von ihrer Würde gehabt hatten. Dabei wollte er diese Herrschaftskonzeptionen ganz bewußt nicht generalisieren, sondern sie im Gegenteil in ihrer Verknüpfung mit den Wandlungen der geschichtlichen Situation betrachten. Sicherlich zu Recht ging er davon aus, daß die »Idee« der einzelnen Kaiser von ihrer Herrschaft sich im Laufe ihrer jeweiligen Regentschaft signifikant verändern konnte.

Zur Anwendung kam dieses Modell zunächst andeutungsweise bei Otto II. Schramm hob hervor, daß Otto im Jahr 982 den Titel »Imperator Romanorum« annahm, weil sich das Verhältnis zum Basileus veränderte. Mit diesem aus der aktuellen politischen Situation heraus unternommenen Schritt verschob sich zugleich die Legitimationsgrundlage seiner Herrschaft.[296] Schramm selbst hatte aber bei der Konkretisierung seines Konzepts der »Kaiseridee« wohl vor allem an Otto III. gedacht. Denn sein Entwurf von dessen Herrschaftsvorstellungen war nicht statisch: Die Anlagen, die sich bereits in Ottos ersten Handlungen als Herrscher zeigten, klärten sich auf dem zweiten Romzug unter dem Einfluß Gerberts von Reims und Leos von Vercelli. Auf dem Zug nach Gnesen trat zutage, wie eng Ottos Konzept kaiserlicher Herrschaft mit seiner persönlichen Religiösität verknüpft war. In der Schenkungsurkunde vom Januar 1001 wurde dann der kaiserliche Herrschaftsanspruch noch weiter intensiviert und das Verhältnis zum Papsttum auf eine neue Grundlage gestellt. Damit war der Endpunkt aber nicht erreicht: Auch nach der Vertreibung aus Rom blieb Ottos Herrschaftsvorstellung im Fluß, als nicht mehr übersehen werden konnte, daß der starke Bezug auf Rom ein machtpolitischer Fehler gewesen war. Die von Otto vertretene »Kaiseridee« war also aus bestimmten Bedingungen heraus entstanden und wandelte sich, wie die Bedingungen sich wandelten.[297]

Weitere Facetten von Schramms Konzeption der »Kaiseridee« kamen im »Kaiserordines«-Aufsatz zum Vorschein, der ein Jahr nach »Kaiser, Rom und Renovatio« erschien. Der Ordo »Cencius II«, der hier im Mittelpunkt von Schramms Bemühungen stand, hatte den Anspruch, eine überzeitliche

295 SVS 1929 Kaiser Renovatio, Bd.1, S. 7–8.

296 Ebd., S. 84; vgl. oben in diesem Kapitel, Abschnitt c).

297 Über Ottos Vorstellungen in diesem Sinne auch: *Eickhoff*, Kaiser Otto III., S. 315–316.

Norm aufzustellen. Zugleich wurde in ihm aber die wandlungsreiche Geschichte der »Kaiseridee« greifbar. Dies galt für diejenigen Stellen, an denen der Verfasser praktische Anweisungen gab, wie die beteiligten Akteure sich zu bewegen und zu verhalten hätten. Hier hielt er sich nämlich, wenn er über den älteren »Ordo Cencius I« hinausging, nicht an schriftliche Vorlagen, wie er es bei den Gebeten und übrigen Formeln tat. Vielmehr beschrieb er den Brauch, der sich seit der Entstehungszeit der früheren Vorschrift herausgebildet hatte. Das allmähliche Wachstum des Rituals zu immer reicheren Formen, in dem sich zugleich der stete Wandel der Vorstellungen vom Kaisertum abbildete, trat hier zutage.[298] Damit öffnete sich der Blick auf die lange Dauer der Entwicklung. Dennoch gab der Ordo in Schramms Interpretation eine ganz spezifische Sichtweise des Kaisertums wieder, wie sie nur in einer bestimmten historischen Situation von einer der unmittelbar interessierten Parteien formuliert werden konnte.

Der ein Jahr zuvor in »Kaiser, Rom und Renovatio« vorgetragene Hinweis, daß sich die Vorstellungen eines einzelnen Herrschers von seinem Amt im Laufe seiner Regentschaft verändern könnten, band die »Kaiseridee« noch konsequenter in den geschichtlichen Ablauf ein. Aus dieser Perspektive verlor die »Kaiseridee« jegliche überzeitliche Qualität. Es ist nicht leicht zu erkennen, wie Schramm diese radikale Konkretisierung mit der Vorstellung von jener einen »Kaiseridee« vereinbaren konnte, die sich durch die Geschichte hindurch immer gleich blieb. Dieses überzeitliche Konzept hatte er in »Die deutschen Kaiser und Könige in Bildern ihrer Zeit« noch ausdrücklich angesprochen, und sogar in »Kaiser, Rom und Renovatio« wollte er der Geschichte der einen »mittelalterlichen Kaiseridee« dienen.[299] Schramm vermochte aber die Brücke zwischen den beiden einander scheinbar widersprechenden Konzeptionen der »Kaiseridee« zu schlagen. Der Aufsatz über die »Kaiserordines« lieferte ein Beispiel dafür, wie jahrhundertalte Traditionen und konkrete historische Rahmenbedingungen zusammenwirken konnten, um an einem bestimmten Punkt der Geschichte eine spezifische Ausprägung der »Kaiseridee« hervorzubringen.

Aussagen über die »Kaiseridee«, die über die in der Einleitung akzentuierte Detailebene deutlich hinausgingen, traf Schramm in »Kaiser, Rom und Renovatio« nur mehr oder weniger unterschwellig. Genauerer Untersuchung bedarf dabei der Umstand, daß die Herrscher, wie oben dargestellt, ein sehr wechselhaftes Verhältnis zum »Römischen Erneuerungsgedanken« hatten. Unter den Kaisern des Mittelalters, die in Schramms Buch eine Rolle spielten, waren es ausgerechnet Karl der Große und Otto der Große, also der Begründer und der Wiederbegründer des »römischen« Kaisertums des

298 In diesem Sinne: SVS 1930 Ordines Kaiserkrönung, S. 323–325.
299 SVS 1929 Kaiser Renovatio, Bd.1, S. 7.

Mittelalters, die zum »Römischen Erneuerungsgedanken« die größte Distanz hielten. Dabei verwies Schramms Darstellung Ottos des Großen auf ein entscheidendes Problem. Schramms Analyse zufolge lag die besondere Stärke dieses Herrschers darin, daß er zeit seines Lebens »der Sachse, der Deutsche« blieb, »der außer seinem Heimatlande auch Rom und Italien regierte«.[300] Ottos des Großen Konzeption des Kaisertums zeichnete sich also dadurch aus, daß sie in besonderer Weise der deutschen Herkunft des Herrschenden gerecht wurde. Dies war bei den von Schramm dargestellten Kaisern alles andere als selbstverständlich.

Es ist in einem früheren Kapitel dargestellt worden, daß in jener Zeit, in der Schramm sich nach dem Ersten Weltkrieg das Mittelalter als Gegenstand seines wissenschaftlichen Arbeitens neu erschloß, sein Interesse für das Kaisertum eng mit der Frage nach dem »deutschen Wesen« verknüpft war.[301] Schon in »Über unser Verhältnis zum Mittelalter« war er allerdings zu der Einsicht gekommen, daß das Kaisertum nur in einem europäischen Rahmen adäquat betrachtet werden könne und daß der Rahmen der deutschen Geschichte hierfür zu eng sei.[302] In »Kaiser, Rom und Renovatio« wurde nun die Differenz zwischen Kaisergeschichte und deutscher Geschichte noch erheblich schärfer formuliert. In der Zeit Ottos des Großen erreichte die »Kaiseridee« nach Schramms Auffassung noch nicht ihre für das Mittelalter maßgebliche Gestalt. Entscheidend und für alle folgenden Jahrhunderte bestimmend wurde vielmehr die endgültige Anbindung des Kaisertums an Rom und die römische Antike, die Schramm erst durch Otto II. vollzogen sah.

Die ganze Problematik dieses Schritts trat dann in der Zeit Ottos III. zutage. Schramm rühmte dessen Konzeption eines von Rom aus regierten, ebenso antikischen wie christlichen Imperiums als eine der »gedankenreichsten und tiefsten« Formulierungen, welche die Idee des Kaisertums je gefunden habe.[303] Sie barg aber die Gefahr in sich, daß die Deutschen, insbesondere die Sachsen, die bisher den Kaiser als einen der Ihren zu sehen gewohnt waren, sich herabgesetzt fühlten und Widerstand leisteten. Aufgrund solcher Entwicklungen war Schramm, wie oben beschrieben, der Meinung, machtpolitisch betrachtet sei Ottos Herrschaftsentwurf als verfehlt anzusehen. Zugleich vertrat er aber die Auffassung, das Kaisertum sei durchaus nicht zu allen Zeiten in solcher Weise auf das nordalpine Reich angewiesen gewesen. Im Gegenteil hob er ausdrücklich hervor, in der Stauferzeit habe es »gerade

300 Ebd., S. 79; s.a. oben in diesem Kapitel, Abschnitt c).
301 S. hierzu oben, Kap. 3.e).
302 SVS 1923 Verhältnis, v.a. S. 328; hierzu oben, Kap. 5.a).
303 SVS 1929 Kaiser Renovatio, Bd.1, S. 186.

aus politischen, nicht aus ideologischen Gründen« vollkommen angemessen sein können, »das Schwergewicht des Reiches nach Süden zu verlegen«.[304]

Das Kaisertum war also nur solange an das nordalpine Reich gebunden, wie es dort die sicherste Machtbasis fand. Grundsätzlich hatte es seine eigenen Interessen, die von denen des deutschen Teilreichs divergieren konnten. Demzufolge war Schramm keinesfalls der Meinung, das Verhalten Ottos III. sei auf einer moralischen Ebene zu verurteilen. Es gab keine prinzipiell unauflösliche, erst recht keine ethisch verpflichtende Bindung zwischen dem Kaisertum und den Deutschen. Das Kaisertum gehorchte seiner eigenen »Idee«, die mit Deutschland wenig zu tun hatte. Insbesondere war das Kaisertum spätestens seit den Tagen Ottos II. unabänderlich an Rom, an das antike Erbe und an den Papst gebunden.

Die europäische Qualität, welche die »Kaiseridee« dadurch gewann, barg für den Forscher ihre eigenen Herausforderungen in sich. Noch deutlicher als in »Kaiser, Rom und Renovatio« war in dem »Kaiserordines«-Aufsatz von 1930 zu spüren, wie ernst es Schramm mit dieser europäischen Qualität war. Er ließ den Verfasser des Ordo »Cencius II« als einen hochgebildeten Mann erscheinen, dem in der päpstlichen Machtzentrale in Rom alle Überlieferungsschätze der abendländischen Kirche zur Verfügung standen. Mit Umsicht und Fingerspitzengefühl wußte er diese Schätze zu nutzen. Indem Schramm die Arbeitsweise des Verfassers herauspräparierte, band er den Ordo in ein weites Netz von Bezügen und Zusammenhängen ein. So hatte der Text einerseits seinen klar definierten Platz im Ablauf der historischen Ereignisse. Zugleich aber stand er – und mit ihm das Kaisertum, das er beschrieb – in einem Kontext, der die Grenzen zwischen den Völkern verschwinden ließ und die Jahrhunderte überspannte. Beides machte Schramm auf eindrucksvolle Weise sichtbar.

Dennoch konnten diese Perspektiven ihn nicht dazu bringen, sich weiterhin ebenso intensiv wie in der Heidelberger Zeit mit der »Kaiseridee« zu befassen. Als Student in München hatte er noch gehofft, auf das »deutsche Wesen« zu stoßen, indem er die Geschichte des Kaisertums geistesgeschichtlich untersuchte. Mittlerweile hatte er erfahren, daß dies nicht gelingen konnte. Im Gegenteil führte die Untersuchung der »Kaiseridee« den Forschenden immer weiter vom »deutschen Wesen« weg. Diese Einsicht trug entscheidend dazu bei, daß Schramm in seiner wissenschaftlichen Arbeit eine neue Richtung einschlug.

Ausdruck dieses Wandels war, daß er schon im Vorfeld der Publikation von »Kaiser, Rom und Renovatio« endgültig den Plan aufgegeben hatte, ein Buch über »Das Imperium der sächsischen Kaiser« zu schreiben. Das Konzept für dieses Buch hatte er 1921 im allerersten Entwurf seiner Doktorarbeit

304 Ebd., S. 185.

erarbeitet und es bis in die Mitte der zwanziger Jahre nicht aus den Augen verloren.[305] Bemerkenswerterweise lassen sich nun auch für den Sommer 1928 noch Spuren des Vorhabens nachweisen. Ernst Kantorowicz jedenfalls wartete gespannt auf die Fertigstellung dieses Werks und knüpfte große Erwartungen an Schramms »Ottonenarbeit«.[306]

Aber Schramm enttäuschte seinen Freund: Das Buch über die Ottonen als Kaiser wurde nicht mehr geschrieben. Falls Schramm 1927 oder 1928 überhaupt noch Material auf seinem Schreibtisch liegen hatte, das er spezifisch dafür erarbeitet hatte, brachte er es in »Kaiser, Rom und Renovatio« unter.[307] Er hielt es nicht länger zurück, weil in der Zwischenzeit die wichtigsten Darstellungsziele problematisch geworden waren, die er mit seinem Buch über die »Epoche der sächsischen Herrscher« hatte verfolgen wollen.[308]

In diesem Buch hatte er den »wahren Anfang des Mittelalters« beschreiben wollen, von dem er mittlerweile wußte, daß es ihn nicht gab, weil das Mittelalter sich niemals vom Vorbild der Antike gelöst hatte. Außerdem hätte Schramm in dem geplanten Werk gerne die »Grundlegung Europas und besonders Deutschlands« zur Darstellung gebracht.[309] An dem Ziel, diese »Grundlegung« zu beschreiben, hielt er fest: Dies belegen die Forschungen, die er von 1930 an betrieb und von denen in den folgenden Kapiteln die Rede sein wird. Aber er hatte mittlerweile erkannt, daß ein Buch über »Das Kaisertum der Ottonen« nicht das geeignete Mittel war, um den in Frage

305 Otto Westphal hatte ihn im November 1922 ermuntert, dazu zurückzukehren, und Schramm hatte die Absicht in seinen Briefen an Saxl im Jahr 1923 mehrfach erwähnt. — FAS, L »Imperium sächsische Kaiser«; s. hierzu oben, Kap. 5.c); FAS, L 230, Bd.11, Postkarte O. Westphal an P.E. Schramm, München 10.11.1922; hierzu oben, Kap. 4.c); WIA, GC 1923, Brief P.E. Schramm an F. Saxl, o.O. [Heidelberg], o.D. [vor 7.3.1923]; ebd., Brief P.E. Schramm an F. Saxl, o.O. [Heidelberg], o.D. [Ende Mai/Anfang Juni 1923]; s. im einzelnen oben, Kap. 5.c).

306 Als Schramm im August 1928 ein Exemplar seiner »Kaiserbilder«-Sammlung als Geschenk an Ernst Kantorowicz schickte, bedankte sich dieser mit einem ausführlichen Lob, konnte sich aber eine Spitze nicht verkneifen: »Wenn Sie jetzt noch Ihre Habilitationsschrift druckreif haben, so steht Ihnen [...] nunmehr nichts Angegeigtes mehr im Wege, was Sie von Ihrer Ottonenarbeit abhalten müsste... Beneidenswert eigentlich, dass Sie diese noch vor sich haben. Denn schuldig bleiben Sie das sich und Ihren Freunden noch [...].« — FAS, L 230, Bd.6, Brief E. Kantorowicz an P.E. Schramm, Malente-Gremsmühlen 27.8.1928.

307 Insbesondere seine »Studien« zur Geschichte Ottos III. wären natürlich ebenso gut in einer »Ottonenarbeit« wie in einem Buch über den »Römischen Erneuerungsgedanken« aufgehoben gewesen. Darüber hinaus fiel unter diese Kategorie vielleicht manches, was Schramm im dritten Kapitel vorbrachte, das die ersten beiden Ottonen behandelte. — Das dritte Kapitel: SVS 1929 Kaiser Renovatio, Bd.1, S. 68–86.

308 Mit der zitierten Formulierung hatte Schramm das Projekt in seinen Briefen an Saxl von 1923 zuletzt bezeichnet (WIA, GC 1923, Brief P.E. Schramm an F. Saxl, o.O. [Heidelberg], o.D. [Ende Mai/Anfang Juni 1923]).

309 WIA, GC 1923, Brief P.E. Schramm an F. Saxl, o.O. [Heidelberg], o.D. [vor 7.3.1923]; vgl. oben, Kap. 5.c).

stehenden Prozeß zur Darstellung zu bringen.[310] Vielleicht war Deutschland tatsächlich in der Zeit der Ottonen ins Leben getreten. Selbst unter dieser Voraussetzung war aber eine Untersuchung ihres Kaisertums nicht das geeignete Instrument, um den Vorgang genauer zu erfassen. Vom Kaisertum führte kein Weg zu einer eigenständigen deutschen Kultur.

Weil diese Einsicht mittlerweile Teil seines Geschichtsbildes geworden war, hatte Schramm das Projekt zu den Akten gelegt. Aus demselben Grund empfand er »Kaiser, Rom und Renovatio« in der Schlußphase seiner Arbeit an dem Manuskript nur noch – wie oben zitiert – als einen »Rest der letzten Jahre«: Hier wurde die »Kaiseridee« in einen farbenreichen Kontext eingewoben, aber für die Geschichte der Kultur des deutschen Raumes ergab sich daraus kaum etwas Spezifisches. Deshalb machte sich Schramm nun auf die Suche nach neuen Wegen, um seine alten Ziele zu erreichen. Die Richtung wies ihm dabei der »Kaiserordines«-Aufsatz, der für sich genommen durchaus noch in den Kreis der Heidelberger Forschungen gehörte. Mit den Ordines eröffnete er Schramm aber ein ganz neues Arbeitsfeld.

310 Diese Form des Titels nach: WIA, GC 1923, Brief P.E. Schramm an F. Saxl, o.O. [Heidelberg], o.D. [vor 7.3.1923].

IV.

Das erste Göttinger Jahrzehnt
1929–1939

8. Beginn in Göttingen

Die Veröffentlichung von »Kaiser, Rom und Renovatio«, die Schramm als Wissenschaftler berühmt machte, fiel in dasselbe Jahr wie seine Berufung nach Göttingen. In diesem Jahr starb außerdem Aby Warburg. Damit markiert die Jahreszahl 1929 in mehrfacher Weise eine Wende in Schramms Leben. Rasch etablierte er sich in der Folgezeit in der akademischen Welt Göttingens. Zugleich unternahm er erste Schritte, um auf der nationalen Ebene sein Ansehen zu sichern und Einfluß zu erlangen. Von seinem Kollegen Karl Brandi angeleitet, ging er noch darüber hinaus und engagierte sich im internationalen Historikerverband. Zugleich vertiefte sich seine Zusammenarbeit mit der nun von Fritz Saxl geleiteten Kulturwissenschaftlichen Bibliothek Warburg. Außerdem entfaltete er auf mehreren Ebenen politische Aktivitäten, die nicht nur Einblicke in seine politische Vorstellungswelt ermöglichen, sondern auch für sein Selbstverständnis als Gelehrter aufschlußreich sind.

a) Ankunft und Etablierung

Am ersten April 1929 trat Schramm in Göttingen seine Stelle als Professor für mittlere und neuere Geschichte und Historische Hilfswissenschaften an. Seiner Berufung war auf Göttinger Seite ein langwieriges Verfahren vorausgegangen. Die Professur, die er schließlich einnahm, hatte seit Anfang der zwanziger Jahren Andreas Walther innegehabt. Walther war zwar formell als Historiker ausgewiesen gewesen, hatte aber zugleich die Aufgabe gehabt, in seinen Lehrveranstaltungen die Soziologie zu vertreten. Dieser Aufgabe hatte er sich intensiv gewidmet.[1] Als er im Jahr 1927 Göttingen wieder verließ, wünschte das Ministerium die Berufung eines reinen Soziologen, um das Fach in Göttingen zu etablieren. Dies stieß auf den Widerstand der Göttinger Historiker. Sie wollten erreichen, daß ein Fachgenosse die Nachfolge antrat. Daraufhin kam es zu einem langen Tauziehen. Unterstützt durch den

1 Der Soziologe Andreas Walther (1879–1960) hatte sich zu Beginn seiner Karriere auf dem Gebiet der spätmittelalterlichen Geschichte betätigt. Von 1921 bis 1927 war er Professor in Göttingen und wechselte dann nach Hamburg. — *Neumann*, Versuch, S. 299–304; *Kamp*, Percy Ernst Schramm, S. 344–345; DBE.

Kurator der Universität, konnten sich die Historiker schließlich durchsetzen und erreichen, daß der Ruf an Schramm ging.[2]

Der entscheidende Akteur auf seiten der Göttinger Historiker war Karl Brandi gewesen, der am Historischen Seminar auch sonst die bestimmende Position innehatte.[3] Als Schramm nach Göttingen kam, wirkte Brandi, 1868 geboren, schon seit 27 Jahren dort als Professor.[4] Unter den damaligen deutschen Historikern war er einer der einflußreichsten und stand diesbezüglich beispielsweise Schramms Lehrer Karl Hampe in nichts nach. Diesem ähnelte er auch darin, daß penible Quellenstudien ebenso zu seinen wissenschaftlichen Werken gehörten wie fesselnde Darstellungen. Zu seinen Publikationen, die sich einerseits der Urkundenforschung, andererseits vor allem der Geschichte der Reformation und der Renaissance widmeten, zählten mehrere Bücher, die zu Publikumserfolgen geworden waren.[5]

Schramm hatte Brandis Aufmerksamkeit zum ersten Mal Mitte der zwanziger Jahre auf sich gezogen. Im Jahr 1926 war ein Aufsatz des Heidelberger Privatdozenten im »Archiv für Urkundenforschung« erschienen. Brandi gehörte zu den Herausgebern dieser Zeitschrift und war im Vorfeld der Veröffentlichung gelegentlich mit Schramm in Verbindung getreten.[6] Er war es dann auch, der Schramms Namen ins Spiel brachte, als es um die Besetzung der Göttinger Professur ging. So wurde dieser bereits Ende 1927 auf einer ersten, vom Ministerium schließlich nicht akzeptierten Vorschlagsliste genannt.[7] Offenbar schätzte der Göttinger Ordinarius an dem jungen Heidelberger Fachgenossen die Weite des wissenschaftlichen Horizonts.[8] Darum dürfte Brandi den neuen Kollegen, als dieser in Göttingen eintraf, herzlich

2 *Kamp*, Percy Ernst Schramm, S. 344–348; vgl. *Neumann*, Versuch, S. 304; *Dahms*, Universität Göttingen, S. 405.

3 Vgl. über Karl Brandi (1868–1946) sowie seine Stellung in Göttingen: SVS 1947 Nachruf Brandi; *Petke*, Karl Brandi; über seine Rolle bei Schramms Berufung: *Kamp*, Percy Ernst Schramm, v.a. S. 347–348.

4 Über seine Berufung im Jahr 1902: *Petke*, Karl Brandi, S. 294–295.

5 Brandis berühmtestes Werk war zu dem Zeitpunkt noch gar nicht veröffentlicht: Seine Biographie über Kaiser Karl V. erschien erst 1937. — Über Brandis wissenschaftliche Leistung: *Petke*, Karl Brandi, zusammenfassend S. 287–288.

6 FAS, L 230, Bd.2, Brief K. Brandi an P.E. Schramm, Göttingen 31.8.1925; der Aufsatz: SVS 1926 Briefe Kaiser Ottos; *Ritter, A.*, Veröffentlichungen Schramm, Nr.I,12, auf S. 292, hat den Aufsatz unter der falschen Jahreszahl eingeordnet; vgl. zu dieser Veröffentlichung auch o., Kap. 4.d).

7 Ende 1927 schrieb Brandi an ihn: »Lieber Herr Doctor! Es ist mir eine große Freude gewesen, Sie unter dem Beifall unseres Kunsthistorikers mit auf die Liste für unsere 3. Professur zu setzen.« Auf dieser Liste erschien Schramm zwar nur an vierter Stelle, aber als einziger Privatdozent. — FAS, L 230, Bd.2, Postkarte K. Brandi an P.E. Schramm, Göttingen 21.12.1927; *Kamp*, Percy Ernst Schramm, S. 345.

8 In seiner Postkarte schrieb Brandi weiter: »Ich persönlich hätte so gerne einen ›Byzantiner‹ hier […].« Der eigentümliche Umstand, daß Brandi in den Quellen des Göttinger Universitätsarchivs Schramms zweiten Vornamen mehrfach mit »H.« abkürzt, weist also nicht darauf hin, daß

wilkommen geheißen haben. Er mußte seine Entscheidung später nie bereuen. Bis zu seinem Tod blieb das Verhältnis zwischen ihm und Schramm harmonisch.

Hierfür war freilich konstitutiv, daß der Jüngere die führende Stellung des Älteren zu keinem Zeitpunkt in Frage stellte. Ohne Zögern ordnete sich Schramm dem berühmten Mann unter.[9] Dadurch nahm er auf informeller Ebene bald den zweiten Rang am Göttinger Historischen Seminar ein.[10] Formal war er Brandi ganz gleichberechtigt. Er erhielt zwar nur das Gehalt eines Extraordinarius, aber als persönlicher Ordinarius hatte er von Beginn an alle Rechte und Pflichten eines ordentlichen Professors.[11]

Rasch fügte er sich in die akademische Welt Göttingens ein. Die Göttinger Universität, gegründet im 18. Jahrhundert und somit einige hundert Jahre jünger als diejenige in Heidelberg, war jener an Größe und wissenschaftlichem Rang durchaus vergleichbar.[12] Ähnlich wie in Heidelberg prägte in Göttingen eine traditionsreiche Hochschule eine mittelgroße Stadt. Besonders hochkarätig waren in Göttingen seit jeher Mathematik und Naturwissenschaften besetzt. Gerade in den zwanziger Jahren des zwanzigsten Jahrhunderts erreichten sie einen Höhepunkt ihrer Geltung: Mehrere Göttinger Naturwissenschaftler erhielten in dieser Zeit den Nobelpreis.[13] Die Geisteswissenschaften standen dahinter kaum zurück. Es ist nicht überliefert, ob Schramm eher die Ähnlichkeiten oder eher die Unterschiede zwischen der badischen und der niedersächsischen Universitätsstadt wahrnahm; jedenfalls schrieb er Ende des Jahres an Fritz Saxl:

»Sie sollten uns hier einmal besuchen, um sich zu überzeugen, wie wir es hier getroffen haben. Viel Vergnügen an Kolleg und Seminaren, sehr angenehme Fakultät und bestes Studentenmaterial, dazu schon viele gute Bekannte.«[14]

ihm der Name noch völlig unbekannt gewesen wäre. — FAS, L 230, Bd.2, Postkarte K. Brandi an P.E. Schramm, Göttingen 21.12.1927; vgl. *Kamp*, Percy Ernst Schramm, S. 348.

9 Siegfried A. Kaehler sprach 1931 einmal von Schramms »guten ›Adjutantenfähigkeiten‹«. — FAS, L 230, Bd.3, Unterakte: »Deutscher Historikerverband«, Brief S.A. Kaehler an P.E. Schramm, Breslau 12.11.1931; über Kaehler s.a. unten in diesem Kapitel, Abschnitt c).

10 Der zweite planmäßige Ordinarius neben Karl Brandi war bis 1929 Arnold Oskar Meyer (1877–1944). Dessen Nachfolger wurde Adolf Hasenclever (1875–1938), der aber blaß blieb (*Grebing*, Kaiserreich, S. 208–209).

11 Über Schramms Status zu Beginn seiner Tätigkeit in Göttingen: UAGö, PA PES, Bl.6, Brief Preußisches Ministerium für Wissenschaft an P.E. Schramm, masch. Durchschl., Berlin, 27.3.1929; ebd., Bl.7, Vereinbarung zwischen dem Preußischen Ministerium für Wissenschaft (Windelband) und P.E. Schramm, Berlin, 14.3.1929; *Kamp*, Percy Ernst Schramm, S. 348.

12 Einen Überblick über die Geschichte der Universität Göttingen bietet: *Boockmann*, Göttingen; für die Zeit nach dem Ersten Weltkrieg außerdem zusammenfassend: *Dahms*, Universität Göttingen.

13 *Boockmann*, Göttingen, S. 55–57; *Dahms*, Universität Göttingen, S. 402–404.

14 WIA, GC 1929, Postkarte P.E. Schramm an F. Saxl, Göttingen 14.12.1929 [Poststempel].

Von Beginn an fühlte er sich in Göttingen wohl.

Während Schramm sich in seinem neuen Umfeld einrichtete, ergab sich auch für sein Verhältnis zur Kulturwissenschaftlichen Bibliothek Warburg eine neue Grundlage: Am 26. Oktober 1929 starb Aby Warburg.[15] Schramm hatte ihn Anfang September zum letzten Mal getroffen, als er, wahrscheinlich zusammen mit seiner Familie, ein paar Wochen in Hamburg verbracht hatte.[16] Auf die Nachricht von Warburgs Tod hin reiste er nun sofort wieder nach Hamburg, um der Familie sein Beileid auszusprechen.[17] Das beginnende Semester zwang ihn aber, bald nach Göttingen zurückzukehren, so daß er bei den Trauerfeierlichkeiten nicht anwesend sein konnte.[18] Brieflich nahm er noch einmal warmen Anteil, wofür ihm die Familie herzlich dankte.[19] In einem Brief an Fritz Saxl deutete Schramm an, was Warburg für ihn selbst bedeutet hatte. Seit der Schulzeit hatte ihn Warburg auf seinem Weg in die Wissenschaft begleitet und war ihm in der älteren Generation neben seinem Vater das wichtigste Vorbild gewesen. Warburgs Tod habe vollendet, so meinte Schramm nun, was der Mai des Vorjahres mit dem Tod des Vaters gebracht habe.[20]

Der Tod ihres Gründers traf die Bibliothek nicht unvorbereitet. Bereits 1928 war ein Kuratorium eingerichtet worden, das die institutionelle Kontinuität über Warburgs Tod hinaus sicherstellte.[21] Mit Fritz Saxl stand ein Nachfolger bereit, den auch Warburg selbst für diese Aufgabe vorgesehen

15 Eine Schilderung: *Naber*, »Heuernte...«, S. 124–126.

16 Anfang August kündigte er Warburg sein Kommen für Mitte des Monats an. Das Treffen im September wird im »Tagebuch der KBW« sowie in einem Brief erwähnt, den Schramm nach Warburgs Tod an Saxl schrieb. — WIA, GC 1929, Brief P.E. Schramm an A. Warburg, Göttingen 1.8.1929; *Warburg*, Tagebuch KBW, S. 518 (3.9.1929); WIA, GC 1929, Brief P.E. Schramm an F. Saxl, o.O. [Göttingen] 30.10.1929 [im Orig. datiert: »Mittwoch abends«].

17 Dies ergibt sich aus: WIA, GC 1929, Brief P.E. Schramm an F. Saxl, o.O. [Göttingen] 30.10.1929 [im Orig. datiert: »Mittwoch abends«].

18 Am 30. Oktober 1929 fand die Trauerfeier für Aby Warburg im Krematorium in Hamburg statt. Aby Warburgs Bruder Max schrieb am selben Tag einen Brief an Schramm und erzählte ihm davon. Am 5. Dezember 1929 fand in der Kulturwissenschaftlichen Bibliothek Warburg eine Gedächtnisfeier für Aby Warburg statt. Aus der Korrespondenz zwischen Schramm, Max Warburg und Fritz Saxl scheint hervorzugehen, daß Schramm auch hier nicht anwesend war. — FAS, L 230, Bd.11, Unterakte: »Warburg, Aby«, Brief Max Warburg an P.E. Schramm, Hamburg 30.10.1929; bezüglich der Gedächtnisfeier im Dezember: FAS, L 230, Bd.11, Unterakte: »Warburg, Aby«, Brief Max Warburg an P.E. Schramm, Hamburg 4.12.1929; WIA, GC 1929, Brief P.E. Schramm an F. Saxl, Göttingen 6.12.1929; FAS, L 230, Bd.9, Brief F. Saxl an P.E. Schramm, Hamburg 11.12.1929; vgl. z.B.: *Warburg, M.*, Rede.

19 FAS, L 230, Bd.11, Unterakte: »Warburg, Aby«, Brief Max Warburg an P.E. Schramm, Hamburg 30.10.1929; ebd., Brief Mary Warburg an P.E. Schramm, Hamburg 5.11.1929.

20 WIA, GC 1929, Brief P.E. Schramm an F. Saxl, o.O. [Göttingen], 30.10.1929 [im Orig. datiert: »Mittwoch abends«].

21 Das Gremium versammelte sich zum ersten Mal am 21.8.1928. — Diese Angabe nach einer im Warburg Institute Archive einsehbaren Studie von *Hans-Michael Schäfer*; vgl. oben, Kap. 6 c).

hatte.[22] Für kurzzeitige Irritation sorgte Aby Warburgs Testament, das im Dezember eröffnet wurde. Es stammte aus dem Jahr 1920 und sah, um das Fortbestehen der Bibliothek nach Warburgs Tod zu sichern, die Einsetzung eines Gremiums vor, dem unter anderem Percy Ernst Schramm angehören sollte. Diese Bestimmung war durch die Konstituierung des Kuratoriums obsolet geworden. Allerdings bestand eine gewisse Unsicherheit, ob die Mitglieder des testamentarisch eingesetzten Gremiums, die dem Kuratorium nicht angehörten, sich damit abfinden würden. Zu dieser Gruppe zählte auch Schramm. Sämtliche Befürchtungen, der frisch bestallte Göttinger Ordinarius könnte auf der ihm von seinem Lehrer zugedachten Würde beharren, erwiesen sich jedoch als unbegründet.[23] Schramm wußte die Bibliothek in guten Händen. Er hatte nicht das geringste Interesse, sich ungebeten einzumischen und für Unruhe zu sorgen.[24]

Das gute Verhältnis zwischen Schramm und der Kulturwissenschaftlichen Bibliothek Warburg kühlte sich durch den Tod des Bibliotheksgründers nicht ab. Bei Licht betrachtet, wurde dieses Verhältnis im persönlichen Bereich durch Warburgs Tod sogar eher entlastet: An den durch seine Krankheit veränderten Warburg der letzten Jahre hatte sich Schramm, wie in einem früheren Kapitel dargelegt, nur schwer gewöhnen können.[25] Saxl hingegen, nunmehr der alleinige Leiter der Bibliothek, war schon seit langem Schramms bevorzugter Gesprächspartner gewesen. Ihm fühlte er sich freundschaftlich verbunden.

So war Schramms Lebenssituation am Ende des Jahres 1929 eine völlig andere als an seinem Beginn. Im Januar noch ein weitgehend unbekannter, von finanziellen Nöten bedrängter Privatdozent in Heidelberg, war er im Dezember wohlbestallter Professor in Göttingen. Das Gehalt eines Extraordinarius, das er erhielt, sicherte ihm einen bürgerlichen Lebensstandard und machte ihn von der finanziellen Unterstützung seiner Mutter oder anderer Verwandter unabhängig. Zugleich wurde er durch die Veröffentlichung von

22 Von Saxl redend, schrieb Warburg 1928 an Schramm: »Dass er später die K.B.W. als Erbmasse übernehmen soll, ist – unter uns – selbstverständlich.« — FAS, L 230, Bd.11, Brief A. Warburg an P.E. Schramm, Hamburg 7.1.1928; vgl. *Grolle*, Schramm – Saxl, S. 98.

23 FAS, L 230, Bd.11, Unterakte: »Warburg, Aby«, Brief Max Warburg an P.E. Schramm, Hamburg 4.12.1929; ebd., Brief Amtsgericht Hamburg an P.E. Schramm, Hamburg 4.12.1929; WIA, GC 1929, Brief P.E. Schramm an F. Saxl, Göttingen 6.12.1929; FAS, L 230, Bd.9, Brief F. Saxl an P.E. Schramm, Hamburg 11.12.1929; WIA, GC 1929, Postkarte P.E. Schramm an F. Saxl, Göttingen 14.12.1929 [Poststempel]; über das Testament bereits oben, Kap. 3.b).

24 Auch in Schramms Augen war Fritz Saxl der einzig denkbare Nachfolger für Warburg. Am Tag von Warburgs Bestattung schrieb er ihm, an diesem Tag sei es ein Schutz vor Hoffnungslosigkeit, »daß Sie da sind und daß man deshalb gewiß sein kann, daß Warburgs unvollendete Schriften und seine noch nicht niedergeschriebenen Gedanken geborgen sind« (WIA, GC 1929, Brief P.E. Schramm an F. Saxl, o.O. [Göttingen] 30.10.1929 [im Orig. datiert: »Mittwoch abends«]).

25 S.o., Kap. 6.c).

»Kaiser, Rom und Renovatio« mit einem Schlag zu so etwas wie einem Star der deutschen Mediävistik.

Noch bevor das Buch erschien, forderte es bereits die ersten Reaktionen heraus. Ende Februar 1929, ein halbes Jahr vor der Veröffentlichung, nahm Karl Hampe es zum Anlaß, im Preußischen Historischen Institut in Rom einen Vortrag über »Kaiser Otto III. und Rom« zu halten.[26] Als Schramms Lehrer war Hampe bereits mit dessen Doktorarbeit und Habilitationsschrift vertraut gewesen. Außerdem hatte er die Korrekturfahnen des im Druck befindlichen Buches durchgesehen.[27] Dadurch kannte er die Überzeugungskraft des Werkes und ging davon aus, daß es das Bild von Otto III. entscheidend verändern werde.[28] Da er selbst an einer größeren Darstellung arbeitete und sich in diesem Rahmen auch mit Otto III. befaßt hatte, wollte er es nicht versäumen, in der sich abzeichnenden Forschungsdiskussion Stellung zu beziehen. Deshalb publizierte er seinen Vortrag noch im selben Jahr in der »Historischen Zeitschrift«.[29] Auch der Berliner Mediävist Albert Brackmann fühlte sich durch Schramms Buch zu einer Stellungnahme herausgefordert.[30] Er reagierte zwar nicht so rasch wie Hampe, bereitete seine Reaktion aber intensiv vor. Im Frühjahr 1932 berichtete Fritz Saxl in einem Brief an Schramm, er habe in Rom gehört, Brackmann habe in Berlin in einer Übung ein ganzes Semester dem Buch gewidmet und werde eine Rezension veröffentlichen.[31] Tatsächlich publizierte Brackmann im Jahr 1932 sogar eine eigene Studie, worin er sich intensiv mit Schramms Thesen auseinandersetzte.[32]

Die Art und Weise, wie Hampe und Brackmann, zwei herausragende Vertreter des Faches, auf Schramms Buch reagierten, vermag die erhebliche Aufmerksamkeit zu illustrieren, die es erregte. Inhaltlich fanden sich weder Hampe noch Brackmann bereit, Schramm in allen Punkten zu folgen. Jedoch machte keiner der beiden Kritiker den Versuch, zu dem einseitig ab-

26 Unter den Zuhörern war auch Gertrud Bing: Als Aby Warburgs Assistentin hielt sie sich gemeinsam mit diesem vom Herbst 1928 bis zum Frühjahr 1929 in Rom auf (*Warburg*, Tagebuch KBW, S. 414 [26.2.1929]).

27 SVS 1929 Kaiser Renovatio, Bd.1, S. VIII.

28 Vgl. *Hampe*, Kaiser Otto III., Anm. 1 auf S. 512, außerdem S. 515–516.

29 *Hampe*, Kaiser Otto III.; über den Entstehungszusammenhang: ebd., Anm. 1 auf S. 513; über den Inhalt von Hampes Stellungnahme oben, Kap. 7.d).

30 Albert Brackmann (1871–1952) war 1922 nach Berlin berufen worden. Als 1926 Ernst Kantorowicz' »Kaiser Friedrich II.« erschien, trat er als Kantorowicz' schärfster Kritiker auf. Eine direkte Stellungnahme Schramms zu diesem Streit ist allerdings nicht überliefert. — Eine erste Übersicht über Brackmanns Lebensdaten ermöglicht: *Goetting*, Brackmann; vgl. aber z.B. auch: *Burleigh*, Germany; ein einführendes Porträt ebd., S. 43–46; *Haar*, Historiker; ein biographischer Abriß bis 1929: ebd., S. 106–108; über Brackmann auch unten in diesem Kapitel, v.a. Abschnitt b).

31 FAS, L 230, Bd.9, Brief F. Saxl an P.E. Schramm, Hamburg 25.5.1932.

32 *Brackmann*, »Erneuerungsgedanke«; über den Inhalt dieser Schrift s. oben, Kap. 7.d).

schätzigen Otto-Bild der älteren Forschung zurückzukehren. Beide akzeptierten außerdem, daß Otto aus seiner Zeit heraus verstanden werden müsse. Dies hätte den historistisch denkenden Historikern der damaligen Zeit ohnehin selbstverständlich sein müssen – aber erst Schramm hatte hier Maßstäbe gesetzt, über die sich niemand mehr hinwegsetzen konnte.[33]

Im folgenden Jahr bewies Schramm eindrücklich, daß seine brillante Arbeit kein Glückstreffer gewesen war. Sein Aufsatz über die »Kaiserordines« festigte das Ansehen, das er mittlerweile innerhalb des Faches gewonnen hatte. Die Probleme, die er hier erörterte, fielen ins klassische Arbeitsgebiet der deutschen Mediävistik.[34] Auch in diesem Bereich stellte er sein Können unter Beweis. Schon einige Zeit zuvor hatte er seine Erkenntnisse über den Ordo »Cencius II« in einem Brief Paul Kehr dargelegt, dem Präsidenten der Monumenta Germaniae Historica. Kehr wiederum, der in solchen Fragen zweifellos der ausschlaggebende Mann war, erwähnte diese Erkenntnisse, als er in einer kurzen Rezension die Theorien Eduard Eichmanns referierte. Kehr nannte zwar Schramms Namen nicht, ließ aber deutlich erkennen, daß er die Gedankengänge dieses ungenannten Forschers für plausibler hielt als diejenigen Eduard Eichmanns.[35] So hatten Schramms Thesen, lange bevor er die Arbeit vorlegte, bereits an entscheidender Stelle Anklang gefunden.

Als deutlicher Beleg für das Ansehen, das Schramm durch seine Publikationen gewann, ist es zu werten, daß er im Frühsommer 1930, während seines dritten Göttinger Semesters, zwei Rufe gleichzeitig erhielt. In Freiburg im Breisgau und in Halle an der Saale wurden ihm historische Lehrstühle angeboten.[36] Keinen dieser Rufe nahm Schramm letztendlich an. Aber sie waren der Auslöser für Vorgänge, die eine genauere Beschreibung der Stellung ermöglichen, die er sich mittlerweile in Göttingen erworben hatte.

Sowohl der Kurator der Universität, Justus Theodor Valentiner, als auch der Dekan der philosophischen Fakultät, der Pädagoge Herman Nohl, setzten sich in eindringlich formulierten Schreiben an das Ministerium dafür ein, Schramm in Göttingen zu halten. Valentiner führte aus, dem Vorbild der Göttinger Naturwissenschaften folgend habe sich in letzter Zeit auch zwischen den Fächern der geisteswissenschaftlichen Fakultät eine verstärkte Zusammenarbeit angebahnt. Maßgeblich seien hier der Germanist Friedrich

33 Der weitere Gang der Forschungsdiskussion zusammengefaßt bei: *Althoff*, Otto III., S. 7–13.

34 In seinen Anmerkungen wies Schramm auf die vielen bedeutenden Mediävisten hin, die sich vor ihm mit der Datierung des »Cencius II« befaßt hatten (SVS 1930 Ordines Kaiserkrönung, v.a. Anm. 1 auf S. 289).

35 Der Verfasser der Rezension zu Eichmanns Arbeit ist im »Deutschen Archiv« nicht genannt. Schramm gibt an, es sei Paul Kehr gewesen, was ohne weiteres plausibel scheint. — *Kehr*, Rez. Eichmann Kaiserkrönungordo, S. 302; von Schramm erwähnt in: SVS 1930 Ordines Kaiserkrönung, Anm. 1 auf S. 289.

36 UAGö, PA PES, Bl.59, Brief P.E. Schramm an Kurator J.T. Valentiner, Göttingen 4.7.1930.

Neumann,[37] der klassische Philologe Eduard Fraenkel,[38] der gerade als Dekan amtierende Nohl[39] und Percy Ernst Schramm. Dabei stehe Schramm »als Historiker sowohl mit philologischen als auch mit germanistischen Neigungen und zugleich einem starken Sinn für die Kunst in der Mitte zwischen den in Frage kommenden Fächern« und sei »gewissermaßen der Verbindungsmann unter ihnen«.[40] Nohl schrieb im Namen der Fakultät, der durch Schramms eventuellen Fortgang entstehende Verlust wäre erheblich, »weil die Fakultät gerade im letzten Jahr und nicht zuletzt durch das Mitwirken Professor Schramms den Versuch zu einer engeren Verbindung und Arbeitsgemeinschaft ihrer Mitglieder gemacht hat, der uns allen vielversprechend scheint [...].«[41]

Schramm wurde in diesen Briefen genannt als einer der Initiatoren einer besonderen interdisziplinären Zusammenarbeit, die sich in der Göttinger Philosophischen Fakultät zu entwickeln begann. Wahrscheinlich spielten die beschriebenen Ansätze auch für Schramm selbst eine Rolle, als er sich entschied, in Göttingen zu bleiben: Denn hier hatte er in der Tat »für seine gesprächs- und anregungsoffene Art, historische Wissenschaft über Fächergrenzen hinweg zu betreiben, kongeniale Partner gefunden [...].«[42]

Dennoch konnte sich Schramm durchaus vorstellen, Göttingen zu verlassen – zumindest für ein paar Jahre. Dabei richteten sich seine Überlegun-

37 Friedrich Neumann (1889–1978) war 1922 ordentlicher Professor in Leipzig geworden und 1927 nach Göttingen berufen worden. Der allgemeinen Tendenz zur Spezialisierung entgegen strebte er danach, das Fach deutsche Philologie als Gesamtheit von Sprach- und Literaturwissenschaft der älteren und neueren deutschen Dichtung zu vertreten. — *Hunger*, Neumann; über Neumann auch unten, Kap. 9.d).

38 Eduard Fraenkel (1888–1970) war von 1928 bis 1931 ordentlicher Professor in Göttingen, danach in Freiburg im Breisgau. 1934 entlassen, emigrierte er nach Großbritannien und wurde 1953 Professor in Oxford (DBE).

39 Der Pädagoge Herman Nohl (1879–1960) wurde 1920 nach Göttingen berufen und erhielt eine Professur für »Praktische Philosophie mit besonderer Berücksichtigung der Pädagogik«, 1922 dann das neugeschaffene Ordinariat für Pädagogik. Er zählte zu den herausragenden Förderern der reformpädagogischen Bewegung der zwanziger Jahre. — *Matthes*, Nohl; *Ratzke*, Das Pädagogische Institut; *Linnemann*, Wiederkehr; DBE; persönliche Erinnerungen Schramms an Herman Nohl in: FAS, L »Erinnerungen Nohl«; weiter über Nohl unten, Kap. 9.e).

40 UAGö, PA PES, Bl.57–58, Brief Kurator J.T. Valentiner an Ministerialdirektor W. Richter, masch. Durchschl., Göttingen 5.7.1930; auch zitiert bei: *Kamp*, Percy Ernst Schramm, S. 354–355, m. Anm. 18.

41 UAGö, PA PES, Bl.61, Brief H. Nohl an Ministerialdirektor W. Richter, masch. Durchschl., Göttingen 5.7.1930; weitere Quellen: *Kamp*, Percy Ernst Schramm, Anm. 19 auf S. 355.

42 Mit dem Klassischen Philologen Eduard Fraenkel verband ihn noch mehr: Wie er Fritz Saxl und Aby Warburg schon 1929 berichtet hatte, teilte er mit ihm ein lebhaftes Interesse für die Arbeit der Kulturwissenschaftlichen Bibliothek Warburg. Die hier beschriebene interdisziplinäre Zusammenarbeit überdauerte den politischen Wandel 1933 nicht. — Das Zitat: *Kamp*, Percy Ernst Schramm, S. 356; über Fraenkel: WIA, GC 1929, Brief P.E. Schramm an F. Saxl, o.O. [Göttingen] 24.5.1929; ebd., Brief P.E. Schramm an A. Warburg, Göttingen 1.8.1929; über die weitere Entwicklung unten, Kap. 9.e).

gen vor allem auf seine Heimatstadt Hamburg.[43] Die wenigstens theoretische Möglichkeit, daß er in nicht allzu ferner Zukunft auf einen Lehrstuhl nach Hamburg berufen werden könnte, ergab sich aus dem Umstand, daß der dortige Mediävist Friedrich Keutgen im Sommer 1931 siebzig wurde. Dies ließ für das darauffolgende Frühjahr seine Emeritierung erwarten.[44] Nachdem Schramm nun die Rufe nach Freiburg und Halle erhalten hatte, schrieb er im Juli 1930 an Fritz Saxl. Während er Halle nie ernsthaft erwogen hatte, schien Freiburg auf ihn durchaus einen gewissen Reiz auszuüben. Dabei spielte es aber für ihn eine Rolle, ob er gegebenfalls eine Chance hätte, nach Hamburg berufen zu werden. In dieser Frage bat er Saxl um eine Einschätzung. Denn ginge er tatsächlich nach Freiburg, so seine Überlegung, dann verbaute er sich die Hamburger Option: Er könne schlecht nach nur einem Jahr von dort schon wieder nach Hamburg wechseln. Bliebe er hingegen in Göttingen, dann stelle sich ein solches Problem nicht. So oder so wünschte er sich offenbar, nach ein paar Jahren, wenn Brandi emeritiert wurde, wiederum nach Göttingen zurückzukehren. Eine Tätigkeit in seiner Vaterstadt wäre demnach für ihn nur eine Episode: »Ich möchte gern einmal in Hamburg Professor sein – (nicht für immer, vermutlich), das werden Sie verstehen.«[45]

Saxl zeigte sich in seiner Antwort von dem Gedanken angetan, Schramm in Hamburg zu haben, und schilderte ihm anscheinend in den leuchtendsten Farben, was für Projekte die Bibliothek für die nächsten Jahre plante. Daraufhin schrieb ihm Schramm zurück: »Was Sie in Hamburg planen, das ist ja das, was mich dort reizte«. Außerdem nahm Schramm an, er werde als geborener Hamburger an der Elbe manches leichter durchsetzen können als anderswo. Trotzdem schien ihm ein Wechsel nach Hamburg nicht nur Vorteile zu haben. Er brächte es nämlich mit sich, »daß ich irgendeine blühendere Universität (Göttingen oder Freiburg) aufgebe und mich in ein deprimierendes Milieu, die niedergehende Hamburger ›Gesellschaft‹ setze.«[46]

43 Nach seiner Promotion im Jahr 1922 hatte er sich dagegen entschieden, nach Hamburg zu gehen, obwohl er damals an Saxl geschrieben hatte, er lebe eigentlich lieber in Hamburg als in Heidelberg. In den folgenden Jahren verlor er die Möglichkeit, nach Hamburg zu gehen, nie ganz aus den Augen. Als seine Eltern ihn und seine Familie im Mai 1927 einluden, den Sommer in der Hansestadt zu verbringen, schrieb er ihnen, er wolle die Zeit nutzen, »um eine soziologische Studie über Hamburgs Oberschicht auszuarbeiten, die mich seit vielen Jahren beschäftigt.« Diese Studie solle nicht zuletzt dazu dienen, ihn »für später für das Hamburger Ordinariat zu empfehlen.« — FAS, L 297, Brief P.E. Schramm an F. Saxl und Max Schramm, Entwurf, o.O. [Heidelberg], Mai 1922; vgl. oben, Kap. 4.b); FAS, J 37, Brief P.E. Schramm an Max Schramm, o.O. [Heidelberg], 30.5. o.J. [1927].

44 Der Wirtschafts- und Verfassungshistoriker Friedrich Keutgen (1861–1936) wurde am Ende erst 1933 emeritiert. — WIA, GC 1930, Brief P.E. Schramm an F. Saxl, o.O. [Göttingen] 18.7.1930; KDG 1935, Sp.663–664; KDG 1950, S. 2375.

45 WIA, GC 1930, Brief P.E. Schramm an F. Saxl, o.O. [Göttingen] 11.7.1930.

46 Ebd., Brief P.E. Schramm an F. Saxl, o.O. [Göttingen] 18.7.1930; der Brief von Saxl, auf den Schramm hier antwortet, ist verloren.

Ohnehin teilte ihm Saxl, nachdem er bei den maßgeblichen Leuten der Fakultät Erkundigungen eingeholt hatte, in einem weiteren Brief mit, es sei alles andere als sicher, daß er im Fall der Fälle berufen würde.[47] Schramm war beinahe erleichtert, daß die ohnehin schwierige Abwägung durch die Hamburger Perspektive nicht weiter verkompliziert wurde. Während er zu dem Entschluß kam, in Göttingen zu bleiben, legte er zugleich die Hamburger Option zu den Akten.[48]

Was für eine Meinung an der Hamburger Universität über Schramm herrschte, mag hier auf sich beruhen. Schramm seinerseits, soviel läßt sich seinen Briefen entnehmen, hielt die Universität seiner Vaterstadt für ein nicht sehr vielversprechendes Wirkungsfeld. Noch interessanter scheint, daß er, bei aller Heimatverbundenheit, von der bürgerlichen Hamburger Oberschicht, der er entstammte, zu diesem Zeitpunkt ein negatives Bild hatte: Er sah sie absterben, konnte keine zukunftsweisenden Kräfte mehr in ihr entdecken. Allein die Bibliothek Warburg schien ihm in Hamburg noch attraktiv. Umgekehrt hielt Saxl es für unbedingt wünschenswert, daß Schramm nach Hamburg käme.[49] Letzterer erhielt aber weder damals noch bei irgendeiner späteren Gelegenheit einen Ruf an die Universität Hamburg.

Der wichtigste Beweggrund für Schramm, sich gegen Freiburg und für Göttingen zu entscheiden, waren sicherlich die materiellen Verbesserungen, die er in Göttingen erreichen konnte. Nicht nur seine eigenen Bezüge wurden kräftig erhöht, sondern darüber hinaus erhielt er die Möglichkeit, in der Bibliothek des Historischen Seminars einen »Mittellateinischen Apparat« einzurichten.[50] Das bedeutete, daß innerhalb der Bibliothek eine besondere Abteilung eingerichtet wurde, um dort Bücher zur lateinischen Philologie des Mittelalters zu sammeln. Ein eigenes Seminar für dieses Fach gab es damals in Göttingen noch nicht, und Schramm hatte den Eindruck, die übliche Bibliotheksstruktur sei einem vertieften Interesse an mittellateinischer Philologie nicht förderlich.

47 Ebd., Brief F. Saxl an P.E. Schramm, masch. Durchschl., o.O. [Hamburg] 21.7.1930.

48 Ebd., Brief P.E. Schramm an F. Saxl, Timmendorf 4.8.1930.

49 Im Frühjahr 1931, als die Möglichkeit im Raum stand, Bernhard Schmeidler aus Erlangen könnte Keutgens Nachfolger werden, schrieb Saxl an Gertrud Bing, die sich damals außerhalb Hamburgs aufhielt: »Zur Abwechslung ist wieder mal Percy Schramm hier [...]. Da mir die Sache ziemlich wichtig ist und ich doch glaube, daß er der geeignetere Nachfolger wäre als Schmeidler, so bespreche ich allerlei mit ihm bezüglich seiner Zukunft« (WIA, GC 1931, Brief F. Saxl an G. Bing, masch. Durchschl., o.O. [Hamburg], 5.3.1931).

50 UAGö, PA PES, Bl.66, Vereinbarung zwischen dem Preußischen Ministerium für Wissenschaft (Windelband) und P.E. Schramm, masch. Durchschl., Berlin 25.7.1930; vgl. *Kamp*, Percy Ernst Schramm, S. 356; vgl. ferner Schramms eigenen Bericht in: SVS 1968–1971 Kaiser, Bd.4,1, S. 48; hier gibt Schramm für die beiden Rufe allerdings eine falsche Jahreszahl an.

Auf den ersten Blick überrascht es, daß Schramm sich in dieser Richtung engagierte.[51] Indem er sich aber für die Erforschung der mittellateinischen Literatur einsetzte, wollte er die Möglichkeit schaffen, eine klarere Vorstellung vom »Geist« des Mittelalters zu gewinnen. In einem Brief an Saxl erläuterte er seine Ziele. Durch den Apparat werde es in Zukunft möglich sein, schrieb er, alle wichtigen Autoren der mittellateinischen Literatur nebeneinander zu finden, und was sonst zwischen Geschichte, Klassischer Philologie, Romanistik, Germanistik, Anglistik und Theologie »zerteilt« sei und deshalb »unbeachtet« bleibe, werde hier zusammengefaßt. Ziel sei es, »von dieser Basis aus in das geistige Gebiet sich vorzuarbeiten«, denn die verschiedenen Texte und Gattungen der Epoche »müssen einmal als Produkte derselben geistigen Ära betrachtet werden«.[52] Ein paar Wochen später verdeutlichte Schramm in einem weiteren Brief, daß er es, um das erwünschte Ziel zu erreichen, für notwendig hielt, die lateinische Literatur des Mittelalters vollständig zu erfassen: »es handelt sich um lateinische Literatur von ca. 400–1600: Texte *aller* Gebiete von Liturgik bis Pornographie nebst der wissenschaftlichen Literatur, die sie erschließt«.[53]

Indem er also mittellateinische Texte der verschiedensten Art sowie die zugehörige Forschungsliteratur sammelte, wollte Schramm die mannigfaltigen Bezüge zwischen den verschiedenen Überresten der Epoche sichtbar machen. Denn erst in der Gesamtheit dieser Bezüge konstituierte sich das Mittelalter als »geistige Ära« in seiner Einheit und Eigentümlichkeit. Die Fülle der mittellateinischen Literatur sollte als ein Medium verstehbar werden, in dem sich der »Geist« des Zeitalters manifestierte.

Natürlich konnte der Mittellateinische Apparat das alleine unmöglich leisten. Daher plante Schramm, einen »Schlüsselkatalog« anzulegen, der die in Nachbarseminaren bereits vorhandenen Titel verzeichnen sowie auf Neuerscheinungen gesondert hinweisen sollte. Der systematische Teil des Katalogs sollte auf diese Weise »zu einer bibliographischen Einführung zu dem Gebiet« werden.[54] Gleichzeitig sollte der Apparat, indem er verschiedene Fächer verknüpfte, der »Zersplitterung« der Geisteswissenschaften

51 Schramm selbst betonte später, er habe schon während seiner Studienzeit in München Fachvorlesungen zur mittellateinischen Literatur bei Paul Lehmann gehört. In der Tat hatte er im Wintersemester 1920/21 zwei Lehrveranstaltungen Lehmanns besucht. — SVS 1968–1971 Kaiser, Bd.4,1, S. 48; FAS, L 30, Abgangszeugnis Universität München 15.4.1921.

52 Ähnlich äußerte sich Schramm in einem weiteren Brief: Es gehe darum, »an die Göttinger Philologentradition [...] anzuknüpfen [...] und von da aus in den Geistesgeschichtlichen Bereich vorzustoßen.« — WIA, GC 1930, Brief P.E. Schramm an F. Saxl, Timmendorf 4.8.1930; ebd., Brief P.E. Schramm an F. Saxl, Göttingen 10.11.1930.

53 WIA, GC 1930, Brief P.E. Schramm an F. Saxl, o.O. [Göttingen] 16.9.1930; Hervorhebung im Original.

54 Ebd.

entgegenwirken.[55] Das war ein Anliegen, das auch Aby Warburg stets am Herzen gelegen hatte. Wohl nicht zuletzt deshalb sah Schramm sein Projekt vom Denken seines Lehrers inspiriert: »Fassen Sie den Apparat«, schrieb er im August 1930 an Saxl, »als einen Ableger der Bibliothek Warburg, befruchtet von der philologischen Tradition Göttingens, auf!« Er bedauerte, Warburg selbst den Plan nicht mehr vorstellen zu können.[56] Saxl, der das Projekt von Beginn an mit warmem Interesse begleitete, veranlaßte, daß die Bibliothek Warburg dem Apparat als Starthilfe die Hälfte der bisher von ihr herausgegebenen »Studien« und »Vorträge« schenkte.[57] Im Mai 1931 konnte der »Apparat für mittellateinische Literatur« zum ersten Mal aufgestellt werden.[58]

Allerdings beschränkte sich Schramms Engagement für die mittellateinische Philologie nicht auf den Erwerb von Büchern und die Erleichterung ihrer Benutzbarkeit durch neue Kataloge. Vielmehr sorgte er dafür, daß sich Spezialisten des Faches unter dem Dach des Historischen Seminars[59] betätigen konnten: In den Verhandlungen über seinen Verbleib in Göttingen 1930 erreichte er, daß der Philologe Walther Bulst ein Privatdozentenstipendium erhielt.[60] Schramm kannte Bulst schon aus Heidelberg. Dort war ihm dieser bei den Korrekturen für »Kaiser, Rom und Renovatio« behilflich gewesen.[61] Bulsts Frau, Marie Luise Bulst-Thiele, war im Jahr 1931 Schramms erste Doktorandin in Göttingen.[62] Beide machten sich um den neuen Apparat verdient. Schramms Förderung der Mittellateinischen Philologie führte außerdem dazu, daß wenig später noch zwei weitere Wissenschaftler in diesem Bereich tätig werden konnten: Im Juni 1932 berichtete Schramm in einem Brief an Saxl von Hans Walther, einem Gymnasiallehrer, der sich kurz zuvor

55 *Kamp*, Percy Ernst Schramm, S. 356 m. Anm. 20; in der Anmerkung zitiert *Kamp* eine entsprechende Äußerung Schramms auf einer Sitzung der Philosophischen Fakultät vom 17.7.1931.

56 WIA, GC 1930, Brief P.E. Schramm an F. Saxl, Timmendorf 4.8.1930.

57 Hierzu vor allem: Ebd., Brief KBW an P.E. Schramm, masch. Durchschl., o.O. [Hamburg], 19.9.1930; ebd., Brief P.E. Schramm an F. Saxl, Göttingen 10.11.1930.

58 WIA, GC 1931, Brief P.E. Schramm an F. Saxl, Göttingen 15.5.1931.

59 Auch bei den Göttinger Romanisten gab es Ansätze, das Fach in Forschung und Lehre zu berücksichtigen. Schramm hatte aber von dem sich solchermaßen betätigenden Professor Hilka keine hohe Meinung: Er bezeichnete ihn einmal als »schlesisches Untier, das mit Mittellatein liebäugelt« (WIA, GC 1930, Brief P.E. Schramm an F. Saxl, Göttingen 10.11.1930).

60 Walther Bulst (1899–1986) stammte aus Karlsruhe. Als Ergebnis von Schramms Verhandlungen 1930 erhielt er »ein Privatdozentenstipendium in Höhe von 150 Mark (Gruppe 1)«. Ab 1949 war er Universitätsdozent in Heidelberg, ab 1962 ordentlicher Professor ebenda. — KDG 1983, S. 537; KDG 1987, S. 5307; vgl. *Kamp*, Percy Ernst Schramm, S. 356; UAGö, PA PES, Bl.66, Vereinbarung zwischen dem Preußischen Ministerium für Wissenschaft (Windelband) und P.E. Schramm, masch. Durchschl., Berlin 25.7.1930.

61 SVS 1929 Kaiser Renovatio, Bd.1, S. VIII–IX.

62 Ihre Doktorarbeit trug den Titel »Kaiserin Agnes«. Die mündliche Prüfung fand im Jahr 1931 statt (*Ritter, A.*, Veröffentlichungen Schramm, Nr.II,1, auf S. 316).

für mittellateinische Literatur habilitiert hatte,[63] sowie von Wilhelm Kamlah, dessen Doktorarbeit Schramm betreut und der im Jahr zuvor im Rahmen des Promotionsverfahrens die mündliche Prüfung abgelegt hatte.[64]

All diese Spezialisten unterstützten Schramm in seinem Bestreben, mit dem Mittellateinischen Apparat die wissenschaftliche Literatur zur »Geistesgeschichte« des Mittelalters systematisch zu erfassen. Hier begann sich ein neuer Schwerpunkt von Schramms wissenschaftlicher Tätigkeit zu bilden. Allerdings trat der Ordinarius für Geschichte in diesem Bereich nicht so sehr mit eigenen Forschungen, sondern vor allem als Anreger und Förderer hervor.

Schramms gestiegenes Ansehen, das ihm die Rufe nach Freiburg und Halle eingebracht hatte, führte auch dazu, daß ihm die Mitarbeit in einigen wissenschaftlichen Zeitschriften angetragen wurde. Für seine tägliche Arbeit erlangte dabei die größte Bedeutung, daß er sich bereiterklärte, für die Zeitschrift »Vergangenheit und Gegenwart«, die sich vor allem an Geschichtslehrer wandte, aber auch bei Universitätshistorikern starke Beachtung fand, überblickshafte Literaturberichte über Neuerscheinungen zur mittelalterlichen Geschichte zu verfassen. Zum ersten Mal steuerte er einen solchen Bericht zu dem 1932 erschienenen Band der Zeitschrift bei.[65] Der Text brachte die besonderen Interessen des Verfassers insofern zum Ausdruck, als Schramm die Veröffentlichungen zur »Kultur- und Geistesgeschichte« vor denjenigen über die »Politische Geschichte« besprach und sie zudem ausführlicher behandelte.[66] Diese Artikel, die von da an jährlich erschienen, nötigten ihn, in der ganzen Breite des Faches ständig auf dem Laufenden zu bleiben. Das fiel ihm nicht besonders schwer, da er ein bemerkenswert schneller Leser war. Allerdings verstärkte diese Tätigkeit seine ohnehin vorhandene Neigung, das Allermeiste nur kursorisch zur Kenntnis zu nehmen.

Den größeren Gewinn an Prestige bedeutete es, daß er 1931 in den Herausgeberstab der »Historischen Zeitschrift« aufgenommen wurde. Anfang Mai erreichte ihn eine entsprechende Anfrage der beiden Hauptherausgeber,

63 Hans Walther (1884–1971), der bis zur Pensionierung im Schuldienst blieb, wurde 1942 außerplanmäßiger Professor in Göttingen. Schramms Beschreibung zufolge war er ein »gediegener Editor und grosser Materialkenner, der sehr solide arbeitet, da er durch geistige Einfälle nicht gestört wird.« — KDG 1954, S. 2506–2507; KDG 1976, S. 3679; WIA, GC 1932, Brief P.E. Schramm an F. Saxl, Göttingen 1.6.1932.

64 Der Philologe und Philosoph Wilhelm Kamlah (1905–1976) wurde 1945 Universitätsdozent in Göttingen und 1954 ordentlicher Professor für Philosophie in Erlangen. Er war mit Herman Nohls Tochter Kläre verheiratet. — KDG 1970, S. 1370; KDG 1980, S. 4463; *Matthes*, Nohl, S. 323; *Ritter, A.*, Veröffentlichungen Schramm, Nr.II,2, auf S. 316; WIA, GC 1932, Brief P.E. Schramm an F. Saxl, Göttingen 1.6.1932.

65 SVS 1932 Literaturbericht.

66 »Kultur- und Geistesgeschichte«: SVS 1932 Literaturbericht, S. 108–112; »Politische Geschichte«: SVS 1932 Literaturbericht, S. 112–114.

Friedrich Meinecke und Albert Brackmann. Im Juni sagte Schramm seine Mitarbeit zu.[67] Das neue Amt hatte vor allem zur Folge, daß Schramm von da an regelmäßig Rezensionen in der »Historischen Zeitschrift« veröffentlichte. Darüber hinaus großen Einfluß auf die Gestaltung der Zeitschrift zu nehmen, kam für ihn als den mit Abstand jüngsten Mitherausgeber wohl von vorneherein kaum in Frage.

b) Das politische Wirken eines Ordinarius

Das Göttinger Gelehrtenmilieu, in das Schramm nun hineinwuchs, unterschied sich in einem Punkt ganz wesentlich von der Heidelberger Umgebung, die er 1929 verlassen hatte: In Göttingen fehlte jenes starke liberale, die Republik bejahende Element, welches das politische Profil der badischen Universität prägte, durch das diese aber auch unter den Hochschulen in Deutschland eine Ausnahmestellung einnahm.[68] Die Situation in Göttingen entsprach eher dem, was damals an Universitäten in Deutschland das Übliche war.[69] Der einzige, der unter den Göttinger Historikern prononciert für die Weimarer Republik Stellung bezog, war der Extraordinarius für Kolonial- und Wirtschaftsgeschichte Paul Darmstädter.[70] Er war allerdings unter seinen Kollegen isoliert. Bereits Anfang der zwanziger Jahre war er aufgrund seiner politischen Haltung schweren Angriffen ausgesetzt gewesen, und die Anfeindungen hatten seitdem niemals ganz aufgehört. 1931 gab er, schwer erkrankt und nervlich geschwächt, seine Stellung in Göttingen auf.

Irgendeine Stellungnahme Schramms zu Darmstädters Schicksal ist nicht überliefert. Allerdings hatte eine von ihm selbst maßgeblich betriebene Personalentscheidung der Göttinger Philosophischen Fakultät zum Ergebnis, daß die republikfeindliche Tendenz des Lehrkörpers noch verschärft wurde: Vor allem dank seiner Unterstützung erhielt gerade in der Zeit, in der Paul Darmstädter aus dem Staatsdienst ausschied, Otto Westphal einen besoldeten Lehrauftrag an der Universität Göttingen. Westphal hatte sich schon seit 1918/19 einem »revolutionären Konservatismus« verschrieben und lehnte die Weimarer Republik entschieden ab.[71]

Schramm und er hatten sich nie aus den Augen verloren, seitdem sie sich Anfang der zwanziger Jahre in München angefreundet hatten. In Heidel-

67 FAS, L 230, Bd.2, Unterakte: »Brackmann, Albert«, Brief F. Meinecke und A. Brackmann an P.E. Schramm, Berlin 5.5.1931; ebd., Brief A. Brackmann an P.E. Schramm, Berlin 28.6.1931.

68 Vgl. hierzu *Jansen*, Professoren, sowie oben, v.a. Kap. 6.a).

69 Hierzu z.B.: *Dahms*, Einleitung, S. 30–38.

70 Über Paul Darmstädter (1873–1934) und sein Schicksal: *Grebing*, Kaiserreich, S. 206–207; *Wellenreuther*, Mutmaßungen, S. 270–276; *Ericksen*, Kontinuitäten, S. 430–434.

71 *Grebing*, Kaiserreich, S. 225, m. Anm. 42.

berg hatte Westphal seinen Freund häufig besucht und bei solchen Gelegenheiten auch Kontakte zu Schramms Heidelberger Bekannten geknüpft.[72] Bei Schramms ältestem Sohn, der 1926 geboren worden war, war er Patenonkel.[73] Seine Versuche, sich in München zu habilitieren, hatte er 1923 aufgeben müssen und war nach Hamburg zurückgekehrt.[74] An der dortigen Universität wurde ihm dann immerhin die Möglichkeit eingeräumt, Lehrveranstaltungen abzuhalten.[75] Die feste Verankerung seiner Familie in der Hamburger Oberschicht kam ihm dabei sicherlich zugute. Allerdings war das Einkommen, das ihm seine Lehrtätigkeit einbrachte, nur sehr gering. Ein besoldeter Lehrauftrag an einer so renommierten Universität wie Göttingen stellte eine erhebliche Verbesserung dar. Deshalb zögerte Westphal nur kurz, als ihm Schramm im Juli 1931 das Angebot unterbreitete.[76] Mit dem Lehrauftrag war außerdem die ehrenvolle und prestigeträchtige Aufgabe verbunden, für das im Jahr 1937 anstehende Universitätsjubliäum eine Geschichte der Hochschule zu verfassen.[77] Im Dezember nahm er seine Tätigkeit in Göttingen auf.[78]

Sicherlich betrieb Schramm Westphals Berufung nicht in der Absicht, die Dominanz republikfeindlichen Denkens an der Göttinger Universität zu stärken. Ihm ging es einfach darum, ähnlich wie im Fall von Walther Bulst die Förderung wissenschaftlicher Initiativen mit der Unterstützung von Menschen aus seinem Bekanntenkreis zu verbinden. Die Auswirkungen seiner Bemühungen auf der politischen Ebene waren für ihn zweitrangig, sofern er sie überhaupt berücksichtigte. Allerdings war seine eigene politische Haltung von derjenigen Otto Westphals sehr verschieden. Die Radikalität, mit der sein Freund die parlamentarische Demokratie ablehnte, konnte Schramm nicht nachvollziehen.

72 Ein Ergebnis dieser Kontakte waren unter anderem einige Briefe Westphals an Friedrich Baethgen, die sich in dessen Nachlaß finden. — MGHArch, A 246, NL Friedrich Baethgen; vgl. allgemein die Korrespondenz in FAS, L 230, Bd.11.

73 FAS, L »Über meine Freunde«.

74 Am Vortag seiner Abreise Anfang Juni 1923 schrieb Westphal an Schramm (FAS, L 230, Bd.11, Postkarte O. Westphal an P.E. Schramm, München 1.6.1923).

75 Westphal selbst sprach 1931 von »8jähriger Dozententätigkeit«. Er scheint sich auch in Hamburg nicht formell habilitiert zu haben: Der Göttinger Universitätsverwaltung galt er jedenfalls als »unhabilitierter Privatdozent«. — FAS, L 230, Bd.11, Brief O. Westphal an P.E. Schramm, Hamburg 3.11.1931; *Grebing*, Kaiserreich, S. 209 m. Anm. 8.

76 Außer von Schramm wurde Westphals Berufung zum Beispiel auch von dem Göttinger Historiker Christoph Steding unterstützt (*Grebing*, Kaiserreich, Anm. 9 auf S. 209–210).

77 Über die von Westphal zu schreibende Universitätsgeschichte: FAS, L 230, Bd.11, Brief O. Westphal an P.E. Schramm, Hamburg 22.7.1931; ebd., Bd.3, Unterakte: »Deutscher Historikerverband«, Brief S.A. Kaehler an P.E. Schramm, Breslau 12.11.1931.

78 Vgl. insgesamt: FAS, L 230, Bd.11, Briefe O. Westphal an P.E. Schramm, alle Hamburg: 22.7.1931, 25.10.1931, 3.11.1931, 21.11.1931; *Grebing*, Kaiserreich, S. 209.

Sehr viel näher stand er Karl Brandi. Dieser hatte 1918 in Hannover an der Gründung der Deutschen Volkspartei mitgewirkt und die Partei einige Jahre lang als Abgeordneter im hannoverschen Provinziallandtag vertreten.[79] Die Deutsche Volkspartei, die sich durch eine betont nationale Grundhaltung sowie eine starke Orientierung an den Interessen der Wirtschaft auszeichnete, war unter der Führung Gustav Stresemanns lange an der Reichsregierung beteiligt. Auch Schramm war ihr gegen Ende seiner Heidelberger Zeit, wohl 1928, beigetreten.[80] Zwar erneuerte er seine Mitgliedschaft nicht, als er nach Göttingen wechselte, so daß sie erlosch; jedoch fühlte er sich unter den deutschen Parteien der Deutschen Volkspartei offenbar am nächsten.

Dementsprechend war seine grundsätzliche Haltung zur staatlichen Ordnung der Weimarer Republik derjenigen von Karl Brandi nicht unähnlich. Brandi machte einerseits die Revolution von 1918 explizit für die Niederlage im Weltkrieg verantwortlich: Er warf ihr vor, sie habe das deutsche Heer, das seiner Meinung nach bis dahin unbesiegt geblieben war, zur Unzeit von der Front zurückgerufen. Andererseits rief er dennoch dazu auf, den Staat auch in seiner gegenwärtigen Form zu unterstützen und sich konstruktiv am öffentlichen Leben zu beteiligen.[81] Schramm selbst hatte sich in der Zeit des staatlichen Umbruchs 1918/19 zwar für die Republik begeistert, doch war darin lediglich zum Ausdruck gekommen, daß er der Monarchie gründlich überdrüssig geworden war.[82] Inzwischen wünschte er sich eine Veränderung der kompromißorientierten, von mühseligen Debatten geprägten parlamentarischen Verfassungswirklichkeit. Für das Beispiel Heidelberg hat die Forschung nachgewiesen, daß ein solches Denken für die meisten Hochschullehrer charakteristisch war.[83] Für Deutschland insgesamt ist dasselbe anzunehmen. Schramm jedenfalls hatte sich bereits 1924 über den italienischen Faschismus notiert, diesem komme das »Verdienst« zu, »neue Ideen gestaltet und die Frage, wie man über den Parlamentarismus hinauskommt, in eine neue Form gebracht zu haben.«[84]

Dennoch lehnte Schramm die Weimarer Republik nicht rundweg ab. Seine Auffassung kam deutlich zum Ausdruck, als ihm im Jahr 1931 die Aufgabe zufiel, die Festrede bei der Verfassungsfeier der Göttinger Universität

79 *Petke*, Karl Brandi, S. 288.

80 Auf die Heidelberger Verhältnisse und die verschiedenen parteipolitischen Präferenzen der dortigen Hochschullehrer bezogen, hatte dieser Schritt damals Schramms Position ungefähr in der Mitte der verschiedenen Strömungen des Heidelberger Gelehrtenmilieus entsprochen. — FAS, L »Jahrgang 94«, Bd.3, S. 449–450; hierzu auch *Grolle*, Hamburger, S. 18; über die DVP in Heidelberg vgl. *Jansen*, Professoren, z.B. S. 156 u. 201.

81 *Wolfgang Petke* geht allerdings wohl zu weit, wenn er Brandi deshalb als »Vernunftrepublikaner« bezeichnet. — *Petke*, Karl Brandi, S. 300, m. Anm. 70–72.

82 FAS, L »Gedanken über Politik«; vgl. oben, Kap. 2.c).

83 *Jansen*, Professoren, S. 59–61, Tab.4 auf S. 68, S. 221–223.

84 FAS, L »Tagebuch 1924«, Heft 9, 25.9.1924; vgl. auch *Grolle*, Hamburger, S. 18.

zu halten. Seit 1927 gedachte die Universität in diesen jährlichen Feiern der Verabschiedung der Weimarer Verfassung am 11. August 1919. Für die meisten Mitglieder der Universität hatte die Veranstaltung allerdings nur einen geringen Stellenwert.[85] Der Umstand, daß die Feier stets mitten in die Semesterferien fiel, minderte den Zuspruch noch. Immerhin fand Schramms Rede im Sommer 1931, wie es der Würde des Tages entsprach, in der Aula der Universität statt.[86]

In das Zentrum seiner Betrachtungen stellte Schramm das mittelalterliche deutsch-römische Reich. Er beleuchtete die Grundkräfte, die die Geschichte dieses Reiches seiner Meinung nach geprägt hatten, und beschrieb ihr Fortwirken, das er bis in die Gegenwart meinte verfolgen zu können. Beispielsweise sprach er von den partikularen Kräften, die das Reich oft zu zerreißen gedroht hätten. Schließlich hätten sie aber immer wieder zusammengefunden, um das Bestehen des größeren Ganzen zu sichern – nach dem Zerfall des karolingischen Großreiches in Gestalt der Stammesherzöge, nach dem Interregnum in Gestalt der Kurfürsten.[87] Schramm wollte seinen Zuhörern vermitteln, daß die deutsche Geschichte im Guten wie im Schlechten von denselben Kräften geformt worden sei. Er stellte die These auf, daß »Faktoren, die in gewissen Zeiten das Reich stützten,« zu anderen Zeiten »destruktiv« wirken konnten.[88] Daraus ergab sich für ihn die Aufgabe, sie in der Gegenwart möglichst nutzbringend zu aktivieren.[89]

Den roten Faden in Schramms Argumentation bildete das Problem der Einheit des Reiches. In der Vergangenheit hätten jene Grundkräfte sie mal in Gefahr gebracht, mal wiederhergestellt. Im ersten Abschnitt seiner Rede beschrieb es Schramm als die wichtigste Leistung der Weimarer Nationalversammlung, diese Einheit in der Zeit der tiefen Krise nach der Niederlage im Weltkrieg bewahrt zu haben. Sie dauerhaft gesichert zu haben, machte in seinen Augen die Bedeutung der damals geschaffenen Reichsverfassung aus, »die eine neue Klammer um das geborstene Reich legte und dadurch alle separatistische Gefahr beschwor.«[90] Insofern schrieb Schramm der Verfassung einen positiven, geschichtlich begründeten Wert zu.[91] Deshalb akzeptierte er sie als Grundlage des Handelns. Von dieser Grundlage aus wollte er in sei-

85 Dies zeigt sich allein schon darin, daß nach einer Aufforderung des preußischen Innenministers, einen solchen Brauch einzurichten, fünf Jahre verstrichen, bevor die Universität tatsächlich zum ersten Mal eine Verfassungsfeier abhielt (*Dahms*, Einleitung, S. 19–20).

86 FAS, L »Rede Verfassungsfeier«; die Angabe zum Ort nach einer handschriftlichen Notiz Schramms auf dem Manuskript.

87 Ebd., v.a. S. 9–11 u. 19–20.

88 Ebd., S. 13.

89 Ebd., v.a. S. 28.

90 Ebd., S. 5.

91 Bemerkenswerterweise hatte der preußische Innenminister, als er 1922 die Universität aufforderte, eine Verfassungsfeier abzuhalten, die Bedeutung der Verfassung ganz ähnlich be-

ner Rede »Vergangenheit, Gegenwart und Zukunft befragen.«[92] Andererseits hatte das, was die Verfassung aussagte, für ihn keinen besonderen Wert. Er betonte, daß »der Inhalt der Verfassung Objekt der innerpolitischen Auseinandersetzung war, ist und lange sein wird [...].« Deshalb war er sogar der Meinung, gerade »die Lebendigkeit unseres Verfassungstages« sei gefährdet, »wenn man seinen Sinn auf den Gehalt der Verfassung selbst einengte.«[93]

Nicht den Inhalt der Verfassung galt es also zu feiern, sondern ihre geschichtliche Bedeutung. Darin spiegelte sich die Ambivalenz von Schramms Haltung zur Weimarer Republik wider: Ihrer staatlichen Form stand er eher distanziert gegenüber. Zugleich billigte er ihr aber historische Berechtigung zu und war deshalb bereit, sie als Rahmen des Handelns anzunehmen. Für ihn, als den Sohn eines Hamburger Senators und Bürgermeisters, war es ohnehin selbstverständlich, daß ein Bürger das Gemeinwesen zu respektieren und zu unterstützen habe.

Aus dieser Gesinnung heraus entwickelte Schramm in den ersten Jahren seiner Göttinger Zeit politisches Engagement.[94] In der Hauptsache waren seine Aktivitäten auf die Situation an den Rändern des Reiches gerichtet: Er betätigte sich zugunsten der deutschen Bevölkerung an der nach dem Ersten Weltkrieg veränderten Ostgrenze Deutschlands. Schon während seiner Heidelberger Zeit hatte er ein gewisses Interesse für mittel- und osteuropäische Fragen entwickelt. Zunächst hatte er sich den Staaten zugewandt, die an Deutschland im Osten angrenzten und nach 1918 neu Gestalt gewonnen hatten.[95] In der zweiten Hälfte der zwanziger Jahre hatte sich der Schwerpunkt seiner Aktivitäten aufgrund der neuen Bindungen, die durch seine Heirat zustande gekommen waren, verlagert. Seitdem hatte er sich mit den Anliegen der »Junker« Ostelbiens befaßt, die sich durch die nach 1918 veränderten Grenzen und die gewandelten ökonomischen Verhältnisse besonders stark beeinträchtigt fühlten.[96]

In Göttingen erfuhr Schramms Betätigung wiederum eine Veränderung. Nun setzte er sich für die Interessen der Deutschen in Ostmitteleuropa insgesamt ein, engagierte sich also für die dort lebenden, wie es damals hieß, »Grenz- und Auslandsdeutschen«. In der Rückschau erscheint ein solches Engagement vor allem deshalb brisant, weil es letztlich auf eine Revision

schrieben: Den Tag ihrer Verkündigung bezeichnete er als den Tag »der Wiederherstellung der deutschen Einheit« (*Dahms*, Einleitung, S. 19–20, m. Anm. 24).

92 FAS, L »Rede Verfassungsfeier«, S. 2.

93 Ebd., S. 1.

94 Im Frühjahr 1932 engagierte er sich im Wahlkampf um das Reichspräsidentenamt, wovon unten die Rede sein wird (unten in diesem Kapitel, Abschnitt d)).

95 Dieses Interesse hatte seinen Höhepunkt in der Antrittsvorlesung von 1924 gefunden und ihn wenig später veranlaßt, eine Vorlesung über die Geschichte des katholischen Osteuropa zu halten (s.o., Kap. 6.a)).

96 S.o., Kap. 6.b).

der Regelungen des Friedensvertrages von Versailles abzielte. Damit war es mehr oder weniger klar gegen die in der Region nach 1918 neu entstandenen Staaten gerichtet. Allerdings war es damals in Deutschland nicht nur die Sache einer radikalen Minderheit, sich in dieser Richtung zu betätigen. Im Gegenteil schloß sich Schramm einer breiten Strömung in der deutschen Bevölkerung an.[97]

Zugleich trat er an die Seite Karl Brandis. Dieser hatte bereits 1927 einen Vortrag mit dem Titel »Unser Recht auf den Osten« gehalten. Spätestens seit dieser Zeit stand Brandi in Verbindung mit Organisationen und Interessengruppen, die sich mit der Problematik befaßten. Auf seine Initiative ist es wohl vor allem zurückzuführen, daß die Universität Göttingen im Februar 1931 als erste deutsche Universität eine »Ostmarkenhochschulwoche« veranstaltete. Den Anlaß für diese Veranstaltung bot der zehnte Jahrestag des Referendums, das im März 1921 in Schlesien abgehalten worden war. Obwohl es zu Gunsten Deutschlands ausgefallen war, war sein Ergebnis nur teilweise umgesetzt worden.[98] Für Schramm war die Hochschulwoche die Initialzündung zu verstärktem Engagement. Hierdurch angeregt, organisierte und leitete er eine Reise einer Gruppe von Studierenden, die im August 1931 durch das Gebiet von Danzig, vor allem aber durch Ostpreußen führte.[99]

Schramm und Brandi ging es zunächst einmal um die Anliegen jener Deutschen, die auf der deutschen Seite der damaligen Ostgrenze lebten. Durch die neuen Grenzziehungen nach 1918 war nicht zuletzt die ökonomische Struktur der entsprechenden Regionen empfindlich gestört worden. Die prekäre wirtschaftliche Lage machte Hilfen aus der Mitte des Reiches notwendig, um die es zu werben galt. Die beiden Göttinger Ordinarien arbeiteten mit einem Kreis von Politikern und Honoratioren aus der Region zusammen, deren erstes Ziel es war, die Öffentlichkeit auf die Situation aufmerksam zu machen, beziehungsweise die Problematik im öffentlichen Bewußtsein zu halten. Im Zusammenhang mit solchen Bemühungen unternahmen Schramm und Brandi vom 10. bis zum 16. April 1932 eine Reise durch Schlesien. Ferner bemühten sie sich gemeinsam mit den Aktivisten aus der Region um die Erstellung von Informationsmaterial verschiedenster Art und organisierten »Ostmarkenhochschulwochen« an verschiedenen Universitäten.[100] Obwohl die Revision des Versailler Vertrages kein vorrangiges Ziel dieser Tätigkeit war, hofften die Beteiligten doch, mit ihrer Arbeit darauf hinwirken zu können, daß die als ungerecht empfundenen Regelungen des

97 Vgl. zusammenfassend: *Münz*, *Ohliger*, Auslandsdeutsche, v.a. S. 373–376; außerdem z.B. *Faulenbach*, Ideologie, S. 77–79; über die einschlägigen Aktivitäten an der Universität Heidelberg, an denen Schramm sich aber nicht beteiligt zu haben scheint: *Jansen*, Professoren, S. 154–155.

98 *Ericksen*, Kontinuitäten, S. 435.

99 Hierzu: SVS 1931 Bericht Ostpreußenfahrt; weiteres Material in: FAS, L 236.

100 *Ericksen*, Kontinuitäten, S. 435–436; reichhaltiges Material in: FAS, L 236.

Friedensvertrages eines Tages rückgängig gemacht würden. Demgemäß ist in den Propagandatexten, die als Ergebnis dieser Arbeit in Schramms Nachlaß überliefert sind, die »Frontstellung« gegen die benachbarten Staaten oft aggressiv betont. Allerdings verzichteten die Verfasser der überlieferten Texte darauf, ihre Ausführungen mit rassistischen, gegen die slawische Bevölkerung der Nachbarstaaten gerichteten Parolen zu unterfüttern.[101]

Insgesamt muß die Position von Brandi und Schramm wohl als verhältnismäßig pragmatisch bezeichnet werden. Diese Bewertung legt auch die Art und Weise nahe, auf die ihr Engagement schließlich zu einem Ende kam. Im Dezember 1932 stießen sie auf Widerstand von unerwarteter Seite: Unter ihren ostdeutschen Partnern formierte sich eine Gruppe, denen sowohl die Sprache als auch das Vorgehen der Göttinger Ordinarien nicht radikal genug waren. Diejenigen Aktivisten, die noch zu den beiden hielten, gerieten in die Defensive. Einer von ihnen sprach Schramm gegenüber von einem regelrechten »Kesseltreiben, unter Führung von Königsberg, gegen Geheimrat Brandi sowie Sie und mich«.[102] Mit den politischen Veränderungen, die der Januar 1933 mit sich brachte, wurden andere als radikale Positionen vollends unhaltbar. Schramms Engagement für die »Ostarbeit« kam ganz zum Erliegen.[103]

Für sein wissenschaftliches Schaffen hatte der Blick nach Osten ohnehin keine Rolle mehr gespielt, seitdem die Publikation seiner Antrittsvorlesung 1924 nicht zustande gekommen war. In seinen Veröffentlichungen dieser Zeit kamen entsprechende Themen nicht vor. Umgekehrt war es für die von ihm betriebene »Ostarbeit« trotzdem von Belang, daß er ein professioneller Historiker und Hochschullehrer war. Indem sie sich für die Organisation von »Ostmarkenhochschulwochen« einsetzten, strebten Brandi und Schramm vor allem danach, in ihrem eigenen Milieu Wirkung zu erzielen. Die Schlesienreise, die sie gemeinsam unternahmen, erzielte nur deshalb ein wenigstens regionales Medienecho, weil sie das Ansehen zur Geltung brachten, das sie als Professoren und als erfolgreiche Wissenschaftler genossen.[104]

Zugleich verrät die von ihnen entfaltete Aktivität einiges über ihr Selbstverständnis als Wissenschaftler. Sie waren nämlich durchaus bereit, die Leistungen ihres Faches den von ihnen verfolgten politischen Zielen dienstbar zu machen. Der Zirkel, in dem sie mit ostdeutschen Repräsentanten zusam-

101 Die Quellen finden sich in: FAS, L 236.

102 FAS, L 236, Brief A. Hoffmeister an P.E. Schramm, Hannover 28.12.1932.

103 Vgl. FAS, L 98, Brief H. Schadewaldt an P.E. Schramm, Beuthen in Oberschlesien, 27.3.1934, sowie weitere Briefe von Hans Schadewaldt ebd.; außerdem: FAS, L »Miterlebte Geschichte«, Bd.1, S. 59, sowie die Vorlage für diesen Abschnitt aus den späten fünfziger Jahren in: FAS, L 305.

104 Mehrere Ausschnitte aus schlesischen Regionalzeitungen sowie weiteres Material in: FAS, L 236; vgl. *Ericksen*, Kontinuitäten, S. 435–436.

menarbeiteten, bereitete unter anderem die Herausgabe eines »Ostmarkenbuches« vor, das über Geschichte und Gestalt der fraglichen Regionen informieren sollte. Dabei sollte es vor allem darum gehen, das deutsche Recht auf die umstrittenen oder nach 1918 verlorenen Gebiete zu belegen. Entscheidend war, nach Brandis Worten, »der Kampf- und Abwehrcharakter des Büchleins«. Der Anschein einer sachlichen Darstellung sollte allein »eine Tarnung der polemisch erheblichen Tatsachen bedeuten [...].«[105]

Nun war Brandi ebensowenig wie Schramm ein Spezialist für die Geschichte der Deutschen im Osten Europas.[106] Beide teilten aber die in Deutschland gängige Meinung, daß die Geschichte die tiefe Verwurzelung der deutschen Kultur in den umstrittenen Gebieten und damit die Berechtigung der deutschen Revisionsforderungen belege. Die »polemisch erheblichen Tatsachen« waren in ihren Augen als Tatsachen unbestreitbar: Sie waren beide überzeugt, daß es nur eine einzige historische Wahrheit gebe, und daß diese Wahrheit ihr eigenes Weltbild stütze. Zwar achtete Brandi ebenso wie Schramm darauf, in seinen wissenschaftlichen Arbeiten keine politischen Aussagen zu treffen.[107] Trotzdem schien es ihm wie seinem jüngeren Partner erlaubt, in politischen Zusammenhängen auch Argumente einzusetzen, die der Forschungsdiskussion entlehnt waren. Dabei fühlten sich beide berechtigt, um der Erreichung eines Zieles von nationaler Bedeutung willen die weniger »erheblichen« Tatsachen auch einmal zu unterschlagen.

Durchaus in diesen Kontext läßt sich der Deutsche Historikertag einordnen, der im Sommer 1932 in Göttingen abgehalten wurde und an dessen Organisation Schramm und Brandi maßgeblich beteiligt waren. Die Vorträge dieser Tagung waren fast ausschließlich Themen gewidmet, die auf die eine oder andere Weise mit den Problemen der deutschen oder ehemals deutschen Ostgebiete verknüpft waren.[108] Die Ausführungen, die Brandi, als Tagungsvorsitzender, zur Eröffnung machte, lassen noch einmal deutlich erkennen, wie er das Verhältnis von Wissenschaft und außenpolitischen Zielen sah: »Wissenschaftliche Betätigung« mußte für ihn »zugleich nationalbewußter Dienst am Volksganzen« sein. »Unerläßlich« schienen ihm »rückhaltlose Kritik an uns selbst und sachlich unbefangene Auseinandersetzung mit dem Gegner«, doch war es das Ziel eines solchen Verhaltens, »sich der eigenen

105 *Ericksen*, Kontinuitäten, S. 436; Material über das »Ostmarkenbuch« auch in: FAS, L 236.

106 Darum geht es am Sachverhalt vorbei, wenn *Robert P. Ericksen* schreibt, Brandi und Schramm hätten »Göttingen im Laufe der Jahre 1931 und 1932 in ein Zentrum für Studien zur Ostfrage« verwandelt (*Ericksen*, Kontinuitäten, S. 436).

107 *Petke*, Karl Brandi, S. 309.

108 Über die Veranstaltung informieren: *Bericht 18. Versammlung*; *Schumann*, Historikertage, S. 395–405; *Haar*, Historiker, S. 97–105; vgl. *Ericksen*, Kontinuitäten, 436.

nationalen Position eindeutig bewußt zu werden.«[109] Objektive Wissenschaft und offensive Vertretung deutscher Interessen fielen für ihn ganz selbstverständlich in eins.

Auf dieser Grundlage war die Veranstaltung unübersehbar gegen den Versailler Vertrag sowie gegen die Nachbarstaaten, vor allem gegen Polen gerichtet.[110] Ernst Kantorowicz, der selbst nicht anwesend sein konnte, zeigte sich aufgrund der ihm bekannt gewordenen Berichte in einem Brief an Schramm erfreut, daß »dieser Tag zum ersten Mal wieder eine eigene Farbe gehabt und nicht chamäleonhaft geschillert« habe. »Und was mir das Erfreulichste war,« so fuhr er fort, »ist die Tatsache, dass die Historiker hier einmal mit unverkennbarem Schneid politisch gewesen sind, statt sich auf ihre Voraussetzungslosigkeit zurückzuziehen.«[111]

Allerdings wäre es verfehlt, die thematische Ausrichtung des Historikertages allein auf Brandis und Schramms Initiative zurückzuführen.[112] Die Historikerversammlungen der Weimarer Zeit waren alle in hohem Maße politisiert. Stets standen die Ergebnisse des Ersten Weltkriegs und des Versailler Vertrages im Mittelpunkt der Diskussionen.[113] Immerhin nahm Brandi später für sich in Anspruch, er habe es erreicht, daß der Göttinger Historikertag auf ostmitteleuropäische Fragen ausgerichtet worden sei.[114] Im November 1931 war auf einer Sitzung des Zentralausschusses, des Leitungsgremiums des Historikerverbandes, angesichts der schwierigen wirtschaftlichen Lage entschieden worden, im Jahr 1932 eine »Arbeitstagung« im allgemein relativ leicht erreichbaren Göttingen abzuhalten.[115] Brandi gehörte dem Gremium ohnehin an; Schramm war, neben anderen, zu dieser Sitzung hinzugebeten worden.[116] Ein Blick in den über den Historikertag veröffentlichten Bericht bewahrt jedoch vor einer falschen Einschätzung der Stellung, die die beiden Göttinger im Fach hatten, wenn es um ostmitteleuropäische Themen ging:

109 *Bericht 18. Versammlung*, S. 9–10.

110 *Peter Schumann* hebt »die fast totale Politisierung dieses Treffens« hervor (*Schumann*, Historikertage, S. 400).

111 FAS, L 230, Bd.6, Brief E.H. Kantorowicz an P.E. Schramm, Frankfurt a.M. 25.9.1932.

112 Über den Zusammenhang mit der Vorbereitung des Internationalen Historikertages 1933 in Warschau s. das folgende Kapitel, Kap. 9.a).

113 Beispielsweise war die Göttinger Tagung der Ersatz für einen ursprünglich für Anfang Oktober 1931 geplanten Historikertag. Er hatte in Bonn und Koblenz stattfinden sollen, um im Rheinland, das zum Teil bis 1930 französisch besetzt gewesen war, Präsenz zu zeigen. Er war schließlich abgesagt worden, weil sich schon im Vorfeld abgezeichnet hatte, daß wegen der sich seit 1929 stetig verschlechternden wirtschaftlichen Lage nur wenige Teilnehmer anreisen würden. — Über die Problematik insgesamt: *Schumann*, Historikertage, S. 276–278; über die abgesagte Rheinland-Tagung: *Bericht 18. Versammlung,* S. 5–7; *Schumann*, Historikertage, S. 395–396.

114 *Brandi*, Historikerkongress, S. 213–214; vgl.: *Haar*, Historiker, S. 97–100.

115 *Bericht 18. Versammlung,* S. 7–8; *Schumann*, Historikertage, S. 396–397.

116 Schramm führte das Protokoll. Ein Exemplar desselben in: FAS, L 186/1; ein Entwurf in: FAS, L 230, Bd.3, Unterakte: »Deutscher Historikerverband«.

Keiner von beiden hielt einen Vortrag. Brandi beteiligte sich nur ein einziges Mal an der Aussprache,[117] Schramm überhaupt nicht.

Trotz ihrer einschlägigen Aktivitäten zählten die Göttinger Ordinarien im Hinblick auf »Ostfragen« nicht zu den Wortführern in der Geschichtswissenschaft. Zu diesen war beispielsweise Albert Brackmann zu rechnen, der 1929 zum Generaldirektor der Preußischen Staatsarchive ernannt worden war. Seine Position nutzte er in zunehmendem Maße, um die Geschichtswissenschaft für die Unterstützung einer nach Osten gerichteten Revisionspolitik zu aktivieren.[118] Ein immer größeres Gewicht gewann auch der Königsberger Ordinarius Hans Rothfels, der gemeinsam mit einem Kreis hochtalentierter Schüler zu denen gehörte, die die »Volksgeschichte« als neues geschichtswissenschaftliches Paradigma etablieren wollten. Den Königsbergern sollte die »Volksgeschichte« nicht zuletzt dazu dienen, das deutsche »Volkstum« in den östlichen Nachbarstaaten genauer kennenzulernen, um es dann effektiv stärken zu können. Gerade der Göttinger Historikertag bedeutete für Rothfels einen großen Gewinn an Ansehen und Einfluß.[119]

c) Festigung und Ausbau

Hinsichtlich der »Ostfragen« darf Brandis und Schramms Gewicht also nicht überschätzt werden. Auf einer allgemeinen Ebene wurden sie durch den Historikertag von 1932 jedoch gestärkt. Die Versammlung bestätigte das große Ansehen, das Karl Brandi genoß, indem dieser am 3. August einstimmig zum Vorsitzenden des Verbandes Deutscher Historiker gewählt wurde.[120] Auch Schramms Stellung verbesserte sich durch die Wahlen dieses Tages: Er wurde in den Zentralausschuß gewählt.[121] Dies war die Anerkennung dafür, daß er seit 1931 als engagiertes Mitglied der Organisation hervorgetreten war. In jenem Jahr hatte sich nämlich eine Gruppe von Historikern formiert, die danach strebte, die Strukturen, in denen das Fach organisiert war, zu verändern.[122] Die Initiative ging dabei anscheinend von Hans Rothfels und

117 *Bericht 18. Versammlung,* S. 33.

118 *Burleigh*, Germany, zuerst S. 45 u. 46–53; *Haar*, Historiker, zuerst S. 106–115; vgl. die ältere, ganz unkritische Darstellung bei: *Goetting*, Brackmann.

119 Über Hans Rothfels (1891–1976) zusammenfassend, wenn auch an manchen Punkten überholt: *Conze*, Hans Rothfels; vgl. z.B. *Etzemüller*, Sozialgeschichte, S. 24–26; *Haar*, Historiker, S. 70–105, darin über die Bedeutung des Göttinger Historikertages für Rothfels: S. 100–103; s. auch unten in diesem Kapitel, Abschnitt c).

120 *Bericht 18. Versammlung,* S. 23–24.

121 Ebd., S. 23.

122 Material zu der Angelegenheit in: FAS, L 230, Bd.3, Unterakte: »Deutscher Historikerverband«.

dem Breslauer Historiker Siegfried A. Kaehler aus.[123] Der Ansatzpunkt der Reformer war ein doppelter: Zum einen sollte der Verband, der, rein formal gesehen, seit seiner Gründung lediglich eine Geschäftsordnung hatte, endlich eine Satzung erhalten. Zum anderen mußte der Verband zu Vorschlägen Stellung beziehen, die von verschiedenen Seiten für eine Reform des Universitätsstudiums und des Schulunterrichts in den geisteswissenschaflichen Fächern gemacht worden waren.

Männern wie Rothfels ging es vor allem um die Frage der Verbandsstruktur. Rothfels wünschte, daß der Verband als eine »wirkliche Standesvertretung« schlagkräftiger werde.[124] Damit verknüpfte er wohl die Absicht, im Zuge dieser Umgestaltung seinen eigenen Vorstellungen von den Grundlagen und Zielen der Geschichtswissenschaft offensiv Geltung zu verschaffen. Schramm ging es anscheinend in höherem Maße um die Reorganisation des Studiums. Außerdem war er weniger konfrontativ eingestellt als andere Mitglieder des Kreises. Deshalb erschien es ihm sinnvoll, auch den Marburger Historiker Wilhelm Mommsen einzubinden, der seinerseits einen Vorstoß unternommen hatte, den Verband zu einer Stellungnahme hinsichtlich des historischen Studiums zu bewegen.[125] Mit der Hinzuziehung Mommsens erregte Schramm allerdings den Unmut von Rothfels und anderen. Der nach Neuerungen strebende Rothfels kritisierte Leute wie Mommsen als »bequeme Satelliten der alten Garde«.[126] Es gelang Schramm aber, die Wogen zu glätten und alle Beteiligten von der Zweckmäßigkeit seines Vorgehens zu überzeugen.[127] Auf dem Göttinger Historikertag 1932 wurde dann, gleich-

123 Siegfried August Kaehler (1885–1963) war mindestens seit 1929 mit Schramm bekannt. Damals ließ Schramm seinem Breslauer Kollegen Korrekturfahnen von »Kaiser, Rom und Renovatio« schicken. — WIA, GC 1929, Postkarte P.E. Schramm an F. Saxl, Heidelberg 28.1.1929; weitere Korrespondenz in dieser Angelegenheit ebd.; vgl. allgemein *Grebing*, Kaiserreich, v.a. S. 210–211; über Kaehlers Wechsel nach Göttingen 1936 s. das folgende Kapitel, Kap. 9.e).

124 FAS, L 230, Bd.3, Unterakte: »Deutscher Historikerverband«, Brief H. Rothfels an P.E. Schramm, Königsberg 23.10.1931.

125 Wilhelm Mommsen (1892–1966) war als außerordentlicher Professor in Göttingen tätig, bevor er 1929 nach Marburg ging. Schramm lernte ihn noch in Göttingen kennen. — FAS, L 230, Bd.3, Unterakte: »Deutscher Historikerverband«, Brief W. Mommsen an P.E. Schramm, Marburg 6.6.9131, sowie weitere Korrespondenz ebd.; über Mommsen: *Grebing*, Kaiserreich, v.a. S. 208; die Erwähnungen in *Nagel (Hg.)*, Philipps-Universität, sowie zusammenfassend *Nagel*, »Der Prototyp…«; über die Anfänge der Bekanntschaft mit Schramm: FAS, L 230, Bd.7, Brief P.E. Schramm an M.T. Mommsen, masch. Durchschl., o.O. [Göttingen], 5.5.1966.

126 Vielleicht spielte es auch eine Rolle, daß Mommsen eine gewisse Außenseiterposition einnahm, weil er zu jener Minderheit deutscher Historiker gehörte, die die Weimarer Republik aktiv unterstützte. — FAS, L 230, Bd.3, Unterakte: »Deutscher Historikerverband«, Brief H. Rothfels an P.E. Schramm, Königsberg 23.10.1931; über Mommsens politische Haltung: *Nagel*, Einleitung, v.a. S. 42–43; *Nagel*, »Der Prototyp…«, S. 55–56, 68–71.

127 Schließlich setzte der Zentralausschuß des Deutschen Historikerverbandes im November 1931 drei Ausschüsse ein, die sich mit den erwähnten Angelegenheiten sowie der Vorbereitung des internationalen Historikerkongresses in Warschau 1933 befassen sollten. Schramm und Rothfels

zeitig mit Schramm, auch Rothfels in den Verbandsausschuß gewählt.[128] Schramm, so scheint es, verdankte seine Wahl der integrativen Seite seiner Persönlichkeit. Er hatte im Vorfeld bewiesen, daß er es verstand, mit Vertretern unterschiedlicher Positionen im Gespräch zu bleiben, und daß diese Begabung geeignet sein konnte, Konflikte unter Kontrolle zu halten.

Zusätzlich gerechtfertigt erschien Schramms Wahl dadurch, daß er seit 1930 daran mitwirkte, die deutschen Historiker auf der internationalen Ebene zu repräsentieren.[129] Wie auch sonst verschiedentlich, folgte er hier zunächst den Anstößen Karl Brandis. Brandi war seit 1926 Mitglied im Vorstand des Internationalen Historischen Komitees.[130] Das »Comité International des Sciences Historiques« war 1926 gegründet worden, um den seit 1900 in mehrjährigen Abständen stattfindenden Internationalen Historikerkongressen einen institutionellen Rückhalt zu geben und die Kontinuität der internationalen Zusammenarbeit zu sichern.[131] Zur koordinierten Bearbeitung spezieller Fragen bildete das Komitee Unterausschüsse. So wurde im August 1928 auf dem Internationalen Historikertag in Oslo eine »Internationale Ikonographische Kommission« ins Leben gerufen, um die Beschäftigung mit Bildern, beziehungsweise mit den Erzeugnissen der bildenden Kunst als historischen Quellen zu fördern.[132] Nachdem Schramm wenige Monate später den Ruf nach Göttingen erhalten hatte, sah Brandi hier eine willkommene Gelegenheit, die deutsche Position im internationalen Verband zu stärken. Da sein neuer Kollege für die Mitarbeit in einem solchen Ausschuß zweifellos hervorragend qualifiziert war, plazierte Brandi ihn als deutschen Vertreter in dem neuen Gremium.[133]

Die erste Sitzung der Internationalen Ikonographischen Kommission hatte im Mai 1929 in Venedig stattgefunden. An ihr hatte Schramm, der damals

waren Mitglieder in allen drei Ausschüssen, Brandi in zweien. Mommsen wurde, seinem Interesse gemäß, in den Ausschuß zur Studienreform berufen. — FAS, L 230, Bd.3, Unterakte: »Deutscher Historikerverband«, Brief G.A. Rein an P.E. Schramm, Hamburg 9.11.1931; ebd., Brief S.A. Kaehler an P.E. Schramm, Breslau 12.11.1931; *Bericht 18. Versammlung,* S. 7–8; FAS, L 186/1, »Protokoll über Sitzung Centralausschuss des Deutschen Historiker-Verbandes in Berlin am 14.11.1931«, sowie der Entwurf desselben in: FAS, L 230, Bd.3, Unterakte: »Deutscher Historikerverband«; über den Internationalen Historikertag 1933 in Warschau und seine Vorbereitung auf deutscher Seite s. das folgende Kapitel, Kap. 9.a).

128 In einem zweiten Schritt wurden, auf Rothfels' Drängen, noch weitere neue Mitglieder des Ausschusses bestimmt. Außerdem wurde die neue Satzung verabschiedet und über die Reform des Studiums immerhin diskutiert. — *Bericht 18. Versammlung,* S. 21–24, 27–29, 45–48; *Schumann*, Historikertage, S. 404–405.

129 Vgl. *Bericht 18. Versammlung*, S. 24.

130 *Petke*, Karl Brandi, S. 301.

131 *Erdmann, K. D.*, Ökumene, v.a. S. 137–154.

132 *Steinberg*, Ikonographische Kommission, S. 287–289; *Erdmann, K. D.*, Ökumene, S. 458.

133 In einem Brief an Fritz Saxl erläuterte Schramm im Jahr 1930: »Brandi hat mich seinerzeit in diesen Ausschuß bugsiert« (WIA, GC 1930, Brief P.E. Schramm an F. Saxl, Göttingen 18.5.1930).

gerade erst den Umzug von Heidelberg nach Göttingen hinter sich gebracht hatte, noch nicht teilnehmen können.[134] Erst ein Jahr später, im Mai 1930, betrat er die internationale Bühne. Als Mitglied der Ikonographischen Kommission nahm er an einer Plenarsitzung des Internationalen Historischen Komitees teil.[135] Die Plenarsitzung fand in England statt, aufgeteilt zwischen Oxford und Cambridge. Schramm genoß die Gelegenheit, mit Kollegen aus den unterschiedlichsten Ländern ins Gespräch zu kommen, und knüpfte Bekanntschaften, die zum Teil bis an sein Lebensende hielten.[136] Auch in den beiden folgenden Jahren nahm er an den Plenarsitzungen des Internationalen Historischen Komitees teil, die in Budapest und in Den Haag stattfanden.[137]

So bereichernd die Sitzungen der Internationalen Ikonographischen Kommission für Schramm waren, hatten sie doch für die konkrete Forschungsarbeit nur eine begrenzte Bedeutung. Vielmehr verständigten sich die Mitglieder des internationalen Gremiums darauf, daß der größte Teil der praktischen Arbeit in nationalen Unterabteilungen jeweils selbständig durchgeführt werden sollte. Die internationale Ebene sollte vor allem zur Koordination der Arbeiten dienen und eine Plattform bieten, um grundsätzliche Fragen zu diskutieren.[138] Als deutscher Unterausschuß der internationalen Institution war im April 1930 auf dem Historikertag in Halle ein »Deutscher Ikonographischer Ausschuß« gegründet worden. Zu dessen Mitgliedern hatte die Versammlung Schramm, Karl Brandi und Walter Goetz berufen.[139]

Bis der deutsche Ausschuß aber tatsächlich aktiv werden konnte, verging noch einige Zeit, da die Bewilligung der nötigen Mittel auf sich warten ließ. Erst im Frühjahr 1931 konnte die Arbeit beginnen.[140] Den größten Teil der-

134 Anscheinend wurde er durch Brandi vertreten. — *Steinberg*, Ikonographische Kommission, S. 287; UAGö, PA PES, Bl.56, »Antrag auf Beurlaubung«, P.E. Schramm an den Kurator der Universität Göttingen, Göttingen 25.4.1930.

135 Im Jahr 1932 amtierte er bereits als stellvertretender Sekretär der Kommission. — UAGö, PA PES, Bl.56, »Antrag auf Beurlaubung«, P.E. Schramm an den Kurator der Universität Göttingen, Göttingen 25.4.1930; *Bericht 18. Versammlung*, S. 24.

136 So bat er etwa Saxl, Exemplare von »Kaiser, Rom und Renovatio« unter anderem an Austin Lane Poole in Oxford und Francois L. Ganshof in Brüssel schicken zu lassen. — WIA, GC 1930, Brief P.E. Schramm an F. Saxl, Göttingen 18.5.1930; über Schramms Aufenthalt in England auch: FAS, L »Jahrgang 94«, Bd.3, S. 386–387; eine ältere Version derselben Passage in: FAS, L 305.

137 UAGö, PA PES, Bl.72, »Antrag auf Beurlaubung«, P.E. Schramm an den Kurator der Universität Göttingen, Göttingen 15.5.1931; UAGö, PA PES, Bl.88, Genehmigung der Teilnahme an der Tagung des Internationalen Historischen Ausschusses, Kurator der Universität Göttingen, Göttingen 17.6.1932.

138 *Steinberg*, Ikonographische Kommission, S. 289, 290, 292.

139 *Bericht 17. Versammlung*, S. 51; *Steinberg*, Ikonographische Kommission, S. 287; über Walter Goetz (1867–1958) s.a. oben, Kap. 6.c).

140 In seinem Bericht für den 18. Historikertag gab Schramm an, der Aussschuß habe seine Tätigkeit am 1. April 1931 aufgenommen, und erwähnte eine finanzielle Unterstützung durch den Deutschen Historikerverband. In einem Brief an Saxl hatte er die Notgemeinschaft für die Deutsche Wissenschaft als in Frage kommende Geberinstitution für Geldmittel genannt. — SVS 1933

selben übernahm fortan Sigfrid Steinberg, der Mitarbeiter von Walter Goetz in Leipzig.[141] Steinberg, der auch mit Schramm schon seit einigen Jahren gut bekannt war, war von den in Halle berufenen Ausschußmitgliedern kooptiert worden. Seitdem fungierte er als geschäftsführender Sekretär.[142] Schramm trat als Sprecher des Ausschusses auf. Er und Steinberg waren in der jungen Institution die gestaltenden Kräfte.[143]

Die Absichten des Ausschusses erläuterte Steinberg in einem Artikel, der 1931 in der »Historischen Zeitschrift« erschien. Hinsichtlich der theoretischen Grundlagen stützte er sich dabei auf die Denkschriften, die im Internationalen Historischen Komitee im Zusammenhang mit der Gründung der Ikonographischen Kommission entstanden waren. Er hob die Grenzziehung zur Kunstgeschichte hervor und betonte, Kunstwerke sollten »in ihrer Eigenschaft als historische Denkmäler ohne Rücksicht auf ihren stilgeschichtlichen oder ästhetischen Wert nutzbar« gemacht werden. Es ging um die Förderung der »kritischen Auswertung des historisch Verwendbaren aus dem Bestande der künstlerisch geformten Überreste der Vergangenheit.«[144] Die Aufgabe des deutschen Ausschusses sei dabei »die Betreuung und Auswertung des deutschen ikonographischen Materials.«[145] Konkret bezog sich dies zuallererst auf die Feststellung der »Depots, die über einschlägiges Material verfügen [...].« Von vorrangigem Interesse sei sodann »die Sammlung und kritische Sichtung von Bildnissen historisch bedeutsamer Persönlichkeiten«. Diese »historische Ikonographie im engeren Sinne« habe auch bisher schon im Zentrum der Forschung gestanden. Daneben trete »die Bestandaufnahme historischer Szenenbilder, baulicher Überreste, einzelner Objekte von historischer Bedeutung u.ä.« Als mögliche Gegenstandsbereiche der Forschung neben den Porträts nannte Steinberg unter anderem Städtebilder oder die Bestandteile des Krönungsornats.[146]

Rund ein Jahr später konnte Schramm dem Historikertag in Göttingen einen Bericht vorlegen, der belegte, daß der Deutsche Ikonographische Ausschuß seit seiner Gründung eine umfangreiche Tätigkeit entfaltet hatte und sogar schon beachtliche Ergebnisse vorweisen konnte. Als erstes Arbeitsvor-

Bericht Ausschuß, S. 51 u. 53; WIA, GC 1930, Brief P.E. Schramm an F. Saxl, o.O. [Göttingen], 16.9.1930; WIA, GC 1931, Brief P.E. Schramm an F. Saxl, Göttingen 15.5.1931.

141 Über Sigfrid Heinrich Steinberg (1899–1969) s. zuerst oben, Kap. 6.c).

142 SVS 1933 Bericht Ausschuß, S. 51; *Steinberg*, Ikonographische Kommission, S. 287.

143 Über seine Zusammenarbeit mit Steinberg schrieb Schramm 1937 in einem Brief an Saxl: »Trotzdem wir sehr verschieden geartet sind, kamen wir sehr gut mit einander aus. Auch hat er sich im Ikonographischen Ausschuß mit sehr viel Hingabe und Geschick betätigt – ja eigentlich alle Arbeit von mir genommen, so daß ich ihm verpflichtet bin« (WIA, GC 1937–1938, Brief P.E. Schramm an F. Saxl, Göttingen 27.7.1937).

144 *Steinberg*, Ikonographische Kommission, S. 288.

145 Ebd., S. 292.

146 Ebd., S. 293–295.

haben habe der Ausschuß die »Herausgabe eines Repertoriums der geschlossenen ikonographischen Fonds in den öffentlichen und privaten Sammlungen des deutschen Sprachgebiets« in Angriff genommen. Hier sei die Erhebung der notwendigen Daten schon sehr weit gediehen, für einige Regionen sogar so gut wie abgeschlossen.[147] Als weitere Vorhaben, deren Bearbeitung bereits in die Wege geleitet sei, nannte Schramm beispielsweise die »Aufstellung eines deutschen Porträtkataloges« sowie eine »Bibliographie und Inventarisierung der ältesten deutschen Städteansichten«.[148]

Sowohl Steinberg als auch Schramm unterschieden in den behandelten Texten eher implizit als ausdrücklich zwischen »historisch Verwendbarem« und dem, was für die Zwecke der Geschichtswissenschaft nicht verwendbar sein sollte. Sie lehnten eine ästhetische Wertung ausdrücklich ab, verzichteten aber nicht auf eine Hierarchisierung des Materials. Die Kriterien dieser Hierarchisierung wurden allerdings nicht klar genannt. Auch blieb dem Uneingeweihten verborgen, was beispielsweise unter einem »geschlossenen ikonographischen Fonds« genau zu verstehen sei.[149] Offenbar operierte der Deutsche Ikonographische Ausschuß mit klaren, sogar recht engen Begriffsdefinitionen, handhabte sie aber im Einzelfall eher pragmatisch. Nur so konnte es ihm möglich sein, schon nach relativ kurzer Zeit nennenswerte Ergebnisse zu präsentieren. Der wichtigste Aspekt bei der Einschätzung des Quellenwerts einzelner Objekte war anscheinend der jeweilige Gegenstand der Darstellung: Nur ein Kunstwerk, das etwas geschichtlich Relevantes darstellte, schien als historische Quelle interessant. Dabei standen Porträts ganz im Vordergrund der Arbeit.

Es dürfte kaum überraschen, daß es zwischen dem von Schramm maßgeblich mitbestimmten Deutschen Ikonographischen Ausschuß und der Kulturwissenschaftlichen Bibliothek Warburg recht bald zu einer Kontaktaufnahme kam.[150] Hierbei wurden die Bemühungen der Historiker, einen eigenen Begriff von »Ikonographie« zu etablieren, den sie von der kunstwissenschaftlichen »Bildbeschreibung« abzusetzen versuchten, überhaupt nicht erörtert.[151]

147 SVS 1933 Bericht Ausschuß, S. 51–52.

148 Ebd., S. 52.

149 Die Gefahren einer unklaren Definition hatte Fritz Saxl in einem Brief an Schramm schon recht früh benannt: »Ihrem Versuch, erst einmal eine Liste der in Betracht kommenden Sammlungen aufzustellen, muss nur vorangehen, dass man den Begriff der ikonographischen Sammlung irgendwie einschränkt, sonst könnte jede Eppendorfer Kirche, in der ein Bild des Herrn Pastor ist, in Betracht kommen [...]« (WIA, GC 1930, Brief F. Saxl an P.E. Schramm, masch. Durchschl., o.O. [Hamburg] 27.5.1930).

150 Bereits unmittelbar nach seiner Rückkehr von der Plenarsitzung in Oxford und Cambridge hatte Schramm Saxl von seiner Mitgliedschaft in der Internationalen Ikonographischen Kommission erzählt. — WIA, GC 1930, Brief P.E. Schramm an F. Saxl, Göttingen 18.5.1930.

151 Diese Abgrenzung bei: *Steinberg*, Ikonographische Kommission, Anm. 1 auf S. 288; über die Bedeutung des Begriffs »Ikonographie« für die Arbeit Aby Warburgs z.B.: *Schmidt, P.*, Warburg Ikonologie.

Fritz Saxl als Leiter der Kulturwissenschaftlichen Bibliothek Warburg fand es auch vollkommen einsichtig, daß sich die Arbeit des Ausschusses vor allem auf Porträts konzentrierte. Im Herbst 1930 machte er Schramm deshalb auf einen Mitarbeiter des Kunsthistorischen Instituts in Florenz aufmerksam, der sich mit »Ikonographie im Sinne von Porträtkunde« befaßte.[152] Später veranlaßte er die Kontaktaufnahme zwischen dem Ausschuß und einem seiner Schüler, als dieser eine Dissertation über Hamburger Bürgerbildnisse des 18. Jahrhunderts in Angriff nahm. Ein Brief Schramms, von diesem auf Saxls Anfrage hin geschrieben,[153] überzeugte den Kandidaten überhaupt erst, daß das Thema die Bearbeitung lohne. Ein Brief Steinbergs an Saxl bildete die Grundlage, daß die Arbeit dem Ausschuß zugute kommen konnte. Saxl freute sich über die vielversprechende Entwicklung und schrieb an Schramm: »Ich finde es grossartig, dass die Sache mal wieder zwischen uns beiden so gut klappt.«[154]

Weitere Anknüpfungspunkte zur Zusammenarbeit ergaben sich aus der Entwicklung des von Schramm betreuten »Mittellateinischen Apparats«. Dieser war in der Zwischenzeit zum Nukleus neuer Pläne geworden. Von Beginn an hatte Schramm der Sammlung von Büchern zur mittellateinischen Literatur ja den Zweck zugewiesen, den »Geist« des Mittelalters erfassen zu helfen. Hierbei hatte er dem Katalog eine besondere Rolle zugedacht, denn dessen systematischer, nach Schlagworten sortierter Teil hatte die Funktion einer »bibliographischen Einführung zu dem Gebiet« übernehmen sollen. Im Mai 1931 schrieb Schramm nun an Saxl, mit dem »Ausbau des systematischen Katalogs« habe er »Größeres vor«.[155] Im Januar 1932 meldete er: »Die Vorarbeit für die geistesgeschichtliche Bibliographie des Mittelalters schreitet gut voran.«[156]

Schramm hatte sich also vorgenommen, den systematischen Katalog, über eine Erfassung der Göttinger Bestände hinaus, zu einer echten Bibliographie auszubauen. Wie der Katalog, so sollte auch die Bibliographie nach Themen geordnet sein. Einen Ausschnitt aus der Disposition für den Katalog schickte Schramm im Juni 1932 an Saxl. Dieser Ausschnitt vermittelt einen Eindruck von der thematischen Breite der Fragestellungen, deren Bearbeitung Schramm ermöglichen wollte: Unter lakonischen Kategorien wie »Staatstheorie« oder »Mensch« entrollten sich umfangreiche Schlagwortli-

152 WIA, GC 1930, Brief F. Saxl an P.E. Schramm, masch. Durchschl., o.O. [Hamburg], 15.9.1930.

153 WIA, GC 1932, Brief F. Saxl an P.E. Schramm, masch. Durchschl., o.O. [Hamburg], 12.1.1932; ebd., Brief P.E. Schramm an F. Saxl, Göttingen 21.1.1932.

154 Ebd., Brief F. Saxl an P.E. Schramm, masch. Durchschl., o.O. [Hamburg], 8.2.1932; außerdem noch: WIA, GC 1932, Postkarte P.E. Schramm an F. Saxl, Göttingen 10.2.1932 [Datum nach Poststempel]; ebd., Brief F. Saxl an P.E. Schramm, masch. Durchschl., o.O. [Hamburg], 16.2.1932; vgl. auch SVS 1933 Bericht Ausschuß, S. 52.

155 WIA, GC 1931, Brief P.E. Schramm an F. Saxl, Göttingen 15.5.1931.

156 WIA, GC 1932, Brief P.E. Schramm an F. Saxl, Göttingen 21.1.1932.

sten.[157] Ohne daß ihre systematische Natur unmittelbar einsichtig wäre, lassen diese Listen immerhin den Wunsch erkennen, den Benutzer für jede nur denkbare Fragestellung zu jeweils einschlägigen Titeln zu führen.[158] In der Tat bezeichnete Schramm die von ihm konzipierte Bibliographie als einen »Dahlmann-Waitz der mittelalterlichen Geistesgeschichte« und beanspruchte damit die klassische, von ihrem Umfang her momumentale Quellenkunde der deutschen Geschichtswissenschaft als Vorbild.[159]

Auf dem Göttinger Historikertag wollte Schramm seine Fachkollegen von der Dringlichkeit eines solchen Vorhabens überzeugen.[160] Am Rande der Tagung stellte er der Fachöffentlichkeit den »Mittellateinischen Apparat« und das daraus hervorgegangene größere Projekt vor. Er veranlaßte Walther Bulst, Führungen durch den – im Bericht so bezeichneten – »Apparat für mittellateinische Literatur und mittelalterliche Geistesgeschichte« anzubieten.[161] Vor allem aber ließ er kleine bibliographische Hefte ausarbeiten, die vervielfältigt und an alle Teilnehmer des Historikertages verteilt wurden. Diese Hefte waren als »Ausgewählte Kapitel zur Bibliographie der Geistesgeschichte des Mittelalters« deklariert und sollten einen Vorgeschmack auf das geplante Gesamtwerk bieten. Marie-Luise Bulst listete Titel zu den Themen »Aristoteles im Mittelalter« sowie »Vergil im Mittelalter« auf, während Wilhelm Kamlah »Literatur zur lateinischen Bibelkommentierung des Mittelalters« vorstellte. Dabei war die Bibliographie zu »Aristoteles im Mittelalter« mit vierzehn Seiten die umfangreichste.[162]

Wie schon bei früheren Gelegenheiten zu beobachten war, verschob sich bei Schramms geplanter »Bibliographie der Geistesgeschichte des Mittelalters« der Inhalt des Begriffes »Geist«, sobald er konkret zur Anwendung gebracht wurde. Während er im Grunde gleichsam die Essenz des Mittelalters meinte, befaßte sich die Bibliographie zunächst in einem engeren Sinne mit der Geschichte der geistigen Dinge im Mittelalter, also mit Religion, Philosophie und ähnlichen Bereichen.[163] Eine solche Vorgehensweise hatte

157 Ebd., Brief P.E. Schramm an F. Saxl, Göttingen 1.6.1932, mit Anlage.

158 In seinem Antwortbrief hielt es Saxl mit Blick auf Schramms Systematik für gut, »wenn Sie mit einem philosophischen Systematiker deren Terminologie etwas besprächen.« Besorgt wies er auf Überschneidungen hin, zu denen die Fülle der Stichworte führe. Schramm beruhigte ihn jedoch mit dem Hinweis, in allen angemahnten Fällen verbärgen sich hinter den Schlagworten keine Literaturangaben, sondern lediglich Verweise auf andere Schlagworte. — WIA, GC 1932, Brief F. Saxl an P.E. Schramm, masch. Durchschl., o.O. [Hamburg], 13.6.1932; ebd., Postkarte P.E. Schramm an F. Saxl, Göttingen 15.6.1932.

159 WIA, GC 1932, Brief P.E. Schramm an F. Saxl, Göttingen 1.6.1932.

160 Ebd.

161 *Bericht 18. Versammlung*, S. 10.

162 Überliefert sind die Hefte in der Universitätsbibliothek Göttingen. — SVS 1932 Kapitel; *Kamlah*, Literatur; *Bulst, M. L.*, Aristoteles; vgl. *Bericht 18. Versammlung*, S. 10.

163 Erwin Panofsky, dem Schramm die Hefte schickte, sah bereits die Gefahr einer zu starken Fokussierung des Ansatzes. Er riet, »wenn die Sache ›geistesgeschichtlich‹ werden soll«, zu-

Walter Goetz einmal mit der These gerechtfertigt, »die geistige Entwicklung der Menschen« ließe sich als der »Kern ihrer Geschichte« darstellen.[164] Noch darüber hinaus war es aber im Gang von Schramms wissenschaftlicher Entwicklung nur folgerichtig, wenn er sein Vorhaben zur Geistesgeschichte des Mittelalters ausgerechnet, wie in dem Heft von Marie-Luise Bulst geschehen, mit dem »Nachleben einzelner antiker Autoren« der Öffentlichkeit vorstellte.[165] Indem er das »Nachleben der Antike« in den Mittelpunkt rückte, setzte er hier eine Theorie um, die er in den »Kaiserbildern« und in »Kaiser, Rom und Renovatio« entwickelt hatte. Dort hatte er postuliert, daß die Eigenständigkeit des Mittelalters sich gerade in der Art und Weise zeige, wie sie mit dem Erbe der Antike umgehe.[166]

Fritz Saxl war von den Plänen seines Freundes von Beginn an wie elektrisiert. Schon auf Schramms erste Andeutung im Mai 1931 schrieb er zurück:

»Was Sie bezüglich der mittellateinischen Literatur andeuten, interessiert mich ausserordentlich, denn auch ich möchte ja gern eine Bibliographie dieser Dinge zu Stande bringen.«[167]

In der Bibliothek Warburg war nämlich der Plan entstanden, eine »Kulturwissenschaftliche Bibliographie zum Nachleben der Antike« zu erarbeiten.[168] Der Entschluß war zu Beginn des Jahres 1931 gefaßt worden.[169] Fortan sollte unter der Herausgeberschaft der Kulturwissenschaftlichen Bibliothek Warburg in jährlichen Folgen eine umfassende Bibliographie zum »Nachleben der Antike« erscheinen. Der erste Band sollte alle im Jahr 1931 veröffentlichten Titel erfassen.

Es könnte den Anschein haben, als habe auch Schramm zu den ersten Anregern dieses Vorhabens gehört. Schon im August 1928, als er mit der Ausarbeitung des Manuskripts von »Kaiser, Rom und Renovatio« beschäf-

mindest zur Aufnahme kunsthistorischer Arbeiten. — FAS, L 230, Band 8, Brief E. Panofsky an P.E. Schramm, Hamburg 9.9.1932; dieser Brief ist nicht aufgenommen in: *Panofsky*, Korrespondenz Bd.1.

164 Walter Goetz im Vorwort zur Propyläen-Weltgeschichte, Band 1, zit. nach: *Weigand*, Walter Wilhelm Goetz, S. 274; s.a. oben, Kap. 6.c).

165 Das Zitat in: WIA, GC 1932, Brief P.E. Schramm an F. Saxl, Göttingen 1.6.1932.

166 SVS 1928 Kaiser in Bildern, zuerst S. 16; SVS 1929 Kaiser Renovatio, v.a. Bd.1, S. 3.

167 WIA, GC 1931, Brief F. Saxl an P.E. Schramm, masch. Durchschl., o.O. [Hamburg], 19.5.1931.

168 In enger Kooperation mit der Bibliothek Warburg hatte der Literaturwissenschaftler Richard Newald (1894–1954) bereits Ende des Jahres 1930 eine bibliographische Übersicht zum Thema »Nachleben der Antike« veröffentlicht, die die wichtigeren Arbeiten der Jahre 1920 bis 1929 erfaßte. Er war auch einer der drei Hauptbearbeiter des 1934 erschienenen ersten Bandes der »Kulturwissenschaftlichen Bibliographie«. — *Newald*, Nachleben; über die Zusammenarbeit mit der Bibliothek Warburg: ebd., S. 1; WIA, »Bericht 1930/31«, S. 20; *Meier*, *Newald*, *Wind (Hg.)*, Bibliographie 1; DBI.

169 WIA, »Bericht 1930/31«, S. 19–20.

tigt war, hatte er Warburg vorgeschlagen, dem Buch »eine systematisch geordnete Bibliographie zum Thema ›Nachleben der Antike im Mittelalter‹ beizugeben«. Sie solle aber nur das Allerwichtigste enthalten und eine Länge von ein paar Seiten nicht übersteigen. Er selbst könne einen solchen Überblick ohnehin nur entwerfen. Die Ausarbeitung im Detail müsse ein Mitarbeiter der Bibliothek übernehmen.[170] Knapp zwei Monate später wiederholte er den Vorschlag in einem Brief an Saxl und entwickelte seine Vorstellungen recht ausführlich.[171] Eine Reaktion seitens der Bibliothek Warburg ist aber nicht überliefert. Wahrscheinlich ging Schramms Anregung in dem umfangreichen Briefwechsel, den die Publikation von »Kaiser, Rom und Renovatio« mit sich brachte, einfach unter. Auf anderen Wegen kamen die Freunde in Hamburg und Göttingen Anfang der dreißiger Jahre erneut auf den Gedanken.

In Hamburg war die Arbeit an der »Kulturwissenschaftlichen Bibliographie zum Nachleben der Antike« also gerade angelaufen, als Schramm in Göttingen sein eigenes Projekt entwarf. Deshalb nutzte Saxl, nachdem Schramm Mitte Mai 1931 zum ersten Mal seine Pläne angedeutet hatte, die nächste sich bietende Gelegenheit, ihn in Göttingen zu besuchen. Auf dem Weg nach Frankfurt a.M. verbrachte er den größten Teil eines Samstags bei seinem Freund, so daß Schramm Gelegenheit hatte, ihm den Mittellateinischen Apparat samt Katalog vorzuführen, während Saxl seinerseits die Hamburger Bibliographiepläne erläuterte.[172] Wahrscheinlich erklärte Schramm damals spontan seine Bereitschaft, das Hamburger Vorhaben zu unterstützen. Jedenfalls scheint er von da an zum Kreis der Mitarbeiter an der »Kulturwissenschaftlichen Bibliographie« gezählt zu haben.[173]

Mehrfach fragte ihn Saxl um Rat, ob er für Themenfelder, die noch vakant waren, weitere Mitarbeiter empfehlen bzw. den Kontakt zu ihnen her-

170 Ein paar Wochen später erkundigte sich Schramm in der Bibliothek, ob Warburg sich zu seinem Vorschlag geäußert habe. — WIA, GC 1928, Brief P.E. Schramm an A. Warburg, Heidelberg 4.8.1928; ebd., Postkarte P.E. Schramm an KBW, Heidelberg 28.8.1928.

171 WIA, GC 1928, Brief P.E. Schramm an F. Saxl, Colmar [?] 29.9.1928.

172 WIA, GC 1931, Briefe F. Saxl an P.E. Schramm, masch. Durchschl., jeweils o.O. [Hamburg]: 19.5.1931 und 26.5.1931; ebd., Telegramm P.E. Schramm an F. Saxl, Abschrift, o.D. [wohl 27.5.1931], Göttingen; ebd., Postkarte F. Saxl an P.E. Schramm, masch. Durchschl., o.O. [Hamburg], 27.5.1931; ebd., Postkarte F. Saxl an KBW, Göttingen 1.6.1931 [Poststempel].

173 Die archivalischen Spuren, die Schramms Mitarbeit hinterlassen hat, sind insgesamt sehr viel spärlicher, als erwartet werden könnte. Dies dürfte mit den Zerstörungen zusammenhängen, die ein deutscher Luftangriff auf London am 17.4.1941 verursachte. Hans Meier kam bei diesem Angriff ums Leben, die beinahe druckfertige Vorlage für den dritten Band der »Kulturwissenschaftlichen Bibliographie« wurde vernichtet. Es ist anzunehmen, daß außerdem der größte Teil des die Bibliographie betreffenden Aktenmaterials verloren ging. — *Wuttke (Hg.)*, Kosmopolis, Anm. 8 auf S. 76; freundliche Mitteilungen von Dorothea McEwan am 20.9.2000 und Susanne Meurer am 9.8.2002; über Hans Meier (1900–1941) s.a. oben, Kap. 6.c).

stellen könne.[174] Schramm seinerseits behielt sich vor, gegebenenfalls auf die Unterstützung seiner Mittellateiner-Gruppe zurückzugreifen.[175] Der Bedarf an Mitarbeitern für die »Kulturwissenschaftliche Bibliographie zum Nachleben der Antike« war verhältnismäßig groß, weil die Aufgabe nicht allein darin bestand, Literaturtitel zu sammeln und zu ordnen: Vielmehr sollte jeder Titel darüber hinaus mit einem kurzen Referat besprochen werden, was insgesamt einen erheblichen Arbeitsaufwand verursachte. Um die Kooperation zu organisieren und Gedanken auszustauschen, kam aus Hamburg nicht nur Saxl nach Göttingen zu Besuch, sondern im Juni 1932 auch Hans Meier, der innerhalb der Bibliothek Warburg den Hauptteil der Arbeit an der Bibliographie leistete.[176] Am Ende verfaßte Schramm selbst vierzehn der kritischen Referate, seine mit dem »Mittellateinischen Apparat« verbundenen Mitarbeiter zusammen zweiundzwanzig.[177] Der Göttinger Anglist Hans Hecht, zu dem Schramm den Kontakt hergestellt hatte, wurde mit 35 Beiträgen sogar zu einem verhältnismäßig wichtigen Mitarbeiter.[178]

Angesichts dessen drängt sich die Frage auf, wie es um das Verhältnis der beiden bibliographischen Projekte in Hamburg und Göttingen zueinander bestellt war. Immerhin ist die unterschiedliche Schwerpunktsetzung klar zu erkennen: Der Kulturwissenschaftlichen Bibliothek Warburg ging es vorrangig um die weiterlebende Antike, deren Wirkmächtigkeit in den verschiedensten Zeiten und Räumen sichtbar gemacht werden sollte. Das abendländische Mittelalter war dabei ein Untersuchungsbereich neben anderen. Schramm hingegen ging es vor allem um ebendieses Mittelalter, um seine Autonomie und seine eigenständige Kultur. Der Umgang mit dem antiken Erbe war dabei nur

174 FAS, L 230, Bd.9, Brief F. Saxl an P.E. Schramm, Hamburg 25.5.1932; WIA, GC 1932, Brief F. Saxl an P.E. Schramm, masch. Durchschl., o.O. [Hamburg], 1.8.1932.

175 Raymond Klibansky, der dem engeren Kreis der Bibliothek Warburg noch näher stand als Schramm, war skeptisch, ob sich die Einbindung von Schramms Mitarbeitern bewähren würde. In einem Brief an die KBW schrieb er: »Ich mißtraue der geistigen Kapazität der Schramm-Leute etwas.« — WIA, GC 1932, Brief P.E. Schramm an F. Saxl, Göttingen 1.6.1932; WIA, GC 1932, Brief R. Klibansky an KBW, o.O. [Heidelberg], o.D. [nach 10.12.1932]; für die Mitteilung dieses Briefes danke ich Dorothea McEwan.

176 Saxl selbst scheint mindestens noch Anfang Dezember 1932 ein weiteres Mal in Göttingen gewesen zu sein. — FAS, L 230, Bd.9, Brief F. Saxl an P.E. Schramm, Hamburg o.D. [vor 7.6.1932]; ebd., Brief F. Saxl an P.E. Schramm, Hamburg 19.11.1932; WIA, GC 1932, Brief F. Saxl an P.E. Schramm, masch. Durchschl., o.O. [Hamburg], 28.11.1932.

177 Marie Luise Bulst verfaßte sechs Beiträge, Walther Bulst acht, Wilhelm Kamlah zwei und Hans Walther sechs Beiträge (»Verzeichnis der Mitarbeiter«, in: *Meier, Newald, Wind [Hg.]*, Bibliographie 1, S. XXVII–XXVIII).

178 Auch zu dem Göttinger Historiker Fritz Walser, der eine Rezension beisteuerte, hatte Schramm wahrscheinlich die Verbindung hergestellt. — S. das »Verzeichnis der Mitarbeiter«, in: *Meier, Newald, Wind (Hg.)*, Bibliographie 1, S. XXVII–XXVIII; Quellen für Schramm als Vermittler zwischen der KBW und Hecht: FAS, L 230, Bd.9, Brief F. Saxl an P.E. Schramm, Hamburg 25.5.1932; WIA, GC 1932, Brief P.E. Schramm an F. Saxl, Göttingen 1.6.1932; über Hans Hecht (1876–1946) und sein Wirken in Göttingen: *Scholl*, »Zum Besten…«, v.a. S. 393–409.

einer von verschiedenen interessanten Aspekten. Trotz der unterschiedlichen Schwerpunkte war allerdings der Bereich groß, in dem sich die beiden Projekte überschnitten. Daraus hätten Konflikte entstehen können, daraus ergab sich aber auch die Möglichkeit einer fruchtbaren Zusammenarbeit.

Es scheint, als sei – jedenfalls bis zur Emigration der Bibliothek Warburg Ende 1933 – allein das konstruktive Potential zur Geltung gekommen. Es entsprach weder Schramms noch Saxls Naturell, Divergenzen in der Theorie allzu wichtig zu nehmen, solange eine Zusammenarbeit in der Praxis Früchte tragen konnte. Es ist sogar fraglich, ob die hier angesprochenen Divergenzen den Beteiligten überhaupt ins Bewußtsein traten: Die im vorigen Kapitel durchgeführte Analyse von »Kaiser, Rom und Renovatio« konnte zeigen, daß dieses Buch den beiden angesprochenen Darstellungszielen gleichzeitig dienen sollte. Daraus entstanden klare Widersprüche, die Schramm jedoch nicht irritierten.[179]

Saxl war sich allerdings möglicherweise dessen bewußt, daß Schramms Interesse genaugenommen ein anderes war als das der Bibliothek. Als hätte er ein schlechtes Gewissen, ihn von seiner eigentlichen Arbeit abzuhalten, schrieb er im November 1932 in einem Brief:

»Ich wünschte, dass die Arbeit an den Referaten indirekt auch dem mittellateinischen Apparat zugute käme. Den niemand ausser uns *kann* doch so einen Überblick haben wenigstens über die Seite des Mittalters, die mit antiker Kultur zusammenhängt, wie ihn die Bibliographie-Arbeit ermöglicht.«[180]

Insgesamt aber sah er in Schramms »Bibliographie der Geistesgeschichte des Mittelalters« vor allem ein Vorhaben, dessen Ziele denen der Bibliothek recht nahe waren. Darum veranlaßte er, daß die Bibliothek einen Teil der Kosten für die bibliographischen Hefte übernahm, die Schramm auf dem Historikertag verteilen ließ.[181] Als er dann im November Gelegenheit hatte, die Hefte in Ruhe zu begutachten, war er insbesondere von Marie-Luise Bulsts Aristoteles-Bibliographie so angetan, daß er vorschlug, sie als »bibliographisches Heft der K.B.W.« drucken zu lassen:

»Was wäre das für eine prachtvolle Ergänzung zu der jährlichen Bibliographie. Das Ganze erscheint mir so organisch als wäre es zusammen entworfen. Und im Grunde ist es es ja auch, *ist* es letzten Endes ein Produkt unserer Zusammenarbeit.«[182]

179 S.o., Kap. 7.e).

180 FAS, L 230, Bd.9, Brief F. Saxl an P.E. Schramm, Hamburg 19.11.1932; Hervorhebung im Original.

181 WIA, GC 1932, Brief P.E. Schramm an F. Saxl, Göttingen 1.6.1932; FAS, L 230, Bd.9, Brief F. Saxl an P.E. Schramm, Hamburg o.D. [vor 7.6.1932]; ebd., Brief F. Saxl an P.E. Schramm, Hamburg 19.11.1932.

182 FAS, L 230, Bd.9, Brief F. Saxl an P.E. Schramm, Hamburg 19.11.1932; Hervorhebung im Original.

Wie diese Quelle noch einmal verdeutlicht, waren die frühen dreißiger Jahre, war insbesondere das Jahr 1932 eine Phase intensiver Zusammenarbeit und regen Gedankenaustauschs zwischen Schramm und der Kulturwissenschaftlichen Bibliothek Warburg.[183]

Aber auch unabhängig von Schramms Beziehungen nach Hamburg hatte sich seine Situation bis Ende 1932 sehr vielversprechend entwickelt. Das Ansehen, das er sich mit »Kaiser, Rom und Renovatio« erworben hatte, hatte er festigen können. Die Mitarbeit an »Vergangenheit und Gegenwart« und die Mitgliedschaft im Herausgebergremium der »Historischen Zeitschrift« ermöglichten ihm einen guten Zugang zur wissenschaftlichen Öffentlichkeit. Mit dem »Mittellateinischen Apparat« und dem »Deutschen Ikonographischen Ausschuß« standen kleine, aber selbständig arbeitende wissenschaftliche Institutionen unter seiner Leitung, die in der Zukunft eine Basis für bedeutende Forschungsprojekte bilden konnten. Seine Wahl in den leitenden Ausschuß des Verbandes Deutscher Historiker stärkte seine Position auf nationaler Ebene, seine Mitgliedschaft in der Internationalen Ikonographischen Kommission eröffnete Möglichkeiten für fruchtbare internationale Verbindungen. All dies ging kaum über Ansätze hinaus, aber alle diese Ansätze waren in den wenigen Jahren seit seiner Berufung nach Göttingen entstanden. Schramm schien auf dem besten Wege, ein mächtiger Mann in der deutschen Geschichtswissenschaft zu werden. Auch sein Privatleben entwickelte sich erfreulich: Im Sommer 1932 wurde sein dritter Sohn geboren.

d) Politische Gefahren und wissenschaftliche Fortschritte

Die Vorgänge, die den Verlauf von Schramms akademischer Karriere dauerhaft verändern sollten, hatten jedoch bereits ihren Anfang genommen. Die 1929 ausgebrochene Weltwirtschaftskrise verschlimmerte sich. Als Saxl seinem Freund im September 1932 aus Venedig schrieb, um zur Geburt des dritten Sohnes zu gratulieren, wünschte er, es möge Schramm und seiner Familie gutgehen, fuhr aber fort:

»Gut – so gut das in diesen Zeiten in Deutschland geht. Ich bin in Venedig und las mit mehr oder weniger Schaudern täglich die Zeitungen und habe ein beinah schlechtes Gewissen hier zu sein […].«[184]

183 Von einigen kleineren Angelegenheiten, die über das Erwähnte hinaus in der Korrespondenz noch angesprochen werden, sei exemplarisch erwähnt, daß Gertrud Bing im Frühjahr 1932 Ehrengard Schramm in dem Bemühen unterstützte, einen italienischen Gast für eine Vortragsreihe zu finden, die Ehrengard Schramm in Göttingen für den »Verein Frauenbildung – Frauenarbeit« organisierte (WIA, GC 1932, Ehrengard Schramm an F. Saxl, Göttingen o.D. [vor 30.3.1932], sowie weitere Korrespondenz ebd.).

184 FAS, L 230, Bd.9, Brief F. Saxl an P.E. Schramm, Venedig 6.9.1932.

Die ständige Verschlechterung der wirtschaftlichen Lage in Deutschland führte zu einer Verschärfung der politischen Gegensätze und begünstigte den Aufstieg radikaler Parteien. Seit der Jahreswende 1929/30 gewann vor allem die NSDAP immer stärkeren Zulauf.[185] Wie nahe die Nationalsozialisten der Macht bereits gekommen waren, machten im Frühjahr 1932 die Reichspräsidentenwahlen deutlich. In deren Vorfeld erreichte Schramms politisches Engagement einen Höhepunkt.

Unter den Präsidentschaftskandidaten war der Amtsinhaber, Paul von Hindenburg, der klare Favorit. Adolf Hitler war allerdings ein ernstzunehmender Konkurrent. Der Kommunist Thälmann und der rechtsnationale Duesterberg, die gleichfalls antraten, hatten von vorneherein kaum Chancen. So geriet die Wahl zu einer Entscheidung zwischen Hindenburg und Hitler.[186] Dabei war Hindenburg ebensowenig wie irgendeiner der anderen Kandidaten ein überzeugter Anhänger der parlamentarischen Demokratie. Im Gegenteil war er ursprünglich, bei seiner ersten Wahl 1925, als Kandidat der Rechten gewählt worden und arbeitete seit Frühjahr 1930 offen darauf hin, das Parlament aus dem politischen Prozeß auszuschalten. Immerhin hatte er sich bisher bereit gezeigt, die Verfassung wenigstens der Form nach zu respektieren. Auf dieser Grundlage unterstützten ihn, als es um seine Wiederwahl ging, sogar die Sozialdemokraten.[187]

Der Amtsinhaber erklärte sich erst Mitte Februar, knapp einen Monat vor dem Wahltermin, bereit, für seine Wiederwahl zu kandidieren. Vorausgegangen war unter anderem der Aufruf eines »Hindenburg-Ausschusses«, der betont überparteilich auftrat und dessen Mitglieder vor allem aus bürgerlichen Schichten stammten. Dieser Ausschuß suchte dem Präsidenten die Unterstützung weiter Kreise der Bevölkerung zuzuführen.[188] In der Folge bildeten sich an verschiedenen Orten in Deutschland, so auch in Göttingen, »Hindenburg-Ausschüsse«, um die Wiederwahl des Reichspräsidenten zu unterstützen und auf diese Weise den Status Quo zu sichern.[189]

In Göttingen baten die Initiatoren im Februar 1932 Percy Ernst Schramm, den Vorsitz des Ausschusses zu übernehmen. Da es darum ging, Parteigrenzen zu überdecken und Konsens zu stiften, war ein Repräsentant vonnöten, der parteipolitisch nicht festgelegt war und Verständigung zu fördern verstand. Schramm, dessen vorübergehende DVP-Mitgliedschaft keinerlei Spuren hinterlassen hatte, schien hierfür geeignet. Er nahm das Amt an und ent-

185 Zusammenfassend: *Kolb*, Weimarer Republik, S. 107–124.
186 *Kershaw*, Hitler, Bd.1, S. 454–455.
187 *Winkler*, Weimar, S. 447.
188 Ebd., S. 444–445.
189 *Hasselhorn*, Göttingen, S. 118–119.

täuschte das in ihn gesetzte Vertrauen nicht.[190] Im Wahlkampf entwickelte er eine rege Aktivität. Er sammelte Spenden, trat in Göttingen und Umgebung mehrfach als Redner auf,[191] organisierte – einmal vor dem ersten Wahlgang am 13.3.1932, einmal vor dem zweiten am 10.4.1932 – zwei große Kundgebungen in Göttingen und initiierte die Herausgabe einer Wahlzeitung, die unter dem Titel »Göttinger Stimmen« zweimal in der Stadt verteilt wurde. Auf diese Weise trug er das Seine dazu bei, daß die Kampagne der »Hindenburg-Ausschüsse« von Erfolg gekrönt war: Der Reichspräsident wurde wiedergewählt. Dennoch war Schramms Erfolg nur begrenzt: In Göttingen selbst erzielte Hindenburg in beiden Wahlgängen einen deutlich niedrigeren Stimmenanteil als im Reich insgesamt. Im zweiten Wahlgang konnte Hitler ihn sogar überholen und die absolute Mehrheit der Stimmen erreichen.[192]

Nicht nur deshalb besteht keinerlei Anlaß, Schramms Einsatz für Hindenburg überzubewerten. Schramm blieb dort, wo er politisch die meiste Zeit seines Lebens stand: Mitten in der Hauptströmung des etablierten Bürgertums. Sein Engagement erforderte noch nicht einmal eine eindeutige Parteinahme für das demokratische und parlamentarische System der Weimarer Republik. Ein Artikel mit der Überschrift »7 Fragen zum Wahltag«, den er in der ersten Ausgabe der »Göttinger Stimmen« veröffentlichte, verdeutlicht die Gesinnung, aus der heraus er tätig wurde. Nachdem er die These vertreten hatte, Hindenburg sei mitnichten zu alt für sein Amt, sondern im Gegenteil noch sehr rüstig, betonte er, der Reichspräsident werde in seinem Handeln auch nicht von seiner Umgebung gelenkt, sondern treffe alle seine Entscheidungen selbständig – »ohne jede Rücksicht auf Popularität durch die innere Stimme der Pflicht bestimmt.« Hindenburg sei ferner durchaus nicht gleichzusetzen mit einer bestimmten parteipolitischen Richtung, wie die verschiedenartige politische Orientierung der Regierungen der vergangenen Jahre zeige. Der Präsident stehe »über allen Parteien, frei von allen Bindungen!« Und weiter: »Wer die parlamentarische Taktik, das Kuhhandeln der Parteien satt hat«, der müsse eine klare Entscheidung treffen. Wer Hitler wähle, entscheide sich für jemanden, der nur mit seiner eigenen Partei regieren wolle, wer Hindenburg wähle, überlasse es hingegen ihm, wen er »in den Dienst des ganzen Volkes« stelle.[193]

Das parlamentarische System und die Parteien als seine Träger schätzte Schramm also gering. Sie standen seiner Meinung nach für Streit und

190 Material über Schramms Arbeit für den »Hindenburg-Ausschuß« in: FAS, L 237; eine Schilderung in: FAS, L »Miterlebte Geschichte«, Bd.1, S. 38–52; hierzu die Vorlage aus den späten fünfziger Jahren in: FAS, L 305; vgl. *Grolle*, Hamburger, S. 19.

191 Einen Wahlkampfauftritt Schramms im nahe bei Göttingen gelegenen Northeim beschreibt: *Allen*, »Das haben wir...«, S. 100.

192 *Hasselhorn*, Göttingen, S. 119 u. 120.

193 SVS 1932 Fragen; von dort alle Zitate.

Konflikt. Hitler tat er als reinen Parteimann ab, als einen Exponenten dieser zersetzenden Polarisierung. Als Ideal erschien ihm ein das ganze Volk ergreifender Konsens. Hindenburg galt ihm als der geeignete Mann, einen solchen Konsens herbeizuführen, da der Präsident seiner Auffassung nach über den Parteien stand und seine Entscheidungen ganz autonom fällte. Die völlige Autonomie des herrschenden Mannes sollte demnach die Einigkeit der Beherrschten sicherstellen. Der starke Mann an der Spitze, der die Einheit des ganzen Volkes erreichen sollte, war das politische Ideal, von dem sich Schramm in seinem Engagement für Hindenburg leiten ließ. Eine solche Einstellung scheint durchaus typisch für das damalige Bürgertum. Sie bietet ein gutes Beispiel für die Anschauungen, an denen die Weimarer Republik zugrunde ging.

Immerhin hatte die Kampagne es mit sich gebracht, daß Schramm öffentlich als Gegner Hitlers hervorgetreten war. Seine eifrige Tätigkeit war den Göttinger Aktivisten der nationalsozialistischen »Bewegung« übel aufgestoßen und führte dazu, daß er bei den örtlichen Gliederungen der Partei verhaßt war. Sie hatte sogar zur Folge, daß wegen eines besonders aggressiven Anti-Hitler-Plakats, mit dem Schramm aber gar nichts zu tun hatte, vor dem Göttinger Amtsgericht im Namen Adolf Hitlers Anzeige gegen ihn erstattet wurde. Die Sache verlief allerdings im Sande.[194]

Anfang Juni kam in Berlin das Kabinett von Papen ins Amt, das völlig losgelöst von parlamentarischen Mehrheiten regierte und die Aushöhlung der demokratischen Ordnung energisch vorantrieb. Bei Reichstagswahlen im Juli wurde die NSDAP, die sich gegen die Regierung gestellt hatte, stärkste Partei.[195] Letzteres beobachtete Schramm mit Sorge. Als es im November erneut zu Reichstagswahlen kam, konnte er ausgerechnet seinen alten Weggefährten Otto Westphal, der eigentlich den Nationalsozialisten schon damals näher stand als sogar dem autoritären Regime von Papens, dazu überreden, einen Wahlaufruf zugunsten derjenigen Kräfte zu verfassen, die die Regierung unterstützten. Mit dem Ziel einer Stabilisierung der nationalen Einheit plädierte Westphal darin für eine Stärkung des bestehenden Regimes und riet von einer Wahl Hitlers ab.[196] Aus dieser Wahl gingen die Nationalsozia-

194 FAS, L 237, Beschluss des Göttinger Amtsgerichts in Sachen des Regierungsrates Adolf Hitler gegen den Professor P.E. Schramm vom 12.4.1932.

195 *Winkler*, Weimar, S. 477–481 u. 505–507; *Kolb*, Weimarer Republik, S. 136–138.

196 Der aus dem »Göttinger Tageblatt« vom 5.11.1932 ausgeschnittene Artikel sowie das Manuskript sind in Schramms Nachlaß überliefert. Auf das Manuskript notierte Westphal: »seinem lieben Manager, Redakteur und spiritus rectori! Otto Westphal«. — FAS, L 230, Bd.11, unter: »Westphal«; FAS, L »Miterlebte Geschichte«, Bd.1, S. 53–59; hierzu die Vorlage aus den späten fünfziger Jahren in: FAS, L 305; vgl. *Grolle*, Hamburger, S. 19–21; das Zitat S. 20 enthält nicht gekennzeichnete Auslassungen.

listen, wie Schramm gehofft hatte, wenigstens geringfügig geschwächt hervor. Eine Stabilisierung folgte daraus allerdings nicht.

Die weitere Entwicklung begleitete Schramm nur noch als passiver Beobachter. Denn im Januar 1933 sollte er Göttingen für ein dreiviertel Jahr verlassen und in die Vereinigten Staaten gehen. Die Gelegenheit hierzu verschaffte ihm ein Wissenschaftler-Austausch, der zwischen der Universität Göttingen und der Universität Princeton im amerikanischen Bundesstaat New Jersey vereinbart worden war. Nachdem bereits ein amerikanischer Gast Göttingen besucht hatte, war Schramm nun ausgewählt worden, Göttingen in Princeton zu vertreten.[197] Nach Klärung der nötigen Einzelheiten wurde als Zeitraum für Schramms Ankunft in Princeton Ende Januar vereinbart.[198] Ende des Jahres 1932 begann er mit den Reisevorbereitungen. Seine Pflichten vernachlässigte er darüber allerdings nicht. Noch im Januar konnte sich Saxl bei ihm dafür bedanken, daß er seine Arbeit für die »Kulturwissenschaftliche Bibliographie zum Nachleben der Antike« so sorgfältig betrieben habe.[199] Das ist wohl so zu verstehen, daß Schramm seine Beiträge noch vor der Abreise fertiggestellt und nun bereits eingereicht hatte.

Zu Schramms Freude ergab es sich, daß sein alter Bekannter Erwin Panofsky auf dem gleichen Dampfer wie er nach New York reisen würde. Panofsky teilte ihm zwar bedauernd mit, er habe es sich angewöhnt, Erste Klasse zu reisen. Da Schramm sich mit der Touristenklasse begnügen wolle, werde die Reisegemeinschaft nur eine eingeschränkte sein können. Dennoch freuten sich beide auf Gelegenheiten zu ebenso ausgiebigem wie zwanglosem Gedankenaustausch.[200] Mitte Januar reiste Schramm aus Göttingen ab, und der Dampfer, der ihn nach New York brachte, verließ Hamburg am 19. Januar 1933.[201]

197 Reichhaltiges archivalisches Material in: FAS, L 185/1–3; zuerst: FAS, L 185/1, Brief H. Kraus an T.J. Wertenbaker, masch. Durchschl., Göttingen 31.5.1932; über die Entstehung der Austausch-Vereinbarung: FAS, L 185/1, Brief P.E. Schramm an Dekan der Philosophischen Fakultät Universität Göttingen (Neumann), masch. Durchschl., Göttingen o.D.; UAGö, PA PES, Bl.92, Brief Rektor Universität Göttingen (gez. Schermer) an den Preußischen Minister für Wissenschaft, Göttingen 19.9.1932; vgl. die nicht ganz fehlerfreie Erwähnung des Aufenthalts in: SVS 1968–1971 Kaiser, Bd.4,2, Anm. auf S. 678.

198 FAS, L 185/1, Brief T.J. Wertenbaker an P.E. Schramm, Harwich Port [Mass.] 7.8.1932; ebd., Brief P.E. Schramm an T.J. Wertenbaker, masch. Durchschl., Göttingen o.D.; sowie weiteres Material ebd.

199 FAS, L 230, Bd.9, Brief F. Saxl an P.E. Schramm, Hamburg 9.1.1933.

200 Ebd., Bd.8, Brief E. Panofsky an P.E. Schramm, Hamburg 14.12.1932; gedruckt: *Panofsky*, Korrespondenz Bd.1, S. 549–550; s. außerdem ebd., Abb.45 auf S. 552.

201 *Panofsky*, Korrespondenz Bd.1, S. 550 u. Abb.44 auf S. 551.

9. Ein Historiker in der Zeit des Nationalsozialismus

Die ersten sechs Jahre der nationalsozialistischen Herrschaft bildeten in der Entwicklung von Schramms mediävistischem Schaffen eine Phase reger Produktivität. Schramm verfaßte und publizierte eine beeindruckende Reihe von Arbeiten zur Geschichte des Königtums in Europa. Den abschließenden Höhepunkt dieser Reihe bildete das Buch »Der König von Frankreich«, das 1939 kurz nach Beginn des Krieges erschien. Daran schloß sich eine Phase an, in der Schramm den Schwerpunkt seiner wissenschaftlichen Arbeit auf Gegenstände außerhalb des mittelalterlichen Bereichs legte. Die Analyse von Schramms mediävistischen Arbeiten aus der nationalsozialistischen Zeit folgt im nächsten Kapitel. Um dafür den Hintergrund zu erhellen, wird im vorliegenden Kapitel, angesichts der beschriebenen Verteilung der in Frage stehenden Schriften, Schramms Verhalten in der Phase von Hitlers Amtsantritt als Reichskanzler 1933 bis zum Ausbruch des Zweiten Weltkriegs beschrieben. Dabei ist es vor allem erforderlich, die Eckdaten des Geschehens zu fixieren und die Grundlagen von Schramms Handeln sichtbar zu machen.

a) Internationaler Horizont und lokale Konflikte

Am 30. Januar 1933 wurde Hitler in Berlin als Reichskanzler vereidigt. Wenige Tage zuvor war Schramm, der sich auf dem Weg nach Princeton im amerikanischen Bundesstaat New Jersey befand, in New York eingetroffen.[1] Gemeinsam mit ihm war Erwin Panofsky angereist, den die Universität von New York für die Zeit des Sommersemesters als Gastprofessor eingeladen hatte.[2] Schramm berichtete Jahrzehnte später, er habe damals mit Panofsky erörtert, wie dieser sich angesichts der veränderten Lage in Deutschland verhalten solle. Er erwähnte »das düstere Hotelzimmer«, in dem das Gespräch stattgefunden habe.[3] Es wäre interessant, über diese Unterhaltung weitere Einzelheiten

1 Am 19. Januar hatte Schramms Dampfer in Hamburg abgelegt. Am 28. Januar schrieb Schramm aus New York den ersten Brief an seine Frau. — *Panofsky*, Korrespondenz Bd.1, S. 550 u. Abb.44 auf S. 551; FAS, L 185/2, Brief P.E. Schramm an E. Schramm, New York 28.1.1933; über das Zustandekommen von Schramms Reise nach Princeton s.o., Kap. 8.d).

2 *Michels, Warnke,* Vorwort, S. XI; *Wuttke*, Einleitung, S. XXIII; vgl. oben, Kap. 8.d).

3 Schramm gab außerdem an, er sei aus Princeton gekommen, um Panofsky zu treffen. Unmittelbar nach seiner Ankunft blieb er aber ein paar Tage in New York, bevor er nach Princeton

zu erfahren. Falls sie tatsächlich stattfand, war es wohl das letzte Mal, daß Schramm und Panofsky als Freunde miteinander sprachen. Panofsky stand den nationalsozialistischen Machthabern vom ersten Tag an schroff ablehnend gegenüber. Wegen seiner jüdischen Herkunft wurde er noch während seiner Abwesenheit aus seiner Stellung in Hamburg entlassen. Nur vorübergehend kehrte er danach in die Hansestadt zurück, bevor er 1934 mit seiner Familie endgültig in die Vereinigten Staaten übersiedelte.[4] Nicht nur Schramms Schicksal, sondern auch seine Haltung war davon sehr verschieden.

Anfang 1933 reiste Schramm nach kurzem Aufenthalt in New York weiter nach Princeton. Die Monate, die er in der amerikanischen Universitätsstadt verbrachte, waren reich an Erfahrungen und wissenschaftlichen Anregungen.[5] Nicht zuletzt knüpfte er dort Bekanntschaft mit dem Mediävisten Gray C. Boyce, der es übernahm, den deutschen Gast in die Universität einzuführen und zu unterstützen, wo es nötig war.[6] Seit dieser Zeit blieb er Schramm bis zu dessen Tod in Freundschaft verbunden.[7] In den Forschungen, die Schramm in Princeton unternahm, problematisierte er den Übergang von der Antike zum Mittelalter. Im einzelnen beschäftigte er sich unter anderem mit der »Rolle der Allegorese im Mittelalter«.[8] Die Allegorese – also das Denken in Gleichnissen und Analogien einerseits, die Suche nach einem verhüllten, tieferen Sinn in Bildern und Texten andererseits – war ein Gegenstand, der gelegentlich auch in seiner Zusammenarbeit mit der Bibliothek Warburg eine Rolle gespielt hatte.[9] In Princeton beleuchtete Schramm an diesem Beispiel die Entstehung der mittelalterlichen Kultur aus der Amalgamierung von Antikem, Germanischem und Christlichem. Das war ein Problem, das ihn in der ersten Hälfte der dreißiger Jahre ganz allgemein stark beschäftigte.[10]

weiterreiste. Falls Schramms Angabe also zutrifft, fand das Gespräch nicht unmittelbar nach dem Eintreffen der Nachricht von Hitlers Ernennung statt. — SVS 1967 Übergabe, S. 214.

4 *Michels, Warnke,* Vorwort, S. XI; *Wuttke*, Einleitung, S. XXIII.

5 Einen gewissen Eindruck davon vermitteln die Briefe, die Schramm an seine Familie in Göttingen und seine Mutter in Hamburg schrieb, alle in: FAS, L 185/2; zusammenfassend auch: SVS 1968–1971 Kaiser, Bd.4,2, Anm. auf S. 678.

6 Vgl. die Widmung in SVS 1968–1971 Kaiser, Bd.4,2; außerdem: FAS, L 247, Erklärung G.C. Boyce, masch. Durchschl., Evanston (Illinois) 29.4.1947.

7 Eine reichhaltige, mit Ausnahme eines Briefes von 1934 allerdings erst 1957 einsetzende Korrespondenz findet sich in: L 230, Bd.2, Unterakte »Boyce, Gray C.«.

8 Einen Teil seiner damals angestellten Überlegungen veröffentlichte er am Ende seines Lebens in seinen »Gesammelten Aufsätzen«. — SVS 1971 Rolle; über den Entstehungszusammenhang: ebd., Anm. auf S. 678.

9 Im Hinblick auf die bibliographischen Hefte beispielsweise, die Schramm aus Anlaß des Historikertages 1932 hatte erstellen lassen und die Saxl publizieren wollte, hatte sich Saxl gewünscht, daß als ein weiteres Heft dieser Reihe eines über die »Geschichte der Allegorese« erscheinen sollte. — FAS, L 230, Bd.9, Brief F. Saxl an P.E. Schramm, Hamburg 19.11.1932; vgl. oben, Kap. 8.c).

10 Den großen Erfolg, den die Allegorese im Mittelalter gehabt hatte, sah Schramm darin begründet, daß diese ursprünglich antike Methode dem germanischen Denken entgegengekom-

Stärkere Beachtung als die wissenschaftliche verdient jedoch die politische Aktivität, die Schramm in den Vereinigten Staaten entfaltete.[11] Nach der Reichstagswahl im März, bei der die NSDAP knapp 44 Prozent der Stimmen und die mit ihr verbündeten Rechtsparteien acht Prozent gewonnen hatten, schrieb er an seine Frau: »Die 52% sind ja ein Segen [...].«[12] Er war, wie weite Teile des Bürgertums in Deutschland, von Hitlers Machtantritt begeistert.[13] In der Zeit zuvor hatte er die schwierige politische Lage vor allem den Parteien angelastet und die Meinung vertreten, Deutschland stecke in der Sackgasse, weil diese heillos zerstritten seien. Im Reichspräsidentenwahlkampf 1932 hatte er sich für Paul von Hindenburg eingesetzt, weil er der Auffassung gewesen war, dieser könne die festgefahrene Situation mit den Mitteln autoritärer Machtausübung überwinden.[14] Nun sah Schramm mit Hitlers Wahlsieg die Blockade durchbrochen und die Wende zum Besseren eingeleitet.

Es sei gelungen, so meinte er, die aktionistische Energie von Hitlers »Bewegung« mit den Bestrebungen der nationalkonservativen Eliten zusammenzuführen. Dabei überschätzte er die Einwirkungsmöglichkeiten der nichtnationalsozialistischen Regierungsmitglieder und unterschätzte die Durchsetzungskraft des Reichskanzlers und seiner Partei. Eine solche Sicht der Dinge war für die bürgerlichen Kreise der Zeit durchaus typisch.[15] Vor allem aber läßt der bereits zitierte Brief keinen Zweifel daran, daß Schramm – auch hierin eine weitverbreitete Auffassung vertretend – wichtige Elemente der Regierungspolitik aus vollem Herzen begrüßte: Durch die Reichstagsmehrheit sei nun »das bisherige System [...] wirklich mit eigenen Waffen ausgefegt.« Er fuhr fort: »Die Bülowplatzrazzia und der Reichstagsbrand [...] geben ja fabelhafte Chancen.«[16]

Schramms skeptische Distanz gegenüber der Weimarer Republik war in offene Feindseligkeit umgeschlagen. Unverhohlen freute er sich über ihr Ende. Die Umsturzpläne, die Polizei und Regierung bei der am 24. Februar durchgeführten Razzia im Hauptquartier der DKP gefunden zu haben be-

men sei: Die Germanen der Völkerwanderungszeit hätten noch in magischen Kategorien gedacht. Deshalb sei ihnen die Vertretung eines Gegenstandes durch einen anderen leicht verständlich gewesen. — SVS 1971 Rolle, S. 679–680; weiter über Schramms Sichtweise des Verhältnisses von Christentum, Germanentum und antikem Erbe im Mittelalter im folgenden Kapitel, zuerst Kap. 10 a).

11 Hierauf hat als erster *Joist Grolle* hingewiesen. — Zuerst: *Grolle*, Suche; ausführlicher: *Grolle*, Hamburger, v.a. S. 21–28.

12 FAS, L 185/2, Brief P.E. Schramm an E. Schramm, Princeton 15.3.1933; ausführlich zitiert bei: *Grolle*, Hamburger, S. 22–23.

13 Vgl. im allgemeinen z.B. *Kershaw,* Hitler, Bd.1, S. 547 u. 607–610.

14 Hierzu oben, Kap. 8.d).

15 Vgl. die Zitate bei *Grolle*, Hamburger, S. 22–23; allgemein *Kershaw,* Hitler, Bd.1, v.a. S. 474 u. 524.

16 FAS, L 185/2, Brief P.E. Schramm an E. Schramm, Princeton 15.3.1933; zitiert bei: *Grolle*, Hamburger, S. 22, m. Anm. auf S. 51.

haupteten, ohne jemals Belege zu veröffentlichen, begrüßte er als willkommenen Anlaß zum Handeln. In gleicher Weise interpretierte er den Reichstagsbrand. Es war in seinem Sinne, daß die neuen Machthaber beides instrumentalisierten, um die Ausschaltung linker politischer Kräfte sowie die Errichtung eines autoritären Regimes voranzutreiben und propagandistisch zu rechtfertigen. Daß dabei der Terror stetig zunahm, beunruhigte Schramm nicht.[17] Stattdessen interpretierte er den politischen Wandel als eine Rückkehr zu den Idealen, für die er im Ersten Weltkrieg gekämpft hatte: »Daß die schwarz-weiß-rote Fahne zurückkommen würde, hatte ich schon gar nicht mehr gehofft. Nun doch! Das begrüße ich aus vollem Herzen.«[18]

Weil die politische Entwicklung in Deutschland ihn selbst so euphorisch stimmte, bekümmerte es Schramm, daß die Reaktion in den Vereinigten Staaten insgesamt eher skeptisch ausfiel. Wohl vollkommen zurecht sah er die Ursache dafür in den demokratischen Idealen, die das Fundament des amerikanischen politischen Systems bildeten. Ihm selbst bedeuteten diese Ideale nichts.[19] Schramm begann, gegen die Skepsis der Amerikaner anzugehen. Er hatte Deutschland mehrere Tage vor den entscheidenden Entwicklungen verlassen und beklagte sich in seinen Briefen, er fühle sich durch die amerikanischen Medien und die wenigen deutschen Zeitungen, die er erhalten könne, schlecht informiert.[20] Trotzdem hielt er sich für kompetent, die Menschen, die ihn in Princeton umgaben, über die Verhältnisse in Deutschland »aufzuklären«.[21] Vom ersten Tag an verteidigte er die neue Regierung energisch.

Sicherlich wurde er in mehr als einem Fall ein Opfer der nationalsozialistischen Propaganda. Er war allerdings ein williges Opfer, das jede besänftigende Nachricht begierig aufgriff. Außerdem bestätigte sein Verhalten immer wieder, daß er auf einer grundsätzlichen Ebene nur wenig Vorbehalte gegen das Vorgehen der deutschen Regierung hatte. Gegenüber dem Präsidenten der Universität von Cincinnati, der sich aktiv für Protestaktionen gegen die Verhältnisse in Deutschland einsetzte, wollte Schramm im Mai

17 Über die Entwicklung allgemein: *Kershaw,* Hitler, Bd.1, S. 578–584; *Herbst*, Deutschland, S. 62–65.

18 FAS, L 185/2, Brief P.E. Schramm an E. Schramm, Princeton 15.3.1933; zitiert bei: *Grolle*, Hamburger, S. 23.

19 An seine Frau schrieb er: »Wer mit republic, democracy, rights of men, constitution etc. aufgepäppelt ist, kann kein Verständnis haben für das, was vorgeht.« — FAS, L 185/2, Brief P.E. Schramm an E. Schramm, Princeton 15.3.1933; zitiert: *Grolle*, Hamburger, S. 22–23.

20 FAS, L 185/2, Brief P.E. Schramm an E. Schramm, Princeton 15.3.1933; ebd., Brief P.E. Schramm an O. Schramm, Princeton 23.4.1933.

21 So ausdrücklich in: FAS, L 185/2, Brief P.E. Schramm an O. Schramm, Princeton 23.4.1933.

die Bücherverbrennung rechtfertigen.[22] Mit lediglich partieller Zustimmung betrachtete er von Anfang an allein die Judenpolitik des Regimes[23] – auf sein Verhalten den Amerikanern gegenüber hatte das aber keinerlei Auswirkungen. Im März wurde Schramms apologetischer Eifer durch Meldungen in der amerikanischen Presse angestachelt, die von gewaltigen Mordaktionen an Juden berichteten. Diese Meldungen hatten in den damals stark zunehmenden antisemitischen Gewalttaten in Deutschland ihren berechtigten Grund.[24] Dennoch waren sie in der Sache fehlerhaft. Schramm ließ sich von gut informierten Bekannten in Deutschland bestätigen, daß solche Berichte die Situation verzerrten. Dann schrieb er Leserbriefe an amerikanische Zeitungen, in denen er die Meldungen dementierte.[25]

Darüber hinaus beschränkte er sich zunächst im wesentlichen darauf, seine Sicht der Dinge in Gesprächen kundzutun. Nach einer Weile genügte ihm das aber nicht mehr: Er begann, öffentliche Vorträge über die Lage in Deutschland zu halten.[26] Zum ersten Mal sprach er in der zweiten Aprilhälfte in Princeton vor einem Auditorium, das sich zum großen Teil aus der germanistischen Abteilung der Univeristät rekrutierte, das zweite Mal Anfang Mai in einem akademischen Klub.[27] Danach hielt er noch mehrere Reden, wobei er seinen Aktionsradius über Princeton hinaus ausweitete. Auch in New York trat er auf.[28]

Das Konzept eines dieser Vorträge, in englischer Sprache, ist in Schramms Nachlaß überliefert. Schramm vertrat die Ansicht, in Deutschland vollziehe sich eine Revolution, die das Land in einem Ausmaß verändere, wie es in der Geschichte ohne Beispiel sei.[29] Die Beschränkung politischer Freiheiten, die dem Ausland so unangenehm auffalle, werde wieder aufgehoben werden, wenn die revolutionäre Unruhe abgeflaut sei.[30] Die wichtigsten und

22 Wie aus dem überlieferten Entwurf von Schramms Brief hervorgeht, beabsichtigte er, zu behaupten, es handele sich bei den verbrannten Werken um minderwertige Literatur, und wenn der Adressat dem deutschen Beispiel folgte, täte er ohne Zweifel »something good for the standard of American civilization« (FAS, L 185/3, Brief P.E. Schramm an R. Walters, Entwurf, Princeton 25.5.1933).

23 Vgl. dazu im Einzelnen unten in diesem Kapitel, Abschnitt c).

24 *Kershaw,* Hitler, Bd.1, S. 596–601; *Herbst*, Deutschland, S. 73–76.

25 FAS, L 185/3, Telegramm Landeshauptmann v. Thaer an P.E. Schramm, Breslau 23.3.1933, sowie weiteres Material ebd.; vgl. FAS, L »Miterlebte Geschichte«, Bd.1, S. 55.

26 Zuerst beschrieben bei *Grolle*, Suche, sowie *Grolle*, Hamburger, S. 24–28; hiernach u.a. erwähnt bei *Schönwälder*, Historiker, Anm. 175 auf S. 294, und *Wolf*, Litteris, Anm. 132 auf S. 119, sowie S. 323.

27 Zeitungsausschnitte vom 22.4.1933 und vom 4.5.1933, die über diese Vorträge berichten, finden sich in: FAS, L 185/3; außerdem: FAS, L 185/2, Brief P.E. Schramm an O. Schramm, Princeton 23.4.1933.

28 FAS, L 185/3, Brief F. Mezger an P.E. Schramm, o.O. 15.5.1933; ebd., Brief P.E. Schramm an »Mr. Lyon«, Entwurf, Princeton 20.5.1933; außerdem ebd. weiteres Material.

29 FAS, L »Rede politische Situation«, S. 1–2.

30 Ebd., S. 2–3.

unbedingt unterstützenswerten Ziele des revolutionären Regimes seien die Stärkung des Reiches gegen innerdeutschen Partikularismus, der Kampf gegen die Gefahr eines kommunistischen Aufstands und der soziale Ausgleich innerhalb der Gesellschaft.[31] Die antijüdische Politik sei demgegenüber sekundär und wiederum nur ein Symptom der revolutionären Unruhe, zudem richte sie sich lediglich gegen einen Teil der jüdischen Bevölkerung.[32]

Die Drangsalierung der jüdischen Bevölkerung, die der rückschauende Betrachter als den deutlichsten Hinweis auf den verbrecherischen Charakter des Regimes wahrnimmt, schob Schramm in diesem Text als zweitrangig beiseite. Indem er den revolutionären Charakter plakativ hervorhob, der den gesellschaftlichen und staatlichen Veränderungen seiner Meinung nach eignete, behauptete er, das Unerfreuliche der aktuellen Ereignisse sei als Begleiterscheinung einer Ausnahmesituation zu werten. Den Terror gegen Juden und andere Bevölkerungsgruppen versuchte er damit vor seinen Zuhörern, aber auch vor sich selbst, gleichzeitig zu verharmlosen und zu rechtfertigen. In den Mittelpunkt seiner Argumentation stellte er, was ihn selbst am stärksten für die Politik des Regimes einnahm. Der Kampf gegen den Kommunismus schien ihm in jedem Fall begrüßenswert, und die »Gleichschaltung« der Länder betrachtete er als sinnvolle Stärkung der Reichsgewalt. Den propagandalastigen Aktionismus schließlich, den die Machthaber in Form von Arbeitslagern und ähnlichem im Namen der zu stärkenden »Volksgemeinschaft« entfalteten, hielt er für eine zweckmäßige Politik zur Förderung des sozialen Ausgleichs.

Wer dieses Manuskript liest, kann sich nur wundern über die Sicherheit, mit der Schramm die deutschen Verhältnisse deuten zu können meinte,[33] und über die Energie, mit der er jegliche beunruhigende Nachricht zu verharmlosen trachtete. Bemerkenswerterweise war aber Schramms Verhalten im Kontext der damaligen deutschen Historikerschaft nichts Außerordentliches. Die deutschen Geschichtswissenschaftler hielten es für ihre selbstverständliche Aufgabe, der Öffentlichkeit die Gegenwart aus der Geschichte heraus zu deuten.[34] Gerade in den ersten anderthalb Jahren nach dem Januar 1933, in der Stabilisierungsphase des Regimes, traten zahlreiche Historiker mit ihren Stellungnahmen hervor. Mit nur wenigen Ausnahmen begrüßten sie den politischen Wandel lebhaft und aus unverfälschter Überzeugung. Sie meinten, eine »Revolution« mitzuerleben, die zugleich die Kontinuität zum Bismarckreich wiederherstelle.[35] Positiv bewertet wurden in erster Linie genau

31 Ebd., S. 3–6.

32 Ebd., S. 6–8.

33 Treffend *Grolles* Formulierung: Schramm »traute sich fast wie ein antiker Seher zu, das ›geschichtlich Notwendige‹ herauszuarbeiten« (*Grolle*, Hamburger, S. 27–28).

34 *Schönwälder*, Historiker, S. 20; *dies.*, »Lehrmeisterin…«, S. 128–129.

35 *Schönwälder*, Historiker, S. 20–23; *Wolf*, Litteris, S. 119–123.

die Punkte, die auch Schramm unterstrich: Die Schaffung des Einheitsstaates sowie die Stärkung der »Volksgemeinschaft«, die mit der Unterdrückung kommunistischer und sozialistischer Strömungen einherging.[36]

Schramm folgte somit denselben Denk- und Verhaltensmustern wie seine Fachgenossen. Nur darin war sein Auftreten ungewöhnlich, daß es sich im Ausland ereignete. Es entsprach seinem Charakter, in jeder Lebenslage die Offensive zu suchen und vorpreschend aktiv zu werden als abwägend zu beobachten. Stets wollte er dabei zuerst das Positive sehen und fand sich immer rasch bereit, das jeweils Bestehende zu bejahen. Daraus ergab sich eine Wendigkeit, die opportunistisch anmuten konnte. In Princeton kam hinzu, daß Schramms tief empfundener Patriotismus ihm die amerikanische Kritik an den deutschen Verhältnissen unerträglich machte und ihn antrieb, sein Heimatland zu verteidigen.[37] Vor allem aber konnte er als Gastprofessor erleben, wie anregend der internationale Austausch war. Darum war es ihm wichtig, daß das Gespräch zwischen Deutschland und dem Ausland nicht abriß. In dieser Situation kam es ihm, auch unabhängig von seiner eigenen Meinung über die Verhältnisse in Deutschland, vor allen Dingen darauf an, diese Verhältnisse den Amerikanern plausibel zu machen.[38] Wenn er zu diesem Zweck seinen Zuhörern Halbwahrheiten auftischen mußte, so scheute er davor nicht zurück.

Alles in allem war ihm kein ungetrübter Erfolg beschieden: Einige Veranstalter, mit denen er Vorträge vereinbart hatte, luden ihn kurzfristig wieder aus. Jedoch konnte er mit zwei privaten amerikanischen Bildungsorganisationen die Verabredung treffen, daß er in der zweiten Jahreshälfte noch einmal in die Vereinigten Staaten kommen sollte, um seine »Aufklärungsarbeit« in einer weiter ausgedehnten Vortragsreise fortzusetzen.[39] Insofern konnte er zufrieden sein, als er das Schiff bestieg, das ihn nach Deutschland zurückbrachte.

Er hatte sich allerdings gezwungen gesehen, seinen Aufenthalt etwas früher zu beenden, als ursprünglich geplant gewesen war. Durch seine Frau Ehrengard, die ihn ab Ende April für einige Wochen in Princeton besucht hatte,[40] war er detailliert über die Veränderungen unterrichtet worden, die

36 *Schönwälder*, Historiker, S. 29–33.

37 In diesem Sinne, mit Beispielen für ähnliche Verhaltensweisen: *Schönwälder*, Historiker, S. 40.

38 In diesen Zusammenhang gehört die Korrespondenz Schramms mit Herbert von Bismarck, dem Staatsekretär im preußischen Innenministerium, aus dem März 1933. — Alles in: FAS, L 185/3; vgl. *Grolle*, Hamburger, S. 23–24, 25–26 u. 53.

39 Vgl. vor allem: FAS, L 185/1, Brief W.K. Thomas, Carl Schurz Memorial Foundation, an P.E. Schramm, Philadelphia 15.6.1933; ebd., Brief E.R. Murrow, Institute of International Education, an P.E. Schramm, New York 28.6.1933.

40 In einem Brief an seine Mutter kündigte Schramm an, er werde seine Frau am 28.4. am Hafen in New York abholen (FAS, L 185/2, Brief P.E. Schramm an O. Schramm, Princeton 23.4.1933).

sich in der Zwischenzeit an seiner Heimatuniversität ergeben hatten. Er erfuhr, daß einige Göttinger Aktivisten der »Bewegung« gerade ihn als Zielscheibe ihrer Anwürfe ausgewählt hatten. Dabei gingen sie in einer Weise vor, die möglicherweise sogar seine berufliche Stellung gefährden konnte. Es schien erforderlich, daß er zurückkehrte, um sich vor Ort dagegen zu wehren.[41] Deshalb machte er sich, während er ursprünglich mindestens bis Juli hatte bleiben wollen, bereits in der zweiten Junihälfte auf den Rückweg nach Deutschland.[42] Seine Vortragstätigkeit setzte er dennoch bis zuletzt fort. Offenbar stellte er sich auf den Standpunkt, auch die ihn persönlich betreffende Unruhe sei eine unvermeidliche Begleiterscheinung der das ganze deutsche Volk erfassenden revolutionären Umwälzung.[43]

Noch auf dem Schiff, auf dem er von New York nach Hamburg reiste, erreichte ihn ein Brief, wohl von seiner Frau, der ihn dazu brachte, auf einen Aufenthalt in der Stadt seiner Geburt zu verzichten und ohne Verzug nach Göttingen zurückzukehren.[44] Dort traf er gegen Ende Juni ein.[45] Anscheinend hatten verschiedene Personen an der Universität versucht, Schramm unter dem Vorwurf zu denunzieren, er stehe politisch im Widerspruch zum neuen Regime. Schramm selbst sprach Ende 1933 von einem »von Göttinger Privatdozenten ausgehenden Schritt beim Preussischen Kultusministerium, der meine Absetzung bewirken sollte.«[46] Ein solcher Schritt hätte sich auf das am 7. April verkündete »Gesetz zur Wiederherstellung des

41 Schramm berichtete später, als ein Ergebnis dieser Intrigen sei er schon im März 1933 aus dem Vorstand des Göttinger Studentenwerks ausgeschlossen worden. — FAS, L »Miterlebte Geschichte«, Bd.1, S. 56–57; SVS 1968–1971 Kaiser, Bd.4,2, Anm. auf S. 678; das Studentenwerk: FAS, L »Miterlebte Geschichte«, Bd.1, S. 75.

42 In einer am 11. Januar ausgestellten Vollmacht für den Göttinger Seminarassistenten gab Schramm an, »von Januar bis Juli« in die USA reisen zu wollen. Im Mai schrieb er in einem Brief, in dem es um die Organisation eines Vortrags ging, er werde am 15.6. oder eine Woche später nach Europa zurückfahren. — UAGö, PA PES, Bl.96, P.E. Schramm, »Bevollmächtigung des Herrn Privatdocenten Dr. A. Schüz«, Göttingen 11.1.1933; FAS, L 185/3, Brief P.E. Schramm an »Mr. Lyon«, Entwurf, Princeton 20.5.1933.

43 Im September erläuterte Schramm in einem Brief: »When I came back from the United States I found the personal intrigues against me of which I heard when I was in Princeton were much worse than I believed, and in the meantime some new personal trouble have [sic] arisen. [...] This is one of the results of the enormous excitement which is still inspiring the spirit of every German.« — FAS, L 185/1, Brief P.E. Schramm an W. K. Thomas, masch. Durchschl., Göttingen 7.9.1933.

44 WIA, GC 1933, Brief P.E. Schramm an Fritz Saxl, Göttingen 26.7.1933.

45 Einen Terminus ante bietet: FAS, L 185/1, Brief Dekan Philosophische Fakultät Universität Göttingen, F. Neumann, an Präsidenten Princeton University, H. W. Dodds, masch. Durchschl., o.O. [Göttingen], 18.7.1933; hierzu passend: FAS, L »Miterlebte Geschichte«, Bd.1, S. 57; anders, aber unzutreffend: *Grolle*, Hamburger, S. 28.

46 FAS, L 230, Bd.11, Brief P.E. Schramm an O. Westphal, masch. Durchschl., Göttingen 18.12.1933, Bl.4–5.

Berufsbeamtentums« berufen können.[47] Neben dem berüchtigten »Arierparagraphen« enthielt das Gesetz im Paragraph 4 eine Bestimmung, wonach es möglich, aber nicht zwingend vorgeschrieben war, Beamte in den Ruhestand zu versetzen, »die nach ihrer bisherigen politischen Betätigung nicht die Gewähr dafür bieten, daß sie jederzeit rückhaltlos für den nationalen Staat eintreten [...].«[48] Insbesondere Schramms Eintreten gegen Hitler im Vorfeld der Reichspräsidentenwahl 1932 hätte nach diesem Paragraphen eine Handhabe bieten können, ihn aus seiner Stellung als Professor zu verdrängen.

Eine wichtige Rolle bei den gegen Schramm gerichteten Aktivitäten spielte offenbar, zumindest soweit sie das Historische Seminar betrafen, der Privatdozent Alfred Schüz, der als Assistent am Seminar angestellt war.[49] An seiner Seite stand ausgerechnet Otto Westphal.[50] Dabei hatte es dieser nicht zuletzt seinem alten Freund Schramm zu verdanken, daß er zwei Jahre zuvor überhaupt eine bezahlte Stellung in Göttingen erhalten hatte.[51] Westphal hatte schon immer sehr viel radikalere politische Positionen vertreten als Schramm und sich am äußersten rechten Rand des politischen Spektrums orientiert. Jetzt hatte er sich ganz der herrschenden Ideologie verschrieben.[52] Er war der NSDAP beigetreten und legte im ersten Halbjahr 1933 in öffentlichen Vorträgen Bekenntnisse zum Nationalsozialismus ab, die in ihrer rück-

47 Hierzu allgemein: *Herbst*, Deutschland, S. 77; *Wolf*, Litteris, S. 467; *Dahms*, Einleitung, S. 39–40.

48 Zit. nach *Dahms*, Einleitung, S. 40.

49 Später beschrieb Schramm Alfred Schüz als einen schwer kriegsversehrten Hauptmann a.D., den Brandi und er aus Mitleid zum Assistenten gemacht hätten. Schüz hatte sich 1932 in Militärgeschichte habilitiert. Er war einer von 42 Göttinger Hochschullehrern, die am 24. April 1933 öffentlich ihrer Hoffnung Ausdruck verliehen, die Regierung werde im Hinblick auf die Universität »die notwendigen Reinigungsmaßnahmen [...] beschleunigt durchführen [...].« — *Ericksen*, Kontinuitäten, S. 437; FAS, L »Miterlebte Geschichte«, Bd.1, S. 56 u. 60; UAGö, PA PES, Bl.96, P.E. Schramm, »Bevollmächtigung des Herrn Privatdocenten Dr. A. Schüz«, Göttingen 11.1.1933; *Dahms*, Einleitung, S. 41–42 u. Abb.6 nach S. 42.

50 Schramm machte Otto Westphal nie den Vorwurf, aktiv und gezielt gegen ihn gehandelt zu haben. Im Spätsommer oder Herbst 1933 wurden ihm aber Informationen zugetragen, wonach Westphal in Gesprächen nicht nur darauf verzichtet hatte, ihn zu verteidigen, sondern im Gegenteil die Stimmung gegen ihn, absichtlich oder unwillkürlich, immer wieder angeheizt hatte. Aufgrund dessen erklärte Schramm im Dezember, er habe nach langem Widerstreben schließlich den Satz akzeptieren müssen, den er von anderen oft gehört habe: »wenn es Westphal nicht gegeben hätte, hätte es nie einen Fall Schramm gegeben.« — FAS, L 230, Bd.11, Brief P.E. Schramm an O. Westphal, masch. Durchschl., Göttingen 18.12.1933, Zitat auf Bl.4.

51 Über Westphals Wechsel nach Göttingen s.o., Kap. 8.b).

52 *Grebing*, Kaiserreich, S. 208 u. 225–226; *Schönwälder*, Historiker, v.a. S. 24 u. 219; allgemein über Otto Westphals wissenschaftliche Arbeiten im Kontext nationalsozialistischen Geschichtsdenkens: *Hying*, Geschichtsdenken; über Westphals wissenschaftliches Wirken in der Zeit des »Dritten Reiches« auch: *Schreiner*, Führertum, S. 211–212.

haltlosen Bejahung des Führerstaates noch weit über das hinausgingen, was damals von anderen Historikern zu hören war.[53]

Unmittelbar nachdem Schramm aus Princeton zurückgekehrt war, hatte er ein langes Gespräch mit Westphal, in dem er sich der freundschaftlichen Loyalität des anderen zu versichern suchte.[54] Als aber bald darauf der Konflikt mit Schüz bedrohlich eskalierte, mußte Schramm erleben, daß Westphal gegen ihn Partei nahm.[55] Auf Schramms mehrfach vorgetragene Bitte um eine Aussprache reagierte der andere nicht. Erst nachdem es Ende Juli gelungen war, den Konflikt mit dem Seminarassistenten zu entschärfen, antwortete Westphal auf Schramms Einladungen. Er freue sich, so schrieb er in einem Brief, »daß das Hindernis, das die letzten Tage mit Rücksicht auf den Parteigenossen Schüz für mich bestand, mit Ihnen zusammenzutreffen, hinfällig geworden ist.«[56] Schramm mußte es als große Enttäuschung empfinden, daß Westphal der Loyalität gegenüber seinem »Parteigenossen« ein höheres Gewicht beimaß als der jahrzehntealten Freundschaft zu ihm selbst. Es kam noch zu einer ausführlichen Unterredung zwischen den beiden, aber das Verhältnis normalisierte sich danach nur oberflächlich.[57] Schramm kam schließlich dazu, innerlich ganz mit seinem bisherigen Freund und einstigen Vorbild zu brechen.

Mitte Juli, als der Konflikt mit Schüz wahrscheinlich gerade seinem Höhepunkt zusteuerte, wurde Schramms Schülerin Marie-Luise Bulst aus dem Akademischen Auslandsamt entlassen. Dort war sie wohl einer Aushilfstätigkeit nachgegangen, um das Einkommen ihres Mannes etwas aufbessern zu helfen. Bei dem Gespräch, in welchem ihr ihre Entlassung mitgeteilt wurde, machte der Privatdozent Alfred Hübner eine abfällige Bemerkung, in der Schramms Name fiel.[58] Aufgrund dieser Bemerkung mußte Schramm

53 *Grebing*, Kaiserreich, S. 226; vgl. auch *Ericksen*, Kontinuitäten, S. 437, u. *Dahms*, Einleitung, S. 47, m. Anm. 88.

54 FAS, L 230, Bd.11, Brief P.E. Schramm an O. Westphal, masch. Durchschl., Göttingen 18.12.1933, Bl.2 u. 3; verkürzt dargestellt in: FAS, L »Miterlebte Geschichte«, Bd.1, S. 57.

55 FAS, L 230, Bd.11, Brief P.E. Schramm an O. Westphal, masch. Durchschl., Göttingen 18.12.1933, Bl.2 u. 3; die Tatsache von Westphal selbst bestätigt: ebd., Brief O. Westphal an E. Schramm, Göttingen 28.9.1933.

56 FAS, L 230, Bd.11, Brief O. Westphal an P.E. Schramm, o.O. [Göttingen], 28.7.1933.

57 Einem menschlich klärenden Gespräch mit Schramms Frau Ehrengard, das diese gewünscht hatte, wich Westphal immer wieder aus. — FAS, L 230, Bd.11, Brief E. Schramm an O. Westphal, Abschrift, Göttingen 28.9.1933; ebd., Brief O. Westphal an E. Schramm, Göttingen 28.9.1933; ebd., Brief P.E. Schramm an O. Westphal, masch. Durchschl., Göttingen 18.12.1933, v.a. Bl.5.

58 Der Germanist Alfred Hübner zählte, wie Alfred Schüz, zu jenen Göttinger Hochschullehrern, die im Frühjahr 1933 die Regierung ermunterten, »die notwendigen Reinigungsmaßnahmen« an der Universität »beschleunigt« durchzuführen. Im November 1934 wurde er als außerplanmäßiger Professor an die Universität Leipzig berufen. — *Dahms*, Einleitung, S. 41–42 u. Abb.6 nach S. 42; *Hunger*, Germanistik, S. 372.

den Eindruck gewinnen, Frau Bulst sei entlassen worden, weil sie mit ihm verkehre. Schramm reagierte hell empört und stellte Hübner zur Rede.[59] Im weiteren Verlauf der Auseinandersetzung verlangte er von dem anderen eine schriftliche Erklärung, »a) dass Sie mich als national völlig unangreifbar angesehen haben und jetzt ansehen, b) dass ein Verkehr mit mir daher nur von Böswilligen oder Klatschträgern als belastend angesehen werden kann.«[60]

Ob Marie-Luise Bulst ihre Stelle wieder antreten konnte, muß offen bleiben. Klar ist aber, daß Hübners angebliche Bemerkung Schramms Position als angesehenes Mitglied der Fakultät in Frage stellte. Außerdem mußte Schramm, der immer ein überzeugter Patriot gewesen war, erleben, daß seine »nationale« Gesinnung in Zweifel gezogen wurde. Dem Ordinarius für Geschichte erschien dies ungeheuerlich. Es weckte aber auch seine Besorgnis. Die zitierten Äußerungen lassen erkennen, daß er sich bedrängt fühlte.

Während er seine Position in Göttingen solchermaßen verteidigen mußte, verlangte die internationale Ebene wissenschaftlicher Arbeit auch nach seiner Rückkehr aus Princeton seine Aufmerksamkeit. Im August 1933 gehörte er der deutschen Delegation auf dem Internationalen Historikerkongreß in Warschau an. Der Umstand, daß dieser Kongreß ausgerechnet in der polnischen Hauptstadt stattfand, hatte aufgrund der starken Vorbehalte, die es auf deutscher Seite gegen Polen gab, sowie angesichts der gespannten politischen Beziehungen schon geraume Zeit vor dem Termin erhebliche Unruhe unter deutschen Historikern ausgelöst.[61] Im Jahr 1932 hatte hinter der Ausrichtung des Göttinger Historikertages auf ostmitteleuropäische Fragen nicht zuletzt die Absicht gestanden, die deutschen Geschichtswissenschaftler auf die Warschauer Tagung vorzubereiten.[62]

Bei allen Aktivitäten, die auf deutscher Seite der Vorbereitung des Internationalen Historikertages dienten, stand nie in Frage, daß es in der pol-

59 FAS, L 230, Bd.5, Brief P.E. Schramm an A. Hübner, masch. Durchschlag, Göttingen 21.7.1933; ebd., Brief A. Hübner an P.E. Schramm, Göttingen 22.7.1933.

60 Nach einer weiteren Erklärung Hübners war Schramm bereit, die Angelegenheit als erledigt anzusehen. Sein Verhältnis zu dem Privatdozenten blieb dennoch bis nach 1945 gespannt. — FAS, L 230, Bd.5, Brief P.E. Schramm an A. Hübner, masch. Durchschlag, Göttingen 24.7.1933; ebd., Brief A. Hübner an P.E. Schramm, Göttingen 3.8.1933; ebd., Brief P.E. Schramm an A. Hübner, masch. Durchschl., Göttingen 4.8.1933; ebd., Brief A. Hübner an P.E. Schramm, Göttingen 9.12.1946; über Hübners Anwesenheit in Göttingen 1945/46: *Hunger*, Germanistik, S. 382.

61 Das Problem hatte sogar schon 1931 die Reichsregierung auf den Plan gerufen. Der Zentralausschuß des deutschen Historikerverbandes hatte sich dann im November 1931 dafür ausgesprochen, an dem Kongreß teilzunehmen. — *Haar*, Historiker, S. 98–99; *Bericht 18. Versammlung*, S. 8; FAS, L 186/1, »Protokoll über Sitzung Centralausschuss des Deutschen Historiker-Verbandes in Berlin am 14.11.1931«; über die Vorgeschichte des Kongresses auf deutscher Seite auch: *Erdmann, K. D.*, Ökumene, S. 196–197; *Ericksen*, Kontinuitäten, S. 438–439.

62 Dieser Zielsetzung entsprechend war in Göttingen die Entsendung einer Delegation noch einmal unterstützt worden. — *Bericht 18. Versammlung*, S. 26; *Brandi*, Historikerkongress, S. 213–214; *Haar*, Historiker, S. 97–100; vgl. oben, v.a. Kap. 8.b).

nischen Hauptstadt darum gehen sollte, die kulturelle Vorrangstellung der Deutschen gegenüber den Polen und die Ansprüche des Reiches auf die nach dem Ersten Weltkrieg abgetrennten Gebiete historisch zu belegen. Einer solchen Zielsetzung versagte auch die im Januar 1933 ins Amt gekommene Reichsregierung ihre Zustimmung nicht.[63] Es kam hinzu, daß die diplomatischen Bestrebungen dieser Regierung gerade im Sommer 1933 auf eine zumindest vorübergehende Entspannung der Beziehungen zu Polen zielten. Dem kam eine Teilnahme an dem Kongreß entgegen, da ein Boykott eine offene Brüskierung der Gastgeber bedeutet hätte.[64] Mit dem Segen des Regimes reisten die deutschen Historiker deshalb nach Warschau.

Die politische Überzeugungsarbeit mußte freilich privaten Gesprächen vorbehalten bleiben. Die offiziellen Vorträge der deutschen Teilnehmer hatten sich auf politisch unverfängliche Themen zu beschränken.[65] Schramm steuerte einen Vortrag über die Ordines für die Krönung in Europa bei; darauf wird unten zurückzukommen sein.[66] Wie intensiv er sich im Übrigen um die mit der Entsendung der deutschen Delegation verbundenen politischen Ziele bemühte, ist nicht bekannt. Im Vordergrund der Gespräche, die er mit Historikern anderer Nationalitäten führte, standen jedenfalls nicht die zwischen Deutschland und Polen strittigen Fragen. Vielmehr ging es um die Veränderungen in Deutschland selbst. Wie verschiedene deutsche Historiker, so machte auch Schramm die Erfahrung, daß diese Veränderungen bei Fachgenossen aus anderen Ländern zumeist auf Ablehnung stießen.[67]

Wenige Wochen nach seiner Rückkehr nach Göttingen schrieb er deshalb einen langen Brief an einen rumänischen Kollegen, der sich am Rande des Kongresses kritisch über die Verhältnisse in Deutschland geäußert hatte. Schramm suchte ihn umzustimmen, wobei seine Argumente denen ähnelten, die er in Amerika vorgetragen hatte.[68] In analoger Weise korrespondierte er im Herbst 1933 mit mehreren Briefpartnern, zu denen sich der Kontakt während seiner Princeton-Reise ergeben hatte. Immer wieder betonte er, das

63 Vgl. *Haar*, Historiker, S. 135–137, sowie: *Petke*, Karl Brandi, S. 303–304.

64 Vgl. *Burleigh*, Germany, S. 64–65; allgemein: *Herbst*, Deutschland, S. 101–102.

65 Immerhin war im Vorfeld festgelegt worden, daß die deutschen Referenten, um ihr Land angemessen zu repräsentieren, mit »hochwertigen Leistungen« aufwarten sollten. — *Bericht 18. Versammlung*, S. 8; über die Vorträge im Einzelnen: *Erdmann, K.D.*, Ökumene, S. 206–220.

66 *Brandi*, Historikerkongress, S. 218; *Burleigh*, Germany, S. 68; s.u. in diesem Kapitel, Abschnitt f).

67 Entsprechende Berichte von Teilnehmern referiert bei: *Erdmann, K.D.*, Ökumene, S. 199–201; *Haar*, Historiker, S. 144–147.

68 Schramm hielt es für wichtig, daß die Reichsgewalt wieder stabilisiert sei und ihren Willen jetzt »bis in die letzte Zelle durchdrücken« könne. Er freute sich über »Idealismus und Hoffnungsfreudigkeit«, die die Stimmung in Deutschland prägten, und fand die Unterstellung absurd, Deutschland könne in seiner wirtschaftlichen Lage an Krieg denken. — FAS, L 230, Bd.2 [unter »Brandi«], Brief P.E. Schramm an »Hochverehrte Excellenz«, Göttingen 20.9.1933, Fotokopie; ausführlich zitiert bei *Grolle*, Hamburger, S. 30–32.

Ausland müsse unterscheiden zwischen der revolutionären Unruhe, die ihre unangenehmen Seiten habe, aber abflauen werde, und den tiefer reichenden, dauerhaften Wandlungen zum Besseren.[69] Allerdings hatte er damals bereits eingesehen, daß Ausländer seine Deutung des nationalsozialistischen Terrors, dieser sei die notwendige Begleiterscheinung eines im Grunde begrüßenswerten Wandels, in der Regel nicht akzeptieren wollten.[70]

Währenddessen erhielt Otto Westphal noch im Sommer 1933, zweifellos aufgrund seiner lininentreuen Unterstützung des nationalsozialistischen Systems, einen Ruf auf ein Ordinariat an der Universität Hamburg.[71] Gemeinsam mit ihm wurde Schüz als außerordentlicher Professor nach Hamburg berufen.[72] Als Westphal Mitte Oktober Göttingen verließ, vermied es Schramm, sich persönlich von ihm zu verabschieden.[73] Erst zwei Monate später, im Dezember 1933, schrieb er ihm einen ausführlichen Brief. Darin kündigte er die Freundschaft auf, die seit den gemeinsamen Münchener Tagen bestanden hatte. Mit schonungsloser Offenheit legte er dar, worin der Adressat ihm fremd geworden war, und beschuldigte ihn darüber hinaus, für die Intrigen der ersten Jahreshälfte mitverantwortlich gewesen zu sein.[74] Dieser Brief ist eine Quelle von besonderer Qualität und soll weiter unten eine eingehendere Würdigung finden.[75] Westphal, zutiefst verletzt, wies in seinem Antwortbrief alle Vorwürfe energisch zurück. Im Übrigen bestätigte er aber den Abbruch der Beziehungen und legte die Patenschaft nieder, die er für Schramms ältesten Sohn innegehabt hatte.[76]

69 In diesem Sinne: FAS, L 230, Bd.8, Brief P.E. Schramm an D. Oliver, masch. Durchschl., Göttingen 20.9.1933; vgl. außerdem: FAS, L 98, Brief D. Oliver an P.E. Schramm, Ras-el-Metn (Syrien) 11.9.1933; ebd., Brief B. Barker an P.E. Schramm, Trenton, New Jersey (USA) 13.11.1933; sowie weitere einschlägige Korrespondenz ebd.

70 Resignierend äußerte er dies, mit ausdrücklichem Bezug auf den Warschauer Kongreß, im Zusammenhang mit der ersten Absage seiner Amerikareise. Trotzdem gab er die Hoffnung nicht ganz auf. Nach der Münchener Konferenz 1938 meinte er, die Engländer könnten vielleicht doch »einmal das Gute gelten lassen und bei dem anderen wenigstens sich bemühen, es in seiner geschichtlichen Unausweichlichkeit zu verstehen.« — FAS, L 185/1, Brief P.E. Schramm an Dekan der Philosophischen Fakultät, masch. Durchschl., Göttingen 5.9.1933; ebd., Brief P.E. Schramm an W.K. Thomas, Carl Schurz Memorial Foundation, masch. Durchschl., Göttingen 7.9.1933; FAS, L »Miterlebte Geschichte«, Bd.1, S. 118; zitiert bei *Grolle*, Hamburger, S. 33; über diesen Abschnitt von Schramms Erinnerungen und seinen Quellenwert unten in diesem Kapitel, Abschnitt f).

71 FAS, L 230, Bd.11, Brief O. Westphal an P.E. Schramm, o.O. [Göttingen], 28.7.1933; vgl. *Grebing*, Kaiserreich, S. 209 m. Anm. 8 u. S. 210; *Ericksen*, Kontinuitäten, S. 437.

72 Alfred Schüz wurde im Herbst 1936 unter dem Vorwurf der Homosexualität verhaftet. Er wurde 1939 aus dem Hochschuldienst entlassen und 1941 aus der Partei ausgeschlossen. — Über Schüz' Berufung: *Ericksen*, Kontinuitäten, S. 437; vgl. FAS, L »Miterlebte Geschichte«, Bd.1, S. 58 u. S. 60; über seine Verhaftung: *Heiber*, Universität, Teil 1, S. 462–463.

73 FAS, L 230, Bd.11, Brief O. Westphal an P.E. Schramm, Göttingen 13.10.1933.

74 Ebd., Brief P.E. Schramm an O. Westphal, masch. Durchschl., Göttingen 18.12.1933.

75 S. unten in diesem Kapitel, Abschnitt b).

76 Otto Westphals Aufstieg, der mit seiner Berufung nach Hamburg zum Wintersemester 1933/34 begonnen hatte, währte nicht lange. Am 6.10.1936 wurde er in Königsberg, während er

Noch im September 1933 hatte Schramm seine Position in Göttingen für so bedroht gehalten, daß es ihm nicht möglich erschienen war, die Stadt für längere Zeit zu verlassen. Deshalb hatte er die Reise nach Amerika, die er im Juni mit zwei dortigen Organisationen verabredet hatte, um seine »Aufklärungsarbeit« fortzusetzen, abgesagt.[77] Er beabsichtigte allerdings, sie im Frühjahr 1934 nachzuholen. Da sich nach dem Fortgang von Otto Westphal und Alfred Schüz die Lage in Göttingen für Schramm etwas entspannt haben dürfte, begann er wahrscheinlich im Winter, sich auf diese Reise vorzubereiten. Er sollte sie jedoch nie durchführen.

Anfang des Jahres 1934 sahen sich Schramm und Brandi wegen ihres Interesses an internationalen Verbindungen plötzlich von unerwarteter Seite attackiert: Ulrich Kahrstedt, Professor für Alte Geschichte in Göttingen, mit dem bis dahin keiner von ihnen einen besonders intensiven Kontakt gepflegt hatte, der aber als fanatischer Nationalist bekannt war, griff die deutschen Teilnehmer des Warschauer Kongresses in scharfer Form an.[78] Hierzu nutzte er eine öffentliche Rede, die er am 18. Januar in der Aula der Universität im Rahmen der Reichsgründungsfeier hielt.[79] Er warf den deutschen Delegierten vor, durch ihre bloße Teilnahme am Warschauer Historikertag der nationalen Sache geschadet zu haben, zumal sie sich in Polen nicht offensiv genug zu den deutschen Interessen bekannt hätten. Passierte dergleichen in England, Frankreich oder Italien, meinte Kahrstedt, so nähmen die Studenten Knüppel und schlügen die betreffenden Professoren tot.[80] Die Rede gipfelte in dem

an der dortigen Universität eine Lehrstuhlvertretung wahrnahm, unter dem Vorwurf der Homosexualität – ebenso wie gleichzeitig Alfred Schüz – verhaftet. Am 27.8.1937 wurde er auf eigenen Antrag aus dem Staatsdienst entlassen. Er starb am 15.2.1950 in Hamburg. — Westphals Antwort an Schramm: FAS, L 230, Bd.11, Brief O. Westphal an P.E. Schramm, Hamburg 19.1.1934; über das Patenamt auch: FAS, L »Über meine Freunde«; über Westphals weiteres Schicksal: *Hying*, Geschichtsdenken, S. 11; *Heiber*, Universität, Teil 1, S. 462–464.

77 FAS, L 185/1, Brief P.E. Schramm an Dekan der Philosophischen Fakultät, masch. Durchschl., Göttingen 5.9.1933; ebd., Brief P.E. Schramm an W.K. Thomas, Carl Schurz Memorial Foundation, masch. Durchschl., Göttingen 7.9.1933; sowie weitere Briefe ebd.; ein weiterer Durchschlag des Briefes an den Dekan in: UAGö, PA PES, Bl.103.

78 Über Ulrich Kahrstedt (1888–1962): *Wegeler*, »...wir sagen ab...«, zuerst S. 62–64, zusammenfassend auch S. 89–98; *Wegeler*, Institut für Altertumskunde, gibt die Ergebnisse der Monographie in geraffter Form wieder.

79 Der vollständige Text der Rede: *Wegeler*, »...wir sagen ab...«, S. 357–368; zu der Affäre insgesamt reiches Material in: FAS, L 186/3; eine von Schramm selbst verfaßte Darstellung in: FAS, L »Miterlebte Geschichte«, Bd.1, S. 60–71; eine ältere Version desselben Textes in: FAS, L 305; der wichtigere Teil von Schramms Bericht aus »Miterlebte Geschichte« (dort S. 67–71) mit kleineren Auslassungen zitiert bei: *Grolle*, Hamburger, S. 54–58; dort außerdem über Kahrstedts Rede: S. 28–29; aus anderen Quellen dargestellt bei: *Wegeler*, »...wir sagen ab...«, S. 147–162; *Ericksen*, Kontinuitäten, S. 437–438; *Petke*, Karl Brandi, S. 305–307; mit sachlichen Fehlern: *Haar*, Historiker, S. 198, m. Anm. 7; vgl. auch: *Frevert*, Ehrenmänner, S. 323 m. Anm. 110 u. S. 324; *Heiber*, Universität, Teil 1, S. 345–346.

80 *Wegeler*, »...wir sagen ab...«, S. 366.

Gelöbnis: »wir sagen ab der internationalen Wissenschaft, wir sagen ab der internationalen Gelehrtenrepublik [...].« Ein deutscher Gelehrte dürfe keinen Zweifel daran lassen, »daß er nur zum deutschen Volk gehört und zu keiner internationalen Gelehrtenrepublik.«[81]

In seiner Rede, die am folgenden Tag in voller Länge im »Göttinger Tageblatt« und in den »Göttinger Nachrichten« abgedruckt wurde,[82] hatte Kahrstedt die Studenten beinahe aufgefordert, an seinen Kollegen Lynchjustiz zu üben. Zugleich hatte er die »nationale« Einstellung der Letztgenannten in Zweifel gezogen. Er hatte ihnen unterstellt, sie achteten die internationale gelehrte Zusammenarbeit höher als die Bedürfnisse des deutschen Volkes. Dies empfanden Brandi und Schramm als tödliche Beleidigung. Brandi war vor allem deshalb international tätig, weil er Deutschland auf dieser Ebene die gebührende Anerkennung verschaffen wollte.[83] Auch Schramm fühlte sich der »internationalen Gelehrtenrepublik« nicht auf einer grundsätzlichen Ebene verpflichtet. Er schätzte die internationale Verständigung hoch, aber seine Loyalität gehörte ganz seinem Heimatland. Deshalb forderten die beiden Professoren für Mittlere und Neuere Geschichte den Althistoriker, unmittelbar nachdem er seine Rede beendet hatte, zum Duell auf Pistolen.[84] Ein Duell lehnte Kahrstedt jedoch aus grundsätzlichen Erwägungen heraus ab. Schließlich wurde ein Ehrenrat eingesetzt, durch den die Angelegenheit beigelegt werden konnte. Eine von Brandi verfaßte Gegendarstellung zu Kahrstedts Vorwürfen wurde gedruckt. Kahrstedt entschuldigte sich, und der Rektor bedauerte Ende Januar das Vorgefallene im Namen der Universität.[85]

Obwohl die Bereinigung des Konflikts formal den Bedürfnissen der Angegriffenen Rechnung trug, waren Brandi und Schramm nicht zufrieden. Sie hätten sich eine entschiedenere Reaktion der Universität gewünscht.[86] Deshalb stellte sich für die beiden Historiker die Frage, ob sie ihre internationale Arbeit noch fortsetzen konnten: Denn falls sich derartige Attacken wiederholten, war der Ausgang beim nächsten Mal vielleicht weniger glimpflich.

81 Ebd., S. 367 u. 368.

82 Der Zeitungsausschnitt aus dem »Göttinger Tageblatt« vom 19.1.1934 in: FAS, L 186/3; nach den »Göttinger Nachrichten« zitiert bei *Wegeler*, »...wir sagen ab...«; vgl. ebd., Anm. 1 auf S. 357.

83 Vgl. *Petke*, Karl Brandi, S. 300–301 u. S. 309–310.

84 In seinen ungedruckt gebliebenen Erinnerungen gab Schramm später an, er habe nach Bereinigung des Streits mit Kahrstedt noch zweimal Kollegen zum Duell gefordert. — Die Forderung an Kahrstedt: FAS, L »Miterlebte Geschichte«, Bd.1, S. 67–68; *Wegeler*, »...wir sagen ab...«, S. 156; über weitere Forderungen: FAS, L »Miterlebte Geschichte«, Bd.1, S. 79.

85 FAS, L 186/3, Erklärung des Rektors der Georg-August-Universität, Abschrift, Göttingen 29.1.1934, sowie weiteres Material ebd.; *Wegeler*, »...wir sagen ab...«, S. 156–157.

86 In diesem Sinne: FAS, L 186/3, Brief K. Brandi an H. Willrich, masch. Durchschl., Göttingen 2.2.1934; Brief P.E. Schramm an K. Brandi vom 4.2.1934, zit. nach: *Wegeler*, »...wir sagen ab...«, S. 157–158.

Hierbei war Schramm, der eine Familie mit kleinen Kindern hatte, in noch höherem Maße besorgt als Brandi. Beide wünschten sich eine zuverlässige Rückendeckung durch staatliche Stellen. Als diese als Reaktion auf Kahrstedts Auftritt zunächst ausblieb, setzte Schramm Anfang Februar in einem Rundbrief die anderen Mitglieder der deutschen Delegation auf dem Warschauer Kongreß von der Angelegenheit in Kenntnis.[87] Keine zwei Wochen später ließ er einen zweiten Rundbrief folgen und bekräftigte, er halte eine klare Stellungnahme von Regierungsseite für unerläßlich, »und zwar nicht aus Prestige-Gründen, sondern um die primitivste Sicherung im Wiederholungsfalle zu bekommen.«[88]

Während Schramm die Kollegen mobilisierte, bemühten sich Karl Brandi, aber auch Schramms Frau Ehrengard und andere auf verschiedenen Wegen ebenfalls darum, Stellungnahmen der maßgeblichen Stellen zugunsten der deutschen Delegationsmitglieder zu erreichen.[89] In der Zwischenzeit war ein Nichtangriffspakt zwischen Deutschland und Polen geschlossen worden.[90] Dementsprechend äußerte sich im Februar zuerst das Außenministerium im erwünschten Sinne.[91] Mitte März sprach auch der Reichsinnenminister Kahrstedt seine ernste Mißbilligung aus.[92] Erst Anfang April, fast drei Monate nach Kahrstedts Rede, zog mit dem Preußischen und kommissarischen Reichs-Erziehungsminister Bernhard Rust die für die Professoren entscheidende Stelle nach.[93] Damit konnte Brandi in seinem veröffentlichten Bericht über den Warschauer Kongreß zu Recht betonen, die Entsendung der deutschen Delegation sei zurückgegangen auf eine »eindeutige Entscheidung aller dafür in Betracht kommenden Stellen des Reichs.«[94]

In seinem ersten Rundbrief von Anfang Februar hatte Schramm noch erwogen, sein Amt in der Internationalen Ikonographischen Kommission niederzulegen. Darauf verzichtete er jetzt. An dem letzten Internationalen Hi-

87 FAS, L 186/3, Rundbrief P.E. Schramm an verschiedene Kollegen, masch. Durchschl., Göttingen 4.2.1934.

88 Ebd., Rundbrief P.E. Schramm an verschiedene Kollegen, masch. Durchschl., Göttingen 15.2.1934.

89 In seinen Erinnerungen erzählte Schramm, seine Frau, die als pommersche Adelige offenbar über besondere Beziehungen verfügte, habe persönlich bei Ministerien in Berlin vorgesprochen. In Berlin engagierte sich außerdem Albert Brackmann. — FAS, L »Miterlebte Geschichte«, Bd.1, S. 69; über Brandis Bemühungen: *Petke*, Karl Brandi, S. 306–307; *Wegeler*, »...wir sagen ab...«, S. 158; über Brackmann: *Haar*, Historiker, S. 198–199, m. Anm. 8.

90 *Kershaw*, Hitler, Bd.1, S. 682–684; *Herbst*, Deutschland, S. 106–110.

91 Ein Hinweis auf die Stellungnahme des Außenministeriums in Schramms zweitem Rundbrief: FAS, L 186/3, Rundbrief P.E. Schramm an verschiedene Kollegen, masch. Durchschl., Göttingen 15.2.1934; vgl. auch *Haar*, Historiker, S. 198–199.

92 FAS, L 186/3, Brief Reichsminister des Innern, gez. Frick, an K. Brandi, masch. Durchschl., Berlin 12.3.1934; vgl. *Petke*, Karl Brandi, S. 307, m. Anm. 108.

93 *Wegeler*, »...wir sagen ab...«, S. 157.

94 *Brandi*, Historikerkongress, S. 214.

storikerkongreß vor dem Zweiten Weltkrieg, der 1938 in Zürich stattfand, nahm er als Mitglied der deutschen Delegation teil. Er trat allerdings nicht in besonderer Weise in Erscheinung.[95] Er nahm außerdem davon Abstand, die Amerikareise nachzuholen, die er im Spätsommer 1933 zum ersten Mal verschoben hatte.[96] Das aktive Engangement, das Schramm für die internationale wissenschaftliche Zusammenarbeit entwickelte, war nach dem Streit mit Ulrich Kahrstedt geringer als noch im Herbst 1933. Allzu deutlich hatte ihm der Angriff des Althistorikers vor Augen geführt, daß seine internationalen Aktivitäten, seiner konsequenten Loyalität zur deutschen Regierung zum Trotz, ein Mißtrauen auslösten, das ihm gefährlich werden konnte. Im Grundsatz blieb seine Haltung zur internationalen Kooperation aber unverändert. In Göttingen hatte er ein offenes Haus für alle ausländischen Gäste, die die Universität besuchten.[97] Weiterhin strebte er danach, das internationale Gespräch lebendig zu erhalten, wie es seinen intellektuellen Bedürfnissen entsprach. Zugleich blieb er jedoch immer bereit, die deutschen Verhältnisse gegen Kritik von außen in Schutz zu nehmen, wie es sein Nationalbewußtsein verlangte.

b) Grundsätze und Überzeugungen

Der Brief, mit dem Schramm im Dezember 1933 die Freundschaft zu Otto Westphal aufkündigte, ist ein Text von beeindruckender Wucht. Dabei liegt sein Wert nicht darin, daß sich daraus hinsichtlich der Ereignisse des Sommers 1933 exakte Daten gewinnen ließen. Obwohl der Brief recht ausführlich gehalten ist, ist dies nur in sehr begrenztem Maße der Fall.[98] Schramm wollte den anderen aber nicht darüber im Unklaren lassen, weshalb er die Beziehungen abbrach. Darum ist der Text in seiner gnadenlosen Schärfe ein bemerkenswertes Dokument. Selten hat Schramm seine persönlichen Gefühle und seine innersten Überzeugungen so klar offengelegt wie hier. Insgesamt beschrieb er seine eigenen Auffassungen zwar unter einem Blickwinkel, der

95 Über den Kongreß: *Erdmann, K. D.*, Ökumene, S. 221–245; über Schramm: ebd., S. 244; über den Züricher Kongreß außerdem: *Stadler*, Historikerkongreß.

96 Vgl. hierzu: Brief P.E. Schramm an K. Brandi vom 4.2.1934, zit. bei: *Wegeler*, »...wir sagen ab...«, S. 157–158.

97 Hiervon profitierte beispielsweise Gray C. Boyce, sein Bekannter aus Princeton, der sich vom Herbst 1934 bis zum Frühjahr 1935 zu Forschungszwecken in Göttingen aufhielt und bei Familie Schramm ein häufiger Gast war. — L 230, Bd.2, Brief G.C. Boyce an P.E. Schramm, Princeton 30.7.1934; FAS, L 247, Erklärung G.C. Boyce, masch. Durchschl., Evanston (Illinois) 29.4.1947.

98 Abgesehen davon, daß Schramm nicht auf Details eingehen mußte, die dem anderen ebenso gut bekannt waren wie ihm selbst, sah er den nunmehrigen Hamburger Ordinarius auf der Seite seiner Gegner. Deshalb vermied er es beispielsweise bewußt, Informanten namentlich zu nennen.

ihn in den Augen der Machthaber in einem günstigen Licht erscheinen lassen sollte. Aus Vorsicht vermied er es außerdem an einigen Stellen, sich eindeutig festzulegen. Dennoch treten wichtige Grundlagen seines Verhaltens unter der nationalsozialistischen Diktatur hier besonders deutlich zutage.

Seiner Darstellung zufolge waren Differenzen in der Beurteilung der politischen Lage nicht das ausschlaggebende Moment für sein Zerwürfnis mit Westphal. Seit jeher waren Schramms und Westphals politische Auffassungen weit auseinandergegangen. Ihrer Freundschaft hatte das nie einen Abbruch getan.[99] Ohnehin waren nach Schramms Auffassung die Unterschiede in der politischen Haltung durch die Ernennung des Kabinetts Hitler im Januar obsolet geworden. Schramms sagte von sich, er habe – ebenso wie Westphal – seine »Konsequenzen aus der gewandelten Lage« gezogen.[100] Schramm hatte sich im Januar 1933 ganz bewußt dafür entschieden, die neue Regierung zu unterstützen.

Seinem vormaligen Freund warf er nun vor, diese Möglichkeit nicht in Rechnung gestellt zu haben. Westphal habe die »Hetze gegen einen Abwesenden« unterstützt, ohne über genaue Informationen im Hinblick auf dessen Auffassungen zu verfügen. Auch in den Gesprächen, die sie beide nach Schramms Rückkehr aus Princeton geführt hätten, hätten sie solche Probleme nicht berührt. Deshalb beruhe alles, was Westphal über seine politische Einstellung sage, auf »Konstruktion«. Es grenze »sachlich an Verleumdung«. Trotzdem habe Westphal sich Dritten gegenüber geäußert, »und zwar in sowohl politisch wie menschlich wegwerfender Weise [...].«[101] Ein solches Verhalten hielt Schramm für nicht entschuldbar. Außerdem erhob er den Vorwurf, Westphal habe einen von ihm geschriebenen, »sehr persönlich gehaltenen Brief« an Dritte weitergegeben. Fortan hatte Schramm sich gezwungen gesehen, in seinem Verkehr mit Westphal Sicherungen einzubauen »gegen das, was für mich Bruch des Vertrauens war, ist und sein wird [...].«[102]

Das Verhalten des anderen erschien Schramm unerträglich. Persönliche Beziehungen und ein sozial konstruktives Verhalten hatten für ihn ein großes Gewicht. Dabei war Schramm sogar bereit, bei der Beurteilung von Westphals Verhalten die langwährende Freundschaft zwischen ihnen gar nicht in Rechnung zu stellen. Er billigte dem anderen durchaus zu, daß politische

99 Westphal schrieb im September an Ehrengard Schramm: »Ich fühle und weiß mich – wie immer, so jetzt – politisch [...] in einem anderen Lager als Ihr Mann« (FAS, L 230, Bd.11, Brief O. Westphal an E. Schramm, Göttingen 28.9.1933).

100 FAS, L 230, Bd.11, Brief P.E. Schramm an O. Westphal, masch. Durchschl., Göttingen 18.12.1933, Bl.4.

101 Ebd.

102 FAS, L 230, Bd.11, Brief P.E. Schramm an O. Westphal, masch. Durchschl., Göttingen 18.12.1933, Bl.5.

Umstände es gerechtfertigt erscheinen lassen konnten, persönlichen Bindungen nur eine untergeordnete Bedeutung beizumessen.[103] Aber Schramms Vorstellungen vom richtigen Verhalten zwischen Individuen waren damit nicht außer Kraft gesetzt, und sie waren im Ergebnis für den Bruch mit diesem alten Freund entscheidend.

Als wie schwerwiegend Schramm Westphals Fehlverhalten beurteilte, wurde gleich auf der ersten Seite des Briefes deutlich: Schramm konfrontierte den Adressaten damit, daß er ihn für einen totalen sozialen Versager hielt.[104] Er beschrieb ihn als einen bindungsunfähigen und gehemmten Menschen. Interessant ist nun, worin er die Ursachen für dieses grundlegende Defizit sah: Er führte es auf angeborene Charakterzüge sowie auf Westphals berufliches Scheitern seit 1920 zurück, vor allem aber darauf, daß er bei Beginn des Ersten Weltkriegs untauglich gemustert worden und während des ganzen Krieges auch in keinem »Hilfsdienst« untergekommen sei. So habe er nie die Möglichkeit gehabt, »gehorchen und befehlen zu lernen und dabei zu sehen, wie erhaben und auch wie minderwertig die Menschen sein können.«[105] Im Gegensatz dazu billigte Schramm sich selbst eine erhebliche soziale Kompetenz zu. Er betonte: »Zu mir gehören Frau, Kinder, Tiere, gehören andere Menschen, die ich hasse, verehre, fördere, kommandiere, also als Charaktere nehme [...].«[106]

Bei Schramms Ausführungen fällt sofort ins Auge, was für eine überragende Bedeutung die Erfahrungen des Ersten Weltkriegs für sein Selbstbild hatten. Davon ist in früheren Kapiteln verschiedentlich die Rede gewesen. Die Konflikte des Jahres 1933 trieben diese Erfahrungen ganz in den Vordergrund seines Bewußtseins. Auf ihnen fußten auch seine Vorstellungen von sozialer Interaktion. Anders als Westphal hatte er »gehorchen und befehlen« gelernt und führte seine soziale Kompetenz vor allem darauf zurück. Er setzte voraus, daß hierarchische Ordnungen die Gesellschaft gliederten, und er war stolz darauf, daß er in solchen Ordnungen seinen Platz auszufüllen verstand. Nicht alles läßt sich dabei auf das »Kriegserlebnis« zurückführen. Daneben stand – von charakterlichen Grundlagen einmal abgesehen – als bedingende Voraussetzung sowohl im Hinblick auf Schramms Selbstverständnis wie auf seine Weltanschauung die von den Eltern vermit-

103 Schramm schrieb: »Ich sehe ganz ab von den früheren persönlichen Bindungen zwischen uns, [...] denn darin stimme ich mit Ihnen überein, dass in bestimmten politischen Augenblicken persönliche Rücksichten zwar nicht aufgehoben sind, aber zurücktreten müssen« (FAS, L 230, Bd.11, Brief P.E. Schramm an O. Westphal, masch. Durchschl., Göttingen 18.12.1933, Bl.4).

104 »Alles wesentliche führt sich hierauf zurück: von mir aus gesehen fehlt Ihnen eine Dimension, nämlich die ins Leben reichende« (FAS, L 230, Bd.11, Brief P.E. Schramm an O. Westphal, masch. Durchschl., Göttingen 18.12.1933, Bl.1).

105 Ebd.

106 Ebd.

telte hamburgisch-bürgerliche Prägung. Dessen war sich Schramm durchaus bewußt.[107] In der Summe spielte der Erste Weltkrieg jedoch die größere Rolle.

Aus dem großen Wert, den Schramm sozialen Kontakten und persönlichen Vertrauensverhältnissen beimaß, ergaben sich grundsätzliche Folgerungen für seinen Umgang mit politischen Leitlinien. Westphal hatte ganz treffend formuliert, es gebe zwischen ihm und Schramm eine voneinander »abweichende Auffassung über die Grenzlinien des Persönlichen und Politischen«.[108] Schramm selbst stellte in seinem Brief fest, die Richtschnur jeglichen politischen Verhaltens müsse lauten: »erst die Menschen, dann die Institutionen«.[109] Er hatte für ein ideologiegeleitetes Vorgehen, das soziale Bedingungen und Folgen außer acht ließ, kein Verständnis. Er selbst neigte eher zu pragmatischem und situationsgebundenem Handeln.

Allerdings gab es einige übergeordnete weltanschauliche Kategorien, denen er sich bedingungslos verpflichtet fühlte. Diese Kategorien basierten ebenfalls auf den zwischen 1914 und 1918 gemachten Erfahrungen. Im Hinblick auf innenpolitische Problemlagen stellte Schramm in seinem Brief an Westphal fest, durch seine lutherisch geprägten Erziehung, »viel mehr noch aber durch die Erfahrungen in der Gemeinschaft des Heeres« sei für ihn immer die Frage bestimmend gewesen, »wie die Nation zusammen zu halten sei«. Deshalb habe er soziale Reformen für nötig gehalten, außerdem eine Politik, »die die durch das Heer in den Staat hineingezogenen Arbeiter nicht wieder hinausstiess«.[110]

Aus diesem Grund hatte er bereits in seinen amerikanischen Reden die Politik der nationalsozialistisch dominierten Regierung gutgeheißen, die auf einen Ausgleich sozialer Gegensätze zu zielen schien: Er sah dadurch verwirklicht, was für ihn seit den Tagen des Ersten Weltkriegs der wichtigste Inhalt von Politik gewesen war. Es ist dabei nicht ohne Belang, daß ihm als Vorbild für den anzustrebenden inneren Zusammenhalt die »Gemeinschaft des Heeres« vorschwebte: Menschen aus allen sozialen Schichten waren dort nebeneinander tätig gewesen, aber nur eingebunden in eine strenge militärische Ordnung. Schramm war ohne weiteres bereit, eine ähnliche Ordnung auch für eine Gesellschaft im Frieden für sinnvoll zu halten.

107 Indem sich Schramm beispielsweise an einer Stelle gegen den Vorwurf wehrte, er lasse die Dinge »nicht an sich herankommen«, merkte er unter anderem an, falls Westphal dies darauf beziehe, daß er sich seine Empfindungen nicht immer anmerken ließe, »so rühmen Sie damit in meinen Augen einen Vorzug, den mir nächst dem Elternhause die Zucht des Heeres vermittelte« (FAS, L 230, Bd.11, Brief P.E. Schramm an O. Westphal, masch. Durchschl., Göttingen 18.12.1933, Bl.4).

108 FAS, L 230, Bd.11, Brief O. Westphal an P.E. Schramm, Göttingen 13.10.1933.

109 Ebd., Brief P.E. Schramm an O. Westphal, masch. Durchschl., Göttingen 18.12.1933, Bl.2.

110 Ebd., Bl.3.

Ebenso wie Schramms Ideale hinsichtlich der inneren Ordnung Deutschlands beruhte auch die unbedingte Loyalität seinem Heimatland gegenüber, die sich auf sein Verhältnis zum Ausland immer wieder auswirkte, auf den Erfahrungen der Zeit des Ersten Weltkriegs. Unverändert galt das Bekenntnis, das er 1919 abgelegt hatte: »Ich fühle mich mit allen Fasern mit meinem Vaterlande verwachsen und stelle es über alles.«[111] Stärke der Nation nach außen und Zusammenhalt der Nation im Innern waren für ihn unverzichtbare Werte. Wenn sie ins Spiel kamen, konnte er mit derselben kompromißlosen Härte reagieren, die im vorliegenenden Fall gegenüber Westphal in persönlicher Enttäuschung und moralischer Entrüstung ihren Grund hatte.

c) Fragen des Verhaltens gegenüber jüdischen Deutschen

In seinem Absagebrief an Westphal kam Schramm nicht zuletzt auf das »Judenproblem«, wie er die Thematik an dieser Stelle nannte, zu sprechen.[112] Die damit im Zusammenhang stehenden Fragen waren für ihn selbst und für seine Wissenschaft von großer Bedeutung. Viele der Forscher, mit denen er in der Zeit vor 1933 im Gedankenaustausch gestanden hatte, waren Juden oder wurden jedenfalls vom nationalsozialistischen Regime als Juden behandelt. Zu dieser Gruppe zählten Menschen wie Erwin Panofsky, der gleich zu Beginn dieses Kapitels erwähnt wurde, sowie beispielsweise Sigfrid Heinrich Steinberg und Ernst Kantorowicz, vor allem aber die Mitarbeiter der Kulturwissenschaftlichen Bibliothek Warburg. Von diesen allen wird unten zu reden sein.[113] Viele von ihnen hatten auf die Entwicklung von Schramms Wissenschaft entscheidenden Einfluß gehabt. Darum ist es unabdingbar, sein Verhältnis zu Juden und seine Einstellung zur Verfolgung der Juden in der Zeit des Nationalsozialismus zu erörtern.

In seinem Brief an Westphal vom Dezember 1933 hielt Schramm seinem Adressaten vor, jener habe sich öffentlich für die »›Säuberung‹ der Universitäten von den Juden« eingesetzt. Dabei sei Westphal mit einer Jüdin verlobt gewesen, als er selbst Anfang der zwanziger Jahre nach München gekommen sei. Außerdem nannte Schramm verschiedene jüdische Professoren, denen es der andere zu verdanken gehabt habe, daß er in München überhaupt ein Auskommen habe finden können. Angesichts dessen sei er wohl kaum der

111 FAS, L »Gedanken über Politik«, S. 5; vgl. oben, Kap. 2.c).

112 Ebd., Bl.2.

113 Steinberg und die KBW: unten in diesem Kapitel, Abschnitt e); Kantorowicz: Abschnitt f); mit dem Schicksal emigrierter deutschsprachiger jüdischer Historiker befaßt sich *Gabriela Ann Eakin-Thimme*: *Eakin-Thimme*, Exil; einen Überblick über einige wichtige Ergebnisse bietet: *Eakin-Thimme*, Nationalgeschichte.

Richtige, um nun eine »Säuberung« zu fordern.[114] Schramm hielt Westphals Äußerungen nicht nur für unklug: Er hielt sie für moralisch verwerflich. Nach seiner Meinung zeigte sich der andere konkreten Personen gegenüber undankbar. Dies war einer der vielen Punkte, aufgrund derer Schramm das Benehmen seines bisherigen Freundes als untragbar empfand.

Obwohl Schramm in diesem Brief die Tendenz hatte, seine eigene Haltung den Grundsätzen der nationalsozialistischen Ideologie entsprechend darzustellen, beanspruchte er im Hinblick auf sich selbst nicht, die »Säuberung« der Universitäten zu unterstützen. In der Tat hat er sich nie in einem solchen Sinne geäußert. Nicht zufällig ging er deshalb an dieser Stelle auf sein Verhalten in der Gegenwart gar nicht ein. Mit Blick auf die Vergangenheit suggerierte er jedoch, er selbst sei den jetzt gültigen Verhaltensnormen – im Gegensatz zu Westphal – seit jeher gerecht geworden. Bevor er seine Kritik an dem frisch installierten Hamburger Ordinarius formulierte, stellte er fest, diesem sei bekannt, daß für ihn selbst »eine Ehe mit einer Frau von auch nur 12 1/2 % jüdischen Blutes ausserhalb der Erwägung lag.«[115]

Auf was für eine Gelegenheit Schramm hier anspielte, muß offen bleiben. Jedenfalls behauptete er, die Vermischung deutschen und jüdischen »Blutes« schon immer abgelehnt zu haben. Ungeachtet der Frage, welches Gewicht die Abstammungsfrage in der betreffenden Angelegenheit in Wahrheit gehabt haben mochte, verweist allein der Umstand, daß er ein solches Argument ins Feld führte, auf einen schon früher erreichten Befund: Wie wohl der Großteil seiner Zeitgenossen war Schramm bereit, anzunehmen, daß das Judentum eine »Rasse« sei, deren spezifische Eigenschaften vererbt würden. Auch die jüdischen Deutschen, so seine Auffassung, gehörten dieser »Rasse« an.[116] Er selbst lebte in dem Bewußtsein, einer davon verschiedenen »Rasse« anzugehören.

Noch deutlicher wurde dies in einem Brief, den er ein knappes Dreivierteljahr früher, im April 1933, von Princeton aus an seine Mutter schrieb. Auch dort ging er auf die »Judenfrage« ein. Dabei sprach er freier als in der Mitteilung an Westphal und äußerte ganz offen die Vorbehalte, die er im Bezug auf das nationalsozialistische Vorgehen gegen die Juden hatte. Er erläuterte, daß er eine schematisch »gegen alle 4/4–1/4 Juden« gerichtete Politik für übertrieben hielt: »Hier sage ich mir im Vollgefühl meines Deutschtums,

114 »Wenn nun gerade Sie von ›Säuberung‹ sprechen, so setzen Sie sich einer Kritik aus, die im wohlwollendsten Falle darauf hinausläuft, dass Sie die notwendigen Aktionen ja auch anderen überlassen und sich selbst mehr zurückhalten könnten.« — FAS, L 230, Bd.11, Brief P.E. Schramm an O. Westphal, masch. Durchschl., Göttingen 18.12.1933, Bl.3; der ganze Abschnitt: Bl.2–3.

115 FAS, L 230, Bd.11, Brief P.E. Schramm an O. Westphal, masch. Durchschl., Göttingen 18.12.1933, Bl.2.

116 Vgl. oben, Kap. 1.b), die Ausführungen zu: WIA, GC 1913, Brief P.E. Schramm an A. Warburg, Hamburg o.D. [12.6.1913].

daß unsere Rasse doch so stark ist, daß sie nicht unbedingt durch 1/4 oder 1/2 Judenblut untergekriegt wird.«[117]

Diese Äußerung läßt keinen Zweifel daran, daß Schramm die theoretische Grundvoraussetzung des Antisemitismus von der »rassischen« Andersheit der Juden akzeptierte. Das beinhaltete in seinem Fall durchaus keine Abwertung der jüdischen »Rasse«: Ganz im Gegenteil tendierte Schramm bei verschiedenen Gelegenheiten dazu, ihr besonders hochstehende und vornehme Eigenschaften zuzuschreiben.[118] Im Übrigen hatte der Umstand, daß viele seiner Bekannten in seinen Augen einer anderen »Rasse« angehörten, für sein Verhalten nie eine Rolle gespielt. Das Bewußtsein der Verschiedenheit führte jedoch dazu, daß er von vorneherein alle gegen die Juden gerichteten Maßnahmen nicht als sein persönliches Problem empfand.

Der erwähnte Brief von Schramm an seine Mutter beinhaltete noch weitere wichtige Äußerungen. Gleich zu Beginn seiner Erörterung der »Judenfrage« räumte er ein: »Daß der jüdische Einfluß, wo er schädlich oder übermächtig war, eingeengt wird, bzw. schon ist, begrüße ich selbstverständlich.«[119] Trotz seiner im Grunde wohlwollenden Einstellung zur jüdischen »Rasse« war Schramm also bereit, eine antisemitische Politik bis zu einem gewissen Grad für berechtigt zu halten. Er hielt es aber nicht für geboten, über diesen Grad – von dem er meinte, daß er sich bestimmen lasse – hinauszugehen. Gegen Maßnahmen, die er für übertrieben hielt, machte er Vorbehalte geltend. Hier führte er seine oben zitierte Überlegung von der geringen Gefährlichkeit der Blutvermischung an. Von noch größerem Gewicht war das zweite Bedenken, das er formulierte:

»Du weißt, daß ich mich nicht oft auf mein Christentum berufe. Hier tue ich es. Ein Vorgehen allgemeiner Art, das nicht den einzelnen prüft, kann ich als Christ nicht billigen. Ich hoffe nur, daß die, die Christen sind, nun, wenn sie mit einzelnen Juden befreundet waren, aus dieser Tatsache die gegebenen Konsequenzen ziehen.«[120]

Schramm stützte demnach seine Bedenken gegen ein pauschales Vorgehen gegen alle Juden auf eine christlich grundierte Vorstellung vom Wert des Individuums. Diesen Wert wollte er allen Menschen, unabhängig von ihrer »Rasse«, zubilligen. Auf die politischen Implikationen dieser Vorstellung wird zurückzukommen sein.

117 FAS, L 185/2, Brief P.E. Schramm an O. Schramm, Princeton 23.4.1933; zitiert bei: *Grolle*, Hamburger, S. 27.

118 WIA, GC 1913, Brief P.E. Schramm an A. Warburg, Hamburg o.D. [12.6.1913]; zitiert (mit falscher Datumsangabe) bei: *Grolle*, Hamburger, S. 52; vgl. oben, Kap. 1.b); in ähnlichem Sinne auch Schramms Spottgedicht »Antisemitismus« von 1921, in: FAS, L »Jahrgang 94«, Bd.3, S. 446.

119 FAS, L 185/2, Brief P.E. Schramm an O. Schramm, Princeton 23.4.1933; zitiert bei: *Grolle*, Hamburger, S. 26.

120 Ebd.; zitiert bei: *Grolle*, Hamburger, S. 27.

Zunächst ist jedoch die Folgerung wichtiger, die Schramm im letzten Satz der zitierten Passage zog: Hier forderte er alle Deutschen, die mit Juden befreundet waren, auf, daraus »die gegebenen Konsequenzen« zu ziehen. An dieser Stelle formulierte er den moralischen Grundsatz, gegen den verstoßen zu haben er Otto Westphal acht Monate später vorwarf. Aus einer persönlichen Bindung ergab sich in Schramms Augen, ungeachtet aller eventuell gegebenen Unterschiede auf einer »rassischen« Ebene, eine besondere Verpflichtung. Schramm legte Wert darauf, solchen Verpflichtungen gerecht zu werden. Nach dem Krieg hielt ihm manch einer zugute, er habe den Kontakt zu seinen Freunden noch zu einer Zeit aufrecht erhalten, als andere ihn längst gescheut hätten.[121] Darüber hinaus fand sich Schramm stets bereit, konkreten Personen in Not zu helfen. Es ist vielfach belegt, daß er Emigranten half, im Ausland Kontakte zu knüpfen.[122] Hier nutzte er die Möglichkeiten, die sich beispielsweise durch seine Arbeit im Internationalen Historikerverband und seinen Aufenthalt in den Vereinigten Staaten ergeben hatten.[123] Dabei setzte er sich nicht nur für seine Freunde, sondern auch für Menschen ein, die ihm persönlich unbekannt waren.[124]

All dies entsprach seinen Vorstellungen vom richtigen zwischenmenschlichen Verhalten. Welchen Stellenwert diese Vorstellungen für ihn hatten, ist im Zusammenhang mit dem Absagebrief an Otto Westphal deutlich gewor-

121 In den Erklärungen, die Ernst Kantorowicz, Herman Nohl, Hans Rothfels und andere aufsetzten, um Schramm vor dem Entnazifizierungsausschuß zu entlasten, tauchte gerade diese Aussage mit großer Regelmäßigkeit auf. Offenbar waren Schramms Fürsprecher der Meinung, hier auf eine besondere Stärke des Beschuldigten verweisen zu können. — FAS, L 247, Gutachten H. Nohl (Dekan der Philosophischen Fakultät der Georg-August-Universität Göttingen), masch. Durchschl., Göttingen 2.12.1946; ebd., Erklärung H. Rothfels, masch. Durchschl., Chicago (Illinois) 28.4.1947; ebd., Erklärung E.H. Kantorowicz, masch. Durchschl., Berkeley (Kalifornien) 27.5.1947.

122 In einem Brief an Ehrengard Schramm erkundigte sich Kantorowicz im Oktober 1946, als Schramms Entnazifizerungsverfahren gerade begonnen hatte, ob dieser seine Hilfe brauchen könne. Kantorowicz betonte: »Ich weiß [...], wie viele Briefe er in den Jahren vor dem Krieg nach Amerika geschrieben hat, um seinen Freunden – mir auch – behilflich zu sein und ein Unterkommen zu verschaffen« (FAS, L 247, Auszug aus einem Brief E.H. Kantorowicz an E. Schramm, 20.10.1946).

123 In den Vereinigten Staaten setzte sich Schramm außer für Ernst Kantorowicz beispielsweise für Hans Rothfels ein, der wegen seiner jüdischen Abstammung 1934 von seinem Lehrstuhl verdrängt wurde und Deutschland 1939 verließ. Für Sigfrid Steinberg verwandte sich Schramm in England. — Vgl. die oben zitierten Äußerungen von Kantorowicz und Rothfels in: FAS, L 247; außerdem über Kantorowicz: FAS, L 247, Erklärung von M.E. Deutsch, Vizepräsidentin der University of California, Berkeley (Kalifornien) 12.5.1947; über Rothfels' Emigration z.B.: *Haar*, Historiker, S. 199–203; *Etzemüller*, Sozialgeschichte, S. 26; *Conze*, Hans Rothfels, S. 330–341; über Sigfrid H. Steinberg unten in diesem Kapitel, Abschnitt e).

124 Letzteres war beispielsweise bei dem Renaissance-Forscher Hans Baron (1900–1988) der Fall. — FAS, L 230, Bd.1, Brief H. Baron an P.E. Schramm, Florenz 11.12.1934; WIA, GC 1934–1936, Brief P.E. Schramm an F. Saxl, Oxford 15.6.1935; über Baron und sein Londoner Exil 1936–1938: *Schiller*, Made »fit...«; ausführlicher über Baron: *Eakin-Thimme*, Exil, S. 194–244.

den. Verstärkend kam eine Ablehnung zügelloser, willkürlicher Gewaltanwendung hinzu, die Schramm – seiner Prägung durch die Erfahrungen des Ersten Weltkriegs gemäß – aus einem soldatischen Ethos ableitete. In seinem Absagebrief an Westphal erwähnte er »Peitschenhiebe durch die Gesichter gefangener Stahlhelmer«, die offenbar in der Zeit seiner Abwesenheit in Göttingen von nationalsozialistischen Aktivisten ausgeteilt worden waren. Über eine derart entwürdigende Gewaltanwendung bei Wehrlosen äußerte Schramm gegenüber Westphal seinen »Abscheu« und bemerkte, »dass jeder alte Soldat Derartiges hinter der Front verpönt.«[125]

Auf dieser Grundlage hatte Schramm vom ersten Tag an Vorbehalte gegen die Regierung Adolf Hitlers, die er zu keinem Zeitpunkt ganz ablegte. Spätestens nach seiner Rückkehr aus Princeton tat das Zusammsein mit seiner Frau ein Übriges, ihn in einer solchen Haltung zu bestärken. Ehrengard Schramms christliche Prägung war ungleich stärker als die ihres Mannes. Auf dieser Grundlage war sie in moralischen und politischen Fragen konsequenter und strenger als dieser, und ihre Ablehnung antisemitischer Politik war sehr viel deutlicher konturiert.[126] Im Jahr 1947 erzählte sie dann von »endlosen Diskussionen seit 38«, in denen sie und ihr Mann sich ihrer Schuld bewußt geworden wären, weil sie Deportation und Mord nicht zu verhindern versucht hätten. Sie erwähnte die »verzweifelte Stimmung«, in welche sie die Greuel des 9. und 10. November 1938 gestürzt hätten.[127] Somit scheint es, daß Schramms Unbehagen über das Schicksal der Juden im Laufe der Jahre wuchs.

Angesichts dessen stellt sich die Frage, ob er nicht mehr für die Verfolgten hätte tun müssen, um seinen eigenen ethischen Prinzipien gerecht zu werden. Er tat nicht wenig, wenn er die Freundschaft zu seinen jüdischen Freunden aufrechterhielt und reihenweise Empfehlungsschreiben verfaßte, um Emigranten zu helfen. Es kam hinzu, daß er den Haß, mit dem die Nationalsozialisten die Juden verfolgten, zumindest anfangs nicht in seiner ganzen Schärfe ernstnehmen wollte. Nicht nur in seinen amerikanischen Reden vertrat er die Auffassung, der Terror werde nachlassen, sobald sich die Situation stabilisiert habe. In einem Brief an Fritz Saxl riet er im Sommer 1933, die Bibliothek Warburg – in der bereits über Emigration nachgedacht wurde – solle nicht überstürzt handeln, da die weitere Entwicklung noch offen sei.[128] Schließlich wies Ehrengard Schramm in ihrem bereits zitierten Brief

125 FAS, L 230, Bd.11, Brief P.E. Schramm an O. Westphal, masch. Durchschl., Göttingen 18.12.1933, Bl.2.

126 Vgl. *Kühn*, Ehrengard Schramm, S. 212–213; *Grolle*, Hamburger, S. 54.

127 FAS, L 247, Brief E. Schramm an E. Kantorowicz, masch. Durchschl., Göttingen 19.5.1947.

128 WIA, GC 1933, Brief P.E. Schramm an F. Saxl, o.O. [Göttingen], 4.8.1933; ausführlicher unten in diesem Kapitel, Abschnitt e).

von 1947 vollkommen zurecht darauf hin, daß ein allzu energischer Protest für den Protestierenden unter Umständen den Tod hätte bedeuten können.[129] Niemand sollte einem Vater von drei Kindern einen Vorwurf daraus machen, daß er davor zurückscheute, sich in Gefahr zu bringen. Wobei in Schramms Fall noch hinzukam, daß es in allen Phasen der nationalsozialistischen Herrschaft starke Kräfte gab, die ihm alles andere als wohlgesonnen waren. Darauf wird unten noch einmal zurückzukommen sein: Sein Bewegungsspielraum war begrenzt.

Trotzdem war dies alles nicht entscheidend. In dem oben zitierten Brief an seine Mutter vom April 1933 schloß Schramm die Erörterung der »Judenfrage« mit den Worten ab: »Wäre diese Frage nicht, so könnte ich jetzt Nazi werden [...].«[130] Die Behandlung der Juden war ein Aspekt der nationalsozialistischen Politik, der Schramm davon abhielt, dem Regime ganz ohne Vorbehalte Gefolgschaft zu leisten. Allerdings gab es andere Bereiche, in denen er die Politik des Regimes aus vollem Herzen unterstützte: Schramm glaubte, die Politik der Nationalsozialisten werde Deutschland wieder seinen gebührenden Platz in der Welt verschaffen und die Nation im Innern zusammenführen. Deshalb war Schramm nicht nur 1933 bereit, die deutsche Regierung gegenüber dem Ausland zu verteidigen, obwohl »der deutsche Antisemitismus für die nächste Zeit als eine Tatsache hinzunehmen ist [...].«[131]

Schramm hatte zwar eine christlich gefärbte Vorstellung von der Würde des Menschen. Sie besaß für ihn aber nicht denselben Stellenwert wie jene Fixpunkte seiner Weltanschauung, die sich auf die nationale Politik bezogen. Vielmehr entfaltete diese Vorstellung ihre Wirkung beinahe ausschließlich im Bereich zwischenmenschlichen Verhaltens. Die Regeln, die nach Schramms Meinung im persönlichen Bereich gelten mußten, hatten für ihn nicht denselben Stellenwert wie seine Ideale für die Entwicklung des deutschen Volkes. Er war weit davon entfernt, der Menschenwürde und anderen Normen, die sich auf das Individuum bezogen, dieselbe Tragweite zuzubilligen wie der Verpflichtung auf sein Vaterland. Er hätte nie gezögert, für das, was er für das Wohl des deutschen Volkes hielt, sein Leben zu opfern. Weil er glaubte, daß durch die Politik der Nationalsozialisten dem Ganzen gedient werde, konnte er es ertragen, daß eine Gruppe der Bevölkerung durch dieselbe Politik diskrimiert und ausgeschlossen wurde. Bis 1939 nahm er den Antisemitismus des Regimes mehr oder weniger bewußt in Kauf. Als er vom Ausbruch des Krieges an Soldat war, war die Situation ohnehin eine grund-

129 FAS, L 247, Brief E. Schramm an E. Kantorowicz, masch. Durchschl., Göttingen 19.5.1947.

130 FAS, L 185/2, Brief P.E. Schramm an O. Schramm, Princeton 23.4.1933; zitiert bei: *Grolle*, Hamburger, S. 27.

131 FAS, L 185/3, Brief P.E. Schramm an H. v. Bismarck, Entwurf, Princeton 31.3.1933; zitiert: *Grolle*, Hamburger, S. 23–24.

sätzlich andere: Die Verpflichtung auf sein Land und dessen Regierung war nach seinem Empfinden nun vollends unausweichlich. Darum arrangierte er sich mit der Situation.

d) Anpassung und Engagement

Schramm war nicht der einzige Deutsche, der sehr lange an einer insgesamt positiven Haltung zum nationalsozialistischen Herrschaftssystem festhielt. Insofern hatte er durchaus Recht, wenn er später die Einschätzung äußerte, er sei im Grunde ein ganz gewöhnlicher Mensch seiner Zeit gewesen.[132] Dennoch ist die Hartnäckigkeit bemerkenswert, mit der er bestrebt war, sich aktiv in die Strukturen des nationalsozialistischen Staates einzubringen, obwohl er immer wieder Anfeindungen ausgesetzt war, die aus den besonderen Rahmenbedingungen dieser Diktatur resultierten.

Nach dem wahrscheinlich maßgeblich von Alfred Schüz betriebenen Vorstoß, der im Sommer 1933 seine Absetzung zum Ziel hatte, und der öffentlichen Attacke durch Ulrich Kahrstedt Anfang 1934 mußte er sich zwar lange Zeit nicht mehr gegen direkte Angriffe zur Wehr setzen. Erst im Herbst 1944 brachte ihn eine Denunziation noch einmal ernsthaft in Gefahr.[133] Überzeugte Anhänger der NSDAP begegneten ihm jedoch auch in der dazwischen liegenden Phase mit tiefem Mißtrauen. Am deutlichsten war die Aversion gegen Schramm bei der Göttinger Kreisleitung der Partei ausgeprägt.[134] Den dort versammelten Aktivisten war er spätestens seit seinem Engagement im »Hindenburg-Ausschuß« 1932 ein Dorn im Auge. Seine politische Kehrtwende Anfang 1933 schien ihnen unglaubwürdig.

Personen, die ähnlich über ihn dachten, hatten auch an der Universität einflußreiche Positionen inne. Die Einschätzungen dieser Kreise kamen beispielsweise im Frühjahr 1934 – nur wenige Monate nach Kahrstedts Rede – zum Ausdruck, nachdem Schramm eine Einladung für einen Vortrag in Italien erhalten hatte.[135] Verschiedene Stellen mußten sich daraufhin zu der Frage äußern, ob seine politische Linientreue ausreichend sei, um ihm die

132 Dies war ein prägendes Moment seiner nie veröffentlichten Memoiren (vgl. für weitere Einzelheiten: *Thimme, D.*, Erinnerungen).

133 S. dazu unten, Kap. 11.c).

134 Eine offenbar vollständige Kopie der Akte, welche die Kreisleitung der NSDAP über Schramm angelegt hatte, findet sich in Schramms Nachlaß. Sie wird dort zusammen mit Schramms persönlichen Unterlagen über sein Entnazifizierungsverfahren aufbewahrt. Schramm hat dies wohl selbst schon so eingerichtet, obwohl die Kopie der NSDAP-Akte wahrscheinlich erst lange nach dem Ende des Entnazifizierungsverfahrens entstanden ist. — FAS, L 247, Kreisleitungsakte.

135 In Anbetracht von Kahrstedts Vorwürfen hatte Schramm mit dem Gedanken gespielt, von sich aus auf die Reise zu verzichten (Brief P.E. Schramm an K. Brandi, Göttingen 4.2.1934, zit. nach: *Wegeler*, »...wir sagen ab...«, S. 158 m. Anm. 128).

Auslandsreise zu gestatten.[136] Alle Befragten äußerten sich ablehnend. Der damals amtierende Rektor Friedrich Neumann, der Anfang der dreißiger Jahre noch Schramms Mitstreiter im Bemühen um eine verbesserte Zusammenarbeit der geisteswissenschaftlichen Disziplinen gewesen war,[137] stellte Schramms politische Zuverlässigkeit ganz grundsätzlich in Frage. Er meinte, Schramm habe regelmäßig die Neigung gezeigt, »politische und gesellschaftliche Fragen gesellschaftlich spielerisch zu behandeln.«[138]

Schon Ulrich Kahrstedt hatte in seiner Rede, jedenfalls nach Schramms Interpretation, ganz ähnliche Vorwürfe erhoben. Kahrstedt hatte gesagt:

»Es genügt [...] nicht, wenn in den politischen Salons wohlhabender Intellektueller die ›causerie‹ des französischen ›conférencier‹ durch von Hakenkreuzen triefende Themen ersetzt werden. Nationalsozialismus ist kein Brotaufstrich, den man der Mode der Saison entsprechend zum 5-Uhr-Tee reicht.«[139]

Damit hatte Kahrstedt diejenigen attackiert, die vor 1933 eine pragmatische Haltung an den Tag gelegt hätten und sich nun als überzeugte Nationalsozialisten gäben. Wohl zu Recht hatte Schramm die Anspielungen auf die nachmittäglichen Gesprächsrunden bezogen, die seine Frau und er zu veranstalten pflegten. Dort wurden mit Studierenden und befreundeten Akademikern, auch mit ausländischen Gästen der Universität in offener Atmosphäre verschiedenste, nicht zuletzt politische Themen diskutiert.[140]

Diese Diskussionszirkel entsprachen der ausgeprägten kommunikativen Ader, die Schramm eigen war. Er freute sich, wenn er mit Menschen ins

136 Vgl. zu dieser Angelegenheit auch: *Kamp*, Percy Ernst Schramm, S. 358 m. Anm. 25.

137 S. hierzu oben, Kap. 8.a).

138 In diesem Sinne äußerte sich auch der Studentenschaftsführer Heinrich Wolff, der zunächst betonte, im Reichspräsidentenwahlkampf von 1932 habe Schramm »eine klare und scharfe Stellungnahme gegen den Nationalsozialismus« eingenommen. Eigentlich hielt Wolff den Ordinarius aber für einen Blender: »Im Grunde wird er nie Verfechter und Träger einer Idee sein können, sondern immer nur als Politiseur im geschäftigen Betrieb stecken bleiben müssen.« Die verschiedenen negativen Beurteilungen faßte schließlich die Gauleitung der NSDAP in einem resümierenden Gutachten zusammen, das im Universitätsarchiv Göttingen überliefert ist. — FAS, L 247, Kreisleitungsakte, Erklärung F. Neumann, Rektor Georg-August-Universität Göttingen, Göttingen 27.3.1934, Photographie; ebd., Erklärung H. Wolff, Studentenschaft Georg-August-Universität Göttingen, Göttingen 27.3.1934, Fotokopie; UAGö, PA PES, Bl.120, Gutachten NSDAP Gauleitung Südhannover-Braunschweig, gez. Maul, 3.4.1934, Abschrift.

139 *Wegeler*, »...wir sagen ab...«, S. 364.

140 Auf dem in seinem Nachlaß überlieferten Zeitungsausschnitt mit Kahrstedts Rede vermerkte Schramm mit Bezug auf die zitierte Stelle: »Das bezieht sich auf die Tee-Gesellschaften bei uns, bei denen In- und Ausländer, darunter auch der französische Lektor Larrose, Referate über aktuelle Fragen hielten und anschließend diskutiert wurde.« Solche politischen Diskussionsrunden im Hause Schramm beschrieb 1947 auch der vormalige Göttinger Student Peter Süsskand; Süsskand hatte wegen seiner jüdischen Abstammung Schwierigkeiten gehabt und war von Schramm unterstützt worden. — FAS, L 186/3, Ausschnitt aus dem »Göttinger Tageblatt« vom 19.1.1934 mit handschriftlicher Anmerkung Schramms; FAS, L 247, Erklärung P. Süsskand, Bieberstein bei Fulda 12.5.1947.

Gespräch kommen konnte, und legte dabei Andersdenkenden gegenüber eine pragmatische Toleranz an den Tag. Er hatte zwar seine festen Überzeugungen, und wenn er sich bedrängt fühlte, konnte er kompromißlos darauf beharren. Im Alltag war ihm aber ideologische Verbohrtheit fremd.[141] Politischen Hardlinern war das suspekt. Ihnen erschien Schramm unzuverlässig und allzu liberal. Außerdem kam im Habitus des geborenen Hamburgers ein starkes, großbürgerlich geprägtes, elitäres Selbstbewußtsein zum Ausdruck.[142] Auch dies war seinen Gegnern die gesamte nationalsozialistische Zeit hindurch eine fortdauernde Provokation.[143]

Somit standen Schramm in Göttingen inner- wie außerhalb der Universität starke Kräfte feindlich gegenüber. Diese Kreise waren einflußreich genug, ihm auch an anderen Orten Steine in den Weg zu legen. Seine Karriere brach zwar nicht ab, setzte sich aber durchaus nicht so glanzvoll fort, wie sie 1929 begonnen hatte. Obwohl sein Name mehrfach bei Berufungen in Erwägung gezogen wurde, kam es nie zu ernsthaften Verhandlungen. Ein Ruf nach Leipzig, der 1941 erfolgte, wurde wieder zurückgezogen. Noch bevor dies geschah, wurde allerdings in Göttingen, um ihn an der Leine zu halten, das planmäßige Ordinariat für ihn eingerichtet, das ihm schon 1931 in Aussicht gestellt worden war.[144]

Bereits die am Ende doch erfolgreichen Bemühungen, einen Tadel Ulrich Kahrstedts durch regierungsamtliche Stellen zu erwirken, zeigten, daß Schramm seinen Gegnern in der Zeit des Nationalsozialismus durchaus nicht schutzlos gegenüberstand.[145] Er war fest eingebunden in ein Establishment, das im Kern schon vor 1933 bestanden hatte. Dementsprechend scheiterten im Jahr 1934 alle Versuche, seine Reise nach Italien zu verhindern: Das Wissenschaftsministerium erteilte die Genehmigung, und Schramm konnte die

141 In seinem Absagebrief an Westphal hatte er von sich selbst gesagt, er pflege »die Dinge nicht über alles Menschliche ins Luft- und Lebenslose« zu verfolgen (FAS, L 230, Bd.11, Brief P.E. Schramm an O. Westphal, masch. Durchschl., Göttingen 18.12.1933, Bl.4).

142 Vgl. für die Reaktion überzeugter Nationalsozialisten auf Schramms Standesbewußtsein: FAS, L 247, Kreisleitungsakte, Beurteilung von P.E. und E. Schramm durch Professor Drexler, 1.9.1944, Abschrift, Photographie; zitiert unten, Kap. 11.c).

143 Wenn *Robert P. Ericksen* also vermutet, in der nationalsozialistischen Zeit sei Schramms »politische Zuverlässigkeit anerkannt worden«, dann ist das unzutreffend. — *Ericksen*, Kontinuitäten, S. 440; verschiedene weitere Beispiele für die Schramm entgegengebrachte Abneigung finden sich in: FAS, L 247, Kreisleitungsakte.

144 *Kamp*, Percy Ernst Schramm, S. 356 m. Anm. 21; FAS, L »Miterlebte Geschichte«, Bd.1, S. 75–76.

145 In seinen Erinnerungen deutete Schramm dies mit der Bemerkung an, die gegen ihn gerichtete Stimmung sei für ihn aufgewogen worden »durch festen Zusammenhalt mit jenen Menschen, auf die ich Wert legte […]. Denn die Gleichgesinnten schlossen sich auch auf unserer Seite zusammen.« — FAS, L »Miterlebte Geschichte«, Bd.1, S. 58; vgl. die ältere Fassung derselben Passage in: FAS, L 305.

Einladung wahrnehmen.[146] Dennoch strebte er danach, seine Stellung zu verbessern. Wahrscheinlich fühlte er sich unter einem gewissen Druck, sich den nationalsozialistischen Herrschaftsstrukturen anzupassen. Jedenfalls wurde er im Januar 1934, im Monat der Kahrstedt-Rede, Mitglied der SA. Als er 1933 aus Princeton zurückgekehrt war, hatte er den akademischen Reitverein, dessen Mitglied er gewesen war, in einen SA-Reitersturm umgewandelt gefunden. Dieser Formation trat er 1934 bei.[147] Ganz ohne Zweifel stärkte er damit seine etwas angeschlagene Position. Es scheint aber, als habe er sich darüber hinaus wenigstens eine Zeitlang in der SA heimisch gefühlt.[148]

Interessant ist in diesem Zusammenhang eine Verfügung, die er im März 1936 für den Fall seines Todes aufstellte. Offenbar war er damals verbittert darüber, daß Fakultät und Universität von Personen dominiert wurden, die ihn nicht respektierten und ihm in Krisensituationen mehrfach nicht die erhoffte Rückendeckung gegeben hatten. Deshalb legte er fest, daß bei seinem Begräbnis kein Vertreter der Universität anwesend sein solle: »Ich fühle mich innerlich nur dorthin gehörig, wo – wie im Heer und in der SA – feste Ehranschauungen herrschen.«[149] Demnach erinnerte ihn die SA anscheinend an die Wehrmacht des Ersten Weltkriegs. Trotzdem wurde er des Reitersturms schließlich überdrüssig: 1938 trat er aus.[150]

Ohnehin war er schon sehr bald nach seinem Beitritt auf diese Organisation als Militär-Surrogat gar nicht mehr angewiesen. Ebenfalls 1934 wurde er nämlich als ehemaliger Leutnant erstmals zu einer Wehrübung einberufen. Von da an nahm er als Reserveoffizier regelmäßig an Übungen teil. Es gibt keinen Hinweis darauf, daß er jemals mit dem Gedanken gespielt hätte,

146 Schramm selbst behauptete später, er habe weder eine Genehmigung noch ein Verbot der Reise jemals erhalten und sei dennoch gereist. Das scheint zumindest insofern richtig zu sein, als er Göttingen wahrscheinlich schon verlassen hatte, als die Genehmigung eintraf. — Die Genehmigung des Ministeriums vom 5.5.1934 in: UAGö, PA PES, Bl.121; vgl. FAS, L »Miterlebte Geschichte«, Bd.1, S. 79.

147 Diese Darstellung z.B. in: FAS, L 247, Brief P.E. Schramm an E.H. Kantorowicz und H. Rothfels, masch. Durchschl., o.O. [Göttingen], o.D. [April 1947]; ebd., Brief E. Schramm an E. Kantorowicz, masch. Durchschl., Göttingen 19.5.1947; außerdem: FAS, L »Miterlebte Geschichte«, Bd.1, S. 80–81.

148 In Göttingen war viele Jahre später zu hören, Schramm habe sich bisweilen gerne in SA-Uniform sehen lassen. Diese Geschichte scheint allerdings auf Hans Drexler zurückzugehen, der spätestens seit Ende der vierziger Jahre als Schramms Intimfeind gelten muß. Schramm selbst erzählte rückblickend, er habe es als heilsamen Zwang empfunden, »am Sonntag früh aufstehen zu müssen, um an einem Ausritt teilzunehmen.« — Vgl. *Ericksen*, Kontinuitäten, S. 428, m. Anm. 9 auf S. 450; *Wegeler*, »...wir sagen ab...«, Anm. 445 auf S. 322; über Hans Drexler unten, Kap. 11.c); FAS, L »Miterlebte Geschichte«, Bd.1, S. 80–81.

149 FAS, L 186/3, Erklärung von P.E. Schramm für den Fall seines Todes, 14.3.1936; zitiert in: FAS, L 305, sowie: FAS, L »Miterlebte Geschichte, Bd.1, S. 70; abgedruckt bei *Grolle*, Hamburger, S. 57.

150 FAS, L 247, Brief SA-Reitersturm 6/57, »gez. Hagemann, Truppführer«, an P.E. Schramm, Abschrift, Göttingen 31.10.1938.

sich dem Zugriff der Wehrmacht zu entziehen.[151] Im Gegenteil empfand er es als seine selbstverständliche Pflicht, ihrem Ruf zu folgen. Wie aus der oben zitierten Quelle hervorgeht, fühlte er sich im Heer nicht zuletzt deshalb gut aufgehoben, weil hergebrachte Ehrbegriffe dort noch etwas zu gelten schienen. 1937 wurde er zum Oberleutnant der Reserve befördert, kurz nach Kriegsausbruch 1939 zum Rittmeister.[152]

Sehr wahrscheinlich hatte er gehofft, der Militärdienst werde seine Position in Göttingen stärken. Dies war aber wohl nicht in dem Maße der Fall, wie er es aufgrund seiner eigenen Vorstellungen von Ehre und nationaler Pflicht vielleicht erwartet hatte. Um hier Terrain zu gewinnen, trat er Ende der dreißiger Jahre der NSDAP bei.[153] Im Jahr 1937 stellte er einen Aufnahmeantrag, den die Göttinger Parteiinstanzen umgehend ablehnten.[154] Schramm gab jedoch nicht auf, legte höheren Orts Berufung ein und erreichte, daß das Gaugericht der Partei den entsprechenden Beschluß des Kreisgerichts im Februar 1939 aufhob.[155] Daraufhin wurde er in die Partei aufgenommen.[156] Die Kreisleitung wurde davon gar nicht in Kenntnis gesetzt, sondern erfuhr erst 1941 beinahe zufällig von seiner Mitgliedschaft.[157]

Nach dem Ende des Zweiten Weltkriegs versuchte Schramm im Rahmen seines Entnazifizierungsverfahrens, diese Vorgänge zu erläutern. Er stellte

151 Insofern war es irreführend, wenn Schramm nach 1945 betonte, eine Weigerung seinerseits, an den Reserveübungen teilzunehmen, hätte ein kriegsgerichtliches Verfahren mit ungewissem Ausgang zur Folge gehabt. — FAS, L 247, P.E. Schramm, Aktennotiz »betr. militärische Laufbahn von Professor P.E. Schramm«, masch. Durchschl., Göttingen 21.9.1947.

152 FAS, L 247, P.E. Schramm, Aktennotiz »betr. militärische Laufbahn von Professor P.E. Schramm«, masch. Durchschl., Göttingen 21.9.1947; FAS, L 284, Wehrbezirks-Kommando Göttingen an P.E. Schramm: Mitteilung über Beförderung, Göttingen 26.9.1939.

153 In seinem Entnazifizierungsverfahren behauptete Schramm, er habe den Antrag, der das Verfahren in Gang setzte, gar nicht selbst gestellt. Vielmehr sei dies routinemäßig und ohne sein Wissen durch die SA geschehen, deren Mitglied er damals noch war. — FAS, L 247, P.E. Schramm, Zusatz zur Eidesstattlichen Erklärung von F.K. Drescher-Kaden vom 16.2.1947, Göttingen 22.2.1947; vgl. FAS, L »Miterlebte Geschichte«, Bd.1, S. 80–81; über Schramms Parteieintritt auch, aus anderen Quellen gearbeitet: *Nagel*, Schatten, S. 34–35.

154 FAS, L 247, Kreisleitungsakte, Erklärung Kreispersonalamtsleiter, masch. Durchschl., 13.10.1937, Fotokopie; ebd., Kreisleiter NSDAP Göttingen, Ablehnung des Antrags zur Aufnahme von P.E. Schramm in die NSDAP, masch. Durchschl., 28.10.1937, Fotokopie; ebd., Kreisgericht NSDAP Göttingen, Ablehnung des Antrags zur Aufnahme von P.E. Schramm in die NSDAP, Göttingen 28.1.1938, Fotokopie.

155 FAS, L 247, Kreisleitungsakte, Beschluss 2. Kammer Gaugericht Süd-Hannover – Braunschweig über Aufhebung des Urteils des Kreisgerichts vom 28.1.1938, Hannover 22.2.1939, Abschrift, Fotokopie.

156 Seine Mitgliedschaft wurde dann auf den 1.5.1937 zurückdatiert. — FAS, L 247, Kreisleitungsakte, Postkarte E. Schramm an Dozentenbundsführer Universität Göttingen, 15.7.1941, Abschrift, Photographie; FAS, L 247, P.E. Schramm an Denazifizierungs-Hauptausschuß: Widerspruch gegen seine Entlassung, masch. Durchschl., Göttingen 7.4.1947.

157 FAS, L 247, Kreisleitungsakte, Brief Kreisleiter NSDAP Göttingen an Gauleitung NSDAP, masch. Durchschl., o.O. [Göttingen], 8.8.1941, Fotokopie.

seinen Parteieintritt in einen Zusammenhang mit dem Widerstand, der sich zur gleichen Zeit in Göttingen gegen den Gaudozentenbundsführer Artur Schürmann zu formieren begann.[158] Schürmann hatte auf der Basis verschiedener Positionen in der NSDAP an der Universität einen großen Einfluß erlangt, den er nutzte, um die Umformung der Hochschule im nationalsozialistischen Sinne energisch voranzutreiben. Dies beinhaltete inbesondere das Ausschalten mißliebiger Kollegen.[159] Einer stetig wachsenden Zahl von Professoren waren seine Umtriebe unerträglich. Die Gegner des ungeliebten Funktionärs verbündeten sich mit dem Ziel, ihn zu entmachten. Tatsächlich stürzte Schürmann schließlich, wenn auch erst Ende 1943, über eine in Göttingen angezettelte Intrige.[160] Zu berücksichtigen ist aber, daß seine Entmachtung nicht nur vom damaligen Rektor der Universität und dem Universitäts-Dozentenbundsführer, sondern auch vom örtlichen Sicherheitsdienst der SS betrieben wurde.[161] Es handelte sich also nicht darum, daß Gegner des Nationalsozialismus einen Sieg errungen hätten. Vielmehr ging es um einen Konflikt von miteinander rivalisierenden Kräften innerhalb des herrschenden Systems.

Differenzierter gesprochen, fand sich gegen den Gaudozentenbundsführer offenbar ein breites Bündnis zusammen. Diesem Bündnis gehörten konservative Ordinarien, die schon vor 1933 im Amt gewesen waren, ebenso an wie nationalsozialistische Aufsteiger. Wahrscheinlich umfaßte es auch Personen, die zum Regime eine skeptische Distanz zu halten versuchten.[162] Angesichts dessen ist es sehr wahrscheinlich, daß Schramm tatsächlich zu denen zählte, die auf Schürmanns Sturz hinarbeiteten. Er war dadurch Teil einer breiten Strömung innerhalb der Universität. Insgesamt war diese Strömung aber nicht gegen das Regime gerichtet, sondern erscheint im Rückblick als eine regimekonforme Gruppierung, die an der Universität mit anderen regimekonformen Gruppierungen konkurrierte.

158 Schramms Darstellung wurde vor allem gestützt durch eine eidesstattliche Erklärung des Mineralogen Friedrich Karl Drescher-Kaden (1894–1988), der 1936 als ordentlicher Professor nach Göttingen gekommen und 1942 an die Universität Straßburg gegangen war. Drescher-Kaden gab sogar an, er selbst habe maßgeblich dazu beigetragen, Schramms Aufnahme in die Partei auf dem Instanzenweg durchzusetzen. Insgesamt vermittelte Drescher-Kaden den Eindruck, in der Gruppe von Schürmanns Gegnern zu den führenden Köpfen gehört zu haben. — FAS, L 247, Eidesstattliche Erklärung F.K. Drescher-Kaden, Heidelberg 16.2.1947; vgl. *Grolle*, Hamburger, S. 34–35; Informationen zu Drescher-Kaden: DBA; KDG 1976, S. 560; KDG 1992, S. 4253.

159 Schürmann war im Jahr 1934 als Ordinarius für Agrarpolitik nach Göttingen gekommen (*Becker*, Nahrungssicherung, S. 641–644).

160 Ebd., S. 647–648.

161 Ebd., S. 648; vgl. FAS, L »Miterlebte Geschichte«, Bd.1, S. 83.

162 Drescher-Kaden brachte jedenfalls Siegfried August Kaehler in einen Zusammenhang mit dem Widerstand gegen Schürmann (FAS, L 247, Eidesstattliche Erklärung F.K. Drescher-Kaden, Heidelberg 16.2.1947).

Wenn Schramm also vor dem Entnazifizierungsausschuß den Eindruck erwecken wollte, sein Parteibeitritt habe vor allem dem Ziel gedient, die gegen Schürmann agierenden Kreise zu stärken, dann mochte das den Tatsachen entsprechen. Aber natürlich blieb dabei sorgfältig ausgeblendet, daß die Arbeit dieser Kräfte zwar gegen den Gaudozentenbundsführer, nicht aber gegen das nationalsozialistische System insgesamt gerichtet gewesen war. Immerhin hatte diese Arbeit die traditionellen Strukturen der Universität gestützt. Vielleicht war Schramm der Partei in der Meinung beigetreten, er könne durch diesen Schritt zur Stabilisierung dieser Strukturen beitragen. In jedem Fall handelte er dabei in seinem eigenen Interesse.

In ähnlicher Weise läßt sich eine Rede deuten, die Schramm im Mai 1939 hielt, also genau in der Zeit seines Parteieintritts. Auf der öffentlichen Sitzung der Göttinger Gesellschaft der Wissenschaften sprach er damals über »Die Sudetendeutschen, ihre Geschichte und Leistung«.[163] Seine Ausführungen ließ er in die Prophezeiung münden, ihn selbst und seine Zeitgenossen würden die Enkel beneiden, »weil wir lebten in der Zeit Adolf Hitlers.«[164] Nun war Schramm in den Jahrzehnten nach 1945 stolz darauf, daß in allen seinen Publikationen aus der Zeit des ›Dritten Reiches‹ keine Zeile zu finden sei, die er zurücknehmen müsse. Er schränkte allerdings ein, ein einziges Mal habe er, weil er dringend darum gebeten worden sei, an einen bereits ausformulierten Vortrag »einen ›genehmen‹ Schluß angehängt«.[165] Das dürfte sich auf die zitierte Stelle beziehen, denn die hier von Schramm gewählten Formulierungen sind durch die namentliche, im hymnischen Tonfall gehaltene Ehrung Adolf Hitlers in seinem gedruckten Œuvre völlig singulär. Schramm rechtfertigte diese Äußerung im Nachhinein mit dem Hinweis, er habe den in Frage stehenden Vortrag für »eine in ihrer Existenz gefährdete Institution« gehalten.[166] Schramms Rechtfertigung ist also so zu verstehen, daß er mit dieser Äußerung der Göttinger Gesellschaft der Wissenschaften habe helfen wollen.

In der Tat mußte sich dieselbe seit 1937 mit einer Konkurrenzinstitution auseinandersetzen, der »Akademie der Wissenschaften des NS-Dozentenbundes«.[167] Letztere konnte sich am Ende nicht durchsetzen; nicht einmal innerhalb des Parteiapparats fand sie durchgängige Anerkennung. Trotzdem mußte die traditionelle Einrichtung eine solche Gegengründung zunächst als

163 SVS 1939 Die Sudetendeutschen.

164 Ebd., S. 50; vgl. *Schönwälder*, Historiker, S. 132.

165 SVS 1968–1971 Kaiser, Bd.4,2, Anm. 3 auf S. 732.

166 Ebd.

167 Weitere Informationen: *Dahms*, Einleitung, S. 54–56; *Heiber*, Universität, Teil 2,2, S. 498–500.

Bedrohung empfinden.[168] Deshalb mochte die Hoffnung bestehen, daß die hergebrachte Institution zu stärken sei, wenn auf ihrer öffentlichen Sitzung Parolen fielen wie die von Schramm formulierten. Demgemäß verstand dieser seine »Führer«-Apotheose damals wohl als einen Akt, der die bewährten Strukturen wissenschaftlicher Arbeit gegen unausgegorene, ideologisch fundierte Neuerungen in Schutz nehmen sollte. Verfehlt wäre es allerdings auch in diesem Fall, darin einen widerständigen Akt gegen das System der Diktatur insgesamt zu sehen: Indem sich die Gesellschaft der Wissenschaften gegen die konkurrierende »Akademie« erfolgreich behauptete, sicherte sie sich einen Platz im Innern dieses Systems.

Ohnehin gab der Schlußpassus von Schramms Rede seine tatsächliche Einstellung nur insofern falsch wieder, als er üblicherweise um eine etwas nüchternere Haltung gegenüber der Person des Staatschefs bemüht war. Der Rest der Rede läßt erkennen, daß er zumindest Hitlers aggressive Expansionspolitik voll und ganz unterstützte. Er begrüßte nicht nur die im Jahr zuvor erfolgte Angliederung des Sudetenlandes aus vollem Herzen, sondern war auch bereit, die im Frühjahr 1939 durchgeführte vollständige Besetzung Tschechiens zu legitimieren.[169] Darum war Schramm, während er sich für die Göttinger Gesellschaft der Wissenschaften einsetzte, weit davon entfernt, das nationalsozialistische Regime insgesamt in Frage zu stellen.

Vielmehr fügte er sich im Ergebnis immer vollständiger in die Strukturen des nationalsozialistischen Regimes ein. Später erinnerte er sich, ein Onkel aus der Hamburger Verwandtschaft habe die Sorge geäußert, er werde seinen Parteibeitritt vielleicht einmal bereuen müssen. Schramm entgegnete ihm, er wolle und dürfe »nicht ständig im Windschatten stehen [...].« Er müsse »die Chance, mit Männern gleicher Gesinnung das Heft zu ergreifen, ausnutzen.«[170] Diese Äußerung dürfte Schramms Haltung richtig wiederspiegeln: Er wollte nicht abseits stehen, sondern strebte danach, Verantwortung zu übernehmen und die Gesellschaft mitzugestalten, in der er lebte. Denselben Sachverhalt beschrieb ein ehemaliger Schüler von Schramm, der im Jahr 1947 treffend formulierte, Schramm habe es offenbar »für seine nationale Pflicht« gehalten, »dem deutschen Staat auch in seiner nationalsozia-

168 Im ersten nach Kriegsende erschienenen »Jahrbuch« ließ die Göttinger Akademie der Wissenschaften zwar einerseits die potentielle Gefährlichkeit der Situation anklingen, gab die nationalsozialistische Rivalin aber andererseits der Lächerlichkeit preis. — *Gesamtübersicht 1944–1960*, S. 7; vgl. *Dahms*, Einleitung, Anm. 130 auf S. 68, zu S. 55.

169 Im vorliegenden Text vertrat er die These, hier sei die mittelalterliche Situation der Abhängigkeit Böhmens vom Reich wiederbelebt worden, so daß die Errichtung des »Reichsprotektorats« »in staatsrechtlich neuer Form ein uraltes Verhältnis wiederherstellte.« Im Unterschied dazu deutete Schramm in seinen Erinnerungen eine eher skeptische Einschätzung an. — SVS 1939 Die Sudetendeutschen, S. 49; in diesem Sinne auch schon S. 38; vgl. *Schönwälder*, Historiker, S. 131–132; FAS, L »Jahrgang 94«, Bd.1, S. 65.

170 »Miterlebte Geschichte«, Bd.1, S. 84; vgl. *Grolle*, Hamburger, S. 34–35.

listischen Form zu dienen [...].«[171] Es hätte Schramms Selbstverständnis widersprochen, sich dem Staat entgegenzustellen, wie immer er im Einzelnen beschaffen war. Von außen betrachtet, ist Schramms Verhalten von reinem Opportunismus kaum zu unterscheiden. In der Tat spielte es in der nationalsozialistischen Zeit immer eine Rolle, daß er sich der latent gegebenen Bedrohung seiner Position bewußt war und deshalb danach strebte, sie nach Möglichkeit zu stärken. Dennoch war er anscheinend immer davon überzeugt, höheren Werten zu dienen als nur dem eigenen Wohl.

Was er auf einer grundsätzlichen Ebene sicherlich berührt sah, war das Problem der Aufgaben und der richtigen Form von Wissenschaft. Sämtliche Auseinandersetzungen, in denen er nach 1933 stand, hatten eine Seite, die sich hierauf bezog. Nach Hitlers Ernennung zum Reichskanzler gewannen überall in Deutschland Kräfte großen Einfluß, wie sie in Göttingen der Gaudozentenbundsführer Schürmann repräsentierte: Diese Kräfte kamen vor allem aus dem Innern der Partei und hatten das Ziel, Inhalte und organisatorische Strukturen der Wissenschaft auf ideologischer Grundlage zu revolutionieren. Sie waren insbesondere in den ersten Jahren der nationalsozialistischen Herrschaft verhältnismäßig stark und erzielten in der Zeit bis zum Ausbruch des Zweiten Weltkriegs beträchtliche Erfolge. Um die Mitte der dreißiger Jahre erreichten ihre Aktivitäten den Höhepunkt.[172]

Im Bereich der Geschichtswissenschaft führten derartige Bestrebungen zur Gründung des »Reichsinstituts für Geschichte des neuen Deutschland« unter der Leitung von Walter Frank im Oktober 1935.[173] Nach der von dieser Seite vertretenen Auffassung sollte Geschichte nicht länger die sachliche Darstellung der Vergangenheit unter methodisch normierter Berücksichtigung der überlieferten Quellen zum Ziel haben. Vielmehr sollte sie ein Bild von der Vergangenheit entwerfen, das vor allem ideologischen Ansprüchen genügte und die Herrschaft der Nationalsozialisten glorifizierte.[174] Solche Ansichten wurden nicht nur auf einer theoretischen Ebene vorgetragen, sondern mit dem Versuch verbunden, die hergebrachte institutionelle Verfaßtheit der deutschen Geschichtswissenschaft umzustürzen und das damit verbundene Personal auszutauschen. Von den Initiativen, die von den revolutionär gestimmten Neuerern ausgingen, war Schramm verschiedentlich mitbetroffen.

Als Friedrich Meinecke 1935 als Hauptherausgeber der »Historischen Zeitschrift« durch Karl Alexander von Müller ersetzt wurde, endete gleichzeitig

171 FAS, L 247, Erklärung U. Küntzel, masch., Kiel 28.5.1947.

172 Vgl. über den Aspekt der Periodisierung: *Schönwälder*, Historiker, v.a. S. 76 u. 79; *dies.*, »Lehrmeisterin...«, v.a. S. 133 u. 139.

173 Hierzu grundlegend: *Heiber*, Walter Frank; über die Gründung des Instituts: ebd., S. 258–278; zusammenfassend *Schönwälder*, Historiker, S. 82–84.

174 Unter diesem Gesichtspunkt informativ: *Wolf*, Litteris, S. 44–81; zusammenfassend auch *Schönwälder*, Historiker, v.a. S. 76.

Schramms Mitherausgeberschaft.[175] Seiner Tätigkeit als Berichterstatter über die Neuerscheinungen zur mittelalterlichen Geschichte in »Vergangenheit und Gegenwart« wurde 1937 durch die Redaktion ein Ende gesetzt.[176] Seinen Platz im zentralen Ausschuß des Verbandes Deutscher Historiker räumte er im Sommer 1935 freiwillig, weil er hoffte, Karl Brandi als Vorsitzenden damit zu stärken.[177] In der Tat blieb Brandi bis Anfang 1937 im Amt, konnte jedoch nicht verhindern, daß der Verband faktisch seine Selbständigkeit verlor und seinen Einfluß weitgehend einbüßte.[178]

Zunächst hatte es den Anschein, als würden Walter Frank und seine Mitstreiter sich durchsetzen.[179] Das Beharrungsvermögen der etablierten Historikerschaft, das mit einer großen Bereitschaft verbunden war, sich dem Regime zur Verfügung zu stellen, war allerdings beträchtlich. In der Mitte der dreißiger Jahre fand die Auseinandersetzung zwischen dem akademischen Establishment und den ideologisch enthusiasmierten Neuerern in der Geschichtswissenschaft ihren Niederschlag in einer Debatte um die Gestalt Karls des Großen. Karl dem Großen wurde von den Protagonisten des neuen Denkens vorgeworfen, er habe den fremden Kräften der antiken Kultur und des Christentums zum Durchbruch verholfen. Wegen seines Sieges über die germanischen Sachsen wurde er als »Sachsenschlächter« verunglimpft. Er sollte fortan nicht mehr zu den vorbildhaften Männern der deutschen Geschichte zählen. Dagegen erhob sich der geballte Widerstand der akademisch etablierten Mittelalterhistoriker. Zeichen ihres Widerstands wurde der Sammelband »Karl der Große oder Charlemagne?«, der 1935 erschien. Darin verteidigten führende Vertreter des Faches ihren Standpunkt, daß Karl sehr wohl als ein Großer in die deutsche Geschichte gehöre.[180]

175 Hierzu in Schramms Nachlaß: FAS, L 230, Bd. 2, Brief A. Brackmann an P.E. Schramm, Berlin-Dahlem 6.3.1935; FAS, L 230, Bd.6, Brief W. Kienast an P.E. Schramm, Berlin 21.5.1935; über den Gesamtzusammenhang: *Schieder*, Geschichtswissenschaft, S. 69–70 u. 102–104; *Heiber*, Walter Frank, S. 278–305; *Schönwälder*, Historiker, S. 86–87; vgl. *Grolle*, Hamburger, S. 29.

176 Schramm führte dies später darauf zurück, daß er in seinen Besprechungen einige Werke scharf attackiert hatte, die zwar den ideologischen Vorgaben der Nationalsozialisten mehr als gerecht wurden, aber keinerlei wissenschaftlichen Ansprüchen genügten (SVS 1968–1971 Kaiser, Bd.4,2, S. 657–659).

177 FAS, L230 Bd.3, Unterakte: »Deutscher Historikerverband«, Brief P.E. Schramm an K. Brandi, Göttingen 21.6.1935.

178 Zusammenfassend: *Schönwälder*, Historiker, S. 85–86; vgl. *Petke*, Karl Brandi, S. 310–315; *Heiber*, Walter Frank, S. 708–709.

179 Es gab nur wenige Historiker, die im Jahr 1935 auf Gerhard Ritters Anfrage hin diesem erklärten, sie seien bereit, an seiner Seite gegen Frank zu opponieren. Zu dieser Minderheit zählte auch Schramm. Ritters Vorstoß blieb aber stecken, und Schramms Bereitschaft wurde nicht ernsthaft auf die Probe gestellt. — *Cornelißen*, Gerhard Ritter, S. 237–238 und S. 275 m. Anm. 186; über Gerhard Ritter (1888–1967) ausführlicher unten, Kap. 13.b).

180 Über die Karls-Debatte der ersten Jahre der NS-Zeit und den genannten Sammelband: *Nagel*, Schatten, S. 53–65; außerdem: *Werner, K. F.*, Charlemagne, S. 25–27; *Ehlers*, Charlema-

Einer der Beiträger zu dem Werk war Schramms alter Lehrer Karl Hampe, der seinem Schüler kurz nach der Veröffentlichung schrieb: »Daß unser Karlsbuch oben sehr gut eingeschlagen hat, und Karl nun wieder ›der Große‹ ist, haben Sie vielleicht gehört. Hoffentlich ist dieser Spuk damit erledigt.«[181] Schramm selbst war an dem Unternehmen nicht beteiligt. Immerhin verfaßte er eine Rezension des Buches, die 1936 erschien. Ohne auf Details einzugehen, machte er doch klar, daß er das Anliegen des Buches voll unterstützte: »Karl war groß, ist aus der germanischen Welt heraus zu verstehen und leistete Ungeheures für die Vorbereitung Deutschlands.«[182] Schramm teilte somit Karl Hampes Hoffnung, daß die Kritik an Karl dem Großen verstummen möge. Dies war in der Tat der Fall: Der Frankenherrscher wurde in der Folgezeit nicht mehr wegen seines Feldzugs gegen die Sachsen beschimpft, sondern im Gegenteil als Gründer eines mächtigen Reiches zum Vorbild erhoben.[183]

Vielleicht hatte der Sammelband tatsächlich, wie Hampe glaubte, mit dazu beigetragen und insofern sein Ziel erreicht.[184] Als grundsätzliche Distanzierung vom Nationalsozialismus war er – obwohl die persönliche Haltung der einzelnen Autoren zum Regime unterschiedlich war – jedenfalls nicht gemeint gewesen. Alle Autoren hatten sich jedoch dagegen verwahrt, um ideologischer Ziele willen den kritisch nachprüfbaren Bezug auf die historische Realität gänzlich aufzugeben.[185] Dies war auch Schramms Position: Er zählte zu der übergroßen Mehrheit deutscher Historiker, die bei ihrer wissenschaftlichen Arbeit weiterhin methodischen Grundsätzen folgen und handwerklich solide vorgehen wollte. Die Unterstützung dieses Vorsatzes war von den politischen Zielsetzungen und Vorstellungen der jeweiligen Wissenschaftler völlig unabhängig. Allerdings war die Mehrzahl von ihnen, wiederum ebenso wie Schramm, bereit, eine methodisch fundierte Geschichtsbetrachtung mit einer Unterstützung des Regimes zu vereinbaren.[186] Dies war der wichtig-

gne, S. 55; *Schreiner*, Führertum S. 211–219; zusammenfassend, mit reichhaltigen Belegen: *Schönwälder*, Historiker, S. 76–77; vgl. *Wolf*, Litteris, S. 246–247.

181 FAS, L 230, Band 4, Brief K. Hampe an P.E. Schramm, Heidelberg 10.6.1935.

182 SVS 1936 Rezension Karl; wieder veröffentlicht in: SVS 1968–1971 Kaiser, Bd.1, S. 342–344.

183 *Nagel*, Schatten, S. 62–63; *Schönwälder*, Historiker, S. 79–80.

184 In dieser Hinsicht skeptisch: *Nagel*, Schatten, S. 63.

185 *Schönwälder*, Historiker, S. 77.

186 Bereits *Karl Ferdinand Werner* hat festgestellt, daß der Wille zu methodischer Korrektheit für die wissenschaftliche Tätigkeit der meisten Historiker in der Zeit der »Dritten Reiches« bestimmend blieb. *Werner* hat aber ebenfalls herausgearbeitet, daß sich dieser Wille bei der Mehrzahl der deutschen Historiker mit einer aus Überzeugung gespeisten Bereitschaft verband, den nationalsozialistischen Staat zu unterstützen. Das apologetische Potential des ersten Teils seines Befundes wird durch die Gesamtaussage seiner Doppelthese gänzlich aufgehoben. Im Detail ist die Forschung an vielen Stellen weit über ihn hinausgekommen. Seine Gesamtthese in ihrer Mehrschichtigkeit hat von ihrer Plausibilität aber nichts verloren. — *Werner, K. F.*, NS-Geschichtsbild,

ste Grund, weshalb die beschriebenen Versuche nationalsozialistischer Aktivisten, die Geschichtswissenschaft zu revolutionieren, sich letztlich nicht durchsetzen konnten.

Erfolgreicher und im allgemeinen für den Alltag der damaligen Wissenschaftler bedeutsamer wurden andere Formen der nationalsozialistischen Wissenschaftspolitik. Sie kamen der großen Kooperationsbereitschaft der Akademiker entgegen: Strukturen der Forschungsförderung entstanden, in denen die Ziele des Regimes mit dem Wunsch nach einer zumindest der Form nach methodisch korrekten wissenschaftlichen Arbeit in Einklang gebracht werden konnten.[187] Schramm hat von solchen Initiativen nicht in erkennbarer Weise profitiert. Als einziger Punkt, der möglicherweise in diesen Zusammenhang gehört, ist zu verzeichnen, daß er 1935 unter die Herausgeber der mittelalterlichen Abteilung der Publikationsreihe »Neue Deutsche Forschungen« aufgenommen wurde.[188] Hauptherausgeber der Gesamtreihe war Erich Rothacker, sein Bekannter aus Heidelberger Zeiten.[189] Wie intensiv Schramm sein neues Amt wahrnahm, muß offen bleiben. Immerhin erschien in dieser Reihe 1938 eine Arbeit seines Schülers Berent Schwineköper, der er selbst eine Einleitung über »Die Erforschung der mittelalterlichen Symbole« voranstellte. Auf diesen Text wird im folgenden Kapitel zurückzukommen sein.[190]

e) Zusammenbruch kommunikativer Netze

Obwohl Schramm also in der Zeit der nationalsozialistischen Herrschaft einer ständigen, meist latenten Bedrohung von seiten gläubiger Nationalsozialisten ausgesetzt war, zeigte er trotzdem einen nie erlahmenden Willen, seine Ansichten und Kompetenzen unter den Bedingungen der Diktatur zur Geltung zu bringen. Dieser Wille wird dadurch noch bemerkenswerter,

v.a. S. 48–69; darin einseitig positiv über Schramm: S. 54; vgl. an neueren Stellungnahmen z.B. *Schönwälder*, Historiker, S. 13 u.15; *Schulze*, *Helm*, *Ott*, Deutsche Historiker, S. 15; Werner verkürzt zitiert z.B. bei: *Schöttler*, Geschichtsschreibung Bemerkungen, S. 13–14.

187 Ein wichtiges Instrument dieser Politik waren die »Volksdeutschen Forschungsgemeinschaften«. — Hierzu jetzt umfassend: *Fahlbusch*, Wissenschaft; vgl. bereits *Schönwälder*, Historiker, S. 86; über die Gründung der »Nordost-Deutschen Forschungsgemeinschaft« auch: *Burleigh*, Germany, S. 70–72, sowie *Haar*, Historiker.

188 FAS, L 230, Bd.4, Brief H. Günther an P.E. Schramm, Berlin-Lankwitz 29.5.1935.

189 Erich Rothacker (1888–1965) bekannte sich seit 1932 zum Nationalsozialismus. 1933 war er für einige Monate an leitender Stelle im Propagandaministerium tätig und blieb auch danach ein engagierter Unterstützer des Regimes. — *Dahms*, Philosophie, v.a. S. 215–217, mit Verweis auf weitere Literatur; *Dainat*, Literaturwissenschaft, S. 78–79; über Rothackers Bekanntschaft mit Schramm s.o., Kap. 6.b) u. 6.c).

190 *Schwineköper*, Handschuh; SVS 1938 Erforschung; vgl. das folgende Kapitel, Kap. 10.d).

daß er zugleich erleben mußte, wie die kommunikativen Netzwerke, aus denen heraus er in den Jahren vor der Errichtung des ›Dritten Reiches‹ seine Wissenschaft entwickelt hatte, weitgehend zusammenbrachen. Anfang der dreißiger Jahre war eine Gruppe von Wissenschaftlern an der Universität Göttingen gemeinsam mit Schramm für eine interdisziplinäre Belebung der Geisteswissenschaften eingetreten. Die Zusammenarbeit zwischen ihnen erlosch ganz.[191] Der klassische Philologe Eduard Fraenkel war bereits 1931 nach Freiburg gegangen.[192] Friedrich Neumann hatte sich, wie oben angedeutet, als Rektor der Universität für eine sehr viel konsequentere Bejahung des Regimes entschieden als Schramm und gegen seinen vormaligen Weggefährten Stellung bezogen.[193] Der Pädagoge Herman Nohl wurde aus der Universität hinausgedrängt.[194]

Auch das Historische Seminar der Universität war Veränderungen unterworfen. Die Trennung von Otto Westphal bedeutete für Schramm das Ende einer wertvollen Freundschaft. Obwohl er selbst keine Möglichkeit des Ausweichens mehr gesehen hatte, schmerzte der Schritt ihn tief.[195] Er hatte sich dem anderen nicht nur emotional verbunden gefühlt: Auch wissenschaftlich hatte ihm Westphal viel gegeben. Dessen weitausgreifende, hoch über den Fakten schwebende Art, große Zusammenhänge zu konstruieren, hatte ihn immer fasziniert und inspiriert.[196] Das Ende dieser Verbindung war einer der

191 Vgl. *Kamp*, Percy Ernst Schramm, S. 357; über die Entstehung der erwähnten Zusammenarbeit und für weitere Einzelheiten bezüglich der im folgenden genannten Wissenschaftler: oben, Kap. 8.a).

192 DBE; *Kamp*, Percy Ernst Schramm, S. 357.

193 Über Neumanns Rolle in der Zeit des »Dritten Reiches«: *Heiber*, Universität, v.a. Teil 2,1, S. 439–442, u. Teil 2,2, S. 494–498, 500–505; vgl. auch *Hunger*, Germanistik, v.a. S. 366 u. 380, sowie die weiteren Erwähnungen in: *Becker, Dahms, Wegeler (Hg.)*, Universität Göttingen.

194 Herman Nohls Frau entstammte mütterlicherseits einer jüdischen Familie. Nohl wurde am 30.3.1937 seines Amtes enthoben, sein Ordinariat in die Rechts- und Staatswissenschaftliche Fakultät eingegliedert, das Pädagogische Institut geschlossen. — *Ratzke*, Das Pädagogische Institut, S. 326–327; *Linnemann*, Wiederkehr, v.a. S. 172–182; vgl.: FAS, L »Erinnerungen Nohl«; darin über die Zeit der nationalsozialistischen Diktatur: S. 4–7.

195 In einer Aufzeichnung aus dem Jahr 1935 bezeichnet er Westphals Verhalten als »schreckliche Enttäuschung« und umriss die Ereignisse mit den Worten: »Bruch im Herbst 1933 nach langem inneren Widerstreben.« In seinen Erinnerungen bezeichnete er die Trennung als »die schwerste Wunde im menschlichen Bereich, die ich in meinem Leben davongetragen habe.« Ähnliches empfand anscheinend seine Frau Ehrengard: In seinem Absagebrief an Westphal richtete Schramm diesem in ihrem Namen aus, »dass die in diesen Zeilen berührten Dinge zu den bittersten Erfahrungen gehören, die sie durchlebt hat.« — FAS, L »Über meine Freunde«; FAS, L »Miterlebte Geschichte«, Bd.1, S. 57, sowie die ältere Version desselben Textes in: FAS, L 305; FAS, L 230, Bd.11, Brief P.E. Schramm an O. Westphal, masch. Durchschl., Göttingen 18.12.1933, Bl.5.

196 In seinem Absagebrief schrieb Schramm: »Sie können systematisieren und subsummieren, wo andere vor einer Vielheit von Individulitäten stehen [...]. Im Gespräch, wo es des Beweises nicht bedarf, können Sie dann phantasieren in dem guten Sinne des Wortes wie man es von Musikern gebraucht. Davon habe ich in all den Jahren viel gehabt« (FAS, L 230, Bd.11, Brief P.E. Schramm an O. Westphal, masch. Durchschl., Göttingen 18.12.1933, Bl.1).

einschneidendsten Verluste, die Schramm in der Zeit des ›Dritten Reiches‹ verkraften mußte.

Die weiteren Veränderungen am Historischen Seminar waren für Schramms wissenschaftliche Arbeit von geringerer Bedeutung. Der einzige Göttinger Historiker, der durch die von den Nationalsozialisten durchgesetzten »Säuberungen« seine Stellung verlor, war der Bibliotheksrat Alfred Hessel. Er war als Honorarprofessor für Historische Hilfswissenschaften tätig, bis er 1935 zwangsweise in den Ruhestand versetzt wurde.[197] Über eine Reaktion Schramms auf sein Schicksal ist nichts überliefert. Karl Brandi blieb, wie er gewesen war, und wurde für Schramm mehr und mehr zu einem väterlichen Freund. Ähnlich wie sein jüngerer Kollege stand Brandi dem herrschenden System in Anziehung und Abstoßung ambivalent gegenüber und war bemüht, eine gehaltvolle wissenschaftliche Arbeit mit einer konstruktiven Teilnahme am öffentlichen Leben zu verbinden. Er wurde 1936 emeritiert, blieb aber weiterhin präsent.[198]

Als sein Nachfolger kam Siegfried A. Kaehler nach Göttingen, der seit 1932 in Halle amtiert hatte und 1935 nach Jena zwangsversetzt worden war.[199] Kaehler und Schramm kannten sich bereits seit einigen Jahren und verstanden sich, wie es scheint, recht gut.[200] Eine enge Freundschaft entwickelte sich allerdings nicht. Vor allem Kaehler wehrte sich im Jahr 1938 energisch, als Erich Botzenhart als Extraordinarius nach Göttingen berufen werden sollte. Botzenharts Qualifikation erschien unzureichend. Seine Berufung verdankte er seinen festen nationalsozialistischen Überzeugungen, vor allem aber seiner großen Nähe zu Walter Frank, dem Leiter des »Reichsinstituts für Geschichte des neuen Deutschland«. Botzenhart kam 1939 nach Göttingen, entfaltete dort aber keine sehr intensive Wirksamkeit.[201]

Beinahe vollständig zum Erliegen kam Schramms Engagement für die Mittellateinische Philologie. Walter Bulst und seine Frau gingen im Jahr 1936 nach Berlin in den Bibliotheksdienst. Wilhelm Kamlah, der sozusagen Bulsts Nachfolge hätte antreten können, wurde in seiner wissenschaft-

197 Alfred Hessel (1877–1939) war seit 1928 auch, neben Karl Brandi, Mitherausgeber des »Archivs für Urkundenforschung«. Im Januar 1936 schied er aus der Redaktion aus. Er starb am 18. Mai 1939 im Alter von 61 Jahren. — *Petke*, Alfred Hessel; über die Versetzung in den Ruhestand: ebd., S. 402–407; außerdem: *Ericksen*, Kontinuitäten, S. 439; vgl. auch *Dahms*, Einleitung, S. 43, m. Anm. 75.

198 Vgl. insgesamt: *Petke*, Karl Brandi, S. 300–318; über Brandis Emeritierung auch: *Ericksen*, Kontinuitäten, S. 439.

199 Über Siegfried A. Kaehler (1885–1963) und seine Rolle in Göttingen allgemein, jeweils mit weiteren Verweisen: *Grebing*, Kaiserreich, v.a. S. 211 u. 223; *Ericksen*, Kontinuitäten, v.a. S. 440–444; *Etzemüller*, Sozialgeschichte, S. 41–42.

200 Korrespondenz seit 1932 in: FAS, L 230, Bd.6, Unterakte: »Kaehler, Siegfried A.«; für frühere Belege seit 1929 s. oben, Kap. 8.c).

201 Über Erich Botzenhart (1901–1956): *Grebing*, Kaiserreich, S. 211–212 u. 215–216; *Ericksen*, Kontinuitäten, S. 441–448; *Heiber*, Walter Frank, v.a. S. 478–483.

lichen Arbeit behindert. Seine Frau, die Tochter Herman Nohls, hatte mütterlicherseits jüdische Vorfahren. Deshalb konnte Kamlah sich jahrelang nicht habilitieren und hielt sich mit Lateinkursen für Geschichtsstudenten über Wasser.[202] Hans Walther, der durch seine Pflichten als Gymnasiallehrer gebunden war, konnte die entstehenden Lücken nicht ausfüllen. Falls der weitere Ausbau des Mittellateinischen Apparats und der damit verbundenen Kataloge überhaupt vorangetrieben wurde, so hat er keinerlei Spuren hinterlassen.

Außerhalb Göttingens brachte das Schicksal des »Instituts für Universalgeschichte« an der Universität Leipzig für Schramms wissenschaftliche Arbeit empfindliche Verluste mit sich. Der Leiter des Instituts, Walter Goetz, war zunächst auf eigenen Wunsch nach Vollendung des 65. Lebensjahres im Frühjahr 1933 emeritiert worden. Wenig später entzogen die neuen Machthaber dem ehemaligen Reichstagsabgeordneten die Lehrerlaubnis und wandelten seine Emeritierung in eine Zwangspensionierung um.[203] In der Folge verlor das Institut seinen besonderen Charakter als Forschungsinstitut, der es für Schramm wertvoll gemacht hatte.[204] Der Assistent von Walter Goetz, Sigfrid Steinberg, der mit Schramm befreundet war, verlor seine Anstellung und wanderte wenig später aus. Er ließ sich 1935 in England nieder. Schramm tat, was in seinen Kräften stand, um ihm dort das Leben zu erleichtern.[205] Die Arbeit des Deutschen Ikonographischen Ausschusses, die Steinberg als dessen Sekretär mit großem Einsatz vorangetrieben hatte, kam durch seinen Ausfall zum Erliegen.[206] Kurz vor Ausbruch des Zweiten Weltkriegs unternahm Schramm anscheinend den Versuch, die ikonographische Arbeit auch ohne Steinberg wiederzubeleben. Allerdings blieb dieses Vorhaben in den Anfängen stecken.[207]

202 FAS, L 230, Bd.3, Unterakte: »Dekan der Philosophischen Fakultät der Universität Göttingen«, Brief P.E. Schramm an den Dekan der Philosophischen Fakultät, Entwurf, o.O. [Göttingen], o.D. [nach Ostern 1936]; FAS, L »Erinnerungen Nohl«, S. 5–6; über Schramms Engagement für die mittellateinische Philologie vor 1933 s. oben, Kap. 8.a) u. 8.c).

203 Die Zwangspensionierung wurde zwei Jahre später, im Sommer 1935, wieder rückgängig gemacht. Für die Arbeit des Instituts machte das jedoch keinen Unterschied mehr. — *Weigand*, Walter Wilhelm Goetz, S. 311–323; *Schönwälder*, Historiker, S. 70, m. Anm. 34 auf S. 306.

204 Vgl. hierzu Goetz' eigene Aussage: *Goetz*, Leben, S. 76.

205 Noch 1937 setzte sich Schramm bei Saxl für ihn ein. Er schrieb unter anderem: »Meine Bekannten gleichen Schicksals sind mittlerweile äußerlich alle gesettelt bis eben auf Steinberg – und gerade in diesem Fall ist bisher vergeblich gewesen, was ich versuchte.« — WIA, GC 1937–1938, Brief P.E. Schramm an F. Saxl, Göttingen 27.7.1937; über Steinbergs Schicksal auch sein eigener Bericht: FAS, L 230, Bd. 10, Brief S.H. Steinberg an P.E. Schramm, London 16.12.1947.

206 Anfang 1939 beklagte sich der Vorstand des Internationalen Historischen Komitees sogar darüber, daß die gesamte Internationale Ikonographische Kommission kaum noch tätig sei (FAS, L 230, Bd.5, Brief R. Holtzmann an P.E. Schramm, Berlin 2.2.1939).

207 Hiervon berichtet: *Schultze*, Bildkunde, S. 439.

Mindestens ebenso schwerwiegend wie Steinbergs Emigration war für Schramms Arbeit die Auswanderung von Ernst Kantorowicz. Darauf wird unten zurückzukommen sein.[208] Die schmerzlichste Lücke verursachte aber die Verlegung der Kulturwissenschaftlichen Bibliothek Warburg nach London im Jahr 1933.[209] Nach dem Amtsantritt Hitlers als Reichskanzler verstrichen nur wenige Monate, bis in Hamburg der Entschluß fiel, die Bibliothek aus Deutschland hinauszubringen.[210] Als Schramm im Sommer aus Princeton zurückkehrte, hatte er bereits von derartigen Plänen gehört.[211] Er plädierte dafür, das Institut zunächst noch in Deutschland zu belassen.[212] Er war durchaus optimistisch, daß die Lage der Bibliothek – genau wie seine eigene Situation in Göttingen – bald wieder einfacher werden würde. Seine Freunde in Hamburg hörten jedoch nicht auf ihn. Bald klärte sich, daß London der Zielort der Verlagerung der Bibliothek sein sollte.[213] Zusammen mit dem gesamten beweglichen Bibliotheksinventar – allein 60 000 Bücher – trafen Fritz Saxl, Gertrud Bing und vier weitere Mitarbeiter des Instituts Mitte Dezember in der britischen Hauptstadt ein.[214] Indem sie ihre Arbeit aufnahmen, verwandelte sich die »Kulturwissenschaftliche Bibliothek Warburg« in das noch heute bestehende »Warburg Institute«.

Es ist für die weitere Entwicklung nicht ohne Bedeutung, daß Percy Ernst Schramm in diesem Prozeß nicht die geringste Rolle spielte. Vielen anderen Emigranten hat Schramm durch das Verfassen von Empfehlungschreiben wenigstens versucht zu helfen, wofür sie ihm später dankbar waren. Hingegen hatte die Bibliothek Warburg ihre eigenen Verbindungen spielen lassen und war ihm in keiner Weise verpflichtet. So blieb das Verhältnis zunächst, wie es gewesen war – mit dem erheblichen Unterschied freilich, daß der größere räumliche Abstand die Kommunikation nicht eben erleichterte. Zudem gab es in dieser Zeit keine Projekte, die eine regelmäßige Korrespondenz notwendig gemacht hätten.

208 Unten in diesem Kapitel, Abschnitt f).

209 Die wichtigsten Quellen und die Eckdaten der im folgenden beschriebenen Ereignisse hat *Joist Grolle* bereits dargestellt (*Grolle*, Schramm – Saxl).

210 Schon lange vor der Errichtung der nationalsozialistischen Diktatur hatte es in der Bibliothek Überlegungen gegeben, das Institut ins Ausland zu verlagern. — Der Entschluß zur Emigration: *Wuttke*, Emigration, S. 151–152; *Warburg, E.M.*, Transfer, S. 275; frühere Pläne: *Wuttke (Hg.)*, Kosmopolis, S. 14 u. 240; *Ders.*, Warburgs Kulturwissenschaft, S. 27.

211 Brieflich bestätigte ihm Saxl, daß es sie gab. — WIA, GC 1933, Brief P.E. Schramm an Fritz Saxl, Göttingen 26.7.1933; FAS, L 230, Bd.9, Brief F. Saxl an P.E. Schramm, Hamburg 31.7.1933; vgl. *Grolle*, Schramm – Saxl, S. 98–99.

212 WIA, GC 1933, Brief P.E. Schramm an F. Saxl, o.O. [Göttingen], 4.8.1933; *Grolle*, Schramm – Saxl, S. 99.

213 Am 28.10.1933 sprach ein Londoner Organisationskomitee an die Bibliothek Warburg die Einladung aus, nach London zu kommen (*Warburg, E.M.*, Transfer, S. 276–277).

214 Am 12.12.1933 hatten die beiden kleinen Dampfer, die sie trugen, in Hamburg abgelegt. — *Warburg, E.M.*, Transfer, S. 277; *Saxl*, Gift, S. 362.

Nachdem Fritz Saxl Mitte Januar ein erstes Lebenszeichen nach Göttingen gesandt hatte,[215] dauerte es bis April 1934, bevor er zum ersten Mal etwas ausführlicher an Schramm schrieb.[216] Schramm antwortete zunächst nicht. Vielleicht fand er, noch mit den Nachwehen der Kahrstedt-Affäre oder schon mit den Vorbereitungen seiner Italienreise beschäftigt, nicht die Ruhe dazu. Als Saxl im Juli einen weiteren Brief schrieb, um die Übersendung der Dissertation von Wilhelm Kamlah zu erbitten, beschwerte er sich scherzhaft über Schramms Schweigen,[217] woraufhin dieser umgehend antwortete. Mit keinem Wort erwähnte Schramm die Schwierigkeiten, die er in der Zwischenzeit gehabt hatte. Aber in einem langen Brief berichtete er Saxl von seinen wissenschaftlichen Arbeiten und Plänen.[218] Saxl antwortete wiederum prompt und ließ reges Interesse an Schramms Forschungsvorhaben erkennen.[219] Im Spätherbst wandte sich Gertrud Bing an Schramm und bat ihn, über die 1932 publizierten »Gesammelten Schriften« von Aby Warburg eine Rezension zu schreiben.[220] Schramm erklärte sofort, die Aufgabe zu übernehmen sei ihm eine »Ehrenpflicht«, und stellte ein Erscheinen der Besprechung in der »Historischen Zeitschrift« in Aussicht.[221]

Am 15. Dezember konnte Schramm die Zustimmung der Redaktion der »Historischen Zeitschrift« zu seinem Plan einer Warburg-Rezension nach London melden.[222] Wenige Tage später erhielt er vom Teubner-Verlag ein Belegexemplar des frisch erschienenen ersten Bandes der »Kulturwissenschaftlichen Bibliographie zum Nachleben der Antike«, herausgegeben von

215 Dieser sehr kurze Brief besteht aus dem einen Satz: »Lieber Percy – Ich will Ihnen nur mitteilen, dass ich Grund habe anzunehmen, dass jetzt alles bald in Ordnung kommt. Ihr F. Saxl« Er trägt das Datum »18.1.«, aber keine Jahresangabe. *Grolle* hat ihn auf das Jahr 1934 datiert. Mit ebensoguten Gründen ließe er sich in das Jahr 1948 legen, doch läßt sich die Frage nicht entscheiden. — FAS, L 230, Bd.9, Brief F. Saxl an P.E. Schramm, o.O. [London], »18.1.«, o.J.; *Grolle*, Schramm – Saxl, S. 99; vgl. unten, Kap. 12.b).

216 WIA, GC 1934–1936, Brief F. Saxl an P.E. Schramm, masch. Durchschl., London 9.4.1934.

217 »Ich bin weder von Ihnen noch von den Bulsts mit einer Antwort beehrt worden, was ich ziemlich abscheulich finde [...]« (WIA, GC 1934–1936, Brief F. Saxl an P.E. Schramm, masch. Durchschl., London 3.7.1934).

218 WIA, GC 1934–1936, Brief P.E. Schramm an F. Saxl, Göttingen 9.7.1934; vgl. *Grolle*, Schramm – Saxl, S. 99 u. 100; diejenigen Passagen des Briefes, die sich auf Schramms Arbeit beziehen, werden ausführlicher erörtert im folgenden Kapitel, v.a. Kap. 10.d).

219 FAS, L 230, Bd.9, Brief F. Saxl an P.E. Schramm, London 13.7. o.J. [1934]; vgl. *Grolle*, Schramm – Saxl, S. 99–100; was sich in diesem Brief auf Schramms Arbeit bezieht, wird erörtert im folgenden Kapitel, Kap. 10.d).

220 WIA, GC 1934–1936, Brief G. Bing an P.E. Schramm, masch. Durchschl., London 27.11.1934.

221 Ebd., Brief P.E. Schramm an G. Bing, Göttingen 6.12.1934; außerdem: ebd., Brief G. Bing an P.E. Schramm, masch. Durchschl., London 11.12.1934; vgl. *Grolle*, Schramm – Saxl, S. 100–101.

222 WIA, GC 1934–1936, Postkarte P.E. Schramm an G. Bing, Göttingen 15.12.1934.

der Kulturwissenschaftlichen Bibliothek Warburg.[223] Schramm selbst hatte in den Jahren zuvor als Autor mehrerer Beiträge sowie als Vermittler weiterer Mitarbeiter einiges an Arbeit in dieses Werk investiert. Seine eigenen Beiträge hatte er Anfang 1933 noch vor seiner Abreise nach Princeton eingereicht.[224] Für linientreue Nationalsozialisten war das Buch – herausgegeben von einem ins Ausland ausgewichenen, mehrheitlich von Juden getragenen Institut – eine Provokation. Wie um keinen Zweifel darüber zu lassen, erschien Anfang Januar im »Völkischen Beobachter« eine haßerfüllte, gegen die Bibliographie gerichtete Polemik. Der Artikel betonte die jüdische Abstammung vieler Mitarbeiter und beschimpfte das Buch als kommerzielles Machwerk einer Bande von Geschäftemachern.[225]

Gut zwei Wochen später, am 20. Januar 1935, schrieb Schramm einen Brief an das Warburg Institute, worin er an der Bibliographie Kritik übte. Gleich zu Beginn seines Schreibens betonte er, der Artikel im »Völkischen Beobachter« habe ihn in keiner Weise beeinflußt. Am Ende distanzierte er sich noch einmal von »jener Pressepolemik [...], über deren Ton, Niveau und Substanz ich mich ja gar nicht zu äußern brauche.« Dennoch meinte er, einiges ansprechen zu müssen. Insbesondere stand in der Liste der Mitarbeiter nicht nur sein eigener, sondern auch der Name eines Mannes, von welchem er gehört habe, er habe sich »in ausgesprochen antideutschem Sinne geäussert«. Der Name habe deshalb »einen antideutschen Klang«.[226] In diesem Brief nannte Schramm den Namen noch nicht. Erst in einem späteren Brief an Saxl erklärte er, es handele sich um Raymond Klibansky, der seit langem der Bibliothek Warburg eng verbunden war. Dieser habe in Rom auf eine Einladung des Archäologen Ludwig Curtius geantwortet, das Haus eines deutschen Professors betrete er nicht mehr.[227]

Die beschriebene Äußerung war für Schramm Anlaß genug, daß er mit Klibansky nicht in derselben Liste verzeichnet sein wollte. Es ist beschrieben worden, wie energisch er in Göttingen alle Zweifel an seiner »nationalen« Einstellung abwehrte. Mit einer solchen Haltung war es unvereinbar, gemeinsam mit einer Person, die ihm als »antideutsch« bekannt war, an einem wissenschaftlichen Projekt zu arbeiten. Ausdrücklich betonte Schramm, dies sei »ein Standpunkt, den ich auch vor 1933 in einem Fall vertreten hätte,

223 Schramm selbst gab an, das Belegexemplar kurz vor Weihnachten erhalten zu haben (WIA, GC 1934–1936, Brief P.E. Schramm an Warburg Institute, Göttingen 20.1.1935).

224 S.o., Kap. 8.d).

225 *Rasch*, Juden.

226 WIA, GC 1934–1936, Brief P.E. Schramm an Warburg Institute, Göttingen 20.1.1935; auch überliefert als: FAS, L 230, Bd.11, Brief P.E. Schramm an Warburg Institute, Göttingen 20.1.1935, masch. Abschrift; der Text des Briefes abgedruckt bei: *Grolle*, Schramm – Saxl, S. 102–104.

227 WIA, GC 1934–1936, Brief P.E. Schramm an F. Saxl, o.O. [Göttingen], 31.3.1935 [im Orig. dat.: »31.1.«]; vgl. auch *Grolle*, Schramm – Saxl, S. 104–105; eine Diskussion des Datums dieses Briefes weiter unten in diesem Abschnitt.

wo es sich um einen mir als antideutsch bekannten Franzosen oder Engländer gehandelt hätte.«[228] Im Grunde war Klibanskys angebliche Bemerkung, der Formulierung zum Trotz, nicht gegen Deutschland, sondern gegen das in Deutschland herrschende Regime gerichtet gewesen. Das war aber eine Unterscheidung, die Schramm für bedeutungslos hielt: Ein Angriff von außen auf die deutsche Regierung war für ihn mit einem Angriff auf Deutschland gleichwertig.[229] Zu diesem Problem kam hinzu, daß sich Schramm mit der von Edgar Wind verfaßten Einleitung zu der Bibliographie ganz und gar nicht identifizieren konnte. Dieser Text wird im Einzelnen im folgenden Kapitel zu erörtern sein.[230]

Schramms persönlicher Ehrbegriff schloß eine weitere Mitarbeit an der Bibliographie, die ja jährlich erscheinen sollte, aus, solange die von ihm angesprochenen Punkte nicht geklärt waren. Da auf der Hand lag, daß eine solche Klärung unter den obwaltenden Umständen kaum erreichbar war, kam sein Brief einer Kündigung der Zusammenarbeit gleich.[231] Eine zukünftige Mitarbeit wäre ihm in jedem Fall nur schwer möglich gewesen. Die Kooperation mit einem von jüdischen Wissenschaftlern geleiteten Institut, das Deutschland verlassen hatte, hätte ihn unter Umständen seine berufliche Stellung kosten können. Saxl hätte darum, wie er später anmerkte, vollstes Verständnis gehabt, wenn Schramm geschrieben hätte: »Lieber Freund, ich kann natürlich nicht mit Euch weiterarbeiten.«[232]

Das legt die Vermutung nahe, Schramm habe seine Mitarbeit an der Bibliographie vor allem deshalb aufgekündigt, weil er Angst hatte.[233] Die Formulierungen in seinem Brief geben zwar keinen Hinweis auf eine solche Möglichkeit. Die von ihm angeführten Kritikpunkte entsprachen den Ehrvorstellungen, die er beispielsweise auch im Konflikt mit Kahrstedt vertrat. Jedoch vermochte es Schramm zu allen Zeiten kaum, Gefühle offen zuzugeben. Am allerwenigsten konnte er über Angst sprechen. Er hatte im Ersten Weltkrieg gelernt, sie zu zähmen und bis ins Unbewußte zurückzudrängen. Nun traten Verhaltensweisen, die er zwischen 1914 und 1918 entwickelt hatte, bei ihm in den bewegten Jahren nach 1933 in mehr als nur einer Hinsicht wieder in den Vordergrund. Obwohl er durchaus Anlaß hatte, Angst zu empfinden, verhinderte sein soldatischer Habitus, daß sie sichtbar werden durf-

228 WIA, GC 1934–1936, Brief P.E. Schramm an Warburg Institute, Göttingen 20.1.1935.

229 Vgl. *Grolle*, Schramm – Saxl, S. 105.

230 *Wind*, Einleitung; s.u., Kap. 10.d).

231 Allerdings war eine ausdrückliche Kündigung in Schramms Brief nicht zu finden. Das bemerkte auch Aby Warburgs Bruder Max, dem Gertrud Bing eine Abschrift von Schramms Brief zugeschickt hatte. Er meinte: »Ich finde den Brief durchaus manierlich geschrieben und sehe darin auch keine allgemeine Absage« (WIA, GC 1934–1936, Schachtel: »Warburg Family and Firm, 1935/36«, Brief Max M. Warburg an G. Bing, Hamburg 3.2.1935).

232 WIA, GC 1947–48, Brief F. Saxl an R. Schramm, London 8.11.1947.

233 Zu dieser Frage bereits: *Grolle*, Schramm – Saxl, S. 105–106.

te. Nur die Heftigkeit, mit der er bisweilen auftrat, verriet die Anspannung, unter der er stand. Analog dazu spielte Angst wahrscheinlich auch für sein Verhalten gegenüber dem Warburg Institute eine Rolle. Schramm gestand sie aber weder seinen Adressaten in London noch sich selbst ein, sondern stellte andere Argumente in den Vordergrund.

Auf ganz ähnliche Weise läßt sich eine weitere einschlägige Quelle deuten. Während Schramm nämlich einen Brief nach London schickte und sich von der dort geleisteten Arbeit distanzierte, unternahm er gleichzeitig den Versuch, die Kulturwissenschaftliche Bibliothek Warburg in Deutschland zu verteidigen. Der Anstoß hierzu kam offenbar von seinem alten Bekannten Carl Georg Heise, Aby Warburgs ältestem Schüler in Hamburg.[234] Heise richtete die Bitte an Schramm, ein Gutachten zu verfassen, aus dem der Wert der Bibliothek für die deutsche Wissenschaft hervorgehen sollte. Dahinter stand die Absicht, eine Eingabe an das Reichserziehungsministerium zu machen, um auf diesem Weg so empörende Attacken wie die wilde Polemik im »Völkischen Beobachter« für die Zukunft zu unterbinden.[235] Ungeachtet der soeben aufgetretenen Differenzen mit dem Warburg Institute zögerte Schramm nicht einen Moment, ein entsprechendes Schriftstück zu verfassen. Unmittelbar nachdem er am 20. Januar seinen kritischen Brief nach London geschrieben hatte, setzte er die gewünschte Denkschrift auf.[236]

Als Thema stellte Schramm seinem Text die Frage voran: »Warum wurde die Bibliothek von so vielen arischen Gelehrten genutzt?« Dabei war das Wort »arisch«, das er sonst nie benutzte, auf die vorgesehene Leserschaft im Ministerium abgestimmt. Schramm wies auf den ungewöhnlichen interdisziplinären Reichtum der Bibliothek Warburg und ihre einzigartige, problemorientierte Gliederung hin. Dadurch habe die Bibliothek neuartige Einsichten in die Vielschichtigkeit der Antike, aber auch des Mittelalters ermöglicht. Abschließend ging Schramm auf Aby Warburg ein. Er lobte ihn als Gründer einer großartigen Bibliothek im damals noch wissenschaftlich unterversorgten Hamburg und als akademischen Lehrer. Erst in einer Art

234 Über Carl Georg Heise (1890–1979) und sein Verhältnis zu Schramm vgl. zuerst oben, Kap. 1.b).

235 Schramm erwähnte sein Gutachten in einem Ende März geschriebenen Brief an Saxl. Dort teilte er mit, er habe es an »Heise zwecks Weitergabe an das Ministerium« weitergereicht. Heise gab das Papier aber nicht selbst an das Ministerium. *Dieter Wuttke*, der einen Durchschlag von Schramms Denkschrift im Archiv der Warburg-Bank in Hamburg gefunden hat, gibt an, Gustav Pauli habe diese, zusammen mit einem eigenen Brief, am 23.1.1935 an das Ministerium geschickt. — WIA, GC 1934–1936, Brief P.E. Schramm an F. Saxl, o.O. [Göttingen], 31.3.1935 [im Orig. dat.: »31.1.«]; vgl. weiter unten in diesem Abschnitt für eine Diskussion des Datums dieses Briefes; *Panofsky*, Korrespondenz Bd.1, Anm. 5 auf S. 811.

236 In der Denkschrift nahm Schramm, wie im Folgenden erläutert wird, auf den Brief Bezug. Letzterer ist also die ältere Quelle. Das Gutachten muß aber sehr bald danach entstanden sein, da Gustav Pauli es bereits am 23. Januar einem eigenen Brief an das Ministerium beilegte. — FAS, L »Gutachten Bibliothek Warburg«; *Panofsky*, Korrespondenz Bd.1, Anm. 5 auf S. 811.

Nachtrag am Ende des Dokuments ging Schramm kurz auf die Bibliographie ein, deren Verunglimpfung im »Völkischen Beobachter« immerhin der eigentliche Anlaß für Heises Initiative gewesen war. Schramm hob einerseits den Nutzen des Werks und die dahinterstehende organisatorische Leistung hervor, verschwieg aber andererseits nicht, daß er selbst gegen die Bibliographie »bestimmte Einwände« gehabt und diese der Bibliothek bereits mitgeteilt habe.[237]

Schramm befand sich in einer gewissen Zwickmühle. Er fühlte sich verpflichtet, die Bibliothek zu verteidigen, stand aber zur gleichen Zeit im Streit mit ihr. Außerdem mußte er darauf achten, im Ministerium, das ihm dienstlich vorgesetzt war und dessen Reaktion er nicht voraussehen konnte, keinen Anstoß zu erregen. Er behalf sich, indem er auf den eigentlichen Anlaß seiner Denkschrift, die »Bibliographie zum Nachleben der Antike«, nur kurz einging. Dabei ließ er allerdings auch seine Kritik daran nicht unter den Tisch fallen. Immerhin suchte er sie abzumildern, indem er die Qualitäten des Werkes hervorhob. Da er aber mit keiner Silbe erwähnte, welcher Natur seine Einwände waren, beziehungsweise, welcher Natur sie nicht waren, bleibt es der Phantasie überlassen, was für eine Wirkung er damit bei den erwünschten Lesern im Reichserziehungsministerium erzielte.[238]

Im Übrigen ging Schramm auf die Gegenwart überhaupt nicht ein, sondern beschränkte sich darauf, von der Vergangenheit zu sprechen. Er lobte die Bibliothek für das, was sie vor 1933 gewesen war, und pries ihren weitere vier Jahre früher verstorbenen Gründer. Die aktuell tätigen Mitarbeiter des Instituts, denen er kurz zuvor kritisch gegenübergetreten war, blendete er aus. Schramm stellte die Wirklichkeit so dar, wie es seinen Bedürfnissen entgegenkam. Was auf einer unbewußten, psychologischen Ebene ohnehin allgemeinen Gesetzmäßigkeiten entsprochen hätte, geschah im konkreten Fall weitgehend bewußt. Indem Schramm über eine Vergangenheit redete, die gar nicht zur Diskussion stand, und selbst diese so konstruierte, wie sie ihm ins Konzept paßte, wich er allen Problemen aus, die sich aus der Situation ergaben. Damit verlor seine Stellungnahme das meiste von ihrer mög-

237 FAS, L »Gutachten Bibliothek Warburg«; vgl. auch den Entwurf zu Schramms Gutachten, in: FAS, L 230, Bd.11 [unter »Warburg«]; der Text des Gutachtens abgedruckt bei: *Grolle*, Schramm – Saxl, S. 109–110; vgl. insgesamt ebd., S. 108–111.

238 In einem früheren Entwurf des Textes, der sich gleichfalls in Schramms Nachlaß findet, war Schramm verhältnismäßig ausführlich auf die Kritik des »Völkischen Beobachters« eingegangen. Dort hatte er in einem recht heftigen Tonfall erläutert, mit einem solchen Buch lasse sich mitnichten Geld verdienen. Zugleich geht aus diesem Entwurf hervor, daß Schramm ursprünglich die Absicht hatte, dem Gutachten seinen Brief an die Bibliothek vom 20. Januar beizulegen, um ganz klar zu machen, was seiner Meinung nach an der Bibliographie kritikwürdig sei. — FAS, L 230, Bd.11 [unter »Warburg«], Gutachten bezüglich der Bibliothek Warburg, Entwurf, masch. Durch. mit handschr. Korrekturen, Göttingen o.D. [Januar 1935].

lichen Überzeugungskraft. Im Grunde machte sie vor allem deutlich, daß Schramm mit der Situation überfordert war.

Etwa zwei Monate später, Mitte März, hörte Schramm, daß Heise unter dem Vorwurf der Homosexualität verhaftet worden war.[239] Die schlechte Nachricht veranlaßte ihn, in einer privaten Aufzeichnung darüber nachzudenken, wie es den Freunden, die er im Laufe seines Lebens gehabt hatte, ergangen sei. Viele waren im Ersten Weltkrieg gefallen, andere waren jetzt emigriert. Daraus ergab sich die weitere Überlegung, zu welchen er noch Kontakt hatte. Insgesamt kam Schramm zu dem Ergebnis, daß ihm erschreckend viele Menschen, die ihn das eine odere andere Stück seines Lebenswegs begleitet hatten, inzwischen abhanden gekommen waren. Ihm wurde bewußt, wie viele Gesprächspartner er insbesondere durch die Einwirkung des nationalsozialistischen Regimes verloren hatte. Im Hinblick auf Saxl notierte er, es laufe gegenwärtig eine Korrespondenz mit ihm, die wohl das Ende der Freundschaft zur Folge haben werde.[240]

Schramms oben diskutierter Brief vom 20. Januar 1935, der faktisch die Zusammenarbeit mit dem Warburg Institute beendete, war vollkommen unpersönlich »An die Bibliothek Warburg, London« gerichtet. Zusammen mit diesem sandte Schramm einen zweiten, kürzeren Brief in die britische Hauptstadt, in dem er Fritz Saxl persönlich ansprach.[241] Als Direktor des Instituts wäre Saxl auch für das längere Schreiben der richtige Adressat gewesen. Dessen sehr distanzierte Form versuchte Schramm dem Freund mit der Aussage zu begründen, er habe gehört, daß Saxl in Italien sei. Diese Formalie habe aber ihr Gutes, weil seine Kritik sich ohnehin nicht gegen ihn persönlich richte. Abschließend wünschte Schramm, daß es dem anderen gelingen möge, »das Erbe Warburgs über diese Zeiten hinweg zu bewahren und fruchtbar zu machen trotz aller Schwierigkeiten.«[242] Mit diesen Worten versuchte Schramm, den Freund milde zu stimmen, ohne von seiner Kritik auch nur das Geringste zurückzunehmen. Immerhin war er sich im Klaren darüber, daß die Freundschaft schweren Schaden nehmen würde: Nicht umsonst hatte der Text den Tonfall eines Abschiedsbriefes.

Dementsprechend zögerte Saxl fast zwei Monate, bis er auf Schramms Äußerungen reagierte. In seinem Antwortbrief, den er am 12. März verfaßte,

239 Heise wurde am 8. März 1935 verhaftet und in ein Konzentrationslager eingeliefert. Nach zwölf Tagen wurde er wieder auf freien Fuß gesetzt (*Grolle*, Schramm – Saxl, S. 110 m. Anm. 26).

240 FAS, L »Über meine Freunde«.

241 Nach dem Zweiten Weltkrieg berichtete Fritz Saxl, er habe die beiden Briefe tatsächlich »in demselben Umschlag« erhalten (WIA, GC 1947–48, Brief F. Saxl an R. Schramm, London 8.11.1947).

242 WIA, GC 1934–1936, Brief P.E. Schramm an F. Saxl, Göttingen 20.1.1935; der Text gedruckt bei: *Grolle*, Schramm – Saxl, S. 104.

reagierte er verhältnismäßig zurückhaltend auf die Kritik, die Schramm an Edgar Winds Einleitungstext geübt hatte.[243] Er meinte allerdings, Schramm habe den Text mißverstanden, und ohnehin hätte er ihn im Licht früher ausgetauschter Gedanken lesen müssen. Hellauf empört zeigte er sich hingegen darüber, daß Schramm über die besprochene »antideutsche« Äußerung, auf die er so heftig reagierte, anscheinend nicht sehr detailliert informiert war: Schramm hatte nämlich geschrieben, er habe von dieser Äußerung gehört, »ohne daß ich dem näher nachgehen konnte«.[244] Saxl warf Schramm nun vor, es sei eines Historikers seines Kalibers unwürdig, sich auf Hörensagen zu verlassen. Weiter erklärte er es für völlig unverständlich, daß Schramm einerseits mit dem Brief an die Bibliothek seine Mitarbeit aufgekündigt und der Bibliothek andererseits in dem Brief an ihn persönlich alles Gute gewünscht habe. Abschließend meinte er, sie beide, die sich früher so leicht verstanden hätten, sprächen nun offensichtlich nicht mehr die gleiche Sprache und müßten in Zukunft getrennte Wege gehen.[245]

Die Vorwürfe, die Saxl dem Göttinger Ordinarius machte, stießen genau in die Plausibilitätslücke, die zwischen dessen Verhalten und den von ihm angeführten Beweggründen bestand. Uneingestanden wurde diese Lücke durch Schramms Sorge um die eigene Zukunft geschlossen. Da Schramm dem Freund in London von dieser Sorge nichts mitteilte, erschien Saxl die ganze Angelegenheit unerklärlich. Deshalb gewann Letzterer den Eindruck, daß die bisherige Vertrauensbasis zerstört sei.

Noch deutlicher als Schramms Briefe vom Januar war Saxls Brief als Schlußdokument einer Freundschaft formuliert. Durch die wütende Verletztheit, die daraus sprach, fühlte sich Schramm dennoch genötigt, erneut Stellung zu nehmen. Immerhin vergingen drei Wochen, bis er sich dazu aufraffte.[246] In der Zwischenzeit erfuhr er von Heises Verhaftung. Das Gefühl der Verlassenheit, das dadurch bei ihm aufkam, schlug sich auch in seiner Antwort an Saxl nieder. Ende März – Heise befand sich bereits wieder in

243 Inhaltliche Gründe machen es erforderlich, daß dieser Brief unmittelbar auf Schramms Briefe vom 20. Januar folgen muß. — FAS, L 230, Bd.11 [unter »Warburg«], Brief F. Saxl an P.E. Schramm, London 12.3.1935; der Text gedruckt bei: *Grolle*, Schramm – Saxl, S. 107–108; hinsichtlich der Reihenfolge der Korrespondenz anders: ebd., S. 104–107.

244 Schramm gab weder in diesem ersten noch in einem späteren zweiten Brief an, auf welche Quelle sich seine Angaben stützten. Bei der zweiten Gelegenheit versicherte er lediglich, seine Quelle sei über jeden Zweifel erhaben. — WIA, GC 1934–1936, Brief P.E. Schramm an Warburg Institute, Göttingen 20.1.1935; ebd., Brief P.E. Schramm an F. Saxl, o.O. [Göttingen], 31.3.1935 [im Orig. dat.: »31.1.«].

245 L 230, Bd.11 [unter »Warburg«], Brief F. Saxl an P.E. Schramm, London 12.3.1935; der Text gedruckt bei: *Grolle*, Schramm – Saxl, S. 107–108.

246 Schramm selbst erwähnte in seinem Brief den unmittelbar bevorstehenden Umzug in die Herzberger Landstraße. Er gab an, der Umzug habe ihm keine Gelegenheit gelassen, früher zu antworten (WIA, GC 1934–1936, Brief P.E. Schramm an F. Saxl, o.O. [Göttingen], 31.3.1935 [im Orig. dat.: »31.1.«]).

Freiheit, aber es ist nicht sicher, ob Schramm dies wußte – schrieb er dem Freund nach London.[247] Er wiederholte noch einmal, seine Kritik ziele ja nicht auf den anderen als Person. Darüber hinaus nannte er jetzt den Namen von Raymond Klibansky und gab genauere Informationen hinsichtlich der von ihm kritisierten Äußerung, weil er einräumte, daß er Saxl selbst nähere Auskunft schuldig sei. Saxls Annahme, die Freunde sprächen jetzt eine unterschiedliche Sprache, erschreckte Schramm sehr. Er bat darum, die entstandenen Mißverständnisse den Schwierigkeiten der schriftlichen Kommunikation anzulasten. Saxl solle ein endgültiges Urteil erst nach einer mündlichen Aussprache fällen. »Wer spricht denn von meinen Bekannten hier noch meine Sprache? Einige ja, aber welche Abgründe haben sich anderen gegenüber aufgetan!!«[248]

Mit diesem Satz ließ Schramm erkennen, wie bedrückend seine Situation für ihn war. Das führte dazu, daß Saxls Antwort zwar knapp, im Ton jedoch versöhnlich ausfiel. Wie zuvor Schramm äußerte der Direktor des Warburg Institute nun die Hoffnung, es möge sich bald eine Gelegenheit zu einem persönlichen Gespräch ergeben.[249] Diese Gelegenheit kam in der Tat verhältnismäßig rasch. Für Anfang Juni 1935 erhielt Schramm eine Einladung zu einem Vortrag in Oxford.[250] Auf dem Weg dorthin hatte er ein paar Stunden Aufenthalt in London. Er bot Saxl an, einander in diesen wenigen Stunden zu treffen. Eigentümlicherweise schränkte er ein: »Da ich London schlecht kenne, möchte ich die Zeit möglichst ausnutzen.« Dem Anschein nach war er nicht bereit, um einer alten Freundschaft willen seine touristische Neugier zu zügeln. Deshalb schlug er Saxl vor, ihn in der Nähe des Bahnhofs zum

247 Der Brief trägt im Original das Datum »31.1.« *Grolle* hat dieses Datum für zutreffend gehalten. Schramm nimmt aber sowohl inhaltlich als auch wörtlich Bezug auf Saxls Brief vom 12.3. Auf diesen Brief vom 12.3. muß der vorliegende Brief also die Antwort darstellen. Deshalb muß das Datum ein Schreibfehler sein. Am wahrscheinlichsten ist, daß »31.1.« eine Verschreibung des richtigen Datums »31.3.« darstellt. — WIA, GC 1934–1936, Brief P.E. Schramm an F. Saxl, o.O. [Göttingen], 31.3.1935 [im Orig. dat.: »31.1.«]; vgl. *Grolle*, Schramm – Saxl, S. 104–105.

248 WIA, GC 1934–1936, Brief P.E. Schramm an F. Saxl, o.O. [Göttingen], 31.3.1935 [im Orig. dat.: »31.1.«].

249 Der Brief trägt im Original das Datum »4/3«, also vierter März. Wiederum hat *Grolle* das Datum für zutreffend gehalten. Saxl nimmt hier aber eindeutig Bezug auf Schramms oben diskutierten Brief vom 31. März, und in jedem Fall ist es unmöglich, daß dieser Brief vor Saxls erstem vom 12. März geschrieben worden ist. Das Datum muß also erneut ein Schreibfehler sein. Wahrscheinlich ist »4/3« eine Verschreibung des richtigen Datums »3.4.« — FAS, L 230, Bd.11 [unter »Warburg«], Brief F. Saxl an P.E. Schramm, London 3.4.1935 [im Orig. dat.: »4/3«]; vgl. *Grolle*, Schramm – Saxl, S. 106–107.

250 Die Möglichkeit erwähnte er schon in seinem Brief an Gertrud Bing vom Dezember 1934. In einem Brief an Heise aus den Fünfzigern gab er an, ein Verwandter habe die Reise möglich gemacht. — WIA, GC 1934–1936, Brief P.E. Schramm an G. Bing, Göttingen 6.12.1934; FAS, L 97, Brief P.E. Schramm an C.G. Heise, masch. Durchschl., Göttingen 22.11.1958.

Frühstück zu treffen.[251] Saxl interpretierte diese Bitte so, daß Schramm einen möglichst unauffälligen Treffpunkt vorschlug, weil er Angst hatte, sich mit ihm in der Öffentlichkeit sehen zu lassen.[252] Darum erklärte er sich mit dem Arrangement einverstanden. Er sagte sogar eigene Termine ab, um die Verabredung mit Schramm wahrnehmen zu können.[253]

Das Gespäch fand statt, brachte die bisherigen Freunde einer Klärung ihrer Differenzen jedoch nicht näher. Eine solche hätte sicherlich mehr Zeit erfordert, vielleicht aber auch mehr Verständnis für die jeweils andere Haltung, als möglich war. Saxl war in ein fremdes Land umgesiedelt auf der Flucht vor einem Staat, von dem er sich in seiner Existenz bedroht fühlte. Sein Gesprächspartner hielt ebendiesem Staat, manchen Widrigkeiten zum Trotz, unverbrüchlich die Treue. Schramm war sich wohl im Klaren darüber, daß Saxl seine eigene Haltung niemals akzeptieren konnte. Er, der gewohnt war, Herr der Lage zu sein, war in diesem Fall moralisch unterlegen. Absichtlich oder unwillkürlich richtete er es deshalb so ein, daß das Gespräch allein aus Zeitgründen in Oberflächlichkeiten stecken bleiben mußte.[254]

Die Freundschaft war nicht mehr zu retten. Weil aber keiner der Beteiligten die Beziehung endgültig abbrach, schleppte sie sich noch bis 1938 hin. Schramm war zunächst sogar weiterhin bereit, die Rezension über Warburgs »Gesammelte Schriften«, die er Gertrud Bing Ende 1934 versprochen hatte, in der »Historischen Zeitschrift« zu veröffentlichen. Obwohl er wenige Monate nach seiner Zusage aus dem Herausgeberkollegium der Zeitschrift hinausgedrängt wurde, erkundigte er sich im Herbst 1935 bei der Schriftleitung nach der Möglichkeit, einen Artikel über Aby Warburg zu plazieren. Ausdrücklich mußte ihm der Redakteur Walter Kienast davon abraten, da dies »augenblicklich eine zu brenzliche Sache« sei.[255] Im Sommer 1936 richtete die »Historische Zeitschrift« in ihrem Rezensionsteil eine Abteilung für antisemitische Literatur ein. Daraufhin erklärte Schramm in einem Brief an Saxl, er werde darauf verzichten, einen Aufsatz über Warburg zu publizie-

251 WIA, GC 1934–1936, Postkarte P.E. Schramm an F. Saxl, o.O. [Göttingen], o.D. (Mai 1935).

252 Dies erzählte Saxl in einem Brief, den er 1947 an Schramms Schwester Ruth schrieb. Schramm selbst führte in den fünfziger Jahren seine unangemessene Hast darauf zurück, daß ihn seine Devisenknappheit, die durch staatliche Vorgaben in Deutschland bedingt war, zur Eile zwang. — WIA, GC 1947–48, Brief F. Saxl an R. Schramm, London 8.11.1947; FAS, L 97, Brief P.E. Schramm an C.G. Heise, masch. Durchschl., Göttingen 22.11.1958.

253 WIA, GC 1934–1936, Brief Warburg Institute an A. Goldschmidt, London 7.6.1935; für den Hinweis auf diesen Brief danke ich Erika Klingler, Warburg Institute London.

254 Nach Saxls Tod schrieb Schramm an Gertrud Bing: »In London habe ich Fritz Saxl nur noch 2x, 1934 und 1937, gesprochen – beide Male nicht ausführlich genug, um alles zu besprechen, was uns beschäftigte, und um abzustecken, wie es zwischen uns stand« (WIA, GC 1948, Schachtel: »Prof. Saxl, 22nd March 1948«, Brief P.E. Schramm an Gertrud Bing, Göttingen 25.4.1948).

255 FAS, L 230, Bd.6, Brief W. Kienast an P.E. Schramm, München [?] 8.11.1935.

ren. Unter den gegebenen Umständen halte er den Versuch für geschmacklos, in dieser Zeitschrift einen Artikel über Warburg unterzubringen.[256]

Ob Schramms Argumentation ganz glaubwürdig ist, muß offenbleiben; es scheint allerdings, daß er ehrlich meinte, was er schrieb.[257] Jedenfalls richtete er, weil er die Angelegenheit korrekt abschließen wollte, an Saxl die Frage, auf welche Weise er denn das Rezensionsexemplar bezahlen solle – da er ja die Leistung, zu der ihn die Überlassung verpflichtet hatte, nie erbringen würde. Saxl schrieb sarkastisch zurück, Schramm solle die beiden Bände behalten »als Schlusszeichen einer abgeschlossenen Periode Ihres Lebens, über die Sie in der Öffentlichkeit zu berichten nicht mehr in der Lage sind.«[258]

Diesen Brief scheint Schramm jedoch nie erhalten zu haben.[259] Wahrscheinlich hat Saxl ihn gar nicht abgeschickt. Stattdessen erhielt Schramm ein paar Wochen später von Saxl eine Bitte um Übersendung eines Sonderdrucks für einen Bekannten, der er gerne nachkam.[260] Mehr als einmal bat das Warburg Institute ihn in solcher Weise im Namen Dritter um einen Gefallen.[261] Umgekehrt fuhr Schramm fort, Sonderdrucke seiner Arbeiten an das Warburg Institute zu schicken.[262] Über solchen Belanglosigkeiten verlor der Kontakt nach und nach an Intensität, und aus der Korrespondenz verschwand die alte Herzlichkeit. Im Jahr 1937 kam es noch einmal zu einer persönlichen Begegnung, als Schramm – wovon unten die Rede sein wird – in London war, um der Krönung Georgs VI. beizuwohnen.[263] Diese zweite Begegnung verlief aber ebenso unbefriedigend wie die erste. Im Jahr 1938

256 WIA, GC 1934–1936, Brief P.E. Schramm an F. Saxl, Göttingen 10.6.1936; eine weitere Schilderung des Sachverhalts in: ebd., Postkarte P.E. Schramm an F. Saxl, Luttach (Südtirol), 14.7.1936.

257 Zweifelnd: *Grolle*, Schramm – Saxl, S. 112.

258 WIA, GC 1934–1936, Brief F. Saxl an P.E. Schramm, masch. Durchschl., o.O. [London], 17.6.1936.

259 Mitte Juli, also rund vier Wochen, nachdem Saxl den Brief mit der zitierten Bemerkung verfaßt hatte, wiederholte Schramm seine Frage nach der Bezahlung des Rezensionsexemplars (WIA, GC 1934–1936, Postkarte P.E. Schramm an F. Saxl, Luttach [Südtirol], 14.7.1936).

260 WIA, GC 1934–1936, Brief F. Saxl an P.E. Schramm, masch. Durchschl., o.O. [London], 9.7.1936; ebd., Postkarte P.E. Schramm an F. Saxl, Luttach (Südtirol), 14.7.1936, in: WIA, GC 1934–1936.

261 WIA, GC 1937–38, Brief F. Saxl an P.E. Schramm, masch. Durchschl., o.O. [London], 7.7.1937; ebd., Brief G. Bing [oder F. Saxl?] an P.E. Schramm, masch. Durchschl., London 25.5.1938.

262 In WIA finden sich mehrere Briefe, in der Regel von Hans Meier verfaßt, worin das Institut für derartige Sendungen dankt. — Zuletzt: WIA, GC 1938, Brief H. Meier an P.E. Schramm, masch. Durchschl., o.O. [London], 18.7.1938.

263 Vgl. hierzu: WIA, GC 1937–1938, Brief P.E. Schramm an F. Saxl, Göttingen 27.7.1937; WIA, GC 1947–48, Brief F. Saxl an R. Schramm, London 8.11.1947; WIA, GC 1948, Schachtel: »Prof. Saxl, 22nd March 1948«, Brief P.E. Schramm an Gertrud Bing, Göttingen 25.4.1948; FAS, L 97, Brief P.E. Schramm an C.G. Heise, masch. Durchschl., Göttingen 22.11.1958; vgl. *Grolle*, Schramm – Saxl, S. 111.

erhielt Schramm zum letzten Mal vor 1945 Post vom Warburg Institute.[264] Im folgenden Kapitel wird zu zeigen sein, daß er im selben Jahr auch in seinen gedruckten wissenschaftlichen Arbeiten begann, von den dort gängigen Denkfiguren abzurücken.

f) International orientierte Forschung unter nationalsozialistischer Herrschaft

Während Schramms Lebensumfeld in den Jahren nach 1933 massiven Veränderungen unterworfen war, setzte er in seinen Forschungen Ansätze fort, die sich seit 1929 ergeben hatten. Ausgangspunkt und zentraler Gegenstand dieser Forschungen waren die Ordines für monarchische Krönungsfeiern in Europa. Seitdem er 1930 seinen Aufsatz über die Kaiserordines publiziert hatte, hatte er sich in diese Thematik kontinuierlich eingearbeitet.[265] Dabei hatten sich seine Interessen verschoben: Während anfangs das Kaisertum im Zentrum gestanden hatte, waren allmählich die Ordines für die Krönung von Königen in den verschiedenen Reichen Europas in den Mittelpunkt seines Interesses gerückt.

Gerade im Jahr 1933 waren seine Arbeiten soweit gediehen, daß er mit seinen Überlegungen zum ersten Mal an die Öffentlichkeit treten konnte. Er publizierte eine kurze Skizze, worin er einen Überblick über die vielfach miteinander verschränkte Entwicklung der Ordines in den europäischen Monarchien gab, methodische Grundsätze formulierte und auf Forschungslücken hinwies.[266] Auf dem Internationalen Historikerkongress in Warschau hielt er im August 1933 einen Vortrag von ähnlichem Zuschnitt. Seine Thesen stießen bei den aus vielen Ländern zusammengekommenen Zuhörern auf großes Interesse. Schramm skizzierte einen Prozeß, der ganz Europa umfaßte, der zwar in jedem einzelnen Land eine spezifische Form gewann, sich aber doch nur auf einer europäischen Ebene sinnvoll erforschen ließ. So anregend wirkten die von ihm vorgetragenen Gedanken, daß als Reaktion darauf die Gründung einer Kommission für liturgische Texte vorgeschlagen wurde.[267]

Die Umrisse des in Frage stehenden Prozesses hatte Schramm selbst zum ersten Mal in der Zeit seines Wechsels nach Göttingen erkannt. Kurze Zeit später hatte Karl Brandi ihn in die internationale wissenschaftliche Zusam-

264 Das letzte überlieferte Stück der Korrespondenz ist: WIA, GC 1938, Brief H. Meier an P.E. Schramm, masch. Durchschl., o.O. [London], 18.7.1938.

265 Ebenfalls seit 1930 schlug sich Schramms diesbezügliches Interesse in seinen Lehrveranstaltungen nieder: Für die Wintersemester 1930/31 und 1931/32 kündigte er Seminare über »Die Papstwahl« bzw. »Die deutsche Königskrönung« an (*Kamp*, Percy Ernst Schramm, S. 353–354).

266 SVS 1933 Geschichte Königskrönung.

267 *Brandi*, Historikerkongress, S. 218.

menarbeit eingeführt.[268] Die belebende Erfahrung der Kommunikation über nationale und kulturelle Grenzen hinweg, die Schramm im Rahmen des Internationalen Historischen Komitees machen konnte, dürfte ihn gerade bei seinen Forschungen über die Ordines beflügelt haben: In diesen Quellen stieß er auf einen ganz ähnlichen grenzüberschreitenden Austausch.

Auf den Warschauer Kongreß folgte ein gutes Vierteljahr später Kahrstedts spektakuläre Attacke. Dies war, wie oben beschrieben, nicht die einzige Anfeindung, der Schramm ausgesetzt war. Ganz allgemein geriet sein Aufstieg innerhalb der akademischen Welt in den Jahren nach 1933 ins Stokken. Er mußte Rückschläge hinnehmen. Dadurch war er in der Mitte der dreißiger Jahre stärker auf sich selbst und seine eigene Forschungsarbeit zurückgeworfen, als es in seinen ersten Jahren in Göttingen der Fall gewesen war. Schon 1934 schrieb er in einem Brief, seine Frau und er lebten jetzt recht zurückgezogen.[269] Vier Jahre später äußerte er in einer privaten Aufzeichnung noch einmal, die »zu schreibenden Bücher, die heranzuziehenden Jungens und die Arbeit für Kolleg und Seminar« seien für ihn und seine Frau »ein fest umgrenzter, aber voll ausfüllender Lebensinhalt [...].«[270] Dieser Lebensinhalt hatte seine eigene Dynamik: Im Frühjahr 1935 zog Schramm mit seiner Familie in das Haus in der Herzberger Landstraße 66, wo er bis zu seinem Tod 35 Jahre später wohnte.[271] Trotz solcher Bewegungen aber, und obwohl er stets ein geselliger Mensch blieb, kam er in den Jahren bis 1939 einem »eremitenhaften Arbeitsstil« so nahe wie zu keiner anderen Zeit in seinem Leben nach 1923.[272] Die Intensität seiner Arbeit steigerte sich noch gegenüber seinem auch vor 1933 schon enormen Forschungseifer. Neben einer Reihe kleinerer Beiträge erschienen seit 1934 in rascher Folge ein halbes Dutzend sehr umfangreicher Aufsätze und zwei Bücher über die Krönungsordines sowie, darauf aufbauend, über das Königtum in Europa.

Schramms Forschungen hatten immerhin zur Folge, daß er aufs Neue zu den Monumenta Germaniae Historica in engere Verbindung trat, für die er in seiner Heidelberger Zeit drei Jahre als Hilfskraft gearbeitet hatte.[273] Relativ bald nämlich, nachdem sein Aufsatz über die Kaiserordines erschienen war, trat Eduard Eichmann, der für die Monumenta eine Edition dieser Texte vorbereiten sollte, von dem Vorhaben zurück. Daraufhin erklärte sich

268 Vgl. oben, Kap. 8.c).

269 WIA, GC 1934–1936, Brief P.E. Schramm an F. Saxl, Göttingen 9.7.1934.

270 FAS, L »Miterlebte Geschichte«, Bd.1, S. 119; über die so zitierte Aufzeichnung vgl. unten in diesem Abschnitt.

271 Vgl. z.B.: WIA, GC 1934–1936, Brief P.E. Schramm an F. Saxl, o.O. [Göttingen], 31.3.1935 [im Orig. dat.: »31.1.«].

272 Die besondere Qualität dieses Abschnitts von Schramms Leben hat *Norbert Kamp* nicht klar genug erkannt (*Kamp*, Percy Ernst Schramm, S. 356–357, Zitat S. 357).

273 S.o., Kap. 6.a) und 6.b).

Schramm gegen Ende des Jahres 1933 gegenüber dem Monumenta-Präsidenten Paul F. Kehr bereit, diese Edition zu übernehmen.[274] Schon Ende Mai 1934 schickte er an Kehr eine erste Rohfassung des Manuskripts.[275] Kehr studierte den Entwurf mit großem Interesse und erklärte, die Zentraldirektion werde Schramms Edition »besonders gerne annehmen«.[276]

Dazu kam es jedoch nie. Rund zwei Jahre, nachdem Schramm sein Manuskript an Kehr geschickt hatte, schied dieser aus dem Amt. Schramms Ordines-Projekt schlief in der Folgezeit ein.[277] Dies lag offenkundig vor allem daran, daß Schramm selbst das Projekt nicht sehr energisch vorantrieb. Obwohl er für seine Edition ein ganz eigenes, in hohem Maße pragmatisches Konzept entwickelt hatte, hatte er die Komplexität und Langwierigkeit eines solchen Vorhabens unterschätzt.[278] Es paßte nicht recht zu seinem vorwärtsdrängenden Charakter.[279]

Bereits im Vorfeld von Kehrs Ausscheiden war um seine Nachfolge, die aus Altersgründen seit geraumer Zeit im Raum gestanden hatte, ein heftiger Machtkampf entbrannt. Diesen hatte vor allem der umtriebige Walter Frank angezettelt. Das Intrigenspiel führte zunächst dazu, daß im Frühjahr 1936 der bis dahin weitgehend unbekannte Wilhelm Engel kommissarischer Präsident der Institution wurde, die seit 1935 als »Reichsinstitut für ältere

274 Ein Brief Kehrs vom September 1933 deutet auf entsprechende Überlegungen hin. Im Jahresbericht der Monumenta für 1933 wurde Schramms Editionsvorhaben bereits erwähnt. — FAS, L 230, Bd.6, Brief P. Kehr an P.E. Schramm, Berlin 26.9.1933; *Kehr*, Bericht 1933, S. *VIII; vgl. *Elze*, Einleitung, S. XXXV.

275 Das Manuskript mit dem Titel: »Die Ordines der mittelalterlichen Kaiser- und Königskrönung nebst verwandten Texten. I: Bis zur Jahrtausendwende« findet sich in: FAS, L – Ablieferung Elze [noch unsigniert]; außerdem: ebd., Brief P.E. Schramm an P. Kehr, Göttingen 30.5.1934.

276 FAS, L 230, Bd.6, Brief P. Kehr an P.E. Schramm, Berlin 11.6.1934.

277 In den Jahresberichten der Monumenta wurde es nur so lange erwähnt, wie Kehr, mit dem Schramm das Projekt persönlich verabredet hatte, für diese Texte verantwortlich war, letztmalig im 1937 erschienenen Jahresbericht für 1935. Kehrs Nachfolger sprachen nicht mehr davon. — *Reichsinstitut Jahresbericht 1934*, S. 272; *Reichsinstitut Jahresbericht 1935*, S. 278.

278 Schramm stellte 1934 klar, daß er bei der Edition der Ordines nur die zuverlässigsten Handschriften berücksichtigen wolle. Andernfalls, so betonte er, stünde der Aufwand in keinem Verhältnis zum Ertrag. Hinsichtlich der Frage, wie lange die Erarbeitung der Edition dauern werde, verlieh er in dem Brief an Kehr vom Mai 1934, der sein Manuskript begleitete, der Hoffnung Ausdruck, er könne die Arbeit »bis zum Herbst mir vom Halse geschafft haben.« — FAS, L – Ablieferung Elze [noch unsigniert], »Die Ordines der mittelalterlichen Kaiser- und Königskrönung [...]«, Manuskript; darin u.a.: Entwurf eines Titelblattes und Entwurf eines Vorworts; FAS, L – Ablieferung Elze [noch unsigniert], Brief P.E. Schramm an P. Kehr, Göttingen 30.5.1934.

279 Erst Schramms Schüler Reinhard Elze brachte das Projekt, das auch einen großen Teil der Ordines für Königskrönungen umfassen sollte, wenigstens teilweise zum Abschluß. Er benötigte nach dem Zweiten Weltkrieg dreizehn Jahre, bis er 1960 eine Edition der Ordines der Kaiserkrönung vorlegte, die allen sachgemäßen Anforderungen gerecht wurde. — *Elze (Hg.)*, Ordines; hierzu unten, Kap. 12.c).

deutsche Geschichtskunde (Monumenta Germaniae Historica)« firmierte.[280] Ihm folgte bereits 1937 mit Edmund Ernst Stengel ein Mann, der zwar nicht Walter Franks Wohlwollen genoß, im Übrigen aber den Vorstellungen des Regimes genügte, ohne hinter den fachlichen Ansprüchen des hergebrachten Establishments zurückzubleiben.[281]

Welche Haltung Schramm gegenüber diesen Turbulenzen einnahm, zeigt die Art und Weise, wie er sich zur Gründung des »Deutschen Archivs« verhielt. Im April 1936 konfrontierte Wilhelm Engel Schramms Kollegen Karl Brandi mit dem Vorschlag, die Zeitschrift der Monumenta, die damals als »Neues Archiv« erschien, und das von Brandi herausgegebene »Archiv für Urkundenforschung« zu einer neuen, gemeinsamen Zeitschrift zusammenzuführen. Aus den anschließenden Verhandlungen ergab sich die Kompromißlösung, nicht eine einheitliche Zeitschrift zu publizieren, sondern das »Archiv für Urkundenforschung« und die in »Deutsches Archiv für Geschichte des Mittelalters« umbenannte Zeitschrift der Monumenta zu koppeln und aufeinander abzustimmen.[282] Der erste Band des »Deutschen Archivs« war ein Produkt dieser Vereinbarung. Noch bevor aber der parallele Band des »Archivs für Urkundenforschung« erscheinen konnte, wurde die Vereinbarung im Dezember 1937 von dem mittlerweile ins Amt gekommenen Edmund Ernst Stengel wieder gelöst. Das »Deutsche Archiv« blieb das Publikationsorgan der Monumenta. Das »Archiv für Urkundenforschung« erhielt seine Selbständigkeit zurück. Anstelle des vorgesehenen ersten Bandes einer neuen Folge erschien 1938 der 15. Band der bisherigen Folge.[283]

Sowohl im ersten Band des »Deutschen Archivs« als auch im 15. Band des »Archivs für Urkundenforschung« veröffentlichte Schramm Aufsätze, die genau den Plänen des Jahres 1936 entsprachen. Nach den damals getroffenen Vereinbarungen sollten im »Deutschen Archiv« Aufsätze erscheinen, die auf ein allgemeiner interessiertes Fachpublikum zielten, während für das »Archiv für Urkundenforschung« Detailstudien vorgesehen waren, die nur für Spezialisten interessant sein konnten. Dementsprechend erschien von Schramm im »Deutschen Archiv« ein gut lesbarer Text mit Bezug auf die Kaiserkrönung.[284] Im »Archiv für Urkundenforschung« wurden hingegen die eher spröden »Ordines-Studien II« und »Ordines-Studien III« publiziert.[285]

280 *Heiber*, Walter Frank, S. 857–872, 906–910; darin über Engels Ernennung: S. 867; *Fuhrmann*, »Sind eben alles…«, S. 58–64.

281 *Heiber*, Walter Frank, S. 924–927; *Fuhrmann*, »Sind eben alles…«, S. 61 u. 64, auch S. 66–67.

282 Über diesen Vorgang: *Petke*, Karl Brandi, S. 315–317.

283 Ebd., S. 317–318.

284 SVS 1937 »Kaiserordo«; verbessert wiederabgedruckt in: SVS 1968–1971 Kaiser, Bd.3, S. 380–394; der von Schramm als »Ordo« angesprochene Text ediert in: *Elze (Hg.),* Ordines, S. 34–35; vgl. *Elze*, Einleitung, S. XXI.

285 SVS 1938 Ordines-Studien II; SVS 1938 Ordines-Studien III.

Nachweislich waren die beiden letztgenannten Aufsätze Teil einiger Hefte, die im Laufe des Jahres 1937 bereits für jenen nicht zustande gekommenen ersten Band einer neuen Folge des »Archivs für Urkundenforschung« gedruckt worden waren.[286] Diese 1937 gedruckten Stücke wurden dann in den 1938 erschienenen Band eingefügt.[287] Auffällig ist die Numerierung der »Ordines-Studien«. Sie stellte eine Verbindung zu Schramms Arbeit über die Kaiserordines her, die 1930 ebenfalls im »Archiv für Urkundenforschung« erschienen war. Die übrigen wichtigen Aufsätze, die Schramm in der Zwischenzeit anderswo veröffentlicht hatte, wurden dabei vernachlässigt. Das Zahlenspiel sollte vielleicht betonen, daß die Tradition des »Archivs für Urkundenforschung« fortbestand, obwohl es seine Eigenständigkeit verloren hatte. Offensichtlich tat Schramm also sein Möglichstes, um das Zeitschriftensystem zu fördern, das sein Kollege Brandi und Wilhelm Engel im Jahr 1936 vereinbart hatten.

Von größerer Bedeutung für die Entwicklung, die seine Forschungen zu den Ordines und zum Königtum in Europa nahmen, war das erwähnte Wegbrechen der kommunikativen Netzwerke, in denen er bis 1933 gestanden hatte. Als ein wichtiger Gesprächspartner, der Schramm abhanden kam, ist in diesem Zusammenhang Ernst Kantorowicz zu nennen. Kantorowicz reiste schon 1934 für einige Zeit nach Oxford. Danach versuchte er noch einmal in Deutschland Fuß zu fassen, erkannte aber die Sinnlosigkeit dieses Versuchs, wanderte 1938 aus und gelangte schließlich in die USA.[288]

Während er sich 1934 in England aufhielt, begann er, sich mit den von Schramm behandelten Problemen zu befassen. In einem Brief erzählte er, er habe »auf Ihrem Fahrplan der Ordines – ganz nebenbei – herumzureisen gelernt«, in einem weiteren bezeichnete er sich als »Fahnenjunker ›in coronationibus‹«.[289] Im Mittelpunkt seiner Forschungen standen nicht die Ordines, sondern die »Laudes«. Das waren Segensrufe für die Herrscher, die im Rahmen der Krönungsfeier eine Rolle spielten. Für diese Rufe, die mit den Ordines in engem Zusammenhang standen, hatte Schramm sich früher schon gelegentlich interessiert.[290] Nachdem Kantorowicz 1934 nach Deutschland zurückgekehrt war, gab er Schramm deshalb Gelegenheit, einen Blick

286 »Neue Folge, Band I« ausdrücklich erwähnt an folgenden Stellen: SVS 1937 Geschichte Königtum, S. 241; SVS 1938 Ordines-Studien III, S. 305 u. 389.

287 *Petke*, Karl Brandi, S. 317–318.

288 *Grünewald*, Kantorowicz, v.a. S. 139 u. 148; vgl. die einschlägigen Beiträge in *Benson, Fried (Hg.)*, Ernst Kantorowicz.

289 FAS, L 230, Bd.6, Brief E. Kantorowicz an P.E. Schramm, Oxford 7.4.1934; ebd., Brief E. Kantorowicz an P.E. Schramm, Oxford 4.6.1934.

290 1930 hatte Schramm noch selbst geplant, einen Beitrag über die »Laudes« zu verfassen. — SVS 1930 Ordines Kaiserkrönung, S. 313 m. Anm. 3, auch S. 314 m. Anm. 1; das einschlägige Material im Nachlaß in: FAS, L – Ablieferung Elze [noch unsigniert]; vgl. außerdem oben, Kap. 7.b).

in das mittlerweile entstandene Manuskript über die »Laudes« zu werfen. Hierauf wies Schramm in seinen 1937 gedruckten, 1938 erschienenen »Ordines-Studien« ausdrücklich hin. Damit bekannte er sich gleichzeitig zu seiner Freundschaft mit dem längst entlassenen Frankfurter Professor.[291] Schramm seinerseits lieh dem anderen das von ihm selbst gesammelte Material über die »Laudes« zur Auswertung.[292] Dieser fruchtbare Austausch brach ab, als Kantorowicz Deutschland verließ. Das ungedruckte Buch über die »Laudes« trug er im Gepäck. Erst 1946 publizierte er es, nun in englischer Sprache, in den Vereinigten Staaten.[293]

Dieses Beispiel verdeutlicht, daß Schramms Forschungen über das Königtum in Europa ursprünglich aus kommunikativen Zusammenhängen erwachsen waren, die in den Jahren nach 1933 erheblichen Schaden nahmen. Das bedeutet allerdings nicht, daß sie ohne Echo geblieben wären. Im Gegenteil erregten sie sogar international Aufmerksamkeit, wie es bereits auf dem Warschauer Kongreß 1933 der Fall gewesen war. Am deutlichsten wirkten sich Schramms Studien über Ordines und Krönungen auf seine Kontakte nach England aus.[294] Im Jahr 1934 veröffentlichte er zum ersten Mal eine Arbeit, in der auch englische Ordines eine Rolle spielten.[295] Bei dem Besuch in Oxford 1935, der ihm die Gelegenheit bot, Saxl in London zu treffen, dürfte es vor allem um seine diesbezüglichen Forschungen gegangen sein.[296] Im folgenden Jahr gewann seine Arbeit besondere Aktualität: Im Januar 1936 starb König George V. von England, und sein Sohn folgte ihm als Edward VIII. nach. Eine Krönung stand bevor. In dieser Situation wandte sich der englische Wissenschaftler Austin Lane Poole an Schramm und ermunterte ihn, aus gegebenem Anlaß seine für England einschlägigen Forschungen zu einem Buch zusammenzufassen.[297]

Zu diesem Zeitpunkt hatte Schramm schon verhältnismäßig viele Notizen zusammengetragen. Da zwischen Amtsantritt und Krönung eines englischen Monarchen erfahrungsgemäß ungefähr ein Jahr lag, hielt Schramm die Zeit für ausreichend und nahm die Anregung gerne auf. Poole trug dann auch

291 SVS 1938 Ordines-Studien III, S. 315 u. 325; vgl.: *Kantorowicz*, Laudes, S. x; FAS, L 247, Erklärung E.H. Kantorowicz, masch. Durchschl., Berkeley (Kalifornien) 27.5.1947.

292 *Kantorowicz*, Laudes, S. x.

293 *Kantorowicz*, Laudes; weiter über Kantorowicz und Schramm unten, Kap. 12.a).

294 Allgemein über Wechselbeziehungen zwischen deutscher und britischer Historiographie seit 1750: *Berger, Lambert, Schumann (Hg.)*, Historikerdialoge; darin Schramm allerdings nicht berücksichtigt.

295 SVS 1934 Westfranken.

296 S.o. in diesem Kapitel, Abschnitt e).

297 So beschrieb Schramm selbst den Ablauf im Vorwort zu seinem Buch. Im »Vorwort zum Neudruck« der zweiten Auflage von 1970 schilderte er den Vorgang allerdings so, als sei die Initiative vom ihm selbst ausgegangen. — SVS 1937 Geschichte Königtum, S. XV; SVS 1970 Geschichte Königtum, S. XX.

Sorge dafür, daß Schramms Buch von einem ausgewiesenen Kenner der Materie ins Englische übersetzt wurde.[298] Noch während Schramm schrieb, und bevor die Krönung stattgefunden hatte, verzichtete Edward VIII. wegen seiner Ehe mit einer geschiedenen amerikanischen Schauspielerin auf den Thron. Sein Bruder folgte ihm als George VI. nach, und die Krönung verschob sich um ein paar Monate. Für den neuen Termin im Mai 1937 konnte Schramms Buch, im Frühjahr 1937 abgeschlossen, genau rechtzeitig auf den Markt kommen: Beinahe zeitgleich erschien es im April sowohl in England als auch in Deutschland.[299]

Von einem Engländer angeregt, von einem Deutschen verfaßt, von einem angesehenen englischen Spezialisten übersetzt und nahezu gleichzeitig in beiden Sprachen publiziert, war das Buch ein großartiges Beispiel für das Gelingen internationaler wissenschaftlicher Zusammenarbeit. Außerdem war Schramm mit dieser Veröffentlichung als herausragender Kenner der Geschichte der englischen Krönung ausgewiesen. Deshalb erhielt er eine Einladung, persönlich an der Krönungszeremonie teilzunehmen.[300] Im vollen Bewußtsein seiner besonderen Rolle unterbreitete Schramm daraufhin den zuständigen Stellen in Berlin einen Vorschlag für ein Insigniengeschenk Adolf Hitlers an den neuen König.[301] Angeblich war Schramm der einzige Deutsche, der zu den Feierlichkeiten Zutritt erhielt, ohne Würdenträger oder Journalist zu sein. Die Satirezeitung »Kladderadatsch« spießte diesen Sachverhalt auf und veröffentlichte eine entsprechende Zeichnung: Unter der Überschrift »Die oberste Instanz« war ein Page zu sehen, der dem Erzbischof von Canterbury in den Weg trat, als dieser gerade die Krone zur Zeremonie trug. Atemlos vor Angst und Eile rief der Page: »Herr Erzbischof, heute müssen wir aber mächtig aufpassen! Professor Schramm ist da.«[302]

298 SVS 1937 Geschichte Königtum, S. XV.

299 Schramm hat das Vorwort der deutschen Ausgabe unterzeichnet mit dem Datum »Ostersonntag 1937«. Das war der 28. März. Mit Blick auf die englische Ausgabe hat Schramm selbst in den »Ordines-Studien III« angegeben, das Buch sei im April erschienen. In Schramms Nachlaß finden sich mehrere Rezensionen der englischsprachigen Ausgabe aus englischen Tageszeitungen aus den Monaten April und Mai 1937. — SVS 1937 History Coronation; SVS 1937 Geschichte Königtum; zum Erscheinungsdatum: SVS 1937 Geschichte Königtum, S. XVI; vgl. SVS 1937 History Coronation, S. x; SVS 1938 Ordines-Studien III, Anm. 1 auf S. 305; die erwähnten Zeitungsausschnitte in: FAS, L 190.

300 Im Nachlaß findet sich kein Hinweis, auf wessen Initiative Schramm diese Möglichkeit erhielt. Die deutsche Botschaft in London scheint eine Rolle gespielt zu haben. Formal erhielt er offenbar als Pressevertreter der Berliner »Kreuz-Zeitung« Zutritt zur Zeremonie (FAS, L 190, Brief Dienststelle des Botschafters des Deutschen Reiches, Hauptreferat Presse, an P.E. Schramm, Berlin 5.5.1937).

301 FAS, L 243, Brief P.E. Schramm an Reichskanzlei, Entwurf, o.O. [Göttingen], o.O. [vor 12.5.1937]; vgl. hierzu: *Grolle*, Hamburger, S. 32 und S. 59; *Grolle*, Schramm – Saxl, S. 111.

302 Hans Rothfels zufolge baute die Karikatur auf einer Anekdote auf, die Rothfels selbst angeblich gehört hatte, als er sich kurz vor Schramm in London aufhielt. Danach wurde im »Court of Claims«, der über die Ansprüche einzelner Adelsgeschlechter bezüglich ihrer Beteiligung

Die Krönung wurde am 12.5.1937 vollzogen. Zuhause erzählte Schramm nach seiner Rückkehr, er habe einen ausgezeichneten Sitzplatz auf einer der Emporen gehabt. Danach blieb er noch einige Tage in England. Unter anderem besuchte er Cambridge.[303] Dort hatte er am letzten Tag seines Aufenthalts ein Gespräch unter vier Augen mit dem tatsächlichen Erzbischof von Canterbury, Cosmo Lang.[304] Nach seiner Heimkehr nach Göttingen erhielt Schramm den Kontakt zu Lang aufrecht, was ein Jahr später bemerkenswerte Folgen hatte.

Das Jahr 1938 war für Schramm eine Zeit höchster nationaler Erregung: Der »Anschluß« Österreichs im Frühjahr wurde noch übertroffen durch die Münchener Konferenz, die zur Abtretung des Sudetenlandes an Deutschland führte. Mitte Oktober, in den Tagen nach seinem 44. Geburtstag, versuchte Schramm in einer privaten Aufzeichnung, seinen Gefühlen Ausdruck zu verleihen.[305] Er erinnerte sich, die Zeit der Münchener Konferenz habe ein ständiges Auf und Ab der Gefühle gebracht. Als die Konferenz zwischenzeitlich zu scheitern drohte und im Radio von deutscher Mobilmachung die Rede war, begann Schramm, sich auf die Einberufung vorzubereiten. Die Stimmung war dabei eine ganz andere als beim Ausbruch des Ersten Weltkriegs: »Welch' Unterschied gegen 1914! Pflicht, Schicksal statt Begeisterung der noch nicht Wissenden.« Nach der Einigung war Erleichterung die erste Empfindung.[306] Als jedoch die Tragweite der Münchener Entscheidung ganz in sein Bewußtsein trat, war Schramm von euphorischer Begeisterung erfüllt: Er jubelte über nunmehr 80 Millionen im Reich ver-

an den Krönungszeremonien zu entscheiden hatte, geäußert: »We have to be very careful, because Professor Schramm will be in London.« — Die Seite aus dem »Kladderadatsch« in: FAS, L 190; wieder abgedruckt in: *Fuhrmann*, Chevalier, S. 287; *Rothfels*, Gedenkworte Schramm, S. 115.

303 FAS, L 190, »In Galafrack und Orden und mit 2 Äpfeln in der Tasche in der Westminster Abtei. Professor Schramm erzählt von der englischen Königskrönung«, Zeitungsausschnitt aus dem »Göttinger Tageblatt« vom 22./23.5.1937; FAS, L 190, Postkarte P.E. Schramm an J. Schramm, o.O. [England], 13.5.1937 [Datum nach Poststempel].

304 In Schramms Lebenserinnerungen findet sich ein Bericht über den Inhalt dieses Gesprächs. Diesen Bericht scheint Schramm erst Jahrzehnte nach der Unterredung, wahrscheinlich in den späten sechziger Jahren, aus dem Gedächtnis niedergeschrieben zu haben. — FAS, L »Miterlebte Geschichte«, Bd.1, S. 110; über das Gespräch insgesamt S. 108–110; eine gekürzte Zusammenfassung von Schramms Wiedergabe des Gesprächs bei: *Grolle*, Hamburger, S. 33–34; vgl. außerdem: *Thimme, D.*, Erinnerungen, S. 261.

305 Die Aufzeichnung ist lediglich erhalten als eine in »Miterlebte Geschichte« eingefügte, maschinenschriftliche Abschrift. Die zeitgenössische Vorlage für diese Abschrift ist verloren. Der Charakter des Textes sowie der Umstand, daß Schramm in späteren Jahren immer mehr Originaltexte mit immer weniger Veränderungen in seine Erinnerungen einbaute, lassen es aber erlaubt erscheinen, die Quelle für authentisch zu halten. — FAS, L »Miterlebte Geschichte«, Bd.1, S. 112–119.

306 »Man bleibt zu Haus. Der Alltag wird wieder beginnen. Die Söhne werden heranwachsen und man kann hoffen, daß man sie nicht als Kanonenfutter heranzieht.« — Ebd., S. 114 u. 117.

einigte Deutsche, verglich Hitler mit Johanna von Orleans und Bismarck zugleich.[307]

Schramms Empfindungen waren typisch für einen großen Teil der deutschen Bevölkerung: Er ließ sich von Hitlers aggressiver Außenpolitik begeistern, aber er wollte keinen Krieg.[308] Er nahm nicht wahr, daß Hitlers Politik maßlos war und kein noch so großer Erfolg ihn zufriedenstellen konnte – aber einige der mächtigsten und fähigsten Politiker Europas machten denselben Fehler. Ehrengard Schramm meinte sogar noch nach dem Zweiten Weltkrieg mit Blick auf die Münchener Konferenz, dies sei »die beste Zeit des Regimes« gewesen.[309]

Beflügelt von der Hochstimmung, in die ihn der Ausgang der Konferenz versetzt hatte, nahm Schramm auch seine Korrespondenz wieder auf, die er zwischenzeitlich liegen gelassen hatte. Am 2. Oktober schrieb er einen Brief an Erzbischof Cosmo Lang. In diesem Brief verlieh er seiner Freude über den geretteten Frieden Ausdruck und versicherte dem Erzbischof, die deutsche Bevölkerung wolle keinen Krieg. Lang bedankte sich freundlich für Schramms Zeilen.[310] Darüber hinaus war er aber von den Formulierungen des Deutschen so angetan, daß er das Schreiben dem Premierminister Neville Chamberlain zeigte. Diesem wiederum paßte der Text ausgezeichnet ins Konzept – schien er doch zu belegen, daß der Frieden nun gesichert sei. Darum zitierte Chamberlain, ohne Schramms Namen zu nennen, einige Passagen aus diesem Brief aus Deutschland in einer Rede vor dem Unterhaus, als er die Vereinbarungen von München zu verteidigen hatte.[311] Chamberlains Argumentation war so anschaulich, daß die »Times« den entsprechenden Ausschnitt seiner Rede wörtlich dokumentierte. So gelangten von Schramm geprägte Formulierungen in die englische Presse.

Auf dem Weg über die »Times« erhielt schließlich auch Schramm selbst Kenntnis von dem Schicksal seines Briefes. Als Folge davon war er weit davon entfernt, von freudigem Stolz erfüllt zu sein. Stattdessen fürchtete er sich vor der Möglichkeit, deutsche staatliche Stellen könnten ihn als den Autor des Briefes identifizieren. Er hatte Sorge, es könnte ihm übel angerechnet werden, daß er sich in die große Politik einmischte. Darum versuchte er sich für für den Fall einer Hausdurchsuchung abzusichern: Er verfaßte eine retuschierte »Rekonstruktion« des Briefes, worin er weniger klare Formu-

307 Ebd.; zitiert bei *Grolle*, Hamburger, S. 33.

308 In diesem Sinne: *Kershaw,* Hitler, Bd.2, S. 174–175.

309 FAS, L 247, Brief E. Schramm an E. Kantorowicz, masch. Durchschl., Göttingen 19.5.1947.

310 L 230, Bd.6, Brief Cosmo Lang, Erzbischof von Canterbury, an P.E. Schramm, o.O. [Canterbury], 5.10.1938.

311 FAS, L 247, Parliamentary Debates, 5th Series vol. 339, House of Commons, Official Report, Thursday, 6 October 1938, Sp.549 und 550, Fotokopie.

lierungen wählte und den Eindruck zu vermeiden suchte, ihn verbinde mit dem Erzbischof ein besonderes Vertrauensverhältnis.[312] Diese Episode macht die ganze Doppelgesichtigkeit von Schramms internationalem Engagement deutlich: Während er nach außen einen guten Eindruck von den deutschen Verhältnissen zu vermitteln suchte, fürchtete er sich in Wahrheit vor Repressionsmaßnahmen des Regimes, um dessen Unberechenbarkeit er sehr wohl wußte. Wenig später zeigte dasselbe Regime in der Pogromnacht seine dunkelsten Seiten noch deutlicher als zuvor.

Die inneren Widersprüche von Schramms Haltung wirkten sich 1939, wenige Monate vor Kriegsausbruch, ein weiteres Mal auf seine Kontakte nach England aus. Den Anlaß gab eine umfangreiche Monographie über die mittelalterliche Verfassungsgeschichte Deutschlands, die der englische Historiker Geoffrey Barraclough verfaßt hatte.[313] Schramm wollte hiervon, gemeinsam mit seiner Frau Ehrengard, eine deutsche Übersetzung bewerkstelligen.[314] Das Ehepaar Schramm sah dies als einen Beitrag, damit »England und Deutschland sich kennen lernen«.[315] Barraclough stimmte dem Vorschlag hocherfreut zu.[316] Im Juni erwähnte er allerdings, er habe nicht die Absicht, eventuelle Einnahmen aus dem Verkauf der deutschen Fassung für sich selbst zu behalten: »I should devote any profits entirely to anti-Nazi propaganda and charities [...].«[317] Wie er in einem weiteren, auf Deutsch geschriebenen Brief näher erläuterte, wollte er Organisationen unterstützen, die sich um deutsche

312 FAS, L 190, »Rekonstruktion meines Briefes an den Erzbisch. v. Cant.«, dat. 15.10.1938; ebd., Notiz »Betr. Unterredung mit E.v.C. am Tage vor Abreise«, dat. 15.10.1938; vgl. die Darstellung in FAS, L »Miterlebte Geschichte«, Bd.1, S. 120–124.

313 Mit Geoffrey Barraclough (1908–1984) hatte Schramm bereits um die Jahreswende 1933/34 in Verbindung gestanden. Der später berühmt gewordene Historiker, der im Januar 1934 noch darauf wartete, zum ersten Mal eine feste Anstellung zu erlangen, hatte damals seine grundsätzliche Bereitschaft signalisiert, Schramm bei seinen Forschungen zu den englischen Ordines zu unterstützen. Am Ende hatte ihm aber andere Verpflichtungen keine Zeit dazu gelassen. — FAS, L 230, Bd.1, Briefe G. Barraclough an P.E. Schramm, Oxford: 9.11.1933, 6.1.1934 und 12.2.1934.

314 Ehrengard Schramm würde, von Schramm unterstützt, den Text ins Deutsche übertragen, Schramm selbst wollte mit dem Böhlau-Verlag verhandeln, um das Werk publizieren zu lassen. Barraclough erwähnte in einem Brief im März, Albert Brackmann habe schon im Januar, wohl in einem Brief, die Möglichkeit einer deutschen Übersetzung ins Auge gefaßt. Ob Schramms Initiative von Brackmann inspiriert war, muß offen bleiben. — FAS, L 230, Bd.1, Brief G. Barraclough an P.E. Schramm, Cambridge 2.3.1939.

315 Schramm meinte außerdem Parallelen zu seinem eigenen Buch über die englische Krönung zu erkennen. — FAS, L 230, Bd.1, Brief P.E. Schramm an G. Barraclough, masch. Durchschl., o.O. [Göttingen], 7.6.1939; ebd., Brief P.E. Schramm an G. Barraclough, masch. Durchschl., Göttingen 13.6.1939.

316 FAS, L 230, Bd.1, Brief G. Barraclough an P.E. Schramm, Cambridge 2.3.1939.

317 FAS, L 230, Bd.1, Brief G. Barraclough an P.E. Schramm, Cambridge 3.6.1939.

Emigranten kümmerten und dabei »ausdrücklich politische Zwecke« verfolgten.[318]

Daraufhin stellten Schramm und seine Frau die Zusammenarbeit mit Barraclough sofort ein. Ihnen blieb kaum etwas anderes übrig. Barraclough verhielt sich nicht sehr diplomatisch, indem er seine Absichten so unverblümt kundtat, und er brachte seine deutschen Partner, die jederzeit damit rechnen mußten, daß ihre Korrespondenz geöffnet und von Sicherheitsorganen gelesen wurde, sogar in Gefahr. Das Ehepaar Schramm war gezwungen, den Kontakt sofort zu beenden. Ähnlich wie schon gegenüber dem Warburg Institute 1935 ließ Schramm aber in dem Brief, mit dem er dem anderen das Ende der Zusammenarbeit mitteilte, Angst als Grund für sein Verhalten noch nicht einmal in Andeutungen erkennbar werden. Im Gegenteil verwendete er Formulierungen, die darauf hindeuten, daß er sich mindestens ebenso stark von seinen Überzeugungen leiten ließ. Er betonte, es sei für ihn wie für seine Frau »eine moralische Selbstverständlichkeit, nicht bei einem Unternehmen mitzuwirken, dessen Ertrag Sie für eine Stiftung mit [...] meinem Vaterlande abträglichen Zielen verwenden wollen.« Sie beide empfänden Barracloughs Briefe »als eine persönliche und völlig unverdiente Kränkung [...].«[319]

Wie es schon bei seiner Reaktion auf die Einleitung zur »Kulturwissenschaftlichen Bibliographie« der Fall gewesen war, machte Schramm noch immer keinen Unterschied zwischen Deutschland und dem nationalsozialistischen Regime. Demgemäß hielt er es nach wie vor für seine patriotische Pflicht, die Regierung gegenüber dem Ausland zu verteidigen. Dabei verschwendete er keinen Gedanken auf die Frage, ob denn Deutschland nicht auch das »Vaterland« der Emigranten sei, um die sich die von Barraclough erwähnten Organisationen kümmerten. Nicht zuletzt daran scheiterten seine Bemühungen um internationale Verständigung.

Knapp drei Monate, nachdem Schramm seinen letzten Brief an Barraclough geschrieben hatte, brach der zweite Weltkrieg aus und machte diese Bemühungen endgültig obsolet. Als Offizier der Reserve wurde Schramm sofort eingezogen. Durch die Ereignisse seit 1933 waren Erinnerungen an die Erfahrungen des Ersten Weltkriegs immer stärker in den Vordergrund sei-

318 Schramm hatte zunächst an ein Mißverständnis glauben wollen. Er hatte Barracloughs Absicht gelobt, sein Honorar für wohltätige Zwecke zu spenden, hatte aber festgestellt, sollte Barraclough »die andere Möglichkeit«, die er andeutete, in die Tat umsetzen, könnten seine Frau und er die Arbeit nicht fortsetzen. Daraufhin antwortete Barraclough auf Deutsch, um jede Unklarheit auszuschließen. Als Beispiel für die Institutionen, die er unterstützen wollte, nannte er einen »Baldwin Fund for Refugees«. — Der im Text zitierte Brief: FAS, L 230, Bd.1, Brief G. Barraclough an P.E. Schramm, Cambridge 9.6.1939; Schramms vorausgehender Brief: FAS, L 230, Bd.1, Brief P.E. Schramm an G. Barraclough, masch. Durchschl., o.O. [Göttingen], 7.6.1939.

319 FAS, L 230, Bd.1, Brief P.E. Schramm an G. Barraclough, masch. Durchschl., Göttingen 13.6.1939.

nes Bewußtseins gerückt worden. Nun schienen diese Erfahrungen vollends wieder in sein aktuelles Leben überzutreten. Schramm gestand sich nicht ein, daß der neue Krieg die notwendige Konsequenz von Hitlers Außenpolitik war, die er stets unterstützt hatte. Er sah keinerlei Verbindung zwischen dem Weltgeschehen und dem Verhalten, das er selbst, die meisten seiner akademischen Standesgenossen und viele andere Deutsche an den Tag gelegt hatten. Der Dienst als Offizier blieb für ihn, wie er es im Herbst 1938 formuliert hatte, unabwendbares »Schicksal« und unausweichliche »Pflicht«.

Als er bereits an der Front stand, erschien sein Buch »Der König von Frankreich«. Bis zum Untergang der nationalsozialistischen Diktatur war dies die letzte Veröffentlichung aus dem Kreis seiner Arbeiten zu Krönungen und Ordines. Im Jahr 1933 war es reiner Zufall gewesen, daß seine 1930 begonnenen Forschungen nur wenige Monate nach der »Machtergreifung« erste Früchte getragen hatten. Dementsprechend waren sie anfangs noch eingebettet in kommunikative Zusammenhänge, die älter waren als die nationalsozialistische Diktatur. Diese Netzwerke brachen aber Stück für Stück zusammen. Schramms international orientierte Forschung brachte ihm mehr Schwierigkeiten als Anerkennung. Vielleicht gewann er in dieser Situation den Eindruck, daß seine Forschungen über das Königtum eigentlich nicht mehr in die Zeit paßten.

Jedenfalls fand er damals den Weg zur Wirtschafts- und Sozialgeschichte. Dabei knüpfte er an die genealogischen Interessen seiner Jugendzeit an.[320] Jetzt wandte er sich der Rolle zu, die Hamburger Kaufleute, darunter viele seiner Vorfahren, in der Kolonialgeschichte gespielt hatten. Im selben Jahr, in dem der »König von Frankreich« erschien, legte er die erste einschlägige Veröffentlichung vor. Kolonialgeschichtliche Forschungen lagen damals genau auf der Linie bestimmter außenpolitischer Bestrebungen des nationalsozialistischen Regimes.[321] Im Göttinger Kontext fielen sie mit forschungspolitischen Inititativen zusammen, die von den Leitungsinstanzen der Universität ausgingen.[322] Je länger sich Schramm mit der Thematik befaßte, desto stärker trat ihm außerdem ins Bewußtsein, wie viel ihm die Tradition seiner Familie bedeutete. Zugleich machte er aber die Erfahrung, daß die Leistungen der gesellschaftlichen Schicht, der er entstammte, von der Propaganda

320 Im Jahr 1927 hatten diese Interessen zuletzt zu Publikationen geführt. — *Ritter, A.*, Veröffentlichungen Schramm, Nr.I,23 u. 24, auf S. 293; über die Zusammenhänge vgl. oben, Kap. 6.b); allgemein *Grolle*, Schramm Sonderfall, S. 25–28.

321 *Joist Grolle* hat diese Zusammenhänge beschrieben. — *Ritter, A.*, Veröffentlichungen Schramm, Nr.I,156, auf S. 302; ebd., Nr.I,160, auf S. 302; *Grolle*, Schramm Sonderfall, S. 26–30.

322 Vgl. *Becker*, Nahrungssicherung, S. 646–647.

des Staates und der Partei herabgewürdigt wurden.[323] Dies weckte seinen Widerspruchsgeist.

Sowohl in der Form positiver Anreize als auch durch verletzende Propagandaphrasen lieferten damit die besonderen Umstände der nationalsozialistischen Diktatur den Anlaß dafür, daß Schramm sich der Kolonialgeschichte und der Geschichte seiner Familie zuwandte. Auf der wissenschaftlichen Ebene waren diese Arbeiten seine wichtigste Reaktion auf die Bedingungen der Diktatur. So betrachtet, hatten sie in dieser Zeit ihren Platz. Gleichzeitig wandte sich Schramm, nachdem das Buch über Frankreich erschienen war, für die Dauer des Krieges von der Geschichte des Mittelalters ab. Im Bereich der Wirtschafts- und Bürgertumsgeschichte arbeitete er dagegen die gesamte Kriegszeit hindurch weiter. Nach 1945 kehrte er dann auch zum Mittelalter zurück. Aber bis zu seinem Lebensende bildeten die Arbeiten, die mit der Geschichte seiner Vorfahren zusammenhingen, daneben einen weiteren Schwerpunkt seines Schaffens.

323 Vgl. SVS 1968–1971 Kaiser, Bd.1, S. 7; hierzu: *Grolle*, Schramm Sonderfall, v.a. S. 42 m. Anm. 44; *Thimme, D.*, Erinnerungen.

10. Bilder vom Mittelalter: Die Völker Europas

Solange der Zweite Weltkrieg tobte, ruhte Schramms mediävistische Publikationstätigkeit. Von einigen Buchbesprechungen abgesehen, behandelten die wenigen Schriften der Kriegsjahre keine mittelalterlichen Themen. Alle relevanten Arbeiten zur Geschichte des Mittelalters, die Schramm in der nationalsozialistischen Zeit publizierte, erschienen in der ersten Hälfte dieser Phase. Von ihnen soll im folgenden die Rede sein. Insgesamt lassen sich zwei thematische Schwerpunkte unterscheiden. Zum einen sind Schramms Forschungen über die Krönungsordines und über das Königtum in Europa in den Blick zu nehmen. Aus dem Rahmen dieser Forschungen erwuchsen zum anderen seine ersten publizierten Arbeiten zu den »Herrschaftszeichen«.

a) Ordines und Königtum

Den Ausgangspunkt für Schramms Publikationen über die Ordines und das Königtum im mittelalterlichen Europa bildete sein Aufsatz von 1930, der die »Ordines der mittelalterlichen Kaiserkrönung« behandelte.[1] Auf der Suche nach Wegen, die »Kaiseridee« des Mittelalters möglichst exakt zu beschreiben, war Schramm auf die kaiserliche Krönung gestoßen. Die Anschaulichkeit dieses Aktes fesselte ihn. Nach seiner Auffassung kamen darin politische und rechtliche, aber auch religiöse und andere geistige Sachverhalte zu sichtbarem Ausdruck. Dadurch stellte die Krönung eine wichtige Manifestation der »Kaiseridee« dar. Der »Geschichte des Kaisertums«, so schien es Schramm, wäre deshalb mit einer Geschichte der Krönung hervorragend gedient.[2]

Bevor letztere aber geschrieben werden konnte, mußte zunächst die Quellengrundlage gesichert werden. Deshalb befaßte sich Schramm in seinem Artikel von 1930 vor allem damit, die Ordines, also die Ablaufpläne für die Krönungsfeiern, quellenkritisch zu prüfen. Dabei beleuchtete er unter anderem die Beziehungen, die zwischen dem interessantesten Kaiserordo, dem sogenannten Cencius II, und dem Ratold-Ordo bestanden, der Vorschriften für die Krönung des französischen Königs enthielt.[3] Durch diese Untersu-

1 SVS 1930 Ordines Kaiserkrönung; s.o., Kap. 7.b).

2 Vgl. z.B. den Untertitel des Aufsatzes: »Ein Beitrag zur Geschichte des Kaisertums«.

3 SVS 1930 Ordines Kaiserkrönung, S. 304–309.

chung traten die vielfältigen Verknüpfungen in Schramms Blickfeld, die zwischen den kaiserlichen Krönungsordines und den Krönungsordines für die Könige in den verschiedenen Monarchien Europas, vor allem aber zwischen den Ordines der verschiedenen Königreiche untereinander existierten. Diese Verknüpfungen bestanden, weil die jeweiligen Verfasser der einzelnen Ordnungen ihre Texte nicht frei erfunden, sondern sich im Gegenteil stets eng an Vorbilder angelehnt hatten. Wo es in ihren Vorlagen Lücken gab, hatten sie diese mit Elementen aus anderen, passend erscheinenden Quellen gefüllt, und nur einzelne Passagen neu formuliert.

Was sich an Lesefrüchten und ersten Erkenntnissen hinsichtlich der aufeinander bezogenen königlichen Ordines, insbesondere in Frankreich und England, im Zuge der Arbeit an seinem Aufsatz ergeben hatte, trug Schramm in zwei umfangreichen Fußnoten zusammen.[4] Dabei fiel ihm auf, daß bei den Ordines für die Königskrönungen die Überlieferungslage nicht klarer und der Forschungsstand eher noch schlechter war als bei den Kaiserordines. Das empfand er als Herausforderung. Deshalb machte er es sich zur Aufgabe, den Wortlaut der Quellen zu sichern und das dichte Geflecht der gegenseitigen Abhängigkeiten durchschaubar zu machen. Aufgrund dessen lag das Hauptgewicht seiner Arbeit für einige Jahre auf der Auseinandersetzung mit den Texten und mit der Überlieferung der verschiedenen Ordines, wobei es um die Klärung der chronologischen Ordnung und die Entschlüsselung der wechselseitigen Bezüge ging.

Die Methode, die er dabei anwandte, hatte er bereits für seinen Aufsatz über die Kaiserordines entwickelt. In den folgenden Jahren verfeinerte er sie.[5] Seiner Darstellung zufolge war es die wichtigste Schwäche der älteren Forschung gewesen, daß sie bei der quellenkritischen Analyse der Ordines zu kurz gegriffen hatte. Sie hatte die Angaben und Formulierungen der jeweils in Frage stehenden Texte zu äußeren Bedingungen in Beziehung gesetzt, die nachweislich erst ab einem bestimmten Zeitpunkt gegeben waren. Daraus hatten sich Hinweise auf die Entstehungszeit der Ordines ergeben.[6] Schramm bediente sich sich dieser Methode ebenfalls, kritisierte aber die früheren Forscher, weil sie sich damit begnügt hätten. Er selbst ging darüber hinaus und versuchte vor allem zu ergründen, welche Texte die Verfasser der einzelnen Ordines als Vorlagen benutzt hatten und wie sie damit umgegangen waren.[7] Diese Forschungsstechnik bezeichnete er als »diplomatisch-philologische

4 Ebd., Anm. 2 auf S. 305–306, und Anm. 2 auf S. 362–363.

5 Vgl. v.a.: SVS 1930 Ordines Kaiserkrönung, S. 304, und: SVS 1938 Ordines-Studien II, S. 7 u. 33.

6 Anschaulich erläutert in: SVS 1938 Ordines-Studien II, S. 33.

7 Die Unterscheidung dieser beiden Formen der Quellenkritik in: SVS 1930 Ordines Kaiserkrönung, S. 304.

Methode«.[8] Erläuternd beschrieb er sie als typische Methode der Diplomatik, der Wissenschaft von den mittelalterlichen Urkunden. Diese Disziplin habe oft mit ähnlichen Problemen zu kämpfen wie die Ordinesforschung, wenn es etwa gelte, für eine bestimmte Fälschung die genaue Entstehungszeit und die Absichten des Fälschers zu ermitteln.[9] Schramms Lehrer Harry Bresslau hatte die Feinheiten dieser Kunst besonders virtuos beherrscht, und von ihm hatte Schramm sein Handwerk gelernt. Deshalb widmete er den »Kaiserordines«-Aufsatz Bresslaus Gedenken.[10]

Binnen weniger Jahre arbeitete Schramm sich tief in die Geschichte der Ordines ein. Dabei gewann er ein differenziertes Bild von den grundsätzlichen Charakteristika dieser Textgattung.[11] Für sein Modell der Entwicklung war der Umstand entscheidend, daß die ganze Gattung im Laufe des Mittelalters überhaupt erst entstanden war. Seit der Spätantike kannte die Kirche Sammlungen, in denen Gebete für bestimmte Anlässe enthalten waren, darunter auch einige für die Segnung eines Königs. Aber erst im neunten Jahrhundert wurden manche dieser letztgenannten Gebete mit Formeln verknüpft, die sich speziell auf die Herrscherweihe zu Beginn einer Herrschaft bezogen, in eine festgelegte Reihenfolge gebracht und durch Erläuterungen hinsichtlich des Ablaufs der Feier ergänzt. Daraus entstanden die Ordines.[12] Diese Ordnungen wurden im Laufe der Zeit immer ausführlicher und exakter. Das ergab sich zum einen daraus, daß die Krönungsfeiern tatsächlich immer breiter ausgestaltet wurden. Zum anderen wuchs aber erst allmählich überhaupt das Bedürfnis, alle Einzelheiten des Ritus schriftlich festzuhalten.

Für diesen Vorgang spielte der Umstand eine besondere Rolle, daß an einer Krönung immer mehrere Parteien beteiligt und interessiert waren: An der Kaiserkrönung neben dem Kaiser auch der Papst, beide mit ihrer jeweiligen Umgebung, an den Königskrönungen vor allem der Monarch und der hohe Klerus, aber auch die führenden weltlichen Herren seines Reiches. Die Vorstellungen der verschiedenen Parteien von den einzelnen Elementen der Krönungshandlung konnten sehr unterschiedlich sein. Dadurch gewann der Prozeß eine komplexe Dynamik. Demnach halte jeder neue Ordo, so Schramm, »nur einen bestimmten Augenblick der Entwicklung – gegebenenfalls in einseitiger Interpretation – fest [...].«[13] Darum bedeute außerdem

8 SVS 1933 Geschichte Königskrönung, S. 424; SVS 1938 Ordines-Studien II, S. 7.

9 SVS 1930 Ordines Kaiserkrönung, S. 304; vgl. auch SVS 1938 Ordines-Studien II, S. 7.

10 SVS 1930 Ordines Kaiserkrönung, Anm. auf S. 285.

11 Hierzu bereits: SVS 1930 Ordines Kaiserkrönung, S. 290–295 u. 368–369; zusammenfassend v.a.: SVS 1938 Ordines-Studien II, S. 3–8 u. 9; vgl. die mit Schramms Gedanken weitgehend zu vereinbarenden Ausführungen bei: *Elze*, Einleitung.

12 SVS 1930 Ordines Kaiserkrönung, S. 368–369; SVS 1938 Ordines-Studien II, S. 3 u. 9.

13 SVS 1930 Ordines Kaiserkrönung, S. 292.

die Beschreibung einer bestimmten Handlung in einem Ordo nicht, daß sie jemals so ausgeführt worden sei. Vielmehr sei im Hinblick auf tatsächlich durchgeführte Krönungen zu beachten, daß die Ordines bis ins spätere Mittelalter »nur als Leitsätze« angesehen werden dürften, »die jeweils den gegebenen Umständen angepaßt wurden.«[14]

Auf diese Weise wurde Schramm zu einem der besten Kenner der Ordinesüberlieferung in Europa. Angesichts dessen war es mehr als gerechtfertigt, daß er 1933 die Edition der Kaiserordines für die Monumenta übernahm. Schon 1934 schickte er an Paul Kehr ein Manuskript, das er als erste Rohfassung seiner Edition ansehen wollte. Bald zeigte sich aber, daß die Lücken noch erheblich waren. Weil sich der Aufwand für das Editionsvorhaben sinnvollerweise nicht so stark begrenzen ließ, wie es ihm vorschwebte, brachte er das Projekt schließlich nicht zum Abschluß.[15] Alles in allem ließ er sich auf die tatsächliche Arbeit kaum ein.[16] In seinen veröffentlichten Schriften kam er auf das Ziel einer Edition überhaupt nur zu sprechen, als er im Jahr 1935 seinen Aufsatz über »Die Krönung in Deutschland« veröffentlichte.[17] Obwohl er in dieser Edition auch westeuropäische Ordines hatte publizieren wollen,[18] erwähnte er das Vorhaben in den Arbeiten, in denen er sich mit den Monarchien Westeuropas befaßte, gar nicht. Im Gegenteil äußerte er mehrfach die Hoffnung, die englischen, beziehungsweise die französischen Forscher würden die von ihm geleisteten Vorarbeiten aufgreifen und sich der Ordines ihrer Länder selbst annehmen.[19]

14 Diesen Aspekt hat *Reinhard Elze* in der Einleitung seiner Ordines-Edition noch stärker betont als Schramm an dieser Stelle. — SVS 1930 Ordines Kaiserkrönung, S. 293 m. Anm. 1; *Elze*, Einleitung, S. XXIII.

15 Hierzu oben, Kap. 9.f).

16 Seinen Studien fügte er zwar mehrfach Wiedergaben von Ordinestexten bei, betonte aber ausdrücklich, daß sie die Anforderungen nicht erfüllten, die an eine Edition zu stellen seien. — SVS 1930 Ordines Kaiserkrönung, S. 369–386; vgl. ebd., Anm. 1 auf S. 366; SVS 1934 Westfranken, S. 192–242; über den Charakter des Abdrucks: ebd., S. 192; SVS 1935 Krönung Deutschland, S. 307–332.

17 SVS 1935 Krönung Deutschland, in Anm. 1 auf S. 185 (die Anm. beginnt S. 184), sowie »Nachtrag« auf S. 332.

18 Vgl. bereits: SVS 1930 Ordines Kaiserkrönung, S. 368, m. Anm. 3; außerdem ebd., Anm. 2 auf S. 305–306, a.E.

19 Diese Aufforderung sprach Schramm in den dreißiger Jahren mehrfach aus. Auch nach dem Zweiten Weltkrieg griff er jede Gelegenheit auf, im angelsächsischen und im französischen Raum für die Bearbeitung der jeweils einschlägigen Ordines zu werben. — SVS 1937 History Coronation, S. ix–x; SVS 1938 Ordines-Studien II, S. 8; SVS 1938 Ordines-Studien III, S. 388; vgl. außerdem die Korrespondenz mit Geoffrey Barraclough von 1933/34, in: FAS, L 230, Bd.1; hierzu auch oben, Kap. 9.f).; für die Zeit nach dem Zweiten Weltkrieg z.B. für England: FAS, L 230, Bd.2, Brief J. Brückmann an P.E. Schramm, Toronto (Canada) 26.10.1959; für Frankreich: ebd., Bd.1, Brief P.E. Schramm an H.X. Arquillière, masch. Durchschl., Göttingen 26.1.1953; vgl. außerdem SVS 1968–1971 Kaiser, Bd.2, S. 168.

Immerhin wurde es dadurch, daß er das Editionsvorhaben nicht ernsthaft vorantrieb, für ihn leichter, seine Forschungen in anderer Form zu publikationsfähigen Ergebnissen zu bringen.[20] Dabei kam der kaum zu überbietende Fleiß zur Geltung, der ihn sein Leben lang auszeichnete. Nach dem Erscheinen des »Kaiserordines«-Aufsatzes befaßte er sich drei Jahre lang intensiv mit der Materie. Offenbar konnte er seinen Aufenthalt in Princeton nutzen, um seine Studien entscheidend voranzutreiben.[21] Im Herbst 1933 wies er mit einem kurzen Artikel die wissenschaftliche Öffentlichkeit auf seine Forschungen hin.[22] In den Jahren danach, als seine Stellung in der akademischen Welt im Vergleich zum Anfang der dreißiger Jahre problematischer wurde, konzentrierte er sich besonders stark auf seine Forschungstätigkeit.[23] So folgten seine einschlägigen Publikationen zügig aufeinander.

Im Jahr 1934 veröffentlichte er einen Aufsatz, der »Die Krönung bei den Westfranken und Angelsachsen« behandelte.[24] 1935 folgte »Die Krönung in Deutschland bis zum Beginn des Salischen Hauses«.[25] 1936 konnte er die Entwicklung bereits so weit überblicken, daß er für ein wichtiges europäisches Land eine Zusammenfassung wagte: In diesem und im folgenden Jahr publizierte er in zwei Teilen einen Aufsatz unter dem Titel »Der König von Frankreich«.[26] Im gleichen Jahr, in dem der zweite Teil dieses Aufsatzes veröffentlicht wurde, legte er sein Buch über die »Geschichte des englischen Königtums im Lichte der Krönung« vor, das gleichzeitig auf Deutsch und auf Englisch erschien.[27] Ebenfalls im Jahr 1937 wurden seine »Ordines-Studien II« und »Ordines-Studien III« gedruckt. Darin versammelte Schramm sämtliche Erkenntnisse über Überlieferung und Textgestalt der englischen und französischen Ordines, die zu publizieren er bis dahin keine Gelegenheit gehabt hatte.[28] 1939 schloß die Reihe seiner Studien über das Königtum in Europa mit dem Buch »Der König von Frankreich« vorläufig ab. Das Werk

20 Über die Stellung von Schramms Arbeiten im Gesamtzusammenhang der Forschung über Krönungszeremonien im 20. Jahrhundert und über ihre Bedeutung für die neuere Forschung vgl. zusammenfassend: *Bak*, Introduction, v.a. S. 4–5.

21 SVS 1934 Westfranken, Anm. auf S. 242.

22 SVS 1933 Geschichte Königskrönung.

23 Über das Problem von Schramms »eremitenhaftem Arbeitsstil« in der Mitte der dreißiger Jahre s. das vorige Kapitel, v.a. Kap. 9.f); der zitierte Begriff nach *Kamp*, Percy Ernst Schramm, S. 357.

24 SVS 1934 Westfranken.

25 SVS 1935 Krönung Deutschland.

26 SVS 1936 Frankreich I; SVS 1937 Frankreich II.

27 SVS 1937 Geschichte Königtum; SVS 1937 History Coronation.

28 Der diese Aufsätze enthaltende fünfzehnte Band des »Archivs für Urkundenforschung« erschien am Ende mit der Jahreszahl 1938. Im folgenden Band der Zeitschrift erschienen 1939 noch »Nachträge«, in denen Schramm einiges mitteilte, was sich in der Zwischenzeit ergeben hatte, ohne daß er eigene Forschungen angestellt hätte. — SVS 1938 Ordines-Studien II; SVS 1938 Ordines-Studien III; über das Druck- und das Erscheinungsdatum s.o., Kap. 9.f); SVS 1939 Nachträge.

enthielt den gleichnamigen, in zwei Teilen erschienenen Aufsatz in überarbeiteter und erweiterter Form.[29]

Der größte Teil der in Frage stehenden Schriften erschien also in den vier Jahren von 1934 bis 1937. Dabei lag ein deutlicher Schwerpunkt im Jahr 1937. Allein die Veröffentlichungen dieses Jahres hatten zusammengenommen einen Umfang von fast 880 Seiten. Insgesamt werden im vorliegenden Kapitel rund anderthalbtausend von Schramm publizierte Seiten behandelt. Trotzdem bleibt vieles noch ausgeblendet. Dies gilt vor allem für Schramms Forschungen über das Königtum in Spanien.[30] Es läßt sich außerdem nachweisen, daß Schramm versuchte, die gesamte abendländische Krönungstradition vergleichend in den Blick zu nehmen.[31] Im Zuge dessen bemühte er sich, den einen oder anderen Doktoranden für diesen Themenkreis zu begeistern.[32] Bei alledem beschränkte er sich nicht auf die Analyse von Ordines, sondern untersuchte auch andere Textsorten, wie es dem bereits 1930 skizzierten Programm entsprach.[33] All dies kann jedoch beiseite bleiben, da es im Verhältnis zu den zuerst genannten Arbeiten nicht ins Gewicht fällt.

Insgesamt bestand zwischen Schramms grundsätzlichem Erkenntnisinteresse und seiner tatsächlichen Arbeit eine auffällige Divergenz. Obwohl er weit darüber hinausstrebte, war der größte Teil sowohl seiner Forschungen als auch seiner Publikationen der Textarbeit gewidmet. Er mußte die Gestalt der einzelnen Ordines und die Genese der Gattung soweit klären, daß er für die Behandlung seiner anderen Fragestellungen eine Grundlage

29 SVS 1939 König Frankreich.

30 Schramm veröffentlichte im Laufe seines Lebens eine ganze Reihe von Aufsätzen zur Geschichte des spanischen Königtums. Der erste und vor 1945 einzige wurde 1936 gedruckt. Wiederholt stellte Schramm außerdem die Publikation eines einschlägigen Buches in Aussicht. — *Ritter, A.*, Veröffentlichungen Schramm, Nr.I,122, auf S. 300; vgl.: SVS 1937 Geschichte Königtum, S. XIV u. 241, sowie: SVS 1939 König Frankreich, Bd.2, S. 10; s.a. unten, Kap. 12.c).

31 Aus dem Nachlaß läßt sich belegen, daß er sich u.a. mit Sizilien, Burgund, Portugal und dem lateinischen Kaisertum in Byzanz beschäftigte. Aus anderen Quellen sind Böhmen, Polen und Ungarn nachweisbar. Wie ein ausformuliertes Vorwort belegt, spielte er 1937 mit dem Gedanken, seine Forschungen, sofern sie nicht England, Frankreich oder Spanien betrafen, in einer Sammelmonographie zu bündeln. Manches aus diesem Bereich publizierte er schließlich in seinen »Gesammelten Aufsätzen«. — FAS, L – Ablieferung Elze [noch unsigniert], »Studien zur Geschichte der Krönung«, Vorwort, Manuskript, 28.4.1937; weiteres einschlägiges Material ebd.; z.B. über Burgund schließlich: SVS 1968–1971 Kaiser, Bd.2, S. 249–282; über Böhmen, Polen und Ungarn s. unten, Kap. 12.c).

32 1937 und 1939 kündigte er Arbeiten über Schottland und Skandinavien an, die er angeregt habe. — SVS 1937 Geschichte Königtum, Anm. 3 auf S. 245, zu S. 13; SVS 1939 König Frankreich, Bd.1, Anm. 1 auf S. VIII; vgl. über die weitere Entwicklung unten, Kap. 12.c).

33 Über für den König gesprochene Gebete findet sich im Nachlaß ein Fragment eines Textes, der vielleicht das Vorwort zu einer einschlägigen Monographie werden sollte. Der Text läßt sich grob auf die Mitte der dreißiger Jahre datieren. Über die »Laudes« ist in früheren Kapiteln gesprochen worden. — FAS, L – Ablieferung Elze [noch unsigniert], Textfragment über »Gebete«, vielleicht Entwurf eines Vorworts, Manuskript; oben, v.a. Kap. 9.f).

gewann, die er als hinreichend stabil einschätzte. Diese besondere Gewichtsverteilung spiegelte sich bereits in der kurzen Skizze wider, mit der er seine Forschungen im Herbst 1933 der Öffentlichkeit vorstellte. Sie trug den Titel »Zur Geschichte der mittelalterlichen Königskrönung«, handelte aber im wesentlichen von den Ordines und ihrer Entwicklung.[34]

Wie diese Skizze zeigte, hatte Schramm, seit er seinen »Kaiserordines«-Aufsatz veröffentlicht hatte, einen Überblick über die Ordines gewonnen, die »aus den verschiedenen Ländern des Abendlandes« existierten. Ihre Zahl gab er mit »beinahe hundert« an. Er war sich sogar schon über die bestehenden Verwandtschaftsverhältnisse klar geworden: Sie ergaben eine »Stammtafel, die sich auf einem einzigen Blatt darstellen läßt«, und die er interessierten Lesern auf Wunsch zuzuschicken bereit war.[35] Demgemäß konnte er hier schon die wesentlichen Eckpunkte der Entwicklung schildern, um die sich die meisten seiner Arbeiten bis 1939 drehten.[36] Zumindest seiner eigenen Vorstellung nach ging es bei diesen bevorstehenden Publikationen, sofern sie die Ordines betrafen, nur noch darum, das bereits Erkannte zu untermauern und einzelne Lücken zu füllen.

Wie diese erste Skizze, so handelte auch der im Jahr 1934 erschienene Aufsatz »Die Krönung bei den Westfranken und Angelsachsen von 878 bis um 1000« beinahe ausschließlich von den Quellen, aus denen Schramm die Geschichte der Krönung später einmal herauslesen wollte.[37] Ihren Ausgangspunkt nahm diese Studie von vier Ordines, die bereits im 19. Jahrhundert in den Monumenta publiziert worden waren. In der zweiten Hälfte des 9. Jahrhunderts waren diese Ordnungen im westfränkischen Reich aufgestellt worden.[38] Schramm zeigte zunächst, wie die Entwicklung im Westfrankenreich weiterlief. Die unsichere Legitimationsgrundlage der Herrscher gab den Anlaß, den Akt der Herrscherweihe zu erweitern und seine Ordnung immer genauer festzulegen. Die kirchliche Weihe sollte die Königsgewalt uneinholbar über rivalisierende adelige Kräfte hinausheben und ihre Legitimität unbestreitbar machen.[39]

34 Wie im vorigen Kapitel ausgeführt, dürfte sich dieser Artikel inhaltlich mit dem Vortrag decken, den er im selben Jahr auf dem Internationalen Historikerkongreß in Warschau hielt. — SVS 1933 Geschichte Königskrönung; oben, Kap. 9.f).

35 SVS 1933 Geschichte Königskrönung, S. 424.

36 Ebd., S. 424–425.

37 SVS 1934 Westfranken; stark überarbeitet und erweitert wieder abgedruckt in: SVS 1968–1971 Kaiser, Bd.2, S. 140–248.

38 SVS 1934 Westfranken, S. 120.

39 Den engen Zusammenhang zwischen dem Legitimationsbedürfnis der Herrscher und der Erweiterung des Krönungsritus arbeitete Schramm im Hinblick auf die zweite Krönung Ludwigs des Stammlers 878 und die Erhebung des Kapetingers Odo zehn Jahre später prägnant heraus. — SVS 1934 Westfranken, v.a. S. 123 u. S. 139.

Ein wichtiges Ergebnis dieses Prozesses bildete ein von der Forschung lange übersehener Ordo, dessen Entstehung Schramm grob ans Ende des neunten Jahrhunderts setzte. Diesen Ordo hatte er nicht selbst aufgespürt; vielmehr war er von dem Berliner Forscher Carl Erdmann darüber unterrichtet worden.[40] Zum Dank und zur Würdigung von Erdmanns Verdiensten um die Ordines-Forschung wies Schramm dem Text die Bezeichnung »Erdmannscher Ordo« zu.[41] Das Formular bestimmte nicht nur für geraume Zeit die Form der Krönung im Westfrankenreich, das allmählich zu Frankreich wurde, sondern beeinflußte auch die Entwicklung in England und bildete den Ausgangspunkt der deutschen Tradition.[42]

Die Untersuchung der deutschen Verhältnisse hob sich Schramm für eine andere Gelegenheit auf.[43] Hier verfolgte er nur die englische Entwicklung weiter. Die Entstehung des ältesten, in zwei Fassungen überlieferten englischen Ordo, den Schramm als »Dunstan-Ordo« bezeichnete, setzte er in die sechziger Jahren des 10. Jahrhunderts.[44] Von größerer Bedeutung für die weitere Entwicklung war eine etwas jüngere Ordnung, die für die Krönung König Edgars im Jahr 973 erstellt worden war.[45] Schramm wies nach, daß in diesen Edgar-Ordo unter anderem viele Teile des Erdmannschen Ordo sowie verschiedene Elemente des in der Zwischenzeit entwickelten deutschen Königsordo übernommen worden waren.[46]

Etwas weiter unten in dem hier in Frage stehenden Aufsatz ließ sich Schramm von der Geschichte der Ordines zurück nach Frankreich führen. Er untersuchte den Ratold-Ordo genauer, der für lange Zeit die Formen der französischen Krönung bestimmt hatte und auf den er, wie oben erwähnt,

40 Der Monumenta-Mitarbeiter Carl Erdmann (1898–1945) starb in den letzten Monaten des Zweiten Weltkriegs. Zu diesem Zeitpunkt hatte er sich, an seinen wissenschaftlichen Leistungen gemessen, längst den Anspruch auf ein Ordinariat erworben. Seine überzeugte Ablehnung des Nationalsozialismus hatte jedoch dazu geführt, daß er auf seine Mitarbeiterstelle bei den Monumenta beschränkt geblieben war. — *Baethgen*, Erdmann Gedenkwort, v.a. S. XIV–XV; *Fuhrmann*, »Sind eben alles…«, S. 98–100.

41 Erdmann veröffentlichte zu Lebzeiten nichts über Ordines. In seinem Nachlaß fanden sich aber bereits abgeschlossene, ergebnisreiche Studien, die posthum 1951 publiziert wurden. Schramm durfte in seinem Aufsatz über den »Salischen Kaiserordo« von 1937 ein weiteres Mal eine Entdeckung Erdmanns auswerten. — *Erdmann, C.*, Forschungen, v.a. S. 52–91; SVS 1937 »Kaiserordo«; zu diesem Text bereits oben, Kap. 9.f).; über Schramm und Erdmann auch unten, Kap. 12.b).

42 SVS 1934 Westfranken, S. 141–149.

43 Ebd., S. 150–151.

44 Ebd., S. 151–162; vgl. über Schramms Modell hinsichtlich der Filiationen der angelsächsischen Ordines: SVS 1968–1971 Kaiser, Bd.2, S. 200–201, und: *Bak*, Introduction, S. 4, m. Anm. 15 auf S. 13.

45 Diese von Schramm herausgearbeitete Datierung bestätigte ältere Ergebnisse englischer Forscher. — SVS 1934 Westfranken, S. 169–170; der Hinweis auf die englische Forschung ebd., Anm. 3 auf S. 170; vgl. auch schon SVS 1930 Ordines Kaiserkrönung, Anm. 2 auf S. 305.

46 Eine Übersicht über die Vorlagen: SVS 1934 Westfranken, S. 171.

bereits im Rahmen seiner Beschäftigung mit den Kaiserordines gestoßen war. Jetzt datierte er ihn auf die Zeit zwischen 973 und 986 und plädierte aufgrund seiner Ergebnisse über den Entstehungszusammenhang dafür, den Text künftig als »Ordo des Fulrad von St.Vaast« zu bezeichnen.[47] Wie es bei Ordines häufig der Fall war, war dieser Fulrad-Ordo nicht anläßlich einer bestimmten Krönung entstanden. Vielmehr war er als Teil einer Sammlung liturgischer Formeln und Ordnungen erstellt worden, die Klerikern für ihre Amtshandlungen zuverlässige Vorschriften an die Hand geben sollte.[48] Tatsächlich benutzt wurde der Ordo erst im zwölften Jahrhundert in Frankreich.[49] Mit ihm ließ Schramm seine Darstellung auslaufen.[50]

Zu Beginn des Aufsatzes schickte er seiner Studie einige einleitende Bemerkungen voraus. Darin skizzierte er die Ziele, denen die Arbeit an den Texten letztendlich dienen sollte. Er erläuterte diese Ziele nicht in systematischer Weise, sondern flocht sie assoziativ ineinander. Die Analyse muß dieses Geflecht wieder auftrennen, um Schramms Absichten klar benennen zu können. Als das zentrale Vorhaben, für das der Aufsatz eine »Vorarbeit« darstellen sollte, bezeichnete Schramm gleich im ersten Satz eine »Geschichte aller jener Rechtsakte, die in den verschiedenen abendländischen Staaten bei einem Herrscherwechsel vorgenommen worden sind.«[51]

Zumindest in der Formulierung schien sich hier gegenüber der ursprünglich intendierten Erforschung der Krönung eine Ausweitung des Problembereichs anzudeuten. Zu dieser offenen Formulierung zwang Schramm jedoch der Umstand, daß die liturgische Feier der Krönung im Mittelalter keine unveränderlich feste Form hatte, sondern sich im Laufe der Zeit wandelte. Außerdem gab es im Zusammenhang mit dem Herrscherwechsel wichtige Elemente, die zu manchen Zeiten in den Rahmen der Krönungfeier aufgenommen worden waren, zu anderen Zeiten außerhalb geblieben waren. Schließlich war das Wort »Krönung« selbst mehrdeutig: Es meinte einerseits die liturgische Feier insgesamt, andererseits den Teilvorgang des Aufsetzens der Krone.

47 SVS 1934 Westfranken, S. 184; die Bezeichnung übernommen bei: *Elze (Hg.),* Ordines, zuerst S. XLVIII.

48 SVS 1934 Westfranken, S. 185; vgl. die allgemeinen Ausführungen bei: *Elze*, Einleitung, S. XV–XVII.

49 SVS 1934 Westfranken, S. 185–186.

50 Am Ende faßte er seine Befunde in einem Schema zusammen, das die Abhängigkeiten deutlich machte. Der oben bereits erwähnte Abdruck der wichtigsten Ordines-Texte rundete den Aufsatz ab. — SVS 1934 Westfranken, S. 191; ebd., S. 192–242.

51 Mit ganz ähnlichen Worten umriß Schramm sein wichtigstes Forschungsziel im Sommer desselben Jahres gegenüber Fritz Saxl. In einem Brief an ihn sprach er über »die Geschichte der verschiedenen Rechtsakte, über die man in den verschiedenen Ländern des Mittelalters zur Herrschaft kam.« — SVS 1934 Westfranken, S. 117; WIA, GC 1934–1936, Brief P.E. Schramm an F. Saxl, Göttingen 9.7.1934.

In den einleitenden Abschnitten des Aufsatzes zählte Schramm rechtliche Elemente und einzelne Rechtsakte auf, die beim Herrscherwechsel eine Rolle spielen konnten. Er nannte »Erbanspruch, Wahl, Eid, Salbung, Krönung, Thronsetzung und Investitur mit den Herrschaftssymbolen«.[52] Zusammengenommen gliederten diese Punkte die Geschichte des Herrscherwechsels in eine Geschichte seiner einzelnen Elemente. Ausdrücklich betonte Schramm aber, noch nicht systematisch darauf eingehen zu wollen. Dennoch wurde deutlich, daß er selbst sich für den zuletzt genannten Teilvorgang, die zeremonielle Ausstattung des Herrschers mit den Zeichen seiner Würde, besonders interessierte. Als einen weiteren Aspekt, zu dem er seine Beobachtungen vorläufig zurückhalten wollte, nannte er nämlich die Geschichte der »Herrschaftssymbole« selbst sowie ihrer Deutung durch die Zeitgenossen.[53]

Die bis hierher aufgezählten Aspekte, die Geschichte der einzelnen Rechtsakte und der verschiedenen »Symbole«, waren auf einer sachlichen Ebene verhältnismäßig gut greifbar. Mit diesen Gegenstandsbereichen waren aber andere Fragenkomplexe verbunden, die weniger konkret, dafür von sehr viel größerer Reichweite waren. Im Jahr 1930 hatte Schramm die Kaiserordines erforscht, die Krönung gemeint und als drittes die »Kaiseridee« in den Blick genommen. In analoger Weise wollte er auch bei der Königskrönung versuchen, anhand ihrer Geschichte Probleme übergeordneter Natur zu lösen. In seinem Aufsatz von 1934 erwähnte er als Problem, wie sich verschiedene kulturelle Sphären in der Krönung durchdrangen, vor allem, wie es um den »Einfluß von Christlichem und Germanischem« bestellt war. Exemplarisch erwähnte er »Angleichungen« des Herrschers »an den alttestamentlichen König oder an den Bischof […].«[54] Ein Jahr zuvor hatte er die Hoffnung geäußert, genauere Erkenntnisse über »den Vorgang« gewinnen zu können, wie »das Erbe der Vorzeit« im Mittelalter »rechtlich, kirchlich und geistig umgedeutet« und dann am Ende der Epoche »auch dies Ergebnis aus Heidentum und Christentum abermals überwunden« worden sei.[55]

Indem er über die Krönung sprach, formulierte er hier ein Problem, das ihn im Grunde schon sehr lange beschäftigte: Er strebte danach, beschreiben zu können, was das Mittelalter von allen anderen Epochen unterschied. Einen besonderen Charakter, den er dann genauer zu bestimmen versuchte, hatte er diesem Zeitalter zum ersten Mal während seines Studienjahrs in München

52 SVS 1934 Westfranken, S. 117.

53 Die Geschichte der einzelnen »Herrschaftssymbole« und die zuerst umrissene Geschichte der Elemente des Herrscherwechsels hatte Schramm auch schon in seiner ersten Skizze von 1933 angesprochen. — SVS 1934 Westfranken, S. 117; SVS 1933 Geschichte Königskrönung, S. 425.

54 SVS 1934 Westfranken, S. 117.

55 SVS 1933 Geschichte Königskrönung, S. 425.

1920/21 zugeschrieben.[56] Seinem Geschichtsbild zufolge war die mittelalterliche Kultur aus anderen, älteren Kulturen hervorgegangen, auf die sich das Mittelalter dann immer wieder zurückbezog. Deshalb spielte für das von ihm ins Auge gefaßte Problem das »Nachleben der Antike« eine wichtige Rolle, für das sich die Kulturwissenschaftliche Bibliothek Warburg besonders interessierte. Aus Schramms Perspektive bezeichnete dieses Schlagwort allerdings nur einen Teilbereich der Fragestellung. Darum sprach er in seiner Skizze von 1933 allgemeiner vom »Erbe der Vorzeit«. Neben den Überresten der Antike zählten dazu jedenfalls auch nachwirkende Elemente der germanischen Kultur. Dies alles wurde vom Christentum überformt. 1934 fragte er deshalb nach dem »Einfluß von Christlichem und Germanischem«. Die so konstituierte Dreiheit aus Antike, Christentum und Germanentum galt ihm als Grundlage der mittelalterlichen Kultur.[57]

Auch die anderen Grundfragen, die er während seines Münchener Jahres zum ersten Mal formuliert hatte, kehrten in seiner Auseinandersetzung mit den Krönungsordines wieder. Damals hatten die bedrückende allgemeine Lage und die schwierige Neugestaltung der staatlichen Strukturen in Deutschland ihn dazu gebracht, einerseits nach dem »Wesen des Staates«, andererseits nach dem »deutschen Geist«, also dem überzeitlichen Kern der deutschen Kultur zu fragen.[58] Die beiden Fragen waren eng miteinander verwoben: Schramm war im Zeitalter der Nationalstaaten aufgewachsen und hatte im Ersten Weltkrieg für sein Land gekämpft, ohne zwischen Staat und Nation zu unterscheiden. Nach der Niederlage schien beides gleichermaßen in Frage gestellt.

Das doppelte Anliegen, das Schramm daraufhin formulierte, führte ihn zunächst zur Auseinandersetzung mit dem mittelalterlichen Kaisertum. Dadurch, und durch das ihm vertraute, kosmopolitische Denken der Menschen, die mit der Bibliothek Warburg in Verbindung standen, wurde ihm bei seiner Suche nach dem Spezifischen der deutschen Kultur und des deutschen Staates schon sehr früh ein europäischer Bezugsrahmen selbstverständlich. Allerdings hatte ihn die Erforschung der »Kaiseridee« nach und nach immer weiter von seinen Grundfragen weggeführt: Das Kaisertum war nicht auf etwas Deutsches ausgerichtet, sondern universal orientiert, und seine über-

56 S.o., Kap. 3.e).

57 Bereits in seiner Doktorarbeit hatte Schramm den »Renovatio«-Begriff, der dann für sein großes Buch von 1929 zentral wurde, aus dieser Dreiheit entwickelt. Er hatte geschrieben, der Begriff »Renovatio« sei für das Denken des Mittelalters ein fester Bestandteil gewesen: »Alles Neue kleidete sich in das Gewand des Alten, – lag doch das große christliche Ereignis, die Erscheinung Christi, und das große politische Ereignis, das Römerreich, als die Höhepunkte hinter den Menschen des Mittelalters, zu denen sie zurückstrebten. Diese Anschauung fand ihre Parallele in der germanischen Überzeugung, dass jedes neue Recht seine Gültigkeit nur dadurch erweise, dass es das alte, verfälschte Recht wieder in seiner Reinheit herstelle« (SVS 1922 Studien, S. 257).

58 FAS, L »Tagebuch 1920–21«, S. 11, 4.5.1920; vgl. insgesamt oben, Kap. 3.a).

nationale Struktur hatte mit den Einzelstaaten der Moderne wenig gemein.[59] Nun hatten ihn die Kaiserordines zu den Ordnungen für die Königskrönung geführt. Im Hinblick auf die von Schramm aufgeworfenen Grundfragen bedeutete die Verlagerung seiner hauptsächlichen Forschungsarbeit auf die Königskrönung einen Kurswechsel: Sie brachte ihn seinem ursprünglichen Anliegen wieder näher.

In seinem Aufsatz von 1934 stellte er fest, es sei das größte Problem der bisherigen Ordinesforschung gewesen, daß zwischen den Ordines der »karolingischen Zeit« im 9. Jahrhundert, die relativ gut erforscht seien, und den gleichfalls bereits von der Forschung erfaßten Ordines aus dem 10. Jahrhundert eine Lücke bestehe. Dabei zeichnete sich das 10. Jahrhundert seinen Formulierungen zufolge dadurch aus, daß es »ungefähr gleichzeitig in Deutschland, England und Frankreich neue, unter sich offenbar verwandte Ordines hervorgebracht« habe. Es sei bisher nicht möglich gewesen, »zu zeigen, wie aus den uns bekannten Ordines des 9. Jahrhunderts die Vielheit der Folgezeit hervorgehen konnte.«[60] Noch immer interessierte sich Schramm also, wie schon 1923, für »die Grundlegung Europas und besonders Deutschlands«.[61] Der Aufsatz von 1934 zielte genau auf die entscheidende Phase dieses Vorgangs: Am Beispiel der Ordines ging es darum, wie aus der einheitlichen karolingischen Kultur des Frühmittelalters die »Vielheit« der jeweils nationalen Kulturen hervorgehen konnte.

Klarer als die Frage nach dem in eine europäische Pluralität eingebetteten »Eigenen« der Deutschen stellte Schramm hier die damit eng verknüpfte Frage nach dem »Wesen des Staates«. Die Geschichte des Herrscherwechsels, so schrieb er, sollte beschreiben helfen, »wie im Abendland der Staat beim Herrscherwechsel nicht mehr gleichsam immer neu auf ein weiteres Menschenalter verlängert wird, sondern über die Menschen hinauswächst [...].«[62] Was sich im früheren Mittelalter als »Staat« bezeichnen ließ, war dieser Theorie zufolge ganz auf die Person des Herrschers bezogen und somit gefährdet, wenn der Herrscher ausfiel. Der moderne Staat hingegen war abstrakt und bestand unabhängig von einzelnen Personen. Schramm fragte nach dem Übergang vom einen zum anderen Zustand.

Die Geschichte der Krönung im weitesten Sinne, die Schramms Ziel war und zu der die Beschäftigung mit den Ordines nur eine Vorstufe sein sollte, war also in seinen Augen ihrerseits ein Instrument: Sie sollte ihm einen Hebel geben, um die Grundfragen zu beantworten, die ihn seit seiner Münchener Studienzeit bewegten. Seine Erkenntnisziele faßte er 1936 selbst zusam-

59 Hierzu oben, v.a. Kap. 7.f).

60 SVS 1934 Westfranken, S. 119.

61 WIA, GC 1923, Brief P.E. Schramm an F. Saxl, o.O. [Heidelberg], o.D. [Ende Mai/Anfang Juni 1923]; ausführlicher oben, Kap. 5.c).

62 Ebd., S. 118.

men, indem er zu Beginn des ersten seiner beiden Aufsätze über die französische Monarchie formulierte:

»Wie haben sich der germanische, der antike und der christliche Staatsgedanke behauptet, berührt und durchdrungen? Wie ist dieser Vorgang in den einzelnen Ländern des Abendlandes verlaufen, und unter welchen rechtlichen und kirchlichen Formen sind daher ihre Könige zur Herrschaft gelangt?«[63]

In diesen beiden Fragen war Schramms gesamtes Forschungsprogramm enthalten. Erstens ging es ihm um das »Wesen des Staates«. Dieses alte Anliegen hatte er hier umformuliert in die Frage nach dem »Staatsgedanken«. Zweitens stellte er hier ausdrücklich den Bezug auf das dreifache Fundament aus Germanentum, Antike und Christentum heraus, das seiner Meinung nach für das Mittelalter konstitutiv war. Drittens sollte die Entwicklung des »Staatsgedankens« für den gesamten Raum des lateinischen Europa verfolgt werden. Viertens bildete aber das Gesamteuropäische nur den Ausgangspunkt. Der eigentliche Untersuchungsgegenstand war die Entwicklung in den jeweils einzelnen Ländern. Fünftens sollten die Metamorphosen des »Staatsgedankens« nicht auf einer abstrakten, theoretischen Ebene verfolgt werden, sondern anhand der Frage, wie die Monarchen jeweils zur Macht gelangt seien. Sechstens spitzte Schramm diese noch immer recht offene Fragestellung zu, indem er nach den »rechtlichen und kirchlichen Formen« des Herrscherwechsels fragte. Damit brachte er die kirchliche Herrscherweihe ins Spiel. Obwohl sein Erkenntnisziel weit darüber hinausführte, stand dieser liturgischen Akt in der Praxis doch stets im Mittelpunkt seiner Ausführungen, sofern dieselben nicht ganz der Quellengrundlage gewidmet waren.

b) »Die Krönung in Deutschland«

Ein Jahr nach seinem Aufsatz über die westfränkische und angelsächsische Krönung veröffentlichte Schramm eine Studie über »Die Krönung in Deutschland bis zum Beginn des Salischen Hauses (1028)«.[64] Diese Arbeit konnte ihm Gelegenheit geben, alle seine Grundanliegen direkt anzugehen. Ganz unabhängig davon ergab sich die Veröffentlichung der Studie zu die-

63 SVS 1936 Frankreich I, S. 223; vgl. SVS 1939 König Frankreich, Bd.1, S. 5.

64 Sachlich ist die Arbeit überholt. Schon Schramm selbst ersetzte sie durch den gründlich umgearbeiteten Wiederabdruck in seinen »Gesammelten Aufsätzen« von 1968 und 1969. Dort arbeitete er vor allem die in der Zwischenzeit erreichten Fortschritte der Forschung ein. Ein maßgeblicher Teil der Verbesserungen geht sicher auf Reinhard Elze zurück, der die Bände Korrektur las. — SVS 1935 Krönung Deutschland; SVS 1968–1971 Kaiser, Bd.2, S. 287–305, u. Bd.3, S. 33–54, 59–134; über *Elzes* Mitwirkung z.B.: SVS 1968–1971 Kaiser, Bd.2, S. 7, sowie Bd.3, S. 7 u. Anm. 24 auf S. 40; vgl. unten, v.a. Kap. 13.a).

sem Zeitpunkt allerdings aus der Logik der von ihm aufgezeigten Geneaologie der Krönungsordines. In seiner Schrift über die westfränkischen und angelsächsischen Ordines hatte er angedeutet, daß der Erdmannsche Ordo auf die deutsche Entwicklung eingewirkt habe und daß die deutsche Form der Krönung wiederum bei der Erstellung des Edgar-Ordo berücksichtigt worden sei.[65] Die Untersuchung der so angesprochenen deutschen Tradition galt es nun nachzutragen.

Bevor er sich aber seinem eigentlichen Thema zuwandte, gab Schramm, völlig unvermittelt beginnend, auf den ersten drei Seiten seines Aufsatzes einen knappen Überblick über die Geschichte der kirchlichen Krönungsfeier im lateinischen Europa bis ins zehnte Jahrhundert. Die wichtigsten Elemente dieser Herrscherweihe waren die Salbung und das Aufsetzen der Krone. Die Salbung war wohl schon bei den Westgoten in Spanien bekannt gewesen, jedoch war der Brauch erloschen und in Vergessenheit geraten. Die Geschichte der Herrscherweihe begann eigentlich erst mit der Salbung Pippins zum fränkischen König im Jahr 751. Als Vorbild für diesen Akt diente nach Schramms Meinung die im Alten Testament beschriebene Salbung der Könige von Israel. »Pippins Salbung« – so stellte er mit Nachdruck fest – »ist also ein Beginn.«[66]

Die erste kirchliche Krönung eines weltlichen Herrschers ereignete sich 800, als Karl der Große in Rom zum Kaiser gekrönt wurde. Wiederum rechtfertigte sich die Einführung eines neuen Brauches aus dem vermeintlichen Rückgriff auf Althergebrachtes: hier nicht auf das Alte Testament, sondern auf das Kaisertum der Antike.[67] Im Laufe des neunten Jahrhunderts wurde dann zunächst die Salbung auch für den Kaiser, später die Krönung auch des Königs üblich. Im Westfrankenreich gewann der Brauch zuerst feste Formen, hier wurde der Ablauf der Zeremonie zuerst schriftlich fixiert. Damit »ist das Westfrankenreich zu dem Lande geworden, das nun Vorbild für seine Nachbarn bedeutet.«[68] Von hier verbreitete sich die Sitte der kirchlichen Herrscherweihe in ganz Europa.[69]

In diesen Absätzen legte Schramm in extrem komprimierter Form bereits vor, was er eigentlich erst später, etwa in der Einleitung zu seiner Ordines-Edition oder einer eigenen »Geschichte der Krönung«, hätte präsentieren müssen. In der Tat belegte er seine Ausführungen nicht im einzelnen, sondern verwies pauschal auf die geplante Monumenta-Edition der Ordines.[70] Dennoch erweckte er den Eindruck, bereits alles Wichtige zu wissen, was

65 SVS 1934 Westfranken, S. 148, 150–151, 171.
66 SVS 1935 Krönung Deutschland, S. 184.
67 Ebd., S. 185.
68 Ebd., S. 186.
69 Ebd., S. 186–187.
70 Ebd., Anm. 1 auf S. 184–185.

es über die Krönung im Abendland des frühen Mittelalters zu wissen gab. Auf ein an jedem Punkt abgesichertes Modell des Gesamtablaufs kam es ihm aber gar nicht an, sondern zunächst nur auf die Feststellung, die er auf der ersten Seite unterstrichen hatte: Wie die Ordines, die wichtigste Quellengattung für die abendländische Krönung im Mittelalter, so entstand auch der Krönungsakt selbst erst im Laufe der Epoche und entwickelte sich dann in einem langen und windungsreichen Prozeß.[71]

Erst nachdem er dies veranschaulicht hatte, faßte Schramm sein eigentliches Thema in Worte. Er fragte: »Wann hat sich nun die Herrscherweihe im *Ostfrankenreich* und damit in *Deutschland* eingebürgert? Durch welche Vorbilder ist sie bestimmt worden? Wann setzt ihre schriftliche Festlegung ein? Welche Phasen ihrer Entwicklung gliedern sich ab?«[72] Dieser Umschreibung seines Gegenstandes ließ Schramm einige methodische Bemerkungen folgen. Insbesondere äußerte er sich zu der Frage, wie mit den Quellen umzugehen sei. Weil er davon ausging, daß die Verhältnisse sich ständig wandelten, bestand er auf scharfer Kritik. Er wollte »immer nur Zeugnisse verwerten, die zeitlich und räumlich demselben Umkreis angehören [...].« Die ältere Forschung habe nämlich »die Krönung schon zu früh als eine selbstverständliche und fertig ausgebildete Gewohnheit« angesehen. Allzu leichtfertig habe sie deshalb späte Zeugnisse auf frühere Zustände, oder ausländische Quellen auf einheimische Verhältnisse bezogen.[73]

Diese Ausführungen leiteten Schramms Untersuchung der Krönungstradition im Ostfrankenreich ein. In der Untersuchung selbst erörterte er den Gang der Entwicklung von der Teilung des karolingischen Großreiches bis in die Zeit der salischen Dynastie. Im Zusammenhang der vorliegenden Arbeit sind nur die mittleren Abschnitte des Textes von Interesse. Hier diskutierte Schramm die Fragen, die ihm am Herzen lagen. In diesen Passagen ging es zuerst um die Krönung Ottos des Großen, dann um den ältesten deutschen Krönungsordo. Schramm ging davon aus, daß die Herrscher im Ostfrankenreich als Könige bis zum Ende des neunten Jahrhunderts weder gesalbt noch kirchlich gekrönt worden waren.[74] Erst seit 895 kam es – insbesondere, wenn es galt, Legitimität zu stiften oder zu steigern – gelegentlich dazu, daß kirchliche Elemente in die Königserhebung eingebaut wurden. Eine feste

71 Zwei Jahre später beschrieb Schramm die Entstehung der Krönung noch einmal etwas detaillierter im ersten Kapitel seiner »Geschichte des englischen Königtums«. Zu diesem Zeitpunkt hatte er seinen Editionsplan wohl schon wieder aufgegeben. Dementsprechend lieferte er hier die Fußnoten nach, auf die er 1935 verzichtet hatte (SVS 1937 Geschichte Königtum, S. 1–11).

72 SVS 1935 Krönung Deutschland, S. 187; Hervorhebungen im Original gesperrt.

73 Ebd., S. 188–189.

74 Ebd., S. 190

Form entwickelte sich jedoch zunächst nicht.[75] Das änderte sich erst mit der Krönung Ottos des Großen im Jahr 936.

Im Hinblick auf dieses Ereignis mußte Schramm allerdings die Schwierigkeit überwinden, daß der älteste und ausführlichste Bericht darüber, der von dem Geschichtsschreiber Widukind von Corvey stammte, erst mindestens zwei Jahrzehnte nach der Krönung niedergeschrieben worden war.[76] Obwohl Schramm wenige Seiten zuvor noch gefordert hatte, nur solche Quellen zu verwenden, die der jeweils zu untersuchenden Krönung zeitlich nahestanden, setzte er sich nun auf bemerkenswerte Weise über diesen Grundsatz hinweg. Er sprach das Problem zwar an, wischte es dann aber mit der Feststellung zur Seite, Fehler in Widukinds Bericht könnten »höchstens unwichtigere Punkte betreffen.« Insgesamt liefere der Corveyer Mönch »ein so deutliches und überzeugendes Bild«, daß die Forschung ihn auch schon für einen Augenzeugen habe halten wollen.[77] Im folgenden stellte er sich auf den Standpunkt, eine bessere Quelle als Widukind habe nie existiert: Ausdrücklich lehnte er die Annahme ab, es habe einen eigenen »Ordo von 936« gegeben.[78] Damit verschärfte er die Situation noch, weil er in um so höheren Maße auf Widukind angewiesen war. Die Möglichkeit, daß über die Krönung Ottos des Großen vielleicht überhaupt keine detaillierten Aussagen möglich waren, zog er gar nicht in Erwägung.

Unter solchen Prämissen legte er Widukinds Text seiner Analyse zugrunde. Sein Augenmerk richtete er vor allem auf die Übergabe der Insignien, die Widukind recht ausführlich beschrieb. Den Wortlaut der einzelnen Gebete, die der Geschichtsschreiber die Übergabe begleiten ließ, qualifizierte Schramm dabei von vornherein als dessen freie Erfindung. Hingegen hob er die Tatsache hervor, daß Otto nach dem Bericht »alle Insignien einzeln aus geistlicher Hand unter Hersagen von Formeln empfing.« Dieser Umstand schien ihm entscheidend, »denn im Westen ist diese geistliche Investitur aus-

75 Kurze Zeit, nachdem Schramm seinen Aufsatz veröffentlicht hatte, begannen Protagonisten des nationalsozialistischen Regimes, allen voran die SS, Heinrich I. zum germanisch-deutschen Idealherrscher zu stilisieren. Als Schramm den vorliegenden Aufsatz schrieb, war diese Entwicklung aber noch nicht abzusehen. Deshalb wurde Heinrichs Regierungsantritt von ihm nicht anders behandelt als die früheren Fälle. — SVS 1935 Krönung Deutschland, S. 195–196; über die Funktionalisierung Heinrichs I. in der nationalsozialistischen Propaganda zusammenfassend: *Schönwälder*, Historiker, S. 76; *Wolf*, Litteris, S. 63–64.

76 1935 nahm Schramm, der Forschung folgend, noch an, eine Stammfassung von Widukinds Geschichtswerk sei 957/8 vollendet gewesen. 1969 korrigierte er dies, wiederum der Forschungslage entsprechend, und ging davon aus, das Werk sei erst 967 abgeschlossen worden. Das entspricht dem heutigen Forschungsstand. — SVS 1935 Krönung Deutschland, S. 197, ausführlicher S. 221; SVS 1968–1971 Kaiser, Bd.3, S. 40; über den heutigen Forschungsstand: *Laudage*, Otto der Grosse, S. 53–64, 96–104; *Keller*, Einsetzung, v.a. S. 268–270.

77 SVS 1935 Krönung Deutschland, S. 197–198.

78 Ebd., S. 199–200.

gebildet worden.« Damit war bewiesen, daß hier das westfränkische Vorbild befolgt worden war.[79]

Dieses Ergebnis galt allerdings nur für den Teil der Weihe, der bei Widukind die soeben erörterte Investitur mit den Insignien umfaßte und mit Salbung und Krönung endete. Der Akt, der nach Widukinds Bericht die Feier im Aachener Münster abschloß, war mit der westfränkischen Gewohnheit nicht zu vereinbaren. Dem Bericht zufolge wurde Otto von zwei Erzbischöfen auf die Empore zum Thron Karls des Großen begleitet und setzte sich dann auf denselben. In der westfränkischen Tradition spielte der Thron, wie Schramm feststellte, keine vergleichbare Rolle. Die Ordines erwähnten ihn gar nicht. Falls die Thronsetzung überhaupt üblich gewesen war, war sie hinter die anderen Akte der Königserhebung zurückgetreten. Im Osten hingegen, wo die »Verkirchlichung des Herrscherwechsels« mit Salbung und geistlicher Krönung ausgeblieben war, hatte dennoch die Notwendigkeit bestanden, den Herrschaftsantritt des neuen Königs durch einen sinnfälligen Akt rechtskräftig zu machen. Deshalb hatte die Thronsetzung – ohne Zusammenhang mit einer kirchlichen Feier – einen verhältnismäßig hohen Stellenwert gehabt. Schramm fand es bemerkenswert, daß sie auch jetzt noch ihre Bedeutung behielt, obwohl der zeremonielle »Vorsprung« des Westens mittlerweile »eingeholt« war.[80]

Seiner Meinung nach, die sich auf frühere Arbeiten anderer Forscher stützte, hing die Thronsetzung mit altem germanischen Herkommen zusammen.[81] Nach germanischem Brauch sei die »Stuhlsetzung« ein Teil des »Erbbiers« gewesen, also des feierlichen Mahls, das den Beginn der Königsherrschaft konstituiert habe. Im karolingisch-fränkischen Raum habe sich allmählich die »Stuhlsetzung« vom Königsmahl gelöst, und beide Elemente hätten an Bedeutung verloren. Dementsprechend seien Krönungsmahl und Thronsetzung bei Ottos Krönung getrennt voneinander vollzogen worden. Aber anders als in früheren Fällen, und ähnlich wie in der germanischen Kultur, hätten beide eine die Herrschaft konstituierende Rechtskraft gehabt.[82]

Das Krönungsmahl fand, Widukind zufolge, im Anschluß an die kirchliche Feier statt. Die Thronsetzung wurde sogar zweimal vollzogen. Bevor Otto nämlich im Rahmen des Gottesdienstes durch die Geistlichkeit auf den Thron Karls des Großen geführt wurde, wurde er schon vor Beginn der kirchlichen Feier in der Vorhalle, außerhalb der Kirche, von den weltlichen Großen auf einen eigens zu diesem Anlaß errichteten Thron gesetzt. Der Unterschied zwischen beiden Thronsetzungen, so Schramm, habe nicht in

79 Ebd., S. 201, noch einmal deutlicher S. 207.

80 SVS 1935 Krönung Deutschland, S. 207.

81 Schramm zitierte eine Arbeit eines gewissen *E. Rosenstock* von 1914 (SVS 1935 Krönung Deutschland, S. 207–208, m. Anm. 1 auf S. 208; vgl. S. 189, in Anm. 1 auf S. 188–189).

82 SVS 1935 Krönung Deutschland, S. 207–208.

ihrer rechtlichen Bedeutung gelegen. Diese sei identisch gewesen. Vielmehr müsse es zwischen den beiden ausführenden Personengruppen, Fürsten und Geistlichkeit, einen Streit um »das ihnen offensichtlich sehr wichtige Recht« gegeben haben. Die Wiederholung der Handlung sei als ein Kompromiß zu sehen.[83]

Trotz dieses Hintergrundes veranlaßte die Verdoppelung Schramm zu der Bemerkung, daß hier »der einheimische Königsbrauch nicht nur festgehalten, sondern noch in seiner Bedeutung gesteigert wird.«[84] Insgesamt urteilte er, indem er alle Feierlichkeiten zusammenfassend in den Blick nahm, über die beiden Thronsetzungen: »Diese Akte müssen mit das Augenfälligste in der ganzen Feier gewesen sein [...].«[85] Auf besonders wirkungsvolle Weise, so seine Interpretation, war hier der im Westfrankenreich ausgeprägte Brauch der Herrscherweihe mit den im Ostfrankenreich gewohnten Elementen der Königserhebung verbunden worden.[86]

Schramm rundete den Abschnitt seines Aufsatzes über die Krönung Ottos des Großen ab, indem er auf dreieinhalb Seiten herausstellte, worin seiner Meinung nach die besondere Bedeutung dieses Ereignisses lag. Er schrieb, durch die differenzierte Ausgestaltung der Krönungsfeier sei, obwohl es einen fest umrissenen einheimischen Brauch vorher nicht gegeben habe, »der Vorsprung des Westens nicht nur eingeholt, sondern sofort überflügelt worden.« Durch die Übernahme der westfränkischen Krönungsordnung sei »der Anschluß an die christlich-karolingische Tradition« gelungen. Zugleich hätten aber durch die Einfügung der Thronsetzung und anderer Elemente »germanische Bräuche [...] neue Rechtskraft« erlangt. Als einen dritten Faktor, der den Ablauf der Feier geprägt habe, nannte Schramm das Lehnrecht.[87] »Aus drei ganz verschiedenen Rechts- und Symbolbereichen«, so zog Schramm die Summe, »stammen also die Akte, aus denen sich die Aachener Feier zusammenfügte.«[88]

Das Phänomen, daß bei der Krönung zahlreiche unterschiedliche Rechtstitel geltend gemacht wurden, war Schramm auch aus dem Westfrankenreich

83 Ebd., S. 209–210.

84 Ebd., S. 207.

85 Ebd., S. 208–209, Zitat S. 208.

86 Zu Beginn der geistlichen Feier hatte die in der Kirche anwesende Menge ihre Zustimmung zur Erhebung des neuen Königs kundgetan, indem sie diesem zujubelte, anstatt, wie der »Erdmannsche Ordo« dies forderte, das »Te Deum« zu singen. Auch hier wurde in Schramms Augen die westfränkische Vorlage gemäß einheimischer Gewohnheit verändert, indem der »deutsche Königsgruß« in die Weihehandlung integriert wurde. — SVS 1935 Krönung Deutschland, S. 204–205.

87 Bei dem auf die Krönung folgenden Festmahl hatten die Stammesherzöge dem König symbolisch Hofdienste geleistet. Dadurch hatten die Fürsten die Lehnshoheit des Königs und damit ihre Verpflichtung auf den Herrscher deutlich gemacht. — SVS 1935 Krönung Deutschland, S. 208.

88 Ebd., S. 213.

bekannt. Dort hatte Uneinigkeit hinsichtlich der Rechtmäßigkeit des Herrschers regelmäßig den Versuch zur Folge gehabt, die Legitimität des Königs so weit wie möglich zu festigen. Das hatte zur Häufung der legitimierenden Akte geführt.[89] Ganz anders verhielt es sich nach Schramms Meinung in Ottos Fall: Hier war es in seinen Augen ein unerschüttertes »Rechtsbewußtsein«, daß in der beobachteten Häufung resultierte. Weil die Beteiligten sich bewußt waren, was die einzelnen Rechtskreise und Traditionen erforderten, taten sie allen Genüge. Was aber aus den verschiedenen Gründen geboten war, das war nicht einfach stumpf aneinandergereiht, sondern »gegeneinander abgewogen, so daß sich aus den Einzelakten ein Rechtsorganismus zusammenschließt.«[90]

Damit deutete Schramm den kompilatorischen Charakter, der Ottos Krönung ebenso auszeichnete wie viele westfränkische Feiern, in Ottos Fall völlig anders als bei jenen. In den Ergebnissen, die er in seinem Aufsatz vorlegte, gab es nichts, was ihn dazu berechtigt hätte. Wenn auch Ottos Herrschaft sicher besser anerkannt war als beispielsweise die des allerersten Kapetingers Odo, so konnte es für den Sachsen doch ratsam scheinen, durch einen feierlichen Akt seine Machtansprüche zu befestigen – beispielsweise den Anspruch auf die Herrschaft über Lothringen, wozu Aachen gehörte.[91]

Trotzdem diskutierte Schramm noch nicht einmal die Möglichkeit, daß die Erweiterung der Krönungsfeier auch bei Ottos Erhebung zum König ihren Grund in dem Bedürfnis gehabt haben könnte, legitimatorische Defizite zu kompensieren. Stattdessen verkehrte er diesen Gedanken geradezu in sein Gegenteil und deutete die komplexe Form der Zeremonie als Beleg für einen reflektierten, selbstbewußten Umgang mit den juristischen Notwendigkeiten. Dieses Bild widersprach eigentlich dem Paradigma, das sich aus Schramms sonstigen Forschungsergebnissen ergab. Daß er es trotzdem völlig unkritisch übernahm, läßt sich nur aus seiner persönlichen Voreingenommenheit erklären. Er betrachtete Ottos Krönung – wie es im übrigen damals der maßgebliche Teil der deutschen Historiker tat[92] – in einem ideal verklärenden Licht.

Im folgenden hob er hervor, daß Erbrecht, Wahlrecht und Gottesgnadentum in der ottonischen Zeit keine Widersprüche gewesen seien, sondern einander ergänzt hätten. Demgemäß klang für ihn in der Krönung Ottos des Großen alles harmonisch zusammen: »wie viele heterogene Traditionen sind

89 Schramm verwies ausdrücklich auf dieses westfränkische Phänomen: SVS 1935 Krönung Deutschland, S. 213–214.

90 Ebd., S. 214.

91 *Keller*, Einsetzung, S. 270.

92 Verwiesen sei nur auf die einleitenden Seiten der zeitgenössischen Biographie Ottos des Großen von *Robert Holtzmann*. — *Holtzmann*, *R.*, Kaiser Otto, S. 7–8; außerdem ebd. S. 27–28; über Holtzmann und sein Buch vgl. *Wolf*, Litteris, S. 265–267.

hier zusammengezwungen! Wieviel ergänzt und stärkt sich hier gegenseitig, was seit dem Investiturstreit gegeneinander ausgespielt wird!« Mit geradezu überschwenglichen Worten machte Schramm klar, wie der Befund zu bewerten sei: »Das ist nicht Unsicherheit, nicht Unfähigkeit des staatlichen Denkens, sondern Spiegelbild des ersten glücklichen Tages in der deutschen Geschichte [...].« An diesem Tag hätten sich »Fürsten, Geistlichkeit und Volk [...] geschlossen für denselben Fürsten entschieden [...].«[93]

Im geschichtlichen Moment der Krönung Ottos des Großen, so Schramms Meinung, war Deutschland ganz und gar in sich einig. Dieser Zustand erschien ihm als ein kostbares Gut. Die Emphase, mit der er hier sprach, speiste sich aus seinen eigenen Erfahrungen: Er selbst hatte in der Zeit unmittelbar nach dem Ersten Weltkrieg die vielfache Zerrissenheit des Landes schmerzhaft empfunden.

Historisch betrachtet, war Schramm, wie aus dem Zitierten hervorgeht, der Ansicht, daß der innere Zusammenhalt, den er für die Zeit des Regierungsantritts Ottos des Großen zu beobachten meinte, spätestens im Investiturstreit für immer verlorengegangen sei.[94] Insgesamt vertrat Schramm die pessimistische Auffassung, nicht die Einheit, sondern die Zerrissenheit sei der Normalzustand in der Geschichte Deutschlands. Dies ließ er im Jahr 1936 in einer Rezension deutlich werden, die er über eine von Friedrich Stieve verfaßte Gesamtdarstellung der deutschen Geschichte schrieb.[95] Obwohl ihm das rezensierte Werk insgesamt durchaus gelungen schien, äußerte er Bedenken. Das Buch, so schrieb er, habe gegenüber älteren Gesamtdarstellungen – Schramm nannte eine ganze Reihe von Beispielen aus den ersten Jahrzehnten des zwanzigsten Jahrhunderts – den Vorteil, daß es sich »an eine geeinte Nation« wenden könne. Mit einer gewissen Berechtigung betone es deshalb das Trennende in der deutschen Geschichte nicht allzu stark. Dennoch liege hierin, so meinte Schramm, eine Schwäche des Autors. Schramms Auffassung nach war nämlich »die Deutsche Geschichte [...] nun einmal immer von neuem Austrag von Spannungen, der meist nur durch Gewalt herbeigeführt werden konnte.«[96]

Schramm hielt diese Zerrissenheit sogar für das markanteste Spezifikum der deutschen Geschichte. Ausdrücklich stellte er fest:

93 SVS 1935 Krönung Deutschland, S. 214.

94 Der Zustand der Eintracht, sofern er überhaupt vorhanden war, blieb im Übrigen auch am Beginn von Ottos Regentschaft nicht lange bestehen. In den ersten Jahren von Ottos Herrschaft kam es im Innern des Reiches zu schweren Auseinandersetzungen. — Hierzu: *Laudage*, Otto der Grosse, S. 110–157; *Althoff, Keller*, Heinrich I., Bd.1, S. 120–133, u. Bd.2, S. 135–158.

95 SVS 1937 Rezension Stieve; mit geringen Änderungen stilistischer Natur wiederabgedruckt in: SVS 1968–1971 Kaiser, Bd.4,2, S. 634–636.

96 SVS 1937 Rezension Stieve, S. 115–116

»In den Schwierigkeiten, mit denen unsere Vorfahren zu ringen hatten, tritt auch am sichtbarsten heraus, was die deutsche Entwicklung von der Entwicklung der Nachbarländer abhebt.«[97]

In den »Schwierigkeiten« war somit das zu finden, was die Deutschen von ihren Nachbarn unterschied. Deshalb forderte Schramm, die vielen Konflikte der deutschen Geschichte müßten »mit schonungsloser Klarheit« zur Darstellung gelangen:

»denn in ihnen liegt das vor allem Erziehende: wir dürfen uns daran ausrichten, daß wir über bestimmte Gefahren hinausgewachsen sind; aber wir müssen uns auch immer wieder mahnen lassen, welche Gefahren in unserer Lage, ja in uns selbst schlummern.«[98]

Unmißverständlich machte Schramm in dieser Rezension klar, daß er die innere Einheit des Landes in seiner Gegenwart verwirklicht sah. Trotzdem hielt er es für erforderlich, auf die seiner Auffassung nach ständig drohende Gefahr hinzuweisen, daß Konflikte zum Ausbruch kämen, wie sie Deutschland in früheren Zeiten immer wieder beinahe zugrunde gerichtet hätten.

Weil Schramm diese Gefahr fürchtete, wollte er die Einigkeit, die er in der Krönung Ottos I. zum Ausdruck kommen sah, als ein leuchtendes Vorbild für alle Deutschen verstanden wissen. Aus derselben Furcht resultierte zu einem guten Teil die Hartnäckigkeit, mit der er das nationalsozialistische Regime unterstützte: Diese Diktatur schien ihm die Gewähr dafür zu geben, daß derartige Konflikte nicht auftreten konnten.[99]

Andere Aspekte von Schramms Geschichtsbild, die für seine Darstellung der Krönung Ottos I. ebenfalls eine Rolle spielten, kamen in dem Aufsatz über »Die Krönung in Deutschland« in der Analyse des ältesten deutschen Ordo für die Königskrönung noch deutlicher zum Tragen. Bei der Untersuchung dieses Textes konnte Schramm von der Beobachtung ausgehen, daß der Ordo in der Überlieferung zuerst als Bestandteil eines bestimmten Pontifikale begegnete. Das war eine Sammlung von Ordnungen und Formularen für alle liturgischen Akte, die unter die Obliegenheiten eines Bischofs fallen konnten.[100] Dieses besondere Pontifikale, das die Forschung als »Pontificale Romano-Germanicum« bezeichnete, war das erste in der voll ausgereiften Form dieser Gattung gewesen. Rasch hatte es über ganz Europa hinweg Ver-

97 Ebd., S. 116.

98 Ebd.; vgl. auch SVS 1936 Rezension Karl, Sp.1841.

99 Hier ist an den Nachdruck zu erinnern, mit der Schramm beispielsweise die Gleichschaltung der Länder und generell alles begrüßte, was der Stärkung der »Volksgemeinschaft« diente. Otto Westphal gegenüber erklärte er, für ihn selbst sei in politischer Hinsicht immer die Frage bestimmend gewesen, »wie die Nation zusammen zu halten sei«. — S. o., zuerst Kap. 9.a); das Zitat: FAS, L 230, Bd.11, Brief P.E. Schramm an O. Westphal, masch. Durchschl., Göttingen 18.12.1933, Bl.3; zu dieser Quelle oben, Kap. 9.b).

100 SVS 1935 Krönung Deutschland, S. 223; ausführlicher: *Elze*, Einleitung, S. XV–XVII.

breitung gefunden.[101] Entstanden war es in der zweiten Hälfte des zehnten Jahrhunderts im Kloster St.Alban in Mainz, offenbar unter der Oberaufsicht des Erzbischofs selbst.[102]

Auf dieses für die Liturgiegeschichte eminent wichtige Werk ging also die Überlieferung des ältesten deutschen Ordo für die Königskrönung zurück. Mit einer ganzen Reihe von Argumenten konnte Schramm die Annahme plausibel machen, daß der Ordo nicht als ein fertiger Baustein in das Pontifikale aufgenommen, sondern im Zuge von dessen Erstellung überhaupt erst verfaßt worden war. Weil demnach der Ordo ebenfalls im Kloster St.Alban in Mainz entstanden war, bezeichnete Schramm diesen Text im folgenden als »Mainzer Ordo«.[103]

Er konnte nicht weniger als insgesamt acht Vorlagen benennen, die von den Redaktoren ausgewertet worden waren. Die weitestgehende Abhängigkeit ergab sich hierbei vom westfränkischen Erdmannschen Ordo, der allerdings im Stilistischen stark überarbeitet worden war. Außerdem nahm Schramm, ähnlich wie er es für die Krönung Ottos des Großen getan hatte, an, die westfränkische Vorlage sei an einigen Stellen der einheimischen Gewohnheit angepaßt worden.[104] Durch den Nachweis der Vorlagen konnte Schramm den Ordo datieren: Er legte seine Entstehung auf die Zeit zwischen 957–973.[105] Er ging sogar noch weiter und stellte eine enge Verbindung zur Krönung Ottos II. zum Mitkönig am 26.5.961 her: Der Ordo sei entweder das hierfür aufgesetzte Programm, oder in ihm sei wenig später der Ablauf der Krönung in einer allgemein benutzbaren Form fixiert worden. Damit kam Schramm zu dem Schluß, der Ordo sei »um 961« entstanden.[106]

Auf diese Weise arbeitete er die sozusagen technischen Fragen der Quellenkritik ab und beantwortete sie zu weiten Teilen. Dann diskutierte er der Reihe nach die einzelnen Akte, aus denen sich die Krönungszeremonie zusammensetzte. Dabei analysierte er, wie sich die Vorschriften des »Mainzer Ordo« von anderen Krönungsordnungen unterschieden und wie sich die

101 Die Bezeichnung stammte von *Michel Andrieu*, der sich der Entstehung und Verbreitung des Pontifikale intensiv gewidmet hatte. Nach Andrieus Tod hat sein Schüler *Cyrille Vogel* das Pontifikale gemeinsam mit *Reinhard Elze* abschließend ediert und 1963 veröffentlicht. — SVS 1935 Krönung Deutschland, S. 216–218; SVS 1968–1971 Kaiser, Bd.3, Anm. 7 auf S. 59–60 u. S. 60 m. Anm. 10.

102 SVS 1935 Krönung Deutschland, S. 217–218.

103 Ebd., S. 222–223.

104 1935 meinte Schramm noch nachweisen zu können, daß der Ordo anhand von Widukinds Bericht über die Krönung Ottos des Großen in dieser Weise erweitert worden war. Davon rückte er Ende der sechziger Jahre wieder ab. — SVS 1935 Krönung Deutschland, S. 219–221; SVS 1968–1971 Kaiser, Bd.3, S. 40 m. Anm. 21 u. S. 60 m. Anm. 11.

105 SVS 1935 Krönung Deutschland, S. 221–222.

106 Obwohl sie zum Teil auf falschen Voraussetzungen aufgebaut war, konnte Schramm 1969 an der Datierung festhalten. — SVS 1935 Krönung Deutschland, S. 223–224; SVS 1968–1971 Kaiser, Bd.3, S. 60.

Unterschiede erklären ließen.[107] Immer wieder und auf immer neue Weise stellte er Bezüge her zwischen dem Text des Ordo und der historischen Situation um 961, den Krönungsbräuchen im Reich, den Bräuchen in anderen europäischen Monarchien oder anderen liturgischen Akten, so daß der Ordo eingebunden erschien in ein dichtes, weitverzweigtes Netz von politischen und kulturellen Faktoren, die sich jeweils unterschiedlich auswirkten.

Im Anschluß daran wandte sich Schramm den einzelnen Formulierungen zu, die im Ordo zur Beschreibung der verschiedenen Teile der Krönungshandlung und in den zu sprechenden Gebeten benutzt wurden. Auf der Grundlage der vorher erzielten Ergebnisse sah er sich in der Lage, exakt unterscheiden zu könnnen, was die Redaktoren übernommen und was sie selbst verfaßt hatten. Er nutzte dieses Vermögen, um herauszuarbeiten, welche Vorstellung vom Königtum im Ordo vertreten wurde. Seiner Meinung nach war »eine in sich geschlossene politische Grundansicht« zu erkennen, durch die sich der Ordo auszeichnete.[108] Insbesondere wurde die Königsweihe in dem Ordo in sehr weitgehendem Maße der Weihe des Bischofs angeglichen. Zugleich wurde aber große Sorgfalt darauf verwandt, die Grenzen nicht gänzlich zu verwischen und dem geistlichen Stand einen gewissen Vorsprung zu erhalten.[109] Schramm zog daraus die Folgerung, daß sich der König, während den Bischöfen die Sorge um die Seelen aufgetragen war, in weltlicher Hinsicht um die Menschen und um die Kirche kümmern sollte. Damit hatte der König »in exterioribus« am Bischofsamt Teil.[110] Trotz der aufrecht erhaltenen Differenz zum Bischof reichte seine durch die Weihe konstituierte Herrschaftsbefugnis damit weit in den kirchlichen Bereich hinein.

Weiter ging Schramm auf die besondere Bedeutung ein, die der »Mainzer Ordo« für den größeren Zusammenhang der Geschichte der abendländischen Krönung besaß. Mehrfach gab er den Hinweis, daß diese Ordnung einen starken Einfluß ausgeübt habe und zum Vorbild für viele Länder geworden sei.[111] Diesen Aspekt nahm er auf den letzten Seiten zusammenfassend in den Blick. Er sah die breite Rezeption des Ordo dadurch stark begünstigt, daß dieser Text ein Bestandteil jenes Pontifikale war, das in der

107 SVS 1935 Krönung Deutschland, S. 233–266.

108 Der ganze Abschnitt: SVS 1935 Krönung Deutschland, S. 266–274; darin das Zitat: S. 272.

109 In diesem Sinne zusammenfassend: SVS 1935 Krönung Deutschland, S. 267 u. 268; klarer schon vorher: S. 235–236, 240–244, 251–255, 257.

110 SVS 1935 Krönung Deutschland, S. 269.

111 Insgesamt kam er zu dem Ergebnis, es gebe »unter den Krönungsordnungen, die der katholische Teil Europas im Mittelalter hervorgebracht hat, und deren Zahl man auf über hundert ansetzen kann, kaum einen [sic!], der nicht mittelbar oder unmittelbar zur Nachkommenschaft des deutschen Ordo gehört.« — SVS 1935 Krönung Deutschland, S. 304; vgl. auch ebd., S. 262 u. 263.

zweiten Hälfte des zehnten Jahrhunderts eine überall in Europa vorhandene Lücke füllte und deshalb dankbar aufgenommen wurde.[112] Allerdings betonte er, der Ordo verdanke seinen Erfolg nur zum Teil dem Pontifikale. Er habe »auch für sich allein weitergewirkt.«[113] Als wichtigsten Grund für die weite Verbreitung des Ordo führte Schramm an, der Text stelle eine besonders gelungene Synthese verschiedener kultureller und formaler Elemente dar:

»Antikes, Christliches und Germanisches, Karolingisches und Neues begegnen sich hier, um in der dreifachen Sprache des Wortes, der Symbolik und der kultischen Handlung den Eintritt in die Herrschaft sinnlich faßbar zu machen. Daß der Mainzer Ordo es verstanden hat, diese verschiedenen Sprachen so auszugleichen, daß sie deutlicher und eindrucksvoller Kunde geben als alle voraufgehenden Versuche, ist der eigentliche Grund seines Erfolges.«[114]

Die drei Begriffe am Beginn des zitierten Absatzes bezeichneten die kulturellen Wurzeln, aus denen Schramms Vorstellung zufolge das Mittelalter hervorgegangen war.[115] Hier führte Schramm sie an, um zu veranschaulichen, daß der Wert des Ordo, dessen Folge die europaweite Rezeption gewesen sei, in seiner synthetisierenden Kraft liege, also darin, daß er in kunstvoller Weise unterschiedliche Strömungen zu einer neuen Einheit zusammengeführt habe.

Eine solche gelungene Synthese von Elementen unterschiedlicher Herkunft hatte Schramm auch schon bei der Krönung Ottos des Großen beobachtet. In besonderer Weise zeichnete sich die Zeit Ottos des Großen, in welcher der »Mainzer Ordo« entstanden war, demnach durch die Fähigkeit aus, kulturelle und rechtliche Elemente aus den verschiedensten Quellen, fremden und eigenen, zusammenzuführen und Neues entstehen zu lassen, ohne die Tradition aufzugeben. Nach Schramms Auffassung, die in ähnlicher Weise viele seiner Zeitgenossen teilten, begann auf diese Weise – als Frucht »des ersten glücklichen Tages in der deutschen Geschichte« – eine eigenständige deutsche Kultur zu entstehen.[116] Hier fand Schramm den wichtigsten Teil der Lösung für die im vorigen Abschnitt erwähnte Aufgabe, die er sich selbst 1923 gestellt hatte. Damals hatte er »die Grundlegung Europas und besonders Deutschlands […] im 10. Jahrhundert« beschreiben wollen.[117]

112 Ebd., S. 303.

113 Ebd., S. 304.

114 Ebd., S. 305.

115 Diese Dreiheit war Historikern seiner Zeit auch sonst geläufig. Ihr Zusammenspiel in den Anfängen der deutschen Geschichte reflektiert z.B.: *Mayer, Th.*, Ausbildung, S. 459–460.

116 Für eine Wiedergabe der neueren und Hinweise auf ältere Forschungsmeinungen im Hinblick auf den Zeitpunkt der Entstehung einer spezifisch deutschen Kultur s. z.B.: *Laudage*, Otto der Grosse, S. 39–43; *Fried*, Weg, S. 9–28.

117 WIA, GC 1923, Brief P.E. Schramm an F. Saxl, o.O. [Heidelberg], o.D. [Ende Mai/Anfang Juni 1923]; vgl. oben in diesem Kapitel, Abschnitt a).

Nun meinte er über die kulturellen Leistungen dieser Zeit sagen zu können, der von Otto dem Großen »festgefügte Bau des regnum Theutonicorum« habe »die Voraussetzungen für die Äußerungen einer Kultur geschaffen, die dabei ist, in allen ihren Leistungen gegenüber der Vergangenheit eine eigene Physiognomie zu gewinnen.«[118]

In der Krönungsfeier, deren Formen im »Mainzer Ordo« festgelegt waren, wurde diese entstehende deutsche Kultur nach Schramms Auffassung sichtbar. Das läßt sich anhand einer Formulierung in seinem Text verdeutlichen, die sich auf die Vorschriften dieses Ordo für die Thronsetzung bezog. Schramm führte die Thronsetzung, wie oben beschrieben, auf einen alten germanischen Brauch zurück. Deshalb setzte er voraus, daß sie in allen Reichen, die auf Gründungen der Völkerwanderungszeit zurückgingen, zumindest als theoretische Möglichkeit bekannt gewesen sein mußte. Aber im Ostfrankenreich war sie zuerst in die kirchliche Herrscherweihe eingefügt worden. In der durch den Ordo vorgeschriebenen Form war sie außerdem genau auf die Aachener Verhältnisse und den Steinthron Karls des Großen zugeschnitten. In Schramms Worten war sie daher »dieser ursprünglich ja gemeingermanische, aber in seiner kirchlichen Einkleidung doch spezifisch deutsche Akt [...].«[119]

Diese Formulierung veranschaulicht zugleich, wie Schramm das Zustandekommen spezifischer nationaler Kulturen im allgemeinen betrachtete. Sie enthielt eine Abgrenzung gegenüber anderen Nationalkulturen, zugleich jedoch eine Abgrenzung gegenüber der Vergangenheit. Die Thronsetzung hatte zwar bei Herrscherwechseln im Ostfrankenreich seit jeher eine wichtige Rolle gespielt, aber erst in ottonischer Zeit war sie mit der westfränkischen Tradition verbunden worden. Erst dadurch hatte sie die entscheidende »kirchliche Einkleidung« erfahren. Die Ausgangselemente stammten aus verschiedenen Richtungen, aber keines von ihnen war »deutsch«. »Spezifisch deutsch« war erst ihre im »Mainzer Ordo« festgehaltene Zusammenführung. In dieser Weise konnte Schramm – wie in Deutschland, so in den anderen Staaten Europas – die einzelnen Krönungstraditionen etwa vom 10. Jahrhundert an als Ausdruck der jeweiligen nationalen Kultur betrachten. Grundlegend war für sein Modell, daß er bei der Geschichte der Ordines nicht die Herkunft der Elemente für entscheidend hielt, aus denen die Verfasser ihre Texte zusammensetzten, sondern allein das Ergebnis dieser Arbeit. Unabhängig von den benutzten Quellen war es in jedem Fall die Synthese, die das jeweils Besondere ausmachte.

Um von Schramms Geschichtskonzeption einen zutreffenden Eindruck zu vermitteln, ist noch zu betonen, daß er keinen Zusammenhang zwischen

118 SVS 1935 Krönung Deutschland, S. 228.
119 Ebd., S. 262–263, Zitat S. 263.

dem gesamteuropäischen Erfolg des »Mainzer Ordo« und seiner »deutschen« Qualität konstruierte. Im Gegenteil war es für Schramm selbstverständlich, daß die Geschichte der abendländischen Ordines sich durch ein unablässiges Geben und Nehmen auszeichnete. Aufgrund der weiten Verbreitung, die der »Mainzer Ordo« fand, bürgerte sich nicht zuletzt die Thronsetzung nach und nach in den meisten europäischen Königreichen ein.[120] Mit ihr verbreitete sich etwas in besonderer Weise Deutsches über ganz Europa. Aber Schramm schenkte dem keine besondere Beachtung. Es entsprach einfach seiner Grundannahme, derzufolge die Krönungstraditionen in den verschiedenen europäischen Reichen eng miteinander verknüpft waren. Deutsche Elemente gelangten in die verschiedenen Länder Europas, wie westfränkische und andere Elemente nach Deutschland gelangten.

c) Das Königtum im Westen Europas

Die Intensität von Schramms Forschungen über die Ordines und die Krönung in Europa näherte sich, wie oben angedeutet, ihrem Höhepunkt, als in den Jahren 1936 und 1937 in Form zweier Aufsätze die Studie über den »König von Frankreich« erschien.[121] In diesem Doppelaufsatz, in dem Buch über »Die Geschichte des englischen Königtums« und in dem Buch über Frankreich, das den Aufsatz in erweiterter Form wiederholte, setzte sich Schramm intensiv mit der Geschichte der beiden wichtigsten westeuropäischen Monarchien auseinander.

Indem er die Entwicklung der Krönung in diesen Reichen erforschte, wollte er das kulturell Spezifische der jeweiligen Völker in den Griff bekommen. Ausdrücklich erklärte er, daß er damit, auf dem Wege des Vergleichs, auch dem Spezifischen der deutschen Geschichte näher zu kommen hoffte.[122] Allerdings hatte Schramm, obwohl er hier den Eindruck vermittelte, die Frage nach dem »Besonderen« der deutschen Geschichte sei noch offen, im Grunde doch eine klare Vorstellung davon, welches die entscheidenden Charakteristika der deutschen Vergangenheit seien: Oben wurde erläutert, daß ihm Zerrissenheit und innere Konflikte die Grundmerkmale der Ge-

120 Ebd., S. 263.

121 SVS 1936 Frankreich I; SVS 1937 Frankreich II; vgl. oben in diesem Kapitel, Abschnitt a).

122 Im ersten der beiden Aufsätze über Frankreich schrieb er, »die Eigenart unserer Geschichte« werde sich vermutlich »deutlicher fassen lassen«, wenn sie »in einem gesamteuropäischen Rahmen« gesehen werde. Im Vorwort zu seiner »Geschichte des englischen Königtums« verlieh er der Hoffnung Ausdruck, nach Abschluß seiner Forschungen werde »eine neue Sicht für die deutsche Geschichte gewonnen sein.« — SVS 1936 Frankreich I, S. 223; vgl. auch SVS 1939 König Frankreich, Bd.1, S. VIII; SVS 1937 Geschichte Königtum, S. XIV–XV.

schichte seines Heimatlandes zu sein schienen. Auch in seinen Forschungen über Westeuropa gab es Äußerungen, die in eine solche Richtung gingen.[123] Damit stand von vorneherein fest, daß das Fazit einer jeden Auseinandersetzung mit diesem Thema bedrückend sein mußte. Deshalb unternahm er niemals einen ernsthaften Versuch, dieses Erkenntnisziel tatsächlich zu erreichen. Stattdessen befaßte er sich in seinen veröffentlichten Arbeiten mit Ländern, deren Geschichte eine positivere Gesamteinschätzung zuzulassen schien.

Als erste Buchpublikation aus diesem Bereich veröffentlichte er 1937 das Werk »Geschichte des englischen Königtums im Lichte der Krönung«. Im vorigen Kapitel ist berichtet worden, daß Schramm das Buch auf Anregung eines englischen Kollegen anläßlich des Herrschaftsantritts Edwards VIII. in Angriff nahm, und daß es, pünktlich zur Krönung Georges VI., so gut wie gleichzeitig auf Deutsch und auf Englisch auf den Markt kam.[124] Von vorneherein wandte es sich sowohl an das deutsche als auch an das englische Publikum. Dadurch war es in besonderer Weise mit einer politischen Intention verbunden: In ihm manifestierte sich Schramms Wunsch nach internationaler Verständigung.

Auf eigentümliche Weise verband sich dieser Wunsch jedoch mit Schramms fester Überzeugung, daß jedes »Volk« seine ganz eigene Kultur habe. Dies kam in einem knappen, aber inhaltsreichen Absatz im Vorwort des Buches zum Ausdruck. Nachdem er das Ziel seiner Darstellung kurz umrissen hatte, stellte Schramm dort fest:

»Diese Forschungsweise, die im Rahmen der allgemeinen Geschichte das Besondere eines jeden Volkes zu erkennen sucht, dünkt mich die Aufgabe der Geschichtsforschung in unsern Tagen zu sein. Den andern kennen und verstehen: das schafft die Voraussetzung dafür, daß man ihn auch mit dem rechten Maße mißt.«[125]

Die Förderung des grenzüberschreitenden Gesprächs war Schramm so wichtig, daß er es rundweg zur »Aufgabe der Geschichtsforschung in unsern Tagen« erklärte, den »Rahmen der allgemeinen Geschichte« im Blick zu behalten und sich nicht nur mit der eigenen Geschichte zu befassen, sondern

123 In seinem Buch über das englische Königtum umschrieb Schramm das wichtigste Problem der deutschen Geschichte mit der suggestiven Frage: »Weshalb ist die Blüte der Kaiserzeit wieder verwelkt?« Eine Antwort deutete er an verschiedenen Stellen an, indem er kritische Bemerkungen über das Recht machte, den König zu wählen. Dieses Recht hatte in der Geschichte Deutschlands eine sehr viel größere Rolle gespielt als bei seinen westlichen Nachbarn. In dem Buch über Frankreich sagte Schramm an einer Stelle, das Wahlrecht habe »Kämpfe« zur Folge gehabt, die »Deutschland [...] schwer zu schaffen gemacht haben.« — SVS 1937 Geschichte Königtum, S. XIV; über das »Wahlreich« ebd., S. 150; SVS 1939 König Frankreich, Bd.1, S. 111; diese Passage findet sich in den Aufsätzen noch nicht.

124 S.o., Kap. 9.f).

125 SVS 1937 Geschichte Königtum, S. XIII; vgl. SVS 1937 History Coronation, S. ix.

»das Besondere eines jeden Volkes zu erkennen«. Allerdings bestand dabei zwischen dem »allgemeinen«, nämlich europäischen »Rahmen« und dem jeweils nationalen »Besonderen« ein für ihn charakteristisches Verhältnis. Keinen der beiden Pole wollte er aufgeben. Den Ton legte er er aber auf das »Besondere«. Obwohl der »Rahmen« berücksichtigt werden mußte, hatte er doch nur die Funktion einer Orientierungshilfe. Gegenstand der Untersuchung war lediglich das »Besondere«.[126]

Damit korrespondierte Schramms Appell, daß jeder den anderen »mit dem rechten Maße« messe. Die meisten Aversionen zwischen den Völkern, so seine Vorstellung, ließen sich ausräumen, wenn jede Nation versuchte, das jeweilige Verhalten der anderen Nationen anhand der richtigen Kategorien zu verstehen. Die darin enthaltene Mahnung richtete sich wohl vor allem an die englischen Leser des Buches: Denn in den Briefen, die Schramm in dieser Zeit ins Ausland schickte, sprach er oft davon, ausländische Beobachter, die negativ über die Lage in Deutschland urteilten, legten völlig falsche Maßstäbe an. Wenn sie empfänglich dafür wären, was wirklich wichtig, was bleibend, und was im Gegensatz dazu nur flüchtiges Symptom des Übergangs sei, dann könnten sie sehr viel freundlicher über Deutschland denken.[127]

Was für Maßstäbe nach Schramms Meinung berechtigterweise anzulegen waren, ergab sich aus der Logik des oben zitierten Gedankengangs: Diejenigen des Betrachters durften es jedenfalls nicht sein. Vielmehr bedeutete den anderen zu »kennen« vor allem, das »Besondere« an ihm zu »verstehen«. Daraus folgte recht eindeutig, daß sich auch die anzulegenden Maßstäbe aus der Besonderheit des Beobachtungsobjekts ergeben mußten. Schramm übertrug hier die klassische historistische Denkfigur, daß jedes Ding aus sich selbst heraus verstanden werden müsse, auf die Gegenwart und verlagerte sie ins Politische. Zugleich stellte er damit in Abrede, daß es allgemeingültige ethische Maßstäbe gäbe, die unabhängig von kulturellen Prägungen gelten könnten. Die Engländer hatten somit kein Recht, an die deutschen Entwicklungen ihre eigenen Maßstäbe anzulegen. Sie sollten sich, wenn sie über Deutschland sprachen, die deutschen Maßstäbe zu eigen machen. Nur unter dieser Voraussetzung wünschte Schramm das Gespräch zwischen den Völkern zu beleben. Ungeachtet dessen war sein Buch ein überzeugender Beweis guten Willens.

126 Außerdem lag das »Besondere« zwar im Innern des Rahmens, hatte aber in Schramms Formulierung keinen unmittelbaren Bezug zu ihm. Diesen Aspekt verkannte der Übersetzer in der englischen Version: Dort war die Rede von einer »line of research which aims at discovering what is the relative place of each nation in the framework of general history.« In dieser Formulierung war der Rahmen das tragende Element, in Bezug auf welches die Orte der einzelnen Nationen bestimmt werden sollten (SVS 1937 History Coronation, S. ix).

127 Hierzu im vorherigen Kapitel, Kap. 9.a).

Wie Schramm das »Besondere« eines Volkes zu fassen versuchte, und wie er damit umging, läßt sich an diesem Buch über England besonders anschaulich herausarbeiten. Alles in allem konzentrierte sich Schramm darin tatsächlich verhältnismäßig strikt auf die Geschichte der Krönung. Die Kenntnis der englischen Geschichte im allgemeinen, in welche die Entwicklung der Krönung eingebettet war, setzte er weitgehend voraus. Im Ganzen gliederte sich das Buch, vom schon erwähnten Vorwort und einer Schlußbetrachtung abgesehen, in zwei Teile. Im ersten Teil, der in vier Kapitel gegliedert war, beschrieb Schramm pauschal die »Geschichte der Krönung von den Anfängen bis heute«. Im zweiten Teil, der die Überschrift »Die Stellung des Königs im Lichte der Krönung« trug, untersuchte er die Veränderungen bestimmter, besonders wichtiger Akte der Krönungshandlung. In drei Kapitel gegliedert, analysierte dieser zweite Teil die Salbung, die Wahl und den Eid, den der König im Rahmen der Krönung abzulegen hatte.

Schon im Vorwort erklärte Schramm, wie bereits angedeutet, die Frage nach dem »Besonderen« der englischen Entwicklung zum zentralen Thema des Buches. Er betonte, dieses »Problem, das uns das wichtigste zu sein scheint«, solle immer wieder aufgegriffen werden. Dann erläuterte er, sowohl die Sichtweise englischer Verfassungshistoriker früherer Zeiten, welche die »Fortwirkung der germanischen Einrichtungen« besonders berücksichtigt hätten, als auch neuere Forschungen, die vor allem die Verbindungen Englands mit Frankreich betonten, hätten ihre Berechtigung. Mit Blick auf die Krönung seien sie allerdings beide unzureichend, da darüber hinaus auf weitere Beziehungen hinzuweisen sei. »Demnach läßt sich England [...] weder als eine letzte Insel des Germanentums noch als Außenbastion Westeuropas verstehen, sondern nur als: England.«[128]

Darum setzte sich Schramm das doppelte Ziel, einerseits die mannigfaltigen kulturellen Beziehungen der Engländer zu ihren verschiedenen Nachbarn aufzuzeigen, andererseits aber darzustellen, wie die Krönung am Ende eine »spezifisch englische Form« gefunden habe.[129] Die vielen verschiedenen Quellen, aus denen der Krönungsbrauch sich speiste, waren ihm ebenso wichtig wie die Vorstellung, daß dieser Brauch am Ende dennoch etwas ganz Eigenständiges wurde. Mit diesem Doppelanliegen führte Schramm Ansätze fort, die er bereits in seinem Aufsatz über die »Krönung in Deutschland« angedeutet hatte: Im Hinblick auf die Frage, wie sich die Ordines zu den jeweiligen Nationalkulturen verhielten, kam es Schramm immer nur auf das Ergebnis der von den Ordines-Verfassern durchgeführten Synthese, nicht

128 SVS 1937 Geschichte Königtum, S. XIII.

129 Am Ende des Ersten Teils betonte Schramm noch einmal, der »Legierungsprozeß«, der aus den verschiedenen Erbschaften das Englische entstehen lasse, sei »das zentrale Problem der englischen Geschichte.« — SVS 1937 Geschichte Königtum, S. XIII; ebd., S. 110–111.

auf die verarbeiteten Bausteine an. Analog dazu legte er auch in seiner »Geschichte des englischen Königtums« allein auf das Ergebnis Wert. Die Anfänge der Krönung waren nicht »englisch«, die allerersten Ursprünge lagen mitnichten alle in England. Es gab keine irgendwie geartete, ursprüngliche Substanz, die schon immer »englisch« gewesen wäre.[130]

Die Geschichte der Krönung begann nicht bei den Angelsachsen auf der englischen Insel, sondern bei den Franken. Von ihnen übernahmen die Bewohner des späteren England im achten Jahrhundert die Salbung.[131] Zur Ausbildung eines festen Brauchs für die Herrscherweihe kam es dann im zehnten Jahrhundert.[132] Einen wichtigen Einschnitt in der Entwicklung bedeutete im folgenden Jahrhundert die normannische Eroberung 1066. In einem Ordo, der für Wilhelm den Eroberer erstellt wurde, wurden zuerst die Begriffe »populus Anglicus« für das englische Volk und »Anglia« für England benutzt. Damit waren unter dem Druck der Normannen im Jahrhundert nach der Jahrtausendwende »die alten Stammeseinheiten zu *einem* Volk, dem ›englischen‹ zusammengepreßt worden.«[133] Zugleich brachte die Eroberung aber ganz neue, nämlich »normannisch-französische« Elemente in den englischen Brauch ein.[134] Insbesondere verhalf sie dem Lehnswesen und den mit dem Feudalismus einhergehenden Formen der Huldigung zum Durchbruch.[135]

Hier konkretisierte Schramm am englischen Beispiel seine Vorstellung, daß die Völker Europas keine sozusagen naturgegebenen, schon immer vorhandenen Größen, sondern geschichtlich gewordene, erst allmählich entstandene Formationen waren. Dieses Modell hatte er bereits von Ranke übernommen.[136] Für das richtige Verständnis seines Denkens ist es aber entscheidend, die klare teleologische Fixierung dieses Modells zu erkennen. Der Prozeß der Entstehung der Völker war endlich. Spätestens in Schramms eigener Gegenwart standen sich die europäischen Nationen als klar voneinander geschiedene Einheiten gegenüber. Als Ergebnis seiner jeweils eigenen Geschichte hatte jedes »Volk« in der Gegenwart seine eigene Identität. Die Nationen waren trotz ihrer Unterschiedlichkeit miteinander vergleichbar,

130 Gerade die Kultur der ersten faßbaren Einwohner der britischen Inseln, der Kelten, hatte, wie Schramm ausdrücklich betonte, zum Reichtum des englischen Krönungsbrauchs gar nichts beigetragen. Dementsprechend setzte Schramms Darstellung eigentlich erst mit den Angelsachsen ein. — SVS 1937 Geschichte Königtum, S. 12–13.

131 Ebd., S. 8–9 u. 15.

132 SVS 1937 Geschichte Königtum, S. 18–19; vgl. bereits SVS 1934 Westfranken, S. 161–162 u. 176.

133 SVS 1937 Geschichte Königtum, S. 29; Hervorhebung im Original gesperrt.

134 Die Formulierung »normannisch-französisch« beispielsweise: SVS 1937 Geschichte Königtum, S. 110.

135 In diesem Sinne vor allem: SVS 1937 Geschichte Königtum, S. 64–67.

136 Vgl. SVS 1923 Verhältnis, S. 322–323; hierzu oben, Kap. 5.a).

weil ihnen allen eine bestimmte Grundlage gemeinsam war. Das Gemeinsame, das sie verband, bildete aber ausschließlich in einem sozusagen technischen Sinne die Grundlage des geschichtlichen Prozesses. Nach Schramms Vorstellung hatten sich alle Völker im Laufe der Zeit von diesem Ererbten emanzipiert.

Für den englischen Fall trat dies im letzten Kapitel des Buches hervor, in dem Schramm den Krönungseid behandelte.[137] Über die »Charter«, die Heinrich I. anläßlich seiner Krönung im Jahr 1100 als Ergänzung zum Krönungseid beschwor, sagte Schramm:

»Die Urkunde steht am Ende des Zeitalters, in dem das englische Recht noch aus der germanischen Rechtswelt heraus zu verstehen ist, und am Anfang einer neuen Epoche, in der aus der Auseinandersetzung zwischen der germanisch-angelsächsischen und der normannisch-feudalistischen Sphäre etwas Neues erwächst: das Englische.«[138]

Damit war die Phase benannt, in der England nach Schramms Auffassung über die Grundlagen hinausgelangte, die alle europäischen Nationen gemeinsam hatten. Der Vorstellung entsprechend, daß es eine solche Phase in der Geschichte aller Nationen gebe, fand sich in Schramms Schriften der dreißiger Jahre nirgends auch nur andeutungsweise der Gedanke, aus dem gemeinsamen kulturellen Fundament ergäbe sich eine Verpflichtung für die Gegenwart.

An der Geschichte des Eides konnte Schramm schließlich die Entstehung der einzigartigen Stellung des englischen Parlaments und somit des englischen Konstitutionalismus festmachen. In dem Eid, der anläßlich des Herrschaftsantritts Wilhelms von Oranien 1689 formuliert wurde und der bis 1937 nur noch Veränderungen erfuhr, die Schramm für unwesentlich hielt, wurde die Macht des Parlaments endgültig festgeschrieben. Nach Schramms Meinung war damit etwas entstanden,

»was keiner der damaligen Staaten kannte, etwas, was auch keiner der damaligen Staaten in ähnlicher Weise hervorzubringen vermocht hätte, weil es nur aus der englischen Geschichte hervorgehen konnte [...].«[139]

Damit war der Konstitutionalismus, also die starke Bindung des Königs durch das Recht, die mit der beherrschenden Stellung des Parlaments einherging, in Schramms Darstellung der Faktor, der vor allem das »Eigene« der englischen Monarchie ausmachte.

137 In der Formulierung des Eides entschied sich nach seiner Interpretation, welche Stellung der König zum Recht habe, ob er also ungebunden darüber oder wie alle seine Untertanen unter ihm stehe (vgl. v.a. SVS 1937 Geschichte Königtum, S. 179–180).

138 SVS 1937 Geschichte Königtum, S. 190.

139 Ebd., S. 224.

Mit Blick auf die englische Geschichte bewertete Schramm den Konstitutionalismus ohne Einschränkung positiv: Er war das Ergebnis dieser Geschichte, die Schramm als Erfolgsgeschichte sah. Die Stellung des Parlaments war ein wichtiger Bestandteil des erfolgreichen englischen Modells. Daraus läßt sich allerdings keine grundsätzliche Aussage für oder gegen Parlamentarismus und Demokratie herauslesen. Aus dem einzigen Grund, daß das Regierungssystem ein spezifisches Ergebnis der englischen Geschichte war, konnte es insbesondere für Deutschland weder im Guten noch im Bösen als Vorbild dienen. Im Gegenteil ergab sich aus Schramms Modell die Folgerung, daß die Frage, welches Regierungssystem das richtige und angemessenste sei, für Deutschland völlig neu gestellt und aus der Geschichte heraus beantwortet werden mußte.

Neben der Entwicklung des Konstitutionalismus ließ Schramm als einen weiteren Aspekt der Geschichte der englischen Krönung, in dem sich seiner Auffassung nach etwas unverwechselbar Spezifisches ausdrückte, eine große Kontinuität und eine in besonderem Maße evolutionäre Entwicklung hervortreten. Er übersah nicht, wie stark sich die Krönung im Laufe der Zeit verändert hatte, vermochte aber nachzuweisen, daß sie auch in ihrer modernen Form noch Elemente bewahrte, die zum Teil fast tausend Jahre alt waren.[140] Zusammenfassend sprach er vom »Sieg, den die beharrenden Kräfte in der englischen Geschichte durch die geschmeidige Anpassung an die Erfordernisse der Zeit errungen haben [...].«[141] Auf dieses Spezifikum der Geschichte des englischen Königtums schien er mit einem gewissen Neid zu blicken.[142] Ganz offensichtlich korrespondierte dieses positive Bild von der englischen Geschichte mit dem pessimistischen Konzept, das er von der Vergangenheit seines eigenen Landes hattte.

Zwei Jahre nach dem Buch über »Das englische Königtum« folgte »Der König von Frankreich«. Dieses Werk erschien in zwei Bänden, da Schramm die Anmerkungen in einem eigenen Band vom Text der Darstellung trennte.[143] Im Darstellungsband waren die beiden zugrundeliegenden Aufsätze

140 Am Beispiel der Salbung: Ebd., S. 105–110.

141 Fünfzig Jahre später ist *David Cannadine* hinsichtlich der Frage, wie sich die Formen, die Durchführung und die Bedeutung der englischen Krönung im 19. und 20. Jahrhundert verändert hätten, zu etwas komplexeren Ergebnissen gekommen. — SVS 1937 Geschichte Königtum, S. 105; *Cannadine*, Context; darin Schramm zitiert: S. 145–146.

142 Am deutlichsten äußerte er sich in der Schlußbetrachtung. Dort sprach er über die zahlreichen Umstürze, die das 20. Jahrhundert mit sich gebracht habe, und fuhr fort: »Inmitten dieser Welt, in der Altes versinkt und Neues aufsteigt, gehört England zu den wenigen glücklichen Staaten, denen es vergönnt ist, ruhig auf den Grundlagen weiter zu bauen, die die Vorfahren gelegt und mit ihrem Blute zusammengefügt haben.« — SVS 1937 Geschichte Königtum, S. 230; vgl. auch S. 231.

143 Der zweite Band war der entsprechenden Abteilung der »Geschichte des englischen Königtums« nachgebildet. Neben den Anmerkungen fand sich darin eine Liste der westfränkischen und französischen Könige sowie eine weitere mit den einschlägigen Krönungsordnungen. — Liste

vollständig enthalten. An ihnen hatte Schramm lediglich einige Umstellungen und kleinere Erweiterungen vorgenommen. Allerdings hatte in den Aufsätzen die Untersuchung mit dem Übergang der Herrschaft auf die Dynastie der Kapetinger im Jahr 987 eingesetzt. Gängigen Konventionen folgend, ließ Schramm mit diesem Vorgang, im Unterschied zur davorliegenden fränkischen Zeit, die eigentliche französische Geschichte ihren Anfang nehmen.[144] Jetzt ergänzte er die Darstellung um eine Beschreibung der relevanten Aspekte der westfränkischen Geschichte seit dem Vertrag von Verdun 843. Diese Beschreibung der Vorgeschichte Frankreichs war zum großen Teil aus Gedanken zusammengefügt, die Schramm, häufig wörtlich, aus seinem Aufsatz über »Die Krönung bei den Westfranken und Angelsachsen« übernommen hatte.[145] Von dem so konstituierten Ausgangspunkt der Auflösung des Reiches Karls des Großen schlug er einen Bogen bis zur Durchsetzung der absoluten Königsherrschaft im Frankreich der Frühen Neuzeit.

Die Darstellung war in drei Hauptteile gegliedert. Dabei gab es, im Prinzip ähnlich wie in der »Geschichte des englischen Königtums«, einen Wechsel zwischen einer rein chronologischen und einer thematischen Strukturierung, was bereits in den Aufsätzen angelegt gewesen war. Der erste Teil behandelte, dem Gang der Ereignisse folgend, das Westfrankenreich von Karl dem Kahlen bis zum Ausgang der Karolinger.[146] Der zweite Teil analysierte, nach Themen gegliedert, anhand der Krönung die Ausformung und den Wandel bestimmter Aspekte des französischen Königtums im Hochmittelalter.[147] Der dritte Teil beschrieb dann, wiederum rein chronologisch, die weitere Entwicklung vom späten dreizehnten bis ins siebzehnte Jahrhundert.[148] Ein »Ausblick« am Schluß reichte weiter bis in die Gegenwart.[149]

Von den drei Hauptteilen war der zweite, thematisch gegliederte, der originellste. Viele Aspekte konnte Schramm nach mittlerweile bewährten Mustern abhandeln: Die Wahl des Königs beispielsweise, oder der Ort der Krönung waren Punkte, die Schramm für alle von ihm analysierten Monarchien untersucht hatte. Solche Gegenstände konnten Grundlage einer vergleichen-

der Könige: SVS 1939 König Frankreich, Bd.2, S. 1–2; Liste der Krönungsordnungen: SVS 1939 König Frankreich, Bd.2, S. 3–5.

144 An der entsprechenden Stelle seines Buches konstatierte Schramm: »Aus dem Westfrankenreich, dem einst auf Grund des karolingischen Erbrechts abgetrennten Teilreich, war nun *Frankreich* geworden« (SVS 1939 König Frankreich, Bd.1, S. 90; Hervorhebung im Original gesperrt).

145 SVS 1934 Westfranken; zu diesem Text oben in diesem Kapitel, Abschnitt a); vgl. Schramms eigene Erläuterung: SVS 1939 König Frankreich, Bd.2, S. 10.

146 SVS 1939 König Frankreich, Bd.1, S. 7–90.

147 Ebd., S. 91–217.

148 Ebd., S. 219–266.

149 Ebd., S. 267–273.

den Betrachtung werden.[150] Andere Elemente wie die Sage, wonach das bei der Salbung verwendete Öl eines sei, welches anläßlich der Taufe des Frankenkönigs Chlodwig vom Himmel geschickt worden sei, waren der französischen Krönung eigen und ließen das Spezifische des dortigen Königtums besonders anschaulich werden.[151]

Ganz am Beginn des Buches führten ein »Vorwort« und eine »Einleitung« zur Darstellung hin.[152] In beiden Stücken entwickelte Schramm Überlegungen zur Fragestellung und zur Methode des Werks. Wie es dem Umfang des Buches und seiner Position im Entwicklungsgang von Schramms Arbeit entsprach, fielen diese Überlegungen ausführlicher und reflektierter aus als in seinen bisher behandelten Schriften über die Krönung. Klarer als sonst wird daran deutlich, wie sich Schramms eigener Ansatz zu anderen damals aktuellen Zugriffsweisen auf die Geschichte der Völker und Staaten im Mittelalter verhielt.

Von den grundlegenden Forschungszielen, die ihn seit der Zeit kurz nach Ende des Ersten Weltkriegs begleitet hatten, rückte Schramm in seinem Buch über den »König von Frankreich«, wie schon in den Aufsätzen, die Frage nach dem »Staat« in den Vordergrund. Programmatisch deklarierte er das Werk im zweiten Untertitel als »Ein Kapitel aus der Geschichte des abendländischen Staates« und suchte sein Vorgehen von hier aus zu begründen. Gerade in diesem Bereich mußte er sich allerdings mit starken Konkurrenten arrangieren. Er schrieb, in der Geschichte sei zu beobachten, wie der Staat sich »von einem unbestimmten zu einem fest umrissenen [...] Zustand« entwickele:

»aus den durch Blutsverwandtschaft, Sippenband und Treueschwur zusammengehaltenen Stammesreichen der Völkerwanderung werden die Flächenstaaten des hohen Mittelalters [...], und aus ihnen verdichten sich wieder die Nationalstaaten der Neuzeit [...].«[153]

Damit bezog er sich auf ein Modell, dem Theodor Mayer allgemeine Anerkennung verschafft hatte. Mayer war Ende der dreißiger Jahre Ordinarius in

150 Das Kapitel über die Wahl fiel relativ kurz aus, da dieser Akt im zwölften Jahrhundert aus dem französischen Krönungsbrauch verschwand. Einen Vergleich mit dem deutschen Krönungsort Aachen deutete Schramm bei der Beschreibung des Vorgangs an, wie sich Reims als Ort der Krönung und der entsprechende Erzbischof als allein berechtigter Coronator etablierte. — Die Wahl: SVS 1939 König Frankreich, Bd.1, S. 97–111; Reims als Ort der Krönung: ebd., S. 112–130.

151 Versuche in England, gleichfalls ein Himmelsöl für die Krönung einzuführen, hatten keinen bleibenden Erfolg. — SVS 1939 König Frankreich, Bd.1, S. 145–150; über Schramms Behandlung des Glaubens an die Heilkraft der französischen Könige s.u. in diesem Kapitel, Abschnitt e).

152 Die »Geschichte des englischen Königtums« hatte keine Einleitung gehabt. Methodische Überlegungen hatte Schramm dort im »Vorwort« dargelegt. — SVS 1939 König Frankreich, Bd.1, S. V–VIII u. 1–5.

153 Ebd., Bd.1, S. 1.

Marburg und seit 1939 Rektor dieser Universität.[154] Wissenschaftliche Exzellenz verband sich bei ihm mit engagierter Unterstützung des nationalsozialistischen Regimes.[155]

Mayer und andere – unter ihnen wurde Otto Brunner der bekannteste – waren im Begriff, die Konstrukte der älteren Verfassungsgeschichte, die sich an juristischer Dogmatik orientiert hatten, durch neue, dynamischere Konzepte zu ersetzen.[156] Diese flexibleren Konzepte hatte Mayer in einem Vortrag auf dem Internationalen Historikerkongreß in Zürich 1938 prägnant gebündelt. Im selben Jahr, in dem Schramms »König von Frankreich« erschien, präsentierte er das so entstandene Modell in einem Aufsatz in der »Historischen Zeitschrift«.[157] Damit konstituierte Mayer ein Programm, das für die deutsche Verfassungsgeschichte weit über 1945 hinaus maßgeblich wurde. Schramm konnte und wollte daran nicht vorübergehen. Allerdings war der Wandel vom »Personenverbandsstaat« – so hatte Mayer die »Stammesreiche« charakterisiert – zum »Flächenstaat« eigentlich nicht sein Thema.

Deshalb stellte Schramm fest, für frühere Zeiten sei das Wort »Staat« im Grunde ungeeignet, da es nun einmal durch moderne Konnotationen besetzt sei.[158] Genaugenommen sei doch »das am Beginn Sichtbare einfach der König mit seinem Volk.«[159] In seinem Buch über England hatte er einfach verwiesen auf »das Königtum – und das heißt im Mittelalter: der Staat [...].«[160] Im »König von Frankreich« fuhr er erläuternd fort, die Geschichte des Staates darzustellen bedeute bis ins hohe Mittelalter, zu beschreiben, wie das Königtum von einer auf eine konkrete Person bezogenen Würde zu einer Einrichtung werde, die sich vom Einzelnen löse und überpersönliche Legitimität gewinne. Erst danach entstehe aus der Einsicht, daß König und Volk

154 Über Theodor Mayer (1883–1972) vgl. die Arbeiten von *Anne Chr. Nagel*, dort auch Hinweise auf weitere Literatur; biographische Informationen über Mayer in *Nagel*, Schatten, z.B. S. 159–165, und *Nagel*, Führertum, S. 344–345, 347–350.

155 Vgl. *Nagel*, Führertum, S. 344–345, 349–350, 360–362.

156 In programmatischer Absicht konstatierte *Mayer* selbst diesen Gegensatz und wies auf die »dynamisch-funktionelle Betrachtungsweise der Historiker« hin. — *Mayer*, *Th.*, Ausbildung, S. 457; im selben Sinne ebd., S. 462; vgl. *Nagel*, Schatten, v.a. S. 172–174; für die stetig reichhaltiger werdende Literatur über Otto Brunner vgl. stellvertretend: *Algazi*, Brunner »Ordnung«; über den erwähnten Wandel zusammenfassend: *Graus*, Verfassungsgeschichte, S. 558–569; Kritik an dem um 1940 erreichten Konsens: ebd., S. 568–573.

157 *Mayer*, *Th.*, Ausbildung; über den Entstehungszusammenhang: ebd., Anm. 1 auf S. 457; im Hinblick auf Mayers Haltung zum Nationalsozialismus instruktiv sind die letzten zwei Seiten des Aufsatzes: ebd., S. 486–487.

158 *Mayer* hatte die Unterschiede zwischen dem »modernen« und den verschiedenen mittelalterlichen Formen des »Staates« klar benannt, den Terminus selbst jedoch nicht problematisiert. — *Mayer*, *Th.*, Ausbildung, S. 463–464 und 466.

159 SVS 1939 König Frankreich, Bd.1, S. 1–2.

160 SVS 1937 Geschichte Königtum, S. XIV.

zusammen eine größere Einheit bildeten, der Staat.[161] Damit hatte Schramm deutlich gemacht, daß es ihm gar nicht um den »Staat« in einem abstrakten, epochenübergreifenden Sinn zu tun war. Obwohl die globale Frage nach dem »Wesen des Staates« weiterhin im Hintergrund stand, ging es ihm zunächst um das spezifischere Phänomen des mittelalterlichen Königtums. Aber auch das Problem der Entwicklung des Königtums zu einer überpersönlichen, quasi-staatlichen Größe war nicht sein eigentliches Thema.

Bevor Schramm diese Argumentation abschloß, gab er einen knappen Überblick über die Entstehung und Festigung Frankreichs bis zum 13. Jahrhundert.[162] Das Ergebnis faßte er zusammen, indem er einer anderen wichtigen Forschungsrichtung die Reverenz erwies, mit der sein eigener Ansatz konkurrieren mußte:

»Die einst als Westfrankenreich abgeteilten Völkerschaften sind nun über alle Gegensätze hinweg ihrer Einheitlichkeit bewußt geworden, die – im Blute begründet, durch den Boden geschützt – durch die Erlebnisse der Geschichte verstärkt wurde und in der Sprache, in der Kultur ihren Ausdruck fand. Die Franzosen empfanden [...], daß sie etwas Eigenes unter ihren Nachbarn darstellten, daß sie eine ›Nation‹ seien.«[163]

Mit dem Hinweis auf die Rolle des »Blutes« und die Bedeutung des »Bodens« ließ Schramm Begriffe und Paradigmen der »Volksgeschichte« anklingen.[164] Wie in seinen sämtlichen Arbeiten über die Krönung spielte auch im »König von Frankreich« das Ziel eine Rolle, herauszuarbeiten, wie das jeweils »Eigene« der Völker entstanden sei. Ende der dreißiger Jahre war es unumgänglich, dabei die »Volksgeschichte« zu berücksichtigen. Diese Forschungsrichtung hatte sich im Laufe der zwanziger Jahre etabliert und seit 1933 – nicht zuletzt, weil sie den Anforderungen des Regimes in besonderer Weise entgegenkam – stetig an Einfluß gewonnen. Die Wissenschaftler, die dieser Richtung folgten, stellten das »Volk« selbst in den Mittelpunkt ihrer Bemühungen und suchten die Geschichte damit sozusagen von unten zu erhellen.[165] Dadurch schien ihr Vorgehen für die spezielle Frage, wie das »Besondere« der einzelnen Völker sich entwickelt habe, sehr viel geeigneter

161 SVS 1939 König Frankreich, Bd.1, S. 2.

162 Ebd., S. 2–3.

163 Ebd., S. 3–4.

164 Über die »Volksgeschichte« grundlegend: *Oberkrome*, Volksgeschichte; über die Kritik an Oberkromes Arbeit: *Schöttler*, Geschichtsschreibung Bemerkungen, S. 17–19; über die »Volksgeschichte« und die »Westforschung« z.B.: *Schöttler*, »Westforschung«; *ders.*, Landesgeschichte; über die »Volksgeschichte« in der »Ostforschung« v.a.: *Haar*, Historiker; vgl. auch oben, Kap. 8.b).

165 Die Vertreter der »Volksgeschichte« setzten bei ihrer Arbeit unter anderem Kartographie und quantifizierende Methoden ein und brachten damit Forschungstechniken zur Geltung, die bis dahin in der deutschen Geschichtswissenschaft kaum eine Rolle gespielt hatten. — Über den Aufstieg der »Volksgeschichte«: *Oberkrome*, Volksgeschichte, v.a. S. 102–105; über die Methodik: ebd., zuerst S. 32–41, zusammenfassend u.a. S. 99–101.

als Schramms eigenes, das sich dem Problem gleichsam von oben, vom Königtum her näherte.

Im folgenden nannte Schramm in einer Fußnote das umfassend angelegte Werk »Grundlagen der Volksgeschichte Deutschlands und Frankreichs« von Adolf Helbok, dessen abschließender Kartenband erst ein Jahr zuvor erschienen war.[166] Helbok war seit langem einer der führenden Vertreter der »Volksgeschichte«. Er zeichnete sich vor allem durch ein besonders konsequent biologistisches und rassistisches Verständnis von »Volk« aus.[167] Für die Bestimmung des Grundcharakters eines Volkes hielt er dessen »Blutswesenheit« für ausschlaggebend, nämlich die spezifische Mischung verschiedener »Rassen« darin.[168] Da seine Arbeit aber, wie der Untertitel erläuterte, sich auf dieser Grundlage auch mit »Kultur- und Staatsgeschichte« befaßte, kam sie Schramms eigener Zielsetzung verhältnismäßig nahe.

Daraus ergab sich für Schramm die Frage, wie er sich zu Helboks Ansatz verhalten sollte. Er konnte Helboks Herangehensweise ganz oder in Teilen übernehmen, oder er konnte versuchen nachzuweisen, daß sie verfehlt sei. Schramm wählte eine dritte Option und wich aus. Kategorisch stellte er fest, daß die Entstehung der französischen Nation nicht Gegenstand seiner Untersuchung sein sollte:

»Es soll nicht unsere Aufgabe sein zu schildern, wie aus dem Teilreich eine ›Nation‹, wie aus dem Westfrankenreich ›Frankreich‹ geworden ist, wie die Begriffe Volk und Nation immer weiter zur Deckung gebracht worden sind.«[169]

Auf diese Weise machte Schramm klar, daß er den heuristischen Instrumenten der »Volksgeschichte« zwar eine gewisse Berechtigung einräumte, daß sie aber für seine eigene Arbeit nicht anwendbar waren. Damit war er der »Volksgeschichte« aus dem Weg gegangen.

Schramm flocht in seine Argumentation also Schlagworte ein, die als Kennworte auf wichtige Forschungsrichtungen verwiesen, die am Ende der dreißiger Jahre in Deutschland aktuell waren. Indem er Berührungspunkte zu Theoremen aufzeigte, die für diese Richtungen zentral waren, betonte er zugleich die Relevanz seiner eigenen Forschungen. Er schloß sich aber weder der erneuerten Verfassungsgeschichte noch der »Volksgeschichte« an. Ganz unabhängig von diesen Strömungen hatte Schramm in der ersten Hälfte der dreißiger Jahre sein eigenes Konzept entwickelt. Daran hielt er jetzt

166 *Helbok*, Grundlagen Volksgeschichte; vgl. *Oberkrome*, Volksgeschichte, S. 206–208; *Kaudelka*, Rezeption, S. 222–225.

167 Helbok hatte seine akademische Karriere schon vor dem Ersten Weltkrieg in Innsbruck begonnen und amtierte seit 1935 in Leipzig (*Oberkrome*, Volksgeschichte, S. 37–39, 72–75, 130–133).

168 Vgl. *Helbok*, Grundlagen Volksgeschichte, S. 2–3 u. 10.

169 SVS 1939 König Frankreich, Bd.1, S. 4.

fest. Nachdem er aber einmal die Konkurrenten zur Kenntnis genommen hatte, die sich auf demselben Terrain bewegten wie er, konnte er die Themen, die er in seinen Forschungen über die Krönung bis dahin – einigermaßen undifferenziert miteinander vermengt – erörtert hatte, in der bisherigen Form nicht mehr behandeln. Er mußte sein Erkenntnisziel neu definieren, zumindest aber schärfer eingrenzen.

Mit einer solchen Absicht hatte Schramm bereits deutlich gemacht, daß der Gegenstand seiner Darstellung das Königtum sein sollte. Jetzt konnte er auf Gedanken zurückgreifen, die schon in den einleitenden Abschnitten seines Doppelaufsatzes angelegt gewesen waren. Er führte aus, daß das Königtum im Falle Frankreichs sowohl zum »Staat« – dem Thema Theodor Mayers – als auch zur »Nation« – dem von Adolf Helbok als »Volk« behandelten Gegenstand der »Volksgeschichte« – in einem besonderen Verhältnis gestanden habe: »das französische Königtum, noch stärker als in den anderen Ländern der Inbegriff des Staates, ist auch Inbegriff der französischen Nation geworden.« Nation und Königtum hätten sich gegenseitig geformt. Das Ergebnis sei die »religion royale« gewesen. Hinter diesem mittelalterlichen Begriff verberge sich »ein einzigartiger Status«, den der französische König seit dem Mittelalter und in gleichem Maße in der Zeit des Absolutismus innegehabt habe.[170]

Damit kam Schramm seinem eigentlichen Thema näher. Ihm ging es nicht um eine Analyse der verfassungsgeschichtlichen Strukturen der französischen Monarchie und nicht um die Entstehung des französischen »Volkes«. Indirekt ging es ihm aber um beides zugleich: Der Gegenstand seines Interesses war das französische Königtum als »Inbegriff« sowohl des Staates als auch der Nation. Schramms Aufmerksamkeit richtete sich nicht auf die reale Macht des französischen Königs, sondern auf die exzeptionelle Stellung, die ihm zugesprochen wurde und die er auszufüllen suchte. Im ersten Untertitel des Buches hatte Schramm das Ziel der Darstellung zusammengefaßt als: »Das Wesen der Monarchie vom 9. zum 16. Jahrhundert«. Was es hier zu beobachten gab, sollte wenigstens andeutungsweise in den europäischen Kontext eingeordnet werden. Um dieses weitergesteckte Ziel zu verdeutlichen, brachte Schramm am Ende der Einleitung ein ausführliches Ranke-Zitat, das auch schon in den Aufsätzen gestanden hatte.[171] Damit ließ er erkennen, wie stark sein Denken über »Staat« und »Nation« im Grunde den Kategorien des 19. Jahrhunderts verpflichtet war.[172]

170 Ebd.; vgl. SVS 1936 Frankreich I, S. 224.

171 SVS 1939 König Frankreich, Bd.1, S. 4–5.

172 Am Ende des letzten Kapitels der »Geschichte des englischen Königtums« hatte er Friedrich Karl von Savigny zitiert (SVS 1937 Geschichte Königtum, S. 226–227).

Die Stellung des Königs kam in der Krönung am klarsten zum Ausdruck. Diese These lag Schramms Forschungen über das Königtum ganz allgemein zugrunde. In der »Geschichte des englischen Königtums im Lichte der Krönung« hatte er sie bereits konsequent umgesetzt. Im Falle Frankreichs schien die allgemeine Regel in besonderer Weise zu gelten. Schramm zitierte ein bekanntes Wort von Ernest Renan, wonach die in Reims durchgeführte Feier der Königswürde, also die Krönung, für die Franzosen geradezu ein »achtes Sakrament« gewesen sei.[173] Die Krönung hatte demnach für Frankreich in spezifischer Weise eine herausragende Bedeutung. Damit waren die gewohnten Geleise erreicht, und Schramm konnte fragen: »Wie ist es zu dieser Besonderheit Frankreichs gekommen?«[174]

Den Gedanken, der König solle als »Inbegriff« des Staates und der Nation verstanden werden, brachte Schramm noch in einer anderen Formulierung zum Ausdruck, die seine Absichten etwas plastischer werden ließ. Im Vorwort faßte er die Abgrenzung von den oben genannten Forschungsrichtungen in die Worte, er habe nicht alle Aspekte diskutieren können, die von Interesse gewesen wären. Um von der sich erneuernden Verfassungsgeschichte Abstand zu gewinnen, erklärte er, er habe das Problem ausgeklammert, »wie der König durch den Ausbau der staatlichen Institutionen nicht nur ideell, sondern auch tatsächlich Haupt und Herz des Staates zugleich geworden ist [...].«[175] Umgekehrt bedeutete das: Behandelt hatte er die Frage, »wie der König ideell Haupt und Herz des Staates geworden« sei. Im Zuge der Darstellung formulierte er, das Thema seiner Studie sei »das Königtum als ideelle Kraft«. Diesen Aspekt habe die bisherige Forschung vernachlässigt, obwohl er ebenso wichtig sei wie Verwaltung und Machtmittel.[176] Schramm wollte also nicht nur den Inhalt der Vorstellungen erforschen, die der König selbst und seine Untertanen vom Königtum hatten, sondern diese Vorstellungen auch unter dem Aspekt betrachten, daß sie auf das Verhalten der Menschen und damit auf den Verlauf der Geschichte einwirkten.

Mit diesem letzten Gedanken hatte Schramm eine Verknüpfung zur politischen Geschichte und zur allgemeinen Ereignisgeschichte hergestellt. Mit seinem zentralen Anliegen, die Vorstellungen vom Königtum, die es in der französischen Geschichten gegeben hatte, zum Thema zu machen, fragte er nach einem Gegenstand der Geistesgeschichte, die sich beispielsweise mit Literatur und Philosophie befaßte. Zugleich diskutierte er damit juristische Begriffe, also Probleme der klassischen Rechtsgeschichte.[177] Auf den ersten

173 SVS 1939 König Frankreich, Bd.1, S. 4, m. Anm. 2.
174 Ebd., S. 4–5.
175 Ebd., S. VII.
176 Ebd., S. 177.
177 Die Notwendigkeit, die Geistesgeschichte und die Geschichte des Rechts miteinander zu verknüpfen, sprach Schramm selbst im Vorwort des Buches in einer Passage an, die er wörtlich

Seiten der Einleitung hatte Schramm seinen Ansatz sorgfältig gegen konkurrierende, zu seiner Zeit aktuelle Forschungsansätze abgeschirmt. Er hatte nicht eindeutig klargemacht, inwiefern sein eigener Ansatz die anderen Forschungsrichtungen ergänzen konnte, oder inwiefern er ihnen vielleicht überlegen war. Aber es scheint auf der Hand zu liegen, daß die von ihm entwickelte Fragestellung durchaus Möglichkeiten bot, die Geschichte mindestens ebenso vielseitig und dynamisch zu beschreiben, wie es die historisch umgedeutete Verfassungsgeschichte eines Theodor Mayer oder die »Volksgeschichte« zu tun vermochten. Insgesamt bildete in Schramms Buch die Krönung zwar das Rückgrat der Darstellung, aber indem Schramm von ihr ausging, entwarf er ein ungemein breites und farbiges Bild von der Geschichte der französischen Monarchie.

Dieses Bild blieb jedoch insofern einseitig, als Schramm die französische Geschichte sehr positiv darstellte. Insgesamt dürfte sich sein Konzept kaum von demjenigen unterschieden haben, das französische Patrioten hatten.[178] Schon in seinem Buch über England war nicht zu übersehen gewesen, daß Schramm sich seine Wertungen hinsichtlich der englischen Krönung nicht selbst erarbeitet, sondern einfach das positive Bild übernommen hatte, das die Briten von der Zeremonie hatten.[179] Schramm hatte nicht den Ehrgeiz, nationale Mythen zu zerstören. Er unternahm noch nicht einmal einen ernsthaften Versuch, sie zu hinterfragen. Wenn es um Deutschland ging, dann war er bereit, Gesamtkonzepte der nationalen Geschichte einer kritischen Prüfung zu unterziehen – wenn dies auch im Zweifelsfall darauf hinauslief, daß er positiv deutende Schablonen durch ebenso vorgefaßte, allerdings eher pessimistische Auffassungen ersetzte. Im Falle Englands und Frankreichs waren jedoch gerade die Mythen das »Besondere«, das seine Arbeit lohnend erscheinen ließ. Hätte er sie in Frage gestellt, dann hätte er seiner Arbeit das sinngebende Ziel entzogen.

Daraus ergaben sich die Grenzen seiner geschichtswissenschaftlichen Leistung. Sein Buch über den »König von Frankreich« war in methodischer Hinsicht innovativ. Der darin verfolgte Ansatz bot zahlreiche Gelegenheiten, Disziplingrenzen zu überschreiten. Schramm selbst nutzte diese Gelegenheiten im Zuge seiner Darstellung häufig und mit großer Souveränität. Dadurch

aus dem ersten Teil des Aufsatzes über Frankreich übernommen hatte. Auch in »Die Krönung in Deutschland« hatte er schon auf die interdisziplinären Potentiale seines Ansatzes hingewiesen. — SVS 1939 König Frankreich, Bd.1, S. VI; übernommen von: SVS 1936 Frankreich I, S. 226; SVS 1935 Krönung Deutschland, S. 305–306.

178 Vgl. vor allem die Passagen im »Ausblick«, wo Schramm Geschichtsentwürfe französischer Regierungsmitglieder zustimmend zitierte (SVS 1939 König Frankreich, Bd.1, S. 271 u. 273).

179 So konnte er ohne weiteres pathetische Worte des Premierministers Baldwin über die Bedeutung der Krone für den Zusammenhalt der Nation zitieren (SVS 1937 Geschichte Königtum, S. 104).

kann von seiner Arbeit bis heute eine anregende Kraft ausstrahlen. Dennoch war sein Frankreich-Buch im Gesamtergebnis unergiebig: Schramm entwarf kein neues Bild von der Geschichte, sondern polierte Inhalte hergebrachter Geschichtsbilder neu auf. Dabei stand der Glanz der westeuropäischen Geschichtsbilder im Kontrast zum eher düsteren Bild, das Schramm von der deutschen Vergangenheit hatte.[180]

d) Vom »symbolischen Denken« zu den »Herrschaftszeichen«

Schramms Studien über die Krönungsordines und die Herrscherweihe wurden begleitet von Forschungen, die er zu den Abzeichen der mittelalterlichen Herrscher anstellte. Allerdings war er nicht erst durch die Ordines auf die herrscherlichen Insignien aufmerksam geworden. Im Gegenteil war sein Interesse daran bereits ganz zu Beginn seiner mediävistischen Arbeit zum Ausdruck gekommen.

Andeutungsweise war Schramm in den zwanziger Jahren auch schon auf den Wert eingegangen, den die Herrschaftssymbole in seinen Augen als historische Quellen besaßen. Bereits in seiner geplanten, jedoch niemals ausgeführten Arbeit über das »Imperium der sächsischen Kaiser« hatte er 1921 den »Ornat« und die »Insignien« der Kaiser untersuchen wollen, um die »Imperiale Auffassung« der Herrscher und ihrer Zeitgenossen herauszupräparieren.[181] In den »Kaiserbildern« hatte er die überlieferten Insignien der Kaiser, ohne dies allerdings näher auszuführen, als die bedeutendsten verfügbaren Zeugnisse der »Idee des Kaisertums« charakterisiert.[182] Erneut hatte er 1929 in »Kaiser, Rom und Renovatio«, ganz am Rande, theoretische Überlegungen in dieser Richtung angestellt. Es sei wichtig, so schrieb er, über den Ornat des Kaisers möglichst exakte Informationen zu gewinnen,

> »weil jedes Gewandstück und jede Insignie nicht nur eine eigene Geschichte hat, die bis in das germanische Altertum, in die Antike oder in die biblische Geschichte zurückführt, sondern auch, weil jedem Teil des Ornats eine tiefere Bedeutung zugrunde liegt, die über die mittelalterliche Auffassung des Kaiser- und Königtums oft mehr aussagt als lange Texte.«[183]

180 Für weitere Ergebnisse, die sich aus dem »König von Frankreich« im Hinblick auf Schramms Bild von der deutschen Geschichte und Gegenwart gewinnen lassen, s. auch unten in diesem Kapitel, Abschnitt e).

181 FAS, L »Imperium sächsische Kaiser«; vgl. oben, Kap. 5.c).

182 SVS 1928 Kaiser in Bildern, S. 1–2.

183 Schramm traf diese Feststellung im Rahmen eines knappen Überblicks über die Angaben, mit denen im »Libellus« der »Graphia« der Ornat des römischen Kaisers beschrieben wurde. Im selben sachlichen Zusammenhang hatte er sich bereits in seiner Doktorarbeit von 1922 diesem Gegenstandsbereich zugewandt. — SVS 1929 Kaiser Renovatio, Bd.1, S. 205–206; darin das

Das Erkenntnisziel war damit ungefähr das gleiche wie schon 1921: Die Analyse des Ornats der Herrscher sollte Einsichten in die »mittelalterliche Auffassung des Kaiser- und Königtums« vermitteln.

Das hier angesprochene Kaisertum untersuchte Schramm noch 1930 im »Kaiserordines«-Aufsatz; in den darauf folgenden Jahren wandte er sich dem Königtum in Europa zu. Hier wie dort standen die mit dem Herrschaftsantritt der Monarchen verbundenen Akte im Mittelpunkt seiner Arbeit. Weil unter diesen Akten die feierliche Investitur des Herrschers mit den verschiedenen Abzeichen seiner Würde – etwa Schwert, Zepter oder Krone – einer der wichtigsten war, mußten Schramms Forschungen beinahe zwangsläufig reiches Material zu den Symbolen herrscherlicher Macht zutage fördern. Deshalb ging Schramm schon in seiner Schrift über die Kaiserordines mehrfach auf Geschichte und Bedeutung der Insignien ein.[184] Er stellte sogar eine eigene, dem kaiserlichen Ornat gewidmete Studie in Aussicht.[185] Auch in seiner Skizze über die mittelalterliche Königskrönung von 1933 und in seinem Aufsatz über »Die Krönung bei den Westfranken und Angelsachsen« ein Jahr später wies Schramm, wie oben erwähnt, auf die Geschichte dieser Symbole hin.[186]

Damit war die Untersuchung der Zeichen herrscherlicher Würde als ein Nebenaspekt der Geschichte der Krönung untergeordnet. In seinem Aufsatz »Die Krönung in Deutschland« legte Schramm im Rahmen der Analyse des Mainzer Ordo dar, wie in diesem Text mit den herrscherlichen Abzeichen verfahren wurde.[187] Das Ziel einer zusammenfassenden Darstellung gab er dabei nicht auf: In einer Fußnote kündigte er an, die »Herrschaftssymbole« gelegentlich im Zusammenhang behandeln zu wollen.[188] In dem ersten Brief, den Schramm nach Fritz Saxls Übersiedlung nach London an diesen schrieb, kam er auf diese Zusammenhänge zu sprechen. Er erwähnte »reiches Material« über »die Geschichte der Herrschaftssymbole«, das sich als Frucht seiner Forschungen über die Krönung ansammele, das er aber erst einmal ausspare.[189]

Zitat: S. 205; SVS 1922, Studien, v.a. S. 54–58, auch S. 61–62, m. Anm. 68; vgl. oben, Kap. 5.b) und 5.d).

184 SVS 1930 Ordines Kaiserkrönung, S. 325–326, 327–328.

185 Ebd., Anm. 2 auf S. 325.

186 SVS 1933 Geschichte Königskrönung, S. 425; SVS 1934 Westfranken, S. 117; s. im übrigen oben in diesem Kapitel, Abschnitt a).

187 SVS 1935 Krönung Deutschland, S. 258–262.

188 Im selben Jahr 1935 demonstrierte Schramm, wie die Erforschung der mittelalterlichen Herrschaftssymbole in der Praxis aussehen konnte: In einem kurzen Text in der »Historischen Zeitschrift« befaßte er sich mit der »Geschichte der päpstlichen Tiara«. — SVS 1935 Krönung Deutschland, Anm. 1 auf S. 259; SVS 1935 Geschichte Tiara; s. zu diesem Text auch unten, Kap. 14.d).

189 WIA, GC 1934–1936, Brief P.E. Schramm an F. Saxl, Göttingen 9.7.1934; vgl. *Grolle*, Schramm – Saxl, S. 100.

In diesem Brief ging Schramm außerdem auf einige übergeordnete Forschungsziele ein, die er mit seiner Arbeit an den »Herrschaftssymbolen« verfolgte. Er schrieb, er wolle »an der Geschichte der Symbole in den einzelnen Ländern und in den einzelnen Jahrhunderten die Geschichte des symbolischen Denkens« verfolgen.[190] Dieses bereits sehr hoch gesteckte Ziel war für ihn jedoch nur eine Etappe. Weiter sollte die »Geschichte des symbolischen Denkens« mit der »Geschichte der Allegorese« konfrontiert werden, und durch die Einbeziehung weiterer Bereiche sollte der Weg schließlich zu einer »mittelalterlichen Geistesgeschichte« hinführen.[191] Das letzte Ziel der übergreifenden Synthese war somit dasselbe, das er schon mit dem »Mittellateinischen Apparat« verfolgt hatte: Eine Geschichte des geistigen Lebens im Mittelalter, in der letztlich der besondere Charakter dieser Zeit zutage treten sollte.[192]

Schramms Aktivitäten im Zusammenhang mit dem »Mittellateinischen Apparat« hatten Fritz Saxl stets fasziniert. Dementsprechend schrieb er auch jetzt, als er Schramm antwortete, er finde dessen Ausführungen über die »Herrschafts-Symbole [...] – wie Sie sich denken können – *sehr* interessant«. Saxl ermutigte den anderen, die Arbeit in der ganzen angedeuteten Breite in Angriff zu nehmen, denn sämtliche »Einzelversuche an das Problem der Allegorese heranzukommen, nützen ja doch nichts.«[193] Diese Reaktion macht deutlich, daß Schramms Überlegungen den Fragestellungen und der Terminologie der Kulturwissenschaftlichen Bibliothek Warburg genau entsprachen. Schon im vorigen Kapitel ist erwähnt worden, daß er sein Interesse an der »Geschichte der Allegorese« mit den dort Forschenden teilte. Seine Rede von einer »Geschichte des symbolischen Denkens« läßt außerdem an Ernst Cassirers »Philosophie der symbolischen Form« denken, die in den zwanziger Jahren, wie Schramms »Kaiser, Rom und Renovatio«, als »Studie der Bibliothek Warburg« erschienen war.[194]

Allerdings meinte Schramm in seinem Brief vom Sommer 1934 – was Saxl zu der oben zitierten Ermutigung veranlaßte –, er selbst werde den Weg zur umfassenden »mittelalterlichen Geistesgeschichte« wohl nicht bis zu Ende gehen. Es dränge ihn, so schrieb er, »doch immer wieder zur politischen und Verfassungsgeschichte« zurück.[195] Indem Schramm in solcher Weise von der »politischen und Verfassungsgeschichte« sprach, verwies

190 WIA, GC 1934–1936, Brief P.E. Schramm an F. Saxl, Göttingen 9.7.1934.

191 Ebd.

192 S. hierzu oben, Kap. 8.a) u. 8.c).

193 FAS, L 230, Bd.9, Brief F. Saxl an P.E. Schramm, London 13.7. o.J. [1934]; Hervorhebung im Original unterstrichen.

194 Hierzu beispielsweise *Paetzold*, Ernst Cassirer, S. 68–85, und *Jesinghausen-Lauster*, Suche; vgl. über Schramms Verhältnis zu Cassirer oben, Kap. 3.b); über die Allgorese zuerst oben, Kap. 9.a).

195 WIA, GC 1934–1936, Brief P.E. Schramm an F. Saxl, Göttingen 9.7.1934.

er auf die Erkenntnisziele, die er mit seinen Ordinesforschungen verfolgte. Hier ging es ihm vor allem um die Geschichte des »Staates«, in der die politische Geschichte und die Verfassungsgeschichte zusammenliefen. Bezüge auf Kunst, Philosophie oder Theologie und andere in diesem Sinn »geistesgeschichtliche« Aspekte spielten nur insofern eine Rolle, als die Auseinandersetzung mit ihnen dem übergeordneten Ziel diente. Sie gewannen kein eigenständiges Gewicht. Schramm zeigte sich zwar bei der sich hier bietenden Gelegenheit gerne bereit, die von ihm behandelten Gegenstände in einer Perspektive zu betrachten, die den Anliegen der Kulturwissenschaftlichen Bibliothek Warburg entsprach. Die hauptsächlichen Ziele seiner Arbeit führten ihn jedoch in andere Richtungen.[196]

Im darauffolgenden Jahr trat zutage, daß nicht nur Schramms Forschungen ihn von den Themen wegführten, die ihn mit dem Warburg Institute verbanden, sondern daß er sich seinen bisherigen Freunden auch weltanschaulich und menschlich entfremdet hatte. Die weitere Entwicklung von Schramms Beschäftigung mit den mittelalterlichen Herrschaftssymbolen ist nur unter Berücksichtigung dieses Zerbrechens einer Freundschaft zu verstehen. Für das Ende der jahrzehntealten Beziehung war, wie im vorigen Kapitel beschrieben, ebenjene »Kulturwissenschaftliche Bibliographie zum Nachleben der Antike« das auslösende Moment, die 1932 so viel zur Intensivierung der Verbindung beigetragen hatte. Schramm übte in einem Brief, den er am 20. Januar 1935 nach London schrieb, in zwei Punkten Kritik an diesem Werk.[197] Auf den Anstoß, den er an der angeblich »antideutschen« Einstellung eines der Mitarbeiter nahm, muß hier nicht mehr eingegangen werden. Es sei lediglich kurz daran erinnert, daß dieser Teil von Schramms Kritik Fritz Saxl sehr viel mehr empörte als seine anderen Äußerungen.[198] Diese anderen Äußerungen standen jedoch mit Schramms Wissenschaft in einem engen Zusammenhang.

In diesen Passagen seines Briefes nahm Schramm zu der Einleitung Stellung, die Edgar Wind für die »Kulturwissenschaftliche Bibliographie« verfaßt hatte.[199] Wind beschrieb in dieser Einleitung den kulturwissenschaftli-

196 Schramm legte seinem Brief an Saxl einen Sonderdruck der »Krönung bei den Westfranken und Angelsachsen« bei, weil er den anderen über seine Forschungen auf dem Laufenden halten wollte, wie er es seit langem gewohnt war. Es fügte jedoch hinzu: »Zu lesen brauchen Sie ihn aber nicht.« Er ging nicht davon aus, daß diese Arbeit für den Leiter des Warburg Institute interessant sein konnte. — WIA, GC 1934–1936, Brief P.E. Schramm an F. Saxl, Göttingen 9.7.1934

197 WIA, GC 1934–1936, Brief P.E. Schramm an Warburg Institute, Göttingen 20.1.1935; der Text des Briefes abgedruckt bei: *Grolle*, Schramm – Saxl, S. 102–104; s. für weitere Einzelheiten oben, Kap. 9.e).

198 Dies geht hervor aus: L 230, Bd.11 [unter: »Warburg«], Brief F. Saxl an P.E. Schramm, London 12.3.1935.

199 Edgar Wind (1900–1971), der 1922 bei Erwin Panofsky promoviert worden war, arbeitete seit 1928 an der Kulturwissenschaftlichen Bibliothek Warburg. Bei der Verlagerung der Bibliothek

chen Ansatz, der in der Bibliographie für den Umgang mit dem »Nachleben der Antike« gewählt worden war.[200] Dabei stellte er als zentralen Begriff der Betrachtung das »Symbol« heraus. Die terminologischen Überlegungen, die Schramm etwas später anstellte, erscheinen wie eine Antwort auf diese Argumentation. Das wird weiter unten zu erläutern sein. Zunächst ist relevant, daß Wind in der Mitte seiner Einleitung, wo er die Bedeutung des »Symbols« für die kulturwissenschaftliche Forschung in den Vordergrund rückte, dem »Nachleben der Antike« zugleich die Rolle eines »historischen Paradigmas« zuwies. Es besaß damit lediglich eine instrumentelle Funktion in einem Zusammenhang, in dem es um größere und abstraktere Fragestellungen ging.[201] Zu Beginn des Textes setzte Wind allerdings deutlich andere Akzente. Er sagte, die Bibliographie wolle »ein Gefühl für die Gesamtheit der methodischen und sachlichen Aufgaben« wecken, die »durch das Problem des Nachlebens der Antike gestellt sind.«[202] Das »Nachleben der Antike« erschien somit nicht als Spezialfall eines allgemeineren Problems, sondern als das entscheidende Problem selbst.

In der Mitte des Textes ging Wind noch weiter, indem er betonte, beim Nachleben der Antike handele es sich nicht um ein beliebiges Paradigma. Vielmehr sei »unser eigenes Schicksal, das der Forschenden selbst, darin enthalten [...].« Die Betrachter seien ihm »*geschichtlich verhaftet*«.[203] Er ließ deutlich werden, daß das »Nachleben der Antike« für ihn die Grundlage der europäischen Kultur darstellte.[204] Er erläuterte zwar, obwohl die »Entwick-

nach London spielte er eine herausragende Rolle. — *Wind*, Einleitung; über Edgar Wind: *Bredekamp, Buschendorf, Hartung u.a. (Hg.)*, Edgar Wind; *Buschendorf*, Weg (v.a. über die Emigration nach London); *Lloyd-Jones*, Memoir; außerdem die im Warburg Institute Archive einsehbare, schon mehrfach zitierte Studie von *Hans-Michael Schäfer*.

200 Durchaus erhellend ist ein Vergleich zwischen der deutschen und der englischen Version von Winds Text. Die englische Version kam dadurch zustande, daß die Bibliographie gleichzeitig in einer Ausgabe für den deutschen und einer für den englischsprachigen Markt erschien. Die letztgenannte Ausgabe bot den vollständigen deutschen Text, enthielt aber die Einleitung in englischer Übersetzung. Diese Übersetzung, ausdrücklich auf den englischen Leser zugeschnitten, war sehr viel sachlicher im Ton und um ein gutes Drittel kürzer als die deutsche Vorlage. — *Wind*, Introduction; vgl. im einzelnen die entsprechenden Fußnoten im folgenden.

201 Wind stellte fest, das immer wieder neu aktualisierte Symbol wirke im geschichtlichen Verlauf »als Vorbild oder als Warnung«, als »Ansporn oder Zügel«. Wenn diese Erscheinung erforscht werden solle, dann erhalte das »Nachleben der Antike« »die Bedeutung eines historischen *Paradigmas*«. Damit verwandele sich nämlich das allgemeine »Problem der historischen Gedächtnisfunktion« in den konkreteren Gegenstandsbereich der »europäischen Traditionsgeschichte« (*Wind*, Einleitung, S. X; Hervorhebung im Original gesperrt).

202 *Wind*, Einleitung, S. V.

203 Ebd., S. X–XI; Hervorhebungen im Original gesperrt.

204 Wind entwarf das Bild eines kritischen Publikums, das die Relevanz der in der Geschichte rezipierten antiken Elemente anzweifelte. Dem »Glauben«, daß diese Elemente »eine grundlegende geschichtliche Funktion erfüllen«, konnten die imaginierten Kritiker nichts abgewinnen. Stattdessen spotteten sie über diejenigen, »die einstmals glaubten oder heute noch glauben, von Griechenland und Rom das Erbe Europas empfangen zu haben.« Winds eigene Haltung, das ergibt

lung und die Schicksale des Humanismus« in den Untersuchungsbereich der Bibliographie fielen, werde der Humanismus nicht »unser eigenes Bekenntnis restlos bestimmen.«[205] Er distanzierte sich aber nicht durchgängig vom Humanismus. Wo er sich den Begriff zu eigen machte, meinte er damit eine spezifische, ethisch orientierte Vorstellung von Kultur. Die wissenschaftliche Beschäftigung mit dem »Nachleben der Antike« implizierte für ihn ein »Bekenntnis« zu einem »humanistischen« ethischen System.

Das »humanistische« Kulturkonzept sah Wind jedoch in Gefahr. Über die letzte Abteilung der Bibliographie schrieb er, die darin erfaßte Literatur lasse erkennen, »wie lebendig der Humanismus ist – und wie bedroht.«[206] In seinem Text attackierte Wind nun seinerseits diejenigen, die den Humanismus in Gefahr brachten. Mit scharfen Formulierungen griff er sie zu Beginn, vor allem aber am Schluß seines Textes an. Dabei charakterisierte er sie durch Parolen, die seinem Eindruck nach bezeichnend für sie waren. Sie verwarfen den Humanismus als »›helleno-zentrische‹ Weltanschauung« und forderten dessen Anhänger auf, »die Verwurzelung ihres Daseins im heimatlichen Boden anzuerkennen [...].«[207] Winds Darstellung zufolge betrachteten die Gegner des Humanismus »Humanitas« und »Ratio« – also »Menschlichkeit« und »Vernunft« – als »Relikte einer ›überalterten‹ Tradition«, außerdem als »Fremdkörper, die ausgeschieden werden müssen, um das Kulturleben zur Gesundung, und das heißt: zur Bodenständigkeit zurückzuführen.«[208] Insgesamt bezeichnete Wind das von der Gegenseite errichtete Gedankengebäude »als eine Idee von ›Kultur‹, die den Begriff ›Europa‹ preisgibt«.[209]

Durch die Schärfe seiner Kritik zwang Wind alle, die sich davon auch nur im entferntesten angesprochen fühlten, zu heftiger Gegenwehr. Außerdem erklärte er zusammenfassend, die »scheinbar ›akademische‹ Frage nach der Bedeutung des Nachlebens antiker Elemente« führe »mitten hinein in den Kulturkampf unserer Tage [...].«[210] Damit betonte er, daß er seine Polemik auf konkrete, aktuelle Zustände bezogen wissen wollte. Unter diesem Gesichtspunkt war aber unübersehbar, daß er die Nationalsozialisten zu treffen beabsichtigte.[211] Seinen Lesern in Deutschland ließ er damit nur die Alterna-

sich aus seinen Formulierungen, war derjenigen der Kritiker entgegengesetzt. All diese Dinge fehlten in der englischen Fassung. — *Wind*, Einleitung, S. V.

205 Ebd., S. VI; dieser Gedanke fehlt in der Übersetzung.

206 Ebd., S. XVI; vgl. *Wind*, Introduction, S. XII; der englische Text endet mit diesem Gedanken, während in der deutschen Version die eigentliche Polemik erst noch folgt.

207 *Wind*, Einleitung, S. V.

208 Ebd., S. XVI.

209 Ebd.

210 Ebd.

211 Darauf deutet bereits der Umstand hin, daß die zitierten Gedanken in der englischen Übersetzung fehlen. Offenbar sollten sie den englischen Leser nicht betreffen. Jedenfalls fühlten sich die Nationalsozialisten von Winds Vorwürfen tatsächlich attackiert (vgl. *Rasch*, Juden, S. 298).

tive, entweder gar nicht Position zu beziehen oder sich auf die Seite seiner Gegner zu stellen.

Angesichts dessen hätte Schramm es für Feigheit gehalten, sich überhaupt nicht zu äußern und auszuweichen, wo er zu einer klaren Entscheidung aufgefordert war. Das hätte er mit seinem Selbstbild nicht vereinbaren können. Stattdessen lehnte er Winds Haltung explizit ab. Er stellte fest, in der Einleitung werde »eine bestimmte Auffassung vertreten [...], die nicht die meine ist [...].«[212] Ausdrücklich bezog er sich mit seiner Beschwerde auf die letzten beiden Absätze der Einleitung.[213] Gerade dort war Winds Stoßrichtung gegen den Nationalsozialismus am deutlichsten geworden. In dem von Edgar Wind dargestellten Kampf um die Antike optierte Schramm damit klar für die Seite der Gegner.

Mehrfach deutete Schramm an, daß er sich mit dem bekämpften Antihumanismus und seinen Protagonisten nicht voll identifizierte. Zweimal, am Anfang und am Schluß seines Briefes, distanzierte er sich ausdrücklich von der im »Völkischen Beobachter« erschienenen, bösartigen Attacke gegen die »Kulturwissenschaftliche Bibliographie«.[214] Außerdem bemühte er sich um Relativierungen, indem er erklärte, sein eigener »geistiger Standort« liege dem von Wind attackierten »wesentlich näher« als Winds eigenem, und es behage ihm nicht, daß in der Einleitung Auffassungen verworfen würden, die »in bestimmten Abwandlungen auch« seine eigenen seien.[215] Sein Standpunkt war also nicht derselbe wie der bekämpfte, und seine Anschauungen waren den verworfenen nur ähnlich. Allerdings waren solche Differenzierungen in dieser Situation irrelevant. Schramm war sich dessen vollkommen bewußt. Nie machte er sich in der Zeit des ›Dritten Reiches‹ alle Ideologeme zu eigen, die von den Nationalsozialisten verbreitet wurden, und die Politik des Regimes konnte er zu keinem Zeitpunkt in allen Aspekten bejahen. Trotzdem fühlte er sich im hier eingetretenen Konfliktfall veranlaßt, auf die Seite dieses Regimes zu treten und sich gegen seine bisherigen Freunde im Warburg Institute zu stellen. Ein ähnliches Verhaltensmuster zeigte er auch bei anderen Gelegenheiten.[216]

Niemals sonst verknüpfte er allerdings seine Wissenschaft so eng mit seiner das Regime unterstützenden Loyalität wie hier. Edgar Wind hatte tages-

212 WIA, GC 1934–1936, Brief P.E. Schramm an Warburg Institute, Göttingen 20.1.1935; für den genauen textlichen Zusammenhang vgl. den Abdruck des Briefes bei: *Grolle*, Schramm – Saxl, S. 102–104.

213 Mit Nachdruck beklagte er sich, die Mitarbeiter hätten im Vorfeld Gelegenheit haben müssen, zu erklären, »wie weit sie der auf der letzten Seite bekämpften Anschauung anhängen, oder nicht.« — WIA, GC 1934–1936, Brief P.E. Schramm an Warburg Institute, Göttingen 20.1.1935.

214 Ebd.; vgl. die Zitate oben, Kap. 9.e); der Zeitungsartikel: *Rasch*, Juden.

215 WIA, GC 1934–1936, Brief P.E. Schramm an Warburg Institute, Göttingen 20.1.1935.

216 Hier ist z.B. an den in manchen Aspekten ähnlich gelagerten Konflikt mit Geoffrey Barraclough 1939 zu denken; hierzu oben, Kap. 9.f).

politische Aussagen, weltanschauliche Grundsatzerklärungen und abstrakte wissenschaftliche Modelle eng miteinander verwoben. Schramm ging darauf ein. Um sein Verhalten zu rechtfertigen, erklärte er, er habe gegenüber der Bibliothek Warburg schon immer die Auffassung vertreten, »daß mir das wesentliche Problem bei dem Nachleben der Antike die Umwandlung ihres geistigen Gutes innerhalb der einzelnen Völker und Jahrhunderte zu sein scheint [...].« Dementsprechend habe er auch »die Arbeiten, die hier den Aufbau des mittellateinischen Apparates begleiteten,« gestaltet. Er habe diese Arbeiten ganz auf die Behandlung der Frage abgestellt, »ob man auf eine Constanz der Umbildung innerhalb der einzelnen europäischen Völker kommen würde [...].« Dadurch wäre »ein sicherer Weg aufgedeckt [...], um den deutschen, französischen, englischen usw. Geist wissenschaftlich herauszupräparieren.«[217]

Die erste Differenz zu Edgar Wind bestand darin, daß in Schramms Augen nicht die überlieferten antiken Elemente selbst »das wesentliche Problem« darstellten. Auch Wind hatte eine ähnliche Denkmöglichkeit entwikkelt, als er in der Mitte seiner Einleitung das »Nachleben der Antike« als »historisches Paradigma« charakterisiert hatte. Aber in den ersten Absätzen, vor allem aber der ganzen Tendenz des Textes nach hatte er doch die Überzeugung zum Ausdruck gebracht, die Beschäftigung mit dem antiken Erbe trage ihren Sinn in sich selbst. Im Gegensatz dazu waren Forschungen in dieser Richtung für Schramm seit jeher nur ein Mittel zu anderen Zwekken gewesen. Für ihn standen nicht die tradierten antiken Elemente im Mittelpunkt, sondern die Veränderungen, die sie im Laufe der Zeit und in den verschiedenen Ländern erfuhren. Daraus sollte sich ein Weg ergeben, um »den deutschen, französischen, englischen usw. Geist« exakt beschreiben zu können.[218] Mit diesen Worten brachte Schramm explizit ein Ziel seiner Forschungen zur Sprache, das seine Wurzeln in den Sehnsüchten seiner Münchener Studientage hatte und das auch für seine Krönungsforschungen eine wichtige Rolle spielte.

Wie für Edgar Wind die Beschäftigung mit dem »Nachleben der Antike« ethisch-politische Konnotationen hatte, so hatte für Schramm die Suche nach dem »deutschen Geist« eine entsprechende Bedeutung. Er sehnte sich nach einer ungebrochenen Einheit des deutschen Volkes. Sowohl die

217 WIA, GC 1934–1936, Brief P.E. Schramm an Warburg Institute, Göttingen 20.1.1935.

218 Allerdings lassen die Quellen – anders, als von Schramm in seinem Brief behauptet – nicht erkennen, daß Schramm gerade die Arbeiten im Umkreis des Mittellateinischen Apparates tatsächlich »im Wesentlichen« auf die Erkenntnis der verschiedenen nationalen Kulturcharaktere abgestimmt hätte. Es gab zwar in den bibliographischen Sammlungen von Marie-Luise Bulst zu Aristoteles und Vergil auch jeweils Abschnitte über die Rezeption dieser Autoren »in einzelnen Ländern und Zeitabschnitten«; aber ein vorrangiges Interesse an diesbezüglichen Werken wurde nicht erkennbar (*Bulst, M. L.*, Aristoteles, S. 4–5 u. 16; vgl. oben, Kap. 8.c)).

Grundlage als auch das Ziel einer solchen Einheit konnte nur der »deutsche Geist« sein, nämlich das Besondere und Einmalige der deutschen Kultur. Schramm diente seinen weltanschaulichen Idealen, indem er nach diesem »Geist« suchte. Insgesamt propagierte Wind ein »humanistisches«, nämlich an universalen Werten orientiertes Ideal von wissenschaftlicher Forschung. Mit der Frage konfrontiert, ob er eine solche Wissenschaft, oder aber eine betreiben wollte, die auf die Nation und das Volk als zentrale normative Kategorien ausgerichtet war, entschied sich Schramm für die letztere Möglichkeit.[219] Zwar lag es ihm fern, »Humanitas« und »Ratio« aus der deutschen Kultur als »Fremdkörper [...] ausscheiden« zu wollen. Aber niemals wäre es ihm in den Sinn gekommen, sie als Grundwerte zu verteidigen. Aufgrund solcher Erwägungen stellte er sich und seine Wissenschaft bewußt in den nationalsozialistischen Staat hinein und gab die Verbindung auf, die für ihn über Jahrzehnte die ergiebigste Quelle der Inspiration gewesen war.

Welche Auswirkungen dieser Schritt hatte, wurde 1938 deutlich. In diesem Jahr erläuterte Schramm eingehend die methodischen und theoretischen Grundsätze, die seiner Meinung nach bei der Beschäftigung mit den herrscherlichen Abzeichen gelten sollten. Er faßte allerdings den Gegenstandsbereich weiter: Es ging nicht mehr allein um die Insignien der Kaiser und Könige und ihre geschichtswissenschaftliche Bearbeitung, sondern allgemeiner um »Die Erforschung der mittelalterlichen Symbole«.[220] Unter diesem Titel publizierte Schramm eine »Einführung« zur Doktorarbeit seines Schülers Berent Schwineköper. Das Buch behandelte den »Handschuh im Recht, Ämterwesen, Brauch und Volksglauben«.[221]

Schramms Text gliederte sich in zwei sehr unterschiedlich lange Abschnitte. Im ersten Abschnitt umriß Schramm kurz den Stand der Forschung hinsichtlich der mittelalterlichen Symbole und skizzierte die Möglichkeiten, die diese Forschungsrichtung bot. Im zweiten Abschnitt stellte er insgesamt sechs methodische Forderungen auf, die er der Reihe nach ausführte und begründete. Am Anfang ging er relativ ausführlich auf die Arbeiten des 1930

219 Ulrich Kahrstedt hatte Schramm unterstellt, internationalistischen Idealen nachzuhängen, und war dafür von ihm zum Duell gefordert worden; s.o., Kap. 9.a).

220 SVS 1938 Erforschung; geringfügig überarbeitet wiederabgedruckt in: SVS 1968–1971 Kaiser, Bd.4,2, S. 665–677.

221 Schramm hatte bereits 1934 Fritz Saxl gegenüber angedeutet, daß seine eigenen Forschungen über die »Herrschaftssymbole« sich unter anderem mit dem Handschuh befaßten. Daraus dürfte die Anregung zu Schwineköpers Arbeit entstanden sein. Diese Arbeit wurde gedruckt als fünfter Band der »Abteilung mittelalterliche Geschichte« innerhalb der Reihe »Neue deutsche Forschungen«. Seit 1935 war Schramm einer der Herausgeber dieser Abteilung. — *Schwineköper*, Handschuh; WIA, GC 1934–1936, Brief P.E. Schramm an F. Saxl, Göttingen 9.7.1934; über Schramms Mitherausgeberschaft s. im vorigen Kapitel, Kap. 9.d); über Schwineköpers Arbeit auch: *Ritter, A.*, Veröffentlichungen Schramm, Nr.II,4, auf S. 316.

verstorbenen Rechtshistorikers Karl von Amira ein.[222] Er charakterisierte diese Arbeiten als vorbildhaft. Insbesondere rückte er Amiras 1909 erschienenes Werk über den Stab als Symbol in den Vordergrund.[223] Amira habe, so Schramm, mit seinen Forschungen die Tradition Jacob Grimms fortgebildet.[224] Damit verwies er wiederum auf den Begründer der germanistischen Wissenschaften im neunzehnten Jahrhundert und auf dessen »Deutsche Rechtsaltertümer«.[225]

Indem Schramm die Bezüge zu Grimm und von Amira herstellte, verankerte er seine Überlegungen bei allseits anerkannten Klassikern. Zugleich präzisierte er den Gegenstandsbereich seiner Überlegungen: Es ging in der »Einführung« nicht um die »mittelalterlichen Symbole« im allgemeinen, sondern um diejenigen Zeichen, die im Mittelalter in rechtlichen, beziehungsweise im weitesten Sinne verfassungsgeschichtlichen Zusammenhängen eine Rolle gespielt hatten. Dies entsprach der Entwicklung seiner Forschungen. Trotzdem ist nicht klar, ob sich Schramm der Relevanz der stillschweigend vorgenommenen Zuspitzung bewußt war. Die Überschrift seiner »Einführung« suggerierte einen weiter gefaßten Horizont, und die Themenstellung von Schwineköpers Arbeit deutete einen ebensolchen Horizont mit einigen Schlagworten an.

Die Verbindung von der rechtsgeschichtlichen Verengung des Symbol-Begriffs zu der von Schwineköper praktizierten kulturwissenschaftlichen Ausweitung stellte Schramm im zweiten Teil seiner »Einführung« her. Dort formulierte er methodische Forderungen, wie bei der Analyse der Symbolgeschichte vorzugehen sei. Seine Überlegungen faßte er in sechs Punkten zusammen. Diese Punkte entsprachen den methodischen Grundgedanken, die er in den dreißiger Jahren auch sonst in seinen Werken vertrat und liefen im Prinzip darauf hinaus, daß Symbolforscher die handwerklichen Regeln geschichtswissenschaftlicher Arbeit streng beachten sollten. Im einzelnen traten in seinen Ausführungen jedoch durchaus widersprüchliche Tendenzen zutage.

Dies war insbesondere beim sechsten, Schramms letztem Punkt der Fall. Hier wandte er sich gegen die Verwendung des Wortes »Symbol« selbst. Allzuviele Nebenbedeutungen, so meinte er, etwa aus der Alltagssprache,

222 Die Hauptarbeitsgebiete von Karl von Amira (1848–1930) waren das mittelalterliche deutsche und das germanische Recht. Bevor Schramm in seinem Text auf ihn einging, erwähnte er die einschlägigen Arbeiten von Franz Kampers und Konrad Burdach. Über diese beiden Forscher verlor er nur wenige, in einem kritischen Tonfall gehaltene Worte. Burdach hatte er in »Kaiser, Rom und Renovatio« noch uneingeschränkte Bewunderung gezollt. — SVS 1938 Erforschung, S. V; zu Karl von Amira ermöglicht einen werkbiographischen Überblick: *Puntschart*, Karl von Amira; vgl auch *Bak*, Symbology, S. 45, m. Anm. 40 u. 41; über Kampers s.o., Kap. 6.d); über Burdach oben, Kap. 7.c).

223 SVS 1938 Erforschung, S. V–VI; *Amira*, Stab.

224 SVS 1938 Erforschung, S. VI.

225 Vgl. *Bak*, Symbology, S. 45, m. Anm. 40.

dem philosophischen oder dem theologischen Bereich schwängen bei ihm mit. Allzuviel sei damit schon bezeichnet worden. Darum kam er zu dem Schluß, »daß mit diesem Wort nicht weiter zu kommen ist, bevor ihm nicht eine feste, vom Gebrauch der Philosophie abgelöste Bedeutung zurückgewonnen ist. Bis dahin tut man besser es zu umgehen [...].«[226]

Das Wort war Schramm also zu unscharf. Darum wollte er es vermeiden. Überraschend war aber der Weg, den er vorschlug, um darauf verzichten zu können. Er regte nämlich an, statt »Symbol« lieber »Sinnzeichen« zu sagen. Dabei behauptete er gar nicht, daß dieser Begriff exakter sei. Im Gegenteil hielt er es für vorteilhaft, daß er »farblos« sei und »jeweilig vom Stoffe her mit farbegebendem Inhalt gefüllt werden« könne. Immerhin schien ihm das Wort klar abgegrenzt zu sein von »Wahrzeichen« – das an dieser Stelle keine Rolle spielen sollte[227] –, aber auch von anderen, verwandten Erscheinungen wie »Sinnbild« oder »Personifikation«. Neben den Begriff »Sinnzeichen«, so fuhr er fort, werde die Forschung als zweite Kategorie das »Amtszeichen« stellen müssen. Dadurch werde zugleich »das gleichfalls dehnbare Wort ›Insignie‹« vermieden. Ergänzend schlug Schramm außerdem »Standeszeichen«, »Rangzeichen« und »Herrschaftszeichen« vor. Die zuletzt genannten Zeichen nannte er »die vornehmsten der Symbole«. Die »›Sinnzeichen‹ im engeren Sinne« seien schließlich – wie es der am Anfang der »Einführung« vorgenommenen rechtsgeschichtlichen Zuspitzung entsprach – als »Rechtszeichen« abzugrenzen.[228]

Diese terminologischen Überlegungen wurden auch für Schramms Forschungen der Nachkriegszeit bestimmend. Er baute sie nach 1945 weiter aus, unterzog sie aber keiner grundsätzlichen Revision. Nicht zufällig trug das mediävistische Hauptwerk der Nachkriegsjahrzehnte die »Herrschaftszeichen« im Titel.[229] Dabei sind die Defizite der von Schramm entwickelten Begrifflichkeit nicht zu übersehen. Mit den zitierten Formulierungen hatte er auf einer knappen halben Seite ein Arsenal von sechs Begriffen etabliert. Allem Anschein nach wollte er für jeden Spezialfall das passende Etikett parat haben. Im Ergebnis lief aber die Übersetzung des Wortes »Symbol« in das Wort »Sinnzeichen« ins Leere. Als Beleg genügt die Art und Weise, wie Schramm selbst bis 1938 von »Herrschaftssymbolen« gesprochen hatte, wo er nun von »Herrschaftszeichen« redete.[230] »Zeichen« und »Symbol« waren

226 SVS 1938 Erforschung, S. XIII.

227 Ausgerechnet *Karl von Amira* hatte aber »Wahrzeichen« gerade als Übersetzung für »Symbole« angeführt (*Amira*, Stab, S. 1).

228 SVS 1938 Erforschung, S. XIII–XIV.

229 SVS 1954–1956 Herrschaftszeichen; s.u., v.a. Kap. 14.a) u. 14.d).

230 »Herrschaftssymbole« z.B.: SVS 1928 Kaiser in Bildern, S. 120; außerdem die im vorliegenden Abschnitt mehrfach zitierte Quelle: WIA, GC 1934–1936, Brief P.E. Schramm an F. Saxl, Göttingen 9.7.1934.

in dieser Verwendung in ihrer Bedeutung identisch.[231] Der jeweilige Grad an Exaktheit war derselbe. Die Exaktheit hing nicht von der Verwendung von »Symbol« oder »Zeichen«, sondern eher davon ab, was unter »Herrschaft« verstanden werden sollte.

Ohnehin war sich Schramm ganz darüber im klaren, daß die Komplexität der geschichtlichen Verhältnisse mit einer solchen Terminologie nicht einzufangen war. Anstatt die in Betracht gezogenen Spezialfälle exakter zu fassen, erläuterte er deshalb die Grenzen des vorgeschlagenen Begriffssystems. Er gestand ein, daß eine klare Scheidung der Bedeutungsbereiche der einzelnen Begriffe nicht möglich sei. »Amtszeichen«, so schrieb er, könnten bisweilen zugleich Rechtsverhältnisse anzeigen, aus »Rechtszeichen« könnten im Laufe der Zeit Abzeichen von Ämtern werden.[232] Andere Erscheinungen sprengten vollends die Grenzen der vorgeschlagenen Terminologie.[233] Schramm belegte anhand verschiedener Beispiele, daß die Vielfalt der Phänomene auch durch eine noch so subtile »Kasuistik« nicht zu bewältigen sei.[234]

Mit solchen – vollkommen zutreffenden – Erläuterungen gab Schramm die Klarheit, die er durch sein terminologietaktisches Manöver scheinbar gewonnen hatte, gänzlich wieder auf. Sofern es um die inhaltliche Eindeutigkeit und damit um die Zweckmäßigkeit der Begriffe ging, wurde die Situation durch seinen Vorstoß im Ergebnis nicht verändert. Trotzdem plädierte er mit Nachdruck dafür, das Wort »Symbol« zu streichen. Dieser merkwürdige Widerspruch erklärt sich wohl zu einem Teil daraus, daß dieses Wort gerade in der Zeit des ›Dritten Reiches‹ von verschiedenen, zumeist nationalsozialistisch enthusiasmierten Wissenschaftlern unterschiedlicher Fachbereiche häufig benutzt wurde.[235] Von deren irrationalistisch argumentierenden Ergüssen, mit denen sie die Grundlagen hergebrachter Wissenschaftlichkeit in Frage zu stellen beabsichtigten, wollte Schramm sich absetzen. Ausschlaggebend wurde jedoch eher die besondere Bedeutung, die dem Wort »Sym-

231 Noch 1937 hatte Schramm mit der Gegenüberstellung der Worte »Symbol« und »Zeichen« vollkommen andere Vorstellungen verbunden. In seiner »Geschichte des englischen Königtums« hatte er geschrieben, es lohne sich, die mittelalterliche Herrscherweihe bis in die Einzelheiten verstehen zu wollen, um dann fortzufahren: »Allerdings ist das für uns heute nicht ohne weiteres möglich, weil wir Symbole zu Zeichen erniedrigt haben, und weil wir gewohnt sind, Form und Inhalt auseinander zu nehmen« (SVS 1937 Geschichte Königtum, S. 10–11).

232 SVS 1938 Erforschung, S. XIV.

233 Das Henkersschwert beispielsweise, so führte Schramm aus, sei zwar Rechts- und Amtszeichen, aber auch noch mehr gewesen. Bei diesem Gegenstand und bei vielen anderen Dingen im Mittelalter habe im Aberglauben noch die Erinnerung daran nachgewirkt, daß sie in germanischer Vorzeit als kultisches oder magisches »Gerät« gedient hätten (SVS 1938 Erforschung, S. XIV–XV).

234 SVS 1938 Erforschung, S. XV; das Wort noch einmal S. XVI.

235 Instruktive Beispiele für den Bereich der Germanistik ergeben sich aus: *Hunger*, Germanistik, S. 378–379; vgl. allgemein: *Voßkamp*, Kontinuität.

bol« zugleich in der Arbeit der Kulturwissenschaftlichen Bibliothek Warburg zukam.

Oben wurde erläutert, daß Schramm noch 1934 ganz unbefangen den in der Bibliothek Warburg üblichen Gepflogenheiten gefolgt war, indem er in einem Brief an Saxl von »Herrschaftssymbolen« und »symbolischem Denken« gesprochen hatte.[236] Angesichts dessen liegt es nahe, an eine Distanzierung von Ernst Cassirers oben angesprochener »Philosophie der symbolischen Formen« zu denken, wenn Schramm jetzt erklärte, dem Wort »Symbol« fehle insbesondere eine »vom Gebrauch der Philosophie abgelöste Bedeutung«. Vor allem aber kam in Schramms Verhalten wahrscheinlich zum Ausdruck, daß die fremdsprachliche Form des in Frage stehenden Begriffs für ihn befrachtet war mit allem, was in Edgar Winds »Einleitung« seinen Widerspruch erregt hatte. Letztlich ergibt sich daraus ein psychologisches Argument: Auf einer in der Tat symbolischen Ebene setzte Schramm die 1935 begonnene Auseinandersetzung fort und verlieh ihr den klaren und für ihn befriedigenden Abschluß, den sie in der Realität nicht gehabt hatte.[237]

Bemerkenswert ist nun, daß Schramm zwar das Wort löschte, das in der Mitte des von Edgar Wind entwickelten Systems gestanden hatte, daß die von ihm aufgestellten methodischen Forderungen aber den von Wind formulierten Grundgedanken entsprachen. Wind wollte in seiner Einleitung den Symbol-Begriff denkbar weit verstanden wissen: Er machte deutlich, daß er es für nebensächlich hielt, ob es sich um ein »religiöses oder staatliches, wissenschaftliches oder künstlerisches Symbol« handele.[238] Er legte also einen umfassenden Oberbegriff fest, der bewußt offen gehalten war. Schramm wählte zwar zunächst eine enge Definition von »Sinnzeichen«, dehnte dann aber den Bereich, in dem »Zeichen« seiner Meinung nach eine Rolle spielten, immer weiter aus. Im Ergebnis verfügten beide über einen sehr flexibel handhabbaren Begriff. Daraus ergaben sich die Übereinstimmungen.

Wind machte im nächsten Schritt seiner Argumentation deutlich, daß mit der bewußt gewählten Offenheit seines Symbol-Begriffs die Verpflichtung einherging, dessen spezielle Bedeutung im jeweiligen Anwendungsfall exakt zu prüfen. Er entwickelte das Modell, daß jedem Symbol verschiedene, entgegengesetzte Tendenzen innewohnten. Daraus ergebe sich eine Mehrdeutigkeit, der die Forschung gerecht werden müsse. Deshalb charakterisierte Wind es als unzulässig, »Begriff und Anschauung, Wort und Bild, Erkenntnis und Glauben« voneinander zu trennen oder sie alle von ihrer »Verbun-

236 WIA, GC 1934–1936, Brief P.E. Schramm an F. Saxl, Göttingen 9.7.1934.

237 Sein Verhalten im Konflikt mit dem nach London verlegten Institut war alles andere als rühmlich gewesen. Insbesondere sein mutloses Ausweichen gegenüber Fritz Saxl mußte Schramm im Grunde peinlich sein (s.o., Kap. 9.e)).

238 *Wind*, Einleitung, S. VIII–IX.

denheit mit der sozialen Handlung« zu lösen. Jedes Einzelobjekt müsse als »Auseinandersetzungsprodukt« der verschiedenen darin wirkenden Kräfte begriffen werden.[239]

In ähnlicher Weise argumentierte Schramm im fünften Punkt des methodischen Teils seiner »Einführung«. Dort forderte er, das mittelalterliche Verhältnis zu Symbolen müsse möglichst breit kontextualisiert werden: »Volksglauben, Brauchtum, Etikette, Konvention und Mode« spielten eine Rolle. Auch »Legende, Sage und Märchen« seien zu berücksichtigen, »denn mannigfach ist die Wechselwirkung.«[240] Indem er weiter unten die Geschichte der Symbole im Mittelalter insgesamt in den Blick nahm, stellte Schramm fest, »daß es nicht eine in bestimmte Phasen zerlegbare Entwicklung gibt, sondern nur einen ungeheuer verwickelten Vorgang, in dem ganz verschiedene Tendenzen gegeneinander wirken.«[241] Im Grunde liefen Schramms Überlegungen also genau darauf hinaus, das jeweils einzelne Objekt im Sinne Edgar Winds als »Auseinandersetzungsprodukt« von verschiedenen Kräften zu begreifen. Das muß nicht überraschen, da Schramm mit Wind die Prägung durch Aby Warburg und dessen Kulturwissenschaft gemeinsam hatte. Diese Beobachtung läßt aber erahnen, wieviel Schramm verlorenging, indem er die Verbindung zu dem Ort löste, an dem Warburgs Erbe gepflegt und seine Gedanken weiterentwickelt wurden. Bis 1932 hatte Schramm wichtige Anregungen von dort empfangen. Nun mußte er ohne diese Inspirationsquelle auskommen.

Mit den bis hierher entwickelten Überlegungen ist aber die besondere Komplexität von Schramms »Einführung« erst zum Teil erfaßt. In dieser Schrift wirkte sich nicht nur sein Bruch mit dem Warburg Institute aus. Dies ging, wie erwähnt, mit einer unterschwelligen Distanzierung von vorwiegend nationalsozialistisch eingestellten Forschern einher, die das Wort »Symbol« irrationalistisch überfrachteten. Schramm versuchte aber noch darüber hinaus, seine Haltung zu bestimmten, auf die Geschichte bezogenen Vorstellungen zu klären, die nationalsozialistische Ideologen damals propagierten und Wissenschaftler, die deren Überzeugungen teilten, mit Inhalt zu füllen strebten.

Nachdem er in den ersten Sätzen seines Textes Karl von Amira und Jacob Grimm angesprochen hatte, fuhr er fort, die Tradition Grimms gelte unverändert all jenen als »Verpflichtung«, denen daran liege, »an der Geschichte der Symbole die Kontinuität der germanischen Kultur aufzudecken.«[242] Ihr Blick sei auf »das organische Reifen« der Symbole gerichtet, während in den

239 *Wind*, Einleitung, S. IX.
240 SVS 1938 Erforschung, S. XII–XIII.
241 Ebd., S. XVI.
242 Ebd., S. VI.

Hintergrund trete, »was sich im Laufe der Jahrhunderte an ihnen gewandelt hat oder aus anderen Kulturbereichen entlehnt worden ist [...].« Als aktuelle Vertreter dieser Denkweise erwähnte er den Juristen Herbert Meyer und den Volkskundler Otto Höfler.[243] Insbesondere kam es ihm auf einen Aufsatz an, den Höfler im selben Jahr in der »Historischen Zeitschrift« publiziert hatte.[244] Der gebürtige Österreicher Höfler, bereits in der ersten Hälfte der zwanziger Jahre in Wien Mitglied der Vorläuferorganisation der SA und seit den frühen dreißiger Jahren Mitglied der NSDAP, war dem »Ahnenerbe« der SS eng verbunden. Seit 1938 war er Ordinarius für »Germanische Philologie und Volkskunde« in München.[245]

In dem erwähnten Artikel erhob Höfler das Schlagwort von der »germanischen Kontinuität« zum Programm.[246] Es ging ihm darum, die Deutschen der Gegenwart möglichst eng mit den Germanen der Frühzeit zu verknüpfen. Er sah sie mit ihnen verbunden durch eine »vierfache Kontinuität, der Rasse, der Sprache, des Raumes und des Staates [...].«[247] Ganz einseitig legte er Wert auf das, was seiner Meinung nach durch die Geschichte hindurch an germanischem Kulturgut erhalten geblieben war. Weil sein Modell ganz auf der Linie der SS-Ideologie lag, war es in der damaligen Zeit äußerst prominent. Daher lag es nahe, daß Schramm es zum Ausgangspunkt seiner eigenen Argumentation machte. Die Auseinandersetzung mit dem von Höfler aufgebrachten Schlagwort bildete den roten Faden seiner Ausführungen. Er wollte dieses Schlagwort nicht aufgeben, er wollte es aber modifizieren. Außerdem wollte er klarmachen, daß die von Forschern wie Höfler geübte Methode seinen eigenen Vorstellungen von der richtigen Forschungsweise nicht entsprach. Mit seiner Kritik stand er in der deutschen Historikerschaft

243 Der Jurist und Rechtshistoriker Herbert Meyer (1875–1941) war bis zu seiner Berufung nach Berlin im Jahr 1937 Professor in Göttingen und damit Schramms Kollege. Zeitgenossen rechneten ihn zu den »Herren der Fakultät, die ihre antisemitische Gesinnung kaum zu kaschieren trachteten.« Mehrfach kritisierte Schramm seine wissenschaftlichen Arbeiten. Über Otto Höfler vgl. im Text das folgende. — SVS 1938 Erforschung, S. VI; KDG 1940/41, 2.Bd., Sp.186; *Halfmann*, »Pflanzstätte«, S. 106–120, Zitat S. 106; Schramms Kritik beispielsweise in: *Meier, Newald, Wind (Hg.)*, Bibliographie 1, Nr.266 u. 267 auf S. 67; SVS 1937 Geschichte Königtum, S. 243, Anm. 1 zu S. 4; SVS 1939 König Frankreich, Bd.2, S. 36.

244 Diesem Aufsatz lag ein Vortrag zugrunde, den Höfler 1937 auf dem Historikertag in Erfurt gehalten hatte. Dort war er als Repräsentant des »Reichsinstituts für die Geschichte des Neuen Deutschland« aufgetreten. — SVS 1938 Erforschung, S. VII m. Anm. 1; *Höfler*, Kontinuitätsproblem; *Schumann*, Historikertage, S. 413–414 u. 420–421; *Heiber*, Walter Frank, S. 551.

245 Über Otto Höfler (1901–1987): *Behringer*, Zorn; *Heiber*, Walter Frank, v.a. S. 551–553; über Struktur und Arbeit des »Ahnenerbes«, mit Hinweisen auf weitere Literatur: *Leggewie*, Schneider, S. 63–69.

246 Über diesen Begriff und sein Fortwirken über 1945 hinaus vgl.: *Graus*, Treue; *Ders.*, Herrschaft, darin über Höfler: Anm. 69 auf S. 19; *Graus*, Verfassungsgeschichte, v.a. S. 560–565.

247 *Höfler*, Kontinuitätsproblem, S. 5.

durchaus nicht alleine.[248] Jedoch bedarf es einer sorgfältigen Prüfung, wie weit sein Ansatz auf der inhaltlichen Ebene von den Leitgedanken entfernt war, denen Höfler und seine Mitstreiter folgten.

Ganz ohne Ironie begrüßte Schramm es nämlich, daß durch die Forschungen der genannten Wissenschaftler »die Geschichte der Symbole [...] wieder zu unserem eigenen Anliegen gemacht« worden sei.[249] Zumindest in einer Hinsicht deckte sich sein eigenes Geschichtsbild mit dem der anderen: Während frühere Forscher die Ursprünge der mittelalterlichen Symbole im Orient gesucht hatten, »spüren wir wie einst schon Jacob Grimm hinter den Symbolen die endlosen Geschlechterreihen unserer Vorfahren, die sie durch die Geschichte weiterreichten.«[250]

Schramm begrüßte die Absicht, die Geschichte der Symbole als Element einer identitätsstiftenden Vergangenheit darzustellen. Im Grunde ähnlich wie Höfler war er der Meinung, die Geschichtsforschung müsse sich an dem orientieren, was für die Deutschen in der Gegenwart von Bedeutung sei.[251] Eine Verbindung zu den Germanen, die für das Selbstbild der in seiner Zeit lebenden Deutschen relevant sein konnte, sah Schramm durch die angeführten »endlosen Geschlechterreihen« konstituiert. Damit war allerdings zunächst nur ein rein genealogischer Zusammenhang bezeichnet. Im folgenden wird deutlicher werden, welchen Stellenwert Schramm dieser Verbindungslinie beimaß.

Sehr viel strikter als Höfler war er jedenfalls der Ansicht, die Wissenschaft dürfe bei aller Rücksicht auf ihr Publikum keine Abstriche im Hinblick auf Sachlichkeit und methodische Korrektheit ihrer Arbeit machen. Diese Kombination von gegenwartsorientiertem Problembewußtsein und wissenschaftlicher Exaktheit hatte er bereits 1923 gefordert.[252] In der Zeit der nationalsozialistischen Herrschaft gab es eine ganze Reihe von deutschen Historikern, die von der Geschichtswissenschaft eine solche Doppelorientierung verlangten.[253]

248 Bereits auf dem Erfurter Historikertag hatte Höfler Kritik von namhaften Fachvertretern geerntet, die danach nicht mehr verstummte. — *Schumann*, Historikertage, S. 420–421; außerdem z.B.: *Mayer*, *Th.*, Ausbildung, Anm. 1 auf S. 460.

249 SVS 1938 Erforschung, S. VI.

250 Ebd.

251 Trotz der Parallele im Grundsätzlichen ist festzustellen, daß Höfler auf die Gegenwartsorientierung der Wissenschaft ein erheblich größeres Gewicht legte als Schramm. Der Münchener Ordinarius verband mit seinen Arbeiten die Absicht, »ein Großbild unserer Herkunft zu gestalten, das über allen ›Brüchen‹ der Entwicklung die alles übergreifende Einheit unseres Lebens gerecht zum Bewußtsein bringt [...].« Er fuhr fort, eine »solche Klärung unseres geschichtlichen Selbstbewußtseins« solle »ein Dienst am Leben sein« (*Höfler*, Kontinuitätsproblem, S. 26).

252 Vgl.: SVS 1923 Verhältnis, v.a. S. 318; hierzu oben, Kap. 5.a).

253 Vgl. *Wolf*, Litteris, S. 170–181; darin über Schramm v.a. S. 175, außerdem S. 325; über die Haltung der deutschen Mediävisten zusammenfassend: ebd., S. 246–248.

Im nächsten Schritt seiner Argumentation stellte Schramm die Forderung auf, unter denselben Gesichtspunkten wie die eigene müsse »auch die Symbolik der anderen Völker« gemustert werden. Beim eigenen wie bei den anderen Völkern werde sich »hinter allem Wandel, hinter allen Entlehnungen eine Kontinuität zeigen, die in der geistigen Eigenart der einzelnen Völker bedingt ist [...].«[254] Mit einem pathetischen Ausblick auf die Möglichkeiten der Symbolforschung rundete Schramm diesen Abschnitt seines Textes ab:

»Was die Kunst- und Literaturgeschichte mit so großem Erfolg versucht, wird auch die Symbolgeschichte vermögen: die geistige, im tiefsten Grunde unveränderte Eigenart der verschiedenen Völker aufzudecken.«[255]

Diese Vorhersage wußte er sogar noch zu steigern:

»Ja sie wird schließlich jenen Gebieten noch überlegen sein, weil sie in noch ältere Geschichtsperioden wird zurückdringen und so schließlich Aufschlüsse für die Geistesgeschichte der einzelnen Rassen wird bieten können.«[256]

Wegen der besonderen Bedeutung, die dem Begriff »Rasse« in der nationalsozialistischen Ideologie zukam, läßt es den rückschauenden Beobachter aufhorchen, daß Schramm hier eine »Geistesgeschichte der einzelnen Rassen« ins Auge faßte. Bevor diese Formulierung aber verstanden werden kann, muß zunächst der erste der beiden zitierten Sätze betrachtet werden.

Noch deutlicher als in seinem Brief an die Bibliothek Warburg vom Januar 1935 beschrieb Schramm in diesem ersten Satz das eigentliche Ziel seiner Forschungen. Ihm kam es auf die »Völker« an, und im Zentrum seines Interesses stand ihre »geistige«, allem geschichtlichen Wandel zum Trotz »im tiefsten Grunde unveränderte Eigenart«. Analog zu dem Verfahren, das er in seinem Brief nach London mit Blick auf das »Nachleben der Antike« postuliert hatte, hoffte er der »Eigenart« der Völker im Bereich der Symbolforschung auf die Spur zu kommen, indem er die Art der Abwandlung verglich, die bestimmte Symbole bei den verschiedenen Völkern jeweils erfahren hatten. Im Rahmen seiner sechs methodischen Forderungen diskutierte er unter dem zweiten Punkt die Funktion, die der Vergleich zwischen Befunden aus unterschiedlichen kulturellen Räumen haben sollte. Er erklärte, im Mittelpunkt des Interesses sollten die dabei hervortretenden Unterschiede stehen, und stellte fest: »Vergleichen, um das Ungleiche, das Besondere, das nur an einem Volke Haftende aufzuspüren, bleibt unsere Aufgabe.«[257]

Den solchermaßen geforderten Vergleich hatte er selbst ein Jahr zuvor schon exemplarisch versucht. Im zweiten der beiden Aufsätze über den

254 SVS 1938 Erforschung, S. VI.
255 Ebd.
256 SVS 1938 Erforschung, S. VI–VII.
257 Ebd., S. IX.

»König von Frankreich« wandte er sich damals den französischen Insignien zu und stellte sie den in Deutschland üblichen gegenüber.[258] Indem er die Schwerpunkte auf die Krone, den Stab und das Zepter, sowie schließlich auf den Thron legte, arbeitete er Unterschiede zwischen der französischen und der deutschen Tradition heraus. Vor allem wies er auf diejenigen Symbole hin, die im Laufe der Zeit in der französischen Entwicklung neu entstanden waren und außerhalb Frankreichs nicht verwendet wurden. In besonderer Weise hätten bei der Gestaltung dieser Stücke »die geistigen und die politischen Kräfte mitgewirkt, die auch sonst die französische Geschichte geprägt haben.« Somit wirke »die Symbolgeschichte als ein Spiegel der nationalen Eigenart.«[259] Hier hatte Schramm in der Praxis vorweggenommen, was er 1938 in der Theorie forderte. Ausdrücklich konnte er deshalb in seiner »Einführung« auf die Unterschiede verweisen, die er selbst »zwischen der deutschen und der französischen Herrschaftssymbolik« aufgedeckt habe.[260]

Die Betonung der jeweils nationalen kulturellen Spezifika verwies zugleich auf den Kern der inhaltlichen Differenz, der zwischen Schramm und Höfler bestand: Während Letzterer nämlich dazu neigte, das deutsche Mittelalter rundweg als »germanische« Geschichtsepoche zu veranschlagen,[261] legte Schramm Wert auf den Unterschied zwischen Germanen und Deutschen. Er sah sich zwar als Nachkommen der Germanen, aber er fühlte sich als Deutscher. In den ersten Jahrhunderten des Mittelalters waren die ostfränkischen Germanen zu Deutschen geworden. Den Übergang vom einen zum anderen ethnischen Zustand legte Schramm, wie oben dargestellt, ins zehnte Jahrhundert. Verschiedene deutsche Historiker, die ähnlich dachten, lehnten in der Zeit des Nationalsozialismus eine Überbewertung des germanischen Erbes ausdrücklich ab.[262] Obwohl Schramms Kritik an Deutlichkeit hinter jenen zurückblieb, bestand eine wichtige Absicht seiner »Einführung« darin, genauer darzulegen, wie er den germanischen Beitrag zur deutschen Kultur einschätzte.

Erst jetzt ist die Grundlage geschaffen, um die Frage zu behandeln, wie Schramms Ankündigung einer »Geistesgeschichte der einzelnen Rassen« zu verstehen sein könnte. In Schramms politischem, auf die Gegenwart bezogenen Denken tauchte der Begriff »Rasse« gelegentlich auf. Die Kategorie hatte für ihn aber keine große Bedeutung. Eine Politik, die sich maßgeblich

258 SVS 1937 Frankreich II, S. 197–221; vgl. SVS 1939 König Frankreich, Bd.1, S. 204–217.

259 SVS 1937 Frankreich II, S. 220–221.

260 SVS 1938 Erforschung, S. VI.

261 Ganz unbefangen sprach Höfler beispielsweise über »germanische Geschichtsschreiber« im Mittelalter und rechnete zu dieser Gruppe etwa den stauferzeitlichen Historiographen Otto von Freising (*Höfler*, Kontinuitätsproblem, S. 4).

262 An erster Stelle ist hier *Heinrich Dannenbauer* nennen. — *Wolf*, Litteris, v.a. S. 245, aber auch S. 398; vgl. *Schreiner*, Führertum, S. 186–190, und *Nagel*, Schatten, S. 35–36.

an ihr orientierte, schien ihm kritikwürdig.[263] Mit diesem politisch relevanten Begriff von »Rasse« konnte der hier angesprochene jedoch schon allein deshalb nicht identisch sein, weil der politisch relevante auf die Gegenwart bezogen war. Die einzige klare Aussage, die sich über den an der oben zitierten Stelle benutzten Begriff treffen läßt, besteht darin, daß Schramm die »Rassen« in »noch ältere Geschichtsperioden« verlagerte. Damit waren wohl Phasen gemeint, in denen es die »Völker« noch nicht gegeben hatte. Allem Anschein nach ging er davon aus, in einer sehr weit zurückliegenden Zeit seien die verschiedenen »Rassen« in einer unvermischten Form existent gewesen. Später hätten sie sich miteinander vermengt und in »Völker« aufgeteilt, so daß sie in der Gegenwart nicht mehr klar zu fassen seien.

Dem entsprach es, daß er in seiner eigenen Gegenwart und in den näheren Geschichtsepochen, die für die Gegenwart unmittelbar von Bedeutung waren, nicht die »Rassen«, sondern die »Völker« für die entscheidende Kategorie hielt. In seinem gesamten mediävistischen Œuvre scheint die zitierte Stelle die einzige zu sein, wo Schramm das Wort »Rasse« überhaupt benutzte. Das Bestreben, eine darauf gerichtete »Geistesgeschichte« in Angriff zu nehmen, ließ er nie erkennen.[264] Ganz offensichtlich schien sie ihm wenig relevant.

Immerhin war sie im Rahmen seines Geschichtsbildes als Thema der Vorgeschichte offenbar denkbar. Er verlieh seiner Aussage aber dadurch, daß er bewußt pathetisch formulierte, einen Nachdruck, der ihr der Sache nach nicht zukam. Indem er den Gedanken solchermaßen aufblähte, zielte er wahrscheinlich auf Leser wie diejenigen, die hinter dem von ihm kritisierten Höfler standen. Als Schramm diesen Text schrieb, strebte er danach, seinen Einfluß in der akademischen Welt unter den Bedingungen der Diktatur zu vergrößern. Diesem Ziel konnte ein solches Manöver dienen. Deshalb brachte Schramm hier ein wichtiges Signalwort der nationalsozialistischen Ideologie zur Anwendung, allerdings ohne den Rahmen seines eigenen Geschichtsbildes zu verlassen.[265]

263 Hierzu oben, Kap. 9.c).

264 *Ursula Wolf* hat Schramm auf der Grundlage dieses einzigen Zitats zu jenen Historikern gezählt, die »zu dem heuristischen Wert eines rassentheoretischen Zugriffs Stellung genommen« hätten. Dabei hat sie ihm eine »kritisch bejahende Zustimmung zu einer rassischen Geschichtsdeutung« attestiert. Die Passage wird damit sicherlich überbewertet. Es gibt keine Veranlassung, dahinter eine tiefergehende theoretische Reflexion zu vermuten (*Wolf*, Litteris, S. 287–288; vgl. auch: ebd., S. 187–188 m. Anm. 151).

265 Vor dem in dieser Formulierung liegenden Beleg für Schramms Bestreben, die nationalsozialistischen Machthaber für sich einzunehmen, fürchtete sich am Ende seines Lebens entweder er selbst oder ein besorgter Korrektor. Jedenfalls ist das Wort »Rasse« im Wiederabdruck von 1971 – in ganz sinnentstellender Weise – durch das Wort »Völker« ersetzt (SVS 1968–1971 Kaiser, Bd.4,2, S. 666).

Neben den Unterschieden zwischen den Nationen waren Schramm schon immer die Unterschiede zwischen den Epochen ein Anliegen gewesen.[266] Auch im hier in Frage stehenden Text vertrat er unter dem zweiten Punkt als sein Anliegen die »strenge Scheidung der Länder sowie der Jahrhunderte«.[267] Im einzelnen führte er aus, von unerwarteter Seite werde »der Blick von den Unterschieden zwischen den Zeiten abgelenkt [...].« Präzisierend fuhr er fort, die Betrachtungsweise der »Volkskunde« bringe die Gefahr mit sich, daß jemand, der sich von dort der Symbolgeschichte nähere, »unter dem Eindruck des Beharrens stehen« müsse, »den ihm sein Material immer wieder aufdrängt.« Schramm wollte gar nicht bestreiten, daß »uraltes Kulturgut noch im Alltag unserer Zeit aufgedeckt werden« könne. Es sei jedoch »bei allen Symbolen immer« zu berücksichtigen, »daß der Wandel des Rechtslebens sie mitzerrt und vielfach dabei ändert.«[268]

Hier setzte Schramm die Betonung der Unterschiede zwischen den Zeiten als Hebel gegen diejenigen ein, die der »germanischen Kontinuität« eine in seinen Augen allzu große Bedeutung zumessen wollten. Gerade sie, allen voran Otto Höfler selbst, stützten sich auf die Forschungsergebnisse der Volkskunde.[269] Von ihnen distanzierte er sich ebenso wie von den Bewunderern des »Nachlebens der Antike«, deren Sache Edgar Wind in seiner »Einleitung« vertreten hatte. In sachlicher Hinsicht war Schramm der Auffassung, daß beide Gruppen den Gang der Geschichte in unzulässiger Weise vereinfachten. Zugleich konnte er sich mit keinem der auf beiden Seiten vertretenen weltanschaulichen Standpunkte ganz identifizieren. Den rückschauenden Betrachter, der die angedeuteten ideologischen Motivationen vielleicht sehr unterschiedlich bewerten möchte, mag es beunruhigen, daß Schramm sich gegen beide zugleich wandte. Aber er versuchte tatsächlich, eine Stellung zwischen diesen Fronten einzunehmen.

Schramms Wunsch, sich keinem der beiden beschriebenen Lager anzuschließen, fand darin seinen Niederschlag, daß er den Stellenwert und den besonderen Charakter des Mittelalters herauszuheben wünschte. Das Mittelalter sollte nicht als bloße Verlängerung früherer Epochen konstruiert werden – gleichgültig, ob es um die Antike oder das germanische Altertum

266 Schramm hat das Verhältnis zwischen dem »deutschen Geist« und dem »Geist des Mittelalters« nie reflektiert. Ganz allgemein ist aber das wenig hinterfragte Wechselspiel von »Volksgeist« und »Zeitgeist« charakteristisch für den theoretischen Diskurs der deutschen Geschichtswissenschaft, insbesondere der Verfassungsgeschichte. — *Graus*, Verfassungsgeschichte, S. 542–543; s.a. oben, Kap. 3.e).

267 SVS 1938 Erforschung, S. VII.

268 Ebd., S. IX.

269 Höflers Münchener Lehrstuhl führte die »Volkskunde« in seiner Bezeichnung. Aus seinem programmatischen Aufsatz vgl. z.B.: *Höfler*, Kontinuitätsproblem, S. 25.

ging.[270] Im Zusammenhang mit seiner dritten Forderung schrieb er, das Mittelalter sei »nicht nur Erbe und Vermittler« gewesen. Es habe selbst Symbole geschaffen. In jedem Fall sei deshalb die »Schaffenskraft des Mittelalters« zu berücksichtigen. »Ererbtes und Neugeschaffenes« sei sorgfältig zu trennen.[271] Schon in der Mitte der dreißiger Jahre hatte Schramm mehrfach betont, daß die spezifische Kultur des Mittelalters seiner Meinung nach in ihren Symbolen besonders klar zum Ausdruck kam.[272] Im Jahr 1935 schloß er seine Studie über die »Krönung in Deutschland« ab, indem er auf Probleme der Symbolgeschichte einging. Durch die Erforschung der Symbole, so seine Einschätzung, könne »dem Mittelalter zugeteilt werden, was einen sehr wesentlichen Zug in ihm bedeutet.«[273]

In der »Einführung« von 1938 führte Schramm beim vierten Punkt etwas breiter aus, was seiner Meinung nach typisch für das Mittelalter war. Noch einmal verwies er auf den schöpferischen Umgang mit Symbolen, zusätzlich aber ganz generell auf die verschiedensten Versuche, »Unsinnliches sinnfällig zu machen oder im Sinnfälligen eine tiefere Bedeutung aufzudecken.«[274] Er sprach über Personifikationen und Sinnbilder sowie die alles durchdringenden Denkformen der Allegorese.[275] Abschließend betonte er, um die Symbolik richtig verstehen zu können, müsse der Forschende vertraut sein mit sämtlichen »Möglichkeiten der Vertretung des Nicht-Sinnfälligen durch Dingliches oder Gestaltliches, deren sich das Mittelalter bedient hat [...].«[276] Diese große Bedeutung und reiche Vielfalt der bildhaften, den Sinnen zugänglichen Ausdrucksweisen schien Schramm das zu sein, was dem Mittelalter vor allem eigen war.

An der Art und Weise, wie er dieses Besondere des Mittelalters genauer zu fassen versuchte, wurde allerdings deutlich, daß er trotz seines Bemühens, sowohl von den Bewunderern der Germanen als auch von den Verehrern der Antike Abstand zu halten, insgesamt doch denjenigen näher stand, denen die germanische Kultur als die wichtigste Grundlage der deutschen galt. Im Zu-

270 Eine solche Zuspitzung bedeutete eine Verkürzung der in der Bibliothek Warburg vertretenen Ansichten. Sie war aber in Anbetracht der von Edgar Wind vorgetragenen Gedanken nachvollziehbar. — Vgl.: *Bak*, Symbology, S. 38–39.

271 SVS 1938 Erforschung, S. X.

272 Im Jahr 1934 hatte Schramm in einem Literaturbericht geschrieben, für die Erforschung des Mittelalters seien die Symbole den schriftlichen Zeugnissen zumindest mit Blick auf die früheren Jahrhunderte an Aussagekraft häufig überlegen. Über den Quellenwert des geschriebenen Wortes sagte Schramm damals: »Am Anfang stehen an Zeugniskraft neben, ja über ihm Kult, Symbol, Bild und die Allegorese [...]« (SVS 1934 Neue Bücher, S. 357).

273 Die Forschung begreife diese Zeit, so fuhr er fort, »zu sehr von den geschriebenen Zeugnissen her [...].« Dabei habe es sich häufig klarer »in Rechtsbrauch und Symbolik, in Liturgie und Kunst ausgedrückt [...]« (SVS 1935 Krönung Deutschland, S. 306).

274 SVS 1938 Erforschung, S. X.

275 Ebd., S. X–XII.

276 Ebd., S. XII.

sammenhang mit seiner bereits zitierten dritten Forderung machte er nämlich klar, aus welcher Quelle sich die spezifische Kreativität des Mittelalters seiner Meinung nach speiste. Er vertrat die Auffassung, jeder Symbolforscher müsse schließlich zu der Einsicht kommen, »daß das Wesentliche der Kontinuität gerade darin besteht, daß die Kraft, Symbole zu schaffen und zu nützen, nicht erlischt«.[277] Gerade in dem besonderen Stellenwert, den das Denken in Symbolen im Mittelalter hatte, zeigte sich für Schramm also das Fortleben des Germanischen. Gerade das Spezifische des Mittelalters resultierte aus der »germanischen Kontinuität«.

Dies klang noch einmal an, als Schramm das Thema von Berent Schwineköpers Arbeit vorstellte. Er erläuterte, der Handschuh sei mit Bedacht als Untersuchungsgegenstand ausgewählt worden. Der Fingerhandschuh sei den germanischen Völkern nämlich erst seit der Mitte des ersten christlichen Jahrtausends bekannt geworden. Wo er also bei ihnen in der Symbolik begegne, könne er nicht älter sein. Somit biete er sich in besonderer Weise an, um »die symbolische Zeugungskraft des Mittelalters zu untersuchen.«[278] Hier sei nämlich im Sachlichen nicht mit alten germanischen Kulturelementen zu rechnen. Aber in dem Bedürfnis, »Menschen nach Stand und Art von einander abzuheben und in einem ›Symbol‹ Rechtsvorgänge sinnfällig zu machen«, sei »jene Kontinuität der Denk- und Empfindungsweise zu spüren«, die sonst so schwer zu greifen sei.[279]

Die »Denk- und Empfindungsweise« des Mittelalters sah Schramm in einer Kontinuität mit den Germanen stehen. Damit waren gewissermaßen Charaktereigenschaften der mittelalterlichen Menschen gemeint, und die Logik der These ergab sich aus der Überlegung, daß diese Menschen, vereinfacht ausgedrückt, die typischen Charaktereigenschaften ihrer Vorfahren geerbt hatten. Seit langem war Schramm die Vorstellung selbstverständlich, es habe die mittelalterliche Kultur maßgeblich geprägt, daß die herrschenden Schichten ursprünglich germanischer Herkunft gewesen seien.[280]

Trotzdem war die Bedeutung des Germanischen für das Mittelalter in seinen Augen begrenzt. Sein Modell zeichnete sich dadurch aus, daß der germanische Grundcharakter des Mittelalters in der Theorie niemals verlorengehen konnte, zugleich aber in der Praxis überhaupt nicht belegt werden mußte. Solange nur das Denken in Zeichen und Bildern nicht aufhörte, sah

277 Ebd., S. X.
278 Ebd., S. XVII.
279 Ebd., S. XVII–XVIII.
280 Schon in der Einleitung zu »Kaiser, Rom und Renovatio« hatte er darauf hingewiesen, daß im Mittelalter »Menschen ganz anderer Herkunft« als in der Antike, nämlich die Nachfahren der Germanen anstelle der Römer, die »Träger der Kultur« gewesen seien. Darin hatte er damals eine wichtige Erklärung für die Unterschiede zwischen den beiden Epochen sehen wollen. — SVS 1929 Kaiser Renovatio, Bd.1, S. 3; s. hierzu oben, Kap. 7.e).

Schramm die für die Germanen typischen Denkweisen fortwirken. Auf der gegenständlichen Ebene konnte sich das Ererbte dabei in beliebiger Weise verändern – auch dann, wenn es ursprünglich germanischen Ursprungs gewesen war.

Auf der Ebene der Gegenstände, der Einzelobjekte und Quellenbelege kamen auch die anderen Faktoren zu ihrem Recht, die Schramms Geschichtsbild zufolge für die mittelalterliche Kultur grundlegend waren. Nicht zuletzt war zu berücksichtigen, daß der Handschuh aus der mittelmeerischen, antiken Welt stammte.[281] Er war ein Beispiel für das »Nachleben der Antike«. In seiner »Einführung« erwähnte Schramm die römische und griechische Vergangenheit mit keinem Wort. Trotzdem trug er ihrem Stellenwert in der Praxis Rechnung. Ähnliches galt für den dritten der nach Schramms Meinung konstitutiven Faktoren der mittelalterlichen Kultur, das Christentum. Auch davon war in der »Einführung« zunächst nicht die Rede. Aber im letzten Absatz erläuterte Schramm, ein besonderer Reiz des Themas liege darin, daß es auch in die Symbolik der Kirche hineinführe. Zwischen ihr und den mittelalterlichen »Sinnzeichen« habe es eine starke Wechselwirkung gegeben.[282] Dadurch trat das »Christliche« ins Blickfeld. Wieder ließ die Forschungspraxis deutlich werden, was in der Theorie ungesagt geblieben war.

Insgesamt schränkte Schramm die Bedeutung des Germanischen für die mittelalterliche Symbolik nur sehr vorsichtig ein und vertraute im übrigen darauf, daß das von Schwineköper präsentierte Material die Gewichte zurechtrücken werde. Ohnehin war er mit den Verehrern des Germanentums im Grundsatz einig, daß das Germanische über das Altertum hinaus wirksam geblieben sei und für das Mittelalter eine prägende Bedeutung gehabt habe. Ganz allgemein entsprach es der Tradition gerade derjenigen historischen Wissenschaften in Deutschland, die sich mit Staat und Verfassung befaßten, die Bedeutung überkommener germanischer Kulturelemente für das Mittelalter besonders hervorzuheben.[283]

Inhaltlich gesehen, entsprachen Schramms Ausführungen also dem Bild von der mittelalterlichen Geschichte, das er schon seit langem hatte. Dennoch fällt auf, daß er seine Auffassungen so formulierte, daß die Gemeinsamkeiten mit Höfler und dessen Mitstreitern mindestens ebenso stark hervortraten wie die Unterschiede. Schramm scheute sich nicht, Höfler eine unsolide Arbeitsweise vorzuhalten.[284] Aber wie er das Wort »Rasse« in diesem Text zum ersten Mal in einer veröffentlichten Arbeit benutzte, so strich er das Germa-

281 Vgl. hierzu das erste Kapitel von *Schwineköper*, Handschuh, sowie zusammenfassend: ebd., S. 152.

282 SVS 1938 Erforschung, S. XVIII.

283 *Graus*, Verfassungsgeschichte, S. 554–556 u. 559–561.

284 Schramm warf Höfler unter anderem ausdrücklich vor, die einschlägige Fachliteratur nur unzureichend rezipiert zu haben (SVS 1938 Erforschung, Anm. 1 auf S. VII).

nische in einer Art und Weise heraus, die in früheren Publikationen nicht zu beobachten ist. Offenbar stimmte er seine Formulierungen mit Bedacht auf den Denkhorizont und die Vorlieben derjenigen ab, die sich für die Theorie von der »germanischen Kontinuität« begeistern konnten. Er zielte damit auf jene Kreise, denen Wissenschaftler wie Otto Höfler ihren Einfluß und ihre Prominenz verdankten. Wie es dem Verhalten entsprach, das Schramm in den dreißiger Jahren allgemein zeigte, versuchte er mit diesem Text, sich so zu präsentieren, daß er unter den bestehenden Rahmenbedingungen Erfolg haben konnte.

e) Europäische und deutsche Geschichte und Gegenwart

Bei seiner Arbeit an den Ordines für die Königskrönung in Europa wandte Schramm die ganzen dreißiger Jahre hindurch eine Methodik an, die er zuerst 1930 in seinem Aufsatz über die Kaiserordines entwickelt hatte. Diese Aussage läßt sich verallgemeinern: Er wich von den methodischen Grundsätzen, die in der Zeit vor 1933 für ihn maßgeblich gewesen waren, in der Zeit danach nicht ab. Dasselbe galt, wie deutlich geworden ist, für seine theoretischen Prämissen. Diese Kontinuität im Auge zu behalten, ist für das richtige Verständnis seiner Arbeiten wichtig.

In derselben Zeit war seine grundsätzliche Haltung zum nationalsozialistischen Regime mehrschichtig. Davon war im vorigen Kapitel die Rede. Schramms Haltung schwankte zwischen einem gewissen Unbehagen, das einige Elemente der nationalsozialistischen Ideologie wie der Politik bei ihm auslösten, und heftiger Begeisterung für andere Aspekte. Dieses Schwanken war mit dem steten Bemühen verbunden, seine eigenen Bedürfnisse und seinen persönlichen Ehrgeiz mit den Anforderungen des Regimes in Einklang zu bringen. Alles in allem verstand er es, eine loyale Unterstützung des Regimes nicht nur mit einer Ablehnung gewisser Aspekte der nationalsozialistischen Herrschaft, sondern auch mit einer überzeugten Verteidigung hergebrachter wissenschaftlicher Standards zu vereinbaren.[285] Auf der Grundlage dieses Paradigmas lassen sich die Spuren deuten, welche die unmittelbare Entstehungszeit in Schramms Schriften über das Königtum im lateinischen Europa und über die mittelalterlichen »Symbole« hinterlassen hat.

Die wichtigste Grundlage für seine Unterstützung des Regimes ist oben in der Analyse seines Aufsatzes »Die Krönung in Deutschland« sichtbar geworden. Allgemein betrachtet, schien ihm die deutsche Vergangenheit von

285 Bereits *Karl Ferdinand Werner* hat gezeigt, daß ein solches Verhalten für die deutschen Historiker der Zeit durchaus typisch war. — Vgl. die Ausführungen zu *Werner, K. F.*, NS-Geschichtsbild, in der entsprechenden Fußnote oben, Kap. 9.d).

Streit und Zerrissenheit geprägt. Er hatte regelrecht Angst davor, daß sich dieses selbstzerstörerische Potential, das er in der deutschen Geschichte liegen sah, wieder entlud. Die nationalsozialistische Diktatur schien dem einen Riegel vorzuschieben. Weil sie ihm in dieser Hinsicht erfolgreich zu sein schien, fand Schramm noch 1937 in der »Geschichte des englischen Königtums« nachdrücklich positive Worte für den nationalsozialistischen Staat.

Indem er über die Umbrüche in der europäischen Geschichte des zwanzigsten Jahrhunderts sprach, meinte er, es gehöre offenbar »geradezu zu den Kennzeichen unserer Zeit, daß Völker im Gefühle frisch geweckter Kraft sich eine ganz neue, die Vergangenheit bewußt überwindende Staatsform schaffen.«[286] Im Schlußabschnitt stellte er zunächst fest, in der englischen Krönung komme der englische Staat in einer sinnlich erfahrbaren Form zur Darstellung, und fuhr dann fort:

»Das ist der tiefere Sinn der Staatsfeste: sie rufen das Volk zum Bewußtsein auf, daß es einen Körper bildet, an dem jeder einzelne ein Glied ist. Hierin hat das 20. Jahrhundert bereits viel Neues hervorgebracht. Dort – um nur zwei Beispiele zu nennen – die Feste unter dem Fascio an den Stätten der römischen Geschichte und hier die Aufmärsche unter dem Hakenkreuz in Berlin, München und Nürnberg – zu erneuerten Staaten auch neue Formen des staatlichen Lebens, in denen die Eigenart der Völker sich deutlicher ausspricht als in den Paragraphen ihrer Gesetze.«[287]

Aus diesen Sätzen sprach tiefes Einverständnis mit den Verhältnissen der deutschen Gegenwart. In Schramms Augen war das nationalsozialistische Herrschaftssystem die Staatsform, die dem deutschen Volk gemäß war, und seine monströsen Propagandaspektakel waren für ihn »Staatsfeste«, in denen die deutsche »Eigenart« sich aussprach. Der Wandel von 1933 bedeutete ihm in der Tat einen Umsturz, einen radikalen Bruch mit der Geschichte – aber gerade dadurch eine Veränderung zum Besseren.

Zugleich zeigte der Aufsatz von 1935, ebenso wie die anderen einschlägigen Schriften, daß es für Schramm vollkommen selbstverständlich war, die deutsche Geschichte in ein System von europäischer Dimension einzuordnen.[288] Das wichtigste Anliegen, das er damit verfolgte, war die Erkenntnis des jeweils »Eigenen« der verschiedenen nationalen Kulturen. Auf der Ebene wissenschaftlicher Fragestellungen war dies die Grundlage dafür, daß Schramm die internationale Kommunikation beständig zu fördern versuchte.

286 SVS 1937 Geschichte Königtum, S. 105.

287 Ebd., S. 230–231.

288 Die Notwendigkeit einer Einbettung der deutschen Geschichte in den gesamteuropäischen Rahmen betonte Schramm auch in einem Literaturbericht von 1934. Mit derartigen Forderungen stand er in der deutschen Geschichtswissenschaft dieser Zeit nicht allein. — SVS 1934 Neue Bücher, S. 359; vgl. *Wolf*, Litteris, S. 195–196, m. Anm. 188.

Außerdem empfand er den intellektuellen Austausch über nationale Grenzen hinweg ganz persönlich als etwas Fruchtbares und Belebendes.

Dieser Austausch war bereits unterbrochen, als 1939 »Der König von Frankreich« erschien. Der deutsche Angriff auf Polen hatte den Zweiten Weltkrieg entfesselt, in den Schramm schweren Herzens, aber ohne jeden Versuch eines Ausweichens gezogen war. In einem »Nachtrag« auf der allerletzten Seite des Buches erklärte Schramm, nach einigem Zögern sei er mit dem Verlag übereingekommen, das Buch trotz des Kriegsausbruchs erscheinen zu lassen. Er begründete dies mit den Worten:

> »Es erörtert zwar nicht die weltgeschichtlichen Probleme, um die es heute geht, kann aber doch vielleicht dem einen oder anderen dazu dienlich sein, ein Volk historisch besser zu begreifen, das wir heute wiederum auf der Seite unserer Gegner finden.«[289]

Das Ziel, den Nachbarn »historisch zu begreifen«, hatte so, wie Schramm es verstand, seinen Sinn verloren.

Auf eine für ihn charakteristische Weise waren seine ganz Europa in den Blick nehmenden Forschungen immer mit einer nationalistischen Tendenz verbunden gewesen. Es hatte ihm ferngelegen, die Unterschiede zwischen den Völkern zu verwischen, die nach seiner Auffassung das Ergebnis einer langen Geschichte waren und das Wesen der einzelnen Völker sichtbar werden ließen. Schramm war jedoch der Meinung gewesen, das Erkennen der Unterschiede könne die Grundlage für wechselseitige Akzeptanz sein. Auf dieser Grundlage hatte er mit seiner Arbeit dazu beitragen wollen, einem Krieg vorzubeugen.[290] Dieser Wunsch hatte sich nicht erfüllt. Mit den zitierten Worten konnte Schramm lediglich der Hoffnung Ausdruck verleihen, sein Buch möge vielleicht für eine bessere Zukunft die Grundlage schaffen.

Die dramatische politische Entwicklung war nicht vorauszusehen gewesen, als Schramm jene Teile des Buches verfaßt hatte, um die er die drei zugrunde liegenden Aufsätze ergänzte. Dennoch gab es darin Passagen, die darauf hinzudeuten scheinen, daß sich die emphatisch positive Haltung zum staatlichen Zustand Deutschlands, die er noch 1937 so deutlich hatte hervortreten lassen, etwas abgeschwächt hatte. Auffällig war vor allem der allererste Absatz der Einleitung. Darin eröffnete Schramm sein Buch mit der pathetisch vorgetragenen Feststellung, die Geschichte der Verfassungen kenne keinen Fortschritt in einem positiv wertenden Sinne:

289 SVS 1939 König Frankreich, Bd.1, S. 275.

290 Es machte gerade das Spezifische von Schramms Herangehensweise aus, daß der Wunsch nach internationaler Verständigung mit der Betonung des jeweils nationalen »Besonderen« zusammenfiel. Diese Gleichzeitigkeit tritt in *Steffen Kaudelkas* Analyse des »Königs von Frankreich« nicht klar genug heraus. Es geht in eine falsche Richtung, wenn *Kaudelka* schreibt, Schramm habe seinen Lesern suggerieren wollen, daß sein Buch »im Kontext der Aufklärung über den Kriegsgegner« gelesen werden könne. — *Kaudelka*, Rezeption, S. 192–193.

»Wer an den Fortschritt glaubt, muß sich an die Entwicklung der Wissenschaften und der Technik halten; denn er wird bald verzagen, wenn er sich in die Geschichte der Staaten und der Kulturen vertieft. Was das eine Jahrhundert aufgebaut hat, vernachlässigt oder zerstört das nächste [...]; die öffentlichen Ordnungen machen neuen Platz; Staaten formen sich und vergehen [...]. Begrenzt sind die Bezirke, in denen die Menschen über die Leistungen ihrer Vorfahren hinaus zu besseren fortgeschritten sind – der des politischen Lebens gehört nicht zu ihnen.«[291]

Der Gedanke, daß die Geschichte der europäischen Nationen, von Ausnahmen wie England abgesehen, durch häufige Umbrüche der staatlichen Ordnung gekennzeichnet sei, hatte schon in dem Buch von 1937 eine Rolle gespielt. Dennoch war der Ton nun ein anderer. Der Pessimismus, der hier zum Ausdruck kam, war so formuliert, daß er sich auch auf die deutschen Verhältnisse beziehen mußte. Vielleicht hatte sich in dieser Hinsicht bei Schramm ein Wandel vollzogen. Außerdem scheinen die zitierten Worte zu belegen, daß er nicht mehr der Meinung war, mit der nationalsozialistischen Diktatur sei der Endpunkt der staatlichen Entwicklung Deutschlands erreicht. Eine gewisse Ernüchterung war unübersehbar.[292]

Allerdings hatten alle skeptischen Gedanken, die Schramm vielleicht bewegten, zu keinem Zeitpunkt erkennbare Folgen für sein Verhalten. Im Gegenteil bietet gerade »Der König von Frankreich« weitere Belege für die oben entwickelte These, daß Schramm zumindest punktuell versuchte, auch mit seiner wissenschaftlichen Arbeit den Erwartungen des Regimes entgegenzukommen.

Diese Belege liefern Schramms Ausführungen über den Glauben, daß der französische König im Anschluß an die Krönung die Fähigkeit habe, die Skrofeln zu heilen.[293] In diesem Abschnitt seines Buches zitierte Schramm vor allem den französischen Historiker Marc Bloch, der 1924 über dieses Phänomen ein Buch veröffentlicht hatte.[294] Dem Werk hatte Schramm für sein eigenes Buch weit über das in Frage stehende Kapitel hinaus viel zu verdanken, was er auch deutlich werden ließ.[295] In einem Punkt meldete er

291 SVS 1939 König Frankreich, Bd.1, S. 1.

292 Hier sei daran erinnert, daß Schramms Frau Ehrengard nach 1945 behauptete, sie und ihr Mann seien sich nach dem Progrom von 1938 allmählich ihrer Mitschuld an den Vorkommnissen bewußt geworden. — FAS, L 247, Brief E. Schramm an E. Kantorowicz, masch. Durchschl., Göttingen 19.5.1947; vgl. o., Kap. 9.c).

293 Bei den Skrofeln handelt es sich um eine Schwellung der Lymphknoten, die von Tuberkulose-Erregern ausgelöst wird. — SVS 1939 König Frankreich, Bd.1, S. 151–155; vgl. SVS 1937 Geschichte Königtum, S. 124–126; eine neuere Annäherung an das Phänomen bietet: *Ehlers*, Der wundertätige König.

294 *Bloch, M.*, Könige; über Marc Bloch (1886–1944) z.B.: *Raulff*, Historiker; über Bloch und die deutsche Geschichtswissenschaft: *Kaudelka*, Rezeption, S. 129–240.

295 Bloch war einer der wenigen Wissenschaftler, die überhaupt im Text der Darstellung namentlich erwähnt wurden. Die oben im Zusammenhang mit der Einleitung des Buches erwähnten Forscher wurden von Schramm, wenn überhaupt, nur in den Anmerkungen genannt. — SVS

allerdings Widerspruch an. Bloch hatte die Entstehung des erwähnten Glaubens auf eine Vielzahl von Faktoren zurückgeführt. Insbesondere hatte er auf den frühmittelalterlichen Glauben an eine allgemeine Heiligkeit der Könige verwiesen. Dieser hatte seinerseits verschiedene Wurzeln. In diesem Zusammenhang nannte Bloch unter anderem die germanische Vorstellung vom »Sippenheil«, das königlichen Familien zugesprochen wurde.[296]

Schramm wollte die Gewichtung umkehren. Er wollte den altgermanischen Glauben an das besondere »Heil« der königlichen Sippe für den allein ausschlaggebenden Faktor bei der Entstehung des französischen Phänomens halten. Das einfache Volk, so Schramm, habe diesen Glauben über die Jahrhunderte aufrechterhalten. Alle anderen von Bloch angeführten Elemente erklärte er für sekundär.[297] Allerdings übersah er nicht, daß sich der Glaube an die Heilkraft, nachdem er einmal zutage getreten war, rasch mit christlichen Vorstellungen verband, dadurch eine neue Deutung erfuhr und später auch von der Kirche akzeptiert wurde.[298] Im Ergebnis vertrat Schramm seine Grundauffassung, daß sich die mit dem Königtum zusammenhängenden Bräuche aus verschiedenen Quellen speisten. Umso irritierender ist der Nachdruck, mit dem er gegen Bloch auf eine dieser Quellen besonderen Wert legte und den Bezug auf die germanische Kultur ganz in den Vordergrund schob.[299]

Vielleicht erklärt sich dieser Eifer auch in diesem Fall daraus, daß Schramm eine Auffassung vertreten konnte, die der von einflußreichen Exponenten des Regimes vertretenen Ideologie entgegenkam. Diese Vermutung kann sich auf einen Diskussionsbeitrag stützen, mit dem Schramm im Jahr 1942 im Rahmen einer Fachtagung kritisierend auf einen Vortrag des oben erwähnten Otto Höfler antwortete. Bei dieser Gelegenheit wies er nämlich zunächst mit Nachdruck auf seine eigene Theorie hinsichtlich des Heilungswunders hin. Er bezeichnete den Glauben an dieses Wunder als »das meines Erachtens wirksamste Phänomen« im Bereich der »germanischen Kontinuität«. Damit machte er deutlich, daß er bereit war, sich dieses Schlagwort zu eigen zu machen. Gleichwohl liefen seine Ausführungen im Ergebnis auf den Appell hinaus, zugleich mit der »Kontinuität« auch den »Wandel« zu

1939 König Frankreich, Bd.1, v.a. S. 151; ebd., Bd.2, S. 6; über die Rezeption von Blochs Buch in Deutschland: *Kaudelka*, Rezeption, S. 181–203.

296 *Bloch, M.*, Könige, S. 90–91, 109–113, 118–119.

297 SVS 1939 König Frankreich, Bd.1, S. 152–155; wichtig Anm. 2 zu S. 154, in Bd.2, S. 75; zu Recht kritisch über Schramms Thesen: *Ehlers*, Der wundertätige König, S. 4–5; vgl. über Schramms Kritik an Bloch auch: *Raulff*, Historiker, S. 293 m. Anm. 59; *Kaudelka*, Rezeption, S. 195–197.

298 SVS 1939 König Frankreich, Bd.1, S. 154.

299 Im Grundsatz hatte Schramm seine Kritik an Bloch auch schon in den Aufsätzen über Frankreich vertreten. Aber im Buch verschärfte er den Tonfall seiner Ablehnung von dessen Thesen in auffälligem Maße (vgl. *Kaudelka*, Rezeption, S. 196).

berücksichtigen.[300] Er blieb also seinem Geschichtsbild treu. Im »König von Frankreich« machte er, während er sich an der diskutierten Stelle der ideologisierten Germaneneuphorie seiner Zeit annäherte, an anderen Stellen unmißverständlich klar, daß der germanische Einfluß auf den französischen Krönungsbrauch seine historischen Grenzen hatte.[301]

Dennoch ist es von Bedeutung, daß Schramm außer im »König von Frankreich« gerade in der »Einführung« zu Schwineköpers Dissertation den Germanen eine Aufmerksamkeit zuwandte, die er ihnen vorher nicht gewidmet hatte. Gerade hier tauchten dabei gelegentliche Annäherungen an nationalsozialistische Ideologeme auf. Nicht zufällig waren die beiden genannten Publikationen die spätesten der hier betrachteten Arbeiten. In den ersten Jahren von Hitlers Diktatur hatte der Furor von fanatischen Unterstützern des Regimes Schramm einige Probleme bereitet. Die kommunikativen Zusammenhänge, in denen er vor 1933 gestanden hatte, waren weitgehend zusammengebrochen. Die nun in Frage stehenden Gedanken formulierte er in einer Zeit, in der er erste Fortschritte bei seinem Bemühen erzielte, sich in den veränderten Strukturen der deutschen akademischen Welt neu zu etablieren. »Der König von Frankreich« erschien in demselben Jahr, in dem Schramm in die Partei aufgenommen wurde und zum vermeintlichen Wohle der Göttinger Akademie Adolf Hitler verherrlichte.[302]

Bemerkenswert sind die hier vorgelegten Befunde vor allem deshalb, weil Schramm nach dem Krieg behauptete, es habe in seiner Wissenschaft in der Zeit des ›Dritten Reiches‹ keinerlei den Zeitumständen geschuldete Umschwünge gegeben.[303] Einerseits hatte er damit sogar recht, weil er von seinen Überzeugungen der Sache nach nicht abwich. Andererseits ist trotzdem ist nicht zu übersehen, daß er Ende der dreißiger Jahre an Positionen heranrückte, die von den Machthabern protegiert wurden. Während er im Grunde in seiner wissenschaftlichen Arbeit fortfuhr, wie er sie schon immer betrieben hatte, setzte er einige Akzente auf neue Weise und griff manche Aspekte zum ersten Mal auf. Vielleicht sind hier die Ansätze einer Neuorientierung zu erkennen. Die Frage läßt sich nicht klären, weil der Ausbruch des Zweiten Weltkrieges Schramms mediävistische Publikationstätigkeit praktisch zum Erliegen brachte.

300 Der Diskussionsbeitrag abgedruckt in: SVS 1968–1971 Kaiser, Bd.4,2, S. 644–646; darin über das Heilungswunder: S. 644–645, Zitat S. 644.

301 Im Fall Frankreichs manifestierte sich die Loslösung vom germanischen Erbe im Erlöschen der Wahlhandlung: »An dieser Stelle«, so Schramm, »tritt Frankreich aus der von den Germanen stammenden Tradition heraus« (SVS 1939 König Frankreich, Bd.1, S. 111).

302 SVS 1939 Die Sudetendeutschen, S. 50; s. hierzu im vorigen Kapitel, Kap. 9.d).

303 Z.B. SVS 1968–1971 Kaiser, Bd.4,1, S. 6; s. ausführlicher unten, Kap. 13.d).

V.
Erinnerung
1939–1970

11. Der zweite Krieg

Aufgrund seines Wehrdienstes konnte Schramm seine wissenschaftliche Arbeit in den Jahren des Krieges nur in sehr eingeschränktem Maße fortsetzen. Er ließ sie jedoch nie ganz abreißen. Mitten im Krieg publizierte er sein Buch »Hamburg, Deutschland und die Welt«, das von der Geschichte des Hamburger Bürgertums handelte. In diesem Bereich lag in den Jahren nach 1939 der Schwerpunkt seiner Arbeit. Außerdem blieb es nicht ohne Folgen, daß er in den letzten zwei Kriegsjahren für den Wehrmachtführungsstab im Oberkommando der Wehrmacht das Kriegstagebuch führte. Das lieferte den Anlaß dafür, daß er sich später der Zeitgeschichte, insbesondere der Erforschung der militärischen Ereignisgeschichte des Zweiten Weltkriegs zuwandte. Schramms zeitgeschichtliche Arbeiten und seine Arbeiten zur Geschichte des Bürgertums sind aber nicht Gegenstand der vorliegenden Arbeit. Im Unterschied zu diesen beiden Bereichen hat der Zweite Weltkrieg den Göttinger Historiker auf dem Gebiet der Mediävistik nicht zu neuen Fragen oder Themen geführt. Bei den Forschungen, die er trotz aller Widrigkeiten betrieb, spielte das Mittelalter nur eine sehr untergeordnete Rolle. Aus diesen Gründen scheint es gerechtfertigt, Schramms Erlebnisse und seine Tätigkeit in der Zeit von 1939 bis 1945 nur in groben Umrissen darzustellen.

a) Schramm als Soldat

Zunächst seien einige Daten genannt, die zur Orientierung dienen sollen.[1] Als der Krieg am 1. September 1939 mit dem Überfall des Deutschen Reiches auf Polen begann, wurde Schramm sofort eingezogen.[2] Wenige Wochen

1 *Manfred Messerschmidt* hat Schramms Verhalten während des Zweiten Weltkriegs in einem größeren Zusammenhang untersucht. Im Rahmen der Tagungsreihe »Der Nationalsozialismus in den Kulturwissenschaften« des Max-Planck-Instituts für Geschichte in Göttingen hat er Historiker behandelt, die während des Krieges in der Wehrmacht Dienst getan haben. Schramm nimmt dabei einen zentralen Platz ein. — *Messerschmidt*, Erdmann.

2 Ehrengard Schramm gab 1941 an, ihr Mann sei sogar schon seit Juli 1939 im Wehrdienst. — FAS, L »Jahrgang 94«, Bd.1, S. 66; ebd., »Miterlebte Geschichte«, Bd.2, S. 130; FAS, L 247, Kreisleitungsakte, Postkarte E. Schramm an Dozentenbundführer Universität Göttingen, 15.7.1941, Photographie einer Abschrift.

später wurde er zum »Rittmeister der Reserve« befördert.[3] Von der Möglichkeit, sich aufgrund seiner universitären Verpflichtungen freistellen zu lassen, machte er keinen Gebrauch. Für ihn war es selbstverständlich, das zu erfüllen, was er für seine soldatische Pflicht hielt.[4] Knapp einundzwanzig Jahre nach Ende des Ersten Weltkriegs stand er nun zum zweiten Mal im Krieg.

Die Stimmung war bei ihm diesmal eine ganz andere als im August 1914. Nach dem Münchener Abkommen hatte ihn Hitlers Außenpolitik noch in Euphorie versetzt.[5] Den Einmarsch in Prag im Frühjahr 1939 hatte er in seiner Rede auf der öffentlichen Sitzung der Göttinger Gesellschaft der Wissenschaften im Mai immerhin zu rechtfertigen versucht.[6] Allerdings scheint ihm dabei schon nicht mehr ganz wohl gewesen zu sein.[7] Bei Kriegsausbruch schließlich, so notierte er sich später in seinen Erinnerungen, habe eine bleierne Stimmung über dem Land gelegen. Die Radiopropaganda habe ihn angewidert. Erinnerungen seien wachgeworden an den ersten Krieg, der in die Niederlage geführt hatte.[8] Ähnliche Empfindungen bewegten einen Großteil der Bevölkerung.[9]

Während des Polenfeldzugs war Schramm als Stabsoffizier in der Nähe der bisherigen Ostgrenze des Deutschen Reiches stationiert.[10] Im Frühsommer 1940 nahm er am Feldzug gegen Frankreich teil.[11] Die Niederlage Frank-

3 FAS, L 284, Wehrbezirks-Kommando Göttingen an P.E. Schramm: Mitteilung über Beförderung, Göttingen 26.9.1939.

4 Auf der Grundlage von mündlichen Zeugnissen vermutet *Robert P. Ericksen*, Schramm habe die Universität gemieden und den Weg an die Front gesucht, weil er sich nicht daran habe gewöhnen können, daß in seinen Vorlesungen kriegsbedingt immer mehr Frauen gesessen hätten. Der Gedanke ist absurd. Schramm war mit einer studierten Historikerin verheiratet, und die erste Person, die bei ihm in Göttingen promoviert worden war, war eine Frau, nämlich Marie-Luise Bulst-Thiele. — *Ericksen*, Kontinuitäten, S. 445 u. Anm. 81 auf S. 452; *Ritter, A.*, Veröffentlichungen Schramm, Nr.II,1, auf S. 316.

5 Vgl. FAS, L »Jahrgang 94«, Bd.1, S. 65; hierzu ausführlicher oben, Kap. 9.f).

6 SVS 1939 Die Sudetendeutschen, S. 38 u. 49; zu diesem Text ausführlicher oben, Kap. 9.d).

7 In seinen Erinnerungen deutete Schramm viele Jahre später an, er habe die Besetzung Tschechiens mit gemischten Gefühlen betrachtet. Als Grund nannte er, daß hier die Legitimation früherer Expansionen nicht mehr gegriffen habe, daß deutschsprachige Gebiete mit dem Reich vereinigt würden. Falls Schramm solche Bedenken im Frühjahr 1939 tatsächlich hegte, dann teilte er sie mit vielen Menschen in Deutschland. — FAS, L »Jahrgang 94«, Bd.1, S. 65–66; *Kershaw,* Hitler, Bd.2, S. 235–236.

8 FAS, L »Jahrgang 94«, Bd.1, S. 65–66.

9 *Kershaw,* Hitler, Bd.2, S. 311–313, mit Hinweisen auf weitere Literatur.

10 Ein Bekannter traf ihn in dieser Zeit in der Ordensburg Vogelsang. Aus dessen Tagebuch hat sich Schramm nach dem Krieg Auszüge anfertigen lassen, die in seinem Nachlaß überliefert sind (FAS, Auszüge Tagebuch Bußmann).

11 Als 1. Ordonnanzoffizier einer Infanteriedivision erlebte er Ende Mai, Anfang Juni 1940 die Kapitulation von Lille. Dieses Erlebnis beeindruckte ihn sehr, weil der deutsche Kommandant den besiegten Gegner ehrenhaft und ganz nach den Regeln traditionellen Soldatentums behandelte. Über die Ereignisse veröffentlichte Schramm im Jahr 1961 einen Bericht, der auf Feldpostbrie-

reichs, besiegelt durch den nach erstaunlich kurzer Zeit erreichten Waffenstillstand, versetzte ihn noch einmal in Hochstimmung. Außerdem gab er sich der Illusion hin, der Krieg werde nun bald beendet sein.[12] Wie zur Bestätigung seines Irrglaubens wurde er Ende Dezember für gut drei Monate nach Göttingen beurlaubt, wo er sich an der Universität Forschung und Lehre widmen konnte.[13]

Anfang April 1941 wurde er jedoch wieder einberufen und dem Stab des Generals Hiemer zugewiesen. Dieser fungierte in Budapest als »Deutscher General beim Oberkommando der Königlichen Ungarischen Wehrmacht«.[14] Von hier beobachtete Schramm den Überfall auf die Sowjetunion am 22. Juni 1941.[15] Er selbst war davon aber kaum berührt. In Briefen, die er an seine Familie schrieb, erzählte er ausführlich von seinen Erlebnissen auf den ausgedehnten Dienstreisen im ost- und südosteuropäischen Raum, die er in diesen Monaten unternahm.[16] Im Herbst wurde er nach Berlin zur Abteilung Wehrmacht-Propaganda beim Oberkommando der Wehrmacht versetzt. Dort trat er am 16.9.1941 seinen Dienst an.[17] In den folgenden Monaten war es seine Aufgabe, Mitteilungen für die deutsche und internationale Presse zu verfassen. Eine reiche Auswahl dieser Mitteilungen findet sich in seinem Nachlaß. Schramm lieferte vor allem Hintergrundinformationen, aus denen

fen beruhte, die er selbst nach Hause geschrieben hatte. — SVS 1961 3x7 Jahre; hierzu die Vorlagen im Nachlaß in: FAS, L 275, Bd.1; vgl. zu dem zitierten Aufsatz im übrigen unten, Kap. 13.c); weitere Schilderungen über Schramms Zeit in Frankreich in: FAS, L »Jahrgang 94«, Bd.1, S. 149, u. Bd.2, S. 242–243.

12 Darauf deutet jedenfalls eine handschriftliche Aufzeichnung hin, die Schramm wohl unmittelbar nach Ende des »Westfeldzugs« anfertigte. Es handelte sich dabei vielleicht um ein Konzept für die Einleitung der ersten Vorlesungsstunde nach Kriegsende. Schramm sprach davon, daß man nun die Uniformen ausziehen und an seine Arbeit zurückkehren könne. Außerdem verglich er die Situation mit dem Jahr 1919. — FAS, L »Westfeldzug«; über die Stimmung in der deutschen Bevölkerung allgemein: *Kershaw,* Hitler, Bd.2, S. 406–407.

13 FAS, L 284, »Kriegsurlaubsschein« vom 31.12.1940.

14 Ebd., Marschbefehl für P.E. Schramm, Wien 6.4.1941, mit späterer handschr.Notiz von Schramm; FAS, L »Miterlebte Geschichte«, Bd.2, S. 151.

15 Hierzu, unter umfassender Berücksichtigung der Literatur: *Kershaw,* Hitler, Bd.2, S. 510–525; vgl. bereits ebd., S. 412–414.

16 Im Mai äußerte er sich abfällig über die jüdische ländliche Bevölkerung dieses Raumes: »Ich kenne ja jetzt das Ostjudentum von Riga bis Konstantinopel; aber dies hier in den Karpathen ist vielleicht das gräßlichste. Denn es ist blaßgesichtig, schmuddelig [...].« Für solche Äußerungen kann der heutige Leser kein Verständnis haben. Sie müssen aber vielleicht als zeittypisch hingenommen werden. Sie sagen auch nichts aus über Schramms Verhältnis zu den etablierten, wohlhabenden Juden Hamburgs, die er nach anderen Maßstäben beurteilte. — FAS, L 275, Bd.2, Brief P.E. Schramm an E. Schramm, o.O. [Budapest], 10.5.1941; als masch. Abschrift auch in: FAS, L 305; über Schramms Haltung in der »Judenfrage« s. ausführlicher oben, Kap. 9.c); vgl. auch *Messerschmidt,* Erdmann, S. 435 u. 438–440.

17 FAS, L 276, Brief P.E. Schramm an »Kav.-Ers.-Abt. 3«, masch. Durchschl., Berlin 18.9.1941.

hervorgehen sollte, worin jeweils die besondere Bedeutung der jeweiligen Erfolge der Wehrmacht lag.[18]

Mit dieser Tätigkeit befaßte er sich bis zum Januar 1942.[19] Im Anschluß daran konnte er sich noch einmal für einige Zeit in Göttingen aufhalten.[20] Im Frühjahr wurde er auf die Krim versetzt, deren Eroberung er als Stabsoffizier miterlebte.[21] Ein gutes halbes Jahr später fand auch diese Verwendung ihr Ende. Auf Antrag der Universität erhielt Schramm für die Dauer des Wintersemesters 1942/43 Arbeitsurlaub nach Göttingen. Wieder kehrte er für ein paar Monate in den akademischen Alltag zurück.[22] Als Anfang 1943 das Ende dieses Urlaubs in Sicht kam, nahm er zu Bekannten in verschiedenen Stäben Kontakt auf, um eine möglichst attraktive Verwendung zu erreichen. Tatsächlich hatten seine Bemühungen Erfolg, denn einer seiner Kontaktleute vermittelte ihn auf einen Posten, der seinen Interessen in besonderer Weise entgegenkam: Ab Anfang März 1943 war Schramm Führer des Kriegstagebuchs des Wehrmachtführungsstabes im Oberkommando der Wehrmacht.[23]

Sein Arbeitsplatz befand sich nun im Führerhauptquartier. Allerdings hatte er dienstlich nichts mit dem obersten Befehlshaber zu tun und kam kaum jemals in die Nähe Adolf Hitlers.[24] Seine Aufgabe war es, mit Hilfe einer kleinen Gruppe von Mitarbeitern die militärischen Ereignisse, wie sie sich aus den ihm übergebenen Akten ergaben, in sachlicher Form zusammenzufassen.

18 Die meisten Texte betrafen den Osten. Schramm strich die deutschen militärischen Leistungen nach Kräften heraus, verzichtete aber darauf, den jeweiligen Feind zu verunglimpfen. — Die Texte als maschinenschriftliche Durchschläge in: FAS, L 276; über Schramms Tätigkeit ausführlicher: *Messerschmidt*, Erdmann, S. 435–437.

19 FAS, L 276, Sonderausweis für Dienstreisen für P.E. Schramm, ausgestellt am 20.1.1942; ebd., Kriegsurlaubsschein für P.E. Schramm, ausgestellt durch »Stellv. Generalkommando XI. A.K.« am 23.1.1942.

20 In seinem Buch »Hamburg, Deutschland und die Welt« datierte Schramm das Nachwort »An den Leser« mit der Angabe »Göttingen, den 27. März 1942.« Seine Feldpostbriefe an die Familie aus der Folgezeit setzen mit dem 7. April 1942 ein. — SVS 1943 Hamburg Welt, S. 668; FAS, L 275, Bd.3.

21 Vgl. *Messerschmidt*, Erdmann, S. 440.

22 FAS, L 247, Aufzeichnung »betr. militärische Laufbahn von Professor P.E. Schramm«, masch. Durchschl., Göttingen 21.9.1947; SVS 1943 Hamburg Welt, S. 668.

23 Vgl. über Schramms Versetzung in den Wehrmachtführungsstab: SVS 1961–1965 Kriegstagebuch, Bd.4,2, S. 1780–1781; in Schramms Nachlaß: FAS, L 247, Aufzeichnung »betr. militärische Laufbahn von Professor P.E. Schramm«, masch. Durchschl., Göttingen 21.9.1947; außerdem: *Hartlaub, F.*, »Umriss«, Bd.1, S. 576, 584, u. Bd.2, S. 239, 242; über Schramms Tätigkeit insgesamt: *Messerschmidt*, Erdmann, S. 440–443.

24 *Norman Cantor* gibt ein völlig verfehltes Bild von Schramms angeblicher Nähe zu Adolf Hitler. Er behauptet, Schramm habe zur persönlichen Umgebung des Diktators gehört. Er verwechselt den Kriegstagebuchführer aber mit Henry Picker, dessen Notizen über »Hitlers Tischgespräche im Führerhauptquartier« Schramm 1963 herausgab. — *Cantor*, Inventing, S. 91–92; vgl. SVS 1961–1965 Kriegstagebuch, Bd.4,2, S. 1806–1807; über Schramms Edition der »Tischgespräche« und die sich daraus ergebenden Weiterungen unten, Kap. 13.c).

Organisationsbedingt konnte zwischen den Ereignissen selbst und der Niederschrift manchmal ein Abstand von mehreren Wochen liegen.[25] Kurz nachdem Schramm die Tätigkeit als Kriegstagebuchführer aufgenommen hatte, wurde er am 1. Juni 1943 zum Major der Reserve befördert. Diesen Rang hatte er die verbleibenden zwei Jahre bis zum Ende des Krieges inne.[26] Auch seine Stellung im Wehrmachtführungsstab verließ er bis Kriegsende nicht mehr.

Aus einer zeitgenössischen, privaten Aufzeichnung seines Assistenten Felix Hartlaub entsteht der Eindruck, Berichte über besonders grausame Aktionen deutscher Truppen seien im Kriegstagebuch systematisch unberücksichtigt geblieben.[27] Einerseits ist dagegen einzuwenden, daß Hartlaubs tagebuchähnliche Aufzeichnungen literarischen Charakter hatten und nicht ohne weiteres als zuverlässige Quelle angesehen werden können.[28] Andererseits legte Schramm selbst in den sechziger Jahren Wert darauf, daß seine Aufzeichnungen im Kriegstagebuch »nur operative Vorgänge behandelten«. In den Nürnberger Prozessen hätten sie sich deshalb für die Ankläger als fast völlig wertlos erwiesen.[29]

b) Wissenschaft im Krieg

So gut es ihm unter den gegebenen Bedingungen möglich war, setzte Schramm in der Kriegszeit seine Forschungen fort. Im Zentrum seines Interesses stand dabei die Wirtschafts- und Sozialgeschichte, die er in enger Verknüpfung mit der Geschichte seiner eigenen Vorfahren betrachtete.[30] Die

25 Über Schramms Tätigkeit unterrichten die »Erläuterungen« in der von ihm selbst verantworteten Edition des Kriegstagebuchs. — SVS 1961–1965 Kriegstagebuch, Bd.4,2, v.a. S. 1760, 1777–1787, 1806.

26 FAS, L 247, Aufzeichnung »betr. militärische Laufbahn von Professor P.E. Schramm«, masch. Durchschl., Göttingen 21.9.1947.

27 *Hartlaub, F.*, »Umriss«, Bd.1, S. 199, m. Anm. 86 in Bd.2, S. 85; vgl. *Hartlaub, F.*, Gesamtwerk, S. 148–149; nach der ältere Edition zitiert bei: *Grolle*, Schramm Sonderfall, Anm. 20 auf S. 31; über Hartlaub vgl. im Übrigen unten in diesem Kapitel, Abschnitt b).

28 Daran läßt die Herausgeberin der neuesten Edition von Hartlaubs Werken, *Gabriele Lieselotte Ewenz*, keinen Zweifel und verweist auf die Dissertation von *Christian-Hartwig Wilke* aus dem Jahr 1967. In Schramms Nachlaß findet sich eine Korrespondenz mit Wilke, worin dieser das wichtigste Ergebnis seiner Arbeit bereits 1963 erläuterte. Schon die erste Herausgeberin von Hartlaubs Werken, dessen Schwester *Geno Hartlaub*, hatte sich über den Quellenwert der in Frage stehenden Texte ähnlich geäußert. — *Ewenz*, Einführung, S. 37 m. Anm. 85; FAS, L 230, Bd.11, Korrespondenz zwischen C. Wilke und P.E. Schramm, v.a.: Brief C. Wilke an P.E. Schramm, München 11.6.1963; *Hartlaub, F.*, Von unten…, S. 7; *Hartlaub, F.*, Gesamtwerk, S. 469.

29 SVS 1961–1965 Kriegstagebuch, Bd.4,2, S. 1816–1817, m. Anm. 1 auf S. 1817; vgl. hierzu *Messerschmidt*, Erdmann, S. 441–442.

30 Schramms mediävistische Publikationen beschränkten sich in der Zeit des Zweiten Weltkriegs auf fünf Rezensionen im Jahr 1940 und eine Rezension im Jahr 1941 (*Ritter, A.*, Veröffentlichungen Schramm, S. 302–303).

Rückwendung zur Geschichte der eigenen Familie, die schon in den letzten Jahren vor Kriegsausbruch eingesetzt hatte, verstärkte sich durch die existenzielle Bedrohung des Krieges.[31] Allerdings scheint Schramm im ersten Jahr des Krieges nur selten zu wissenschaftlicher Tätigkeit gefunden zu haben. Erst während des mehrmonatigen Urlaubs, den er Anfang 1941 in Göttingen verleben konnte, intensivierte sich seine Arbeit wieder.[32]

In dieser Zeit begann seine erste größere Monographie zur Geschichte Hamburgs Gestalt anzunehmen. Schon vor Ausbruch des Krieges hatte er daran zu arbeiten begonnen. Im Verlauf seines Urlaubs in den ersten Monaten des Jahres 1942 konnte er das Manuskript abschließen.[33] Der nächste längere Aufenthalt in Göttingen im Wintersemester 1942/43 brachte die Möglichkeit, die Druckfahnen Korrektur zu lesen. Als Schramm bereits im Führerhauptquartier arbeitete, erledigte er die letzten Arbeiten. Noch 1943 konnte »Hamburg, Deutschland und die Welt« erscheinen.[34] Wer dieses beinahe 800 Seiten starke Werk in die Hand nimmt und sich vor Augen führt, daß es mitten im Krieg entstand, während sein Verfasser als Offizier diente, bekommt einen Eindruck von Schramms unbändiger Arbeitsenergie. Allerdings ist davon auszugehen, daß seine Frau ihn von Göttingen aus tatkräftig unterstützte. Indem er einige seiner Vorfahren mütterlicherseits in den Mittelpunkt der Darstellung rückte und sich vor allem an der Wirtschaftsgeschichte orientierte, entwarf Schramm hier ein umfassendes Panorama des Lebens Hamburger Kaufleute in den mittleren Jahrzehnten des 19. Jahrhunderts.[35]

31 Hierzu: *Grolle*, Schramm Sonderfall, S. 44–45; *Thimme, D.*, Erinnerungen.

32 In der oben zitierten, nach dem Frankreichfeldzug verfaßten Aufzeichnung notierte Schramm über die wissenschaftliche Tätigkeit in der Zeit seit Kriegsausbruch: »nur noch in den Tagen des Urlaubs oder in stillen Stunden der Besinnung hat sie uns seither beschäftigt. Ganz andere Fragen haben uns [...] im Bann gehalten [...].« Im Nachwort »An den Leser« zu »Hamburg, Deutschland und die Welt« vom Frühjahr 1942 schilderte Schramm den Gang seiner Arbeit ähnlich. — FAS, L 305, »Nach dem Westfeldzug«, handschr. Aufz., 4 S.; vgl.: SVS 1943 Hamburg Welt, S. 667.

33 SVS 1943 Hamburg Welt, S. 667.

34 Schramm versah eine »Nachschrift« zum Nachwort »An den Leser« mit dem Datum »8. August 1943« (SVS 1943 Hamburg Welt, S. 668).

35 *Joist Grolle* hat das Buch im Zusammenhang mit Schramms Leben und im Kontext der Entstehungszeit untersucht. Bereits während seines Einsatzes auf der Krim im Jahr 1942 hatte Schramm außerdem begonnen, Erinnerungen an seine Jugendzeit zu notieren, wozu ihn ihn offenbar die Auseinandersetzung mit der Geschichte seiner Vorfahren angeregt hatte. Damit begann Schramms Arbeit an seinen Memoiren, die er bis zu seinem Tod nicht abschloß. — *Grolle*, Hamburger, S. 35–40; *ders.*, Schramm Sonderfall, S. 39–47; weitere Hinweise zur Interpretation von Schramms Buch bietet: *Wolf*, Litteris, v.a. Anm. 92 auf S. 111, S. 133–134 m. Anm. 204, Amm. 227 auf S. 139; über den Beginn der Arbeit an den »Lebenserinnerungen«: FAS, L 301, sog. »Erste Fassung«, »Vorbemerkung«, masch., 2 S.; der Text wiederholt sich in der sog. »Dritten Fassung«; vgl. ausführlicher: *Thimme, D.*, Erinnerungen, v.a. Anm. 24 auf S. 237.

In der Zeit, in der Schramm im Wehrmachtführungsstab das Kriegstagebuch führte, steigerte sich die Intensität seines wissenschaftlichen Arbeitens kontinuierlich. Er war in seiner Dienststelle nicht der einzige ausgebildete Historiker, wodurch die Voraussetzungen für einen gewissen intellektuellen Austausch gegeben waren. Zu seinen Mitarbeitern zählte der Oberleutnant Walther Hubatsch, der in Göttingen promoviert worden war und den Schramm selbst in seinen Stab gezogen hatte.[36] Als weitere promovierte Geschichtswissenschaftler waren der Unteroffizier Walter Diez, der nach dem Krieg als Gymnasiallehrer arbeitete,[37] und der bereits erwähnte Gefreite Felix Hartlaub für das Kriegstagebuch tätig.[38]

Insbesondere Hartlaub, der Schramm als persönlicher Assistent zugeordnet war, diente ihm auch in wissenschaftlichen Fragen als Gesprächspartner und kritischer Ratgeber.[39] Hartlaub seinerseits empfand die Zusammenarbeit mit dem Göttinger Ordinarius als durchaus angenehm.[40] In Briefen an seine Familie beklagte er sich allerdings manchmal, daß Schramms wissenschaftliches Engagement dazu führte, daß er zusätzliche dienstliche Pflichten

36 Walther Hubatsch (1915–1984) schied 1944 krankheitsbedingt aus dem Dienst aus. 1959 erlangte er ein Ordinariat in Bonn. Später beteiligte er sich an der von Schramm verantworteten Edition des Kriegstagebuchs. — KDG 1983, S. 1786–1787; KDG 1987, S. 5319; SVS 1961–1965 Kriegstagebuch, Bd.4,1, S. IX, u. Bd.4,2, S. 1781–1782, m. Anm. 1 auf S. 1782; *Ericksen*, Kontinuitäten, S. 445; Korrespondenz zwischen Hubatsch und Schramm ab Juli 1944 in: FAS, L 230, Bd.5, Unterakte: »Hubatsch, Walther«.

37 Walter Diez (1910–1994) war 1941 zum Kriegstagebuch gekommen. Er verließ diese Dienststelle im Frühjahr 1944. — *Hartlaub, F.*, »Umriss«, Bd.2, S. 329; SVS 1961–1965 Kriegstagebuch, Bd.4,2, S. 1178 m. Anm. 1.

38 Felix Hartlaub (1913–1945) war 1939 in Berlin promoviert worden. Seit 1942 arbeitete er für das Kriegstagebuch. Nach dem Krieg wurden seine literarischen Versuche und seine Briefe von seinen Geschwistern veröffentlicht. Diese älteren Ausgaben sind jetzt durch die Edition von *Gabriele Lieselotte Ewenz* ersetzt. — *Hartlaub, F.*, »Umriss«; zum Leben Felix Hartlaubs: *Ewenz*, Einführung; über die literarische Wirkung nach 1945: ebd., v.a. S. 40; vgl. auch Schramms Darstellung, in: SVS 1961–1965 Kriegstagebuch, Bd.4,2, S. 1778 u. 1815–1816.

39 Schramm hat in den »Erläuterungen« zur Edition des Kriegstagebuchs sein Verhältnis zu Hartlaub geschildert. Im November 1943 beschrieb Hartlaub selbst in einem Brief an seine Eltern das Wechselspiel zwischen dienstlicher und fachwissenschaftlicher Zusammenarbeit: »Percy macht viel Arbeit, ich muß seine ungefähren und noch formlosen Elaborate Zeile für Zeile überarbeiten [...]. Im übrigen spielt sich alles in sehr erträglichen kollegialen Formen ab, auch mit gelegentlichen fachwissenschaftlichen Exkursen.« Diese Briefstelle hat auch Schramm zitiert, natürlich nach der älteren, von Hartlaubs Bruder herausgegebenen Briefedition. — SVS 1961–1965 Kriegstagebuch, Bd.4,2, S. 1810–1811, m. Anm. 2 auf S. 1810; *Hartlaub, F.*, »Umriss«, Bd.1, S. 654; *Hartlaub, G.F., Krauss (Hg.)*, Hartlaub Briefe, S. 207.

40 Hartlaub beschrieb seinen Vorgesetzten im März 1943 in einem Brief mit den Worten, er sei »vornehm zerstreut, manchmal recht anspruchsvoll, jedenfalls ohne jede militärische Knotenbildung. Ein wohlsituierter Hamburger Sprössling und sicherer Herrenreiter, dazu ein Mann von ausgedehntem, leider ziemlich phantasielosen Wissen und vorbildlicher Arbeitsenergie und -technik.« Am 4.4.1943 berichtete Hartlaub, daß »›Percy‹ [...] sich als sehr nobler und grosszügiger Vorarbeiter erweist, mit dem sich gut zusammenwirken lässt« (*Hartlaub, F.*, »Umriss«, Bd.1, S. 594 u. 596).

übernehmen mußte oder daß seine Arbeitsbelastung durch außerdienstliche Hilfsarbeiten noch vergrößert wurde.[41] Als einem scharfen Beobachter entgingen ihm außerdem Schramms Schwächen nicht, vor allem dessen partielle Borniertheit und Naivität, die sich auf eigentümliche Weise mit seinem ausgedehnten Wissen verband.[42]

Schramm, der den jungen Fachgenossen sehr schätzte, tat sein Möglichstes, um ihn im Wehrmachtführungsstab zu halten, konnte aber nicht verhindern, daß er im März 1945 doch noch zu einer kämpfenden Einheit versetzt wurde. Wenig später galt Hartlaub als vermißt.[43] Für Schramm selbst erfüllte die Wissenschaft in zunehmendem Maße eine psychologische Funktion: In Zeiten extremer Belastung diente sie ihm als Ventil und hinderte ihn zugleich daran, in seiner freien Zeit ins Grübeln zu verfallen. Wie ein Besessener arbeitete er, wann immer es ihm möglich war, an historischen Büchern über Hamburg, den Afrikahandel oder die wirtschaftliche Konkurrenz zwischen Deutschland und Großbritannien.[44]

In solcher Weise ging Schramm auch während der Kriegszeit seinen wissenschaftlichen Interessen nach. Dabei konzentrierte er sich ganz auf seine eigenen Forschungen. In den wenigen Monaten, die er in Göttingen verbrachte, hatte er kaum Gelegenheit, sich mit den dortigen Angelegenheiten zu befassen. Die Leitung des Historischen Seminars lag im wesentlichen in den Händen Siegfried August Kaehlers, dessen Gesundheitszustand aber labil war. Um die Lücke im Lehrbetrieb auszugleichen, die durch Schramms Abwesenheit entstand, mußte der längst emeritierte Karl Brandi wieder ans Katheder treten.[45]

41 Am 6.3.1944 schrieb er: »Die Arbeit ist auch wieder stark angeschwollen [...]. Percy hat seine Frau hier und webt außerdem ausschließlich in seinem neuesten Buch über das deutsch-englische Verhältnis, speziell an der Sklavenküste und im gesegneten Lande Dahomes [...]« (*Hartlaub, F.*, »Umriss«, Bd.1, S. 687).

42 In einem Brief von Ende Mai 1944 schilderte Hartlaub die bei Schramm zu beobachtende »Verbindung von mächtigem, grosszügig gehandhabtem Wissen und Weltkennen mit Partien kaum fassbarer Blindheit und Verhärtung [...].« In einem Brief vom November 1944 berichtete Hartlaub: »[...] das Verhältnis zum Chef verschlechtert sich, sehr langsam allerdings, ich kann nicht alle seine naiven Borniertheiten schlucken [...]« (*Hartlaub, F.*, »Umriss«, Bd.1, S. 707 u. 730).

43 SVS 1961–1965 Kriegstagebuch, Bd.4,2, S. 1815.

44 Ein umfängliches Manuskript konnte Schramm in dieser Zeit noch abschließen. Felix Hartlaub äußerte am 30.11.1944 über seinen Vorgesetzten: »Er hat jetzt sein 1200seitiges Buch über Deutschland und Übersee, das ja z.T. auf meinen Knochen und auf Kosten meiner Nachtruhe entstanden ist, fertig, das ist ihm die Hauptsache.« Daraus gingen nach 1945 mehrere Veröffentlichungen hervor, insbesondere im Jahr 1950 das Buch »Deutschland und Übersee«. — *Hartlaub, F.*, »Umriss«, Bd.1, S. 732; SVS 1950 Deutschland; vgl. über diese Zusammenhänge auch: SVS 1961–1965 Kriegstagebuch, Bd.4,2, S. 1810–1811, v.a. Anm. 1 auf S. 1810; *Grolle*, Schramm Sonderfall, S. 31–39; außerdem unten, Kap. 12.c).

45 *Ericksen*, Kontinuitäten, S. 445; ergänzend: FAS, L 230, Bd.6, Unterakte: »Kaehler, Siegfried A.«, »Verwaltungsbericht 1939–1949« von Siegfried A. Kaehler, 12.4.1949.

In den Strukturen der nationalsozialistischen Wissenschaftsorganisation und Forschungsförderung hatte Schramm schon vor dem Krieg nicht Fuß fassen können.[46] Nun hinderten ihn seine dienstlichen Verpflichtungen daran, die Gelegenheiten, die sich ihm boten, auch wahrzunehmen. Insbesondere beteiligte er sich nicht in nennenswerter Weise am »Kriegseinsatz der Geisteswissenschaften«. Im Rahmen dieses großangelegten Programms wurde eine Vielzahl von Forschungsprojekten initiiert und gefördert. Dadurch sollten die Geisteswissenschaften zum Erfolg der deutschen Kriegsführung beitragen.[47]

Zweimal besuchte Schramm Tagungen des »Kriegseinsatzes« als einfacher Teilnehmer.[48] Prinzipielle Vorbehalte gegen die politische und ideologische Ausrichtung des Projekts auf die Förderung der deutschen Kriegsanstrengung hatte er demnach nicht. Um so geringer waren seine Bedenken, als die Vorhaben zur mittelalterlichen Geschichte von Theodor Mayer geleitet wurden.[49] Mayer, der bis 1942 Rektor der Marburger Universität war und dann das Amt des Präsidenten der »Monumenta Germaniae Historica« übernahm,[50] stellte sicher, daß den Zielen des »Kriegseinsatzes« nicht mit platter Propaganda, sondern auf einem hohen wissenschaftlichen Niveau gedient wurde.[51] Als Mayer jedoch bei zwei anderen Gelegenheiten Schramm

46 S.o., Kap 9.4.

47 Über den »Kriegseinsatz« umfassend: *Hausmann*, »Deutsche Geisteswissenschaft«; darin über die Rolle der Geschichtswissenschaft: S. 177–203; zusammenfassend auch: *Hausmann*, »Kriegseinsatz«.

48 Im November 1942 nahm Schramm an einer Tagung in Magdeburg teil. Mitte April 1944 besuchte er eine Tagung in Erlangen. — Magdeburg: SVS 1968–1971 Kaiser, Bd.4,2, S. 644–646, m. Anm. auf S. 644; vgl. *Hausmann*, »Deutsche Geisteswissenschaft«, S. 194–195; außerdem oben, Kap. 10.e); über Erlangen: *Hausmann*, »Deutsche Geisteswissenschaft«, S. 196–198; Schramm erwähnt ebd., Anm. 166 auf S. 197.

49 In seinem Entnazifizierungsverfahren suchte Schramm dennoch den Eindruck zu erwekken, er habe grundsätzliche Bedenken gehabt. In einem ganz anderen Sinn äußerte er sich 1968 in einem Gratulationsbrief an Theodor Mayer zu dessen Geburtstag. Bei dieser Gelegenheit schrieb er, er habe zweimal an Tagungen des »Kriegseinsatzes« teilgenommen und könne deshalb bezeugen, daß es dort immer nur um Wissenschaft gegangen sei. Damit folgte Schramm in der Art und Weise, wie er sich an den »Kriegseinsatz« erinnerte, genau den nach 1945 bei Historikern gängigen Mustern. — FAS, L 247, Aufzeichnung »Meine wissenschaftliche und pädagogische Tätigkeit«, masch. Durchschl., 4 S., April 1947; den Hinweis auf den zitierten Brief Schramms, der im Nachlaß Mayer im Stadtarchiv Konstanz überliefert ist, verdanke ich Anne Nagel; vgl. allgemein: *Hausmann*, »Deutsche Geisteswissenschaft«, S. 200–201.

50 Über Theodor Mayer (1883–1972) und seine Bedeutung für den »Kriegseinsatz«: *Hausmann*, »Deutsche Geisteswissenschaft«, v.a. S. 177–178, 185–186; über Mayer als Rektor der Marburger Universität vgl. das Material in *Nagel (Hg.)*, Philipps-Universität, und *dies.*, Einleitung, v.a. S. 28–35; zusammenfassend bereits: *Nagel*, Führertum; über Mayer als Präsident der Monumenta: *Fuhrmann*, »Sind eben alles...«, S. 62 u. 64; außerdem über Mayer oben, Kap. 10.c).

51 Historiker, die dem SS-Apparat angehörten, beklagten, daß die Teilnehmer der »Kriegseinsatz«-Tagungen nicht genügend »politischen Sinn« zeigten (*Behringer*, Bauern-Franz, S. 123–124).

einlud, sich mit eigenen Beiträgen an Unternehmungen des »Kriegseinsatzes« zu beteiligen, sagte Schramm beide Male ab. Der Militärdienst ließ ihm keine Möglichkeit, die erbetenen Beiträge zu den vorgesehenen Terminen zu erbringen.[52]

Gleich bei Kriegsausbruch hatte Schramm für sich selbst die Entscheidung gefällt, daß er der deutschen »Sache« nicht als Akademiker an der Universität, sondern als Soldat in Uniform dienen wollte. Der Dienst bei der Truppe war für ihn selbstverständliche Pflicht.[53] Als der Krieg immer länger dauerte und die militärische Lage für das Deutsche Reich immer schwieriger wurde, wurde sein Verständnis für Wissenschaftler, die ihre Prioritäten anders setzten, allmählich geringer. Als ihm der Straßburger Ordinarius und SS-Hauptsturmführer Günther Franz im August 1944 einen Sonderdruck zusandte, schickte Schramm diesen zurück und erklärte:

»[...] solange mir kein plausibler Grund bekannt wird, weshalb Sie bei Ihrem Alter und Ihrer – wie ich voraussetze: guten – Gesundheit trotz 5 Jahren und einer noch nicht dagewesenen Anspannung der Lage noch immer nicht einer Truppe angehören, möchte ich mit Ihnen keine persönlichen Beziehungen unterhalten.«[54]

Aus dem Empfinden, daß er seiner Pflicht nachkam, schöpfte Schramm ein Gefühl der moralischen Überlegenheit, das er in diesem Fall voll auskostete.[55]

52 Im April 1940, in der Anfangsphase des »Kriegseinsatzes«, bat ihn Mayer, einen Beitrag über das Verhältnis Englands zum europäischen Kontinent im 13. Jahrhunderts beizusteuern. Schramm war aber im Dienst, und seine dienstliche Belastung nahm möglicherweise gerade zu dieser Zeit noch zu, weil damals der Angriff auf Frankreich vorbereitet wurde. Im Januar 1943 fragte Mayer bei Schramm an, ob er bereit sei, bei einer Zusammenkunft von deutschen und italienischen Wissenschaftlern Anfang Mai einen Vortrag über den Romgedanken zu halten. Der Zusammenhang mit dem »Kriegseinsatz« ist in diesem Fall nicht eindeutig belegt. Jedenfalls erledigte sich die Anfrage dadurch, daß Schramm ab März das Kriegstagebuch des Wehrmachtführungsstabes übernahm. — FAS, L 230, Bd.7, Brief T. Mayer an P.E. Schramm, Marburg/Lahn 18.4.1940; auf dem Brief selbst hat Schramm handschriftlich vermerkt: »abgelehnt 24.4.«; zu dem Projekt über England vgl.: *Hausmann*, »Deutsche Geisteswissenschaft«, S. 178–179; über den Romgedanken: FAS, L 230, Bd.7 [unter »Monumenta«], Brief T. Mayer an P.E. Schramm, Berlin 7.1.1943; *Hausmann*, »Deutsche Geisteswissenschaft«, erwähnt das Projekt nicht; vgl. insgesamt über das Jahr 1943 ebd., S. 195 u. 196.

53 Vgl. SVS 1961–1965 Kriegstagebuch, Bd.4,2, Anm. 2 auf S. 1814.

54 FAS, L 230, Bd.4, Brief P.E. Schramm an G. Franz, o.O. 7.8.1944; über Günther Franz (1902–1992) vgl.: *Behringer*, Bauern-Franz.

55 Der zitierte Brief war anscheinend kein Einzelfall. Felix Hartlaub erzählte seinem Vater im April 1944 über Schramm: »Er verbringt einen grossen Teil seiner Freizeit damit, irgendwelche Dozenten etc., die sich angeblich vor der Front gedrückt haben, aufzustöbern, [...] in Zeitschriften und direkt persönlich anzugreifen. Kaum eine Woche, in der er nicht einen groben Brief in diesem Sinne loslässt [...]« (*Hartlaub, F.*, »Umriss«, Bd.1, S. 695).

c) Der Kriegstagebuchführer und die Agonie des ›Dritten Reiches‹

Während Schramm im Sommer 1943 Urlaub hatte und sich in Göttingen aufhielt, wurde seine Geburtsstadt Hamburg von einer Serie von schweren Luftangriffen getroffen. Seine Mutter lebte noch in der Hansestadt. Anfang August fuhr Schramm deshalb dorthin und holte die weit über siebzigjährige Frau nach Göttingen.[56] Im folgenden Jahr erlitt seine Familie einen schweren Verlust: Schramms Schwägerin Elisabeth von Thadden wurde Anfang 1944 verhaftet.[57] Sie hatte in der Nähe von Heidelberg ein evangelisches Internat geleitet, das von ihr selbst 1926 gegründet worden war. Bei ihrer Arbeit hatte das Ehepaar Schramm sie unterstützt.[58] Im Mai 1941 war Elisabeth von Thadden die Befugnis zur Leitung der Schule entzogen und die Einrichtung verstaatlicht worden.[59] Die Pädagogin hatte Verbindungen zu Widerstandskreisen, was schließlich zu ihrer Verhaftung führte. Am 1. Juli 1944 wurde sie durch den Volksgerichtshof zum Tode verurteilt.[60] Die verbrecherische Willkür der nationalsozialistischen Diktatur hatte damit Schramms eigene Familie erreicht. Als der Freiburger Historiker Gerhard Ritter, der mit Schramm seit dessen Heidelberger Tagen bekannt war, von dem Todesurteil gegen Elisabeth von Thadden hörte, äußerte er in einem Brief: »Ich bin gespannt, ob Percy Schramm noch immer der naive Enthusiast ist, als den ich ihn bisher kannte.«[61]

Ehrengard Schramm und ihr Mann taten alles in ihrer Macht Stehende, um die Vollstreckung des Urteils zu verhindern; aber als sich der Terror des Regimes als Folge des gescheiterten Attentats vom 20. Juli 1944 noch einmal verschärfte, wurde Elisabeth von Thadden im September hingerichtet.[62] Die-

56 Was Schramm auf dieser Reise erlebte, hielt er in einem beeindruckenden Bericht fest. — FAS, L 280; als masch. Abschr. in: FAS, L 305; von Schramm selbst veröffentlicht in: SVS 1963–1964 Neun Generationen, Bd.2, S. 546–569.

57 Über Elisbeth von Thadden (1890–1944) vgl. zum Beispiel: *von der Lühe*, Frau.

58 Als Elisabeth von Thadden die Schule gründete, lebten die Schramms noch in Heidelberg. Elisabeths Schwester Ehrengard war bei der Suche nach einem geeigneten Ort für die geplante Einrichtung behilflich. Percy Ernst Schramm fungierte einige Jahre als Vorsitzender des Kuratoriums. — Vgl.: *von der Lühe*, Frau, S. 24–26; FAS, L 286, Brief E. Schramm an Captain Ledner [?], Historical Division U.S. Army, masch. Durchschl., Göttingen 10.8.1946.

59 Vgl.: *von der Lühe*, Frau, S. 49.

60 Über Elisabeth von Thaddens Beziehungen zum Widerstand: *von der Lühe*, Frau, S. 55–116; über das Urteil: ebd., S. 117–133.

61 Gerhard Ritter (1888–1967) schrieb diesen Brief am 19.7.1944 an seinen Freund Hermann Witte, der seinerseits mit Elisabeth von Thadden, und dadurch mit Schramm verwandt war. — *Schwabe, Reichardt (Hg.),* Ritter Briefe, S. 384; über Ritter und sein Verhältnis zu Percy Ernst Schramm s. v.a. unten, Kap. 13.b).

62 Vgl.: *von der Lühe*, Frau, S. 133–145; FAS, L 286, Brief E. Schramm an Captain Ledner [?], Historical Division U.S. Army, masch. Durchschl., Göttingen 10.8.1946; FAS, L 247, Aufzeichnung »Betr. Hinrichtung meiner Schwägerin Elisabeth v. Thadden wegen versuchten Hochverrats September 1944«, masch. Durchschl., 2 S., o.D. [Dezember 1946]; fälschlicherweise wird 1943

ses erschütternde Ereignis hatte für Schramm und seine Familie noch weitere, bedrohliche Folgen. Der Rektor der Göttinger Universität Hans Drexler, der zugleich als Dozentenbundsführer amtierte, erhielt von der Kreisleitung der Partei die Aufforderung, Verdächtige zu nennen, die wahrscheinlich mit den Attentätern des 20. Juli sympathisierten.[63] Das Dossier, das Drexler schließlich Anfang September erstellte, enthielt kritische Angaben über ungefähr fünfzehn Personen. Auch Schramm und seine Frau waren aufgeführt. Über Schramm äußerte der Rektor der Universität, er werde »niemals zum Nationalsozialismus finden [...], weil er von dem hohen Pferd seiner Herkunft und Geburt herabzusteigen keine Neigung haben wird.« Über Ehrengard Schramm wurde, unter Verweis auf die Hinrichtung ihrer Schwester, angemerkt, sie gebe offen zu, keine Nationalsozialistin zu sein, und lasse keinen Zweifel daran, daß sie mit dem Nationalsozialismus nichts zu tun haben wolle.[64]

Eine solche Denunziation konnte, gerade in der Zeit nach dem 20. Juli, die schlimmsten Folgen haben. Ehrengard Schramm wurde von der Gestapo verhört. Die zitierten Feststellungen über sie wurden unter anderem Schramms Vorgesetzten, dem Generaloberst Jodl, zugeleitet. Mitte November setzte dieser seinerseits Schramm davon in Kenntnis.[65] Weit davon entfernt, den Kriegstagebuchführer ans Messer liefern zu wollen, gab Jodl seinem Untergebenen vielmehr Urlaub. So konnte dieser nach Hause fahren und sich um die Angelegenheit kümmern.[66] Schramm sprach persönlich bei Drexler vor und wiederholte seine Stellungnahme in einem Brief. Temperamentvoll und nicht zimperlich im Ausdruck ließ er die Universitätsspitze wissen, daß er es als Ungeheuerlichkeit betrachte, offenbar durch sie denunziert worden zu

als Todesdatum für Elisabeth von Thadden mehrfach genannt in: *Becker, Dahms, Wegeler (Hg.)*, Universität Göttingen, z.B. *Dahms*, Einleitung, S. 59.

63 Die Affäre mehrfach erwähnt in *Becker, Dahms, Wegeler (Hg.)*, Universität Göttingen; zusammenfassend: *Dahms*, Einleitung, S. 59–60; außerdem: *Wegeler*, »...wir sagen ab...«, S. 253–254; Schramm selbst erwähnt die Angelegenheit in: SVS 1961–1965 Kriegstagebuch, Bd.4,2, S. 1814–1815; in Schramms Nachlaß: FAS, L 247, Aufzeichnung »Betr. Hinrichtung meiner Schwägerin Elisabeth v. Thadden wegen versuchten Hochverrats September 1944«, masch. Durchschl., 2 S., o.D. [Dezember 1946]; außerdem: ebd., »Miterlebte Geschichte«, Bd.1, S. 90–98.

64 FAS, L 247, Kreisleitungsakte, Beurteilung von P.E. und E. Schramm durch Professor Drexler, 1.9.1944, Abschrift, Photographie; ebd., Brief Kreisleiter NSDAP Göttingen an Gauleiter NSDAP, masch. Durchschl., o.O. [Göttingen], 20.10.1944, Photographie.

65 Die Abschrift des entsprechenden Briefes findet sich in Schramms Nachlaß unter den Photographien aus der Kreisleitungsakte. Sie war aber wahrscheinlich nicht Teil dieser Akte — FAS, L 247, Brief General Jodl an P.E. Schramm, 18.11.1944, Abschrift.

66 Über Jodls Rolle: FAS, L 247, Aufzeichnung »Betr. Hinrichtung meiner Schwägerin Elisabeth v. Thadden wegen versuchten Hochverrats September 1944«, masch. Durchschl., 2 S., o.D. [Dezember 1946]; etwas anders bei: *Dahms*, Einleitung, S. 59; *Wegeler*, »...wir sagen ab...«, S. 254.

sein.[67] Einerseits verschärfte er damit die Situation, denn er veranlaßte Drexler, ihm das Ausscheiden aus dem Universitätsdienst nahezulegen.[68] Andererseits gelang es ihm doch, diejenigen zu verunsichern, die ihm und seiner Familie übel wollten.[69] Jedenfalls geriet die Angelegenheit ins Stocken und hatte schließlich keine spürbaren Folgen. Offenbar hatte Schramm es seiner militärischen Stellung, insbesondere aber seinem Vorgesetzten Jodl zu verdanken, daß die Angelegenheit glimpflich ausging.

Hier erfuhr Schramm am eigenen Leib, wie unberechenbar gefährlich das nationalsozialistische Herrschaftssystem war. Ungeachtet dessen fühlte er sich an seine soldatischen Pflichten gebunden. Bis zuletzt erfüllte er seine dienstlichen Obliegenheiten. Dabei ließ ihm seine Position als Kriegstagebuchschreiber kaum eine Möglichkeit, daran vorbeizusehen, daß Deutschland den Krieg längst verloren hatte.[70] Davon durfte er sich aber nichts anmerken lassen.[71] Nach außen hin heiter beging er im Oktober 1944 im Führerhauptquartier seinen fünfzigsten Geburtstag.[72] Wenige Wochen vor Kriegsende wurde der Wehrmachtführungsstab, seit Anfang 1945 im brandenburgischen Zossen stationiert, nach Berlin-Wannsee verlegt, dann in zwei Teile aufgespalten. Mit dem größeren Teil des Stabes gelangte Schramm nach Berchtesgaden.[73]

In der Absicht, das Kriegstagebuch als historische Quelle zu retten, hatte er schon seit 1944 von seinen Aufzeichnungen, die er zur Archivierung abzuliefern hatte, Duplikate zurückbehalten.[74] In Berchtesgaden erhielt er den Befehl, den noch in seinen Händen befindlichen Teil des Kriegstagebuchs zu

67 FAS, L 247, Kreisleitungsakte, Brief P.E. Schramm an Rektor Georg-August-Universität Göttingen, Göttingen 10.12.1944, Abschrift, Photographie.

68 Ebd., Brief Rektor Georg-August-Universität Göttingen an P.E.Schramm, masch. Durchschl., Göttingen 11.12.1944, Photographie.

69 Vgl. beispielsweise: FAS, L 247, Kreisleitungsakte, Brief Rektor Georg-August-Universität Göttingen an Regierungspräsident Dr. Binding, masch. Durchschl., Göttingen 11.12.1944; außerdem weiteres Material ebd.

70 SVS 1961–1965 Kriegstagebuch, Bd.4,2, S. 1814.

71 In seiner Edition des Kriegstagebuchs hielt Schramm in den sechziger Jahren fest, er habe sich mit vollem Bewußtsein der Aufgabe gestellt, »als ›amtlich bestellter Registrator‹ der deutschen Niederlage zu fungieren und – unpersönlich wie ein ›Notar‹ – das fortschreitende Verhängnis rein annalistisch festzuhalten [...].« Die darin liegende psychische Belastung sei kaum erträglich gewesen. Schramms Schüler *Joist Grolle* spricht davon, sein Lehrer habe sich als »Notar des Untergangs« bezeichnet. Vielleicht hat Schramm den zitierten Gedanken in mündlichen Äußerungen solchermaßen prägnant zugespitzt. — SVS 1961–1965 Kriegstagebuch, Bd.4,1, S. VI; *Grolle*, Hamburger, S. 35.

72 Für die Verwandten und Bekannten, die ihm dazu gratulierten, verfaßte er eine Beschreibung des Tages. Dem Anlaß angemessen und der Zensur Rechnung tragend, blendete Schramm die katastrophale militärische Lage völlig aus und bemühte sich erfolgreich, einen gemütlich plaudernden Tonfall anzuschlagen (FAS, L »Bericht Geburtstag«).

73 SVS 1961–1965 Kriegstagebuch, Bd.4,2, S. 1754–1755 u. 1816–1818.

74 Ebd., Bd.4,2, S. 1814 u. 1816.

vernichten. Obwohl er sonst den Gehorsam bis zuletzt niemals verweigerte, umging er diese Anweisung und sicherte seine Aufzeichnungen. Anfang Mai wurde der Wehrmachtführungsstab um alle Personen verkleinert, die nicht unbedingt benötigt wurden. Am 4. Mai wurde Schramm aus der Wehrmacht entlassen.[75] Für ihn war der Krieg damit zu Ende.

75 Ebd., S. 1818–1819.

12. Der Weg in eine neue Zeit

Mit der Beseitigung der nationalsozialistischen Herrschaft und dem Untergang des Deutschen Reiches 1945 begann eine Phase des Übergangs, die erst mit der Gründung der beiden deutschen Teilstaaten 1949 einen gewissen Abschluß erreichte. Schramm geriet wenige Wochen nach Kriegsende in amerikanische Gefangenschaft. Nach seiner Rückkehr nach Göttingen im Oktober 1946 wurde er mit einem Lehrverbot belegt, das zwei Jahre in Kraft blieb. Erst nach seiner Wiederzulassung zum Hochschuldienst im September 1948 begann aufs neue eine Alltagsroutine Gestalt anzunehmen.

Sofern Schramm in dieser Zeit wissenschaftliche Arbeit überhaupt möglich war, blieb die Gewichtsverteilung unverändert, die sich seit etwa 1938 entwickelt hatte. Weiterhin stand die Geschichte des Hamburger Bürgertums, in enger Verbindung mit der Kolonialgeschichte, im Vordergrund seines Interesses. Dennoch waren die ersten Jahre nach dem Krieg auch für seine mediävistischen Forschungen eine wichtige Zeit. Erst jetzt entschied sich endgültig, inwiefern und in welcher Form die Faktoren, die vor 1933 für seine Wissenschaft vom Mittelalter bestimmend gewesen waren, wirksam blieben. Schramm selbst nahm einige wichtige Weichenstellungen vor, während anderes sich ohne sein Zutun klärte.

a) Gefangenschaft und Lehrverbot

Mit dem Ende der Kampfhandlungen war das Kriegstagebuch des Wehrmachtführungsstabes im Oberkommando der Wehrmacht, das Schramm zwei Jahre lang geführt hatte, zur historischen Quelle geworden. Im Bewußtsein des Wertes dieses Dokuments hatte Schramm bereits in der letzten Phase des Krieges Vorkehrungen getroffen, um es für die Nachwelt zu erhalten.[1] Bei seiner Entlassung aus dem Wehrdienst führte er zwei Exemplare der Aufzeichnungen für die Jahre 1944 und 1945 als Manuskript mit sich. In der Umgebung von Berchtesgaden deponierte er das eine Exemplar bei Verwandten seiner Frau, das andere bei Bekannten. Dieses zweite Exemplar wurde später von der betreffenden Familie aus Angst vor Hausdurchsuchungen vernichtet. Das zuerst genannte mußte Schramm selbst wenige

1 SVS 1961–1965 Kriegstagebuch, Bd.4,2, S. 1814–1819; s.o., Kap. 11.c).

Tage nach dem Waffenstillstand einem amerikanischen Nachrichtenoffizier aushändigen, der von der Existenz der Papiere und von dem Aufenthaltsort des früheren Kriegstagebuchführers erfahren hatte.[2]

Schramm selbst blieb zunächst in Süddeutschland auf freiem Fuß. Am 2. Juli nahmen die Amerikaner ihn doch noch fest. Über ein Jahr blieb er in ihrem Gewahrsam. Er kam zunächst in ein Gefangenenlager bei Freising. Ein paar Wochen später wurde er nach Oberursel im Taunus verlegt, bevor er im September zur Historical Section der U.S. Army kam, die im Pariser Vorort St.Germain stationiert war.[3] Diese Abteilung war mit der Aufgabe befaßt, die deutsche Strategie und Taktik im Zweiten Weltkrieg zu analysieren, um auf dieser Grundlage die Technik der eigenen Kriegführung zu verbessern. Ehemalige deutsche Offiziere wurden dabei zwangsweise zur Unterstützung hinzugezogen.[4] Schramm erhielt vor allem die Aufgabe, seine eigenen Aufzeichnungen ins reine zu schreiben und auszuwerten.[5]

Im Dezember 1945 wurde Schramm nach Nürnberg überstellt, um vor dem Kriegsverbrechertribunal als Zeuge auszusagen. Die Verteidiger von Generaloberst Jodl – von Schramms ehemaligem Vorgesetzten, dem er vielleicht sein Leben verdankte – hatten seine Aussage beantragt. Ein gutes halbes Jahr wurde Schramm als Zeuge der Verteidigung im »Zeugenflügel« des Gefängnisses in Nürnberg festgehalten. Am 8.6. machte er seine Aussage als Entlastungszeuge für Jodl. Danach durchlief er verschiedene Kriegsgefangenenlager, von denen das letzte sich in der Nähe von Regensburg befand.[6] Jodls Schicksal hatte seine Aussage nicht abändern können: Der Generaloberst wurde der Verbrechen, an denen die Wehrmacht beteiligt gewesen war, für mitverantwortlich befunden und zum Tode verurteilt. Am 16. Oktober 1946 wurde er hingerichtet.[7]

2 SVS 1961–1965 Kriegstagebuch, Bd.4,2, S. 1819–1820.

3 Ebd., S. 1820; FAS, L 286, »Interview with Professor Percy Ernst Schramm«, Niederschrift von Iwan deVries (Investigator), 3.7.1945; ebd., H.M. Cole, Chief, Historical Section U.S. Army: Erklärung über die Arbeit von P.E. Schramm, o.O., 19.12.1945; außerdem weiteres Material ebd.

4 *Florian Opitz* hat sich mit der Arbeit der »Historical Division« befaßt, der Anfang 1946 eingerichteten Nachfolgeformation der »Historical Section«. In einem Zeitungsartikel weist er auf Quellenzeugnisse hin, die zu belegen scheinen, daß diese Arbeit den beteiligten Deutschen eine willkommene Gelegenheit geboten habe, die Legende von der »Sauberen Wehrmacht« zu installieren (*Opitz*, Persilschein).

5 SVS 1961–1965 Kriegstagebuch, Bd.4,2, S. 1820–1822; FAS, L 286, H.M. Cole, Chief, Historical Section U.S. Army: Erklärung über die Arbeit von P.E. Schramm, o.O., 19.12.1945; FAS, L 286, P.E. Schramm: Bericht über seine Tätigkeit, masch. Durchschl., Regensburg 11.9.1946.

6 SVS 1961–1965 Kriegstagebuch, Bd.4,2, S. 1820–1821, m. Anm. 2 auf S. 1821, u. S. 1832; FAS, L 247, Ehrengard Schramm: Memorandum über P.E. Schramms Arbeit für die Historical Division, o.O. [Göttingen], o.D. [Frühjahr 1947]; außerdem verschiedenes Material in: FAS, L 286.

7 Über die Verurteilung von Alfred Jodl und über die Nürnberger Prozesse im allgemeinen sowie ihre Bedeutung für die Entwicklung der deutschen Gesellschaft, jeweils mit Hinweisen auf weitere Literatur: *Morsey*, Bundesrepublik, S. 5–6; *Boberach*, Verfolgung, v.a. S. 181; *Henke*, Trennung, S. 66–83.

Schramm wurde wenige Tage vorher freigelassen. Das kam für ihn zu diesem Zeitpunkt völlig überraschend. Seitdem er seine Aussage im Prozeß gegen Jodl gemacht hatte, hatte er sich selbst um seine Freilassung bemüht. Der Dekan der Philosophischen Fakultät in Göttingen, Herbert Schöffler, sowie der Rektor der Göttinger Universität, Rudolf Smend, hatten ebenfalls versucht, ihn zurückzuholen, damit er Lehrveranstaltungen abhalten könne.[8] Im August schrieb Ehrengard Schramm einen Brief an die zuständigen Stellen, damit ihr Mann wenigstens eine Gedenkfeier anläßlich des zweiten Todestages von Elisabeth von Thadden besuchen könne.[9] All das blieb fruchtlos. Dennoch traf Anfang Oktober im Regensburger Lager die Anweisung ein, Schramm zu entlassen: Er sei irrtümlich inhaftiert worden. Am 5. Oktober 1946 reiste er in Regensburg ab, zwei Tage später war er in Göttingen.[10]

Nun galt es, so schnell wie möglich das Entnazifizierungsverfahren hinter sich zu bringen.[11] Am 12. Oktober 1946 füllte Schramm den entsprechenden Fragebogen aus, im Januar 1947 passierte er den mit Deutschen besetzten Entnazifizierungsausschuß.[12] Die endgültige Entscheidung behielt sich aber die britische Militärregierung vor,[13] und von ihr wurde Schramm Ende März 1947 aus dem Hochschuldienst entlassen. Als Begründung wurde einerseits seine Mitgliedschaft in der NSDAP sowie in der SA angeführt, andererseits eine allgemeine Einschätzung, es sei nicht wünschenswert, daß er die deutsche Jugend beeinflusse.[14] Die bloße Mitgliedschaft in Partei und SA reichte üblicherweise nicht aus, um eine Entlassung zu rechtfertigen.[15] Ausschlaggebend war demnach, daß Schramm aufgrund seiner Vergangenheit für die

8 In einer Eingabe an die zuständigen Behörden erläuterte Schöffler, der Emeritus Brandi sei zu alt, Botzenhardt aus politischen Gründen entlassen, Kaehler schwer erkrankt. Reinhard Wittram sei der einzige Historiker, der Veranstaltungen anbiete. — FAS, L 286, Brief Dekan Philosophische Fakultät Universität Göttingen, H. Schöffler, an unbekannten Adressaten, Göttingen 5.2.1946, sowie weiteres Material ebd.; vgl. *Schulze*, Geschichtswissenschaft, S. 124; über Reinhard Wittram und die übrigen Genannten s.u. in diesem Kapitel, Abschnitt b).

9 FAS, L 286, Brief E. Schramm an Captain Ledner [?], Historical Division U.S. Army, masch. Durchschl., Göttingen 10.8.1946, sowie weiteres Material ebd.

10 FAS, L 286, Brief Headquarters 1st U.S. Infantry Division an diverse Empfänger, o.O. 2.10.1946, sowie weiteres Material ebd.

11 Allgemein über die Entnazifizierung vgl.: *Königseder, A.*, Entnazifizierung; *Henke*, Trennung, S. 32–66; über die Entnazifizierung von Hochschullehrern in Niedersachsen: *Schneider, U.*, Entnazifizierung; über die Entnazifizierung im Bereich der Geschichtswissenschaft: *Schulze*, Geschichtswissenschaft, S. 121–130.

12 FAS, L 247, Fragebogen, Abschrift, 12.10.1946; ebd., Vorladung für P.E. Schramm durch den Entnazifizierungs-Hauptausschuß, Göttingen 12.1.1947.

13 *Henke*, Trennung, v.a. S. 44 u. 48, *Schneider, U.*, Entnazifizierung, S. 333–334.

14 FAS, L 247, Brief G.C. Bird, University Education Control Officer, an Kurator der Georg-August-Universität Göttingen, Göttingen 28.3.1947, masch. Abschr. einer Übersetzung, Göttingen 31.3.1947.

15 *Königseder, A.*, Entnazifizierung, S. 114; detaillierter *Henke*, Trennung, S. 35, 36, 39, 45.

Erziehung der Jugend nicht geeignet schien. In einem Gespräch mit dem zuständigen Universitäts-Kontrolloffizier erfuhr der nunmehr Entlassene, daß sich dahinter der Vorwurf einer nationalistischen, militaristischen und antidemokratischen Grundeinstellung verbarg, und daß dieser Vorwurf auf ein Gutachten einer amerikanischen Stelle zurückging.[16]

Der Text des fraglichen Gutachtens findet sich als Abschrift einer Übersetzung in Schramms Nachlaß. Das Original war im Februar 1946 verfaßt worden, in der Zeit von Schramms Aufenthalt in Nürnberg. Das Papier kam zu dem Schluß, es sei zweifelhaft, ob Schramm »eine positive demokratische Lehre in seinen Unterricht aufnehmen würde.« Darum sei er für die verantwortungsvolle Stellung eines Universitätsprofessors wohl kaum »der richtige Mann in unserem Sinne«. Am Ende wurde Schramm eine »dauernde Verbindung mit nazifreundlichen Kreisen« unterstellt, ohne daß dies näher erläutert wurde. Es hat beinahe den Anschein, als sei der Verfasser des Berichts zu seinem negativen Urteil gekommen, weil er sich über Schramm geärgert habe. Über den Hamburger Bürgermeistersohn hieß es unter anderem, er sei von »seiner eigenen Lauterkeit überzeugt« und deshalb für seine Wärter nicht leicht zu handhaben gewesen. Resümierend wurde festgestellt: »Er ist der Meinung, kein Unrecht getan zu haben, und dass man daher keine besondere Unterwürfigkeit von ihm erwarten darf.«[17]

Offenbar hatte Schramm in der Zeit, in der er als Entlastungszeuge für General Jodl bereitstehen mußte, eine ganz undiplomatische Trotzhaltung an den Tag gelegt. Eine starke Tendenz zur Selbstgerechtigkeit und, damit einhergehend, eine wenig ausgeprägte Fähigkeit zur Selbstkritik waren auch sonst Merkmale seiner Persönlichkeit. Schramm war der Auffassung, nie etwas anderes als seine Pflicht getan zu haben. Allerdings war das Entnazifizierungsverfahren nicht dazu angetan, seine Einsicht zu fördern. Vom genauen Wortlaut des zitierten amerikanischen Gutachtens, das für seine Entlassung entscheidend war, erhielt er wohl erst ganz am Ende seines Verfahrens Kenntnis.[18] Bis dahin kannte er nur den Befund seiner Mitgliedschaft in nationalsozialistischen Organisationen und den sehr pauschalen Vorwurf

16 FAS, L 247, Notiz von P.E. Schramm über Gespräch mit University Education Officer Byrd [sic!], Ende März 1947; außerdem: ebd., Brief G.C. Bird, University Education Control Officer, an Rektor der Georg-August-Universität Göttingen, masch. Durchschl. einer Abschrift, Göttingen o.D. [Anfang Februar 1948]; über die Kontrolle der Hochschulen durch die britische Besatzungsmacht und den Göttinger Universitäts-Kontrolloffizier Geoffrey Bird: *Heinemann (Hg.)*, Hochschuloffiziere, darin v.a.: *Bird*, Reconstruction.

17 FAS, L 305, »Kriegsgefangener Percy Schramm, Beurteilung seines Charakters [...]«, Hauptquartier der Streitkräfte der Vereinigten Staaten in Europa, 13.2.1946, Abschrift einer Übersetzung, Göttingen 16.9.1948.

18 Dies ergibt sich daraus, daß die zitierte Abschrift vom September 1948 datiert.

einer antidemokratischen Haltung. Umgehend legte er gegen seine Entlassung Widerspruch ein.[19]

Bei seinem Bemühen, in den Hochschuldienst zurückzukehren, genoß er starke Unterstützung. Schon im Dezember, in der Zeit vor dem Bescheid der Militärregierung, hatten sich sowohl der damalige Dekan der Philosophischen Fakultät, Herman Nohl, als auch der amtierende Rektor Hermann Rein in Gutachten für den Entnazifizierungsausschuß energisch zu Schramms Gunsten ausgesprochen.[20] Die Forschung hat mittlerweile nachgewiesen, daß in denjenigen Fällen, in denen Wissenschaftler auf Dauer vom Hochschuldienst ausgeschlossen blieben, letzten Endes häufig deren Kollegen den Ausschlag gaben.[21] Den Ausgeschlossenen wurde zumeist der Vorwurf zum Verhängnis, sich in der Zeit der Diktatur grob unkollegial verhalten zu haben.[22] Gegen Schramm hatten seine Göttinger Standesgenossen jedoch offenbar keine derartigen Vorbehalte: Im Oktober 1947 unterschrieb die gesamte Philosophische Fakultät eine Resolution zu seinen Gunsten.[23]

Trotzdem zog sich das Verfahren in die Länge. Im Laufe der Monate reichte Schramm bei den zuständigen Stellen eine große Zahl von Dokumenten ein, die ihn entlasten sollten. Darunter befand sich unter anderem die Aussage eines Kommunisten, der erklärte, Schramm habe ihn als Doktoranden betreut und ihm 1944 vor Gericht geholfen, als er wegen seiner

19 FAS, L 247, P.E. Schramm an den Denazifizierungs-Hauptausschuß: Widerspruch gegen seine Entlassung, masch. Durchschl., Göttingen 7.4.1947.

20 Nohl wollte es Schramm vor allem hoch anrechnen, daß dieser auch nach der Entlassung des Pädagogen durch das nationalsozialistische Regime die persönliche Beziehung zu ihm unverändert aufrecht erhalten habe. — FAS, L 247, Gutachten von H. Nohl, Dekan der Philosophischen Fakultät der Georg-August-Universität Göttingen, masch. Durchschl., Göttingen 2.12.1946; ebd., Erklärung von F.H. Rein, Rektor der Georg-August-Universität Göttingen, masch. Durchschl., Göttingen 26.12.1946.

21 Unter diesem Gesichtspunkt hat beispielsweise *Anne Chr. Nagel* das Schicksal des Marburger Historikers Wilhelm Mommsen analysiert. — *Nagel*, »Der Prototyp...«, v.a. S. 66–67; vgl. auch: *Schulze*, Geschichtswissenschaft, S. 122, 125, 129; *Henke*, Trennung, S. 60–62; *Schael*, Grenzen, v.a. Anm. 21 auf S. 60, mit Verweis auf weitere Literatur; weitere Aspekte desselben Phänomens erörtert bei: *Weisbrod*, Geist, S. 20, 22.

22 Schramm selbst sorgte in Göttingen dafür, daß Hans Drexler, der letzte nationalsozialistische Rektor der Universität, der ihn 1944 denunziert hatte, im akademischen Leben nie wieder eine Rolle spielen konnte. Erst im Jahr 1959 fand er sich bereit, die Angelegenheit für erledigt zu halten und Drexler fortan wenigstens wieder zu grüßen. — Über Drexlers Denunziation: s.o., Kap. 11.c); über sein weiteres Schicksal: *Wegeler*, »...wir sagen ab...«, S. 262–263; *Dahms*, Einleitung, S. 62; einschlägiges Material aus der Mitte der fünfziger Jahre in: FAS, L 230, Bd.7, Unterakte: »Niedersächsisches Kultusministerium«; über Schramms Einlenken 1959: FAS, L 230, Bd.11, Korrespondenz mit Otto Weber, April und Juni 1959; über die Situation in Göttingen insgesamt: *Dahms*, Universität Göttingen, S. 427–428.

23 FAS, L 247, Erklärung der Philosophischen Fakultät der Georg-August-Universität Göttingen, masch. Durchschl. mit Original-Unterschriften, Göttingen 8.10.1947.

Weltanschauung angezeigt worden sei.[24] Ein Mann jüdischer Abstammung gab zu Protokoll, Schramm habe ihn während seines Studiums auch nach 1933 unbeirrt gefördert und ihm unter anderem einen Studienaufenthalt in Glasgow ermöglicht.[25]

Mehrere Persönlichkeiten meldeten sich aus den Vereinigten Staaten zu Wort. Neben Gray C. Boyce, Schramms Bekannten aus der Zeit seines Aufenthalts in Princeton, sind hier vor allem die Emigranten Ernst Kantorowicz und Hans Rothfels zu nennen.[26] Kantorowicz fühlte sich Schramm verpflichtet, weil dieser ihm mit Empfehlungsschreiben geholfen hatte, als er in die Vereinigten Staaten emigrieren mußte. Aufgrund dessen hatte er schon im Oktober 1946, lange vor Schramms Entlassung, von sich aus seine Unterstützung angeboten.[27] Daß Schramm seinerseits im Jahr 1938 bereit gewesen war, dem aus dem Land gedrängten Freund zu helfen, mußte unter dem Gesichtspunkt der Entnazifizierung ein günstiges Licht auf den Göttinger Professor werfen, da er sich für einen Verfolgten eingesetzt hatte.[28]

Es wäre müßig, die Stichhaltigkeit der von Schramm vorgelegten Beweismittel im einzelnen prüfen zu wollen. Sein Verhalten in der Zeit der nationalsozialistischen Diktatur ist in einem früheren Kapitel erörtert worden. Obwohl ein Großteil der Schramm entlastenden Aussagen für sich genommen durchaus glaubwürdig erscheint, sind sie natürlich alle einseitig darauf ausgerichtet, ihn in ein günstiges Licht zu rücken. Unklar bleibt, welchen Eindruck sie bei den zuständigen Bearbeitern in der britischen Militärregierung machten.

Im Frühjahr 1947 geriet der Prozeß der Entnazifizierung in der britischen Zone insgesamt in eine Krise. Für fast ein Jahr kam das System, blockiert von den inneren Widersprüchen der Vorgehensweise und den sich wandelnden politischen Rahmenbedingungen, beinahe völlig zum Stillstand.[29] Deshalb machte auch Schramms Verfahren keine Fortschritte. Schramm

24 Ebd., Erklärung U. Küntzel, Kiel 28.5.1947; ebd., Erklärung Prof. Mannkopf, masch. Durchschl., Göttingen 2.6.1947.

25 Ebd., Erklärung P. Süsskand, Bieberstein bei Fulda 12.5.1947; außerdem einschlägig: ebd., Eidesstattliche Erklärung H. Weinberg, Hamburg 7.11.1947.

26 Im Nachlaß von Ernst Kantorowicz im Leo Baeck Institute in New York findet sich eine Korrespondenz zwischen Kantorowicz und Rothfels, worin diese beratschlagen, was im Fall Schramm zu tun sei. Obwohl sie seine Rolle während des Krieges nicht unbedenklich finden, kommen sie rasch überein, ihm behilflich zu sein. — FAS, L 247, Erklärung G.C. Boyce, masch. Durchschl., Evanston (Illinois) 29.4.1947; ebd., Erklärung H. Rothfels, masch. Durchschl., Chicago (Illinois) 28.4.1947; ebd., Erklärung E.H. Kantorowicz, masch. Durchschl., Berkeley (Kalifornien) 27.5.1947; den Hinweis auf das Material im Nachlaß Kantorowicz verdanke ich Gabriela Eakin-Thimme.

27 FAS, L 247, Auszug aus einem Brief E.H. Kantorowicz an E. Schramm, 20.10.1946.

28 Ebd., Erklärung von M.E. Deutsch, Vizepräsidentin der University of California, 12.5.1947.

29 *Henke*, Trennung, S. 49–51.

und diejenigen, die an seiner Seite standen, deuteten die Bewegungslosigkeit der Entnazifizierungsbehörden jedoch als Unnachgiebigkeit. Sie argwöhnten, dieses Verhalten müsse besondere Ursachen haben und es gebe für Schramms Entalssung noch andere Gründe als die bis dahin bekanntgewordenen Vorwürfe.

Im April 1947, drei Wochen nach Schramms Entlassung, traf ein Telegramm der Historical Division der amerikanischen Armee bei Schramm ein, das auf eine Bitte um Mitarbeit hinauslief.[30] Schramm hatte im Herbst und Winter 1945 für die Vorgängereinheit der Historical Division gearbeitet. Mittlerweile saß die Abteilung in Hessen. Aufgrund der Anfrage kam Ehrengard Schramm zu der Überzeugung, die Historical Division sei für die Entlassung ihres Mannes verantwortlich: Die amerikanische Armee wolle den Historiker zwingen, für sie zu arbeiten, indem sie seinen Wiedereintritt in den Hochschuldienst verhindere.[31] Deshalb sagte Schramm Anfang Mai im persönlichen Gespräch mit einem Mitarbeiter der Historical Division seine Kooperation nur unter der Bedingung zu, daß sich die Abteilung für seine Rehabilitierung einsetzte.[32] Das solchermaßen geforderte Empfehlungsschreiben traf Ende August ein. Darin äußerte sich der Leiter der Historical Division nachdrücklich zu Schramms Gunsten.[33] Diese Einheit hatte offenbar kein Interesse daran, Schramm vom Hochschuldienst fernzuhalten.

Ende 1947 tauchten aber Hinweise auf, die den Verdacht nährten, hinter Schramms Entlassung stünden geheimgehaltene Vorwürfe, die über das von den Behörden offiziell Mitgeteilte hinausgingen. Im November wandte sich Schramm an seinen alten Bekannten Sigfrid Steinberg, der seit seiner Flucht in London lebte. Er hoffte wahrscheinlich, der ehemalige Sekretär des »Deutschen Ikonographischen Ausschusses« werde, wie es bei Kantorowicz der Fall gewesen war, bereit sein, dem ehemaligen Sprecher dieser Einrichtung zu bescheinigen, daß er ihm bei der Suche nach einem Lebensunterhalt in seinem Zufluchtsland geholfen habe.[34] Steinberg, der über gute Kontakte zu britischen Regierungskreisen verfügte, tat nichts dergleichen, sondern be-

30 FAS, L 247, Telegramm Historical Section an P.E. Schramm, 20.4.1947.

31 Zu dieser Annahme veranlaßte Ehrengard Schramm nicht zuletzt das ähnlich gelagerte Schicksal prominenter deutscher Naturwissenschaftler. — FAS, L 247, Brief E. Schramm an P.E. Schramm, Göttingen 20.4.1947; ebd., Memorandum von E. Schramm über P.E. Schramms Arbeit für die Historical Division, o.D. [nach 20.4.1947]; vgl. *Heinemann*, 1945, S. 44–46.

32 FAS, L 247, Brief P.E. Schramm an Rektor der Georg-August-Universität Göttingen, masch. Durchschl., o.O. [Göttingen], o.D. [Mai 1947]; ebd., Notiz von P.E. Schramm über Gespräche mit einem Oberleutnant der Historical Division am 7. und 8.5.1947, masch. Durchschl., o.D. [Mai 1947].

33 FAS, L 247, Brief H.E. Potter, Historical Division US-Army, an P.E. Schramm, o.O., 14.8.1947; ebd., Erklärung H.E. Potter, Historical Division US-Army, o.O. 14.8.1947.

34 Über Sigfrid Heinrich Steinberg (1899–1969) siehe v.a. oben, Kap. 8.c); über Steinbergs Flucht aus Deutschland oben, Kap. 9.e).

richtete stattdessen von bisher unbekannten, schwerwiegenden Vorwürfen gegen Schramm, von denen er gerüchteweise gehört hatte.[35] Allerdings wies der zuständige Kontrolloffizier in Göttingen diese Informationen als völlig unzutreffend zurück.[36] In seinem Brief an den Kurator der Universität teilte er im Februar 1948, fast ein Jahr nach Schramms Entlassung, außerdem mit, Schramms Fall könne nicht kurzfristig abgeschlossen werden, weil eine sehr große Menge von Beweisen auszuwerten sei. In der Zwischenzeit sei Schramm jede Betätigung an der Universität untersagt.[37] Allerdings erfuhr der von seinem Amt Ferngehaltene nicht, von welcher Art das umfangreiche Beweismaterial war, das die Militärregierung in seiner Angelegenheit bearbeitete – möglicherweise handelte es sich im wesentlichen um das von ihm selbst vorgelegte Entlastungsmaterial.

In dieser Zeit war die materielle Situation für ihn und seine Familie ausgesprochen schwierig. Schramm mußte nicht nur auf sein Gehalt als Ordinarius verzichten, sondern gleichzeitig war auch sein Vermögen gesperrt.[38] Währenddessen hatten seine Familie und er sowohl seine Mutter und seine Schwester Ruth als auch mehrere Verwandte von Ehrengard Schramm, die aus Pommern vertrieben worden waren, in ihrem Haus aufgenommen.[39] Dennoch war diese Zeit nicht von Niedergeschlagenheit geprägt. Trotz, oder

35 Steinberg schrieb, daß »[…] from what I have heard from friends in the military and civil departments of CCG it seems that your signature as a staff officer of the Wehrmacht has been appended to a number of documents which make you something of a borderline case of war criminals […]. You are said to have been engaged on so-called historical research, i.e. high-brow Nazi propaganda, at the General staff; furthermore that at one time or another you were on the Operational Staff of the Army group which made itself infamous in Ukraine by shooting hostages […]; […] a group of English historians who some months ago went to Germany to investigate the war-time records of German historians have definitely excluded you from the ›white‹ list of trustworthy anti-Nazis« (FAS, L 230, Bd.10, Brief S.H. Steinberg an P.E. Schramm, London 16.12.1947).

36 »The charges alleged by Prof. Schramms emigré friend in London are of course completely unofficial and it is the first time that they have been heard of here. The friend's information therefore that they are the basis for the suspension of Prof. Schramm is not correct« (FAS, L 247, Brief University Education Control Officer Bird an Rektor der Georg-August-Universität Göttingen, masch. Durchschl. einer Abschrift, o.O. [Göttingen], o.D. [Anfang Februar 1948]).

37 Ebd.

38 Die Sperrung seines Vermögens wurde Ende September 1948 aufgehoben. Zum 1. November 1948 erhielt Schramm wieder sein volles Gehalt. — FAS, L 247, Brief Niedersächsisches Landesamt für die Beaufsichtigung gesperrten Vermögens, Außenstelle Göttingen, an P.E. Schramm, Göttingen 29.9.1948; ebd., Brief Kurator der Georg-August-Universität Göttingen an P.E. Schramm, Göttingen 9.11.1948.

39 Im Februar 1946 schrieb Ruth Schramm über das Haus in der Herzberger Landstraße: »Das ist eigentlich ein gemütliches Flüchtlingsheim, denn es sind nicht weniger wie 14 Personen, Verwandte und Freunde im Haus.« — WIA, GC 1942–46, Brief R. Schramm an G. Bing und F. Saxl, Hamburg, begonnen 6.2.1946, abgeschlossen 31.7.1946, verschickt 29.8.1946; einschlägig auch mehrere Briefe Schramms an amerikanische Stellen, in: FAS, L 286; vgl. *Kühn*, Ehrengard Schramm, S. 213.

gerade wegen des Drucks der schwierigen äußeren Umstände wurden die Jahre unmittelbar nach Kriegsende von vielen als eine geistig sehr lebendige, in hohem Maße inspirierte Zeit erlebt.[40] In Göttingen trug Ehrengard Schramm das Ihre dazu bei: Noch während ihr Mann aufgrund seiner Internierung aus Göttingen abwesend war, begann sie, im Haus an der Herzberger Landstraße Vorträge von bekannten Wissenschaftlern oder Persönlichkeiten des öffentlichen Lebens zu organisieren. Die Veranstaltungen, die allgemeine Themen der Zeit behandelten, stießen auf großes Interesse und ließen das Haus regelmäßig aus allen Nähten platzen.[41]

Schramm selbst hatte allerdings, wegen seiner Nichtwiederzulassung zum Lehramt wütend und bedrückt, an der allgemeinen Aufbruchstimmung nur begrenzt Anteil. Er arbeitete soviel wie möglich, aber diese Möglichkeiten waren einigermaßen eingeschränkt. Aufgrund des Lehrverbots war ihm nicht nur der Zugang zum regulären akademischen Leben, sondern innerhalb Deutschlands auch zu den meisten Publikationsorten verwehrt.[42] Er mußte jede sich bietende Gelegenheit beim Schopf ergreifen, um seinen Beitrag zum Lebensunterhalt der Familie leisten zu können. Es ist gewiß in diesem Zusammenhang zu sehen, daß er zahlreiche Beiträge für die Neuauflage des »Kleinen Brockhaus« von 1949 verfaßte.[43]

Dann brach im Jahr 1948 eine neue Zeit an. Der Kalte Krieg veränderte die politischen Grundbedingungen. Die Währungsreform im Juni löste die Berliner Blockade aus, die alten Fronten wurden uninteressant. Die Westalliierten leiteten den Prozeß ein, der zur Gründung der Bundesrepublik führte.[44] Seit Ende 1947 hatte die britische Militärregierung den Ländern ihrer Besatzungszone nach und nach die volle Verantwortung für die Entnazifizierung übertragen.[45] Im September 1948, eineinhalb Jahre nach seiner Ent-

40 *Annelise Thimme*, die in dieser Zeit in Göttingen studierte, erinnerte sich später an eine »geistige und moralische Euphorie, wie man sie nur ganz selten erlebt« (*Thimme, A.*, Geprägt, S. 188–190, Zitat S. 189).

41 *Kühn*, Ehrengard Schramm, S. 213–214 u. 220; FAS, L »Miterlebte Geschichte«, Bd.3, S. 420–421; Gespräch mit *Jost Schramm* am 1.12.1998 in Hamburg.

42 Vgl. hierzu seine eigenen Aussagen: SVS 1961–1965 Kriegstagebuch, Bd.4,2, S. 1821; SVS 1968–1971 Kaiser, Bd.4,1, Anm. auf S. 57.

43 Auch für die 16. Auflage des Großen Brockhaus, die in den fünfziger Jahren erschien, steuerte Schramm Beiträge bei. Für diese Auflage fungierte er darüber hinaus als Berater der Redaktion für bestimmte Gebiete der Geschichte. — Der Kleine Brockhaus: Vgl. *Ritter, A.*, Veröffentlichungen Schramm, Nr.I,180, auf S. 304; Der Große Brockhaus: *Ritter, A.*, Veröffentlichungen Schramm, Nr.I,206, auf S. 306; ferner die Korrespondenz mit dem Brockhaus Verlag, in: FAS, L 230, Bd.2.

44 Über diesen Umschwung: *Morsey*, Bundesrepublik, S. 16–19; *Benz*, Besatzungsherrschaft, S. 156–162.

45 *Henke*, Trennung, S. 51.

lassung, wurde Schramm weitgehend entlastet, vom ersten November 1948 an war er wieder in Amt und Würden.[46]

Insgesamt hatte das Entnazifizierungsverfahren aus der Sicht von Percy Ernst Schramm etwas Surreales. Seiner Auffassung nach wurden die Vorwürfe durch das Entlastungsmaterial, das er vorbringen konnte, mehr als aufgewogen. Es gab auch niemanden, der ihm darin offen widersprach, vielmehr hüllten sich die Instanzen lange Zeit in undurchsichtiges Schweigen. In der historischen Rückschau betrachtet, ginge die Frage, inwiefern die Vorwürfe vielleicht doch berechtigt waren, ohnehin an der Problematik vorbei. Die von den Besatzungsmächten angelegten Maßstäbe waren völlig andere als die, nach denen Schramm bis 1945 gelebt hatte. Hätte ihn in den zwanziger Jahren jemand gefragt, ob er »Demokrat«, dann hätte er dies nicht nur verneint, sondern die Frage vielleicht sogar als Beleidigung aufgefaßt. Andererseits war es sicherlich unzutreffend, ihn als antidemokratischen Militaristen einzustufen. Das Raster war zu grob.

Trotzdem erfüllte das Verfahren in gewisser Weise seinen Zweck. Rund anderthalb Jahre lang mußte sich Schramm mit Nachdruck als einen überzeugten Demokraten und Gegner des Nationalsozialismus darstellen. Und da er immer glaubte, was er sagte, war er, als die Bundesrepublik entstand, tatsächlich ein vehementer Befürworter des neuen Systems und ein Feind des vergangenen. Bis 1945 war seine Haltung, obwohl er Mitte der vierziger Jahre dem nationalsozialistischen Regime sicherlich distanzierter gegenübergestanden hatte als zehn Jahre früher, weniger eindeutig gewesen. Jetzt aber war er sich mit den Eliten des neu entstehenden Staates vollkommen einig, daß Hitler und das nationalsozialistische Regime von Übel gewesen seien und daß es so etwas nie wieder geben dürfe.[47]

Zugleich hatte sich Schramm anderthalb Jahre lang als Opfer der nationalsozialistischen Machthaber darstellen und alles ausblenden müssen, was nach Täter- oder Komplizenschaft aussah. Und auch diese Sichtweise verfestigte sich bei ihm. Ehrengard Schramm schrieb im Mai 1947 an Ernst Kantorowicz, sie und ihr Mann seien sich nach dem Pogrom im November 1938 darüber klar geworden, daß auch sie ihren Teil der Mitschuld zu tragen

46 *Cornelia Wegeler* und andere geben an, für den Ausgang von Schramms Entnazifizierungsverfahren habe Drexlers Denunziation von 1944 eine entscheidende, entlastende Rolle gespielt. Anhand der Quellen in Schramms Nachlaß kann dies nicht bestätigt werden. — FAS, L 247, Entnazifizierungs-Entscheidung des Entnazifizierungs-Hauptausschusses der Stadt Göttingen, masch. Durchschl., beglaubigt, Göttingen 8.9.1948; ebd., Brief Kurator der Georg-August-Universität Göttingen an P.E. Schramm, Göttingen 9.11.1948; *Wegeler*, »...wir sagen ab...«, S. 254, u. Anm. 445 auf S. 322; außerdem mehrere Erwähnungen in: *Becker, Dahms, Wegeler (Hg.)*, Universität Göttingen.

47 Ähnlich über die Wirkung von Entnazifizierung und Nürnberger Prozessen im allgemeinen: *Henke*, Trennung, S. 56–58, 63–66; vgl. auch: *Herf*, Erinnerung, S. 246–247.

hätten.[48] Davon hatte allerdings der Verfasser des amerikanischen Gutachtens vom Februar 1946 nichts gespürt, und davon war auch nach 1948 bei Schramm selten etwas zu sehen. Nationalsozialisten und Schuldige waren in seinen Augen immer nur andere. Sich selbst und alle, denen er sich zugehörig fühlte, wollte er sehr viel eher für Opfer des Nationalsozialismus halten – was sich in Anbetracht des Schicksals von Elisabeth von Thadden und der Folgen von Drexlers Denunziation leicht begründen ließ. Und so hatte Schramm nicht nur am antinationalsozialistischen, prodemokratischen Gründungskonsens der Bundesrepublik teil, sondern auch an der mit diesem Konsens einhergehenden Fiktion, daß die überwiegende Mehrheit der bundesdeutschen Bevölkerung für die Verbrechen des Nationalsozialismus keine Verantwortung trage.[49]

b) Positionierung in einem veränderten akademischen Umfeld

Während Schramm in Göttingen um seine Wiederzulassung zum Lehramt rang, versuchte er gleichzeitig, die Verbindungen zu alten Bekannten wieder aufzubauen, die in den zwanziger Jahren für seine wissenschaftliche Arbeit wichtig gewesen waren. Nicht zuletzt wollte er an seine Kontakte zum Warburg Institute, zur früheren Kulturwissenschaftlichen Bibliothek Warburg, wieder anknüpfen, obwohl er dessen Mitarbeiter 1935 so schmerzhaft enttäuscht hatte.[50] Noch bevor er selbst allerdings in dieser Richtung aktiv werden konnte, schrieb seine Schwester Ruth im Sommer 1946 einen Brief nach London. Aus der gemeinsamen Hamburger Zeit kannte sie Fritz Saxl und Gertrud Bing gut und drückte nun ihre Freude darüber aus, daß die alten Freunde noch lebten. Ausführlich erzählte sie von ihrem eigenen Schicksal und dem ihrer Familie.[51]

Darauf glaubte Schramm sich beziehen zu können, als er selbst im Dezember des gleichen Jahres zum ersten Mal an Fritz Saxl schrieb. Mit keinem Wort ging er darauf ein, was er seit der Mitte der dreißiger Jahre erlebt oder getan hatte. Er verwies nur knapp auf den Brief seiner Schwester und handelte im übrigen wissenschaftsbezogene Fragen ab.[52] Ohne alle Um-

48 FAS, L 247, Brief E. Schramm an E.H. Kantorowicz, masch. Durchschl., Göttingen 19.5.1947; vgl. die auszugsweisen Zitate bei: *Grolle*, Hamburger, S. 29–30.

49 Vgl. *Herbert*, Liberalisierung, S. 16–17; *Wolgast*, Wahrnehmung, S. 332–333, 336–337; *Herf*, Erinnerung, z.B. S. 268–269.

50 S.o., Kap. 9.e).

51 WIA, GC 1942–46, Brief R. Schramm an G. Bing und F. Saxl, Hamburg, begonnen 6.2.1946, abgeschlossen 31.7.1946, verschickt 29.8.1946.

52 Er beschrieb, woran er arbeitete und was aus seinen älteren Projekten geworden war. Außerdem bat er um einige Informationen hinsichtlich der Forschungen in England. — WIA, GC

schweife wollte er sozusagen zum Geschäftlichen übergehen. Einen guten Monat später schrieb er erneut an Saxl, um diesem wegen eines Trauerfalls in dessen Familie sein Beileid auszusprechen.[53] Erst nachdem Saxl den zweiten Brief erhalten hatte, antwortete er seinem früheren Freund. Er verlieh seiner Hochachtung vor Schramms wissenschaftlicher Leistung Ausdruck und zeigte sich bereit, ihn in seiner Arbeit zu unterstützen. Aber er weigerte sich, auf einer persönlichen Ebene mit ihm zu kommunizieren, ohne sich mit dem ehemaligen Offizier über die Zeit des Dritten Reiches auseinandergesetzt zu haben.[54] Er denke gerne an die Zeiten zurück, die sie gemeinsam als alte Schüler von Warburg gehabt hätten, fuhr Saxl fort, aber: »Ich kann die Brücke nicht schlagen zwischen dem Einst und Jetzt.«[55] Damit war der Gegensatz zwischen seiner und Schramms Haltung bezeichnet. Während Saxl die »Brücke zwischen dem Einst und Jetzt« nicht so ohne weiteres schlagen wollte, hätte der andere gerne so getan, als gäbe es gar keine Kluft zwischen den Zeiten und den Menschen.

Schramm antwortete nicht auf Saxls Brief. Von diesem Zeitpunkt an wandte er sich auch nicht mehr mit Bitten um wissenschaftliche Zusammenarbeit an das Londoner Institut. Im Frühsommer 1947 hörte Saxl von der Suspendierung des anderen. Trotz seiner Vorbehalte bedauerte der Direktor des Warburg Institute diese Entwicklung, und er schrieb erneut an Schramm, um ihm dies mitzuteilen. In seinem Brief sprach er den Wunsch aus, »dass sich Ihnen ein anderer Weg zu einer fruchtbaren Betätigung Ihrer großen Begabung bietet.«[56]

Vom Mitgefühl des anderen beeindruckt, setzte Schramm nun doch an, eine Antwort zu verfassen. Er versuchte noch immer nicht, sein Handeln zu rechtfertigen. Im Gegenteil lief sein Brief im wesentlichen darauf hinaus, daß er sich als ein von den Besatzungsmächten ungerecht behandeltes Opfer fühlte. Immerhin bezog er überhaupt Stellung zu seiner persönlichen Situation.[57] Aber er schickte den Brief nicht ab, sondern verbarg ihn in sei-

1942–46, Brief P.E. Schramm an F. Saxl, Göttingen 20.12.1946, sowie: Auszüge aus demselben in englischer Sprache, masch. Durchschl., o.D.

53 WIA, GC 1942–46, Brief P.E. Schramm an F. Saxl, Göttingen 28.1.1947; vgl. zu diesem und dem vorigen Brief auch: *Grolle*, Schramm – Saxl, S. 112–113.

54 »Soviel ich weiss, sind Sie seit der Machtergreifung Anhänger der Partei gewesen und während des Krieges an einer solchen Stelle, dass Sie einer der wenigen waren, der wusste, was vorging. – Nun versetzen Sie sich, bitte, in meine Lage, wie könnte ich mir diese Haltung erklären. Pro patria omnia, das habe ich immer verdammt […].« — FAS, L 247, Brief F. Saxl an P.E. Schramm, London 3.2.1947; im Wortlaut zitiert bei: *Grolle*, Schramm – Saxl, S. 113.

55 Ebd.; ergänzend hierzu: WIA, GC 1947–48, Brief Warburg Institute an P.E. Schramm, masch. Durchschl., o.O. [London], 19.7.1947.

56 FAS, L 247, Brief F. Saxl an P.E. Schramm, London 17.6.1947; im Wortlaut zitiert bei: *Grolle*, Schramm – Saxl, S. 114.

57 FAS, L 247, Brief P.E. Schramm an F. Saxl, Göttingen 26.6.1947, mit Vermerk: »nicht ab«.

nen Unterlagen. Vielleicht war es ihm peinlich, sich aus einer Position der Schwäche heraus äußern zu müssen.

Stattdessen bat er seine Schwester Ruth, das Eis für ihn zu brechen. Ruth Schramm kam dieser Bitte nach und schrieb im August 1947 an Saxl. Die ganze Wut und Frustration der deutschen Bevölkerung wegen der Unberechenbarkeit und offenkundigen Ungerechtigkeit des Entnazifizierungssystems sprach aus ihrem Brief.[58] Das war es jedoch nicht, was Saxl hören wollte. Im Entwurf eines Antwortbriefes betonte er, er sei mit der Besatzungspolitik in Deutschland ganz und gar nicht einverstanden. Er wiederholte aber, er könne nicht einfach die alte Freundschaft wieder aufleben lassen ohne ein erläuterndes Wort von Ruths Bruder. Umißverständlich machte er klar, was für eine existenzielle Dimension das Problem für ihn hatte:

»Wenn Deutschland gesiegt hätte, wäre die Bibliothek Warburg vernichtet worden (nicht durch Bomben oder Granaten, sondern aus politischen Gründen), ich hätte in Belsen oder sonstwo geendet [...] und Percy wäre wohl ein hochdekorierter Offizier Hitlers. Wie kann man über diese Dinge zur Tagesordnung übergehen?«[59]

In der zitierten Form hat Saxl den Brief an Ruth Schramm nicht abgeschickt. Aber seine Position war ohnedies klar, und an seinen Argumenten war nicht vorbeizukommen. Schramm hatte noch immer nicht auf Saxls ersten Brief vom Februar 1947 geantwortet, und er blieb die Antwort weiterhin schuldig. Am 22. März 1948 starb Fritz Saxl, für alle überraschend.[60] Niemand am Warburg Institute hatte zu Schramm ein so enges Verhältnis gehabt wie er. Mit seinem Tod war endgültig besiegelt, daß das Verhältnis von Percy Ernst Schramm zur ehemaligen Bibliothek Warburg niemals wieder werden konnte, was es einmal gewesen war.

Nachdem Schramm von Saxls Tod erfahren hatte, sandte er einen Brief an Gertrud Bing, um sein Beileid auszusprechen. Mit warmen, ehrlich empfundenen Worten erinnerte er sich daran, was Saxl ihm in der Zeit seines wissenschaftlichen Reifens in den zwanziger Jahren bedeutet hatte. Er schob es auf die Umstände, daß die Begegnungen 1935 und 1937 keine Verständigung hatten bringen können. Außerdem äußerte er die Meinung, der Text des Gutachtens, das er 1935 bezüglich der Bibliothek für Heise verfaßt hatte, oder sein Buch »Hamburg, Deutschland und die Welt« hätten vielleicht eine erneute Annäherung ermöglichen können. Er bedauerte es, auf Saxls letzten Brief nicht geantwortet zu haben – und konnte abschließend doch nur fest-

58 WIA, GC 1947–48, Brief R. Schramm an F. Saxl, Hamburg 22.8.1947; dass., als masch. Durchschl. und mit Nachschrift an P.E. Schramm, in: FAS, L 247.

59 WIA, GC 1947–48, Brief F. Saxl an R. Schramm, London 8.11.1947, wahrscheinlich Entwurf.

60 *Bing*, Fritz Saxl, S. 28.

stellen, daß Saxls Tod jede Hoffnung auf eine Wiederherstellung des alten Verhältnisses zunichte gemacht habe.[61]

Allerdings hatte Schramm schon zuvor alle entsprechenden Gelegenheiten ungenutzt verstreichen lassen. Nicht das Schicksal, wie er in seinem Brief suggerieren wollte, sondern seine eigene Unfähigkeit, über seinen Teil der Schuld für das Geschehene auch nur ernsthaft nachzudenken, hatte dazu geführt, daß er sich mit dem Freund nicht mehr hatte verständigen können. Nun blieb von dieser zerbrochenen Freundschaft nur noch eine bedrückende Erinnerung zurück.[62] Nicht zuletzt auf Schramms mediävistische Arbeiten hatte das erhebliche Auswirkungen, von denen in den folgenden Kapiteln zu reden sein wird.[63]

Die Tatsache, daß es nach 1948 zwischen Schramm und dem Warburg Institute keine lebendige Beziehung mehr gab, war aber längst nicht der einzige wichtige Unterschied zwischen der Zeit vor und nach dem Zweiten Weltkrieg, beziehungsweise vor 1933 und nach 1948. Im Gegenteil war von dem kommunikativen Umfeld, in dem Schramms Arbeiten zur mittelalterlichen Geschichte in den zwanziger und frühen dreißiger Jahren entstanden waren, nichts übrig geblieben. Zwar gelang es Schramm, zu einigen aus Deutschland geflüchteten Wissenschaftlern wieder Kontakt aufzunehmen. Das bedeutete jedoch nicht, daß damit die geistigen Bande der Zwischenkriegszeit zu neuem Leben erweckt worden wären.

Der intensivste Kontakt bestand in der Nachkriegszeit zu Sigfrid Steinberg. Relativ häufig gingen Briefe hin und her. Da Schramm und Steinberg

61 Die Formulierung, mit der Schramm den letzten Brief von Fritz Saxl bezeichnet, ist etwas unklar. Sie könnte darauf hindeuten, daß Saxl Anfang 1948 zu der Auffassung kam, Schramms Wiedereinsetzung stünde unmittelbar bevor, und daß er seinem vormaligen Freund davon in einem Brief Mitteilung machte. Es wäre denkbar, daß es sich bei einem bestimmten Brief, der ohne Jahresangabe mit »18.1.« datiert ist, um diese Nachricht von Anfang 1948 handelt. *Joist Grolle* datiert das bewußte Dokument auf 1934, was ebenso unwahrscheinlich ist. — WIA, GC 1948, Schachtel: »Prof. Saxl, 22nd March 1948«, Brief P.E. Schramm an G. Bing, Göttingen 25.4.1948; FAS, L 230, Bd.9, Brief F. Saxl an P.E. Schramm, o.O. [London], 18.1., o.J.; *Grolle*, Schramm – Saxl, S. 99.

62 Mit dem Beileidsschreiben endete die Korrespondenz zwischen Schramm und dem Warburg Institute noch nicht. Doch es folgte nichts mehr von Belang. Im Herbst 1948 benötigte Schramm, um sich für ein Buchgeschenk zu revanchieren, Exemplare von »Kaiser, Rom und Renovatio«, die in Deutschland nicht mehr aufzutreiben waren. Zwei Jahre später, im Jahr 1950, führte eine wissenschaftliche Anfrage eines alten, dem Institut nicht angehörigen Freundes von Fritz Saxl dazu, daß noch einmal ein paar Briefe hin und her gingen. Und wiederum fünf Jahre später erbat und erhielt Schramm vom Warburg Institute die Genehmigung, »Kaiser, Rom und Renovatio« neu auflegen zu lassen. Erst danach findet sich keine direkte Korrespondenz mehr. — WIA, GC 1947–48, Brief G. Bing an P.E. Schramm, masch. Durchschl., o.O. [London], 8.11.1948, sowie weiteres Material ebd.; mehrere Briefe in: WIA, GC 1950; WIA, GC 1953–55, Brief P.E. Schramm an Warburg Institute, Göttingen 7.5.1955; ebd., Brief Warburg Institute an P.E. Schramm, masch. Durchschl., o.O. [London], 17.5.1955.

63 Vgl. unten, v.a. Kap. 14.e).

außerdem beide Mitglieder des Hansischen Geschichtsvereins waren, gab es bei dessen Versammlungen regelmäßig Gelegenheit zum persönlichen Gespräch.[64] Allerdings war der Austausch für Schramms Wissenschaft nur noch von untergeordneter Bedeutung, denn Steinberg hatte sich in Großbritannien völlig neu orientieren müssen. Er war jetzt Herausgeber des »Statesman's Year Book« und beschäftigte sich nur noch ausnahmsweise mit ikonographischen Fragen, die früher das gemeinsame Interessengebiet zwischen ihm und Schramm gewesen waren.[65]

Schramms Freundschaft zu dem in Amerika lebenden Ernst Kantorowicz bestand zwar fort, aber die Beziehung war längst nicht mehr so eng wie früher.[66] Das war einfach durch die äußeren Umstände begründet: Es machte einen entscheidenden Unterschied, daß Kantorowicz nicht mehr als Professor in Frankfurt am Main, sondern in Berkeley, später in Princeton wirkte.[67] Hinzu kam, daß Kantorowicz ein notorisch unzuverlässiger Briefeschreiber war.[68] Aufgrund der unterschiedlichen Lebensverhältnisse entwickelten die beiden Freunde sich auch wissenschaftlich auseinander. Noch in den dreißiger Jahren hatte Kantorowicz begonnen, sich wie Schramm für Ordines und ähnliche Quellen zu interessieren. Daraus entstand schließlich sein Buch »Laudes Regiae«, das 1946 erschien.[69] Er schickte ein Exemplar an Schramm, der sich begeistert darüber äußerte.[70] Danach ging die Entwicklung jedoch

64 Eine relativ umfangreiche Korrespondenz aus den Jahren 1947 bis zu Steinbergs Tod 1969 ist überliefert in: FAS, L 230, Bd.10, Unterakte: »Steinberg, Siegfried H. [sic!]«.

65 Immerhin nahm Steinberg im August 1960 an einer der wenigen Sitzungen teil, zu denen sich die Internationale Ikonographische Kommission nach 1945 traf. — Über Steinberg als Herausgeber des »Statesman's Year Book« vgl. die Todesanzeige und das Vorwort des Mitherausgebers John Paxton in: *Steinberg, Paxton (Hg.)*, Statesman's Year Book 1969; in Schramms Nachlaß v.a.: FAS, L 230, Bd.10, Brief S.H. Steinberg an P.E. Schramm, London 16.12.1947; über die Internationale Ikonographische Kommission: *Commission d'Iconographie*; vgl. außerdem das folgende Kapitel, Kap. 13.b).

66 Korrespondenz bis zu Kantorowicz' Tod 1963 in: FAS, L 230, Bd.6, Unterakte: »Kantorowicz, Ernst«.

67 Über Kantorowicz' Biographie nach 1938 z.B.: *Lerner*, Continuity, sowie weitere Beiträge in: *Benson, Fried (Hg.)*, Ernst Kantorowicz; allgemein über das Schicksal emigrierter deutschsprachiger jüdischer Historiker: *Eakin-Thimme*, Exil.

68 Schramm ermutigte Reinhard Elze, den Kontakt zu Kantorowicz aufzunehmen, indem er schrieb: »Kantorowicz ist ein schlechter Korrespondent, aber er verfolgt unsere Studien mit großem Interesse. Schreiben Sie also allemal« (Privatbesitz R. Elze, Brief P.E. Schramm an R. Elze, Göttingen 1.1.1958).

69 *Kantorowicz*, Laudes; s.a. oben, Kap. 9.f).

70 Schramm schrieb unter anderem: »Mir ist besonders wichtig, daß Sie immer wieder den Charakter der Laudes als Staatskundgebung betonen: Sowie in den Bildern der Staat sichtbar wird, so wird er in den Laudes hörbar.« Das »Problem der Laudes« könne nun »bis in die Einzelheiten als geklärt angesehen werden [...].« — FAS, L 230, Bd.6, Brief P.E. Schramm an E. Kantorowicz, masch. Durchschl., Göttingen 14.8.1947; vgl. auch SVS 1966 Rezension Kantorowicz, Sp.450; *Baethgen*, Monumenta 1943–1948, S. 19.

ganz verschiedene Wege. »The King's Two Bodies«, Kantorowicz' großes Werk von 1958, hatte mit Schramm nicht mehr viel zu tun.[71]

Innerhalb Deutschlands hatte sich die Situation für Schramm vor allem dadurch verändert, daß seine wichtigsten Gesprächspartner nicht mehr da waren. Von denen, die in die Emigration hatten gehen müssen, war bereits die Rede. Otto Westphal, von dem sich Schramm 1933 getrennt hatte, starb fünf Jahre nach dem Krieg als gescheiterter Außenseiter, ohne daß es wieder zu einer Kontaktaufnahme zwischen ihm und Schramm gekommen wäre.[72] Auf der institutionellen Ebene war das Leipziger Institut für Kultur- und Universalgeschichte vor 1933 für Schramm von besonderer Relevanz gewesen. Bereits in der Zeit des Nationalsozialismus war es bis zur Bedeutungslosigkeit beschnitten worden und gewann seinen alten Rang nicht wieder zurück.[73] Im übrigen war Sigfrid Steinberg für Schramm die wichtigste Kontaktperson zu diesem Institut gewesen, und ohne ihn hätte die Verbindung wohl in keinem Fall Bestand gehabt.

Von überragender Bedeutung für die Mittelalterforschung in Deutschland insgesamt waren die Monumenta Germaniae Historica, die auch in Schramms Karriere mehrfach eine Rolle gespielt hatten. Sie bestanden nach 1945 fort. Aufgrund verschiedener Umstände befanden sie sich allerdings nicht mehr in Berlin, sondern schließlich in München. Theodor Mayer wurde wegen seiner engen Verbundenheit mit dem Nationalsozialismus aus dem Amt des Präsidenten verdrängt und, gegen seinen heftigen Widerstand, im September 1947 durch Friedrich Baethgen ersetzt.[74] Schramm hatte wohl weder die Möglichkeit noch das Bedürfnis, auf diesen Vorgang einzuwirken, und verhielt sich neutral.[75] Auf diese Weise gelang es ihm immerhin, schon vor seiner Wiedereinsetzung ins Lehramt die Arbeit der Monumenta mitzugestalten und Reinhard Elze, von dem unten die Rede sein wird, als

71 In einem Brief an Friedrich Baethgen, der Kantorowicz ebenfalls seit Heidelberger Tagen kannte, ließ Schramm anklingen, daß die amerikanischen Arbeiten des gemeinsamen Freundes ihm fremd geblieben waren. Er äußerte die Einschätzung, daß »unserem guten Ernst durch die Vertreibung der eigentliche Boden weggerissen wurde. Alle seine späteren Arbeiten sind verdienstvoll, aber verglichen mit dem Friedrich II hat er dann die Geschichte von Wolken verfolgt.« — FAS, L 230, Bd.1, Brief P.E. Schramm an F. Baethgen, masch. Durchschl., Göttingen 12.11.1965; vgl.: SVS 1966 Rezension Kantorowicz, Sp.454–455; außerdem die ebd. erwähnte, von Schramm angeregte Rezension: *Fesefeldt*, Rez. Kantorowicz; über die Genese von »The King's Two Bodies« vgl.: *Lerner*, Continuity.

72 Vgl. *Schulze*, Geschichtswissenschaft, v.a. S. 129 u. 331, sowie die Angaben oben, Kap. 9.a).

73 Vgl. *Schulin*, Universalgeschichte Entwürfe, S. 57–58; s. außerdem oben, Kap. 9.e).

74 *Schulze*, Geschichtswissenschaft, S. 145–157; vgl. *Fuhrmann*, »Sind eben alles...«, S. 62–64.

75 Noch 1950 schrieb Mayer an Schramm: »Daß Sie sich im übrigen in der ganzen MGH-Angelegenheit zurückgehalten haben, kann ich verstehen und es war vielleicht das einzig Richtige« (FAS, L 230, Bd.7, Brief T. Mayer an P.E. Schramm, Pommersfelden 29.12.1950).

neuen Bearbeiter der Krönungsordines zu installieren.[76] Noch im Jahr seiner Wiedereinsetzung wurde Schramm darüber hinaus zum Korrespondierenden Mitglied der Zentraldirektion der Monumenta gewählt.[77] Damit hatte er in einem der wichtigsten Gremien im Bereich der deutschen Geschichtswissenschaft Fuß gefaßt.

Schmerzlich war für Schramm – und für die deutsche Mediävistik insgesamt – der Verlust Carl Erdmanns. Erdmann, vier Jahre jünger als Schramm, war in den dreißiger und frühen vierziger Jahren der mit Abstand angesehenste Forscher unter den Mitarbeitern der Monumenta gewesen. Seine wissenschaftlichen Interessen hatten sich in fruchtbarer Weise mit Schramms eigenen überschnitten.[78] Seit 1943 hatte Erdmann in der Wehrmacht dienen müssen und war im März 1945 an einer dabei erworbenen Infektionskrankheit gestorben.[79]

Eine ähnliche Bedeutung wie Erdmann hatte Hans-Walther Klewitz für Schramm besessen. Klewitz war ein Schüler von Karl Brandi gewesen. Er hatte sich 1935 in Göttingen habilitiert und einige Jahre dort als Privatdozent gewirkt.[80] Zwischen ihm und Schramm hatte sich in den dreißiger Jahren eine konkrete wissenschaftliche Zusammenarbeit ergeben. Durch die Forschungen des Ordinarius angeregt, hatte der Jüngere Studien über die mittelalterliche Krönung verfaßt. Vor allem aber hatte er von Schramm eine Sammlung von prosopographischen Daten über die Kapellane der deutsch-römischen Kaiser übernommen, die dieser anzulegen begonnen hatte. Daraus hatte Klewitz ein größeres Forschungsprojekt entwickelt.[81] Auch im persönlichen Bereich war eine Bindung entstanden: Gemeinsam mit Karl Brandi hatte Schramm bei der Taufe von Klewitz' Sohn Pate gestanden.[82] Im Jahr 1943 war Klewitz, der 1940 ein Ordinariat in Freiburg angetreten hatte, später aber zur Wehrmacht eingezogen worden war, in einem Berliner La-

76 S.u. in diesem Kapitel, Abschnitt c).

77 *Baethgen*, Monumenta 1943–1948, S. 7–8 u. 10–11.

78 Über Carl Erdmann (1898–1945): *Baethgen*, Erdmann Gedenkwort; *Fuhrmann*, »Sind eben alles...«, v.a. S. 98–100; über Erdmanns Bedeutung für Schramms Ordines-Forschungen oben, Kap. 10.a).

79 *Baethgen*, Erdmann Gedenkwort, S. XX–XXI.

80 Über Hans-Walther Klewitz (1907–1943) v.a.: *Tellenbach*, Einführung.

81 Die erwähnte Sammlung bildete schließlich die Grundlage der von Klewitz verfaßten Arbeit »Königtum, Hofkapelle und Domkapitel im 10. und 11. Jahrhundert«, die im sechzehnten Band des »Archivs für Urkundenforschung« erschien. Diesbezügliche Briefe von Klewitz aus den Jahren 1934 und 1935 finden sich in Schramms Nachlaß. — FAS, L 230, Bd.6; die Sammlung über die Kapellane auch erwähnt in: FAS, L »Geschichtsforschung«; über die Zusammenarbeit zwischen Klewitz und Schramm auch: *Tellenbach*, Einführung, S. 6–8; vgl. außerdem *Petke*, Karl Brandi, S. 300.

82 SVS 1947 Nachruf Brandi, S. 464 u. 468.

zarett »durch eine sinnlose Lungenentzündung dahingerafft« worden.[83] Mit ihm und Erdmann hatte Schramm zwei wichtige Ansprechpartner innerhalb Deutschlands verloren, deren wissenschaftliche Interessen in ähnliche Richtungen gegangen waren wie seine eigenen.[84]

In seinem Göttinger Umfeld fehlte Schramm vor allem Karl Brandi. Dieser war für ihn die vielleicht wichtigste Bezugsperson an der Georgia Augusta gewesen. Seit 1936 emeritiert und in den hohen Siebzigern stehend, war Brandi im März 1946 gestorben. Zu diesem Zeitpunkt befand sich Schramm noch gar nicht wieder in Göttingen. Nach seiner Rückkehr verfaßte er einen Nachruf auf den väterlichen Freund, der ahnen ließ, daß mit dessen Tod nicht nur in der Geschichte der Göttinger Universität, sondern auch in seinem eigenen Leben eine Epoche zu Ende gegangen war.[85] Wäre die Entwicklung bruchlos verlaufen, dann wäre er, zumindest mit Blick auf die Göttinger Strukturen, wohl nach und nach in alle Machtstellungen eingerückt, die der Ältere innegehabt hatte. In der Zeit des ›Dritten Reiches‹ hatten aber Schramms Unbeliebtheit bei bestimmten nationalsozialistischen Kreisen, außerdem seit 1939 die langen Phasen seiner Abwesenheit wegen des Militärdienstes seinen Aufstieg gebremst. Jetzt wurde seine Position durch die Umwälzungen der ersten Nachkriegszeit völlig neu definiert.

Bereits 1936 war Siegfried August Kaehler als Nachfolger Brandis nach Göttingen gekommen. Kaehler war neun Jahre älter als Schramm und ein Kollege von mindestens gleichem Gewicht, den allerdings sein schlechter Gesundheitszustand beeinträchtigte.[86] In der allerersten Nachkriegszeit war für die weitgehend unzerstört gebliebene Universität Göttingen die große Zahl der Wissenschaftler prägend, die vor allem aus den nunmehr verlorenen Gebieten Ostdeutschlands und der sowjetischen Besatzungszone dorthin gekommen waren.[87] Während die meisten nach einer Übergangszeit woanders

83 Das Zitat in: FAS, L 230, Bd.6, Brief P.E. Schramm an E. Kantorowicz, masch. Durchschl., Göttingen 14.8.1947; außerdem: *Tellenbach*, Einführung, S. 5; *Ericksen*, Kontinuitäten, S. 445.

84 Im Jahr 1968 widmete Schramm den ersten Band seiner Gesammelten Aufsätze Erdmann und Klewitz: »Dem Andenken zweier mir befreundeter Historiker [...]. Sie stünden heute in der Kraft ihrer Jahre, wenn sie nicht – zusammen mit vielen Millionen von Menschen – der Krieg dahingerafft hätte.« Bereits 1953 beklagte Schramm, daß die jüngere Generation der deutschen Mittelalterforscher »durch den Krieg schrecklich gelichtet« sei. Namentlich verwies er damals auf Erdmann und Klewitz und nannte außerdem noch Dietrich von Gladiss. — SVS 1968–1971 Kaiser, Bd.1, Widmung auf unpag. Seite [S. 5]; SVS 1953 Zeitalter, S. 66.

85 SVS 1947 Nachruf Brandi; darin über Schramms eigene Beziehung zu Brandi v.a.: S. 464, 468, 477.

86 Über Kaehler (1885–1963) und seine Stellung in Göttingen sowie in der deutschen Geschichtswissenschaft nach 1945 z.B.: *Etzemüller*, Sozialgeschichte, S. 41–42, mit weiteren Literaturangaben; *Thimme, A.*, Geprägt, S. 174–175, 188–189, 193–195; *Obenaus*, Geschichtsstudium, S. 310 u. 319; s. außerdem oben, v.a. Kap. 9.e).

87 Am Historischen Seminar wirkte beispielsweise, wenn auch ohne Anstellung, für einige Jahre Werner Conze, der später als einer der Gründerväter der Strukturgeschichte sehr einfluß-

eine Stellung fanden, konnten sich einige auf Dauer in Göttingen etablieren. Zu dieser zweiten Gruppe zählte am Historischen Seminar der gebürtige Baltendeutsche Reinhard Wittram, der von der Reichsuniversität Posen nach Göttingen gekommen war. 1946 erhielt er zum ersten Mal einen Lehrauftrag, seit 1955 war er ordentlicher Professor für Osteuropäische Geschichte.[88]

Von der Reichsuniversität Straßburg kam Hermann Heimpel nach Göttingen, der hinsichtlich seiner fachlichen Interessen ein Spezialist für die Geschichte des Spätmittelalters war.[89] Er hatte zunächst im Wintersemester 1944/45 den im Wehrdienst befindlichen Schramm vertreten.[90] 1946 wurde er auf ein Extraordinariat berufen. Diese Professur wurde nach wenigen Jahren zu einem Ordinariat aufgewertet.[91] Heimpel, einige Jahre jünger als Schramm, ihm aber rhetorisch und intellektuell überlegen, genoß in der deutschen Geschichtswissenschaft ein hohes Ansehen. Dadurch hatte er beispielsweise bei der Umstrukturierung und Reinstitutionalisierung der Monumenta eine wichtige Rolle spielen können.[92] Am Göttinger Historischen Seminar hatte er von Beginn an eine führende Stellung inne. Dabei trat Schramm, der schon anderthalb Jahrzehnte länger dort tätig war, jedoch nicht hinter ihn zurück. Vielmehr veränderten sich die informellen Strukturen, die zu Brandis Zeiten klar hierarchisch gewesen waren. Nach Schramms Wiederzulassung gab es mit ihm und Heimpel mindestens zwei Gravitationszentren.[93] An dieser Grundstruktur änderte sich in den verbleibenden Jahrzehnten bis zu Schramms Tod, von denen im folgenden Kapitel die Rede sein wird, nichts mehr.

reich wurde. — *Dahms*, Universität Göttingen, S. 426; über Conze in Göttingen z.B.: *Etzemüller*, Sozialgeschichte, S. 40–41; *Schulze*, Geschichtswissenschaft, z.B. S. 113–114, 159.

88 Für biographische Informationen über Reinhard Wittram (1902–1973): *Obenaus*, Geschichtsstudium, S. 310; KDG 1966, S. 2732, u. 1976, S. 3680.

89 An Nachrufen und Literatur über Hermann Heimpel (1901–1988) seien an dieser Stelle genannt: *Fleckenstein*, Gedenkrede, sowie die anderen Beiträge in: *In memoriam Heimpel*; *Boockmann*, Historiker Heimpel (streckenweise von beinahe hagiographischem Charakter); *Schulin*, Heimpel; *Racine*, Hermann Heimpel, sowie andere Beiträge und Erwähnungen in: *Schulze, Oexle (Hg.)*, Deutsche Historiker; vgl. auch: *Obenaus*, Geschichtsstudium, sowie die zahlreichen Nennungen bei: *Schulze*, Geschichtswissenschaft, und: *Nagel*, Schatten; außerdem das folgende Kapitel, Kap. 13.a).

90 *Boockmann*, Historiker Heimpel, S. 24.

91 Die Berufung Heimpels im Jahr 1946 wurde offenbar dadurch erleichtert, daß Erich Botzenhart, der ein Extraordinariat innegehabt hatte, 1945 entlassen worden war. Insbesondere Kaehler wollte seine Rückkehr ausschließen. — *Boockmann*, Historiker Heimpel, S. 27–28; *Fleckenstein*, Gedenkrede, S. 41; *Schulze*, Geschichtswissenschaft, S. 320; *Obenaus*, Geschichtsstudium, S. 311, m. Anm. 15; *Nagel*, Schatten, S. 94; über Botzenharts Entlassung und seinen dauernden Ausschluß vom Lehramt: *Ericksen*, Kontinuitäten, S. 446–448; über seine Berufung 1939: oben, Kap. 9.e); über die Schaffung eines Ordinariats für Heimpel auch: FAS, L 230, Bd.6, Eingabe von Siegfried A. Kaehler, masch. Durchschl., 29.10.1947.

92 *Fuhrmann*, Gedenkworte Monumenta, S. 18–19; *Schulze*, Geschichtswissenschaft, v.a. S. 148 u. 155; *Fuhrmann*, Geschichte als Fest, S. 279–282.

93 In diesem Sinne z.B. *Obenaus*, Geschichtsstudium, S. 310–311.

c) Ende und Weiterentwicklung wissenschaftlicher Projekte

Schramms wissenschaftliche Arbeit hatte ihren Schwerpunkt noch bis zum Ende der vierziger Jahre im Bereich der Wirtschafts- und Sozialgeschichte.[94] Auf dieses Feld bezogen sich seine ersten beiden Buchpublikationen nach Kriegsende. Dabei wirkte es sich aus, daß er aufgrund seiner Herkunft über sehr gute Kontakte nach Hamburg verfügte. Er genoß dort ein hohes Ansehen, das er mit »Hamburg, Deutschland und die Welt« noch gesteigert hatte. Dadurch konnte er entscheidend dazu beitragen, daß eine Gruppe von Hamburger Firmen im Oktober 1946 eine »Forschungsstelle für hamburgische Wirtschaftsgeschichte« gründete.[95]

Das Bewußtsein, daß er hier große Anerkennung fand, verstärkte Schramms Bestreben, seine in den Kriegsjahren begonnene Arbeit – soweit die Umstände es zuließen – bruchlos fortzusetzen. Als erste Veröffentlichung der genannten Forschungsstelle erschien im Jahr 1949 unter dem Titel »Kaufleute zu Haus und über See« ein von ihm herausgegebener Band mit Briefen und Dokumenten, von denen einige aus dem Besitz seiner Familie stammten.[96] Auch die Monographie »Deutschland und Übersee« von 1950 ist noch dieser Schaffensperiode zuzurechnen.[97] Die Arbeit ging auf ein Manuskript zurück, dessen erste Fassung Schramm bereits während des Krieges abgeschlossen hatte.[98] In diesem Buch beschrieb er, wie die deutsche Handelswirtschaft, wobei die Rolle hamburgischer Kaufleute im Mittelpunkt stand, im 19. Jahrhundert in die außereuropäische Welt, besonders nach Afrika, ausgegriffen hatte. Auffällig ist an dieser Arbeit nicht zuletzt, wie unbefangen Schramm die kolonialistische Expansion, ganz im Geist der imperialistischen Epoche, als Mission der Kulturstiftung beschrieb.[99]

Im Gegensatz dazu ging es in diesen Jahren für ihn auf dem Gebiet der Mediävistik vor allem darum, seine Papiere zu ordnen, die unabgeschlosse-

94 »Ich bin«, schrieb er im Dezember 1946 an Saxl, »wie Sie sehen, mit einem Bein (womöglich dem dickeren sogar) in die Neuzeit gekommen« (WIA, GC 1942–46, Brief P.E. Schramm an F. Saxl, Göttingen 20.12.1946).

95 Seit 1950 trägt die Institution die Bezeichnung »Wirtschaftsgeschichtliche Forschungsstelle e.V. Gesellschaft für hanseatische Wirtschaftsgeschichte«. — *Möring*, Erforschung; darin über die Gründung: S. 63; über Percy Ernst Schramm als Anreger: S. 61–63 u. 69; vgl. auch die »Einführung der Forschungsstelle«, in: SVS 1949 Kaufleute, S. 9–10.

96 SVS 1949 Kaufleute.

97 SVS 1950 Deutschland; hierzu insgesamt: *Grolle*, Schramm Sonderfall, S. 31–39.

98 An dem ursprünglichen Manuskript übte Gerhard Ritter 1947 massive Kritik, was Schramm veranlaßte, das Manuskript für die Veröffentlichung stark zu bearbeiten. — *Hartlaub, F.*, »Umriss«, Bd.1, S. 732; SVS 1950 Deutschland, S. 473–474; SVS 1961–1965 Kriegstagebuch, Bd.4,2, S. 1810 m. Anm. 1; s. hierzu bereits oben, Kap. 11.b); Gerhard Ritters Kritik: FAS, L 230, Bd.9, Brief G. Ritter an P.E. Schramm, Freiburg 1.7.1947; s. ausführlicher unten, Kap. 13.b).

99 Dieser Aspekt herausgearbeitet bei: *Grolle*, Schramm Sonderfall, v.a. S. 35–38.

nen Projekte zu sichten und Entscheidungen zu fällen, wie sie weitergeführt werden sollten. Dabei mußte er mit einigen schweren Verlusten zurechtkommen. Von Bedeutung war etwa die vollständige Vernichtung des Mittellateinischen Apparats. Als Teil der Bibliothek des Historischen Seminars war der Apparat während des Krieges in einen Bergwerksschacht gebracht worden, um ihn vor Bombardierungen zu schützen. Mit der gesamten Seminarbibliothek verbrannte er dort im Herbst 1945, rund ein halbes Jahr nach Kriegsende, als ein nahegelegenes Munitionsdepot explodierte.[100] Auch Schramms Privatbibliothek ging dort zugrunde.[101]

Die Bücher, die er für seine Arbeit zu Hause benötigte, konnte sich Schramm nach und nach wieder beschaffen. Der Verlust der Seminarbibliothek wurde für den Anfang durch den unversehrten Erhalt der Universitätsbibliothek ausgeglichen. Um die Wiederherstellung des Mittellateinischen Apparats bemühte sich Schramm gar nicht erst. Sein Engagement für die mittellateinische Philologie hatte schon in der zweiten Hälfte der dreißiger Jahre erheblich nachgelassen, nachdem das Ehepaar Bulst von Göttingen weggezogen war. Nun war jeder Anreiz verlorengegangen, dieses Engagement wieder aufleben zu lassen.[102] In der nachfolgenden Zeit beschränkte sich der im Amt bestätigte Ordinarius darauf, bei der Göttinger Akademie der Wissenschaften regelmäßig Zuschüsse zu beantragen, um die wissenschaftliche Arbeit von Hans Walther zu fördern. Walther, im Hauptberuf Gymnasiallehrer, hatte schon Anfang der dreißiger Jahre zu Schramms mittellateinischem Kreis gehört.[103]

Die Vernichtung des mittellateinischen Apparats war nicht die schwerste durch den Krieg verursachte Einbuße, die wissenschaftliche Vorhaben Schramms zunichte machte oder zumindest ins Stocken geraten ließ. In der Zeit vor 1939 hatte Schramm einen Doktoranden gewinnen können, der eine Forsetzung seiner »Kaiserbilder« bis ins 15. Jahrhundert in Angriff nahm und seine Dissertation im Manuskript auch abschloß. Der Kandidat starb

100 Bei dem erwähnten Bergwerk handelte es sich um ein Kalibergwerk in Volpriehausen, nordwestlich von Göttingen. — FAS, L 230, Bd.6, Unterakte: »Kaehler, Siegfried A.«, »Verwaltungsbericht 1939–1949« von Siegfried A. Kaehler, 12.4.1949; vgl. auch SVS 1968–1971 Kaiser, Bd.4,1, S. 48.

101 WIA, GC 1942–46, Brief P.E. Schramm an F. Saxl, Göttingen 20.12.1946.

102 Schramm erwähnte gelegentlich eine Sammlung mittellateinischer Fürstendichtungen, die er gemeinsam mit Walther Bulst anzulegen begonnen habe, die jedoch während des Krieges in Berlin verbrannt sei. — FAS, L »Geschichtsforschung«; FAS, L 230, Bd.6, Brief P.E. Schramm an E. Kantorowicz, masch. Durchschl., Göttingen 14.8.1947; über den Weggang des Ehepaares Bulst s.o., Kap. 9.e).

103 Offenbar intensivierte Hans Walther (1884–1971) als Pensionär seine Forschungen. — Einschlägige Quellenstücke unter anderem aus den Jahren 1955, 1959 und 1964 in: FAS, L 230, Bd.1, Unterakte: »Akademie der Wissenschaften, Göttingen«; über die frühere Zeit siehe oben, zuerst Kap. 8.a).

in sowjetischer Kriegsgefangenschaft.[104] Ähnlichen Erschütterungen waren Schramms Bemühungen um die Geschichte des Königtums in Europa ausgesetzt. Im Kreis seiner Schüler hatte er vor dem Krieg mehrere Arbeiten über das Königtum in verschiedenen europäischen Ländern angeregt. Von diesen Arbeiten kam letztlich keine einzige zum Abschluß.[105] Nach 1945 war unter Schramms Schülern Janoš Bak der einzige, der diesen Themenkreis noch einmal aufgriff. Bak, ein Ungar, wurde 1962 mit einer Arbeit über »Das ungarische Königtum im späten Mittelalter« promoviert.[106]

Auch Schramms eigene Forschungen über das Königtum in Europa waren durch den Krieg beeinträchtigt worden. Ohnehin hatte er bereits bei Kriegsausbruch eine gewisse Ermüdung hinsichtlich dieser Thematik erkennen lassen.[107] Er verfügte noch über ein recht umfangreiches Konvolut von Materialien, die er über Osteuropa, insbesondere Polen und Böhmen, zusammengetragen hatte. Dennoch scheint er nicht mehr ernsthaft erwogen zu haben, über das Königtum im östlichen Europa eine größere Arbeit zu verfassen.[108] Gleichzeitig hatte er den vollständigen Verlust einer Materialsammlung zu beklagen, die er mit Bezug auf Spanien erstellt hatte: Sie war

104 Der Name des Kandidaten war Wilhelm Lutzenberger. — SVS 1968–1971 Kaiser, Bd.4,2, S. 727; außerdem: FAS, L 230, Bd.6, Brief P.E. Schramm an E. Kantorowicz, masch. Durchschl., Göttingen 14.8.1947; FAS, L 230, Bd.7 [unter »Mann«], Brief O. Lehmann-Brockhaus an A. Mann, Abschrift, München 23.8.1951.

105 1947 zählte Schramm drei Bearbeiter einschlägiger Themen auf. Ein gewisser Dr. Mediger hatte das polnische Königtum bearbeiten sollen. Er fiel wohl im Krieg. Wilhelm Berges (1909–1978), später Ordinarius an der Freien Universität Berlin, war als Bearbeiter des nordischen Königtums vorgesehen gewesen. Er hatte sich aber, als Schramm dies notierte, offenbar schon von dem Thema abgewandt. Jedenfalls habilitierte er sich noch 1947 über einen völlig anderen Gegenstand. Für das irische und schottische Königtum nannte Schramm einen gewissen Ricketts, der selbst Schotte war. Er war in den dreißiger Jahren in Göttingen Student gewesen und hatte über das Thema promoviert werden sollen. Schramm hatte ihm sein gesamtes einschlägiges Material überlassen. Ricketts war mitsamt dem Material nach Schottland zurückgekehrt, ohne jedoch die Arbeit abzuschließen. Ohne Erfolg versuchte Schramm nach 1945 mehrfach, ihn zur Herausgabe des Materials zu bewegen. — FAS, L 247, Aufzeichnung »Meine wissenschaftliche und pädagogische Tätigkeit«, masch. Durchschl., April 1947; SVS 1968–1971 Kaiser, Bd.1, Anm. 1 auf S. 9; außerdem über Berges: *Kurze*, Wilhelm Berges, v.a. S. 535–537; über Ricketts: SVS 1968–1971 Kaiser, Bd.4,1, S. 223; FAS, L 230, Bd.3, Brief P.E. Schramm an A.A.M. Duncan, masch. Durchschl., Göttingen 17.3.1967; FAS, L – Ablieferung Elze [noch unsigniert], Brief P.E. Schramm an A.A.M. Duncan, masch. Durchschl., o.O. [Göttingen], 29.6.1967; über die von Schramm angeregten Arbeiten seiner Schüler s. zuerst oben, Kap. 10.a).

106 *Ritter, A.*, Veröffentlichungen Schramm, Nr.II,58, auf S. 321.

107 S.o., v.a. Kap. 9.f).

108 Jedenfalls übergab Schramm das erwähnte Konvulut Anfang der sechziger Jahre zur weiteren Bearbeitung an den Osteuropaforscher Herbert Ludat. Auf Schramms Bitte hin reichte dieser es 1964 an Janoš Bak weiter. Schramm erläuterte Ludat, Bak wolle das Material »durchsehen, um seine Dissertation über das spätmittelalterliche ungarische Königtum abzurunden [...].« Nach Erhalt des Materials schrieb Bak an Schramm, es beziehe sich vor allem auf Böhmen und Polen. — FAS, L 230, Bd.7, Brief P.E. Schramm an H. Ludat, masch. Durchschl., o.O. [Göttingen], 6.12.1963; ebd., Bd.1, Brief J. Bak an P.E. Schramm, Marburg 9.1.1964; ebd., Brief P.E. Schramm

in der Nähe von Berlin verlorengegangen. An Kantorowicz schrieb er, er habe »keine Lust, eine im wesentlichen beendete Materialsammlung noch einmal durchzuführen.«[109] Obwohl er Spanien später doch wieder in Angriff nahm, kam ein Buch bis an sein Lebensende nicht mehr zustande.[110]

Etwas anders entwickelten sich seine Bemühungen um eine Edition der Krönungsordines. Schramm hielt eine zuverlässige Ausgabe für unbedingt wünschenswert. Allerdings hatte sein Verhalten schon vor dem Krieg erkennen lassen, daß er keinen allzu großen Ehrgeiz hatte, die Arbeit selbst zu machen.[111] Stattdessen hielt er nach einem Nachfolger Ausschau, der das Begonnene zu Ende führen könnte. Einen solchen Nachfolger, der darüber hinaus für die handwerkliche Seite der Sache mehr Eignung und Begeisterung mitbrachte als er selbst, fand er in Reinhard Elze.[112]

Elze war ursprünglich ein Schüler von Hans-Walther Klewitz gewesen. Nach dessen Tod war er 1944 bei Karl Brandi promoviert worden und fungierte seitdem, durch eine chronische Erkrankung vor dem Kriegsdienst geschützt, als Wissenschaftliche Hilfskraft am Historischen Seminar in Göttingen.[113] Wohl in der ersten Hälfte des Jahres 1947 trat Schramm an ihn heran und schlug ihm vor, die Edition der Krönungsordnungen zu übernehmen. Elze zögerte zunächst, erklärte aber Ende Juni, sich der Aufgabe stellen zu wollen.[114] Daraufhin wandte sich Schramm unverzüglich an die Monumenta, damit sie Elze unterstützten. Bei dieser Institution war das Projekt, mit ihm selbst als Bearbeiter, ja schon einmal angemeldet gewesen. Tatsächlich gelang es ihm, das Vorhaben aufs neue dort unterzubringen: Im September 1947 beschloß die Zentraldirektion, die Edition in Angriff zu nehmen und Elze als ihren Bearbeiter zu finanzieren. Ab dem 1. April 1948 erhielt der Göttinger Nachwuchshistoriker von den Monumenta ein Stipendium.[115]

an J. Bak, masch. Durchschl., Göttingen 13.1.1964; vgl. SVS 1968–1971 Kaiser, Bd.1, Anm. 1 auf S. 9.

109 FAS, L 230, Bd.6, Brief P.E. Schramm an E. Kantorowicz, masch. Durchschl., Göttingen 14.8.1947; vgl. auch: WIA, GC 1942–46, Brief P.E. Schramm an F. Saxl, Göttingen 20.12.1946; über Spanien bereits oben, Kap. 10.a).

110 Im Jahr seines Todes hat Schramm in seinen »Gesammelten Aufsätzen« seine einschlägigen Publikationen aufgelistet und, zum wiederholten Mal, das Erscheinen eines Buches in Aussicht gestellt (SVS 1968–1971 Kaiser, Bd.4,1, S. 316–317).

111 Hierzu oben, zuerst Kap. 9.f).

112 Reinhard Elze (1922–2000), in Rostock geboren, habilitierte sich 1958 in Bonn und wurde später Direktor des Deutschen Historischen Instituts in Rom. — *Schmugge*, Deutschrömer; *Schimmelpfennig*, Nachruf Elze; Gespräch mit *Reinhard Elze* am 20.4.1999 in München.

113 *Schimmelpfennig*, Nachruf Elze, S. 419.

114 Elze schrieb in einem Brief, er sei ungefähr ab September bereit, an den Ordines zu arbeiten. — FAS, L 230, Bd. 3, Brief R. Elze an P.E. Schramm, o.O. [Göttingen], 29.6.1947; *Bak*, Percy Ernst Schramm, S. 425.

115 FAS, L 230, Bd.1, Briefe F. Baethgen an P.E. Schramm: Berlin 29.3.1948, München 16.4.1948; *Baethgen*, Monumenta 1943–1948, S. 11; vgl. *Elze*, Einleitung, S. XXXV–XXXVI.

Auf Schramms Betreiben hin bestand zunächst die Absicht, die Edition auf eine eher pragmatische Weise anzugehen. Um zügig zum Abschluß zu kommen, sollte sie sich stark auf schon vorhandene Drucke stützen.[116] Doch Elze war aus anderem Holz geschnitzt als sein Mentor. Bald erkannte er, daß eine brauchbare Edition nur auf der Grundlage einer gründlichen Prüfung der handschriftlichen Überlieferung zustande kommen konnte.[117] Schramm akzeptierte diese Wendung ohne weiteres.[118] Zu keinem Zeitpunkt vergaß er, daß er von 1947 an nicht mehr der Bearbeiter der Ordines war. Mitsamt dem Projekt hatte er an Elze, außer dem erwähnten Konvolut über Osteuropa, das gesamte Material übergeben, das er zu den Ordines und zu anderen, verwandten Texten gesammelt hatte.[119] Fortan sah er seine Aufgabe darin, den Bearbeiter, sofern dieser darauf angewiesen war, mit Rat und Tat zu unterstützen.[120] Elze konzentrierte sich in den folgenden Jahren auf die Ordines für die Kaiserkrönung. Das Ergebnis seiner Forschungen war die Edition der Kaiserordines, die 1960 erschien.[121] Seine Habilitationsschrift, die Erläuterungen und Interpretationen der Quellentexte enthielt, wurde hingegen nie veröffentlicht. Schramm bedauerte dies sehr.[122]

Schramm selbst war im Hinblick auf die Publikation von Forschungsergebnissen das genaue Gegenteil von Elze. Seiner Konzentration auf die Geschichte des Hamburger Bürgertums und dem nur allmählichen Wiederanlaufen seiner mediävistischen Forschungstätigkeit entsprach es aber, daß er

116 *Baethgen*, Monumenta 1943–1948, S. 19; vgl. auch: FAS, L 230, Bd.6, Brief P.E. Schramm an E. Kantorowicz, masch. Durchschl., Göttingen 14.8.1947.

117 Vgl. *Elze*, Einleitung, S. XXXVI.

118 Schon im September 1950 räumte Schramm in einem Brief an Elze ein: »Es ist für unsere Ausgabe offensichtlich doch sehr wichtig, daß Sie so viele Hss. kontrollieren. Ich bin gespannt auf das Endergebnis« (Privatbesitz R. Elze, Brief P.E. Schramm an R. Elze, o.O. [Göttingen] 26.9.1950).

119 Elze bewahrte dieses Material fünfzig Jahre lang auf. Er scheint es aber nicht sehr intensiv benutzt zu haben. Einige Jahre vor seinem Tod übergab er es den Monumenta, die es schließlich an das Staatsarchiv in Hamburg weiterreichten, wo es heute als Teil des Nachlasses von Percy Ernst Schramm liegt. — FAS, L – Ablieferung Elze [noch unsigniert].

120 Eine für diesen Zusammenhang ungemein reichhaltige Quelle ist der Briefwechsel zwischen Schramm und Elze. Zahlreiche Briefe Elzes sind in Schramms Nachlaß überliefert. Elze selbst gewährte mir im April 1999 Einsicht in die in seinem Privatbesitz befindlichen Briefe von Schramm. — FAS, L 230, Bd. 3, Unterakte: »Elze, Reinhard«; Privatbesitz R. Elze; vgl. auch Schramms eigene Aussage in: *Bak*, Percy Ernst Schramm, S. 425; außerdem das folgende Kapitel, Kap. 13.a).

121 *Elze* stellte am Ende fest, seine Edition habe »eine Form erhalten, die von dem Schrammschen Plan erheblich abweicht, aber Schramms volle Zustimmung gefunden hat« (*Elze*, Einleitung, S. XXXVI).

122 Nachdem Schramm Elzes Habilitationsschrift gelesen hatte, schrieb er an diesen: »Das Ganze bedeutet einen *großen* Fortschritt. [...] Allerdings werden die Texte erst durch dieses Buch zu sprechen anfangen.« — Privatbesitz R. Elze, Postkarte P.E. Schramm an R. Elze, Göttingen 5.11.1958; vgl. über die Habilitationsschrift auch: *Elze*, Einleitung, Anm. 3 auf S. X u. Anm. 1 auf S. XVII; SVS 1968–1971 Kaiser, Bd.4,2, S. 730; *Schimmelpfennig*, Nachruf Elze, S. 420.

nach dem Ende des Zweiten Weltkriegs – von einer kurzen Rezension aus dem Jahr 1949 abgesehen, von der gleich die Rede sein wird – vor 1950 nur eine einzige Veröffentlichung zur mittelalterlichen Geschichte vorlegte. Dabei handelte es sich um den Aufsatz »Sacerdotium und Regnum im Austausch ihrer Vorrechte« aus dem Jahr 1947. Er erschien in einem italienischen Sammelwerk, das der Geschichte des Papstes Gregor VII. und der von ihm vorangetriebenen Kirchenreform des elften Jahrhunderts gewidmet war.[123]

Die inhaltliche Analyse dieses Aufsatzes bleibt dem übernächsten Kapitel vorbehalten, in dem Schramms mediävistische Publikationen aus den letzten Jahrzehnten seines Lebens im Zusammenhang behandelt werden. Hier ist von Bedeutung, daß Schramm zum Zeitpunkt der Veröffentlichung mit Lehrverbot belegt war und in Deutschland, wie oben erwähnt, so gut wie keine Möglichkeit hatte, wissenschaftliche Arbeiten drucken zu lassen. Deshalb war die Einladung des italienischen Herausgebers, einen Aufsatz beizusteuern, ein besonderer Glücksfall für ihn.[124] Er revanchierte sich, indem er im Jahr 1949 in der »Göttinger Universitätszeitung« auf die ersten beiden Bände des Sammelwerks hinwies – das ist die oben erwähnte, zweite mediävistische Publikation Schramms vor 1950[125] – und vier Jahre später in den »Göttingischen Gelehrten Anzeigen« in einer ausführlichen Besprechung auf den Inhalt des mittlerweile auf vier Bände angewachsenen Gesamtwerks einging.[126] Bei beiden Gelegenheiten hob er hervor, daß sich unter den beteiligten Wissenschaftlern, neben Forschern verschiedenster Nationalität, besonders viele Deutsche befänden. Dafür gebühre dem Herausgeber ein besonderer Dank. Schramm wollte die Publikation als ein ermutigendes Zeichen für das Weiterleben einer internationalen Wissenschaft gewertet wissen.[127] Damit war die grenzüberschreitende wissenschaftliche Zusammenarbeit angesprochen, die ihm in der Zeit vor 1939 besonders am Herzen gelegen hatte. Sie spielte auch in den Jahrzehnten nach 1948 für seinen akademischen Alltag eine Rolle.

123 SVS 1947 Sacerdotium.
124 Vgl. hierzu: SVS 1968–1971 Kaiser, Bd.4,1, die Anm. auf S. 57.
125 SVS 1949 Rez. Studi Gregoriani.
126 SVS 1953 Zeitalter.
127 SVS 1949 Rez. Studi Gregoriani; SVS 1953 Zeitalter, S. 64–65 u. 140.

13. Der Zeitgenosse

Dieses Kapitel gibt einen Überblick über Schramms Erlebnisse und die Veränderungen seiner Lebenssituation in der Zeit nach 1948. Die letzten gut zwanzig Jahre seines Lebens unterschieden sich von der Zeit vor 1939 vor allem darin, daß sich der Stellenwert der Geschichte des Mittelalters im Rahmen seiner Arbeit veränderte. Bis zu den späten dreißiger Jahren hatte er beinahe ausschließlich zu diesem Gebiet geforscht und publiziert. Seitdem war die Geschichte des Hamburger Bürgertums mindestens gleichberechtigt danebengetreten. Seit ungefähr 1950 trat als drittes Forschungsfeld die Geschichte des Zweiten Weltkriegs hinzu.

In diesem Kapitel wird deutlich werden, daß Schramm auf die Fragen und Herausforderungen seiner Gegenwart vor allem im Medium seiner Weltkriegsforschung reagierte. In besonderer Weise wird der Historiker hier als Zeitgenosse, als Mitgestalter der Gegenwart und als Zeuge der erlebten Vergangenheit sichtbar. Derselbe Aspekt tritt, wenn auch weniger deutlich, bei Schramms Forschungen über Hamburg hervor. Diese Zusammenhänge werden, da hier nur die Mediävistik von vorrangigem Interesse ist, im vorliegenden Kapitel eher angedeutet als ausgeführt. Sie werden als Elemente des lebensweltlichen Umfelds betrachtet, aus dem in der bundesrepublikanischen Zeit die mediävistischen Arbeiten Schramms hervorgegangen sind. Von diesen wird dann im folgenden Kapitel ausführlicher die Rede sein.

a) Als Lehrer und Forscher in Göttingen

Als Schramm am ersten November 1948 seine Lehrtätigkeit wieder aufnahm, war er gerade vierundfünfzig Jahre alt geworden. Das Haus an der Herzberger Landstraße, das in der ersten Zeit nach dem Krieg weit mehr als ein Dutzend Personen beherbergt hatte, wurde allmählich wieder stiller. Auch die drei Söhne begannen nach und nach, sich vom Elternhaus zu lösen. Der älteste, Jost, studierte in Braunschweig und ging 1952 nach Hamburg, wo er als Architekt arbeitete.[1]

Ehrengard Schramm hatte bereits vor dem Zweiten Weltkrieg begonnen, in Göttingen bürgerschaftliches Engagement zu entfalten. Dieses Engage-

1 Gespräch mit *Jost Schramm* am 1.12.1998 in Hamburg.

ment weitete sie in den Jahrzehnten nach dem Krieg aus. Sie baute ein Hilfswerk für griechische Dörfer auf, die im Zweiten Weltkrieg besonders schwer unter der deutschen Besatzung gelitten hatten. Insbesondere wandte sie sich dem Städtchen Kalávrita zu, das von deutschen Truppen zerstört und dessen Bevölkerung zum Großteil ermordet worden war.[2] Gleichzeitig wurde sie politisch tätig. Zunächst saß sie für die FDP im Göttinger Stadtrat. Mitte der fünfziger Jahre trat sie zur SPD über, für die sie 1959 in den niedersächsischen Landtag einzog.[3] Der Wechsel zur Sozialdemokratie war für die Tochter eines pommerschen Junkers zweifellos ein großer Schritt.[4] Er ergab sich als Folge des Streits um die Ernennung des FDP-Politikers Leonhard Schlüter zum niedersächsischen Kultusminister. Hiervon wird unten die Rede sein. In dieser Auseinandersetzung bezog Ehrengard Schramm offen Stellung zugunsten der Universität, wodurch es zwischen ihr und der freidemokratischen Partei zum Zerwürfnis kam.[5]

Ehrengard Schramms soziale und politische Tätigkeit hatte zur Folge, daß sie immer häufiger auswärtige Pflichten wahrzunehmen hatte. Dauerhaft präsent im Haus an der Herzberger Landstraße war hingegen Percy Ernst Schramms Mutter Olga. Nachdem ihr Sohn sie 1943 zum ersten Mal aus dem kriegszerstörten Hamburg nach Göttingen geholt hatte, war sie im Sommer 1946 endgültig dorthin gezogen und hatte das Haus im Hamburger Frauenthal aufgegeben.[6] Bis ins hohe Alter blieb sie bemerkenswert vital. Sie starb, weit über neunzig Jahre alt, im Jahr 1965. Solange sie lebte, war sie prägend für das Bild vom Schrammschen Haus, das Gästen in Erinnerung blieb. Gäste gab es viele: Besucher von nah und fern frequentierten die Gästezimmer. Die meisten von ihnen waren befreundete Wissenschaftler. Häufig wurden auch Einladungen zum Mittagessen ausgesprochen. Solche Einladungen richteten sich nicht nur an akademische Gäste, sondern auch an Schüler von Schramm oder an Menschen, denen die Familie helfen wollte. Regelmäßig nahm zum Beispiel Helga-Maria Kühn für einige Zeit am Mittagessen teil. Sie stammte aus Leipzig und kam 1962 als Flüchtling nach Göttingen. Die tatkräftige Unterstützung der Familie Schramm war ihr eine wertvolle Hilfe, bis sie 1964 ihre Promotion abschloß und Göttingen verließ.[7]

2 *Kühn*, Ehrengard Schramm, S. 214–220.

3 Ebd., S. 220–221.

4 Vgl. hierzu: Ebd., S. 223–224.

5 Ebd., S. 221; außerdem ebd., S. 214.

6 WIA, GC 1942–46, Brief R. Schramm an G. Bing und F. Saxl, Hamburg, begonnen 6.2.1946, abgeschlossen 31.7.1946, verschickt 29.8.1946.

7 Über die evangelische Studentengemeinde hatte es bereits in den fünfziger Jahren erste Kontakte gegeben. Kurz nachdem Helga-Maria Kühn die Flucht gelungen war, erhielt sie im Januar 1962 in Westberlin ein Telegramm von Percy Ernst und Ehrengard Schramm mit dem Wortlaut: »Willkommen in der Freiheit. Ihnen zu helfen ist uns eine Ehrenpflicht.« — Gespräch mit *Helga-Maria Kühn* am 23. November 1998 in Göttingen; vgl. *Kühn*, Ehrengard Schramm, Anm. auf S. 212.

Mit Blick auf die Mittagstafel ist vielen, die das Leben der Familie Schramm miterlebten, in Erinnerung geblieben, daß auf die pünktliche Einhaltung der Essenszeiten großer Wert gelegt wurde. Auch sonst zeichnete sich Schramms Tagesablauf – wenn er sich nicht gerade auf Reisen befand, was relativ häufig der Fall war – im allgemeinen durch Regelmäßigkeit aus. Viermal in der Woche ging der Ordinarius morgens zur Vorlesung um neun Uhr in die Universität und arbeitete danach am Seminar oder in der Universitätsbibliothek.[8] Am Nachmittag empfing er zu Hause fast jeden Tag Besucher, um wissenschaftliche oder wissenschaftsorganisatorische Probleme zu erörtern. Danach setzte er seine Arbeit am Schreibtisch fort, die er oft bis in die Nacht hinein ausdehnte.[9] Von seinen Lehrveranstaltungen heißt es, sie seien oft schlecht vorbereitet gewesen, weil sich Schramm bei Themen, die ihm vertraut waren, allzu sehr auf seine Erfahrung verließ. Darüber hinaus neigte er dazu, sein Talent zur rhetorischen Improvisation zu überschätzen.[10] Arbeitete er sich allerdings in ein neues Thema ein oder lag ihm die Veranstaltung besonders am Herzen, dann war er in seiner Vorbereitung sehr sorgfältig und vermochte seine Zuhörer stark zu beeindrucken. Dies galt insbesondere für seine Vorlesung über die Geschichte des Zweiten Weltkriegs, von der unten noch zu sprechen sein wird.[11]

Oft war er in seiner Lehre bestrebt, die Studierenden auf die Vielfalt der Quellenformen aufmerksam zu machen, mit der er selbst umzugehen gelernt hatte. Vor allem versuchte er, ihnen den Umgang mit bildhaften Zeugnissen nahezubringen. Am Schwarzen Brett des Historischen Seminars hängte er Abbildungen auf, die er im Zuge seiner Arbeit ausgeschnitten hatte. Er ordnete sie nach Themen, tauschte sie in kurzen Abständen aus und veranstaltete auf diese Weise regelrechte kleine Ausstellungen.[12] Aufgrund der besonderen Wertschätzung, die er optischen Eindrücken entgegenbrachte, begegnete er auch dem »Institut für den Wissenschaftlichen Film«, das Anfang der fünfziger Jahre in Göttingen eingerichtet wurde, mit großer Sympathie.

8 Schramms Sohn Gottfried berichtet, der Vater habe mittags um 12 häufig die sogenannte »Kaffeeakademie« bei seinem Arzt Dr. Lezius besucht, »wo sich einige Herren aus verschiedenen Berufen zur anregenden Plauderei versammelten« (briefliche Mitteilung von Gottfried Schramm am 2.6.2003).

9 Über den Tagesablauf insgesamt: Gespräch mit *Gottfried Schramm* am 11.11.1998 in Freiburg im Breisgau; Gespräch mit *Norbert* und *Rosemarie Kamp* am 1.2.1999 in Braunschweig; briefliche Mitteilung von Gottfried Schramm am 2.6.2003.

10 »Bei Vorträgen konnte er auch leichtsinnig werden. Kannte er den Stoff, so war er der Meinung, die Form fände sich von selbst [...]« (*Fuhrmann*, Chevalier, S. 289).

11 Gespräch mit *Norbert* und *Rosemarie Kamp* am 1.2.1999 in Braunschweig; Gespräch mit *Joist Grolle* am 29.9.1999 in Hamburg; über die Vorlesung zur Geschichte des Zweiten Weltkriegs s.a. unten in diesem Kapitel, Abschnitt c).

12 *Walther Hubatsch* erzählt, Schramm habe diese Ausstellungen »Bilder der Woche« genannt. — *Hubatsch*, Erforscher; Gespräch mit *Ernst* und *Heidi Schulin* am 11.11.1998 in Freiburg im Breisgau.

Er unterstützte die Arbeit des Instituts nach Kräften und gehörte seit 1958 seinem Beirat an.[13]

Das Göttinger Historische Seminar war in diesen Jahren eines der führenden in Deutschland.[14] Dort war Schramm die beherrschende Figur neben Hermann Heimpel, der in seiner Forschung das Spätmittelalter behandelte.[15] In Lehrveranstaltungen ging Heimpel weit über sein Spezialgebiet hinaus; allerdings war Schramm in der Breite der in seiner Lehre behandelten Gegenstände unübertroffen. Hinsichtlich ihrer öffentlichen Präsenz und ihrer wissenschaftlichen Autorität waren Schramm und Heimpel von gleichem Rang. Dennoch hatte Heimpels Stellung eine andere Qualität. Der sieben Jahre jüngere Heimpel war bereits 1948/49 Dekan der Philosophischen Fakultät. Im akademischen Jahr 1953/54 war er Rektor der Universität und Präsident der Westdeutschen Rektorenkonferenz.[16] Seit 1957 bekleidete er das Amt des Direktors des für ihn gegründeten Max-Planck-Instituts für Geschichte in Göttingen.[17] Auf der Ebene der Institutionen und der Wissenschaftsorganisation hatte er in der deutschen Geschichtswissenschaft einen kaum zu überschätzenden Einfluß.[18]

Hingegen beruhte Schramms Autorität vor allem auf der Fülle und der thematischen Vielfalt seiner wissenschaftlichen Arbeiten. Auch er hatte eine Vielzahl von Ämtern inne. An der Göttinger Philosophischen Fakultät war er im Jahr 1956/57 Dekan.[19] Seine Tätigkeit im Beirat des »Instituts für den Wissenschaftlichen Film« wurde schon erwähnt, von weiteren Ämtern und Funktionen wird noch die Rede sein. Dennoch prägte diese Ebene des akademischen Lebens seine Wirksamkeit nicht. Darin unterschied er sich nicht nur von Heimpel, sondern auch von Karl Brandi, seinem maßgeblichen Kollegen früherer Jahre.[20] Vor diesem Hintergrund sind sich alle Zeitzeugen einig, daß von einem Konkurrenzverhältnis zwischen Schramm und

13 *Hagen*, Göttingen, S. 330–331; reichhaltiges Material in: FAS, L 230, Bd.5, Unterakte: »Institut für den Wissenschaftlichen Film«.

14 »Göttingen war in der zweiten Hälfte der 50er Jahre […] eine der besten Adressen für das Fach Geschichte in Deutschland« (*Rürup*, »Das Dritte Reich…«, S. 268).

15 Über Heimpel (1901–1988) bereits oben, Kap. 12.b).

16 *In memoriam Heimpel*, v.a. S. 9–10; *Boockmann*, Historiker Heimpel, S. 31.

17 *In memoriam Heimpel*, v.a. S. 15; *Boockmann*, Historiker Heimpel, S. 33–37; über die Gründung des Instituts auch: *Schulze*, Geschichtswissenschaft, S. 242–252.

18 Sein Ansehen war so groß, daß im Jahr 1958 versucht wurde, ihn als Nachfolger für den scheidenden Bundespräsidenten Theodor Heuss ins Gespräch zu bringen. — *Fleckenstein*, Gedenkrede, S. 42–43; *Boockmann*, Historiker Heimpel, S. 10, m. Anm. 11 auf S. 49–50, sowie S. 41.

19 Material in: FAS, L 230, Bd.3, Unterakte »Dekan der Philosophischen Fakultät der Universität Göttingen«.

20 Schramms Karriere wäre vielleicht vollkommen anders verlaufen, wenn die Ansätze zur Schaffung einer institutionellen Machtbasis, die Anfang der dreißiger Jahre bereits erkennbar gewesen waren, nicht durch die Folgen der Errichtung der nationalsozialistischen Diktatur zunichte gemacht worden wären. — Vgl. oben, v.a. Kap. 8.c) u. 9.e).

Heimpel im eigentlichen Sinne nicht die Rede sein kann.[21] Sie waren in ihren Stärken und ihrer Persönlichkeitsstruktur sehr verschieden und fanden auf ganz unterschiedlichen Feldern mehr als ausreichende Entfaltungsmöglichkeiten. Dabei respektierten sie einander. Zwischen ihren Familien bestand, vermittelt vor allem durch Schramms Frau Ehrengard, ein freundschaftliches Verhältnis.[22]

Im Hinblick auf die Gestaltung des Arbeitsalltags am Historischen Seminar lag es Schramm wie Heimpel am Herzen, Möglichkeiten zu schaffen, die das wissenschaftliche Gespräch anregen konnten. Die Freude am intellektuellen Austausch war zu allen Zeiten eine von Schramms hervorstechendsten Charaktereigenschaften. Ein entsprechender Termin waren in den Jahrzehnten nach dem Zweiten Weltkrieg die »Karl-Brandi-Abende«, bei denen sich die Göttinger Universitätshistoriker mit den Geschichtslehrern der Stadt trafen. Sie fanden regelmäßig statt, Anfang der fünfziger Jahre im monatlichen Rhythmus.[23] Denkanstöße und Gesprächsanregungen gab auch der »Mittelalterliche Abend«. Er wurde ebenfalls monatlich abgehalten und führte, wie Schramm 1952 in einem Brief an Kantorowicz erklärte, »alle am Mittelalter interessierten Kollegen und jüngeren Kräfte, etwa fünfzehn bis zwanzig Mann,« zusammen.[24] Nach der Gründung des Max-Planck-Instituts für Geschichte wurde der »Mittelalterliche Abend« dort weitergeführt. Heimpel lud zu den Sitzungen ein und fungierte als Gastgeber.[25]

Von sehr viel größerer Bedeutung für viele Studierende und junge Wissenschaftler waren allerdings Möglichkeiten zum intellektuellen Austausch, die sie sich selbst schufen. Schon 1949 entstand unter den älteren Studierenden der Geschichtswissenschaft ein Gesprächszirkel, dessen wichtigste Funktion

21 Die Quellen in Schramms Nachlaß lassen eine genauere Analyse nicht zu. Sie sind verhältnismäßig spärlich. Dies ist im Grunde kaum überraschend, da Heimpel und Schramm die allermeisten Angelegenheiten sicherlich persönlich oder telefonisch besprachen (vgl. das Material in: FAS: L 230, Bd.5, Unterakte: »Heimpel, Hermann«).

22 Mitteilung von Gottfried Schramm in einem Brief vom 24.3.2003.

23 Erwähnt in: SVS 1951 Anerkennung, Anm. 1 auf S. 449–452, hier: S. 452; vgl. in Schramms Nachlaß z.B. einen einschlägigen Brief vom 13.5.1957, in: FAS, L 230, Bd.7 [unter: »Max-Planck-Gymnasium«].

24 Diese Beschreibung formulierte Schramm im Jahr 1952, als er Kantorowicz erzählte, daß er einige von dessen Aufsätzen beim »Mittelalterlichen Abend« vorgestellt hatte. — FAS, L 230, Bd.6, Brief P.E. Schramm an E. Kantorowicz, masch. Durchschl., Göttingen 27.11.1952.

25 Eine Einladung vom November 1959 findet sich in Schramms Nachlaß in der Korrespondenz mit Heimpel. In einer Anmerkung zu seinem Aufsatz über »Denkart und Grundauffassungen« Karls des Großen berichtete Schramm 1964, er habe den zuerst in Berlin gehaltenen Vortrag in Göttingen im Rahmen des »Mittelalterlichen Abends« wiederholt. Erläuternd fügte er hinzu, der »Mittelalterliche Abend« sei »einberufen von Hermann Heimpel in das von ihm geleitete Max-Planck-Institut für Geschichte in Göttingen.« — FAS, L 230, Bd.5, Postkarte H. Heimpel an P.E. Schramm, Göttingen o.D. [vor 9.11.1959]; weitere Einladungen irrtümlich einsortiert in: ebd., Bd.2, Unterakte: »Colloquium Historicum«; SVS 1964 Karl Denkart, Anm. 3 auf S. 330; der »Mittelalterliche Abend« außerdem erwähnt bei: *Boockmann*, Historiker Heimpel, S. 42.

darin bestand, daß die Doktorkandidaten ihre Projekte vorstellten und sie mit ihren Kommilitonen intensiv besprachen. Als »Historisches Colloquium« wurde dieser Zirkel zur Institution.[26] Vor allem Schüler von Schramm und Heimpel trafen sich hier.[27] Das besondere Engagement der Angehörigen dieses Kreises schlug sich darin nieder, daß sie ein eigenes Wohnheim bauten und selbst verwalteten, in dem sie für die Dauer ihres Studiums lebten. Im Herbst 1952 wurde es eingeweiht.[28] Heimpels Schüler Jürgen Fischer gab zur Errichtung des Hauses den entscheidenden Anstoß, Schramms Schüler Norbert Kamp zählte bei der Durchführung des Projekts zu den maßgeblichen Organisatoren.[29] Der Einrichtung eignete eine gewisse Exklusivität, da die Zahl der Plätze sehr begrenzt war und die Aufnahme durch Kooptation erfolgte.[30] Andererseits ergab sich auf diese Weise eine außerordentliche Intensität des Zusammenlebens und des Gedankenaustauschs.

Die Professoren beobachteten die Entwicklungen mit großer Sympathie. Wo sie darum gebeten wurden, förderten sie die Arbeit des »Historischen Colloquiums« nach Kräften.[31] Wie alle seine Fachkollegen war Schramm unter anderem gerne bereit, bei Veranstaltungen mitzuwirken. An einem »NS-Colloquium« im Wintersemester 1960/61 nahm er regelmäßig teil und gestaltete selbst eine Sitzung, in der er über den Hindenburg-Ausschuß von 1932 referierte. Handschriftliche Vermerke auf den im Nachlaß überlieferten Programmzetteln zeigen deutlich, wie zufrieden er mit den zum Teil lebhaften Diskussionen war.[32] Ganz allgemein war sein Verhältnis zur Studierendenschaft durch eine bemerkenswerte Unbefangenheit gekennzeichnet. Bisweilen gab er sich in seinen Umgangsformen geradezu burschikos. Dabei war er stets bereit, die Arbeit der Studierenden anzuerkennen: Charakteristisch war es für ihn, daß er in seine Akademieabhandlung »Kaiser Fried-

26 Unter den von mir interviewten Zeitzeugen zählen *Hans Martin Schaller*, *Norbert* und *Rosemarie Kamp*, *Gottfried Schramm*, *Joist Grolle* sowie *Ernst* und *Heidi Schulin* zum Kreis der ehemaligen »Kolloquisten«. — Vgl. die Schilderungen bei *Obenaus*, Geschichtsstudium, S. 323–331, und *Boockmann*, Historiker Heimpel, S. 30–31, jeweils mit reichhaltigen weiterführenden Hinweisen; umfangreiches Material in: FAS, L 230, Bd.2, Unterakte: »Colloquium Historicum«.

27 *Obenaus*, Geschichtsstudium, Anm. 59 auf S. 324; *Boockmann*, Historiker Heimpel, S. 31 m. Anm. 107; briefliche Mitteilung von Gottfried Schramm vom 24.3.2003.

28 *Obenaus*, Geschichtsstudium, S. 324.

29 Vgl.: FAS, L 230, Bd.2, Unterakte: »Colloquium Historicum«, Denkschrift vom 15.11.1952; Gespräch mit *Norbert* und *Rosemarie Kamp* am 1.2.1999 in Braunschweig; briefliche Mitteilung von Gottfried Schramm am 2.6.2003.

30 In der Mitte der fünfziger Jahre bildete sich am Historischen Seminar sogar eine konkurrierende Gruppe von Studierenden, die von Hans-Adolf Jacobsen, gleichfalls einem Schramm-Schüler, angeführt wurde. — *Obenaus*, Geschichtsstudium, S. 328 m. Anm. 71; über Jacobsen auch unten in diesem Kapitel, Abschnitt c).

31 Vgl. etwa *Obenaus*, Geschichtsstudium, S. 327.

32 Die Vermerke lauten z.B.: »20.30 bis 23.15. Wieder sehr befriedigend«, »lebhafte Diskussion« oder »wieder sehr gelungen« (FAS, L 230, Bd.2, Unterakte: »Colloquium Historicum«, diverse Programmzettel, masch. Durchschl., für Sitzungen des »NS-Colloquiums« aus dem WS 1960/61).

richs II. Herrschaftszeichen« nicht nur Ergebnisse aufnahm, die eine studentische Arbeitsgruppe erzielt hatte, sondern die Leistung der Gruppe auch mit Nachdruck hervorhob.[33]

Insgesamt hat es trotzdem nicht den Anschein, als ob Schramm in Veranstaltungen wie den »Karl-Brandi-Abenden«, dem »Mittelalterlichen Abend« oder den Veranstaltungen im »Historischen Colloquium« konkrete Impulse für seine eigene Arbeit erhalten hätte. Bei solchen Gelegenheiten gehörte er zum gebenden, nicht zum nehmenden Teil. Die Fragen, die ihn mit Blick auf seine eigene Arbeit bewegten, diskutierte er eher unter vier Augen und vor allem mit Kollegen. In Göttingen waren dabei seine wichtigsten Gesprächspartner keine Historiker, sondern Vertreter benachbarter geisteswissenschaftlicher Fächer. Von diesen stand der Orientalist Hans Heinrich Schaeder, von dem im folgenden noch die Rede sein wird, seinen mediävistischen Forschungen wohl am nächsten.

Gegenüber Hilfskräften und Assistenten am Historischen Seminar pflegte Schramm einen ähnlich unkomplizierten Umgangston, wie es Jüngeren gegenüber für ihn typisch war. Kam es allerdings zu Konflikten, dann beharrte er energisch auf seiner übergeordneten Position. Dabei konnte es passieren, daß er in einen Ton verfiel, den er als Offizier in zwei Weltkriegen angenommen hatte.[34] Auch sonst ließ sein Habitus manchmal die prägende Bedeutung erkennen, die insbesondere der Erste Weltkrieg für ihn gehabt hatte. Er kultivierte eine gewisse Forschheit, die den ehemaligen Husaren kenntlich machen sollte, und kokettierte damit, einmal den Rang eines »Rittmeisters« bekleidet zu haben.[35] Dieser Rang war ihm erst kurz nach Ausbruch des Zweiten Weltkriegs verliehen worden;[36] da es aber zu diesem Zeitpunkt bei der kämpfenden Truppe längst keine Kavallerie mehr gegeben hatte, verwies die Bezeichnung auf die Zeit von 1914 bis 1918 zurück.

Neben dem Rollenverständnis des kaiserzeitlichen Offiziers stand hinter Schramms freundlicher Offenheit immer das gelassene Überlegenheitsgefühl des hanseatischen Großbürgers. Daraus speiste sich wiederum ein im Grun-

33 SVS 1955 Friedrichs II. Herrschaftszeichen, S. 5 u. Anm. 1 auf S. 27; s. weiter über diese Schrift im folgenden Kapitel, Kap. 14.a).

34 Vgl. z.B. die Korrespondenz von Ende 1959 in: FAS, L 230, Bd.5, Unterakte: »Heimpel, Hermann«.

35 Als Beleg kann hier Schramms Briefwechsel mit dem Bonner Historiker Max Braubach dienen. Wie Schramm selbst war Braubach im Zweiten Weltkrieg als Reserveoffizier erst Rittmeister, dann Major gewesen. Bisweilen redete Schramm den anderen in seinen Briefen als »Lieber Herr Rittmeister!« an. Braubach antwortete in gleicher Weise. — FAS, L 230, Bd.2, Briefwechsel mit Max Braubach; »Lieber Herr Rittmeister!« z.B.: ebd., Brief P.E. Schramm an M. Braubach, masch. Durchschl., Göttingen 23.11.1963; vgl. auch: *Janszen*, Hamburger Rittmeister; *Fuhrmann*, Chevalier, S. 286–287 u. 290.

36 FAS, L 284, Wehrbezirks-Kommando Göttingen an P.E. Schramm: Mitteilung über Beförderung, Göttingen 26.9.1939; vgl. oben, Kap. 11.a).

de paternalistisches Verantwortungsbewußtsein gegenüber denen, die er als seine Schutzbefohlenen ansah. Es zeichnete ihn aus, daß er sich immer für das persönliche Wohlergehen derer interessierte, die er wissenschaftlich, insbesondere als Doktorkandidaten anzuleiten hatte. Dies tat er nicht allein aus Pflichtgefühl. Lebhaft und herzlich nahm er häufig auch nach dem Abschluß ihrer Studien am privaten wie beruflichen Werdegang seiner Schüler Anteil. Dafür bewahrten ihm viele eine dankbare Verbundenheit.[37] Gleichzeitig legte Schramm Wert darauf, seinen Kandidaten bei ihren Dissertationen möglichst große inhaltliche Freiheiten zu lassen.[38] Die Vielfalt der Gegenstände, die seine Doktoranden bearbeiteten, hing durchaus damit zusammen, daß seine eigenen Interessen weit gefächert waren. Wer allerdings die Liste der von ihm betreuten Arbeiten durchsieht, kann feststellen, daß gerade in der mittelalterlichen Geschichte nur die wenigsten Promotionsthemen direkt an seine eigenen Forschungen angelehnt waren.[39] In einem Brief beschrieb Schramm 1957 die »Einwirkung auf die jüngere Generation, so wie ich sie mir wünsche: von mir mehr oder minder geistig angeregt, mit mir menschlich verbunden, aber geistig möglichst selbständig, also kein Schrammoid.«[40]

Nicht zuletzt war Schramm bereit, bei der Betreuung von Doktoranden mit anderen Professoren zusammenzuarbeiten und dabei Fächergrenzen zu überschreiten. Das verband ihn insbesondere mit dem bereits erwähnten Orientalisten Hans Heinrich Schaeder.[41] Schaeder, den Schramm für die wahrhaft enzyklopädische Weite seines Wissens bewunderte, vermochte Studierende aus unterschiedlichen Fächern zur Bearbeitung sehr weitgestreuter Themen zu ermuntern. Deshalb zählten auch Historiker zu seinen Schülern.[42] Bei Arno Borst und Ernst Schulin, die zu dieser Gruppe zählten, beteiligte sich Schramm an der Betreuung.[43] Mitte der fünfziger Jahre

37 In diesem Sinne äußerten sich alle Zeitzeugen, mit denen ich sprechen konnte. Vgl. aus dem Nachlaß z.B. die Korrespondenz mit Henning Bonin in: FAS, L 230, Bd.2.

38 Mit den Worten *Reinhard Rürups* gehörte Schramm »zu den liberalen Doktorvätern und war gegenüber neuen Themen, die ihm gut begründet schienen, sehr aufgeschlossen« (*Rürup*, »Das Dritte Reich...«, S. 270).

39 Bereits im vorigen Kapitel wurde als eine der wenigen Ausnahmen die Dissertation von Janoš Bak erwähnt. — *Ritter, A.*, Veröffentlichungen Schramm, Nr.II,58, auf S. 321; oben, Kap. 12 c).

40 FAS, L 230, Bd.2, Brief P.E. Schramm an A. Borst, masch. Durchschl., o.O. [Göttingen], 7.3.1957.

41 Hans Heinrich Schaeder (1896–1957) war seit 1946 in Göttingen. Einen Eindruck von dem Verhältnis, in dem Schramm zu ihm stand, vermittelt die Ansprache, die Schramm als Dekan 1957 an Schaeders Grab hielt. — FAS, L »Schaeder Ansprache«.

42 *Annelise Thimme* zufolge zählten Schaeders Vorlesungen zu den Lehrveranstaltungen, »zu denen alle gingen, die etwas auf sich hielten,« weil sie »begeisterten und beeindruckten« (*Thimme, A.*, Geprägt, S. 190).

43 Arno Borst wurde 1951 promoviert. Ernst Schulin legte 1956 die mündliche Prüfung ab und wurde 1958 promoviert. — *Ritter, A.*, Veröffentlichungen Schramm, Nr.II,17, auf S. 317, und Nr.II,41, auf S. 319.

erkrankte Schaeder psychisch so schwer, daß er als Doktorvater ausfiel. Im März 1957, in Schramms Dekanatsjahr, starb er.[44] In dieser Situation fanden Schaeders Schüler, sofern sie darauf noch angewiesen waren, in Schramm eine verläßliche Stütze.[45]

Bemerkenswert viele von denen, deren Dissertation Schramm betreut hatte, habilitierten sich später und rückten nach und nach in Lehrstühle ein.[46] Wer sich unter den Jüngeren in Schramms Augen bewährte, konnte seine neidlose Anerkennung und im Laufe der Zeit seine Freundschaft erwerben. Eine enge und herzliche Verbindung pflegte er beispielsweise zu Reinhard Elze. Elze, der bei Karl Brandi promoviert worden war und sich 1958 in Bonn habilitierte, war in einem formalen Sinne zwar nie Schramms Schüler gewesen, stand ihm aber durch die Ordines-Forschung auf der Ebene wissenschaftlicher Arbeit besonders nahe.[47] Seit der Mitte der fünfziger Jahre übernahm er es regelmäßig, Schramms mediävistische Werke Korrektur zu lesen. Auch nachdem er 1961 als Ordinarius an die Freie Universität Berlin berufen worden war, setzte er diese Arbeit mit unverminderter Sorgfalt fort. Schramm, der Elzes scharfen Blick, seine geduldige Gründlichkeit und seine klugen Verbesserungsvorschläge hoch achtete, war ihm dafür sehr dankbar. Elze seinerseits freute sich über Schramms Wertschätzung und schrieb ihm einmal:

»Dankbar aber bin ich, daß ich gelegentlich den ›Klotz am Bein‹ spielen darf, der Ihren Impetus bremst. [...] Dabei weiß ich sehr wohl, daß man die Berühmten an den Fingern einer Hand herzählen kann, die sich die Kritik eines so viel Jüngeren gern gefallen lassen. Ich kann Ihnen nicht dafür danken, daß Sie so sind wie Sie sind, aber manchmal tät ich's gern.«[48]

44 Vgl. FAS, L 230, Bd.3, Unterakte: »Dekan der Philosophischen Fakultät der Universität Göttingen«, Rundschreiben P.E. Schramm (Dekan) an die Philosophische Fakultät, Göttingen 13.3.1957.

45 Gespräch mit *Ernst* und *Heidi Schulin* am 11.11.1998 in Freiburg im Breisgau.

46 Allerdings absolvierten Schramms Schüler, sofern sie sich habilitierten, diesen Schritt fast alle außerhalb Göttingens. Ganz allgemein fällt auf, daß der Vielzahl von Promotionen am Göttinger Historischen Seminar, vor allem in den fünfziger Jahren, nur sehr wenige Habilitationen gegenüberstanden. Die Vermutung liegt nahe, daß die Ordinarien, insbesondere Schramm und Heimpel, sich gegenseitig die Habilitation ihrer Schüler nicht gegönnt hätten. Darauf gibt es aber keine konkreten Hinweise. In Göttingen waren die Möglichkeiten, einen promovierten Historiker angemessen zu versorgen, nicht sehr vielfältig, während es gleichzeitig Großordinarien wie Schramm oder Heimpel leicht möglich war, ihre Schüler anderswo unterzubringen. Vielleicht ist es gerade als ein besonderes Qualitätsmerkmal zu werten, daß viele Göttinger Doktoranden Professoren wurden, ohne daß sie darauf angewiesen waren, sich am Ort der Promotion zu habilitieren. — Über die in Göttingen verfügbaren Assistentenstellen: *Rürup*, »Das Dritte Reich...«, S. 268.

47 Die Freundschaft zwischen Reinhard Elze (1922–2000) und Schramm ist in ihrem Briefwechsel gut dokumentiert. Reinhard Elze selbst gewährte mir 1999 freundlicherweise Einblick in die in seinem Besitz befindliche Korrespondenz mit Schramm. — In Schramms Nachlaß: FAS, L 230, Bd.3, Unterakte »Elze, Reinhard«; über Elze bereits oben, Kap. 12.c).

48 FAS, L 230, Bd.3, Brief R. Elze an P.E. Schramm, o.O. 2.8.1955.

Mit diesen Worten brachte Elze eine herzlich empfundene Verehrung zum Ausdruck, die viele, die mit Schramm zu tun hatten, ihm und seiner Menschlichkeit entgegenbrachten.

So entfaltete Schramm als Lehrer und als Forscher eine Wirksamkeit, die ihn zu einem der prominentesten Göttinger Wissenschaftler machte. Die Emeritierung 1963 brachte eine Verringerung seiner Pflichten, aber keine spürbare Minderung seiner Stellung. Er zählte zu denjenigen, die in den fünfziger und in der ersten Hälfte der sechziger Jahre das Bild der Georgia Augusta bestimmten. Diese Periode wird allgemein als eine der Glanzzeiten dieser Universität angesehen. Die inspirierende Aufbruchstimmung, die schon kurz nach Kriegsende spürbar geworden war, wirkte lange nach. Bis weit in die fünfziger Jahre hinein bereicherten die zahlreichen Wissenschaftler, die aus verschiedenen Teilen des früheren deutschen Machtbereichs nach Göttingen gekommen waren, das Studienangebot in außergewöhnlichem Maße.[49]

Das Wissen um die Qualität der eigenen Arbeit verlieh der Hochschule ein hohes Maß an Selbstbewußtsein. Dieses Selbstbewußtsein kam zur Geltung, als sie sich im Jahr 1955 gegen den niedersächsischen Kultusminister Leonhard Schlüter zur Wehr setzte. Diese Vorgänge waren für die Universität Göttingen entscheidend im Hinblick auf die Einstellung zur noch jungen deutschen Demokratie.[50] Schlüter wurde am 26. Mai 1955 zum Minister ernannt, nachdem ein Bündnis bürgerlicher Parteien bei Landtagswahlen im April 1955 die Mehrheit gewonnen hatte.[51] Das nunmehrige Kabinettsmitglied hatte seit 1948 zunächst in verschiedenen rechtsradikalen Parteien politische Karriere gemacht und war 1951 in die Landtagsfraktion der FDP übergetreten. Außerdem hatte sich Schlüter in Göttingen als Verleger betätigt: Dabei hatte er bevorzugt solchen Wissenschaftlern einen Publikationsort verschafft, die nach 1945 aufgrund ihres Verhaltens in der Zeit des ›Dritten Reiches‹ an der Universität nicht mehr zur Lehre zugelassen worden waren.[52]

Daß ein solcher Mann nun Kultusminister wurde, war den Angehörigen der Göttinger Universität unerträglich.[53] Um ihrer Ablehnung dieser Perso-

49 Vgl. allgemein: *Dahms*, Universität Göttingen, S. 426–443; außerdem z.B. *Hagen*, Göttingen, v.a. S. 329–332; s.a. oben, Kap. 12.b).

50 Über die Vorgänge insgesamt: *Marten*, Ministersturz; *Obenaus*, Geschichtsstudium, S. 331–336; *Schael*, Grenzen, S. 61–72; zusammenfassend: *Dahms*, Universität Göttingen, S. 436–439; *Boockmann*, Göttingen, S. 68–70.

51 *Marten*, Ministersturz, S. 11–13.

52 Ebd., S. 14–21; *Dahms*, Universität Göttingen, S. 437 m. Anm. 174.

53 *Oliver Schael* kann plausibel machen, daß Schlüters Eintreten für die sich selbst als »amtsverdrängte Hochschullehrer« bezeichnenden Ehemaligen für das Verhalten der Universität ausschlaggebend war. In einem komplizierten, weitgehend im Verborgenen abgelaufenen Prozess hatte der Lehrkörper nach 1945 geklärt, welche seiner Mitglieder er aufgrund ihres Verhaltens

nalentscheidung Ausdruck zu verleihen, legten der Rektor, der Senat, dem Schramm damals angehörte, und alle Dekane in einem aufsehenerregenden Schritt ihre Ämter nieder.[54] Die Studierenden schlossen sich dem Protest an.[55] In der Öffentlichkeit und in den Medien nicht nur in ganz Deutschland, sondern auch international wurde diesem Protest ein breites Echo zuteil. Der Rücktritt der universitären Amtsträger wurde als mutiger Schritt zur Verteidigung der akademischen Freiheit und zur Abwehr rechtsradikaler politischer Tendenzen gesehen.[56] Diesem Druck hielt die Landesregierung nicht lange stand: Nach einer guten Woche wurde Schlüter beurlaubt und reichte am 9. Juni seinen Rücktritt ein.[57]

Obwohl sich Schramm in der Öffentlichkeit nicht besonders hervortat, engagierte er sich hinter den Kulissen stark für die Protestaktionen der Universität.[58] Deshalb blieb er nicht ausgespart, als Schlüters politische Freunde noch im Nachhinein versuchten, die Protagonisten des universitären Widerstands ihrerseits als politisch belastet zu diffamieren. Beispielsweise wurde Schramms Tätigkeit im Wehrmachtführungsstab als Beleg dafür gewertet, daß er bei den Nationalsozialisten als besonders zuverlässig galt.[59]

Wenn solche Vorwürfe auch der Realität nicht gerecht wurden, wiesen sie doch auf einen problematischen Tatbestand hin. Die Universität hatte dem Minister eine mangelnde Distanz zu rechtsextremen Strömungen in der Gegenwart vorgeworfen. Gleichzeitig durfte aber die Frage, wie nah oder fern einzelne Universitätsangehörige in der Vergangenheit dem Nationalsozialismus gestanden hatten, nicht berührt werden. Das war die Grundlage für die Geschlossenheit, mit der die Universität auftrat.[60] Den Zeitgenossen schien aber ausschlaggebend, daß die Universität sich in der Auseinandersetzung

im »Dritten Reich« für untragbar erachtete. Als Fürsprecher der Ausgegrenzten schien Schlüter die mühsam erreichte Klärung und die dadurch erreichte Stabilität in Gefahr zu bringen (*Schael*, Grenzen, v.a. S. 64–65 u. 67).

54 *Marten*, Ministersturz, S. 22–42; *Obenaus*, Geschichtsstudium, S. 332–334.

55 An herausgehobener Stelle engagierten sich auf studentischer Seite auch Mitglieder des »Historischen Colloquiums«. — *Marten*, Ministersturz, S. 43–57; *Obenaus*, Geschichtsstudium, S. 336; *Dahms*, Universität Göttingen, S. 437–438, m.Abb.6 auf S. 439; *Schael*, Grenzen, S. 63 m. Anm. 29 u. S. 65–67.

56 *Marten*, Ministersturz, S. 57–63.

57 Ebd., S. 64–67.

58 In einem Brief sprach er acht Jahre später davon, er habe als »Krypto-Adjutant« des damaligen Rektors Emil Woermann agiert. — FAS, L 230, Bd.6, Brief P.E. Schramm an K. Jaspers, masch. Durchschl., o.O. [Göttingen], 23.5.1966; außerdem: Gespräch mit *Joist Grolle* am 31.8.1998 in Hamburg; weitere Hinweise: *Marten*, Ministersturz, S. 60–61; *Schael*, Grenzen, Anm. 29 auf S. 63.

59 Schramm stand allerdings nicht im Mittelpunkt der Anwürfe. Im Gegenteil wurde er nur am Rande genannt. — *Marten*, Ministersturz, S. 68–71; *Schael*, Grenzen, S. 68–70; Vorwürfe gegen Schramm erwähnt: *Schael*, Grenzen, S. 68–69; *Obenaus*, Geschichtsstudium, Anm. 97 auf S. 335.

60 *Obenaus*, Geschichtsstudium, S. 334–336.

um den Kultusminister die Freiheit genommen hatte, anders als in früheren Zeiten gegen staatliche Entscheidungen zu protestieren. Dadurch hatte sie zu einem neuen Rollenverständnis gefunden, das zur Grundlage einer aktiven Teilhabe am demokratischen Gemeinwesen werden konnte.[61] Auf einer derartigen Grundlage setzte sich auch Schramm engagiert für die gedeihliche Entwicklung der demokratisch verfaßten Gesellschaft ein.[62]

b) Prestige und Einfluß in Deutschland und international

Das Ansehen, das sich Schramm seit den zwanziger Jahren durch die Originalität und den Reichtum seiner wissenschaftlichen Arbeiten erworben hatte, konnte er in den Jahren nach 1948 festigen und steigern. Nicht zuletzt stellte er seine Kompetenz regelmäßig unter Beweis, indem er für die Zeitschrift »Geschichte in Wissenschaft und Unterricht«, die sich gleichermaßen an Universitätshistoriker und Geschichtslehrer richtete, Berichte über die Neuerscheinungen zur mittelalterlichen Geschichte verfaßte.[63] Dasselbe hatte er bis 1937 für die Vorgängerpublikation »Vergangenheit und Gegenwart« getan.[64]

Diese Sammelbesprechungen nahm er häufig zum Anlaß, zu Forschungen aus dem kommunistisch regierten Teil Deutschlands Stellung zu beziehen. Mit scharfen Worten kritisierte er Arbeiten, in denen ideologische Linientreue fehlende Substanz ersetzte. Gleichzeitig zögerte er nicht, wissenschaftliche Verdienste anzuerkennen.[65] Weil es ihm ein Anliegen war, die innerdeutschen Verbindungen lebendig zu erhalten und einer endgültigen Trennung der beiden Teilstaaten nach Möglichkeit vorzubeugen, reiste er in den fünfziger Jahren mehrfach in die DDR. Allerdings erregte er 1956 das Mißfallen der dortigen Machthaber und mußte von da an für einige Jahre auf Aktivitäten in dieser Richtung verzichten.[66]

Die wechselnde Haltung der DDR-Führung zu seiner Person wirkte sich auch auf seine Arbeit für den Hansischen Geschichtsverein aus. Diesem Ver-

61 *Marten*, Ministersturz, S. 81–82; *Obenaus*, Geschichtsstudium, S. 334 u. 336–337.

62 Hierzu ausführlicher unten in diesem Kapitel, Abschnitt c).

63 Schon im ersten Band dieser Zeitschrift erschien 1950 ein solcher von Schramm verfaßter »Literaturbericht«. — *Ritter, A.*, Veröffentlichungen Schramm, Nr.I,189, auf S. 304; vgl. über die Gründung der Zeitschrift: *Dieckmann*, Geschichtsinteresse, S. 60–61.

64 Vgl. SVS 1968–1971 Kaiser, Bd.4,2, S. 732; s.a. oben, Kap. 8.a) u. 9.d).

65 *Schreiner*, Wissenschaft, S. 111–114.

66 Im Jahr 1966 notierte sich Schramm über ein Gespräch, das er in München führte: »Aus der Ostzone Prof. Stern (Halle). Ich erhielt jetzt Gewißheit, daß ich nach meinem Vortrag in Halle (Dez. 1956) 2 Jahre in Ungnade fiel.« — FAS, L 230, Bd.5, Handschr. Vermerk auf der Tagesordnung der Jahresversammlung der Historischen Kommission bei der Bayerischen Akademie der Wissenschaften im März 1966.

ein gehörte er seit 1927 an und war seit 1950 Mitglied des Vorstands.[67] 1955 trug er maßgeblich dazu bei, daß für den Verein eine dauerhaft tragfähige gesamtdeutsche Form gefunden werden konnte.[68] Als jedoch im Jahr 1958 die traditionelle Pfingsttagung des Vereins in Rostock stattfinden sollte, wurde der Vorstand damit konfrontiert, daß das DDR-Regime Schramms Teilnahme nicht hinnehmen wollte.[69] Im Jahr darauf verzichtete Schramm auf seinen Platz im Vorstand, um die Aufnahme eines zusätzlichen DDR-Historikers in das Gremium zu ermöglichen.[70] Er blieb dem Verein aber weiterhin treu. Dabei gehörte es zu den besonderen Freuden seiner Mitgliedschaft, daß die Jahrestagungen ihm Gelegenheit boten, seinen in England lebenden Freund Sigfrid Steinberg zu treffen, der dem Verein gleichfalls angehörte.[71]

Wie es Schramms Ansehen entsprach, wurde ihm im Laufe der Jahre eine Fülle von Ämtern angetragen. Im vorigen Kapitel fand bereits Erwähnung, daß er unmittelbar nach seiner Wiedereinsetzung ins Lehramt zum Korrespondierenden Mitglied der Zentraldirektion der Monumenta gewählt wurde.[72] Schon seit 1947 begleitete er Reinhard Elzes Ordines-Forschungen, die 1960 in die Monumenta-Edition der Kaiserordines mündeten.[73] Im Jahr 1956 wurde Schramm als ordentliches Mitglied der Zentraldirektion berufen.[74] Im selben Jahr kam der abschließende Band von »Herrschaftszeichen und Staatssymbolik« heraus. Dieses Werk, Schramms wichtigste Veröffentlichung zur mittelalterlichen Geschichte in den Nachkriegsjahrzehnten, erschien von 1954 an in drei Bänden in der Schriftenreihe der Monumenta.[75]

67 *Ahasver von Brandt* rühmte ihm nach, Schramm habe mit der »für ihn charakteristischen, unbekümmerten Selbstverständlichkeit und Handlungsfrische« den Wiederaufbau des Vereins gefördert (*Brandt*, Nachruf Schramm, Zitat S. 4, außerdem S. 2).

68 *Brandt*, Nachruf Schramm, S. 4; FAS, L 230, Bd.4 [unter »Hansischer Geschichtsverein«], Brief A v. Brandt an Ministerialdirektor P.E. Hübinger, masch. Durchschl., Lübeck 1.11.1955; außerdem z.B.: ebd., Bd.10, Brief S.H. Steinberg an P.E. Schramm, Ewell (Surrey) 23.6.1965.

69 FAS, L 230, Bd.4 [unter »Hansischer Geschichtsverein«], Brief A v. Brandt an P.E. Schramm, Lübeck 10.3.1958; ebd., Bd.2, Brief P.E. Schramm an A. v.Brandt, Göttingen 18.3.1958.

70 *Brandt*, Nachruf Schramm, S. 4; im Nachlaß findet sich die Niederschrift einer vertraulichen Besprechung der Vorstandsmitglieder des Hansischen Geschichtsvereins, die nicht in der DDR wohnten, am 17.10.1958, sowie weiteres Material in: FAS, L 230, Bd.4 [unter »Hansischer Geschichtsverein«].

71 Im Nachlaß findet sich beispielsweise ein Photo vom Pfingsttreffen 1957, das Schramm und Steinberg zeigt. — Material in: FAS, L 230, Bd.4 [unter »Hansischer Geschichtsverein«]; außerdem z.B.: ebd., Bd.10, Brief S.H. Steinberg an P.E. Schramm, Ewell (Surrey) 2.6.1964.

72 *Baethgen*, Monumenta 1943–1948, S. 7–8 u. 10–11; s.a. oben, Kap. 12.b).

73 *Elze (Hg.),* Ordines; s.o., Kap. 12.c).

74 *Elze*, Nachruf Schramm, S. 655; im Nachlaß: FAS, L 230, Bd.7 [unter »Monumenta«], Brief F. Baethgen an P.E. Schramm, München 3.10.1956.

75 SVS 1954–1956 Herrschaftszeichen; s. ausführlicher im folgenden Kapitel, zuerst Kap. 14 a).

Die Veröffentlichung förderte sowohl das Ansehen der Monumenta als auch das Prestige des Autors. Aus dem Publikationsort ergeben sich allerdings keinerlei Hinweise darauf, mit wie großem Einsatz Schramm sein Amt in der Zentraldirektion wahrnahm, oder gar auf denkbare Bestrebungen, die ganz textbezogene Arbeit der Monumenta stärker für die Ebene der Bilder und Objekte zu öffnen. In der Schriftenreihe wurden und werden auch Arbeiten veröffentlicht, die mit der eigentlichen Arbeit der Institution nicht in unmittelbarem Zusammenhang stehen. Über die Aufnahme von Werken in diese Reihe entscheidet der Präsident der Zentraldirektion relativ selbständig. Als Präsident amtierte damals Friedrich Baethgen, der seit der ersten Hälfte der zwanziger Jahre mit Schramm bekannt war und den von ihm behandelten Themen aufgeschlossen gegenüberstand.[76] Die Aufnahme der »Herrschaftszeichen« in die Schriftenreihe ist somit auf Baethgens persönliche Entscheidung zurückzuführen.[77] Schramm ließ nie den Wunsch erkennen, über die fördernde Begleitung von Reinhard Elzes Forschungen hinaus auf die Arbeit der Monumenta nachhaltigen Einfluß zu nehmen.

Seit den frühen fünfziger Jahren stand Schramm ferner mit Martin Göhring in Verbindung, der seit 1951 die universalhistorische Abteilung am nur wenig früher gegründeten »Institut für Europäische Geschichte« in Mainz leitete.[78] Im Laufe der Zeit ergab sich auch ein Kontakt zu Joseph Lortz, dem Leiter der anderen, der Religionsgeschichte gewidmeten Abteilung des Instituts.[79] Mehrere seiner Schüler, beispielsweise Ernst Schulin und Reinhard Rürup, konnte Schramm als Stipendiaten oder als Mitarbeiter an das Institut vermitteln.[80] Später war er maßgeblich daran beteiligt, Karl Otmar Freiherr von Aretin als den Nachfolger Göhrings in der Institutsleitung durchzusetzen. Noch in den letzten Jahren seines Lebens zog ihn Aretin in Fragen, die das Institut betrafen, häufig zu Rate.[81]

76 Im Jahr 1950 gab Baethgens sechzigster Geburtstag Schramm Gelegenheit, an die gemeinsame Heidelberger Zeit zu erinnern, worauf Baethgen gerne einging. — FAS, L 230, Bd.1, Brief F. Baethgen an P.E. Schramm, München 14.8.1950; vgl. oben, v.a. Kap. 6.b).

77 Eine Nachsuche im Archiv der Monumenta am 19.4.1999 ergab, daß dort keine Unterlagen zur Entstehungsgeschichte der »Herrschaftszeichen« vorhanden sind. Nähere Einzelheiten zur Entstehungsgeschichte im folgenden Kapitel, zuerst Kap. 14.a).

78 Über Martin Göhring (1903–1968): *Schulze*, Geschichtswissenschaft, zusammenfassend S. 319; Korrespondenz seit 1952 in: FAS, L 230, Bd.4; über die Gründung des Instituts: *Schulze*, Geschichtswissenschaft, S. 212–213 u. 274–277.

79 Einen Band seiner Aufsatzsammlung »Kaiser, Könige und Päpste« widmete Schramm im Jahr 1970 Joseph Lortz (1887–1975) sowie einem weiteren lebenden und drei bereits verstorbenen katholischen Historikern. — SVS 1968–1971 Kaiser, Bd.4,1, Widmung auf ungezählter Seite [S. 5]; Korrespondenz in: FAS, L 230, Bd.7; über Lortz auch *Schulze*, Geschichtswissenschaft, v.a. S. 323.

80 Gespräch mit *Ernst* und *Heidi Schulin* am 11.11.1998 in Freiburg im Breisgau; *Rürup*, »Das Dritte Reich...«, S. 272.

81 *Aretin*, Wege, S. 19; Korrespondenz seit 1968 in: FAS, L 230, Bd.1.

Schließlich sei noch die Verbindung erwähnt, die zwischen Schramm und dem kurz nach dem Krieg gegründeten »Zentralinstitut für Kunstgeschichte« in München existierte. Ludwig-Heinrich Heydenreich, der das Institut von seiner Gründung 1947 bis ins Jahr 1970 als Direktor leitete, war Schramm bereits aus Hamburg bekannt. Dort war Heydenreich, damals Student der Kunstgeschichte, seit 1926 an der Kulturwissenschaftlichen Bibliothek Warburg als Hilfskraft angestellt gewesen.[82] Schramm gehörte dem Kuratorium des Zentralinstituts an und war Mitglied der »Vereinigung zur Herausgabe des Dehio-Handbuches«.[83] Von sehr viel größerer Bedeutung für Schramms eigene Arbeit war seine Bekanntschaft mit Florentine Mütherich, einer Mitarbeiterin des Instituts. Zwischen ihr und Schramm entstand eine intensive Kooperation, deren wichtigstes Ergebnis die 1962 publizierten »Denkmale der deutschen Könige und Kaiser« waren.[84]

Beinahe ebenso viele Ämter und Ehrungen wie seinen mediävistischen Forschungen verdankte Schramm in den Jahrzehnten nach 1948 seinen Forschungen über das hanseatische Bürgertum.[85] Sein Engagement für den »Hansischen Geschichtsverein«, das in diesen Zusammenhang gehört, wurde bereits erwähnt. Im Jahr 1967 erhielt Schramm für seine Verdienste um diesen Verein die Ehrenmitgliedschaft.[86] Bereits 1964 hatte ihm der Verein für Hamburgische Geschichte die Lappenberg-Medaille in Gold verliehen, und im selben Jahr war ihm die Medaille für Kunst und Wissenschaft der Freien und Hansestadt Hamburg überreicht worden.[87]

Insgesamt wirken die zahlreichen Ehrenämter, die Schramm wahrnahm, wie ein Spiegel seiner vielfältigen wissenschaftlichen Interessen. Kennzeichnend ist es jedoch für Schramm, daß sich diese Positionen trotz ihrer Vielzahl nicht zu einer herausgehobenen Machtstellung addierten. Vielmehr fügte sich der Göttinger Ordinarius in die institutionalisierten Strukturen der akademischen Welt als ein hochgeachtetes, aber nicht dominierendes Mitglied ein.[88] Er war im allgemeinen ein angenehmer Gesprächspartner und verstand es in der Regel, die Menschen für sich einzunehmen. Nur selten

82 Über die Anstellung von Ludwig-Heinrich Heydenreich (1903–1978) an der KBW informiert eine von Hans-Michael Schäfer 1997 abgeschlossene Studie über das Personal der KBW, die im Archiv des Warburg-Instituts in London einsehbar ist; weitere Informationen nach KDG.

83 Vgl. die Korrespondenz seit 1955 in: FAS, L 230, Bd.5, Unterakte: »Heydenreich, L.H.«

84 SVS 1962 Denkmale; s. hierzu das folgende Kapitel, Kap. 14.a) u. 14.c).

85 Über Schramms einschlägige Publikationen in der Zeit nach 1950 s.u. in diesem Kapitel, Abschnitt d).

86 *Brandt*, Nachruf Schramm, S. 4.

87 Vgl. die Materialien in: FAS, L 226 und L 227.

88 Eine umfassende Analyse der formellen und informellen Strukturen, die in den ersten Jahrzehnten nach dem Zweiten Weltkrieg die historische Mediävistik der Bundesrepublik prägten, hat jetzt *Anne Chr. Nagel* vorgelegt. Wie es dem hier entwickelten Bild entspricht, wird Schramm in ihren Ausführungen regelmäßig, aber immer nur am Rande erwähnt. — *Nagel*, Schatten.

führten die impulsive Seite seines Charakters oder sein an einigen Punkten hartnäckiger Eigensinn zu Konflikten. An vielen Orten und von vielen Menschen war er gern gesehen.[89]

Die persönlichen Bindungen und Freundschaften, die er in den Jahrzehnten nach dem Zweiten Weltkrieg pflegte, waren zahlreich. Nur die wenigsten von ihnen hatten aber eine erkennbare Rückwirkung auf seine Wissenschaft. Eine dieser seltenen Ausnahmen stellte die Freundschaft mit Gerhard Ritter dar, wenn sich deren Wirkung auch nicht auf Schramms Wissenschaft vom Mittelalter bezog. Gerhard Ritter war einer der bekanntesten und, zumindest in den fünfziger Jahren, vielleicht der einflußreichste Historiker Deutschlands überhaupt.[90] Er und Schramm kannten sich bereits aus Heidelberger Tagen, doch erst in der Zeit des Nationalsozialismus scheint sich allmählich eine intensivere Bindung entwickelt zu haben.[91] Ritter, der aus einer konservativen Grundhaltung heraus in Opposition zum Regime gestanden hatte, sah Schramm als einen, der sich in diesen Jahren ehrenhaft verhalten hatte.[92] In den Jahren nach 1945 vertiefte sich die gegenseitige Sympathie zu echter Freundschaft.[93]

Als Gerhard Ritter 1957 in den Orden Pour le mérite gewählt wurde und Schramm ihm dazu gratulierte, war Schramms Gratulationsbrief nach Ritters Meinung, »der reizendste aller Glückwünsche [...] – wie zu erwarten, da Sie ja auch der reizendste aller Kollegen sind!«[94] Freilich waren die Rollen in dieser Freundschaft klar verteilt: Stets blickte Schramm zu dem sechs Jahre älteren, einflußreicheren Ritter auf. Verschiedentlich legte er ihm eigene Gedanken und Arbeiten zur Prüfung vor, sowohl zur Wirtschafts- und Sozialgeschichte als auch zu zeitgeschichtlichen Themen. Wenn Ritter Kritik äußerte, machte Schramm sie sich regelmäßig zu eigen.[95]

89 *Reinhard Elze* schrieb in seinem Nachruf: »Er war überall schnell beliebt, um ihn sammelte sich stets ein Kreis von Zuhörern, denen er ebenso gern von seiner Wissenschaft wie auch amüsante Anekdoten erzählte.« Weiter sprach Elze von der für Schramm typischen »direkten Liebenswürdigkeit, die von manchem mit ›Naivität‹ verwechselt worden ist« (*Elze*, Nachruf Schramm, S. 657).

90 Über Gerhard Ritter (1888–1967) jetzt umfassend: *Cornelißen*, Gerhard Ritter; vgl. auch den von Schramm verfaßten Nachruf: SVS 1967 Endgestalt.

91 In Heidelberg gehörten Schramm und Ritter zu einem Kreis jüngerer Wissenschaftler, der sich »Incalcata« nannte. Aus der Zeit des »Dritten Reiches« finden sich in Schramms Nachlaß zwei Briefe Ritters, die auf ein gutes Einvernehmen hindeuten, aber eine genauere Aussage nicht erlauben. — Über die Heidelberger Zeit oben, Kap. 6.b); FAS, L 230, Bd.9, Briefe G. Ritter an P.E. Schramm, jeweils Freiburg: 8.6.1935 und 14.4.1939.

92 Vgl. die Hinweise in: *Cornelißen*, Gerhard Ritter, S. 238 und Anm. 186 auf S. 275.

93 Insgesamt ist die in Schramms Nachlaß überlieferte Korrespondenz recht umfangreich. Alles in: FAS, L 230, Bd.9, Unterakte: »Ritter, Gerhard«.

94 Ebd., Brief G. Ritter an P.E. Schramm, o.O. [Freiburg i.Br.], Juni 1957.

95 Eingehend kritisierte Ritter beispielsweise das Manuskript, das Schramms schließlich veröffentlichtem Buch »Deutschland und Übersee« zugrundelag. Im Mittelpunkt der Studie stand das Ausgreifen der deutschen Handelswirtschaft nach Afrika im 19. Jahrhundert. Im ursprünglichen Manuskript hatte Schramm seine Darstellung bis zum Ausbruch des Ersten Weltkriegs geführt

Wie innerhalb Deutschlands, so entwickelte Schramm auch auf der internationalen Ebene wissenschaftlicher Arbeit zahlreiche Aktivitäten. Allerdings verlief seine Rückkehr in die internationale Gelehrtenwelt nach dem Ende des Zweiten Weltkriegs nicht reibungslos. Im Ausland, namentlich in Großbritannien, galt er bei vielen als Militarist und Nationalist, wie es ihm die britischen Besatzungsbehörden im Entnazifizierungsverfahren vorgeworfen hatten. Im Jahr 1949 bat Gerhard Ritter ihn deshalb, auf die Teilnahme am Internationalen Historikerkongreß in Paris im folgenden Jahr zu verzichten.[96] Schramm, der nicht den Wunsch verspürte, sich mit solchen Ressentiments auseinanderzusetzen, und der die Rückkehr der deutschen Geschichtswissenschaft auf die internationale Bühne nicht behindern wollte, kam der Bitte ohne weiteres nach.[97]

Die beschriebenen Vorbehalte gegen den ehemaligen Kriegstagebuchschreiber des Wehrmachtführungsstabes verflüchtigten sich jedoch binnen weniger Jahre. Am 10. Internationalen Historikertag im September 1955 in Rom nahm Schramm wieder teil. Er hielt einen Vortrag über »Die Staatssymbolik des Mittelalters« und hatte bei einer Sektion, in der allgemeine und methodologische Fragen diskutiert wurden, den Vorsitz inne.[98] Daraus entstand jedoch kein dauerhaftes Engagement. Seiner Tätigkeit im Rahmen des Internationalen Historikerverbandes fehlte die institutionelle Verankerung, die sie vor 1939 gehabt hatte. Zu einem Wiederaufleben seiner Arbeit für die »Internationale Ikonographische Kommission« kam

und großes Gewicht auf die koloniale Konkurrenz zwischen Deutschland und England gelegt. Mit scharfen Worten tadelte Ritter, daß Schramm den Ausbruch des Ersten Weltkriegs als eine schicksalhaft unausweichliche Folge der wirtschaftlichen Konkurrenz zwischen Deutschland und England schilderte. Daraufhin verzichtete Schramm darauf, seine Vorstellungen über die Ursachen des Ersten Weltkriegs zu publizieren. Im schließlich veröffentlichten Buch beschränkte er den Darstellungszeitraum auf die Phase bis zur Errichtung eigener deutscher Kolonien in den 1880er Jahren. — SVS 1950 Deutschland; Andeutungen über die deutsch-englische Konkurrenz: ebd., S. 10–11, 474, 480; über das Buch bereits oben, Kap. 12.c); Gerhard Ritters Kritik: FAS, L 230, Bd.9, Brief G. Ritter an P.E. Schramm, Freiburg 1.7.1947; aus anderer Überlieferung und in Auszügen in: *Schwabe, Reichardt (Hg.)*, Ritter Briefe, S. 431–432; vgl. *Schulze*, Geschichtswissenschaft, S. 208, aber auch S. 213; in verzerrender Weise zitiert bei: *Wolf*, Litteris, S. 184 m. Anm. 137 u. S. 323–324; vgl. z.B. *Corneließen*, Gerhard Ritter, S. 493; weiter über Ritter als Kritiker von Schramms Arbeit unten in diesem Kapitel, Abschnitt c).

96 Wie aus einem Brief Ritters von 1951 hervorgeht, bewertete insbesondere Geoffrey Barraclough Schramms Wiedereinsetzung ins Lehramt »als Symptom des wiedererwachenden deutschen Nationalismus«. — FAS, L 230, Bd.9, Briefe G. Ritter an P.E. Schramm, alle Freiburg: 22.5.1949, 27.5. o.J. [1949], 10.11.1949, 8.2.1951.

97 Ebd., Brief G. Ritter an P.E. Schramm, Freiburg 27.5. o.J. [1949]; vgl. *Corneließen*, Gerhard Ritter, S. 445–446, v.a. Anm. 110 auf S. 445.

98 Seine Aufgaben als Sektionsvorsitzender beschränkten sich darauf, die Sitzung zu eröffnen und zu schließen und den jeweiligen Rednern das Wort zu erteilen. — SVS 1957 Staatssymbolik; *Comitato Internazionale (Hg.)*, Atti, S. 79, 86, 94, 99, 100; vgl. das Material in: FAS, L 201.

es nicht.[99] Nach 1945 führte diese Kommission ohnehin nur ein Schattendasein.[100]

Nach 1950 kamen auch wieder Kontakte nach Großbritannien zustande. Im Mai 1953 nahm Schramm in London an einer Rundfunkdiskussion über den Zustand der deutsch-englischen Beziehungen teil.[101] Schramms wichtigste Kontaktperson in England war in dieser Zeit Sigfrid Steinberg, der nicht zuletzt dafür sorgte, daß die Forschungen des anderen im »Times Literary Supplement« Berücksichtigung fanden.[102] Etwas mehr als ein Jahr, nachdem Steinberg im Januar 1969 gestorben war, zog Schramm aber im Herbst 1970, nur wenige Wochen vor seinem eigenen Tod, eine resignative Bilanz seiner Verbindungen nach England:

> »Nach 1945 kam [...] erst das Military-Government, das keinen Kontakt wünschte, und als es sich dann anbahnte, waren wir natürlich wieder gehindert, die Arme weit zu öffnen. Manche Beziehungen bahnten sich an, aber im Augenblick sind sie mehr oder minder abgerissen.«[103]

Befriedigender waren seine Kontakte in die Vereinigten Staaten. Dort hielt ihm nicht nur Gray C. Boyce die Treue, den er 1933 in Princeton kennengelernt hatte und der zu einem der einflußreichsten amerikanischen Mediävisten aufstieg, sondern auch der nun weltberühmte Ernst Kantorowicz. Eine mehrwöchige Vortragsreise in die Vereinigten Staaten im Herbst 1957 gab

99 Schramm wurde 1951 aufgefordert, seine Mitgliedschaft in der Kommission wieder wahrzunehmen, scheint darauf aber zu diesem Zeitpunkt nicht eingegangen zu sein. Im Jahr 1959 ging von einem Niederländer die Initiative aus, die Kommission mit neuem Leben zu erfüllen, worauf Schramm mit Interesse reagierte. An einem Treffen der Kommission im August 1960 in Stockholm nahm er dennoch nicht teil. Im November des Folgejahres äußerte er gegenüber dem Deutschen Historikerverband sogar ausdrücklich den Wunsch, Deutschland in der revitalisierten Kommission zu vertreten. Dennoch verlief die Angelegenheit schließlich im Sande. — FAS, L 230, Bd.2 [unter »Comité«], Brief J. Jacquio an P.E. Schramm, Paris 20.3.1951; ebd., Bd.1, Brief O.L. van der Aa an P.E. Schramm, 's-Gravenhage [Niederlande] 24.9.1959, mit handschr. Randnotiz von Schramm; *Commission d'Iconographie*; FAS, L 230, Bd.9, Brief P.E. Schramm an Hans Rothfels, masch. Durchschl., Göttingen 13.10.1960; ebd., Bd.7, Brief P.E. Schramm an W. Markert, masch. Durchschl., Göttingen 26.11.1960.

100 *Karl Dietrich Erdmann* gibt an, die Kommission habe von 1953–1955, dann wieder von 1960–1969 bestanden. Wie aktiv die Kommission in dieser Zeit aber tatsächlich war, wird nicht erkennbar. — *Erdmann, K. D.*, Ökumene, S. 459.

101 FAS, L 230, Bd.7, Brief P.E. Schramm an L. v. Muralt, masch. Durchschl., Göttingen 30.4.1953; ebd., Bd.4, Brief P.E. Schramm an H. Hausherr, masch. Durchschlag, Göttingen 4.7.1953.

102 Vgl. die recht umfangreiche Korrespondenz in: ebd., Bd.10, Unterakte: »Steinberg, Siegfried [sic!] H.«; über Schramms Wiederaufnahme des Kontaktes zu Steinberg im Jahr 1947 vgl. oben, Kap. 12.a).

103 FAS, L 230, Bd.2, Brief P.E. Schramm an H. Butterfield, masch. Durchschl., Göttingen 7.10.1970.

Schramm Gelegenheit, die Freundschaften aufzufrischen.[104] Auch der eine oder andere Schüler von Schramm kam in den Vereinigten Staaten unter oder stammte von dort: Donald S. Detwiler, 1961 bei Schramm promoviert, wurde später Professor für Geschichte in Carbondale, Illinois.[105]

Schramms Wirken auf der internationalen Ebene war nach 1945 vor allem durch relativ häufige Vortragsreisen gekennzeichnet. Diese zum Teil sehr ausgedehnten Reisen, die beispielsweise die Goethe-Gesellschaft für ihn organisierte, führten ihn, um nur die exotischsten Reiseziele zu nennen, zweimal nach Südamerika sowie 1962 in den Mittleren Osten und nach Indien.[106] Solche Exkursionen konnte Schramm häufig nutzen, um die vielen informellen Kontakte und Freundschaften zu pflegen, die ihm im Laufe seines Lebens zugewachsen waren. Kontinuierlich bemühte er sich um diese Verbindungen außerdem von Deutschland aus mittels einer umfangreichen Korrespondenz.

Seine Freude daran, die Kontakte zu seinen Freunden und Bekannten zu pflegen, war eine wichtige Motivation für seine internationale Tätigkeit. Als einen weiteren Antrieb für seine vielen Reisen nannte er selbst eine schier unstillbare Neugier auf fremde Kulturen.[107] Außerdem waren Kontakte über die deutschen Grenzen hinaus, zumal in der von ihm gepflegten Breite, in dieser Zeit keine Selbstverständlichkeit und konnten das Prestige eines Wissenschaftlers erheblich fördern.[108] Schließlich spielte auch das politische Anliegen, der Verständigung zwischen den Völkern zu dienen, in ähnlicher Weise wie in der Zeit vor 1939 für Schramms Engagement eine Rolle. Von der internationalen Breite des Ansehens, das Schramm in der wissenschaftlichen Welt genoß, zeugt nicht zuletzt die voluminöse, zweibändige Festschrift, die ihm zum siebzigsten Geburtstag überreicht wurde.[109] Zahlreiche Akademien und wissenschaftliche Gesellschaften in Deutschland und im Ausland beriefen ihn im Laufe der Jahre zum Mitglied. Zu den wichtigsten

104 Material in: FAS, L 205; FAS, L 230, Bd.6, Brief E. Kantorowicz an P.E. Schramm, Princeton 9.1.1956, sowie weitere Korrespondenz ebd.; FAS, L 230, Bd.2, Brief P.E. Schramm an G. Boyce, masch. Durchschl., Göttingen 12.7.1957, sowie weitere Korrespondenz ebd.

105 *Ritter, A.*, Veröffentlichungen Schramm, Nr.II,54, auf S. 320; Korrespondenz in: FAS, L 230, Bd.3, Unterakte »Detwiler, Donald S.«; vgl. auch: *Detwiler*, Percy Ernst Schramm.

106 Material zu Schramms Auslandsreisen findet sich in: FAS, L 191 bis L 218; über Schramms Orientreise außerdem Korrespondenz in: FAS, L 230, Bd.4 [unter »Goethe-Institut«].

107 *Reinhard Elze* zitierte eine Postkarte Schramms von 1965, worin dieser von sich selbst sprach als »einem, der für sein Leben gern in anderen Kontinenten reist und noch zulernt« (*Elze*, Nachruf Schramm, S. 657).

108 In diesem Sinne etwa: *Rürup*, »Das Dritte Reich…«, S. 271.

109 *Classen, Scheibert (Hg.)*, Festschrift; über Schramms Aktivitäten bis 1939 s. o., v.a. Kap. 9.f); über Schramms Arbeit für die deutsch-polnische Verständigung unten in diesem Kapitel, Abschnitt c).

zählen die Akademien in München, Wien, Stockholm, Spoleto und die American Academy of Medieval Studies.[110]

Unter den Ehrungen, die Schramm erhielt, wurde die bedeutendste zugleich für ihn persönlich die wichtigste: Im Jahr 1958 wurde er in den Orden »Pour le mérite für Wissenschaften und Künste« aufgenommen.[111] Ursprünglich 1842 vom preußischen König ins Leben gerufen, besteht der Orden seit 1922 bis heute als freie Vereinigung von Gelehrten und Künstlern fort.[112] Mit der Aufnahme in das Ordenskapitel wurde Schramm die höchste Ehrung zuteil, die ein Wissenschaftler in der Bundesrepublik Deutschland erreichen kann. Ein halbes Jahrzehnt nach seiner Aufnahme, als der Jurist Erich Kaufmann das Amt des Kanzlers des Ordens niederlegte, wurde Schramm im Juli 1963 als sein Nachfolger an die Spitze des Kapitels gewählt.[113] Stets war es Schramm ein Anliegen, andere Wissenschaftler, die er persönlich kannte und die er verehrte, in das Ordenskapitel zu ziehen. Sein Einfluß wurde nicht zuletzt bei der Wahl ausländischer Mitglieder erkennbar. Schramm erwirkte unter anderem die Wahl des belgischen Historikers Francois-Louis Ganshof im Jahr 1959.[114]

Hingegen spielte Schramm offenbar nur eine Nebenrolle, die sich auf die Vorgänge allerdings prägend auswirkte, als Erwin Panofsky im Juli 1967 in den Orden Pour le mérite aufgenommen wurde. Der persönliche Kontakt zwischen Schramm und dem Kunsthistoriker, den die Nationalsozialisten aus Deutschland hinausgetrieben hatten, war damals längst erloschen.[115] Ohnehin war die vor 1933 bestehende Verbindung eher lose gewesen und hatte lediglich durch die Verbindung beider Wissenschaftler zur Bibliothek Warburg Bestand gehabt. In späterer Zeit beurteilte Panofsky Schramms Verhalten unter der nationalsozialistischen Herrschaft ebenso unnachsich-

110 *Wenskus*, Nachruf Schramm, S. 51.

111 Einen Überblick über die Geschichte des Ordens und die verfügbare Literatur bieten die Einleitungen zu den letzten Jubiläumsschriften. Anläßlich des 125jährigen Bestehens des Ordens 1967 hat Schramm selbst einschlägige Betrachtungen niedergelegt. — *Zachau*, Vorwort; *Coing*, Orden; SVS 1967 Rückblick.

112 Über die Umwandlung des Ordens zu Beginn der Weimarer Zeit auf Betreiben seines Kanzlers Adolf von Harnack z.B.: *Coing*, Orden, S. 11–12; über das Schicksal des Ordens in der Zeit der nationalsozialistischen Herrschaft: *Zachau*, Orden Nationalsozialismus.

113 Vgl. *Bittel*, Begrüßungsworte, S. 103.

114 Ausländer mit dem Ordenszeichen zu ehren, war und ist bis heute üblich, allerdings haben solche Mitglieder kein Stimmrecht im Kapitel. Mit Francois-Louis Ganshof (1895–1980) war Schramm durch das Internationale Historische Komitee seit 1930 bekannt. — Korrespondenz mit Ganshof seit 1931 in: FAS, L 230, Bd.4, Unterakte: »Ganshoff [sic!], F.L.«; über die Ordensverleihung: ebd., Bd.9, Brief P.E. Schramm an G. Ritter, masch. Durchschl., o.O. [Göttingen], 9.2.1959; ebd., Briefe G. Ritter an P.E. Schramm, jeweils Freiburg i.B.: 23.2.1959 u. 30.4.1959; FAS, L 230, Bd.4, Brief P.E. Schramm an F.L. Ganshof, Entwurf, o.D.

115 Über Erwin Panofsky (1892–1968) und seinen Kontakt zu Schramm s.o., v.a. Kap. 3.b) u. 9.a).

tig kritisch, wie es die Mitarbeiter des nach London verlagerten Instituts taten.

Während Panofsky sich 1966 zum ersten Mal nach dem Zweiten Weltkrieg in Deutschland aufhielt, wurde er von einflußreichen Freunden gefragt, ob er gegebenenfalls bereit wäre, der Aufnahme in den Orden Pour le mérite zuzustimmen.[116] Ausdrücklich lehnte er diese Ehrung ab mit der Begründung, er könne diese Ehrung nicht annehmen, solange Percy Ernst Schramm Kanzler sei. In Gesprächen spielte er auf Schramms Tätigkeit im Oberkommando der Wehrmacht während des Zweiten Weltkriegs an und erklärte, so berichtet seine Witwe, es käme für ihn nicht in Frage, »sich von Hitlers Thukydides einen Orden umhängen zu lassen«. Dennoch wurde hinter den Kulissen alles vorbereitet, um Panofsky anläßlich einer geplanten zweiten Deutschlandreise im folgenden Jahr in den Orden aufzunehmen. Eine treibende Rolle scheint hierbei, obwohl er selbst dem Orden nicht angehörte, Ludwig-Heinrich Heydenreich gespielt zu haben, der oben erwähnte Leiter des Zentralinstitut für Kunstgeschichte. Als Panofsky sich im Sommer 1967 bereits in Deutschland aufhielt, willigte er in einem Gespräch – anscheinend in der Annahme, Schramm habe mit dem Vorgang nichts mehr zu tun – doch noch in die Aufnahme in den Orden ein.

Bis zu diesem Punkt scheint Schramm keine entscheidende Rolle gespielt zu haben. Allerdings bestand er im folgenden darauf, seine Rolle als Ordenskanzler in vollem Umfang wahrzunehmen, obwohl er wissen mußte, welche Empfindlichkeiten er damit anrührte. Zwei Tage, nachdem Panofsky seine Einwilligung gegeben hatte, hielt der Kunsthistoriker die Benachrichtigung von seiner Zuwahl in den Händen, unterzeichnet von Schramm persönlich. Außer sich vor Zorn, sah Panofsky keine Möglichkeit mehr, sich aus der Affäre zu ziehen, und nahm die Wahl an. Die Übergabe des Ordenszeichens fand schließlich am 26. Juli 1967 in den Räumlichkeiten des Zentralinstituts für Kunstgeschichte statt, im Rahmen von Feierlichkeiten zu dessen zwanzigjährigem Bestehen. Schramm überreichte das Ordenszeichen und hielt selbst die Laudatio auf Erwin Panofsky. Wenigstens davor hätten ihn die Erfahrungen warnen sollen, die er insbesondere mit dem Warburg Institute gemacht hatte. Offenbar wollte er seine Überzeugung demonstrieren,

116 Im Nachlaß von Percy Ernst Schramm sind keine Spuren des Vorgangs aufzufinden. Die folgende Schilderung beruht auf einer Aufzeichnung von Gerda Panofsky, der Witwe Erwin Panofskys. Ich danke Gerda Panofsky für die Überlassung eines Ausdrucks ihres Textes. Frau Panofsky erläutert, es handele sich um eine Aufzeichnung, die sie im Frühjahr 1968, kurz nach Erwin Panofskys Tod, verfaßt habe. Der Text basiere auf Notizen in ihrem Taschenkalender sowie auf ihren Erinnerungen. Bei mehreren einschlägigen Gesprächen war sie Augenzeugin. Darüber hinaus werden Briefe zitiert, die sich in ihrem Besitz befinden. Offenbar auf Grundlage derselben Aufzeichnung hat *Dieter Wuttke* die Vorgänge in seiner Einleitung zur Edition der Korrespondenz Erwin Panofskys beschrieben. — »Chronique scandaleuse« (beim Autor befindlich); Briefliche Mitteilung von Gerda Panofsky, 1.2.2000; *Wuttke*, Einleitung, S. XXIX.

daß an ihm kein Makel hafte, der von der problematischen Vergangenheit herrührte. Um so deutlicher traten dadurch die fragwürdigen Aspekte seines Verhaltens hervor.

Als Schramm in seiner Laudatio auf die Jahre der nationalsozialistischen Herrschaft zu sprechen kam, beschrieb er seine letzte Begegnung mit Panofsky in New York im Jahr 1933 und nahm für sich in Anspruch, dem anderen damals Ratschläge für sein weiteres Verhalten gegeben zu haben.[117] Nicht mit der leisesten Andeutung ging er aber auf die spätere Entfremdung ein. Selbstverständlich wäre es Schramm unmöglich gewesen, im feierlichen Rahmen der Ordensübergabe jeden problematischen Aspekt des persönlichen Verhältnisses zwischen dem amtierenden Kanzler und dem neuen Mitglied zur Sprache zu bringen. Aber mit etwas Mut und gutem Willen hätte er es vielleicht vermeiden können, über alle Probleme so brüsk hinwegzugehen. Insgesamt wirkten sich in Schramms Laudatio Mechanismen der Verdrängung und der selektiven Erinnerung aus, die er nicht nur bei dieser Gelegenheit zur Anwendung brachte.[118]

Alles in allem ist die Ordensübergabe an Erwin Panofsky, aufgrund ihrer Umstände und aufgrund von Schramms eigenem Verhalten, als peinlicher Tiefpunkt in der Geschichte der Kanzlerschaft des Göttinger Historikers zu werten. Dennoch sollte die Episode nicht den Blick auf die Verdienste verstellen, die Schramm sich um den Orden erwarb. Bis zu seinem Tod war er sieben Jahre lang Kanzler. In dieser Eigenschaft stellte er einen würdigen Verlauf der einmal jährlich stattfindenden öffentlichen Kapitelsitzungen sicher. Er sorgte aber auch dafür, daß die dabei von Mitgliedern gehaltenen Vorträge so geartet waren, daß das Jahrbuch des Ordens, die »Reden und Gedenkworte«, in denen diese Vorträge eine prominente Stelle einnahmen, für eine breitere Öffentlichkeit interessant sein konnte.[119]

Darüber hinaus war es Schramm ein Anliegen, eine persönliche Verbundenheit zwischen den Ordensträgern zu stiften und zu vertiefen.[120] Er selbst genoß den persönlichen Umgang mit den hochgebildeten und lebenserfahrenen Menschen, die der Orden versammelte. Deshalb strebte er danach, die

117 »Ich sehe noch das düstere Hotelzimmer vor mir, in dem ich Sie von Princeton aus aufsuchte und wir durchsprachen, was Sie tun sollten« (SVS 1967 Übergabe, S. 214).

118 Zugrundegelegt wird in der vorliegenden Arbeit die Druckfassung der Laudatio, die im Jahrbuch des Ordens Pour le mérite nachzulesen ist. Diese Fassung weicht offenbar von der gesprochenen Fassung ab. Gerda Panofsky erklärt, die Laudatio sei »stark redigiert worden«. Heydenreich bedankte sich im Dezember 1967 »für die revidierte Pan-Laudatio«, die Schramm ihm geschickt hatte. — SVS 1967 Übergabe; FAS, L 230, Bd.5, Karte L.H. Heydenreich an P.E. Schramm, München 12.12.1967; vgl. weiter unten in diesem Kapitel, Abschnitt d).

119 *Bittel*, Begrüßungsworte, S. 104.

120 Vgl. in Schramms Nachlaß die Korrespondenzen mit Ordensmitgliedern, z.B. mit Gerhard Ritter, Karl Jaspers oder Otto Warburg. — FAS, L 230, Bd.9, Unterakte: »Ritter, Gerhard«; ebd., Bd.6, Unterakte: »Jaspers, Karl«; ebd., Bd.11.

Freude daran auch bei den anderen Angehörigen des Kapitels zu wecken und wach zu halten. Er machte es zur Tradition, daß der Orden nicht nur einmal im Jahr zu seiner öffentlichen Sitzung zusammenkam, sondern sich ein weiteres Mal intern, zum Gedankenaustausch in entspannter Atmosphäre traf. Bei der Moderation dieser Treffen bewährte sich seine kommunikative Begabung in besonderer Weise.[121] Auf diese Weise stärkte Schramm die Identität des Ordens und den Zusammenhang des Kapitels. Für dieses Ziel war er rastlos tätig. Zu Recht äußerte sein Nachfolger in der Gedenkrede für den Verstorbenen, Schramm habe sieben Jahre lang »mit dem Orden und für den Orden gelebt«.[122]

Allerdings konnte er, je älter er wurde, nicht mehr immer die Kraft aufbringen, welche die Amtsführung verlangte. Nachdem er sich sein Leben lang einer unverwüstlichen Gesundheit und einer robusten, von vielen bewunderten Konstitution erfreut hatte, mußte er im späten Frühjahr des Jahres 1965 für einige Wochen in eine Göttinger Klinik. In einer Operation, die dringend notwendig geworden war, wurde ihm die Gallenblase entfernt. Danach erholte er sich wieder, unternahm unter anderem noch im selben Jahr eine Vortragsreise nach Südamerika.[123] Dennoch war seine Standfestigkeit von da an nicht mehr dieselbe wie früher. Fünf Jahre später, am 12. November 1970, starb er in einem Göttinger Krankenhaus an den Folgen eines Herzinfarkts. Auf dem Ohlsdorfer Friedhof in Hamburg wurde er beigesetzt. Am 4. April 1971 wurde der Archäologe Kurt Bittel zu seinem Nachfolger als Kanzler des Pour le mérite gewählt.[124]

c) Wissenschaft vom Krieg und Lehren aus der Geschichte

In den Jahrzehnten nach 1945 entfaltete Schramm eine rege politisch-publizistische Tätigkeit, die mit seiner wissenschaftlichen Arbeit eng verknüpft war. Am engsten war diese Verknüpfung im Bereich seiner Beschäftigung mit der Geschichte des Zweiten Weltkriegs. Für seine Sicht auf diesen Krieg spielte es eine entscheidende Rolle, daß er selbst als Zeitzeuge auf vielfache Weise davon betroffen und darin verwoben war. Darum richtete sich sein

121 *Kurt Bittel* erinnerte in seinem Nachruf auf Schramm daran, »wie souverän und unnachahmlich Percy Ernst Schramm dabei die Gespräche leitete, Fragen stellte oder anregte, Probleme formulierte, die Diskussion in Fluß hielt« (*Bittel*, Begrüßungsworte, S. 104; insgesamt über die internen Ordenstreffen ebd., S. 104–105).

122 *Bittel*, Begrüßungsworte, S. 103.

123 Angesichts von Schramms Tatendrang war Gerhard Ritter besorgt, daß der Freund sich nicht überanstrengte. — FAS, L 230, Bd.9, Brief G. Ritter an P.E. Schramm, Freiburg i.Br. 20.7.1965; ebd., Brief P.E. Schramm an G. Ritter, masch. Durchschl., o.O. [Göttingen], 27.7.1965.

124 *Bittel*, Begrüßungsworte, S. 103.

Blick zuallererst auf das Naheliegende: auf das Schicksal derer, denen er persönlich verbunden gewesen war oder mit denen er Seite an Seite gearbeitet hatte.[125]

Insbesondere bewegte ihn das Schicksal der Studenten und Dozenten, die dem Historischen Seminar der Universität Göttingen angehört hatten und im Zweiten Weltkrieg gefallen waren. Im November 1946 – in der Zeit zwischen seiner Rückkehr nach Göttingen und seiner Entlassung durch die Militärregierung im darauffolgenden Frühjahr – gedachte er ihrer in einer seiner ersten Vorlesungsstunden nach Kriegsende.[126] Später sorgte er dafür, daß in den Räumen des Seminars eine Galerie mit den Bildern und den Namen der Gefallenen eingerichtet wurde. Sie wurde am 14.12.1950 eingeweiht.[127] Auch mit seinem ebenfalls im Jahr 1950 erschienenen Buch »Deutschland und Übersee« ehrte Schramm die Toten: Er widmete es den vier gefallenen Seminarassistenten, die er namentlich nannte, sowie »dem Andenken aller Mitglieder des Seminars, die einmal unsere Schüler waren und in oder nach dem Kriege den Tod fanden.«[128]

Ganz in diesem Zusammenhang ist es zu sehen, daß Schramm sich für die Edition der ungedruckten Habilitationsschrift einsetzte, die Fritz Walser hinterlassen hatte. Walser, der sich 1935 bei Karl Brandi mit einer Arbeit über das spanische Regierungssystem Kaiser Karls V. habilitiert hatte, war im Krieg verschollen.[129] Schramm kümmerte sich um einen kompetenten Bearbeiter für das noch nicht druckfertige Manuskript.[130] Außerdem sorgte

125 Über Schramms Gedenken an die beiden jüngeren Historiker Carl Erdmann und Hans-Walther Klewitz s.o., Kap. 12.b); über Klewitz auch in den folgenden Fußnoten.

126 *Robert P. Ericksen* weist darauf hin, daß von den fünf Historikern, die sich in der Zeit des Nationalsozialismus in Göttingen habilitierten, nur zwei die Kriegszeit überlebten. — FAS, L »Miterlebte Geschichte«, Bd.3, S. 421–422; *Ericksen*, Kontinuitäten, S. 445; vgl. *Dahms*, Einleitung, S. 58; allgemein über die Kriegstoten der Göttinger Universität: ebd., S. 58 m. Anm. 146 u. Anm. 148.

127 Die Liste umfaßt insgesamt 26 Namen. Bemerkenswerterweise sind auch Fritz Walser und Hans-Walther Klewitz aufgeführt, die sich zwar beide in Göttingen habilitiert, aber die Georgia Augusta noch vor ihrem Tod verlassen hatten. Walser gehörte seit 1938 der Fakultät in Frankfurt am Main an, Klewitz war 1940 auf ein Ordinariat nach Freiburg i.Br. berufen worden. — FAS, L 128, »Liste der gefallenen Seminarmitglieder. Zur Übergabe ihrer Bilder 14.12.1950«, masch. mit handschr. Ergänzungen, vor 14.12.1950; vgl. FAS, L »Miterlebte Geschichte«, Bd.3, S. 423; SVS 1959 Vorwort Walser, S. XIII; über Walser außerdem im Text das Folgende; über Klewitz s. oben, Kap. 12.b); vgl. die sachlich ungenaue Erwähnung der gefallenen Göttinger Historiker bei: *Dahms*, Universität Göttingen, S. 424 m. Anm. 119.

128 SVS 1950 Deutschland, Widmung auf unpaginierter Seite [S. 5]; außerdem ebd., S. 475.

129 Über Fritz Walser (1899–1945) informiert der Nachruf, den Schramm der posthum herausgegebenen Habilitationsschrift voranstellte (SVS 1959 Vorwort Walser, S. X–XIII).

130 Nachdem der zunächst als Bearbeiter gefundene Berthold Beinert die Aufgabe 1952 niederlegte, übernahm sie Ende des Jahres 1956 Rainer Wohlfeil, der heute an der Universität Hamburg tätig ist, und führte sie zum Abschluß. — Vgl. FAS, L 230, Bd.1, Brief B. Beinert an P.E. Schramm, Heidelberg 14.9.1951, sowie weitere Korrespondenz ebd.; SVS 1959 Vorwort Walser, S. IX–X; *Wohlfeil*, Vorbemerkungen, v.a. S. XV.

er dafür, daß die Göttinger Akademie der Wissenschaften die Bearbeitung finanziell unterstützte und die Drucklegung übernahm. Als Schramm im Februar 1958 der Akademie das Buch vorlegte, vermerkte er mit Bleistift auf der Tagesordnung der entsprechenden Sitzung: »Eine Ehrenpflicht, eingelöst gegen Brandi und einen Toten!«[131]

Schramm war bewegt von dem aus alten Traditionen gespeisten Gefühl, daß die Toten das ehrende Andenken der Lebenden verdienten. Zugleich wühlte ihn der Gedanke an die furchtbare Höhe der Verluste an Menschenleben auf, die die deutschen Armeen und die deutsche Zivilbevölkerung im Zweiten Weltkrieg erlitten hatten. Das Nachdenken darüber war ein wichtiger Anstoß, der ihn Ende der vierziger Jahre zur Zeitgeschichtsforschung führte.[132] Fast ein Jahrzehnt später kam er mit Nachdruck darauf zu sprechen, als ihm im November 1959 die Aufgabe zufiel, bei der offiziellen Feierstunde des Landes Niedersachsen zum Volkstrauertag die Gedenkrede zu halten.[133]

Einleitend stellte er fest, daß niemand genau sagen könne, wie viele Deutsche »im und infolge des II. Weltkrieges zugrunde gingen [...].«[134] Eine Angabe sei noch nicht einmal auf eine Million genau möglich.[135] Dieser Zustand war ihm unerträglich. Deshalb appellierte er eindringlich an die anwesenden Bundestagsabgeordneten und Mitglieder der niedersächsischen Landesregierung, alles in ihrer Macht Stehende zu tun, um diesen Mangel abzustellen.[136] Die zu ermittelnde, möglichst exakte Zahl der Toten sollte dann

> »in jeder Stadt, in jedem Dorf als das dem letzten Kriege angemessene Denkmal an unübersehbarer Stätte angebracht werden [...]; denn die unüberhörbare, gar nicht mißzuverstehende Lehre, die diese Zahl uns zu geben hat, darf nie, nie vergessen werden.«[137]

Eine Katastrophe wie der Zweite Weltkrieg, das war Schramms Anliegen, durfte sich nicht wiederholen. Damit ist der Grundgedanke angesprochen, der in den hier in Frage stehenden Jahrzehnten für Schramms Aktivitäten im

131 FAS, L 230, Bd.1, Unterakte: »Akademie der Wissenschaften Göttingen«, Handschr. Vermerk von P.E. Schramm auf der Einladung zur ordentlichen Sitzung der Akademie am 21.2.1958; außerdem weiteres Material ebd.; im Sinne der zitierten Bemerkung äußerte sich Schramm auch in: SVS 1959 Vorwort Walser, S. IX u. XIII.

132 Bereits 1949 publizierte Schramm einen Zeitungsartikel mit dem Titel: »Die deutschen Verluste im Zweiten Weltkrieg«. — *Ritter, A.*, Veröffentlichungen Schramm, Nr.I,179, auf S. 304; vgl. zu diesem Problembereich aus dem Nachlaß beispielsweise: FAS, L 230, Bd.10 [unter »Suchdienst«], Brief P.E. Schramm an Dr. Nether (Suchdienst Hamburg-Osdorf), masch. Durchschl., Göttingen 7.5.1955.

133 SVS 1959 Gedenkrede.

134 Ebd., S. 3.

135 Ebd., S. 4.

136 Ebd., S. 3 und 5.

137 Ebd., S. 4–5.

politisch-publizistischen Bereich insgesamt bestimmend war: Die politische und gesellschaftliche Entwicklung durfte nicht noch einmal in die Bahnen geraten, die in der Weimarer Zeit zum Untergang der Republik und schließlich in die Katastrophe von 1945 geführt hatten. Es galt, die Gefahren abzuwehren, die dazu führen könnten.

Dabei sah Schramm die Aufgabe der Geschichtswissenschaft darin, daß sie »auf den alten, oft in Frage gestellten, aber doch richtigen Satz pocht, daß man aus der Geschichte lernen könne und müsse.«[138] Deshalb waren auch die wissenschaftlichen Aktivitäten, die Schramm mit Blick auf die Erforschung der Geschichte des Zweiten Weltkriegs entfaltete, auf das beschriebene Grundanliegen und insofern auf die aktuelle Gegenwart des Forschenden bezogen. Die erwähnte Auseinandersetzung mit dem Problem der Zahl der Kriegstoten stellte jedoch im Gesamtkontext von Schramms publizierten Arbeiten zur Zeitgeschichte nur einen untergeordneten Teilaspekt dar. Seine Aufmerksamkeit galt der militärischen Ereignisgeschichte. Dieser Bereich war bereits in der Kriegszeit, als er das Kriegstagebuch des Wehrmachtführungsstabes geführt hatte, sein Aufgabengebiet gewesen. Aufgrund dieser Verwendung als Kriegstagebuchführer hielt er sich in besonderer Weise für befähigt, den Verlauf des Krieges zu beschreiben und zu beurteilen.

Sein Wissen machte er nicht zuletzt für die akademische Lehre fruchtbar: Er hielt eine öffentliche Vorlesung »Die Geschichte des Zweiten Weltkriegs«, die er im Wintersemester 1952/53 zum ersten Mal anbot. Das Interesse war überwältigend. Die Hörer kamen nicht nur aus der Studierendenschaft, sondern aus der ganzen Stadt. Aufgrund des großen Andrangs wurde die Veranstaltung bald ins Auditorium Maximum verlegt, zusätzlich wurde eine Lautsprecherübertragung in einen Nebensaal eingerichtet. Als auch das nicht mehr ausreichte, wurde die Vorlesung in einer zum Hörsaal umfunktionierten großen Kirche fortgesetzt.[139] Von da an wiederholte Schramm diese Vorlesung regelmäßig alle zwei Jahre. Der Zuspruch war gleichbleibend hoch.[140]

138 SVS 1958 Polen, S. 614.

139 Die Angabe, daß Schramm die Vorlesung im Herbst 1952 zum ersten Mal anbot, erfolgt nach *Manfred Hagen*, der sich auf die Vorlesungsverzeichnisse bezieht. In einem Brief, in dem unter anderem von dem großen Andrang die Rede ist, gibt Schramm selbst allerdings im Januar 1953 an, er halte die Vorlesung bereits zum zweiten Mal. — *Hagen*, Göttingen, S. 332; FAS, L 230, Bd.5 [unter »Historical Division«], Brief P.E. Schramm an Historical Division, Colonel W.C. Nye, masch. Durchschl., Göttingen 28.1.1953; vgl. auch: *Obenaus*, Geschichtsstudium, S. 319–320; außerdem *Schulin*, Heimpel, S. 10.

140 Einen sehr guten Eindruck von Schramms Vorlesungsstil und von der Größe des Auditoriums bietet eine wohl 1964 gedrehte Sequenz in einem unter der Leitung von *Karl Friedrich Reimers* hergestellten Film. Noch im Jahr 1966 gab Schramm an, er habe bei seiner Vorlesung über den Zweiten Weltkrieg »900 bis 1000 Zuhörer«. — *Reimers*, Schramm [Film]; FAS, L 230, Bd.6, Brief P.E. Schramm an K. Jaspers, masch. Durchschl., o.O. [Göttingen], 23.5.1966; sehr po-

Eine zuverlässige Darstellung der Ereignisse des Zweiten Weltkriegs, wie seine Vorlesung sie bieten sollte, erschien Schramm im Interesse einer gedeihlichen politischen Entwicklung notwendig. In dieser Meinung bestärkte ihn der Aufstieg der »Sozialistischen Reichspartei« Anfang der fünfziger Jahre. Diese Vereinigung profilierte sich kaum verhohlen als Nachfolgeorganisation der NSDAP und konnte bei Wahlen vor allem in Niedersachsen bemerkenswerte Erfolge erzielen.[141] Ihr erfolgreichster Protagonist war der ehemalige Generalmajor Otto Ernst Remer, der in der Zeit des Nationalsozialismus maßgeblich an der Niederschlagung des Umsturzversuchs vom 20. Juli 1944 beteiligt gewesen war.[142] Bei seinen öffentlichen Auftritten, die regen Zulauf fanden, kam er verschiedentlich auf das gescheiterte Attentat auf Hitler zu sprechen. Ausdrücklich beschuldigte er die Attentäter, nicht nur den Chef des nationalsozialistischen Regimes, sondern auch ihr Land verraten zu haben und behauptete obendrein, sie seien vom Ausland dafür bezahlt worden. Für diese Äußerung wurde er von überlebenden Mitverschwörern und Angehörigen der ermordeten Protagonisten des 20. Juli wegen Beleidigung angezeigt. Anfang März 1952 begann in Braunschweig der Prozeß.[143]

In dem aufsehenerregenden Verfahren ließen die Kläger prominente Sachverständige zu Wort kommen, deren Gutachten die Haltlosigkeit von Remers Bezichtigungen belegen sollten.[144] Eines dieser Gutachten stammte von Schramm. Darin legte er dar, der Krieg habe im Sommer 1944 aus militärischer Sicht bereits als endgültig verloren angesehen werden müssen.[145] Schon allein aufgrund der militärischen Lage konnte der Vorwurf des Landesverrats die Verschwörer also nicht treffen. Das Gericht folgte dieser Argumentation und zog aus Schramms Darlegung den Schluß, daß die Verhältnisse im Jahr 1944 »gebieterisch die Beseitigung des Hitler-Regimes verlangten [...].«[146] Andere Erwägungen traten hinzu. Am Ende wurde Remer zu einer Haftstrafe verurteilt. Im Herbst desselben Jahres wurde die »Sozialistische Reichspartei« vom Bundesverfassungsgericht verboten.[147]

sitive Reaktionen von Hörern auf die Vorlesung finden sich in: ebd., Bd.2, Brief W. Boetticher an P.E. Schramm, Göttingen 12.3.1957, mit Anlagen.

141 Über die Sozialistische Reichspartei (SRP): *Frei*, Vergangenheitspolitik, S. 326–360; *Trittel*, »Genossen...«, S. 275–285; *Morsey*, Bundesrepublik, S. 52–53 u. 193.

142 Über Otto Ernst Remer: *Frei*, Vergangenheitspolitik, v.a. S. 327 u. 350 m. Anm. 97; *Trittel*, »Genossen...«, v.a. S. 276 m. Anm. 29; über Remers Rolle im Zusammenhang mit dem 20. Juli 1944: *Kershaw*, Hitler, Bd.2, S. 890–892 u. 902.

143 *Frei*, Vergangenheitspolitik, S. 347–348.

144 Ebd., S. 348.

145 SVS 1953 Gutachten; leicht gekürzt wieder abgedruckt als: SVS 1953 Krieg; vgl. außerdem: *Ritter, A.*, Veröffentlichungen Schramm, Nr.I,205, auf S. 305.

146 *Kraus (Hg.)*, Remerprozeß, S. 125.

147 *Frei*, Vergangenheitspolitik, S. 349–350 u. 357; *Trittel*, »Genossen...«, S. 283–284.

Der Ausgang des Remer-Prozesses trug entscheidend dazu bei, daß sich in der Öffentlichkeit der Bundesrepublik eine stark idealisierende Sicht der Verschwörer des 20. Juli durchsetzte. Die Zeitgenossen gewannen dadurch positive Identifikationsmöglichkeiten. Fortan wurde der Widerstand gegen den nationalsozialistischen Unrechtsstaat als legitim, sogar als geboten beurteilt. Das stärkte die noch junge deutsche Demokratie, die in betonter Abgrenzung vom ›Dritten Reich‹ gegründet worden war.[148] Schramm konnte sich als einer der Väter dieses Erfolges fühlen. Seine spezielle Kompetenz hatte sich für die Abwehr neonazistischer Bestrebungen als wertvoll erwiesen. Aufgrund seiner Tätigkeit als Kriegstagebuchschreiber hatte das Gericht im Remer-Prozeß seine Sachkunde ausdrücklich außer jeden Zweifel gestellt.[149] Die problematischen Aspekte seines Dienstes in der obersten militärischen Führung hatten keine Rolle gespielt.[150] Ohne sein eigenes Verhalten in der Zeit des ›Dritten Reiches‹ reflektieren zu müssen, konnte Schramm als Historiker des Zweiten Weltkriegs einen Beitrag zur positiven Entwicklung der Bundesrepublik leisten.

Weil er für eine sachliche Darstellung des Zweiten Weltkriegs eine feste Grundlage schaffen wollte, unternahm es Schramm, das Kriegstagebuch des Wehrmachtführungsstabes zu edieren. Im Jahr 1953 wandte er sich an amerikanische Stellen, um Zugang zu den von den Amerikanern verwahrten Stücken des Kriegstagebuchs zu erhalten.[151] In der ersten Hälfte der sechziger Jahre konnte er die Edition verwirklichen. Hierbei arbeitete er zusammen mit Walter Hubatsch, der schon im Wehrmachtführungsstab sein Mitarbeiter gewesen war, sowie mit Hans-Adolf Jacobsen und Andreas Hillgruber, die bei ihm promoviert worden waren.[152] Schramm verantwortete das Projekt als Gesamtherausgeber und edierte jene von ihm selbst geschriebenen Stücke, in denen die letzten anderthalb Jahre des Krieges behandelt wurden. Der entsprechende Band, der letzte des Gesamtwerks, wurde 1961 als erster pu-

148 *Frei*, Vergangenheitspolitik, S. 350–351; vgl. *Eckel*, Transformationen, v.a. S. 165–167 u. 175.

149 *Kraus (Hg.)*, Remerprozeß, S. 124.

150 Beispielsweise galt der Umstand, daß er, wie er selbst betonte, »auch die geheimsten Akten zu sehen« bekommen hatte, als Ausweis seiner Sachkunde. Hingegen blieb die Frage ungestellt, ob er nicht aus demselben Grund von den Verbrechen gewußt haben mußte, die von den deutschen Truppen verübt worden waren oder für die sie Hilfestellung geleistet hatten. — SVS 1953 Gutachten, S. 63; vgl. *Kraus (Hg.)*, Remerprozeß, S. 124.

151 Andere Stücke hatte er schon früher, zum Teil mit Unterstützung des Münchener Instituts für Zeitgeschichte, zu bearbeiten begonnen. — FAS, L 230, Bd.5 [unter »Historical Division«], Brief P.E. Schramm an Historical Division, Colonel W.C. Nye, masch. Durchschl., Göttingen 28.1.1953; ebd., Bd.4, Brief H. Foertsch an P.E. Schramm, München 21.12.1951.

152 Andreas Hillgruber wurde 1954, Hans-Adolf Jacobsen 1956 bei Schramm promoviert. — Über Walter Hubatsch: oben, Kap. 11.b); über Hillgruber und Jacobsen: *Ritter, A.*, Veröffentlichungen Schramm, Nr.II,24, auf S. 318; ebd., Nr.II,33, auf S. 319; *Kwiet*, NS-Zeit, S. 193 m. Anm. 67; *Jacobsen*, Rolle, S. 17.

bliziert; mit dem Erscheinen des ersten Bandes wurde die Publikation 1965 abgeschlossen.[153] Damit war ein Fundus an militärgeschichtlichen Informationen der Öffentlichkeit zugänglich gemacht, der bis heute für jede Darstellung des Zweiten Weltkriegs unverzichtbar ist.

Als direkte Reaktion auf die im Remer-Prozeß gemachten Erfahrungen verstärkte Schramm eine Tätigkeit, die er vorher schon aufgenommen hatte: In öffentlichen Vorträgen, die er überall in Niedersachsen und in ganz Deutschland hielt, behandelte er die Geschichte des Zweiten Weltkriegs. Schon in der Zeit seiner Wiedereinsetzung Ende der vierziger Jahre hatte er begonnen, gegen Honorar Vorträge für die allgemeine Öffentlichkeit zu halten. Anfangs hatte es eine wichtige Rolle gespielt, daß er auf diese Weise besser für den Lebensunterhalt seiner durch Flüchtlinge vergrößerten Familie sorgen konnte.[154] Solche materiellen Erwägungen verloren allerdings schnell an Bedeutung. Im Sommer 1949 sprach Schramm, nachdem er zunächst andere Gegenstände behandelt hatte, zum ersten Mal über die Geschichte des Zweiten Weltkriegs.[155] Nach dem Remer-Prozeß intensivierte er seine Vortragstätigkeit und verfolgte noch klarer als zuvor das Ziel, der politischen Bildung zu dienen.[156] Er selbst sprach von »Aufklärungsarbeit«. Mindestens ebenso oft wie vor erwachsenen Auditorien sprach er vor Schülern, und gerade die jungen Zuhörer lagen ihm am Herzen. Jahrelang hielt er drei bis vier Vorträge im Monat, manchmal mehrere in einer Woche.[157]

Indem er über die militärische Geschichte des Zweiten Weltkriegs sprach, wollte er – wie in seinem Prozeßgutachten – vor allem klar machen, daß Deutschland diesen Krieg unter keinen Umständen hätte gewinnen können und daß die Niederlage schon lange vor dem tatsächlichen Kriegsende unabwendbar feststand. Auf diese Weise suchte er zu verhindern, daß sich erneut eine »Dolchstoßlegende« verbreitete.[158] Nach dem Ersten Weltkrieg hatte die

153 SVS 1961–1965 Kriegstagebuch, v.a. Bd.4.

154 Vgl. hierzu: FAS, L 247, Brief E. Schramm an P.E. Schramm, Göttingen 2.11.1948.

155 Vgl. das einschlägige Material in: FAS, L 273, sowie Schramms eigene Darstellung in: FAS, L »Miterlebte Geschichte«, Bd.3, S. 429–430.

156 Dieser Zusammenhang ergibt sich aus: FAS, L 230, Bd.5 [unter »Historical Division«], Brief P.E. Schramm an Historical Division, Colonel W.C. Nye, masch. Durchschl., Göttingen 28.1.1953.

157 Schramm beschrieb diese Tätigkeit in Briefen und in seinen ungedruckt gebliebenen Erinnerungen. Das Wort »Aufklärungsarbeit« benutzte er beispielsweise in einem Brief an Sigfrid Steinberg. — FAS, L »Miterlebte Geschichte«, Bd.3, S. 427–430; aus der Korrespondenz, in Auswahl: FAS, L 230, Bd.2, Brief P.E. Schramm an C. Burckhardt, masch. Durchschl., Göttingen 7.7.1960; ebd., Bd.4, Brief P.E. Schramm an A. Gieysztor, masch. Durchschl., o.O. [Göttingen], 6.2.1963; ebd., Bd.7, Brief P.E. Schramm an G. Mann, masch. Durchschl., o.O. [Göttingen], 27.5.1964; ebd., Bd.10, Brief P.E. Schramm an S.H. Steinberg, masch. Durchschl., Göttingen 4.3.1965.

158 Ausdrücklich sprach Schramm von der Verhinderung einer neuen »Dolchstoßlegende« z.B. in: FAS, L 230, Bd.7, Brief P.E. Schramm an G. Mann, masch. Durchschl., o.O. [Göttingen], 27.5.1964; FAS, L »Miterlebte Geschichte«, Bd.3, S. 427.

Weimarer Demokratie durch den unberechtigten Vorwurf, ihre Repräsentanten seien für den katastrophalen Ausgang des Krieges verantwortlich gewesen, schweren Schaden genommen. Schramm hatte die Sorge, eine solche Entwicklung könne sich wiederholen, wobei die Verschwörung des 20. Juli für eine entsprechende Geschichtsklitterung womöglich den Ansatzpunkt geboten hätte. Inwieweit eine solche Befürchtung gerechtfertigt war, mag dahingestellt bleiben: Jedenfalls stand Schramm damit in den Gründungsjahren der Bundesrepublik nicht allein. Ähnliche Gedanken bewegten zum Beispiel seinen Freund Gerhard Ritter.[159]

Auf die Dauer beschränkte sich Schramm bei seinen Vorträgen im Dienst der politischen Bildung nicht auf die Geschichte des Zweiten Weltkriegs, sondern sprach zu einer Vielzahl von Themen.[160] Unter anderem behandelte er das Verhältnis zwischen Deutschland und Polen. Aus solchen Ansprachen erwuchs der Essay »Polen in der Geschichte Europas«, der 1958 zum ersten Mal publiziert und mehrfach nachgedruckt wurde.[161] Trotz des im Titel angedeuteten weiteren Horizonts ging es darin vor allem um diejenigen Aspekte der polnischen Geschichte, die das Verhältnis Polens zu Deutschland betrafen.[162] Darin formulierte Schramm die Forderung, die Ablehnung des Krieges als Mittel der politischen Auseinandersetzung müsse die Grundlage für die Beziehungen zwischen Deutschland und Polen bilden.[163] Außerdem beschrieb er als politisches Ziel der Beziehungen einen »Ausgleich« zwischen beiden Staaten.[164] Er hielt es für unabdingbar, daß die beiden Völker zu einem dauerhaften Verhältnis guter Nachbarschaft fanden. Weil es ihm ein Anliegen war, die Verständigung zu fördern, begann er Ende der fünf-

159 *Cornelißen*, Gerhard Ritter, S. 550–551; vgl. auch *Frei*, Vergangenheitspolitik, S. 353.

160 Zahlreiche Manuskripte sowie weitere Materialien in: FAS, L 273.

161 SVS 1958 Polen; *Ritter, A.*, Veröffentlichungen Schramm, Nr.I,323, u. Nr.I,336, beide auf S. 314.

162 In mancher Hinsicht stand der Text in einer Kontinuität zu Schramms Antrittsvorlesung von 1924, an die sich in der Mitte der zwanziger Jahre noch einige einschlägige Lehrveranstaltungen angeschlossen hatten. Allerdings hatte sich die politische Ausrichtung gegenüber der Antrittsvorlesung deutlich verändert. Als langfristiges politisches Ziel hatte Schramm 1924 eine politische Hegemonie Deutschlands im ostmitteleuropäischen Raum vorgeschwebt. Die Frage, wie ein solches Ziel erreicht werden könnte, hatte er dabei offen gelassen. — Über den thematischen Zuschnitt des Textes von 1958 vgl.: SVS 1958 Polen, S. 614; über die Antrittsvorlesung s.o., Kap. 6 a).

163 Schramm meinte sogar, diese Grundlage sei bereits geschaffen, denn der Zweite Weltkrieg und seine Folgen hätten als politische Grundbedingung etwas hervorgebracht, »womit man früher nicht rechnen konnte, was wir aber jetzt bei den Polen als ebenso stark wie bei uns voraussetzen dürfen: die Ablehnung nicht nur des Krieges als Mittel, um politische Ziele zu erreichen, sondern auch jeder Aktion, die eine solche Gefahr heraufbeschwören könnte« (SVS 1958 Polen, S. 621–622).

164 Am Ende seines Aufsatzes formulierte er die These, ein »Ausgleich mit Polen« sei »nötig, dringend nötig«, er sei aber auch »erreichbar« (SVS 1958 Polen, S. 622).

ziger Jahre, Kontakte zu polnischen Wissenschaftlern zu knüpfen und zu vertiefen.[165]

Von ganz ähnlichen Erwägungen, diesmal mit Blick auf Frankreich, ließ Schramm sich leiten, als er gebeten wurde, sich an der Festschrift zum 70. Geburtstag des Historikers und Diplomaten Carl Jakob Burckhardt im Jahr 1961 zu beteiligen. Er entschloß sich, ein Stück zu liefern, das für ihn selbst von autobiographischer Bedeutung war und zugleich von allgemeinem historischen Interesse zu sein schien. Er sandte einen Bericht aus der Zeit des Zweiten Weltkriegs ein. Gegenstand des Berichts war die Kapitulation der Stadt Lille vor den Deutschen im Frühsommer 1940. Schramm war damals als hoher Stabsoffizier einer Infanteriedivision eingesetzt gewesen. In dieser Eigenschaft hatte er nicht nur den Hergang der Kämpfe aus bevorzugter Position verfolgen können, sondern auch an den Übergabeverhandlungen aktiv teilgenommen. Er kompilierte seinen Text aus Feldpostbriefen, die er selbst 1940 an seine Familie geschrieben hatte.[166]

Es war nicht der Sieg der Deutschen, den er für erinnerungswürdig hielt. Bemerkenswert schien ihm vielmehr, daß die unterlegenen Franzosen in diesem Fall nach den auf Form und Ehre bedachten Regeln traditionellen Soldatentums behandelt worden waren. Im Zuge der Räumung der Stadt hatte dies unter anderem einen geordneten Vorbeimarsch der noch bewaffneten Einheiten, die sich danach in Kriegsgefangenschaft begaben, an salutierenden deutschen Truppen beinhaltet. Insgesamt meinte Schramm, beide Seiten könnten auf diese Episode »mit Genugtuung« zurückschauen. Mittlerweile seien die damaligen Gegner Freunde geworden.[167] Offenkundig war der Berichterstatter der Auffassung, seine Erzählung könne der Vertiefung dieser Freundschaft dienlich sein.[168]

Um so größer war sein Erstaunen, als die Aufnahme seines Beitrags in die Festschrift abgelehnt wurde. Einer der Herausgeber äußerte die Befürchtung, der Text könne aufgrund seines Themas die Gefühle nicht nur der französischen, sondern auch einiger Schweizer Mitautoren verletzen.[169] Immerhin handelte der Text in affirmativer Absicht von einem deutschen

165 Diese Verbindungen pflegte Schramm bis zu seinem Tod. Dabei wurde er von seinem Sohn Gottfried unterstützt, der sich mittlerweile der osteuropäischen Geschichte zugewandt und einige Jahre in Warschau gearbeitet hatte. — Aus dem reichhaltigen Material im Nachlaß sei exemplarisch verwiesen auf: FAS, L 230, Bd.4, Korrespondenz mit Karl Gorski seit 1958; ebd., Korrespondenz mit Aleksander Gieysztor seit 1961; ebd., Brief P.E. Schramm an Kardinal Frings (Köln), masch. Durchschl., Göttingen 8.12.1965.

166 Die Vorlagen in: FAS, L 275, Bd.1.

167 SVS 1961 3x7 Jahre, S. 3; in diesem Sinne auch: ebd., S. 10–12.

168 Schramm erläuterte seine Motive, den Text zu veröffentlichen, z.B. in: FAS, L 230, Bd.2, Brief P.E. Schramm an C. Burckhardt, masch. Durchschl., Göttingen 4.1.1962.

169 Die zitierten Bedenken äußerte Max Rychner, Redakteur der Züricher Zeitung »Die Tat« (FAS, L 230, Bd.9, Brief H. Rinn an P.E. Schramm, München 24.8.1961).

Sieg im Zweiten Weltkrieg. Schramm hatte für die Reaktion jedoch keinerlei Verständnis.[170] Als ein anderer Herausgeber die Möglichkeit andeutete, den Text separat drucken zu lassen, griff Schramm diesen Vorschlag ohne jedes Zögern auf und finanzierte die Publikation aus eigener Tasche.[171] Umgehend setzte er Carl Jacob Burckhardt, den Adressaten der Festschrift, von den Vorgängen in Kenntnis.[172]

Burckhardt fand das Verhalten des Herausgebers ebenso unverständlich wie Schramm. Der Vorgang sei »für die Franzosen ehrenvoll«, außerdem sei er »innerhalb der heutigen maschinellen Barbarei eine Kostbarkeit«, und schließlich reiche »seine Tradition [...] weit zurück [...].«[173] Burckhardt bat Schramm um einige Exemplare seines Berichts, um sie an französische Freunde weiterzugeben. Etwas später konnte er von dem durchweg positiven Echo berichten, das die Darstellung bei französischen Lesern gefunden hatte. Auch der seinerzeit kapitulierende französische General Molinier lobte Schramms Text.[174]

Schramm stand also alles andere als allein mit seiner Auffassung, daß dieser Fall, in dem deutsche Soldaten sich in einem traditionellen und formalistischen Sinne ehrenhaft verhalten hatten, es verdiene, der Gegenwart als erinnerungswürdiges Exempel vorgestellt zu werden. Dabei bestritt er durchaus nicht, daß er von einer Ausnahme berichtete. Dennoch ist es bezeichnend für seine Sicht der Dinge, daß er den Fall überhaupt für beachtenswert hielt. Es war, obwohl ihm dieser Zusammenhang wahrscheinlich gar nicht ins Bewußtsein trat, alles andere als ein Zufall, daß die Deutschen, deren ritterliches Verhalten er hier rühmte, ausgerechnet Angehörige der

170 FAS, L 230, Bd.9, Brief P.E. Schramm an H. Rinn, masch. Durchschl., Göttingen 26.8.1961.

171 Um diesen Privatdruck handelt es sich bei: SVS 1961 3x7 Jahre. Er wird hier zitiert nach einer von Reinhard Elze freundlicherweise zur Verfügung gestellten Fotokopie des in Elzes Privatbesitz befindlichen Exemplars. — Vgl. für Einzelheiten der Drucklegung: FAS, L 230, Bd.9, Brief H. Rinn an P.E. Schramm, München 24.8.1961; ebd., Brief P.E. Schramm an H. Rinn, masch. Durchschl., Göttingen 26.8.1961; außerdem: FAS, L 230, Bd.2, Korrespondenz mit dem Verlag Callwey in München.

172 FAS, L 230, Bd.2, Brief P.E. Schramm an C. Burckhardt, masch. Durchschl., Göttingen 6.9.1961.

173 In einem späteren Brief versuchte Burckhardt das Verhalten des Herausgebers zu entschuldigen. Rychner, so schrieb er, kenne Frankreich vor allem durch Intellektuelle. »Er kennt die Reaktion dieser Kreise, die militärische, männlichere kennt er nicht.« — FAS, L 230, Bd.2, Briefe C. Burckhardt an P.E. Schramm: o.O., 1961, und: Vinzel 9.1.1962.

174 Darüber hinaus wurde Schramms Bericht im Jahr 1969 ins Französische übersetzt und in einer französischen Veteranenzeitschrift veröffentlicht. Den Hinweis auf diese französische Publikation verdanke ich Reinhard Elze. Bereits im Mai 1962 berichtete »Der Spiegel« über die von Schramm beschriebene Kapitulation von Lille und über die Ablehnung des Festschriftbeitrags. — FAS, L 230, Bd.2, Briefe C. Burckhardt an P.E. Schramm, jeweils Vinzel: 9.1.1962 und 28.4.1962; vgl. über den Brief von General Molinier auch das einschlägige Material in der Korrespondenz mit dem Verlag Callwey, in: FAS, L 230, Bd.2; SVS 1970 Trois fois sept ans; *Kapitulation Mittelalter.*

Wehrmacht waren. Schramm beurteilte den Zweiten Weltkrieg ganz aus der Sicht eines ehemaligen Offiziers. Aus dieser Perspektive resultierte eine wichtige Verengung seines Geschichtsbildes: Die Verbrechen, die im Verlauf des Krieges von der Wehrmacht selbst verübt worden waren oder zu denen sie Beihilfe geleistet hatte, kamen darin nicht vor.[175]

In seinen Artikeln und seinen Reden sprach Schramm vieles offen an, was das Verhalten der Deutschen in der Zeit vor 1945 in ein düsteres Licht tauchte. In seinem Text über Polen ging er relativ ausführlich auf die Greuel des deutschen Besatzungsregimes im östlichen Nachbarland in der Zeit des Zweiten Weltkriegs ein. Dieses Regime sei für die Polen eine »Schreckensherrschaft« gewesen. Schramm ließ die Unmenschlichkeit des deutschen Regiments deutlich werden, indem er aus den Tagebüchern Hans Franks zitierte, des Verwalters des »Generalgouvernement Polen«. Diese der Öffentlichkeit seit langem bekannten Zitate, so resümierte Schramm, hielten fest, »was es für Deutsche gegeben hat.« Es bleibe den Deutschen nur, ihre Scham über solche Worte und Taten nicht zu unterdrücken und die Abscheulichkeit dessen einzuräumen, was Deutsche getan hätten.[176]

Schramm scheute sich nicht, ohne weiteres einzuräumen, daß Deutsche grausame Verbrechen begangen hatten. Indem er in dem hier angesprochenen Fall die Forderung aufstellte, Deutsche und Polen müßten zur Versöhnung finden, zog er aus seinem Bild von der Geschichte politische Folgerungen, die tatsächlich dazu beitragen konnten, Entwicklungen vorzubeugen, wie sie in den dreißiger Jahren zum Zweiten Weltkrieg geführt hatten. Es entsprach aber dem oben aufgezeigten Muster, daß Hans Frank kein Soldat, sondern ein Parteifunktionär gewesen war. Darüber hinaus war er ein glühend überzeugter Nationalsozialist und ein menschenverachtender Fanatiker gewesen. Schramm stellte zwar ausdrücklich fest, daß den Deutschen aus den Taten solcher Deutscher die Verantwortung erwachse, Ähnliches in Zukunft zu verhindern. Wo er aber von konkreter Schuld sprach, belastete er damit nur einen sehr kleinen Kreis von Verantwortlichen. Durch die Art und Weise, wie Schramm die Täter charakterisierte, machte er es sich selbst und seinen Lesern leicht, sich von ihnen zu distanzieren. Sein Göttinger Kollege Siegfried August Kaehler und viele andere deutsche Historiker argumentierten damals ähnlich.[177]

175 Vgl. zum Problem der »Verbrechen der Wehrmacht« die Diskussion um die einschlägige Wanderausstellung in der zweiten Hälfte der neunziger Jahre des zwanzigsten Jahrhunderts, z.B.: *Thiele*, Einleitung, v.a. S. 8; außerdem die übrigen Beiträge in: *Ders. (Hg.)*, Wehrmachtsausstellung.

176 SVS 1958 Polen, S. 620–621.

177 Hingegen waren Hermann Heimpel und der Osteuropahistoriker Reinhard Wittram (1902–1973) bereit, auch von ihrer persönlichen Schuld zu reden. — Über Kaehler: *Berg*, Lesarten, v.a. S. 125–126; über Wittram: *Obenaus*, Geschichtsstudium, v.a. S. 316, 318, 322; *Hagen*,

Vor diesem Hintergrund und auf der Grundlage seiner Forschungen über den Zweiten Weltkrieg begann Schramm in der zweiten Hälfte der fünfziger Jahre, sich mit Hitler und seiner geschichtlichen Rolle zu befassen. Er arbeitete einen Vortrag aus, in dem er »Hitler als Feldherr« behandelte.[178] Im Jahr 1961 fügte er im vierten Band der Edition des Kriegstagebuchs in die erläuternden Abschnitte ausführliche Betrachtungen über Hitler ein. Diese Betrachtungen faßte er 1962 in einem Taschenbuch zusammen, das unter dem Titel »Hitler als militärischer Führer« erschien.[179] Bereits 1963 ging Schramm noch einen Schritt weiter und schickte sich an, ein vollständiges Charakterbild Adolf Hitlers zu entwerfen. Den Anlaß hierzu bot die Neuherausgabe der von Henry Picker überlieferten Monologe, die Hitler in seiner Freizeit im Führerhauptquartier – anstelle eines echten Gesprächs – vor seiner Umgebung zu halten pflegte.[180] Die Edition, die Schramm gemeinsam mit Andreas Hillgruber realisierte, kam 1963 unter dem Titel »Hitlers Tischgespräche im Führerhauptquartier« auf den Markt.[181] Hillgruber übernahm die Aufgabe, die »Tischgespräche« editorisch zu bearbeiten.[182] Schramm selbst verfaßte als Einleitung eine Analyse von Hitlers Weltbild und Persönlichkeit.[183]

Mit großem Ernst und detailbewußter Sorgfalt versuchte Schramm, ein zutreffendes Bild von Hitler zu zeichnen und dessen Verhalten und dessen

Göttingen, v.a. S. 336; über Heimpel in diesem Zusammenhang z.B.: *Obenaus*, Geschichtsstudium, S. 316–317; *Esch*, Hermann Heimpel; etwas zurückhaltender: *Rürup*, »Das Dritte Reich...«, S. 269.

178 Nachdem er zu diesem Thema im Frühjahr 1959 an der Universität Freiburg gesprochen hatte, wies ihn Gerhard Ritter in einem Brief auf bestimmte Schwächen seines Ansatzes hin. Ritter kritisierte, daß Schramm den Diktator allzu eng unter dem Gesichtspunkt der militärischen Technik beurteilt habe: »Es wird gefragt, was hat Hitler als Militärtechniker praktisch gekonnt, geleistet, gearbeitet und wo lagen seine Grenzen? Das geschieht in einem Ton des Vortrags, der überraschend militärisch und geradezu unakademisch wirkt, ein bißchen schnoddrig, um es deutlich zu sagen« (FAS, L 230, Bd.9, Brief G. Ritter an P.E. Schramm, Freiburg i.Br. 18.3.1959).

179 SVS 1962 Hitler.

180 Eine erste Edition dieser Texte hatte 1951 niemand anderes als Gerhard Ritter publiziert. Ritter hatte auf einen kritischen Kommentar weitgehend verzichtet, um die Gedankengänge des nationalsozialistischen Gewaltherrschers »als Selbstdemaskierung Hitlers« zur Geltung kommen zu lassen. Er hatte aber scharfe Kritik geerntet und sich dem Vorwurf ausgesetzt, er habe die Worte des Diktators allzu direkt auf den Leser einströmen lassen. Vielleicht dachte Ritter an die Debatten um seine eigene Edition der »Tischgespräche«, als er Schramm im Jahr 1959 mahnte, das »Hitlerproblem« sei ein »sehr ›heißes Eisen‹«. Auf keinen Fall dürfe der Eindruck entstehen, daß ein Historiker sich des Themas auf eine Weise annehme, »die nicht hinter die Oberfläche dringt.« — *Cornelißen*, Gerhard Ritter, S. 538–544; *Berg*, Holocaust, S. 330–334; FAS, L 230, Bd.9, Brief G. Ritter an P.E. Schramm, Freiburg i.Br. 18.3.1959.

181 SVS 1963 Tischgespräche.

182 Vgl. dazu: SVS 1963 Erläuterungen Tischgespräche, S. 23–24.

183 Schramm stützte sich natürlich vorrangig auf die »Tischgespräche« selbst, bezog sich aber auch auf Interviews, die er in der Zeit seiner Kriegsgefangenschaft und Internierung mit Menschen geführt hatte, die persönlich viel mit Hitler zu tun gehabt hatten. — SVS 1963 Erläuterungen Tischgespräche, S. 11 u. 24–25.

Persönlichkeit in einen Zusammenhang zu bringen. Um Objektivität bemüht, beschrieb er die Schwächen und die Stärken des Diktators. Trotz seines streng wissenschaftlichen Anspruchs behielt er zugleich den Bezug seiner Arbeit zur Gegenwart im Blick. Seiner Auffassung nach war »die Auseinandersetzung mit diesem unheimlichen Manne [...] ein politisches Erfordernis erster Ordnung.« Diese Aussage begründend, fuhr er fort:

»Wenn wir begreifen, wie er zur Macht kam, sie ausbaute und weltanschaulich abstützte, wie er die Deutschen verführte [...], dann impfen wir uns gegen die Gefahr, daß uns und denen, die nach uns kommen, Gleiches oder Ähnliches widerfährt.«[184]

Weiter unten sprach Schramm von dem Ziel, »die Rattenfängerrolle Hitlers« zu begreifen.[185] Dazu wollte er mit seiner Arbeit beitragen. Eine etwas gekürzte Version seiner Einleitung erschien im Frühjahr 1964 in der Zeitschrift »Der Spiegel«. Als sechsteilige Serie wurde sie dort unter dem Titel »Anatomie eines Diktators« publiziert.[186] Die Resonanz war überwältigend. In der gesamten deutschen Öffentlichkeit wurde die Serie lebhaft diskutiert.[187] Der »Spiegel« wurde mit Leserbriefen geradezu überschüttet.[188]

Bei vielen Lesern fanden Schramms Ausführungen dankbare Aufnahme. Diese Leser schrieben, sie könnten jetzt besser verstehen, warum Hitler so erfolgreich habe sein können. Bei anderen hingegen stieß Schramm auf massive Kritik. Einer der ersten Kritiker war der Historiker Golo Mann. Er stellte über Schramm die Frage: »Weiß er nicht, daß man den Menschen an seinen Taten erkennen muß, und nicht an seiner Freude an Kinderchen und Mäuschen?«[189] Solcher Kritik konnten Schramm und diejenigen, die ihn verteidigten, entgegenhalten, daß zu einem vollständigen Bild des »Führers« eben auch nebensächliche Eigenschaften gehörten. Vor allem aber gehörten dazu die speziellen Begabungen, die Hitler unbestreitbar besessen hatte, und auf die Schramm ebensoviel Wert gelegt hatte wie auf seine Defizite.[190]

Rückblickend betrachtet, wog der Einwand am schwersten, daß eine isolierte biographische Betrachtung Hitlers von vorneherein verfehlt sei. Die

184 SVS 1963 Erläuterungen Tischgespräche, S. 29; fehlt in SVS 1964 Hitler Anatomie; vgl. aber *Augstein*, Spiegel-Leser 29.1., S. 3.

185 SVS 1963 Erläuterungen Tischgespräche, S. 112; fehlt in SVS 1964 Hitler Anatomie; vgl. ebd., 6. Teil, S. 54.

186 Nicht ohne Berechtigung kritisierte Hans-Adolf Jacobsen in einem Brief an Schramm, die Zeitschrift habe ausgerechnet »die wichtigsten einschränkenden Passagen einfach nicht mit abgedruckt [...].« — SVS 1964 Hitler Anatomie; FAS, L 230, Bd.4 [unter »Forschungsinstitut der Deutschen Gesellschaft...«], Brief H.A. Jacobsen an P.E. Schramm, Bonn 23.4.1964.

187 Vgl. z.B. die zitierten Zeitungsbeiträge in: Der Spiegel, 18. Jg., Nr.12, 18.3.1964, S. 130; außerdem eine entsprechende Liste in: FAS, L 230, Bd.7, unter »Lingelbach«.

188 Vgl. die veröffentlichten Leserbriefe, in: Der Spiegel, 18. Jg., Nr.8, 19.2.1964, S. 5–11; ebd., Nr.9, 26.2.1964, S. 5–6; ebd., Nr.12, 18.3.1964, S. 5–20.

189 Leserbrief von Golo Mann, in: Der Spiegel, 18. Jg., Nr.8, 19.2.1964, S. 5.

190 In diesem Sinne z.B.: *Augstein*, Spiegel-Leser 25.3.

Schrecken des Dritten Reiches, so das Argument, seien eben nicht vor allem das Resultat der Persönlichkeit des führenden Mannes gewesen. Vielmehr hätten diejenigen, die ihn gefördert und seine Politik unterstützt hätten, eine mindestens ebenso wichtige, eigenständige Rolle gespielt. Ein Leserbriefschreiber brachte es auf die drastische Formel: »Die Figur des Rattenfängers ist nicht von primärem Interesse. Das Hauptproblem sind die Ratten.«[191] Darauf antwortete Schramm, er habe in seiner Studie klargestellt, »daß meine Einleitung ja nur das Problem ›Hitler‹ behandelt, daß daneben aber das Problem ›Wir und Hitler‹ bestehe, was noch nicht zu Ende diskutiert ist.«[192] Damit bezog sich Schramm auf eine methodische Reflexion gegen Ende seiner Erläuterungen, die in der »Spiegel«-Veröffentlichung herausgekürzt worden war.[193] Darin hatte er gefordert, die Forschung müsse sich erstens mit Hitler und den Methoden seiner Propaganda, zweitens mit den wirtschaftlichen und gesellschaftlichen Rahmenbedingungen in der Zeit seines Aufstiegs und drittens mit dem deutschen politischen System im internationalen Vergleich befassen.[194]

Hier skizzierte Schramm einen Fragenkatalog, von dem er höchstens den ersten Punkt mit seinen eigenen Forschungen anzugehen beanspruchte. Die übrigen Punkte bezeichneten Aufgaben, denen sich seiner Meinung nach die Geschichtswissenschaft ganz allgemein stellen mußte, um die Zeit des Nationalsozialismus verstehen zu können. Allerdings hatte Schramm seine Kritiker auch mit diesem Ausblick noch nicht widerlegt: Sogar hier blendete er die Frage aus, welche Rolle die deutsche Bevölkerung, vor allem die deutschen Eliten als aktive Förderer und Träger des nationalsozialistischen Systems gespielt hatten.[195] Hätte Schramm diese Frage aufgeworfen, dann hätte er sich selbst in die Betrachtung miteinbeziehen müssen. Stattdessen betonte er die Bedeutung, die Hitlers Persönlichkeit für den Verlauf der Geschichte gehabt habe. Bereits 1961 hatte er festgehalten, daß in der Persönlichkeit des Diktators eine unerklärlich »dämonische« Qualität sichtbar werde.[196]

191 Leserbrief von Walter Kindermann, in: Der Spiegel, 18. Jg., Nr.12, 18.3.1964, S. 10.

192 FAS, L 230, Bd.4, Brief P.E. Schramm an F. Fischer, masch. Durchschl., o.O. [Göttingen], 23.7.1964.

193 An der entsprechenden Stelle seiner Einleitung hielt Schramm ausdrücklich fest, daß er sich mit etlichen wichtigen Aspekten nicht befassen könne: »Denn bei unserer Erörterung geht es nur um Hitler, um Hitler allein.« — SVS 1963 Erläuterungen Tischgespräche, S. 113; fehlt in: SVS 1964 Hitler Anatomie; vgl. ebd., 6. Teil, S. 54.

194 SVS 1963 Erläuterungen Tischgespräche, S. 112–113.

195 *Ian Kershaw* hat unlängst eine Biographie Hitlers vorgelegt, die zugleich die Rolle derjenigen analysiert, die den »Führer« möglich gemacht haben. Er verfolgt einen Ansatz, »der mehr auf die Erwartungen und Motivationen der deutschen Gesellschaft schaut als auf Hitlers Persönlichkeit, um die ungeheure Wirkung des Diktators zu erklären [...]« (*Kershaw,* Hitler, Bd.1, S. 27).

196 Auf das »wahrhaft Dämonische« in der Person Hitlers meinte auch Gerhard Ritter hinweisen zu müssen. — SVS 1961–1965 Kriegstagebuch, Bd.4,2, Anm. 1 auf S. 1811; übernommen in: SVS 1962 Hitler, Anm. 1 auf S. 191; *Cornelißen*, Gerhard Ritter, S. 543.

Schramms Meinung zufolge lag darin eine Erklärung für das Geschehene: Er sah in Hitler den Verführer, dem letztlich alles anzulasten war. Auf diese Weise mußte er sich dem Sachverhalt nicht stellen, daß es außer dem Diktator noch viele andere Verantwortliche gegeben hatte.[197]

Insgesamt waren die Defizite, die hier in Schramms Umgang mit der nationalsozialistischen Vergangenheit erkennbar werden, für die bundesrepublikanische Gesellschaft in den ersten Nachkriegsjahrzehnten durchaus typisch.[198] Die Fixierung auf Hitler entsprach insbesondere dem Stand der öffentlichen Debatte in den fünfziger Jahren. Auch in der Zeitgeschichtsforschung dominierte damals die Vorstellung, das NS-Regime sei ein monolithischer Block gewesen, zusammengehalten durch die Allmacht des »Führers«, weshalb die geschehenen Verbrechen letztlich auf Hitler persönlich zurückzuführen seien.[199] Als Schramm aber seine »Anatomie eines Diktators« publizierte, wurden die Stimmen bereits lauter, die eine solche Sichtweise als inakzeptabel verwarfen. Damit ist die Debatte, die Schramms Publikation auslöste, vielleicht Ausdruck einer Wende in der Geschichte des deutschen Umgangs mit der nationalsozialistischen Vergangenheit. Schramm verteidigte seine Haltung energisch.[200] Nachdem aber im Jahr 1965 der letzte Band des Kriegstagebuchs erschienen war, konzentrierte er sich in den verbleibenden Jahren seines Lebens auf die anderen beiden Felder seiner wissenschaftlichen Arbeit, nämlich die Geschichte des Hamburgischen Bürgertums und die mittelalterliche Geschichte.[201]

197 Über das »Dämonische« sprach Schramm auch am Ende seiner Einleitung zu den Tischgesprächen. Karl Jaspers erinnerte sich, daß Schramm schon in der Zeit des Nationalsozialismus so argumentiert habe, und kritisierte diese Haltung: »Denn die Deutschen tragen die Verantwortung für Hitler und nicht irgendeine Dämonie. [...] Ich meine mich zu erinnern unserer Gesinnungsgemeinschaft in der Verwerfung des Nationalsozialismus, nicht aber in der Auffassung der Kausalitäten und Verantwortungen.« — SVS 1963 Erläuterungen Tischgespräche, S. 118–119; SVS 1964 Hitler Anatomie, 6. Teil, S. 60; FAS, L 230, Bd.6, Brief Brief K. Jaspers an P.E. Schramm, Basel 21.6.1964.

198 Vgl. hierzu etwa: *Herf*, Erinnerung, S. 317–394; *Moeller*, War Stories.

199 Vgl. zusammenfassend: *Kwiet*, NS-Zeit, v.a. S. 191–192, mit weiteren Literaturhinweisen; außerdem z.B. *Cornelißen*, Gerhard Ritter, v.a. S. 545.

200 In einem Brief an seinen alten Freund Gray C. Boyce schilderte er seine Tätigkeit: »Ich [...] muß sehr viele Vorträge halten, erscheine auch im Rundfunk und Fernsehen. Es hat sich gezeigt, daß alle Verständigen meiner Hitler-Auffassung zustimmen: sehr hintergründig, leider, leider auf einzelnen Gebieten begabt und dadurch erst recht gefährlich. Die einen meinen, ich verharmlose Hitler; die alten Nazis glauben, bei mir etwas zu finden. Ich muß mir meinen Weg mittendurch boxen« (FAS, L 230, Bd.2, Brief P.E. Schramm an G.C. Boyce, masch. Durchschl., Göttingen 15.6.1964).

201 Über den weiteren Verlauf der allgemeinen Diskussion um die Gewichtsverteilung zwischen Hitler, den Führern des nationalsozialistischen Terrorapparats und der deutschen Bevölkerung z.B.: *Herbert*, Best, S. 16–18, mit weiteren Literaturhinweisen.

d) Fehlgeschlagene und erfolgreiche Versuche der Erinnerung

Schramms wissenschaftliche Beschäftigung mit der Zeit des Zweiten Weltkriegs war wesentlich geprägt durch seinen fehlenden Willen, die Mitverantwortung zu reflektieren, die er persönlich als handelnder Zeitgenosse für das in der Zeit des Nationalsozialismus Geschehene trug. Seine geringe Bereitschaft zu solcher Reflexion gewann außerdem eine grundsätzliche Bedeutung für die Art und Weise, wie er mit dem umging, was er selbst in der Vergangenheit erlebt, getan und gesagt hatte. Dadurch beeinflußte diese Problematik auch seine Arbeiten zur Geschichte des Hamburger Bürgertums und zur mittelalterlichen Geschichte.

Im Jahr 1958, vermutlich am Anfang des Jahres, begann Schramm, an einer Beschreibung seines Lebens zu arbeiten.[202] Wenig später schälte sich als zentrales Vorhaben im Rahmen seiner Arbeit ein Buch mit dem Titel »Jahrgang 94« heraus.[203] Für dieses Buch entwickelte Schramm ein besonderes Konzept: Er wollte darin nicht eigentlich von sich selbst, sondern vor allem vom Schicksal seiner Generation sprechen. Diese Generation war die »Frontgeneration« des Ersten Weltkriegs. Er selbst wollte nur als typischer Vertreter derselben in Erscheinung treten. Dieser Ansatz war nicht aus der Luft gegriffen, da seine Weltsicht tatsächlich ganz wesentlich durch den Ersten Weltkrieg und die Erfahrungen der ersten Jahre nach der deutschen Niederlage 1918 geprägt worden war. Schon in den zwanziger Jahren hatte er sich deshalb als Angehöriger einer besonderen Generation gefühlt.[204]

Da nun die Einheit dieser Generation durch das »Kriegserlebnis« der Jahre nach 1914 gestiftet worden war, stellte Schramm die Zeit des Ersten Weltkriegs ganz in den Mittelpunkt seiner Darstellung. Zugleich trachtete er danach, aus seiner Erzählung alles auszumerzen, was ihm an seinem Lebenslauf untypisch erschien. Insbesondere stellte er seine Hamburger Kindheit und Jugend nur sehr knapp dar. Auch auf die Entwicklung seines wissenschaftlichen Denkens ging er eher am Rande ein. Zudem sollte »Jahrgang 94« mit dem Jahr 1925 enden. Schramm begründete dies mit dem Argument, daß er nach seiner Habilitation 1924 ein Dozenten- und Professorenleben geführt habe, das für die Gesamtheit seiner Altersgenossen nicht als typisch gelten könne.[205] Zunächst hatte er für sein Erinnerungswerk ein anderes Konzept

202 Dabei griff er erste Ansätze aus der Zeit des Krieges und seiner Gefangenschaft wieder auf. — Über die Versuche der Kriegszeit oben, Kap. 11.b); hierzu und zu Schramms Erinnerungswerk insgesamt ausführlicher: *Thimme, D.*, Erinnerungen.

203 Neben diversen Vorarbeiten hinterließ Schramm ein sehr weit ausgearbeitetes Manuskript mit diesem Titel (FAS, L »Jahrgang 94«).

204 S.o., zuerst Kap. 2.a), sowie die Einleitung, Abschnitt 4.

205 FAS, L »Jahrgang 94«, Bd.1, S. 6–7; weitere Argumente, die Schramm vorbrachte, diskutiert in: *Thimme, D.*, Erinnerungen.

verfolgt. In einem ersten Schritt hatte er Ende der fünfziger Jahre ein Buch konzipiert, das sein gesamtes Leben gleichmäßig umspannen sollte. Indem »Jahrgang 94« Gestalt annahm, verschob er das Material für die späteren Jahrzehnte jedoch in einen zweiten Band, den er bald liegen ließ. Bis ans Ende seines Lebens behandelte er die Jahrzehnte nach 1925 im Rahmen der Arbeit an seinen Lebenserinnerungen mit nur geringer Intensität.[206]

Viele, denen er das Projekt vorstellte, zeigten für sein Konzept allerdings wenig Verständnis. Vor allem bei den Jüngeren erntete er Kritik dafür, daß er den Zweiten Weltkrieg und die gesamte Zeit des Nationalsozialismus bestenfalls nebenbei behandeln wollte. Diese Kritik ließ ihn nicht unbeeindruckt.[207] Wahrscheinlich trug die fehlende Akzeptanz, auf die er stieß, mit dazu bei, daß die Arbeit schließlich unabgeschlossen blieb. Insgesamt hat es den Anschein, daß er sich »Jahrgang 94« und den dazugehörigen Seitenstükken nicht mit jener Konsequenz widmete, die er in der Regel für seine wissenschaftlichen Werke aufbrachte. Jedoch verlor er das Vorhaben nach 1958 bis zu seinem Tod nicht mehr aus den Augen. Am Ende hinterließ er eine große Menge von Notizen, Konzepten, Textentwürfen und Manuskripten.[208]

Eine genauere Betrachtung verdient die Art und Weise, wie Schramm in seinen Lebenserinnerungen mit seinen Beziehungen zur Bibliothek Warburg umging. Seitdem er als Schüler in den Umkreis Aby Warburgs eingetreten war, waren diese Beziehungen für die Entwicklung seiner Wissenschaft vom Mittelalter von kaum zu überschätzender Bedeutung gewesen. Aufgrund seines eigenen Verhaltens waren sie aber Mitte der dreißiger Jahre zerbrochen.[209] Als er sich nun Ende der fünfziger Jahre anschickte, über seine Er-

206 Immerhin hinterließ er, neben verschiedenen Vorarbeiten, ein fragmentarisches, aber in Teilen weit ausgearbeitetes Manuskript mit dem Titel »Beiträge zur miterlebten Geschichte (1925–1970)« (FAS, L »Miterlebte Geschichte«).

207 Im ersten Entwurf hatte sich Schramm mit seinem Erinnerungswerk ausdrücklich an seine Söhne und ihre Altersgenossen gewandt. Wahrscheinlich aufgrund der Kritik, die er in der Zwischenzeit von Jüngeren geerntet hatte, fiel diese explizite Ansprache in der ausgearbeiteten Fassung von »Jahrgang 94« weg. — FAS, L 301, sog. »Dritte Fassung«, Titelblatt »Jahrgang 94. Kilometersteine eines Lebens«; FAS, L »Jahrgang 94«, Bd. 1, Titelblatt (S. 3); außerdem ebd., S. 6; FAS, L »Miterlebte Geschichte«, Bd. 3, S. 419; vgl. im einzelen: *Thimme, D.*, Erinnerungen.

208 Mehrfach kam es außerdem zu Kontakten zwischen Schramm und verschiedenen Verlagen, bei denen eine Veröffentlichung seiner Lebenserinnerungen ins Auge gefaßt wurde. Diese Pläne zerschlugen sich allerdings jedes Mal. Stattdessen publizierte Schramm bei diversen Gelegenheiten einzelne Aufzeichnungen, die Teil seines Erinnerungswerks hätten werden sollen. Das erste Stück, das er aus solchen Erwägungen heraus zum Druck brachte, war sein oben bereits diskutierter Bericht über die Kapitulation von Lille 1940. — Kontakte mit Verlagen z.B.: FAS, L 230, Bd. 9, Briefwechsel mit Rowohlt Verlag, zuerst: Brief Rowohlt Verlag (F.J. Radatz) an P.E. Schramm, Reinbek 12.1.1961; weitere Belege in: *Thimme, D.*, Erinnerungen; SVS 1961 3x7 Jahre; hierzu oben in diesem Kapitel, Abschnitt c); außerdem beispielsweise: SVS 1964 Notizen; SVS 1968 »Revolution«.

209 S. im einzelnen oben, v.a. Kap. 9.e) u. 10.d).

fahrungen im Ersten Weltkrieg zu berichten, erinnerte er sich an die Briefe, die er in der Kriegszeit mit Aby Warburg gewechselt hatte. Sie mußten eine gute Quelle darstellen, um die Entwicklung seiner Gemütsverfassung und seiner Einstellung zum Krieg zu beschreiben. Allerdings befanden sich die von ihm selbst verfaßten Briefe, die er alle mit der Hand geschrieben hatte, naturgemäß nicht in seinen Unterlagen. Auch die Reihe von Warburgs Briefen wies Lücken auf.

Angesichts dessen verfiel Schramm auf den Gedanken, im Warburg Institute in London nachfragen zu lassen, ob in den dortigen archivalischen Beständen weitere Teile der Korrespondenz zu finden seien. Er wußte, daß es für ihn nicht ratsam war, sich persönlich an das Institut zu wenden. Dies um so mehr, als seit 1955 Gertrud Bing dort Direktorin war.[210] Sie war nicht nur lange Jahre Fritz Saxls Kollegin, sondern auch dessen enge Freundin gewesen und hatte das Zerbrechen der Freundschaft mit Schramm miterlebt. Dieser mußte deshalb davon ausgehen, daß sie ihm ebensowenig verziehen hatte, wie es Saxl bis zu seinem Tod getan hatte. Darum wandte sich Schramm an Carl Georg Heise, den langjährigen Direktor der Hamburger Kunsthalle, mit dem er seit seiner Jugend gut bekannt war.[211] Heise sollte als Vermittler fungieren. Tatsächlich erklärte er sich bereit, diese Aufgabe zu übernehmen.

Als Heise im Herbst 1958 Gertrud Bing die Wünsche seines Jugendfreundes vortrug, erklärte diese sich grundsätzlich bereit, Schramm die gewünschten Archivalien zugänglich zu machen. Sie bestand aber darauf, daß die gesamte Angelegenheit über Heise als Vermittler abgewickelt werde.[212] Anfang Mai 1959 schickte Gertrud Bing sämtliche Briefe von und an Percy Ernst Schramm, die sie zu dem Zeitpunkt im Archiv des Instituts aufzuspüren imstande war, an Heise. Sie bat darum, daß Schramm sich von den Archivalien Kopien anfertige, damit das Warburg Institute das Material möglichst noch innerhalb eines Monats zurückerhalten könne.[213] Heise leitete die Briefe umgehend an Schramm weiter.[214] Dieser ließ sie alle abphotographieren und schickte die Originale Anfang Juni zurück an Heise, der sie

210 Über Gertrud Bing (1892–1964) zuerst oben, Kap. 4.b); über ihren Amtsantritt als Direktorin: *The Warburg Institute*, Nachruf Bing, S. 385.

211 Carl Georg Heise (1890–1979) war seit 1945 Direktor der Kunsthalle gewesen und seit 1955 im Ruhestand. — Über Heise s. zuerst oben, Kap. 1.b).

212 Heise hatte eine günstige Gelegenheit, Schramms Anliegen Bing persönlich zu unterbreiten: Im Oktober 1958 kam sie nach Hamburg, um anläßlich der Aufstellung einer Büste Aby Warburgs in der Kunsthalle eine Rede zu halten. — *Bing*, A.M. Warburg (Vortrag 1958); s.a. *Grolle*, Büste; FAS, L 97, Brief C.G. Heise an P.E. Schramm, Hamburg 17.11.1958.

213 Bing sprach von einem Konvolut aus insgesamt 32 Stücken. — WIA, GC 1959–61, Brief G. Bing an C.G. Heise, masch. Durchschl., o.O. [London], 1.5.1959.

214 WIA, GC 1959–61, Brief C.G. Heise an G. Bing, Hamburg 5.5.1959; ebd., Postkarte P.E. Schramm an C.G. Heise, Göttingen 6.5.1959 [Poststempel]; ebd., Brief C.G. Heise an G. Bing, Hamburg 8.5.1959.

wiederum nach London sandte.[215] Die Photographien finden sich noch heute in Schramms Nachlaß.[216]

Gertrud Bing hatte um das komplizierte Verfahren gebeten, weil sie jeden persönlichen Kontakt mit Percy Ernst Schramm vermeiden wollte.[217] Die Wunden waren tief, und Schramm tat nichts, was zu ihrer Heilung beitragen konnte. Wie er selbst seinen Konflikt mit dem Warburg Institute sah, hatte er zu einem früheren Zeitpunkt im Jahr 1958 in einer publizierten Äußerung angedeutet. Ein von Gertrud Bing herausgegebener Band mit Vorträgen Fritz Saxls gab ihm damals Gelegenheit zu einer Rezension. Diese nutzte er zugleich, um Saxls Lebenswerk zu würdigen.[218] Schramm hob die wissenschaftlichen Verdienste hervor, die Saxl sich erworben hatte und wies mit dankbaren Worten darauf hin, daß er selbst Saxl viel zu verdanken hatte.[219] Zugleich sprach er offen aus, daß die Freundschaft bereits vor Saxls Tod zerbrochen war.[220] Durch die Art und Weise, wie er von dem Ende der Freundschaft sprach, suggerierte er allerdings, daß er selbst so gut wie keine Schuld an dieser Entwicklung trage.[221]

Der entscheidende Schritt war jedoch von ihm ausgegangen, als er im Jahr 1935 seine weitere Mitarbeit an der »Kulturwissenschaftlichen Bibliographie zum Nachleben der Antike« zwar nicht kategorisch ausgeschlossen, aber an Bedingungen geknüpft hatte, die das Warburg Institute nicht hatte erfüllen können.[222] Schramm verschob die Tatsachen so, daß das Geschehene ihn selbst so wenig wie möglich belastete. Im Grunde genommen folgte er allerdings lediglich allgemeinen psychologischen Gesetzmäßigkeiten, indem er – wahrscheinlich eher unbewußt als absichtlich – die Vergangen-

215 Ebd., Brief C.G. Heise an G. Bing, Hamburg 5.6.1959.

216 Die Originale liegen im Warburg Institute Archive. Allerdings gibt es im Familienarchiv Schramm die Photographie eines Briefes aus dem Jahr 1925, zu dem in London die Vorlage fehlt. Sie ging offenbar im Zuge des mehrfachen Versendens verloren. — Die Photos in: FAS, L 230, Bd.11, Unterakte: »Warburg, Aby«; darin das Photo ohne Vorlage: Brief P.E. Schramm an A. Warburg, o.O. [Heidelberg], 26.4.1925, Photographie.

217 FAS, L 97, Brief C.G. Heise an P.E. Schramm, Hamburg 17.11.1958; WIA, GC 1959–61, Brief C.G. Heise an G. Bing, Hamburg 5.5.1959.

218 SVS 1958 Rezension Saxl; vgl. hierzu bereits *Grolle*, Schramm – Saxl, S. 95–97.

219 Schramm schrieb, er habe Saxl als einen »Mentor« erlebt, »der einerseits anzustacheln, andererseits zu warnen und – innerlich über seine Lebensjahre hinaus gereift – durch seine Hinweise und Anregungen neue Ziele aufzuzeigen, ungeahnte Perspektiven zu öffnen verstand« (SVS 1958 Rezension Saxl, S. 73).

220 »Für den Rezensenten bedeutet diese Anzeige den Abschied von einem Freunde, den er bereits vor dessen Tod eingebüßt hatte« (SVS 1958 Rezension Saxl, S. 76).

221 Daß die deutsche Wissenschaft Fritz Saxl verloren hatte, lastete Schramm pauschal dem ›Dritten Reich‹ an. Außerdem lenkte er den Blick auf Saxl, indem er erklärte, dieser habe nach seiner Übersiedlung nach England selbst die Brücken zu Deutschland abgebrochen. — SVS 1958 Rezension Saxl, S. 74 u. 76–77; ausführlicher: *Grolle*, Schramm – Saxl, S. 96–97.

222 WIA, GC 1934–1936, Brief P.E. Schramm an Warburg Institute, Göttingen 20.1.1935; hierzu oben, Kap. 9.e).

heit so darstellte, wie es für die Aufrechterhaltung seines damals aktuellen Selbstbildes erforderlich war.[223]

Durch Gertrud Bings Verhalten wurde ihm jedoch gerade in der Zeit, als er mit der Arbeit an seinen Erinnerungen begann, nachdrücklich zu Bewußtsein gebracht, daß es Menschen gab, die seine Interpretation der Vergangenheit nicht akzeptierten.[224] Diesem Streit um seine eigene Lebensgeschichte wich er aus. Dies wurde ihm durch die besondere Struktur erleichtert, die er »Jahrgang 94« mit der Konzentration auf die Zeit des Ersten Weltkriegs und die weitgehende Ausblendung seiner Entwicklung als Wissenschaftler verliehen hatte. Breit zitierte Schramm aus den Briefen, die während des Ersten Weltkriegs zwischen ihm und Aby Warburg hin- und hergegangen waren. Um dies vorzubereiten, fügte er in den ersten, knapp gehaltenen Teil seines Erinnerungsbuches, der seiner Jugend gewidmet war, eine verhältnismäßig ausführliche Beschreibung Aby Warburgs ein.[225] Hingegen ging er schon auf Warburgs Erkrankung nicht mehr eigens ein.

In der Zeit von Warburgs Krankheit war er dessen Stellvertreter Fritz Saxl nähergetreten. Im Januar 1921 hatte Schramm in München seinem Tagebuch die Einschätzung anvertraut, die drei Menschen, die auf ihn wissenschaftlich den größten Einfluß ausgeübt hätten, seien Aby Warburg, Fritz Saxl und Otto Westphal.[226] Als er in den Jahren nach 1958 an seinen Erinnerungen arbeitete, ging er in der bereits beschriebenen Weise auf Aby Warburg ein und schilderte auch seine Freundschaft mit Otto Westphal.[227] Von der zitierten Passage aus seinem Tagebuch ließ er immerhin eine maschinenschriftliche Abschrift anfertigen.[228] Er sah aber am Ende davon ab, die Passage zu verwenden. Im Ergebnis fiel der Name von Fritz Saxl in »Jahrgang 94« kein einziges Mal.[229] Schramm reduzierte sein Verhältnis zur Bibliothek War-

223 Vgl. hierzu: *Kotre*, Strom, v.a. S. 139–148; *Schacter*, Erinnerung; ausführlicher: *Thimme, D.*, Erinnerungen.

224 Heise berichtete Schramm, daß Bing auch die Rezension über Saxl kannte und sehr kritisch beurteilte (FAS, L 97, Brief C.G. Heise an P.E. Schramm, Hamburg 17.11.1958).

225 Die Beschreibung basiert zum Teil auf dem »Versuch einer Biographie« Aby Warburgs, den Schramm im Frühjahr 1921 entworfen hatte. Einige Jahre nach seinem Tod sind diese Seiten auch publiziert worden. — FAS, L »Jahrgang 94«, Bd.1, S. 27–33; FAS, L »Versuch Warburg«; s. hierzu bereits oben, Kap. 2.b); SVS 1979 Lehrer.

226 FAS, L »Tagebuch 1920–21«, S. 27, 16.1.1921; s.o., Kap. 3.b).

227 Über Westphal: FAS, L »Jahrgang 94«, v.a. Bd.3, S. 405–408.

228 Diese findet sich in: FAS, L 305.

229 Dies gilt für das im Nachlaß überlieferte, weitgehend ausgearbeitete Manuskript. Die zitierte Passage aus dem Tagebuch paraphrasierte Schramm, als er über die Mitte der zwanziger Jahre sprach. Dabei ergänzte er die Reihe seiner Vorbilder, zweifellos zu Recht, um Heinrich Zimmer. Allerdings löschte er zugleich den ursprünglich an zweiter Stelle genannten Saxl: »Nach Aby Warburg, dem Kunsthistoriker, nach Otto Westphal, dem Historiker, hat niemand mich so bereichert und gefördert wie der Indologe Heinrich Zimmer […].« Auch in den »Beiträgen zur miterlebten Geschichte« wird Saxl nicht erwähnt. In den »Materialien zu den ›Lebenserinnerungen‹« finden sich zwei Fragmente über die Zeit von Warburgs Erkrankung 1918/19. In einem ist Fritz

burg ganz auf seine Beziehung zu ihrem Gründer bis zum Jahr 1918. Aus der Erinnerung daran ergaben sich keine Komplikationen. Zugleich tilgte Schramm die Bedeutung, die Warburgs Stellvertreter und Nachfolger für ihn gehabt hatte.

Hätte ihn jemand darauf hingewiesen und nach den Beweggründen für die Vernachlässigung Saxls und der Bibliothek befragt, hätte Schramm diese Verkürzung vielleicht mit der oben beschriebenen, besonderen Struktur von »Jahrgang 94« zu rechtfertigen versucht. In diesem Buch sollte es nur um das gehen, was für seine Generation typisch war. Vielleicht trat ihm die Auslassung aufgrund dieser besonderen Vorgabe noch nicht einmal ganz ins Bewußtsein. Dennoch reicht das Argument zur Erklärung des Befundes nicht aus, da Schramm die engen Grenzen seines Konzepts an vielen Stellen überschritt. Ganz unbefangen erzählte er beispielsweise nicht nur von Otto Westphal, sondern auch von Karl Hampe und vielen anderen, die für die Ausformung seines wissenschaftlichen Denkens wichtig gewesen waren.[230] Von Fritz Saxl hingegen konnte er nicht unbefangen erzählen. Jede Erwähnung dieses früheren Freundes hätte ihn darauf gestoßen, daß er 1935, vor die Entscheidung gestellt, für Hitler-Deutschland und gegen seine ins Ausland gedrängten Freunde optiert hatte.[231] Wohl deshalb vermied er es – bewußt oder unbewußt –, davon erzählen zu müssen.[232]

Die hier beschriebenen Erinnerungsstrategien sind für die vorliegende Arbeit von besonderer Relevanz, weil sie sich auch auf Schramms mediävistische Werke seit der Mitte der fünfziger Jahre auswirkten. Darauf wird im folgenden Kapitel zurückzukommen sein. In der gleichen Zeit, in der

Saxl genannt. In dem zweiten Entwurf, der wahrscheinlich der spätere ist, ist die Nennung von Saxls Namen wieder vermieden. — Die um Zimmer ergänzte Reihe in: FAS, L »Jahrgang 94«, Bd.3, S. 457; die handschr. Entwürfe von ca. 1960 in: FAS, L 305.

230 Über Karl Hampe: FAS, L »Jahrgang 94«, Bd.3, S. 452–454.

231 Die Erinnerungsstrategie, die Schramm hier zur Anwendung brachte, hatte er im Grunde bereits 1935 entwickelt, als er auf Bitten von Carl Georg Heise ein Gutachten verfaßt hatte, aus dem der Wert der Bibliothek Warburg für die deutsche Wissenschaft hervorgehen sollte. Darin hatte er die Bibliothek für das gelobt, was sie vor 1933 gewesen war, und ihren 1929 gestorbenen Gründer gewürdigt. Zugleich war er aber auf die damals aktuell tätigen Mitarbeiter des nunmehrigen Warburg Institute mit keinem Wort eingegangen. — FAS, L »Gutachten Bibliothek Warburg«; vgl. im übrigen oben, Kap. 9.e).

232 Ähnlich verfuhr er in seiner Laudatio auf Erwin Panofsky anläßlich der Übergabe des Ordenszeichens des Pour le mérite im Jahr 1967. Mit einer gewissen Ausführlichkeit breitete er in seiner Rede Erinnerungen an Panofskys Hamburger Jahre aus. Mehrfach erwähnte er Aby Warburg und wies ausdrücklich auf die eigene Warburg-Schülerschaft hin. Fritz Saxls Namen nannte er immerhin zweimal, aber nur nebenbei. An einer Stelle, wo er die von Saxl und Panofsky gemeinsam verfaßte »Melancholia« ansprach, bezeichnete er seinen vormaligen Freund als »Warburgs Bibliothekar«. In einem anderen Zusammenhang hätte dies eine subtile Ehrung sein können, hier wirkte es wie eine Herabsetzung: Angemessen wäre es an dieser Stelle gewesen, Saxl und Panofsky als gleichrangige Wissenschaftler zu kennzeichnen. — SVS 1967 Übergabe, S. 212 u. 217; *Klibansky, Panofsky, Saxl*, Melancholie; vgl. oben, Kap. 6.a).

Schramm an seinen Lebenserinnerungen arbeitete, entwickelte er außerdem eine Beschreibung seiner Entwicklung als Wissenschaftler. In »Jahrgang 94« und den dazugehörigen Aufzeichnungen hatte er diesen Aspekt nur nebenbei behandelt. Je älter und je bekannter er wurde, desto häufiger ergaben sich jedoch Gelegenheiten, bei denen er seinen wissenschaftlichen Werdegang beschrieb. In diesen Fällen präsentierte er eine knappe Zusammenfassung seiner Karriere, die wie eine Schablone immer wieder zum Einsatz kam.[233] Nicht zuletzt legte er in den Vorworten, die er dem ersten und dem vierten Band seiner »Gesammelten Aufsätze« voranstellte, eine solche Deutung seines wissenschaftlichen Werdegangs vor.[234]

In der Beschreibung, die Schramm in den »Gesammelten Aufsätzen« von seinem wissenschaftlichen Werdegang gab, führte er die Erzählung über verschiedene Vorstufen zunächst zu jenem einschneidenden Münchener »Erlebnis«, der Begegnung mit der Darstellung Ottos III. im Reichenauer Evangeliar. Dabei war er sich durchaus bewußt, daß die Erfahrungen des verlorenen Ersten Weltkriegs ausschlaggebend gewesen waren für seine Hinwendung zur mittelalterlichen Geschichte in den zwanziger Jahren. Er war sich also im klaren darüber, daß das lebensweltliche Umfeld für die Formung seines wissenschaftlichen Denkens von großer Bedeutung gewesen war.[235] Soweit es seine mediävistischen Arbeiten betraf, ließ Schramm diese Einwirkung aber nur für den Beginn seiner wissenschaftlichen Arbeit gelten. Die weitere Entwicklung seiner Forschungen zur mittelalterlichen Geschichte ließ er – sozusagen wissenschaftsimmanent – ganz aus seiner Auseinandersetzung mit dem besagten Bild hervorgehen. Bruchlos führte sie, indem immer eine Frage aus der anderen hervorging, bis zu den »Herrschaftszeichen«. Ausdrücklich betonte Schramm die bis in die Gegenwart reichende Kontinuität des Prozesses: Es habe, trotz der »politischen Verhältnisse von 1933 bis 1945«, keinen »Umbruch« und keine »Kursänderung« in seinen Werken gegeben. Um dies zu unterstreichen, meinte Schramm, hinsichtlich seiner mittelalterlichen Forschungen habe er sich gar nicht »entwickelt«, sondern nur »entfaltet«.[236]

Einer genaueren Nachprüfung hält diese Konstruktion allerdings nicht stand: Wie es wohl der Normalfall sein dürfte, hatte es in Schramms Werdegang durchaus »Kursänderungen« gegeben. In der vorliegenden Arbeit ist beispielsweise versucht worden zu zeigen, daß er sich Ende der dreißiger Jahre nicht zufällig in verstärktem Maße den mittelalterlichen »Zeichen« zu-

233 Indem er ganz den im folgenden beschriebenen Mustern folgte, beschrieb Schramm seine Karriere zum Beispiel in einem 1963/64 entstandenen Film, der ihn als Historiker vorstellte (*Reimers*, Schramm [Film]).

234 SVS 1968–1971 Kaiser, Bd.1, S. 7–8, u. Bd.4,1, S. 6–7.

235 Ebd., Bd.1, S. 7–8.

236 Ebd., Bd.4,1, S. 6.

wandte. In diesem Bereich konnte er direkt in eine Debatte eingreifen, die nicht zuletzt für die nationalsozialistische Wissenschaftspolitik von Bedeutung war. Er kritisierte bestimmte Forschungsansätze, die durch die Förderung der Nationalsozialisten eine Bedeutung erlangt hatten, die ihnen aufgrund ihrer fehlenden wissenschaftlichen Substanz nicht zukam. Zugleich erprobte er jedoch Möglichkeiten, sein eigenes Denken und seine wissenschaftlichen Modelle für regimekonforme Theoreme und Begriffe zu öffnen.[237] Ein solches Verhalten ließe sich durchaus als eine – wenn auch relativ behutsame – »Kursänderung« beschreiben. Derartige Erwägungen ließ Schramm in der erinnernden Rückschau aber nicht zu.[238]

Noch sehr viel enger als mit seinen mediävistischen Werken war Schramms Arbeit an seinen Lebenserinnerungen verknüpft mit seinen Veröffentlichungen zur Geschichte des Hamburger Bürgertums.[239] Ganz allgemein spielte seine Herkunft aus dem hanseatischen Großbürgertum für ihn in den Jahrzehnten nach 1945 eine immer wichtigere Rolle. Die Stadt seiner Geburt und seiner Jugend war in seinem Göttinger Haus gegenwärtig in zahlreichen Bildern und anderen Erinnerungsstücken, die Wände und Regale schmückten.[240] All diese Stücke waren zugleich Teil eines umfangreichen Archivs zur Geschichte seiner Vorfahren, das er selbst zusammengetragen hatte und das nach seinem Tod in das Staatsarchiv in Hamburg überführt wurde.

Als er nun »Jahrgang 94« ganz auf seine Zugehörigkeit zur »Frontgeneration« des Ersten Weltkriegs ausrichtete, ließ er dafür seine Verwurzelung in Hamburg zurücktreten. Er sonderte ein Kapitel aus, das er über seine Vorfahren und über die Stadt Hamburg um 1900 verfaßt hatte. Dieses Kapitel wurde offenbar zum Nukleus, aus dem dann in den folgenden Jahren seine große Familiengeschichte »Neun Generationen« entstand, das Hauptwerk seines hamburggeschichtlichen Œuvres.[241] Wie Schramm in »Jahrgang 94« in seiner Generation aufgehen wollte, so bettete er sich in den »Neun Generationen« in die hamburgische Gesellschaft ein. In den letzten Abschnitten des Werks, in denen er die Zeit ab ungefähr 1900 behandelte, trat er selbst

237 SVS 1938 Erforschung; hierzu oben, Kap. 10.d).

238 Auch in anderen Zusammenhängen betonte er immer wieder, daß er sich selbst und seinem Weltbild immer treu geblieben sei und insbesondere nichts von dem zurücknehmen müsse, was er zwischen 1933 und 1945 geschrieben habe. — Vgl. z.B.: SVS 1952 Hamburg Welt, S. 9; hierzu *Grolle*, Schramm Sonderfall, v.a. S. 47; SVS 1968–1971 Kaiser, Bd.4,2, S. 732–733.

239 Über Schramms Arbeiten zur hamburgischen Geschichte und ihre biographische Einordnung insgesamt: *Grolle*, Schramm Sonderfall.

240 Einen optischen Eindruck davon verschafft: *Reimers*, Schramm [Film].

241 Auf dem Titelblattentwurf einer verhältnismäßig frühen Version seines Erinnerungswerks notierte sich Schramm, er habe von diesem Manuskript »längere Abschnitte übernommen 1963/64 in ›Neun Generationen‹« — SVS 1963–1964 Neun Generationen; FAS, L 301, sog. »Dritte Fassung«, Titelblatt »Jahrgang 94. Kilometersteine eines Lebens«; weitere Einzelheiten in: *Thimme, D.*, Erinnerungen.

immer wieder als Augenzeuge in Erscheinung. Mit diesem Buch und den anderen Arbeiten, die er in seinen letzten Lebensjahrzehnten zur hamburgischen Geschichte verfaßte, war ihm ein großer Erfolg beschieden: Von den Ehrungen, die ihm zuteil wurden, war oben bereits die Rede.[242]

Die Auseinandersetzung mit der Geschichte seiner Heimatstadt, die er unter sozial- und kulturgeschichtlichen Gesichtspunkten beleuchtete, hatte bereits in der durch den Zweiten Weltkrieg bestimmten Zeit von etwa 1939 bis 1950 im Mittelpunkt von Schramms wissenschaftlicher Arbeit gestanden. Nach 1950 trat dieser Themenbereich etwas zurück. Schramm publizierte zwar weiterhin einschlägige Aufsätze, aber seine größeren Arbeiten betrafen nun andere Bereiche. Erst Ende der fünfziger Jahre, im Zusammenhang mit der Arbeit an seinen »Lebenserinnerungen«, wurden seine Forschungen zur Geschichte des Hamburger Bürgertums wieder intensiver.

Die Zeit, in der Schramm die »Neun Generationen« schrieb, war aber, wie oben beschrieben, vor allem bestimmt von seinem Engagement für die Zeitgeschichte. Bereits Ende der vierziger Jahre hatte er begonnen, sich mit der Geschichte des Zweiten Weltkriegs zu befassen. In den fünfziger Jahren weitete er seine Tätigkeit auf diesem Gebiet in Forschung und Lehre schrittweise aus. Die erste Hälfte der sechziger Jahre, beginnend mit der Arbeit an der Edition des Kriegstagebuches und kulminierend in der Diskussion um die »Spiegel«-Serie »Anatomie eines Diktators«, war dann ganz von diesem Bereich seiner Arbeit geprägt. In der zweiten Hälfte der sechziger Jahre, seinen letzten Lebensjahren, trat Schramms Bemühen um die Geschichte des Zweiten Weltkriegs wieder etwas in den Hintergrund. In seiner Arbeit an der Geschichte des Hamburger Bürgertums ließ er hingegen nicht nach. Die letzte Monographie, die er veröffentlichte, war diesem Themenbereich gewidmet.[243] Im folgenden Kapitel wird nun darzustellen sein, wie sich seine Forschungen zur Geschichte des Mittelalters in diesen Ablauf einfügen.

242 Über die Lappenberg-Medaille in Gold und weitere Ehrungen s. oben in diesem Kapitel, Abschnitt b).

243 SVS 1969 Gewinn.

14. Bilder vom Mittelalter: »Herrschaftszeichen«

Ebenso wie in den Jahrzehnten zuvor wirkten in den letzten fünfundzwanzig Jahren von Schramms Leben die Gegenwart, in die er sich einfinden mußte, sein persönliches Umfeld sowie seine Ansichten und Hoffnungen auf seine publizierten Arbeiten zur mittelalterlichen Geschichte ein. Gleichzeitig war es aber von Bedeutung, daß viele Aspekte seiner Wissenschaft vom Mittelalter bereits vor 1939 ausformuliert gewesen waren. Nach dem Zweiten Weltkrieg schritt er auf Wegen weiter, die er lange vorher eingeschlagen hatte.

Ungeachtet dessen war das innovatorische Potential von Schramms Arbeitsweise noch längst nicht erschöpft. Das machte vor allem sein Aufsatz »Die Anerkennung Karls des Großen als Kaiser« von 1951 deutlich. Gleichzeitig traten manche Eigenheiten seiner Persönlichkeit als Wissenschaftler erst jetzt wirklich klar hervor. Dies läßt sich anhand seiner Arbeit über die »Denkmale der deutschen Könige und Kaiser«, die als »Beitrag zur Herrschergeschichte« deklariert war, gut anschaulich machen. Obwohl Schramm schließlich seine Mediävistik weiterhin mit großer Energie betrieb und eine Fülle von Ergebnissen erzielte, zeigten insbesondere seine Studien zu den »Herrschaftszeichen«, daß seiner Wissenschaft vom Mittelalter die wichtigsten der Ziele abhanden gekommen waren, auf die sie vor 1939 ausgerichtet gewesen war. Schramm hatte sich von der Frage nach dem »Geist« der einzelnen »Völker« gelöst, ohne daß die Frage nach dem »Gemeinsamen« der europäischen Kultur ihm in gleicher Weise einen Orientierungspunkt bot.

a) Werke und Themen nach 1945

Die erste Arbeit zur mittelalterlichen Geschichte, die Schramm nach dem Ende des Zweiten Weltkriegs vorlegte, war der Aufsatz »Sacerdotium und Regnum im Austausch ihrer Vorrechte« von 1947.[1] Schramms Lehrverbot war zum Zeitpunkt der Veröffentlichung noch in Kraft, und es war schwierig für ihn, wissenschaftliche Arbeiten in Deutschland zum Druck zu bringen. Deshalb war die Einladung, sich an einem italienischen Sammelwerk zur Geschichte Papst Gregors VII. zu beteiligen, für ihn besonders wertvoll.[2]

1 SVS 1947 Sacerdotium; überarbeitet und erweitert wiederabgedruckt in: SVS 1968–1971 Kaiser, Bd.4,1, S. 57–106.

2 Vgl. hierzu: SVS 1968–1971 Kaiser, Bd.4,1, die Anm. auf S. 57; außerdem oben, Kap. 12.c).

Um die Gelegenheit zu nutzen, wandte er sich dem »Dictatus Papae« zu, einer von Gregor VII. erstellten Liste von Sätzen über die Rechte des Papstes. Einer bestimmten Vorschrift aus dieser Liste zufolge war unter allen Geistlichen allein der Papst berechtigt, kaiserliche Abzeichen zu führen.[3] Diese Vorschrift nahm Schramm zum Anlaß, einen Überblick darüber zu geben, wie Kaisertum und Papsttum, geistliche und weltliche Gewalt, im Mittelalter stets versuchten, einander in Machtfülle und Prachtentfaltung in nichts nachzustehen. Zu diesem Zweck zogen sie immer wieder Symbole und symbolische Handlungen, die der jeweils anderen Sphäre angehörten, in die eigene herüber. Das Verhalten des Papsttums in diesem Wettstreit beschrieb Schramm mit dem Begriff »imitatio imperii«, den er der Konstantinischen Schenkung entnahm. In Analogie dazu bezeichnete er das Verhalten der Kaiser und Könige als »imitatio sacerdotii«.[4]

Für das solchermaßen umrissene Phänomen gab er eine Fülle von Beispielen. Er konnte zeigen, wie die mittelalterlichen Kaiser und Könige im Westen wie im Osten Europas danach strebten, ihre Würde durch die Aura des priesterlichen Amtes zu erhöhen.[5] Gleichzeitig wurden die Päpste ungefähr seit der Jahrtausendwende bei ihrem Amtsantritt in ähnlicher Weise wie die weltlichen Herrscher gekrönt.[6] Beide Seiten orientierten sich an Zeremonien und Begriffen, die sie im Alten Testament fanden.[7] In noch sehr viel stärkerem Maße eiferten sie dem antiken Kaisertum nach.[8] So waren die beiden Gewalten nicht nur aufeinander, sondern auch auf ein gemeinsames Erbe bezogen. Dabei ergaben sich aus dem großen Gewicht, das im Mittelalter dem Anschaulichen zukam, komplexe Wirkungen: Schramm demonstrierte, wie aus Metaphern Realien werden, aus Bildern Rechtsansprüche erwachsen konnten.[9] Insgesamt kam Schramm zu dem Ergebnis, daß die in Frage stehende Vorschrift des »Dictatus Papae« den Höhepunkt des Übergreifens des Papsttums in die kaiserliche Sphäre markierte, nachdem sich in der Zeit der Ottonen, vor allem Ottos III., das Kaisertum am weitesten in den geistlichen Bereich vorgearbeitet hatte.[10]

Bei seiner weitausgreifenden Synthese konnte Schramm auf den Erfahrungsschatz zurückgreifen, den er sich im Laufe von Jahrzehnten im Um-

3 »Quod [Romanus pontifex sive papa] solus possit uti imperialibus insigniis« (zit. nach: SVS 1968–1971 Kaiser, Bd.4,1, S. 57).

4 SVS 1947 Sacerdotium, S. 404–405.

5 Zuerst über die byzantinischen Verhältnisse: ebd., S. 414–416; zuerst über die Herrscher im lateinischen Raum: ebd., S. 416–420.

6 Ebd., S. 444–445.

7 Ebd., v.a. S. 422–424.

8 Ebd., zuerst S. 410–414, bzw. S. 420–422.

9 Ebd., zusammenfassend S. 407; außerdem z.B. S. 410, oder über den geistlichen Charakter der kaiserlichen Gewänder: S. 434–435.

10 Ebd., S. 425–432 u. 436–446.

gang mit mittelalterlichen Zeichen, Bildern und Zeremonien erworben hatte. Allerdings verschwammen die Konturen der Argumentation bisweilen unter der Fülle der Belege. Es gelang Schramm nicht recht, das zusammengetragene Material wirklich übersichtlich zu ordnen und aus seinem Grundgedanken einen roten Faden zu spinnen. Natürlich ist zu berücksichtigen, daß er den Aufsatz, erst im Herbst 1946 aus der Gefangenschaft zurückgekehrt, in verhältnismäßig kurzer Zeit verfaßt hatte. Mit seinem überbordenden Materialreichtum wies der Text jedoch bereits auf die Werke späterer Jahre voraus. Gerade unter diesem formalen Gesichtspunkt erscheint es vollkommen angemessen, daß er zu den Arbeiten der Nachkriegszeit den Auftakt bildete.

Nach seiner Wiederzulassung zum Lehramt 1948 entwickelte Schramm bei seinen wissenschaftlichen Veröffentlichungen eine große Produktivität. An seinen Freund Ernst Kantorowicz schrieb er im November 1952, er befinde sich »zur Zeit in einem Zustand von karnickelhafter Fruchtbarkeit.« Er hoffe, daß »durch diese viele Schreiberei« sein Niveau nicht sinke. Der Schaffensschub sei jedoch dadurch zu erklären, »daß in und nach dem Krieg sich eben sehr viel aufgestaut hat, was erst jetzt nach und nach zum Druck kommen kann.«[11] In der Zeit des Zweiten Weltkriegs und der daran anschließenden, schwierigen Übergangsphase hatte das Hauptgewicht von Schramms Arbeit – sofern er überhaupt arbeiten konnte – auf der hanseatischen Kultur- und Sozialgeschichte gelegen. Erst seit seiner Reetablierung widmete er sich wieder stärker der Mediävistik. Allein schon das Profil seines Lehrstuhls, der vor allem auf das Mittelalter ausgerichtet war, legte dies nahe. Außerdem verdankte er seine Position in der akademischen Welt seinen mediävistischen Arbeiten der Vorkriegszeit.

Die nächste größere Arbeit, die Schramm zur mittelalterlichen Geschichte veröffentlichte, war der Aufsatz »Die Anerkennung Karls des Großen als Kaiser«, der 1951 in der »Historischen Zeitschrift« erschien.[12] Bereits in seiner Heidelberger Zeit hatte sich Schramm mit Problemen befaßt, die um Karl den Großen kreisten. Als Nebenstück zu den »Kaiserbildern« hatte er 1928 in einer kleinen Monographie »Die zeitgenössischen Bildnisse Karls des Großen« behandelt.[13] In diesem Buch war aber nur ein Teil der Ergebnisse enthalten gewesen, die er im Hinblick auf Karl den Großen erzielt hatte. Der wichtigere Teil seiner Forschungen hatte sich aus seiner Auseinandersetzung mit dem »Romgedanken« ergeben. Die dabei erreichten Erkenntnisse hatte er in den zwanziger Jahren noch zurückgehalten. In »Kaiser, Rom und Re-

11 FAS, L 230, Bd.6, Brief P.E. Schramm an E. Kantorowicz, masch. Durchschl., Göttingen 27.11.1952.

12 SVS 1951 Anerkennung; überarbeitet und ergänzt wiederabgedruckt in: SVS 1968–1971 Kaiser, Bd.1, S. 215–300.

13 SVS 1928 Bildnisse Karls; s.o., Kap. 6.d).

novatio« teilte er dem Leser mit, er habe das gesamte auf Karl bezogene Material zur späteren Bearbeitung zurückgestellt, um das Buch nicht zu überlasten.[14] Erst jetzt, gut zwei Jahrzehnte später, griff er diese Notizen wieder auf. Er füllte die noch bestehenden Lücken und rundete die Gedanken zu einem neuen Ganzen.[15]

Der Text erschien in der wichtigsten deutschen Fachzeitschrift und wies mit über sechzig Seiten einen beträchtlichen Umfang auf. Hierdurch, vor allem aber durch die behandelte Thematik war die Studie sichtbarer Ausdruck von Schramms Anspruch, zu den führenden Mediävisten seiner Zeit gezählt zu werden. Schramm stellte die Frage, wie der Akt, durch den Karl der Große am Weihnachtstag des Jahres 800 in Rom den Kaisertitel erhielt, im einzelnen zu verstehen sei, und was Karls Titel genau bedeutet habe. Das war eines der meistdiskutierten Probleme, mit dem sich die Geschichtswissenschaft der Zeit beschäftigte.[16]

Schramm bewies, daß er dem Thema gewachsen war. Von der umfangreichen einschlägigen Literatur war ihm nichts entgangen. Die Fußnoten des Aufsatzes sind ein eindrucksvoller Beleg für seinen kaum zu überbietenden Fleiß, und in seiner Argumentation handhabte er die Ergebnisse der Forschung souverän. Seine Thesen – von denen im folgenden Abschnitt ausführlicher die Rede sein wird – fanden große Aufmerksamkeit.[17] Für seine eigene Arbeit war die methodische Ebene des Aufsatzes entscheidend. Zum ersten Mal brachte Schramm hier den Begriff der »Staatssymbolik« zur Anwendung. Der damit angeschnittene Problembereich, der für Schramm durch den Begriff der »Herrschaftszeichen« und anderes weiter gefüllt wurde, wurde für seine mediävistischen Arbeiten bis zu seinem Tod bestimmend.

Durch diesen Aufsatz brachte er sich mit seiner ganzen wissenschaftlichen Kompetenz wieder in den fachlichen Diskurs der Mediävistik ein. Außerdem hatte er aber jene »Aufklärungsarbeit« im Dienste der politischen Bildung bereits aufgenommen, von der im vorigen Kapitel berichtet wurde. In den folgenden Jahren investierte er in diese Tätigkeit immer größere Energien. Parallel dazu nahm sein Engagement für die Erforschung der Geschichte des Zweiten Weltkriegs stetig zu. Schon in den frühen fünfzi-

14 SVS 1929 Kaiser Renovatio, Bd.1, Anm. 1 auf S. 12.

15 SVS 1951 Anerkennung, Anm. 1 auf S. 449.

16 Zur Forschungsdiskussion der damaligen Zeit einführend: *Pape, M.*, Karlskult, S. 168; einen Überblick über den gegenwärtigen Forschungsstand ermöglichen: *Kerner*, Karl der Große, S. 35–43; *Becher*, Karl der Große, v.a. S. 13–22 u. 74–89.

17 Das Interesse war so groß, daß der Verlag Schramms Aufsatz im Folgejahr noch einmal separat veröffentlichte. — SVS 1952 Anerkennung Sonderdruck; über die anschließenden Diskussionen in der Forschung außerdem: SVS 1968–1971 Kaiser, Bd.1, v.a. die Sternchen-Anmerkungen auf S. 215 u. 223, sowie S. 300–302; *Pape, M.*, Karlskult, Anm. 150 auf S. 168–169; für eine Besprechung des Inhalts von Schramms Aufsatz s.u. in diesem Kapitel, Abschnitt b).

ger Jahren unternahm er erste Schritte auf dem Weg zu einer Edition des Kriegstagebuchs.[18]

Trotzdem entstand in der gleichen Zeit das umfangreichste und aufsehenerregendste Werk zur mittelalterlichen Geschichte, das er in der Zeit nach dem Zweiten Weltkrieg veröffentlichte: Die Schrift »Herrschaftszeichen und Staatssymbolik« erschien in drei Bänden in den Jahren von 1954 bis 1956.[19] Wer die Bände betrachtet und dabei um die vielfältige Tätigkeit weiß, die Schramm in diesen Jahren in den angedeuteten Zusammenhängen entwikkelte, kann nur darüber staunen, wie er dieses Werk so zügig fertigstellen konnte. Es wäre freilich ein Irrtum zu glauben, eine hohe Arbeitsbelastung hätte Schramm jemals daran gehindert, eine wissenschaftliche Arbeit abzuschließen. Eine schier unerschöpfliche Energie war eines der hervorstechendsten Merkmale seiner Persönlichkeit.[20] Außerdem besaß er eine besondere Begabung, innerhalb kürzester Zeit lesbare Texte zu verfassen, die sich gerade in Streßsituationen bewährte. Deshalb hielten ihn die oben beschriebenen neuen Aufgaben in der ersten Hälfte der fünfziger Jahre nicht von anderen Arbeiten ab.

Im Gegenteil trugen sie wahrscheinlich sogar das Ihre dazu bei, seinen Drang, die Arbeit an den »Herrschaftszeichen« voranzutreiben und abzuschließen, noch zu verstärken. Einerseits steckte er voller neuer Pläne, andererseits forderten alte Projekte noch ihr Recht. Über mehrere Jahrzehnte hatte Schramm eine große Sammlung von Material über den Ornat und die Insignien der Herrscher im Mittelalter zusammengetragen. Umfaßt wurde dieses Material durch ein theoretisches und methodisches Gerüst, das ihm längst ausgereift schien. Beides wollte er der wissenschaftlichen Öffentlichkeit bekannt machen.[21] In einer solchen Situation entsprach es seinem Naturell, mit einer gewaltigen Kraftanstrengung alles zur Publikation zu bringen, was nur irgendwie erreichbar war. In einer für ihn charakteristischen Weise wollte er den Kopf und den Schreibtisch freihaben für Neues.[22]

18 FAS, L 230, Bd.4, Brief H. Foertsch an P.E. Schramm, München 21.12.1951; ebd., Bd.5 [unter »Historical Division«], Brief P.E. Schramm an Historical Division, Colonel W.C. Nye, masch. Durchschl., Göttingen 28.1.1953; s. im einzelnen oben, Kap. 13.c).

19 SVS 1954–1956 Herrschaftszeichen.

20 Sein Schüler *Donald S. Detwiler* attestierte ihm »an intensity of concentration nothing short of *Arbeitswut* […].« — *Detwiler*, Percy Ernst Schramm, S. 93; in diesem Sinne auch: *Heimpel*, Königtum, S. 101, 103, 104; *Boyce*, Nachruf Schramm, S. 961 u. 962.

21 S. im einzelnen unten in diesem Kapitel, Abschnitt d).

22 In einer vergleichbaren Situation hatte er sich im Sommer 1928 befunden, als er nach längerer Pause sein Buch »Kaiser, Rom und Renovatio« wieder ernsthaft in Angriff nahm. Damals hatte er seiner Vorfreude auf den bevorstehenden Abschluß der Arbeit mit den Worten Ausdruck verliehen: »Dann bin ich auch diesen Rest der letzten Jahre los und habe endlich den Kopf für neue Sachen frei.« — WIA, GC 1928, Postkarte P.E. Schramm an F. Saxl, Heidelberg 26.6.1928 [Poststempel]; s.o., Kap. 7.c).

Mit dem Monumenta-Präsidenten Friedrich Baethgen konnte er verabreden, daß die »Herrschaftszeichen« in der Schriftenreihe der Monumenta erscheinen sollten. Wann die beiden alten Bekannten das vereinbarten, läßt sich nicht mehr feststellen.[23] Im Dezember 1952 verfaßte Schramm einen Brief an Baethgen, in dem es bereits um Fragen der Finanzierung ging.[24] Auch ein Brief an Kantorowicz aus der gleichen Zeit weist darauf hin, daß das Vorhaben schon recht weit gediehen war. Der Göttinger Historiker beschrieb seine Arbeit an den »Herrschaftszeichen« mit den Worten:

»Sie glauben gar nicht, was sich jetzt alles an Thronen, Kronen usw. zusammenfindet, wenn man sich an die Nachsuche macht und die Spezialisten untereinander in Austausch bringt. Das neue Buch ›Herrschaftszeichen und Staatssymbolik‹ kommt hoffentlich noch im neuen Jahr heraus, das wird Ihnen sicher Spaß machen.«[25]

Schramm gab sich, wie hier deutlich wird, nicht damit zufrieden, das Material zu publizieren, das er in früheren Jahren gesammelt hatte. Stattdessen suchte er intensiv weiter und baute seine Sammlung in alle Richtungen aus.

Vor allem aber nahm er zu den »Spezialisten« Kontakt auf und tauschte mit Kennern der Materie in Deutschland und in ganz Europa seine Erkenntnisse aus. Am Ende konnte er erreichen, daß einige von ihnen sich mit eigenen Beiträgen an seiner Publikation beteiligten und über bestimmte Herrschaftssymbole berichteten.[26] Weil es Schramm gelang, die Mitarbeit dieser Wissenschaftler zu erwirken und ihre Beiträge in das Gesamtwerk einzufügen, ohne daß sich dessen Publikation verzögerte, stellen die »Herrschaftszeichen« nicht zuletzt eine organisatorische Leistung dar. An ausländischen Mitstreitern gewann der Hauptautor und Herausgeber den Schweden Olle Källström aus Stockholm und Josef Deér, einen in Bern tätigen Byzantinisten. Zu den sechs deutschen Mitarbeitern zählte unter anderem Reinhard Elze. Den spektakulärsten Beitrag lieferte jedoch Hansmartin Decker-Hauff aus Stuttgart, der eine umfassende Analyse der mittelalterlichen Reichskrone aus dem in Wien verwahrten Reichsschatz vorlegte und ihre Entstehung auf Otto den Großen zurückführte.[27]

23 Vgl. hierzu auch das vorige Kapitel, Kap. 13.b).

24 FAS, L 230, Bd.1, Brief P.E. Schramm an F. Baethgen, masch. Durchschl., Göttingen 18.12.1952.

25 L 230, Bd.6, Brief P.E. Schramm an E. Kantorowicz, masch. Durchschl., Göttingen 20.12.1952.

26 Anfang 1956 versprach auch Kantorowicz, einen kurzen Beitrag zum dritten Band der »Herrschaftszeichen« beizusteuern. Am Ende erfüllte er diese Zusage jedoch nicht (L 230, Bd.6, Brief E. Kantorowicz an P.E. Schramm, Princeton 9.1.1956).

27 SVS 1954–1956 Herrschaftszeichen, Bd.2, S. 560–635; neuere Literatur über die nach wie vor strittige Frage der Datierung dieser Krone verzeichnet bei: *Petersohn*, Insignien, Anm. 7 auf S. 49–50.

Im Zuge der Arbeit schwoll das Manuskript immer weiter an. Deshalb faßte Schramm schon relativ früh den Entschluß, alles Material, das den staufischen Kaiser Friedrich II. betraf, herauszunehmen und separat zu publizieren.[28] Daraus wurde eine Abhandlung der Göttinger Akademie der Wissenschaften, die 1955 erschien.[29] Auch diese Abhandlung verfaßte Schramm nicht alleine. Wiederum waren Olle Källström und Josef Deér beteiligt. Außerdem basierte ein Beitrag Schramms bemerkenswerterweise auf den Ergebnissen einer studentischen Arbeitsgruppe, die sich in einem seiner Seminare gebildet hatte.[30]

Obwohl »Herrschaftszeichen und Staatssymbolik« auf diese Weise entlastet wurde, mußte das anfangs auf zwei Bände angelegte Werk schließlich in drei Bänden erscheinen.[31] Dabei wuchs der Seitenumfang von Band zu Band gewaltig an, so daß der erste Band knapp 380, der dritte, ohne die Register, etwas über 1100 Seiten hatte. Anders war die Menge des von Schramm zusammengetragenen Materials nicht zu bewältigen.[32] In dieser überbordenden Fülle manifestierte sich der Wunsch des Hauptautors, alle seine Forschungen über die »Herrschaftszeichen« zusammenzufassen. Es kam ihm darauf an, die Ergebnisse, die er erzielt hatte, der wissenschaftlichen Öffentlichkeit zu präsentieren, um einen gewissen Abschluß zu erreichen.

Allerdings maß er seiner Arbeit zugleich noch eine andere Funktion zu. Dies geht aus einem Brief hervor, den er an seinen Mitautor Josef Deér schrieb. Schramm wollte den anderen ermutigen, trotz der Belastung durch anderweitige Verpflichtungen möglichst umfangreiche Beiträge zu liefern. Ausdrücklich stellte er deshalb fest,

28 Das wechselvolle Schicksal vieler »Herrschaftszeichen« im Laufe des Mittelalters veranlaßte Schramm außerdem, Belege dafür zusammenzustellen, daß die mittelalterlichen Herrscher die Zeichen ihrer Würde häufig weggegeben hatten. Dieses Material präsentierte er in einer Abhandlung mit dem Titel »Herrschaftszeichen: gestiftet, verschenkt, verkauft, verpfändet« (SVS 1957 Herrschaftszeichen gestiftet).

29 SVS 1955 Friedrichs II. Herrschaftszeichen; vgl. SVS 1954–1956 Herrschaftszeichen, Bd.1, S. X; Schramms Umgang mit der Figur des Stauferkaisers analysiert: *Arnaldi*, Federico II.; darin über das hier in Frage stehende Werk: S. 27–32.

30 Über die Ergebnisse der studentischen Arbeitsgruppe unten in diesem Kapitel, Abschnitt d); über die Arbeitsgruppe selbst: SVS 1955 Friedrichs II. Herrschaftszeichen, S. 5 u. Anm. 1 auf S. 27; s. hierzu auch im vorigen Kapitel, Kap. 13.a).

31 Vgl. SVS 1954–1956 Herrschaftszeichen, Bd.1, S. XI, und ebd., Bd.2, S. VII.

32 Sogar nachdem der Text vom Verlag bereits gesetzt war, hörte Schramm nicht auf, weitere Informationen hinzuzufügen. Seinen Verleger trieb er damit beinahe zur Verzweifelung. Mit Bezug auf den ersten Band der »Herrschaftszeichen« schrieb der Hiersemann-Verlag Ende April 1954 an Reinhard Elze, der Schramm bei den Korrekturen unterstützte: »Leider hat sich die erste Fahnenkorrektur insofern zu einer Katastrophe entwickelt, als in ihr so viele Änderungen und Zusätze enthalten waren, daß die Korrektur nicht nur sehr teuer werden wird, sondern auch der Druckerei eine fast unlösliche technische Schwierigkeit bereitet. Aber dies ist nicht Ihre Sorge« (Privatbesitz R. Elze, Brief Verlag Hiersemann an Reinhard Elze, Stuttgart 30.4.1954).

»daß es bei diesem Buch ja noch nicht darauf ankommt, alle Fragen bis ins letzte zu beantworten, es scheint mir zunächst das Wichtigste, daß auf die Vielzahl und auf die Vielart des Behandelten hingewiesen wird, um die Menschen noch stärker auf die ja uns beide so interessierenden Probleme zu stoßen, als das bisher der Fall war.«[33]

Trotz seines reichen Wissens über die »Herrschaftszeichen« und trotz des großen Umfangs der Publikation erhob Schramm gar nicht den Anspruch, für alle Probleme im Bereich der Symbole herrscherlicher Macht Antworten zu bieten. Vielmehr wollte er mit seiner Veröffentlichung zunächst auf die Möglichkeiten hinweisen, die sich auf diesem Gebiet boten. Dadurch wünschte er andere Wissenschaftler zu intensiver Befassung mit den Symbolen herrscherlicher Macht zu ermuntern. Er wollte ein Beispiel setzen und einen Anstoß geben, damit andere die Arbeit fortsetzten.[34]

Dennoch folgte auf den 1956 erschienenen dritten Band von »Herrschaftszeichen und Staatssymbolik« noch ein weiteres großes Werk zu diesem Themenbereich. Zwei Jahre später wurde »Sphaira – Globus – Reichsapfel« veröffentlicht. Darin betrachtete Schramm mit der Geschichte des Reichsapfels die Entwicklung eines einzelnen »Zeichens«.[35] Zum Nukleus dieses Buches wurde ein Beitrag für eine Festschrift, an dem er im Frühjahr 1956 zu arbeiten begann.[36] Zu diesem Zeitpunkt hatte er die Arbeit am dritten Band der »Herrschaftszeichen« weitgehend abgeschlossen. Von dieser Last so gut wie befreit, aber noch ganz vom Reiz der Materie erfüllt, unternahm er den Versuch, die Geschichte des Reichsapfels möglichst vollständig zu beschreiben.

Bald hatten seine Ausführungen den Rahmen eines Festschriftbeitrags gesprengt.[37] Deshalb entschloß sich Schramm, dem Thema eine größere Arbeit zu widmen. In der Festschrift veröffentlichte er lediglich einen Auszug davon.[38] Die nun entstehende Monographie wollte er als Abhandlung der Göttinger Akademie publizieren. Im Frühjahr 1957 erklärte sich jedoch der Hiersemann-Verlag, der schon die »Herrschaftszeichen« herausgebracht hatte, bereit, auch die Arbeit über den Reichsapfel zu drucken.[39] Das Buch erschien im August 1958.[40] Im Quartformat gedruckt – also größer als die

33 FAS, L 230, Bd.3, Brief P.E. Schramm an J. Deér, masch. Durchschl., Göttingen 22.1.1953.

34 In diesem Sinne äußerte er sich auch in dem gedruckten Werk selbst (SVS 1954–1956 Herrschaftszeichen, Bd.1, S. VII–IX, u. Bd.3, S. VII).

35 SVS 1958 Sphaira; ausführlicher unten in diesem Kapitel, Abschnitt e).

36 Es handelte sich um die Festschrift zum 70. Geburtstag von Michel Andrieu. Andrieu war der Erforscher des »Pontificale Romano-Germanicum«, das für Schramms Ordines-Forschungen eine große Rolle gespielt hatte (hierzu oben, Kap. 10.b)).

37 Dies erzählte er Reinhard Elze schon Anfang März 1956 (Privatbesitz R. Elze, Postkarte P.E. Schramm an R. Elze, Göttingen 6.3.1956).

38 *Ritter, A.*, Veröffentlichungen Schramm, Nr.I,249, auf S. 309; SVS 1958 Sphaira, S. VII.

39 FAS, L 230, Bd.5, Brief Hiersemann-Verlag an P.E. Schramm, Stuttgart 8.4.1957.

40 Ebd., Brief A. Hiersemann an P.E. Schramm, Stuttgart 10.11.1959.

meisten Bücher –, machten 84 Tafeln mit insgesamt 160 Abbildungen in bester Druckqualität mehr als ein Viertel seines Umfangs aus.

Ein Rezensent, durch die »glanzvolle Aufmachung« und durch den dementsprechend hohen Preis des Buches beeindruckt, schrieb, das Werk sei »selber ein ›Herrschaftszeichen‹«.[41] Die Bemerkung hatte ihre Berechtigung. Immerhin hatte Schramm ohne Schwierigkeiten einen Verlag gefunden, der, im Vertrauen auf den Marktwert seines Namens, bereit gewesen war, das relativ aufwendige Unternehmen in Angriff zu nehmen.[42] Das war ein klarer Ausdruck des großen Ansehens, das er besaß. Insofern war »Sphaira – Globus – Reichsapfel« in der Tat ein »Herrschaftszeichen«. Außerdem waren die Leichtigkeit, mit welcher Schramm unübersehbare Materialmassen aus verschiedenen Zeiten und Räumen in einen Zusammenhang brachte, die Selbstverständlichkeit, mit der er Literatur unterschiedlicher Disziplinen heranzog, um seine Funde zu erläutern, und sein Mut, weiträumige Beziehungen zu benennen sowie auf unvermutete Wechselwirkungen hinzuweisen, in der deutschen Mediävistik konkurrenzlos.

In der Zwischenkriegszeit hatten Historiker wie Ernst Kantorowicz in Deutschland gearbeitet, außerdem hatte es eine ganze Anzahl Forscher außerhalb der Geschichtswissenschaft gegeben, die auf ähnliche Weise den Zugang zur Vergangenheit gesucht hatten. Nach dem Zweiten Weltkrieg war ein derartiges Verhalten in Deutschland selten geworden. Das führte allerdings auch dazu, daß Schramms Arbeiten zwar Bewunderung auslösten und weite Verbreitung fanden, daß es aber kaum jemanden gab, der sich von ihnen zur Nachahmung anregen ließ. Obwohl es deshalb Manches für sich hat, »Sphaira – Globus – Reichsapfel« ein »Herrschaftszeichen« zu nennen, war der damit Ausgezeichnete gewissermaßen ein König ohne Land. Schramm selbst empfand dies offenbar nicht als einen Mangel; zumindest unternahm er nichts, um diesen Zustand zu ändern. Er verfügte zwar über einen hohen Bekanntheitsgrad und eine angesehene Stellung in der akademischen Welt, aber er setzte seine Position nicht ein, um seine mediävistischen Ansätze in der Forschung fester zu verankern: Er initiierte keine größeren Forschungsprojekte und versuchte nicht, Forschungsinstitute zu veranlassen, seinen Anregungen zu folgen.[43]

41 *Erler*, Rez. Schramm Sphaira, S. 360.

42 Die Investition zahlte sich sogar auf der rein materiellen Ebene aus: Nach gut einem Jahr konnte der Verleger Anton Hiersemann dem Autor mitteilen, daß »Sphaira – Globus – Reichsapfel« begann, Gewinn abzuwerfen (FAS, L 230, Bd.5, Brief A. Hiersemann an P.E. Schramm, Stuttgart 10.11.1959).

43 Bezeichnend für Schramms Haltung war der Umstand, daß er in der Einleitung zu »Herrschaftszeichen und Staatssymbolik« sowie im Vorwort zum dritten Band dieses Werkes die Idee eines ganz Europa umfassenden »Corpus regalitatis medii aevi« andeutete, ohne den Gedanken in irgendeiner Weise weiter zu verfolgen. Anstatt zu versuchen, daraus ein Forschungsprojekt zu ent-

Nach der Veröffentlichung dieses Buches legte Schramm, wie im vorigen Kapitel dargestellt, den Schwerpunkt seiner wissenschaftlichen Arbeit für einige Zeit auf die Bürgertumsgeschichte und die Geschichte des Zweiten Weltkriegs. Allerdings ließ er die mittelalterliche Geschichte nie aus den Augen. Die Reihe der von ihm verfaßten Aufsätze und Rezensionen riß niemals ab. Darüber hinaus erschienen nach und nach Neuauflagen seiner älteren Bücher. Als erstes seiner mediävistischen Werke – bereits 1952 war eine zweite Auflage von »Hamburg, Deutschland und die Welt« auf den Markt gekommen – wurde 1957 »Kaiser, Rom und Renovatio« von 1929 neu herausgegeben.[44] Dabei fiel der zweite Band mit den »Texten« und »Exkursen« weg.[45] Hingegen wurde der Text des ersten Bandes unverändert nachgedruckt. Er wurde lediglich um einen Anhang ergänzt, worin Schramm auf neuere einschlägige Literatur hinwies. In dieser Fassung gab es von »Kaiser, Rom und Renovatio« bis heute noch drei weitere Neuauflagen.[46]

Als zweites von Schramms Büchern zur mittelalterlichen Geschichte erlebte im Jahr 1960 »Der König von Frankreich« von 1939 eine Neuauflage. Wieder handelte es sich im wesentlichen um einen unveränderten Nachdruck.[47] Die Neuausgabe war deshalb besonders sinnvoll, weil Schramm in »Herrschaftszeichen und Staatssymbolik« unter Verweis auf dieses Werk die französischen Insignien übergangen hatte.[48] Im Jahr 1970 folgte schließlich ein Nachdruck der »Geschichte des englischen Königtums« von 1937.[49]

Daneben gelang es Schramm trotz seiner vielfältigen anderweitigen Belastungen auch in der ersten Hälfte der sechziger Jahre, ein neues Buch zur mittelalterlichen Geschichte zu publizieren. Gemeinsam mit der Kunsthistorikerin Florentine Mütherich, die am Münchener »Zentralinstitut für Kunstgeschichte« tätig war, veröffentlichte er 1962 die »Denkmale der deutschen Könige und Kaiser«. Das Buch versammelte Abbildungen von Gegenständen, die in einer nachweislichen Beziehung zu einem bestimmten mittelalterlichen Herrscher des deutsch-römischen Reiches gestanden hatten. Ziel

wickeln, beließ er es bei einer unverbindlichen Anregung. — SVS 1954–1956 Herrschaftszeichen, Bd.1, S. 21, u. Bd.3, S. X.

44 SVS 1957 Kaiser Renovatio.

45 Die »Texte« und »Exkurse« des zweiten Bandes wurden dann zum großen Teil in Schramms Aufsatzsammlung »Kaiser, Könige und Päpste« neu gedruckt; hierzu unten in diesem Abschnitt.

46 Die fünfte Auflage erschien in der »Bibliothek klassischer Texte« der Wissenschaftlichen Buchgesellschaft, Darmstadt, im Jahr 1992.

47 Allerdings fügte Schramm in den Anmerkungsband 24 Seiten mit »Berichtigungen und Ergänzungen« ein. Diese Seiten ließen es gerechtfertigt erscheinen, von einer »verbesserten und vermehrten« Auflage zu sprechen. — SVS 1960 König Frankreich; »Berichtigungen und Ergänzungen«: ebd., Bd.2, S. 6–29; vgl. auch das »Vorwort zur 2. Auflage«, in: ebd., Bd.1, S. XI–XII.

48 Vgl. SVS 1954–1956 Herrschaftszeichen, Bd.1, Anm. 1 auf S. XIX; über die französischen Insignien: SVS 1960 König Frankreich, Bd.1, v.a. S. 204–217; hierzu auch oben, v.a. Kap. 10.d).

49 SVS 1970 Geschichte Königtum.

war es, die Lebenswelt des jeweiligen Kaisers oder Königs für den Leser erlebbar zu machen.[50] Obwohl das Werk in den sechziger Jahren erschien, ging die Zusammenarbeit mit Mütherich bereits auf die für Schramm so ungemein produktiven frühen fünfziger Jahre zurück. Die Münchener Kunsthistorikerin berichtet, die Idee zu dem gemeinsamen Projekt sei am Rande der Ausstellung »Ars Sacra« entstanden, die von Juni bis Oktober 1950 in München stattfand.[51] Die Ursprünge dieses Werkes reichten in Schramms wissenschaftlichem Werdegang sogar mehr als zwanzig Jahre weiter zurück.[52] Als es schließlich zur Durchführung kam, wurde ihm ein großer Teil der Arbeit von Florentine Mütherich abgenommen.[53]

Erst in der zweiten Hälfte der sechziger Jahre, den letzten Jahren seines Lebens, wandte sich Schramm wieder stärker der mittelalterlichen Geschichte zu. Ergebnis dieser Rückwendung war das Werk »Kaiser, Könige und Päpste«.[54] Diese Veröffentlichung, im Untertitel als »Gesammelte Aufsätze zur Geschichte des Mittelalters« charakterisiert, reichte weit über das hinaus, was für derartige Sammlungen üblich war und ist. Sie ging auf eine Initiative des Anton-Hiersemann-Verlags zurück, die bereits kurz nach dem Erscheinen von »Sphaira – Globus – Reichsapfel« von diesem ausgegangen war. Nach dem Erfolg dieser Veröffentlichung wünschte der Verlag, Percy Ernst Schramm auch in Zukunft zu seinen Autoren zählen zu können. Daraus entstand im Februar 1960 der Vorschlag, eine Sammlung seiner Aufsätze herauszugeben.[55] Schramm willigte ein. Allerdings war er nicht damit zufrieden, dem Verlag einfach eine Vollmacht zum Nachdruck seiner alten Arbeiten zu geben. Ihm schwebte eine Zusammenstellung von sieben ausgewählten Texten vor. Einer dieser Texte mußte erst ganz neu geschrieben werden, die übrigen sechs, die schon früher veröffentlicht worden waren, wollte er alle überarbeiten. Unter dem Titel »Von Pippin zu Gregor VII.« sollte das Werk auf diese Weise die Geschichte des früheren Mittelalters durchmessen.[56]

50 SVS 1962 Denkmale; ausführlicher unten in diesem Kapitel, Abschnitt c).

51 Gespräch mit *Florentine Mütherich* am 22.4.1999 in München.

52 Ein entsprechendes Vorhaben hatte er zum ersten Mal 1928 erwähnt. — FAS, J 37, Brief P.E. Schramm an Max Schramm, Heidelberg 16.1.1928; ausführlicher unten in diesem Kapitel, Abschnitt c).

53 Mütherich erarbeitete den Katalogteil und trug alle Abbildungen zusammen (vgl. SVS 1962 Denkmale, S. 9).

54 SVS 1968–1971 Kaiser.

55 Die Korrespondenz bezüglich »Kaiser, Könige und Päpste« lief seitens des Hiersemann-Verlags meistens über Dr. Wilhelm Olbrich, der auch den hier zitierten Brief geschrieben hat. Anton Hiersemann selbst starb im September 1969. — FAS, L 230, Bd.5, Brief Hiersemann-Verlag an P.E. Schramm, Stuttgart 19.2.1960; vgl. auch SVS 1968–1971 Kaiser, Bd.1, S. 10, und Bd.4,1, S. 6.

56 FAS, L 230, Bd.5, Brief P.E. Schramm an Hiersemann-Verlag, masch. Durchschl., Göttingen 29.2.1960; ebd., Brief Hiersemann-Verlag an P.E. Schramm, Stuttgart 26.7.1960.

Schramm fand jedoch nicht die Zeit, sich auf das Vorhaben zu konzentrieren. Deshalb kam es nur langsam in Gang und schleppte sich mehrere Jahre lang ohne rechte Fortschritte hin. 1963 wurde Schramm emeritiert, doch bedeutete das kaum einen Einschnitt in seiner rastlosen, vielfältigen Tätigkeit. Erst ein bis zwei Jahre später begann er allmählich, seine Aktivitäten zu reduzieren. Im vorigen Kapitel war von einer Gallenblasenoperation die Rede, der er sich 1965 unterziehen mußte. Danach wurde seine Konstitution allmählich schwächer. Allem Anschein nach spürte Schramm auch selbst, daß nun der letzte Abschnitt seiner Lebenszeit begonnen hatte. Da lag der Wunsch nahe, Bilanz zu ziehen und das eigene Werk abzurunden. Kaum, daß er aus der Klinik entlassen war, begann er im Frühsommer 1965, intensiv an seiner Aufsatzsammlung zu arbeiten. Knapp drei Jahre später erschien der erste Band von »Kaiser, Könige und Päpste«.[57]

Schramm war von seinem ursprünglichen Plan, nur sieben ausgewählte Texte zu veröffentlichen, wieder abgekommen. Jetzt boten die Bände, wie es im zweiten Untertitel formuliert war, »Beiträge zur allgemeinen Geschichte«. Unter diese Rubrik faßte Schramm den größten Teil seiner mediävistischen Aufsätze, nicht zuletzt seine Arbeiten zur Ordines-Forschung. Aufsätze über »Herrscherbilder« und »Herrschaftszeichen« sparte er aus, um sie in separaten Bänden abzudrucken. Hierauf wird etwas weiter unten einzugehen sein. Gänzlich verzichtete Schramm auf den Wiederabdruck derjenigen Stücke, die ihm überholt oder unzureichend erschienen.[58] Dafür fanden sich in der Sammlung mehrere bis dahin unveröffentlichte Texte. Außerdem wiederholte Schramm hier den größten Teil des zweiten Bandes von »Kaiser, Rom und Renovatio«.[59] Schließlich fügte er zahlreiche kürzere und längere Rezensionen ein und zog aus den Einleitungen und Schlußabschnitten seiner Bücher das heraus, was ihm von allgemeinem Interesse zu sein schien. Wie es bei Schramm häufig der Fall war, schwoll der Umfang der Publikation im Zuge der Arbeit immer weiter an. Der vierte Band mußte am Ende in zwei Teilbände aufgeteilt werden, so daß das Werk in insgesamt fünf Bänden erschien.

Im großen und ganzen folgte die Sammlung einem chronologischen Aufbau von der Spätantike bis zum 13. Jahrhundert.[60] Deutlich war der Wille

57 Privatbesitz R. Elze, Brief P.E. Schramm an R. Elze, Göttingen 24.6.1965; FAS, L 230, Bd.5, Brief P.E. Schramm an Hiersemann-Verlag, masch. Durchschl., o.O. [Göttingen], 29.6.1965; über Schramms Klinikaufenthalt oben, Kap. 13.b).

58 Nicht aufgenommen wurden beispielsweise die »Ordines-Studien II« und »III« (s. im einzelnen Schramms Erläuterungen in: SVS 1968–1971 Kaiser, Bd.4,2, S. 730).

59 Einen Überblick über die veröffentlichten »Texte« und »Exkurse« ermöglichte die – bei der Angabe der Seitenzahlen nicht ganz fehlerfreie – Liste in: SVS 1968–1971 Kaiser, Bd.4,2, S. 728–729.

60 Auf eine theoretisch orientierte »Einleitung« folgten Texte, die, hintereinandergereiht, einen chronologischen Durchlauf ergaben. Diese Texte füllten die ersten drei Bände. Die beiden

des Verfassers erkennbar, die verschiedenen Texte zu einer neuen Einheit zusammenzufügen. Kaum eines der bereits früher veröffentlichten Stücke blieb unangetastet. Um die Texte aufeinander abzustimmen und möglichst auf den neuesten Forschungsstand zu bringen, ergänzte oder überarbeitete Schramm sie beinahe alle. Trotzdem bildete die Sammlung kein geschlossenes Ganzes. Angesichts des Umstands, daß die einzelnen Stücke ursprünglich ohne direkten Bezug zueinander im Laufe von über vier Jahrzehnten verfaßt worden waren, kann dies nicht überraschen.[61]

Auffällig waren die zahlreichen Aussagen, die Schramm in diesen Bänden über sein eigenes Leben machte. In den Vorworten zum ersten und zum letzten Band präsentierte er die schablonenhafte Zusammenfassung seines wissenschaftlichen Werdegangs, die er in dieser Zeit auch bei anderen Gelegenheiten vorbrachte.[62] Weitere autobiographische Informationen und Hinweise fügte er in Nebenbemerkungen und Fußnoten ein. Sie sollten dem Leser die alten Texte erläutern, hatten aber zugleich die Funktion, Schramms Vorstellung von der eigenen Entwicklung zu stützen, die eine bruchlose, über alle äußeren Wandlungen und Katastrophen hinweg kontinuierliche »Entfaltung« gewesen sei.

Der abschließende zweite Teilband des vierten Bandes von »Kaiser, Könige und Päpste« erschien erst kurz nach Schramms Tod. Trotz ihres beträchtlichen Umfangs stellte die Sammlung nur einen Teil dessen dar, was ihr Autor eigentlich hatte veröffentlichen wollen.[63] Verhältnismäßig weit trieb er die Arbeit an einer Zusammenstellung von Laudationes und Nachrufen voran, die er im Laufe seines Lebens – zuletzt vor allem im Rahmen seiner Tätigkeit als Kanzler des Ordens Pour le mérite – verfaßt hatte. Ursprünglich sollten Nachrufe auf Persönlichkeiten, die für ihn persönlich bedeutsam gewesen waren, den letzten Band von »Kaiser, Könige und Päpste« abrunden.[64] Weil Schramm die Auswahl aber immer weiter ausdehnte, mußte er

Teilbände des vierten Bandes beleuchteten zunächst unter verschiedenen Gesichtspunkten das Verhältnis von Papsttum und Kaisertum, dann folgten Untersuchungen zu einzelnen Ländern, die in den ersten drei Bänden noch keine Berücksichtigung gefunden hatten. »Zusammenfassende Betrachtungen« bildeten den Abschluß.

61 Die Grundgedanken der bereits publizierten Texte, wie auch die zentralen Schlüsse und Ergebnisse, veränderten sich nicht. In der vorliegenden Arbeit werden deshalb die Veränderungen in den überarbeiteten Versionen, sofern es überhaupt notwendig erscheint, nicht hier, sondern jeweils bei den Erstveröffentlichungen in den Fußnoten besprochen.

62 SVS 1968–1971 Kaiser, Bd.1, S. 7–8, u. Bd.4,1, S. 6–7; s. im übrigen das vorige Kapitel, Kap. 13.d).

63 1968 sprach Schramm davon, nach seinen mediävistischen Texten auch seine Aufsätze zur hanseatischen Bürgertumsgeschichte in drei Bänden neu herausgeben zu wollen. Hier blieb es allerdings bei dem bloßen Vorsatz (Privatbesitz R. Elze, Brief P.E. Schramm an R. Elze, Göttingen 26.3.1968).

64 SVS 1968–1971 Kaiser, Bd.1, S. 10.

sich später entschließen, sie für eine separate Veröffentlichung vorzusehen. Das entsprechende Manuskript findet sich in seinem Nachlaß.[65]

Bereits in der Grundkonzeption von »Kaiser, Könige und Päpste«, die er 1965 in einem Brief an Reinhard Elze skizzierte, hatte Schramm außerdem einen Band mit Texten zu »Herrscherbildern« und einen zu »Herrschaftszeichen« vorgesehen.[66] In diesen Bänden wollte er einerseits seine einschlägigen Aufsätze versammeln, andererseits wollte er mit ihnen seine Bücher aktualisieren und ergänzen. Dies galt vor allem für seine 1928 erschienene Sammlung der »Kaiserbilder«.[67] Er hatte niemals aufgehört, neue Informationen über Abbildungen mittelalterlicher Herrscher zu sammeln. Bereits in der Mitte der fünfziger Jahre begann er, an einem Band mit Nachträgen zu arbeiten.[68] In einer Publikation von 1965 kündigte er diesen Band ausdrücklich an.[69] Zuletzt nahm er sich sogar vor, eine überarbeitete Neuauflage herauszubringen. Der geplante Band von »Kaiser, Könige und Päpste« sollte diese Neuauflage begleiten und Exkurse aufnehmen, für die der Raum im Hauptwerk zu knapp gewesen wäre.[70] Nach seinem Tod trieb Florentine Mütherich das Vorhaben weiter. Dreizehn Jahre, nachdem Schramm gestorben war, erschien eine von ihr verantwortete, stark bearbeitete Neuauflage der »Kaiserbilder«.[71]

Der ebenfalls schon 1965 ins Auge gefaßte und in »Kaiser, Könige und Päpste« angekündigte Band mit Nachträgen zu »Herrschaftszeichen und Staatssymbolik« mündete schließlich in ein Heft mit »Nachträgen aus dem Nachlaß«, das die Monumenta 1978 veröffentlichten.[72] Ein weiterer Band, von dem Schramm zum ersten Mal 1968 sprach, sollte eine ergänzte Fassung seiner Einleitung zu den »Denkmalen« enthalten sowie eine Studie über den »Herrscher zu Pferd und im Wagen«.[73] Diese Studie stellte eine ganz neue

65 FAS, L 306; vgl. SVS 1968–1971 Kaiser, Bd.4,1, S. 8.

66 Privatbesitz R. Elze, Brief P.E. Schramm an R. Elze, Göttingen 24.6.1965.

67 Die chronologische Grenze der von Schramm selbst erarbeiteten Sammlung lag im zwölften Jahrhundert. Seit den dreißiger Jahren bemühte er sich um geeignete Bearbeiter für eine Fortsetzung, die die Zeit bis zum Ende des Mittelalters abdecken sollte. In den späten sechziger Jahren hatte *Carl A. Willemsen*, ein mit Schramm befreundeter Wissenschaftler aus Bonn, die Verantwortung für den zweiten Band übernommen. — SVS 1928 Kaiser in Bildern; hierzu o., Kap. 7.a); über die Fortsetzung zuletzt: SVS 1968–1971 Kaiser, Bd.4,2, S. 727; über einen früheren Bearbeiter, der in sowjetischer Kriegsgefangenschaft starb, s. oben, Kap. 12.c).

68 FAS, L 230, Bd.3, Brief P.E. Schramm an J. Deér, masch. Durchschl., 26.1.1954.

69 SVS 1965 Karl Siegel Aussehen, Anm. 1 auf S. 15.

70 Privatbesitz R. Elze, Brief P.E. Schramm an R. Elze, Göttingen 26.3.1968; SVS 1968–1971 Kaiser, Bd.1, S. 9; ebd., Bd.4,2, S. 727.

71 SVS 1983 Kaiser in Bildern; über das Verhältnis der Neuauflage zur Originalauflage vgl. die entsprechenden Fußnoten oben, Kap. 7.a).

72 Privatbesitz R. Elze, Brief P.E. Schramm an R. Elze, Göttingen 24.6.1965; SVS 1968–1971 Kaiser, Bd.1, S. 9; ebd, Bd.4,2, S. 728; SVS 1978 Herrschaftszeichen Nachträge.

73 Privatbesitz R. Elze, Brief P.E. Schramm an R. Elze, Göttingen 26.3.1968; SVS 1968–1971 Kaiser, Bd.4,2, S. 728.

Arbeit dar. Was er hiervon zu Papier brachte, findet sich wiederum in seinem Nachlaß.[74]

Während er an »Kaiser, Könige und Päpste« arbeitete, konnte er im November 1968 einen großen Erfolg verbuchen. Die Bergung und Untersuchung der »Cathedra Petri« im Petersdom in Rom bestätigte Theorien, die er formuliert hatte. Der angebliche »Thron des Heiligen Petrus« war seit 1666 jedem unmittelbaren Zugriff entzogen gewesen. Das damals bereits schwer beschädigte Denkmal war in diesem Jahr in ein imposantes, von dem Bildhauer und Architekten Bernini geschaffenes Monument eingeschlossen worden, das die Form eines großen, bronzenen Throns hatte.[75] Als sich Schramm im Zuge seiner Auseinandersetzung mit den »Herrschaftszeichen« auch mit der »Cathedra Petri« befaßte, war er deshalb auf alte Stiche und auf unzureichende, bei einer Öffnung des Bronzethrons im 19. Jahrhundert angefertigte Photographien angewiesen.

Auf einer solchen Grundlage stellte er 1956 im dritten Band von »Herrschaftszeichen und Staatssymbolik« die These auf, dieser Holzthron sei um 870 ursprünglich für den fränkischen König Karl den Kahlen hergestellt worden. Anläßlich seiner Kaiserkrönung im Jahr 875 habe Karl den Thron dem Papst geschenkt.[76] Verständlicherweise hatte Schramm den Wunsch, den Thron selbst in Augenschein zu nehmen, um seine Vermutung anhand einer Untersuchung des Originals verifizieren zu können. Diesen Wunsch teilte er mit vielen anderen Wissenschaftlern.[77] Ein gutes Jahrzehnt nach der Publikation der »Herrschaftszeichen« ergab sich die ersehnte Möglichkeit. An der Kurie wurde eine Kommission eingesetzt, welche die Bergung organisieren und den Holzthron untersuchen sollte. Schramms persönlicher Einsatz war wohl mit dafür ausschlaggebend, daß es zur Bildung dieser Kommission kam. Er selbst wurde als Mitglied des Gremiums berufen.[78] Am 26. November 1968 war er dann anwesend, als abends, nachdem alle Tou-

74 Schramm ging von der Beobachtung aus, daß der Herrscher, wenn er sich seinem Volk bei Umzügen oder ähnlichen Gelegenheiten präsentierte, unterschiedliche Arten der Fortbewegung hatte, die sich zudem im Laufe der Zeit veränderten: In der Antike fuhr er in der Quadriga, im Mittelalter ritt er zu Pferde, in der Neuzeit fuhr er in der geschlossenen »Staatskarosse«. Diesen Wandel wollte Schramm untersuchen und erkunden, welche Bedeutung den verschiedenen Fortbewegungsarten jeweils beigelegt worden war. — Das Material in: FAS, L – Ablieferung Elze [noch unsigniert].

75 *Maccarrone*, Storia, S. 40–57.

76 SVS 1954–1956 Herrschaftszeichen, Bd.3, S. 694–707, v.a. S. 704–706.

77 Bereits 1933 hatte der Kunsthistoriker Adolph Goldschmidt eine Audienz beim Papst gehabt, wo er dieses Anliegen vorbringen konnte. — *Weitzmann*, Iconography, Sternchen-Anm. auf S. 217; SVS 1968–1971 Kaiser, Bd.4,1, S. 115.

78 SVS 1968–1971 Kaiser, Bd.4,1, S. 115–116; einschlägig auch die Korrespondenz aus dem Jahr 1968 in: FAS, L 230, Bd.1, Unterakte: »Bafile, Konrad [sic!], Apostolischer Nuntius in Deutschland«.

risten den Petersdom verlassen hatten, Berninis Bronzethron aufgebrochen und der Holzthron geborgen wurde.[79]

Bereits der erste Augenschein ergab, daß der Holzthron tatsächlich für Karl den Kahlen hergestellt worden war. Voller Stolz berichtete Schramm in Briefen von der Bergung und den Untersuchungen.[80] Die Bestätigung seiner Schlußfolgerungen war ein großartiger Höhepunkt in seinem Forscherleben. Er selbst meinte:

»Das wird wohl niemand mehr beschieden sein, daß er bei Lebzeiten seine These noch bestätigt findet und auf diese Weise in die frühmittelalterliche Kunst ein 1,65 m hohes Kunstwerk einführt, was zu den Spitzenleistungen dieser ganzen Jahrhunderte gehört. Kurz und gut, ich habe mal wieder Glück gehabt.«[81]

Im Juni 1969 stellte Schramm die Befunde auf der öffentlichen Sitzung des Ordens Pour le Mérite vor.[82] Die Publikation seines Beitrags zum Ergebnisband der päpstlichen Forschungskommission erlebte er allerdings nicht mehr: Die Publikation erschien 1971, im Jahr nach seinem Tod.[83]

b) Die »Staatssymbolik« und Karl der Große

Beinahe alle mediävistischen Arbeiten, die Schramm nach 1948 publizierte, lassen sich mit Blick auf den Gegenstandsbereich und auf die von Schramm angewandte Methodik in einen Rahmen einordnen, der durch den von ihm selbst gebildeten Begriff »Staatssymbolik« definiert wird. Diesen Begriff

79 An Reinhard Elze schrieb Schramm: »Es war natürlich sehr aufregend, wie wir da hinaufgestiegen sind in die stille Peterskirche abends um 6 Uhr, und wie dann Berninis 6 m hoher Bronzethron aufgebrochen wurde. Aus ihm wurde nun der seit 1666 kaum beschädigte Thron vorsichtig herausgeholt und glücklich abgeseilt.« — Privatbesitz R. Elze, Brief P.E. Schramm an R. Elze, Göttingen 12.12.1968; vgl. außerdem Schramms Berichte in: SVS 1969 Thron, und: SVS 1968–1971 Kaiser, Bd.4,1, S. 113–122; weitere Informationen über die Bergung und Photos von diesem Vorgang bietet: *Vacchini*, Operazioni; vgl. außerdem das Photo in *Maccarrone et al.*, Cattedra Lignea, S. 94.

80 In einer Postkarte an Reinhard Elze berichtete Schramm schon einen Tag nach der Bergung: »Meine Thesen stimmen. Seit 1666 kein wesentlicher Schaden mehr eingetreten. Glücklich, daß mir das noch gelungen ist!« Zwei Wochen später führte er aus: »Meine These, daß es sich bei dem Hauptteil um einen Thron Karls des Kahlen handelt, ist gar nicht mehr in Zweifel zu ziehen.« — Privatbesitz R. Elze, Postkarte P.E. Schramm an R. Elze, Rom 27.11.1968; ebd., Brief P.E. Schramm an R. Elze, Göttingen 12.12.1968.

81 Ebd., Brief P.E. Schramm an R. Elze, Göttingen 12.12.1968.

82 Weil Schramm der Publikation der päpstlichen Kommission nicht vorgreifen wollte, ist der gedruckte Text mit dem vorgetragenen nicht identisch: Während der mündlich vorgetragene Text Forschungsergebnisse referierte, berichtete der gedruckte vor allem davon, wie es zu der Bergung kam und wie sie ablief. — SVS 1969 Thron, S. 155–156; SVS 1968–1971 Kaiser, Bd.4,1, Sternchen-Anm. auf S. 113.

83 SVS 1971 Karl der Kahle.

stellte er in seinem Aufsatz »Die Anerkennung Karls des Großen als Kaiser« zum ersten Mal vor. Gleich im Untertitel bezeichnete er den Text als »Ein Kapitel aus der Geschichte der mittelalterlichen ›Staatssymbolik‹«. In den einleitenden Abschnitten des Aufsatzes kündigte er an, er werde den Leser »auf den Weg der ›Staatssymbolik‹« führen und zugleich »deren Wesen [...] bei dieser Gelegenheit klären [...].«[84]

Darauf folgte mit der Studie selbst zunächst ein Beispiel für die praktische Anwendung des Konzepts. Erst auf den abschließenden Seiten skizzierte Schramm die theoretischen Grundlagen. Er ging von dem Gedanken aus, daß das Mittelalter »durch das Bestreben beherrscht ist, das Unsichtbare sinnfällig zu machen.«[85] Des weiteren konstatierte er, daß das Mittelalter den Herrscher mit seinem Staat identifiziere, wie es den Heiligen mit seiner Kirche identifiziere.[86] Wer also nach dem mittelalterlichen Verständnis von »Staat« fragen wollte, mußte nach Schramms Auffassung die Frage stellen, was das Königtum in den Augen der damaligen Menschen gewesen sei. Königtum und »Staat« waren insofern deckungsgleich.[87] Aus diesem Grund war der Begriff »Staatssymbolik« eigentlich auf den Herrscher bezogen und sollte alles umfassen, was die Stellung eines mittelalterlichen Herrschers mit den Sinnen wahrnehmbar werden ließ.[88] Das konnte ebensogut die Stellung des Herrschers im Verhältnis zu seinen Untertanen wie, im Sinne der Über-, Unter- oder Gleichordnung, die Stellung im Verhältnis zu einem anderen Fürsten sein.[89] Auf eine genauere Definition verzichtete Schramm. Stattdessen gab er eine Fülle von Beispielen von Dingen, die er zur »Staatssymbolik« rechnete. Unter anderem nannte er die Gewänder und Insignien des Herrschers, seine Titel und Ehrennamen sowie die beim Königsmahl geleisteten Dienste.[90] Auf der beschriebenen Grundlage wollte er den Begriff möglichst umfassend verstanden wissen.

Überraschend war, daß in dem neuen Begriff das Wort »Symbol« enthalten war. Immerhin hatte Schramm schon 1938 dafür plädiert, dieses Wort bei der Betrachtung der mittelalterlichen Geschichte zu vermeiden. Es habe jeden greifbaren Inhalt verloren, so meinte er damals, weil damit in der Alltagssprache, in der Philosophie und der Theologie schon allzuviel bezeichnet

84 SVS 1951 Anerkennung, S. 450; der zweite Halbsatz beim Wiederabdruck gestrichen, vgl. SVS 1968–1971 Kaiser, Bd.1, S. 215.

85 SVS 1951 Anerkennung, S. 512.

86 Ebd., S. 514.

87 Vgl. die entsprechenden Formulierungen in: SVS 1937 Geschichte Königtum, S. XIV; SVS 1939 König Frankreich, Bd.1, S. 1–2; zu diesen Texten oben, v.a. Kap. 10.c).

88 Schramm orientierte sich bei der Betrachtung der mittelalterlichen Geschichte ohnehin immer an den Herrschern; hierzu unten in diesem Kapitel, Abschnitt c).

89 SVS 1951 Anerkennung, S. 512.

90 Ebd., S. 512–514.

worden sei.[91] Kurz vor Veröffentlichung des Karls-Aufsatzes hatte er seine Forderung noch einmal wiederholt.[92] Auch jetzt erinnerte er wieder an seinen Vorschlag, »im Bereich des mittelalterlichen Staatslebens« das Wort »Symbol« zu umgehen. Sinnvoller sei es, von »Sinn- und Wahrzeichen«, von »Herrschafts-« und anderen, jeweils durch eine Wortergänzung genauer bezeichneten »Zeichen« zu sprechen.[93] Dennoch führte er den Begriff der »Staatssymbolik« ein. Die terminologische Inkongruenz schob er mit den Argumenten beiseite, erstens stehe der neue Begriff der ursprünglichen Bedeutung des griechischen Wortes »symbolon« – nämlich »Zeichen, woran man etwas erkennt« – näher, zweitens schließe »das vorgesetzte Bestimmungswort« jede Unklarheit aus.[94] Die Argumentation erscheint einigermaßen willkürlich. Die Frage, ob sie zu überzeugen vermag oder nicht, ist aber für die Analyse von Schramms Konzept nicht entscheidend.

Wie bei fast allen seinen methodischen Vorstößen ging es Schramm bei der Etablierung des Begriffs »Staatssymbolik« darum, das allzu trockene und enge Geschichtsbild der traditionellen Politik- und Verfassungsgeschichte aufzubrechen. Er wollte die Perspektive weiten und den Blick öffnen für die sinnfälligen, sozusagen farbigen Aspekte mittelalterlichen Herrschertums. Sie waren nach seiner Überzeugung entscheidend für das richtige Verständnis des mittelalterlichen Umgangs mit herrscherlicher Macht. In diesem Zusammenhang hatte das neue Konzept die Funktion, die verschiedenen Ansätze, die er im Laufe der Jahrzehnte entwickelt und angewandt hatte, auf leicht faßliche Weise einzurahmen. Nicht zuletzt ließ sich unter dem Dachbegriff »Staatssymbolik« alles zusammenführen, was Schramm in den dreißiger Jahren mit Blick auf Ordines und Königskrönungen in Europa erforscht hatte. Ausdrücklich stellte er 1951 fest, zur »Staatssymbolik«, die den Herrscher umgebe, gehörten – neben vielen anderen Dingen – auch »die weltlichen und geistlichen Bräuche bei seiner Krönung und bei seinem Begräbnis, die Gebete, die für ihn gesprochen, die Laudes, die ihm dargebracht werden [...].«[95]

Mit solchen Mitteln untersuchte Schramm die Zeremonie, durch die Karl der Große am Weihnachtsfeiertag des Jahres 800 in Rom den Kaisertitel erhielt, und analysierte die genaue Bedeutung von Karls Titel. Er beschränkte sich aber nicht auf eine Betrachtung des Aktes der Kaiserkrönung selbst. Im

91 SVS 1938 Erforschung, v.a. S. XIII–XVI; s.o., Kap. 10.d).

92 Der entsprechende Artikel erschien 1951 im »Münchener Jahrbuch der Bildenden Kunst«. Die entscheidenden Passagen arbeitete Schramm später in die Schlußbetrachtungen zu »Herrschaftszeichen und Staatssymbolik« ein. — SVS 1954–1956 Herrschaftszeichen, Bd.3, v.a. S. 1076–1079; vgl. ebd., Anm. 1 auf S. 1064.

93 SVS 1951 Anerkennung, S. 511–512, m. Anm. 1 auf S. 512.

94 Ebd., S. 512.

95 Ebd., S. 513; in diesem Sinne auch z.B.: SVS 1968–1971 Kaiser, Bd.1, S. 40–42.

Gegenteil setzte seine Betrachtung schon weit vorher ein, in den siebziger Jahren des 8. Jahrhunderts, und verfolgte die weitere Entwicklung bis zur Erhebung Ludwigs des Frommen zum Mitkaiser im Jahr 813.

Zunächst richtete Schramm sein Augenmerk auf bestimmte zeremonielle Vorrechte, die der byzantinische Basileus als römischer Kaiser noch im 8. Jahrhundert in Rom genoß. Schramm vermochte zu zeigen, daß die Päpste im Laufe des letzten Viertels des 8. Jahrhunderts, also schon weit im Vorfeld von Karls Erhebung zum Kaiser, dem Basileus diese Vorrechte Stück für Stück entzogen, um sie, nach einer Übergangszeit, Karl dem Großen zuzuwenden.[96] Karl wurde demnach in Rom schon als König gelegentlich wie ein Kaiser behandelt. Gleichzeitig strebte auch der fränkische Herrscher selbst danach, dem byzantinischen Kaiser in Macht und Würde in nichts nachzustehen.[97] Dabei versuchte er allerdings nicht, den Kaisertitel zu usurpieren. Nach Schramms Interpretation legte Karl auf diesen Titel keinen Wert, weil nicht die römischen Kaiser, sondern die Könige des alten Testaments sein maßgebliches Vorbild waren.[98] Dennoch kamen seine Anstrengungen den päpstlichen Tendenzen im Ergebnis weit entgegen.

Im nächsten Schritt unterzog Schramm den Ablauf der Zeremonie in St.Peter mithilfe seines stupenden Wissens über abendländische und byzantinische Krönungsbräuche einer detaillierten Analyse. Dabei arbeitete er heraus, welches Element seiner Auffassung nach für die Konstituierung von Karls höherem Status entscheidend war. Die Krönung hatte diese Bedeutung nicht. Sie konnte zwar einerseits als Investitur als Kaiser, andererseits aber ebensogut als »Festkrönung« des fränkischen Königs verstanden werden.[99] Auch Karls Gewandung war kein eindeutiges Zeichen, da er den kaiserlichen Ornat schon einmal bei einer früheren Gelegenheit angelegt hatte.[100] Konstitutiv war vielmehr die »Akklamation« Karls als Kaiser durch die Anwesenden. Darum plädierte Schramm schließlich dafür, das Wort von der »Kaiserkrönung« Karls des Großen fallen zu lassen und richtiger von der »Anerkennung Karls des Großen als Kaiser« zu sprechen.[101]

96 Unter anderem befaßte sich Schramm mit den Akklamationen und Gebeten, die dem Kaiser Ehre erwiesen. In diesem Zusammenhang nutzte er ausgiebig das Buch, das sein Freund Ernst Kantorowicz einige Jahre zuvor über die »Laudes regiae« publiziert hatte. So kamen diese Forschungen, die nicht zuletzt durch ihn selbst angeregt worden waren, seiner eigenen Arbeit wieder zugute. — Der ganze Abschnitt: SVS 1951 Anerkennung, S. 452–474; über die Akklamationen u.ä.: SVS 1951 Anerkennung, S. 463–468; vgl. außerdem S. 489 m. Anm. 1; *Kantorowicz*, Laudes; s.a. oben, v.a. Kap. 9.f).

97 SVS 1951 Anerkennung, S. 476–478.

98 Ebd., S. 478–483.

99 Ebd., S. 484–486.

100 Ebd., S. 486–487, sowie 471–474.

101 Ebd., S. 487–488.

Indem er eine Zwischenbilanz seiner Ergebnisse zog, konnte Schramm feststellen, daß die Erhebung Karls des Großen zum Kaiser im Jahr 800 das Ergebnis einer schon mehr als zwei Jahrzehnte früher begonnenen Entwicklung war.[102] Er setzte seine Beobachtungen aber noch fort und untersuchte, wie sich die Bedeutung von Karls Kaisertitel in den folgenden Jahren wandelte. Dabei ging er von der Darstellung in Einhards Karlsvita aus, der Frankenkönig habe die Erhebung zum Kaiser nur widerwillig hingenommen. Schramm hielt diese Angabe für vollkommen plausibel und meinte dies auch begründen zu können. Als wichtigsten Grund für Karls Unwillen sah er, daß dieser Herrscher sein ganzes Leben hindurch stets darauf bedacht gewesen sei, das Recht zu wahren und zu festigen. Darum mußte die Kaiserakklamation, welche die bestehende Ordnung umstieß, ihm zuwider sein: Karls Unwille »ergab sich aus seinem Rechtsbewußtsein, nicht aus der Politik und nicht aus der Staatstheorie.«[103]

Nachdem der Papst und die Römer aber Fakten geschaffen hatten, akzeptierte Karl die veränderte Situation. Er verstand sie dann auch in seinem Sinne zu nutzen. Zugleich meinte Schramm nachweisen zu können, daß Karl der Große auch über seine »Anerkennung als Kaiser« hinaus an seiner ursprünglichen Herrschaftsidee festgehalten und diese im Laufe der Zeit mit seiner neuen Würde zu verschmelzen gewußt habe. Dieser Interpretation zufolge achtete Karl das römische Element seiner Würde nicht nur aus Rücksicht auf Byzanz, sondern auch aus eigener Neigung gering. Zur endgültigen Klärung kam seine Konzeption des Kaisertums mit der Krönung seines Sohnes Ludwig zum Mitkaiser 813. Als ein wichtiges Element dieser Erhebung hob Schramm hervor, daß daran nur Franken, keine Römer beteiligt gewesen seien. Außerdem schien ihm von Bedeutung, daß der Akt zwar in einer Kirche stattfand und unter Gottes Segen gestellt wurde, daß aber kein Geistlicher, und erst recht nicht der Papst daran Anteil hatte.[104] Der Kaiser wünschte, weniger ein römischer, als vielmehr vor allem ein christlicher »Imperator« zu sein, ohne aber von der Kirche abhängig zu sein.[105]

Die Art und Weise, wie Schramm die Frage nach Karls Kaisertitel behandelte, und die von ihm formulierten Ergebnisse sind in mehrfacher Hinsicht bezeichnend für seine Sicht auf die mittelalterliche Geschichte.[106] Wie es sei-

102 Ebd., S. 490.

103 Ebd., S. 492.

104 Ebd., S. 507–510.

105 Es ist daher verfehlt, wenn *Matthias Pape* schreibt, Schramm habe Karl den Großen »als germanischen König und als nichts anderes« dargestellt (*Pape, M.*, Karlskult, Anm. 150 auf S. 168).

106 Anhand zweier neuerer Überblicksdarstellungen sei angedeutet, wie die von Schramm erörterten Fragen von der heutigen Karlsforschung gesehen werden. Anders als Schramm hält es *Matthias Becher* für wahrscheinlich, daß Karl selbst bei seiner Kaiserkrönung die treibende Kraft gewesen sei. Auch *Max Kerner* bestreitet, eine von Schramm benutzte Formulierung aufgreifend,

ner Ankündigung in den einleitenden Abschnitten entsprach, betrachtete er die »Staatssymbolik« in ihrer ganzen Breite. Von Münzen und Siegeln über Gebete und andere liturgische Quellen bis zu »staatssymbolisch« relevanten Passagen in erzählenden Texten wußte er die unterschiedlichsten Quellen zum Sprechen zu bringen. Dadurch vermochte er ein Bild des historischen Geschehens zu entwerfen, das durch seine Vielschichtigkeit und Dynamik faszinieren konnte. Schramm sah die Kaiserwürde Karls des Großen in einem steten Wandel begriffen. Der Übergang dieser Würde auf den Frankenherrscher vollzog sich als langwieriger Prozeß, in dem die Annahme des Titels lediglich eine – wenn auch entscheidende – Etappe darstellte. Auch in den Jahren nach der Konstituierung des Kaisertums sah Schramm die Bedeutung des Titels einer fortlaufenden Dynamik unterworfen.[107] Wie etliche seiner Werke zeichnete sich die »Anerkennung Karls des Großen als Kaiser« dadurch aus, daß es ihm gelang, die Komplexität der historischen Wirklichkeit in seine Darstellung einzubeziehen und dennoch prägnante Erklärungen für das Geschehen zu finden.

Die Formulierung eingängiger Erklärungen wurde ihm allerdings dadurch wesentlich erleichtert, daß sich sein Wille zu methodischer Innovation mit einem ganz traditionellen Erkenntnisziel verband. Gleich einleitend stellte er nämlich fest, der methodische Ansatz, die »Staatssymbolik« zu befragen, solle insbesondere dazu dienen, die »Dornenhecke, die durch mannigfache Thesen vor der Kaiserfrage aufgerichtet« worden sei, zu umgehen. Ihm kam es darauf an, hinter der erwähnten Hecke »die Tatsachen selbst« zu erkennen. Von diesen wollte er sich auch durch Gedanken und Hoffnungen von außenstehenden zeitgenössischen Beobachtern der Vorgänge nicht ablenken lassen. Er schrieb: »nur das, was geschah und was Papst und König wollten, soll uns beschäftigen.«[108] Damit formulierte Schramm, der Zeit seines Lebens ein Verehrer Rankes war, das Ziel seiner Untersuchung ganz in den Kategorien des klassischen Historismus.[109] Indem er sich dessen Erkenntnisgewißheit selbstbewußt zu eigen machte, wollte er den Ablauf der Ereignisse richtig beschreiben und die Absichten der führenden Persönlichkeiten durchschauen.

Karl sei ein »Kaiser wider Willen« gewesen. *Kerner* äußert außerdem hinsichtlich der entscheidenden Zeremonie im Jahr 800 die Auffassung, nicht die Akklamation, sondern eben doch die Krönung sei der maßgebliche Akt der Erhebung zum Kaiser gewesen. — *Becher*, Karl der Große, S. 21; *Kerner*, Karl der Große, S. 40; vgl. SVS 1951 Anerkennung, S. 492; *Kerner*, Karl der Große, S. 39.

107 Vgl. Schramms Fazit: SVS 1951 Anerkennung, S. 510; vgl. auch schon Anm. 1 auf S. 475–476.

108 SVS 1951 Anerkennung, S. 451.

109 Vgl. über Schramms Haltung zu Ranke beispielsweise: SVS 1968–1971 Kaiser, Bd.1, S. 9–10; außerdem bereits oben, v.a. Kap. 3.d).

Dabei sah er Karl den Großen als selbstsicheren Lenker des Geschehens. Nur bei der einen Gelegenheit an jenem Weihnachtstag hatte dieser Herrscher dem Papst die Initiative überlassen.[110] Als Wahrer des Rechts agierte er, ohne je zu schwanken, nicht aufgrund äußerer Verpflichtung, sondern aus tiefster Überzeugung.[111] An seiner einmal gefaßten Vorstellung davon, welchen Orientierungen sein Herrschertum folgen sollte, wurde er niemals irre und wußte sie in sehr weitgehendem Maße zu verwirklichen.[112] Schramm, der auf der methodischen Ebene so differenziert agierte, legte seiner Analyse also ein ganz unkritisches, stark idealisierendes Karlsbild zugrunde. Um seine Wissenschaft vom Mittelalter richtig würdigen zu können, ist es wichtig, auch diese Elemente seines Geschichtsbildes ernst zu nehmen. Schramm war, all seiner methodischen Originalität und seinen innovativen Denkanstößen zum Trotz, niemals ein Revolutionär. Seinem Denken war grüblerische Skepsis völlig fremd. Seine kritische Energie setzte er nicht ein, um Geschichtsbilder zu dekonstruieren, sondern um positive Ergebnisse zu erzielen.

Hier sei daran erinnert, daß er seine Überlegungen ursprünglich im Zusammenhang mit »Kaiser, Rom und Renovatio« entwickelt hatte. Der zentrale Gegenstand dieses Buches war der »Romgedanke« gewesen, der, nach Schramms Interpretation, durch Otto III. seine großartigste Ausformung erfahren hatte. Im Gegensatz dazu sah Schramm Karl den Großen allem Römischen kritisch gegenüberstehen. Diese These hatte er 1929 nur angedeutet.[113] Sie hatte in einer starken Spannung zur Tendenz des Buches gestanden, den »Romgedanken« insgesamt als ein die Geschichte zum Besseren treibendes Moment zu bewerten. Diese Spannung hatte Schramm damals nicht aufzulösen versucht. Einundzwanzig Jahre später wurde sie gar nicht erst sichtbar, da die Frage, was Schramms Argumente für die Geschichte des »Romgedankens« bedeuteten, keine Rolle spielte. Auch dieses Ausweichmanöver war charakteristisch für Schramms ausgeprägte Neigung, seinen Arbeiten einen optimistischen Grundton zu verleihen.

Seine affirmative Einschätzung Karls des Großen wurde durch die allgemeine Stimmung der Zeit bestätigt und verstärkt. Bereits in der Mitte der dreißiger Jahre hatte Schramm auf der Seite der großen Mehrheit der deutschen Historiker gestanden, als er Bestrebungen der Fachwissenschaft unter-

110 Schramm schrieb, in dem Vierteljahrhundert seit seinem ersten Besuch in Rom 774 »hat Karl für einen Augenblick die Führung dem Papst überlassen. Aber wie er bereits vorher seinen eigenen Weg gegangen war, so nahm er nach der Überraschung durch den Papst und die Römer sofort das Heft wieder in die Hand [...].« — SVS 1951 Anerkennung, S. 510; in demselben Sinne bereits S. 497.

111 Vgl. die Passage über Karls Unwillen wegen der »Anerkennung« als Kaiser sowie eine Bemerkung über die Rechtmäßigkeit von Karls Plan hinsichtlich der Aufteilung des Reiches unter seine Söhne. — SVS 1951 Anerkennung, S. 492–493 u. 497.

112 Vgl. v.a. SVS 1951 Anerkennung, S. 509.

113 SVS 1929 Kaiser Renovatio, Bd.1 S. 13–14; s. im einzelnen oben, v.a. Kap. 7.c).

stützt hatte, den ersten Frankenkaiser gegen abwertende Propagandaattacken in Schutz zu nehmen.[114] In den fünfziger Jahren nahm die Verehrung Karls des Großen gerade in Deutschland einen starken Aufschwung. Die frühere Vereinnahmung Karls als »deutscher Herrscher« wurde zwar revidiert, umso nachdrücklicher wurde der Franke aber als christlicher Herrscher und Begründer des Abendlandes beschrieben.[115]

Die zehnte Europarats-Ausstellung, die im Sommer 1965 in Aachen stattfand und Karl dem Großen gewidmet war, würdigte ihn ganz in diesem Sinne.[116] Schramm gehörte dem Arbeitsausschuß an, der die Ausstellung vorbereitete. Aufgrund dessen zählte er auch zum Kreis der Herausgeber einer fünfbändigen Aufsatzsammlung, die begleitend zur Ausstellung erschien und den aktuellen Forschungsstand hinsichtlich des ersten Frankenkaisers darstellte.[117] Die Mitarbeit in dem vorbereitenden Ausschuß war eine ehrenvolle Aufgabe. Obwohl von ihm keine wesentlichen gestalterischen Impulse ausgingen, nahm Schramm sie angemessen wahr. Mit seinem großen Ansehen unterstützte er dadurch die in der Ausstellung vertretene Einschätzung Karls des Großen.[118]

In welchem Maße Schramm den ersten mittelalterlichen Kaiser des Abendlandes als bewundernswerte Persönlichkeit betrachtete, verdeutlichte ein Vortrag, den er im Dezember 1962 auf einer öffentlichen Sitzung des Ordens Pour le mérite hielt. Im Jahr 1964 wurde der Text in erweiterter Form in der »Historischen Zeitschrift« abgedruckt.[119] Schramm stellte darin die Frage, durch welche »Denkart« Karl der Große sich ausgezeichnet habe und was seine »Grundauffassungen« gewesen seien. Unter diesem Gesichtspunkt wertete er Einhards »Vita Karoli Magni« sowie andere mittelalterliche biographische Äußerungen aus und diskutierte die Reformen, die Karl im kul-

114 Vgl. SVS 1936 Rezension Karl; hierzu oben, Kap. 9.d), sowie unten in diesem Kapitel, Abschnitt e).

115 *Pape, M.*, Karlskult, S. 166–172.

116 Ebd., S. 170.

117 SVS 1965–1968 Karl Lebenswerk; hierzu *Pape, M.*, Karlskult, S. 166.

118 Zum ersten Band der Aufsatzsammlung steuerte Schramm einen Artikel bei, in dem er die Siegel und Bullen Karls des Großen erläuterte und sich zu der Frage äußerte, wie Karl ausgesehen habe. Dabei ging er im Grunde nicht über das hinaus, was er schon Ende der zwanziger Jahre in seinen »Kaiserbildern« dargestellt hatte. Ferner fungierte er als einer der Herausgeber des vierten Bandes, der dem »Nachleben« Karls des Großen gewidmet war. Ausdrücklich stellten die beiden Herausgeber aber fest, daß Schramm es lediglich übernommen habe, den Band in dem erwähnten Arbeitsausschuß zu erläutern und zu vertreten. Die eigentliche Arbeit sei hingegen von seinem Mitherausgeber Wolfgang Braunfels geleistet worden. — SVS 1965 Karl Siegel Aussehen; vgl. SVS 1928 Bildnisse Karls und SVS 1928 Kaiser in Bildern; SVS 1967 Nachleben; die Klarstellung hinsichtlich Schramms Rolle als Herausgeber ebd., S. 6.

119 SVS 1964 Karl Denkart; zum Entstehungszusammenhang ebd., Sternchen-Anm. auf S. 306, sowie Anm. 3 auf S. 330; überarbeitet und ergänzt wiederabgedruckt in: SVS 1968–1971 Kaiser, Bd.1, S. 302–341.

turellen Bereich und im Bereich des Rechts angestoßen hatte. So kam er zu dem Schluß, Karl habe sich in seinem gesamten Handeln durch den Wunsch nach »Ordnung« und »Richtigkeit« und durch das Streben nach »Wahrheit« leiten lassen.[120] Der vieldiskutierte Begriff der »karolingischen Renaissance« sei dabei ungeeignet, um Karls Wirken angemessen zu bezeichnen. Schramm plädierte stattdessen dafür, ein Wort der Zeit aufzugreifen und von der »karolingischen Correctio« zu sprechen.[121]

Das Bild Karls des Großen, das er hier zeichnete, fügte sich ohne weiteres in die Tendenz der Forschung dieser Zeit ein.[122] Es trug darüber hinaus dem feierlichen Rahmen einer öffentlichen Sitzung des Ordenskapitels des Pour le mérite Rechnung. Dennoch war es in seiner völligen Schattenlosigkeit bemerkenswert. Schramm schloß seine Betrachtung mit der Bemerkung ab, vielen Persönlichkeiten sei im Laufe der Jahrhunderte der Beiname »der Große« zugesprochen worden. In manchen Fällen sei die Berechtigung fragwürdig. »Niemals kann jedoch ein Zweifel auftauchen«, so fuhr er fort, »daß die Zeitgenossen und die ihnen Nachfolgenden recht hatten, wenn sie sprachen von *Karolus Magnus*.«[123] Schramm zerlegte den Mythos Karls des Großen in verschiedene Facetten und suchte ihn in Teilen neu zu deuten. Wie es aber für seine stets vorhandene Bereitschaft, in der Geschichte zuerst das Positive zu sehen, charakteristisch war, wollte er den Mythos nicht zerstören. Im Gegenteil wollte er ihn lebendig erhalten.

c) »Ein Beitrag zur Herrschergeschichte«

Schramms Arbeiten über Karl den Großen lassen einige wichtige Besonderheiten seiner Art und Weise, mit der Geschichte des Mittelalters umzugehen, sichtbar werden. Manche dieser Besonderheiten treten bei den »Denkmalen der deutschen Könige und Kaiser«, die 1962 erschienen, noch deutlicher hervor.[124] Dadurch wurde dieses Buch zu seinem wohl eigenwilligsten Werk. Die Publikation ging auf einen Plan zurück, den er schon lange verfolgte. Bereits 1928 hatte er an seinen Vater geschrieben, er wolle ein »Bilderbuch

120 Daß Karl im politischen Bereich »einer der größten Umstürzer« gewesen sei, »den das Mittelalter erlebt hat«, meinte Schramm in sein Deutungsmuster ohne weiteres einfügen zu können. — SVS 1964 Karl Denkart, zusammenfassend S. 339; »Umstürzer« ebd., S. 343.

121 SVS 1964 Karl Denkart, S. 341.

122 Vgl. beispielsweise das von Schramm mehrfach zitierte Werk von *Josef Fleckenstein*, der »Die Bildungsreform Karls des Großen als Verwirklichung der Norma rectitudinis« beschrieben hatte (SVS 1964 Karl Denkart, z.B. Anm. 1 auf S. 334).

123 SVS 1964 Karl Denkart, S. 344–345.

124 SVS 1962 Denkmale.

zum mittelalterlichen Kaisertum« veröffentlichen.[125] Seine elaborierteste Form gewann das Vorhaben in der zweiten Hälfte der dreißiger Jahre. Damals plante Schramm, gemeinsam mit dem Göttinger Kinobetreiber Ernst Heidelberg einen Dokumentarfilm zu produzieren. In einem Brief an das Reichswissenschaftsministerium, das seine Beteiligung an der Filmproduktion genehmigen mußte, erläuterte der Ordinarius für Geschichte das Projekt.

Er ging von dem Gedanken aus, daß »bildhafte Anschauung zum Erfassen der Geschichte gehört«, daß dieser Umstand aber bisher noch nicht ausreichend berücksichtigt werde. Ihn beschäftige die Frage: »wie kann unsere mittelalterliche Geschichte, vor allem ihre Hochzeit, die Epoche der Kaiser auch dem Laien und dem Schüler sinnfällig gemacht werden?« Seit Jahren habe er »alle Denkmäler gesammelt, die mit der Kaisergeschichte zusammenhängen [...].« Dazu zählten:

»die Kronen, Gewänder und Insignien, die Pfalzen und Burgen, die Grabstätten und die von Kaisern gestifteten und begünstigten Kirchen, ihre Handschriften und Schmuckstücke – kurz alles, was einmal Teil ihres Lebens bedeutete und daher dem modernen Betrachter auch etwas von ihnen selbst sinnfällig macht.«

Indem Schramm solche »Denkmäler« in dem geplanten Film zur Darstellung bringen wollte, verfolgte er das Ziel, »die dichte Ölfarbenschicht, die die Historienmalerei des 19. Jahrhunderts [...] auf das Bild des Mittelalters aufgetragen hat, wieder herunterzukratzen.« Dabei war der Film als Medium seiner Auffassung nach gedruckten Werken überlegen:

»er bietet einen allseitigen, sich rundenden Anblick und kann die Stimmungen der Erhabenheit und würdiger Altertümlichkeit einfangen, die den Denkmälern der Geschichte eigen sind. [...] Der geschichtliche Film ist echter als Bilder und belehrender als ein Buch, wenn er richtig gedreht ist.«[126]

Ausdrücklich zielte Schramm mit dem solchermaßen skizzierten Projekt auf ein Publikum außerhalb der Fachwelt. Ihm wollte er ein angemessenes und zugleich eingängiges Bild von der mittelalterlichen »Kaiserzeit« vermitteln. Mit dieser Epochenbezeichnung meinte er die Jahrhunderte von der Kaiserkrönung Karls des Großen im Jahr 800 bis zum Untergang der Staufer im dreizehnten Jahrhundert.

Als ein Mensch, der selbst für optische Eindrücke ungemein empfänglich war, war er der Meinung, daß die angestrebte Vermittlung über das Sehen

125 Damals hoffte Schramm, das Projekt in Zusammenarbeit mit dem Leipziger Institut für Kultur- und Universalgeschichte zu verwirklichen (FAS, J 37, Brief P.E. Schramm an Max Schramm, Heidelberg 16.1.1928).

126 Alle Zitate: FAS, L 230, Bd.5, Unterakte: »Institut für den Wissenschaftlichen Film«, Brief P.E. Schramm an Reichswissenschaftsministerium, masch. Durchschl., Göttingen 23.10.1937, mit Anlage.

erfolgen sollte. Dafür schien ihm der Film das am besten geeignete Medium zu sein. Einerseits ging es ihm um dokumentarische Authentizität. Scharf grenzte er sich von der »Historienmalerei des 19. Jahrhunderts« ab, der er den Vorwurf machte, das Mittelalter verfälschend abgebildet zu haben.[127] Andererseits zählte er aber auf die besondere Suggestivkraft des Films. Es ging ihm nämlich nicht um eine rein sachliche, distanzierte Darstellung. Nach seinem Empfinden lösten die Überreste der Vergangenheit »Stimmungen der Erhabenheit und würdiger Altertümlichkeit« aus. Darin lag eine spezifische Faszination, die er »einfangen« wollte.

Darüber hinaus galt ihm die »Kaiserzeit« als die »Hochzeit« der deutschen mittelalterlichen Geschichte. Diese Vorstellung wurzelte letztlich in seiner im wilhelminischen Deutschland verlebten Jugend. Aufgrund der damals erworbenen Vorstellungen hatte er Anfang der zwanziger Jahre zunächst die geistigen Grundlagen des abendländischen Kaisertums in den Blick genommen, als ihn die Niederlage im Ersten Weltkrieg veranlaßte, Belege für den eigenständigen Wert der deutschen Kultur zu suchen. Sehr schnell hatte er eingesehen, daß diese Grundlagen sich nicht innerhalb eines wie auch immer umgrenzten »deutschen« Horizonts, sondern nur in einer gesamteuropäischen Perspektive verstehen ließen. Das änderte nichts daran, daß ihn der Glanz des Kaisertums begeisterte. Außerdem war die Geschichte des Kaisertums, trotz ihres universalen Horizonts, untrennbar mit der deutschen Geschichte verwoben. Darum konnte er auch in den dreißiger Jahren und bis ans Ende seines Lebens den Gedanken vertreten, die »Kaiserzeit« sei die großartigste Zeit der deutschen Geschichte gewesen.

Den besonderen Wert dieser Jahrhunderte wollte er im Bild zum Ausdruck bringen. Hierbei sah er keinen Widerspruch zu dem parallel erhobenen Anspruch auf Wirklichkeitsnähe: Ein angemessenes Bild der »Kaiserzeit« konnte er sich nur als ein positiv unterlegtes vorstellen. Typisch für ihn war es auch, daß er die als »Kaiserzeit« bezeichnete Epoche anhand von Objekten präsentieren wollte, die tatsächlich in einer unmittelbaren Beziehung zu den Kaisern selbst gestanden hatten. Stets orientierte er sich bei der Betrachtung der mittelalterlichen Geschichte an den Herrschern.[128] Das »Denkmäler«-Projekt bezog sich auf die Lebenswelt der Kaiser. Gegenstand der Darstellung war »alles, was einmal Teil ihres Lebens bedeutete«. Aller-

127 Die Auseinandersetzung mit der Historienmalerei des 19. Jahrhunderts griff er in der Publikation von 1962 wieder auf und kam auch später noch darauf zurück. — SVS 1962 Denkmale, S. 12; SVS 1968–1971 Kaiser, Bd.4,2, S. 728.

128 Als János Bak ihn einmal darauf ansprach, erklärte er, er habe sich »mit den Herrschenden befaßt, weil über sie viel zu sagen war […].« Auf der anderen Seite bestehe im Mittelalter bei den »Regierten« das Problem, daß über sie »zu wenig Zeugnisse vorliegen und sie kein die Geschichte vorwärtsschiebender oder in eine andere Richtung drängender Faktor waren« (*Bak*, Percy Ernst Schramm, S. 423).

dings ergab es sich aus Schramms positiver Voreingenommenheit der Thematik gegenüber, daß er sich dabei, neben herrschaftlichen Bauten, auf die Darstellung von Kostbarkeiten und Kunstwerken beschränken wollte. Was alltäglich und nicht beeindruckend war, blendete er aus.[129]

Parallel zur Konzeption des beschriebenen Films bereitete er eine entsprechende Buchpublikation vor. Dabei arbeitete er von Beginn an mit Harald Keller zusammen, einem Kunsthistoriker.[130] Im August 1937 bewilligte die Deutsche Forschungsgemeinschaft Mittel, um die Arbeit zu unterstützen. Die Gesellschaft bestand allerdings darauf, daß Schramm sich auf die Darstellung der »Kleindenkmäler des mittelalterlichen Kaisertums« beschränke. Die »Einbeziehung der Baudenkmäler« würde den Rahmen sprengen.[131] Aufgrund der Logik seines Konzepts erschien es Schramm eigentlich zwingend, die architektonischen Zeugnisse für das Wirken der Kaiser ebenso abzubilden wie die von ihnen hinterlassenen beweglichen Reichtümer. Notgedrungen erklärte er sich dennoch mit der Einschränkung einverstanden.[132] Vor Ausbruch des Zweiten Weltkriegs kam das Werk allerdings nicht mehr zustande. Nach dem Krieg fiel Schramms kunsthistorischer Partner aus, der aufgrund von allzu großer Nähe zum Nationalsozialismus vom Hochschuldienst ausgeschlossen wurde.[133]

Anfang der fünfziger Jahre kam es dann zur Kooperation mit Florentine Mütherich. Als Ergebnis der Zusammenarbeit mit ihr erschienen 1962 die »Denkmale der deutschen Könige und Kaiser«. Die Entscheidung für die auffällige, archaisierende Form des titelgebenden Wortes war irgendwann nach 1947 gefallen.[134] Zur Begründung führte Schramm in der Einleitung aus, die moderne Wortform »Denkmäler« habe sich auf Statuen verengt. Die

129 Vgl. hierzu SVS 1962 Denkmale, S. 13 u. 23–24.

130 Der »Deutsche Verein für Kunstwissenschaft« sollte das Buch herausgeben. — FAS, L 230, Bd.6 [unter »Koetschau«], Brief P.E. Schramm an »Deutscher Verein für Kunstwissenschaft«, Entwurf, o.D., ca. 1938; einschlägig außerdem: FAS, L 230, Bd.7 [unter »Museum für Kunst und Gewerbe«], Brief E. Meyer an P.E. Schramm, Hamburg 1.3.1952.

131 FAS, L 230, Bd.3, Brief Deutsche Forschungsgemeinschaft (Menzel) an P.E. Schramm, Berlin 5.8.1937.

132 »Eingrenzung angenommen bei Ausarbeitung des Druckmanuskripts. Falls dann Baudenkmäler doch noch mitgenommen, will ich der Forschungsgemeinschaft berichten.« — FAS, L 230, Bd.3, Handschr. Notiz Schramms auf: Brief Deutsche Forschungsgemeinschaft (Menzel) an P.E. Schramm, Berlin 5.8.1937.

133 Harald Keller war in München tätig gewesen. — FAS, L 230, Bd.6, Brief P.E. Schramm an E. Kantorowicz, masch. Durchschl., Göttingen 14.8.1947.

134 In dem zitierten Brief an Kantorowicz von 1947 sprach Schramm über die »Kaiserdenkmäler«. Bereits 1954 benutzte er dann für die Objekte, die er in »Herrschaftszeichen und Staatssymbolik« behandelte, das Wort »Denkmale«. Zu diesem Zeitpunkt begründete er dies mit der »ihnen einst zugekommenen Würde«. — FAS, L 230, Bd.6, Brief P.E. Schramm an E. Kantorowicz, masch. Durchschl., Göttingen 14.8.1947; SVS 1954–1956 Herrschaftszeichen, Bd.1, S. VIII.

ältere Form »Denkmale« bezeichne dagegen Gegenstände beliebiger Form.[135] Wie er es bereits 1937 der Deutschen Forschungsgemeinschaft hatte zusagen müssen, ließ die Sammlung bauliche »Denkmale« unberücksichtigt.[136] Davon abgesehen, waren Kunstwerke aller Art erfaßt, beispielsweise kostbare Handschriften oder »Herrschaftszeichen«. Die Objekte wurden in einem Abbildungsteil mit jeweils einem großzügigen Photo vorgestellt und in einem von Mütherich verfaßten Katalogteil erläutert.

Ausdrücklich war die Sammlung als »Beitrag zur Herrschergeschichte« deklariert.[137] Das wichtigste Kriterium für die Aufnahme der einzelnen Kunstwerke in die Sammlung war ihre nachgewiesene Verbundenheit mit einem bestimmten deutsch-römischen Herrscher. Allen dokumentierten Objekten war gemeinsam, »daß sie kürzer oder länger im Besitz der Könige und Kaiser waren, daß also deren Blick auf ihnen geruht hat, deren Finger über sie geglitten sind.«[138] Schramm blieb bei diesem Grundgedanken nicht stehen. Die von ihm verfaßte Einleitung zu der Publikation war eigentlich eine eigenständige Studie. Sie behandelte den »Hort« und den »Schatz« der mittelalterlichen Herrscher, also die beweglichen Reichtümer, die sie besaßen.[139] Indem er eine Fülle von Quellenbelegen zusammenstellte, die über den Besitz der mittelalterlichen römisch-deutschen Herrscher Auskunft gaben, beleuchtete er zugleich diverse Aspekte des Hoflebens und Probleme der Verfassungsgeschichte.[140] Auch so blieb das Werk aber auf die Herrscher fokussiert. Schramm wünschte sich vor allem, der Leser möge nach der Lektüre des Werkes »eine Vorstellung von der [...] Pracht gewonnen haben, die im Mittelalter die Könige und Kaiser umgab.«[141]

Von seiner Idee, das mittelalterliche Kaisertum auf dem Weg der optischen Vermittlung seinen Zeitgenossen näher zu bringen, ließ Schramm auch nach der Veröffentlichung der »Denkmale« nicht ab. Abgesehen davon,

135 Typischerweise, so Schramm weiter, seien »Denkmale« in früheren Zeiten mit bestimmten Personen eng verknüpft gewesen. Sie könnten deshalb ein lebhaftes Bild von diesen Personen wachrufen (SVS 1962 Denkmale, S. 11).

136 Über die Aussparung der Baudenkmäler: Ebd., S. 14.

137 So der Untertitel des Werkes.

138 SVS 1962 Denkmale, S. 12; vgl. auch die oben in der Fußnote zitierten Erläuterungen zum Wort »Denkmale« (SVS 1962 Denkmale, S. 11).

139 Ebd., S. 15–112.

140 Schramm versuchte, alles zu erfassen, was den Menschen des Mittelalters als kostbarer Besitz erschien. Darum diskutierte er nicht nur an erster Stelle die Reliquien, sondern weiter unten auch die Jagdhunde und die exotischen Tiere, die alle Herrscher besaßen. Außerdem reflektierte er die Funktion, die »Hort« und »Schatz« für die Herrschaftsausübung hatten. Mit den Geschenken, die der Herrscher aus seinem Besitz verteilte, arbeitete er für sein Seelenheil, demonstrierte seinen Reichtum sowie seine darauf beruhende Macht und sicherte sich die Treue seiner Untergebenen. — Reliquien: SVS 1962 Denkmale, S. 24–31; Tiere: ebd., S. 70–73; Geschenke: ebd., S. 83–88.

141 SVS 1962 Denkmale, S. 12.

daß sich dieses Buch auf die »Kleindenkmäler« der Kaiser und Könige beschränkte, war es nach Aufmachung und Kaufpreis nicht geeignet, ein breiteres Publikum anzusprechen oder für den Schulgebrauch geeignet zu sein. Das hatte sich Schramm in den dreißiger Jahren von dem damals geplanten Film versprochen. Im Jahr 1963 führte er deshalb Verhandlungen mit einem Schulbuchverlag, um sein Vorhaben zwar in gedruckter Form, aber doch in ganzer Breite zu verwirklichen. Als Publikationsform schwebte ihm nicht eine monströse Monographie, sondern eine Serie von handlichen Heften vor.[142] Diesen Plan gab Schramm bis an sein Lebensende nicht auf. Dennoch kam eine solche Veröffentlichung nicht zustande.[143]

Außerdem verfolgte Schramm die Absicht, dem erschienenen Band der »Denkmale« einen zweiten folgen zu lassen, der die Zeit des späteren Mittelalters bis an die Schwelle der Neuzeit abdecken sollte.[144] Ende der sechziger Jahre fand er in dem Kunsthistoriker Hermann Fillitz einen Mitarbeiter, mit dem gemeinsam er diese Fortsetzung zur Durchführung bringen wollte. Allerdings beendete sein Tod die Zusammenarbeit bereits kurze Zeit, nachdem sie begonnen hatte.[145] Schramm hinterließ zahlreiche Notizen, die den zweiten Band betrafen. Fillitz wertete diese aus und setzte die Arbeit, von Florentine Mütherich unterstützt, fort. 1978 konnte der Fortsetzungsband der »Denkmale« erscheinen.[146]

So mündete Schramms Vorhaben, der Öffentlichkeit eine Sammlung von »Kaiserdenkmälern« vorzulegen, noch mehrere Jahre nach seinem Tod in eine neue Publikation. Bei kaum einem anderen Projekt traten viele charakteristische Eigenheiten seiner wissenschaftlichen Arbeit so plastisch hervor wie bei diesem großangelegten, über Jahrzehnte verfolgten Plan. Nicht nur hier war es sein Bestreben, mit seiner Arbeit über die Grenzen der Fachwelt hinauszudringen.[147] Dabei zeigte er sich ganz als »Augenmensch«, der selbst für optische Faszination empfänglich war und deshalb auf die Wirkung optischer Eindrücke vertraute. Außerdem neigte er zu einer idealisierenden Darstellung der »Kaiserzeit«. Schließlich verhehlte er nicht, daß er die Jahrhunderte des Mittelalters von den Herrschern her deutete. Das alles

142 FAS, L 230, Bd.6, Brief P.E. Schramm an H. Köster (Verlag Karl Robert Langewiesche Nachfolger), masch. Durchschl., Göttingen 27.3.1963, sowie weitere Korrespondenz bis 19.4.1963.

143 Noch im letzten Band seiner Aufsatzsammlung »Kaiser, Könige und Päpste«, der erst kurz nach seinem Tod erschien, stellte Schramm diesen Plan seinen Lesern vor und äußerte den Wunsch, ihn zu Ende zu führen. Dabei gab er an, Hartmut Boockmann, der später Ordinarius für Geschichte in Göttingen wurde, habe ihm für dieses Projekt seine Mitarbeit zugesagt (SVS 1968–1971 Kaiser, Bd.4,2, S. 728).

144 Ebd., S. 727.

145 In »Kaiser, Könige und Päpste« wurde Fillitz noch nicht erwähnt. — SVS 1978 Denkmale II, S. 9; vgl. SVS 1968–1971 Kaiser, Bd.4,2, S. 727.

146 SVS 1978 Denkmale II.

147 Das betont auch *Reinhard Elze* in seinem Nachruf (*Elze*, Nachruf Schramm, S. 655).

floß zusammen in dem Wunsch, den Lesern der »Denkmale« die »Pracht« der mittelalterlichen Könige und Kaiser nahezubringen. Diese Pracht, auf eindrückliche Weise festgehalten in jenem Bild Ottos III. in dessen Reichenauer Evangeliar, hatte Schramm in den Jahren nach dem Ersten Weltkrieg den Weg zurück zur Beschäftigung mit der mittelalterlichen Geschichte gewiesen. Bis ans Ende seines Lebens befasste er sich mit ihr. Er versuchte diese optische Opulenz zu verstehen und ihr einen Sinn zu geben, ohne sie allerdings kritisch zu hinterfragen. Das hätte ihr den Zauber genommen.

d) Konkrete Probleme in weiten Horizonten

Alle Projekte zur mittelalterlichen Geschichte, die Schramm in den Jahrzehnten nach 1948 verwirklichte, gingen auf die zwanziger Jahre zurück. Das galt auch für sein mediävistisches Hauptwerk der zweiten Nachkriegszeit, »Herrschaftszeichen und Staatssymbolik«. Die Dinge, die die Würde eines Herrschers anschaulich machten, hatten ihn sogar besonders lange begleitet: Sie waren bereits in sein Blickfeld getreten, als er im Frühjahr 1921 den ersten Entwurf für seine Dissertation erarbeitet hatte.[148] Sieben Jahre später hatten die Insignien in seinem Buch über »Die deutschen Kaiser und Könige in Bildern ihrer Zeit« einen verhältnismäßig breiten Raum eingenommen.[149] In den dreißiger Jahren hatten Schramms Forschungen über Krönungsordines und Königtum gleichsam von selbst eine Fülle von weiterem Material über die Zeichen der Herrschaft zutage gefördert. Mehrfach hatte Schramm im Kontext seiner Veröffentlichungen über die Ordines in Aussicht gestellt, diesen Zeichen eine eigene Studie zu widmen.[150] Dazu war es vor dem Ende des Zweiten Weltkriegs aber nicht mehr gekommen.

Einige Jahre nach Kriegsende begann er ernsthaft an einer Publikation zu arbeiten. Wie oben dargestellt, wollte er seine Erkenntnisse veröffentlichen, um sich mit ganzer Kraft neuen Aufgaben widmen zu können. Dennoch vergrößerte er, nachdem er eine Publikation konkret ins Auge gefaßt hatte, seinen Fundus durch weitere Studien. Er wollte die Forschung so weit wie möglich vorantreiben. Zugleich war er sich vollkommen darüber im klaren, daß sein Buch wenig mehr als ein Anfang sein konnte.[151] Auf einem vollkommen offenen Forschungsfeld wollte Schramm also für sich persönlich einen

148 FAS, L »Imperium sächsische Kaiser«; s.o., v.a. Kap. 5.c).

149 SVS 1928 Kaiser in Bildern; s.o., Kap. 7.a).

150 Ähnlich hatte er sich 1934 in einem Brief an Fritz Saxl geäußert. — SVS 1930 Ordines Kaiserkrönung, Anm. 2 auf S. 325; SVS 1935 Krönung Deutschland, Anm. 1 auf S. 259; WIA, GC 1934–1936, Brief P.E. Schramm an F. Saxl, Göttingen 9.7.1934.

151 SVS 1954–1956 Herrschaftszeichen, Bd.1, S. VIII.

weitgehenden Abschluß erreichen. Dieser Widerspruch trug maßgeblich zur besonderen Struktur von »Herrschaftszeichen und Staatssymbolik« bei.

Indem Schramm die »Staatssymbolik« in den Titel des neuen Werkes aufnahm, ordnete er es in den Forschungszusammenhang ein, den er zuerst in »Die Anerkennung Karls des Großen« skizziert hatte. Dementsprechend wählte er die Frage nach dem »Staat« im Mittelalter als Anknüpfungspunkt, um sein Wissen und sein Material zu präsentieren. Im ersten Absatz seiner Einleitung äußerte er die Auffassung, es sei durchaus sinnvoll, von einem mittelalterlichen »Staat« zu sprechen. Es müsse nur bewußt bleiben, daß dieser vom modernen Staat sehr verschieden sei. Über die Natur der älteren Formation sprächen »am eindringlichsten [...] die Abzeichen, die einmal die Herrscher als die Verkörperung des mittelalterlichen ›Staates‹ angelegt haben [...].«[152]

Mit dieser Bemerkung hatte Schramm die Ebene abstrakter Problemstellungen verlassen und war stattdessen bei den konkreten Objekten angelangt. Er erklärte, obwohl die »Herrschaftszeichen« so gut sichtbar seien, sei ihre exakte Bedeutung in den meisten Fällen alles andere als klar. Sogar das genaue Aussehen dieser »Zeichen« sei oft unsicher und müsse geklärt werden, bevor weitere Fragen formuliert werden könnten.[153] Dabei müßten alle erreichbaren Quellen herangezogen werden. Er verwies auf die erhaltenen »Herrschaftszeichen« selbst nebst zuverlässigen Abbildungen verlorener Stücke, außerdem auf schriftliche mittelalterliche Zeugnisse und schließlich auf die Bildzeugnisse der Epoche. In allen Fällen sei im Umgang mit den Quellen höchste Sorgfalt geboten, um vorschnelle Schlüsse zu vermeiden.[154]

Damit sind die wichtigsten Aussagen der Einleitung zusammengefaßt. Die Frage nach dem mittelalterlichen »Staat« wurde nur im ersten Absatz gestreift. Im Schlußkapitel am Ende des dritten Bandes kam Schramm noch einmal auf die »Geschichte des ›Staates‹« zurück und bezeichnete sie als das »Ziel« der Forschungen. Jedoch war dieser Abschnitt nur einer von mehreren in diesem Kapitel und trat im Vergleich zu den anderen nicht deutlich hervor.[155] Insgesamt hatten diejenigen Abschnitte des Kapitels, die ins Allgemeinere wiesen, nicht die Wirkung, eindeutig festzulegen, welchen Zielen die Erforschung der »Herrschaftszeichen« dienen sollte. Eher wurde ein Spektrum potentieller Themen aufgefächert, deren Bearbeitung anhand dieser Zeichen möglich schien. Die methodischen Abschnitte wiederholten, was Schramm in der Einleitung oder bei früheren Gelegenheiten gesagt hatte.

152 Ebd., Bd.1, S. 1.

153 Ebd.

154 SVS 1954–1956 Herrschaftszeichen, Bd.1, S. 1–21.

155 Das gesamte Kapitel: SVS 1954–1956 Herrschaftszeichen, Bd.3, S. 1064–1090; darin der Abschnitt über die »Geschichte des ›Staates‹«: ebd., S. 1066–1068; außerdem über »Staat und Kirche«: ebd., S. 1079–1083.

Die in der Einleitung erkennbare Schwerpunktsetzung vermittelte also einen zutreffenden Eindruck davon, was Schramm vor allem wichtig war. Die Einleitung konzentrierte sich auf Aspekte der Materialsammlung und der Kritik. Es ging um die Frage, welche »Herrschaftszeichen« überhaupt vorhanden seien, um die Beschaffenheit der einzelnen Stücke und um ihre mögliche Bedeutung. Die Informationen und Kenntnisse, die Schramm mit Blick auf solche Fragestellungen im Laufe von drei Jahrzehnten gesammelt hatte, standen für ihn ganz im Vordergrund. Auf die Klärung übergreifender Probleme legte er weniger Gewicht.

Die Prioritäten in dieser Weise zu setzen, entsprach durchaus seiner Selbsteinschätzung als Historiker. Schon im Jahr 1942 hatte er in einer privaten Aufzeichnung festgestellt, zur Geschichtswissenschaft hätten ihn die Freude am »Sammeln« und der »Nußknackertrieb« gebracht.[156] Diesen Notizen zufolge bestand seine wissenschaftliche Arbeit nach seiner eigenen Einschätzung vor allem darin, diesen beiden »urmenschlichen Trieben« nachzugeben, also zu »sammeln« und »Nüsse zu knacken«. Dabei war er sich dessen bewußt, daß gerade das »Sammeln« seiner Persönlichkeit besonders entgegenkam: Er stellte fest, daß dieser Trieb schon sehr früh bei ihm erwacht sei, und führte als Beleg unter anderem die Briefmarkensammlung an, die er als Jugendlicher angelegt hatte.[157] »Nüsseknacken« meinte, wie er an anderer Stelle erläuterte, die Klärung von »sperrigen Einzelfragen«.[158]

In der Notiz von 1942 kam er auch auf das Bedürfnis nach der Herstellung großer Zusammenhänge, nach »Schneisenschlagen«, zu sprechen. In dieser Metapher erschien die Gesamtmenge wissenschaftlicher Einzelergebnisse, die Schramm selbst oder andere Forscher erzielt hatten, als unübersichtliches Dickicht, das Schramm überschaubarer machte, indem er es mit dem Mittel der Synthese lichtete. Diesem Bedürfnis, so schrieb er damals, pflege er eher in Vorlesungen nachzugehen. Alle seine wichtigen Forschungsergebnisse meinte er hingegen durch »Sammeln« und »Nüsseknacken« erzielt zu haben.[159]

156 Schramm fertigte diese Aufzeichnung an, während er als Stabsoffizier auf der Krim im Einsatz war. Anscheinend war der Text als Schluß eines Buches mit Lebenserinnerungen gedacht. — FAS, L »Geschichtsforschung«; s. zum Entstehungszusammenhang ergänzend oben, Kap. 11.b).

157 S. hierzu auch oben, Kap. 1.a).

158 SVS 1967 Übergabe, S. 215–216.

159 Als Beispiele aus seinem wissenschaftlichen Schaffen, wo der »Sammeltrieb« wirksam geworden sei, nannte Schramm unter anderem die Kaiserbildnisse und die Krönungsordines. Das Wort vom »Nüsseknacken« bezog er vor allem auf die möglichst exakte historische Einordnung von Quellen und ihre plausible Deutung. Nicht zuletzt im zweiten Band von »Kaiser, Rom und Renovatio« habe er sich mit Texten befaßt, die »vorher durchweg falsch datiert oder falsch ausgelegt« worden seien. Er habe dies korrigieren können. Ähnliches sei ihm bei vielen Herrscherbildern, und dann vor allem bei den Ordines häufig gelungen. — FAS, L »Geschichtsforschung«.

Auf der Grundlage dieses Selbstverständnisses fiel es ihm anderthalb Jahrzehnte später leicht, sich bei der Konzeption von »Herrschaftszeichen und Staatssymbolik« auf die Sammlung und kritische Sichtung des Materials zu konzentrieren. Allerdings fällt auf, daß die Einleitung zu diesem Werk die Menge des zu untersuchenden Materials nicht näher eingrenzte. Der Rahmen der Untersuchung war weitgehend offen gehalten. Die geographische Ausdehnung des Untersuchungsraums ergab sich aus dem letzten Abschnitt der Einleitung. Dort entwarf Schramm als Fernziel eine »umfassende, ganz Europa ins Blickfeld ziehende« Geschichte der »Herrschaftszeichen«.[160] Gegenüber dem Verlag äußerte er gelegentlich, seine Publikation beziehe sich auf »alle Stämme und alle Völker des Abendlandes«.[161] Im Rahmen einer methodischen Reflexion am Ende des ersten Teils des ersten Bandes konstatierte er jedoch, es sei notwendig, »alle christlichen Länder« zu berücksichtigen.[162] Damit waren die Grenzen des lateinischen »Abendlandes« überschritten und der orthodoxe Bereich, also vor allem Byzanz, mit eingeschlossen. Der Untersuchungsraum umfaßte somit »Europa« in einem nicht ganz eindeutig festgelegten Sinn, der, vom jeweils beleuchteten Zusammenhang abhängig, an den Grenzen des lateinischen Westens manchmal Halt machte und sie bei anderen Gelegenheiten überschritt.

Die chronologischen Grenzen wurden durch den Untertitel des Werkes bezeichnet, der »Beiträge« zur Geschichte der Herrschaftssymbole »vom 3. bis zum 16. Jahrhundert« ankündigte. Diese Formulierung umschloß das gesamte Mittelalter mit seinen Randzeiten. Die Ankündigung von »Beiträgen« enthielt jedoch keine Festlegung, wie dicht der solchermaßen angedeutete Rahmen gefüllt werden sollte. Das unterstrich Schramm im Vorwort und betonte, die einzelnen Abschnitte seien von sehr verschiedener Art und Länge, dem jeweiligen Stand der Forschung und der Quellenlage entsprechend.[163]

Angesichts dessen kann es nicht überraschen, daß das Werk kein strikt durchgehaltenes Konzept hatte und nur eine rudimentäre Gliederung erkennen ließ. Auf die Einleitung folgte im ersten Band zunächst ein »Teil A«, der zwei »Längsschnitte« enthielt. In ihnen verfolgte Schramm jeweils die Geschichte eines Stücks vom üblichen Ornat mittelalterlicher Herrscher. Dabei berücksichtigte er alle Länder im europäischen Raum vom frühen Mittelalter bis an den Rand der Moderne.[164] Darauf folgte ein »Teil B«, der den gesamten Rest des ersten Bandes und die beiden weiteren Bände füllte. Er setzte

160 SVS 1954–1956 Herrschaftszeichen, Bd.1, S. 21.

161 FAS, L 230, Bd.5, Brief P.E. Schramm an A. Hiersemann Verlag, masch. Durchschl., Göttingen 14.8.1953.

162 SVS 1954–1956 Herrschaftszeichen, Bd.1, S. 97.

163 Ebd., S. VII–VIII.

164 Ebd., S. 23–98.

sich aus »Einzelstudien« zusammen, die tatsächlich, der Ankündigung im Vorwort entsprechend, in ihrer Länge und ihrer argumentativen Reichweite sehr unterschiedlich waren. Ihre Ordnung war im großen und ganzen chronologisch. Sie reichte von Dingen aus der heidnischen Zeit der Germanen bis zu Stücken aus dem englischen sechzehnten Jahrhundert. Die meisten Beiträge stammten von Schramm selbst. Manche Studien waren einzelnen Objekten gewidmet, während andere Texte die Objekte zu Gruppen zusammenfaßten.[165] Einige Beiträge gingen doch wieder deutlich über die Erforschung konkreter Einzelstücke hinaus und untersuchten zum Beispiel »Das Lateinische Kaisertum in Konstantinopel im Lichte der Staatssymbolik«.[166]

Weil exakte Kriterien für die Auswahl der Untersuchungsgegenstände nicht formuliert worden waren, blieben Ungleichmäßigkeiten nicht aus. Sie ergaben sich nicht zuletzt aus den Vorlieben und langjährigen Forschungsschwerpunkten des Hauptautors und Herausgebers. Zum Beispiel gab es, wie es Schramms traditionsgebundener Vorstellung von der »Kaiserzeit« als der wichtigsten Phase des deutschen Mittelalters entsprach, keine Beiträge, die das deutsch-römische Reich im Spätmittelalter betrafen. Die spätmittelalterlichen Aufsätze bezogen sich auf Polen, England und Spanien.

In den drei Bänden und in dem Seitenstück über den Stauferkaiser Friedrich II. waren viele wertvolle Ergebnisse zu finden. Oben wurde schon gesagt, daß Schramm in »Herrschaftszeichen und Staatssymbolik« seine bahnbrechenden Thesen über die »Cathedra Petri« zum ersten Mal darlegte.[167] Die gleichfalls schon erwähnte studentische Arbeitsgruppe, deren Ergebnisse Schramm in »Kaiser Friedrichs II. Herrschaftszeichen« übernahm und ausbaute, hatte ein in Stockholm überliefertes Reliqiuiar, in das deutlich erkennbar mindestens eine Krone, also ein »Herrschaftszeichen«, eingearbeitet war, dem letzten Stauferkaiser zugewiesen.[168] Diese Zuschreibung wurde allgemein anerkannt.[169] Anderes mußte Schramm in der Folgezeit allerdings wieder zurücknehmen.[170] Nicht umsonst hatte er

165 Beispielsweise »Mittelalterliche Frauenkronen in Ost und West« (SVS 1954–1956 Herrschaftszeichen, Bd.2, S. 418–449; ein Beitrag von *Josef Deér*).

166 SVS 1954–1956 Herrschaftszeichen, Bd.3, S. 837–857; von Schramm gemeinsam mit *Reinhard Elze* verfaßt.

167 SVS 1954–1956 Herrschaftszeichen, Bd.3, S. 694–707, v.a. S. 704–706; über die »Cathedra Petri« s.o. in diesem Kapitel, Abschnitt a).

168 Den Studierenden gelang der Nachweis, daß Krone und Reliquiar ursprünglich von Friedrich II. für den Schädel der heiligen Elisabeth in Marburg gestiftet worden waren. — SVS 1955 Friedrichs II. Herrschaftszeichen, S. 27–51; s. im übrigen oben in diesem Kapitel, Abschnitt a).

169 Vgl. *Erler*, Rez. Schramm Friedrich II., S. 455–458; *Bader*, Rez. Schramm Herrschaftszeichen, S. 120 u. 122.

170 In »Kaiser, Könige und Päpste« korrigierte er die Zuschreibung dreier in Polen überlieferter Kronen an Friedrich II. An derselben Stelle ging er auf den gröbsten Schnitzer des gesamten Unternehmens ein, der allerdings nicht ihm, sondern Josef Deér unterlaufen war: Ein eiserner Adler, den Deér als erster wissenschaftlich untersucht und daraufhin als staufisches Heerzeichen an-

dem Werk im Vorwort einen gleichsam experimentellen Charakter zugeschrieben.[171]

Bei Rezensenten, die »Herrschaftszeichen und Staatssymbolik« zu würdigen versuchten, hinterließ die Publikation einen zwiespältigen Eindruck. Einer von ihnen war erstaunt über die unverkennbare Hast, mit der Schramm gearbeitet hatte. Den Inhalt des Bandes über »Kaiser Friedrichs II. Herrschaftszeichen« wollte er deshalb »mit dem Eruptionsmaterial eines Vulkans vergleichen: übergequollene Substanz, nur flüchtig geordnet [...].« Zugleich räumte er aber ein, daß niemand außer dem Göttinger Historiker überhaupt imstande gewesen wäre, den Gegenstandsbereich kompetent zu bearbeiten.[172] Der Rezensent der »Historischen Zeitschrift« kritisierte die uneinheitliche Struktur des Werkes mit scharfen Worten.[173] Trotzdem konnte er nicht umhin, die Sicherheit zu bewundern, mit der Schramm sich auf den unterschiedlichsten Forschungsfeldern bewegte.[174] Der weite Rahmen, in dem die einzelnen Beiträge sich bewegten, machte zweifellos die eigentliche Faszination der Bände aus. Tatsächlich wurde der gesamte europäische Raum erfaßt.[175] Auch der byzantinische Bereich wurde regelmäßig berücksichtigt, obwohl das hauptsächliche Gewicht auf den »abendländischen« Regionen des Kontinents lag.[176] In jedem Fall ging es um ein Europa, das durch eine gemeinsame, ungeheuer reiche Kultur zusammengehalten wurde.

Die Publikation fiel in eine Zeit, in der die institutionalisierte Zusammenarbeit der westeuropäischen Staaten im Begriff war, erste Formen anzu-

gesprochen hatte, hatte sich später als Uhrenständer aus dem frühen 19. Jahrhundert entpuppt. — SVS 1968–1971 Kaiser, Bd.4,2, Anm. 7 auf S. 445–446, sowie S. 593–596; Deérs Ausführungen über den Adler: SVS 1955 Friedrichs II. Herrschaftszeichen, S. 88–124, v.a. S. 111–116; zu dieser Affäre in Schramms Nachlaß z.B.: FAS, L 230, Bd.3, Brief J. Deér an P.E. Schramm, Bern 12.11.1958; vgl. auch: *Arnaldi*, Federico II, S. 27–28.

171 Ausdrücklich hatte er die Erwartung ausgesprochen, »daß der eine und der andere Beitrag bald überholt sein wird [...]« (SVS 1954–1956 Herrschaftszeichen, Bd.1, S. VIII).

172 Der Rezensent sprach von einer Ernte, »welche – wir gestehen es – nur dieser Autor uns sichern kann« (alle Zitate: *Erler*, Rez. Schramm Friedrich II., S. 455).

173 Er bezeichnete das Gesamtwerk mit einem Zitat von Pufendorf als »irregulare corpus quasi monstrum simile«. Weiter unten schrieb er, es sei unverkennbar, daß Schramm samt seinen Mitarbeitern und Hilfskräften mit »der überquellenden Fülle des Materials« gerungen hätten, doch sei »das Ringen letztlich vergebens« gewesen. — *Bader*, Rez. Schramm Herrschaftszeichen, S. 114 u. 119.

174 »Man bewundert stets aufs Neue, auf wievielen Gebieten und in welch riesigen Forschungsräumen sich der Verfasser mit Sicherheit bewegt. An Universalität der Bildung und des Wissens fehlt es ihm jedenfalls nicht [...]« (*Bader*, Rez. Schramm Herrschaftszeichen, S. 121).

175 Nur Frankreich wurde weitgehend ausgespart. Schramm verwies hierfür auf seinen »König von Frankreich« von 1939. — SVS 1954–1956 Herrschaftszeichen, Bd.1, Anm. 1 auf S. XIX; s.a. oben in diesem Kapitel, Abschnitt a).

176 Einige Kritiker warfen Schramm deshalb vor, die Bedeutung der byzantinischen Elemente im Gesamtzusammenhang europäischer monarchischer Symbolik unterschätzt zu haben (hierzu zusammenfassend: *Bak*, Symbology, S. 60 m. Anm. 81; vgl. ebd., S. 59).

nehmen, während die Teilung des Kontinents durch den ›Eisernen Vorhang‹ stets schmerzhaft im Bewußtsein war. Umso größer war die Attraktivität von ›Europa‹ als einer völkerverbindenden Utopie. In Deutschland versuchten damals Vertreter verschiedener Kulturwissenschaften, darunter einige Historiker, bei der Betrachtung der Vergangenheit die hergebrachten nationalgeschichtlichen Grenzen zu durchbrechen und eine europäische Perspektive zu erreichen.[177] Schramm, dessen Forschungen sich schon immer im europäischen Horizont bewegt hatten, konnte hier sehr viel weiter gehen als die meisten. Seine »Herrschaftszeichen« evozierten das vielversprechende Bild eines Kontinents, dessen kulturelle Zusammengehörigkeit außer Frage stand. Die unscharfen Konturen dieses Kulturzusammenhangs steigerten die Suggestivkraft des Bildes eher, als sie zu schmälern.

Schramm war sich der politischen Dimension und der damit verbundenen Attraktivität seiner Forschungsweise durchaus bewußt. Das läßt ein Brief erkennen, den er 1953 schrieb. Darin versuchte er einen französischen Wissenschaftler zu ermuntern, die französischen Königsordines edieren zu lassen. Er verwies auf die Edition der Kaiserordines, die Reinhard Elze vorbereitete, und wünschte sich die französischen Texte als Ergänzung. Er fuhr fort:

»Wären einmal alle diese Texte veröffentlicht, dann wäre damit deutlich gemacht, dass es doch einmal eine abendländische Gesamtkultur gegeben hat, wenn auch ein jedes Land in diesem Raum seine Sonderart entwickelte. Dieses wissenschaftlich darzustellen, scheint mir gerade heute ein *nobile officium* der Wissenschaft zu sein.«[178]

Mit der »edlen Pflicht«, die Schramm hier beschrieb, stellte er die Ordines-Forschung in den Dienst der Europa-Begeisterung der Zeit. Er wies ihr die Aufgabe zu, der »Sonderart« der Nationen zum Trotz die »abendländische Gesamtkultur« sichtbar zu machen.

Damit hatte sich gegenüber seinen eigenen Publikationen aus den dreißiger Jahren eine bemerkenswerte Akzentverschiebung vollzogen. Im Jahr der Krönung Georgs VI. hatte er es als das Ziel seiner Arbeit beschrieben, »im Rahmen der allgemeinen Geschichte das Besondere eines jeden Volkes

177 *James van Horn Melton* weist vor allem auf Otto Brunner hin. *Ernst Schulin* führt unter anderem Ludwig Dehio und den Philosophen Karl Jaspers an. Beide erwähnen den Soziologen Hans Freyer. *Schulin* legt besonderes Gewicht auf den hier im Text weiter unten erwähnten Literaturwissenschaftler Ernst Robert Curtius. Übrigens kann *Otto Gerhard Oexle* nachweisen, dass es im nationalsozialistischen Deutschland in den Jahren des Zweiten Weltkriegs eine Europa–Begeisterung gab, deren Schlagworte denen der fünfziger Jahre zum Teil auf verblüffende Weise ähneln. — *Schulin*, Universalgeschichte Entwürfe, S. 54–61, v.a. S. 56; *Melton*, Continuities, v.a. S. 12; über Curtius und Schramms Kritik an dessen Arbeit unten in diesem Kapitel, Abschnitt e); *Oexle*, Leitbegriffe.

178 FAS, L 230, Bd.1, Brief P.E. Schramm an H.X. Arquillière, masch. Durchschl., Göttingen 26.1.1953.

zu erkennen«.[179] Damals hatte das »Besondere« der einzelnen »Völker« im Vorgergrund seines Interesses gestanden. Schon damals hatte er vorausgesetzt, daß es gemeinsame Grundlagen gab, auf denen die Kultur in ganz Europa aufbaute. Die Antriebsfeder für seine Studien war jedoch der Wunsch gewesen, das jeweils national Spezifische beschreiben zu können, das sich auf diesen Fundamenten entwickelt hatte. Von der »Sonderart« der verschiedenen Länder war auch in dem zitierten Brief von 1953 noch die Rede. Die Betonung lag aber jetzt auf der »Gesamtkultur«. Damit hatte Schramm das ursprüngliche Erkenntnisziel seiner Ordines-Forschung genau auf den Kopf gestellt.

Was bei der Ordines-Forschung ins Auge fällt, spielte auch für den Umgang mit den »Herrschaftszeichen« eine Rolle. Gerade die Erforschung der königlichen Insignien und der anderen mittelalterlichen »Zeichen« hatte Schramm 1938 dazu dienen sollen, »die geistige, im tiefsten Grunde unveränderte Eigenart der verschiedenen Völker aufzudecken.«[180] Ganz anders klang es in »Herrschaftszeichen und Staatssymbolik«, wo Schramm im Schlußkapitel auf »Die Nationen und Europa« zu sprechen kam.[181] Hier zeichnete er das Bild des Karolingerreiches als eines Ur-Europa, dessen Kultur im Laufe des Mittelalters immer weitere Länder und Regionen im Norden, Westen und Osten übernommen hätten. Dieser Prozeß der »Angleichung all dieser neuen Bereiche an Stamm-Europa« hatte nach Schramms Auffassung »erst in unseren den einzelnen Ländern gewidmeten Abschnitten die rechte Farbe gewonnen.«[182] In dem hier entwickelten Modell war das kulturell Gemeinsame nicht die Voraussetzung der Entwicklung, wie in den Forschungen der dreißiger Jahre, sondern ihr Ergebnis.

Jedenfalls sollten die in »Herrschaftszeichen und Staatssymbolik« zusammengestellten Studien, indem sie die beschriebene »Angleichung« plastisch werden ließen, dem Ziel dienen, das Gemeinsame hervorzuheben. In methodischer Hinsicht legte der Herausgeber trotzdem Wert darauf, daß in den meisten Studien jeweils ein Land für sich untersucht worden war. Dementsprechend betonte er auf der folgenden Seite, daß jedes Land zugleich eine besondere »Eigenart« aufweise. »Das herauszuarbeiten ist gleichfalls unser Bemühen gewesen.«[183] Abschließend formulierte er den Gedanken, daß gerade die Vielfalt der verschiedenen Nationen für die europäische Kultur als

179 SVS 1937 Geschichte Königtum, S. XIII; hierzu oben, Kap. 10.c).

180 SVS 1938 Erforschung, S. VI; vgl. in diesem Zusammenhang auch: SVS 1937 Frankreich II, S. 197–221, und SVS 1939 König Frankreich, Bd.1, S. 204–217; hierzu oben, Kap. 10.d).

181 Vgl. die Überschrift des entsprechenden Abschnitts (SVS 1954–1956 Herrschaftszeichen, Bd.3, S. 1083).

182 Ebd., Bd.3, S. 1084.

183 Ebd., Bd.3, S. 1085.

Ganze kennzeichnend sei.[184] Mit dieser Deutung war zwischen dem »Gemeinsamen« und dem jeweils »Besonderen« ein Gleichgewicht geschaffen.

In der Summe ist der Unterschied zur Zeit vor dem Zweiten Weltkrieg nicht zu übersehen. Damals hatte das »Besondere« für Schramm eindeutig Vorrang vor dem »Gemeinsamen« gehabt. Davon wollte er nun nichts mehr wissen. Es hätte in eine Zeit der allgemeinen Europa-Begeisterung ohnehin nicht mehr hineingepaßt. Vielleicht hatte der Göttinger Historiker außerdem selbst eingesehen, welche bedenklichen Aspekte das Paradigma aufwies, dem seine Forschungen in den dreißiger Jahren gefolgt waren. Schramm hatte sich auch damals schon um die internationale Verständigung bemüht. Aber aus dem Paradigma, an dem sich seine wissenschaftliche Arbeit orientiert hatte, hatten sich, konsequent zu Ende gedacht, scharfe kulturelle Antagonismen ergeben. Bis 1939 war Schramm überzeugt gewesen, daß es möglich sei, auf den Unterschieden zwischen den Nationen zu bestehen, ohne daß die Antagonismen in ganzer Schärfe zur Geltung kämen. Was aber geschehen konnte, wenn die Gegensätze außer Kontrolle gerieten, hatte der Zweite Weltkrieg in grausamer Anschaulichkeit gezeigt.

Aufgrund der Erfahrungen dieses Krieges wurde in ganz Europa, vor allem aber in Deutschland der Nationalismus neu bewertet. Wahrscheinlich vollzog Schramm den allgemeinen Umschwung eher unbewußt einfach mit. Vielleicht erfolgte der Wandel, der sich in seinem Geschichtsbild beobachten läßt, auch bewußt – entsprechende Reflexionen sind in den Quellen allerdings nirgends zu finden. Jedenfalls hatte er den Wert dessen, was allen europäischen Völkern gemeinsam war, neu schätzen gelernt. Indem er dieses allen Gemeinsame herausstrich, wollte er jetzt dazu beitragen, die Gegensätze zwischen den Nationen abzubauen, die er vor 1939 noch als gegeben vorausgesetzt hatte.[185]

Eine ähnliche Verschiebung der Perspektive vom national strukturierten zum gesamteuropäischen Bezugssystem, wie er sie jetzt für sein Generalparadigma vollzog, hatte er mit der »Kaiseridee« für einen abgegrenzten Gegenstandsbereich schon sehr viel früher getan. Als Doktorand hatte er in den frühen zwanziger Jahren gelernt, die »Kaiseridee« des Mittelalters von allen nationalen Fesseln zu lösen und sie nicht als etwas »Deutsches«, sondern als Element der gesamteuropäischen Geistesgeschichte zu sehen. Diese Einsicht hatte sich aus der generellen Forschungslage wie aus seinen eigenen Erkenntnissen zwingend ergeben. Sie war nicht das Resultat einer weltanschaulichen Umorientierung gewesen. Im Gegenteil hatte sie ihn von den Fragen wegge-

184 Ebd.

185 Auf diesen Wandel hat auch *Steffen Kaudelka* anhand von Schramms Vorworten zur 1960 erschienenen zweiten Auflage des »Königs von Frankreich« und zum 1970 publizierten Nachdruck der »Geschichte des englischen Königtums« hingewiesen. Allerdings erfolgt der Hinweis nur nebenbei, weshalb die Beobachtung ganz an der Oberfläche bleibt (*Kaudelka*, Rezeption, S. 201).

führt, die ihn als Reaktion auf die Umwälzungen von 1918/19 bewegt hatten. Deshalb war die »Kaiseridee« als Gegenstand seines Forschens um 1930 hinter die Königtümer und die monarchischen Zeremonien zurückgetreten, in denen er das »Eigene« der Nationen hatte erkennen wollen.

Als nun nach dem Zweiten Weltkrieg wiederum das »Eigene« der Nationen als Erkenntnisziel an Verbindlichkeit verlor und das »Gemeinsame« der europäischen Kultur ein größeres Gewicht gewann, kam Schramm im Rahmen des neu justierten Gesamtbildes auch wieder häufiger auf die »Kaiseridee« zu sprechen. Im Zusammenhang mit »Kaiser Friedrichs II. Herrschaftszeichen« diskutierte er, welchen Höhepunkt ihre Entwicklung im Herrschaftskonzept des letzten Stauferkaisers erreicht hatte, und in seine »Gesammelten Aufsätze« nahm er einen Text aus der Mitte der fünfziger Jahre auf, in dem er einen Gesamtüberblick über die Geschichte dieses Phänomens versucht hatte.[186] Die Unbefangenheit, die er im Umgang mit diesem Themenbereich zeigte, führte dann 1962 dazu, daß er in den »Denkmalen« ohne jede Scheu die Faszination sichtbar werden ließ, die das Kaisertum für ihn ausstrahlte – ohne daß er allerdings in dieser Publikation auf das Problem der »Kaiseridee« einging.

Aus der großen Offenheit, die Schramms Vorstellung vom Mittelalter in den Jahrzehnten nach dem Zweiten Weltkrieg aufwies, und aus seiner erneuerten Aufmerksamkeit für die »Kaiseridee« ergab es sich auch, daß das Papsttum in den Arbeiten dieser Zeit häufiger in den Blick kam als in der Zeit vor 1939. Als Partner und Widersacher der Kaiser im politischen wie im geistigen Bereich hatte Schramm die Päpste schon immer berücksichtigt. Als er 1930 über die Geschichte der Kaiserkrönung sprach, hatte er die geistliche Gewalt ausdrücklich neben die weltliche gestellt und festgehalten, in der Entwicklung der in Frage stehenden Feier komme »die Geschichte des Kaisertums und des Papsttums unmittelbar zur Anschauung [...].« Ohne eine Analyse der Geschichte dieser Zeremonie beruhe »eine Ideengeschichte der beiden Gewalten auf unsicherem Boden [...].«[187] Damit strich Schramm heraus, daß sein Forschungsansatz nicht nur für die Erforschung des Kaisertums, sondern auch für die wissenschaftliche Auseinandersetzung mit dem Papsttum neue Wege weisen konnte. Als er dann im Jahr 1935 eine allererste Probe davon gab, wie die Erforschung der mittelalterlichen Symbolik in der Praxis aussehen konnte, befaßte er sich, anders als in seinen übrigen Schriften der dreißiger Jahre, weder mit der kaiserlichen noch mit der königlichen Ebene weltlicher Herrschaft, sondern mit dem Papsttum. Eine Miszelle, die

186 Der Text basierte auf einem Vortrag, den Schramm 1956 gehalten hatte, und der 1957 zum ersten Mal gedruckt worden war. — SVS 1968–1971 Kaiser, Bd.3, S. 423–437; über den Entstehungszusammenhang ebd., Anm. auf S. 423; über die »Kaiseridee« Kaiser Friedrichs II. vgl. die entsprechende Fußnote etwas weiter unten in diesem Abschnitt.

187 SVS 1930 Ordines Kaiserkrönung, S. 285.

er in diesem Jahr in der »Historischen Zeitschrift« publizierte, enthielt Anmerkungen »Zur Geschichte der päpstlichen Tiara«.[188]

In der Zeit nach 1945 rückte das Papsttum gemeinsam mit dem Kaisertum bereits in der frühesten mediävistischen Publikation dieser Jahrzehnte, in dem Aufsatz »Sacerdotium und Regnum im Austausch ihrer Vorrechte« von 1947, in den Mittelpunkt der Aufmerksamkeit. Mehrere Beiträge in den »Herrschaftszeichen« waren den geistlichen, insbesondere den päpstlichen Zeichen der Macht gewidmet. Bezeichnend für den relativ großen Stellenwert, den die oberste Spitze der geistlichen Gewalt in Schramms Forschungen der zweiten Nachkriegszeit hatte, war es dann, daß sein größter Erfolg dieser Phase, die zutreffende Deutung der »Cathedra Petri« als eines Geschenks Karls des Kahlen an die Päpste, ihn tief in die Geschichte des Papsttums hineinführte. Charakteristisch für Schramms Geschichtsbild war es aber auch, daß seine Leistung an dieser Stelle gerade in der plausiblen Verknüpfung von kaiserlicher und päpstlicher Geschichte lag. Obwohl die Geschichte des Papsttums nach 1945 einen größeren Teil seiner Aufmerksamkeit erhielt als vor 1939, betrachtete er sie nie für sich allein genommen, sondern immer im Wechselspiel mit der Geschichte des Kaisertums und seiner »Idee«.[189]

Insgesamt bildete somit der europäische Horizont, den Schramm in den letzten Jahrzehnten seines Lebens bei seinen Forschungen immer im Blick behielt, den Rahmen für eine komplexe Vielfalt von Entwicklungslinien. Schramm skizzierte ein Neben- und Miteinander zahlreicher nationaler Traditionen, die einerseits auf ein gemeinsames Erbe bezogen waren und andererseits im Laufe der Jahrhunderte starke kulturelle Gemeinsamkeiten ausformten. Neben diese Traditionen traten mit dem Kaisertum und dem Papsttum zwei geschichtliche Kräfte, die von vorneherein in besonderer Weise

188 Die mit einem dreifachen Reif gezierte Tiara, so Schramm, sei zum ersten Mal um die Wende zum 14. Jahrhundert verwendet worden. Schramm arbeitete eine allegorische Deutung heraus, von der er meinte, sie sei dieser Kopfbedeckung beigelegt worden, und erläuterte, wie diese Deutung sich in der Folgezeit mehrfach verändert habe. Schramm formulierte die These, gerade der dreifache Reif, der in späterer Zeit der wichtigste Anknüpfungspunkt der Sinngebungsversuche war, habe ursprünglich gar keine tiefere Bedeutung gehabt: Er habe lediglich die ungewöhnlich hohe Kopfbedeckung stabilisieren sollen. — SVS 1935 Geschichte Tiara; erweitert wiederabgedruckt in: SVS 1968–1971 Kaiser, Bd.4,1, S. 107–112.

189 Ein wichtiges Element von Schramms Vorstellung vom geschichtlichen Verlauf war es dabei, daß er den Untergang der Staufer mit den Unterschieden in Zusammenhang brachte, die er zwischen der »Kaiseridee« und den geistigen Grundlagen der Stellung des Papstes meinte erkennen zu können: Während die »Kaiseridee« eine Vielzahl von Traditionen in sich vereinigt habe, hätten die Päpste ihre Macht einzig aus ihrer kirchlichen Stellung abgeleitet. Schon Friedrich II. sei es nur noch mit großer Anstrengung gelungen, die divergierenden Bestandteile der »Kaiseridee« zur Synthese zu bringen, seine Nachfolger seien daran gescheitert. Die Päpste hätten sich zu diesem Zeitpunkt überlegen gezeigt, weil sie aufgrund der homogenen geistigen Grundlage ihres Amtes schlüssiger argumentieren und schlagkräftiger handeln konnten. — In diesem Sinne z.B.: SVS 1968–1971 Kaiser, Bd.3, S. 435–436, u. Bd.4,2, S. 450.

auf den gesamteuropäischen Horizont bezogen waren. Am Rande dieses Horizonts lag der byzantinisch-orthodoxe Raum, den Schramm immer wieder in seine Betrachtung miteinbezog.

Diese beeindruckende Vielfalt trat jetzt noch deutlicher als in der Zeit vor 1939 zutage, weil Schramm keinen vorrangigen Wert mehr auf das »Eigene« der Nationen legte, auf das seine Krönungs-Forschungen noch ausgerichtet gewesen waren. Allerdings gab es aus demselben Grund keinen Orientierungspunkt mehr, der eine Hilfe sein konnte, die beschriebene Komplexität übersichtlich zu machen. Obwohl in »Herrschaftszeichen und Staatssymbolik« von einer solchen Abstraktionsebene nur relativ wenig die Rede war, wurde diese Lücke gerade hier spürbar. Schramm legte sich nicht fest, ob das »Gemeinsame« der europäischen Geschichte der mittelalterlichen Entwicklung zugrundelag oder im Laufe der Epoche überhaupt erst entstand. Mit dem »Besonderen« der Nationen, dem es auf der normativen Ebene einmal übergeordnet, einmal gleichrangig war, stand es in einem unklaren Wechselverhältnis. Schramm setzte diese Unklarheiten nicht in neue Fragen um, sondern stellte widersprüchliche Aussagen nebeneinander.

Mit der Frage nach dem »Geist« der »Völker« hatte Schramm das wichtigste Paradigma aufgegeben, das seinen Forschungen der Zeit vor dem Zweiten Weltkrieg, insbesondere den auf das Königtum bezogenen Studien der dreißiger Jahre, Form und Richtung verliehen hatte.[190] Die erkenntnisleitende Kraft, die diese Frage für ihn besessen hatte, war nun versiegt. Es entstand kein neues Deutungsmuster, das in vergleichbarer Intensität auf seine Weltanschauung und seine politischen Hoffnungen bezogen gewesen wäre und dadurch eine gleiche Klarheit gewonnen hätte. Das »Gemeinsame« der europäischen Völker füllte die entstandene Lücke nicht aus. Das hing nicht zuletzt damit zusammen, daß Schramm gegenüber bestimmten Formen, die das gedankliche Konzept einer europäischen Kultureinheit annehmen konnte, kritisch eingestellt war. Diese kritische Haltung hatte er bereits in der Mitte der dreißiger Jahre formuliert. Sie kam in seinem Buch »Sphaira – Globus – Reichsapfel« erneut zur Geltung.

190 In der Einleitung zu seinen »Gesammelten Aufsätzen« sprach Schramm 1968 über den von der Romantik geprägten Begriff »Volksgeist«. Er schrieb über seine Gegenwart, im Jahr 1968 werde »jeder das Wort ›Volksgeist‹ vermeiden, da schreckliche Folgerungen aus ihm gezogen werden konnten.« Er betonte allerdings darüber hinaus, aus sachlichen Gründen sei dieser Begriff »bereits vor 1933 in Mißkredit gekommen [...].« Hinsichtlich seiner eigenen Forschung war die Aussage insofern richtig, als er das Wort schon vor der Zeit der nationalsozialistischen Herrschaft gemieden hatte. Der Inhalt des Begriffs war aber dennoch Gegenstand seiner Arbeit gewesen. Auch nach 1945 gab er das Konzept nicht ganz auf. Entscheidend wurde, daß er seine Gewichtung veränderte. — SVS 1968–1971 Kaiser, Bd.1, S. 19, m. Anm. 1; vgl. zu Schramms Umgang mit dem Wort »Geist« bereits oben, Kap. 5.a) a.E., sowie die entsprechende Fußnote unten in diesem Kapitel, Abschnitt e).

e) Die Originalität des Mittelalters

Die Monographie »Sphaira – Globus – Reichsapfel«, die 1958 erschien, entstand in einem engen Zusammenhang mit »Herrschaftszeichen und Staatssymbolik«. Ähnlich wie in den »Längsschnitten« in den »Herrschaftszeichen« verfolgte Schramm in dieser Publikation mit dem Reichsapfel das Schicksal eines einzelnen herrscherlichen Symbols im Laufe der Geschichte. Das Buch war die einzige größere Arbeit, die er nach Abschluß des dreibändigen Sammelwerks noch zum darin behandelten Gegenstandsbereich veröffentlichte. Es fällt auf, daß er gerade hier ein Anliegen verfolgte, das über die bloße Präsentation von Material deutlich hinausging: Aus dem zweiten Untertitel war zu entnehmen, daß er einen »Beitrag zum ›Nachleben der Antike‹« leisten wollte. Damit ging er auf den für die Arbeit der Kulturwissenschaftlichen Bibliothek Warburg, beziehungsweise des Warburg Institute, vielleicht wichtigsten Leitbegriff, gewissermaßen auf dessen »Markenzeichen« ein.[191] Die Absicht, dem Buch diese thematische Ausrichtung zu geben, hatte Schramm schon recht bald, nachdem er daran zu arbeiten begonnen hatte, geäußert.[192]

Die Entstehungsphase des Buches von der ersten Konzeption bis zum Erscheinen war mit etwas mehr als zwei Jahren verhältnismäßig kurz. Das darf aber nicht darüber hinwegtäuschen, daß Schramm sich im Rahmen seiner Beschäftigung mit den Insignien im allgemeinen auch mit dem Reichsapfel im besonderen schon seit Jahrzehnten beschäftigt hatte. Einen der zentralen Befunde des Buches hatte er bereits 1928 in seiner Sammlung der »Kaiserbilder« angedeutet: Bis ins elfte Jahrhundert hatten sich die Kaiser der Antike und des Mittelalters mit dem Globus in der Hand abbilden lassen, ohne in der Realität eine entsprechende Insignie zu besitzen. Erst für die Kaiserkrönung Heinrichs II. 1014 wurde tatsächlich ein Reichsapfel hergestellt und dem Herrscher in die Hand gegeben.[193]

Da es sich bei diesem Symbol um eines der bekanntesten und am weitesten verbreiteten »Herrschaftszeichen« handelte, ergab es sich beinahe zwangsläufig, daß das von Schramm gesammelte Material den Rahmen des ursprünglich vorgesehenen Festschriftbeitrags sprengte. Nachdem sich Schramm einmal entschlossen hatte, den Gegenstand in einer Monographie zu behandeln, unternahm er den Versuch, das Thema in seiner ganzen Breite

191 Auf diesen Zusammenhang ist auch *János Bak* bereits kurz eingegangen (*Bak*, Symbology, v.a. S. 38–39 u. 48).

192 Gegenüber Reinhard Elze erwähnte Schramm im Oktober 1956 zum ersten Mal, daß er diese Absicht verfolge (Privatbesitz R. Elze, Postkarte P.E. Schramm an R. Elze, Göttingen 8.10.1956).

193 SVS 1958 Sphaira, S. 60–63 u. 68–70; vgl. SVS 1928 Kaiser in Bildern, v.a. S. 56 u. 109; hierzu oben, Kap. 7.a).

und Tiefe auszuloten. Er dehnte den Untersuchungszeitraum so weit wie möglich und spannte den Bogen von den Anfängen in der Antike bis zur Gegenwart. Die Menge des berücksichtigten Materials ging über den Rahmen der »Herrschaftszeichen« hinaus und bezog auch Bedeutungen mit ein, die Kreis, Scheibe und Kugel in anderen geistesgeschichtlichen Zusammenhängen gehabt hatten.

Alle diese weiterführenden Aspekte waren angelagert an die Geschichte der Kugel als »Herrschaftszeichen«. Diese Geschichte fand ihren Ausgangspunkt darin, daß das Weltall in der Antike als Kugel, als »Sphaira«, vorgestellt und abgebildet wurde.[194] Die Kugelgestalt der Erde war ebenfalls schon bekannt.[195] Als Zeichen der Weltherrschaft wurde die Himmelskugel, später auch die Kugel als Abbild der Erde, den Kaisern auf Bildern beigegeben.[196] In der christlich gewordenen Spätantike wurde diese Himmels- oder Erdkugel um ein aufgesetztes Kreuz ergänzt. So wurde versinnbildlicht, daß Christus der wahre Weltherrscher sei, als dessen Vertreter der Kaiser regiere. In dieser Deutung konnte das antike Zeichen weiterhin Bestand haben.[197]

Bei vorantiken oder außerhalb des Mittelmeerraums angesiedelten Hochkulturen, so stellte Schramm fest, sei die Herausbildung einer entsprechenden Symbolik nicht zu beobachten. Die dort regelmäßig zu findende Vorstellung vom Himmel als Zelt oder Mantel habe stattdessen unter anderem den Baldachin hervorgebracht.[198] Die Kugel als Herrschaftszeichen war also in der griechisch-römischen Antike entstanden. Außerdem zog Schramm aus einer Analyse der germanischen Tradition die Schlußfolgerung, daß auch bei den Germanen in vormittelalterlicher Zeit nichts zu beobachten sei, was auf den Reichsapfel vorausweise.[199] Deshalb stand ganz am Beginn von Schramms Buch die Feststellung, daß der mittelalterliche Reichsapfel allein auf das antike Vorbild zurückzuführen sei.[200]

In der Regel bildeten Christentum und Germanentum zusammen mit der Antike eine immer wieder genannte Dreiheit der Traditionen, auf der Schramm die mittelalterliche Kultur aufruhen sah.[201] Der Bezug auf diese Dreiergruppe war weit verbreitet und wurde auch von anderen Autoren regel-

194 SVS 1958 Sphaira, S. 7–10.

195 Ebd., S. 11.

196 Ebd., S. 12–13.

197 Ebd., S. 16.

198 Ebd., S. 1–2.

199 Ebd., S. 1 u. 20–24; in diesem Punkt meinte widersprechen zu können: *Erler*, Rez. Schramm Sphaira, S. 362.

200 SVS 1958 Sphaira, S. 1.

201 Vgl. beispielsweise SVS 1954–1956 Herrschaftszeichen, Bd.2, S. 684; allgemein oben, v.a. Kap. 10.a).

mäßig angeführt.[202] Im Fall des Reichsapfels jedoch, so erläuterte Schramm, seien alle wichtigen Elemente bereits von der Antike geprägt worden.[203] Angesichts dessen hielt Schramm den Reichsapfel für ein besonders geeignetes Beispiel, um »den Vorgang, den man gemeinhin als ›Nachleben der Antike‹ bezeichnet«, zu untersuchen.[204] Hiervon ausgehend, nutzte er das Buch für eine Diskussion dieses Schlagworts.

Nachdem er das von ihm gesammelte, reiche Material ausgebreitet hatte, führte er im Schlußkapitel aus, was sich seiner Meinung nach daraus ergab. Zunächst ging er auf die in Frage stehende Formulierung vom »Nachleben« oder »Fortleben der Antike« ein. Dahinter, ebenso wie hinter der Rede von der »Wiedergeburt«, stehe die Vorstellung, daß die Antike über ihr chronologisches Ende hinaus eine vorwärtstreibende Kraft geblieben sei und die nachfolgenden Zeiten in ihren Bann gezogen habe.[205] Nachdem er dies klargestellt hatte, faßte Schramm seine Ergebnisse zusammen. Durch sie kam er auf verschiedenen Wegen zu dem Schluß, daß der Begriff »Fortleben der Antike« eine verfehlte Metapher sei. Die Formulierung reiche nicht aus, um die tatsächlichen, äußerst verwickelten Vorgänge zu fassen.[206] Mit Blick auf den Reichsapfel als »Herrschaftszeichen« erläuterte er, es lasse sich nicht als »Wiedergeburt« bezeichnen, daß der Papst 1014 einen Reichsapfel anfertigen ließ. Der Papst habe die antike Bildtradition sozusagen wörtlich genommen. Die so entstandene Insignie sei dadurch »antiker als die Antike selbst« gewesen.[207] Bei der um 1200 nachweisbaren Behauptung, der Reichsapfel sei mit Asche gefüllt, wodurch das ursprüngliche Himmels- und Allmachtssymbol zu einem Zeichen für die Vergänglichkeit wurde, handele es sich um »eine völlige Umwandlung des ursprünglichen Sinnes.«[208]

202 *Hermann Aubin* stellte zum Beispiel fest, die »Scheide zwischen Altertum und Mittelalter« werde durch das Zusammenfließen antiker, christlicher und germanischer Tradition konstituiert. Sie liege dort, »wo die Dreiheit der Faktoren wirksam geworden ist.« — *Aubin*, Frage, S. 261; vgl. den acht Jahre später geschriebenen Aufsatz: *Ders.*, Aufbau.

203 Germanentum und Christentum, so fuhr Schramm fort, hätten nur noch ergänzt und abgewandelt. In dieser Formulierung betrachtete er die beiden genannten Faktoren in ihrer Funktion als Erben der Antike. Bemerkenswert ist, daß Schramm den christlich umgedeuteten, vom Kreuz überhöhten Apfel der späten Antike im Kapitel über die Antike beschrieb. Er rechnete diese fundamentale Neuinterpretation also nicht zu den durch das Christentum vollzogenen »Abwandlungen«, sondern zum durch die Antike vorgeprägten Formenkanon. An solchen Beispielen läßt sich anschaulich machen, wie problematisch die immer wieder zitierte Dreiheit schon allein deshalb war, weil sie der Spätantike nicht gerecht wurde. — SVS 1958 Sphaira, S. 1; über die christlich umgedeutete Sphaira der Spätantike vgl. hier im Text den vorvorigen Absatz.

204 SVS 1958 Sphaira, S. 1.

205 Ebd., S. 176–177.

206 Ebd., S. 179, 180, 181, 182.

207 Ebd., S. 181.

208 Ebd., S. 182.

Die Vielfalt der Einfälle und Deutungsversuche, so fuhr Schramm fort, sei überwältigend. Dies zu betonen, sei angesichts der neueren Forschung erforderlich. Sie habe ihren Blick vornehmlich auf das Beharrende gerichtet.[209] Schramm nannte Ernst Robert Curtius und sein 1948 erschienenes Werk »Europäische Literatur und lateinisches Mittelalter«.[210] Darin habe Curtius nachgewiesen, daß vieles, was in der Literatur des Mittelalters originell erscheine, letztlich nur aus in der Antike vorformulierten Topoi bestehe. Ähnliches hätten Aby Warburg, Fritz Saxl, Erwin Panofsky und andere, die Warburg gefolgt seien, im Bereich der Kunstwissenschaft geleistet. Diese Forscher hätten »die ikonographische Abhängigkeit sowohl des Mittelalters als auch der Renaissance von der Antike aufgehellt [...].«[211]

Den Wert solcher Forschungen sah Schramm darin, daß die Feststellung dessen, was jeweils aus älteren Zeiten übernommen sei, es ermögliche, das Neue exakt zu bezeichnen.[212] Doch dürfe darüber nicht vergessen werden, daß auch dort, wo sich Abhängigkeiten feststellen ließen, zugleich durch Umdeutungen, Ergänzungen oder schlichte Mißverständnisse Originelles entstanden sei. Schramm räumte ein, daß Warburg auch ein solcher Blick auf die Geschichte vertraut gewesen sei.[213] Trotzdem fuhr er fort:

»Aber die Gefahr, daß die konsequent fortgeführte, auch auf das Nebensächliche ausgedehnte Topos- und Motivforschung in ein übergelehrtes Alexandrinertum ausartet und darüber das Entscheidende vergessen wird, ist doch wohl nicht von der Hand zu weisen.«[214]

Das »Entscheidende« war für Schramm nicht das im Mittelalter fortwirkende antike Erbe. Entscheidend war für ihn das Neue, das im Mittelalter entstand. Die Menschen nachfolgender Epochen, so seine Vorstellung, hätten sich die in der Antike geprägten Formen immer wieder aktiv angeeignet.

209 Ebd., S. 183.

210 Über Ernst Robert Curtius (1886–1956) z.B.: *Wuttke (Hg.)*, Kosmopolis; hierin das Vorwort mit Verweisen auf weitere Literatur über Curtius: ebd., S. 11–28.

211 SVS 1958 Sphaira, S. 183.

212 Eine solche Denkfigur fand sich bemerkenswerterweise schon in der ersten nach Aby Warburgs Erkrankung formulierten Programmschrift der Kulturwissenschaftlichen Bibliothek Warburg, die Fritz Saxl Ende 1920 mit Schramms Unterstützung verfaßt hatte. — *Saxl,* Nachleben; hierzu oben, Kap. 3.c).

213 Er nannte ein Beispiel dafür, daß Warburg antike Formeln häufig dort aufspürte, wo sie in einer Weise benutzt wurden, die mit ihrer ursprünglichen Bedeutung nichts mehr zu tun hatte: Eine Darstellung des »Cosmico«, des Genius der Welt, der in der Hand eine Darstellung der Welt hielt, ging auf ein antikes Bild einer Mänade zurück, die im Rausch das Tympanon schlug. — SVS 1958 Sphaira, S. 183; ausführlicher ebd., S. 104 m. Anm. 4 u. 5 sowie Abb.100 a–b.

214 SVS 1958 Sphaira, S. 183.

Die Kritik, die Schramm auf diese Weise vorbrachte, richtete sich zunächst gegen Ernst Robert Curtius.[215] Aber er sah Curtius als einen Fortsetzer Warburgs. Zwischen der Topos-Forschung des erstgenannten und der »Ikonographie« Warburgs und seiner Nachfolger, die er nur in sehr groben Umrissen beschrieb, machte er keinen deutlichen Unterschied. Dies war allein dadurch schon gerechtfertigt, daß Curtius sein Buch Aby Warburg gewidmet hatte.[216]

Den Grundgedanken der im Schlußkapitel von »Sphaira – Globus – Reichsapfel« vorgelegten Argumentation hatte Schramm schon Mitte der dreißiger Jahre entwickelt. Mit und ohne Bezug auf das »Nachleben der Antike« hatte er damals mehrfach seiner Überzeugung Ausdruck verliehen, daß es unzutreffend sei, die Menschen des Mittelalters als passive Empfänger älterer Traditionen zu beschreiben. Zum Beispiel vertrat er in einer Rezension, die er zu dem 1935 erschienenen Sammelband »Karl der Große oder Charlemagne« verfaßte, unter anderem die Auffassung, bei der Kontroverse um Karl und seinen sächsischen Gegenspieler Widukind habe die unüberlegte Verwendung des Begriffs »Einfluß« großen Schaden angerichtet.[217] Diese Metapher stamme aus der Pharmazie und der Chemie und sei völlig ungeeignet, um geistige Beziehungen zu beschreiben. Bei letzteren handele es sich nämlich um »Auseinandersetzungen zwischen zwei Partnern, bei denen der Nehmende – ob gewollt oder nicht – umdeutet, ändert, seiner Art anpaßt.« Aufgrund dieses terminologischen Irrwegs sei beispielsweise die »Christianisierung« unter einem völlig falschen Blickwinkel gesehen worden.[218]

Schramm wollte gar nicht bestreiten, daß sich die Sachsen durch die Christianisierung tatsächlich verändert hätten. Bestreiten wollte er allerdings, daß sie bei diesem Vorgang untätige Opfer gewesen seien, wie es ihm der Begriff »Einfluß« zu implizieren schien. Er sah sie stattdessen als den »nehmenden« Teil in einer geistigen »Auseinandersetzung«. In einer weiter zugespitzten Form brachte Schramm dasselbe Modell in seiner »Geschichte des englischen Königtums« aus dem Jahr 1937 zur Anwendung. Dort wollte er darstellen, wie die englische Krönung ihre spezifische Form gewann,

215 Die Argumente, die Schramm hier vorbrachte, fanden sich, zum Teil mit wörtlichen Anklängen, auch in seiner Rezension zu den »Lectures« von Fritz Saxl. Dort war die Kritik noch stärker auf Curtius fokussiert und gegenüber Saxl etwas abgemildert (SVS 1958 Rezension Saxl, S. 76).

216 Außerdem stand Curtius seit 1928 bis zu seinem Tod 1956 ununterbrochen im Kontakt zum Warburg Institute. — *Wuttke (Hg.)*, Kosmopolis; die Widmungsseite aus dem Buch von Curtius abgebildet ebd., Abb.25 auf S. 185; vergleichende Bemerkungen zu den Forschungen von Warburg und Curtius ebd., v.a. S. 19 u. 258.

217 SVS 1936 Rezension Karl; dieser Text wiederabgedruckt in: SVS 1968–1971 Kaiser, Bd.1, S. 342–344; über den erwähnten Sammelband s.o., Kap. 9.d).

218 SVS 1936 Rezension Karl, Sp.1842; vgl. ergänzend SVS 1968–1971 Kaiser, Bd.4,2, S. 702–705.

indem »sich die Engländer aus den verschiedenen Möglichkeiten, die sich ihnen darboten, immer das heraussuchten, was sich für sie eignete [...].«[219] Schramms Überlegungen liefen darauf hinaus, daß die Menschen des Mittelalters nie passiv waren. Weil sie stets tätig blieben und sich mit dem auseinandersetzten, was sie vorfanden, konnte es keine Traditionen geben, die in der Geschichte unverwandelt fortlebten. Immer gestalteten die Menschen die Traditionen so um, wie es ihren Bedürfnissen entsprach.

Diese Überzeugung hatte eine Rolle gespielt, als sich Schramm 1938 gegen die Fürsprecher der »germanischen Kontinuität« gewandt hatte.[220] Damit mußte er sich in »Sphaira – Globus – Reichsapfel« aber nicht befassen. Hier ist vielmehr relevant, daß er Argumente der beschriebenen Art vorgebracht hatte, als er Anfang 1935, in Reaktion auf Edgar Winds Einleitung zur »Kulturwissenschaftlichen Bibliographie zum Nachleben der Antike«, jenen Streit mit dem Warburg Institute hatte ausbrechen lassen, der schließlich zum Ende der wissenschaftlichen und persönlichen Beziehungen zu dieser Einrichtung geführt hatte. Damals hatte sich Schramm dagegen gewehrt, die »nachlebenden antiken Elemente« überzubewerten. Er war in Sorge gewesen, daß die Eigenständigkeit und Eigentümlichkeit der Zeiten und der »Völker« dahinter verschwinden könnten.[221]

Die damals zutage getretene Meinungsverschiedenheit mit den in der Bibliothek Warburg tätigen Wissenschaftlern war von Beginn an latent vorhanden gewesen. Aber Schramm hatte sie erst offengelegt, als er 1935 der Meinung gewesen war, sich für das in Deutschland herrschende nationalsozialistische Regime und gegen seine ins Ausland ausgewichenen Freunde entscheiden zu müssen. Im Jahr 1958, unter völlig gewandelten Umständen, nahm er die allgemein breit diskutierten Forschungen von Ernst Robert Curtius zum Anlaß, den Streit wieder aufleben zu lassen.

Dieses Verhalten hing mit seiner Meinung zusammen, er sei sich immer treu geblieben und habe seine Weltanschauung trotz aller politischen Umbrüche, die er erlebt habe, nie modifiziert.[222] Dieses Erinnerungsmuster war für sein Selbstverständnis von grundlegender Bedeutung. Es trug zur Stabilisierung dieses Selbstverständnisses bei, daß er die wissenschaftliche Seite seines Streits mit dem Warburg Institute zum Gegenstand einer aufwendig

219 SVS 1937 Geschichte Königtum, S. XIII.

220 SVS 1938 Erforschung; im einzelnen oben, Kap. 10.d).

221 An der entsprechenden Stelle seines Briefes hatte Schramm auch ausdrücklich vom »deutschen, französischen, englischen usw. Geist« gesprochen. Hier hatte er also diesen in der Romantik geprägten Begriff benutzt, den er sonst vermied, obwohl er im Grunde seiner Geschichtskonzeption entsprach. — WIA, GC 1934–1936, Brief P.E. Schramm an Warburg Institute, Göttingen 20.1.1935; s. im einzelnen oben, Kap. 10.d); vgl. zu Schramms Umgang mit dem Wort »Geist« die entsprechende Fußnote oben in diesem Kapitel, Abschnitt d).

222 Hierzu oben, Kap. 13.d).

gestalteten wissenschaftlichen Publikation machte. Er unterstrich auf diese Weise, daß er sich im Recht glaubte. Dabei war diese Seite der Auseinandersetzung eigentlich zweitrangig gewesen. Im Gegensatz dazu zeigte er sich unfähig, die persönliche Seite dieses Streits aufzuarbeiten und die Fehler, die er gemacht hatte, anzuerkennen.

Mehrfach brachte Schramm in seinen veröffentlichten Werken der zweiten Nachkriegszeit seine Dankbarkeit gegenüber Aby Warburg zum Ausdruck.[223] Bei Licht betrachtet, war dies aber wenig mehr als eine hohle Floskel. Warburg hatte dem Hamburger Senatorensohn als erster den Weg in jene weiten Räume gewiesen, die dieser später als Geschichtswissenschaftler durchstreifte. Aber erst im Austausch mit Fritz Saxl hatte Schramm bei seinen Streifzügen die selbstbewußte Selbstverständlichkeit gewonnen, die alle seine Leser beeindruckte. Über diese zweite Phase sprach er nur selten und auch dann nicht in angemessener Weise.[224] Für das »Nachleben der Antike«, das seinen früheren Hamburger Freunden als Leitmotiv gedient hatte, hatte er sich nie begeistert. Ihn hatten andere Fragen bewegt. Aber indem er sich am Grundproblem der Kulturwissenschaftlichen Bibliothek Warburg gerieben hatte, hatte es ihm Wege geöffnet. Diese Funktion erfüllte es in »Sphaira – Globus – Reichsapfel« ein letztes Mal.

Die klare Stoßrichtung, die das Buch dadurch gewann, konnte aber nicht verdecken, daß der Raum hinter dieser Frontlinie so gut wie keine Strukturen hatte. Schramm schlug vor, den Umgang der Menschen mit den »Zeichen« als »Spiel« zu beschreiben.[225] Aber dieses Spiel hatte nur schwache Regeln. Die Kreativität, die Schramm in den nachantiken Epochen wirksam werden sah, brachte zwar immer neue Formen und Bedeutungen hervor, aber diese Hervorbringungen ergaben kein Muster, das sich zusammenfassend beschreiben ließ. Schramm vermochte über das Mittelalter nur zu sagen, daß es anders sei als die Antike.

In früheren Phasen seines Lebens war das nicht so gewesen. Als er 1923 in seinem ersten veröffentlichten mediävistischen Text das Mittelalter gegen herabsetzende Kulturkritik in Schutz genommen hatte, hatte er ganz grundsätzlich darauf bestanden, daß das Mittelalter, wie letztlich jede Geschichtsepoche, einen eigenständigen Wert in sich trage. Er hatte aber zugleich der

223 Vgl. SVS 1954–1956 Herrschaftszeichen, Bd.3, S. X; außerdem ebd., Bd.1, S. 16; SVS 1958 Sphaira, S. 183; SVS 1968–1971 Kaiser, Bd.1, S. 8 u. 29.

224 Der einzige zu Lebzeiten veröffentlichte Text, wo er Fritz Saxl in diesem Sinne erwähnte, war die Rezension zu den »Lectures«. Einen schwachen Hinweis auf die Bedeutung, die Fritz Saxl für ihn gehabt hatte, gab er außerdem in dem zu Lebzeiten unveröffentlichten Interview, um das ihn *János Bak* gebeten hatte. — SVS 1958 Rezension Saxl, S. 73; *Bak*, Percy Ernst Schramm, S. 424.

225 Für seine Deutung des »Spiels« berief sich Schramm auf *Jan Huizinga* und *Romano Guardini*. Außerdem verwies er auf die Dialoge »De ludo globi« des Nikolaus von Kues (SVS 1958 Sphaira, S. 183–185).

Überzeugung Ausdruck verliehen, daß alle kulturellen Glanzpunkte des Raums, der im Laufe des Mittelalters zu Deutschland wurde, bereits für das Mittelalter als »deutsch« anzusehen seien.[226] Fünfzehn Jahre später hatte er die kulturelle Selbständigkeit des Mittelalters gegen jene verteidigt, die es in übertriebener Weise als eine »germanische« Epoche veranschlagen wollten. Seine Überzeugung, daß das Mittelalter nicht schlichtweg »germanisch« genannt werden dürfe, war aber darin begründet gewesen, daß die Bewohner des ostfränkischen Reiches sich in dieser Zeit von »Germanen« zu »Deutschen« gewandelt hätten. Gleichzeitig hatte Schramm die Rede von der »germanischen Kontinuität« nicht rundweg abgelehnt. Gerade den in der mittelalterlichen Kultur zu beobachtenden Hang, möglichst alles zu veranschaulichen, und den besonderen Einfallsreichtum im Umgang mit Symbolen – Phänomene also, die Schramm noch 1958 als besondere Charakteristika des Mittelalters herausstellte –, hatte er damals als Beleg für das Fortbestehen germanischer Denkweisen gewertet.[227] Dadurch hatte sich zwischen den Deutschen seiner Gegenwart und den Germanen der Frühzeit eine Verbindung ergeben, die eine identitätsstiftende Wirkung entfalten konnte.

All dies hing zusammen mit dem Konzept vom jeweils spezifischen »Geist« der »Völker«, das in der Zeit vor 1939 für Schramms Mediävistik grundlegend gewesen war, das aber schon in den »Herrschaftszeichen« nur noch einen geringen Stellenwert gehabt hatte. In »Sphaira – Globus – Reichsapfel« spielte es vollends keine Rolle mehr. Ebensowenig betonte Schramm hier allerdings das »Gemeinsame«, das alle europäischen Völker verbinde. Edgar Wind hatte 1934 in seiner Einleitung zur »Kulturwissenschaftlichen Bibliographie zum Nachleben der Antike« deutlich gemacht, daß in seinen Augen die Kultur, die allen Europäern gemeinsam sei, in besonderer Weise auf der Antike aufbaue. Außerdem hatte er keinen Zweifel daran gelassen, daß sich seiner Auffassung nach aus dieser antiken Herleitung die ethische Verpflichtung ergab, die europäische, »humanistische« Kultur zu pflegen und gegebenenfalls zu verteidigen.[228]

Genau dagegen hatte sich Schramm damals verwahrt. Nicht eine »humanistische«, gesamteuropäische Kultur war für ihn bis zum Ende der dreißiger Jahre der ethisch verpflichtende Orientierungsrahmen gewesen, sondern die nationale Kultur seines Heimatlandes. Von der zuletzt genannten Möglichkeit sprach er jetzt nicht mehr. Aber auch die zuerst genannte wollte er sich nicht zu eigen machen. Schramm wußte letztlich nicht zu sagen, welchen besonderen Wert das europäische »Gemeinsame« besaß, das für seine Forschungen jetzt eine größere Rolle spielen sollte als vor 1939. Er hatte sich

226 SVS 1923 Verhältnis, v.a. S. 327; s. hierzu oben, Kap. 5.a).
227 SVS 1938 Erforschung, v.a. S. XVII–XVIII; vgl. insgesamt oben, Kap. 10.d).
228 *Wind*, Einleitung, v.a. S. V u. VI; s. hierzu oben, Kap. 10.d).

ihm lediglich zugewandt, weil es nach dem Zweiten Weltkrieg nicht mehr vertretbar erscheinen konnte, das »Besondere« der einzelnen Nationen als ausschlaggebendes Erkenntnisziel herauszustellen.

Schramm hatte sich von den Leitfragen gelöst, die ihm in der Zeit vor dem Zweiten Weltkrieg die Richtung gewiesen hatten. Aber neue Fragen, die er mit der gleichen, aus seinen Überzeugungen und Bedürfnissen gespeisten Nachhaltigkeit zu seinem Anliegen machte, stellten sich nicht ein. Trotzdem setzte er die Forschungen fort, die sich ursprünglich aus der Auseinandersetzung mit seinen älteren, nun abgelegten Leitfragen ergeben hatten. Aber seine Arbeiten standen immer in der Gefahr, ihre Form zu verlieren. Falls Schramm dies überhaupt als einen Mangel wahrnahm, setzte er sich darüber hinweg. Er konzentrierte sich auf das »Sammeln«, das ihm ohnehin als die Grundtätigkeit des Historikers galt, und auf das »Knacken« aller »Nüsse«, auf die er dabei stieß. Dahinter mochte die Hoffnung stehen, daß sich die gehorteten Materialschätze einmal von selbst zu einem neuen Muster ordneten. Auch unter diesem Gesichtspunkt war es aber sicherlich kein Zufall, daß sich am Ende der fünfziger Jahre der Schwerpunkt von Schramms wissenschaftlicher Tätigkeit verschob. In einem höheren Maße als mit der Mediävistik verbanden sich mit der Erforschung der Geschichte des Zweiten Weltkriegs und mit der Beschreibung der Kulturgeschichte des hanseatischen Bürgertums Anliegen, die ihn persönlich in dieser Zeit bewegten.

Wandlungen und Aspekte eines Geschichtsbildes

In der vorliegenden Arbeit ist der Versuch unternommen worden, Percy Ernst Schramms Wissenschaft vom Mittelalter von den ersten Anfängen in Schramms Jugend bis zur Veröffentlichung seiner letzten Arbeiten im Jahr nach seinem Tod zu beschreiben. Dabei ging es stets darum, die mediävistischen Publikationen dieses Autors in der Wechselwirkung zu betrachten, in der sie mit seinen persönlichen Ansichten und Hoffnungen, mit den Umständen seines Lebens und mit den Bedingungen der Zeit standen, in der sich sein Leben vollzog. Die Untersuchung ließ sich von der Frage leiten, welchen Wandlungen das Bild, das Schramm von der Geschichte des Mittelalters hatte, im Laufe der Jahre unterworfen war.

Schramm selbst hat auf diese Frage eine klare Antwort gegeben: Seiner eigenen Auffassung nach hat sich sein Mittelalterbild im Grunde überhaupt nicht gewandelt, sondern lediglich »entfaltet«. Wer allein die Gegenstände betrachtet, die Schramm in den Blick genommen hat, kann diese Formulierung vielleicht für plausibel halten. Während seines Münchener Studienjahres 1920/21 wurde Schramm auf eine Buchmalerei aufmerksam, nämlich das Widmungsbild im Reichenauer Evangeliar Kaiser Ottos III. Von diesem einzelnen Bild führten ihn seine Fragen zum »Kaisertum der Ottonen«. Sein vorrangiges Interesse galt Kaiser Otto III. sowie dessen Vorgängern und Nachfolgern in der Reihe der Herrscher des deutsch-römischen Reiches. Aber schon hier, in der Zeit von Schramms Promotion, kamen die Kaiser von Byzanz, die Päpste und der Horizont der gesamteuropäischen Geistesgeschichte in den Blick. Auch der untersuchte Zeitraum wurde rasch größer. Am Ende der zwanziger Jahre schlugen die »Kaiserbilder« und »Kaiser, Rom und Renovatio« auf unterschiedliche Weise einen Bogen von der Zeit der ersten karolingischen Könige bis ins Hochmittelalter.

Von 1930 an führten die Ordines-Forschungen zu einer gewaltigen Ausdehnung: Der europäische Raum wurde nun durch Schramms eigene Forschungen abgedeckt. Was ein ferner, Orientierung bietender Horizont gewesen war, wurde zu der in alle Himmelsrichtungen erreichten Grenze eines Untersuchungsraums. Länder wie Frankreich und England wurden mit mindestens derselben Intensität erfaßt wie Deutschland, das gesamte Abendland trat von Spanien bis in seine östliche Peripherie ins Blickfeld. Die »Herrschaftszeichen« der fünfziger Jahre deckten diesen gesamten riesigen Raum noch etwas dichter ab. Jenseits der Grenzen des lateinischen Europa wurde dabei der byzantinisch-griechische Raum mitberücksichtigt. Gleichzeitig dehnte sich der chronologische Rahmen, denn die untersuchten Objekte waren auf einer Zeitleiste verteilt, die von der Spätantike bis ins englische sechzehnte Jahrhundert reichte. »Sphaira, Globus, Reichsapfel« verlängerte die chronologische Achse bis in die Gegenwart und überbrückte von Brasilien bis Rußland alle geographischen Begrenzungen.

Nicht jede Materie, auf die Schramm seine Leser in seinen Büchern hinwies, beherrschte er sicher. Er behauptete dies auch nie. Ein etwas genauerer Blick auf seine Arbeiten über die Zeichen herrscherlicher Würde offenbart außerdem, daß er seinen Untersuchungsraum durchaus nicht mit systematischer Gleichmäßigkeit abdeckte. Vielmehr sind deutliche Ungleichgewichte zu verzeichnen, was sich vor allem durch Schramms traditionsgebundene Orientierung an der »Kaiserzeit« als der wichtigsten Phase des Mittelalters erklären läßt. Dennoch liegt in der Weite des Horizonts und in der Fülle des Materials Schramms eigentliche Leistung. Hinzu tritt die Vielfalt der Ansätze, die Schramm bei der Bearbeitung seines Materials zur Anwendung brachte. Indem er verschiedene Methoden miteinander verknüpfte, Texte, Bilder und Gegenstände gleichermaßen befragte und Disziplingrenzen souverän mißachtete, gelang es ihm immer wieder, die Vergangenheit auf eine vielseitige und anschauliche Weise zu analysieren und zu beschreiben. All dies vermag nach wie vor zu faszinieren und kann für jede historisch arbeitende Person eine Herausforderung darstellen.

Die kontinuierliche Ausdehnung des untersuchten Raumes, die zu der beschriebenen Weite führte, war aber nicht, wie Schramms Wort von der »Entfaltung« nahelegte, allein durch die immanente Logik des Forschungsprozesses bedingt. Zugleich war seine Wissenschaft tiefgreifenden Wandlungen unterworfen. Dies wird erkennbar, wenn sich der Blick von der imponierenden Fülle der Objekte löst und auf die übergeordneten Fragestellungen richtet, die Schramm verfolgte und die ihrerseits in seiner Weltanschauung verankert waren.

Damit jedoch kein falscher Eindruck von Schramms mediävistischer Arbeit entsteht, ist an dieser Stelle festzuhalten, daß Schramm selbst dazu neigte, denjenigen Dimensionen seiner Forschungen, die über die Ebene des jeweiligen konkreten Untersuchungsgegenstandes hinausgingen, verhältnismäßig wenig Aufmerksamkeit zu schenken. Er hat nie eine geschlossene theoretische Konzeption entwickelt, die er seiner Arbeit zugrunde gelegt hätte, so daß die Analyse jetzt davon ausgehen könnte. Vielmehr sagte Schramm von sich selbst, daß das »Sammeln« ihn zur Geschichtsforschung gebracht habe, und sah im »Nüsseknacken« die wichtigste Aufgabe des Historikers. Darum deutete er übergeordnete Aspekte und weiterführende Fragestellungen in seinen Arbeiten in der Regel eher an, als daß er sie ausführte. Immerhin lassen sich derartige Andeutungen regelmäßig finden: Beinahe jeder seiner Aufsätze enthielt methodische Reflexionen, und keines seiner Bücher wurde ohne eine Einleitung oder zumindest ein Vorwort publiziert, worin Schramm methodische und theoretische Aspekte seiner Arbeit ansprach. Oft gab er Hinweise, an welchen Stellen er in seinen Schriften Anknüpfungspunkte für die weitere Forschung sah oder welchen Nutzen der Leser seiner Einschätzung nach über den wissenschaftlichen Informationsgehalt hinaus daraus ziehen könnte.

Ohnehin wird sich die Analyse, deren Ziel es ist, die für Schramms Wissenschaft bestimmenden Leitprobleme herauszuarbeiten und in ihrer Verknüpfung mit seiner allgemeinen Weltsicht zu deuten, nicht auf das von Schramm bewußt Gesetzte beschränken. Noch darüber hinaus verweisen Schlüsselbegriffe und wiederkehrende Grundgedanken, auffällige Nebenbemerkungen sowie charakteristische Denkweisen und Argumentationsfiguren auf die im folgenden in Frage stehende Bedeutungsebene seiner Arbeit. Zusammengenommen ergeben diese Einzelelemente ein Muster, das sich schlüssig beschreiben läßt. So entsteht ein Modell, das geeignet scheint, den Entwicklungsgang von Schramms Mittelalterforschung präzise und differenziert darzustellen.

Schramm selbst war sich dessen bewußt, daß er zu Beginn seiner Entwicklung als Wissenschaftler seine Fragen nicht vollkommen willkürlich formuliert hatte, sondern damit seinen persönlichen Bedürfnissen gefolgt war und auf die Probleme seiner Zeit reagiert hatte. In seinen Lebenserinnerungen beschrieb er, wie er sich als Schüler zum ersten Mal vom Mittelalter hatte fesseln lassen. Als Jugendlichen faszinierte ihn die »Kaiserherrlichkeit« des Mittelalters. Er imaginierte das Bild eines mächtigen Reiches, angefüllt mit prachtvollen Bauten, dessen Bewohner in Eintracht zu ihren Kaisern aufschauten, die wiederum mit fester Hand die Geschicke dieses Reiches lenkten. Im Kontext des ausgehenden 19. und beginnenden 20. Jahrhunderts betrachtet, war dieses Bild ganz konventionell. Dennoch lag darüber für den jungen Hamburger der Schimmer des Entrückten und Fremdartigen, was den darin liegenden Reiz steigerte.

Nach dem Ersten Weltkrieg hielt Schramm zwar an dem schon in seiner Gymnasialzeit formulierten Ziel fest, Historiker zu werden. Er war sich aber zunächst nicht darüber im klaren, welche Bereiche der Geschichte er zum Gegenstand seines Berufs machen wollte. Erst in den frühen zwanziger Jahren wandte er sich erneut und nunmehr endgültig der Geschichte des Mittelalters zu. Auch mit Blick auf diese Entscheidung konstatierte er später selbst, daß er sie als ein Mensch seiner Zeit erreicht hatte. Von der Niederlage 1918 verunsichert, schien ihm der Wert der deutschen Kultur in Frage gestellt. Die politische und soziale Unruhe der Zeit rief ihm immer wieder ins Bewußtsein, wie gefährdet der innere Zusammenhalt Deutschlands war. In dieser Situation schien ihm das Mittelalter »einen festen Boden« zu bieten. Indem er sich dieser Epoche zuwandte, wollte er die »Kaiserherrlichkeit« seiner Jugendzeit wiederfinden: Er suchte das Bild eines einigen Deutschland mit unumstrittenen, mächtigen Herrschern.

Den Glanz dieser »Kaiserherrlichkeit« schien ihm jenes Widmungsbild auszustrahlen, auf das er in seiner Münchener Zeit aufmerksam wurde. Er sah es vom »Geist des Mittelalters« erfüllt. Zugleich führte es ihm aber buchstäblich vor Augen, daß sein Modell zu schlicht war. »Deutsches« ließ sich in der Malerei nicht ohne weiteres entdecken, dafür byzantinische Formeln und in der Antike geprägte Elemente. Hinzu kamen Bezüge auf religiöse Aussagen. Um den Widerspruch aufzulösen, in dem diese Komplexität zu seinen ursprünglichen Vorstellungen stand, machte sich Schramm die Interpretation dieses Bildes zur Aufgabe, und in der Tat führte ihn dies zu seinen weiteren Forschungen. Er wollte die Vorstellung vom Kaisertum entschlüsseln, die in der Malerei zum Ausdruck kam. Darum fragte er nach der »Kaiseridee«, der Otto III. und die anderen Herrscher des deutsch-römischen Reiches seiner Vorstellung nach gefolgt waren.

Hier setzte in der Selbstdeutung, die Schramm in seinen letzten Lebensjahren formulierte, der Vorgang der »Entfaltung« ein. Damit suggerierte der vielgeehrte Ordinarius sich selbst und seinen Zuhörern, die Entwicklung seines wissenschaftlichen Denkens sei von diesem Punkt an geradlinig, vor allem aber unberührt von außerwissenschaftlichen Faktoren verlaufen. Gerade das wichtigste Produkt seiner Auseinandersetzung mit der »Kaiseridee«, sein Buch »Kaiser, Rom und Renovatio« von 1929, offenbart jedoch bei genauerer Lektüre eine in Teilen widersprüchliche Komplexität, die durch die Vorstellung einer linearen »Entfaltung« nicht erklärt werden kann.

Als Schramm begann, die »Kaiseridee« zum Gegenstand seines Forschens zu machen, wollte er darin eine Lösung für die Probleme finden, die ihn in seiner Gegenwart bedrängten. Er sah die Kaiser vor allem als Herrscher des nordalpinen Reiches, das er im Grunde mit Deutschland gleichsetzte. Die »Kaiseridee« war das gedankliche Band, das dieses Reich zusammenhielt und dadurch letztlich der deutschen Geschichte Sinn und Richtung gab. Schramm lernte aber rasch, daß die »Kaiseridee« ihrem eigentlichen Inhalt nach nicht auf das zunächst ostfränkische Herrschaftsgebiet ausgerichtet war. Elemente wie das Vorbild der antiken Imperatoren und der alttestamentarischen Könige, das Problem der Herrschaft über die Kaiserstadt Rom oder die Aufgabe, für das Heil der Christenheit zu wirken, waren für die mittelalterlichen Vorstellungen vom Sinn des Kaisertums bestimmend. Das Wohlergehen Deutschlands spielte bestenfalls eine untergeordnete Rolle.

In »Kaiser, Rom und Renovatio« beleuchtete Schramm die Geschichte des »Romgedankens«. Insbesondere lotete er die Bedeutung aus, die dieser Gedanke für die »Kaiseridee« gehabt hatte. Dadurch lernte er, den universalen, auf das gesamte Abendland gerichteten Charakter der »Kaiseridee«

und die darin liegende Faszination auf neue Weise in Worte zu fassen. Der Glanz, den das Kaisertum für ihn ausstrahlte, war nicht verblaßt, und bis an sein Lebensende konnte er sich davon in Bann schlagen lassen. Ungeachtet dessen machte er aber in »Kaiser, Rom und Renovatio« mit eindeutigen Formulierungen klar, daß die »Kaiseridee« für das deutsche Reich in seiner Geschichte ebensogut eine Belastung wie eine Chance gewesen war. Jedenfalls war sie nicht geeignet, der deutschen Geschichte den Sinn zu geben, den der Veteran des Ersten Weltkriegs suchte.

Auf der Suche nach einer Möglichkeit, das Besondere und »Eigene« der deutschen Kultur sichtbar zu machen, stieß Schramm auf die Ordines für die Königskrönung. Anders als das Kaisertum waren die europäischen Königtümer schon im Mittelalter im großen und ganzen auf geographische Räume bezogen, aus denen im weiteren Verlauf der Geschichte die Nationalstaaten der Neuzeit hervorgingen. In Frankreich und England hatte das Königtum die Entstehung eines Nationalstaats und die Ausformung eines nationalen Bewußtseins bestimmend geprägt. In seinem Buch über den »König von Frankreich« schilderte Schramm das Modell einer geglückten Nationsbildung. In allen Ländern gab es zwischen dem Königtum und der Bildung der Nation einen engen Zusammenhang. Bei der Königskrönung Ottos des Großen, die im deutschen Raum für die gesamte spätere Entwicklung die Voraussetzungen schuf, sah Schramm die innere Einheit des Reiches in idealer Weise verwirklicht. Der »Mainzer Ordo« wurde in seiner Analyse zum Zeugnis einer deutschen Kultur, die mit dem geistigen Leben des ganzen europäischen Kontinents im fruchtbaren Austausch stand und doch ein eigenes Gepräge entwickelte.

In den Königtums-Forschungen der dreißiger Jahre fand Schramms Mittelalterbild eine geschlossene und abgerundete Form. Das »Besondere« aller Nationen, auch Deutschlands, kam in den jeweiligen monarchischen Traditionen zum Ausdruck. Zugleich standen die verschiedenen Monarchien untereinander im Austausch. Ohne daß das je spezifische Profil der Nationalkulturen an Klarheit verlor, war damit eine gemeinsame, die Völker verbindende europäische Kultur konstituiert. Auch diese lag Schramm am Herzen, weil er sich keine Wiederholung der Ereignisse von 1914 bis 1918 wünschte.

Auf dieser Grundlage entstanden jene Arbeiten, die Schramm in den ersten sechs Jahren der nationalsozialistischen Herrschaft publizierte. Die konkreten Rahmenbedingungen der nationalsozialistischen Diktatur spielten für die Inhalte dieser Arbeiten kaum eine Rolle. Die Vorstellungen von staatlicher und kultureller nationaler Autonomie, auf denen sie fußten, wurzelten im 19. Jahrhundert. Das Mittelalterbild, das Schramm hier entwarf, war eine Reaktion auf Probleme, die er in den ersten Jahren nach der deutschen Niederlage im Ersten Weltkrieg als belastend empfunden hatte. Sein Konzept des kulturellen Austauschs der europäischen Nationen war gestützt und bereichert worden durch die Erfahrungen, die er als junger Göttinger Ordinarius im Internationalen Historischen Komitee gesammelt hatte. In seinen Publikationen bis 1937, abgerundet durch das Frankreich-Buch zwei Jahre später, setzte Schramm ein Programm um, das er schon in seiner ersten einschlägigen Skizze von 1933 vorgelegt hatte und das vor dem Machtantritt Hitlers ausformuliert gewesen war.

Dennoch schlug sich sein Verhältnis zu den politischen Rahmenbedingungen der nationalsozialistischen Zeit auch in seinen veröffentlichten Schriften nieder. Er begrüßte die Politik des Regimes zu weiten Teilen, unterstützte dieses Regime trotz gewisser Bedenken aktiv und strebte als Wissenschaftler danach, auch unter den Bedingungen der Diktatur in den Machtstrukturen der akademischen Welt Fuß zu fassen. Demgemäß begann er in den letzten zwei Jahren vor Ausbruch des Zweiten Weltkriegs, in seinen Arbeiten mit Begriffen und Überlegungen zu experimentieren, die auf nationalsozialistische Ideologeme verwiesen und deshalb geeignet sein konnten, seine akademische Position zu verbessern. Vor allem zeigte Schramm die Tendenz, die Bedeutung der germanischen Kultur für das Mittelalter stärker zu betonen, als es für andere Abschnitte seines Lebens beobachtet werden kann. Es ist hervorzuheben, daß seine Annäherungsversuche an das politisch Opportune nicht sehr weit gingen. Dem ist allerdings hinzuzufügen, daß der Krieg all diesem ein Ende setzte, da Schramm in der Kriegszeit so gut wie nicht mediävistisch arbeitete. Es läßt sich nicht sagen, wie der nun als Stabsoffizier eingesetzte Rittmeister sich andernfalls verhalten hätte.

Der Zweite Weltkrieg, in dem Schramm als Offizier diente, übertraf den Ersten an Grausamkeit bei weitem. Das führte Schramm vor Augen, daß das Modell eines innereuropäischen Kulturgleichgewichts, das seinen Königtums-Forschungen zugrunde gelegen hatte, in der Realität den Belastungen der Politik nicht standhalten konnte. Nach dem Untergang des »Dritten Reiches« folgte Schramm der Entwicklung der öffentlichen Meinung in der jungen Bundesrepublik, indem er sein Geschichtsbild modifizierte und dem ganz Europa umschließenden »Gemeinsamen« jetzt eine vorrangige Bedeutung einräumte. Das »Besondere« der einzelnen Nationen verlor er zwar nicht aus dem Blick, ließ es aber in den Hintergrund treten. Das spezifisch »Deutsche« in der Geschichte verblaßte im Zuge dessen fast ganz. Die Absicht, es zu beschreiben, spielte für Schramms Arbeit keine Rolle mehr. Auf diese Weise zog der Historiker die Konsequenzen aus der Katastrophe, in welche die Herrschaft der Nationalsozialisten geführt hatte. Zugleich brach seiner Mittelalterkonzeption aber damit der Boden weg. Aus dem Appell an das europäische »Gemeinsame« enstand für diesen Verlust kein Ersatz. Der Umstand, daß Schramm diesen Wandel nicht reflektierte, sondern ihn im Gegenteil verleugnete, trug zusätzlich dazu bei, daß sein Bild vom Mittelalter seine Konturen weitgehend verlor.

Kurz zusammengefaßt, lassen sich in der Entwicklung von Schramms Mittelalterbild vier Phasen unterscheiden. Die erste Phase umfaßte Schramms Jugend bis zum Ausbruch des Ersten Weltkriegs. In dieser Zeit begeisterte sich Schramm für eine im Grunde konventionell gesehene »Kaiserherrlichkeit«. Die Jahre des Ersten Weltkriegs bildeten eine Zeit des Übergangs. Erst 1920 in München begann die zweite Phase. Sie währte bis etwa 1929, und ihr wichtigstes Ergebnis bestand darin, daß Schramm seine Konzeption des mittelalterlichen Kaisertums von allen nationalgeschichtlichen Verengungen befreite. Gleichzeitig entwickelte er sein Modell der kulturell selbständigen, aber dennoch im ständigen Austausch miteinander stehenden europäischen Nationen. Dieses Modell bestimmte die dritte Phase, die bis 1939 währte, und prägte seine Arbeiten über Ordines und Königtum. Unter dem Eindruck der nationalsozialistischen Diktatur begann sich am Ende dieser Phase ein erneuter Wandel abzuzeichnen, der vor allem eine stärkere Betonung des germanischen Elements der mittelalterlichen Kultur beinhaltete. Der Zweite Weltkrieg, der wiederum als Zwischenzeit anzusehen ist, ließ diese Bewegung jedoch abbrechen. Nach dem Zweiten Weltkrieg begann die vierte Phase in der Entwicklung von Schramms Mittelalterbild, in der die gesamteuropäische Breite seiner Geschichtskonzeption weiterhin Bestand hatte, aber die an den Nationalkulturen orientierte Binnenstruktur dieser Konzeption weitgehend verblaßte.

Jeder Schritt der so beschriebenen Aus- und Umformung von Schramms Mittelalterbild war verknüpft mit seiner Beziehung zur Kulturwissenschaftlichen Bibliothek Warburg. Seine Begeisterung für eine recht konventionell gesehene »Kaiserherrlichkeit« erwachte in den Jahren vor dem Ersten Weltkrieg zwar ganz unabhängig von der Betreuung, die ihm der Privatgelehrte Aby Warburg in wissenschaftlichen Fragen angedeihen ließ. Aber sicherlich war es, wie Schramm später selbst betonte, auf Warburgs Einfluß zurückzuführen, daß er in seiner Münchener Studienzeit sofort erkannte, welche weitreichenden kulturellen Verbindungen in jenem Widmungsbild sichtbar wurden, das ihn damals fesselte. In den folgenden Jahren war es dann, was Schramm im Alter zu berichten vermied, Warburgs Stellvertreter und späterer Nachfolger Fritz Saxl, der die Entwicklung von Schramms Mittelalterbild begleitete und seine Ausdifferenzierung durch kluge Fragen und weiterführende Hinweise förderte. Vielleicht ist es Fritz Saxl zu verdanken, daß Schramms wohl berühmtestes Buch, »Kaiser, Rom und Renovatio«, überhaupt jemals erschien. Am Ende der zwanziger Jahre hatte der »Romgedanke« seinen Reiz für Schramm weitgehend verloren, und es ist eine durchaus offene Frage, ob Schramm sein Buch über diesen Gedanken noch abgeschlossen hätte, wenn er nicht seinem Freund in Hamburg gegenüber im Wort gestanden hätte.

Die Ordines-Forschungen der dreißiger Jahre führten Schramm in Bereiche der Geschichte, die nach seinem eigenen Empfinden von der Arbeit der

Bibliothek Warburg, die nun in London als Warburg Institute fortbestand, kaum noch berührt wurden. Die Disziplingrenzen überschreitende Breite, die Schramms Geschichtsbetrachtung auszeichnete und die sicherlich auf seine Inspiration durch die Kulturwissenschaftliche Bibliothek Warburg zurückzuführen war, blieb allerdings ohne Abstriche erhalten.

Die wichtigste Leitfrage von Schramms Forschungen über Ordines und Königtum, die Suche nach dem »Geist« der einzelnen Völker, spielte dann für den Bruch mit dem Warburg Institute eine Rolle. Durch das von Edgar Wind verfaßte Vorwort zur »Kulturwissenschaftlichen Bibliographie zum Nachleben der Antike« sah Schramm jede Forschungsrichtung ins Lächerliche gezogen, die den kulturellen Besonderheiten der einzelnen europäischen Nationen einen positiven Wert beimaß. Durch Winds Attacke, die den Kulturvorstellungen der Nationalsozialisten galt, fühlte Schramm sich persönlich getroffen und nahm dies zum Anlaß, gegen seine bisherigen Freunde auf die Seite des nationalsozialistischen Regimes zu treten. Wenige Jahre später probierte er aus, auf welche Weise er sich Begriffe und Denkfiguren zu eigen machen konnte, die von bestimmten Protagonisten dieses Regimes gefördert wurden. Angesichts der 1935 offengelegten Differenzen fiel es ihm leicht, sich im gleichen Zug von Termini zu distanzieren, die für die Kulturwissenschaftliche Bibliothek Warburg typisch gewesen waren.

Indem Schramm 1935 gegen die von Edgar Wind propagierten Vorstellungen Position bezogen hatte, hatte er sich zugleich gegen eine Geschichtsdeutung gewandt, die im antiken Erbe das wichtigste Element der ganz Europa verbindenden Kultur sah und daraus eine Verpflichtung für die Gegenwart ableitete. Diese Abwehrhaltung nahm er 1958 erneut ein, als er mit »Sphaira – Globus – Reichsapfel« einen »Beitrag zum ›Nachleben‹ der Antike« präsentierte. Nun in erster Linie gegen Ernst Robert Curtius gerichtet, kritisierte Schramm mit diesem Werk die allzu direkte Ableitung der europäischen Kultureinheit aus der klassischen Antike.

Seit 1945 sollte allerdings das gesamteuropäische »Gemeinsame« auch der Leitgegenstand seiner eigenen Forschungen sein. Die Fundierung des Ideals der europäischen Einheit im antik-humanistischen Erbe war eine der am häufigsten genutzten Möglichkeiten, dieses Ideal mit einem Inhalt zu füllen, der auch für die Gegenwart von Bedeutung sein konnte. Schramm machte deutlich, daß ihm dieses Geschichtsbild unzulänglich schien. Hinter dem bemerkenswerten Nachdruck, mit dem er seine Kritik vorbrachte, stand aber der uneingestandene Wunsch, seine 1935 eingenommene Position nachträglich von allen zeitgebundenen Opportunitätserwägungen zu befreien und dadurch zu rechtfertigen. Weil sich Schramm hierauf konzentrierte, kam er über die beschriebene Kritik nicht hinaus. Er blieb in der alten Frontstellung stecken. Deshalb wußte er nicht zu sagen, worin der spezifische Wert des »Gemeinsamen« der europäischen Kultur eigentlich liegen sollte, und zeigte sich außerstande, auf die Herausforderungen der Gegenwart der fünfziger Jahre eine eigenständige, weiterführende Antwort zu formulieren. Auf diese Weise wirkte die seit langem zerbrochene Freundschaft mit Fritz Saxl und dem Warburg Institute als eine problembeladene, niemals konstruktiv umgesetzte Erinnerung fort.

An diesem Punkt zeigt sich, wie eng die wissenschaftliche Arbeit eines Historikers mit seiner persönlichen, autobiographischen Erinnerung verbunden sein kann. Schramms Verhalten war außerdem in mancherlei Hinsicht typisch für die in der Bundesrepublik lebenden Deutschen in den ersten Jahrzehnten nach dem Zweiten Weltkrieg. Einige Jahrzehnte früher waren die Zweifel am eigenständigen Wert der deutschen Kultur, die ihn um 1920 bewegten, typisch für die Intellektuellen der Weimarer Republik. Damit sind zwei Beispiele für die Wechselbeziehung genannt, in der das Geschichtsbild eines Historikers mit den kollektiven Erinnerungsversuchen der Gesellschaft steht, deren Teil er ist. Als eine Form der Vergegenwärtigung von Vergangenheit weist die wissenschaftliche Aufarbeitung der Geschichte noch weit darüber hinaus Eigenschaften auf, die allen Verhaltensweisen gemeinsam sind, die sich im weit verstandenen Sinn als Erinnerung bezeichnen lassen. Anhand der mediävistischen Werke von Percy Ernst Schramm sollte die vorliegende Arbeit veranschaulichen, daß die Geschichtswissenschaft aufgrund ihres konstruierenden Charakters stets auf die Gegenwart, auf ihre Probleme und Herausforderungen bezogen ist.

Ein solcher Versuch kann Ansatzpunkte für weitergehende Forschungen bieten. Beispielsweise ist die Kulturwissenschaftliche Bibliothek Warburg mit ihrem Leiter Fritz Saxl in der Kooperation mit Schramm in den zwanziger Jahren als ein Forschungsinstitut sichtbar geworden, das in die wissenschaftliche Öffentlichkeit der Weimarer Zeit hinein wirkte und in den akademischen Strukturen dieser Zeit seinen Platz hatte. Diesen Platz genauer zu beschreiben, könnte eine lohnende Aufgabe sein. Ein anderes Institut, das für Schramm in dieser Zeit von Bedeutung war, war das von Walter Goetz geleitete Institut für Kultur- und Universalgeschichte in Leipzig. Die von Goetz propagierte »Geistesgeschichte«, die Schramm eine wichtige Orientierungshilfe bot, ist mit ihren traditionsgebundenen, idealistischen Grundvorstellungen, aus denen sie ein bemerkenswertes, transdisziplinäres Innovationspotential gewann, von der Forschung vielleicht noch nicht ausreichend gewürdigt worden.

Die vorliegende Arbeit hat sich jedoch darauf beschränkt, am Beispiel einer individuellen wissenschaftlichen Biographie zu zeigen, daß ein Historiker in seiner Arbeit immer an die Zeit gebunden ist, in der er lebt. Daß sich dies so verhält, erscheint selbstverständlich, sobald es ausgesprochen wird. Aber die Geschichtswissenschaft tut gut daran, sich mit dieser Selbstverständlichkeit immer wieder neu auseinanderzusetzen, damit sie sich das Gefühl für ihre Aufgaben, ihre Möglichkeiten und Grenzen bewahrt.

Anhang

A Abkürzungen

Für Zeitschriften werden im allgemeinen die in der Historischen Zeitschrift gebräuchlichen Abkürzungen verwendet. Diese sind hier nicht eigens aufgelistet.

Abh.	Abhandlung
Abt.	Abteilung
AdW.	Akademie der Wissenschaften
a.E.	am Ende
AfU	Archiv für Urkundenforschung
AHR	The American Historical Review
ao. Prof.	außerordentlicher Professor
Art.	Artikel
amerik., Amerik.	amerikanisch, Amerikanisch
Auftr.	Auftrag
Ausg.	Ausgabe
ausg.	ausgegeben
Bd., Bde.	Band, Bände
bearb.	bearbeitet
ber.	berichtigt
Bl.	Blatt
Bl.dt.LaGesch.	Blätter für deutsche Landesgeschichte
dat.	datiert
DBA	Deutsches Biographisches Archiv 1960–1999, Microfiche Edition
DBE	Deutsche Biographische Enzyklopädie, hg. von *Walther Killy* und *Rudolf Vierhaus*, 10 Bde.
DBI	Deutscher Biographischer Index, 2. kumulierte und erweiterte Ausgabe
DLZ	Deutsche Literaturzeitung
dt., Dt.	deutsch, Deutsch
durchges.	durchgesehen
eingel.	eingeleitet
engl., Engl.	englisch, Englisch
erg.	ergänzt
Ersch.	Erscheinen

ersch.	erschienen
erw.	erweitert
FAS	Familienarchiv Schramm im Staatsarchiv Hamburg *Bestandsnummer*: Staatsarchiv Hamburg 622–1, Schramm
fotomech.	fotomechanisch
fortgef.	fortgeführt
fortges.	fortgesetzt
frz., Frz.	französisch, Französisch
gedr.	gedruckt
Ges.	Gesellschaft
Gesch.	Geschichte
GG	Geschichte und Gesellschaft
Gött.Gel.Anz.	Göttingische Gelehrte Anzeigen. Unter der Aufsicht der Akademie der Wissenschaften
Gött.UZt.	Göttinger Universitäts-Zeitung
H.	Heft, Hefte
handschr.	handschriftlich
HGeschBll.	Hansische Geschichtsblätter
histor.	historisch
HJB	Historisches Jahrbuch
ital., Ital.	italienisch, Italienisch
JB	Jahrbuch
JB.AdW.Gött.	Jahrbuch der Akademie der Wissenschaften in Göttingen
JB.Gesch.MOstdtl.	Jahrbuch für die Geschichte Mittel- und Ostdeutschlands
JB.Kunstwiss.	Jahrbuch für Kunstwissenschaft
Jg.	Jahrgang
Kartenbd.	Kartenband
KBW	Kulturwissenschaftliche Bibliothek Warburg
KDG	Kürschners Deutscher Gelehrten-Kalender
KDL	Kürschners Deutscher Literatur-Kalender
korr.	korrigiert
LdM	Lexikon des Mittelalters, 9 Bde.
MGHArch	Archiv der Monumenta Germaniae Historica, München
Ms.	Manuskript
masch.	maschinenschriftlich
MGH DO III	Monumenta Germaniae Historica, Diplomata Ottonis III. [Edition der Urkunden Kaiser Ottos III.]
Mitt.Univ.-Bund Gött.	Mitteilungen des Universitätsbundes Göttingen
Munzinger IBA	Munzinger Archiv – Internationales Biographisches Archiv
Nachr.	Nachrichten
Nachr.Ges.Wiss.Gött., Jahresber.	Nachrichten von der Gesellschaft der Wissenschaften zu Göttingen, Jahresbericht

Nachtr.	Nachtrag
N.Arch.	Neues Archiv der Gesellschaft für ältere deutsche Geschichtskunde zur Beförderung einer Gesamtausgabe der Quellenschriften deutscher Geschichten des Mittelalters
ND	Nachdruck
NDB	Neue Deutsche Biographie
NdsJB	Niedersächsisches Jahrbuch für Landesgeschichte
Neuaufl.	Neuauflage
Neuausg.	Neuausgabe
NF	Neue Folge
NL	Nachlaß
o. Prof.	ordentlicher Professor
Oesterr.Rundschau	Oesterreichische Rundschau
Orig.	Original
philos.	philosophisch
RedenGedenkw.	Orden Pour le Mérite für Wissenschaften und Künste. Reden und Gedenkworte
Rez.	Rezension
SB	Sitzungsberichte
SB.Preuß.AdW., Philos.-histor.Kl.	Sitzungsberichte der Preußischen Akademie der Wissenschaften, Philosophisch-historische Klasse
SVS	»Schriftenverzeichnis Schramm«, das heißt: Verzeichnis der Schriften von Percy Ernst Schramm in der vorliegenden Arbeit
Tafelbd.	Tafelband
Textbd.	Textband
UAGö	Universitätsarchiv Göttingen
überarb.	überarbeitet
übers.	übersetzt
Übers.	Übersetzung
unveränd.	unverändert
verb.	verbessert
vervielf.	vervielfältigt
Vortr.Bibl.Warb.	Vorträge der Bibliothek Warburg. Herausgegeben von Fritz Saxl
WIA	Warburg Institute Archive, London
WIA, GC	Warburg Institute Archive, General Correspondence
wiederabgedr.	wiederabgedruckt
Wiss.	Wissenschaft
ZfG	Zeitschrift für Geschichtswissenschaft
zugl.	zugleich

B Ungedruckte Quellen

Aufgeführt werden jeweils nur die abgekürzt zitierten Bestände und Archivalien. Weitere Archivalien sind in den Fußnoten verzeichnet.

a) Aus FAS

J Max Schramm (1861–1928)

J 37	Mappe: »Private Korrespondenz. Briefe seines Sohnes Percy«.
J 40	Mappe: »Private Korrespondenz. Korrespondenz mit Freunden und Bekannten«.

K Olga Schramm, geb. O'Swald (1869–1965)

K 12/2	Mappe: »Korrespondenz. Briefe des Sohnes Percy«.
K 12/5	Mappe: »Korrespondenz. Briefe von Freundinnen und Bekannten«.
»Erinnerungen Sohn Percy«	*Schramm, Olga:* »Erinnerungen an den Sohn Percy in den Jahren 1894 bis 1918«, handschr. Aufz., 2 H., o.D., Signatur: K 10/12.

L Percy Ernst Schramm (1894–1970)

L 13	Mappe: »Papiere betr. die Reifeprüfung«.
L 30	Mappe: »Studium. Universitätspapiere«.
L 32	Mappe: »Studium. Historische Seminararbeiten«.
L 34	Mappe: »Erster Plan zur Dissertation über Otto III.«
L 97	Mappe: »Private Korrespondenz. Briefe von Freunden und Kriegskameraden«.
L 98	Mappe: »Private Korrespondenz. Briefe von Bekannten«.
L 105	Mappe: »Privatdozentur in Heidelberg 1923–1929 [sic!]. Lehrauftrag in mittelalterlicher Geschichte an der Universität Heidelberg. 1927«
L 128	Mappe: »Liste der gefallenen Mitglieder des Historischen Seminars in Göttingen, 1950«.
L 185	Drei Mappen: »Auslandsreisen […]. Auslandsaufenthalt an der University of Princeton, New Jersey, 1933«.
L 186	Drei Mappen: »Auslandsreisen […]. Besuch des VII. Internationalen Historiker-Kongresses in Warschau im August 1933«.
L 190	Mappe: »Teilnahme an den Krönungsfeierlichkeiten in England 1937«.

L 201	Mappe: »Auslandsreisen […]. Teilnahme am 10. Internationalen Kongreß für Geschichtswissenschaft in Rom. […] 1955«
L 205	Mappe: »Auslandsreisen, Gastvorträge […]. Zweite Reise in die USA […]. 1957«.
L 230	»Allgemeine Korrespondenz betreffend sein Wirken als Historiker und akademischer Lehrer«, 12 Bände, alphabetisch nach Briefpartnern geordnet.
L 234	Mappe: »Politik, Publizistik. Gedanken über politische Probleme der Gegenwart. 1919, 1921–1923«.
L 236	Mappe: »Politik, Publizistik. Nationalpolitische Arbeit für den deutschen Osten etc., 1928, 1931–1933«.
L 237	Mappe: »Politik, Publizistik. Werbung für die Wiederwahl Hindenburgs zum Reichspräsidenten. 1932«.
L 243	Mappe: »Politik, Publizistik. Vorschlag für ein Geschenk des Führers und Reichskanzlers zur englischen Krönungsfeier. 1937«.
L 247	Mappe: »Unterlagen betreffend seine Entnazifizierung«. *darin:* Kreisleitungsakte[1]
L 273	Mappe: »Öffentliche Vorträge, vorwiegend zur Zeitgeschichte, im Interesse der politischen Meinungsbildung […].«
L 275	Drei Mappen: »Teilnahme am Zweiten Weltkrieg. Aufzeichnungen, Briefe und Photos während der Feldzüge«.
L 276	Mappe: »Teilnahme am Zweiten Weltkrieg. Dienst beim OKW/Wehrmachtführungsstab, Abt. Wehrmachtpropaganda«, 1941/42.
L 284	Mappe: »Teilnahme am Zweiten Weltkrieg. Militärische Personalpapiere […], 1939–45«.
L 286	Mappe: »Gefangenschaft bzw. Internierung […], 1945/46«.
L 297	Mappe: »Gedanken über die eigenen beruflichen Aussichten und Pläne. Mai 1922« [darin enthalten: Brief P.E. Schramm an F. Saxl und Max Schramm, Entwurf, o.O. (Heidelberg), Mai 1922].
L 300	Mappe: »Autobiographische Aufzeichnungen. Erste Autobiographische Entwürfe«.
L 301	Mappe: »›Die ersten zwei Jahrzehnte meines Lebens‹ (1894–1914). Für die engere Familie geschrieben nach Notizen aus den Jahren 1942, 1945/46 und 1958, 3 Fassungen«, überwiegend masch., ca. 1959.
L 305	Mappe: »Autobiographische Aufzeichnungen. Materialien zu den ›Lebenserinnerungen‹ (L 303, 304). […]«
L 306	Mappe: »Würdigungen. Nachrufe auf bedeutende Politiker, Gelehrte und Künstler von P.E. Schramm.«

1 Den Materialien über Schramms Entnazifizierungsverfahren ist, ohne jede Abgrenzung, eine offenbar vollständige Kopie der Akte beigelegt, die in der Zeit des Nationalsozialismus bei der Kreisleitung der NSDAP über ihn geführt wurde. Diese Akte hat aber mit dem Entnazifizierungsverfahren nichts zu tun. Die Kopie ist wahrscheinlich erst lange nach Ende dieses Verfahrens entstanden.

Ablieferung Elze
[noch unsigniert][2]

Auszüge Tagebuch Bußmann	»Auszüge aus dem Tagebuch des Jahres 1939« von W. Bußmann, masch., 2 S., 17.9.1958, in: L 305.
»Bericht Geburtstag«	*Schramm, Percy Ernst*: »Bericht über seinen 50. Geburtstag im Führerhauptquartier am 14.10.1944«, masch., 3 S., nach 14.10.1944, Signatur: L 299.
»Erinnerungen Nohl«	*Schramm, Percy Ernst*: »Herman Nohl (1879–1960), Professor der Pädagogik in Göttingen (Erinnerungen, 1967 aufgezeichnet für ein Gedenkbuch)«, masch., 11 S., in: L 306.
»Erinnerungen Wahl«	*Schramm, Percy Ernst*: »Erinnerungen an die Wahl meines Vaters zum Senator«, handschr. Aufz., 21 S., 20.10.1912, Signatur: L 294.
»Funktion Geschichte«	*Schramm, Percy Ernst:* »Die heutige Funktion der Geschichte«, handschr. Aufz., 5 S., 14.4.1922, Signatur: L 35.
»Gedanken über Politik«	*Schramm, Percy Ernst:* »Gedanken über Politik (Versuch eines politischen Glaubensbekenntnisses)«, handschr. Aufz., 7 S., 13.7.1919, in: L 234.
»Geschichtsforschung«	*Schramm, Percy Ernst:* »Was mich zur Geschichtsforschung trieb«, handschr. Aufz., 5 S., 1942, in: L 300.
»Gutachten Bibliothek Warburg«	*Schramm, Percy Ernst:* Gutachten bezüglich der Bibliothek Warburg, masch. Durch., Göttingen o.D. [Januar 1935], in: FAS, L 247; ein Entwurf zu demselben in: L 230, Bd.11.
»Imperium sächsische Kaiser«	*Schramm, Percy Ernst:* »Das Imperium der sächsischen Kaiser«, Konzept einer Dissertation, handschr., 2 S., April 1921, in: L 34.
»Jahrgang 94«	*Schramm, Percy Ernst:* »›Jahrgang 94‹. Lebenserinnerungen der ersten drei Jahrzehnte 1894–1924«, Fotokopie eines Schreibmaschinenmanuskripts, 3 Bde., ca. 1967, Signatur: L 303, Band 1–3.
»Kapp-Putsch«	*Schramm, Percy Ernst:* »Tagebuch über den Kapp-Putsch in Hamburg«, handschr. Aufz., 12 S., 13.3.1920–20.3.1920, Signatur: L 295.
»Lambert«	*Schramm, Percy Ernst:* »Lambert von Hersfeld«, Seminararbeit, handschr., Juni 1914, in: L 32.
»Lebenslauf 1924«	*Schramm, Percy Ernst:* Entwurf eines Lebenslaufs, handschr. Aufz., 7 S., 12.1.1924, in: L 300.
»Memoiren Ludwig XIV.«	*Schramm, Percy Ernst:* »Die Memoiren des Königs Ludwig XIV.«, Seminararbeit, handschr., Februar 1921, in: FAS, L 32.

2 Es handelt sich um ein Konvolut von Material, das einerseits mit Schramms Ordines-Forschungen zusammenhängt, andererseits mit Publikationen, die Schramm noch plante, als er starb. Die Ordines-Materialien hat Schramm selbst kurz nach dem Zweiten Weltkrieg Reinhard Elze überlassen, die übrigen Materialien sind wohl kurz nach Schramms Tod in Elzes Besitz gekommen. Der mittlerweile gleichfalls verstorbene Elze hat das Konvolut noch zu Lebzeiten dem Staatsarchiv Hamburg übergeben.

»Mittelalterlicher Mensch«	*Schramm, Percy Ernst:* »Der mittelalterliche Mensch«, Entwurf eines Referats, handschr., 9 S., Februar 1920, in: L 32, hier: S. 2.
»Miterlebte Geschichte«	*Schramm, Percy Ernst:* »Beiträge zur miterlebten Geschichte (1925–1970)«, Fotokopie eines Schreibmaschinenmanuskripts, 3 Bde., ca. 1969, Signatur: L 304, Band 1–3.
»Rankes Geschichtsauffassung«	*Schramm, Percy Ernst:* »Rankes Geschichtsauffassung«, handschr. Aufz., 12 S., 20.2.1921, in: L 32.
»Rede politische Situation«	*Schramm, Percy Ernst*: Rede über die politische Situation in Deutschland, Konzept in englischer Sprache, masch. Manuskript mit handschr. Korrekturen, 8 S., Juni 1933, in: L 185/3.
»Rede Verfassungsfeier«	*Schramm, Percy Ernst:* Rede zur Verfassungsfeier der Universität Göttingen 1931, masch. Manuskript, 30 S., Sommer 1931, Signatur: L 135.
»Rudern 1910/14«	*Schramm, Percy Ernst:* »Rudern 1910/14«, handschr. Aufz., 10 S., 1942, Signatur: L 17.
»Runder-Wanderfahrt 1911«	*Schramm, Percy Ernst u.a.:* »Runder-Wanderfahrt auf Neckar und Rhein. Schilderungen der Teilnehmer. 1911«, handschr. Aufz., 26 S., 1911, Signatur: L 16.
»Schaeder Ansprache«	*Schramm, Percy Ernst:* »Hans Heinrich Schaeder (1896–1957), Professor der Orientalistik [...]. Ansprache als Dekan und Freund bei der Trauerfeier (18. März 1957) [...]«, masch. Durchschl., März 1957, in: L 306.
»Skizze Otto III.«	*Schramm, Percy Ernst:* »Skizze einer Arbeit: Persönlichkeit und Politik Otto III.«, Entwurf einer Dissertation, handschr., 4 S., 11.5.1921, in: L 34.
»Tagebuch 1920–21«	*Schramm, Percy Ernst:* »Tagebuchartige Aufzeichnungen in der Münchner und Heidelberger Zeit«, handschr., 1 H., 37 S., nicht pag., 27.4.1920–15.10.1921, Signatur: L 296.
»Tagebuch 1924«	*Schramm, Percy Ernst:* »Tagebuch einer Italienreise«, handschr., 9 H., nicht pag., 30.08.1924–7.10.1924, Signatur: L 298.
»Über meine Freunde«	*Schramm, Percy Ernst:* »Über meine Freunde«, handschr. Aufz., 3 S., 20.3.1935, Signatur: L 78.
»Versuch Warburg«	*Schramm, Percy Ernst:* »Versuch einer Biographie Aby Warburgs« [in der Quelle angegebener Titel: »Prof. A.W. Versuch einer Biographie«], handschr. Aufz., 4 S., 22.3.1921, nicht pag., Signatur: L 33.
»Westfeldzug«	*Schramm, Percy Ernst:* »Nach dem Westfeldzug«, handschr. Aufz., 5 S., o.D. [1940/1941], in: L 305.

b) Aus UAGö

PA PES	Universitätskuratorium, Personalakte P.E. Schramm, AZ: XVI.IV.A.a.37.

c) Aus WIA

GC General Correspondence. Kopierbuch	Briefkopierbücher Aby Warburgs, I–VI [1905–1918].[3]
»Bericht 1922«	»Bericht über die Bibliothek Warburg für das Jahr 1922«, Signatur: V 2.3.1.2.2.
»Bericht 1923«	v»Bericht über die Bibliothek Warburg für das Jahr 1923«, Signatur: V 2.3.1.2.3.
»Bericht 1930/31«	»Bericht über die Tätigkeit der Bibliothek Warburg in den Jahren 1930 und 1931«, Signatur: V 2.3.1.2.6.
»Kaiser und Rom«	*Schramm, Percy Ernst:* »Kaiser und Rom im frühen Mittelalter«, Entwurf eines Buches, handschr., 1 S., Februar/März 1923, Anlage zu: Brief P.E. Schramm an F. Saxl, o.O. [Heidelberg], o.D. [vor 7.3.1923], in: GC 1923.

d) Aus MGHArch

A 246, NL Friedrich Baethgen
Akten 338

e) Privatbesitz Reinhard Elze

Korrespondenz mit Percy Ernst Schramm[4]

f) Beim Autor befindliche, unveröffentlichte Quellen:

»Chronique scandaleuse«	*Panofsky, Gerda:* »Chronique scandaleuse du Pour le mérite«, Aufzeichnung, computergeschriebenes Manuskript, 5 S.[5]

3 Über Warburgs Briefkopierbücher: *Diers*, Warburg aus Briefen; zu den technischen Details: ebd., v.a. S. 190–194.

4 Der mittlerweile verstorbene Reinhard Elze gewährte mir im April 1999 freundlicherweise Einblick in seinen Briefwechsel mit Percy Ernst Schramm, der sich damals in seinem Privatbesitz befand.

5 Ich danke Gerda Panofsky für die Überlassung eines Ausdrucks dieses Textes. Frau Panofsky erläutert, es handele sich um eine Aufzeichnung, die sie im Frühjahr 1968, kurz nach Erwin Panofskys Tod, verfaßt habe. Der Text basiere auf Notizen in ihrem Taschenkalender sowie auf ihren Erinnerungen. Bei mehreren einschlägigen Gesprächen war sie Augenzeugin. Darüber hinaus werden Briefe zitiert, die sich in ihrem Besitz befinden (Briefliche Mitteilung Gerda Panofskys an den Autor, 1.2.2000).

C Schriften von Percy Ernst Schramm

Das Verzeichnis enthält die in der vorliegenden Arbeit in Text und Anmerkungen benutzten Publikationen von Percy Ernst Schramm. In den Anmerkungen werden die hier aufgeführten Schriften folgendermaßen zitiert: Auf die Sigle SVS für »Schriftenverzeichnis Schramm« folgt das Jahr der Publikation und ein Kurztitel.

Zitationsbeispiele: SVS 1923 Verhältnis, S. 320
SVS 1968–71 Kaiser, Bd.4,1, S. 123

Ein vollständiges Verzeichnis für die Zeit bis Dezember 1963 hat Annelies Ritter für Schramms Festschrift zum siebzigsten Geburtstag zusammengestellt.[1] Ritter hat ihre Liste angeblich mindestens bis 1970 fortgesetzt.[2] Bisher ließ sich die fortgeführte Liste jedoch nicht auffinden.

Die Ergänzungen zu Ritters Liste, die sich im Rahmen dieser Arbeit für die Zeit bis Ende 1963 ergeben haben, sowie die Korrekturen sind in den Fußnoten zum folgenden Verzeichnis vermerkt.

1922

Studien zur Geschichte Kaiser Ottos III. (996–1002), phil. Diss., 2 Bde., masch., Heidelberg 1922.[3]

1923

Über unser Verhältnis zum Mittelalter, in: Oesterr.Rundschau 19/1923, S. 317–330.

Zur Geschichte der Buchmalerei in der Zeit der sächsischen Kaiser, in: JB.Kunstwiss. 1/1923, S. 54–82.

1924

Das Herrscherbild in der Kunst des frühen Mittelalters, in: Vortr.Bibl.Warb. 2/1922–23, 1. Teil, ersch.1924, S. 145–224.

Kaiser, Basileus und Papst in der Zeit der Ottonen, in: HZ 129/1924, S. 424–475 [ber. und erg. wiederabgedr. in: SVS 1968–71 Kaiser, Bd.3, S. 200–240].

Die Parodie im Mittelalter, in: Oesterr.Rundschau 20, 1924, S. 408–411 [wiederabgedr. in: SVS 1968–71 Kaiser, Bd.4,1, S. 43–47].

1 *Ritter, A.*, Veröffentlichungen Schramm.

2 SVS 1968–71 Kaiser, Bd.4,2, S. 728; *Kamp*, Percy Ernst Schramm, Anm. 1 auf S. 344.

3 Ort und Datum nach dem zweiten Titelblatt des in der Universitätsbibliothek Heidelberg überlieferten Exemplars

1925

Neun Briefe des byzantinischen Gesandten Leo von seiner Reise zu Otto III. aus den Jahren 997–998, in: Byzantinische Zeitschrift 25/1925, S. 89–105 [neu bearb. wiederabgedr. in: SVS 1968–71 Kaiser, Bd.3, S. 246–276].

1926

Die Briefe Kaiser Ottos III. und Gerberts von Reims aus dem Jahre 997, in: AfU 9/1926, S. 87–122.[4]

1927

Rez.: Fedor Schneider, Rom und Romgedanke im Mittelalter, München 1926, in: HZ 135/1927, S. 261–266.

Rez.: Gerhard Laehr, Die Konstantinische Schenkung, Berlin 1926, in: HZ 135/1927, S. 459–465.

1928

Über Illustrationen zur mittelalterlichen Kulturgeschichte, in: HZ 137/1928, S. 425–441.

Die zeitgenössischen Bildnisse Karls des Grossen. Mit einem Anhang über die Metallbullen der Karolinger (= Beiträge zur Kulturgeschichte des Mittelalters und der Renaissance. 29), Leipzig/Berlin 1928.

Umstrittene Kaiserbilder aus dem 9.–12. Jahrhundert, in: N.Arch. 47/1928, S. 469–494.

Die deutschen Kaiser und Könige in Bildern ihrer Zeit. I. Teil: Bis zur Mitte des 12. Jahrhunderts (751–1152). Mit 144 Lichtdrucktafeln (= Die Entwicklung des menschlichen Bildnisses. 1), 2 Bde. [Textbd., Tafelbd.], Leipzig/Berlin 1928.

1929

Kaiser, Rom und Renovatio. Studien und Texte zur Geschichte des Römischen Erneuerungsgedankens vom Ende des karolingischen Reiches bis zum Investiturstreit (= Studien der Bibliothek Warburg. 17), 2 Bde., Leipzig/Berlin 1929.

Studien zu frühmittelalterlichen Aufzeichnungen über Staat und Verfassung, in: ZRG GA 49/1929, S. 167–232.

1930

Die Ordines der mittelalterlichen Kaiserkrönung. Ein Beitrag zur Geschichte des Kaisertums, in: AfU 11/1930, S. 285–390.

1931

Bericht über die Ostpreußenfahrt Göttinger Studenten vom 1.–14. August 1931, in: Mitt. Univ.-Bund Gött. 13, H.2, 1931, S. 41–46.

Schramm, Max [Art.], in: Deutsches Biographisches Jahrbuch 10/1928, ersch.1931, S. 246–250.

1932

Literaturbericht. Mittelalter, in: Vergangenheit und Gegenwart 22/1932, S. 107–114.

4 *Ritter, A.*, Veröffentlichungen Schramm, Nr.I,12, auf S. 292, hat den Aufsatz unter der falschen Jahreszahl eingeordnet.

7 Fragen zum Wahltag, in: Göttinger Stimmen. Herausgegeben vom Göttinger Hindenburg-Ausschuß, 13.3.1932 [Nr.1].[5]

[Herausgeber]: Ausgewählte Kapitel zur Bibliographie der Geistesgeschichte des Mittelalters. Historisches Seminar der Universität Göttingen: Mittellateinischer Apparat. Im Auftrage von P.E. Schramm ausgearbeitet. Zum 18. deutschen Historikertag, masch., vervielf., 2 H. [*Bulst, M. L.* 1932, Aristoteles; *Kamlah* 1932, Literatur], Göttingen 1932.[6]

1933

Zur Geschichte der mittelalterlichen Königskrönung, in: Fortschritte und Forschungen 9/1933, S. 424–425.

Bericht des Deutschen Ikonographischen Ausschusses, in: *Bericht 18. Versammlung*, S. 51–53.[7]

1934

Die Krönung bei den Westfranken und Angelsachsen von 878 bis um 1000, in: ZRG KA 23/1934, S. 117–242 [überarb. und erw. wiederabgedr. in: SVS 1968–71 Kaiser, Bd.2, S. 140–248].

[Beiträge zu:] Monumenta Germaniae historica. Scriptores, Bd.30, Teil 2, Leipzig 1934 (Folio).[8]

1. Notitia dedicationis ecclesiae Sancti Salvatoris in Monte Amiata, S. 971–972.
2. Notae de Mathilda Comitissa, S. 973–975.
3. Translatio et miracula sanctorum Senesii et Theophontii, S. 984–992.
4. Vitae prima et secunda S. Bernardi episcopi Parmensis, S. 1314–1327.

Neue Bücher. Mittelalter, in: Vergangenheit und Gegenwart 24/1934, S. 350–362.

1935

Die Krönung in Deutschland bis zum Beginn des Salischen Hauses (1028), in: ZRG KA 24/1935, S. 184–332 [stark überarb. wiederabgedr. in: SVS 1968–71 Kaiser, Bd.2, S. 287–305, u. Bd.3, S. 33–54, 59–134].

Zur Geschichte der päpstlichen Tiara, in: HZ 152/1935, S. 307–312 [erw. wiederabgedr. in: SVS 1968–71 Kaiser, Bd.4,1, S. 107–112].

Neue Bücher. Mittelalter, in: Vergangenheit und Gegenwart 25/1935, S. 281–298.

1936

Der König von Frankreich. Wahl, Krönung, Erbfolge und Königsidee vom Anfang der Kapetinger (987) bis zum Ausgang des Mittelalters [Teil I: Abschnitte I–V], in: ZRG KA 25/1936, S. 222–354.

[Nachruf auf Karl Hampe], in: HZ 154/1936, S. 438–439.

Neue Bücher. Mittelalter, in: Vergangenheit und Gegenwart 26/1936, S. 540–557.

Rez.: Karl der Große oder Charlemagne?, Berlin 1935, in: DLZ 57/1936, Sp.1839–1842 [wiederabgedr. in: SVS 1968–71 Kaiser, Bd.1, S. 342–344].

5 Schramms Herausgeberschaft der Zeitung aufgenommen in: *Ritter, A.*, Veröffentlichungen Schramm, Nr.I,71, auf S. 296. Beide Nummern der Zeitung überliefert in: FAS, L 237.

6 Als vervielfältigte Manuskripte unter den Teilnehmern des Historikertages verteilt. In *Ritter, A.*, Veröffentlichungen Schramm, nicht aufgenommen.

7 In *Ritter, A.*, Veröffentlichungen Schramm, nicht aufgenommen.

8 Der Band besteht aus drei Faszikeln. Das zweite dieser Faszikel, das Bresslau verantwortet hatte und das alle Beiträge von Schramm enthält, wurde 1929 ausgeliefert. Darum hat *Annelies Ritter* Schramms Beiträge in dem von ihr erstellten Verzeichnis unter 1929 aufgeführt (*Ritter, A.*, Veröffentlichungen Schramm, Nr.I,45, auf S. 294).

1937

A History of the English Coronation, translated by Leopold G. Wickham Legg, Oxford 1937.

Geschichte des englischen Königtums im Lichte der Krönung, Weimar 1937.

Der König von Frankreich. Wahl, Krönung, Erbfolge und Königsidee vom Anfang der Kapetinger (987) bis zum Ausgang des Mittelalters. Fortsetzung und Schluß [= Teil II: Abschnitte VI–X], in: ZRG KA 26/1937, S. 161–284.

Der »Salische Kaiserordo« und Benzo von Alba. Ein neues Zeugnis des Graphia-Kreises, in: DA 1/1937, S. 389–407 [verb. wiederabgedr. in: SVS 1968–71 Kaiser, Bd.3, S. 380–394].

Neue Bücher. Mittelalter, in: Vergangenheit und Gegenwart 27/1937, S. 446–457.

Rez.: Friedrich Stieve, Geschichte des Deutschen Volkes, Berlin 1934, in: HZ 155/1937, S. 113–116 [mit geringen Änderungen wiederabgedr. in: SVS 1968–71 Kaiser, Bd.4,2, S. 634–636].

1938

Ordines-Studien II: Die Krönung bei den Westfranken und den Franzosen, in: AfU 15/1938, S. 3–55 [gedruckt 1937].[9]

Ordines-Studien III: Die Krönung in England, in: AfU 15/1938, S. 305–391 [gedruckt 1937].[10]

Die Erforschung der mittelalterlichen Symbole, Wege und Methoden, in: *Schwineköper* 1938, Handschuh, S. V–XVIII [geringfügig überarb. wiederabgedr. in: SVS 1968–71 Kaiser, Bd.4,2, S. 665–677].

1939

Der König von Frankreich. Das Wesen der Monarchie vom 9. zum 16. Jahrhundert. Ein Kapitel aus der Geschichte des abendländischen Staates, 2 Bde., Weimar 1939.

Nachträge zu den Ordines-Studien II–III, in: AfU 16/1939, S. 279–286.

Die Sudetendeutschen, ihre Geschichte und Leistung, in: Nachr.Ges.Wiss.Gött., Jahresber., Geschäftsjahr 1938/38, ersch. 1939, S. 36–50.

1943

Hamburg, Deutschland und die Welt. Leistung und Grenzen hanseatischen Bürgertums in der Zeit zwischen Napoleon I. und Bismarck. Ein Kapitel deutscher Geschichte, München 1943.

1947

Karl Brandi †, in: ZRG GA 65/1947, S. 464–477.

Sacerdotium und Regnum im Austausch ihrer Vorrechte. Eine Skizze der Entwicklung zur Beleuchtung des »Dictatus papae« Gregors VII., in: Studi Gregoriani 2/1947, S. 403–457 [überarb. und erw. wiederabgedr. in: SVS 1968–71 Kaiser, Bd.4,1, S. 57–106].

1949

Kaufleute zu Haus und über See. Hamburgische Zeugnisse des 17., 18. und 19. Jahrhunderts, gesammelt und erläutert (= Veröffentlichungen der Forschungsstelle für Hamburgische Wirtschaftsgeschichte. 1), Hamburg 1949.

9 S. die Ausführungen im Text, Kap. 9.f).

10 S. die Ausführungen im Text, Kap. 9.f).

Rez.: Giovanni Battista Borino (Hg.), Studi Gregoriani, Bd.1 u. 2, Rom 1947, in: Gött.UZt. 4/1949, Nr.8, S. 13.

1950

Deutschland und Übersee. Der deutsche Handel mit den anderen Kontinenten, insbesondere Afrika, von Karl V. bis zu Bismarck. Ein Beitrag zur Geschichte der Rivalität im Wirtschaftsleben, Braunschweig/Berlin u.a. 1950.

1951

Die Anerkennung Karls des Großen als Kaiser. Ein Kapitel aus der Geschichte der mittelalterlichen »Staatssymbolik«, in: HZ 172/1951, S. 449–515 [überarb. und erg. wiederabgedr. in: SVS 1968–71 Kaiser, Bd.1, S. 215–300].

1952

Die Anerkennung Karls des Großen als Kaiser. Ein Kapitel aus der Geschichte der mittelalterlichen »Staatssymbolik«, Sonderdruck aus der Historischen Zeitschrift, Bd.172, H.3, München 1952.

Hamburg, Deutschland und die Welt. Leistung und Grenzen hanseatischen Bürgertums in der Zeit zwischen Napoleon I. und Bismarck. Ein Kapitel deutscher Geschichte, 2., bearb. Aufl., Hamburg 1952.

1953

Historisches Gutachten über die Kriegslage im Sommer 1944, in: *Kraus (Hg.)* 1953, Remerprozeß, S. 63–81.

Der Krieg war verloren. Das militärische Gutachten im Remerprozeß, in: 20. Juli 1944. Geänderte und vervollständigte Bearbeitung der Sonderausgabe der Wochenzeitung »Das Parlament«: »Die Wahrheit über den 20. Juli 1944«, bearb. von *Hans Royce*, hg. von der Bundeszentrale für den Heimatdienst, Bonn 1953, S. 107–119.

Das Zeitalter Gregors VII. Ein Bericht [Rez.: Giovanni Battista Borino (Hg.), Studi Gregoriani, Bd.1, Rom 1947, bis Bd.4, Rom 1952], in: Gött.Gel.Anz. 207/1953, S. 62–140.

1954–1956

mit Beiträgen verschiedener Verfasser: Herrschaftszeichen und Staatssymbolik. Beiträge zu ihrer Geschichte vom dritten bis zum sechzehnten Jahrhundert, 3 Bde. (= Schriften der Monumenta Germaniae historica. 13, 1–3), Stuttgart 1954–1956.

1955

Kaiser Friedrichs II. Herrschaftszeichen. Mit Beiträgen von *Josef Deér* und *Olle Källström* (= Abhandlungen Akademie der Wissenschaften in Göttingen, Philologisch-Historische Klasse, 3. Folge. 36), Göttingen 1955.

1957

Kaiser, Rom und Renovatio. Studien zur Geschichte des Römischen Erneuerungsgedankens vom Ende des karolingischen Reiches bis zum Investiturstreit, 2. Aufl., fotomech. ND der Ausg. von 1929, Darmstadt 1957 [nur 1. Bd., erg. um Nachträge].

Herrschaftszeichen: gestiftet, verschenkt, verkauft, verpfändet. Belege aus dem Mittelalter (= Nachrichten Akademie der Wissenschaften in Göttingen, I. Philologisch-Historische Klasse, Jg.1957, Nr.5), Göttingen 1957.

Die Staatssymbolik des Mittelalters, in: *Comitato Internazionale (Hg.)* 1957, Atti, S. 337–341.[11]

1958

Sphaira – Globus – Reichsapfel. Wanderung und Wandlung eines Herrschaftszeichens von Caesar bis zu Elisabeth II. Ein Beitrag zum »Nachleben« der Antike, Stuttgart 1958.

Polen in der Geschichte Europas, in: Aus Politik und Zeitgeschichte. Beilage zur Wochenzeitung »Das Parlament«, 8. Jg., B 46/58, 19.11.1958, S. 613–622.

Rez.: Fritz Saxl, Lectures, hg. von Gertrud Bing, London 1957, in: Gött.Gel.Anz 212/1958, S. 72–77 [ND in: *Wuttke (Hg.)* 1989, Kosmopolis, S. 371–377].

1959

Vorwort, zugleich Nachruf auf Fritz Walser (1899–1945), in: *Walser* 1959, Zentralbehörden, S. IX–XIII.

Gedenkrede anläßlich des Volkstrauertages 1959 im Opernhaus zu Hannover. Gedenken an unsere Toten, o.O. 1959.[12]

1960

Der König von Frankreich. Das Wesen der Monarchie vom 9. zum 16. Jahrhundert. Ein Kapitel aus der Geschichte des abendländischen Staates, 2 Bde., 2. verb. u. verm. Aufl., Darmstadt 1960.

1961–1965

(Hg.), in Zusammenarbeit mit *Andreas Hillgruber, Walter Hubatsch, Hans-Adolf Jacobsen:* Kriegstagebuch des Oberkommandos der Wehrmacht (Wehrmachtführungsstab) 1940–1945. Geführt von Helmuth Greiner † und Percy Ernst Schramm. Im Auftrag des Arbeitskreises für Wehrforschung herausgegeben, 4 Bde., Frankfurt a.M. 1961–1965.

1961

Vor 3x7 Jahren. Die Kapitulation von Lille (Ende Mai, Anfang Juni 1940). Carl J. Burckhardt zu seinem 70. Geburtstag, München o.J. (1961).[13]

1962

Hitler als militärischer Führer. Erkenntnisse und Erfahrungen aus dem Kriegstagebuch des Oberkommandos der Wehrmacht, von *Percy Ernst Schramm*, Professor der Geschichte an der Universität Göttingen, Verfasser des Tagebuchs OKW/WFSt 1943/45, Frankfurt a.M. 1962.

Schramm, Percy Ernst; Mütherich, Florentine: Denkmale der deutschen Könige und Kaiser. Ein Beitrag zur Herrschergeschichte von Karl dem Großen bis Friedrich II. 768–1250 (= Veröffentlichungen des Zentralinstituts für Kunstgeschichte in München. 2), München 1962.

11 In *Ritter, A.*, Veröffentlichungen Schramm, nicht aufgenommen.

12 Zitiert nach dem in der Staats- und Universitätsbibliothek Göttingen überlieferten Exemplar.

13 Zitiert nach dem im Privatbesitz von Reinhard Elze befindlichen Exemplar, das Elze selbst mir seinerzeit freundlicherweise zur Einsicht geliehen hat. Vgl. im Übrigen die Ausführungen im Text, Kap. 13.c).

1963–1964

Neun Generationen. Dreihundert Jahre deutscher »Kulturgeschichte« im Lichte der Schicksale einer Hamburger Bürgerfamilie (1648–1948), 2 Bde., Göttingen 1963–1964.

1963

Picker, Henry: Hitlers Tischgespräche im Führerhauptquartier 1941–1942, im Auftrag des Verlags neu hg. von *Percy Ernst Schramm*, in Zusammenarbeit mit *Andreas Hillgruber* und *Martin Vogt,* Stuttgart 1963.

Vorwort und Erläuterungen, in: SVS 1963 Tischgespräche, S. 7–119.

1964

Hamburg. Ein Sonderfall in der Geschichte Deutschlands (= Vorträge und Aufsätze, herausgegeben vom Verein für Hamburgische Geschichte. 13), Hamburg 1964.

Karl der Große. Denkart und Grundauffassungen – Die von ihm bewirkte Correctio (»Renaissance«), in: HZ 198/1964, S. 306–345 [überarb. und erg. wiederabgedr. in: SVS 1968–71 Kaiser, Bd.1, S. 302–341].

Adolf Hitler. Anatomie eines Diktators, 6 Teile, in: Der Spiegel, 18. Jg.:
Nr.5, 29.1.1964, S. 40–61.
Nr.6, 5.2.1964, S. 37–51.
Nr.7, 12.2.1964, S. 42–56.
Nr.8, 19.2.1964, S. 55–67.
Nr.9, 26.2.1964, S. 39–49.
Nr.10, 4.3.1964, S. 48–60.

Notizen über einen Besuch in Doorn (1930), in: *Repgen, Konrad; Skalweit, Stephan (Hg.)*: Spiegel der Geschichte. Festgabe für Max Braubach zum 10. April 1964, Münster (Westf.) 1964, S. 942–950.

Der Kapp-Putsch in Hamburg (1920). Nach einem Bericht des Senators Dr. Max Schramm und dem Tagebuch seines Sohnes, des damaligen cand.phil. Percy Ernst Schramm, herausgegeben von diesem als nunmehrigem Professor der Geschichte, in: ZHambG 49–50/1964, S. 191–210.

1965–1968

Braunfels, Wolfgang (Hg.), unter Mitwirkung von *Helmut Beumann, Bernhard Bischoff, Hermann Schnitzler, Percy Ernst Schramm:* Karl der Grosse. Lebenswerk und Nachleben, 5 Bde., Düsseldorf 1965–1968.[14]

1965

Karl der Grosse im Lichte seiner Siegel und Bullen sowie der Bild- und Wortzeugnisse über sein Aussehen, in: SVS 1965–1968 Karl Lebenswerk, Bd.1: Persönlichkeit und Geschichte, hg. von *Helmut Beumann*, Düsseldorf 1965, S. 15–23.

1966

»Mitherrschaft im Himmel«: Ein Topos des Herrscherkults in christlicher Einkleidung (vom 4. Jahrhundert an festgehalten bis in das frühe Mittelalter), in: *Wirth, Peter (Hg.):* Polychronion. Festschrift Franz Dölger zum 75. Geburtstag (=Forschungen zur griechischen Diplomatik und Geschichte. 1), Heidelberg 1966, S. 480–485.

Rez.: Ernst H. Kantorowicz, Selected Studies, Locust Valley (N.Y.) 1965, in: Erasmus 18/1966, Sp.449–456.

14 S.a.: SVS 1965 Karl Siegel Aussehen; SVS 1967 Nachleben.

1967

Endgestalt einer Epoche. Zum Tode Gerhard Ritters, in: FAZ, 7.7.1967, S. 32.
1842–1967: Rückblick und Rundblick, in: RedenGedenkw. 8/1967, S. 87–113.
Übergabe des Ordenszeichens an Herrn Erwin Panofsky im Zentralinstitut für Kunstgeschichte in München am 26. Juli 1967 (im Rahmen einer Feier zu dessen zwanzigjährigem Bestehen), in: RedenGedenkw. 8/1967, S. 211–217.
Die fast goldenen Zwanziger, in: Merian, Jg.20, H.2, Febr. 1967, S. 84–86.
SVS 1965–1968 Karl Lebenswerk, Bd.4: Das Nachleben, hg. von *Wolfgang Braunfels* und *Percy Ernst Schramm*, Düsseldorf 1967.

1968–1971

Kaiser, Könige und Päpste. Gesammelte Aufsätze zur Geschichte des Mittelalters, 4 Bde., Stuttgart 1968–1971.

1968

Die »Revolution« (Nov. 1918), erlebt an der Westfront. Ein Beitrag zur Dolchstoßlegende, in: *Friedrich, Carl-Joachim; Reifenberg, Benno (Hg.):* Sprache und Politik. Festgabe für Dolf Sternberger zum sechzigsten Geburtstag, Heidelberg 1968, S. 501–511.

1969

Der »Thron der Päpste« in St. Peter, in: RedenGedenkw. 9/1968–69, S. 155–172.

1970

Geschichte des englischen Königtums im Lichte der Krönung, 2. Aufl., ND der 1. Aufl. von 1937, mit einem Vorwort zum Neudruck, Köln/Wien 1970.
Il y a trois fois sept ans... La capitulation de Lille (fin mai – début Juin 1940). Récit dédié à Carl J. Burckhardt, pour son 70e anniversaire. III, in: Amicales Régimentaires, Nr. 117, Januar/Februar 1970.[15]

1971

Kaiser Karl der Kahle. Der Stifter des Thrones in St. Peter, in: *Maccarrone et al.* 1971, Cattedra Lignea, S. 277–293.
Die Rolle der Allegorese im Mittelalter und ihre geistesgeschichtliche Funktion, in: SVS 1968–71 Kaiser, Bd.4,2, S. 678–681.

1978

Schramm, Percy Ernst; Fillitz, Hermann, in Zusammenarbeit mit *Florentine Mütherich:* Denkmale der deutschen Könige und Kaiser, Bd. 2: Ein Beitrag zur Herrschergeschichte von Rudolf I. bis Maximilian I. 1273–1519 (= Veröffentlichungen des Zentralinstituts für Kunstgeschichte in München. 7), München 1978.
Herrschaftszeichen und Staatssymbolik. Beiträge zu ihrer Geschichte vom dritten bis zum sechzehnten Jahrhundert. Nachträge aus dem Nachlaß [Nachlieferung zu: Schriften der Monumenta Germaniae historica. 13], München 1978.

15 Es handelt sich um den dritten Teil einer in Fortsetzungen erschienenen französischen Übersetzung von SVS 1961 3x7 Jahre. Der erste Teil erschien im September 1969 in der Nummer 115 derselben Zeitschrift. Dieser dritte Teil wird hier zitiert nach dem im Privatbesitz von Reinhard Elze befindlichen Exemplar, das Elze selbst mir seinerzeit freundlicherweise zur Einsicht geliehen hat. Vgl. im Übrigen die Ausführungen im Text, Kap. 13.c).

1979
Mein Lehrer Aby Warburg, in: *Füssel (Hg.)* 1979, Mnemosyne, S. 36–41.

1983
Die deutschen Kaiser und Könige in Bildern ihrer Zeit. 751–1190, Neuaufl. unter Mitarbeit von *Peter Berghaus*, *Nikolaus Gussone*, *Florentine Mütherich*, hg. von *Florentine Mütherich*, München 1983.

D Gedruckte Quellen und Literatur

a) Gedruckte Quellen

DIENER, HERMANN (HG.): Karl Hampe. 1869–1936. Selbstdarstellung. Mit einem Nachwort von Hermann Diener, vorgelegt am 10.5.1969 von Roland Hampe (= Sitzungsberichte Heidelberger Akademie der Wissenschaften, Philosophisch-historische Klasse, Jg. 1969, 3. Abh.), Heidelberg 1969.

HARTLAUB, FELIX: Von unten gesehen. Impressionen und Aufzeichnungen des Obergefreiten, hg. von GENO HARTLAUB, Stuttgart 1950.

DERS.: Das Gesamtwerk. Dichtungen, Tagebücher, hg. von GENO HARTLAUB, Frankfurt a.M. 1955.

DERS.: »In den eigenen Umriss gebannt«. Kriegsaufzeichnungen, literarische Fragmente und Briefe aus den Jahren 1939 bis 1945, hg. von GABRIELE LIESELOTTE EWENZ, 2 Bde., Bd.1: Texte, Bd.2: Kommentar, Frankfurt a.M. 2002.

HARTLAUB, GUSTAV FRIEDRICH; KRAUSS, ERNA (HG.): Felix Hartlaub in seinen Briefen, Tübingen 1958.

NAGEL, ANNE CHR. (HG.): Die Philipps-Universität Marburg im Nationalsozialismus. Dokumente zu ihrer Geschichte, bearb. von *Anne Chr. Nagel* und *Ulrich Sieg* (= Pallas Athene. 1), Stuttgart 2000.

PANOFSKY, ERWIN: Korrespondenz 1910 bis 1968. Eine kommentierte Auswahl in fünf Bänden, Bd.1: Korrespondenz 1910 bis 1936, hg. von DIETER WUTTKE, Wiesbaden 2001.

REIMERS, KARL FRIEDRICH: Percy Ernst Schramm [Film], Göttingen 1964/65, Produktion 1964–1965, Publikation 1965, Vertrieb: Institut für den Wissenschaftlichen Film, Göttingen.

SAXL, FRITZ: The History of Warburg's Library (1866–1944), in: GOMBRICH, E[RNST] H[ANS]: Aby Warburg. An Intellectual Biography. With a Memoir on the History of the Library by F. Saxl, London 1970, S. 325–338 [dt. Übers. in: GOMBRICH 1992, Aby Warburg, S. 433–449].

SCHWABE, KLAUS; REICHARDT, ROLF (HG.), unter Mitwirkung von REINHARD HAUF: Gerhard Ritter. Ein politischer Historiker in seinen Briefen (= Schriften des Bundesarchivs. 33), Boppard 1984.

WARBURG, ABY: Tagebuch der Kulturwissenschaftlichen Bibliothek Warburg mit Einträgen von GERTRUD BING und FRITZ SAXL, hg. von KAREN MICHELS und CHARLOTTE SCHOELL-GLASS (= Aby Warburg. Gesammelte Schriften. Studienausgabe. 7. Abt., Bd.7), Berlin 2001.

WUTTKE, DIETER (HG.): Kosmopolis der Wissenschaft. E.R. Curtius und das Warburg Institute. Briefe 1928 bis 1953 und andere Dokumente (= Saecula Spiritalia. 20), Baden-Baden 1989.

b) Literatur

150 JAHRE ORDEN POUR LE MÉRITE FÜR WISSENSCHAFTEN UND KÜNSTE. 1842–1992, o.O. 1992.

ALGAZI, GADI: Otto Brunner – »Konkrete Ordnung« und Sprache der Zeit, in: SCHÖTTLER (HG.) 1997, Geschichtsschreibung, S. 166–203.

ALLEN, WILLIAM SHERIDAN: »Das haben wir nicht gewollt!« Die nationalsozialistische Machtergreifung in einer Kleinstadt 1930–1935, vom Autor durchges. Übers. aus dem Amerik. von Jutta und Theodor Knust, Gütersloh 1966.

ALTHOFF, GERD; KELLER, HAGEN: Heinrich I. und Otto der Große. Neubeginn auf karolingischem Erbe (= Persönlichkeit und Geschichte. 122/123 u. 124/125), 2 Bde., Göttingen/ Zürich 1985.

DERS. (HG.): Die Deutschen und ihr Mittelalter. Themen und Funktionen moderner Geschichtsbilder vom Mittelalter, Darmstadt 1992.

DERS.: Die Beurteilung der mittelalterlichen Ostpolitik als Paradigma für zeitgebundene Geschichtsbewertung, in: DERS. (HG.) 1992, Die Deutschen, S. 147–164.

DERS.: Otto III., Darmstadt 1996.

DERS.: Das Mittelalterbild der Deutschen vor und nach 1945. Eine Skizze, in: HEINIG, JAHNS, SCHMIDT U.A (HG.) 2000, Reich, S. 731–749.

ALY, GÖTZ: Theodor Schieder, Werner Conze oder Die Vorstufen der physischen Vernichtung, in: SCHULZE, W., OEXLE (HG.) 1999, Deutsche Historiker, S. 163–182.

AMIRA, KARL V.: Der Stab in der germanischen Rechtssymbolik (= Abhandlungen Königlich Bayerische Akademie der Wissenschaften, Philosophisch-philologische und historische Klasse. 25. Bd., 1. Abh.), München 1909.

ANKERSMIT, FRANK R.: Historismus: Versuch einer Synthese, aus dem Engl. von Britta Jünemann, in: OEXLE, RÜSEN (HG.) 1996, Historismus, S. 389–410.

APEL, FRIEDMAR: Flieg nicht so hoch, mein kleiner Freund. Und sie träumen, träumen, träumen: Seit hundert Jahren wartet die Wandervogelbewegung auf ihre Stunde, in: FAZ, 27.11.2001, S. 55.

ARETIN, KARL OTMAR FREIHERR V.: Wege und Umwege zur Geschichte, in: LEHMANN, OEXLE (HG.) 1997, Erinnerungsstücke, S. 9–20.

ARNALDI, GIROLAMO: Federico II nelle ricerche dello Schramm, in: ESCH, ARNOLD; KAMP, NORBERT (HG.): Friedrich II. Tagung des Deutschen Historischen Intituts in Rom im Gedenkjahr 1994 (= Bibliothek des Deutschen Historischen Instituts in Rom. 85), Tübingen 1996, S. 23–34.

ASSMANN, ALEIDA: Vier Formen des Gedächtnisses, in: Erwägen, Wissen, Ethik 13 (2002), S. 183–190.

DIES.: Vier Formen des Gedächtnisses – eine Replik, in: Erwägen, Wissen, Ethik 13 (2002), S. 231–238.

ASSMANN, JAN: Das kulturelle Gedächtnis. Schrift, Erinnerung und politische Identität in frühen Hochkulturen, München, 2., durchges. Aufl. 1997.

AUBIN, HERMANN: Die Frage nach der Scheide zwischen Altertum und Mittelalter, in: HZ 172 (1951), S. 245–263.

DERS.: Der Aufbau des Abendlandes im Mittelalter. Grundlagen – Strömungen – Wandlungen, in: HZ 187 (1959), S. 497–520.

AUGSTEIN, RUDOLF: Lieber Spiegel-Leser!, in: Der Spiegel, 18. Jg., Nr. 5, 29.1.1964, S. 3.

DERS.: Lieber Spiegel-Leser!, in: Der Spiegel, 18. Jg., Nr. 13, 25.3.1964, S. 17–18.

BADER, KARL S.: Rez.: Percy Ernst Schramm, Herrschaftszeichen und Staatssymbolik, Bd.1–3, Stuttgart 1954–1956, u. ders., Kaiser Friedrichs II. Herrschaftszeichen, Göttingen 1955, in: HZ 185 (1958), S. 114–125.

BAETHGEN, FRIEDRICH: Katholizismus und Staat. Offener Brief an Herrn Dr. Hermann Hefelein, in: Oesterr.Rundschau 19 (1923), S. 1028–1035.

DERS.: Mittelalterliche Weltanschauung, in: Oesterr.Rundschau 20 (1924), S. 232–234.

DERS.: Der Engelpapst. Vortrag gehalten am 15. Februar 1933 in öffentlicher Sitzung der Königsberger Gelehrten Gesellschaft (= Schriften der Königsberger Gelehrten Gesellschaft, Geisteswissenschaftliche Klasse. 10. Jahr, H.2), Halle a.d. Saale 1933.

DERS.: Beiträge zur Geschichte Cölestins V. (= Schriften der Königsberger Gelehrten Gesellschaft, Geisteswissenschaftliche Klasse. 10. Jahr, H.4), Halle a.d. Saale 1934.

DERS.: Carl Erdmann. Ein Gedenkwort, in: ERDMANN, C., 1951, Forschungen, S. VIII–XXI.

DERS.: Monumenta Germaniae Historica. Bericht für die Jahre 1943–1948, in: DA 8 (1951), S. 1–25.

BAK, JÁNOS M.: Medieval Symbology of the State: Percy E. Schramm's Contribution, in: Viator 4 (1973), S. 33–63.

DERS. (HG.): Coronations. Medieval and Early Modern Monarchic Ritual, Berkeley/Los Angeles/Oxford 1990.

DERS.: Introduction. Coronation Studies – Past, Present and Future, in: DERS. (HG.) 1990, Coronations, S. 1–15.

DERS.: Percy Ernst Schramm (1895[sic!]–1970). P.E. Schrammról, in: KALMAR, JÁNOS (HG.): Miscellanea Fontium Historiae Europaeae. Emlékkönyv H. Balázs Éva Történészprofesszor 80. Születésnapjára, Budapest 1997, S. 421–431.

BAUMGÄRTNER, INGRID: Rombeherrschung und Romerneuerung. Die römische Kommune im 12. Jahrhundert, in: Quellen und Forschungen aus italienischen Archiven und Bibliotheken 69/1989, S. 27–79.

BECHER, MATTHIAS: Karl der Große, 2., durchges. Aufl., München 2000.

BECKER, HEINRICH; DAHMS, HANS-JOACHIM; WEGELER, CORNELIA (HG.): Die Universität Göttingen unter dem Nationalsozialismus, 2., erw. Ausg., München 1998 [1. Ausg.: 1987].

BECKER, HEINRICH: Von der Nahrungssicherung zu Kolonialträumen: Die landwirtschaftlichen Institute im Dritten Reich, in: DERS., DAHMS, WEGELER (HG.) 1998, Universität Göttingen, S. 630–656.

BEHRINGER, WOLFGANG: Zorn des Berserkers. Zum Neudruck einer Germanen-Edition des NS-Ideologen Otto Höfler, in: FAZ, 9.4.1997, S. N6.

DERS.: Bauern-Franz und Rassen-Günther. Die politische Geschichte des Agrarhistorikers Günther Franz (1902–1992), in: SCHULZE, W., OEXLE (HG.) 1999, Deutsche Historiker, S. 114–141.

BENSON, ROBERT L.; FRIED, JOHANNES (HG.): Ernst Kantorowicz. Erträge der Doppeltagung. Institute for Advanced Study, Princeton, Johann Wolfgang Goethe-Universität, Frankfurt (= Frankfurter Historische Abhandlungen. 39), Stuttgart 1997.

BENZ, WOLFGANG: Von der Besatzungsherrschaft zur Bundesrepublik. Stationen einer Staatsgründung 1946–1949, Frankfurt a.M. 1984.

DERS. (HG.): Deutschland unter alliierter Besatzung 1945–1949/55. Ein Handbuch, Berlin 1999.

BERDING, HELMUT: Leopold von Ranke, in: WEHLER (HG.) 1971–1982, Deutsche Historiker, Bd.1, S. 7–24.

BERG, NICOLAS: Lesarten des Judenmords, in: HERBERT (HG.) 2002, Wandlungsprozesse, S. 91–139.

DERS.: Der Holocaust und die westdeutschen Historiker. Erforschung und Erinnerung (= Moderne Zeit. 3), Göttingen 2003.

BERGER, STEFAN; LAMBERT, PETER; SCHUMANN, PETER (HG.): Historikerdialoge. Geschichte, Mythos und Gedächtnis im deutsch-britischen kulturellen Austausch 1750–2000 (= Veröffentlichungen des Max-Planck-Instituts für Geschichte. 179), Göttingen 2003.

BERICHT ÜBER DIE 17. VERSAMMLUNG DEUTSCHER HISTORIKER zu Halle an der Saale vom 22. bis 26. April 1930, München/Leipzig 1930.

BERICHT ÜBER DIE 18. VERSAMMLUNG DEUTSCHER HISTORIKER in Göttingen. 2.–5. August 1932, München/Leipzig 1933.

BETTHAUSEN, PETER: Vöge, Wilhelm [Art.], in: BETTHAUSEN, FEIST, FORK (HG.) 1999, Metzler Kunsthistoriker Lexikon, S. 428–430.

BETTHAUSEN, PETER; FEIST, PETER H.; FORK, CHRISTIANE (HG.), unter Mitarbeit von KARIN RÜHRDANZ und JÜRGEN ZIMMER: Metzler Kunsthistoriker Lexikon. Zweihundert Porträts deutschsprachiger Autoren aus vier Jahrhunderten, Stuttgart/Weimar 1999.

BIESTER, BJÖRN; SCHÄFER, HANS-MICHAEL: »Das Warburg-Institut als Hamburgensie und als Stätte internationalen Geistes.« Ein Vortrag von Eva von Eckardt aus dem Jahr 1950, in: ZHambG 87 (2001), S. 149–171.

BING, GERTRUD: A.M. Warburg, in: WUTTKE (HG.) 1979, Warburg Schriften Würdigungen, S. 437–452 [zuerst ersch.: 1965].

DIES.: Aby M. Warburg. Vortrag anläßlich der Aufstellung von Aby Warburgs Büste in der Hamburger Kunsthalle am 31. Oktober 1958, in: WARBURG, ABY M.: Bildersammlung zur Geschichte von Sternglaube und Sternkunde im Hamburger Planetarium, hg. von UWE FLECKNER, ROBERT GALITZ, CLAUDIA NABER und HERWART NÖLDEKE, Hamburg 1993, S. 14–23.

DIES.: Fritz Saxl (1890–1948). A Biographical Memoir. Reprinted in the fiftieth anniversary year of his death, London 1998 [verb. ND; zuerst ersch.: 1957].

BIRD, GEOFFREY: Educational Reconstruction of the Universities in the British Zone, in: HEINEMANN (HG.) 1990, Hochschuloffiziere, S. 105–107.

BITTEL, KURT: Begrüßungsworte des Ordenskanzlers und Gedenken an den verstorbenen Ordenskanzler Percy Ernst Schramm, in: RedenGedenkw. 10 (1970–71), ersch.1973, S. 99–106.

BLOCH, HERBERT: Der Autor der »Graphia aureae urbis Romae«, in: DA 40 (1984), S. 55–175.

BLOCH, MARC: Die wundertätigen Könige. Mit einem Vorwort von JACQUES LE GOFF, aus dem Frz. von Claudia Märtl, München 1998.

BLOMERT, REINHARD: Intellektuelle im Aufbruch. Karl Mannheim, Alfred Weber, Norbert Elias und die Heidelberger Sozialwissenschaften der Zwischenkriegszeit, München/ Wien 1999.

DERS.: Alfred Weber und Karl Mannheim – eine Heidelberger Schule der Kulturwissenschaften?, in: ULMER (HG.) 1998, Geistes- und Sozialwissenschaften, S. 129–153.

BOBERACH, HEINZ: Strafrechtliche Verfolgung von NS-Verbrechen, in: BENZ (HG.) 1999, Deutschland Besatzung, S. 181–186.

BOJCOV, MICHAIL A.: Mittelalterlicher Symbolismus und (post)moderner Historismus, in: HEINIG, JAHNS, SCHMIDT U.A (HG.) 2000, Reich, S. 751–759.

BOOCKMANN, HARTMUT; WELLENREUTHER, HERMANN (HG.): Geschichtswissenschaft in Göttingen. Eine Vorlesungsreihe (= Göttinger Universitätsschriften. Serie A: Schriften. 2), Göttingen 1987.

DERS.: Ghibellinen oder Welfen, Italien- oder Ostpolitik. Wünsche des deutschen 19. Jahrhunderts an das Mittelalter, in: ELZE, SCHIERA (HG.) 1988, Mittelalter, S. 127–150 [wiederabgedr. in: BOOCKMANN, HARTMUT: Wege ins Mittelalter. Historische Aufsätze, hg. von DIETER NEITZERT, UWE ISRAEL und ERNST SCHUBERT, München 2000, S. 397–413].

DERS.: Der Historiker Hermann Heimpel (= Kleine Vandenhoeck-Reihe. 1553), Göttingen 1990.

DERS.; JÜRGENSEN, KURT (HG.): Nachdenken über Geschichte. Beiträge aus der Ökumene der Historiker in memoriam Karl Dietrich Erdmann, Neumünster 1991.

BOOCKMANN, HARTMUT: Göttingen. Vergangenheit und Gegenwart einer europäischen Universität, Göttingen 1997.

BOUREAU, ALAIN: Kantorowicz. Geschichten eines Historikers, aus dem Frz. von Annette Holoch, mit einem Nachwort von ROBERTO DELLE DONNE, aus dem Ital. von Renate Warttmann und Ulrich Hausmann, Stuttgart 1992.

BOYCE, GRAY C.: Recent deaths: Percy Ernst Schramm, in: AHR 76 (1971), S. 961–962.

BRACKMANN, ALBERT: Der »Römische Erneuerungsgedanke« und seine Bedeutung für die Reichspolitik der Kaiserzeit, in: SB.Preuß.AdW., Philos.-histor.Kl., Jg. 1932, S. 346–374.

DERS.: Kaiser Otto III. und die staatliche Umgestaltung Polens und Ungarns (= Abhandlungen Preußische Akademie der Wissenschaften, Jg. 1939, Philosophisch-historische Klasse. 1), Berlin 1939.

BRANDI, KARL: Der Siebente Internationale Historikerkongress zu Warschau und Krakau, 21.–29. August 1933, in: HZ 149 (1934), S. 213–220.

BRANDT, AHASVER V.: Percy Ernst Schramm (1894–1970), in: HGeschBll. 89 (1971), S. 1–4.
BREDEKAMP, HORST; DIERS, MICHAEL; SCHOELL-GLASS, CHARLOTTE (HG.): Aby Warburg. Akten des internationalen Symposions Hamburg 1990 (= Schriften des Warburg-Archivs. 1), Weinheim 1991.
BREDEKAMP, HORST: Ex nihilo: Panofskys Habilitation, in: REUDENBACH (HG.) 1994, Panofsky, S. 31–51.
BREDEKAMP, HORST; BUSCHENDORF, BERNHARD; HARTUNG, FREIA; KROIS, JOHN M. (HG.): Edgar Wind. Kunsthistoriker und Philosoph, Berlin 1998.
BREDEKAMP, HORST; DIERS, MICHAEL: Vorwort zur Studienausgabe, in: WARBURG 1998, Erneuerung, S. 5*–27*.
BRESSLAU, HARRY: Handbuch der Urkundenlehre für Deutschland und Italien, 2 Bde., Bd.1: 2. Aufl., Leipzig 1912, Bd.2: 2. Aufl., teilw. hg. von HANS-WALTER KLEWITZ, Berlin/Leipzig 1931.
DERS.: Geschichte der Monumenta Germaniae Historica. Im Auftrage ihrer Zentraldirektion bearbeitet, unveränd. ND, Hannover 1976 [zuerst ersch.: 1921].
DERS.: [Selbstdarstellung], in: STEINBERG (HG.) 1925–26, Geschichtswissenschaft, Bd.2, S. 29–83.
BREUER, STEFAN: Anatomie der Konservativen Revolution, 2. durchges. u. korr. Aufl., Darmstadt 1995.
DERS.: Ästhetischer Fundamentalismus. Stefan George und der deutsche Antimodernismus, Darmstadt 1995.
BRUMLIK, MICHA; BRUNKHORST, HAUKE (HG.): Gemeinschaft und Gerechtigkeit, Frankfurt a.M. 1993.
BRUSH, KATHRYN: The Shaping of Art History. Wilhelm Vöge, Adolph Goldschmidt and the Study of Medieval Art, Cambridge/New York/Melbourne 1996.
BUCK, AUGUST (HG.): Zu Begriff und Problem der Renaissance (= Wege der Forschung. 204), Darmstadt 1969.
DERS.: Zu Begriff und Problem der Renaissance. Eine Einleitung, in: DERS. (HG.) 1969, Begriff, S. 1–36.
BULST, MARIE LUISE: Aristoteles im Mittelalter, und Vergilius im Mittelalter [ein Heft von zweien von: SVS 1932 Kapitel].
BURDACH, KONRAD; PIUR, PAUL (HG.): Briefwechsel des Cola di Rienzo. Im Auftrage der preussischen Akademie der Wissenschaften herausgegeben (= Vom Mittelalter zur Reformation. Forschungen zur Geschichte der deutschen Bildung, hg. von KONRAD BURDACH, Bd.2), 5 Teile, Berlin 1912–1929.
BURDACH, KONRAD: Rienzo und die geistige Wandlung seiner Zeit (= BURDACH, PIUR [HG.] 1912–1929, Briefwechsel Rienzo, 1. Teil), 1. Hälfte: Berlin 1913, 2. Hälfte: Berlin 1928.
DERS.: Die Entstehung des mittelalterlichen Romans, in: DERS.: Vorspiel. Gesammelte Schriften zur Geschichte des Deutschen Geistes, Erster Band, 1. Teil: Mittelalter (= Deutsche Vierteljahrsschrift für Literaturwissenschaft und Geistesgeschichte. Buchreihe. 1), Halle a.d. Saale 1925, S. 101–158.
BURLEIGH, MICHAEL: Germany turns eastwards. A study of Ostforschung in the Third Reich, Cambridge/New York u.a. 1988.
BUSCH, JÖRG W.: Die Mailänder Geschichtsschreibung zwischen Arnulf und Galvaneus Flamma. Die Beschäftigung mit der Vergangenheit im Umfeld einer oberitalienischen Kommune vom späten 11. bis zum frühen 14. Jahrhundert (= Münstersche Mittelalter-Schriften. 72), München 1997.
BUSCHENDORF, BERNHARD: »War ein sehr tüchtiges gegenseitiges Fördern«: Edgar Wind und Aby Warburg, in: Idea. Werke – Theorien – Dokumente. Jahrbuch der Hamburger Kunsthalle 4/1985, S. 165–209.
DERS.: Auf dem Weg nach England. Edgar Wind und die Emigration der Bibliothek Warburg, in: DIERS, MICHAEL (HG.): Porträt aus Büchern. Bibliothek Warburg und War-

burg Institute. Hamburg – 1933 – London (= Kleine Schriften des Warburg-Archivs. 1), Hamburg 1993, S. 85–128.

BUSCHMANN, NIKOLAUS; CARL, HORST *(Hg.)*: Die Erfahrung des Krieges. Erfahrungsgeschichtliche Perspektiven von der Französischen Revolution bis zum Zweiten Weltkrieg (= Krieg in der Geschichte. 9), Paderborn 2001.

BUSCHMANN, NIKOLAUS; CARL, HORST: Zugänge zur Erfahrungsgeschichte des Krieges. Forschung, Theorie, Fragestellung, in: BUSCHMANN, CARL *(Hg.)* 2001, Erfahrung, S. 11–26.

BÜTTNER, URSULA: Der Stadtstaat als demokratische Republik, in: JOCHMANN, LOOSE (HG.) 1982–1986, Hamburg, Bd.2, S. 131–264.

CANNADINE, DAVID: The Context, Performance and Meaning of Ritual: The British Monarchy and the ›Invention of Tradition‹, c. 1820–1977, in: HOBSBAWM, RANGER (HG.) 1994, Invention, S. 101–164.

CANTOR, NORMAN F.: Inventing the Middle Ages. The Lives, Works, and Ideas of the Great Medievalists of the Twentieth Century, New York 1991.

CHERNOW, RON: The Warburgs. The Twentieth-Century Odyssey of a Remarkable Jewish Family, New York 1994.

CHICKERING, ROGER: Imperial Germany and the Great war, 1914–1918, Cambridge 1998.

CLASSEN, PETER; SCHEIBERT, PETER (HG.): Festschrift Percy Ernst Schramm. Zu seinem siebzigsten Geburtstag von Schülern und Freunden zugeeignet, 2 Bde., Wiesbaden 1964.

CLAUSEN, LARS; SCHLÜTER, CARSTEN (HG.): Hundert Jahre »Gemeinschaft und Gesellschaft«. Ferdinand Tönnies in der internationalen Diskussion, Opladen 1991.

CLAUSEN, LARS: Der Januskopf der Gemeinschaft, in: CLAUSEN, SCHLÜTER (HG.) 1991, Hundert Jahre, S. 67–82.

COING, HELMUT: Der Orden Pour le mérite – 150 Jahre, in: 150 JAHRE ORDEN, S. 7–17.

COMITATO INTERNAZIONALE DI SCIENZE STORICHE (HG.): Atti del X Congresso Internazionale. Roma 4–11 Settembre 1955. A cura della Giunta Centrale per gli Studi Storici, Rom 1957.

COMMISSION D'ICONOGRAPHIE. Meeting on August 26, 1960, in: COMITE INTERNATIONAL DES SCIENCES HISTORIQUES (HG.): XIe Congrès International des Sciences Historiques. Stockholm, 21–28 Août 1960. Actes du Congrès. Publié par le Comité exécutif suédois du Congrès, Stockholm/Göteborg/Uppsala 1962, S. 321–323.

CONZE, WERNER: Hans Rothfels, in: HZ 237 (1983), S. 311–360.

CORNELISSEN, CHRISTOPH: Gerhard Ritter. Geschichtswissenschaft und Politik im 20. Jahrhundert (= Schriften des Bundesarchivs. 58), Düsseldorf 2001.

DERS.: Die Frontgeneration deutscher Historiker und der Erste Weltkrieg, in: DÜLFFER, KRUMEICH (HG.) 2002, Frieden, S. 311–337.

DERS.: Der wiedererstandene Historismus. Nationalgeschichte in der Bundesrepublik der fünfziger Jahre, in: JARAUSCH, KONRAD H.; SABROW, MARTIN (HG.): Die historische Meistererzählung. Deutungslinien der deutschen Nationalgeschichte nach 1945, Göttingen 2002, S. 78–108.

CYMOREK, HANS: Georg von Below und die deutsche Geschichtswissenschaft um 1900 (= Vierteljahrschrift Sozial- und Wirtschaftsgeschichte, Beihefte. 142), Stuttgart 1998.

DAHLHAUS, JOACHIM: Geschichte in Heidelberg – Aktenstücke und Statistiken, in: MIETHKE (HG.) 1992, Geschichte, S. 263–319.

DAHMS, HANS JOACHIM: Einleitung, in: BECKER, DAHMS, WEGELER (HG.) 1998, Universität Göttingen, S. 29–74.

DERS.: Aufstieg und Ende der Lebensphilosophie: Das philosophische Seminar der Universität Göttingen zwischen 1917 und 1950, in: BECKER, DAHMS, WEGELER (HG.) 1998, Universität Göttingen, S. 287–317.

DERS.: Die Universität Göttingen 1918 bis 1989: Vom »Goldenen Zeitalter« der Zwanziger Jahre bis zur »Verwaltung des Mangels« in der Gegenwart, in: THADDEN, TRITTEL (HG.) 1999, Göttingen, S. 395–456.

DERS.: Philosophie, in: HAUSMANN (HG.) 2002, Rolle, S. 193–227.
DAINAT, HOLGER: Germanistische Literaturwissenschaft, in: HAUSMANN (HG.) 2002, Rolle, S. 63–86.
DEHIO, GEORG: Geschichte der Deutschen Kunst, 4 Bde., 4. Bd. von GUSTAV PAULI, Berlin 1919–1934.
DEISENROTH, ALEXANDER: Deutsches Mittelalter und deutsche Geschichtswissenschaft im 19. Jahrhundert. Irrationalität und politisches Interesse in der deutschen Mediävistik zwischen aufgeklärtem Absolutismus und erstem Weltkrieg (= Reihe der Forschungen. 11), als MS. gedr., Rheinfelden 1983.
DEMM, EBERHARD: Ein Liberaler in Kaiserreich und Republik. Der politische Weg Alfred Webers bis 1920 (= Schriften des Bundesarchivs. 38), Boppard 1990.
DERS.: Von der Weimarer Republik zur Bundesrepublik. Der politische Weg Alfred Webers 1920–1958 (= Schriften des Bundesarchivs. 51), Düsseldorf 1999.
DETWILER, DONALD S.: Percy Ernst Schramm, 1894–1970, in: Central European History 4 (1971), S. 90–93.
DIECKMANN, ADOLF: Geschichtsinteresse der Öffentlichkeit im Spiegel der Verlagsproduktionen, in: SCHULIN (HG.) 1989, Geschichtswissenschaft, S. 53–62.
DIERS, MICHAEL: Kreuzlinger Passion, in: Kritische Berichte 7 (1979), H.4/5, S. 5–14.
DERS.: Warburg aus Briefen. Kommentare zu den Kopierbüchern der Jahre 1905–1918 (= Schriften des Warburg-Archivs. 2), Weinheim 1991.
DERS.: Der Gelehrte, der unter die Kaufleute fiel. Ein Streiflicht auf Warburg und Hamburg, in: BREDEKAMP, DIERS, SCHOELL-GLASS (HG.) 1991, Warburg, S. 45–53.
DERS.: »Professor V«. Aby Warburgs Krankenakte, in: FAZ, 5.8.1992, S. N3.
DERS.: Mnemosyne oder das Gedächtnis der Bilder. Über Aby Warburg, in: OEXLE (HG.) 1995, Memoria, S. 79–94.
DILLY, HEINRICH: Sokrates in Hamburg. Aby Warburg und seine Kulturwissenschaftliche Bibliothek, in: BREDEKAMP, DIERS, SCHOELL-GLASS (HG.) 1991, Warburg, S. 125–140.
DILTHEY, WILHELM: Einleitung in die Geisteswissenschaften. Versuch einer Grundlegung für das Studium der Gesellschaft und der Geschichte. Erster Band, 4. Aufl. (= Wilhelm Dilthey. Gesammelte Schriften. 1), Stuttgart 1959 [zuerst ersch.: 1883].
DOERR, WILHELM (HG.): Semper apertus. Sechshundert Jahre Ruprecht-Karls-Universität Heidelberg. Festschrift in sechs Bänden, Heidelberg/New York/Tokio 1985.
DRESCHER-KADEN, FRIEDRICH KARL: Die wissenschaftlichen Gesellschaften und ihre Zukunftsarbeit. Eröffnungsansprache der feierlichen öffentlichen Sitzung am 7. Mai 1939, in: Nachr.Ges.Wiss.Gött., Jahresber., Geschäftsjahr 1938/38, ersch. 1939, S. 3–14.
DRÜLL, DAGMAR: Heidelberger Gelehrtenlexikon. 1803–1932, Berlin/Heidelberg u.a. 1986.
DÜLFFER, JOST; HILLGRUBER, ANDREAS (HG.): Ploetz Geschichte der Weltkriege. Mächte, Ereignisse, Entwicklungen 1900–1945, Freiburg i.Br/Würzburg 1981.
DÜLFFER, JOST; KRUMEICH, GERD (HG.): Der verlorene Frieden. Politik und Kriegskultur nach 1918 (= Schriften der Bibliothek für Zeitgeschichte. N.F., 15), Essen 2002.
EAKIN-THIMME, GABRIELA ANN: Deutsche Nationalgeschichte und Aufbau Europas. Deutschsprachige jüdische Historiker im amerikanischen Exil, in: Jüdische Emigration. Zwischen Assimilation und Verfolgung, Akkulturation und jüdischer Identität, hg. im Auftr. der Gesellschaft für Exilforschung von CLAUS-DIETER KROHN u.a. (= Exilforschung. Ein internationales Jahrbuch. 19), München 2001, S. 65–79.
DIES.: Geschichte im Exil. Deutschsprachige Historiker nach 1933 (= Forum deutsche Geschichte. 8), München 2005.
EBBINGHAUS, ANGELIKA; ROTH, KARL HEINZ: Vorläufer des »Generalplans Ost«. Eine Dokumentation über Theodor Schieders Polendenkschrift vom 7. Oktober 1939. Eingeleitet und kommentiert, in: 1999. Zeitschrift für Sozialgeschichte 7 (1992), S. 62–94.
ECKEL, JAN: Intellektuelle Transformationen im Spiegel der Widerstandsdeutungen, in: HERBERT (HG.) 2002, Wandlungsprozesse, S. 140–176.

EHLERS, JOACHIM: Der wundertätige König in der monarchischen Theorie des Früh- und Hochmittelalters, in: HEINIG, JAHNS, SCHMIDT U.A (HG.) 2000, Reich, S. 3–19.

DERS.: Charlemagne – Karl der Große, in: FRANCOIS, SCHULZE, H. (HG.) 2001, Erinnerungsorte, Bd.1, S. 41–55.

EICKHOFF, EKKEHARD: Kaiser Otto III. Die erste Jahrtausendwende und die Entfaltung Europas, Stuttgart 1999.

ELVERT, JÜRGEN: Geschichtswissenschaft, in: HAUSMANN (HG.) 2002, Rolle, S. 87–135.

ELZE, REINHARD (HG.): Die Ordines für die Weihe und Krönung des Kaisers und der Kaiserin (= MGH Fontes iuris Germanici antiqui in usum scholarum separatim editi. 9), Hannover 1960.

DERS.: Einleitung, in: ELZE (HG.) 1960, Ordines, S. VII–XL.

DERS.: Percy Ernst Schramm, in: DA 27 (1971), S. 655–657.

DERS.; SCHIERA, PIERANGELO (HG.): Italia e Germania. Immagini, modelli, miti fra due popoli nell'Ottocento: il Medioevo. Das Mittelalter. Ansichten, Stereotypen und Mythen zweier Völker im neunzehnten Jahrhundert: Deutschland und Italien (= Jahrbuch des italienisch-deutschen historischen Instituts in Trient. Beiträge. 1), Bologna und Berlin 1988.

ENGELS, ODILO: Finke, (Johannes) Heinrich, Historiker [Art.], in: Badische Biographien, NF Bd.2, hg. von BERND OTTNAD, Stuttgart 1987, S. 87–89.

ERDMANN, CARL: Kaiserfahne und Blutfahne, in: SB.Preuß.AdW., Philos.-histor.Kl., Jg. 1932, S. 868–899.

DERS.: Forschungen zur politischen Ideenwelt des Frühmittelalters. Aus dem Nachlaß des Verfassers hg. von FRIEDRICH BAETHGEN, Berlin 1951.

ERDMANN, KARL DIETRICH: Die Ökumene der Historiker. Geschichte der Internationalen Historikerkongresse und des Comité International des Sciences Historiques (= Abhandlungen Akademie der Wissenschaften in Göttingen, Philologisch-Historische Klasse, 3. Folge. 158), Göttingen 1987.

ERICKSEN, ROBERT P.: Kontinuitäten konservativer Geschichtsschreibung am Seminar für Mittlere und Neuere Geschichte: Von der Weimarer Zeit über die nationalsozialistische Ära bis in die Bundesrepublik, in: BECKER, DAHMS, WEGELER (HG.) 1998, Universität Göttingen, S. 427–453.

ERLER, ADALBERT: Rez.: Percy Ernst Schramm, Herrschaftszeichen und Staatssymbolik, Bd.1, Stuttgart 1954, in: ZRG GA 72 (1955), S. 290-293.

DERS.: Rez.: Percy Ernst Schramm, Kaiser Friedrichs II. Herrschaftszeichen, Göttingen 1955, in: ZRG GA 73 (1956), S. 454–459.

DERS.: Rez.: Percy Ernst Schramm, Herrschaftszeichen und Staatssymbolik, Bd.2 u. 3, Stuttgart 1955–56, in: ZRG GA 74 (1957), S. 405–406

DERS.: Rez.: Percy Ernst Schramm, Sphaira – Globus – Reichsapfel, Stuttgart 1958, in: ZRG GA 76 (1959), S. 360–362.

ESCH, ARNOLD: Über Hermann Heimpel, in: SCHULZE, W., OEXLE (HG.) 1999, Deutsche Historiker, S. 159–160.

ESCHENBURG, THEODOR: Jahre der Besatzung. 1945–1949. Mit einem einleitenden Essay von EBERHARD JÄCKEL (= Geschichte der Bundesrepublik Deutschland. 1), Stuttgart/ Wiesbaden 1983.

ESSEN, GESA V.: Max Weber und die Kunst der Geselligkeit, in: TREIBER, SAUERLAND (HG.) 1995, Heidelberg im Schnittpunkt, S. 462–484.

ESSLINGER, HANS ULRICH: Emil Lederer: Ein Plädoyer für die politische Verwertung der wissenschaftlichen Erkenntnis, in: TREIBER, SAUERLAND (HG.) 1995, Heidelberg im Schnittpunkt, S. 422–444.

ETZEMÜLLER, THOMAS: Sozialgeschichte als politische Geschichte. Werner Conze und die Neuorientierung der westdeutschen Geschichtswissenschaft nach 1945 (= Ordnungssysteme. 9; zugl.: Diss. Tübingen 2000), München 2001.

DERS.: Kontinuität und Adaption eines Denkstils. Werner Conzes intellektueller Übertritt in die Nachkriegszeit, in: WEISBROD (HG.) 2002, Vergangenheitspolitik, S. 123–146.

EULER, F.W.: Percy Ernst Schramm. *1894 †1970, in: Archiv für Sippenforschung und alle verwandten Gebiete 37 (1971), H.41, S. 79–80.

EWENZ, GABRIELE LIESELOTTE: Einführung in Leben und Werk, in: HARTLAUB, F. 2002, »Umriss«, Bd.2, S. 7–40.

FAHLBUSCH, MICHAEL: Wissenschaft im Dienst der nationalsozialistischen Politik? Die »Volksdeutschen Forschungsgemeinschaften« von 1931–1945, Baden-Baden 1999.

FAULENBACH, BERND: Ideologie des deutschen Weges. Die deutsche Geschichte in der Historiographie zwischen Kaiserreich und Nationalsozialismus, München 1980.

FERGUSON, WALLACE K.: The Renaissance in Historical Thought. Five Centuries of Interpretation, Cambridge (Mass.) 1948.

FESEFELDT, WIEBKE: Rez.: Ernst Hermann Kantorowicz, The King's Two Bodies, Princeton 1957, in: Gött.Gel.Anz. 212 (1958), S. 57–67.

FIEDLER, GUDRUN: Jugend im Krieg. Bürgerliche Jugendbewegung, Erster Weltkrieg und sozialer Wandel 1914–1923 (= Edition Archiv der deutschen Jugendbewegung. 6), Köln 1989.

FINK, OLIVER: Heidelberg, in: FRANCOIS, SCHULZE, H. (HG.) 2001, Erinnerungsorte, Bd.3, S. 473–487.

FINKE, HEINRICH: [Selbstdarstellung], in: STEINBERG (HG.) 1925–26, Geschichtswissenschaft, Bd.1, S. 91–128.

FINK-EITEL, HINRICH: Gemeinschaft als Macht. Zur Kritik des Kommunitarismus, in: BRUMLIK, BRUNKHORST (HG.) 1993, Gemeinschaft, S. 306–322.

FLECKENSTEIN, JOSEF: Paul Kehr. Lehrer, Forscher und Wissenschaftsorganisator in Göttingen, Rom und Berlin, in: BOOCKMANN, WELLENREUTHER (HG.) 1987, Geschichtswissenschaft, S. 239–260.

DERS.: Gedenkrede auf Hermann Heimpel, in: IN MEMORIAM HEIMPEL 1989, S. 27–45.

FRANCOIS, ETIENNE; SCHULZE, HAGEN (HG.): Deutsche Erinnerungsorte, 3 Bde., München 2001.

FREI, NORBERT: Vergangenheitspolitik. Die Anfänge der Bundesrepublik und die NS-Vergangenheit, 2., durchges. Aufl., München 1997.

FREVERT, UTE: Ehrenmänner. Das Duell in der bürgerlichen Gesellschaft, München 1995.

FRIED, JOHANNES: Otto III. und Boleslaw Chrorby. Das Widmungsbild des Aachener Evangeliars, der »Akt von Gnesen« und das frühe polnische und ungarische Königtum. Eine Bildanalyse und ihre historischen Folgen (= Frankfurter Historische Abhandlungen. 30), Stuttgart 1989.

DERS.: Der Weg in die Geschichte. Die Ursprünge Deutschlands bis 1024 (= Propyläen Geschichte Deutschlands. 1), Berlin 1994.

DERS.: Eröffnungsrede zum 42. Deutschen Historikertag am 8. September 1998 in Frankfurt am Main, in: ZfG 46 (1998), S. 869–874.

DERS.: Die Erneuerung des Römischen Reiches, in: WIECZOREK, HINZ (HG.) 2000, Europas Mitte, Bd.2, S. 738–744.

FUHRMANN, HORST: Gedenkworte. Hermann Heimpel und die Monumenta Germaniae Historica, in: IN MEMORIAM HEIMPEL 1989, S. 17–24.

DERS.: Konstantinische Schenkung [Art.], in: LdM, Bd.5, 1991, Sp.1385–1387.

DERS., unter Mitarbeit von MARKUS WESCHE: »Sind eben alles Menschen gewesen«. Gelehrtenleben im 19. und 20. Jahrhundert. Dargestellt am Beispiel der Monumenta Germaniae Historica und ihrer Mitarbeiter, München 1996.

DERS.: Ernst H. Kantorowicz: der gedeutete Geschichtsdeuter, in: DERS.: Überall ist Mittelalter. Von der Gegenwart einer vergangenen Zeit, München 1996, S. 252–270.

DERS.: Die Monumenta Germaniae Historica und die Frage einer textkritischen Methode, in: Bulletino dell'Istituto Storico Italiano per il Medio Evo 100 (1995–1996), ersch. 1997, S. 17–29.

DERS.: Menschen und Meriten. Eine persönliche Portraitgalerie, zusammengestellt und eingerichtet unter Mithilfe von MARKUS WESCHE, München 2001.

DERS.: Paul Fridolin Kehr. »Urkundione« und Weltmann, in: DERS. 2001, Menschen, S. 174–212.

DERS.: Geschichte als Fest: Hermann Heimpel, in: DERS. 2001, Menschen, S. 272–284.

DERS.: Chevalier Percy Ernst Schramm, in: DERS. 2001, Menschen, S. 285–290.

FULDA, DANIEL: Wissenschaft aus Kunst. Die Entstehung der modernen deutschen Geschichtsschreibung 1760–1860 (= European Cultures. 7), Berlin/New York 1996.

FÜSSEL, STEPHAN (HG.): Mnemosyne. Beiträge von Klaus Berger, Ernst Cassirer u.a. zum 50. Todestag von Aby M. Warburg (= Gratia. Bamberger Schriften zur Renaissanceforschung. 7), Göttingen 1979.

GALITZ, ROBERT; REIMERS, BRITA (HG.): Aby M. Warburg. »Ekstatische Nymphe... trauernder Flußgott«. Portrait eines Gelehrten (= Schriftenreihe Hamburgische Kulturstiftung. 2), Hamburg 1995.

KURZE GESAMTÜBERSICHT ÜBER DIE JAHRE 1944–1960, in: JB.AdW.Gött., Übergangsband für die Jahre 1944–1960, ersch. 1962, S. 7–12.

GIESEBRECHT, WILHELM V.: Geschichte der Deutschen Kaiserzeit, 6 Bde., z.T. hg. und fortges. von B. V. SIMSON, Braunschweig/Leipzig 1855–1895.

GOETTING, HANS: Brackmann, Albert [Art.], in: NDB, Bd.2, 1955, S. 504–505.

GOETZ, WALTER: Das menschliche Bildnis. Zur Einführung, in: SCHRAMM, PERCY ERNST: Die deutschen Kaiser und Könige in Bildern ihrer Zeit. I. Teil: Bis zur Mitte des 12. Jahrhunderts (751–1152). Mit 144 Lichtdrucktafeln (= Die Entwicklung des menschlichen Bildnisses. 1), 2 Bde. [Textbd., Tafelbd.], Leipzig/Berlin 1928 [SVS 1928 Kaiser in Bildern], Textbd., S. VII–IX.

DERS.: Historiker in meiner Zeit. Gesammelte Aufsätze. Mit einem Geleitwort von THEODOR HEUSS, hg. von HERBERT GRUNDMANN, Köln/Graz 1957.

DERS.: Aus dem Leben eines deutschen Historikers, in: GOETZ 1957, Historiker, S. 1–87.

GOLLWITZER, HEINZ: Zur Auffassung der mittelalterlichen Kaiserpolitik im 19. Jahrhundert. Eine ideologie- und wissenschaftsgeschichtliche Nachlese, in: VIERHAUS, RUDOLF; BOTZENHART, MANFRED (HG.): Dauer und Wandel in der Geschichte. Aspekte europäischer Vergangenheit. Festgabe für Kurt von Raumer zum 15. Dezember 1965, Münster 1966, S. 483–512.

GOMBRICH, ERNST H[ANS]: Aby Warburg. Eine intellektuelle Biographie, aus dem Engl. von Matthias Fienbork, Neuauflage der Ausgabe von 1981, Hamburg 1992 [engl. Original 1970].

GÖRICH, KNUT: Otto III. Romanus Saxonicus et Italicus (= Historische Forschungen. 18), Sigmaringen 1993.

GRAUS, FRANTIŠEK: Über die sogenannte germanische Treue, in: Historica 1 (1959), S. 71–121.

DERS.: Herrschaft und Treue. Betrachtungen zur Lehre von der germanischen Kontinuität I, in: Historica 12 (1966), S. 5–44.

DERS.: Verfassungsgeschichte des Mittelalters, in: HZ 243 (1986), S. 529–589.

GREBING, HELGA: Zwischen Kaiserreich und Diktatur. Göttinger Historiker und ihr Beitrag zur Interpretation von Geschichte und Gesellschaft (M. Lehmann, A.O. Meyer, W. Mommsen, S. A. Kaehler), in: BOOCKMANN, WELLENREUTHER (HG.) 1987, Geschichtswissenschaft, S. 204–238.

GREGOROVIUS, FERDINAND: Geschichte der Stadt Rom im Mittelalter vom V. bis XVI. Jahrhundert, neu hg. von WALDEMAR KAMPF, 3 Bde., Tübingen 1953–1957 [zuerst veröff.: 1859–1872].

GROLLE, JOIST: Suche nach der Wirklichkeit. Das zerrissene Leben des Historikers Percy Ernst Schramm: Selbsttäuschungen eines Großbürgers, in: Die Zeit, 13.10.1989, S. 49–51.

DERS.: Der Hamburger Percy Ernst Schramm – ein Historiker auf der Suche nach der Wirklichkeit (= Vorträge und Aufsätze, herausgegeben vom Verein für Hamburgische Geschichte. 28), Hamburg 1989.

DERS.: Percy Ernst Schramm – Fritz Saxl. Die Geschichte einer zerbrochenen Freundschaft, in: BREDEKAMP, DIERS, SCHOELL-GLASS (HG.) 1991, Warburg, S. 95–114 [zuerst veröff.: ZHambG 76 (1990), S. 145–167].

DERS.: »Deutsches Geschlechterbuch« – Ahnenkult und Rassenwahn, in: FREIMARK, PETER; JANKOWSKI, ALICE; LORENZ, INA S. (HG.): Juden in Deutschland. Emanzipation, Integration, Verfolgung und Vernichtung. 25 Jahre Institut für die Geschichte der deutschen Juden Hamburg (= Hamburger Beiträge zur Geschichte der deutschen Juden. 17), Hamburg 1991, S. 207–228.

DERS.: Die Büste Aby Warburgs in der Kunsthalle: Ein Hamburger »Denkmalfall«, in: Konstruktionen der Moderne. Im Blickfeld. Jahrbuch der Hamburger Kunsthalle, Hamburg 1994, S. 149–170.

DERS.: Percy Ernst Schramm – ein Sonderfall in der Geschichtsschreibung Hamburgs, in: ZHambG 81 (1995), S. 23–60.

GRÜNEWALD, ECKHART: Ernst Kantorowicz und Stefan George. Beiträge zur Biographie des Historikers bis zum Jahre 1938 und zu seinem Jugendwerk »Kaiser Friedrich der Zweite« (= Frankfurter Historische Abhandlungen. 25), Wiesbaden 1982.

DERS.: Sanctus amor patriae dat animum – ein Wahlspruch des George-Kreises? Ernst Kantorowicz auf dem Historikertag zu Halle a.d. Saale im Jahr 1930. Mit Edition, in: DA 50 (1994), S. 89–125.

DERS.: »Not only in Learned Circles«: The Reception of *Frederick the Second* in Germany before the Second World War, in: BENSON, FRIED (HG.) 1997, Ernst Kantorowicz, S. 162–179.

Gundel, Hans Georg; Moraw, Peter; Press, Volker (Hg.): Gießener Gelehrte in der ersten Hälfte des 20. Jahrhunderts (= Veröffentlichungen Historische Kommission für Hessen. 35; Lebensbilder aus Hessen. 2), 2 Bde., Marburg 1982.

HAAR, INGO: Historiker im Nationalsozialismus. Deutsche Geschichtswissenschaft und der »Volkstumskampf« im Osten (= Kritische Studien. 143), Göttingen 2000.

HAGEN, MANFRED: Göttingen als »Fenster zum Osten« nach 1945, in: BOOCKMANN, WELLENREUTHER (HG.) 1987, Geschichtswissenschaft, S. 321–343.

HALBWACHS, MAURICE: Das Gedächtnis und seine sozialen Bedingungen, aus dem Frz. von Lutz Geldsetzer, Frankfurt a.M. 1985 [zuerst veröff.: 1966].

DERS.: Das kollektive Gedächtnis, aus dem Frz. von Holde Lhoest-Offermann, mit einem Geleitwort v. H. MAUS, Stuttgart 1967.

HALFMANN, FRANK: Eine »Pflanzstätte bester nationalsozialistischer Rechtsgelehrter«: Die Juristische Abteilung der Rechts- und Staatswissenschaftlichen Fakultät, in: BECKER, DAHMS, WEGELER (HG.) 1998, Universität Göttingen, S. 102–155.

HAMPE, KARL: Deutsche Kaisergeschichte in der Zeit der Salier und Staufer (= Bibliothek der Geschichtswissenschaft [ohne Bandzählung]), Leipzig 1909.

DERS.: Der Zug nach dem Osten. Die kolonisatorische Großtat des deutschen Volkes im Mittelalter (= Aus Natur und Geisteswelt. 731), Leipzig/Berlin 1921.

DERS.: Kaiser Otto III. und Rom, in: HZ 140 (1929), S. 513–533.

HASSELHORN, FRITZ: Göttingen 1917/18–1933, in: THADDEN, TRITTEL (HG.) 1999, Göttingen, S. 63–126.

HAUSMANN, FRANK-RUTGER: »Deutsche Geisteswissenschaft« im Zweiten Weltkrieg. Die »Aktion Ritterbusch« (1940–1945) (= Schriften zur Wissenschafts- und Universitätsgeschichte. 1), Dresden/München 1998.

DERS.: Der »Kriegseinsatz« der Deutschen Geisteswissenschaften im Zweiten Weltkrieg (1940–1945), in: SCHULZE, W., OEXLE (HG.) 1999, Deutsche Historiker, S. 63–86.

DERS. (HG.), unter Mitarbeit von ELISABETH MÜLLER-LUCKNER: Die Rolle der Geisteswissenschaften im Dritten Reich 1933–1945 (= Schriften des Historischen Kollegs. Kolloquien. 53), München 2002.

DERS.: Einführung, in: DERS. (HG.) 2002, Rolle, S. VII–XXV.

HEIBER, HELMUT: Walter Frank und sein Reichsinstitut für Geschichte des neuen Deutschlands (= Quellen und Darstellungen zur Zeitgeschichte. 15), Stuttgart 1966.
DERS.: Universität unterm Hakenkreuz. Teil 1: Der Professor im Dritten Reich. Bilder aus der akademischen Provinz, München/London u.a. 1991.
DERS.: Universität unterm Hakenkreuz. Teil 2: Die Kapitulation der Hohen Schulen. Das Jahr 1933 und seine Themen, 2 Bde., München/London u.a. 1992–1994.
HEIMPEL, HERMANN: Giesebrecht, Friedrich Wilhelm Benjamin von [Art.], in: NDB, Bd.6, 1964, S. 379–382.
DERS.: Die halbe Violine. Eine Jugend in der Haupt- und Residenzstadt München, Taschenbuchausgabe, München/Hamburg 1965.
DERS.: Königtum, Wandel der Welt, Bürgertum. Nachruf auf P.E. Schramm, in: HZ 214 (1972), S. 96–108.
HEINEMANN, MANFRED (HG.), bearb. von DAVID PHILLIPS: Hochschuloffiziere und Wiederaufbau des Hochschulwesens in Westdeutschland 1945–1952. Teil 1: Die Britische Zone, Hildesheim 1990.
DERS.: 1945: Universitäten aus britischer Sicht, in: DERS. (HG.) 1990, Hochschuloffiziere, S. 41–60.
HEINIG, PAUL-JOACHIM; JAHNS, SIGRID; SCHMIDT, HANS-JOACHIM; SCHWINGES, RAINER CHRISTOPH; WEFERS, SABINE (HG.): Reich, Regionen und Europa in Mittelalter und Neuzeit. Festschrift für Peter Moraw (= Historische Forschungen. 67), Berlin 2000.
HEISE, CARL GEORG: Persönliche Erinnerungen an Aby Warburg, Hamburg, 2., verb. Aufl., 1959.
HELBOK, ADOLF: Grundlagen der Volksgeschichte Deutschlands und Frankreichs. Vergleichende Studien zur deutschen Rassen-, Kultur- und Staatsgeschichte, Textbd. u. Kartenbd., Berlin/Leipzig 1937 u. 1938.
HELWIG, WERNER: Die Blaue Blume des Wandervogels. Vom Aufstieg, Glanz und Sinn einer Jugendbewegung, überarb. Neuausg. mit einem Bildanhang, hg. von WALTER SAUER, Baunach 1998 [zuerst ersch. 1960].
HENKE, KLAUS–DIETMAR: Die Trennung vom Nationalsozialismus. Selbstzerstörung, politische Säuberung, »Entnazifizierung«, Strafverfolgung, in: DERS.; WOLLER, HANS (HG.): Politische Säuberung in Europa. Die Abrechnung mit Faschismus und Kollaboration nach dem Zweiten Weltkrieg, München 1991, S. 21–83.
HENTIG, HANS WOLFRAM V.: Müller, Karl Alexander v. [Art.], in: NDB, Bd.18, 1997, S. 440–442.
HERBERT, ULRICH: Best. Biographische Studien über Radikalismus, Weltanschauung und Vernunft, 1903–1989, 3. Aufl., Bonn 1996.
DERS. (HG.): Wandlungsprozesse in Westdeutschland. Belastung, Integration, Liberalisierung 1945–1980 (= Moderne Zeit. 1), Göttingen 2002.
DERS.: Liberalisierung als Lernprozeß. Die Bundesrepublik in der deutschen Geschichte – eine Skizze, in: DERS. (HG.) 2002, Wandlungsprozesse, S. 7–49.
HERBST, LUDOLF: Das nationalsozialistische Deutschland 1933–1945. Die Entfesselung der Gewalt: Rassismus und Krieg, Frankfurt a.M. 1996.
HERF, JEFFREY: Zweierlei Erinnerung. Die NS-Vergangenheit im geteilten Deutschland, aus dem Amerik. von Klaus Dieter Schmidt, Berlin 1998.
HERTFELDER, THOMAS: Franz Schnabel und die deutsche Geschichtswissenschaft. Geschichtsschreibung zwischen Historismus und Kulturkritik (1910–1945) (= Schriftenreihe der Historischen Kommission bei der Bayerischen Akademie der Wissenschaften. 60), 2 Bde., Göttingen 1998.
HILDEBRAND, KLAUS: Universitäten im »Dritten Reich« – Eine historische Betrachtung, in: KOHNLE, ENGEHAUSEN (HG.) 2001, Wissenschaft, S. 194–202.
HIRSCHFELD, GERHARD; KRUMEICH, GERD; RENZ, IRINA (HG.): Keiner fühlt sich hier mehr als Mensch… Erlebnis und Wirkung des Ersten Weltkriegs (= Schriften der Bibliothek für Zeitgeschichte. N.F. 1), Essen 1993.

Hirschfeld, Gerhard; Krumeich, Gerd; Langewiesche, Dieter; Ullmann, Hans-Peter (Hg.): Kriegserfahrungen. Studien zur Sozial- und Mentalitätsgeschichte des Ersten Weltkriegs (= Schriften der Bibliothek für Zeitgeschichte. N.F. 5), Essen 1997.

Hobsbawm, Eric; Ranger, Terence (Hg.): The Invention of Tradition, Cambridge, unveränd. ND der 1. Aufl., 1994.

Hoffmann, Gabriele: Das Haus an der Elbchaussee. Die Godeffroys – Aufstieg und Niedergang einer Dynastie, 3. Aufl., Hamburg 1999.

Hoffmann, Konrad: Panofskys »Renaissance«, in: Reudenbach (Hg.) 1994, Erwin Panofsky, S. 139–144.

Hoffmann, Paul Theodor: Der mittelalterliche Mensch. Gesehen aus Welt und Umwelt Notkers des Deutschen, Gotha 1922.

Höfler, Otto: Das Germanische Kontinuitätsproblem, in: HZ 157 (1938), S. 1–26.

Hofmann, Albert v.: Politische Geschichte der Deutschen, 5 Bde. u. ein Bilderatlas, Stuttgart/Berlin/Leipzig 1923–1928.

Hohls, Rüdiger; Jarausch, Konrad H. (Hg.), unter Mitarbeit von Torsten Bathmann, Jens Hacke, Julia Schäfer und Marcel Steinbach-Reimann: Versäumte Fragen. Deutsche Historiker im Schatten des Nationalsozialismus, Stuttgart/München 2000.

Holländer, Hans: Kunsthistorische Mittelaltervorstellungen des späten 19. und frühen 20. Jahrhunderts, in: Segl (Hg.) 1997, Mittelalter, S. 279–288.

Holtzmann, Robert: Kaiser Otto der Große, Berlin 1936.

Hubatsch, Walther: Erforscher der Vergangenheit und Zeuge der Gegenwart. Zum Tode von Percy Ernst Schramm, in: Hannoversche Allgemeine Zeitung, 14.12.1970.

Hunger, Ulrich: Germanistik zwischen Geistesgeschichte und »völkischer Wissenschaft«: Das Seminar für deutsche Philologie im Dritten Reich, in: Becker, Dahms, Wegeler (Hg.) 1998, Universität Göttingen, S. 365–390.

Hunger, Ulrich: Neumann, Friedrich [Art.], in: NDB, Bd.19, 1999, S. 148–149.

Hying, Klemens: Das Geschichtsdenken Otto Westphals und Christoph Stedings. Ein Beitrag zur Analyse der nationalsozialistischen Geschichtsschreibung, phil. Diss. Berlin (FU), 1964.

Iggers, George G.: Historismus im Meinungsstreit, in: Oexle, Rüsen (Hg.) 1996, Historismus, S. 7–27.

Ders.: Deutsche Geschichtswissenschaft. Eine Kritik der traditionellen Geschichtsauffassung von Herder bis zur Gegenwart, aus dem Engl. von Christian M. Barth, durchges. u. erw. Ausg. der 3. Aufl. von 1976, Wien/Köln/Weimar 1997.

Ders.; Powell, James M. (Hg.): Leopold von Ranke and the Shaping of the Historical Discipline, Syracuse, NY (USA) 1990.

In memoriam Hermann Heimpel. Gedenkfeier am 23. Juni 1989 in der Aula der Georg-August-Universität (= Göttinger Universitätsreden. 87), Göttingen 1989.

Jacobsen, Hans-Adolf: Die Rolle der Wehrmacht im Dritten Reich (1933–1945), in: Thiele (Hg.) 1997, Wehrmachtsausstellung, S. 17–29.

Jakobs, Hermann: Die Mediävistik bis zum Ende der Weimarer Republik, in: Miethke (Hg.) 1992, Geschichte, S. 39–66.

Jansen, Christian: Professoren und Politik. Politisches Denken und Handeln der Heidelberger Hochschullehrer 1914–1935 (= Kritische Studien. 99; zugl.: phil. Diss. Heidelberg 1989), Göttingen 1992.

Ders.: Vom Gelehrten zum Beamten. Karriereverläufe und soziale Lage der Heidelberger Hochschullehrer 1914–1933. Mit einem personalbiografischen Anhang und den Wohnsitzen der 1886 bis 1936 Lehrenden, Heidelberg 1992.

Ders.: »Deutsches Wesen«, »deutsche Seele«, »deutscher Geist«. Der Volkscharakter als nationales Identifikationsmuster im Gelehrtenmilieu, in: Blomert, Reinhard; Kuzmics, Helmut; Treibel, Annette (Hg.): Transformationen des Wir-Gefühls. Studien zum nationalen Habitus, Frankfurt a.M. 1993, S. 199–278.

DERS.: Die Liberalität der Universität Heidelberg und ihre Grenzen, in: TREIBER, SAUERLAND (HG.) 1995, Heidelberg im Schnittpunkt, S. 515–543.

JANSZEN, KARL HEINZ: Ein Hamburger Rittmeister. Zum Tode des Göttinger Gelehrten Percy Ernst Schramm, in: Die Zeit, 20.11.1970.

JARAUSCH, KONRAD H.; HOHLS, RÜDIGER: Brechungen von Biographie und Wissenschaft. Interviews mit deutschen Historiker/innen der Nachkriegsgeneration, in: HOHLS, JARAUSCH (HG.) 2000, Fragen, S. 15–54.

JESINGHAUSEN-LAUSTER, MARTIN: Die Suche nach der symbolischen Form. Der Kreis um die Kulturwissenschaftliche Bibliothek Warburg. Mit einem Geleitwort von GERT MATTENKLOTT (= Saecula Spiritalia. 13), Baden-Baden 1985.

JOCHMANN, WERNER; LOOSE, HANS-DIETER (HG.): Hamburg. Geschichte der Stadt und ihrer Bewohner, 2 Bde., Bd.1: Von den Anfängen bis zur Reichsgründung, hg. von HANS DIETER LOOSE, Hamburg 1982; Bd.2: Vom Kaiserreich bis zur Gegenwart, hg. von WERNER JOCHMANN, Hamburg 1986.

JOCHMANN, WERNER: Handelsmetropole des Deutschen Reiches, in: JOCHMANN, LOOSE (HG.) 1982–1986, Hamburg, Bd.2, S. 15–129.

JORZICK, REGINE: Herrschaftssymbolik und Staat. Die Vermittlung königlicher Herrschaft im Spanien der frühen Neuzeit (1556–1598) (= Studien zur Geschichte und Kultur der iberischen und iberoamerikanischen Länder. 4), Wien und München 1998.

JUNGBLUTH, GÜNTHER: Burdach, Carl Ernst Konrad [Art.], in: NDB, Bd.3, 1957, S. 41.

KAEGI, DOMINIC: Jaspers und Rickert – Philosophie zwischen Wissenschaft und Existenzerhellung, in: ULMER (HG.) 1998, Geistes- und Sozialwissenschaften, S. 171–190.

KAMLAH, WILHELM: Literatur zur lateinischen Bibelkommentierung des Mittelalters (7.–15. Jh.) [ein Heft von zweien von: SVS 1932 Kapitel].

KAMP, NORBERT: Percy Ernst Schramm und die Mittelalterforschung, in: BOOCKMANN, WELLENREUTHER (HG.) 1987, Geschichtswissenschaft, S. 344–363.

KAMPERS, FRANZ: Die deutsche Kaiseridee in Prophetie und Sage, zugl. als 2. bis zur Gegenwart fortgef. Aufl. der »Kaiserprophetien und Kaisersagen im Mittelalter«, München 1896.

DERS.: Vom Werdegange der Abendländischen Kaisermystik, gedruckt mit Unterstützung der Bibliothek Warburg (Hamburg), Leipzig 1924.

KANTOROWICZ, ERNST [H.]: Kaiser Friedrich der Zweite, 2 Bde., Textband: Berlin 1927, Ergänzungsband: Berlin 1931.

DERS.: Laudes regiae. A Study in Liturgical Acclamations and Mediaeval Ruler Worship, with a study of the music of the laudes and musical transcriptions by MANFRED F. BUKOFZER (= University of California Publications in History. 33) Berkeley/Los Angeles 1946.

KAPITULATION. Bein im Mittelalter, in: Der Spiegel, 16. Jg., Nr. 20, 16.5.1962, S. 61–64.

KARADI, EVA: Karl Mannheim und Alfred Weber – eine Heidelberger Schule für Kultursoziologie?, in: ULMER (HG.) 1998, Geistes- und Sozialwissenschaften, S. 155–169.

KÄSLER, DIRK: Erfolg eines Mißverständnisses? Zur Wirkungsgeschichte von »Gemeinschaft und Gesellschaft« in der frühen deutschen Soziologie, in: CLAUSEN, SCHLÜTER (HG.) 1991, Hundert Jahre, S. 517–526.

KAUDELKA, STEFFEN: Rezeption im Zeitalter der Konfrontation. Französische Geschichtswissenschaft und Geschichte in Deutschland 1920–1940 (= Veröffentlichungen des Max-Planck-Instituts für Geschichte. 186), Göttingen 2003.

KEEGAN, JOHN: Der erste Weltkrieg. Eine europäische Tragödie, dt. von Karl und Heidi Nicolai, Reinbek bei Hamburg 2000.

Kehr, Paul: Bericht über die Herausgabe der Monumenta Germaniae Historica 1922–1923, in: N.Arch. 45 (1924), S. 211–220.

DERS.: Rez.: Eduard Eichmann, Der Kaiserkrönungsordo Cencius II (in: Miscellanea Franz Ehrle, Bd.2, 1924, S. 322–337), in: N.Arch. 46 (1926), S. 301–302.

DERS.: Harry Bresslau. Ein Nachruf, in: N.Arch. 47 (1928), S. 251–266.

DERS.: Bericht über die Herausgabe der Monumenta Germaniae Historica 1933, in: N.Arch. 50 (1935), S. *I–*XI.

KELLER, HAGEN: Die Einsetzung Ottos I. zum König (Aachen, 7. August 936) nach dem Bericht Widukinds von Corvey, in: KRAMP (HG.) 2000, Krönungen, Bd.1, S. 265–273.

KERN, FRITZ: Gottesgnadentum und Widerstandsrecht im früheren Mittelalter. Zur Entwicklungsgeschichte der Monarchie (= Mittelalterliche Studien. 1, H.2), Leipzig 1914, ausg. 1915.

KERNER, MAX: Karl der Große. Entschleierung eines Mythos, 2. Aufl., Köln 2001.

KERSHAW, IAN: Hitler, 2 Bde., Bd.1: 1889–1936, aus dem Engl. von Jürgen Peter Krause und Jörg W. Rademacher, 2. Aufl., Stuttgart 1998; Bd.2: 1936–1945, aus dem Engl. von Klaus Jochmann, Stuttgart 2000.

KITTSTEINER, HEINZ DIETER: Deutscher Idealismus, in: FRANCOIS, SCHULZE, H. (HG.) 2001, Erinnerungsorte, Bd.1, S. 170–186.

KLEIN, CHRISTIAN (HG.): Grundlagen der Biographik. Theorie und Praxis des biographischen Schreibens, Stuttgart/Weimar 2002.

KLESSMANN, ECKART: M.M. Warburg & CO. Die Geschichte eines Bankhauses, Hamburg 1999.

KLEWITZ, HANS WALTHER: Ausgewählte Aufsätze zur Kirchen- und Geistesgeschichte des Mittelalters, Aalen 1971.

KLIBANSKY, RAYMOND; PANOFSKY, ERWIN; SAXL, FRITZ: Saturn und Melancholie. Studien zur Geschichte der Naturphilosophie und Medizin, der Religion und der Kunst, dt. von Christa Buschendorf, Frankfurt a.M. 1992.

KOCKA, JÜRGEN: Zwischen Nationalsozialismus und Bundesrepublik. Ein Kommentar, in: SCHULZE, W., OEXLE (HG.) 1999, Deutsche Historiker, S. 340–357.

KOHLI-KUNZ, ALICE: Erinnern und Vergessen. Das Gegenwärtigsein des Vergangenen als Grundproblem historischer Wissenschaft (= Erfahrung und Denken. 40), Berlin 1973.

KOHNLE, ARMIN; ENGEHAUSEN, FRANK (HG.): Zwischen Wissenschaft und Politik. Studien zur deutschen Universitätsgeschichte. Festschrift für Eike Wolgast zum 65. Geburtstag, Stuttgart 2001.

KOLB, EBERHARD: Die Weimarer Republik (= Oldenbourg Grundriss der Geschichte. 16), 4., durchges. und erg. Aufl., München 1998.

KOLK, RAINER: Das schöne Leben. Stefan George und sein Kreis in Heidelberg, in: TREIBER, SAUERLAND (HG.) 1995, Heidelberg im Schnittpunkt, S. 310–327.

KÖNIG, CHRISTOPH: »Made in Heidelberg«. Erich Rothacker und die Anfänge der »Deutschen Vierteljahrsschrift für Literaturwissenschaft und Geistesgeschichte«, in: TREIBER, SAUERLAND (HG.) 1995, Heidelberg im Schnittpunkt, S. 170–182.

KÖNIGSEDER, ANGELIKA: Entnazifizierung, in: BENZ (HG.) 1999, Deutschland Besatzung, S. 114–117.

KÖNIGSEDER, KARL: Aby Warburg im »Bellevue«, in: GALITZ, REIMERS (HG.) 1995, Aby M. Warburg, S. 74–98.

KOTRE, JOHN: Der Strom der Erinnerung. Wie das Gedächtnis Lebensgeschichten schreibt, aus dem Engl. von Hartmut Schickert, München 1998 [amerik. Original 1995].

KRAMP, MARIO (HG.): Krönungen. Könige in Aachen – Geschichte und Mythos. Katalog der Ausstellung, 2 Bde., Mainz 2000.

KRAUS, HERBERT (HG.): Institut für Völkerrecht an der Universität Göttingen. Die im Braunschweiger Remerprozeß erstatteten moraltheologischen und historischen Gutachten nebst Urteil, Hamburg 1953.

KRIEGER, LEONARD: Ranke. The meaning of history, Chicago/London 1977.

KRILL, HANS-HEINZ: Die Rankerenaissance. Max Lenz und Erich Marcks. Ein Beitrag zum historisch-politischen Denken in Deutschland 1880–1935. Mit einem Vorwort von HANS HERZFELD (= Veröffentlichungen der Berliner Historischen Kommission. 3), Berlin 1962.

KRÜGER, DIETER: Nationalökonomen im wilhelminischen Deutschland (= Kritische Studien. 58), Göttingen 1983.

KRUMEICH, GERD: Einleitung: Die Präsenz des Krieges im Frieden, in: DÜLFFER, KRUMEICH (HG.) 2002, Frieden, S. 7–17.

KRUSE, WOLFGANG (HG.): Eine Welt von Feinden. Der Große Krieg 1914–1918, Frankfurt a.M. 1997.

DERS.: Kriegsbegeisterung? Zur Massenstimmung bei Kriegsbeginn, in: DERS. (HG.) 1997, Welt, S. 159–166.

KÜHN, HELGA-MARIA: Ehrengard Schramm. Eine engagierte Göttinger Bürgerin, in: Göttinger Jahrbuch 1993, S. 211–224.

KURZE, DIETRICH: Wilhelm Berges. 8. April 1909 – 25. Dezember 1978, in: JB.Gesch.Mittel- u.Ostdtl. 28 (1979), S. 530–548.

KWIET, KONRAD: Die NS-Zeit in der westdeutschen Forschung 1945–1961, in: SCHULIN (HG.) 1989, Geschichtswissenschaft, S. 181–198.

LARGE, DAVID CLAY: Hitlers München. Aufstieg und Fall der Hauptstadt der Bewegung, aus dem Engl. von Karl Heinz Siber, München 1998.

LAUDAGE, JOHANNES: Otto der Grosse (912–973). Eine Biographie, Regensburg 2001.

LE GOFF, JACQUES: Vorwort, in: BLOCH, M. 1998, Könige, S. 9–44.

LEGGEWIE, CLAUS: Von Schneider zu Schwerte. Das ungewöhnliche Leben eines Mannes, der aus der Geschichte lernen wollte, München/Wien 1998.

LEHMANN, HARTMUT; MELTON, JAMES VAN HORN (HG.): Paths of continuity. Central European historiography from the 1930s to the 1950s, Cambridge 1994.

LEHMANN, HARTMUT; OEXLE, OTTO GERHARD (HG.): Erinnerungsstücke. Wege in die Vergangenheit. Rudolf Vierhaus zum 75. Geburtstag gewidmet, Wien/Köln/Weimar 1997.

LEHMANN, HARTMUT; OEXLE, OTTO GERHARD (HG.), unter Mitwirkung von MICHAEL MATTHIESEN und MARTIAL STAUB: Nationalsozialismus in den Kulturwissenschaften, Bd. 1: Fächer – Milieus – Karrieren (= Veröffentlichungen des Max-Planck-Instituts für Geschichte. 200), Göttingen 2004.

LEHMANN, HARTMUT; OEXLE, OTTO GERHARD (HG.), unter Mitwirkung von MICHAEL MATTHIESEN und MARTIAL STAUB: Nationalsozialismus in den Kulturwissenschaften, Bd. 2: Leitbegriffe – Deutungsmuster – Paradigmenkämpfe. Erfahrungen und Transformationen im Exil (= Veröffentlichungen des Max-Planck-Instituts für Geschichte. 211), Göttingen 2004.

LENZ, MAX: Geschichte Bismarcks, 3., verb. u. erg. Aufl., Leipzig 1911 [zuerst ersch. 1902].

LERNER, ROBERT E.: Kantorowicz and Continuity, in: BENSON, FRIED (HG.) 1997, Ernst Kantorowicz, S. 104–123.

LIEBESCHÜTZ, HANS: Aby Warburg (1866–1929) as Interpreter of Civilisation, in: Leo Baeck Institute Year Book 16 (1971), S. 225–236.

LIETZMANN, HILDA: Bibliographie Friedrich Baethgen, in: DA 29 (1973), S. 18–24.

LINNEMANN, KAI ARNE: Die Wiederkehr des akademischen Bürgers. Herman Nohl und die Pädagogik der Sittlichkeit, in: WEISBROD (HG.) 2002, Vergangenheitspolitik, S. 167–189.

LINSE, ULRICH: Der Wandervogel, in: FRANCOIS, SCHULZE, H. (HG.) 2001, Erinnerungsorte, Bd.3, S. 531–548.

LLOYD-JONES, HUGH: A Biographical Memoir, in: WIND, EDGAR: The Eloquence of Symbols. Studies in Humanist Art, ed. by Jaynie Anderson, Oxford 1983, S. xiii–xxxvi.

LOEWENSTEIN, BEDRICH: »Am deutschen Wesen…«, in: FRANCOIS, SCHULZE, H. (HG.) 2001, Erinnerungsorte, Bd.1, S. 290–304.

LUNDGREEN, PETER (HG.): Wissenschaft im Dritten Reich, Frankfurt a.M. 1985.

LURZ, MEINHOLD: Heinrich Wölfflin. Biographie einer Kunsttheorie (= Heidelberger Kunstgeschichtliche Abhandlungen. N.F. 14), Worms 1981.

MACCARRONE, MICHELE; FERRUA, ANTONIO; ROMANELLI, PIETRO; SCHRAMM, PERCY ERNST: La Cattedra Lignea di S. Pietro in Vaticano. Quattro Studi con dieci appendici (= Atti del-

la Pontificia Accademia Romana di Archeologia. Serie III: Memorie. 10), Città del Vaticano 1971.
MACCARRONE, MICHELE: La Storia della Cattedra, in: DERS. ET AL. 1971, Cattedra Lignea, S. 3–70.
MANNHEIM, KARL: Das Problem der Generationen, in: *Ders.*: Wissenssoziologie. Auswahl aus dem Werk, eingel. u. hg. von KURT H. WOLFF (= Soziologische Texte. 28), Berlin/Neuwied 1964, S. 509–565.
MARCKS, ERICH: Bismarck. Eine Biographie, 1815–1851, hg. von WILLY ANDREAS, 2. Aufl., Stuttgart 1951.
MARTEN, HEINZ-GEORG: Der niedersächsische Ministersturz. Protest und Widerstand der Georg-August-Universität Göttingen gegen den Kultusminister Schlüter im Jahre 1955 (= Göttinger Universitätsschriften. Serie A: Schriften. 5), Göttingen 1987.
MATTHES, EVA: Nohl, Herman [Art.], in: NDB, Bd.19, 1999, S. 323–324.
MATTHIESEN, MICHAEL: Verlorene Identität. Der Historiker Arnold Berney und seine Freiburger Kollegen 1923–1938, Göttingen 1998.
MAYER, THEODOR: Die Ausbildung der Grundlagen des modernen deutschen Staates im Hohen Mittelalter, in: HZ 159 (1939), S. 457–487.
MCEWAN, DOROTHEA: Arch and Flag: Leitmotifs for the Aby Warburg Bookplate, in: Bookplate International 3 (1996), Nr. 2, S. 95–109.
DIES.: Ausreiten der Ecken. Die Aby Warburg – Fritz Saxl Korrespondenz 1910 bis 1919 (= Kleine Schriften des Warburg Institute London und des Warburg Archivs im Warburg-Haus Hamburg. 1), Hamburg 1998.
MEIER, HANS; NEWALD, RICHARD; WIND, EDGAR (HG.): Kulturwissenschaftliche Bibliographie zum Nachleben der Antike, Bd.1: Die Erscheinungen des Jahres 1931. Herausgegeben von der Bibliothek Warburg, Leipzig/Berlin 1934.
MEIER, HANS; NEWALD, RICHARD; WIND, EDGAR (HG.): A Bibliography on the Survival of the Classics. 1st vol.: The Publications of 1931. Edited by The Warburg Institute. The Text of the German Edition with an English Introduction, London/Toronto/Melbourne u.a. 1934.
MEINECKE, FRIEDRICH: Weltbürgertum und Nationalstaat. Hg. u. eingel. von HANS HERZFELD (= Friedrich Meinecke. Werke. 5), München 1962 [Neudruck der 7. Aufl. von 1927, zuerst ersch. 1907].
MEINEKE, STEFAN: Friedrich Meinecke. Persönlichkeit und politisches Denken bis zum Ende des Ersten Weltkriegs (= Veröffentlichungen der Historischen Kommission zu Berlin. 90), Berlin/New York 1995.
MELTON, JAMES VAN HORN: Introduction. Continuities in German Historical Scholarship, 1933–1960, in: LEHMANN, MELTON (HG.) 1994, Paths, S. 1–18.
MESSERSCHMIDT, MANFRED: Karl Dietrich Erdmann, Walter Bußmann und Percy Ernst Schramm. Historiker an der Front und in den Oberkommandos der Wehrmacht und des Heeres, in: LEHMANN, OEXLE (HG.) 2004, Nationalsozialismus 1, S. 417–443.
MICHELS, KAREN: Transplantierte Kunstwissenschaft. Deutschsprachige Kunstgeschichte im amerikanischen Exil (= Studien aus dem Warburg-Haus. 2), Berlin 1999.
MICHELS, KAREN; WARNKE, MARTIN: Vorwort, in: PANOFSKY 1998, Aufsätze, S. IX–XVII.
MIETHKE, JÜRGEN (HG.): Geschichte in Heidelberg. 100 Jahre Historisches Seminar. 50 Jahre Institut für Fränkisch-Pfälzische Geschichte und Landeskunde. Im Auftrag der Direktoren des Historischen Seminars herausgegeben, Berlin/Heidelberg/New York 1992.
MOELLER, ROBERT G.: War Stories: The Search for a Usable Past in the Federal Republic of Germany, in: AHR 101 (1996), S. 1008–1048.
MOHLER, ARMIN: Die Konservative Revolution in Deutschland 1918–1932. Ein Handbuch, 3., um einen Ergänzungsband erw. Aufl., Darmstadt 1989.
MOMMSEN, HANS: Generationskonflikt und Jugendrevolte in der Weimarer Republik, in: KOEBNER, THOMAS; JANZ, ROLF-PETER; TROMMLER, FRANK (HG.): »Mit uns zieht die neue Zeit«. Der Mythos Jugend, Frankfurt a.M. 1985, S. 50-67.

DERS.: Die verspielte Freiheit. Der Weg der Republik von Weimar in den Untergang 1918 bis 1933 (= Propyläen Geschichte Deutschlands. 8), Berlin 1989.

MOMMSEN, WOLFGANG J. (HG.): Leopold von Ranke und die moderne Geschichtswissenschaft. Für die Kommission für Geschichte der Geschichtsschreibung des Comité International des Sciences Historiques herausgegeben, Stuttgart 1988.

DERS.: Ranke and the Neo-Rankean School in Imperial Germany. State-oriented Historiography as a Stabilizing Force, in: IGGERS, POWELL (HG.) 1990, Ranke, S. 124–140.

MORAW, PETER: Organisation und Lehrkörper der Ludwigs-Universität Gießen in der ersten Hälfte des zwanzigsten Jahrhunderts, in: GUNDEL, MORAW, PRESS (HG.) 1982, Gießener Gelehrte, Bd. 1, S. 23–75.

DERS.: Fritz Vigener (1879–1925). Historiker, in: GUNDEL, MORAW, PRESS (HG.) 1982, Gießener Gelehrte, Bd.2, S. 981–995.

MÖRING, MARIA: Erforschung der Geschichte Hamburger Firmen und Unternehmen. Die Wirtschaftsgeschichtliche Forschungsstelle e.V., in: GESCHICHTE IN HAMBURG. Erforschen – Vermitteln – Bewahren (= ZHambG 74–75/1989), S. 61–79.

MORSEY, RUDOLF: Die Bundesrepublik Deutschland. Entstehung und Entwicklung bis 1969 (= Oldenbourg Grundriss der Geschichte. 19), 4., überarb. und erw. Aufl., München 2000.

MUHLACK, ULRICH: Leopold von Ranke, in: HAMMERSTEIN, NOTKER (HG.): Deutsche Geschichtswissenschaft um 1900, Stuttgart 1988, S. 11–36.

MÜLLER, GERDA: Rez.: Matthias Riemenschneider, Jörg Thierfelder (Hg.), Elisabeth von Thadden, Karlsruhe 2002, in: Deutsches Pfarrerblatt, 12 (2002), S. 668–669.

MÜLLER, HERIBERT: »Eine gewisse angewiderte Bewunderung«. Johannes Haller und der Nationalsozialismus, in: PYTA, WOLFRAM; RICHTER, LUDWIG (HG.): Gestaltungskraft des Politischen. Festschrift für Erberhard Kolb, Berlin 1998, S. 443–482.

DERS.: »Von welschem Zwang und welschen Ketten des Reiches Westmark zu erretten«. Burgund und der Neusser Krieg 1474/75 im Spiegel der deutschen Geschichtsschreibung von der Weimarer Zeit bis in die der frühen Bundesrepublik, in: DIETZ, BURKHARD; GABEL, HELMUT; TIEDAU, ULRICH (HG.): Griff nach dem Westen. Die »Westforschung« der völkisch-nationalen Wissenschaften zum nordwesteuropäischen Raum (1919–1960) (= Studien zur Geschichte und Kultur Westeuropas. 6), Münster/New York u.a. 2003, S. 137–184.

MÜLLER, KARL ALEXANDER V.: Im Wandel einer Welt. Erinnerungen Band Drei. 1919–1932, hg. von Otto Alexander v. Müller, München 1966.

MÜLLER, SILVINUS: Die Königskrönungen in Aachen (936–1531). Ein Überblick, in: KRAMP (HG.) 2000, Krönungen, Bd.1, S. 49–58.

MÜNZ, RAINER; OHLIGER, RAINER: Auslandsdeutsche, in: FRANCOIS, SCHULZE, H. (HG.) 2001, Erinnerungsorte, Bd.1, S. 370–388.

NABER, CLAUDIA: »Heuernte bei Gewitter«: Aby M. Warburg 1924–1929, in: GALITZ, REIMERS (HG.) 1995, Aby M. Warburg, S. 104–129.

NAGEL, ANNE CHR.: Zwischen Führertum und Selbstverwaltung. Theodor Mayer als Rektor der Marburger Universität 1939–1942, in: SPEITKAMP, WINFRIED (HG.): Staat, Gesellschaft, Wissenschaft. Beiträge zur modernen hessischen Geschichte. Hellmut Seier zum 65. Geburtstag (= Veröffentlichungen Historische Kommission für Hessen. 55), Marburg 1994, S. 343–364.

DIES.: »Der Prototyp der Leute, die man entfernen soll, ist Mommsen«. Entnazifizierung in der Provinz oder die Ambiguität moralischer Gewißheit, in: Jahrbuch zur Liberalismus-Forschung 10 (1998), S. 55–91.

DIES.: Einleitung, in: DIESELB. (HG.) 2000, Philipps-Universität, S. 1–72.

DIES.: Im Schatten des Dritten Reichs. Mittelalterforschung in der Bundesrepublik Deutschland 1945–1970 (= Formen der Erinnerung. 24), Göttingen 2005.

NELSON, JANET L.: Hincmar of Reims on King-making: The evidence of the ANNALS OF ST. BERTIN, 861–882, in: BAK (HG.) 1990, Coronations, S. 16–34.

NEUBAUER, HELMUT: Die Osteuropahistorie in Heidelberg, in: MIETHKE (HG.) 1992, Geschichte, S. 201–217.

NEUMANN, MICHAEL: Über den Versuch, ein Fach zu verhindern: Soziologie in Göttingen 1920–1950, in: BECKER, DAHMS, WEGELER (HG.) 1987, Universität Göttingen, S. 298–312.

NEWALD, RICHARD: Nachleben der Antike (1920–1929) (= Jahresbericht über die Fortschritte der klassischen Altertumswissenschaft, 57. Jg., 232. Bd.), Leipzig 1931.

NIETHAMMER, LUTZ, unter Mitarbeit von AXEL DOSSMANN: Kollektive Identität. Heimliche Quellen einer unheimlichen Konjunktur, Reinbek bei Hamburg 2000.

NIPPERDEY, THOMAS: Deutsche Geschichte 1800–1866. Bürgerwelt und starker Staat, München 1994 [zuerst ersch. 1983].

DERS.: Deutsche Geschichte 1866–1918, 2 Bde., Bd.1: Arbeitswelt und Bürgergeist, München 1994 [zuerst ersch. 1990], Bd.2: Machtstaat vor der Demokratie, 3., durchges. Aufl., München 1995.

OBENAUS, HERBERT: Geschichtsstudium und Universität nach der Katastrophe von 1945: Das Beispiel Göttingen, in: RUDOLPH, WICKERT (HG.) 1995, Geschichte, S. 307–337.

OBERKROME, WILLI: Volksgeschichte. Methodische Innovation und völkische Ideologisierung in der deutschen Geschichtswissenschaft 1918–1945 (= Kritische Studien. 101), Göttingen 1993.

OESTERLE, GÜNTER (HG.): Erinnerung, Gedächtnis, Wissen. Studien zur kulturwissenschaftlichen Gedächtnisforschung (= Formen der Erinnerung. 26), Göttingen 2005.

OEXLE, OTTO GERHARD (HG.): Memoria als Kultur (= Veröffentlichungen des Max-Planck-Instituts für Geschichte. 121), Göttingen 1995.

DERS.: Memoria als Kultur, in: DERS. (HG.) 1995, Memoria, S. 9–78.

DERS.: Geschichtswissenschaft im Zeichen des Historismus. Studien zu Problemgeschichten der Moderne (= Kritische Studien. 116), Göttingen 1996.

DERS.: Das Mittelalter als Waffe. Ernst H. Kantorowicz' »Kaiser Friedrich der Zweite« in den politischen Kontroversen der Weimarer Republik, in: *Ders.* 1996, Geschichtswissenschaft, S. 163–215.

DERS.; RÜSEN, JÖRN (HG.): Historismus in den Kulturwissenschaften. Geschichtskonzepte, historische Einschätzungen, Grundlagenprobleme (= Beiträge zur Geschichtskultur. 12), Köln/Weimar/Wien 1996.

OEXLE, OTTO GERHARD: Zweierlei Kultur. Zur Erinnerungskultur deutscher Geisteswissenschaftler nach 1945, in: Rechtshistorisches Journal 16 (1997), S. 358–390.

DERS.: Die Moderne und ihr Mittelalter. Eine folgenreiche Problemgeschichte in: SEGL (HG.) 1997, Mittelalter, S. 307–364.

DERS.: Die Fragen der Emigranten, in: SCHULZE, W., OEXLE (HG.) 1999, Deutsche Historiker, S. 51–62.

DERS.: »Wirklichkeit« – »Krise der Wirklichkeit« – »Neue Wirklichkeit«. Deutungsmuster und Paradigmenkämpfe in der deutschen Wissenschaft vor und nach 1933, in: HAUSMANN (HG.) 2002, Rolle, S. 1–20.

DERS.: Leitbegriffe – Deutungsmuster – Paradigmenkämpfe. Über Vorstellungen vom »Neuen Europa« in Deutschland 19944, in: LEHMANN, OEXLE (HG.) 2004, Nationalsozialismus 2, S. 13–40.

ONCKEN, HERMANN: Die Wiedergeburt der großdeutschen Idee, in: Österreichische Rundschau [sic], Bd.63, April–Juni 1920, S. 97–114.

OPITZ, FLORIAN: Ein Persilschein für die deutsche Wehrmacht. Über die Wurzeln einer gefilterten Geschichtsschreibung, in: Wiesbadener Kurier, 19.11.1999, S. 10.

ORDEN POUR LE MÉRITE FÜR WISSENSCHAFTEN UND KÜNSTE. 1842–2002, Gerlingen 2002.

PANOFSKY, ERWIN: Deutschsprachige Aufsätze, hg. von KAREN MICHELS und MARTIN WARNKE (= Studien aus dem Warburg-Haus. 1), 2 Bde., Berlin 1998.

DERS.; SAXL, FRITZ: Classical Mythology in Mediaeval Art, in: Metropolitan Museum Studies 4, H.2, 1933, S. 228–280.

PAETZOLD, HEINZ: Ernst Cassirer – Von Marburg nach New York. Eine philosophische Biographie, Darmstadt 1995.
PAPE, MATTHIAS: Der Karlskult an Wendepunkten der neueren deutschen Geschichte, in: HJB 120 (2000), S. 138–181.
PAPE, WOLFGANG: Ur- und Frühgeschichte, in: HAUSMANN (HG.) 2002, Rolle, S. 329–359.
PATZE, HANS: Percy Ernst Schramm zum Gedächtnis, in: Bl.dt.LaGesch. 107 (1971), S. 210–211.
PATZEL-MATTERN, KATJA: Geschichte im Zeichen der Erinnerung. Subjektivität und kulturwissenschaftliche Theoriebildung (= Studien zur Geschichte des Alltags. 19), Stuttgart 2002.
PERPEET, WILHELM: Erich Rothacker. Philosophie des Geistes aus dem Geist der Deutschen Historischen Schule (= Academia Bonnensia. 3), Bonn 1968.
PETERSOHN, JÜRGEN: Über monarchische Insignien und ihre Funktion im mittelalterlichen Reich, in: HZ 266 (1998), S. 47–96.
PETERSOHN, JÜRGEN: Die Herrschaftszeichen des Römischen Reiches im 10. und 11. Jahrhundert, in: WIECZOREK, HINZ (HG.) 2000, Europas Mitte, Bd.2, S. 912–915.
PETKE, WOLFGANG: Karl Brandi und die Geschichtswissenschaft, in: BOOCKMANN, WELLENREUTHER (HG.) 1987, 287–320.
DERS.: Alfred Hessel (1877–1939), Mediävist und Bibliothekar in Göttingen, in: KOHNLE, ENGEHAUSEN (HG.) 2001, Wissenschaft, S. 387–414.
PEUKERT, DETLEV J.K.: Die Weimarer Republik. Krisenjahre der Klassischen Moderne, Frankfurt a.M. 1987.
PIUR, PAUL: Petrarcas »Buch ohne Namen« und die päpstliche Kurie. Ein Beitrag zur Geistesgeschichte der Frührenaissance (= Deutsche Vierteljahrsschrift für Literaturwissenschaft und Geistesgeschichte. Buchreihe. 6), Halle a.d. Saale 1925.
PUNTSCHART, PAUL: Karl von Amira und sein Werk, Weimar 1932.
RACINE, PIERRE: Hermann Heimpel à Strasbourg, in: SCHULZE, W., OEXLE (HG.) 1999, Deutsche Historiker, S. 142–158.
RANKE, LEOPOLD V.: Weltgeschichte, 16 Bde., z.T. fortgef. und hg. von ALFRED DOVE und GEORG WINTER, Leipzig 1881–1888.
RASCH, MARTIN: Juden und Emigranten machen deutsche Wissenschaft, in: WUTTKE (HG.) 1989, Kosmopolis, S. 295–298 [ND, zuerst veröff.: Völkischer Beobachter. Norddeutsche Ausgabe, 5.1.1935, S. 5].
RATZKE, ERWIN: Das Pädagogische Institut der Universität Göttingen. Ein Überblick über seine Entwicklung in den Jahren 1923–1949, in: BECKER, DAHMS, WEGELER (HG.) 1998, Universität Göttingen, S. 318–336.
RAULET, GÉRARD: Die Modernität der »Gemeinschaft«, in: BRUMLIK, BRUNKHORST (HG.) 1993, Gemeinschaft, S. 72–93.
RAULFF, ULRICH: Ein Historiker im 20. Jahrhundert: Marc Bloch, Frankfurt a.M. 1995.
DERS.: Nachwort, in: WARBURG 1996, Schlangenritual, S. 59–95.
DERS.: Von der Privatbibliothek des Gelehrten zum Forschungsinstitut. Aby Warburg, Ernst Cassirer und die neue Kulturwissenschaft, in: GG 23 (1997), S. 28–43.
DERS.: Das Leben – buchstäblich. Über neuere Biographik und Geschichtswissenschaft, in: KLEIN (HG.) 2002, Biographik, S. 55–68.
REESE-SCHÄFER, WALTER: Was ist Kommunitarismus?, 2. Aufl., Frankfurt/New York 1995.
REICHSINSTITUT FÜR ÄLTERE DEUTSCHE GESCHICHTSKUNDE (MONUMENTA GERMANIAE HISTORICA): Jahresbericht 1934, in: DA 1 (1937), S. 267–277.
REICHSINSTITUT FÜR ÄLTERE DEUTSCHE GESCHICHTSKUNDE (MONUMENTA GERMANIAE HISTORICA): Jahresbericht 1935, in: DA 1 (1937), S. 277–279.
REPERTORIUM FONTIUM HISTORIAE MEDII AEVI. Primum ab Augusto Potthast digestum, nunc cura collegii historicorum e pluribus nationibus emendatum et auctum, hg. vom Istituto Storico Italiana per il Medio Evo, Rom, im Ersch. seit 1962.

REUDENBACH, BRUNO (HG.): Erwin Panofsky. Beiträge des Symposions Hamburg 1992 (= Schriften des Warburg-Archivs. 3), Berlin 1994.

RIEKENBERG, MICHAEL: Die Zeitschrift Vergangenheit und Gegenwart (1911–1944). Konservative Geschichtsdidaktik zwischen liberaler Reform und völkischem Aufbruch (= Theorie und Praxis. 7; vollständig zugl.: Diss. Hannover 1983), Hannover 1986.

RITTER, ANNELIES: Veröffentlichungen von Prof. Dr. Percy Ernst Schramm, in: CLASSEN, SCHEIBERT (HG.) 1964, Festschrift, Bd.2, S. 291–321.

ROECK, BERND: Der junge Aby Warburg, München 1997.

ROTHACKER, ERICH: Heitere Erinnerungen, Frankfurt a.M./Bonn 1963.

ROTHFELS, HANS: Gedenkworte für Percy Ernst Schramm, in: RedenGedenkw. 10 (1970–71), ersch.1973, S. 107–119.

RUDOLPH, KARSTEN; WICKERT, CHRISTL (HG.): Geschichte als Möglichkeit. Über die Chancen von Demokratie. Festschrift für Helga Grebing, Essen 1995.

RÜRUP, REINHARD: »Das Dritte Reich hatte kein Problem mit den deutschen Historikern«, in: HOHLS, JARAUSCH (HG.) 2000, Fragen, S. 267–280.

RÜSEN, JÖRN: Konfigurationen des Historismus. Studien zur deutschen Wissenschaftskultur, Frankfurt a.M. 1993.

SALOMON, GOTTFRIED: Das Mittelalter als Ideal in der Romantik, München 1922.

SAXL, FRITZ: Verzeichnis astrologischer und mythologischer illustrierter Handschriften des lateinischen Mittelalters in römischen Bibliotheken, eingegangen am 5.1.1915, vorgelegt von Franz Boll (= Sitzungsberichte Heidelberger Akademie der Wissenschaften, Philosophisch-historische Klasse, Jg. 1915, 6./7. Abh.), Heidelberg 1915.

DERS.: Verzeichnis astrologischer und mythologischer illustrierter Handschriften des lateinischen Mittelalters. II: Die Handschriften der National-Bibliothek in Wien, eingegangen am 29.4.1926 (= Sitzungsberichte Heidelberger Akademie der Wissenschaften, Philosophisch-historische Klasse, Jg. 1925/26, 2. Abh.), Heidelberg 1927.

DERS.: Das Nachleben der Antike. Zur Einführung in die Bibliothek Warburg, in: Hamburger Universitäts-Zeitung, 11. Jahrgang, Winter-Semester 1920, Nr. 4, S. 244–247.

DERS.: Die Bibliothek Warburg und ihr Ziel, in: Vortr.Bibl.Warb. 1 (1921–1922), ersch. 1923, S. 1–10.

DERS.: Rinascimento dell' Antichità. Studien zu den Arbeiten A. Warburgs, in: WUTTKE (HG.) 1979, Warburg Schriften Würdigungen, S. 347–399 [ND, zuerst veröff.: Repertorium für Kunstwissenschaft 43/1922, S. 220–272].

DERS.: The Warburg Institute. Gift to London University, in: WUTTKE (HG.) 1989, Kosmopolis, S. 361–364 [zuerst veröff.: The Manchester Guardian, 13.12.1944, S. 4].

SCHACTER, DANIEL L.: Wir sind Erinnerung. Gedächtnis und Persönlichkeit, deutsch von Heiner Kober, Reinbek bei Hamburg 2001 [amerik. Original 1996].

SCHAEL, OLIVER: Die Grenzen der akademischen Vergangenheitspolitik: Der Verband der nicht-amtierenden (amtsverdrängten) Hochschullehrer und die Göttinger Universität, in: WEISBROD (HG.) 2002, Vergangenheitspolitik, S. 53–72.

SCHÄFER, DIETRICH: Deutsche Geschichte, 2 Bde., Jena 1910.

SCHIEDER, THEODOR: Die deutsche Geschichtswissenschaft im Spiegel der Historischen Zeitschrift, in: DERS. (HG.): Hundert Jahre Historische Zeitschrift. 1859–1959. Beiträge zur Geschichte der Historiographie in den deutschsprachigen Ländern (= HZ 189/1959), München 1959, S. 1–104.

SCHIEFFER, RUDOLF: Lampert von Hersfeld [Art.], in: Die deutsche Literatur des Mittelalters. Verfasserlexikon, 2., völlig neu bearb. Aufl., hg. von KURT RUH, Bd.5, Berlin/New York 1985, Sp. 513–520.

SCHILLER, KAY: Made »fit for America«: the Renaissance Historian Hans Baron in London Exile 1936–1938. in: BERGER, LAMBERT, SCHUMANN (HG.) 2003, Historikerdialoge, S. 345–359.

SCHIMMELPFENNIG, BERNHARD: Einleitung, in: DERS.; SCHMUGGE, LUDWIG (HG.): Rom im hohen Mittelalter. Studien zu den Romvorstellungen und zur Rompolitik vom 10. bis zum

12. Jahrhundert. Reinhard Elze zur Vollendung seines siebzigsten Lebensjahres gewidmet, Sigmaringen 1992, S. 1–2.
DERS.: Nachruf. Reinhard Elze, in: DA 57 (2001), S. 419–420.
SCHLUSSBETRACHTUNGEN: Zur Veränderung der deutschen Geschichtswissenschaft in den sechziger Jahren. Statements, in: SCHULIN (HG.) 1989, Geschichtswissenschaft, S. 273–295.
SCHMIDT, PETER: Aby M. Warburg und die Ikonologie. Mit einem Anhang unbekannter Quellen zur Geschichte der Internationalen Gesellschaft für Ikonographische Studien von DIETER WUTTKE (= Gratia. Bamberger Schriften zur Renaissanceforschung. 20), Bamberg 1989.
SCHMUGGE, LUDWIG: Der Deutschrömer. Zum Tod des Mittelalterhistorikers Reinhard Elze, in: FAZ, 17.11.2000, S. 53.
SCHNEIDER, FEDOR: Rom und Romgedanke im Mittelalter. Die geistigen Grundlagen der Renaissance, unveränd. fotomech. ND der Aufl. von 1925, Darmstadt 1959.
SCHNEIDER, ULLRICH: Zur Entnazifizierung der Hochschullehrer in Niedersachsen 1945–1949, in: NdsJB 61 (1989), S. 325–346.
SCHNEIDER, WOLFGANG CHRISTIAN: Imperator Augustus und Christomimetes. Das Selbstbild Ottos III. in der Buchmalerei, in: WIECZOREK, HINZ (HG.) 2000, Europas Mitte, Bd.2, S. 798–808.
SCHNEIDMÜLLER, BERND; WEINFURTER, STEFAN (HG.): Otto III. – Heinrich II. Eine Wende? (= Mittelalter-Forschungen. 1), Sigmaringen 1997.
SCHOELL-GLASS, CHARLOTTE: Aby Warburg und der Antisemitismus. Kulturwissenschaft als Geistespolitik, Frankfurt a.M. 1998.
DIES.; MICHELS, KAREN: Einführung, in: WARBURG 2001, Tagebuch KBW, S. IX–XXXVII.
SCHOLL, LARS U.: »Zum Besten der besonders in Göttingen gepflegten Anglistik«. Das Seminar für Englische Philologie, in: BECKER, DAHMS, WEGELER (HG.) 1998, Universität Göttingen, S. 391–426.
SCHÖNWÄLDER, KAREN: Historiker und Politik. Geschichtswissenschaft im Nationalsozialismus (= Historische Studien. 9), Frankfurt a.M./New York 1992.
DIES.: »Lehrmeisterin der Völker und der Jugend«. Historiker als politische Kommentatoren, 1933 bis 1945, in: SCHÖTTLER (HG.) 1997, Geschichtsschreibung, S. 128–165.
SCHÖTTLER, PETER (HG.): Geschichtsschreibung als Legitimationswissenschaft 1918–1945, Frankfurt a.M. 1997.
DERS.: Geschichtsschreibung als Legitimationswissenschaft 1918–1945. Einleitende Bemerkungen, in: DERS. (HG.) 1997, Geschichtsschreibung, S. 7–30.
DERS.: Die historische »Westforschung« zwischen Abwehrkampf und territorialer Offensive, in: DERS. (HG.) 1997, Geschichtsschreibung, S. 204–261.
DERS.: Von der rheinischen Landesgeschichte zur nazistischen Volksgeschichte oder Die »unhörbare Stimme des Blutes«, in: SCHULZE, W., OEXLE (HG.) 1999, Deutsche Historiker, S. 89–113.
SCHREINER, KLAUS: Führertum, Rasse, Reich. Wissenschaft von der Geschichte nach der nationalsozialistischen Machtergreifung, in: LUNDGREEN (HG.) 1985, Wissenschaft, S. 163–252.
DERS.: Wissenschaft von der Geschichte des Mittelalters nach 1945. Kontinuitäten und Diskontinuitäten der Mittelalterforschung im geteilten Deutschland, in: SCHULIN (HG.) 1989, Geschichtswissenschaft, S. 87–146.
SCHULIN, ERNST: Percy Ernst Schramms Bilder aus der deutschen Vergangenheit, in: GWU 17 (1966), S. 48–51.
DERS.: Meineckes Leben und Werk. Versuch einer Gesamtcharakteristik, in: DERS.: Traditionskritik und Rekonstruktionsversuch. Studien zur Entwicklung von Geschichtswissenschaft und historischem Denken, Göttingen 1979, S. 117–132 [zuerst ersch. in: WEHLER (HG.) 1971–1982, Deutsche Historiker, Bd.1, S. 39–57].
DERS.: Friedrich Meineckes Stellung in der deutschen Geschichtswissenschaft, in: HZ 230 (1980), S. 3–29.

DERS.: Universalgeschichte und Nationalgeschichte bei Leopold von Ranke, in: MOMMSEN, W. J. (HG.) 1988, Leopold von Ranke, S. 37–71.

DERS. (HG.), unter Mitarbeit von ELISABETH MÜLLER-LUCKNER: Deutsche Geschichtswissenschaft nach dem Zweiten Weltkrieg (1945–1965) (= Schriften des Historischen Kollegs. Kolloquien. 14), München 1989.

DERS.: Weltkriegserfahrung und Historikerreaktion, in: KÜTTLER, WOLFGANG; RÜSEN, JÖRN; SCHULIN, ERNST (HG.): Geschichtsdiskurs. Bd.4: Krisenbewußtsein, Katastrophenerfahrungen und Innovationen 1880–1945, Frankfurt a.M. 1997, S. 165–188.

DERS.: Hermann Heimpel und die deutsche Nationalgeschichtsschreibung. Vorgetragen am 14. Februar 1997 (= Schriften Heidelberger Akademie der Wissenschaften, Philosophisch-historische Klasse. 9), Heidelberg 1998.

DERS.: Universalgeschichte und abendländische Entwürfe, in: DUCHHARDT, HEINZ; MAY, GERHARD (HG.): Geschichtswissenschaft um 1950 (= Veröffentlichungen des Instituts für Europäische Geschichte Mainz, Beihefte. 56), Mainz 2002, S. 49–64.

SCHULZ, ANDREAS: Weltbürger und Geldaristokraten. Hanseatisches Bürgertum im 19. Jahrhundert, in: HZ 259 (1994), S. 637–670 [auch ersch. als: Schriften des Historischen Kollegs. Vorträge. 40, München 1995].

SCHULZE, WINFRIED: Der Neubeginn der deutschen Geschichtswissenschaft nach 1945: Einsichten und Absichtserklärungen der Historiker nach der Katastrophe, in: SCHULIN (HG.) 1989, Geschichtswissenschaft, S. 1–37.

DERS.: Deutsche Geschichtswissenschaft nach 1945, München 1993 [zuerst ersch.: 1989].

DERS.; OEXLE, OTTO GERHARD (HG.), unter Mitarbeit von GERD HELM und THOMAS OTT: Deutsche Historiker im Nationalsozialismus, Frankfurt a.M. 1999.

SCHULZE, WINFRIED; HELM, GERD; OTT, THOMAS: Deutsche Historiker im Nationalsozialismus. Beobachtungen und Überlegungen zu einer Debatte, in: SCHULZE, W., OEXLE (HG.) 1999, Deutsche Historiker. S. 11–48.

SCHULTZE, WERNER: Zur historischen Bildkunde, in: HZ 172 (1951), S. 439–440.

SCHUMANN, PETER: Die deutschen Historikertage von 1893 bis 1937. Die Geschichte einer fachhistorischen Institution im Spiegel der Presse, Göttingen 1975 [auch als: phil. Diss. Marburg/Lahn, 1974].

SCHWINEKÖPER, BERENT: Der Handschuh im Recht, Ämterwesen, Brauch und Volksglauben (Neue deutsche Forschungen, Abteilung mittelalterliche Geschichte. 5), Berlin 1938.

SEGL, PETER (HG.): Mittelalter und Moderne. Entdeckung und Rekonstruktion der mittelalterlichen Welt. Kongreßakten des 6. Symposiums des Mediävistenverbandes in Bayreuth 1995, Sigmaringen 1997.

SIEFERLE, ROLF PETER: Die Konservative Revolution. Fünf biographische Skizzen (Paul Lensch, Werner Sombart, Oswald Spengler, Ernst Jünger, Hans Freyer), Frankfurt a.M. 1995.

SIEG, ULRICH: Aufstieg und Niedergang des Marburger Neukantianismus. Die Geschichte einer philosophischen Schulgemeinschaft (= Studien und Materialien zum Neukantianismus. 4), Würzburg 1994.

SONTHEIMER, KURT: Antidemokratisches Denken in der Weimarer Republik. Die politischen Ideen des deutschen Nationalismus zwischen 1918 und 1933. Studienausgabe mit einem Ergänzungsteil: Antidemokratisches Denken in der Bundesrepublik, München 1968.

SPINDLER, MAX (HG.): Handbuch der Bayerischen Geschichte, Bd.4: Das Neue Bayern. 1800–1970, Erster Teilband, verb. ND, München 1979.

STADLER, PETER: Internationaler Historikerkongreß im Schatten der Kriegsgefahr: Zürich 1938, in: BOOCKMANN, JÜRGENSEN (HG.) 1991, Nachdenken, S. 269–281.

STEINBACH, FRANZ; PETRI, FRANZ: Zur Grundlegung der europäischen Einheit durch die Franken (= Deutsche Schriften zur Landes- und Volksforschung. 1), Leipzig 1939.

STEINBERG, SIGFRID H. (HG.): Die Geschichtswissenschaft der Gegenwart in Selbstdarstellungen, 2 Bde., Leipzig 1925–26.

DERS.: Die Internationale und die Deutsche Ikonographische Kommission, in: HZ 144 (1931), S. 287–296.

DERS.; PAXTON, JOHN (HG.): The Statesman's Year Book. Statistical and Historical Annual of the States of the World for the Year 1969–1970 (= 106th edition 1969), London 1969.

STEINEN, WOLFRAM VON DEN: Das Kaisertum Friedrichs des Zweiten nach den Anschauungen seiner Staatsbriefe, Berlin/Leipzig 1922.

DERS.: Staatsbriefe Kaiser Friedrichs des Zweiten, Breslau 1923.

STERNBERGER, DOLF: Erinnerung an die Zwanziger Jahre in Heidelberg, in: Die Geschichte der Universität Heidelberg. Vorträge im Wintersemester 1985/86 [Sammelband der Vorträge des Studium Generale der Ruprecht-Karls-Universität Heidelberg im Wintersemester 1985/86], Heidelberg 1986, S. 176–185.

STÖCKER, MICHAEL: »Augusterlebnis 1914« in Darmstadt. Legende und Wirklichkeit, Darmstadt 1994.

STOLLEIS, MICHAEL: Gemeinschaft und Volksgemeinschaft. Zur juristischen Terminologie im Nationalsozialismus, in: *Ders.*: Recht im Unrecht. Studien zur Rechtsgeschichte des Nationalsozialismus, Frankfurt a.M. 1994, S. 94–125.

STRACK, FRIEDRICH: Friedrich Gundolf und die »geistige Bewegung« in Heidelberg, in: ULMER (HG.) 1998, Geistes- und Sozialwissenschaften, S. 31–56.

STRUPP, CHRISTOPH: Johan Huizinga. Geschichtswissenschaft als Kulturgeschichte, Göttingen 2000.

SÜHNEL, RUDOLF: Friedrich Gundolf und der George-Kreis, in: DOERR (HG.) 1985, Semper apertus, Bd.3, S. 259–284.

TELLENBACH, GERD: Einführung, in: KLEWITZ 1971, Aufsätze, S. 5–9.

DERS.: Das wissenschaftliche Lebenswerk von Friedrich Baethgen, in: DA 2 (1973), S. 1–17.

THADDEN, RUDOLF V.; TRITTEL, GÜNTER J. (HG.), unter Mitwirkung von MARC-DIETRICH OHSE: Göttingen. Geschichte einer Universitätsstadt, Bd.3: Von der preußischen Mittelstadt zur südniedersächsischen Großstadt 1866–1989, Göttingen 1999.

THIELE, HANS-GÜNTHER (HG.): Die Wehrmachtsausstellung. Dokumentation einer Kontroverse. Dokumentation der Fachtagung in Bremen am 26. Februar 1997 und der Bundestagsdebatten am 13. März und 24. April 1997, Bonn 1997.

DERS.: Einleitung, in: DERS. (HG.) 1997, Wehrmachtsausstellung, S. 7–14.

THIMME, ANNELISE: Geprägt von der Geschichte. Eine Außenseiterin, in: LEHMANN, OEXLE (HG.) 1997, Erinnerungsstücke, S. 153–223.

THIMME, DAVID: Die Erinnerungen des Historikers Percy Ernst Schramm. Beschreibung eines gescheiterten Versuchs, in: ZHambG 89 (2003), S. 227–262.

TÖDT, HEINZ EDUARD: Max Weber und Ernst Troeltsch in Heidelberg, in: DOERR (HG.) 1985, Semper apertus, Bd.3, S. 215–258.

TREIBER, HUBERT; SAUERLAND, KAROL (HG.): Heidelberg im Schnittpunkt intellektueller Kreise. Zur Topographie der »geistigen Geselligkeit« eines »Weltdorfes«: 1850–1950, Opladen 1995.

TREPP, ANNE-CHARLOTTE: Sanfte Männlichkeit und selbständige Weiblichkeit. Frauen und Männer im Hamburger Bürgertum zwischen 1770 und 1840 (= Veröffentlichungen des Max-Planck-Instituts für Geschichte. 123), Göttingen 1996.

TRITTEL, GÜNTER J.: »Genossen, es gilt den Anfängen zu wehren…!« Sozialdemokratie und Rechtsextremismus in der frühen Nachkriegszeit in Niedersachsen (1948–1955), in: RUDOLPH, WICKERT (HG.) 1995, Geschichte, S. 270–289.

ULLRICH, WOLFGANG: Der Bamberger Reiter und Uta von Naumburg, in: FRANCOIS, SCHULZE, H. (HG.) 2001, Erinnerungsorte, Bd.1, S. 322–334.

ULMER, PETER (HG.): Geistes- und Sozialwissenschaften in den 20er Jahren: Heidelberger Impulse. Symposium vom 20. Januar 1995 in Heidelberg (= Heidelberger Universitätsreden. 14), Heidelberg 1998.

ULRICH, BERND; ZIEMANN, BENJAMIN: Das soldatische Kriegserlebnis, in: KRUSE (HG.) 1997, Welt, S. 127–158.

VACCHINI, FRANCESCO: Le Operazioni Tecniche Intorno alla Cattedra, in: MACCARRONE ET AL. 1971, Cattedra Lignea, S. 83–90.

VALENTINI, ROBERTO; ZUCCHETTI, GIUSEPPE (HG.): Codice Topografico della Città di Roma, Bd.2 (= Fonti per la Storia d'Italia. 90), Rom 1946.

VERHEY, JEFFREY: The Spirit of 1914. Militarism, Myth, and Mobilization in Germany, Cambridge/New York u.a. 2000.

VOCI, ANNA MARIA: Harry Bresslau, l' ultimo allievo di Ranke, in: Bulletino dell'Istituto Storico Italiano per il Medio Evo 100 (1995–1996), ersch. 1997, S. 235–295.

VOM BRUCH, RÜDIGER: Lenz, Max [Art.], in: NDB, Bd.14, 1985, S. 231–233.

VON DER LÜHE, IRMGARD: Eine Frau im Widerstand. Elisabeth von Thadden, Hildesheim 1989.

VOSSKAMP, WILHELM: Kontinuität und Diskontinuität. Zur deutschen Literaturwissenschaft im Dritten Reich, in: LUNDGREEN (HG.) 1985, Wissenschaft, S. 140–162.

WALSER, FRITZ: Die spanischen Zentralbehörden und der Staatsrat Karls V. Grundlagen und Aufbau bis zum Tode Gattinaras, bearb., erg. und hg. von RAINER WOHLFEIL, mit Vorwort und Nachruf auf Fritz Walser von PERCY ERNST SCHRAMM, vorgelegt von Percy Ernst Schramm in der Sitzung vom 21. Februar 1958 (= Abhandlungen Akademie der Wissenschaften in Göttingen, Philologisch-Historische Klasse, 3. Folge. 43), Göttingen 1959.

WARBURG, ABY: Schlangenritual. Ein Reisebericht. Mit einem Nachwort hg. von ULRICH RAULFF, Berlin 1996.

DERS.: Die Erneuerung der heidnischen Antike. Kulturwissenschaftliche Beiträge zur Geschichte der europäischen Renaissance. ND der von GERTRUD BING unter Mitarbeit von FRITZ ROUGEMONT edierten Ausgabe von 1932, hg. von HORST BREDEKAMP und MICHAEL DIERS (= Aby Warburg. Gesammelte Schriften. Studienausgabe. 1.Abt., Bd.1), 2 Bde., Berlin 1998.

DERS.: Luftschiff und Tauchboot in der mittelalterlichen Vorstellungswelt, in: DERS. 1998, Erneuerung, Bd.1, S. 241–249 [zuerst veröff.: 1913].

WARBURG, ERIC M.: The Transfer of the Warburg Institute to England in 1933, in: WUTTKE (HG.) 1989, Kosmopolis, S. 273–278 [ND, zuerst veröff.: The Warburg Institute: Annual Report 1952–1953, S. 13–16].

THE WARBURG INSTITUTE: Fritz Saxl, January 8th, 1890 – March 22nd, 1948, in: WUTTKE (HG.) 1989, Kosmopolis, S. 378–381 [ND, zuerst veröff.: The Journal of the Warburg and Courtauld Institutes 10, 1947, Seiten nicht pag.].

THE WARBURG INSTITUTE: In Memoriam Gertrud Bing 1892–1964, in: WUTTKE (HG.) 1989, Kosmopolis, S. 383–386, [ND, zuerst veröff.: The Journal of the Warburg and Courtauld Institutes 17, 1964, Seiten nicht pag.].

WARBURG, MAX M.: Rede, gehalten bei der Gedächtnis-Feier für Professor Warburg am 5. Dezember 1929, in: FÜSSEL (HG.) 1979, Mnemosyne, S. 23–28.

WARNKE, MARTIN: Warburg und Wölfflin, in: BREDEKAMP, DIERS, SCHOELL-GLASS (HG.) 1991, Warburg, S. 79–86.

WEGE, DOROTHEE: Das lyrische Werk von Börries Freiherr von Münchhausen, in: Kindlers Neues Literatur Lexikon, Multimedia-Ausgabe, München 1999.

WEGELER, CORNELIA: »...wir sagen ab der internationalen Gelehrtenrepublik«. Altertumswissenschaft und Nationalsozialismus. Das Göttinger Institut für Altertumskunde 1921–1962, Wien/Köln/Weimar 1996.

DIES.: Das Institut für Altertumskunde der Universität Göttingen 1921–1962: Ein Beitrag zur Geschichte der Klassischen Philologie seit Wilamowitz, in: BECKER, DAHMS, WEGELER (HG.) 1998, Universität Göttingen, S. 337–364.

WEHLER, HANS-ULRICH (HG.): Deutsche Historiker, 9 Bde., Göttingen 1971–1982.

DERS.: Nationalsozialismus und Historiker, in: SCHULZE, W., OEXLE (HG.) 1999, Deutsche Historiker, S. 306–339.

WEIGAND, WOLF VOLKER: Walter Wilhelm Goetz. 1867–1958. Eine biographische Studie über den Historiker, Politiker und Publizisten (= Schriften des Bundesarchivs. 40), Boppard 1992.

WEISBROD, BERND: Gewalt in der Politik. Zur politischen Kultur in Deutschland zwischen den beiden Weltkriegen, in: GWU 43 (1992), S. 391–404.

DERS. (HG.): Akademische Vergangenheitspolitik. Beiträge zur Wissenschaftskultur der Nachkriegszeit (= Veröffentlichungen des Zeitgeschichtlichen Arbeitskreises Niedersachsen. 20), Göttingen 2002.

DERS.: Dem wandelbaren Geist. Akademisches Ideal und wissenschaftliche Transformation in der Nachkriegszeit, in: DERS. (HG.) 2002, Vergangenheitspolitik, S. 11–35.

WEITZMANN, KURT: The Iconography of the Carolingian Ivories of the Throne, in: MACCARRONE ET AL. 1971, Cattedra Lignea, S. 217–245.

WELLENREUTHER, HERMANN: Mutmaßungen über ein Defizit. Göttingens Geschichtswissenschaft und die angelsächsische Welt, in: BOOCKMANN, WELLENREUTHER (HG.) 1987, Geschichtswissenschaft, S. 261–286.

WENDLAND, ULRIKE: Biographisches Handbuch deutschsprachiger Kunsthistoriker im Exil. Leben und Werk der unter dem Nationalsozialismus verfolgten und vertriebenen Wissenschaftler, 2 Bde., München 1999.

WENSKUS, REINHARD: Nachruf auf Percy Ernst Schramm. 14. Oktober 1894 – 12. November 1970, in: JB.AdW.Gött. 1971, ersch. 1972, S. 51–54.

WERNER, KARL FERDINAND: Das NS-Geschichtsbild und die deutsche Geschichtswissenschaft, Stuttgart/Berlin u.a. 1967.

DERS.: Charlemagne – Karl der Große. Eine französisch-deutsche Tradition, in: KRAMP (HG.) 2000, Krönungen, Bd.1, S. 25–33.

WIECZOREK, ALFRIED; HINZ, HANS-MARTIN (HG.): Europas Mitte um 1000. Beiträge zur Geschichte, Kunst und Archäologie. Handbuch zur Ausstellung, 2 Bde., Stuttgart 2000.

WIND, EDGAR: Einleitung in die Kulturwissenschaftliche Bibliographie zum Nachleben der Antike, in: MEIER, NEWALD, WIND (HG.) 1934, Kulturwissenschaftliche Bibliographie 1, S. V–XVII [ND in: WUTTKE (HG.) 1989, Kosmopolis, S. 279–293].

DERS.: Introduction, in: MEIER, NEWALD, WIND (HG.) 1934, Bibliography Survival 1, S. V–XII.

WINKLER, HEINRICH AUGUST: Weimar 1918–1933. Die Geschichte der ersten deutschen Demokratie, München 1993.

DERS.: Der lange Weg nach Westen, Bd.1: Deutsche Geschichte vom Ende des Alten Reiches bis zum Untergang der Weimarer Republik, München 2000.

WITTEK, PAUL: Einleitung, in: Oesterr.Rundschau 18 (1922), S. 1–8.

WOHL, ROBERT: The Generation of 1914, London 1980.

WOHLFEIL, RAINER: Vorbemerkungen des Herausgebers, in: WALSER 1959, Zentralbehörden, S. XV–XIX.

WOLF, URSULA: Litteris et Patriae. Das Janusgesicht der Historie (= Frankfurter Historische Abhandlungen. 37), Stuttgart 1996.

WÖLFFLIN, HEINRICH: Renaissance und Barock. Eine Untersuchung über Wesen und Entstehung des Barockstils in Italien, 5.Aufl. [= ND der 1. Aufl. 1888], Darmstadt 1961.

DERS.: Die Kunst der Renaissance. Italien und das deutsche Formgefühl, München 1931.

WOLGAST, EIKE: Die Universität Heidelberg 1386–1986, Berlin/Heidelberg u.a. 1986.

DERS.: Die neuzeitliche Geschichte im 20. Jahrhundert, in: MIETHKE (HG.) 1992, Geschichte, S. 127–157.

DERS.: Die Wahrnehmung des Dritten Reiches in der unmittelbaren Nachkriegszeit (1945/46) (= Schriften Heidelberger Akademie der Wissenschaften, Philosophisch-historische Klasse. 22), Heidelberg 2001.

WORRINGER, WILHELM: Formprobleme der Gotik, 12. Aufl., München 1922 [zuerst ersch.: 1911].

WUTTKE, DIETER (HG.): Aby M. Warburg. Ausgewählte Schriften und Würdigungen, in Verbindung mit CARL GEORG HEISE herausgegeben (= Saecula Spiritalia. 1), Baden-Baden 1979.

DERS.: Aby M. Warburgs Methode als Anregung und Aufgabe. Mit einem Briefwechsel zum Kunstverständnis (= Gratia. 2), 4., erneut erw. Aufl., Wiesbaden 1990.

DERS.: Die Emigration der Kulturwissenschaftlichen Bibliothek Warburg und die Anfänge des Universitätsfaches Kunstgeschichte in Großbritannien, in: BREDEKAMP, DIERS, SCHOELL-GLASS (HG.) 1991, Warburg, S. 141–163.

DERS.: Aby M. Warburgs Kulturwissenschaft, in: HZ 256 (1993), S. 1–30.

DERS.: Aby M. Warburg-Bibliographie 1866 bis 1995. Werk und Wirkung. Mit Annotationen (= Bibliotheca Bibliographica Aureliana. 163), Baden-Baden 1998.

DERS.: Einleitung, in: PANOFSKY 2001, Korrespondenz Bd.1, S. IX–LIII.

WYSS, ULRICH: Mediävistik als Krisenerfahrung – Zur Literaturwissenschaft um 1930, in: ALTHOFF (HG.) 1992, Die Deutschen, S. 127–146.

ZACHAU, HANS GEORG: Vorwort des Ordenskanzlers, in: ORDEN 1842–2002, S. 7–11.

DERS.: Der Orden Pour le mérite für Wissenschaften und Künste in der Zeit des Nationalsozialismus, in: ORDEN 1842–2002, S. 51–58.

E Personenregister

Nicht aufgenommen sind Autoren von Sekundärliteratur. Lediglich Personen, die dem Untersuchungsraum angehören (z. B. Schüler von Percy Ernst Schramm oder zeitgenössische Wissenschaftler), sind auch dann aufgenommen, wenn sie zusätzlich in den Anmerkungen als Autoren von Sekundärliteratur erscheinen.